涂料最新生产技术与配方

陈作璋　童忠良　等编著

第二版

化学工业出版社
·北京·

本书主要介绍了国内涂料工业最新生产技术与配方(包括国外最新涂料配方精选和纳米复合涂料)等方面的内容,部分产品具有国产化前景的中试产品,其中有数十项是笔者的科研成果及项目。

本书共分二十三章(二十九大类),包括最新生产技术与配方2000多例,每一个配方分5项介绍:涂料名称、性能及用途、涂装工艺参考、产品配方、生产技术工艺与流程,具有很强的参考价值,借鉴这些类似配方,就可以大大缩短开发研制的时间,满足客户或市场的需要。

本书文字精练简明,内容覆盖面大,生产技术与配方齐全,为读者提供丰富、翔实的技术与市场信息,本书切合现状,反映当代前沿技术。可供从事涂料制造、研发的技术人员参考,对于涂料和涂装行业的广大技术人员和技术工人,以及大专院校相关专业的学生也会有参考价值。

图书在版编目(CIP)数据

涂料最新生产技术与配方/陈作璋等编著.—2版.北京:化学工业出版社,2015.5(2023.6重印)

ISBN 978-7-122-23447-6

Ⅰ.①涂… Ⅱ.①陈… Ⅲ.①涂料-生产工艺②涂料-配方 Ⅳ.TQ630.6

中国版本图书馆CIP数据核字(2015)第061778号

责任编辑:夏叶清　　装帧设计:刘丽华

责任校对:边　涛

出版发行:化学工业出版社(北京市东城区青年湖南街13号　邮政编码100011)

印　　装:北京盛通数码印刷有限公司

720mm×1000mm　1/16　印张36¾　字数937千字　2023年6月北京第2版第4次印刷

购书咨询:010-64518888　　售后服务:010-64518899

网　　址:http://www.cip.com.cn

凡购买本书,如有缺损质量问题,本社销售中心负责调换。

定　　价:138.00元

前 言

《涂料最新生产技术与配方》从2009年10月第一版第一次印刷到本书以新的版本与读者见面了。由此证明了社会对科学技术的巨大需求。正如第一版“前言”中所指出的那样：传统涂料的生产和使用以巨大的能源、资源消耗和环境污染为代价，传统涂料的快速发展，使其与工业争能源的矛盾越来越尖锐，对生态环境的破坏和污染也越来越严重；为大幅度降低涂料工业的资源、能源消耗和涂料环境污染，大幅度提高我国涂料最新生产技术与配方，推动我国墙体材料改革和节能，改善自然和居室生态环境，提高城镇住宅健康舒适水平，使我国涂料工业成为支撑国民经济稳定发展的现代化生产技术绿色产业。因此，编者深感有义务将本书修订得更好一些，以满足读者与社会对于有关知识的需求。

六年来，我国的化学工业有了很大的发展，相应地在工业涂料、涂装设备、涂装技术、涂装标准等方面都有很大的提高和发展。为此，我们把六年来在工业涂料和涂料生产技术与配方中新的应用情况加以补充，改写为第二版再次发行。

本版除了对个别字句修饰和文字修改以达到结构更为严谨外，主要作了许多重大修改和补充：例如，第一章总论的介绍中，增加了绿色涂料的清洁生产、涂料工业中的基本科学理论、涂料生产工艺与绿色化技术；涂料设备与选型章节的介绍中增加了涂料的生产过程车间设备布置设计；新增加了第五节纳米涂料超细粉碎设备与分级技术。

本书的修改，一方面改正了第一版中存在的不妥之处，删除了约300多例不必要的配方内容；另一方面结合近年来的实践，将配方分为二十九大类（绿色建筑涂料、防水和防火涂料、水性涂料和仿瓷涂料、美术、多彩和浮雕涂料、防腐和防锈涂料、面漆和底漆、特种功能涂料、金属和粉末涂料、家用电器涂料、竹木器和家具涂料、交通和航空涂料、汽车和摩托车涂料、船舶和集装箱涂料及树脂漆十六大类产品和国外最新涂料配方精选和纳米复合涂料生产技术与配方等方面的内容），新增加的各种类型的涂料配方约200多个，并对重点章节的内容进行了更新与补充。在每章节的概述中补充新的内容，使之与工业涂料和涂料生产技术与配方的主题更为贴切，也更为实用。

这些努力使全书的篇幅与第一版相比字数略为缩减。衷心希望修订后的本书将能够更好地满足读者对于了解工业涂料和涂料生产技术与配方及其制备工艺的需要，能更好地服务于社会。

本书参考了国内外最新涂料生产技术与配方资料和从事涂装技术的实践经验，

并结合目前国内涂料工业采用的新技术、新工艺、新材料，查阅了大量的有关技术文献资料编写而成的。编写中得到了全国化工涂料领域及相关领域的专家等诸多的大力支持，丁浩、王大全、王肇嘉、王辰、王雷、刘正耀、张建玲、王书乐、吴宝兴、李力、刘晖参加了编写工作，耿鑫、王月春、荣谦、沈永淦、崔春玲、郭爽、丰云、蒋洁、王素丽、王瑜、俞俊、周国栋、朱美玲、方芳、高巍、高新、周雯、陈羽、安凤英、来金梅、王秀凤、吴玉莲、黄雪艳、杨经伟、冯亚生、周木生、赵国求、高洋、范立红等同志为本书的资料收集和编写付出了大量精力，在此一并致谢！

由于编者水平有限，书中难免存在疏漏或不足。为此，恳请读者能够给予批评与指正。

编者

2014.11

目 录

第一章 总论 …… (1)

第一节 概述 …… (1)

一、涂料 …… (1)

二、涂装 …… (1)

三、涂装工程五要素 …… (3)

四、涂料定额和生产成本 …… (4)

五、涂料生产及投资规模 …… (5)

六、涂料的生产 …… (5)

七、绿色涂料的清洁生产 …… (5)

八、涂料工业中的基本科学理论 …… (6)

九、涂料生产工艺与绿色化技术 …… (9)

十、我国涂料生产概况 …… (16)

第二节 涂料基础 …… (16)

一、涂料的组成 …… (16)

二、涂料的分类方法 …… (17)

三、涂料的化学成分 …… (17)

四、涂料产品分类、命名和型号 …… (17)

第三节 涂料的性能 …… (20)

一、涂料的原漆性能 …… (20)

二、涂料的施工性能 …… (20)

三、漆膜性能 …… (21)

四、涂料的环保性能 …… (21)

第四节 涂料设备与选型 …… (22)

一、植物油精炼设备 …… (22)

二、漆料热炼及树脂生产设备 …… (22)

三、色漆配料设备 …… (27)

四、色漆研磨设备 …… (27)

五、调漆及配色和测色设备 …… (41)

六、液料储存设备 …… (42)

七、液料过滤设备 …… (42)

八、液料输送设备 …… (42)

九、水性与粉末涂料生产设备 …… (43)

十、涂料的生产过程车间设备布置设计 …… (44)

第五节 纳米涂料的超细粉碎设备与分级技术 …… (45)

一、纳米涂料与超细粉 …… (45)

二、超细粉体的性能与粉碎过程特点 …… (45)

三、超细粉体制备技术 …… (47)

四、超细粉碎技术与现代产业发展 …… (48)

五、超细粉碎的主要研究内容和发展趋势 …… (49)

第六节 涂料质量的检验方法和产品的验收规则 …… (50)

一、涂料产品的检测方法 …… (50)

二、涂料产品的验收规则 …… (52)

三、涂料产品的包装、标志、储存和运输 …… (52)

第七节 涂料生产工艺过程中的产品安全与环境防护 …… (53)

一、生产过程中危险有害因素辨识和分析 …… (53)

二、典型生产过程危险有害因素分析 …… (54)

三、涂料生产车间建筑的要求及设备安全防护 …… (55)

四、涂料生产工艺过程中的环境保护 …… (57)

第八节 我国涂装安全相关国家标准 …… (58)

一、涂装安全相关国家标准 …… (58)

二、涂装作业安全标准化 …… (61)

第二章 绿色建筑涂料 …… (62)

第一节 建筑内墙涂料 …… (62)

一、一般建筑内墙涂料的配方设计 …… (62)

二、新型建筑内墙乳胶漆的配方设计举例 …… (64)

三、新型建筑内墙涂料生产工艺与产品配方实例 …… (65)

2-1 新型水性建筑涂料 …… (65)

2-2 新型低碳墙面涂料 …… (66)

2-3 新型耐擦洗内墙涂料 …………… (66)
2-4 新型湿墙抗冻内墙涂料 ………… (66)
2-5 室内香型墙面涂料 ……………… (67)
2-6 改性淀粉内墙涂料 ……………… (67)
2-7 高端耐擦洗内墙涂料 …………… (67)
2-8 新型膏状骨墙涂料 ……………… (68)
2-9 改性聚乙烯醇耐擦洗内墙涂料 … (68)
2-10 丙烯酸乙烯酯内墙涂料 ……… (68)
2-11 新型固体建筑涂料 …………… (68)
2-12 新型建筑物顶棚内壁涂料 …… (69)
2-13 新型乳胶内墙平光涂料 ……… (69)
2-14 新型改性硅溶胶内墙涂料 …… (69)
第二节 建筑外墙涂料 ……………… (70)
一、一般建筑外墙涂料的配方设计 ……………………………… (70)
二、新型建筑外墙乳胶漆的配方设计举例 …………………………… (71)
三、新型建筑外墙涂料生产工艺与产品配方实例 ……………………… (71)
2-15 最新乳液型厚涂建筑涂料 …… (71)
2-16 新型乳胶有光建筑外墙涂料 … (72)
2-17 新型乙丙乳胶外用建筑涂料 … (72)
2-18 新型白色丙烯酸乳胶外墙涂料 …………………………… (72)
2-19 新型丙烯酸乳液型涂料 ……… (72)
2-20 最新平光型外墙涂料 ………… (73)
2-21 新型醇酸建筑外墙漆 ………… (73)
2-22 白色氯化橡胶建筑涂料 ……… (74)
2-23 白色氯化橡胶游泳池涂料 …… (74)
2-24 新型丙烯酸耐擦洗外墙涂料 … (74)
2-25 白色氯化橡胶厚涂层建筑涂料 (74)
2-26 新型溶剂型丙烯酸酯外墙涂料 …………………………… (74)
2-27 新型外墙防潮涂料 …………… (75)
2-28 改性丙烯酸酯外墙涂料 ……… (75)
2-29 PVB丙烯酸复合型建筑外墙涂料 …………………………… (75)
2-30 彩砂苯丙乳胶建筑涂料 ……… (76)
2-31 硅丙树脂外墙涂料 …………… (76)
2-32 多功能型外墙多彩涂料 ……… (77)
2-33 新型彩砂骨料乙丙乳胶建筑涂料 …………………………… (77)
2-34 有机硅改性丙烯酸树脂外墙涂料 …………………………… (77)
2-35 高耐候性外墙乳胶涂料 ……… (78)
2-36 新型氯化橡胶建筑涂料 ……… (78)
2-37 新型复层弹性外墙乳胶涂料 … (78)
2-38 氯化橡胶外墙壁涂料 ………… (78)
2-39 耐水、耐候的无机建筑涂料 … (79)
2-40 新型膨润土涂料 ……………… (79)
2-41 膨润土外墙涂料 ……………… (79)
2-42 改性钠水玻璃无机涂料 ……… (79)
2-43 硅酸钾无机建筑涂料 ………… (80)
2-44 新型无机高分子建筑涂料 …… (80)
2-45 新型硅溶胶无机建筑涂料 …… (80)
第三节 建筑地面涂料 ……………… (81)
一、一般建筑地面涂料的配方设计 ……………………………… (81)
二、新型建筑地面涂料的配方设计举例 …………………………… (82)
三、新型建筑地面涂料生产工艺与产品配方实例 ……………………… (82)
2-46 新型涂饰水泥地板涂料 ……… (82)
2-47 新型水泥砂浆地面涂料 ……… (82)
2-48 新型氯偏共聚乳胶地面涂料 … (82)
2-49 新型无水石膏水泥砂浆地面涂料 …………………………… (83)
2-50 新型环氧树脂地板涂料 ……… (83)
2-51 聚乙烯醇缩甲醛厚质地面涂料 …………………………… (83)
2-52 聚醋酸乙烯乳液厚质地面涂料 …………………………… (83)
2-53 过氯乙烯地面涂料 …………… (83)
2-54 水性环氧工业地坪涂料 ……… (84)
2-55 醋酸乙烯乳液地面涂料 ……… (84)
2-56 聚乙烯醇缩甲醛水泥地面涂料 … (84)
2-57 新型环氧树脂塑料地板厚质涂料 …………………………… (85)
2-58 过氯乙烯树脂薄质水泥地面涂料 …………………………… (85)
2-59 新型过氯乙烯地面涂料 ……… (85)
2-60 家庭室内绿色地板漆 ………… (85)
第四节 绿色建筑工程涂料 ………… (86)
一、一般建筑工程涂料的技术与配方及设计 ……………………………… (87)
二、新型建筑工程氟碳涂料的涂装工艺与配方设计举例 ………… (89)
三、新型建筑工程涂料生产工艺与产品配方实例 ……………………… (91)
2-61 新型聚酯建筑工程面漆 ……… (91)
2-62 新型聚酯建筑工程漆 ………… (91)
2-63 聚氨酯塑料面漆 ……………… (92)
2-64 新型聚酯-聚氨酯树脂建筑工程面漆 …………………………… (92)

第三章 防水和防火涂料 …… (93)
第一节 建筑防水涂料 …… (93)
一、一般建筑防水涂料的配方设计 …… (93)
二、新型建筑反应型防水涂料的配方设计举例 …… (94)
三、建筑防水涂料生产工艺与产品配方实例 …… (95)
3-1 新型屋面防水涂料 …… (95)
3-2 高效丙烯酸酯屋面防水涂料 …… (95)
3-3 新型高弹性彩色防水涂料 …… (95)
3-4 新型轻质屋面防水隔热涂料 …… (95)
3-5 加固型和防渗漏水涂料 …… (96)
3-6 新型聚氨酯屋面防水涂料 …… (96)
3-7 新型弹性水泥复合防水涂料 …… (96)
3-8 地下工程防水涂料 …… (97)
3-9 新型绿色环保型防水涂料 …… (97)
3-10 地下工程用途防水涂料 …… (97)
3-11 建筑物外墙隔热防渗装饰涂料 …… (98)
3-12 聚氯乙烯水乳型防水涂料 …… (98)
3-13 乳化沥青防水涂层膏 …… (98)
3-14 乙烯树脂乳胶防水涂料 …… (98)
3-15 新型的屋面防水乳化沥青涂料 …… (99)
3-16 地下工程用途防水涂料 …… (99)
3-17 新型潮湿表面施工涂料 …… (99)
3-18 新型丁腈橡胶屋面防水 …… (99)
3-19 特种硅橡胶防水涂料 …… (100)
3-20 各色乳化沥青防水涂料 …… (100)
3-21 非离子型乳化沥青防水剂 …… (100)
3-22 非离子型乳化沥青防水漆 …… (101)
3-23 阳离子乳化沥青防水漆 …… (101)
3-24 沥青厚质防水涂料 …… (101)
3-25 膨润土乳化沥青防水涂料 …… (102)
3-26 沥青油膏稀释防水涂料 …… (102)
3-27 脂肪酸乳化沥青 …… (102)
3-28 氯丁橡胶沥青防水涂料 …… (102)
3-29 新型沥青防潮涂料 …… (103)
3-30 石蜡基石油沥青/氯丁防水涂料 …… (103)
3-31 沥青氯丁橡胶涂料 …… (103)
3-32 阻燃性乳化屋面防水涂料 …… (104)
3-33 金属皂类防水剂 …… (104)
3-34 裂缝修补与防水涂料 …… (104)
3-35 三元乙丙橡胶乳化沥青 …… (104)
3-36 再生聚乙烯生产乳化防水涂料 …… (105)
3-37 再生聚苯乙烯制备防水涂料 …… (105)
3-38 防水防腐树脂涂料 …… (105)
3-39 再生泡沫塑料制备防水涂料 …… (105)
3-40 新型热弹塑性防水涂料 …… (106)
第二节 建筑防火涂料 …… (106)
一、一般建筑防火涂料的配方设计 …… (107)
二、建筑防火涂料的配方设计举例 …… (108)
三、建筑防火涂料生产工艺与产品配方实例 …… (110)
3-41 新型水性建筑防火涂料 …… (110)
3-42 装饰性建筑防火涂料 …… (110)
3-43 膨胀隔热型乳胶防火漆 …… (110)
3-44 新型透明防火漆 …… (110)
3-45 耐高温透明防火漆 …… (111)
3-46 透明型膨胀防火漆 …… (111)
3-47 水性膨胀型防火漆 …… (111)
3-48 新型木结构膨胀防火涂料 …… (112)
3-49 新型膨胀型无机防火漆 …… (112)
3-50 新型膨胀发泡型防火涂料 …… (112)
3-51 室外钢结构防火隔热涂料 …… (112)
3-52 氯化橡胶防火隔热涂料 …… (113)
3-53 预应力楼板防火隔热涂料 …… (113)
3-54 阻燃防火隔热涂料 …… (113)
3-55 新型电感器阻燃包封涂料 …… (113)
3-56 丙烯酸乳胶防火涂料 …… (114)
3-57 新型水性自干防火涂料 …… (114)
3-58 非膨胀型丙烯酸水性防火涂料 …… (114)
3-59 各色酚醛防火漆 …… (114)
3-60 装饰性水性建筑防火漆 …… (115)
3-61 新型环保型隧道防火漆 …… (115)
3-62 新型钢结构抗振防火漆 …… (115)
3-63 新型泡沫型防火漆 …… (115)
3-64 新型膨胀型丙烯酸乳胶防火漆 …… (116)

第四章 水性涂料和仿瓷涂料 …… (117)
第一节 水性涂料 …… (117)
一、一般建筑水性涂料的配方设计 …… (117)

二、新型建筑水溶性涂料的配方设计举例 …… (119)
三、水溶性涂料生产工艺与产品配方实例 …… (119)
4-1 水溶性改性树脂漆 …… (119)
4-2 水溶性氨基树脂漆 …… (119)
4-3 水溶性氨基醇酸树脂漆 …… (120)
4-4 新型水溶性树脂漆（Ⅰ） …… (120)
4-5 新型水溶性树脂漆（Ⅱ） …… (120)
4-6 新型水溶性树脂漆（Ⅲ） …… (121)
4-7 新型水溶性树脂漆（Ⅳ） …… (121)
4-8 新型水溶性树脂漆（Ⅴ） …… (121)
4-9 新型水溶性树脂漆（Ⅵ） …… (122)
4-10 新型水溶性树脂漆（Ⅶ） …… (122)
4-11 常用的水溶性氨基醇酸树脂漆 …… (123)
4-12 新型水溶性醇酸树脂烘烤漆 …… (123)
4-13 新型水溶性氨基改性醇酸树脂漆 …… (123)
4-14 水溶性无油醇酸树脂漆 …… (124)
4-15 水溶性氨基有机硅树脂漆 …… (124)
4-16 水溶性氨基丙烯酸·环氧树脂漆 …… (125)
4-17 常用的水性氯磺化聚乙烯涂料 …… (125)
4-18 常用的水溶性多功能光亮膏 …… (126)
4-19 水稀释氨基聚醚树脂漆 …… (126)
4-20 水溶性氨基醇酸·丙烯酸酯磁漆 …… (127)
4-21 水溶性氨基丙烯酸酯树脂漆 …… (127)
4-22 常用的水溶性丙烯酸漆 …… (127)
4-23 新型水溶性丙烯酸漆（Ⅰ） …… (127)
4-24 新型水溶性丙烯酸漆（Ⅱ） …… (128)
4-25 新型水溶性丙烯酸漆（Ⅲ） …… (128)
4-26 新型水溶性丙烯酸漆（Ⅳ） …… (128)
4-27 新型水基水溶性漆 …… (129)
第二节 水稀释性涂料 …… (129)
4-28 新型水稀释性聚氨酯涂料 …… (130)
4-29 常用的水稀释性自干磁漆 …… (130)
4-30 新型高岭土水性漆 …… (130)
4-31 新型丙烯酸水性无光漆 …… (131)
第三节 水分散涂料 …… (131)
4-32 新型水分散性聚氨酯漆（Ⅰ） …… (133)
4-33 新型水分散性聚氨酯漆（Ⅱ） …… (133)
4-34 新型水分散性聚氨酯漆（Ⅲ） …… (134)
4-35 新型水分散性聚氨酯漆（Ⅳ） …… (134)
4-36 新型水分散性聚氨酯漆（Ⅴ） …… (135)
4-37 常用的水分散聚氨酯/丙烯酸聚合物漆 …… (135)
4-38 新型水分散阴极电泳漆 …… (136)
4-39 常用的水分散铵碳酸盐树脂阴极电泳漆 …… (136)
4-40 新型阴极电沉积氨基树脂漆 …… (136)
4-41 常用的氨基-环氧树脂阴极电泳漆 …… (137)
第四节 新型建筑仿瓷涂料 …… (138)
4-42 常用的瓷性涂料 …… (138)
4-43 新型外墙瓷釉涂料 …… (138)
4-44 新型仿瓷漆 …… (139)
4-45 新型多功能蜡刚墙面装饰漆 …… (139)
4-46 常用的瓷塑涂料 …… (140)
4-47 新型仿石漆 …… (140)
4-48 新型耐擦洗仿瓷内墙涂料 …… (140)
4-49 新型环氧聚氨酯仿瓷漆 …… (141)
4-50 新型光泽瓷釉涂料 …… (141)
4-51 常用的速溶建筑装饰瓷粉 …… (141)
4-52 常用的瓷釉涂料 …… (141)
4-53 常用的仿釉漆 …… (142)
4-54 常用的水性仿瓷漆 …… (142)
4-55 新型高强耐擦洗仿瓷漆 …… (143)
4-56 常用的水乳型仿瓷漆 …… (143)
4-57 新型合成天然大理石纹理涂料 …… (143)
4-58 新型高光冷瓷漆（Ⅰ） …… (144)
4-59 新型高光冷瓷漆（Ⅱ） …… (144)
4-60 常用的高强瓷化涂料 …… (144)
4-61 新型各色乙烯基仿瓷内墙涂料 …… (145)
4-62 新型墙面水晶瓷漆 …… (145)
4-63 新型耐擦洗刚性仿瓷漆 …… (146)
4-64 常用的聚乙烯醇系列仿瓷漆 …… (146)

第五章　美术、多彩和浮雕涂料 ……………………………………………………… (147)
第一节　美术涂料 ………………… (147)
一、一般美术涂料产品的生产技术与配方设计 ……………………… (147)
二、美术型网纹涂料的配方设计举例 ……………………………… (148)
三、手感美术橡胶漆的应用举例 … (149)
四、美术涂料生产工艺与产品配方实例 ……………………………… (150)
5-1　新型美术涂料 ……………… (150)
5-2　设备装饰型美术涂料 ……… (150)
5-3　场所装饰型美术涂料 ……… (151)
5-4　新型油基美术漆 …………… (151)
5-5　各色油基油画美术涂料……… (151)
5-6　常用的水稀型无毒美术涂料 … (152)
5-7　常用的水稀释的美术色料…… (152)
5-8　新型水稀释的美术色料……… (152)
5-9　新型多彩美术漆 …………… (153)
5-10　常用的内外装饰性多彩美术漆…………………………… (153)
5-11　新型自行车、汽车涂装闪光美术漆…………………………… (153)
5-12　新型器具装饰闪光美术漆…… (154)
5-13　含丙烯酸树脂及聚氨酯水性美术漆…………………………… (154)
5-14　新型半透明美术涂料……… (154)
5-15　新型砂型美术乳胶漆……… (154)
第二节　锤纹漆 ………………………… (155)
一、锤纹漆的基本概念 …………… (155)
二、锤纹漆的品种与技术特点 …… (155)
三、常用的锤纹漆的施工操作方法 … (159)
四、锤纹漆涂料与技术的应用状况 … (160)
五、锤纹漆生产工艺与产品配方实例 ……………………………… (166)
5-16　常用的锤纹涂料…………… (166)
5-17　快速锤纹涂料……………… (167)
5-18　新型锤纹涂料……………… (167)
5-19　常用的自干锤纹漆………… (167)
5-20　自干锤纹漆………………… (167)
5-21　新型自干锤纹漆…………… (168)
5-22　常用的自干锤纹漆漆料…… (168)
5-23　新型自干锤纹漆…………… (168)
5-24　新型丙烯酸烘干锤纹漆…… (168)
5-25　常用的烘干锤纹漆漆料…… (169)
5-26　新型双组分聚氨酯锤纹漆…… (169)
5-27　常用的单组分改性树脂锤纹漆…………………………… (170)
5-28　单组分醇酸树脂自干锤纹漆…………………………… (170)
5-29　常用的自干、烘干两用锤纹漆漆料………………………… (170)
5-30　新型彩绒壁多彩绒感受涂料…………………………… (171)
5-31　新型绿色锤纹漆…………… (171)
5-32　新型银色锤纹漆…………… (171)
5-33　新型灰色锤纹烘漆………… (171)
5-34　新型湖绿色锤纹漆………… (172)
5-35　新型凹凸型锤纹漆………… (172)
5-36　常用的玫瑰红锤纹漆……… (172)
第三节　橘纹漆 ……………………… (173)
一、概述 ……………………………… (173)
二、橘纹漆的品种与用途 ………… (173)
三、橘纹漆的技术特点 …………… (173)
四、高级聚氨酯橘纹漆的研制 …… (173)
五、橘纹漆的施工与修补 ………… (174)
六、橘纹漆工艺要点及其施工 …… (174)
七、丙烯酸-聚氨酯凹凸橘纹漆及其施工 ……………………………… (175)
八、橘纹漆的应用与展望 ………… (175)
5-37　常用的橘纹漆……………… (175)
5-38　新型橘纹漆………………… (176)
5-39　新型气干橘纹涂料………… (176)
5-40　常用的自干无光橘纹涂料…… (176)
第四节　裂纹漆 ……………………… (177)
一、概述 ……………………………… (177)
二、裂纹漆的基本特性 …………… (177)
三、裂纹漆的品种与分类 ………… (177)
四、裂纹漆的生产工艺 …………… (177)
五、裂纹漆的基本施工工艺 ……… (178)
六、裂纹漆的常见问题 …………… (179)
七、皱纹漆的涂饰 ………………… (179)
八、裂纹漆操作流程及质量控制 ……………………………… (180)
九、裂纹漆生产工艺与产品配方实例 ……………………………… (180)
5-41　常用的硝基裂纹漆………… (180)
5-42　新型中黄硝基裂纹漆……… (181)
5-43　新型大红硝基裂纹漆……… (181)
5-44　常用的白、红色硝基裂纹漆 … (181)
5-45　常用的黑色硝基裂纹漆…… (182)
5-46　新型红黄蓝色硝基裂纹漆…… (182)

第五节　皱纹漆 ………………… (183)
一、皱纹漆的基本概念 ………… (183)
二、形成皱纹漆的原因与种类 …… (183)
三、皱纹漆的施工步骤 ………… (183)
四、皱纹漆的涂装工艺配方 ……… (183)
五、真石漆施工工艺 …………… (184)
六、皱纹漆生产工艺与产品配方实例 ………………… (185)
5-47　常用的皱纹漆………………… (185)
5-48　新型皱纹漆………………… (185)
5-49　新型皱纹漆料……………… (186)
5-50　常用的单组分低温烘干皱纹漆………………… (186)
5-51　常用的皱纹漆……………… (187)
5-52　常用的黄色皱纹漆………… (188)
5-53　新型黑色皱纹漆…………… (188)
5-54　新型红色皱纹漆…………… (188)
5-55　新型绿色皱纹漆…………… (188)
5-56　新型蓝色皱纹漆…………… (189)
5-57　新型白色皱纹漆…………… (189)
5-58　新型灰色皱纹漆…………… (189)
第六节　多彩涂料…………………… (190)
5-59　新型室内装饰多彩涂料…… (190)
5-60　常用的内涂饰多彩涂料…… (190)
5-61　常用的可刷涂多彩涂料…… (191)
5-62　新型建筑物装饰多彩涂料…… (191)
5-63　新型耐磨、耐热多彩涂料…… (191)
5-64　新型建筑物内墙多彩涂料…… (192)
5-65　新型膨润土多彩涂料……… (192)
5-66　常用的建筑物装饰多彩花纹涂料………………… (193)
5-67　常用的内外墙装饰多彩花纹涂料………………… (193)
5-68　常用的内外墙的涂装多彩花纹涂料………………… (193)
5-69　新型室内外装饰多彩涂料…… (194)
5-70　常用的多彩花纹内墙涂料…… (194)
5-71　常用的聚乙烯醇系水型多彩涂料………………… (195)
5-72　新型丙烯酸酯低聚物乳液多彩涂料………………… (195)
5-73　新型内墙涂装的丙烯酸乳液多彩涂料………………… (195)
5-74　新型内墙装饰水性多彩花纹涂料………………… (196)
5-75　常用的内装饰水性多彩涂料………………… (196)
5-76　常用的水包水型多彩涂料…… (196)
5-77　新型内墙装饰水包水型多彩花纹涂料………………… (197)
5-78　新型内墙壁丙乳液多彩涂料………………… (197)
5-79　常用的水包水型芳香多彩花纹涂料………………… (197)
5-80　新型油包水型硝化纤维素多彩涂料………………… (198)
5-81　常用的聚苯乙烯多彩涂料…… (198)
5-82　新型水乳型芳香乙二醇涂料………………… (198)
5-83　常用高级宾馆的装饰多彩涂料………………… (199)
5-84　常用的多彩立体花纹涂料…… (199)
5-85　高级多彩立体花纹涂料……… (200)
5-86　聚醋酸乙烯乳液多彩涂料…… (200)
5-87　常用的多彩喷塑涂料……… (200)
5-88　常用的芳香彩色花纹涂料…… (201)
5-89　常用的油包水型多彩涂料…… (201)
5-90　常用的多彩钢化中涂涂料…… (201)
5-91　新型钢化多彩喷塑涂料…… (202)
5-92　常用的仿瓷多彩涂料（Ⅰ）…… (202)
5-93　常用的仿瓷多彩涂料（Ⅱ）…… (202)
5-94　保温多彩喷塑涂料………… (203)
第七节　浮雕涂料………………… (203)
5-95　雕塑黏土——新型橡皮泥…… (204)
5-96　常用的丙苯乳胶浮雕涂料…… (204)
5-97　新型浮雕涂料……………… (204)
5-98　常用的浮雕状喷塑涂料…… (205)
5-99　新型多层浮雕涂料………… (205)
5-100　新型浮雕建筑涂料 ……… (205)
5-101　新型浮雕涂料罩面涂料 …… (206)
5-102　新型浮雕涂料底层涂料 …… (206)
5-103　新型闪光浮雕涂料 ……… (206)

第六章　防腐和防锈涂料 ………………………………………………………… (207)
第一节　防腐涂料 ……………… (207)
一、一般聚氨酯防腐涂料的配方设计 ………………… (208)
二、新型水性防腐涂料的配方设计举例 ………………… (208)
三、新型水性防腐涂料生产工艺与

产品配方实例 …………………… (209)
6-1 水性环氧酯防腐漆 ………… (209)
6-2 沥青防腐漆 ………………… (209)
6-3 绿色过氯乙烯防腐涂料 ……… (210)
6-4 新型水性耐 500℃高温防腐漆 ………………………… (210)
6-5 新型金属防腐漆 …………… (210)
6-6 新型高效防腐防锈漆 ……… (210)
6-7 新型水性环氧酯防腐漆 …… (211)
6-8 新型耐高温防腐漆 ………… (211)
6-9 新型金属制件环氧防腐漆 … (211)
6-10 新型耐 800℃高温漆 ……… (212)
6-11 新型化工设备防腐漆 ……… (212)
6-12 新型油-水换热设备防腐漆 … (212)
6-13 新型碳钢水冷器防腐漆 …… (212)
6-14 新型绿色过氯乙烯防腐漆 … (213)
6-15 食品容器内壁环氧聚酰胺涂料 …………………………… (213)
6-16 新型沥青防腐涂料 ………… (214)
6-17 半透明钢管防腐涂料 ……… (214)
6-18 厚膜型环氧沥青重防腐蚀涂料 …………………………… (214)
6-19 环氧酚醛烘干防腐漆 ……… (214)
6-20 银色环氧防腐漆 …………… (215)
第二节 防锈涂料 …………………… (215)
一、防锈涂料的防锈机理及组成 … (215)
二、一般红丹油性防锈涂料的配方设计 ……………………………… (216)
三、新型水性带锈防锈涂料的配方设计举例 ……………………… (217)
四、防锈涂料的分类及典型配方举例 ………………………………… (218)
五、新型防锈涂料生产工艺与产品配方实例 ……………………… (220)
6-21 新型水下施工防锈漆 ……… (220)
6-22 新型铁红油性防锈漆 ……… (220)
6-23 新型铁黑油性防锈漆 ……… (220)
6-24 新型铁黑酚醛防锈漆 ……… (220)
6-25 新型钢结构锌灰油性表面防锈漆 …………………………… (221)
6-26 新型钢构件表面除锈漆 …… (221)
6-27 新型偏硼酸酚醛防锈漆 …… (221)
6-28 新型硼钡油性表面防锈漆 … (221)
6-29 新型富锌防锈漆 …………… (221)
6-30 新型苯氧基富锌防锈漆 …… (222)
第三节 带锈涂料 …………………… (222)
一、渗透型带锈涂料 ……………… (222)
二、稳定型带锈涂料 ……………… (223)
三、转化型带锈涂料 ……………… (223)
6-31 新型醇酸树脂带锈漆 ……… (224)
6-32 新型铁红环氧酯带锈底漆 … (224)
6-33 新型金属油罐带锈漆 ……… (224)
6-34 铁红醇酸带锈底漆 ………… (225)
第七章 面漆和底漆 …………………………………………………………………… (226)
第一节 面漆 ………………………… (226)
一、建筑面漆 ……………………… (226)
二、汽车面漆 ……………………… (226)
三、罩光面漆 ……………………… (226)
四、一般常用面漆种类与用途设计 ……………………………… (227)
五、新型乳胶面漆的配方设计举例 ……………………………… (227)
六、新型汽车色漆配方设计举例 ……………………………… (228)
7-1 新型建筑面漆 ……………… (229)
7-2 建筑防紫外线面漆 ………… (229)
7-3 飞机蒙皮有机硅聚氨酯树脂面漆 ………………………… (230)
7-4 新型热固性飞机蒙皮面漆 … (230)
7-5 新型轿车聚酯面漆 ………… (230)
7-6 新型轿车丙烯酸/环氧树脂底漆 ……………………………… (231)
7-7 丙烯酸系树脂改性氨基醇酸树脂有光面漆 ………………… (231)
7-8 新型聚酯家具面漆 ………… (231)
7-9 新型聚氨酯塑料面漆 ……… (232)
7-10 新型丙烯酸罩光涂料 ……… (232)
7-11 新型皮革罩光涂料 ………… (233)
7-12 新型木工表面罩光磁漆 …… (233)
7-13 新型云母钛珠光罩面漆 …… (233)
7-14 新型双涂层罩面无水漆 …… (233)
7-15 新型罩面玻璃漆 …………… (234)
第二节 底漆 ………………………… (235)
一、一般常用底漆种类与用途设计 ……………………………… (235)
二、新型汽车用金属闪光底漆的配方设计举例 ………………… (236)
三、新型几类常见底漆的配方设计

举例 …………………………………… (236)
7-16 汽车车身、车厢及零部件底漆……………………………… (236)
7-17 玻璃、铝、钢户外件耐光底漆……………………………… (237)
7-18 新型金属底材磷化底漆……… (237)
7-19 新型铁红耐磨、防锈乳胶底漆……………………………… (237)
7-20 新型钢铁制品电泳底漆……… (238)
7-21 铝蒙皮表面件保护漆………… (238)
7-22 新型耐磨有机硅底漆………… (238)
7-23 硝基纤维封闭底漆…………… (239)
7-24 新型耐腐蚀金属底漆………… (239)
7-25 新型金属部件高效防腐底漆……………………………… (239)
7-26 造船厂水下金属表面底漆…… (240)
7-27 钢铁表面铁红醇酸底漆……… (241)
7-28 新型环氧改性底漆…………… (241)
7-29 新型木材打磨的封闭底漆…… (241)
7-30 新型金属表面底漆…………… (242)
7-31 新型木器封闭底漆…………… (242)
7-32 新型橡胶醇酸底漆…………… (243)
7-33 新型氨基醇酸二道底漆……… (243)
7-34 新型硝基底漆………………… (243)
7-35 水可稀释性灰色醇酸烘烤底漆……………………………… (244)
7-36 苯乙烯改性醇酸铁红烘干底漆……………………………… (244)
7-37 铁黄聚酯烘烤底漆…………… (244)
7-38 新型环氧改云铁聚氨酯底漆……………………………… (244)
7-39 金属打底的铁红、灰酯胶底漆……………………………… (245)
7-40 船舶油轮铝粉环氧沥青耐油底漆……………………………… (245)
7-41 铁路、桥梁锌黄聚氨酯底漆……………………………… (245)
7-42 新型环氧树脂改性聚酰胺底漆……………………………… (246)
7-43 聚酚氧预涂底漆……………… (246)
7-44 氯化橡胶、醇酸树脂底漆…… (246)
7-45 新型船底涂布用涂料………… (247)
7-46 新型盐雾和防锈底漆………… (247)
7-47 新型沥青船底漆……………… (247)
7-48 新型环氧富锌车间底漆……… (248)
7-49 新型高装饰速干机械底漆…… (248)

第八章 特种功能涂料 ………………………………………………………… (249)

第一节 防污涂料 ……………………… (249)
一、防污剂的分类 ……………………… (250)
二、防污涂料用成膜物质和助剂 … (250)
三、防污涂料产品的种类与生产技术及配方设计举例 ……………… (251)
8-1 新型海上使用防污涂料……… (252)
8-2 乙烯型共聚体防污漆………… (252)
8-3 新型沥青防污漆……………… (252)
8-4 新型防污漆…………………… (252)
8-5 氯化橡胶型共聚体防污漆…… (253)
8-6 新型快干防污漆……………… (253)
8-7 新型改性沥青防污漆………… (253)
8-8 防除海生物长效防污漆 ……… (254)
8-9 新型自抛光防污漆 …………… (254)
8-10 高电压线路防污闪漆………… (254)
第二节 耐磨涂料 ……………………… (254)
8-11 自动玻璃润滑涂料…………… (255)
8-12 有机硅润滑耐磨涂料………… (255)
8-13 新型工业防腐耐磨涂料……… (255)
8-14 锅炉烟灰管高温耐磨涂料…… (256)
第三节 导电涂料 ……………………… (256)
一、导电涂料分类及导电原理 …… (256)
二、导电涂料产品的种类与生产技术及配方设计举例 ……………… (257)
8-15 丙烯酸导电漆………………… (259)
8-16 改性丙烯酸导电漆…………… (259)
8-17 电子系列导电漆……………… (259)
8-18 彩色显像管用导电漆………… (259)
8-19 电子工业的电磁屏蔽导电系列涂料……………………………… (260)
8-20 光固化型电磁屏蔽导电漆…… (260)
8-21 新型多功能导电涂料………… (260)
8-22 电子半导体及容器导电漆…… (261)
8-23 新型电路印刷导电漆………… (261)
8-24 新型导电涂料组成物………… (261)
8-25 新型玻璃钢导电磁漆………… (262)
8-26 导电性水分散性涂料………… (262)
8-27 新型导电性发热漆…………… (263)
8-28 新型镍铬电热丝涂料………… (263)
8-29 无机导电性发热涂料………… (263)
第四节 防静电和阻尼涂料 ………… (263)
8-30 碳纤维复合材料表面抗静电

防护涂料 …………………… (263)
8-31 表面抗静电防腐处理涂料 …… (264)
8-32 新型防静电漆 ………………… (264)
8-33 新型无机防静电漆 …………… (264)
8-34 家电、管线阻尼漆 …………… (264)
8-35 交通使用阻尼漆 ……………… (264)
第五节 磁性涂料 …………………… (265)
8-36 新型磁性漆 …………………… (265)
8-37 新型丙烯酸树脂磁性漆 ……… (266)
8-38 磁性记录磁性漆 ……………… (266)
8-39 磷酸改性聚氨酯磁性漆 ……… (266)
8-40 磁带、圆盘磁性漆 …………… (266)
8-41 新型磁性涂料 ………………… (267)
8-42 新型摄像磁带磁性涂漆 ……… (267)
第六节 光固化涂料 ………………… (268)
8-43 快速光固化光纤涂料 ………… (268)
8-44 多硫醇/多烯体系光固化漆 … (268)
8-45 新型紫外线固化涂料 ………… (268)
8-46 新型快速固化光敏漆 ………… (269)
第七节 耐热涂料 …………………… (269)
一、耐热涂料的种类 ……………… (269)
二、耐热涂料用颜填料 …………… (269)
三、耐热涂料产品的生产技术与配方设计举例 …………… (270)
8-47 新型水玻璃无机耐热涂料 …… (271)
8-48 新型电发热涂料 ……………… (271)
第八节 其他涂料 …………………… (272)
8-49 热辐射节能涂料 ……………… (272)
8-50 单组分聚氨酯吸收涂料 ……… (272)
8-51 同步卫星发射火箭热反射漆 ……………………… (272)
8-52 散状长效高温节能漆 ………… (274)
8-53 新型太阳能热水器吸热涂料 ……………………… (274)
8-54 新型紫外辐射吸收漆 ………… (274)
8-55 热固性丙烯酸酯吸收涂料 …… (275)
8-56 夜间芳香彩虹玻璃灯罩涂料 … (275)
8-57 环氧改性电阻漆 ……………… (275)

第九章 金属漆和粉末涂料 ………………………………………… (276)
第一节 金属漆 ……………………… (276)
一、一般金属防腐漆产品的生产技术与配方设计 ……………… (276)
二、新型水性金属漆的配方设计举例 ……………………… (277)
三、新型水性金属漆生产工艺与产品配方实例 ………………… (277)
9-1 金属散热片防腐用涂料 ……… (277)
9-2 金属钛和金属铋液体涂料 …… (278)
9-3 新型金属型铸铁涂料 ………… (278)
9-4 新型罐头表面用清漆 ………… (278)
9-5 锅炉内壁防护涂料 …………… (278)
9-6 多功能新型用途金属上光剂 … (279)
9-7 新型金属表面保护和装饰面漆 ……………………… (279)
9-8 新型化学镀镍槽壁涂料 ……… (279)
9-9 新型金属底漆和面漆 ………… (280)
9-10 石油储罐与管道铝粉用防腐涂料 ……………………… (280)
9-11 高温金属热处理保护漆 ……… (280)
9-12 金属型面漆涂漆 ……………… (280)
9-13 新型等离子金属喷涂漆 ……… (281)
9-14 新型钢板保护漆 ……………… (281)
9-15 新型热处理保护涂料 ………… (281)
9-16 氨基丙烯酸金属闪光漆 ……… (282)
9-17 铝箔制罐头盒内壁用涂料 …… (282)
9-18 新型食品罐头内壁涂料 ……… (282)
9-19 新型机床表面打底涂层 ……… (283)
第二节 粉末涂料 …………………… (283)
一、粉末涂料的组成与分类 ……… (283)
二、新型粉末涂料制造方法与配方设计举例 ……………… (284)
三、新型粉末涂料生产工艺与产品配方实例 ……………… (285)
9-20 金属粉末展色涂料 …………… (285)
9-21 防腐型环氧-聚酯树脂粉末涂料 ……………………… (286)
9-22 家电器材的保护粉末涂料 …… (286)
9-23 聚苯乙烯改性环氧聚酯树脂粉末涂料 ……………………… (286)
9-24 双酚双组分混合粉末涂料 …… (286)
9-25 防腐型酚醛固化环氧树脂粉末涂料 ……………………… (287)
9-26 环氧树脂-丙烯酸树脂-聚酰胺树脂粉末涂料 ……………… (287)
9-27 环戊二烯顺酐共聚物改性环氧树脂粉末涂料 ……………… (287)
9-28 节能型装饰与保护粉末涂料 … (288)
9-29 防腐型快速聚酯-环氧粉末涂料 ……………………… (288)

9-30 新型聚酯-环氧树脂粉末涂料 …………………… (288)
9-31 化工、电力环氧树脂粉末涂料 …………………… (289)
9-32 新型热固性聚酯二元醇粉末涂料 …………………… (289)
9-33 防腐型环氧-聚酯粉末涂料 … (289)
9-34 节能型家用电器粉末涂料 …… (289)
9-35 新型电子部件热固性粉末涂料 …………………… (290)
9-36 节能型家电的涂装粉末涂料 …………………… (290)
9-37 新型聚酯-环氧树脂粉末涂料 …………………… (290)
9-38 节能型器壁的涂层与保护粉末涂料 …………………… (291)
9-39 节能型聚氨酯粉末涂料 ……… (291)
9-40 金属制品用途的粉末涂料 …… (291)
9-41 耐冲击聚氨酯粉末涂 ………… (291)
9-42 新型热固性家用电器粉末涂料 …………………… (291)
9-43 新型钢结构件粉末涂料 ……… (292)
9-44 聚氨酯改性平光聚酯树脂粉末涂料 …………………… (292)
9-45 新型无定形聚酯粉末涂料 …… (293)
9-46 新型羧基型聚酯粉末涂料 …… (293)
9-47 水泵防腐耐磨粉末涂料 ……… (293)
9-48 新型羟基型聚酯粉末涂料 …… (293)
9-49 节能型金属及其制品粉末涂料 …………………… (294)
9-50 节能型交联聚酯粉末涂料 …… (294)
9-51 新型磁性涂料用粉末聚氨酯 …………………… (294)
9-52 新型半结晶聚酯粉末涂料 …… (294)
9-53 新型电脑主机外壳粉末涂料 …………………… (295)
9-54 改性聚丙烯酸粉末涂料 ……… (295)
9-55 新型室内家具、户外门窗粉末涂料 …………………… (295)
9-56 节能型家用电器粉末涂料 …… (295)
9-57 新型热固性高装饰性粉末涂料 …………………… (296)
9-58 改性聚酯树脂粉末涂料 ……… (296)
9-59 封闭型异氰酸酯固化聚酯树脂粉末涂料 …………………… (297)
9-60 新型户外物件的涂装粉末涂料 …………………… (297)

第十章 家用电器涂料 …………………… (298)
10-1 电冰箱用涂料 ………………… (299)
10-2 洗衣机外壳用涂料 …………… (299)
10-3 吸尘器外壳涂料 ……………… (299)
10-4 空调机粉末涂料 ……………… (300)
10-5 环氧改性聚酰胺-酰亚胺漆包线涂料 …………………… (300)
10-6 醇酸烘干漆包线涂料 ……… (300)
10-7 醇酸烘干绝缘涂料 …………… (301)
10-8 粉红硝基绝缘涂料 …………… (301)
10-9 浸涂型电感器涂料 …………… (301)
10-10 家用电器涂料——冰花漆 … (301)
10-11 超快干氨基烘干清漆 ……… (302)
10-12 温度指数 180 耐冷媒漆包线漆 …………………… (302)
10-13 家用电器表面涂饰漆 ……… (302)
10-14 家用电器保护涂料 ………… (302)
10-15 无光粉末涂料 ……………… (303)
10-16 白色粉末涂料 ……………… (303)
10-17 各色丙烯酸氨基烘干透明漆 … (303)
10-18 磁性记录材料用涂料 (Ⅰ) … (303)
10-19 磁性记录材料用涂料 (Ⅱ) … (303)
10-20 录音用磁性涂料 …………… (304)
10-21 磁性记录材料用聚氨酯涂料 …………………… (304)
10-22 录像带磁性涂料 …………… (304)
10-23 录音带磁性涂料 …………… (304)
10-24 集成电路板用涂料 ………… (304)
10-25 漆包线涂料 ………………… (305)
10-26 醇溶自黏漆包线漆 ………… (305)
10-27 高压电器绝缘涂料 ………… (305)
10-28 耐高温的电阻绝缘涂料 …… (306)
10-29 电绝缘无溶剂浸渍漆 ……… (306)
10-30 聚氨酯漆包线涂料 ………… (306)
10-31 家用电器漆包线涂料 ……… (307)

第十一章 竹木器和家具涂料 …………………… (308)
第一节 竹木器和家具用涂料 ……… (308)
一、竹木器和家具用涂料分类 …… (308)

二、水性聚氨酯清漆在竹木器和家具中的应用举例 …………（309）
三、新型竹木器保护用UV固化涂料的配方设计举例 …………（309）
11-1 新型硝基藤器改性涂料…………（310）
11-2 新型水性藤器封闭漆…………（310）
11-3 高级竹制器防腐防蛀涂料…………（310）
11-4 新型自干型钢琴木器涂料…………（311）
11-5 高级家具手扫涂料…………（311）
11-6 新型双组分饱和聚酯木器家具罩光漆…………（311）
11-7 新型耐水透明酚醛木器漆…………（311）
11-8 新型虫胶快干家具及木器上光漆…………（312）
11-9 印制铁盒文具木器漆…………（312）
11-10 家具、门窗、板壁木器漆 …（312）
11-11 新型文具与木器罩光漆 ……（312）
11-12 快干木器家具漆 …………（312）
11-13 锌黄聚氨酯木器配套家具涂料 …………（313）
11-14 高级彩色高光泽家具涂料 …（313）
11-15 双组分混合快干家具涂料 …（313）
第二节 木器、家具清漆 …………（314）
11-16 新型丙烯酸木器清漆 ………（314）
11-17 高光泽不饱和聚酯清漆 ……（314）
11-18 高级快干木器、家具清漆 …（314）
11-19 UV固化丙烯酸清漆 ………（315）
11-20 聚氨酯平光家具清漆 ………（315）
第三节 木器面漆与底漆 …………（315）
11-21 新型快干黑板表面涂料 ……（315）
11-22 高级家具乐器木制面漆 ……（316）
11-23 新型聚酯木器面漆 …………（316）
11-24 高级聚氨酯木器磁面漆 ……（316）
11-25 快干木质家具表面装饰面漆 …………（317）
11-26 耐泛黄白色高光泽家具面漆 …………（317）
11-27 新型耐磨光固化木器底漆 …（317）
11-28 新型聚氨酯木面封闭底漆 …（318）
11-29 新型木器家具封闭漆 ………（318）
11-30 高档家具及木器底漆 ………（318）
11-31 原子灰 …………（318）
11-32 新型木器表面与木地板涂饰漆 …………（319）
11-33 高级运动场地板涂料 ………（319）

第十二章 交通和航空涂料 …………（320）
第一节 交通涂料 …………（320）
一、交通涂料的分类与组成 …………（320）
二、溶剂型交通涂料工艺与配方设计实例 …………（320）
三、交通桥梁涂料 …………（323）
12-1 新型桥梁用丙烯酸酯树脂涂料…………（323）
12-2 新型桥梁热溶型标志涂饰涂料…………（324）
12-3 新型桥面用双组分聚氨酯涂料…………（324）
12-4 新型桥梁发光标志涂料…………（324）
12-5 新型热熔型桥梁发光标志涂料…………（324）
12-6 各色高端桥梁发光涂料…………（325）
四、水性交通涂料 …………（325）
12-7 新型水性防滑耐磨标志涂料…………（326）
12-8 三元聚合纳米水性路桥涂料…………（327）
12-9 新型水性道路阻燃标志漆…………（328）
12-10 液态型环氧机场跑道路标漆…………（328）
五、热熔性交通涂料 …………（328）
12-11 新型热熔型路面标志漆…………（329）
12-12 低黏度高耐候热熔型改性松香路标涂料 …………（329）
12-13 高级热熔型路面划线标志涂料 …………（330）
12-14 高速公路热塑性路标漆……（330）
12-15 新型多功能公路路标用漆…（330）
12-16 多功能道路划线标志涂料 …（331）
12-17 新型热熔型反光道路标线漆 …………（331）
12-18 高端醇酸改性路标快干涂料 …………（331）
12-19 白色高氯化聚乙烯树脂道路标志漆 …………（331）
12-20 环氧改性聚氨酯标志漆 ……（332）
12-21 高级粉状热熔型道路标志涂料 …………（332）
12-22 公路划线及水泥饰面涂料 …（332）

12-23 高级热熔型路标涂料 ……… (333)
12-24 镁铝合金表面涂饰标志漆 … (333)
12-25 多功能道路标志改性反光涂料 ……………………………… (333)
12-26 橡胶接枝丙烯酸树脂路标漆 ……………………………… (333)
12-27 高端的高速公路交通标志漆 ……………………………… (333)
12-28 混凝土路面划线底漆 ……… (334)
12-29 新型耐磨反光道路标志漆 … (334)
12-30 多功能反光厚浆型公路标志漆 ……………………………… (335)
12-31 黄色高氯化聚乙烯树脂道路标志漆 ……………………………… (335)
12-32 热熔型松香改性路标涂料 ……………………………… (335)
12-33 各色醇酸划线磁漆 ……… (335)
12-34 新型松香改性公路划线漆 ……………………………… (336)
12-35 非分散性丙烯酸酯白色道路划线漆 ……………………………… (336)
第二节 航空和航天涂料 ……………… (336)
一、舰载机起降对飞行甲板的特殊要求……………………………… (337)
二、飞行甲板涂料的特殊性能 …… (337)
三、国内外研究现状 ……………… (338)
四、飞行甲板涂料的发展方向 …… (338)
12-36 新型永久性磷光航空涂料 ……………………………… (338)
12-37 航空底漆 ……………………… (339)
12-38 耐磨、反光丙烯酸乳胶标志涂料 ……………………………… (339)
12-39 航天标牌夜光涂料 ………… (339)
12-40 飞机场夜光涂料 …………… (340)
12-41 发光喷塑涂料 ……………… (340)
12-42 高端耐磨、反光乳胶飞机跑道标志涂料 ……………………… (341)
12-43 多功能航空特种涂料——三防漆 ……………………………… (341)
12-44 飞机蒙皮迷彩涂料 ………… (341)
12-45 多功能道路反光漆 ………… (341)
12-46 耐高温飞机蒙皮涂料 ……… (341)
12-47 飞机发动机叶片高温保护涂料 ……………………………… (342)
12-48 高级环氧聚氨酯飞机蒙皮底漆 ……………………………… (342)
12-49 新型环氧机场跑道路标涂料 ……………………………… (342)
12-50 防滑耐磨划线涂料 ………… (342)
12-51 丙烯酸聚氨酯飞机蒙皮面漆 ……………………………… (343)

第十三章 汽车和摩托车涂料 ……………………………………………… (344)

第一节 汽车涂料 ……………………… (344)
一、汽车涂料定义 ………………… (344)
二、汽车涂料分类 ………………… (344)
三、典型汽车涂料产品的生产技术与配方设计举例 ……………… (345)
四、汽车涂料中的溶剂、颜料、闪光材料选择与配方 ……………… (350)
13-1 高端汽车外用面漆………………… (352)
13-2 多功能轿车外壳喷涂漆………… (353)
13-3 新型汽车三防纳米电泳漆……… (354)
13-4 高固体丙烯酸烘干汽车面漆…………………………………… (354)
13-5 汽车用水性纳米电泳涂料……… (354)
13-6 季铵盐改性环氧树脂阴极纳米电泳涂料………………………… (355)
13-7 高级阴极纳米电泳漆…………… (355)
13-8 高档汽车静电喷涂面漆………… (356)
13-9 高级汽车装饰性磁漆…………… (356)
13-10 聚氨酯汽车漆 ……………… (356)
13-11 汽车反光镜透明保护涂料 … (357)
13-12 多功能轿车外用涂饰涂料 … (357)
13-13 各类汽车钢板外壳喷涂面漆 ……………………………… (357)
13-14 多功能车辆的涂饰专用涂料 ……………………………… (357)
13-15 耐湿热和耐盐雾汽车外用装饰性面漆 ……………………… (358)
13-16 高光泽紫红汽车面漆 ……… (358)
13-17 多功能新型汽车用面漆 …… (359)
13-18 新型烘烤型抗裂和耐水的汽车底漆 ……………………………… (359)
13-19 烘干高固体型丙烯酸汽车装饰保护面漆 ……………………… (359)
13-20 汽车用隔热涂料 …………… (359)
13-21 汽车防雾透明涂料 ………… (360)
13-22 新型高装饰卡车用漆 ……… (360)

13-23　高档汽车三防铁红底漆 …… (360)
13-24　汽车用磁性氧化铁环氧底漆 …… (360)
13-25　磁化铁黑车辆表面涂料 …… (361)
13-26　新型汽车修补用涂料 …… (361)
13-27　耐磨性和装饰性铁路车皮磁漆 …… (361)
13-28　汽车花键轴耐高温底漆 …… (361)
13-29　新型氨基汽车漆 …… (361)
13-30　丙烯酸汽车修补漆 …… (362)
13-31　汽车中涂漆 …… (362)
13-32　新型的汽车保护和装饰涂料 …… (362)
13-33　环氧磁性铁汽车专用底漆 …… (362)
13-34　磁化铁棕车辆防锈涂料 …… (363)
13-35　汽车车架防腐补漆 …… (363)
第二节　摩托车漆 …… (363)
一、摩托车专用塑胶漆 …… (363)
二、摩托车塑胶漆粉末涂装 …… (364)
13-36　摩托车复合型装饰漆 …… (364)
13-37　热塑性铝银色闪光摩托车闪光涂料 …… (364)
13-38　摩托车玻璃钢零部件表面涂料 …… (365)
13-39　热固性铝银色闪光摩托车漆 …… (365)
13-40　热固性红色透明摩托车漆 …… (365)

第十四章　船舶和集装箱涂料 …… (366)

第一节　船舶涂料 …… (366)
一、船舶涂料的特点 …… (366)
二、船舶涂料的分类 …… (366)
三、舰船涂料的多功能与水性化 …… (367)
四、舰船涂料品种 …… (368)
五、船舶涂料生产工艺与产品配方实例 …… (368)
14-1　新型船舶快干装饰漆 …… (368)
14-2　新型船用防锈漆 …… (369)
14-3　新型船舶油舱耐油漆 …… (369)
14-4　黑色酚醛船壳漆 …… (369)
14-5　新型船用油舱漆 …… (369)
14-6　新型船用中绿水线漆 …… (370)
14-7　新一代甲板涂料 …… (370)
14-8　新型船用桅杆漆 …… (370)
14-9　新型船舶钢铁或木质甲板漆 …… (370)
14-10　新型船用甲板漆 …… (370)
14-11　新型船舶水线漆 …… (371)
14-12　新型船用甲板防滑漆 …… (371)
14-13　新型多功能船舶饮用水舱漆 …… (372)
14-14　新型沥青船底漆 …… (372)
14-15　新型油性船壳涂料 …… (372)
14-16　低表面能海洋防污涂料 …… (373)
14-17　新型船底防污涂料 …… (373)
14-18　船舶防污涂料 …… (373)
14-19　新型船底防污漆 …… (374)
14-20　松香系防污涂料 …… (374)
14-21　多功能聚氨酯防污漆 …… (374)
14-22　改性有机硅船舶与防污涂料 …… (374)
14-23　船舶无机防污涂料 …… (375)
14-24　硫化橡胶合成防污涂料 …… (375)
14-25　低表面能防污涂料 …… (375)
14-26　高级丙烯酸树脂水性防污涂料 …… (375)
14-27　多功能船底防锈漆 …… (375)
14-28　低表面自由能防污涂料 …… (376)
14-29　高级丙烯酸酯共聚乳液防污涂料 …… (376)
14-30　舰船接触型防污涂料 …… (377)
14-31　新型丙烯酸船舶防污涂料 …… (377)
14-32　新型松香改性沥青船底防污漆 …… (377)
14-33　船舶扩散型防污涂料 …… (377)
第二节　集装箱涂料 …… (377)
一、集装箱涂料的概述 …… (377)
二、集装箱涂料的性能要求 …… (378)
三、集装箱涂料生产标准化问题 …… (379)
四、集装箱涂料生产工艺与产品配方实例 …… (379)
14-34　铁红集装箱防腐沥青底漆 …… (379)
14-35　新型集装箱防腐纯酚醛底漆 …… (380)
14-36　新型集装箱防腐底漆 …… (380)
14-37　多功能集装箱底漆 …… (381)
14-38　新型集装箱环氧树脂涂料 …… (382)
14-39　新型黑棕集装箱底防锈漆 …… (383)
14-40　新型氯化橡胶集装箱漆 …… (383)

14-41　高级棕色集装箱防污漆 ……（383）

第十五章　天然和元素有机树脂漆 ……（385）
第一节　天然树脂涂料 ……（385）
15-1　新型酯胶清漆 ……（386）
15-2　家具与电器覆盖的虫胶清漆 ……（386）
15-3　新型木器虫胶罩光清漆 ……（386）
15-4　耐水家具及木器清漆 ……（386）
15-5　自行车缝纫机制品的表面清漆 ……（387）
15-6　新型印制铁盒文具罩光清漆 ……（387）
15-7　新型钙脂清漆 ……（387）
15-8　金属木质物件酯胶调和漆 ……（388）
15-9　各色酯胶无光调和漆 ……（389）
15-10　各色酯胶半光调和漆 ……（390）
15-11　木材和金属表面酯胶磁漆 …（390）
15-12　白色、浅色酯胶磁漆 ……（391）
15-13　铁红、灰酯胶底漆 ……（391）
15-14　金属和木质小型物件磁漆 …（392）
15-15　各色酯胶二道底漆 ……（392）
15-16　新型耐氨大漆 ……（393）
15-17　新型油基大漆 ……（393）
15-18　新型漆酚清漆 ……（393）
15-19　铁红虫胶磁漆 ……（393）
15-20　新型黑油基大漆 ……（394）
15-21　黑精制大漆 ……（394）
15-22　酯胶烘干硅钢片漆 ……（395）
15-23　酯胶绝缘清漆 ……（395）
15-24　铁红酯胶船底漆 ……（395）
15-25　酯胶乳化烘干绝缘漆 ……（395）
15-26　漆酚环氧防腐漆 ……（396）
15-27　松香防污漆 ……（396）
15-28　各色酯胶耐酸漆 ……（396）
15-29　松香铸造胶液 ……（397）
第二节　元素有机漆 ……（397）
15-30　有机硅烘干绝缘漆 ……（397）
15-31　淡红色有机硅烘干底漆 ……（397）
15-32　草绿有机硅耐热漆 ……（398）
15-33　有机硅绝缘漆 ……（398）
15-34　粉红有机硅烘干绝缘漆 ……（398）
15-35　有机硅烘干绝缘漆 ……（398）
15-36　有机硅烘干绝缘漆 ……（399）
15-37　各色有机硅耐热漆 ……（399）
15-38　金属零件表面耐热漆 ……（399）
15-39　管道火炉表面耐热漆 ……（399）
15-40　改性有机硅耐热漆 ……（400）
15-41　抗氧防腐蚀有机硅耐高温漆 ……（400）
15-42　铝合金耐热部件的表面涂料 ……（400）
15-43　600#有机硅耐高温漆 ……（400）
15-44　800#有机硅耐高温漆 ……（401）
15-45　环氧改性有机硅耐热漆 ……（401）

第十六章　酚醛和氨基树脂漆 ……（402）
第一节　酚醛树脂涂料 ……（402）
16-1　耐水性家具罩光清漆 ……（402）
16-2　金属器件表涂清漆 ……（403）
16-3　木器和金属表面罩光清漆 ……（403）
16-4　竹木器及家具表面的清漆 ……（404）
16-5　金属制品表面耐强酸漆 ……（404）
16-6　热固性金属表面罩光清漆 ……（404）
16-7　红黑绿色酚醛树脂漆 ……（405）
16-8　脱水蓖麻油酚醛清漆 ……（405）
16-9　酚醛缩丁醛烘干清漆 ……（405）
16-10　醇溶酚醛烘干清漆 ……（405）
16-11　酚醛硅钢片烘漆 ……（406）
16-12　酚醛电位器烘漆 ……（406）
16-13　各色酚醛底漆 ……（406）
16-14　黑酚醛烟囱漆 ……（406）
16-15　锌黄、铁红、灰酚醛磁漆 ……（407）
16-16　各色酚醛底漆 ……（407）
16-17　酚醛烘干绕组绝缘漆 ……（408）
16-18　酚醛烘干零件绝缘漆 ……（408）
16-19　酚醛烘干漆包线绝缘漆 ……（409）
16-20　铁红酚醛防锈漆 ……（409）
16-21　酚醛防火漆 ……（409）
16-22　三聚磷酸铝酚醛防锈漆 ……（409）
第二节　氨基树脂漆 ……（410）
16-23　氨基烘干清漆（1） ……（410）
16-24　氨基烘干清漆（2） ……（410）
16-25　各色氨基烘干水溶性底漆 ……（411）
16-26　氨基烘干水砂纸清漆 ……（411）

16-27 各色氨基烘干静电磁漆 …… (411)
16-28 家用电器快干烘干磁漆 …… (412)
16-29 快干金属表面装饰烘干透明漆 …… (412)
16-30 电子工业透明标志漆 …… (412)
16-31 光学仪器无光烘干磁漆 …… (413)
16-32 钢铁或铝合金制品无光烘干水溶性漆 …… (413)
16-33 变压器电器烘干绝缘漆 …… (413)
16-34 电机电器绝缘烘漆 …… (414)
16-35 电机电器烘干绝缘漆 …… (414)
16-36 表面装饰罩光烘干清漆 …… (414)
16-37 超快干各色氨基透明烘漆 …… (414)
16-38 轻工及家用电器烘干磁漆 …… (415)

第十七章 沥青和过氯乙烯树脂漆 …… (416)

第一节 沥青漆 …… (416)
17-1 快干沥青船底漆 …… (416)
17-2 船底部位沥青防锈漆 …… (417)
17-3 超快干铝粉沥青船底漆 …… (417)
17-4 新型耐潮耐水防腐蚀沥青清漆 …… (417)
17-5 维尼纶渔网的涂染沥青清漆 …… (418)
17-6 金属钢铁及木材表面涂刷沥青清漆 …… (418)
17-7 新型快干耐水性防腐沥青清漆 …… (418)
17-8 新型容器与机械沥青清漆 …… (419)
17-9 石油、煤焦油沥青清漆 …… (419)
17-10 新型自行车、缝纫机沥青清烘漆 …… (420)
17-11 抽油杆专用沥青防腐漆 …… (420)
17-12 新型木结构耐火乳化沥青 …… (420)
17-13 汽车、自行车沥青烘干清漆 …… (421)
17-14 自行车管件沥青烘干清漆 …… (421)
17-15 新型金属零件表面沥青磁漆 …… (421)
17-16 多功能防锈沥青涂料 …… (422)
17-17 沥青船底防污漆 …… (422)
17-18 多功能沥青聚酰胺防腐涂料 …… (422)
17-19 超快干沥青锅炉漆 …… (422)
17-20 煤气柜防腐蚀沥青涂料 …… (423)
17-21 多功能沥青烘干绝缘漆 …… (423)
17-22 防震/隔声/隔热沥青石棉膏 …… (424)
17-23 多功能木器表面涂装清漆 …… (424)
17-24 新型沥青烘干绝缘漆 …… (424)
17-25 高级沥青防潮油(薄/厚质)涂料 …… (425)
17-26 新型煤气设备/管道防腐涂料 …… (425)
17-27 新型沥青半导体漆 …… (426)

第二节 过氯乙烯漆 …… (426)
17-28 纸质、木质物件、棉制品防潮清漆 …… (427)
17-29 超快干耐化学防腐装饰过氯乙烯清漆 …… (427)
17-30 高固体纱管表面作打底清漆 …… (428)
17-31 超强度/防腐过氯乙烯清漆 …… (428)
17-32 新型饮料容器的内壁涂层清漆 …… (428)
17-33 新型聚氯乙烯薄膜印花清漆 …… (429)
17-34 机械和各种配件的表面磁漆 …… (429)
17-35 金属织物和木材作表面装饰磁漆 …… (429)
17-36 新型过氯乙烯二道底漆 …… (430)
17-37 多功能机床医疗设备内腔磁漆 …… (430)
17-38 新型铁红过氯乙烯酒槽底漆 …… (431)
17-39 各色过氯乙烯锤纹漆 …… (431)
17-40 各色改性过氯乙烯磁漆 …… (431)
17-41 新型机械设备管道防腐漆 …… (432)
17-42 各色过氯乙烯磁漆 …… (432)
17-43 化工设备和室内外墙面过氯乙烯防腐磁漆 …… (432)
17-44 金属制品、木制品表面过氯乙烯可剥漆 …… (433)
17-45 新型钢铝合金过氯乙烯底漆 …… (433)
17-46 建筑物板壁木质结构防

火漆 …………………………… (433)
17-47 露天建筑过氯乙烯缓燃漆 … (434)
17-48 快干型过氯乙烯酒槽磁漆 … (434)
17-49 高固体木质材料封闭性标志漆 …………………………… (434)
17-50 新型织物木材金属胶液涂料 …………………………… (435)
17-51 新型过氯乙烯胶液涂料 …… (435)

第十八章 醇酸和硝基树脂漆

第十八章 醇酸和硝基树脂漆 …………………………… (436)
第一节 醇酸树脂漆 ……………… (436)
18-1 金属及木器表面涂装用醇酸清漆 ……………………… (436)
18-2 木材表面涂层的罩光用醇酸清漆 ……………………… (437)
18-3 新型多功能醇酸树脂磁漆 …… (437)
18-4 新型无光醇酸磁漆 ………… (438)
18-5 金属玩具、文教用品醇酸烘干清漆 ……………………… (438)
18-6 新型黑醇酸导电磁漆 ……… (438)
18-7 各色醇酸烘干磁漆 ………… (439)
18-8 金属表面装饰的静电磁漆 …… (439)
18-9 半光醇酸磁漆 ……………… (439)
18-10 无线电元件打印标志/胶印机复印醇酸标志漆 ………… (439)
18-11 快干无光醇酸磁漆 ………… (440)
18-12 醇酸水砂纸烘干清漆 ……… (440)
18-13 铁红醇酸底漆 ……………… (440)
18-14 锌黄醇酸烘干底漆 ………… (441)
18-15 醇酸二道底漆 ……………… (441)
18-16 黑色金属物表面打底烘干漆 …………………………… (441)
18-17 中油度、长油度红色醇酸树脂底漆 ……………………… (442)
18-18 军绿色反射太阳热无光醇酸磁漆 ……………………… (442)
18-19 各色醇酸抗弧磁漆 ………… (442)
18-20 浸渍电机绕组烘干绝缘漆 … (443)
18-21 铁红醇酸底漆（拖拉机专用） ………………………… (443)
18-22 水溶性醇酸树脂漆 ………… (443)
18-23 银色脱水蓖麻油醇酸磁漆 … (445)
18-24 钢铁金属表面的醇酸烘干电泳漆 ………………………… (445)
18-25 多功能防锈醇酸磁漆 ……… (446)
18-26 外壳装饰与保护用醇酸低温烘漆 ………………………… (446)
18-27 新型糠油酸醇酸树脂防腐漆 …………………………… (446)
第二节 硝基漆 ……………………… (446)
18-28 皮革、纺织品硝基软性清漆 …………………………… (447)
18-29 木质器件、金属表面涂饰用的硝基罩光清漆 ………… (447)
18-30 多功能硝基展色涂料 ……… (447)
18-31 新型丝漆印硝基清漆 ……… (448)
18-32 多功能硝基电缆清漆 ……… (448)
18-33 新型硝基快干刀片清漆 …… (448)
18-34 超快干硝基皮革表面上光用清漆 …………………………… (448)
18-35 高温合金钢表面冲压硝基清漆 …………………………… (449)
18-36 新型耐水硝基烘干清漆 …… (449)
18-37 硝基烘干静电磁漆 ………… (449)
18-38 各色汽车专用快干磁漆 …… (449)
18-39 木材表面透明涂装硝基漆 … (450)
18-40 ABS 塑料制品的表面装饰蓝色硝基半光磁漆 ………… (450)
18-41 焰火引线清漆 ……………… (450)
18-42 胶合、产品组合件硝基绝缘漆 ………………………… (450)
18-43 硝基台板木器清漆 ………… (451)
18-44 各色高级家具手扫漆 ……… (451)
18-45 硝基出口家具漆 …………… (451)
18-46 灰硝基机床漆 ……………… (452)
18-47 木制玩具罩面装饰用的硝基玩具漆 ……………………… (452)
18-48 专用于出口的各色硝基无毒玩具漆 ……………………… (452)
18-49 ABS 塑料用硝基金属闪光漆 …………………………… (452)

第十九章 环氧和丙烯酸树脂漆

第十九章 环氧和丙烯酸树脂漆 …………………………… (454)
第一节 环氧树脂漆 ……………… (454)
19-1 新型环氧沥清漆 …………… (454)
19-2 耐碱、耐油环氧磁漆 ……… (455)
19-3 新型耐水、耐油环氧酯防腐

清烘漆 ………………………… (455)
19-4 新型耐水、抗潮环氧清漆 …… (455)
19-5 耐磨、耐水环氧沥青清漆 …… (456)
19-6 新型环氧透明烘干罩光清漆 ………………………… (456)
19-7 电机、电器绕组表面环氧酯绝缘漆 ……………………… (456)
19-8 水果、蔬菜罐头内壁环氧酯烘漆 ………………………… (457)
19-9 防腐、抗潮、绝缘环氧酯烘干漆 ………………………… (457)
19-10 新型环氧酯底漆 ……………… (457)
19-11 金属表面环氧防锈底漆 …… (457)
19-12 金属表面环氧酯烘干底漆 … (458)
19-13 钢铁、铝合金的表面烘干电泳漆 ……………………… (458)
19-14 钢铁、金属表面烘干电泳底漆 ………………………… (458)
19-15 环氧酯耐油烘干绝缘漆 …… (458)
19-16 环氧醇酸烘干绝缘漆 ……… (459)
19-17 环氧浸渍型无溶剂烘干绝缘漆 ………………………… (459)
19-18 机械零件防腐烘干漆 ……… (459)
19-19 浸渍型微电机线圈绝缘漆 … (459)
19-20 电机、电器绕组表面烘干绝缘漆 ………………………… (460)
19-21 电机、电器、变压器线圈线组烘干绝缘漆 ……………… (460)
19-22 电机硅钢片烘干清漆 ……… (460)
19-23 黑色金属制品无光电泳漆 … (460)
19-24 钢铁制件、桥梁、车皮、船舶防锈漆 ………………… (460)
19-25 新型车辆环氧二道底漆 …… (461)
19-26 轻工业、机械/仪器装饰酚醛电泳漆 ……………………… (461)
19-27 船舶、集装箱、桥梁机电厚浆底漆 ……………………… (461)
19-28 环氧无溶剂绝缘烘漆 ……… (461)
19-29 造船、铁路机车、钢结构件磁铁环氧预涂底漆 ………… (462)
第二节 丙烯酸漆 …………………… (462)
19-30 铝合金表面涂覆的丙烯酸清漆 ……………………………… (463)
19-31 铝合金及塑料表面涂层的丙烯酸清漆 ………………… (463)
19-32 透明性丙烯酸清漆 ………… (463)
19-33 热塑性丙烯酸清漆 ………… (464)
19-34 金属和各种表面的罩光清漆 ……………………………… (464)
19-35 金属表面涂覆的耐候性丙烯酸清漆 ……………………… (464)
19-36 铝合金表面涂覆的耐热性丙烯酸清漆 …………………… (464)
19-37 金属表面罩光的丙烯酸烘干清漆 ……………………………… (465)
19-38 各色丙烯酸塑料用磁漆 …… (465)
19-39 镉红丙烯酸磁漆 ……………… (465)
19-40 电影银幕涂装的丙烯酸磁漆 ……………………………… (465)
19-41 各色丙烯酸聚氨酯磁漆 …… (466)
19-42 硬铝表面涂覆的丙烯酸磁漆 ……………………………… (466)
19-43 丙烯酸快干清烘漆 ………… (466)
19-44 铝金属表面罩光的高光丙烯酸清漆 ………………………… (466)
19-45 透明丙烯酸烘干清漆 ……… (467)
19-46 机床、仪器、仪表、电器、车辆用的丙烯酸聚氨酯橘纹漆 ……………………………… (467)
19-47 水性丙烯酸漆 ………………… (467)

第二十章 聚氨酯和聚酯树脂漆 …………………………………………………… (469)

第一节 聚氨酯漆 …………………… (469)
一、聚氨酯涂料的定义及分类 …… (469)
二、聚氨酯树脂漆生产工艺与产品配方实例 ……………………… (470)
20-1 新型聚氨酯木器保护漆 ……… (470)
20-2 新型建筑用聚氨酯树脂漆 …… (470)
20-3 新型钢结构物用聚氨酯树脂漆 ……………………………… (470)
20-4 木器、家具、金属制品装饰用的聚氨酯清漆 ………………… (471)
20-5 交通车辆、ABS 塑料表面作罩光丙烯酸聚氨酯清漆 ……… (471)
20-6 新型木器聚氨酯亚光漆 ……… (471)
20-7 混凝土、金属材料、防腐蚀涂层的聚氨酯清漆 …………… (471)
20-8 新型金属、木器、电器聚氨酯清漆 ……………………………… (472)
20-9 油槽、油罐车、油轮耐溶剂

聚氨基甲酸酯清漆 ………………… (472)
20-10 耐油、耐酸、耐碱聚氨酯清漆 ……………………………… (472)
20-11 家具、仪表、木器表面罩光用聚氨酯清漆 …………… (473)
20-12 化工设备、桥梁建筑用聚氨酯磁漆 ……………………… (473)
20-13 油罐、油槽设备用聚氨酯耐油底漆 ……………………… (473)
20-14 机械设备的聚氨酯面漆 …… (474)
20-15 耐腐蚀性聚氨酯清漆 ……… (474)
20-16 家具、收音机外壳用聚氨酯底漆 ……………………………… (474)
20-17 各色聚氨酯防腐漆 ………… (475)
20-18 尿素塔金属表面聚氨酯底漆 ……………………………… (475)
20-19 厚浆型双组分聚氨酯涂料 ……………………………… (475)
20-20 新型防潮的电绝缘涂层聚氨酯漆 ……………………………… (475)
20-21 铝粉聚氨酯沥青磁漆 ……… (476)
20-22 高级装饰性聚酯氨基烘干清漆 ……………………………… (476)
20-23 油罐、油槽设备涂装用亚聚氨酯耐油清漆 ……………… (476)
20-24 高档木器家具、地板聚氨酯亚光清漆 ……………………… (476)
20-25 聚氨酯耐油磁漆 …………… (477)
20-26 各色丙烯酸聚氨酯磁漆 …… (477)
20-27 聚氨酯金属清漆 …………… (477)
20-28 木质底材封闭用聚氨酯漆 ……………………………… (478)
20-29 三防聚氨酯底漆 …………… (478)
20-30 电机/潜水泵表面防腐底漆 ……………………………… (478)
第二节 聚酯漆 ……………………… (478)
20-31 高级家具、居室聚酯木器漆 ……………………………… (479)
20-32 新型聚酯木器、仪表、缝纫机台板漆 ……………………… (479)
20-33 多功能超快干聚酯清漆 …… (479)
20-34 高级聚酯木器涂饰和罩光用清漆 ……………………………… (480)
20-35 各色聚酯木器漆 …………… (480)
20-36 仪器仪表、外壳涂装用聚酯橘形烘干漆 ………………… (480)
20-37 新型聚酯木器底漆 ………… (480)
20-38 快干型改性聚酯底漆 ……… (481)
20-39 高硬度聚酯环氧烘干清漆 ……………………………… (481)
20-40 聚酯醇酸烘干绝缘漆 ……… (481)
20-41 多功能超快干型改性聚酯面漆 ……………………………… (481)
20-42 聚酯烘干橘纹漆 …………… (482)
20-43 多功能聚酯绝缘漆 ………… (482)
20-44 各色聚酯氨基烘干磁漆 …… (482)
20-45 汽车、自行车、缝纫机、仪器、仪表聚酯氨基烘干磁漆 …… (482)
20-46 多功能聚酯环氧烘干磁漆 ……………………………… (483)
20-47 钢琴、木器家具、仪表木壳、缝纫机台板无溶剂型聚酯漆 ……………………………… (483)
22-48 气干型不饱和聚酯涂料 …… (484)
20-49 新型浸渍电机线圈用聚酯绝缘漆 ……………………………… (484)

第二十一章 聚苯硫醚和氟碳漆 ……………………………………… (485)
第一节 聚苯硫醚涂料 ……………… (485)
21-1 废硬质泡沫塑料回收聚醚…… (485)
21-2 聚氟乙烯涂料………………… (485)
21-3 废硬质泡沫塑料回收聚醚…… (485)
21-4 废硬质聚氨酯泡沫塑料回收聚醚………………………………… (486)
21-5 聚苯硫醚涂料………………… (486)
21-6 聚苯硫醚分散液涂料………… (488)
21-7 聚苯硫醚粉末涂料…………… (489)
21-8 PPS-10 聚苯硫醚复合涂料 … (490)
第二节 氟碳涂料 …………………… (491)
一、含氟丙烯酸酯涂料 ……………… (491)
二、含氟聚氨酯涂料 ………………… (491)
三、含氟环氧树脂涂料 ……………… (492)
四、含氟有机硅涂料 ………………… (492)
五、含氟聚苯硫醚涂料 ……………… (492)
六、氟碳涂料生产工艺与产品配方实例 ……………………………… (493)
21-9 新型特氟龙氟碳涂料 ……… (493)
21-10 聚氟乙烯氟碳实色漆 ……… (494)
21-11 建筑用氟碳树脂涂料 ……… (494)
21-12 新型白色氟碳面漆 ………… (495)

21-13 新型聚氟乙烯高光/亚光氟碳漆 ………………………… (495)
21-14 新型氟碳金属漆、珠光漆 … (495)
21-15 新型热固性氟碳涂料（交联剂-1） ………………… (495)
21-16 新型白色氨基树脂固化的氟碳烘漆 ………………………… (496)
21-17 白色氨基树脂固化氟碳烘漆 ………………………… (497)
21-18 单组分低温烘烤氟碳涂料 … (497)
21-19 热固性氟碳涂料（交联剂-2） ………………… (497)
21-20 白色低温（140℃）烘烤固化的氟碳涂料 ……………………… (498)
21-21 氟碳卷材涂料 ……………… (498)
21-22 白色封闭型多异氰酸酯固化氟碳烘漆 ……………………… (498)
21-23 高光耐候面漆 ……………… (499)
21-24 三元聚合纳米氟硅乳液和纳米亲水涂料 ……………………… (499)

第二十二章 塑料橡胶和纤维素涂料…………………………………………(502)

第一节 塑料橡胶涂料 ……………… (502)
22-1 新型硅树脂透明涂料………… (503)
22-2 新型重晶钙塑料内外墙涂料……………………………… (503)
22-3 多功能塑料/木材的面漆 …… (503)
22-4 多功能塑光专用漆…………… (503)
22-5 软质PVC塑料罩光涂料 …… (504)
22-6 高级塑料涂装用漆…………… (504)
22-7 钢琴、木器家具不饱和聚酯涂料……………………………… (505)
22-8 新型橡胶用透明涂料………… (505)
22-9 ABS塑料涂装的家用电器外壳漆……………………………… (506)
22-10 新型塑料电视机壳用涂料 … (506)
22-11 多功能高级钙塑涂料 ……… (507)
22-12 ABS塑制品表面涂饰的专用漆 ………………………… (507)
22-13 电视机、录像机塑料机壳用漆 …………………………… (508)
22-14 高级ABS塑料表面涂装磁漆 …………………………… (508)
22-15 单组分聚氨酯塑料涂料 …… (508)
22-16 新型耐磨、抗紫外线硅氧烷透明涂料 ……………………… (509)
22-17 电视机、收录机塑料涂料 … (509)
22-18 聚丙烯塑料底漆 …………… (509)
22-19 金属表面作装饰水溶性丙烯酸漆 …………………………… (510)
22-20 建筑物表面装饰用石油树脂调和漆 …………………………… (510)
22-21 新型超快干汽车氨基烘漆 … (510)
22-22 多功能新型丙烯酸铝粉涂料 …………………………… (510)
22-23 ABS塑料制品快干雾化喷漆 …………………………… (511)
22-24 高抗冲聚苯塑料表面涂覆的半光涂料 ……………………… (511)
22-25 改良快干固化室外涂料 …… (512)
22-26 新型超快干氨基烘漆 ……… (512)
22-27 黑丙烯酸塑料无光磁漆 …… (512)
22-28 金属、汽车快干型醇酸漆 … (513)
22-29 电冰箱、电器、仪表烘干和自干漆 ………………………… (513)
22-30 新型气干型快干醇酸树脂涂料 …………………………… (513)
22-31 家用电器的涂装与超快干低温固化烘漆 ………………… (514)
22-32 电机、电器、仪表、外壳固化漆 ………………………… (514)
22-33 低温快速固化氨基醇酸漆 … (515)
22-34 用环戊二烯和顺酐与半干性油合成气干性醇酸树脂漆 … (515)
22-35 新型家具涂饰用常温亚光自干漆 ………………………… (515)
22-36 豆油改性甘油醇酸自干漆 … (516)
22-37 新型耐光/耐湿的自干漆…… (516)
22-38 蓝色水溶性自干涂料 ……… (516)
22-39 建筑物表面的涂饰用防火涂料 …………………………… (516)
22-40 飞机蒙布乙基涂布漆 ……… (517)
22-41 新型飞机蒙布罩光清漆 …… (517)
22-42 锂基膨润土基铸型快干涂料 …………………………… (517)
22-43 白色水溶性自干磁漆 ……… (517)
22-44 氯化橡胶、醇酸树脂底漆 … (517)
22-45 橙色水溶性自干磁漆 ……… (518)
22-46 橡胶接枝丙烯酸树脂路标漆 …………………………… (518)

22-47 新型氯化橡胶防腐涂料 …… (519)
第二节 纤维素漆 …………………… (519)
一、纤维素硝酸酯 ………………… (520)
二、纤维素醋酸酯 ………………… (520)
三、纤维素磺酸酯 ………………… (521)
四、纤维素甲基醚 ………………… (521)
五、羧甲基纤维素 ………………… (521)
六、纤维素漆生产工艺与产品配方实例 …………………… (522)
22-48 热固性纤维素酯粉末涂料 … (522)
22-49 新型羟乙基纤维室内建筑物表面罩光漆 ………………… (522)
22-50 纤维素热处理保护漆 ……… (522)
22-51 新型羟乙基纤维建筑物的涂装涂料 ……………………… (523)
22-52 新型建筑物内壁平光乳胶涂料 ………………………… (523)
22-53 多功能羟乙基纤维素漆 …… (524)
22-54 流水花纹纤维质涂料 ……… (524)
22-55 新型含纤维的装饰涂料 …… (524)

第二十三章 国外最新涂料和纳米复合涂料 ………………………………………………… (526)

第一节 国外最新涂料 ……………… (526)
23-1 车辆、机床、矿山用的丙烯酸磁漆 ………………………… (526)
23-2 高光丙烯酸醇酸磁漆 ………… (526)
23-3 新型合成树脂有光乳胶涂料 ………………………… (527)
23-4 高端工业产品表面的罩光清漆 ………………………… (527)
23-5 合成树脂乳胶斑纹漆 ………… (527)
23-6 户内外混凝土、灰泥、木质表面涂覆乳胶漆 ………… (527)
23-7 抗氧化与消油性底漆 ………… (527)
23-8 腰果油树脂底漆 ……………… (528)
23-9 可燃性基材保护和装饰的防火涂料 ………………………… (528)
23-10 腰果油树脂漆 ……………… (528)
23-11 新型抗氧化铅酸钙防锈漆 … (528)
23-12 钢铁制品及钢铁构造物防锈漆 ………………………… (528)
23-13 新型环氧富锌底漆 ………… (529)
23-14 新型建筑物金属或木质部件油性调和漆 ………………… (529)
23-15 各色硝基半光磁漆 ………… (529)
23-16 新型抗氧化干性铝粉漆 …… (529)
23-17 环氧无溶剂浸渍漆 ………… (530)
23-18 大型机械的彩色涂装用醇酸磁漆 ………………………… (530)
23-19 水性环氧工业地坪涂料 …… (530)
23-20 合成树脂调和漆 …………… (530)
23-21 电机和电器绕组的涂覆抗弧磁漆 ………………………… (531)
23-22 白聚氨酯耐油漆 …………… (531)
23-23 各色醇酸船壳漆 …………… (531)
23-24 伪装用闪干醇酸磁漆 ……… (532)
23-25 灰色外用醇酸漆 …………… (532)
23-26 海军灰色舰船外用醇酸磁漆 ………………………… (533)
23-27 氯乙烯树脂磁漆 …………… (533)
第二节 纳米复合涂料 ……………… (533)
23-28 纳米 $BaTiO_3$ 导电涂料 ……… (533)
23-29 油气田管道纳米瓷膜漆 …… (534)
23-30 太阳能反射隔热纳米涂料 ………………………… (535)
23-31 纳米 SiO_2 耐磨涂料 ………… (535)
23-32 纳米稀土发光涂料 ………… (536)
23-33 纳米环保耐高温防火涂料 ………………………… (538)
23-34 水性隔热保温纳米涂料 …… (538)
23-35 环保（无苯）氟碳纳米涂料 ………………………… (539)
23-36 纳米抗菌功能涂料 ………… (540)
23-37 纳米抗菌水性木器漆 ……… (540)
23-38 纳米 Al_2O_3 陶瓷涂料 ……… (541)
23-39 纳米斜发沸石涂料 ………… (542)
23-40 聚丙烯酸水性木器纳米漆 ………………………… (543)
23-41 纳米双超罩面涂料 ………… (544)
23-42 汽车用水性纳米电泳涂料 ………………………… (545)
23-43 新型抗菌保健纳米生态涂料 ………………………… (546)
23-44 纳米 $CaCO_3$ 增韧涂料 ………………………… (547)
23-45 纳米负离子内墙涂料 ……… (548)
23-46 水性环保纳米乳胶漆 ……… (549)
23-47 透明水性木器漆乳液 ……… (549)
23-48 纳米防水涂料 ……………… (551)
23-49 纳米功能防腐涂料 ………… (552)

23-50　外墙隔热防渗涂料 …………（552）
23-51　纳米 DHCP 自洁涂料 ………（553）
23-52　有机硅/聚酯纳米涂料………（553）
23-53　防污损纳微涂料 ……………（554）
23-54　纳米隔热功能涂料 …………（556）
23-55　环氧/聚酯粉末纳米涂料……（557）

参考文献……………………………………………………………………（558）

第一章 总 论

涂料是一种应用范围极广而又为人们所熟知的产品。将涂料涂施于材料表面，可以得到一层致密坚韧的涂膜，对材料起到保护、装饰、标志或其他特殊功能。涂料的历史悠久，我国自古就有用生漆保护埋在土壤里的棺木的方法。以后发展了用植物油与天然树脂熬炼而制成的涂料，一直延续至今仍有使用，旧称“油漆”即现在通称的油基树脂涂料。多年以来，“油漆”一词已成为涂料的代名词。石油工业与高分子材料工业的迅猛发展为涂料工业开辟了广阔的原材料来源；而人们在生产实践中所遇到的很多问题，需要具有特定功能的材料，又促使人们转向寻求方便实用的涂料。在这双重推动力的作用下，近一个多世纪以来，涂料工业得到了前所未有的发展，涂料已应用于国民经济和国防建设的各个方面，发挥着举足轻重的作用。

第一节 概 述

一、涂料

涂料是一种流动状态或粉末状态的物质，能够均匀地覆盖和良好地附着在物体表面形成固体薄膜。它是具有防护、装饰或特殊功能的材料。涂层（也叫漆膜、涂膜）是指经过物理化学作用，已干燥固化的涂料膜。

涂料分为有机涂料和无机涂料两大类，目前应用最广最多的是有机涂料。

涂装是将涂料涂布到被涂物体的表面，经干燥成膜的工艺。

1. 涂料的作用

（1）涂料的装饰作用 涂覆于物体表面，提供多种色彩、光泽、立体效果等。

（2）涂料的保护作用 隔绝物件与外界空气、水分、阳光、各种液体、菌类的直接接触，以免造成金属锈蚀、木材腐朽、水泥风化等破坏现象，延长基材寿命。

涂料的保护作用是涂料的首要作用。

（3）涂料的特殊功能作用 随着国民经济发展和人民生活水平不断提高，需要有越来越多的涂料品种能够为一些物质提供特定功能，以满足使用的要求，如导电涂料（电化作用）；防霉、杀菌涂料（生化作用）；保温、隔热涂料（热能作用）；防滑涂料（机械作用）；发光涂料（光能作用）等。

2. 涂料的特点

① 涂料的应用范围很广。

② 涂料使用方便，一把刷子或滚筒就可以施工。

③ 涂料的漆膜可以维护和更新，漆膜旧了可以重涂、修补，或可根据审美观点随时更改漆膜外观，且无须较大投资。

④ 涂料不是永久性的保护材料，涂料的漆膜一般较薄，多在1mm左右，因此涂料有一定的使用寿命，但是相对较短，经过一段时间必须维修，因此，涂料不是永久性的保护材料。

二、涂装

涂装是一个系统工程。它包括涂装前

对被涂物表面的处理、涂布工艺和干燥三个基本工序以及选择适宜的涂料，设计合理的涂层系统，确定良好的作业环境条件，进行质量、工艺管理和技术经济分析等重要环节。

1. 涂装的作用

(1) 保护作用 保护金属、木材、石材和塑料等物体不被光、雨、露、水和各种介质侵蚀。使用涂料覆盖物体是最方便可靠的防护办法之一，可以保护物体，延长其使用寿命。

(2) 装饰作用 涂料涂装可使物体披上一身美观的外衣，具有光彩、光泽和平滑性，被美化的环境和物体使人们产生美和舒适的感觉。

(3) 特种功能 在物体上涂装上特殊涂料后，可使物体表面具备防火、防水、防污、示温、保温、隐身、导电、杀虫、杀菌、发光及反光等功能。

2. 涂料涂装技术的特点

涂料涂装技术，指的是涂料的配制生产及其涂覆成膜技术。它是表面技术这一新兴综合性学科的既有代表性又具特点的重要组成部分。

表面技术，作为一个综合性学科，包括电镀、化学镀、转化膜、离子镀、离子注入、化学热处理、热喷涂及涂料涂装等多个组成部分。涂料涂装是其中最为重要的一个分支。

涂料涂装是生产应用历史最为久远的表面技术。它的最早出现可以追溯到人类文明的启蒙时期，曾是当时洞穴文化的体系。不过今天的涂料涂装技术并未因此而“老态龙钟”，却是“鹤发童颜”。虽然有的古老传统技艺仍在沿用，但经过不断改革创新，它在总体上仍面貌一新，并且跻身于现代技术的前言。因此说，它也是表面技术家族中生命力最为旺盛的成员之一。

涂料涂装技术是形成表面新层种类最多的表面技术。绝大多数涂料的配方是由多种组成构成的复杂体系，同时又有多种物质材料可以充当同一功能的组分，因此通过配方组分的匹配，既可得到功能截然不同的涂层，又可对同类涂层在性能上做细小的调整演化，从而使得涂层种类多得难以计数。

涂料涂装技术是形成涂层方式最多的表面技术。有刷涂、浸涂、淋涂、喷涂等传统工艺，又有流化床、静电喷涂、电泳涂装等现代技术。既可对工件整体一次涂装，又可将其分区进行积累式的涂装，因而可对任何大尺寸工件进行涂装处理。可以工厂化地进行集中高效的涂装，又可在工件现场就地涂装，等等。

涂料涂装技术是应用范围最广的表面技术。形象地讲，几乎没有哪个人没有接触过任何涂料涂装产品，显然这是涂层性能和涂装方法两方面的多样性的综合作用结果。涂料涂装又是受处理面积最大的表面技术。建筑涂料是涂料的一种，仅这种涂料的涂覆面积就是其他任何表面技术所难以达到的。

以上特点足以说明涂料涂装技术在表面技术学科中应有的重要地位和作用。不仅如此，就在范围更广的现代技术群中，它亦据有一定的位置。

3. 涂装技术的发展

涂装技术的发展经历了古典涂装、工业涂装和现代社会化涂装三个阶段。

(1) 古典涂装 古典涂装是手工作坊式的操作。早在商代就已从野生漆树上取天然漆装饰器具以及宫殿、庙宇。到春秋时代就已掌握熬炼桐油的技术，战国时已能用生漆和桐油复配涂料，开创了在涂料中使用助剂的技术，从此涂料发展到了一个新时代。

从长沙马王堆汉墓出土的漆棺和漆器的漆膜坚韧，保护性能优异，充分说明在公元前2世纪，中国使用生漆（大漆）的技术就已发展到了相当成熟的地步。

(2) 工业涂装 1913年美国福特公司采用流水作业的方法装配汽车，当年产量达48万辆，三年后达到96万辆。汽车工业的需要推动了涂料和工业涂装的发展，快于硝基漆和手动空气喷漆技术的应运而生，使制约汽车流水线生产速度提高的瓶颈得以消除，汽车涂装效率大大提高。

在工业涂装时期，涂料和涂装按不同用途有了明确的区分和分类。合成树脂工业的发展使涂料的品种、性能得到丰富和提高，各种涂装方法也不断开发出来，涂装工程技术进入流水作业阶段。延长漆膜使用寿命，以延缓重新涂装时间；提高涂装工作效率，缩短涂装时间；减轻劳动强度；以最小涂装成本得到最佳涂装效果，是人们追求的目标。

(3) 现代社会化涂装　此时人们开始对资源的浪费和环境的污染给予足够的重视。涂料生产和涂装工程是资源耗费的重要行业。有机溶剂的排放不仅浪费资源，而且污染大气。废水、有毒颜料对水质和土壤的污染以及有毒物质对于人体的直接危害都应该避免和治理。1961 年美国福特公司建成世界上第一条车轮电泳涂装试验生产线。1963 年福特公司成功地将电泳涂装用于汽车车身。这种环保、高效、安全、经济的涂装新技术不仅使汽车业得到实惠，而且推动了工业水性涂料和电泳涂装的发展。

因此，如何降低涂料的环境污染、如何提高涂装与技术创新，成为涂料工业最重要的发展方向，最终为发展我国的涂料工业做出新贡献。所以人们在追求用最少涂装成本获得最佳效果的同时，正在探索充分利用资源、节能和防止环境污染的新技术和新工艺。

4. 涂装新材料应用

20 世纪 80 年代末期之前，汽车涂装曾经是汽车制造过程中产生三废排放最多的环节之一，从 90 年代开始，欧美等国家汽车工业纷纷推广环保、节能的涂装新材料、新工艺、新设备，以适应苛刻的环保法规，不断提高质量，降低成本。如今，汽车涂装不仅在减少涂装公害方面实现了跨越，在降低涂装成本、提高涂装质量等方面发展也很快。某些新的技术概念已经开始工业化应用，汽车涂装技术多元化的时代已经到来。最近几年，我国汽车产销量已经跃居世界前几位，国际几大汽车集团在我国的生产规模迅速扩大，本土汽车产业也呈现跳跃式发展，在合资汽车生产的拉动下，主流厂家汽车涂装水平已经跻身国际先进行列。

三、涂装工程五要素

涂装工程是一个系统工程。涂装工程面对的是各行各业不同的对象，要想成功，需要考虑的因素很多。

涂装工程的涂料包括涂料品种、质量的选择和涂层的配套性。这些必须在充分了解被涂物性能、材质、使用条件、使用期限以及涂料的性能和经济性后，经过全面综合分析才能决定。片面强调某一因素就可能造成整体的损失。比如，涂装工程中涂料在重新涂装的工本费中所占比例较少，而人工、设备折旧、能源动力等所占比例较高。图便宜，用廉价涂料，可能会造成设备使用寿命缩短、重修提前，还会影响设备创产值。

涂装工程中最关键的五要素是涂装材料、涂装工艺、涂装设备、涂装环境和涂装管理。

1. 涂装材料

涂装材料是指涂装生产过程中使用的化工材料及辅料。包括清洗剂、表面调整剂、磷化液、钝化液、各种涂料、溶剂、腻子、密封胶、防锈蜡等化工材料；还应包括纱布、砂纸、工艺过程中使用的橡胶、塑料件等。

涂装材料的质量和作业配套性是获得优质涂层的基本条件。材料选择不好，不仅影响涂装质量，而且还会增加不必要的涂装成本。

从涂装技术的角度看，对于化工材料应该重点了解材料的各种技术性能，对涂装环境、设备的要求，需要的工艺过程，根据实际情况选择涂装化工材料和辅料。如何制造这些产品，应该是精细化工技术研究的范围。

2. 涂装工艺

涂装工艺是充分发挥涂装材料的性能、获得优质涂层、降低生产成本、提高经济效益的必要条件。涂装工艺包括所采用的涂装技术的合理性和先进性，涂装设备和工具的先进性和可靠性，涂装环境条件和工作人员的技能、素质等。如果涂装工艺与设备选择和配套不当，即使采用优质涂料，要获得优质涂膜也是困难的。若设备生产效率低则势必造成涂装工程的成本增高，使经济效益下降。涂装环境的好坏直接影响涂膜的质量，高级装饰性的涂装必须在除尘、通风、照明良好的环境下操作。涂装操作人员的技能熟练程度和责任心是影响涂装质量的人为因素，加强操作人员的培训，提高人员的素质是非常必要的。

3. 涂装设备

涂装设备是指涂装生产过程中使用的设备及工具。包括喷丸设备及磨料，脱脂、清洗、磷化设备，电泳涂装设备，浸涂、辊涂设备，静电喷涂设备，粉末涂装设备；涂料供给装置、涂装机器（专机），涂装运输设备，涂装工位器具；洁净吸尘设备（系统），压缩空气供给设备（设施）；试验仪器设备等。涂装设备是涂装技术知识体系中的最重要的硬件形式，对涂装技术的进步影响很大。

4. 涂装环境

涂装环境是指涂装设备内部以外的空间环境。从空间上讲应该包括涂装车间（厂房）内部和涂装车间（厂房）外部的空间，而不仅仅是地面的部分。从技术参数上讲，应该包括涂装车间（厂房）内的温度、湿度、洁净度、照度（采光和照明）、通风、污染物质的控制等。对于涂装车间（厂房）外部的环境要求，应通过厂区总平面布置远离污染源，加强绿化和防尘，改善环境质量。

5. 涂装管理

涂装管理是确保涂装工艺的实施，达到涂装目的和涂膜质量的重要条件。涂装管理包括工艺管理、设备管理、工艺纪律管理、现场环境管理、人员管理等。涂装管理是现代涂装过程中必不可少的环节。

涂装五要素，是相互依存的制约关系，忽视哪一方面都不可能达到涂装目的和获得优质的涂膜。

涂装技术的选择包括涂装方法与涂料的适应性、涂装效果与经济性、涂装设备、工具及涂装环境。涂层的优劣不仅取决于涂料本身的质量，更大程度上取决于涂装的工艺过程和条件。

涂装工程中的涂料是涂料生产厂的产品，但仅是涂层的“半成品”，只有涂层性能才是最后评价涂料的标准。即使是用优质涂料，如果施工和配套不当，也是得不到优质涂层的。涂装工程管理包括人员、机器设备、原材料质量和工艺质量等管理。在现代化工业涂装中，科学管理是极为重要的。另外，人文景观、环境影响和心理影响等因素也要综合考虑。

四、涂料定额和生产成本

涂料产品的主要消耗定额包括原料消耗、包装材料（马口铁板或冷轧薄板等）的消耗，同时也包括电耗、水耗和蒸汽消耗以及人工消耗等。原料和包装材料是涂料产品的主要消耗，一般占产品总成本的90%左右。原料消耗定额一般用生产每吨产品的原料量（单位为 kg/t）表示。原料消耗定额按国家统计部门有关规定以原始原料计算表示，但由于涂料产品生产过程中的工序比较多，半成品品种也比较多，有的半成品又由多次过程生产而成，因此，有的生产厂家为便于计算，也有用原始原料和半成品（或从市场上购买回来的原料半成品）混合量表示的。本书在各个涂料品种中尽量提供原料消耗定额或产品的生产损耗率，以供读者参考。

每吨涂料产品所消耗的包装材料（主要是镀锡薄板和冷轧薄板）量一般为105～150kg，按所耗包装规格的大小有所差异，如大包装（一般为 18.5L）耗薄板量较低，小包装（如 3.7L、1L、0.4L 等）耗薄板量则较高。

五、涂料生产及投资规模

涂料产品的生产规模可大可小，投资额可高可低，主要根据涂料的品种和年产量以及生产方式而定。投资额主要包括厂房和生产设备的固定资产投资和购买原材料的流动资金。对于小型涂料生产厂家来说，可以自制半成品（主要是生产调和漆的漆料或生产高档漆的合成树脂），也可以从外面购买半成品。如果从外面购买半成品，则可以减少生产半成品的设备投资。如生产调和漆或其他油基漆的色漆、聚酯家具漆、聚氨酯家具漆等，均可从其他厂家购买漆料或合成树脂。这样，主要的生产设备只要磨漆机（一般为砂磨机或三辊机）、调漆机、少数储罐和简易的过滤包装设备等，一般投资额在 5 万元左右就可投产了（不包括厂房投资）。生产量每日可达 1t 左右（按 1～2 个班计）。假若要自制半成品，则需要熬油设备或树脂生产设备，就要另增加投资额 5 万～20 万元左右。年产 1000t 溶剂型涂料的固定资产投资（包括厂房和设备）约 100 万～150 万元。年产 300t 粉末涂料的生产设备投资约需 50 万～60 万元。总之，都要根据具体情况而定，如有的地方还需要运输车辆等辅助设备。

涂料生产所需的流动资金，需根据生产规模和产品销售周期来确定。

六、涂料的生产

涂料的生产可分为以下三个步骤。

(1) 选定涂料配方　即根据需要选择合适的成膜物质、溶剂、颜填料和助剂。值得注意的是，配方中的原料不是唯一的，如选配合适，可用其他原料代替，这是涂料生产的一大特点。

(2) 涂料的生产　涂料生产过程可用图 1-1 来描述。

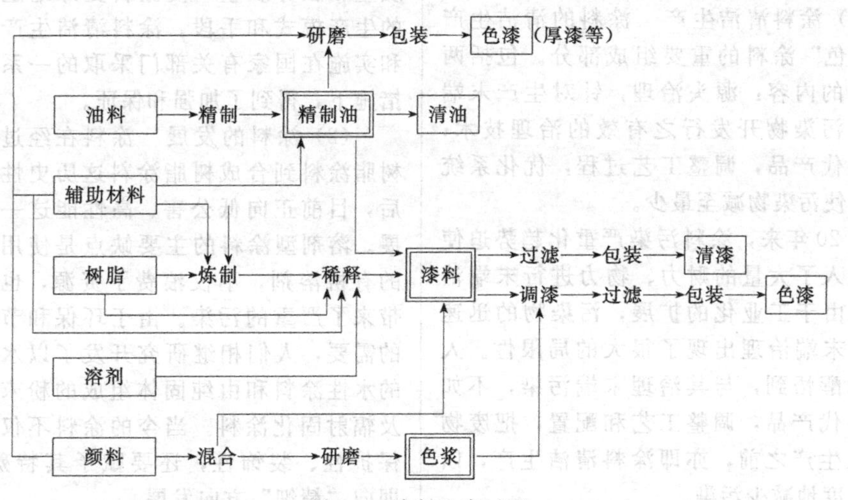

图 1-1　涂料生产过程

从涂料的生产过程可见，涂料的生产工艺和设备简单、通用性强。

(3) 性能检测　涂料的性能包括涂料的产品形态、组成、储存性能、施工性能和涂膜的物理机械性能、使用性能，具体检测方法可参考国家有关标准。

七、绿色涂料的清洁生产

1. 涂料的清洁生产的内容和方法

(1) 清洁生产的定义

清洁生产通常是指在产品生产过程和预期消费中，既合理利用自然资源，把对人类和环境的危害减至最小，又能充分满足人类需要，使社会经济效益最大化的一种生产模式。

(2) 清洁生产的内容　清洁生产的内容有三个方面：自然资源和能源利用的最合理化；经济效益最大化；对人类和环境的危害最小化。

(3) 清洁生产的方法　清洁生产的方法通常有两种：源头治理，即在废物产生之前最大限度地减少或降低废物的产生量和毒性；现场循环回收利用。

清洁生产的出现是人类工业生产迅速发展的历史必然，是一项迅速发展中的新生事物，是人类对工业化大生产所制造出有损于自然生态人类自身污染这种负面作用逐渐认识所作出的反应和行动。自 1989 年，联合国开始在全球范围内推行清洁生产以来，全球先后有 8 个国家建立了清洁生产中心，推动着各国清洁生产不断向深度和广度拓展。

2. 涂料清洁生产和发展

(1) 涂料清洁生产　涂料的清洁生产是“绿色”涂料的重要组成部分。包括两个方面的内容：源头治理，针对生产末端产生的污染物开发行之有效的治理技术；开发替代产品，调整工艺过程，优化系统配置，使污染物减至最少。

近 20 年来，涂料污染严重化趋势迫使人们投入了大量的财力、物力进行末端治理，但由于工业化的扩展，污染物的迅速增加，末端治理出现了很大的局限性。人们开始醒悟到，与其治理末端污染，不如开发替代产品，调整工艺和配置，把废物消灭在生产之前，亦即涂料清洁生产，以最大限度地减少污染。

为取代有害有毒涂料，各种各样的新型环保涂料应运而生。根据产品实际要求，可选用效用广，低 VOC 值，水中溶解度低，在自然环境中能够降解，在食品链中无生物或毒性积累的涂料。如前所述可采用水性涂料、粉末涂料或高固体分涂料，减少或停止使用有毒重金属颜料等。

再以船底防污涂料为例，目前市场上已有多种环保型无锡防污涂料流行。（甲醛）丙烯酸类树脂涂料存在聚合物析出问题，但以乳酸类聚合物为基料的防污涂料可生物降解、有析出但无残留。而以有机硅树脂和表面处理剂组成的非析出型防污涂料正在开发研究之中，相信不久将会得到广泛应用。

改进生产过程，改造、替代落后生产工艺，调整原料、能源使用，优化生产程序等。为防止喷涂过程溶剂散发，可使用辐射固化配方，实现溶剂瞬间挥发完全，调整喷枪工件间距，保持喷枪与工件表面的垂直喷涂，适当降低涂料雾化气压等等。

对于工件涂前的表面处理，尽量使用无毒清除剂，或采用如光辐射法等物理方法处理。对于设备清洗流程，可尽量进行连续大批量生产，减少清洗次数；水或溶剂可建立现场循环利用系统重复使用。总而言之，涂料的清洁生产是涂料工业向绿色涂料发展的新阶段，生产企业提高产品质量和服务质量，使涂料更好地造福人类的生产模式和手段。涂料清洁生产的推广和实施在国家有关部门采取的一系列环保措施下，得到了加强和保证。

(2) 涂料的发展　涂料在经过从油基树脂涂料到合成树脂涂料这历史性发展之后，目前正向低公害、高性能这一方向发展。溶剂型涂料的主要缺点是使用了大量的有机溶剂，不仅浪费了资源，也给环境带来了严重的污染。由于环保和节约资源的需要，人们相继研究开发了以水为溶剂的水性涂料和由纯固体组成的粉末涂料以及辐射固化涂料。当今的涂料不仅要具备保护性、装饰性，还要赋予其特殊功能，即向“精细”方向发展。

八、涂料工业中的基本科学理论

涂料科学的基本理论应包含以下内容：

① 涂料用树脂（聚合物）的分子设计与合成；

② 颜料在聚合物溶液或分散体中的分散性与稳定性；

③ 涂料配方原理及其评价方法；

④ 涂料流动与流变性质；

⑤ 涂料的成膜与固化。

下面分别简述其内容要点。

1. 涂料用树脂（聚合物）的分子设计与合成

大家知道，尽管能用于涂料的树脂有很多，有天然的和合成的聚合物，但以下几种合成树脂占据了90%以上：有醇酸树脂、氨基树脂、酚醛树脂、环氧树脂、有机硅树脂、丙烯酸树脂和聚氨酯树脂。这些树脂在涂料中作为主要成膜物质时，在形态 上主要有以下几种。

① 有机溶剂溶液体系。有机溶剂能溶解聚合物，是均相体系，在热力学上是稳定的。

② 乳液体系。是以水为连续相，聚合物不溶于水，依赖于表面活性剂，以分散相形式组成的乳状液，为水包油乳液。

③ 水分散体系（水稀释性体系）。以水为连续相，很少或不用表面活性剂，聚合物有一定的亲水性，以分散体的形式存在，体系中可含有一定量的亲水性有机溶剂。

④ 水溶液体系。聚合物通过成盐的办法，使其成为离子聚合物，能溶于水中，还可以加入一定量的水溶性有机溶剂，来提高聚合物的水溶性，是均相体系。

⑤ 非水分散体系。连续相为非水的有机溶剂，一般为非芳烃类（如烷烃、醇类等），低毒性低气味的有机溶剂，聚合物借助于两亲性（即一头亲溶剂，而另一头亲聚合物）的特殊表面活性剂，或聚合物经改性后，以分散体形式存在。

⑥ 粉末体系。固体微粉状聚合物。原则上说，几乎所有的树脂都能制成这些形态，但当同一种树脂制成不同形态时，其分子结构、分子量大小、溶剂及助剂的种类和组成、合成方法等都有很大的不同。其中几类是常用的，如溶剂型涂料（第一类）、乳胶漆（第二类）、电泳漆（第四类）、粉末涂料（第六类）。第三类和第四类主要是开发水性涂料和高固分涂料而发展起来的比较新的类型，是当前涂料的发展方向之一。当然，每一种形态根据不同的应用和各自的优缺点都有很大的发展空间，从原料到工艺不断地改进和创新是最重要的，这方面在理论上和技术上每年国内外都有大量的专利文献报道。其中很多站在科学的前沿。例如，1996年美国Eastern Michigan大学的F. N. Jones发表了一篇题为“朝着无溶剂液体涂料（Toward Solventless Liquid Coatings）”。他们已经作了具有重要意义的开创性工作。还有1996年发表的欧共体的研究项目“自分层涂料”的研究结果，无论在理论上还是在技术上都是非常前沿的。

2. 颜料的分散性与稳定性

无论是何种树脂体系当加入颜料（指常用的无机颜料）后，都成了分散体，是热力学上的不稳定体系。由于颜料的密度远远大于树脂溶液，在重力作用下，下沉是不可避免的。颜料可以粉碎得很细，但是布朗运动使颜料粒子碰撞发生絮凝而下沉，因此，颜料的表面处理和颜料分散剂的分子设计是关键。在不同的树脂体系中，所用的颜料分散剂是十分专一的，有很多专利报道，如开发了一种新型的锚合型分散剂。由于颜料结构复杂，品种繁多，在不同的涂料体系中分散与稳定的理论是很复杂的，只有进行必要的理论性实验研究，才有可能开发出性能优良的颜料分散剂和得到均匀稳定的涂料。

3. 涂料配方原理及其评价方法

对于一种成功的涂料，其技术要求是很高的，因为厚度为几个微米至几十微米的漆膜，要满足来自各方面不同要求的指标多达几十项。从技术上看，主要有两方面技术，即涂料配方技术和涂料生产工艺与设备。可以这样说，只要掌握了这两方面技术就可以生产涂料产品，但是，要提高涂料性能与质量，开发新品种，这是远远不够的。这里只涉及涂料配方问题，要得到一个性能非常好的配方，要作大量的实验，因此，重要的一点是要在一定的理论指导下进行配方设计。

长期以来涂料配方是采用质量比。由于不同颜料间的密度相差很远，而且涂料涂布于底材后成膜，颜料在漆膜中占据的是其体积而不是密度，因此用颜黏比来制订配方与评价一种涂料是不科学的。约在20世纪60年代，提出了颜料体积浓度(PVC)与临界颜料体积浓度(CPVC)的概念。大量的实验表明，漆膜的很多性能，如密度、强度、腐蚀性、光泽性、遮盖力及渗透性等在CPVC处发生突变。根据不同的应用，可以设计PVC＞CPVC(如底漆、内墙涂料等)或PVC＜CPVC(如面漆)的配方。由于配方制订的试验工作量很大，已发展微机的配方设计。因为漆膜的性能指标很多，而且有些性能是相互制约的，如何综合各方面性能，比较快地得到最佳配方，国外提出"蛛网图(spider graph)"技术，根据蛛网的面积来评价涂料的综合性能，此法比较方便和实用。M. Simakasi和C. R. Hegedus在1993年提出了"涂料与涂料体系综合性能评价方法(A Methodology for Evaluating the Total Performance of Coatings and Coating Systems",)简称TPE法，可以很全面地反映涂料的性能，从而指导涂料的配方设计。然而，涂料的组成是十分复杂的，要找出组成与性能之间关系的规律，还有很多的研究工作要做。

4. 涂料流动与流变性质

涂料都是流体，即使是粉末涂料，在生产和成膜过程中也涉及熔体的流动与流变，这里仅考虑液体涂料。对于任何流体，体系的黏度是流体的基本属性。涂料的流动和流变性就是研究涂料的组成与黏度的关系；在不同的剪切速率下的黏度变化；温度对涂料黏度的影响以及树脂的结构对体系黏度的影响等内容。其研究结果可指导涂料的生产控制，颜料的稳定性以及涂料的储存稳定性，涂料的开罐效果和流动性，涂料的流平性与流挂，涂料的施工要求(刷涂、喷涂、辊涂等)以及涂料的配方设计等。因此，国外对涂料流变性的研究是十分重视的。举例来说，涂料能否得到平整的漆膜，流平性是关键。影响流平性的关键是能控制涂料黏度的助剂，即涂料流变改进剂，有增调剂、增黏剂、触变剂、流平剂、防流挂剂等，占据了涂料助剂的相当比例，可见其重要性。由于涂料体系相当复杂，能影响涂料黏度的因素很多，国外涂料科学家已作了深入研究，特别是低剪切速率下的黏度变化和涂料屈服值的测定，因为这是影响涂料流平性的最主要流体特性，先进的流变仪已用于涂料的研究。在这方面尚有许多课题需要进一步研究，这将大大改善涂料的施工应用性能。

5. 涂料的成膜与固化

为了满足漆膜对底材有极好的外观、附着力、韧性、强度以及保护性，要求涂料具有很好的成膜性和充分的固化，同时要满足干燥时间的要求。根据不同的制品，固化速度有时是十分苛刻的，有的制品须在十几秒钟至几十秒钟固化，往往成为涂料涂装最终成败的关键。影响涂料的成膜性与固化情况的因素有很多，特别是树脂的结构，固化剂的结构与用量，溶剂的组成与蒸发速率，成膜助剂的种类和用量等有密切的关系。由于涂料固化后成了不溶不熔的物质，因此对其交联度和交联结构的表征是比较困难的，当前先进的测试仪器如隧道显微镜、表面能分析等已用于研究漆膜的固化结构。涂料往往是多种树脂的相互化学改性或共混，可以这么说，在20世纪60年代高分子材料的共混体系研究开始兴起时，涂料共混体系的产品早就应用于实际中了，当然，在今天涂料树脂通过共混改性仍是开发新品种和改进质量的有效途径。这样的共混体系，要研究树脂之间的互相反应交联对涂料的储存稳定性和漆膜性能的影响是非常必要的。目前，要获得固化完全、致密的漆膜，普遍采用高温烘烤的方法，因此减低能耗，提高固化速度成为有实际意义的课题，所以开发能适合红外线、紫外线、电子束以及射线等新型固化方法的涂料愈来愈引起人们的重视。

总之，涂料科学在近二十多年来得到了快速的发展，其推动力就是涂料科学本身的价值和涂料产品对社会创造的巨大的经济利益。从世界范围看，涂料作为一门科学所涉及的各个领域的研究，已愈来愈引起科学家们的兴趣，特别是功能涂料在航空航天到民用高技术产品上的应用，其与光、电、磁、热等性质，以及环境保护的要求相联系，这一切势必引起科学界和企业界的重视，必将有更大的投入去研究与开发，引发涂料产业的革命，使涂料工业及其产品对人类社会有更大的贡献。面对这样形势，我国涂料界要重视涂料科学理论的应用研究，并用于指导产品的开发和技术的改进，促进我国涂料工业的持续发展。

九、涂料生产工艺与绿色化技术

1. 最新几种绿色新涂料

由于传统涂料对环境与人体健康有影响，所以现在人们都在想办法开发绿色涂料，所谓“绿色涂料”是指节能、低污染的水性涂料、粉末涂料、高固体含量涂料（或称无溶剂涂料）和辐射固化涂料等。20世纪70年代以前，几乎所有涂料都是溶剂型的。70年代以来，由于溶剂的昂贵价格和降低VOC排放量的要求日益严格，越来越多的低有机溶剂含量和不含有机溶剂的涂料得到了很大发展。现在越来越多使用绿色涂料，下面几种新涂料是目前开发较好的涂料。

（1）高固含量溶剂型涂料　高固体分溶剂型（油性）涂料（High Solids Solvent-borne Coatings，HSSC）是为了适应日益严格的环境保护要求从普通溶剂型涂料基础上发展起来的。其主要特点是在可利用原有的生产方法、涂料工艺的前提下，降低有机溶剂用量，从而提高固体组分含量。这类涂料是20世纪80年代初以来以美国为中心开发的。通常的低固含量溶剂型涂料固体含量为30%～50%，而高固含量溶剂型（HSSC）要求固体达到65%～85%，从而满足日益严格的VOC限制。在配方过程中，利用一些不在VOC之列的溶剂作为稀释剂是一种对严格的VOC限制的变通，如丙酮等。很少量的丙酮即能显著地降低黏度，但由于丙酮挥发太快，会造成潜在的火灾和爆炸的危险，需要加以严格控制。

（2）水性（基）涂料（Water-borne Coatings）　水有别于绝大多数有机溶剂的特点在于其无毒无臭和不燃，将水引进到涂料中，不仅可以降低涂料的成本和施工中由于有机溶剂存在而导致的火灾，也大大降低了VOC。因此水基涂料从其开始出现起就得到了长足的进步和发展。

水分散型涂料是在表面活性剂、高剪切应力作用下，对液体状高分子材料进行乳化分散，得到水乳化型成膜物质，如水乳化环氧、水乳化沥青、水乳化聚氨酯等；或通过表面活性助剂及增稠触变剂，将固体粉末涂料在水中进行分散，形成均匀而稳定的以水为分散介质的涂料，该类涂料在涂装时大多需烘烤成膜。乳胶型涂料是通过乳液聚合获得乳液聚合物，如现在生产应用量较大的内、外墙乳胶漆等。水溶型涂料是利用在成膜物质中引入亲水性官能团，通过中和成盐，形成可溶于水的高分子化合物，再与颜填料、助剂等分散调配成水溶性涂料，其应用较多的有阴极或阳极电泳涂料、水溶性丙烯酸涂料、水溶性醇酸涂料等。

中国环境标志认证委员会颁布了《水性涂料环境标志产品技术要求》，其中规定：产品中的挥发性有机物含量应小于250g/L；产品生产过程中，不得人为添加含有重金属的化合物，重金属总含量应小于500mg/kg（以铅计）；产品生产过程中不得人为添加甲醛和聚合物，含量应小于500mg/kg。事实上，现在水基涂料使用量已占所有涂料的一半左右。水基涂料主要有水溶性、水分散性和乳胶性三种类型。

（3）粉末涂料　粉末涂料是国内比较先进的涂料。粉末涂料理论上是绝对的零

VOC涂料，是固含量为100%的以粉末形态进行涂装并涂层的涂料，它与一般溶剂型和水性涂料的最大不同在于不使用溶剂或水作分散介质，而是借助于空气作为分散介质。具有其独特的优点，也许是将来完全摒弃VOC后，粉末涂料是涂料发展的最主要方向之一。但其在应用上的限制需更为广泛而深入的研究，例如其制造工艺相对复杂一些，涂料制造成本高，粉末涂料的烘烤温度较一般涂料高很多，难以得到薄的涂层。涂料配色性差，不规则物体的均匀涂布性差等。这些都需要进一步改善，但它是今后发展方向之一。

（4）液体无溶剂涂料　又称活性溶剂涂料，不含有机溶剂的液体无溶剂涂料有双液型、能量束固化型等。液体无溶剂涂料的最新发展动向是开发单液型，且可用普通刷漆、喷漆工艺施工的液体无溶剂涂料。

一般液体无溶剂涂料是由合成树脂、固化剂和带有活性的溶剂组成，配方体系中所有组分除很少量挥发外，都参与固化成膜反应。目前有双液型（双包装）、辐射固化型等，其中辐射固化型涂料的树脂中因含有不饱和基团（如双键）或其他反应性基团，在紫外线（Ultra Violet，UV）、电子束（Electron Beam，EB）的辐射下发生光、电化学反应，使涂层快速聚合、交联，可在很短的时间内固化成膜，也称UV/EB固化涂料（UV/EB Curing Coating，UVCC/EBCC）。

涂料的研究和发展方向越来越明确，就是寻求VOC不断降低、直至为零的涂料，而且其使用范围要尽可能宽、使用性能优越、设备投资适当等。因而水基涂料、粉末涂料、无溶剂涂料等可能成为将来涂料发展的主要方向。

由于绿色环境保护的要求，近十多年来，涂料工业低VOC的绿色涂料品种日益受到重视，并已投入大量人力物力进行研究、开发和完善，得到很大发展，所占比重日益增加。当前，国家经济提倡走“可持续发展”之路，人们也日益注重自己的身体健康，而涂料与我们的生活密切相关，研制开发绿色涂料成为历史的必然选择。

2. 涂料绿色化原理与技术

随着人们环境意识的增强，绿色涂料已成为人们的消费时尚。研究和开发符合经济、生态、效率、能源要求的绿色涂料产品具有重大战略意义和广阔的市场前景。

（1）高固体分溶剂型（油性）涂料

高固体分溶剂型（油性）涂料（HSSC）是20世纪80年代初以美国为中心首先开发的，常见种类有醇酸树脂类、聚酯树脂类、丙烯酸树脂类、聚氨酯类、环氧类、聚有机硅氧烷（聚硅氧烷）类。通常的低固体分溶剂型涂料（Conventional Solvent-borne Coatings，CSC）固含量只有30%～50%，而HSSC要求固含量达到60%～85%，以满足日益严格的VOC限制，但同时引起溶液黏度的增加。因而在降低挥发物含量的同时，目前采用的一般方法为降低树脂分子量、极性及玻璃化温度（T_g），使树脂更易溶于有机溶剂。这类树脂的分子量分布要窄，以防止低分子量部分降低漆膜性能。另外，需使用催化剂来提高反应活性，使用流变调节剂减少低黏度引起的流挂现象。降低分子量会导致涂料使用时干燥前的流挂和干燥后的低硬度，可通过选择一些官能团单体和增加适量交联剂来弥补这一缺陷，但又会造成涂料长期储藏稳定性差于CSC。HSSC的黏度，η与其分子质量M_w以及非挥发性体积含量（Non-volatile Volume，NVV）有如下关系：$\eta \propto M_w/NVV$。

随着涂料科技的发展，现在已能制得不仅具有较低VOC而且性能优良的HSSC产品。例如以硅酸盐类等无机基料为基础的高固体分锌粉涂料，与以环氧树脂等有机基料为基础的高固体分锌粉涂料一样，具有较强的防腐蚀性；高固体分底漆赋予优良的防腐蚀性和力学性质；高固体分环氧涂料则显示优良的防腐蚀性和耐化学品性。在硅烷类附着力促进剂存在下，用某些活性稀释剂，可赋予高固体分环氧涂料独特的锈渍、浸润特性，使它们在简单的表面处理（如手工或动力清洗）工艺后，就可在高腐蚀性的环境中进行施工。除硅烷外，已开发出一些新型附着力促进剂如新型的锆铝酸盐附着力促进剂，这些促进剂在高固体分环氧和聚酯涂料中能起防锈作用。汽车工业中所选的树脂有聚酯、丙烯酸和聚氨酯，这些树脂能赋予汽车面漆各种优良的性能，如优良的光泽和DOI的保持性、耐酸蚀性、优良的力学性能及耐UV光稳定性等。

考虑到VOC的限制日益严格，HSSC有可能最终被水性涂料和粉末涂料所取代，但目前HSSC仍在工业原设备制造(Original Equipment Manufacture，OEM)及许多有特殊要求（例如战斗机机身涂料）的应用领域里大量使用。

(2) 水性涂料　水有别于绝大多数有机溶剂的特点在于其无毒、无臭和不燃，将水引进涂料中，不仅可以降低涂料的使用成本和施工时由于有机溶剂存在而导致的危险性，也大大降低了VOC。因而水性涂料是绿色涂料发展的一大趋势。

按照水性涂料的物理特性，水性涂料主要分为3种类型，即水分散型、乳胶型、水溶型，其物理、应用性能的重要差别如表1-1所示。

目前最主要的水分散型涂料是聚丙烯酸酯类涂料。其中的高分子或含有被低分子量胺中和的羧酸基团，或是含有被低分子量酸中和的胺基团。例如，含有铵盐的丙烯酸酯类树脂的有机溶剂溶液可形成高分子聚集体的稳定分散体系，高分子聚集体被水和溶剂均匀溶胀，因而表观不透明。除聚丙烯酸酯类以外，其他的水分散型涂料品种还有醇酸树脂、聚酯、环氧树脂和聚氨酯等。尽管固含量不是很高，但由于水的引入VOC被大大降低了，一般低于20%。在降低VOC的同时，水分散型涂料还具备一个显著的优点，即其分子量与常规有机溶剂型涂料相当，同时却可含有10%（摩尔分数）的功能性官能团含量，这克服了高固体分溶剂型涂料所遇到的一个困难。

表1-1　水性涂料物理性能和应用性能比较

性能	水分散型	乳胶型	水溶型
外观	不透明，呈现光散射	半透明，呈现光散射	透明，无光散射
微粒粒径/μm	≥0.1	0.02～1	<0.005
自聚集常数	－1.9	0～1.0	0
相对分子质量	10^6	2×10^4～2×10^5	2×10^4～5×10^4
黏度	低，与聚合物分子量无关	较黏，稍取决于聚合物分子量	完全取决于聚合物分子量
固含量	高	中	低
耐久性	优	优	很好
黏度控制	外加增稠剂	加入共溶剂增稠	由聚合物调节
组成	复杂	居中	简单
颜料分散	差	好～优	优
应用范围	多	一些	几个
反射光泽	低	较接近水溶型	高

乳胶型涂料的优点首先是VOC很低，这符合日益严格的VOC排放限制；其次，一般来说乳胶涂料无毒，没有溶剂的刺激性气味，没有火灾的危险等；另外，由于乳胶的黏度与高分子的分子量没有太大的关系，这样基质高分子的分子量可达到很高，从而保证涂料成膜后的优秀力学性能。乳胶漆在使用过程中，高分子通过粒子间的凝结成膜。最低成膜温度需要略高于高分子的T_g。通常为了使高分子的T_g不致太低（否则于膜性能不利）及成膜温度不致太高，可加入适量的溶剂（即所谓凝结剂或成膜助剂）来降低成膜温度，而高分子的实际T_g可高于成膜温度。但这样做的一个副作用是引进了少量的VOC挥发物。核-壳结构的乳胶可在一定程度上降低成膜温度。近20年以来有关室温交联型乳胶的专利报道一直很多。这些研究的出发点是在室温下成膜的同时，高分子粒子包含的反应性官能团相互接触，继而反应而形成交联，通过交联使T_g得到提高，同时可免除凝结剂的使用，使VOC尽可能的低。但

至目前，真正大规模商品化的产品尚未问世，有待于对这一领域作更深入的研究。另外一个潜在的改进措施是使用粒径非常小的高分子粒子，纳米级粒子有助于成膜的进行。常规乳液聚合得到的乳胶粒径一般在几百纳米，通过种子乳液聚合法可制备得到小达 50～100nm 的粒子，若要进一步降低粒径则需通过微乳液聚合来实现。常规的微乳液聚合需要大量的乳化剂来得到小于 50nm 尤其是 20nm 左右的粒子，通常乳化剂/高分子含量之比高于 1，且高分子含量通常低于 10%，这些不利因素事实上限制了微乳液聚合的实际应用。

通常使用的水溶性高分子涂料主要有离子型的聚丙烯酸盐，非离子型的聚乙烯醇、聚乙二醇，水溶性纤维素衍生物等。由于其水溶性的性质，这类高分子涂料耐水性差，仅有酚醛树脂等少数几种可作交联树脂之用。近来有报道称水缔合型高聚物（HAP）可作为高效的增稠剂。HAP 在水溶性高分子的亲水骨架中引入小于 1%～3%（摩尔分数）的疏水基团，在极性介质环境中，疏水基团之间的缔合（物理交联）可导致溶液黏度的增高；同时外力（如剪切）的作用可去除缔合。这类溶液黏度对剪切力的极大依赖性即假塑性，使得这类聚合物可作为水基涂料的增稠剂，有效地改善涂料的流变性能。

(3) 粉末涂料　粉末涂料因其涂装过程中粉末涂料损失少，喷溢料可回收再利用，无溶剂挥发，涂装工序简单，生产施工安全，涂装易实现自动化，提高了生产率，粉末涂膜性能高，坚固耐用，符合国际上流行的“四E”原则（经济、环保、高效、性能卓越）而成为发展迅猛的涂料新品，目前已被证明是一项重大的技术成就，并且已经步入了一个较为成熟的发展阶段。粉末涂料分为热塑性和热固性两大类，热塑性粉末涂料是以热塑性树脂作为成膜物质，它的特点是合成树脂随温度升高而变软，经冷却后变得坚硬。这种过程可以反复进行多次，每变化一次就会逐步老化，最终成为无塑性的粉末。通常这种树脂分子量较高，所以有较好的耐化学性、柔韧性和弯曲性能。用作热塑性粉末涂料的合成树脂主要有聚氯乙烯、聚乙烯、聚丙烯、聚酰胺、聚碳酸酯、聚苯乙烯、含氟树脂热塑性聚酰等，主要应用于化学容器的衬里、管道涂覆、金属家具、农业机械、金属丝网、栏架、玻璃器皿的涂层等。热固性粉末涂料是以热固性合成树脂作为成膜物质，它的特点是用某些较低聚合度的预聚体树脂，在固化剂存在下经一定温度的烘烤固化，而成为不能溶化或熔融的质地坚硬的最终产物。当温度再升高时，产品只能分解不能再软化，属于化学交联变化。这类合成树脂一般分子量较低，但当固化时能交联成网状的高分子量化合物。由于树脂分子量低，所以有较好的流平性、润湿性，能牢固地黏附于金属工件表面，并且固化后有较好的装饰性和防腐蚀性。这种类型树脂主要有环氧树脂、聚酯树脂、丙烯酸树脂和聚氨酯树脂等，较多应用于家用电器、仪表仪器、金属家具、建筑五金、石油化工管道等装饰防腐蚀和绝缘。

粉末涂料制造方法可分为干法和湿法两种。干法可分为干混合法和熔融混合法；湿法又可分为蒸发法、喷雾干燥法和沉淀法；近年来，新开发了超临界流体法（Vede Advanced Manufacturing Process，VAMP）。这些制造方法的主要工艺如表 1-2 所示。

表 1-2　粉末涂料制造方法

制造方法		工艺流程
干法	干混合法	原料混合→粉碎→过筛→产品
	熔融混合法	原料混合→熔融混合→冷却→粗粉碎→细粉碎→分级过筛→产品
湿法	蒸发法	配制溶剂型涂料→蒸发或抽真空除溶剂→粉碎→分级过筛→产品
	沉淀法	配制溶剂型涂料→研磨→调色→加沉淀剂成粒→破碎→分级过筛→产品
	喷雾干燥法	配制溶剂型涂料→研磨→调色→喷雾干燥→产品
	超临界流体法	配料→预混合→超临界流体釜→喷雾成粒→分级→产品

① 干混合法　干混合法是最早采用的

最简单的粉末涂料制造方法，先将原料按配方称量，然后用混合设备进行混合粉碎，经过筛分分级得到产品。这种方法制造的粉末涂料粒子都以原料成分的各自的状态存在，所以当静电喷涂时，由于各种成分的分散性和均匀性有较大差别，回收的粉末涂料不能再用。另外，各种成分的分散性和均匀性也不好。静电涂装的涂膜外观不好。因此，干法混合只在热塑性粉末涂料制造时使用，不用来制造热固性粉末涂料。

② 熔融混合法　熔融混合法在制造过程中不用液态的溶剂或水，直接熔融混合固态原料，经冷却、粉碎、分级制得。在熔融工序中，可以采用熔融混合法和熔融挤出混合法。前者不易连续生产，较少采用。后者可连续生产，具有以下优点：a. 易连续化生产，生产率高；b. 可直接使用固体原料，不用有机溶剂或水，无废水或溶剂排放问题；c. 生产涂料树脂品种和花色品种的适用范围宽，d. 颜料、填料和助剂在树脂中的分散性好，产品质量稳定，可以生产高质量的粉末涂料；e. 粉末涂料的粒度容易控制，可以生产不同粒度分布的产品。这种方法的缺点是换树脂品种和换颜色麻烦。

③ 蒸发法　蒸发法是湿法制造粉末涂料的一种。此法获得的涂料颜料分散性好，但是工艺流程比较长，有大量回收来的溶剂要处理，设备投资大，制造成本高，推广受到限制。这种方法主要用于丙烯酸粉末涂料的制造，大部分有机溶剂靠薄膜蒸发除去，然后用行星螺杆挤出机除去残余的少量溶剂。

④ 喷雾干燥法　喷雾干燥法也是湿法制造粉末涂料的一种方法，其主要优点有：a. 配色容易；b. 可以直接使用溶剂型涂料生产设备，同时加上喷雾设备即可进行生产；c. 设备清洗比较简单；d. 生产中的不合格产品可以重新溶解后再加工；e. 产品的粒度分布窄，球形的多，涂料的输送流动性和静电涂装施工性能好。缺点是要使用大量溶剂，需要在防火、防爆等安全方面引起高度重视；涂料的制造成本高。这种方法适用于丙烯酸粉末涂料和水分散粉末涂料用树脂的制造。

⑤ 沉淀法　沉淀法与水分散涂料的制造法有些类似，配成溶剂型涂料后借助于沉淀剂的作用使液态涂料成粒。然后分级、过滤制得产品。这种方法适合以溶剂型涂料制造粉末涂料，所得到的粉末涂料粒度分布窄且易控制。由于工艺流程长，制造成本高，工业化推广受到限制。

⑥ 超临界流体法　美国Ferro公司开发了超临界流体制造粉末涂料的方法，被称为粉末涂料制造方法的革命，对21世纪粉末涂料工业的发展将起到重要作用。该法使用超临界状态的高压二氧化碳作为加工流体来分散涂料的各组分，可开发多种传统工艺无法制造的粉末涂料。其原理为：二氧化碳在7.25MPa和31.1℃时达到临界点而液化，此时液态二氧化碳与气态二氧化碳两相之间界面清晰，然而压力略降或温度稍高超过临界点，这一界面立刻消失，称为超临界状态。继续升温或降压，二氧化碳变成气态。超临界态的二氧化碳是一种很好的溶剂，在医药萃取、分离等方面得到广泛应用。利用此原理，将粉末涂料的各种成分称量后加到带有搅拌装置的超临界流体加工釜中，超临界态二氧化碳使涂料的各种成分流体化，这样在低温下就达到了熔融挤出的效果。物料经喷雾和分级釜中造粒，获得产品。整个生产过程可以用计算机控制。这种方法的优点是：a. 减少了熔融挤出混合工序，降低了加工温度，防止粉末涂料在制造过程中的胶化，可改进产品质量；b. 加工温度低，可以生产多种低温固化涂料；c. 提高批产量，一般熔融挤出法每批生产453.6kg，而此法可达到9071.8kg。粉末涂料的基体为聚合物，而许多高聚物在合成过程中就可以得到微球状颗粒，结合所选聚合物的特性，采用适当的合成方法可以制得粉末涂料。

(4) 液体无溶剂涂料　双液型液体无溶剂涂料在涂装前以低黏度合成树脂和固化剂混合，涂装后固化的类型为代表，其中低黏度树脂可为含羟基的聚酯树脂、丙烯酸酯树脂等，固化剂通常为异氰酸酯。此外还有由改性胺固化的环氧树脂类。储存时低黏度树脂和固化剂分开包装，使用前混合，涂装时固化。这类涂料理论上不含低分子有机溶剂，可以把VOC降到几乎为零。但实际应用时树脂类型的选择范围较小，并且使用这类涂料时一定要注意其使用期；另外在厚膜涂装及用途上有一定的限制。所以，降低涂装黏度、提高双液型混合涂装效率是这类涂料面临的课题。

涂料辐射固化技术由于其节约能源和有效控制环境污染而成为21世纪一项重要的绿色技术，应用范围极其广泛。辐射固化型涂料中常用的树脂包括聚酯丙烯酸酯体系、环氧丙烯酸酯体系、聚氨酯丙烯酸酯体系等。一般情况下不使用有机溶剂，而代之以能溶解树脂的反应型活性稀释剂，固化时参与交联反应，从而可确保VOC释放量几乎为零。辐射固化后的膜通常在各方面都具有优异的性能。辐射固化型涂料引起关注的方面还有它可在热敏感型物质上涂布。这类涂料具有的缺点是生产设备相对较昂贵；处理反应型稀释剂较复杂，且其中大多数有毒，并可引起皮肤过敏；还有涂层一般只能很薄，且被涂物件形状要简单（如平面状地板）；颜料及其他添加剂受限制，一般不能用于深色涂料。

辐射固化技术中应用最广是紫外线(UV)固化。紫外线固化涂料（UVCC）为20世纪60年代末由德国首先开发成功。与传统的热固化涂料相比，UVCC具有下列特点：固化速度快（0.1～10s完成固化），几乎是瞬间成膜，因而生产效率高，适合流水线生产，产品涂完后，可立即码垛装载，节省场地与空间；节省能源，耗能约为热固化涂料的1/5～1/10；基本无溶剂排放，既安全，又不污染环境，体系物质几乎是100%转化成涂膜；可涂装对热敏感的基材（如木材、塑料、纸制品、纺织品、皮革等）和热容量大的物体（如厚金属板、混凝土等）；涂层性能优异，如高光泽、高硬度、耐化学药品性好等；涂装设备体积小，占地面积少，投资低。UVCC的固化原理是，当紫外线照射UVCC后，涂料体系中的光引发剂（活性阳离子化合物）AB·将吸收光能量而变成激发态AB#：AB·$\xrightarrow{h\nu}$AB#继而激发态AB#分解生成自由基A·和新的活性阳离子B·：AB#$\longrightarrow$A·+B·，自由基A·撞击UVCC中的双链并引发聚合反应，形成增长链：

$$:A\cdot + \overset{|}{\underset{|}{C}}-\overset{|}{\underset{|}{C}} \longrightarrow A-\overset{|}{\underset{|}{C}}-\overset{|}{\underset{|}{C}}\cdot;$$

这一反应继续延伸，使活性稀释剂和低聚物中的双键断开、相互交联而成膜。除了上述的正反应外，游离基66碰撞，也同时由激发态恢复到基态。反应的最终结果即固化成膜。

UVCC主要是由低聚物、活性稀释剂、光引发剂和其他助剂四部分组成，其各组分的比例大致如下：低聚物30%～50%；活性稀释剂40%～60%；光引发剂1%～5%；助剂0.2%～1%。

① 低聚物（光敏树脂）　低聚物又称光敏树脂，是成膜物质，在整个体系中占有相当大的比例，对涂料的性能起着决定性的影响。

低聚物都为含有C═C不饱和双键的低分子量树脂，主要有不饱和聚酯、环氧丙烯酸酯、聚氨酯丙烯酸酯、聚酯丙烯酸酯、多烯/硫醇体系、聚醚丙烯酸酯、水性丙烯酸酯、阳离子树脂。目前应用最广泛的是前四种。第一种属第一代UVCC，后三种属第二代UVCC。

a. 不饱和聚酯通常是以不饱和二元酸和二元醇或三元醇为原料，经酯化反应而制得。将不饱和聚酯溶于苯乙烯，并加入安息香醚类和其他助剂即可制得UVCC。这是世界上最早的第一代UVCC，1968年由德国拜耳公司开发。这种涂料固化速度慢，很多性能不及目前应用的其他UVCC，但价格便宜，涂层硬度高，主要应用于木器上。目前为了提高该涂料的综合性能，多采用丙烯酸酯类活性稀释剂调节，或与其他低聚物配合使用。

b. 环氧丙烯酸酯是由丙烯酸与环氧树脂在催化剂及阻聚剂存在下，开环酯化制得。该低聚物能赋予涂层优良的物理、力学和耐腐蚀性能，是应用最广泛的低聚物，目前使用的主要有3种。

ⓐ 双酚A环氧丙烯酸酯。它对颜料润湿性、与其他树脂混溶性都较好，光固化速度快、涂层硬度高、耐热性好、原料易得、价格便宜，广泛用于各种辐射固化涂料。

ⓑ 酚醛环氧丙烯酸酯。与双酚A环氧丙烯酸酯相比，相同分子量的酚醛环氧丙烯酸酯含有更多的丙烯酰基，因此固化速度更快，耐热性更好，其他性能相似。但黏度大，价格较贵。适用于制作印刷线路板等电子器件的涂料。

ⓒ 环氧化油丙烯酸酯。黏度小、价格低，对颜料润湿性好、附着力强、对皮肤刺激性小。但分子中含丙烯酰基少，光固化速率慢、涂膜较软，所以很少单独使用，常与其他固化速率快的低聚物配合使用，用于底材不易附着或柔性基材。

c. 聚氨酯丙烯酸酯也是应用广泛的丙烯酸酯类低聚物，由二异氰酸酯、丙烯酸羟基酯和多羟基化合物反应制得。选用不同的二异氰酸酯、丙烯酸羟基酯和多羟基化合物，可得到许多种结构、性能不同的聚氨酯丙烯酸酯。聚氨酯丙烯酸酯是一种综合性能优良的低聚物，具有固化速率快、易与其他树脂混溶，涂膜韧性、附着力、耐热性、耐磨性和耐化学品性好等特点，但价格较贵，所以一般只用于对硬度、耐化学品性及柔性等要求较高的涂层或与其他低聚物配合使用。现广泛用于高性能罩光漆中。

d. 聚酯丙烯酸酯通常是由聚酯二元醇与丙烯酸，或含羧基的聚酯与丙烯酸羟基酯化而制得。该低聚物黏度较低、柔性好、色泽浅、价格低，常用于UV上光油，PVC罩光等涂料中。

② 活性稀释剂　活性稀释剂是一种功能性单体，它的作用是调节UVCC的合适黏度，控制涂料固化交联密度，改善涂膜的物理、力学性能，也参与固化成膜。活性稀释剂结构上也含有不饱和双键，如丙烯酰基、甲基丙烯酰基及乙烯基等。丙烯酰基光固化速度最快，目前使用的活性稀释剂大多为丙烯酸酯类单体。根据每一分子中所含双键数目不同，可分为单官能、双官能和多官能三类活性稀释剂。近年来新型稀释剂得到了开发应用，乙氧基化或丙氧基化的丙烯酸酯类功能单体，不仅改善了某些单体对皮肤的刺激性，而且使其单体性能更加完善。随着阳离子光固化体系的发展，多官能环氧化合物和乙烯基醚类单体也得到了广泛应用。常用的单官能活性稀释剂有：苯乙烯、*N*-乙烯基吡咯烷酮、丙烯酸异辛酯、丙烯酸羟乙酯和丙烯酸异冰片酯。双官能活性稀释剂有：三乙二醇二丙烯酸酯、三丙二醇二丙烯酸酯、乙二醇二丙烯酸酯、聚乙二醇（200）二丙烯酸酯、新戊二醇二丙烯酸酯和丙氧基新戊二醇二丙烯酸酯。多官能活性稀释剂有：三羟甲基丙烷三丙烯酸酯、丙氧基化三羟甲基丙烷三丙烯酸酯、季戊四醇三丙烯酸酯和丙氧基化季戊四醇丙烯酸酯。使用活性稀释剂时，从稀释效果看：单官能＞双官能＞多官能；从光固化速度看：多官能＞双官能＞单官能，乙氧基化改性＞未改性的≥丙氧基化的；从对皮肤的刺激性看：未改性的＞乙氧基化（或丙氧基化）改性的。因此在实际配方中，往往是选用两个或两个以上的活性稀释剂组合使用。

③ 光引发剂（光敏剂）　光引发剂是UVCC的重要组分，其作用是：吸收紫外线后发生化学反应，产生引发固化反应的活性自由基和活性阳离子，从而使UVCC体系中不饱和基团双键断开，发生聚合反应，形成涂膜。光引发剂是决定UVCC固化程度和固化速率的主要因素。按照活性自由基的不同，光引发剂可分为自由基型、阳离子型和自由基-阳离子复合型三类。自由基型光引发剂按其自由基的来源分为分子断裂型和夺氢型两类。前者是指光引发剂受紫外线照射后变成激发态，导致分子键断裂产生自由基；后者是指从并用的三

级胺（叔胺）共存的碳氢化合物中夺取氢，从而产生自由基。由于空气中的氧对自由基型光引发剂的反应有强烈的阻聚作用，给自由基聚合反应带来一些困难，因而开发出了不受空气中氧阻碍的阳离子型引发剂。以鎓盐为代表的阳离子引发剂，如瑞士汽巴公司的 Irgacure 261，它具有引发速度快、效率高、聚合反应不受空气中氧含量影响等特点。尽管自由基型光引发剂存在着一些不足，但却具有价格低的优势，所以目前仍广泛应用。人们对研究开发高活性的自由基型引发剂也保持着浓厚的兴趣，瑞士汽巴公司推出的新型引发剂 BAPO（双芳酰基磷氧化合物），引发效率高、可深层固化，还具有“光漂白”作用。有些高效引发剂可使固化时间缩短至毫秒级内。目前常用的光引发剂有：安息香丁醚、二苯甲酮、安息香双甲醚（Irgacure 651）、4,4-二甲氨基二苯酮（米氏酮）、氯代硫杂蒽酮（2-CTX）、2-羟基-2-甲基-1-苯基丙酮（Darocure 1173）、1-羟基环已基苯甲酮（Irgacure184）、2-苯基-2-*N*-二甲氨基 1-(-4-吗啉苯基)-丁酮（Irgacure 369）、铁盐（Irgacure 261）和酰基磷氧化合物（BAPO）。

④ 助剂　助剂可以改善涂料与涂膜性能，增加紫外线敏感性，降低施工难度，是涂料中不可缺少的组成部分。常用的助剂主要有如下几种。a. 光引发剂，又叫光敏助剂或助引发剂。它本身无光引发作用，既不吸收辐射能，不会在紫外线激发下生成自由基，也不引发聚合，但具有抗氧干扰、增加敏感度和提高光引发剂活化速度的作用，所以亦称为光活化剂。常用的有：二甲基乙醇胺、三乙醇胺和 *N*,*N*-二甲基苄胺等。某些染料，如碱性亚甲基蓝、曙红、玫瑰红和荧光黄等都具有增感作用，效果显著。b. 阻聚剂，一般在使用自由基型光引发剂时，由于空气中氧的阻聚作用影响涂料的聚合反应和储存的稳定性，因此需添加阻聚剂，常用的有对苯二酚和对甲氧基苯酚等。此外，常用助剂还有流平剂、消泡剂、促进剂和分散剂等。在使用助剂时应尽量选用能参加固化反应的活性助剂，如迪高公司的 Red2100、Red2200、Red2500 和 Red2600，毕克公司的 BYK-371 等。大部分普通助剂因不参与光固化反应而留在固化膜中将带来针孔、反黏等漆膜弊病。

UVCC 因其无污染、效率高等优点而广泛应用于建筑材料、体育用品、电子通信、包装材料和汽车部件等不同领域。随着环境保护的要求日益提高，UVCC 有望代替传统的固化涂料。

十、我国涂料生产概况

涂料（包括油漆）是一种消耗量较大的生产资料和生活资料。我国改革开放以来，除了发展原有的涂料生产企业之外，还新建了许多中外合资涂料企业，它们大多生产较高档的产品。在广大农村则兴起了不少乡镇涂料厂家，它们中有的是集体经济，有的是个体经济，生产的大多是中、低档产品，尤以油基漆产量最大。

我国涂料生产的归口一般归行业协会管理。如油漆、较高档的溶剂型涂料以及粉末涂料等大都归口于化工行业协会部门管理。建筑涂料以及大部分的水性涂料则归口于建筑行业协会部门管理。某些船舶涂料、纳米涂料则归口于交通行业协会部门。其他如机械、铁道、航空航天等行业协会部门都归口管理一些专用涂料产品。

据不完全统计，目前我国年产量万吨以上的涂料生产企业约 120 多家，年产量千吨以上万吨以下的涂料企业约 100 多家，年产量千吨以下的涂料企业近 600 家。2013 年我国涂料总产量突破千万吨大关，成为了全球第一涂料生产和消费大国。同时，每年还需要从国外进口高档涂料、纳米涂料，以填补某些国内暂时还不能生产的空白产品。

第二节　涂料基础

一、涂料的组成

一般涂料由三个组分组成，即成膜物、

颜料和溶剂。除三个主要组分外有时还加有各种添加剂。

主要成膜物质包括植物油脂、动物油脂、天然树脂、合成树脂和高分子纤维素化合物等。它是涂料的不挥发分，又称固着剂或展色剂，是涂料的基本组分。它能牢固地附着在物体表面成膜，也能单独成膜。涂料的性能在很大程度上取决于主要成膜物质。

次要成膜物质包括颜料和染料，其中颜料又包括着色颜料和体质颜料。颜料和染料的区别是前者不溶于有机溶剂或水，后者则相反。它们的作用是赋予涂膜以各种必要的色彩，并赋予涂膜以特殊的功能，如防锈颜料、防腐蚀颜料、高温颜料、荧光颜料分别用于制造防锈涂料、防腐蚀涂料、高温涂料和荧光涂料等。体质颜料又叫填料，它在涂料中主要起增强涂膜的物理化学性能和降低成本的作用。

辅助成膜物质包括稀释剂、催干剂和各种助剂（添加剂）。稀释剂在溶剂型涂料中包括各种有机溶剂，如烃类、酯类、酮类溶剂等。催干剂是大家比较熟悉的一种常用的涂料助剂。

在现代涂料技术中，各种改良和增进涂膜性能的助剂品种很多，常用的如成膜助剂、防沉剂、防结皮剂、防发花剂、流平剂、固化剂、防针孔剂等。

二、涂料的分类方法

涂料有许多种分类方法，可从不同角度对涂料进行分类，如根据成膜物、溶剂、颜料、成膜机理、施工顺序和作用以及功能等。一般有以下几种分类方法。

（1）按涂料中所含主要成膜物质分类　可分为油脂涂料、酚醛树脂涂料、醇酸树脂涂料、硝基涂料、环氧树脂涂料等。这种分类方法是我国涂料行业现行采用的主要分类方法。

（2）按涂料的外观和基本性能分类　可分为清油、清漆、厚漆、调和漆、磁漆等。

（3）按涂料的基本功能分类　可分为腻子、底漆、面漆、罩光漆等。

（4）按涂料的性状、形态分类　可分为溶液型涂料、乳胶涂料、溶胶涂料、粉末涂料等。

（5）按涂膜的性状、形态分类　可分为有光涂料、半光涂料、无光涂料、多彩美术涂料等。

（6）按涂膜的特殊功能分类　可分为防锈涂料、强防腐蚀涂料、防污涂料、耐热涂料、电绝缘涂料、防霉涂料、荧光涂料等。

（7）按涂装方法分类　可分为刷涂涂料、喷涂涂料、卷材涂料、电泳涂料等。

（8）按涂膜固化方法分类　可分为常温固化涂料、烘干涂料、光固化涂料、电子射线固化涂料等。

（9）按用途分类　可分为建筑涂料、船舶涂料、汽车涂料、木器涂料、罐头涂料、塑料涂料、纳米涂料等。

我国的涂料产品采用综合分类方法，早在1981年就制定了涂料产品分类的国家标准。鉴于涂料产品日新月异，本书所列涂料产品既采用了国家标准分类方法，又采用了按涂料用途和涂膜特殊功能分类的方法。

三、涂料的化学成分

涂料通常由成膜物质、颜料、溶剂和各种添加剂组成。

成膜物质是涂料的基础，起成膜等作用，主要是各种油脂和树脂，可以是天然物、动植物油等，也可以是人工合成的，如酚醛树脂等。

颜料是起漆膜构色、增强抗紫外、耐老化等作用。

涂料中加入二甲苯、松节油、丙酮、乙醇类溶剂，是为了降低涂料的黏度，易于施工。

为增加涂料的柔韧性，可以加入增塑剂，还可以加入少量的固化剂、消光剂、防腐剂等化学添加剂，如二乙胺、环烷酸铜等。

四、涂料产品分类、命名和型号

1. 分类

涂料产品分类是以涂料基料中主要成

膜物质为基础。若成膜物质为混合树脂，则按在漆膜中起主要作用的一种树脂为基础。成膜物质分为17类，如表1-3所示。

表1-3 成膜物质分类

成膜物质类别	主要成膜物质
油脂	天然植物油、鱼油、合成油等
天然树脂①	松香及其衍生物、虫胶、乳酪素、动物胶、大漆及其衍生物等
酚醛树脂	酚醛树脂、改性酚醛树脂、二甲苯树脂
沥青	天然沥青、煤焦沥青、硬脂酸沥青、石油沥青
醇酸树脂	甘油醇酸树脂、改性醇酸树脂、季戊四醇及其他醇类的醇酸树脂等
氨基树脂	脲醛树脂、三聚氰胺甲醛树脂等
硝基纤维素(酯)	硝基纤维素(酯)、改性硝基纤维素(酯)
纤维素酯、纤维素醚	乙酸纤维素、苄基纤维素、乙基纤维素、羟甲基纤维素、乙酸丁酸纤维素等
过氯乙烯树脂	过氯乙烯树脂、改性过氯乙烯树脂
烯类树脂	聚二乙烯基乙炔树脂、氯乙烯共聚树脂、聚乙酸乙烯及其共聚物、聚乙烯醇缩醛树脂、聚苯乙烯树脂、含氟树脂、氯化聚丙烯树脂、石油树脂等
丙烯酸树脂	丙烯酸树脂、丙烯酸共聚树脂及其改性树脂
聚酯树脂	饱和聚酯树脂、不饱和聚酯树脂
环氧树脂	环氧树脂、改性环氧树脂
聚氨酯树脂	聚氨基甲酸酯树脂
元素有机聚合物	有机硅树脂、有机钛树脂、有机铝树脂等
橡胶	天然橡胶及其衍生物、合成橡胶及其衍生物
其他	以上16类包括不了的成膜物质，如：无机高分子材料、聚酰亚胺树脂等

① 包括由天然资源所生成的物质及经过加工处理后的物质。

2. 命名

① 命名原则。涂料全名：颜色或颜料名称+成膜物质名称+基本名称。

涂料的颜色位于名称的最前面。若颜料对漆膜性能起显著作用，则可用颜料的名称代替颜色的名称，仍置于涂料名称的最前面。

② 涂料名称中的成膜物质名称应作适当简化。例如：聚氨基甲酸酯简化成聚氨酯。

如果基料中含有多种成膜物质时，选取起主要作用的一种成膜物质命名。如松香改性酚醛树脂占树脂总量50%或50%以上，则划入酚醛树脂漆类，小于50%则划入天然树脂漆类。必要时也可选取两种成膜物质命名，主要成膜物质名称在前，次要成膜物质名称在后。例如，环氧硝基磁漆。

③ 基本名称仍采用我国广泛使用的名称。例如：清漆、磁漆、罐头漆、甲板漆等，如表1-3所示。

④ 在成膜物质和基本名称之间，必要时，可标明专业用途、特性等。

⑤ 凡是烘烤干燥的漆，名称中都有“烘干”或“烘”字样。如名称中没有“烘干”或“烘”字，即表明该漆是常温干燥或烘烤干燥均可。

3. 型号

① 为了区别同一类型的各种涂料，在名称之前必须有型号。

② 涂料型号以一个汉语拼音字母和几个阿拉伯数字所组成。字母表示涂料类别，位于型号的前面，第一、第二位数字表示涂料产品基本名称，第三、第四位数字表示涂料产品序号，在第二位数字与第三位数字之间加一短线（读成“至”），把基本名称代号与序号分开。

涂料类别如表1-4所示。

表1-4 涂料类别代号

代号	涂料类别	代号	涂料类别
Y	油脂漆类	X	烯树脂漆类
T	天然树脂漆类	B	丙烯酸漆类
F	酚醛树脂漆类	Z	聚酯漆类
L	沥青漆类	H	环氧树脂漆类
C	醇酸树脂漆类	S	聚氨酯漆类
A	氨基树脂漆类	W	元素有机漆类
Q	硝基漆类	J	橡胶漆类
M	纤维素漆类	E	其他漆类
G	过氯乙烯漆类		

涂料基本名称如表1-5所示。

表 1-5 涂料基本名称代号

代号	基本名称	代号	基本名称
00	清油	38	半导体漆
01	清漆	40	防污漆、防蛆漆
02	厚漆	41	水线漆
03	调合漆	42	甲板漆、甲板防滑漆
04	磁漆	43	船壳漆
05	粉末涂料	44	船底漆
06	底漆	50	耐酸漆
07	腻子	51	耐碱漆
09	大漆	52	防腐漆
11	电泳漆	53	防锈漆
12	乳胶漆	54	耐油漆
13	其他水溶性漆	55	耐水漆
14	透明漆	60	耐火漆
15	斑纹漆	61	耐热漆
16	锤纹漆	62	示温漆
17	皱纹漆	63	涂布漆
18	裂纹漆	64	可剥漆
19	晶纹漆	66	感光涂料
20	铅笔漆	67	隔热涂料
22	木器漆	80	地板漆
23	罐头漆	81	渔网漆
30	(浸渍)绝缘漆	82	锅炉漆
31	(覆盖)绝缘漆	83	烟囱漆
32	(绝缘)磁漆	84	黑板漆
33	(黏合)绝缘漆	85	调色漆
34	漆包线漆	86	标志漆、马路划线漆
35	硅钢片漆	98	胶液
36	电容器漆	99	其他
37	电阻漆、电位器漆		

其中基本名称代号划分如下：

00～13 代表涂料的基本品种；

14～19 代表美术漆；

20～29 代表轻工用漆；

30～39 代表绝缘漆；

40～49 代表船舶漆；

50～59 代表防腐蚀漆；

60～79 代表特种漆；

80～99 备用。

涂料产品序号如表 1-6 所示。

表 1-6 涂料产品序号代号

涂料产品		代号	
		自干	烘干
清漆、底漆、腻子		1～29	30 以上
磁漆	有光	1～49	50～59
	半光	60～69	70～79
	无光	80～89	90～99
专业用漆	清漆	1～9	10～29
	有光磁漆	30～49	50～59
	半光磁漆	60～64	65～69
	无光磁漆	70～74	75～79
	底漆	80～89	90～99

a. 在氨基漆类中，清漆、磁漆、底漆、腻子的序号划分不符合此原则，而是按自干类型漆划分；属于酸固化氨基自干漆，也按此规定，但在型号前用星号“※”加以标志。氨基专业用漆按涂料专业用漆的序号统一划分。

b. 涂料产品序号用来区分同一类型的不同品种，表示油在树脂中所占的比例、氨基树脂在总树脂中所占的比例等。

ⓐ 在油基漆中，树脂：油为 1：2 以下则为短油度；比例在 1：(2～3) 之间为中油度；比例在 1：3 以上为长油度。

ⓑ 在醇酸漆中，油占树脂总量的 50% 以下为短油度；50%～60% 为中油度；60%以上为长油度。在区分品种时，不考虑油的种类。

ⓒ 在氨基漆中，氨基树脂：醇酸树脂＝1：2.5 为高氨基；比例在 1：(2.5～5) 之间为中氨基；比例在 1：(5～7.5) 之间为低氨基。

③ 辅助材料型号由一个汉语拼音字母和 1～2 个阿拉伯数字组成，字母与数字之间有一短线（读成“至”）。字母表示辅助材料的类别，数字为序号，以区别同一类

型的不同品种。辅助材料代号见表1-7。

表 1-7 辅助材料代号

代号	辅助材料名称
X	稀释剂
F	防潮剂
G	催干剂
T	脱漆剂
H	固化剂

④ 型号名称举例（见表1-8）

表 1-8 型号名称举例

型号	名称
Q01-17	硝基清漆
C04-2	醇酸磁漆
Y53-31	红丹油性防锈漆
A04-81	黑氨基无光烘干磁漆
Q04-36	白硝基球台磁漆
H52-98	铁红环氧酚醛烘干防腐底漆
H36-51	绿环氧电容漆烘漆
G64-1	过氯乙烯可剥漆
X-5	丙烯酸漆稀释剂
H-1	环氧漆固化剂

4. 命名手续

① 已经批量生产的涂料品种，需要申请型号时，由油漆生产厂向全国涂料和颜料标准化技术委员会基础标准分会秘书组提出申请。申请型号名称时，必须报送产品鉴定技术资料，包括：

a. 产品配方及简要生产工艺（包括半成品配方及简要生产工艺）；

b. 产品技术指标及检验方法；

c. 产品检验数据；

d. 产品与国内外同类产品标准比较及样品；

e. 产品的组成、特性和用途；

f. 产品的施工参考。

② 经审查（必要时组织有关人员讨论）通过，将统一型号名称通知申请单位，并报国家标准化管理委员会备案。

第三节 涂料的性能

一、涂料的原漆性能

涂料的原漆性能指涂料在生产合格后到使用前这段过程中具备的性能，或称涂料原始状态的性能。

原漆外观，也称开罐效果，指涂料在容器中的状态，液态或厚浆型涂料一般都要求能搅拌均匀，无结块；分层严重，无法搅匀，结块的涂料一般不能使用。

黏度是指液体的黏稠状态。

储存时黏度要高，黏度太低，容易出现分层、结块等，施工时一般要使用稀释剂（水性涂料用水）将原漆稀释到适当的黏度；

密度指单位体积涂料的质量，单位一般有：g/mL、kg/L，俗称比重。一般产品说明上标明的是白色或浅色涂料的密度。

细度表示涂料中颗粒大小和分散情况，单位为：μm（微米）。

储存稳定性表示涂料在储存过程中的性能变化。涂料储存性越好，涂料的保质期、有效储存期越长。

二、涂料的施工性能

涂料的施工性能是指涂料在施工过程中表现出来的性能以及施工参数。施工性是指辊涂及刷涂时的手感、涂料飞溅性、消泡性等。涂布量也称耗漆量，指单位面积底材上涂装达一定厚度时所消耗的涂料量。

影响涂布量的因素有：涂料本身的因素（黏度、施工性等）、底材平整度和粗糙度、底材的吸收能力、气候条件、管理及施工水平、涂装要求等。

干燥时间：表干——是指漆膜表面干燥所需的时间。指压干——大拇指用力压在涂料表面不会流下指压痕迹或破坏涂层表面的时间。打磨干——从涂布到打磨不黏砂纸的这一段时间。实干——也称硬干时间，是指漆膜基本干燥所需的时间。重涂时间——一遍涂料涂装好到下一遍涂料开始涂装的间隔时间。

填充性：是指底漆对木眼的填平能力，填充性是相对性能，一般是对比测试。填充性与底漆的体质颜料的含量多少有很大的关系，所以填充性与透明度有很大的关系。填充性能好的底漆涂饰遍数少。

打磨性：漆膜干后，用砂纸将其磨成平整表面的难易程度。打磨性好的底漆好施工。

三、漆膜性能

漆膜性能即涂料涂装后所形成漆膜具备的性能。

(1) 涂膜外观　指漆膜是否平滑，有无颗粒、气泡、发花、施工痕迹等。

(2) 光泽　衡量漆膜反射光线的能力的参数。光泽是漆膜一个很显著的特征，对涂料装饰性能影响很大。光泽高的涂料容易显现底材的缺陷，因此它对底材的平整度和粗糙均匀程度要求比较高。

(3) 硬度　硬度是指漆膜对于外来物体侵入其表面时所具有的阻力。漆膜硬度是其机械强度的重要性能之一。一般来说，漆膜的硬度与涂料的组成及干燥程度有关，如漆膜干燥得越彻底，硬度相对越高。测试方法是用中华牌铅笔为标准（如1H、2H铅笔）按一定的方法进行刻划，观察漆膜的破坏情况。

(4) 附着力　表示漆膜对底材黏合的牢度程度。附着力是漆膜的一个非常重要的指标，附着力差，漆膜容易起泡、剥落。常用划格法进行测试。

(5) 透明度　漆膜显现底材状况的清晰程度，透明度好的油漆做出来的效果木纹的立体感强，深色板材对透明度要求较高。

(6) 遮盖力（实色）　表示实色漆遮盖底层颜色的能力。遮盖力好的油漆施工遍数少。

(7) 耐黄变性　表示实色漆遮盖底层颜色的能力。浅色板材作透明工艺时对耐黄变性要求较高。

(8) 耐划伤性　分为硬划伤和软划伤。硬划伤——用硬度适中的物体（金属或木材）同等力度刮、擦、划实干后的漆膜表面，观其破损程度。

软划伤——指打印纸用适中的力度摩擦漆膜表面，观其破损程度。

(9) 柔韧性　在弯曲、缠绕、扭转而被破坏或不破坏，能恢复或不能恢复的性能。

(10) 丰满度　涂层给人的肉质感，是面漆比较重要的性能，一般也是相比较而测定的。

(11) 手感　漆膜实干后用手触摸在漆膜上的润滑感觉。

四、涂料的环保性能

涂料的环保性能主要是指三苯含量、游离TDI含量、可溶性重金属、VOC含量等是否达标。

VOC：VOC（Volatile Organic Compounds）是挥发性有机化合物的英文简称。

溶剂型涂料中含有大量的溶剂、施工时还需使用比较多的稀释剂，是涂料品种中高VOC含量大户。

对人体的影响主要是刺激眼睛和呼吸道，皮肤过敏，严重时使人引起头痛、咽喉痛、乏力等症状，危害人体健康。

游离TDI：TDI即甲苯二异氰酸酯，存在于双组分的聚氨酯涂料的固化剂中。TDI具有强烈刺激性气味，对皮肤、眼睛和呼吸道有强烈刺激作用，长期接触或吸入高浓度的TDI蒸气可引起支气管炎、过敏性哮喘。

三苯（苯、甲苯、二甲苯）：苯为极度危害级物质，对人体危害巨大，属致癌物，目前已禁止在涂料行业使用。甲苯和二甲苯等分子结构中含有苯环属于苯系物，属于中度危害溶剂，其最高准许浓度为100mg/m^3。作为重要的有机溶剂，甲苯和二甲苯仍被大量使用。市场上宣称的无苯稀释剂有两种：一种是没有纯苯但还有甲苯、二甲苯的稀释剂；另一种是不含有三苯（苯、甲苯、二甲苯）的稀释剂。严格意义上的无苯稀释剂是不含三苯的稀释剂。

重金属：涂料中的铅、镉等重金属的污染主要来源于颜填料以及部分助剂。可溶性重金属铅、镉、汞、铬等是常见的有毒污染物，皮肤长期接触可引起接触性皮炎或湿疹，过量的铅、镉、汞对人体神经、内脏系统造成危害。

室内装饰装修材料有害物质限量十个

国家强制性标准见表1-9。

表1-9 10项国家标准编号及名称

标准编号	名称
GB 18580—2001	《室内装饰装修材料 人造板及其制品中甲醛释放限量》
GB 18581—2009	《室内装饰装修材料 溶剂型木器涂料中有害物质限量》
GB18582—2008	《室内装饰装修材料 内墙涂料中有害物质限量》
GB 18583—2008	《室内装饰装修材料 胶粘剂中有害物质限量》
GB 18584—2001	《室内装饰装修材料 木家具中有害物质限量》
GB 18585—2001	《室内装饰装修材料 壁纸中有害物质限量》
GB 18586—2001	《室内装饰装修材料 聚氯乙烯卷材地板中有害物质限量》
GB 18587—2001	《室内装饰装修材料 地毯、地毯衬垫及地毯胶粘剂有害物质释放限量》
GB 18588—2001	《混凝土外加剂中释放氨的限量》
GB 6566—2010	《建筑材料放射性核素限量》

其中强制实施的国家新标准（GB 18581—2009）《室内装饰装修材料 溶剂型木器涂料中有害物质限量》规定见表1-10。

表1-10 《室内装饰装修材料 溶剂型木器涂料中有害物质限量》规定

有害物		限量值			
		硝基漆类	聚氨酯漆类		醇酸漆类
挥发性有机化合物(VOC)/(g/L)≤		750	光泽(60°)≥80	600	550
			光泽(60°)<80	700	
苯/%≤		0.5			
甲苯和二甲苯总和/%≤		45	40		10
TDI/% ≤		—	0.7		
重金属/(mg/kg)≤	可溶性铅	90			
	可溶性镉	75			
	可溶性铬	60			
	可溶性汞	60			

第四节 涂料设备与选型

一、植物油精炼设备

植物油是制造油基涂料的主要原料。常用的干性植物油有桐油、梓油、亚麻油等；常用的半干性植物油有豆油等；常用的不干性油有蓖麻油等。这些油脂通常含有一定量的杂质（游离酸、有机和无机杂质、水分等），在制造涂料前必须进行处理，使其达到规定的技术条件。通常的处理方法有热处理（如精炼桐油）、碱漂处理（如除掉亚麻油、梓油、豆油中的游离酸、水和色素等）以及双漂处理（将碱漂处理过的植物油再加入白土或活性炭等将其中的色素进一步吸附，使颜色变浅）等。

精炼植物油的设备主要有用蒸汽间接加热的精炼锅（量少时也可采用直接加热）、蒸汽锅炉、沉降池、压滤机等。设备的容量和产量则需根据生产要求设计，设备材质以碳钢为主。

二、漆料热炼及树脂生产设备

漆料和漆用合成树脂是制造涂料的主要成膜物质，它们质量的好坏直接关系到涂料的质量。生产漆料和合成树脂的主要设备是用不锈钢制造的成套漆料锅和树脂反应锅，容量根据产量设计。加热方式则须根据产品工艺要求确定，一般反应温度在150℃以下的产品可采用蒸汽间接加热，反应温度在150℃以上的产品采用直接火加热或采用液相载热体间接加热，在有条件的地方可采用电阻或电感应加热。值得注意的是，漆料锅和树脂反应锅都是属于高温及压力反应设备，必须严格按照规范进行设计、制造和安装，以确保生产安全。

1. 合成工艺流程的进展

20世纪80年代末期以来的发展趋势是

生产装置的多用化。自20世纪70年代开始，工业发达国家的环境保护条例日趋严格，而原有的油漆厂大多在大、中城市及工业中心附近，其结果必然是要么环保设施及运转费用大量增加，要么转移到环保条件相对较低的地区甚至迁到工业不发达国家去生产。所以工业发达国家的涂料厂移地生产越来越多，地产价格、设备投资在现今的涂料工业中也与日俱增。如何使生产装置多功能化及小型化，以增加利用率及减少建厂用地和投资，成为工业发达国家所关注的问题。20世纪80年代末，英国卜内门化学公司（ICI）首先设计了多功能聚合生产中试装置（见图1-2），集高温与低温工艺及各种辅助设备之大成。在这套中试装置上，ICI公司成功地生产了醇酸树脂、环氧树脂、聚酯树脂、丙烯酸聚合物乳液以及单体的精馏，堪称最新前沿技术生产装置。

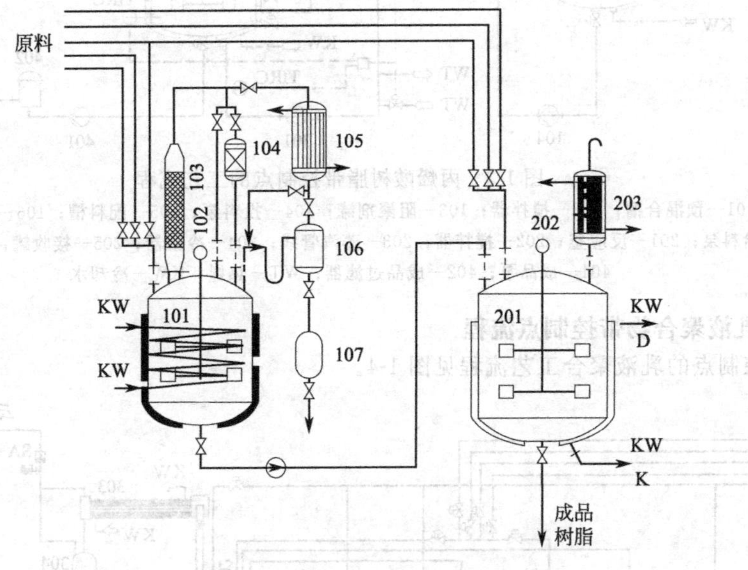

图1-2　多功能聚合生产中试装置流程

D—蒸汽；K—冷凝液；KW—冷却水；
101—反应釜；102—搅拌器；103—分馏柱（填料塔）；
104—洗涤器；105—冷凝器；106—分离器；107—接收槽；
201—反应釜；202—搅拌器；203—冷凝器

从图1-2中可以看出，ICI公司的中试流程主要特点是兑稀系统与低温树脂生产装置连为一体，同时在高温树脂生产装置上加了各种辅助装置。应当说，其制造难度不是很大。1984年化工部涂料工业研究所设计天津市丽华色材总厂时，将兑稀罐设计成蒸汽加热和冷却水冷却的夹套低温树脂反应釜，扩大了装置的用途。但由于在高温树脂反应釜上没有设计更多的辅助性装置，整个装置用途仍受到了限制。

我国大型涂料厂集中在省会以上大城市，土地使用费、土建费、环境保护投资、设备投资也日趋巨大，因此，应当注意英国ICI公司生产装置的优点。

2. 工业发达国家树脂合成工艺流程

树脂合成工艺设备的配置首先取决于其工艺流程。摘录一些漆用树脂合成工艺带控制点的流程图，供参考。

丙烯酸树脂带控制点的工艺流程见图1-3。

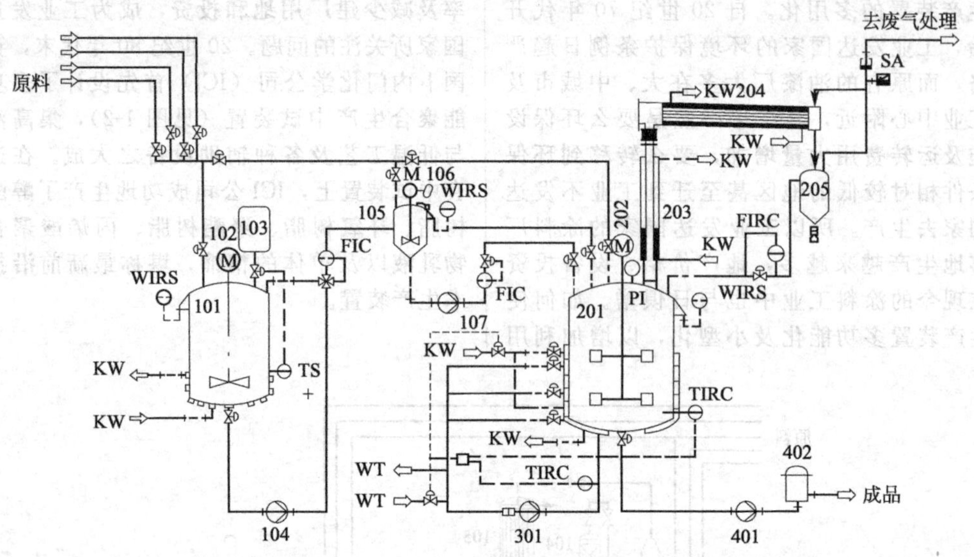

图 1-3 丙烯酸树脂带控制点的工艺流程

101—预混合槽；102—搅拌器；103—阻聚剂罐；104—投料泵；105—配料槽；106—搅拌器；107—给料泵；201—反应釜；202—搅拌器；203—蒸汽管线；204—冷凝器；205—接收罐；301—热媒泵；401—成品泵；402—成品过滤器；WT—热媒；KW—冷却水

3. 乳液聚合物带控制点流程

带控制点的乳液聚合工艺流程见图 1-4。

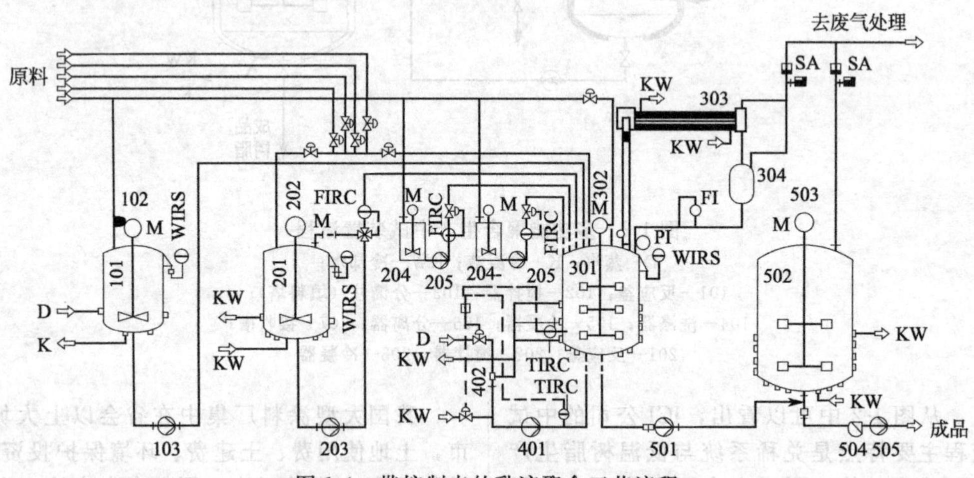

图 1-4 带控制点的乳液聚合工艺流程

101—预溶解槽；102—搅拌器；103—泵；201—预混合槽；202—搅拌器；203—泵；204—配料槽；205—给料泵；301—反应釜；302—搅拌器；303—冷凝器；304—接收罐；401—循环泵；402—水-气混合器；501—泵；502—混合槽；503—搅拌器；504—过滤器；505—泵；D—蒸汽；K—冷凝水；KW—冷却水

4. 聚酯型亚胺树脂（Esterimide Resins）带控制点流程

聚酯型亚胺树脂带控制点工艺流程见图 1-5。

5. 酚醛树脂带控制点流程

酚醛树脂带控制点的工艺流程见图 1-6。

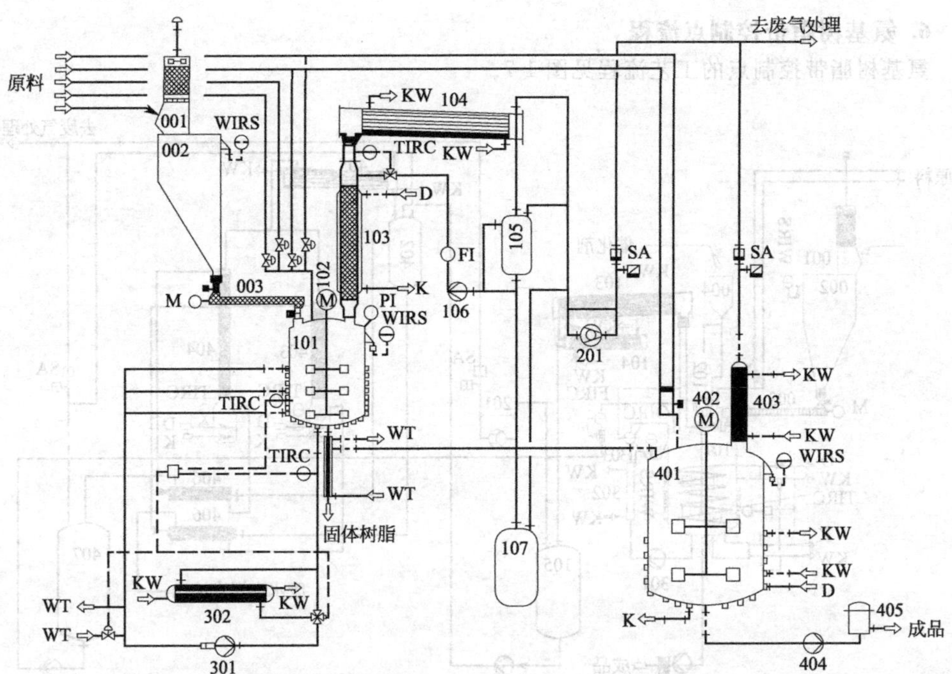

图 1-5 聚酯型亚胺树脂（Esterimide Resins）带控制点工艺流程

001—袋式卸料器；002—计量斗；003—加料螺旋；101—反应釜；102—搅拌器；103—填料塔；104—冷凝器；105—分水器；106—回流泵；107—接收罐；201—真空泵；301—热媒泵；302—热媒冷却器；401—兑稀罐；402—搅拌器；403—回流泵；404—成品泵；405—成品过滤器；WT—导热油；D—蒸汽；K—冷凝水

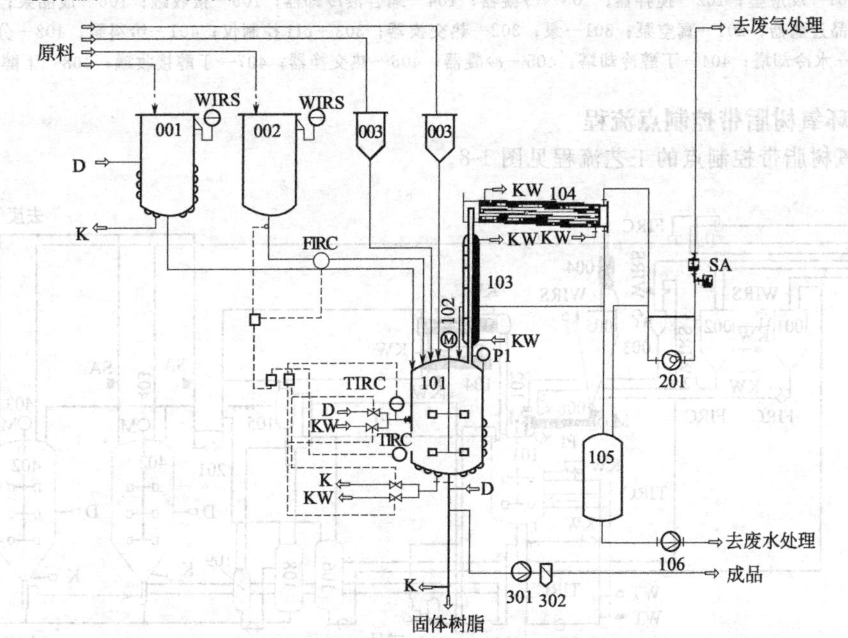

图 1-6 酚醛树脂带控制点的工艺流程

001—苯酚计量罐；002—甲醛计量罐；003—配料釜；101—反应釜；102—搅拌器；103—蒸汽管线；104—冷凝器；105—接收罐；106—反应用水泵；201—真空泵；301—成品泵；302—成品过滤器；D—蒸汽；K—冷凝水；KW—冷却水

6. 氨基树脂带控制点流程

氨基树脂带控制点的工艺流程见图 1-7。

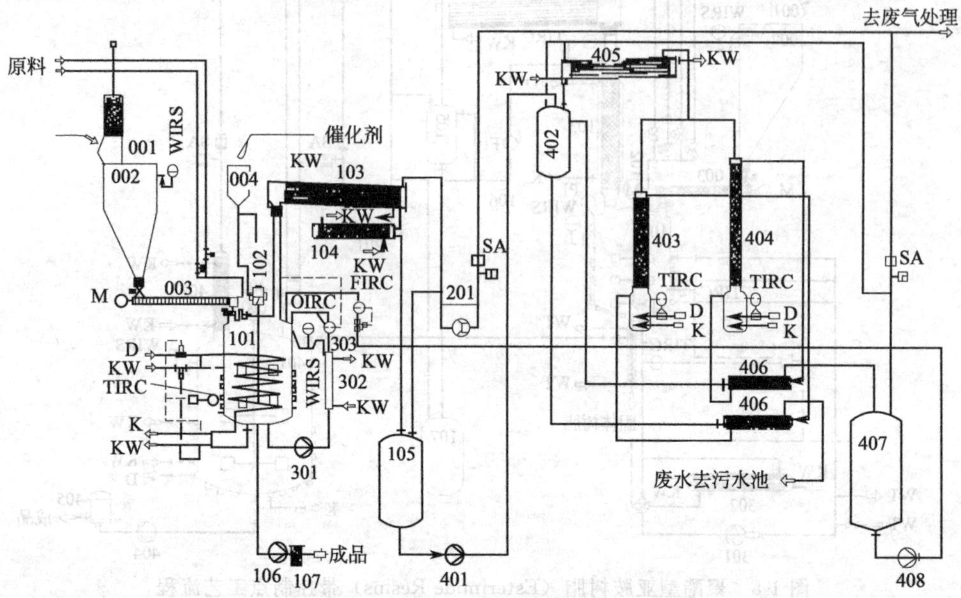

图 1-7 氨基树脂带控制点的工艺流程

001—袋式卸料器；002—计量斗；003—加料螺旋；004—计量罐；D—蒸汽；K—冷凝水；KW—冷却水；101—反应釜；102—搅拌器；103—冷凝器；104—缩合液冷却器；105—接收罐；106—成品泵；107—成品过滤器；201—真空泵；301—泵；302—热交换器；303—pH 控制仪；401—给料泵；402—分水器；403—水冷却塔；404—丁醇冷却塔；405—冷凝器；406—热交换器；407—丁醇接收罐；408—丁醇泵

7. 环氧树脂带控制点流程

环氧树脂带控制点的工艺流程见图 1-8。

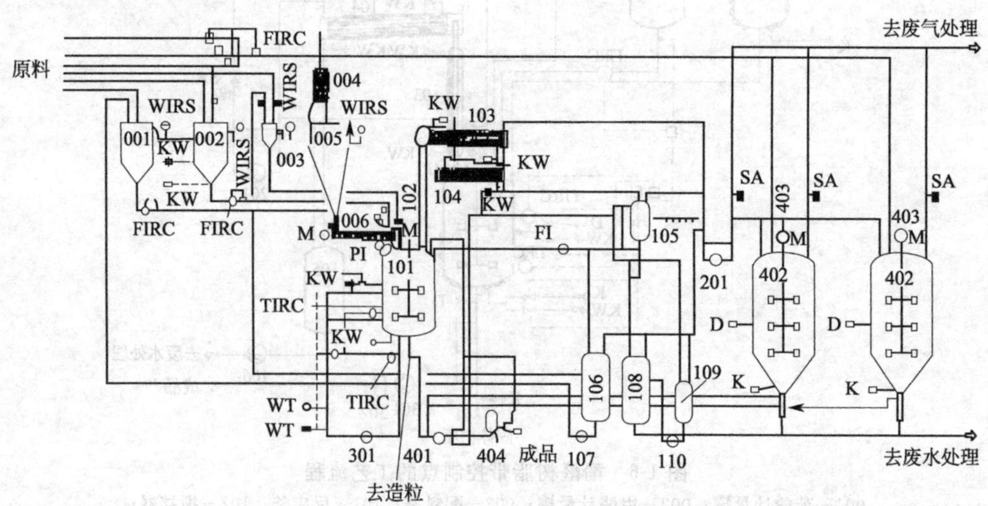

图 1-8 环氧树脂带控制点的工艺流程

8. 丙烯酸树脂带控制点流程

丙烯酸树脂带控制点的工艺流程见图 1-9。

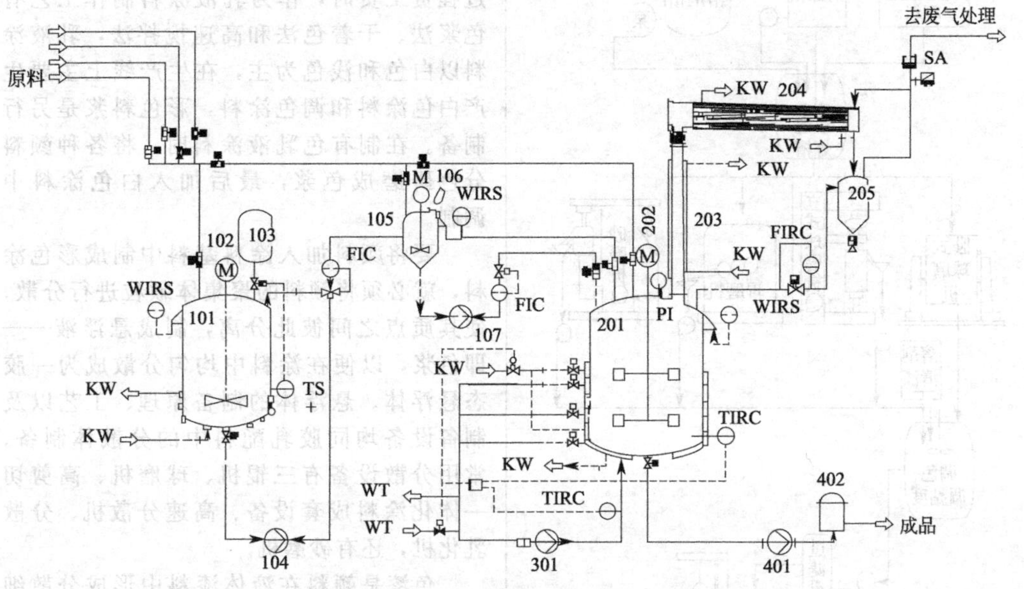

图 1-9　丙烯酸树脂带控制点的工艺流程

101—预混合槽；102—搅拌器；103—阻聚剂罐；104—投料泵；105—配料槽；106—搅拌器；107—给料泵；201—反应釜；202—搅拌器；203—蒸汽管线；204—冷凝器；205—接收罐；301—热媒泵；401—成品泵；402—成品过滤器；WT—热媒；KW—冷却水

三、色漆配料设备

涂料的生产过程的主要设备如图 1-10 所示。主要的生产设备有高速分散机、砂磨机、调漆设备、过滤设备和灌装设备等。

(1) 高速分散机　高速分散机的主要作用是将涂料研磨浆进行预混合。现代化涂料原材料中的颜料、填料都是超细化易分散的，加上润湿分散机的应用，许多涂料不必进行研磨，仅仅使用高速分散机就可以达到规定的细度。

(2) 砂磨机　砂磨机又称为球磨机，其主要作用是将难分散的颜料、填料、涂料研磨成为色浆或研磨到规定的细度。砂磨机有卧式和立式两种。

(3) 调漆设备　调漆设备是用来对分散后研磨细的漆浆与部分树脂、助剂、溶剂和色浆等混合均匀，并达到规定的颜色、黏度等指标。有的涂料还要使用高速分散机来进行调漆。

(4) 过滤设备　调漆完的涂料中有少量粗渣等杂质，可以使用过滤设备使之净化。常用的设备有振动筛，其操作简单，方便清洗，适应性强。

(5) 灌装设备　灌装设备是用于将规定体积或质量的成品涂料包装密闭。可以采用手动或自动灌装设备。

色漆是指含有颜料的涂料产品。在色漆进行研磨前必须将颜料和适量的漆料(或合成树脂)、溶剂等混合成尽量均匀的膏糊状物料，这道工序叫做“色漆配料”。色漆配料设备产品的型号有许多种，主要根据产品的稠度和产量来设计和选用。稠度较大的产品多采用行星式搅拌机，稠度较小的产品多采用高速搅拌机或配料分散罐。为了防止颜料粉尘飞扬，应尽量采用密封式设备，并安装强力的抽风装置。

四、色漆研磨设备

色漆制造，主要是用颜料分散设备。

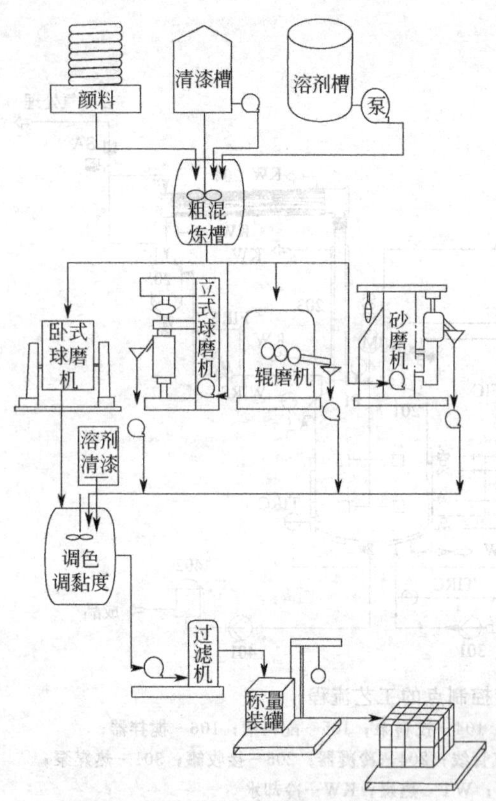

图 1-10 涂料生产过程的主要设备

分散设备功能在于将颜料以一种原级粒子状态掺入到基料中。从颜料厂购进的颜料其粒子大多呈附聚状态而聚结成相对疏松的团粒。分散设备只是打开附聚的团粒，而不能磨细颜料的原级粒子。整个分散过程可分为以下三个阶段。

① 润湿。用漆料介质润湿颜料使颜料-空气（或水）的界面变成颜料-漆料界面。

② 分散。用外力（如机械力、黏度剪切力、超声波、气蚀等）使附聚体破裂成原级粒子和原来就存在的少量颜料聚集体。

③ 稳定。使已润湿和分离的颜料原级粒子均匀而稳定地永久分散在基料中，不再产生絮凝。为完成颜料的分散，根据利用外力的不同，有多种不同形式的分散设备可供选用，其选用的原则取决于：批量大小和设备的生产能力；色漆配方、工艺及其成品指标；颜料本身的分散性能；设备原始投资和运行费用；环保要求及设备检修的难易。

乳液涂料的生产，主要是颜料的分散过程费工费时，作为乳液涂料制作工艺有色浆法、干着色法和高速搅拌法，乳液涂料以白色和浅色为主，在生产线上主要生产白色涂料和调色涂料，彩色料浆是另行制备。在制有色乳液涂料时，将各种颜料分色研磨成色浆，最后加入白色涂料中调制。

要将颜料加入涂料基料中制成彩色涂料，就必须将颜料的聚集体颗粒进行分散，使其质点之间彼此分离，制成悬浮液——即色浆，以便在涂料中均匀分散成为一胶态悬浮体。悬浮体的制备原理、工艺以及制备设备均同胶乳配料中的分散体制备。常用分散设备有三辊机、球磨机、高剪切一体化涂料成套设备、高速分散机、分散乳化机，还有砂磨机。

色漆是颜料在液体漆料中形成分散细颗粒的胶状体，必须通过研磨才能达到这一目的。

色漆研磨设备产品的型号很多，常用的有下列几种。

1. 三辊机

(1) 三辊机　三辊机是一种开发较早且比较常用的研磨设备。三辊机适用于高黏度料浆和厚料型涂料生产用，其特点为砂磨机和球磨机所不及，因而被广泛用于厚料、腻子及部分原浆状涂料的生产。三辊机易于加工细颗粒而又难分散的合成颜料及细度要求为 5～10μm 的产品，也被用于某些贵重颜料的研磨和高质量表面涂料的生产。三辊机的缺点是生产能力低，结构复杂，手工操作劳动强度大，由于是敞开操作，易挥发物散发损失的同时会污染环境。

单辊磨只有一个钢辊，机架上装有可以调节角度和压力的揎梁。色漆靠钢辊的径向运转和轴向运动与揎梁之间的摩擦作用进行研磨分散，然后通过刮刀刮下。单辊磨既可研磨分散颜料色浆，还可过滤色漆。调整揎梁和油压即可产生不同作用。

三辊机是由三个钢辊组成，装在一个机架上，由电机带动。辊子间的转动方向不同，前辊和后辊向前转动，中辊向后转动，有的还有横向运动。三个辊筒的转速比一般为1∶3∶9，前辊快，后辊慢，中间辊速度居中。各辊筒的中心是空的，可插入水管进行冷却。在前辊上安装有刮刀和刮刀盘，研磨后的产品经刮刀刮下。由于相邻两个辊旋转方向相反，它们的转速往往各不相同，相互之间的间隙很小，在这些缝隙中，物料受到强烈的剪切作用，从而使颜料得到分散。这是现代化三辊机所具备的功能（图1-11）。其磨辊的液压管路调节见图1-12。

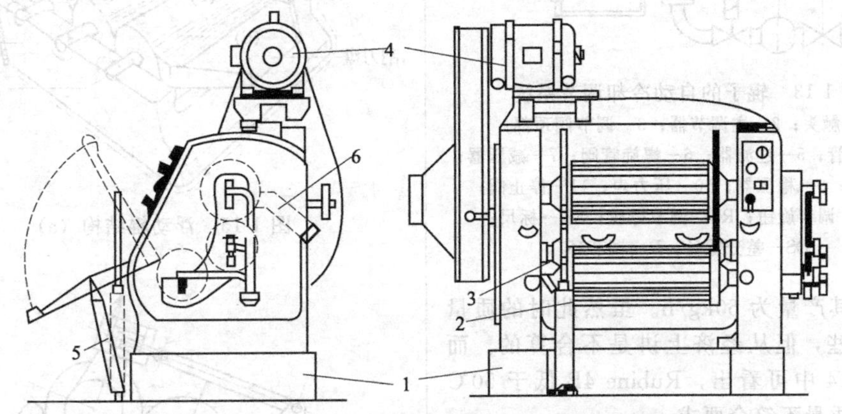

图1-11　有两种辊子转速、液压磨辊和液压提升料车的三辊机

1—机座；2—辊子；3—装料槽；4—电动机；5—料车液压提升器；6—带刮刀的挡板

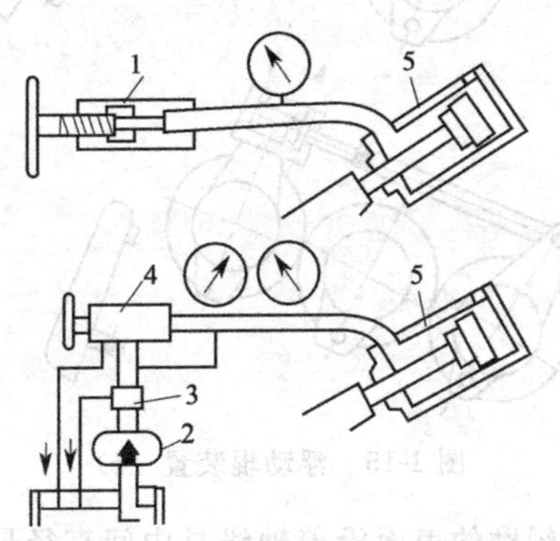

图1-12　磨辊的液压管路调节

1—压力心轴；2—电动泵；3—溢流阀；4—调节阀；5—液压罐，上面为静压系统

最古老的分散设备——辊磨，其单位时间产量受到辊子极限转速的限制，极限转速以离心力值不使色浆开始脱离辊子而定。目前辊子均是空心的，经表面淬火或渗氮处理，水冷却。辊子尺寸一般为φ(300～400)mm×(800～1000)mm，因而其第三辊转速不大于200～250r/min，极限圆周速度不超过4～5m/s，速比为1∶2∶4或1∶3∶9。由于换色时易清洗，适用于高黏度颜料浆的分散，能研磨难以分散的颜料。所以，尽管在大批量生产时已很少采用，但在小批量，特别在研磨难分散颜料浆时仍在广泛使用。

轧第一道浆时用较小的速度，继而再用较大速度。根据所加工的颜料浆的性质和对成品的研磨细度（按刮板细度计）要求，用液压调节磨辊间隙。液压提升料车装置可免去为之安装电动行车，减少厂房投资。

（2）磨辊自动调温装置　自动调温装置对于涂料中的颜料分选择正确的温度范围是很重要的，但这一点往往被人们所忽视。现在三辊磨上已装有自动恒温装置，可以预先确定每个辊子的温度。如果实际温度超过预定值，则自动调整水的进给量，以恢复到预定值范围，详见图1-13。这将保证全部工作温度的一致性和再现性，且能节约30％冷却水量。

试验结果表明，分散的颜料和基料混合物有一最佳研磨温度。如图1-14所示，Rubine 2B在28℃时能达到可接受的产品质量，此时的产量为380kg/h。而在同一磨上

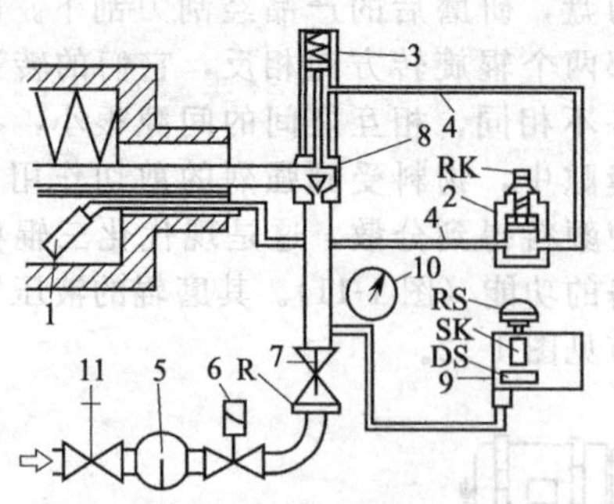

图 1-13 辊子的自动冷却调节系统

1—触头；2—主调节器；3—调节阀顶部；4—毛细管；5—过滤器；6—螺旋管阀；7—减压器；8—阀；9—稳压器；10—压力表；11—停止阀；RK—调节旋钮；RS—调节螺丝；SK—标尺；DS—差分螺丝；R—调节环

50℃时其产量为 60kg/h。虽然此时的质量更高一些，但从经济上讲是不合算的。而从图 1-14 中可看出，Rubine 4B 低于 50℃时则其质量不符合要求。

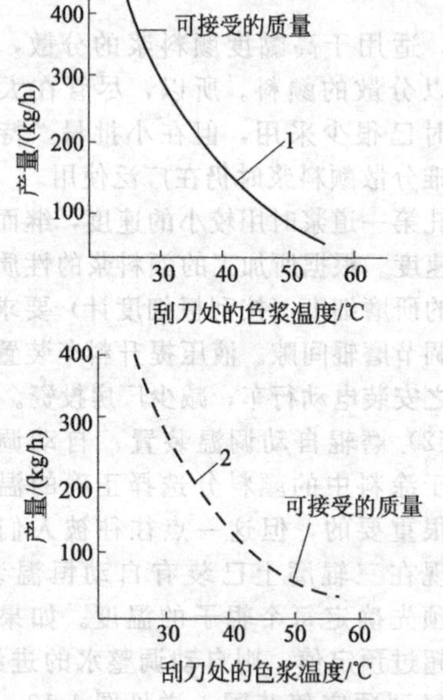

图 1-14 产量与温度关系

1—Rubine 2B；2—Rubine 4B

(3) 浮动辊装置 浮动辊结构图与装置见图 1-15(a)、(b)。第三辊（刮刀辊）的位置固定。刮刀对该辊也保持恒定，不必经常调节。第一辊（给料辊）压向第三辊，第二辊在它们中间活动。第一和第二通道间隙的正确调整是自动的。

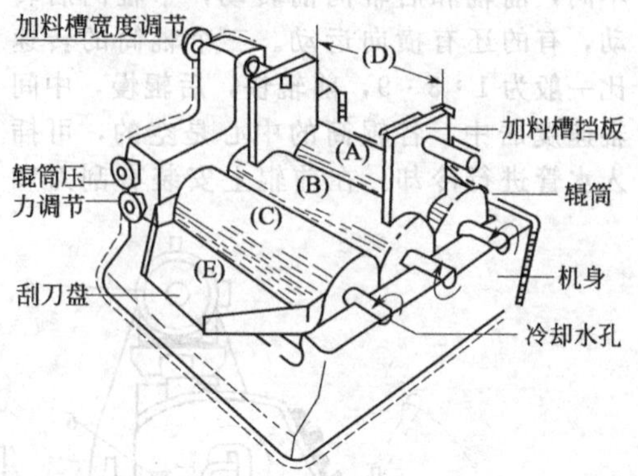

图 1-15 浮动辊结构 (a)

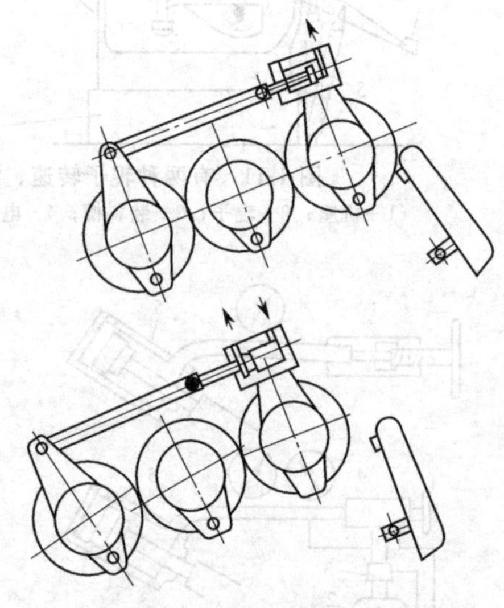

图 1-15 浮动辊装置 (b)

辊磨的表面沿着轴线是中间直径最大，并逐渐向两端减小。其半径差约在 0.0254～0.0762 mm 之间变化。这样，当两辊相互接触时，不仅可以得到恒定的钳压力，而且可得到理想一致的产品，颜料颜色进一步提高，这在油墨行业尤为重要。

(4) 三辊机的分散装置 溶解装置是使用最广泛的工具之一。其特点是容量大而且结构简单，尤其具有良好的可清洁性。溶解装置可分为几类，最基本的只由一根轴与一个圆片相连，复杂一些的有三个偏移的圆片可以制成双波溶解器。再进一步就是带有卸料装置的偏心溶解器，这就可以组成混合釜。因为溶解装置都有分散和保持其中的材料流动的功能，而在这些装置中这些功能都在很大程度上被分离开了。进一步改善就要使用真空溶解装置，这样可以很好地防止空气进入到涂料中。为了增强分散作用，圆盘上要带有齿、凸点和挡板，可以起到研磨的作用。实际的分散作用是靠溶解装置中的湍流来完成的，团聚的固体颗粒在不断改变的压力（剪切力）作用下被分离开。

除了不断进行的浸润作用之外，固体颗粒之间也具有相互的研磨作用。由此就很容易理解，为什么要达到良好分散就必须在溶解装置中要有良好的流动。前提条件是建立合适的黏度和保证所需的几何形状。如果黏度过高，分散就不能正常进行。黏度过高常常会发生这样的情况，由于放热和流动的结果在圆盘所及的区域较软，而其他区域的材料仍会保持固定，这样就等于溶解装置的搅拌器是在一个孔里边搅拌，不能达到分散的效果。如果黏度太低，不能形成平稳的流动，也不能传递能量，分散作用也就无从谈起了。最佳的流动形式是形成所谓的环形室效应，就是从溶解装置的上面观察，搅拌圆盘还有一小部分可以看得见（见图 1-16）。所以保证合适的黏度和几何形状以及选择适当的液体深度都是必不可少的条件。

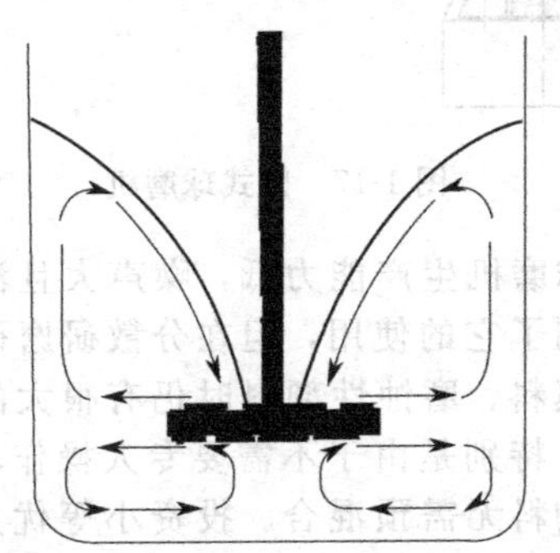

图 1-16　溶解装置中理想的流动情况

搅拌圆盘的转速也对溶解装置的能量传递起着关键性作用。一般的分散液涂料10m/s就足够了，对于其他涂料则需要更高的转速。分散时一般都要求加热升温，而且现在也弄清楚了，加热的能量会传递给要分散的物质。尽管如此，我们还要注意水基涂料的剪切和热稳定性，加热温度不应超过 50℃。还有一个问题就应该首先分散得到水基色浆，然后将其放入黏结剂中。溶解装置的能力有限，它们只适合分散那些容易浸润的中等细度的颜料，对于像有机颜料那样的非常细的颜料其分散能力就不够了。一般分散时间超过 20min 分散作用就不会再提高了，如果分散效果不满意，只能选择其他的分散方法。

辊筒研磨机是完全不同的分散工具，它适合分散像色浆和印刷油墨这样高黏度的介质，特别是分散那些难以浸润的颜料。对于水稀释产品，这样工具的用处不大。

如今几乎只有三辊研磨机才使用，而单辊研磨机（也叫卵石球磨机）则很少用于分散液涂料色浆（中等细度）的生产。分散所需的能量是由梯度分布的剪切力（辊筒间转速不同）、介质的黏度和辊筒之间的间隙所提供的。注意材料中如果有粗大的团聚颗粒会对辊表面造成伤害。混合物的 PVC 对混合效果也有影响。随着颜料的增加，团聚颗粒之间的相互摩擦增多，这跟剪切力一样可以促进分散。这种辊筒研磨机的缺点是产量很低。单辊研磨机可做筛分之用，因为大颗粒可以运动到顶部并被除去。

球磨机是第三类分散设备。其中的球由转鼓带动其运动，以压力和摩擦的形式把能量传递给团聚的颜料颗粒，对功能涂料产生一种和辊筒研磨机类似的作用。要选择合适的黏度以保证球的运动。现在球磨机不像以前用得那么多了，但它所产生的分散效果确实很好，在使用时不会引起什么问题，不需要特别注意。而其问题则在于可利用的体积太小（球和被研磨材料之比为 1∶1 到 2∶1，大约只能装满 75%的体积），而且只能间歇操作，产量低、分散时间长、难清理，所以适应性比较低，还有就是操作时噪声很大。

磨碎机在工作原理上与球磨机类似，但在性能上有所改进。研磨时仍然需要研磨介质，但是由一转盘保持其运动，运动的速度比较快。以前只有Ottawa砂作为磨料使用，现在由玻璃、陶瓷（如 Al_2O_3、ZrO）及钢制成的球都可以使用。磨料越细，研磨的效率就越高，但后边把磨料和被研磨材料筛分开的过程就越烦琐，现在小到0.2mm的球都在使用。磨碎机的一个显著优点是它可以进行连续生产，产量提高，并且可以通过控制产量来调节分散效果。它的分散能力很强，可以分散有机颜料。以前使用的通常是竖式磨，虽然现在使用的也不少，但如今水平式的磨使用渐渐多了起来，因为水平磨的操作更容易，生产量也大。磨碎机的发展很快，不断地使过程时间缩短并达到更好的分散效果。这里要提一下的是所谓的涡轮研磨机，它是溶解装置与磨碎机的结合形式。其基本结构是一个溶解装置，但其中的搅拌盘为一个钢筛篮所代替，在篮中放进磨料，搅拌器的运动使其保持运动状态。材料在这个容器中就好像在溶解装置中一样，但分散得更好。与磨碎机相比，涡轮研磨机的优点是，其灵活性更高，很容易清洗干净。一般来说，生产时使用磨碎机并同时使用色浆更好，产量更高，但对于那些对剪切力敏感的黏结剂则只能在放置时加入。

再次强调，为了防止结皮（结皮过程是不可逆的）的发生，一般功能涂料生产时建议采用密闭的设备。

2. 卧式与立式球磨机

球磨机是古老的涂料研磨分散设备之一，分卧式和立式，卧式的应用较为普遍。靠罐体旋转带动球磨球跌落撞击和摩擦来研磨分散涂料，可以把颜料、基料一起投入球磨机进行混合分散。只能分批操作，同时周期长、噪声大（参见图1-17）。

(1) 卧式球磨机　球磨机是涂料行业中应用较广泛的一种研磨设备。它可以自动连续运转，运转期间不需专人照管，且由于机体全封闭，溶剂不挥发，对周围环境影响小。球磨的容积可以由几升至数千升，适宜于大批量生产。球磨机的结构主要由卧式钢筒和传动设备组成，内装钢球或石球作研磨介质。石球磨装有石衬里。由于钢筒旋转使球上升至一定位置，而后开始下落，在相互滚撞过程中，使处于接触钢球之间的任何颗粒被压碎，并使混合物在球的空隙间受到高度的湍动混合作用。

(2) 立式球磨机　立式球磨与卧式球磨不同之处在于其结构由直立不锈钢研磨筒及垂直搅拌轴组成。研磨介质为直径9.5～12.5mm的钢球，废轴承滚球即可使用。色漆浆通过输料泵送入机内进行循环研磨，用泵装料和卸料。这种设备的特点是结构简单，检修方便，投资小，操作方便，生产效率高，适用于研磨黏度较大、颜料颗粒较粗或有假稠现象的色漆。

立式球磨机的容积一般在1000L以下，装球量为筒体容积的70%～80%。

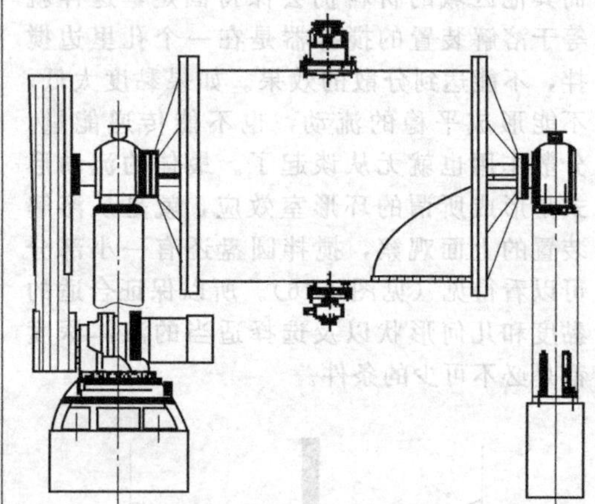

图1-17　卧式球磨机

球磨机生产能力低，噪声大且清洗困难限制了它的使用，但在分散研磨硬质天然颜填料、磨蚀性颜料时仍有很大的使用价值。特别是由于不需要专人操作、不挥发、物料无需预混合、投资小等优点，在小批量色浆生产中使用仍很广泛。

(3) 基本参数的确立

研磨介质：卵石、瓷球、金属球。直径 ϕ7～60mm。

内壁衬里：磨石、瓷板、橡胶。

最佳转速：（英国 Torrance 公司数据）

$$n_{op}=\frac{20.27}{\sqrt{R}}-1.02\sqrt{R}$$

式中，n_{op} 为最佳转速（产生瀑布运动），r/min；R 为球磨机半径，m。

最佳装球量：40%～50%球磨机体积。

长径比（球磨机直径与长度比）：1.0～1.2。

球磨机功率（美国 T. C. 巴顿）

$$P=\frac{0.00315\rho' L(3.3-R)R^3}{\sqrt{R}}$$

式中，P 为功率，kW；ρ' 为研磨介质（磨球）与研磨料混合物的平均密度，kg/m³；L 为球磨机长度，m；R 为球磨机半径，m。

最佳装料量：40%～45%球磨机的容积。

清洗方法：投入少量溶剂，运转 2min 后连同磨球一并倒出。

安装方法：装在弹性基础上，集中于隔音室。

(4) 卧式球磨机的发展

① 德国 Notzshe 公司的行星式球磨机。该机于 20 世纪 60 年代问世，当时获西德专利。有 6 种型号，装 4 个机筒，能自转和公转，机筒体积 750～4000L，石衬，瓷球。

② 前苏联 JITN-1 型带搅拌桨连续式球磨机。该机长径比大，达 1∶3，机筒中央横贯一空心轴颈的轴，轴上装有带孔的隔板，将旋转机筒分成几段，每段分别填入磨球。相应各段轴上均装有三根搅拌桨。物料从一端空心轴颈处加入，由轴上侧孔流入第一段机筒，再经多孔隔板流入第二段，直至最后一段机筒上轴侧孔再流出机筒。连续加料和出料，相当于几个球磨机串联使用，机筒喷淋冷却水以便冷却物料。

由于搅拌桨的作用，使全部磨球都能投入工作，单位能耗为相同球磨机的 1/2，生产能力却提高一倍。衬里磨损少，运转 16 个月仅磨损 0.5～0.8mm。

③ 前苏联 JITN-2 型多室球磨机。其结构和普通球磨机相似，仅用多孔纵向隔板将机筒隔成 8 个小室。分隔方法可用径向多孔隔板式弦状多孔隔板，每个小室内分别填入磨球。物料可通过多孔隔板在叶小室间流通。球磨机的生产能力与磨球的滑动面积成正比，所以多室球磨机的生产能力大为提高，为普通球磨机的 3.5 倍，但其隔板易受磨损，必须用高强度耐磨合金钢板制造。

(5) 立式球磨机的发展　立式球磨机又称搅拌磨，发明者为 Andrew Szegvari 工程师，故又称安德鲁·谢格瓦利磨，是当今发展最快、最有效的研磨设备之一。其主要部件为一立式带水冷夹套的机筒；一根大直径用水冷的空心轴，轴上装有搅拌桨，对应于搅拌桨间隔的机筒壁上各装有挡板。轴转速为 100～500r/min。内装直径为 1.2～2.5mm 的瓷球或玻璃珠，如生产黏稠物料和难分散颜料，可装直径 2～3mm 合金钢球或炭化钨球。机筒一般为 50L，底部进料，上部出料。水平搅拌桨的转动，搅动研磨介质和物料，使之形成剪切力与冲击力，从而达到研磨作用。最大研磨作用区在离轴中心 2/3 处。立式球磨机的生产能力，按下式计算：

$$t=\frac{Kd}{\sqrt{n}}$$

式中，t 为达到规定细度所需研磨时间；K 为常数，取决于物料、研磨介质形状；d 为研磨球直径；n 为轴转速，r/min。

目前，质量较好的立式球磨机是英国 Torrance & Sons 公司生产的 Q 型立式球磨机，按生产方式可分间歇式、连续式、循环式。间歇式为机筒内借助外管由下而上反复循环研磨，直至达到细度要求。循环式的机筒为圆锥形，物料由下而上经筛网出料，循环式的由装有高低速双轴搅拌器的预分散罐和一台连续式立式球磨组成，由预分散罐下部输送泵将预分散的物料送入立式球磨机底部。循环次数为 10 次/h。

立式球磨机的优点：①单位体积生产能力为立式砂磨机的 1～2 倍；②在相同的输入比（kW·h/min）条件下，生产能力为立式砂磨机的 1 倍；③适用于微细分散和难分散颜料，如炭黑、铁蓝、酞菁蓝、氧化铁等，为高效分散研磨机；④可分散研磨高黏度的悬浮液（黏度可达≥10Pa・s），甚至可生产腻子；⑤全封闭；⑥结构简单，易维修；⑦温升易控制，冷却面积大；⑧占地少。

3. 砂磨机

砂磨是一种利用硬度较高的玻璃珠（直径约 2mm）与含有颜料的色漆浆进行混合摩擦达到分散效果的研磨设备，它具有生产效率高、可以连续操作等特点，已成为目前涂料行业的一种最广泛采用的色漆研磨设备。

砂磨的形式主要有立式和卧式两大类，立式砂磨又分敞开式和密封式两大类。

砂磨机的结构主要由三部分组成，即盛玻璃砂的筒体（直立式或横卧式）、搅拌轴和强制送料系统以及附属设备。筒体的容积可从 1～200L，甚至更大。搅拌轴的转速一般为 890r/min。强制送料系统配备有特制的大功率的无级变速泵。

（1）立式砂磨机的最新发展　砂磨机由一主电机带动分散轴作 800～1500r/min 高速转动，研磨介质是玻璃砂，靠分散轴带动砂子和研磨料一起旋转研磨分散，可以连续研磨，酷似分散体制备中的砂子磨，可以相互代用。砂磨机结构简单、操作方便，可以连续生产，生产效率高。

德国公司在 20 世纪 80 年代末推出 VMSM 双室异形磨筒砂磨机代表了立式砂磨机技术的发展新方向。它突破了圆柱形筒体的思维定式，采用高密度的氧化锆球作研磨介质，双筒并联或串联使用。详细介绍如下。

① 机型的认定。众所周知，双轴搭接分散盘高速分散机的剪切率远高于单轴高速分散机，分散性能也远优于后者。德国的 Vollrath 公司从中得到启示，首先试验双轴搭接分散盘，单室圆柱形磨筒砂磨机，获得较好的效果。第二步，对六种几何形断面的磨筒进行对比试验（见图 1-18），以求最佳分散性能的磨筒断面几何形式。试验都在单室内进行。以所研磨分散成品的饱和度作为分散性能的判别数据。从所测试得到的各种断面磨筒的色饱和度数据中，令人惊异地表明，目前仍在普遍使用的圆（柱）形磨筒的分散性能远非是最佳的，正好相反，属最差的。色饱和度数据证明以正方形为最佳，90°扇形次之，正方边形居第三，其余按图 1-18 自左向右排列。依照试验结果，确定了双室正方形磨筒砂磨机（结构见图 1-19，其特性见表 1-11）为机型。二室串联，分别装不同粒径的研磨体（珠球）。第一磨筒（室）装填较大粒径的珠球，粉碎较大的颜料聚块，作预分散室。第二磨筒（室）装填较小粒径的珠球，作精细分散室。实验证明，高速转动的各个圆形分散盘在正方形磨筒的水平区形成交错的增压流层和减压流层，这样避免了在磨筒壁上以及筛网区部分传动轴上形成剩留的未经分散的颜料附聚体，而这些颜料附聚体最有可能冲出物料出口。

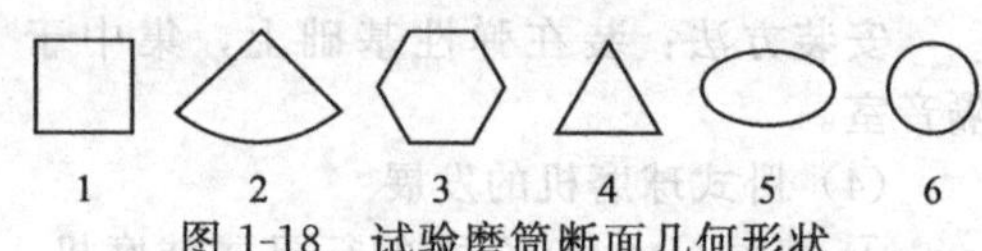

图 1-18　试验磨筒断面几何形状

1—正方形；2—90°扇形；3—正六边形；4—三角形；5—椭圆形；6—圆形

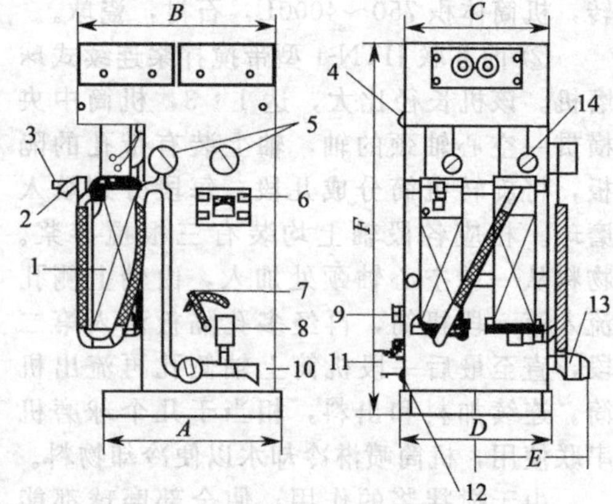

图 1-19　双室正方形磨筒砂磨机结构

1—磨筒；2—出料口；3—温度计；4—密封箱压力接管；5—触点式压力计；6—电流表；7—给料泵调速手柄；8—漏斗；9—冷却水工作指示孔；10—物料入口；11—冷却水进口；12—冷却水出口；13—给料泵；14—膜式压力计

表 1-11 双室正方形磨筒砂磨机特性

型号	磨筒	电机		产量/(L/h)	外形尺寸						质量/kg
	数量×容量/L	功率/kW	转速/(r/min)		A	B	C	D	E	F	
$VMSM^2/15$	2×15	24	1500	120～800	700	1028	800	830	916	1680	1050
$VMSM^2/30$	2×15	44		240～1600	1100	1210	900	900	700	2000	1960

正方形磨筒砂磨机的生产能力是很高的，一般说来是同规格圆柱形磨筒砂磨机的 2～4 倍。同时，其机体也比同规格的密封式、圆柱形磨筒砂磨机小得多。

② 研磨体的选定。德国的公司还对各种材质的研磨体进行了对比试验，选定了氧化锆和氧化硅球混合球为研磨体，其组成为：ZrO_2球 68.5%，SiO_2球 31.5%。

经实验证实，这种混合球的分散研磨性能对分散盘、筛网、磨筒、轴以及自身的磨耗达到最佳值。

研磨体的规格要求：

密度	3.79×10^3 kg/m^3
假密度	2.36kg/L
硬度（莫氏）	7
硬度（维氏）	800～1000kg/mm^2
颜色	白色

第一磨筒应装填粒径 ϕ1.6～2.5mm 的混合球。其他材质（自然砂除外）的研磨体也能用。混合体的磨损强度比目前常用的玻璃球提高了 3 倍。

(2) 双室正方形磨筒砂磨机结构

① 传动：一台电动机，由三角皮带同时驱动两个分散盘传动轴。轴封系压力式密封箱，采用液压式或机械式控制装置。另外装有离心式离合器，其优点：启动平稳，瞬时即可达到额定转速；有保护销，过载时可保护电机；启动快速，瞬时启动电流减至最小。

② 给料泵：系齿轮泵。传动方式：泵电机—三角皮带—无级变速箱。变速范围：0～300r/min。无级变速箱与泵之间用剪力保护销离合器连接，当泵咬死时保护无级变速箱。用伞齿轮和调速手柄调速，能快速调节泵输出量。附有转速指示器。

泵特性：PS30 0.03L/s；PS60 0.06L/s。

根据物料的不同，也可另装螺旋泵、叶片泵。泵入口处也装有特殊加热或冷却的漏斗，为某些高黏度物料加料用。同时附有过滤器，瞬防颜料团粒阻塞泵进口处。

③ 磨筒：其断面为正方形、长径比为 2.8～2.9，圆形断面磨筒一般长径比为 3.2～3.6 连矩形筛网，条状筛孔，槽宽可变。高黏度物料可用大表面积筛网（表面积要大于磨筒断面积的就要使磨筒内升压减至最小）。

磨筒上部筛网出口处有盖板，以防物料干燥，并有指示物料料温的温度计。磨筒上装有研磨体装填测高尺，以避免装填过量进入上部法兰口。

磨筒上的膜式压力计来指示其内部压力变化。磨筒底部法兰是链连接，故换色、换研磨体和清洗都极为方便快速。底部进料阀为止回阀，依据物料不同也可改装球阀。

每一根传动轴上装 12 个分散盘，但没有平衡盘。分散盘与轴是过盈配合，没有间隙，也不可能存料、容易清洗。分散盘为圆形，轮辐式，进料通畅。

传动轴由轴承和双动轴承密封环组成的密封箱支承，其上端是三角皮带轮。密封箱内注入密封液（冷却剂）并连接热虹吸槽，组成温差环流系统。密封箱是加压的，以防物料进入。密封箱内压力高于磨筒内压 1Pa。密封箱与磨筒上各装有触点式压力计，与控制系统连锁。当二者压差小于 1Pa 时，自动停机。

磨筒外夹套内有特殊折流板，冷却效率较高。而正方形磨筒冷却表面积本来就大于同规格圆形磨筒的冷却表面积约 15%。密封液和夹套冷却水系统由恒温阀控制。双磨筒一般为串球使用，略经改接管线（软管），也可单独使用。分散盘的线速度是固定的，根据物料不同，改装传动轴三角皮带轮即可获得所要求的线速度。目前常用的系列是2×2L、2×15L和2×30L。

归纳起来，双室异形磨筒砂磨机有如下几个优点：①效率高，是同规格圆形磨筒砂磨机的2～4倍；②结构紧凑，占地小，价格较廉；③密闭式，防污染；④控制系统连锁，操作安全；⑤清洗快速方便；⑥双室可串联使用，也可单独使用；⑦研磨体磨耗小，寿命是常用玻璃球的3倍；⑧适用的物料黏度范围大，可达1000～20000mPa·s。

4. 高速分散机

高速分散机是和砂磨相配合的一种颜料预分散设备。它配有圆盘锯齿形的搅拌叶片，叶片的最高转速为1480r/min，叶片周边的线速度可达1400m/min，搅拌轴可以通过油压装置控制自由升降。

高速分散机主要用于颜料与漆料的初步预混合，也可用于某些水性涂料的一次性分散，使之达到要求的细度。

大量易分散颜料（如经气流粉碎或经表面处理的颜料）和助剂（分散剂、稳定剂等）的问世，使得高速盘式叶轮分散机（H. S. D.）成了预分散和调整罐调稀操作最佳的设备，目前国内外油漆厂均广泛使用。在制造某些色漆（如对细度要求低的漆以及建筑用乳胶漆）时，可替代研磨设备，这导致了高速盘式叶轮分散机研究和制造技术的迅速发展。高速叶轮分散机的传动、升降、回转机构与摇臂钻床相差无几，故其核心问题在于分散盘的形式、速度、漆料流变型以及与分散混合罐相互关系。

近年来，关于高速分散的进展如下。

（1）基本的分散盘形式，相互位置和速度的理论确立

① 分散盘的基本形式。分散盘叶轮应是连续平坦的圆盘形平板。如果从轴至叶轮边缘不连续平坦，则引起物料飞溅和分散效率的下降。所以不管分散盘叶轮的形式如何发展和变化，都应遵守“连续平坦”这一原则，所有不同均应在其边缘锯齿状变化上。

目前国内外分散盘叶轮最常用的形式为：将叶轮外缘等分为13或24个间距，将每一个齿沿切线方向交替垂直向上弯和向下弯，形成上下交替的宽齿。同时轴向齿高应成1∶3斜高，使之有不等速的流层，在速差中形成黏度剪力，称齿盘叶轮。

② 分散盘的尺寸、位置和速度。根据国外学者和高速分散机制造厂长期研究的结果，齿盘叶轮尺寸、分散罐和调整罐尺寸及其互相最佳位置见图1-20。图1-20中d为叶轮直径，ϕ为分散罐（调整罐）直径，$\phi=(2.8\sim4)d$。圆筒形分散罐取上限，正方筒形的取下限。h_1为装料高度，$h_1=d\sim2d$，单轴式分散机应取下限，双轴式分散机应取上限，h_2为齿盘叶轮离心分散罐罐底距离，$h_2=0.5d\sim d$，圆筒形分散罐取下限，方形的应取上限。

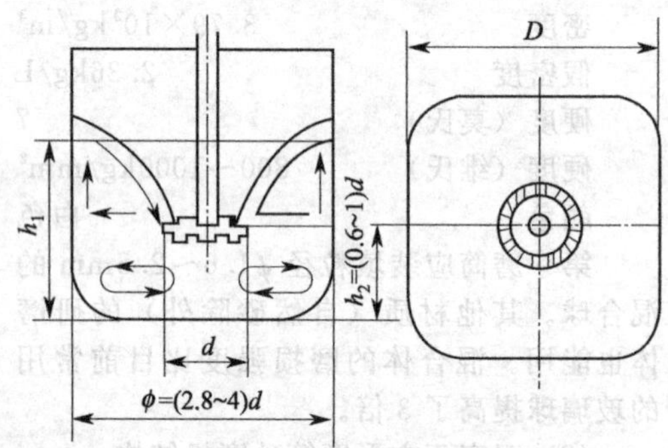

图1-20 齿盘叶轮尺寸、分散罐和调整罐尺寸及其互相最佳位置

齿盘叶轮的周围速度取决于物料在湍流与层流流动状态的临界点，即

$$Re=2000\geqslant\rho v h_2/\eta$$

式中，Re为雷诺数；v为叶轮圆周速度，cm/s；h_2为特征线型量纲（可取叶轮距罐底间距），cm；η为物料黏度，10^{-1}Pa·s；ρ为漆料密度。

齿盘叶轮既借助于距宽齿约50mm处形成强烈的湍流区（消耗约75%的搅拌功率）来使颜料团粒互相冲击达到分散和混合目的，又要利用叶轮上部层流区的黏度剪切力，达到单个颜料团粒自行分散的目的。实验证明，叶轮的圆周速度$v\geqslant20$m/s为佳。

(2) 各种高效分散盘（叶轮） 近几十年来，国外学者和有关制造厂针对单轴高速分散机在使用过程中所产生的问题，作了多方面研究，推出了一些新型、高效的叶轮。

① 文丘里分散叶轮。主要是增加叶轮轴向泵送能力，改善混合效果，同时利用某些物理效应（如气蚀、文丘里作用等）来达到分散颜料团粒的目的。最成功的是英国首创的文丘里叶轮（见图 1-21）。利用上、下环及垫片，使叶轮轮缘形成文丘里环口。同时在叶轮上打若干小孔，以在高速旋转时产生气蚀作用。文丘里叶轮分散触变性漆料效果尤佳。

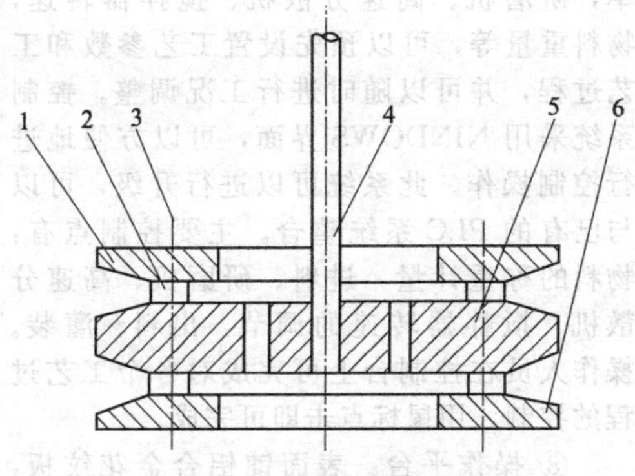

图 1-21 文丘里分散叶轮

1—上环；2—垫片；3—螺栓；4—轴；5—叶轮；6—口下环

② 多环型叶轮。图 1-22 所示的多环型叶轮，适用于分散低黏度漆料，它主要靠“磨损”来分散颜料。其结构为一向下弯曲的平面上下各有两个同样弯曲的环，环与环间隙为 3.2mm，环内侧装有若干楔型齿。这些齿向逆旋转方向倾斜，齿前缘产生冲击作用，齿的 K 面给物料以径向推力。物料伞散作用大部分在齿间的环形室内发生，环向下弯曲加速物料径向朝下流动，促进循环作用。

③ 等剪力叶轮。等剪力叶轮（国外称 CSI 叶轮）是最新型的分散叶轮，它适用的黏度范围较大。CSI 叶轮外表有点像多环型叶轮，是将若干个环堆装在一圆盘上。独特之处是运用文丘里原理归纳出有流速差和压力降，来产生高剪力和泵送作用，以分散颜料，其结构见图 1-23。

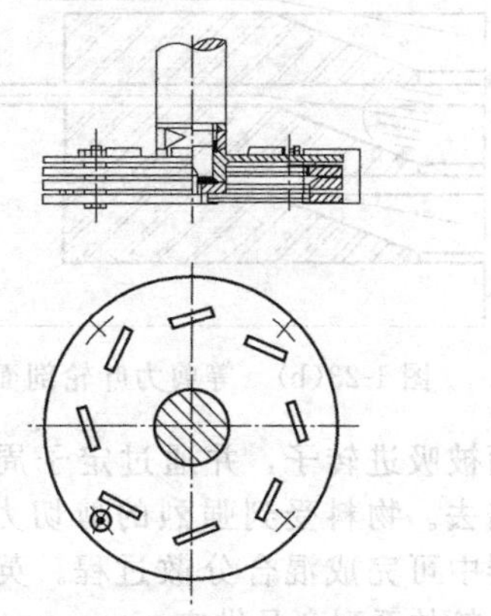
图 1-22 多环型叶轮

图 1-23(a) 表明 CSI 的剖面，在狭缝处，由离心力引起的压力为 $(13.73 \sim 27.52) \times 10^4$ Pa，此压力足以产生文丘里效应。环隙要与漆料黏度相匹配。在 3000～5000mPa·s 时，环隙为 1mm；8000～10000mPa·s 时，环隙为 2.5mm；黏度再高，就不适宜使用 CSI 叶轮了。

CSI 叶轮在一些性能上优于其他形式叶轮，特别是在低或中等黏度漆料中尤为突出［图 1-23(b)］。研磨时，CSI 叶轮对颜料的润湿性要求不高，产生热量和零件磨损较小，操作时要注意环隙的堵塞。

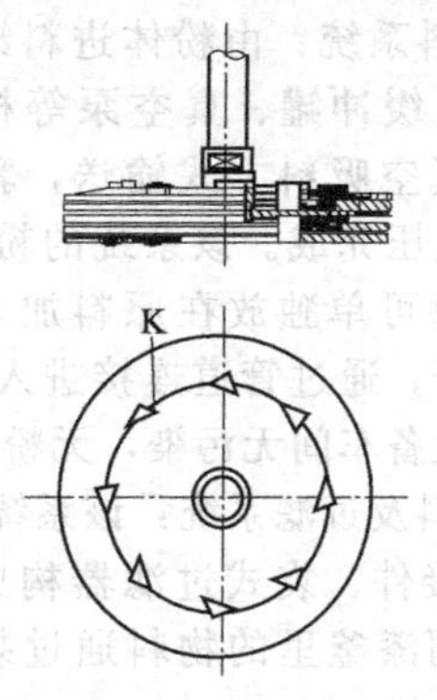

图 1-23(a) 等剪力叶轮

④ 定子转子分散叶轮。轴端装转子，其形状可为十字板式或螺旋线盘式。轴外为套筒，筒端为定子，见图 1-24。物料从

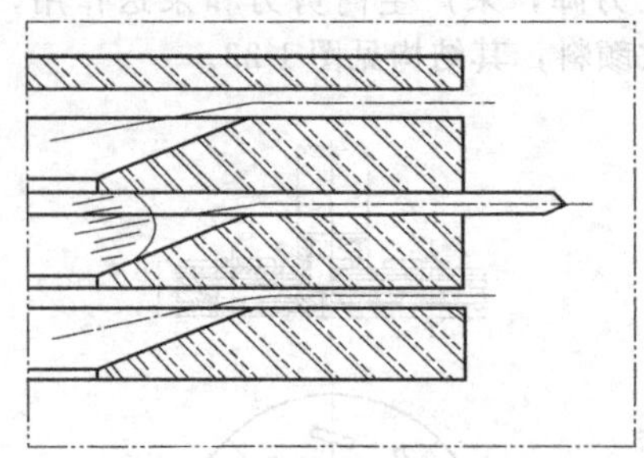

图 1-23(b) 等剪力叶轮剖面图

下面被吸进转子，并通过定子周边的缝隙甩出去。物料受到强烈的剪切力，在同一容器中可完成混合分散过程。英国已有此类叶轮的系列商品供应。

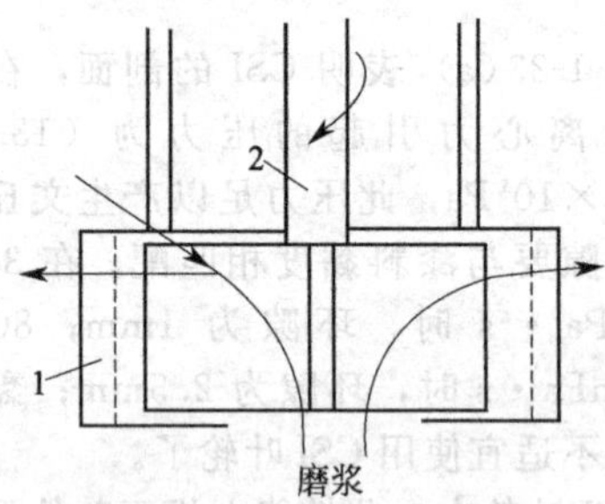

图 1-24 定子转子分散叶轮
1—定子；2—转子

(3) SDL 高剪切一体化涂料成套设备的配置说明 SDL 高剪切一体化涂料成套设备由如下部分构成。

① 进料系统：由粉体进料罐、液体进料罐、真空缓冲罐、真空泵等构成。粉体进料采用真空吸料方式输送，乳液等液体进料采用负压完成。该系统的粉体进料罐、液体进料罐可单独放在原料加入仓，与主体设备分开，通过管道连接进入主体设备。做到主体设备车间无污染，无粉尘飞扬。

② 出料及过滤系统：该系统由空压机、管道及管接件、袋式过滤器构成。通过压缩空气将调漆釜里的物料通过袋式过滤器输送至灌装机。

③ 制浆系统（乳化系统）：该套系统由制浆反应釜、变频框式搅拌器、高剪切分散机、卧式砂磨机组合构成。制浆系统无死角、无残留。浆料的研磨效率高，能达到高档涂料所要求的细度且分布均匀，系统易清洗。

④ 调漆系统：该系统由调漆釜、减速器、变频调速器、框式搅拌机组成。调漆釜内壁经抛光处理，可达到较高的光洁度。

⑤ 冷却系统：由制浆系统和砂磨机夹套冷却循环水系统组成。

⑥ 管路系统：由抛光的不锈钢管道、不锈钢接头、不锈钢球阀等组成。

⑦ 电气控制系统：控制系统以 PLC 为主控器，由液晶显示器和 PLC 控制系统组成操作系统，阀门均采用气动球阀，开启和关闭阀门可以进行自动控制。工艺参数可在显示器上方便查看，例如：输入电功率，研磨机、高速分散机、搅拌器转速，物料重量等，可以预先设置工艺参数和工艺过程，并可以随时进行工况调整。控制系统采用 NINDOWS 界面，可以方便地进行控制操作。此系统可以进行升级，可以与已有的 PLC 系统整合。主要控制点有：物料的称重计量，进料、研磨机、高速分散机、搅拌器转速的调节，出料、灌装。操作人员在控制台上可完成对各个工艺过程的控制，用鼠标点击即可完成。

⑧ 操作平台：表面铺铝合金花纹板，0.8～1m 高的不锈钢扶手，支架部分先喷防锈漆后喷色漆。

⑨ 灌装系统：采用德国 OB 公司技术生产的称重式半自动灌装机。称重范围为 0.5～30kg，计量误差小于 10g/桶，灌装头采用防滴漏装置，灌出的乳胶漆无气泡产生，开灌效果好，配有气动夹盖和气动压盖装置，能非常方便地更换。

⑩ 全自动水处理设备：处理头采用美国福莱公司生产，离子交换树脂采用英国漂莱特公司生产，它的功能是晚上置换、白天用水，产水量 2t/h。

(4) 开发双轴高速分散机 应使高速分散机同时具备以下功能：兼有机械力和物理效应，有较宽的击碎颜料团粒的击碎层；叶轮造成强烈的湍流层应有较大区域，这是颜料团粒间相互撞击分散的磨碎层；叶轮上部区域应具备利用漆料黏度剪切力分离颜料团粒的层流层。为了使每一颜料团粒都能通过击碎层、磨碎层、层流层，叶轮的轴向泵送能力极端重要，这是保证上下循环的关键。显然，单轴高速分散机难于达到。英国著名的 MYERS-V 程公司生产了多种“强化的高速分散机”，并获得了专利。其中尤以双轴外搭式叶轮高速分散机（见图 1-25）和双轴高低速叶轮搅拌分散机为各国涂料厂广泛采用。

MYERS公司生产的双轴外搭式叶轮高速分散机的特点为：两台电机分别传动两根高速轴，二轴能移动，加料后才合在一起运转。每根轴上下装两个圆盘齿叶轮，四个叶轮彼此外搭［见图 1-25(a)］，两轴同向旋转。叶轮为一圆盘，内缘外冲出 24 个带月牙孔的锯齿（间隔 3 齿作 3 上 3 下交替排列）。叶轮的圆周速度为 25m/s。其优点在于：叶轮外搭区造成反作用力，产生强剪切作用。叶轮外缘造成三个极强剪切层，月牙孔产生强烈的气蚀作用。轴向泵送能力高，物料循环良好，因而物料分散良好。

双轴外搭式叶轮高速分散机流态见图 1-25(b)，它的漩涡很浅，不像单轴高速机有深的叶轮漩涡。相应地物料吸入空气泡就少得多，而且预分散罐装料容量也可增大。适用的黏度范围较广，也可用于原浆料。

双轴高低速叶轮搅拌分散机的特点是：高低速轴分别由两台电机传动，低速叶轮为三叶框式搅拌（三叶斜置，与分散罐罐体相刮），其圆周速度为 2～6m/s，系液压传动无级变速，称混合搅拌。高速轴置于斜桨叶与低速轴之间，高速轴装有圆盘锯齿叶轮，其圆周速度为 25m/s，恒速，分散搅拌。优点是集混合、预分散、高速分散操作于一机。适用于黏度和稠度极高的物料，如油墨。另外物料流态的漩涡也很浅，空气泡进入物料也相应减少。

(5) 卧式管线高剪切分散乳化机　卧式管线高剪切分散乳化机是用于连续生产或循环处理精细物料的高性能设备，在狭窄空间的腔体内，装有 1～3 级对偶咬合的

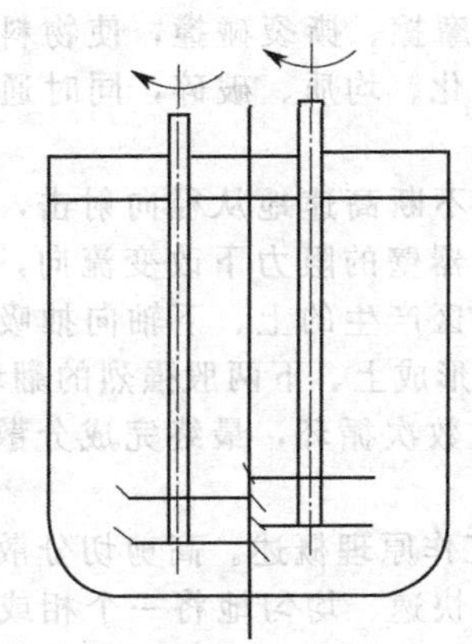

图 1-25(a)　双轴外搭式叶轮高速分散机

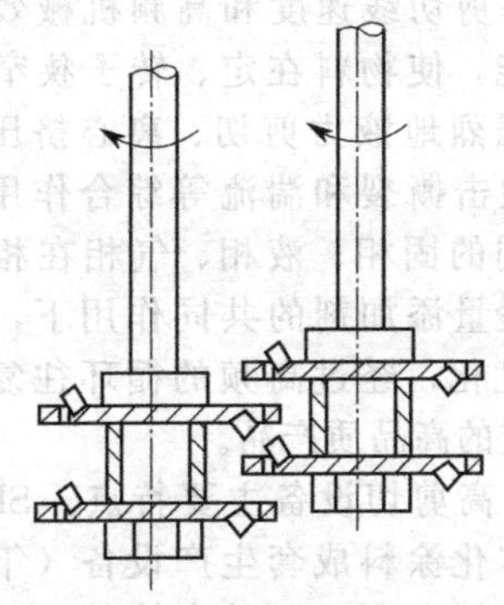

图 1-25(b)　双轴外搭式叶轮高速分散机流态

多层定、转子在马达的驱动下高速旋转产生强的轴向吸力将物料吸入腔体。在最短的时间内对物料进行分散、剪切、乳化处理，粒径分布范围也显著变窄，由此可制得精细的长期稳定的产品。

5. 高剪切成套设备

(1) 高剪切设备主机工作原理及工作过程　所谓高速分散机是一高速搅拌机，结构简单操作方便，预混分散及调涂料时使用，清洗方便，生产效率高。

① 工作过程概述。在高速旋转的转子产生的离心力作用下，物料从工作头的上下进料区同时从轴向吸入工作腔。

强劲的离心力将物料从径向甩入转子之间狭窄精密的间隙中，同时受到离心挤压、撞击等作用力，使物料初步分散乳化。

在高速旋转的转子外端产生至少 15m/s 以上的线速度作用下，形成强烈的液力剪

切、液层摩擦、撕裂碰撞，使物料充分地分散、乳化、均质、破碎，同时通过定子槽射出。

物料不断高速地从径向射击，在物料本身和容器壁的阻力下改变流向，与此同时在转子区产生的上、下轴向抽吸力的作用下，又形成上、下两股强烈的翻动紊流。物料经过数次循环，最终完成分散、乳化过程。

② 工作原理概述。高剪切分散乳化就是高效、快速、均匀地将一个相或多个相分布到另一个连续相中，而通常情况下各个相是互不相溶的。由于转子高速旋转所产生的高剪切线速度和高频机械效应带来强劲动能，使物料在定、转子狭窄的间隙中受到强烈地液力剪切、离心挤压、液层摩擦、撞击撕裂和湍流等综合作用，从而使不相同的固相、液相、气相在相应成熟工艺和适量添加剂的共同作用下，瞬间均匀分散乳化，经过高频的循环往复，最终得到稳定的高品质产品。

(2) 高剪切设备主要特点　SDL 型高剪切一体化涂料成套生产设备（年产量为 3000～50000）的主要特点如下。

① 设备能独立完成乳化、分散、研磨、细化、冷却、过滤、真空自动吸料、半自动灌装等全过程，大大降低劳动强度，该成套设备是传统成套设备耗时的 1/5，缩短了加工时间，并易清洗。

② 在 SDL-C 型设备的基础上进一步改进，产量较 SDL-C 型设备提高 2 倍以上，是规模较大的涂料生产厂家的首选。

③ 采用该成套设备生产的产品细度比传统设备进一步细化，分散效果进一步提高，可在真空状态下操作，无气泡生产，无粉尘飞扬，产品质量大幅度提高。

(3) SDL-D 型高剪切一体化涂料成套生产设备

① 制浆部分　将水通过液体计量器加入到液体原料加入槽，用真空吸入到乳化分散釜内，开动低速锚式搅拌，将粉料用真空吸入到乳化分散罐内连续搅拌 10min 左右，再开动两台立式高剪切乳化机乳化 10min，最后开动卧式乳化机连续循环 30min 后，浆料即制作完毕。

② 调漆部分　用真空将乳液、成膜助剂从液体吸入槽吸入到低速搅拌釜内，开真空将浆料通过袋式过滤器吸入到低速搅拌机将乳液、助剂、浆料搅拌均匀，然后加入助剂（增稠剂等）进行调漆。若需颜色加入色浆即可。

③ 过滤包装　调好漆后，真空消泡 5min，然后停止搅拌，通过袋式过滤涂料到半自动灌装机进行包装。

(4) 高剪切设备性能比较　与传统设备、同类设备比较，具有以下优势。

依照工艺配方通过液体计量器放出需要的水量，称量准确、操作简便。

钛白粉、轻钙、重钙等粉料从粉体原料槽通过管道真空加入，避免了生产区粉尘污染。

乳化罐内高剪切机采用德国技术生产的乳化头，设计上在罐内呈一高一低结构，使物料乳化更加充分。

浆料通过卧式高剪切机和静态混合器循环时的进料头，采用网状喷洒结构，使浆料形成散状结构浮在表面，使浆料循环更为充分，避免死角。

釜内爪式高剪切和釜外卧式高剪切粉碎功能的同时作用，保证了物料的进一步细化，并　大大缩短操作时间。

对超细粉采用高剪切机循环打浆办法，但对相对粗的粉料采用卧式砂磨机和高剪切机同时使用的办法，使浆料更为细化。

静态混合冷却效率高于夹套式冷却 5～8 倍，保证生产过程连续进行。

特殊的抽真空设计，保证物料在真空状态下生产，避免了生产过程中气泡的产生。同时可实现真空自动吸料过程，减轻劳动强度。

涂料出料时采用两个袋式过滤器，使用中可相互切换，不影响灌装速度。

采用德国技术生产的灌装机，使整条生产线更为经济、实用、气派。灌装生产出来的乳胶漆，开罐效果好，无气泡产生。

6. 分散乳化设备

（1）单向吸料　转子结构设计为刀片式（图 1-26），物料从底部吸入定转子区域，具有较强的分散乳化能力，运行稳定，使用方便。

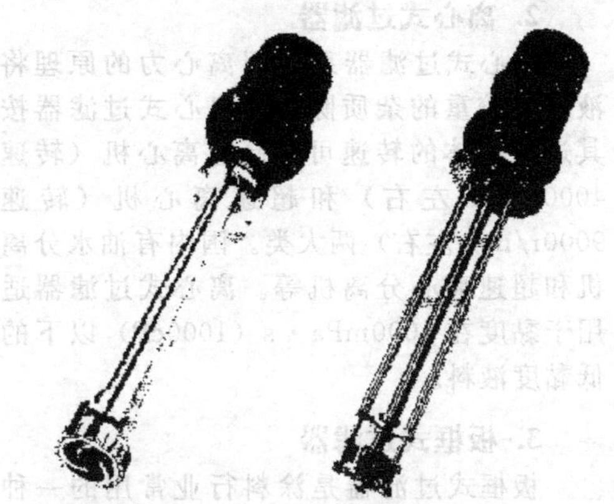

(a) 刀片型间歇式高剪切分散乳化机　(b) 爪式型间歇式高剪切分散乳化机

图 1-26　无轴承结构吸料

适合于制作初级的乳化、分散及高效率的混合。

主轴特别设计为悬臂结构，与固定定子架之间无轴承装置，避免了摩擦产生的污染，绝对保证了物料的纯净度。

由于采用了无轴承结构，工作时物料的温升得到有效控制，对热敏性物料及有温升限制的生产工艺比较适合。

适合于高纯净度物料的分散、乳化、均质。

（2）双向吸料　定转子结构设计为爪式对偶咬合（图 1-27），物料从定转子上部与下部同时吸入，剪切概率成倍提高，同时避免上部物料易产生死角的问题。

适合于精细的乳化、高品质的分散及高效率的混合。

转子经过特别的设计，具有超强的抽吸能力，对处理高黏度、高固含量的物料更显优势。

接触物料部分经抛光处理符合医药级（GNP）的生产要求。适合于药品、化妆品、食品、保健品等生产行业。

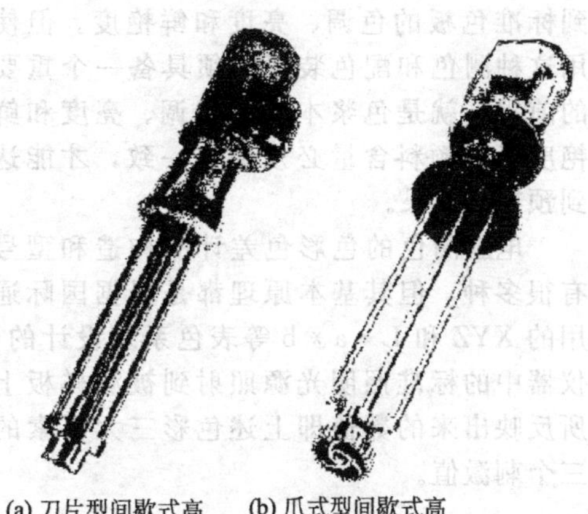

(a) 刀片型间歇式高剪切分散乳化机　(b) 爪式型间歇式高剪切分散乳化机

图 1-27　爪式对偶咬合结构吸料

五、调漆及配色和测色设备

调漆是整个涂料生产过程中一个非常重要的工序。对于清漆来说，调漆工序主要是将树脂和各种添加剂加入，并以稀释剂调整其稠度至技术要求的范围之内。而对于色漆来说，则除了上述要求外，还要将涂料的颜色调整到技术要求和标准样板规定的色差范围之内，通常将这个工序称之为“配色”。调漆和配色是在带有搅拌机的敞开或半密闭的调漆锅内进行的。调漆锅的容积按产量要求设计。搅拌机的转速和桨叶形状均应根据具体要求设计确定，必须使加入涂料中的色浆和其他成分能迅速均匀混合，达到颜色一致的效果。

配色工艺按操作方法可分为人工配色和电脑配色两大类。我国目前多采用人工配色。

人工配色系将各种不同颜色的色浆按需要加入不断搅拌的涂料中，并不断从涂料中取出样品与标准样品和样板进行颜色对比，至二者的区别达到允许的色差范围为止。

电脑配色系利用根据色彩由色调、亮度和鲜艳度（也称“色饱和度”）三大要素组成的原理，设计制成的色彩色差计对涂料进行色彩色差测定，并能精确地计算出三者的数值，同时通过电脑装置对现场生产配色进行自动控制，使最终的产品达到标准色板的色调、亮度和鲜艳度。但使用这种测色和配色装置必须具备一个重要的前提，就是色浆本身的色调、亮度和鲜艳度以及颜料含量必须稳定一致，才能达到预期的效果。

电脑测色的色彩色差计的构造和型号有很多种，但其基本原理都是根据国际通用的 XYZ 和 L＊a＊b 等表色系统设计的，仪器中的标准照明光源照射到被测样板上所反映出来的数值即上述色彩三大要素的三个刺激值。

六、液料储存设备

涂料的液体原料、半成品和成品的品种是很多的，其中绝大多数都是属于易燃物，所以对于它们的储存和保管应该特别注意，就是必须有安全可靠的储存设备。

液料储罐按存放位置可分地上储罐和地下储罐，按受压情况可分压力储罐和常压储罐，按保温情况可分保温储罐和常温储罐。液料储罐的材料一般用钢铁板材制成，也有少数根据要求用不锈钢或其他金属制成。

液料储存设备的首要问题是必须确保安全，除了选择适当的安装地点之外，还应安装避雷、防静电、隔离火源、自动报警和消防灭火等整套设施。其次是应考虑储存设备输送液料应尽量方便，少消耗动力。

七、液料过滤设备

涂料中的液体料包括原料油、漆料、合成树脂、成品清漆和色漆等，其中因含有不同的杂质以及不同的质量要求，因而需采用不同的过滤工艺和过滤设备。

涂料的过滤设备主要有以下几类。

1. 筛网式过滤器

筛网式过滤器是涂料生产过程中使用最广泛的一种过滤设备。它制作简单，采用的筛网有尼龙绢布、丝棉、铜丝布、不锈钢丝布、铁丝布等，适用于过滤原料油、漆料、合成树脂和大多数品种的色漆。所用筛网的孔径目数按液料的黏度和细度要求确定，一般采用的筛网为 80～120 目。

对于稠度较大的涂料（如硝基漆）则需用加压筛网过滤器，通常使用齿轮泵将需过滤的涂料泵入筛网过滤器内过滤

2. 离心式过滤器

离心式过滤器系利用离心力的原理将液料中较重的杂质除掉。离心式过滤器按其过滤筒体的转速可分高速离心机（转速 4000r/min 左右）和超速离心机（转速 9000r/min 左右）两大类。国内有油水分离机和超速离心分离机等。离心式过滤器适用于黏度在 1000mPa·s（1000cP）以下的低黏度液料。

3. 板框式过滤器

板框式过滤器是涂料行业常用的一种过滤设备，它由多个滤板、洗涤板和滤框交替排列组成。每机所用滤板、洗涤板和滤框的数目，随液料的性质和过滤的生产能力而定。按其外形可分卧式和立式两种，按液料在机内的流动路线可分内流式和外流式两类。板框的数目可以由 10～60 不等。板框材料除用钢铁外，也可用塑料、不锈钢、玻璃钢等。

板框之间的过滤介质常用滤纸、帆布，立式板框机采用硅藻土等作粉体过滤介质。板框压滤机适用于液料黏度较大，需要加热到 100℃以上、过滤压力超过 1mPa 以上的场合，也用于分离不易过滤的低浓度悬浮液或胶质悬浮液。

4. 纸芯过滤器

这是一种用特制纸芯制成的过滤设备，液料通过泵或自然压力流入纸芯，然后通过纸芯纤维微孔流出，杂质留在纸芯内，滤渣积满后，将纸芯扔掉或焚烧。这种过滤器已广泛用于涂料行业中过滤黏度较低的油料、漆料、清漆和合成树脂等。

八、液料输送设备

涂料工厂的液料输送设备主要是各种形式的泵和管道。泵的种类很多，涂料工业常用的是离心泵和齿轮泵。在选用输送

泵时，应该根据液料的性质、黏度和温度等参数确定，否则就不能达到预期的效果，甚至还会导致事故。例如，低功率的泵无法输送黏度大的液料；常温泵不能用于输送高温液料，会引起渗漏；输送易燃液体的泵必须装有静电消除设施，以防产生火灾和爆炸事故等。

九、水性与粉末涂料生产设备

水性涂料是与传统的油基涂料和新型的溶剂型涂料完全不同类型的涂料产品。水性涂料又分水乳胶涂料和水溶性涂料两大类。水乳胶涂料一般呈弱碱性（pH值为7.5～8.5）。水溶性涂料主要有两大类，即阳极电泳漆和阴极电泳漆。前者呈弱碱性（pH值为7.5～8.5）；后者呈弱酸性（pH值为6～6.5）。因而，水性涂料的生产设备要采用不锈钢或搪瓷等材料，而不能使用钢铁或铝质的，否则将由于酸碱腐蚀影响质量或造成事故。

粉末涂料生产设备是一条自动化程度较高的生产线，它的主要设备包括原料拌和机、螺杆计量器、捏合挤出机、温控器、冷却破碎机、立式磨粉机、旋转筛、旋风分离器和高压风机等。这种生产线的产量根据配套的情况有各种类型，生产厂家可以根据自己的要求进行选择。

当传统工艺潜能已发挥到极限，而市场对高质量和低价格的追求却日益高涨的情况下，这就迫使制造商寻求更加经济有效的工艺。通过把不同的生产阶段整合成一个系统（而不是一步一步来处理）可取得综合效益。

粉尘，是导致工况恶化及成本上升的原因，可通过PLM系统达到降低或避免。

PLM系统具有优化湿润和瞬间分散，结合更有效地原料传送及均匀地添加，以此提高终端产品的品质。该处理工艺可实现自动化，并能轻易地整合进现有的设备中。

(1) 工作原理 PLM系统是利用特殊转子的高速旋转产生真空，把粉末均匀地吸入工作腔，并把它均匀地分布在快速流动的液流中，在液流中粉末被瞬间完全湿润，不产生团聚块状物。然后液体和粉末通过一个高剪切定转子结构，以分散任何可能存在的聚块物，最后得到完全湿润和分散均匀的物料。

PLM系统是一种完全不同的处理理念。该套设备系统整合了所有必需的处理步骤，全部融合于一部机器中，所有的处理都是瞬间同时完成，彻底解决传统设备难以解决的一些工艺难题。

由于粉末在开始就被液流均匀湿润，因此不存在未完全湿润的粉末，也不会在液流的表面、搅拌轴和容器壁上形成结皮现象。而传统工艺易形成硬的结皮。

由此可见，使用PLM系统能使产品的质量得到很大的提高。

粉尘减少的主要原因是真空由液流产生，所有的粉尘都毫无遗漏地被导入液流中。

传统处理工艺中所必需的环保辅助设施在这里都将不再必要。

(2) 典型的应用领域 PLM系统固液混合技术在十多年前就在德国被研发，并在欧美发达国家已被广泛应用于：过饱和溶解；粉体/液体在线分散；颗粒物/液体在线分散；两种易起反应的物料瞬间混合；超细轻质粉体的添加；谷物/水在线粉碎、分散、混合；药厂加料工艺（GMP）。

① 涂料乳化。物料黏度很高，大量的粉末加入树脂，在传统工艺中需要大量时间和功耗才能达到分散，在用PLM系统导入粉末时，粉末在分散剪切腔内直接与液体接触并被迅速湿润和分散。

② 白炭黑添加。超细白炭黑密度很小，在传统工艺中漂浮于介质中，形成团聚、结皮，添加量也达不到高比例要求。在用PLM系统导入粉末时，工作时间缩短了3/4，添加量可达到40%。

③ 石灰石、二氧化钛、高岭土、硫酸钡和其他的产品常以大袋包装形式供应，在把粉末从这些容器中倾倒出来时，PLM系统提供了一套完整的粉末导入、湿润、分散处理方案。

(3) PLM系统的优势 粉末的传输在到达分散区之前完全不用接触液体就能全部完成。这一主要优势还可以用来处理易自发膨胀粉末，例：纤维素、淀粉、黄原胶、膨润土等。

PLM系统工艺流程简单，可以省去大量容器、管道、阀门及搅拌器，降低设备投资及生产成本。

轻松完成粉末的解聚，避免传统工艺粉末遇液体团聚，然后再解聚的过程。例：纳米级粉体的分散。

高固含量物料在粉末饱和状态时产生很高的黏度。

普通的混合设备由于无法取得较好的解聚效果，所以通常要添加湿润剂或配备额外的分散机。如使用PLM系统，就不会出现这种情况。粉末在分散腔就被湿润并以悬浮液的形式传送，此时结构黏度或触变性质就不会产生负面效应，因为有最大的剪切力作用于分散腔中，随剪切力度而变化的黏度在这里被降低到最低点。

系统固含量能达到传统的搅拌混合技术所无法实现的程度。当粉末被高速导入并均匀地分布在分散腔时，也就避免了聚块的形成。当液流经过定子/转子结构系统时，任何可能存在的聚块都被消除了。导入腔的设计充分考虑到了粉末的种类、其流动特性和内部空气含量。

该机器可产生一个很强的导入真空，能破除凝结在进料口的桥状粉末块，这些桥状粉末块通常是一些较重的粉末比如石灰石、氧化铁、二氧化钛等。

PLM系统能很容易地与现有的成套设备整合在一起，不需要再另外改变容器。

十、涂料的生产过程车间设备布置设计

就通用型工艺而言，色漆车间或生产线的建设可以按照不同的原则进行设计。比如可以按照涂料所用的主原料或者涂料的用途（如建筑涂料、汽车涂料）进行设计。对于批量大且品种单一的产品，可采用专业化生产型工艺，它的自动化程度较高，生产效率较高；还有一种小批量多品种型工艺，适合生产客户提供特定要求的产品，但是手工操作较多，生产效率较低。

针对如何解决市场对涂料厂提供的色漆品种丰富多彩的要求和生产简化的矛盾，采用国际上流行的“颜色配色系统”可以解决这一矛盾。自动化色漆生产系统由三部分组成：色浆储罐、旋臂式着色剂加料机和电子计算机自动配色系统。

该系统的工作程序是：将白色漆经计量泵计量后，由成品罐输入调色罐，按配方要求加入一定数量的着色剂，由旋臂式着色剂加料机自动加入，加料量由电子计算机控制，经搅拌均匀后取样，通过电子计算机自动配色系统鉴定颜色，测定色差及需要补加着色剂的品种和数量，旋臂式着色剂加料机即可按要求补加相应的着色剂，经搅拌均匀后，一般即能达标。在我国，对于复色漆的生产可根据不同情况灵活选用制备研磨漆浆的几种方法，如单颜色磨浆法、多颜料混合漆浆法和综合颜料磨浆法。

单颜色磨浆法是制备出单色漆浆以后再采用混合单色漆浆的方法调配出复色漆。其优点是有利于发挥颜料的最佳性能和设备的最大生产能力，缺点是设备增多，工作量增大。

多颜料混合漆浆法的优点是设备利用率高，辅助装置少，缺点是调色工作难度大。

综合颜料磨浆法是分别制成主色漆浆和调色漆浆以后，在末道工序混合调色，制成多种复色漆，它发挥了上述两种方法的优点而避免了其不足，已得到广泛的应用。

关于车间设备的布置情况可根据不同生产设备采用立体布置和平面布置。

采用砂磨机生产，可分为立体布置和平面布置两种方式。

立体布置又分四层、三层、二层、一层半模式等几种。四层模式是将配料罐、研磨设备、调漆罐、包装设备分别安置在四层、三层、二层和底层上。三层模式则

将研磨设备和调漆罐安置在同一层上，优点较多。

平面布置是将配料预混合、研磨、调色制漆三个工序排列在同一平面上，又分一字形排列和三字形排列两种，以三字形排列优点较多。

采用球磨机，也有立体布置和平面布置两种方式。立体布置为三层布局，即投料设备、球磨机和调漆罐、包装设备分别安置在三层中。

采用三辊机，则通常采用平面布置方式。

第五节 纳米涂料的超细粉碎设备与分级技术

一、纳米涂料与超细粉

纳米涂料是一种粉体材料，它的生产工艺和生产设备与溶剂型涂料、油基涂料和水性涂料、粉末涂料是完全不同的。现代化的纳米涂料生产属于流程型连续化作业，其原料到产品的转化过程是通过若干个相关联的装置来实现的。纳米涂料生产过程中需要处理大量的粉（粒）体形态的原辅料、中间产品和最终产品，所以，粉体设备也就成为了涂料工业装备的重要组成部分。

根据粉碎加工技术的深度和粉体物料物理化学性质及应用性能的变化，一般将细粉体和微细粉体划分为 10～1000μm（细粉）、0.1～10μm（超细粉）和 0.001～0.1μm（超微细粉）三种。对于 10～1000μm 的细粉一般采用传统的粉碎或磨粉设备及相应的分级设备等进行加工，这种加工技术称为磨粉；小于 0.1μm 的超微细粉目前还难以完全用机械粉碎的方法进行加工，需要采用其他物理、化学方法进行加工；一般将加工 0.1～10μm 的超细粉体的粉碎和相应的分级技术称为超细粉碎。涂料工业上所称的超细粉碎一般指加工 $d_{97}\leqslant 10\mu m$ 超细粉体的粉碎和相应的分级技术。

目前，国内外超细粉碎设备的主要类型有气流磨、机械冲击式超细磨机、搅拌球磨机、振动球磨机、旋转筒式球磨机、塔式磨、旋风自磨机、离心磨、高压射流粉碎机等。其中气流磨、机械冲击式超细磨机、旋风自磨机等为干式超细粉碎设备；高压射流粉碎机、搅拌球磨机、振动球磨机、旋转筒式球磨机、塔式磨等既可以用于干式也可以用于湿式超细粉碎。新近开发出液流式粉碎机、射流粉碎机、超低温粉碎机、超临界粉碎机、超声粉碎机等。

二、超细粉体的性能与粉碎过程特点

1. 超细粉体的性能

单个原子具有基本粒子所具有的特征，大块物质遵循统计物理的规律，呈现出块状材料和各种性能。当物质处于从块状到单个原子或分子的中间状态时，就是通常的粉体工程所涉及的范畴。当粉体由数目较少的原子或分子所组成，就处于超细状态，超细粉体其原子或分子在热力学上处于亚稳状态，在保持原物质化学性质的同时，在磁性、光吸收、热阻、化学活性、催化和熔点等方面表现出奇异的性能，这些主要是由表面效应、体积效应和久保效应引起的。

固体表面原子与内部原子所处的环境不同，当粒子直径远比原子直径大时（如大于 0.1μm），表面原子可以忽略；但粒子直径逐渐接近原子直径时，表面原子的数目及其作用就不能忽略。由于粒子的直径越小，其表面积就越大，表面能也相应增加，对粉体的烧结、扩散等动力学过程均会产生较大影响。除了使气体吸附性和化学活性增强外，还有使与表面张力有关的熔点降低的特性，人们把由此而引起的种种特殊效应统称表面效应。

当物质的体积减小时，将会出现两种情况：一种是物质本身的性质不发生变化，

只有那些与体积有关的性质发生变化，如半导体的电子自由程变小等；另一种是物质本身的性质发生变化，不再是由无数原子或分子组成的集体属性，而是有限个原子或分子结合的属性，如金属超细粉体的电子数量有限，不能形成连续的能带，出现了能级分立的现象。上述现象统称为体积效应。

在金属超细粒子中所具有的自由电子数目太少，使得其中的电子数很难改变，具有强烈的保持电中性的倾向，人们把因此对于比热容、磁导率和超导电性的影响叫久保效应。

正是由于粉体的表面效应、体积效应和久保效应，所以粉体的化学反应速率、光学性能、力学性能、在液相介质中的分散性以及所形成的胶态分散体的流变性、吸附性、颗粒在分散体中的沉降速度、流动性、粉体混合物的偏析现象、结块现象、补强性能、填充性、在液相介质中的溶解速率都与原块状有很大不同，所以粉体颗粒粒径不同，产品性能差异就非常悬殊，表现出优异的性能，深受微电子、涂料、塑料、橡胶、染料、润滑剂、化妆品、高级牙膏、药品、食品、炸药、农药等工业部门的欢迎。

2. 超细粉碎过程的特点

由于物料粉碎至微米及亚微米级，与粗粉或细粉相比，超细粉碎产品的比表面积和比表面能显著增大，因而在超细粉碎过程中，随着粒度减小至微米级，微细颗粒相互团聚（形成二次颗粒或三次颗粒）的趋势逐渐增强，在一定的粉碎条件和粉碎环境下，经过一定的粉碎时间，超细粉碎作业处于粉碎-团聚的动态平衡过程，在这种情况下，微细物料的粉碎速度趋于缓慢，即使延长粉碎时间（继续施加机械应力），物料的粒度也不再减小，甚至出现“变粗”的趋势。这是超细粉碎过程最主要的特点之一。超细粉碎过程出现这种粉碎-团聚平衡时的物料粒度称之为物料的“粉碎极限”。当然，物料的粉碎极限是相对的，它与机械力的施加方式（或粉碎机械的种类）和效率、粉碎方式、粉碎工艺、粉碎环境等因素有关。在相同的粉碎工艺条件下，不同种类物料的粉碎极限一般来说也是不相同的。

超细粉碎过程不仅仅是粒度减小的过程，同时还伴随着被粉碎物料晶体结构和物理化学性质程度不同的变化。这种变化对相对较粗的粉碎过程来说是微不足道的，但对于超细粉碎过程来说，由于粉碎时间较长、粉碎强度较大以及物料粒度被粉碎至微米级或亚微米级，这些变化在某些粉碎工艺和条件下显著出现。这种因机械超细粉碎作用导致的被粉碎物料晶体结构和物理化学性质的变化称为粉碎过程机械化学效应。这种机械化学效应对被粉碎物料的应用性能产生一定程度的影响，正在有目的地应用于对粉体物料进行表面活化处理。

由于粒度微细，传统的粒度分析方法——筛分分析已不能满足其要求。与筛分法相对应的用“目数”来表示产品细度的单位也不使用于表示超细粉体。这是因为通常测定粉体物料目数（即筛分分析）用的标准筛（如泰勒筛）最细只到 400 目（筛孔尺寸相当于 38pm），不可能用来测定超细粉体的粒度大小和粒度分布。现今超细粉体的粒度测定广泛采用现代科学仪器，如电子显微镜、激光粒度分析仪、库尔特计数器、图像分析仪、重力及离心沉降仪以及比表面积测定仪等。测定结果用“μm”（粒度）或“m^2/g”（比表面积）为单位表示。其细度一般用小于某一粒度（μm）的累积百分含量 $D_y = x\mu m$ 表示（式中 x 表示粒度大小，y 表示被测超细粉体物料中小于 $x\mu m$ 粒度物料的百分含量），如 $d_{50} = 2\mu m$（50%小于 2μm，即中位粒径），$d_{90} = 2\mu m$（90%小于 2μm），$d_{97} = 10\mu m$（97%小于 10μm）等等。有时为方便应用同时给出被测粉料的比表面积。对于超细粉体的粒度分布也可用列表法、直方图、累积粒度分布图等表示。

三、超细粉体制备技术

1. 超细粉体制备方法及分类

超细粉体的制备方法多种多样，没有统一的分类方法，按性质归类可分为物理方法与化学方法两大类；按产品粒径大小分类可分为微米粉体制备法、亚微米粉体制备法及纳米粉体制备法。按粒径大小分类虽然比较直观，但由于有时这三种不同粒径的粉体往往可以用同一种方法制备而只不过是工艺条件控制不同而已，因此按这种方法分类往往易引起混乱。目前国内外学者通常将超细粉体制备方法分为物理法与化学法两大类。物理法又派生出了粉碎法与构筑法两大类；化学法又派生出了沉淀法（溶液反应法）、水解法、喷雾法及气相反应法等。粉碎法是借用各种外力，如机械力、流能力、化学能、声能、热能等使现有的固体块料粉碎成超细粉体；构筑法是通过物质的物理状态变化来生成超细粉体。化学法是制备超细粉体的一种重要方法，它包括溶液反应法（沉淀法）、水解法、喷雾法及气相反应法等。其中溶液反应法（沉淀法）、气相法及喷雾法目前在工业上已大规模用来制备微米、亚微米或纳米粉体。其产品涉及化工、医药、农药、日化、有机及无机等各领域。化学法与物理法都可以用于制备微米、亚微米及纳米级粉体，其主要差别在于方法的选择及工艺条件的控制。目前，工业上使用最多的是粉碎法，应用最多的粉体是通过粉碎法和化学法生产出的微米或亚微米级粉体，纳米级粉体的生产及使用量相对较少。超细颗粒制备工程问题的相互关系如图 1-28 所示。

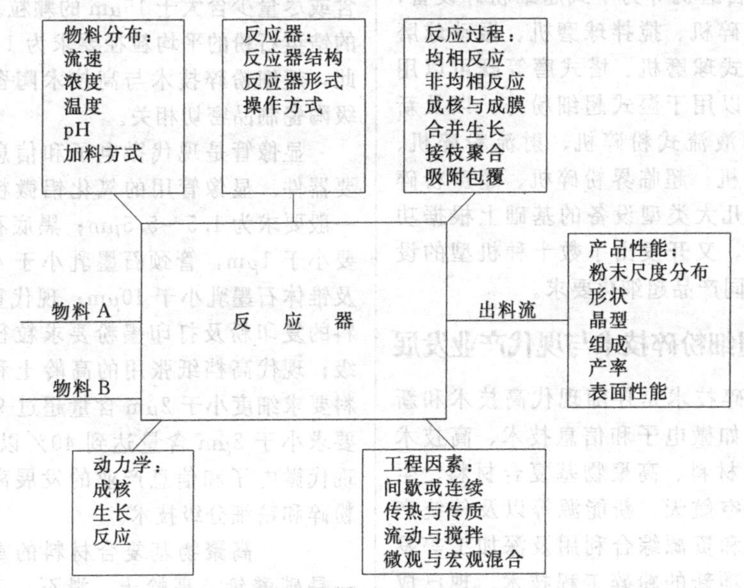

图 1-28 超细颗粒制备工程问题的相互关系

而在化学合成的工艺中也常涉及物理过程和技术，例如干燥、超声波分散、微波加热等超细粉体的制备方法。随着超细粉体技术的发展，简单分为机械粉碎（物理方法）和化学合成方法两大类已不适合。目前倾向于将制备方法分为固相法、气相法和液相法，即按照反应物所处物相和微粉生成的环境来分类。工业上对超细粉体制备方法提出了一系列严格要求，归纳起来有如下几点：

① 产品粒度细而且均匀稳定，即产品的粒度分布范围要窄；

② 产品纯度高，无污染；

③ 能耗低，产量高，产出率高，生产成本低；

④ 工艺简单连续，自动化程度高；

⑤ 生产安全可靠。

只有基本满足这些要求的制备方法，才是有实用价值的方法，才有可能在工业上推广应用。目前北京科技大学卢寿慈教授、南京理工大学李凤生教授、北京工业大学郑水林教授、清华大学盖国胜副教授在实验室研究中已获得了一批具有国内先进水平的研究成果，他们研制的超细粉体粉碎设备为我国的微粉工业制备打下了良好基础。

2. 超细粉体粉碎设备及设备分类

目前，国内外超细粉碎设备的主要类型有气流磨、机械冲击式超细磨机、搅拌球磨机、振动球磨机、旋转筒式球磨机、塔式磨、旋风自磨机、离心磨、高压射流粉碎机等。其中气流磨、机械冲击式超细磨机、旋风自磨机等为干式超细粉碎设备；高压射流粉碎机、搅拌球磨机、振动球磨机、旋转筒式球磨机、塔式磨等既可以用于干式也可以用于湿式超细粉碎。以及新近开发出的液流式粉碎机、射流粉碎机、超低温粉碎机、超临界粉碎机、超声粉碎机等。在这几大类型设备的基础上根据功能要求不同，又开发出了数十种机型的设备以满足不同产品超细化要求。

四、超细粉碎技术与现代产业发展

超细粉碎技术是伴随现代高技术和新材料产业，如微电子和信息技术、高技术陶瓷和耐火材料、高聚物基复合材料、生物化工、航空航天、新能源等以及传统产业技术进步和资源综合利用及深加工等发展起来的一项新的粉碎工程技术。现已成为最重要的工业矿物及其他原材料深加工技术之一，对现代高新技术产业的发展具有重要意义。

超细粉体由于粒度细、分布窄、质量均匀、缺陷少，因而具有比表面积大、表面活性高、化学反应速率快、溶解度大、烧结温度低且烧结体强度高、填充补强性能好等特性以及独特的电性、磁性、光学性能等，广泛应用于高技术陶瓷、陶瓷釉料、微电子及信息材料、塑料、橡胶及复合材料填料、润滑剂及高温润滑材料、精细磨料及研磨抛光剂、造纸填料及涂料、高级耐火材料及保温隔热材料等高技术和新材料产业。

具有特殊功能（电、磁、声、光、热、化学、力学、生物等）的高技术陶瓷是近20年迅速发展的新材料，被称之为继金属材料和高分子材料后的第三大材料。在制备高性能陶瓷材料时，原料越纯、粒度越细，材料的烧成温度越低，强度和韧性越高，一般要求原料的粒度小于1μm甚至0.1μm。如果原料的细度达到纳米级，则制备的陶瓷称之为纳米陶瓷，性能更加优异，是当今陶瓷材料发展的最高境界。粒度细而均匀的釉料使制品釉面光滑平坦、光泽度高、针孔少。一般高级陶瓷釉料要求不含或尽量少含大于15μm的颗粒。用作釉料的锆英石粉的平均粒径要求为1～2μm。因此，超细粉碎技术与高技术陶瓷材料及高级陶瓷制品密切相关。

显像管是现代微电子和信息产业的重要器件。显像管用的氧化铝微粉平均粒径一般要求为1.5～5.5μm；黑底石墨乳粒径要小于1μm，管颈石墨乳小于4μm，销钉及锥体石墨乳小于10μm；现代重要信息材料的复印粉及打印墨粉要求粒径达到微米级；现代高档纸张用的高岭土和碳酸钙涂料要求细度小于2μm含量超过90%，填料要求小于2μm含量达到40%以上。显然，现代微电子和信息产业的发展离不开超细粉碎和精细分级技术。

高聚物基复合材料的重要组分之一是碳酸钙、高岭土、滑石、云母、硅灰石、石英、氧化铝、氧化镁、透闪石、伊利石、硅藻土等。这些工业矿物填料的重要质量指标之一是其粒度大小及粒度分布。在一定范围内，填料的粒度越细，级配越好，其填充和补强性能越好。高性能的高聚物基复合材料一般要求无机工业矿物填料的细度小于10μm。例如，低密度聚乙烯薄膜要求碳酸钙填料的平均粒径1/4～3/4μm，最大粒径小于10μm；聚烯烃和聚氯乙烯热塑性复合材料要求平均粒径1～4μm的改性重质碳酸钙填料；平均粒径1～3μm的重质碳酸钙在聚丙烯、均聚物和共聚物中的填充量为20%～40%，而且制品的弹性模量较单纯的聚合物还要高；平均粒径0.5～3μm的重质碳酸钙不仅可以降低刚性和柔性PVC制品的生产成本，还可提高这些制品的冲击强度。在美国，用作塑料填料的高岭土的平均粒径为：粗粒级2～3μm，中粒级1.5～2.5μm，细粒级0.5～1.0μm；煅烧高岭土0.3～3μm（硅烷处理）。因此，超细粉碎和精细分级技术是高聚物基复合材料中填充的无机工业矿物填料所必需的加工技术之一。

高档涂料的着色颜料和体质颜料粒度越细、粒度分布越均匀，使用效果越好。例如，作为白色颜料的金红色型TiO_2，考虑其光学性能，最合适的粒径是0.2～0.4μm；具有电、磁、光、热、生物、防腐、防辐射、特种装饰等功能的特种涂料，一般要求使用粒径微细、分布较窄的功能性颜料或填料，如含玻璃微珠厚层涂膜的道路标志涂料，所用的玻璃微珠反射填料的平均粒径为0.1～1μm；用作玻璃模具脱模剂的高温润滑涂料，其无机矿物填料石墨、碳化硼等的平均粒径要求小于10μm。这些颜料或填料的加工无疑离不开超细粉碎和精细分级技术。

矿物原料的粒度大小和粒度分布直接影响耐火材料及保温隔热材料的烧成温度、显微结构、机械强度和容重。对同一种原料，粒度越细烧成温度越低、制品的机械强度越高。所以现代高档耐火材料一般选用粒径0.1～10μm的超细粉体作为原料。对于轻质隔热保温材料，如硅钙型硅酸钙，石英粉原料的粒度越细，容重越小，质量越好。所以制备容重小于130kg/m³的超轻硅钙型硅酸钙，要求石英粉的细度小于5μm。

精细磨料和研磨抛光剂，如碳化硅、金刚砂、石英、蛋白石、硅藻土等，在某些应用领域要求其粒度小于10μm，用于制备研磨和抛光剂的硅藻土，小于10μm的颗粒占99.95%，颗粒平均粒径5～7μm。

超细粉碎与现代新兴产业密切相关的另一个例子是生化剂药业。研究表明，超细粉碎加工可显著提高药品的生物活性和有效成分的利用率。同时可以将一些难溶或难以提取有效成分的药材加工成易溶、易于提取有效成分或易于被人体吸收的速溶品或保健药品，从而大大提高药材，尤其是传统中药材的有效成分利用率。现在，超细粉碎技术已经在一些药品及保健品，如花粉、人参、当归等的加工中得到应用。预计，随着药品经超细粉碎加工后生理或生物活性和临床应用效果研究的逐步深化，超细粉碎技术将在一定程度上改变传统的制药工业，尤其是某些中药的传统制作工艺和使用方法。

五、超细粉碎的主要研究内容和发展趋势

超细粉碎是一个涉及粉体工程、颗粒学、力学、固体物理、化工、物理化学、流体力学、机械学、矿物加工工程、岩石与矿物学、现代仪器分析与测试技术等多学科的新兴工程技术领域。它的主要研究内容包括以下几个方面。

1. 超细粉碎基础理论

超细粉碎基础理论包括超细粉体的粒度、表面物理化学特性及其表征方法；不同性质微细颗粒的受力变形和粉碎机理；超细粉碎过程的描述和数学模型；被粉碎物料在不同超细粉碎方法、设备及不同粉碎条件和粉碎环境下的能耗规律、产品细度及粒度分布、粉碎效率或能量利用率；不同设备或机械应力的施加方式，如冲击、打击、研磨、摩擦、剪切、磨削、挤压等在不同粉碎条件下对被粉碎物料晶体结构和物理化学性能的影响（粉碎过程的机械化学效应）；粉碎物理化学环境及助磨剂、分散剂等对产品细度、物化性能及粉碎效率和能量利用率的影响；等等。这些基础理论研究对于超细粉碎设备的开发、工艺的优化、粉碎效率和能量利用率的提高以

及超细粉体的应用等都是极为重要的。

2. 超细粉碎设备

超细粉碎设备包括各类超细粉碎设备、精细分级设备以及与之配套的过滤干燥、包装、储存与输送等设备。这是超细粉碎工程最主要的研究内容之一。

3. 超细粉碎工艺

超细粉碎工艺包括不同种类、不同性质工业矿物及其他原料在一定细度、粒度分布及纯度等指标要求下的超细粉碎工艺流程和设备选型。由于超细粉碎工程技术涉及的原料种类很多，而且性质各异，加上不同应用领域对超细粉体细度、级配及其他质量指标要求的不同，因此，超细粉碎工艺研究是超细粉碎技术、设备应用于工业生产的关键环节之一。

4. 超细粉碎过程的粒度检测技术

超细粉碎过程的在线粒度监控技术是实现超细粉碎工业化自动控制和连续生产的关键因素之一。超细粉体的粒度检测技术是科学研究和生产管理所必须的手段。

在21世纪，人类社会将面临高技术和新材料产业发展壮大、传统产业技术进步加快、相关应用领域对各类超细粉体产品的需求量增大的良好机遇，同时也面临对超细粉体产品粒度及粒度分布、颗粒形状、纯度等要求的提高以及节约能源、保护自然环境和自然资源的严峻挑战。作为与高技术新材料产业及传统产业技术进步密切相关的原材料深加工技术的超细粉碎工程技术面对这些机遇和挑战，将在加强理论研究的基础上发展新技术、新设备、新工艺以及在线粒度大小和粒度分布的监控技术。其主要发展趋势如下。

(1) 改进现有超细粉碎与精细分级设备　主要是提高单机处理能力和降低单位产品能耗、减少磨耗、提高自动化控制水平和综合配套性能。

(2) 发展新型超细粉碎和精细分级设备　与现有超细粉碎设备相比，新型超细粉碎设备的特点是能量利用率高、生产能力大、粉碎极限粒度小、粉碎比大、磨耗少、污染轻、适用范围宽或可用于特殊物料，如低熔点、高硬度、易燃易爆、韧性物料等的加工；新型精细分级设备的特点是分级粒度细、精度高、处理能力大、与超细粉碎设备的配套性能好。

(3) 优化工艺和完善配套　发展能满足或适应不同性质物料，不同细度、级配和纯度的要求，具有不同生产能力的超细粉碎成套工艺设备生产线，以方便用户选用。

(4) 开发非机械力超细粉碎技术　与目前工业上广泛采用的机械超细粉碎技术相比这种技术的特点是工艺简单、能耗低、效率高、生产能力大，同时便于实现工业化生产。

(5) 研制高性能粒度监控和分析仪　快捷、方便、准确、实用的粒度分析仪，尤其是能实现生产过程产品细度和级配自动控制及有助于提高粉碎效率的在线粒度监控（分析）仪将是主要的发展趋势。

第六节　涂料质量的检验方法和产品的验收规则

一、涂料产品的检测方法

涂料产品质量的检测方法，大部分已制定国家标准（GB），少数为中华人民共和国化学工业部部颁标准（HG）或暂行标准（化暂）。常用的标准检测方法有：

① GB/T 3186—2006 色漆、清漆和色漆与清漆用原材料取样；

② GB/T 1721—2008 清漆、清油及稀释剂外观和透明度测定法；

③ GB/T 1722—1992 清漆、清油及稀释剂颜色测定法；

④ GB/T 1723—1993 涂料黏度测定法；

⑤ GB/T 1724—1979 涂料细度测定法；

⑥ GB/T 1725—2007 色漆、清漆和塑料不挥发物含量的测定；

⑦ GB/T 6750—2007 色漆和清漆密度的测定比重瓶法；

⑧ GB/T 6753.3—1986 涂料贮存稳定性试验方法；

⑨ GB/T 1746—1989（79）涂料水分测定法；

⑩ GB/T 1746—1989（79）涂料灰分测定法；

⑪ GB/T 18582—2008 室内装饰装修材料　内墙涂料中有害物质限量

1. 涂料产品的取样

涂料产品的检验取样极为重要，试验结果要具有代表性，其结果的可靠程度与取样的正确与否有一定的关系。国家标准 GB/T 3186—2006 规定了具体的抽样方法，取样后由检验部门进行实验。一般有如下要求：

① 使用部门有权按产品标准，对产品质量进行检验，如发现产品质量不符标准规定时，双方共同复检或向上一级检测中心申请仲裁，如仍不符合有关规定，使用部门有权退货。

② 从每批产品中随机取样，取样数为同一生产厂家的总包装桶数的 3%（批量不足 100 桶者，不得少于 3 桶；批量不足 4 桶者，不得少于 30%）。

③ 取样时，将桶盖打开，对桶内液体状涂料产品进行目测观察，记录表面状态，如是否有结皮、沉淀、胶凝、分层等现象。

④ 将桶内涂料充分搅拌均匀，每桶取样不得少于 0.5kg。将所取的试样分成两份，一份（约 0.4kg）密封储存备查，另一份（其数量应是以能进行规定的全部试验项目的检验量）立即进行检验。若检验结果不符合该标准的规定时，整批产品认为不合格。

⑤ 取样时所用的工具、器皿等，均应洁净，有条件时选用专用的 QYG 系列取样管，用后清洗干净。样品不要装满容器，要留有 5%的空隙，盖严。样品一般可放置在清洁干燥、密封性好的金属小罐或磨口玻璃瓶内，贴上标签，注明取样日期等有关细节，并存放在阴凉干燥的场所。

⑥ 对生产线取样，应以适当的时间间隔，从放料口取相同量的样品再混合。搅拌均匀后，取两份各为 0.2～0.4kg 的样品放入样品容器内，盖严并做好标志。

2. 目测检测涂料状态

观察涂料是否有结皮、胶凝、分层、沉淀等情况，有条件的使用者，可按照 GB/T 6753.3—1986 测定涂料的储存稳定性。

（1）结皮　醇酸、酚醛、氯化橡胶、天然油脂涂料经常会在涂料最上层有一层结皮，这是由于醇酸等类型涂料氧化固化形成的。观察结皮的程度，如有结皮，则沿容器内壁分离除去。结皮层已无法使用，下层涂料可继续使用，使用时搅拌均匀。除去结皮的涂料要尽快用完，否则放置一段时间，又会有结皮产生，甚至报废。

（2）胶凝　色漆和清漆出现胶凝现象，可搅拌或加溶剂搅拌，用时过滤。若不能分散成正常状态，则涂料报废。

（3）分层、沉淀　涂料经长期存放，可能会出现分层现象，溶剂和树脂浮于上层，颜料沉淀在下层，检查时可用一棒状物，插向涂料桶，若可插至底，说明沉淀是松散的，可混匀再使用。采用搅拌器使涂料样品充分混匀，混匀时的技巧是先倒出部分上层溶剂，搅拌下层颜填料和树脂液，待初步分散均匀后，再把倒出的溶剂倒回，继续搅拌均匀（有时过滤）。若无法插到桶底，用刮铲从容器底部铲起沉淀，研碎后，再把流动介质倒回原先桶中，充分混合。如按此法操作，仍无法混合，仍有干结沉淀，涂料只能报废。

3. 涂料的颜色和外观

清漆要求清澈透明，没有杂质和沉淀物，这是因为作为罩光用的清漆，能把底层的颜色和纹理清晰地显现出来。目测即可检测，要求透明，饱满、不浑浊。色漆是含有颜色的胶粒体，起装饰作用，其中颜色分红、黄、蓝、白、黑等几种，可配成几百种不同深浅的复色漆。对色漆的要求是颜色一致。不产生浮色的同一批的涂料，要求颜色上下一致，不允许颜色有深有浅。检查色漆的颜色，通常是用肉眼观察，可与生产厂家提供的标准色板进行比较，应符合指定的色差范围。

有条件的使用者，可按照GB/T 1722—1992清漆、清油及稀释剂颜色测定法测定，用铁钴比色计或罗维朋比色计目视比色测定。

4. 涂料黏度的测定法

涂料的黏度又叫涂料的稠度，是指流体本身存在黏着力而产生流体内部阻碍其相对流动的一种特性。这项指标主要控制涂料的稠度，合乎使用要求，其直接影响施工性能、漆膜的流平性、流挂性。通过测定黏度，可以观察涂料储存一段时间后的聚合度，按照不同施工要求，用适合的稀释剂调整黏度，以达到刷涂、有气喷涂、无气喷涂所需的不同黏度指标。

国家标准GB/T 1723—1993规定了3种测定黏度方法，包括涂-1黏度杯、涂-4黏度杯及落球黏度计测定涂料黏度的方法，其中最常用的测定方法是涂-4黏度杯测定法。此种方法简便易行，即以100mL的漆液，在规定温度下，从直径为4mm的孔径中流出，记录时间，以s表示，此为测定漆样的黏度。测量时需注意：

① 测定的规定温度应在21～25℃之间，温度过高测定的黏度比较稀，温度过低，黏度比较稠，不是标准值。

② 每次测完要清洁涂-4杯，选用所测涂料相应的溶剂，防止测定小孔被堵。

③ 先用手指或器具堵严小孔漏嘴，倒满100mL漆液，用玻璃棒将气泡和多余试样挑入凹槽，防止测样不到或超过标准。

④ 迅速移开手指时，同时启动秒表，待试样流束刚中断时立即停止秒表，计时。

对涂料产品黏度的经验检测方法是，经搅拌后，用棒挑起涂料进行观察。正常的涂料应自由降落而不间断，如有中断而回缩现象，说明该涂料较稠。一般棒上的涂料与桶内涂料在很短时间内会连接不断地流淌，连接距离为30～50cm，即近于刷涂的程度。小于30cm，表明涂料黏度太小，即涂料太稀；大于50cm，表明黏度太大，即涂料太稠。这种以符合施工要求为准，同时又通过多次实践应用，不用黏度计测定的黏度，称为工作黏度。

涂-4杯测定黏度的方法最为常用，一般涂料黏度值在40～150s之间，但触变涂料用此法所测黏度过大，需用旋转黏度计，有旋转桨式黏度计、同轴圆桶旋转黏度计、锥形平板黏度计等，如对建筑涂料黏度的测定采用斯拖默黏度计法（旋转黏度计的一种），此时所测定的黏度是产生200r/min转速所需要的负荷，以g或KU表示。

调整涂料黏度时，应酌情加入适宜的稀释剂，采用机械搅拌，使涂料上下均匀一致。稀释剂用量一般不超过涂料总质量的5%，而采用高压无气喷涂施工的涂料一般不加稀释剂。

二、涂料产品的验收规则

① 产品由生产厂的检验部门按本标准规定进行检查，并保证所有出厂产品都应符合本标准的技术指标，产品应有合格证，必要时另附使用说明及注意事项。

② 接收部门有权按本标准的规定，对样品进行检验，如发现产品质量不符合本标准技术指标规定时，供需双方共同按GB 3186—2006色漆、清漆和色漆与清漆用原材料取样重新取样进行复验，如仍不符合本标准技术指标规定时，产品即为不合格，接收部门有权退货。

③ 产品按GB 3186—2006进行取样，样品应分两份，一份密封储存备查，另一份作检验用样品。

④ 供需双方应对产品包装及数量进行检查核对，如发现包装有损漏，数量有出入等现象时，应及时通知有关部门。

⑤ 供需双方在产品质量上发生争议时，由产品质量监督检验机构执行仲裁检验。

三、涂料产品的包装、标志、储存和运输

① 产品应储存于清洁、干燥、密封的容器中，容器附有标签，注明产品型号、名

称、批号、重量、生产厂名及生产日期。

② 产品在存放时应保持通风、干燥、防止日光直接照射，并应隔离火源、远离热源，夏季温度过高时应设法降温。

③ 产品在运输时，应防止雨淋、日光暴晒，并应符合运输部门有关的规定。

④ 产品在符合规定的储运条件下，自生产之日算起有效储存期为一年。

第七节 涂料生产工艺过程中的产品安全与环境防护

涂料产品种类繁多，所需原料涉及多种类别，包括有机醇、有机酸、树脂、颜填料、助剂、溶剂等，这些原料和产品中除了无机颜填料外都是有机物，均属易燃物，有些还是剧毒品，绝大部分已被列入《危险化学品名录》。

一、生产过程中危险有害因素辨识和分析

涂料生产过程中，从原料到成品都存在着易燃易爆、有毒有害等危险特性，容易引起火灾、爆炸、中毒、灼伤或其他事故。

1. 火灾、爆炸

涂料中的油脂、树脂及各种溶剂、催干剂、增塑剂等都是有机物，且绝大部分都是易燃、可燃物。一般涂料的组成中，这些易燃物所占的比例在50%左右，有的高达70%～80%，生产过程具有较大的火灾爆炸危险性。

硝基涂料生产中使用的硝化棉属于一级易燃固体，遇到明火、高温、氧化剂和有机胺类化合物都会发生燃烧和爆炸。硝化棉中游离酸的存在，容易引起酯的水解反应，释放出二氧化氮，二氧化氮又会进一步引起硝化纤维的分解。由于此分解是放热反应，温度的升高更加速了分解反应，从而使温度急剧升高，最后导致硝化棉的自燃，这也是硝化棉最危险的性质，而干燥的硝化棉更容易发生这种燃爆危险。

生产过程中生产设施、储存容器密闭性差，特别在色漆生产现场，各种大小调漆缸（桶）、槽、罐比较多，有相当一部分设备是非密闭的，生产现场散发出易燃有毒的溶剂蒸气或粉尘，如果在空气中达到爆炸极限，遇火源即会引起火灾爆炸。

涂料生产过程中存在的多方面的火源更增加了火灾的危险性，表现在：①树脂合成过程中，使用蒸汽、导热油或电感加热，在试制、检验分析中也使用各种电烘箱、电炉等加热设施，对于低沸点的易燃液体，在高温下加剧了易燃物的挥发，具有爆炸危险。②静电是涂料生产中较为常见的一种现象，生产中大量使用的有机溶剂都是电的不良导体，容易导致静电积聚，如果防静电措施不良会产生静电火花。在树脂兑稀过程和调漆搅拌过程中会产生静电；在溶剂、树脂和漆浆的过滤过程中由于物料与容器和滤网的摩擦也会产生静电；物料输送过程中，如果流速控制不当也会产生静电。因此，有可燃液体的作业场所可能由静电火花引起火灾；有爆炸性气体混合物或爆炸性纤维混合物的场所可能由静电火花引起爆炸。③生产中使用的电气设备较多，如机电设施、配电设施、电气线路、排风设施、开关等，如果电气设备在选型、安装时不符合防爆要求，线路老化、安全性能差等，产生电火花将导致易燃物的燃烧、爆炸。④检修过程中的电（气）焊等产生的火源，也会引起火灾爆炸事故。⑤管理不到位，用有机溶剂拖地、擦洗设备或衣物；将废弃的滤布、纱头、手套等任意堆积在车间不及时处理，时间长了导致自燃；生产场所穿铁钉鞋、吸烟、打手机等；违章用铁器敲击设备、管路或用铁制工具加料等。这些都会产生火花而导致火灾爆炸。

2. 中毒

树脂生产过程中多种原材料如芳香烃类（甲苯、二甲苯等）、醇、醋酸乙酯、醋酸丁酯等都属于有毒有害品，对眼睛、皮肤、黏膜都具有强烈的刺激作用。长期接

触这些毒物会引起中毒，最常见的就是苯中毒。苯系物在各类树脂生产中都用到，短时间内接触高浓度苯可引起急性苯中毒，长期接触苯可能发生慢性中毒，表现为头痛、失眠、记忆力减退、血细胞和血小板减少，甚至发展成再生障碍性贫血及白血病。

色漆生产中使用含铅颜料如红丹、黄丹等，长期吸入铅尘会导致铅中毒，出现神经衰弱、四肢酸痛及麻木、肌无力、腹泻、贫血及肝脏损害等。一些重金属颜料、助剂还被国际癌症研究机构列入了致癌物名单，长期接触对人体健康极为不利。

聚氨酯生产中的甲苯二异氰酸酯(TDI)是剧毒物质，特别是加热或燃烧时分解成有毒气体，除呼吸道和消化道外，还能经皮肤吸收，对人体健康极为不利。色漆生产现场，配料、兑稀、研磨、调漆过程都是敞口作业，生产现场弥漫着大量的有毒物质，如果厂房内无通风措施或者通风设施不够、作业人员防护措施不全，则对健康产生严重威胁，严重时导致中毒。毒物的长期挥发和积聚，还会污染周边环境。

3. 粉尘危害

涂料生产中使用大量的矿物粉料，如碳酸钙、立德粉、钛白粉、滑石粉、炭黑等。这些粉料细度很小，在空气中长时间漂浮而不降落，人员长期接触会危害健康，如累积到一定的量，可引起肺病。粉尘危害主要在配料岗位，人工投料时很容易造成有害粉尘的弥散。具有致癌性的粉尘对健康的危害就更严重。

4. 噪声与振动危害

涂料生产中噪声与振动危害主要来源于引风机、砂磨机、真空泵、离心机等。如果这些噪声设备没有按规定要求布置在单层厂房内或多层厂房的底层，没有采取消声和防振措施，噪声值超过规定的限制。人员长期在噪声和振动环境中作业会得职业病。

设备的振动，可导致密封失效、焊缝开裂或管件因不断摩擦致使壁厚减薄，造成介质泄漏，污染环境。乃至发生火灾爆炸危险；设备上控制仪表因振动，有可能造成失灵、误报等事故。

5. 高温危害

涂料生产中需要用电感、导热油、蒸汽等作为加热介质，生产中存在的高温设备如酯化釜、醇解釜、丙烯酸树脂反应釜、聚氨酯树脂反应釜、锅炉以及导热油管道、蒸汽管道等，这些设备如保温不良，有产生高温辐射和烫伤的危险。

6. 灼伤

涂料生产中使用的氢氧化钠、硫酸以及有机酸等都是腐蚀性物质，溶剂大都具有腐蚀性，而且这些溶剂广泛使用在各类树脂漆和色漆生产中，容易产生腐蚀性灼伤。

二、典型生产过程危险有害因素分析

1. 热炼和树脂合成生产过程

树脂生产装置为甲类火灾危险区域，必须严格操作。生产过程如果反应釜不密闭，有毒有害物质大量散发在厂房内，不但影响作业人员的健康，而且易燃易爆物品在空气中达到爆炸极限，遇到火源就会引起火灾爆炸等严重事故；如果在投料过程中没按配方量进行，多投料或投料过快，或者高温下加料都会导致涨锅溢料，接触火源会导致火灾；酯化反应操作时如升温速度过快或加热温度过高，有可能导致液体物料喷溅或固体粉料飞扬；投料有误或物料液面低于受热面而造成局部过热，反应物高度聚合放热、温度失控，对树脂酸值和黏度控制不好等都会使树脂胶化而引起火灾。兑稀过程中，如加入溶剂速度过快会产生静电火花引起火灾爆炸危险。树脂稀释时，如果物料温度过高，可能产生大量的蒸汽，向下漂流，一旦接触到火源轻则燃烧，重则爆炸。兑稀时如搅动不均匀或搅动停止，会使局部树脂溶解不匀而变黏变稠，造成继续反应，温度上升而发生爆炸。稀释温度过高，超过稀释剂沸点，产生大量易燃蒸汽，易涨锅。进行反兑稀时，如投入树脂的温度高于兑稀罐中的温度，容易造成兑稀罐内产生过量气体，造成兑稀罐内的压力过高，导致燃烧爆炸的危险。

过滤操作中有大量的甲苯、二甲苯等溶剂蒸气挥发出来，操作间若通风不良，在空气中达到爆炸极限。遇到火源有引起火灾爆炸的危险。滤布不经常清洗而任意堆积在车间内，有发生自燃的危险。

树脂生产中因涨锅、溢料等会造成冷凝器管路堵塞不畅，使不凝性气体不能逸出，导致冷却水不足或堵塞，以致反应釜内压力或温度升高，也易导致事故。

2. 色漆生产过程

色漆生产过程由配料、研磨、调色、过滤、包装等工序组成。

色漆生产中从配料、预混到分散、研磨等整个操作过程都是敞开进行的，研磨中漆浆温度可达 50～60℃，有大量的溶剂蒸气逸散在车间内，存在较大的火灾爆炸危险性和毒害性。同时，搅拌机、研磨机等高速运转的设备产生的摩擦热，加大了火灾爆炸的危险性。当开启含有稀料、半成品的大桶时，若用铁质工具容易产生火花而引发火灾爆炸。洒在地面上的涂料，如用含有化纤织物的纱布用力擦拭，容易产生静电火花，引起燃爆。色漆装桶属于开口操作，大量溶剂挥发，影响作业人员的健康。

3. 硝基涂料和过氯乙烯树脂涂料生产过程

硝基涂料是将硝化棉、稀释剂和一定的溶剂在溶解釜内溶解制得硝基树脂溶液，然后用制好的色浆、溶剂进行混合调制，再经过滤而得到产品。生产过程分为树脂溶解、色浆制备、调漆、过滤包装等工序。硝基涂料生产场所为甲类火灾危险区域，防爆区域为 2 区。硝化棉是一种极易燃烧的絮状纤维，在投料溶解过程中稍有疏忽，即引起燃烧。如加料过快或过多，会使未溶解的硝化棉与搅拌器摩擦，产生静电而起火爆炸；操作中使用铁制工具或穿铁钉鞋会产生火花；掉落在设备外面的硝化棉如不及时清理，当班硝化棉没有用完，车间存放余棉等都会留下火灾隐患。硝基涂料生产场所的地板应采取防静电措施，否则也容易造成静电积聚。

硝基涂料用溶剂是醋酸丁酯、醋酸乙酯、乙醇等多种有机溶剂的混合物，用塑料管输送溶剂时若没有防静电措施，容易产生静电积聚而导致危险。

由于生产中存在二甲苯等比空气密度大的易燃液体蒸气，其泄漏后沿地面扩散，如果地面通风不良，造成易燃蒸气的积聚，同样有火灾爆炸危险。

硝基和过氯乙烯树脂轧片过程中也容易着火。如没有严格按配方进行配料，颜料、树脂混合不均匀，辊间间距太小，辊筒表面温度过高等，轧片时工具或金属物件掉入辊间，也会造成事故。

4. 稀释剂配制及包装过程

稀释剂配制是由外来溶剂在溶剂混合罐中充分混合，经过滤净化，检验合格后装桶包装。

稀释剂岗位也是易燃易爆场所，稀释剂配制过程中，溶剂的强制循环混合以及过滤净化，容易产生静电，导致易燃易爆物料的燃烧爆炸。包装过程如操作不当，容易造成溢料。

三、涂料生产车间建筑的要求及设备安全防护

1. 对厂房及其他建筑的要求

涂料生产过程存在火灾和爆炸的危险，对环境还会造成一定的污染，故厂址应该选择在离市区和生活区较远的地段。

厂房的总平面布置应符合防火、防爆的基本要求。例如，高温树脂、溶剂罐区等危险性较大的生产厂房应布置在有火源的下风侧以及具有毒性和可燃性物质的上风侧，并要考虑到紧急情况下有疏散和灭火的设施。

涂料生产厂房层高宜较高（一般在5m以上），并应设置良好的通风设施。生产车间和仓库的大门均应考虑具有能顺利通过生产设备和运输车辆的宽度和高度，并要求所有门窗朝室外开，以免发生火灾或爆炸事故时，厂房门窗被气流关闭，影响人员疏散。厂房的楼梯应充分考虑安全需要，除主楼梯外，还应设置安全梯和消防梯。厂房内通道走廊宽度不宜小于4m，以便于物料运输与火灾扑救以及紧急情况下人员疏散。

厂房和比较大型设备的基础地基，必须采取防酸、防碱等防腐蚀措施。管道的布置宜采用管架铺设，应尽量集中平行，走直线，少拐弯，少交叉，架设高度不应阻碍车辆通行。厂内电力线路宜采用埋地铺设，当架空铺设时，应采取有效措施，防止电力线路断落在溶剂罐、溶剂管道等易燃物质的设备上。

2. 车间设备的布置

油漆厂内凡是明火设备（如用来加热反应釜的移动式炉灶等）均应集中布置，远离易燃物品区，在火源与生产设备之间设置隔火墙。

车间内的设备布置，在保障安全的前提下，应顺工艺流程，避免物料不合理往返，通常将计量设备布置在高层，主要设备（如反应釜、调漆罐等）布置在中层，储罐及重型设备布置在最低层。同类型设备应尽可能布置在一起，如反应釜、砂磨机、调漆罐等宜成列布置，这样既便于管道安排，且整齐美观，又可提高设备利用率。另外，还应该注意设备之间以及设备与建筑物之间都要保持一定的距离。

3. 防火及其防毒

涂料（水性涂料除外）生产中使用的溶剂、合成树脂、添加剂等原料绝大部分都是易燃品。同时，在生产过程中还需要进行热炼和树脂合成、酯化、聚合等工序，这些工序有的需要加热，有的由于自身反应会产生高温，加上设备运转摩擦有时会产生静电，或因人为因素反应温度过高，或因某些原因产生火花（如用铁锤锤击金属物）等情况，都可能导致火灾发生。

防火首先应从厂房的建筑等级上加以考虑，设计厂房时应严格按照国家的有关建筑安全规范选定等级。生产过程的热源和火源应严格按防火规范进行设计，并尽量采用间接加热介质（如热水、蒸汽、有机载热体等）。进行漆料热炼和树脂生产时，应注意防止加热过程中产生“涨锅”，投料时应检查物料是否混入了水分，加热时注意缓慢升温，并严格控制工艺规程所要求的温度。温度指示仪表必须定期进行检查校对。发生涨锅现象时，应立即降温或滴入有机硅油等消泡剂。发现合成树脂或漆料黏度过大并初见胶凝时，应迅速加入冷聚合油或油酸等物料，避免胶化起火。

油漆厂的生产车间和仓库必须配备足够的消防设备，有条件时还应安装温度自动报警装置、火灾自动报警装置和自动灭火装置等设施。

设备动火检修时必须停止生产，用水蒸气或惰性气体将设备内可燃物吹扫干净，并经安全技术部门检验合格发给动火证才能动火。

车间的电气动力设备和照明设备均需采用防爆型或封闭式。启动和配电设备要安装在隔离的房间内。引入易燃易爆场所的电线应符合绝缘要求，并铺设在铁管内。涂料生产过程中还应注意防止产生静电，因为静电能产生火花引起燃烧和爆炸，故各种设备均应安装静电接地装置。同时，建筑物和户外高位装置必须安装避雷针，以防雷击。

此外，油漆原料中许多属易燃、易挥发物质，只要遇到火花，就可燃烧。因此，有的产品连生产设备和工具都应采用不发生火花的材料制造。例如硝基漆生产的设备常用铝制，工具（如锤子）常用铜或木质。有的材料，如沾上干性油的棉纱头或某些容易氧化的颜料（如铁蓝、铅丹、经臭氧处理过的炭黑等）与含有干性油的漆料混合又未及时研磨排出空隙中的空气时，都极易由于氧化作用而蓄积热量引起自燃。

许多制造涂料的化工原料具有可燃、助燃或其他化学性能，在仓库中不能混合堆放，以免引起火灾或爆炸事故。

油漆厂一旦发生火灾时，一方面厂内人员应立即动用厂内消防设备进行扑火自救；另一方面应立即打电话向消防部门报警，千万不可侥幸从事。值得注意的是，油漆物质的火灾扑灭有很强的技术性，例如扑灭油料着火不能用水，扑灭电器起火不能使用泡沫灭火器（因泡沫能导电），各种灭火设备具有不同的使用方法。故油漆生产厂家必须配备熟悉业务的消防人员，一旦发生火警或火灾时能及时进行扑救。

涂料生产中，有许多原料和产品都具有一定的毒性，而且对人体的毒害作用也是多方面的。在生产过程中，各种有毒物质对人体的毒害作用主要是通过呼吸道吸入而引起的。另外，还可以通过皮肤和胃的吸收而中毒。

涂料生产中的有毒物质是多方面的，因此应从多方面进行防护。首先从选料方面就应该考虑防毒，即经常研究和使用无毒物质代替有毒物质，以低毒物质代替高毒物质或剧毒物质，如用锌白或钛白代替铅白，以非苯溶剂代替苯类溶剂等。其次必须严格限制挥发性有机化合物（主要是有机溶剂和液态单体）蒸气在空气中的浓度。空气中的最高溶剂含量应符合国家标准。生产车间必须安排功率较大的排风设备，保持室内通风良好。生产工人应穿戴工作服、工作鞋帽、防毒口罩和防护眼镜等。生产工艺应尽量采用新式的设备和先进的流程。在色漆生产过程中，还应采取措施，尽量防止颜料粉尘的扩散，以减轻对人体的危害。

4. 设备的密封性及防爆

油漆原料和产品不仅包括许多易燃物质，而且其中许多物质还具有爆炸性。油漆厂的爆炸事故一般包括物理性爆炸和化学性爆炸两大类。物理性爆炸大多是由于压力过高引起的，如加热蒸汽或载热体压力超高或反应釜中压力超高引起的事故。化学性爆炸的原因是多方面的。或是由于激烈的化学反应引起；或是由于易燃性有机溶剂挥发，与空气的混合浓度达到了“爆炸极限”，一旦遇到火花引起爆炸；某些油漆原料（如硝化棉）本身就具有爆炸性，当它遇到火源或撞击时就能立即产生爆炸。生产粉末涂料时，如果粉碎设备的密封性不好，当粉末飞扬到空气中达到一定的浓度时，碰到火花也可以引起爆炸。

四、涂料生产工艺过程中的环境保护

涂料生产也和其他化工生产一样，存在环境保护和“三废”治理的问题。由于涂料品种繁多，工艺流程各异，在此只能作如下概括性地简单叙述。

1. 气体污染源及其防治

涂料的气体污染源主要来自涂料中的挥发性组分以及油基漆料热炼过程中分解产生的气体和漆用树脂合成过程中产生的气相副产物。

人们知道，溶剂型有机涂料中都含有大量有机溶剂，其中包括脂肪族烃类、芳香族烃类、萜烯类、酯类、酮类、醇类等。这些溶剂是液态有机涂料不可缺少的组分，它们在涂料中的总含量达50%左右，所含溶剂品种是随涂料品种类型而异的。总的说来，上述有机涂料对人体都存在或多或少的危害性。防治的方法主要是应采取措施尽量防止操作人员少从呼吸道吸入，并减少人体皮肤接触的机会，在油漆生产车间和施工车间应安装强有力的通风设备，尽量让挥发出来的有机溶剂排放到大气中。在涂料生产过程中应尽量防止有机溶剂挥发，对于涂料生产过程中回流用的有机溶剂或挥发量较大的有机溶剂应采用冷却水冷凝或强行冷凝的办法进行回收。所有装盛挥发性原料、半成品或成品的储罐应尽量密封。

油基漆料热炼过程中，由于油脂和树脂在200℃以上的高温下能分解产生对人体呼吸道具有刺激性的以及其他有害的气体，如丙烯醛、可致癌的3,4-苯并芘等，其中还含有分解出的多种油质。这种物质不但对生产工人造成危害，而且还对生产厂家周围的居民造成不良影响。因而必须采取治理回收措施，不得任意排放。目前，治理这种热炼时产生的有害气体最有效的办法，一种是热炼漆料时不采用传统的“熔融法”，而采用较先进的“溶剂法”，即热炼时加入适量的200号溶剂汽油与漆料进行回流反应；另一种是将气体通过多级冷凝器后通入柴油进行吸收，然后将柴油用作燃料。当缺乏这些条件时，至少应设置较高的烟囱，让热炼产生的油烟尽量往空中排放。

对于涂料生产过程中的各种有害气体均应根据其性能和具体条件，采用有效的措施进行排放或处理。

2. 液体污染源及其防治

涂料生产过程中的液体污染源是多方面的，统称为“废水”。根据涂料品种不同，其废水的含量也是不同的。对于一般中小型油漆厂来说，主要是植物油精漂时产生的含碱液和皂脚的废水、生产漆用缩聚树脂（醇酸树脂、酚醛树脂等）的反应生成的废水等，但更多的还是清洗车间、仓库等地以及各种设备工具的废水。总的说来，油漆厂的综合废水的成分是较复杂的。治理废水的方法，一般是沉淀、过滤、中和以及生物化学方法治理等。应根据废水的主要成分确定处理工艺和设备。经过处理的废水必须达到国家规定的排放标准。

3. 固体污染源及其防治

涂料生产过程中的固体污染源主要是油料、半成品和成品生产过程中的滤渣、油脚、漆渣、胶化物和废弃的颜料和填料等。总的来说，这些废物大多数都不具有水溶性，也不易气化，不会对水质和大气造成污染。但对它们必须进行集中处理，而不能任意抛弃，以免影响环境美观，对这些固体废物的处理方法，一般采取集中焚烧或掩埋在深土中。

4. 噪声污染源及其防治

国家规定，声音强度超过85dB时必须进行治理，因为长期在噪声中生活和工作能严重损害人体健康。油漆厂生产设备的噪声一般都必须控制在国家标准范围内。砂磨机的噪声一般为60dB左右，球磨机一般为70dB左右，粉碎机的噪音可达85dB。对于噪声大的设备应尽量采取隔离运转或间歇操作，减少噪声对人体造成的危害。

第八节　我国涂装安全相关国家标准

涂装安全是一个综合性很强，涉及面广泛，技术要求很高的标准体系，仅标准中引用的相关消防、电气、工业卫生、化学品、环境保护、劳动安全、检验方法等国家和行业标准达51项，具体的定性定量技术要求还应查阅标准文本。

涂装是产品表面保护和装饰所采用的最基本的技术手段，涂装作业遍及国民经济的各个部门。当前我国涂装职业危害恶性发展趋势有所遏制，但职业危害依然严峻，火灾事故十分严重，环境污染严重。涂装技术有了长足进步，但落后工艺还有相当比例；防护工程技术有了较大进步，但整体安全水平亟待提高。涂装职业危害应当引起有关部门的高度重视，采取必要的措施，予以关注。

一、涂装安全相关国家标准

20世纪80年代以来，我国启动了涂装安全标准化工作。涂漆作业安全规程、安全管理通则现已颁布的标准有：GB/T 14441《涂漆作业安全规程术语》、GB 7691《涂装作业安全规程　安全管理通则》、GB 7692《涂漆作业安全规程　涂漆前处理工艺安全及其通风净化》，GB 6514《涂漆作业安全规程　涂漆工艺安全及其通风净化》，GB 12367《涂漆作业安全规程　静电喷漆工艺安全》，GB 15607《涂漆作业安全规程　粉末静电喷涂工艺安全》，GB 17750

《浸漆工艺安全》，GB 14444《涂漆作业安全规程 喷漆室安全技术规定》，GB 14443《涂漆作业安全规程 涂层烘干室安全技术规定》，GB 14773《涂漆作业安全规程 静电喷枪及其辅助装置安全技术条件》，GB 12942《涂漆作业安全规程 有限空间作业安全技术要求》11 项国家标准。现将标准体系的基本要点作如下概述。

1. 限制、淘汰严重危害人民安全健康的涂料产品和涂装工艺

积极推广有利于人类安全健康的涂料和涂装工艺。

禁止使用含苯的涂料、稀释剂和溶剂；禁止使用含铅白的涂料；限制使用含红丹的涂料；禁止使用含苯、汞、砷、铅、镉、锑和铬酸盐的车间底漆。

严禁在前处理工艺中使用苯；禁止使用火焰法除旧漆；禁止在大面积除油和除旧漆中使用甲苯、二甲苯和汽油；严格限制使用干喷砂除锈。

修订 GB 7691 时，将进一步提高和扩大限制、淘汰的范围：将含铅白的涂料由禁止提高到严禁使用；将干喷砂除锈由限制提高到禁止使用；新增限制使用含二氯乙烷的清洗液；限制使用含铬酸盐的清洗液。

2. 对涂料、金属清洗液、化学处理品实施化学品管理

对涂装作业使用的化学品，实施国际劳工组织《1990 年化学品公约》管理。

涂料及有关化学品生产单位应注册登记，评价确定化学品危害性。

涂料及有关化学品，必须提供符合规定的标签、包装和安全技术说明书。

所有的（生产、经营、运输、储存、使用）经济部门都要遵守有关规定。

进口的涂料及有关化学品必须提供中文安全技术说明书，加贴中文标签。

3. 合理选用与布置工艺路线

选用有利于人类安全健康的涂装工艺与涂料。

正确布置工艺路线，采取必要的隔离、间隔设施。

喷漆室不能交替用于喷漆、烘干，除非符合特定条件。

流平区、滴漆区必须要有局部排风和收集滴漆装置。

4. 工程设计必须符合安全、卫生、消防、环保要求

车间布置不应危害环境和其他生产作业。

涂装作业场所宜布置在顶层或边跨。

按使用的涂料闪点确定火灾分类，并符合相关的耐火等级、防火间距、防火分割和厂房防爆、安全疏散的有关规定。

建筑结构、构件及材料选用，应达到防火防爆等要求。

5. 合理划分并分别控制危险区域

极度危险区域。存在危险量的易燃和可燃蒸汽、漆雾、粉尘和积聚可燃残存物的涂漆区或前处理区，应划分为极度危险区域，一般不布置电气设备，如确需布置应严格控制电气防爆。

高度危险区域。可能出现（包括仅是短时存在）的爆炸性蒸汽、漆雾、粉尘等混合物的电气防爆区域，应划为高度危险区域，严格控制电气火花。

中等危险区域。极易产生燃烧的火灾危险区域，应划为中等危险区域，严格控制易燃物存量和可能产生明火的危险源。

轻度危险区域。容易产生燃烧的、为涂装作业专门设置的厂房或划定的空间，应划为轻度危险区域，禁止一切明火和阻止外来火种进入。

6. 重点控制电气安全

严格划分电气防爆级别和区域范围。电气系统的选型设计、安装和验收必须符合划定的级别范围和规范。电气系统必须包括设备、线路及其连接、紧固、支架、灯架等相关的一切设施，不允许有一个例外，以保证电气整体安全。

正确实施接地接零和防静电接地。

采取相应的防雷措施。

7. 必须采取通风防护技术措施

要以局部通风为主，辅以全面通风。

人员操作区域，必须选用合理的（风速、气流组织、排风方法、抑制等技术）方式，使通风系统达到保护人员健康的目的。

对于通风的封闭空间，必须选用合理的（浓度计算、温度控制、泄压、防止漆垢沉淀等技术）方式，确保通风系统达到保证安全的目的。

合理选用与布置风机、管路及其连接、固定，采取必需的浓度检测、温度控制、电气接地等措施，使通风系统处于安全、稳定、经济运行状态。

8. 必须采取保护健康的卫生防护措施

操作区域的有害因素（有害物质、温度、湿度、噪声、照明等）必须符合国家标准。

确定卫生特征级别，配套必需的卫生辅助用房，配置应急卫生设施。

进行职业性健康检查和有害因素定期检测。

9. 严格控制设备的安全性能

设备应具有便于操作、维护和清理的合理结构，足够的强度、刚度，适当的材质和连接。

设备还应具备必要的要素控制仪表、安全装置和技术措施；限制过负荷、过电压安全装置；危险区域内的设备表面温度控制；点火能量、火花放电安全距离控制，高压屏蔽；承压装置的耐压、气密性能；应急的紧急安全技术措施。

符合规定的产品品牌（包括特定项目），检验合格证书和使用说明书（包括安全内容）。

10. 配置防止灾害发生与扩大的联锁、报警装置

控制误操作的联锁装置：误操作声光信号装置；误入危险区的断电联锁装置；间歇作业与手动操作的自锁装置；操作与通风系统的联锁装置。

控制设备故障的联锁装置：动力、供漆与通风装置的联锁、切断装置；通风与工件输送系统的联锁装置。

控制火情的报警、联锁装置：温度、浓度控制报警装置；火情报警与动力、工件输送、灭火系统的联锁装置；特定条件下的涂料加压输送系统与报警装置、灭火系统的联锁装置。

防止系统内部爆炸传递的联锁装置。

11. 注意涂装流水线的工件输送系统安全性能

工件输送系统应和工艺匹配，线路合理，运行平稳。

工件间距适当，防止碰撞。

吊具设计合理，防止工件脱落。

要有必要的接地、防静电措施。

防止外界腐蚀吊具的措施。

12. 控制现场涂料储存和输送

设置专门的配漆间。

限制现场涂料的化学品存量。

涂料输送的管路布置、材质与连接、涂料流速、涂料补充等必须置于安全控制范围之内。

严格限制使用加压输送涂料工艺，除非符合特定条件。

13. 必要的净化设施

根据不同工艺及排入性质、数量、特点，合理选用有机溶剂和工业废水（包括水中的重金属）的净化设施，并严格控制净化设施的安全性能。

厂界噪声应符合环境保护标准。

14. 重视人机工程系统安全的人员控制环节

对涂装设计、工艺、操作人员进行安全技术培训。

建立安全操作、设备维护、现场管理等规章制度。

进行监控，定期检测、维护和整定设备。

为操作者设立安全装置、防护装置、安全标志和提供合理的防护用品。

15. 特殊环境作业和特殊群体保护

有限空间应严格执行通风、监护、测爆、动火等相关安全技术条件。

对妇女实行禁忌劳动范围制度。

禁止未成年人从事有毒、粉尘作业。

二、涂装作业安全标准化

涂装生产为事故多发行业，应该从系统的角度重新审视涂装作用安全，积极促进涂装作业全过程安全健康管理体系建设，以便进一步明确途径，杜绝燃、爆事故隐患，解决涂装行业的其他职业安全卫生问题。

在技术层面上看，涂装生产职业安全卫生管理已经有了一定的基础，即已有一个比较完整的国家涂装作业健康标准体系，其中绝大多数是强制性执行标准。包括《涂漆工艺安全及其通风净化》、《涂漆前处理工艺安全》、《涂层烘干室安全技术规定》等十多项，已经比较科学地针对工艺设计、设备制造、生产作业明确地提出了必须达到的安全技术要求。

涂装行业的安全生产管理颇具难度，它与那种独立意义上的行业不同，涂装生产包涵于各个产业之中，其技术涵盖取决于不同的行业定义范围。作为不同制造工艺的配角，涂装安全卫生管理必须和企业的职业安全健康管理体系（OSHMS）一致。

根据全国涂装作业安全标准化技术委员会的调研，涂装安全系列标准出台20多年，涂装用户（包括企业内拥有涂装工序的企业）和大多数从事涂装设备制造、安装的企业，对于涂装作业安全规程以及相关标准的认知程度很低。分析起来，这与行业职业安全卫生管理意识薄弱不无关系。因此特别需要结合宣传、推广企业职业安全健康管理体系（OSHMS）的建设过程，强调贯彻涂装作业安全标准，推动涂装作业安全标准化的实施。

第二章 绿色建筑涂料

涂覆于建筑物、装饰建筑物或保护建筑物的涂料称为建筑涂料。

建筑物涂料的分类：①按建筑物的使用部位来分类，可分为内墙涂料、外墙涂料、地面涂料及屋面涂料；②按主要成膜物质来分类，可分为有机和无机系涂料、有机系丙烯酸外墙涂料、无机系外墙涂料、有机无机复合系涂料；③按涂料的状态来分类，可分为溶剂型涂料、水溶性涂料、乳液型涂料和粉末涂料等；④按涂层来分类，可分为薄涂层涂料、原质涂层涂料、砂状涂层涂料等；⑤按建筑涂料特殊性能分类，可分为防水涂料、防火涂料、防霉涂料和防结露涂料等。

“绿色涂料”是人类从 20 世纪 80 年代以来高度重视生态环境保护后产生的新名词。所谓“绿色涂料”即对生态环境不造成危害，对人类健康不产生负面影响的涂料，有人也称为“环境友好涂料”。

绿色涂料必须是不含有害的有机挥发物和重金属盐的涂料，后者主要指作为涂料的颜料使用的对生物有害的铅、铬、汞等重金属盐。从 VOC 的角度考虑，绿色涂料主要包括以下三大类：①水性涂料——以水代替有机挥发物的涂料；②无溶剂涂料。又称 100% 固体分涂料；③粉末涂料。对建筑涂料而言，最重要的是水性涂料，特别是水性室内涂料。

本章绿色建筑涂料分内墙涂料、外墙涂料、地面涂料、工程涂料等共 64 个品种。

第一节 建筑内墙涂料

用于建筑物或构筑物内墙面装饰的建筑涂料称为内墙涂料。内墙涂料有一些不同于外墙涂料的特征要求。①内墙涂料直接涂装于建筑物或构筑物的内表面，与人们的生活或工作关系更为密切。从这一意义上讲，内墙涂料的装饰效果（例如涂膜手感、平整度和颜色、质感等）会受到人们更多的关注。②就居室而言，内墙涂料不像外墙涂料那样会受到公众的关注，而与居住者个人的联系甚为密切，因而其装饰效果（例如质地、颜色等）可以根据个人的喜好进行选择，亦即比外墙涂料更能够张扬个性。③内墙涂料会对室内环境产生较大的影响，应当具有适当的透气性和吸湿性。完全不透气、不吸湿的涂膜会造成墙面的结露，不利于室内环境的改善和居住舒适性的提高。④内墙涂料中不能含有有毒、有害物质，否则会对环境和健康造成危害。当然，从对性能的严格要求来说，内墙涂料最好还能够防止霉菌在涂膜上的滋生。虽然内墙涂料不要求具有像外墙涂料那样高的物理力学性能和耐候性能，但也必须具有适当的耐水性、耐碱性和耐擦洗性。

一、一般建筑内墙涂料的配方设计

1. 建筑内墙涂料的颜料体积浓度 PVC

颜料体积浓度（PVC）和临界颜料体积浓度（CPVC）是配方设计过程中非常重要的参数。

颜料体积浓度是指涂膜中颜料和填料的体积占涂膜总体积的百分数。涂料中的固体成分主要是颜料、填料和基料。PVC 越高，则表示基料越少，颜料、填料越多；

反之则基料多，颜填料少。PVC(%)＝颜填料体积/(颜填料体积＋基料固体体积)

颜料体积浓度可以影响漆膜的光泽、漆膜的耐久性、干遮盖力、抗沾污性等。

不同光泽建筑涂料的颜料体积浓度与配方中基料的含量的关系可以参见表 2-1。

表 2-1　不同光泽建筑涂料的 PVC 与基料含量

建筑涂料光泽(60°)	PVC/%	基料/%
高光:70～90	10～15	65～70
半光:20～75	15～30	40～65
蛋壳光:5～25	30～40	35～40
平光:0～10	40～80	10～35

光泽是涂料的基本物理性能之一，是涂膜表面对光的反射能力，可以通过仪器测量涂膜表面上由垂直方向开始的三个不同角度（20°、60°、85°）的反射率而得到。20°的光泽度一般用来描述高光泽涂膜。60°的光泽度最为常用。85°的光泽度一般用来表示平光涂料的光泽。见图 2-1。

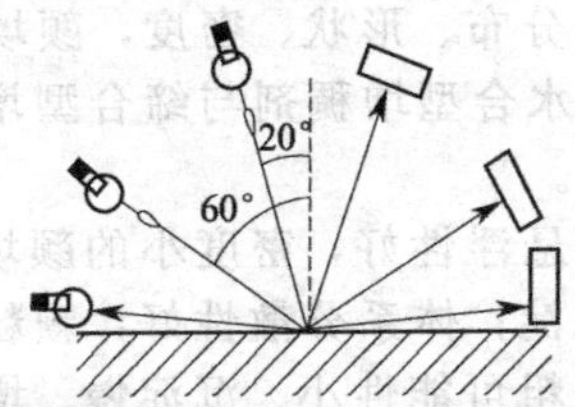

图 2-1　不同角度的光泽度

临界颜料体积浓度（CPVC）是指基料恰好能包覆颜料和填料粒子，并且基料填充于颜料填料粒子之间的空间时的颜料体积浓度。当涂料的 PVC 超过 CPVC 时，基料就不能将颜料填料的空隙填满，此时未被填充的空隙将由空气填充，涂膜的性能将急剧下降。

2. 建筑内墙涂料的配方设计

(1) 内用建筑涂料的分类　内用建筑涂料按光泽一般可分为平光涂料、蛋壳光涂料、半光涂料和高光涂料。基料和颜料的类型和用量一般决定了涂料的光泽。高光涂料一般乳液含量高、颜填料含量较少，基料可以将颜料粒子完全包覆。低光泽涂料则相反。

(2) 内用建筑涂料的要求　内用建筑涂料一般要求涂料稳定性好，涂膜细腻、色彩柔和，要有一定的耐水、耐碱性和耐洗刷性，涂膜透气性要好，施工方便，能满足环保及低气味要求。同时为满足多色彩的要求，要具有可调色性。

中国的内用建筑乳胶漆要满足 GB/T 9756—2009《合成树脂乳液内墙涂料》的标准及 GB 18582—2008《室内装饰装修材料 内墙涂料中有害物质限量》的标准。在 GB/T 9756—2009 标准中按照涂料的不同等级对涂料在容器中的状态、施工性、涂膜外观、对比率、耐碱性、耐洗刷性、低温稳定性等性能均有明确规定。在 GB 18582—2008 标准中对挥发有机化合物（VOC）含量、重金属含量等均有明确规定。

(3) 内用建筑涂料原材料的选择

① 基料的选择：内用建筑涂料由于对耐老化性能的要求较低，一般选用醋丙乳液、苯丙乳液。乳液的耐水、耐碱性、机械稳定性要好。由于苯丙乳液黏结颜料的能力好，因此在满足耐洗刷性能上较有优势，应用也较多。

② 颜填料的选择：涂料中的颜料主要起装饰和提供遮盖力。首先颜料要满足这一要求，其次，为保证生产的顺利进行，应注意颜料的分散性。对于内用颜料，老化性的要求不高。但由于建筑涂料通常涂刷于碱性较高的水泥砂浆等表面，因此对颜填料的耐碱性要求较高。填料可以降低成本，影响流变、流平等。选择填料时，要考虑细度、吸油量、颜色白度等。

③ 助剂的选择：润湿分散剂要注意分散润湿性能及是否适合已选用的颜、填料及乳液；增稠剂、流变剂要注意选择不同类型的产品进行搭配使用并比较增稠效果和施工性能，适当的搭配会使涂料具有良好的开罐效果并使涂膜具有较好的丰满度；消泡剂要具有脱气能力与适当的破泡速度；同时在选择助剂时要考虑各种助剂给漆膜带来的负面影响，负面影响主要在于抗水、展色性、涂料稳定性等方面。任何助剂的添加量都要以解决问题为依据，不要过量

添加，否则成本提高，而性能反而有所下降。另外助剂的选择，也要考虑避免助剂之间发生相互作用，通过试验，选择合适的助剂。

(4) 配方的调整　内用建筑涂料在实验室配方确定之后，就要测定根据这一配方所制备的涂料的各项性能，分析这些性能是否能满足各项要求。按照要求调整配方后，要进行车间试产。然后再次进行各项性能的检测，往往车间试产后，会发现配方需要进一步调整。配方调整完毕后，还应进一步进行现场施工应用等性能测试，收集各项数据后，进一步完善配方至各项性能及成本符合要求为止。此时整个配方设计工作才算完成。

二、新型建筑内墙乳胶漆的配方设计举例

1. 内墙乳胶漆品种

内墙乳胶漆是建筑涂料品种里的一个大类，内墙涂料的主要功能是装饰和保护室内壁面，使其美观、整洁。内墙涂料要求涂层质地平滑、细腻、色彩柔和，有一定的耐水、耐碱、抗粉化性、耐擦洗性和透气性好；内墙涂料要求施工方便，储存性稳定，价格合理。内墙乳胶漆根据其性能和装饰效果不同大致可分为下列几种：①平光乳胶漆；②丝光漆；③高光泽乳胶漆。

不同类型的乳胶漆所用原料虽不完全相同，但生产工艺基本一致。丝光乳胶漆涂层丰满，其聚合物多带分枝；高光乳胶漆选用细小粒径乳液，钛白和填料选择消光能力弱、小粒径粉料。本节重点叙述高PVC平光乳胶漆配方设计选材原则。

原材料选择好后，确定配方是不十分困难的，一般通过小试和适当的调整就可以做到。因为在选定原材料过程中，实际上也是通过小试来确定的，配方调整过程在保证乳胶漆质量的前提下，尽量考虑以低成本来生产，即以最低的成本生产高质量产品。

2. 高PVC内墙乳胶漆特点

目前各涂料厂生产的乳胶漆成本在3元以下的高PVC平光乳胶漆配方组成特点是：水量高，填料量高，乳液量少（10%～12%），助剂量少。高PVC乳胶漆配方突出的难点是配方水量大、乳液少，涂料增稠困难；漆膜干燥快，保水性差；耐洗刷次数提不高等。要解决这些矛盾，有一系列理论与实践问题要在配方设计过程中解决。合理选择原材料，在各项性能上找到平衡点。

3. 高PVC乳胶漆性能要求

内墙乳胶漆要求：在容器中状态好、无分水、无沉淀、储存性稳定、好施工、涂膜遮盖力高，有一定的耐水、耐碱性，有一定耐洗刷性。

(1) 乳胶漆在容器中的状态和施工性能　乳胶漆在容器中最常见的不稳定状态是乳胶漆在储存中发生的液固相分离，即分层现象或脱水收缩。颜填料沉降的影响因素有：体系黏度（低剪切范围黏度），颜填料粒径分布、形状、密度，颜填料的分散状况，水合型增稠剂与缔合型增稠剂之间搭配等。

选择悬浮性好，密度小的颜填料，有助于防沉淀；体系分散性好，颗粒在储运过程中返粗可能性小、沉淀慢。增稠剂之间的搭配应考虑到增稠剂的疏水性，对高剪切黏度贡献大，中、低剪切黏度贡献小的缔合型增稠剂在控制分水方面有较好的效果。

(2) 漆膜遮盖力　对比率是漆膜在黑板上和在白板上反射率比值，对比率大于0.98时，认为可以全部遮盖住底色。据认为超临界PVC即QCP的建筑涂料涂膜的总遮盖力为三者遮盖力之和，即：总遮盖力＝TiO_2的真正遮盖力＋TiO_2颜料包膜层的干遮盖力＋TiO_2增量剂的干遮盖力

通过选用高质量TiO_2，并使用高分散性能的分散剂充分发挥TiO_2的真正遮盖力，这样可以提高漆膜遮盖力。不同厂商生产的钛白粉，其生产方式和工艺控制方面存在差异，使得钛白粉在粒径及粒径分布上以及杂质含量方面有差异。最佳散射剂效

果的钛白粉粒径范围在0.2～0.3μm左右，即黄绿光波长（550mn）的半波长，理论上粒径小于0.19μm时便没有遮盖力了，实际上由于钛白粒子的附聚，这一阈值远小于0.19μm。

其次是空气的干遮盖力，空气干遮盖力的一个来源是重包膜TiO_2其外围海绵状铝硅包膜引进的空气；另一个来源是涂膜在CPVC情况下涂膜中所引进的空气，体系PVC在CPVC点附近±5%的范围内涂膜性能相近，而引进空气量不一样，遮盖力随PVC的提高而提高。TiO_2粒子丛集，造成TiO_2浪费，所有的超细填料都可用来充当TiO_2增量剂，作为TiO_2空间隔离定位剂，美国学者Stieg对涂料中TiO_2的节约代用进行了广泛而有浓度的研究，他提出了用冲淡效率E_d来表征无机增量剂的空间位阻效应。粒径越小，其E_d值越高，取代TiO_2的能力越大。

（3）涂层耐洗刷性　乳胶漆涂层的耐洗刷性是涂膜表面硬度、光滑程度（表面摩擦系数）、涂层附着力、耐水、耐碱性等性能的综合反应。硬度高、表面摩擦系数越小，耐洗刷次数越高；乳胶粒粒子数量多，黏度强度大，则漆膜越耐擦；不耐水、不耐碱的涂膜，耐擦洗次数不高。在大多数的配方中，涂膜耐洗刷次数提不高，是由于涂膜耐水、耐碱性差，在擦洗过程中涂层起泡，失去与基材的附着力。

4. 原材料选择

（1）乳液选择　内墙平光乳胶漆多采用苯丙乳液作为黏结料，不同牌号乳液其成膜性、耐水、耐碱等方面存在差异，内墙高PVC涂料，粉料多，乳液少，为了提高黏结强度和增加黏结点，应选用玻璃化温度低、成膜性好、柔韧性好、乳液粒径细的乳液，并要求乳液有一定的耐水、耐碱性。

（2）颜填料选择　内墙涂料对耐候性无要求，不考虑颜填料的耐光、抗粉化性能；为提高涂膜的干湿擦性，增加涂浮性，应选用粗粒径、悬浮性好的粉料，例如：滑石粉、硅灰石、高岭土等，轻质碳酸钙结构疏松，在内墙平光胶胶漆配方中使用轻质碳酸钙，提高涂膜干遮盖力。

（3）助剂选择　乳胶漆生产过程中使用成膜助剂、防腐防霉剂、防冻剂、润湿分散剂、增稠剂、消泡剂等，对涂料制造、储运、施工和涂层性能影响较大的有润湿分散剂、增稠剂。

润湿分散剂影响制造过程中的浆料分散，从而影响成品漆的储存、漆膜的光泽、遮盖力、白度、耐水、耐碱性和耐洗刷次数，还影响漆料的流动与流平性。

表示分散性大小的方法有黏度法、沉降体积法、沉降分析法等，利用分散性好的分散剂（如Hydropalat 5040）分散的浆料中絮凝结构少，初级粒子多，粒子自由运动的可能性大，漆膜防沉性高，遮盖力、光泽高。使用分散性不良的分散剂的体系易出现絮凝结构，导致絮凝、沉降等一系列的问题，絮凝结构中自由水被粒子包围，不能发挥其增大流体流动性的作用，粒子相互接触或靠近，粒子间引力增大，使流体具有一定的结构黏度，增大了体系运动时的内部阻力，大大降低了涂料的流动流平性，并且由于粒子的群集，导致遮盖力下降。增稠剂影响涂装作业、漆膜性能，增稠剂的选择原则是在增稠-保水-涂层耐水三者之间找平衡点。助剂选择原则：分散剂比较分散性、增稠剂比较增稠效果、消泡剂比较脱气能力与破泡速度，同时参考助剂给漆膜带来的负面影响，这些负面影响来源于助剂在抗水、展色性、涂料稳定性等方面，因而助剂选择还包括助剂的负面所带来的影响。

三、新型建筑内墙涂料生产工艺与产品配方实例

如下介绍新型建筑内墙涂料14个品种。

2-1　新型水性建筑涂料

性能及用途　用作一般建筑的内外墙涂料。

涂装工艺参考　用墙面敷涂器敷涂或用彩砂涂料喷涂机喷涂施工。

产品配方（质量分数）

聚乙烯醇（PVA）	5～7
36%甲醛	0.5～1.5
三聚氰胺	0.3～1.0
钛白粉	1.0～2.0
立德粉	5.0～6.0
氧化锌	5.0～6.0
六偏磷酸钠	0.1～0.5
轻质碳酸钙	5～7
滑石粉	5～7
36%盐酸	适量
磷酸三丁酯	适量
氨水	适量
硼砂	适量
水	余量

生产工艺与流程 将定量的水加入反应釜中，开动搅拌，接通回流冷凝器，加入PVA，升温至全溶后，再加入36%甲醛、盐酸，调节pH值至酸性，加入已配好的尿素水溶液进行第一次氨基化反应，之后仍用氨水调节pH值至碱性，加入三聚氰胺，当第二次氨基化反应结束后，降温至50℃以下，过滤，出料，备用。在基料制造过程中如泡沫多，应加入磷酸三丁酯、硼砂消泡抑制剂。

按配方将定量的水加入配料罐，开动搅拌，加入预配制好的六偏磷酸钠溶液，然后依次加入立德粉、氧化锌、钛白粉、轻质碳酸钙、滑石粉至无结块状或团状粉料后加入基料，加入DBP，并酌用消泡剂消泡，送研磨机研磨成一定细度为止，包装。

2-2 新型低碳墙面涂料

性能及用途 用作质量要求较高的建筑墙面涂料。

涂装工艺参考 以刷涂和辊涂为主，也可喷涂。施工时应严格按施工说明，不宜掺水稀释。施工前要求对墙面清理整平。

产品配方（质量分数）

基料	66
膨润土	2～16
轻质碳酸钙等填充料	20～15
颜料、助剂等	适量

生产工艺与流程 先把膨润土、轻质碳酸钙等填充料混合，同时把基料溶解，然后把两者混合，加适量颜料、助剂等研磨，过滤，包装。

2-3 新型耐擦洗内墙涂料

性能及用途 用于各种建筑物的内墙和天棚涂饰。

涂装工艺参考 可用墙面敷涂器敷涂或用彩砂涂料喷涂机喷涂施工。

产品配方

1. 基料配方/kg

聚乙烯醇	60.01
硅溶胶	48.0
OP-10	0.03
水	1000.0
分散剂	1.0

2. 配料/kg

苯丙乳液	60.0
甲基硅醇钠	0.3
轻质碳酸钙	130.0
滑石粉	40.0
立德粉	40.0
钛白粉	20.0
六偏磷酸钠	0.67
十二烷基苯磺酸钠	0.1
消泡剂	0.1
防霉剂	0.1
基料	750.0

生产工艺与流程 将溶解好的六偏磷酸钠溶液、甲基硅醇钠、十二烷基苯磺酸钠与基料混合，搅拌均匀后，再加入轻质碳酸钙、立德粉、滑石粉、钛白粉，搅拌30min，砂磨后加入苯丙乳液、消泡剂、防霉剂搅拌均匀后，即得涂料成品。

2-4 新型湿墙抗冻内墙涂料

性能及用途 用作质量要求较高的建筑墙面涂料。

涂装工艺参考 以刷涂和辊涂为主，也可喷涂。施工时应严格按施工说明，不宜掺水稀释。施工前要求对墙面进行清理整平。

产品配方（质量分数）

聚乙烯醇	2.5
水玻璃	4～5
改性剂	1.5～2
水	66
轻质碳酸钙	20
滑石粉	3
硅灰粉	3
消泡剂	适量

生产工艺与流程 将改性剂用少量的水溶解，除掉杂质待用，将水、聚乙烯醇加入反应釜中，加热溶解，在90～95℃下保温

1h以上，加入消泡剂，搅拌均匀后转入混料罐中，冷却，待料液冷却至60～65℃时，在搅拌条件下慢慢加入水玻璃，加完后继续搅拌30min，在搅拌条件下依次加入轻质碳酸钙、滑石粉、硅灰粉，20min后加入消泡剂、助剂等，然后再搅拌30min，将上述浆料研磨，最后装桶。

2-5 室内香型墙面涂料

性能及用途 用作建筑物的内墙涂料。

涂装工艺参考 以刷涂或辊涂施工为主。施工时应严格按施工说明，不宜掺水稀释。施工前要求对墙面进行清理整平。

产品配方（质量分数）

801建筑胶	64
轻质碳酸钙	20
滑石粉	10
香料胶液	0.5
荧光增白剂	0.1
立德粉	5
消泡剂	0.2
分散剂	0.2
涂料色浆	适量

注：香料胶液中含香精50%，聚乙烯醇3%，β-环状糊精2%，水45%，配成水溶胶液。

生产工艺与流程 将全部801建筑胶和颜料、填料混合，搅拌均匀，经砂磨机研磨至细度合格，入调漆锅，加入涂料色浆进行调色，最后加入香料胶液和荧光增白剂，充分调匀，过滤包装。

2-6 改性淀粉内墙涂料

性能及用途 用作一般建筑的内墙涂料。

涂装工艺参考 用墙面敷涂器敷涂或用彩砂涂料喷涂机喷涂施工。

产品配方（质量分数）

羟乙基纤维素	10
水	67.5
硅溶胶	8
磷酸三钠	4
烷基酚聚乙二醇醚	4
防腐剂	4
消泡剂	1.5
氨水	1

生产工艺与流程 先将羟乙基纤维素、水、硅溶胶、磷酸三钠、烷基酚聚乙二醇醚及防腐剂、消泡剂中速搅拌，再加入氨水，使溶液呈碱性、pH值最好在8～10之间，搅拌至发结现象稳定为止，由此得到的浓度为3%的羟乙基纤维素。磷酸三钠与烷基酚聚乙二醇醚在此起分散剂的作用。

2-7 高端耐擦洗内墙涂料

性能及用途 用作质量要求较高的建筑墙面涂料。适用于混凝土、水泥砂浆、石棉水泥板、纸面石膏板、白灰膏等基层涂饰。

涂装工艺参考 以刷涂和辊涂为主，也可喷涂。施工时应严格按施工说明，不宜掺水稀释。施工前要求对墙面清理整平。

产品配方

(1) 配方/kg

聚乙烯醇	60
硅溶胶	48
水	1000
OP-10	0.03
邻苯二甲酸二丁酯	1

生产工艺与流程 把水加入反应釜中，在不断搅拌下，加入聚乙烯醇，升温至90℃使其溶解，待聚乙烯醇完全溶解，然后降温至50℃，加入OP-10乳化剂及邻苯二甲酸二丁酯维持50℃，反应30min，然后降温至40℃，开始成线状滴加硅溶胶，维持40℃，搅拌1h，取样检验是否合格。

(2) 配方/kg

基料	750
苯丙乳液	60
甲基硅醇钠	0.3
轻质碳酸钙	180
滑石粉	40
立德粉	40
钛白粉	20
六偏磷酸钠	0.67
其他助剂	0.2
十二烷基苯磺酸钠	0.1

生产工艺与流程 在反应釜中放入基料及预先溶解好的六偏磷酸钠、甲基硅醇钠、十二烷基苯磺酸钠，开动搅拌机将轻质碳酸钙、立德粉、钛白粉、滑石粉加入，高速搅拌20min，经研磨出料，再加入苯丙乳液、防腐剂等搅拌均匀，即成白色涂料。

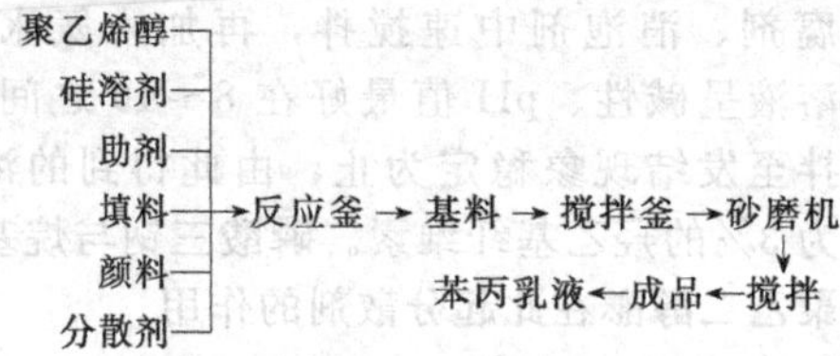

2-8 新型膏状骨墙涂料

性能及用途 本涂料比较稠厚，用于内墙的装饰。一次性涂层较厚，主要用于一般建筑墙体表面的厚涂层，上面还可另加涂层。

涂装工艺参考 以刷涂和辊涂为主，也可喷涂。施工时应严格按施工说明，不宜掺水稀释。施工前要求对墙面清理整平。

产品配方（质量分数）

聚乙烯醇	16～20
膨润土	50～70
交联剂	60～120
颜填料	450～500
各种助剂	8～15
水	400

生产工艺与流程 颜料需制成色浆，并在部分填料加入前加入，以利于分散均匀。

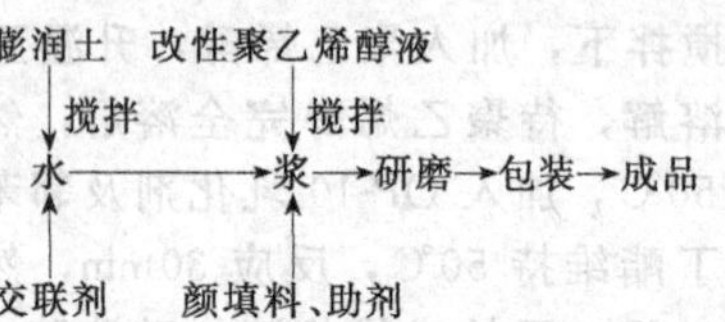

2-9 改性聚乙烯醇耐擦洗内墙涂料

性能及用途 广泛应用于学校、办公楼、饭店、商店及一般民用建筑的室内装饰。

涂装工艺参考 以刷涂和辊涂为主，也可喷涂。施工时应严格按施工说明，不宜掺水稀释。施工前要求对墙面清理整平。

产品配方/kg

聚乙烯醇	20～30
甲醛	10～40
灰钙粉	100～250
轻质碳酸钙	50～100
硅灰石粉	50～100
滑石粉	30～80
凹凸棒土	10～30
催化剂	1.5～2.5
交联剂	2.0～3.0
改性剂	3.0～5.0
其他助剂	4.0～8.0
水	适量

生产工艺与流程

(1) 按配方，把水加入反应釜中，开动搅拌，并逐渐加入聚乙烯醇，同时升温，当反应釜内温度升至90～95℃时，开始恒温，直至聚乙烯醇完全溶解。

(2) 当聚乙烯醇完全溶解后，加入催化剂，并搅拌均匀，逐渐加入甲醛。

(3) 在反应过程中加入交联剂、改性剂，继续反应1h。

(4) 反应完毕后，开始降温到80℃调到pH值为7～8，继续降温至40℃。

(5) 聚乙烯醇、水、催化剂、甲醛、交联剂、改性剂、中和剂、反应基料→配料（助剂、填料、凹凸棒土）→（然后把配好的基料再搅拌30min）研磨→调色→成品，最后装桶。

2-10 丙烯酸乙烯酯内墙涂料

性能及用途 用作建筑物的内墙涂料。

涂装工艺参考 以刷涂或辊涂施工为主。施工时应严格按施工说明，不宜掺水稀释。施工前要求对墙面进行清理整平。

产品配方

甲组分配方（质量分数）

水	273.4
2-氨基-2-甲基-1-丙醇	2.9
顺酐-二异丁烯共聚物的钠盐	731.52
曲拉通	1.1
消泡剂	1.0

乙组分配方（质量分数）

钛白粉	250.0
碳酸钙	100.0
黏土	125.0

丙组分配方（质量分数）

2-甲基丙酸-2,2,4-三甲基-1,3-二醇酯	13.9
乙二醇	27.9
煤油	263.6
消泡剂	2.0
丙烯酸防腐剂	1.5

生产工艺与流程 将甲组分混合均匀，加入乙组分原料混合均匀并在球磨机中磨细，加入丙组分原料混合均匀即得。

2-11 新型固体建筑涂料

性能及用途 用作一般建筑的墙面涂料。

涂装工艺参考 可用墙面敷涂器敷涂或用彩砂涂料喷涂机喷涂施工。

产品配方/g

明胶	6
羧甲基纤维素	0.6
糊精	81
轻质碳酸钙	16
硫酸钡	23
滑石粉	22
氧化锌	5
立德粉	6
高铝硅酸盐	4
六偏磷酸钠	0.6
磷酸三酯	0.2
群青	0.2
聚丙烯酸单质粉	2
平平加	0.2
速溶水玻璃	1.5
增白剂	0.2
尿素	1.5

生产工艺与流程 取明胶、滑石粉、羧甲基纤维素、糊精、轻质碳酸钙、硫酸钡、氧化锌等组分进行粉碎过筛，将筛出后的粉末充分混合，在搅拌下依次加入立德粉、高铝硅酸盐、六偏磷酸钠、磷酸三酯、群青、聚丙烯酸单质粉、平平加、速溶水玻璃、增白剂、尿素各物料，高速搅拌分散均匀即得涂料。将上述粉末用水按1∶(2.5～3)兑水，常温水(25～30℃)浸泡8～24h，冬季65℃温水浸泡20～30min，充分搅拌，即可涂刷。

将上述白色粉末涂料加入其他颜料，即可成为有色涂料。

2-12 新型建筑物顶棚内壁涂料

性能及用途 吸湿防潮和吸音效果好。适用于涂饰各种建筑物顶棚内壁，也可作为一般建筑物内墙涂料。

涂装工艺参考 用墙面敷涂器敷涂或用彩砂涂料喷涂机喷涂施工。

产品配方/kg

	Ⅰ	Ⅱ
聚醋酸乙烯酯乳液(50%)	15	5
改性聚乙烯醇缩甲醛胶(10%)	75	25
珍珠岩粉(20～60mg)	15	16
二氧化钛	6	10
滑石粉	7	36
沸石	6	—
轻质碳酸钙	7	—
羧甲基纤维素	1.24	1.24
六偏磷酸钠	0.4	0.4
磷酸三丁酯	0.8	0.8
五氯酚钠	0.4	0.4
乙二醇	6	6
水	60.2L	100L

生产工艺与流程 先用少量水将羧甲基纤维素溶解备用，然后，将余量水加入带搅拌器的反应釜内，加入六偏磷酸钠，搅拌溶解后加入部分改性聚乙烯醇缩甲醛胶，混合均匀后加入其余的改性聚乙烯醇缩甲醛胶和聚醋酸乙烯酯乳液，搅拌均匀后，依次加入二氧化钛、碳酸钙、滑石粉、珍珠岩粉、沸石和乙二醇、磷酸三丁酯、五氯酚钠，继续搅拌均匀后，再加入羧甲基纤维素水溶液，研磨后过滤，得建筑物顶棚内壁涂料。

2-13 新型乳胶内墙平光涂料

性能及用途 用作质量要求较高的建筑墙面涂料。

涂装工艺参考 以刷涂和辊涂为主，也可喷涂。施工时应严格按施工说明，不宜掺水稀释。施工前要求对墙面进行清理整平。

产品配方(质量分数)

钛白水浆	16.5
瓷土水浆	18.5
轻质碳酸钙水浆	24.5
苯丙乳液	13.5
丙二醇	1.5
成膜助剂	0.6
润湿剂	0.2
分散剂	0.2
消泡剂	0.3
增稠剂	0.4
防霉剂	0.1
氨水	0.1
水	23.6

生产工艺与流程 将全部原料混合，充分调匀，过滤包装。

2-14 新型改性硅溶胶内墙涂料

性能及用途 用作一般建筑的内外墙涂料。

涂装工艺参考 用墙面敷涂器敷涂或用彩砂涂料喷涂机喷涂施工。

产品配方/kg

	Ⅰ	Ⅱ
硅溶胶	10～20	10～20
水溶性三聚氰胺	0.2～0.5	0.2～0.5
丙二醇	1～2	—
三甘醇	—	0.5～1.5
钛白粉（或轻质碳酸钙）	65～90	65～90
增稠剂	0.05～0.2	0.05～0.2
有机硅消泡剂	2.0	1.5
色料	适量	适量
水	14.4～17.1L	14.4～17.1L

生产工艺与流程 该涂料主要通过加入水溶性三聚氰胺和多元醇对硅溶胶进行改性，添加其他助剂后得到耐候、防水性优良的内外墙涂料。

按上述配方，在水中依次加入各物料，高速搅拌分散均匀即得涂料。

第二节 建筑外墙涂料

外墙涂料的主要功能是装饰和保护建筑物的外墙面，它应有丰富的色彩，使外墙的装饰效果好；耐水性和耐候性要好；耐污染性要强，易于清洗。使建筑物外貌整洁美观，从而达到美化城市环境的目的。同时能够起到保护建筑物外墙的作用，延长其使用时间。为了获得良好的装饰与保护效果。其主要类型如表 2-2 所示。

表 2-2 外墙涂料的主要类型

外墙涂料	乳液型涂料	合成树脂乳液	薄质涂料
			厚质涂料
		水乳型涂料 — 水乳型环氧化涂料	
	溶剂型涂料	过氯乙烯涂料	
		苯乙烯焦油涂料	
		聚乙烯醇缩丁醛涂料	
		氯化橡胶涂料	
		丙烯酸酯涂料	
		聚氨酯系涂料	
	无机硅酸盐涂料	水玻璃系涂料	
		硅溶胶系涂料	

一、一般建筑外墙涂料的配方设计

（1）外用建筑涂料的分类 外用建筑涂料按光泽不同，可分为平光涂料、蛋壳光涂料、半光涂料和高光涂料。

按质感不同，又可分为薄质外用涂料和厚质外用涂料。厚质外用涂料主要是指浮雕漆及各种具有花纹装饰效果的涂料。

（2）外用建筑涂料的要求 外用建筑涂料由于应用在室外，周围环境较严酷，因此外墙涂料要有以下几项基本性能：涂层具有抗水抗渗透性、耐沾污性、涂层耐温变性、冻融稳定性、耐久性等。并且在风吹、日晒、雨淋等的老化作用下，涂层不应出现龟裂、脱落、粉化、变色等现象。同时要求具有可调色性、施工方便，能满足环保要求等。

中国的外用建筑涂料应符合 GB/T 9755—2014《合成树脂乳液外墙涂料》的标准。在这一标准中按照涂料的不同等级对涂料在容器中的状态，施工性、涂膜外观、对比率、耐水性、耐碱性、耐洗刷性、耐人工老化性、耐沾污性、低温稳定性、涂层耐温变性等性能均有明确规定。

（3）外用建筑涂料原材料的选择

① 基料的选择：外用建筑涂料由于对耐老化性能的要求较高，一般选用苯丙乳液、纯丙乳液及硅丙乳液。乳液要具有较高的耐候性，如较高的保光保色性、抗粉化等性能。苯丙乳液由于其性能价格比具有一定的优势，其应用较多。

② 颜填料的选择：对于外用颜填料，老化性的要求较高。应选用耐久性好的颜填料。同时颜填料的耐碱性要高。外用白色颜料一般选用金红石型钛白粉，金红石型钛白粉具有优异的遮盖能力和抗老化性。有色颜料应尽量选择无机颜料或耐候性好的有机颜料。

③ 助剂的选择：助剂的选择除了要遵循前述的内用助剂选择的原则外，更要注意尽量选择耐水好的各类助剂，以提高涂料的耐水性。

（4）配方的调整 外用建筑涂料在实验室配方确定之后，就要测定根据这一配方所制备的涂料的各项性能，分析这些性能是否能满足各项要求。按照要求调整配方后，要进行车间试产。然后再次进行各项性能的检测，往往车间试产后，会发现配方需要进一步调整。配方调整完毕后，还应进一步进行现场施工应用等性能测试，收集各项数据后，进一步完善配方至各项性能及成本符合要求为止。此时整个配方设计工作才算完成。

二、新型建筑外墙乳胶漆的配方设计举例

外墙乳胶漆色彩丰富多样，保光、保色性强，耐候性高，优良的耐水抗污性，外墙乳胶漆在日晒、雨淋、风吹、温变的漫长老化作用下，涂层不应出现龟裂、脱落、粉化、变色等现象，使其不失去对建筑物的装饰和保护作用。外墙涂料有以下几个重要性能：可调色性、涂层抗水抗渗透性、耐沾污性、涂层耐温变性（冻融稳定性）、耐久性等。

(1) 外墙乳胶漆的可调色性　外墙涂料多为彩色，这就牵涉到调色性。好的调色性，即对色浆相容性好、调色基础漆对颜料展色好、无浮色发花现象。影响展色性的因素有：乳液、润湿分散剂种类等。乳液确定后，润湿分散剂可以改善基础漆的展色性，调节涂料的亲水亲油性以及涂料中各种粒子运动性，从而改善涂料的浮色发花。如以Hydropalat 5040和Hydropalat 100分散剂分散的两个漆样，展色性不一样，调色时，所用色浆量不一样，前者色浆要比后者多用18%～20%。因此，配方设计应纵观全局，进行总成本控制。

(2) 涂层耐温变性（冻融稳定性）　涂层耐温变是涂层耐温变老化性，就是涂层在吸水后，经受低、高温冻融而不起泡、不开裂、不脱落、不粉化等现象，它与涂层耐水性、吸水率、涂层的密实性、透气性等密切相关，并且附着力强，有一定变形能力的涂层，冻融稳定性好。

(3) 涂层耐沾污性　涂层耐沾污性是一个综合指标，它与涂层耐水性、涂层硬度、抗高温加回黏性、涂层吸湿后的发粘情况、涂层表面的平整度等因素密切相关。提高涂层耐沾污性能，牵涉到材料选择，在颜填料方面，对亲水颜填料应进行表面疏水处理，使用抗水分散剂Hydropalat 100处理亲水颜填料；在涂层方面，也应进行类似的疏水处理，如使用疏水剂HF-200对涂膜进行疏水处理，这样涂层耐污性将大幅度提高，尤其是涂层初期耐污性。

(4) 涂层的耐久性　涂层经过了日晒、雨淋、风吹、温变等气候洗礼后，涂层会有变色、粉化、起泡、开裂、脱落、生霉等变化。这些变化的程度决定了涂层的生命年限。

(5) 配方原材料选择　外墙涂料保证涂膜光滑、平整、密实、疏水和一定的硬度与抗高温回黏性，该涂料涂膜性能一定好，提高涂层各方面性能，原材料选择是关键。从乳液到助剂，凡是留在涂膜中的物质对涂膜的各项性质或多或少都有影响。涂料各组分中，基料选择是关键，选择耐性好，保光保色，抗粉化乳液；选用结构紧密，抗粉化，耐久的颜填料；选用抗水分散剂和疏水剂对亲水颜填料、涂层表面进行疏水处理；涂料配方的PVC大都超过30%，因而颜填料粒子的疏水处理对涂层性能影响比较大，选用抗水分散剂Hydropalat 100给每个亲水的颜填料粒子涂上防水膜，使用HF-200处理涂膜，整个涂膜上罩上一层防水面料，增加漆膜的滑感，提供低摩擦系数表面，使得涂膜更耐擦洗。

三、新型建筑外墙涂料生产工艺与产品配方实例

如下介绍新型建筑外墙涂料31个品种。

2-15　最新乳液型厚涂建筑涂料

性能及用途　本涂料比较稠厚，一次性涂层较厚，主要用于一般建筑墙体表面的厚涂层，上面还可另加涂层。

涂装工艺参考　以喷涂施工方法为主。施工前墙面要求稍作清理和平整。

产品配方(质量分数)

钛白粉	3.5
氧化锌	0.5
沉淀硫酸钡	5
滑石粉	7
云母粉	16.5
增稠剂	3
防霉剂	2
乙丙乳液	51
六偏磷酸钠	0.1
乙二醇	3
增塑剂	1.5
消泡剂	0.1
氨水	0.5
水	6.3

生产工艺与流程 将颜料、填料、水、六偏磷酸钠和一部分乙丙乳液混合，搅拌均匀，经砂磨机研磨至细度合格，再加入其他的原料，充分调匀，过滤包装。

2-16 新型乳胶有光建筑外墙涂料

性能及用途 用作一般建筑的外墙涂料。

涂装工艺参考 可用墙面敷涂器敷涂或用彩砂涂料喷涂机喷涂施工。

产品配方（质量分数）

钛白粉	18
乙丙乳液(40%)	70.5
碱溶性丙烯酸树脂(50%)	6
丙二醇	3
分散剂	0.2
润湿剂	0.2
增塑剂	1.5
消泡剂	0.2
防锈剂	0.1
防霉剂	0.3

生产工艺与流程 先将钛白粉、分散剂、润湿剂、消泡剂、碱溶性丙烯酸树脂和一部分乙丙乳液混合，经砂磨机研磨至细度合格，再加入其余的乙丙乳液和其他的添加剂，充分调匀，过滤包装。

2-17 新型乙丙乳胶外用建筑涂料

性能及用途 用作一般建筑的外墙涂料。

涂装工艺参考 以刷涂和辊涂为主，也可喷涂。施工前要求对墙面清理整平。

产品配方 （质量分数）

钛白粉	25
滑石粉	11
乙丙乳液(50%)	34
2%纤维素增稠剂溶液	16
10%六偏磷酸钠溶液	1.6
消泡剂	0.1
防霉剂	0.3
高沸点醚类成膜助剂	2
水	10

生产工艺与流程 将钛白粉、滑石粉、六偏磷酸钠溶液、水和一部分乙丙乳液混合，搅拌均匀，经砂磨机研磨至细度合格，再加入其余原料，充分调匀，过滤包装。

2-18 新型白色丙烯酸乳胶外墙涂料

性能及用途 用作一般建筑的外墙涂料。

涂装工艺参考 以刷涂和辊涂为主，也可喷涂。施工前要求对墙面清理整平。

产品配方（质量分数）

钛白粉	24
滑石粉	16
2%纤维素增稠剂溶液	9
10%多聚磷酸盐分散剂溶液	1.2
50%丙烯酸乳液	38
防霉剂	0.1
消泡剂	0.1
丙二醇	2.6
乙二醇	2
水	7

生产工艺与流程

将钛白粉、滑石粉、分散剂溶液、水和一部分丙烯酸乳液混合，搅拌均匀，经砂磨机研磨至细度合格，再加入其余的原料，充分调匀，过滤包装。

2-19 新型丙烯酸乳液型涂料

性能及用途 用作一般建筑的外墙涂料。

涂装工艺参考 可用墙面敷涂器敷涂或用彩砂涂料喷涂机喷涂施工。

产品配方/kg

(1) 按下述比例制作的胶料 120

丙烯酸乳液	105
苯甲醇	4
乙二醇	3
苯甲酸钠	0.5
聚乙烯醇缩丁醛	7

(2) 按下述比例制作骨料 400

红色长石	50mg
白色长石	100mg
有色长石	200mg

生产工艺与流程 制备胶料时，先将丙烯

酸乳液搅拌均匀，然后将苯甲醇、乙二醇、苯甲酸钠、聚乙烯醇缩丁醛依次加入，充分搅拌均匀。天然矿石或矿粉洗净后，晾干，即可投入胶料中，矿石与胶料经过充分地搅拌，即可制得无毒、无味、不燃的水溶性涂料。

2-20 最新平光型外墙涂料

性能及用途 用作一般建筑的外墙涂料。

涂装工艺参考 可用墙面敷涂器敷涂或用彩砂涂料喷涂机喷涂施工。

产品配方

(1) 乳液配方/kg

苯乙烯	1.77
DZ-1 助剂	1.2～4.8
甲基丙烯酸	0.25～1.9
缓冲剂	0.2～0.3
MS-1 乳化剂	1.0～2.0
丙烯酸酯	20.05
引发剂	0.16～0.24
水	1.41L

(2) 平光外墙涂料/kg

乳液	28.0
羟乙基纤维素	0.1～0.25
消泡剂	0.2
重质碳酸钙	3.2
氨水	0.2
水	20L
F-4 乳化剂	0.2～0.4
防霉剂	0.2
钛白	10.0
滑石粉	8.0
成膜助剂	1.0

生产工艺与流程 将单体进行乳液聚合，其中单体与水质量比为1∶1。乳液聚合采用预乳化工艺，即将单体与部分乳化剂及DZ-1助剂等，在室温下进行乳化。然后通过向反应器连续滴加预乳化液及分批加入引发剂的方法，进行乳液聚合反应，乳液制备总耗时约3～4h。

按上述(2)平光外墙涂料配方所列顺序将原料（除氨水外）投入反应釜中，搅拌，加入氨水调节pH＝8～9，过滤、研磨。

2-21 新型醇酸建筑外墙漆

性能及用途 用作一般建筑的外墙涂料。

涂装工艺参考 以刷涂和辊涂为主，也可喷涂。施工前要求对墙面清理整平。

产品配方

(1) 外用建筑漆配方

① 90%油度豆油-TMA醇酸树脂配方（质量份）

三甲胺(TMA)	72
碱漂豆油	885
季戊四醇	43
氧化铅	0.06
200# 溶剂汽油	适量

生产工艺与流程 将豆油加入反应釜中装料，搅拌，通入惰性气体，加热至240℃，加半量季戊四醇，保持10min，加入氧化铅15min后，再加入半量季戊四醇，保持45min，在加大通气量的情况下加入TMA，之后在≤1h，升温至277℃：在此温度下保持至黏度合格为止，冷却，用200#溶剂汽油稀释。

② 外用建筑漆配方（质量份）

90%油度豆油-TMA醇酸树脂	345
钛白	84
氧化锌	102
滑石粉	42
硬脂酸铝	4.5
环烷酸铅(24%)	12.9
环烷酸钴(6%)	1.8
环烷酸锰(6%)	1.8
防结皮剂	8.9
200# 溶剂汽油	适量

生产工艺与流程 将豆油加入反应釜中装料，搅拌10min，加热至240℃，保持15min，加入钛白、氧化锌、硬脂酸铝15min后，再加入环烷酸铅(24%)、环烷酸钴(6%)、环烷酸锰(6%)、防结皮剂，保持30min，在此温度下保持至黏度合格为止，冷却，用200#溶剂汽油稀释。

(2) 松浆油改醇酸树脂配方（质量份）

三甲胺(TMA)	102
蒸馏松浆油	741
季戊四醇	157
200# 溶剂汽油	适量

生产工艺与流程 将蒸馏松浆油和季戊四醇装入反应釜中，用不少于2h升温至240℃，进行搅拌，并通入惰性气体，在此

温度下保持 30min，分三批加入 TMA，每份间隔 20min，后升温至 260℃，保持 30min，再升温至 270℃保持此温度至固化时间为 10～12s 出料，冷却，并用 200# 溶剂汽油稀释。

2-22 白色氯化橡胶建筑涂料

性能及用途 用作一般建筑物的墙体涂料。涂层具有较好的防潮性能。

涂装工艺参考 可用刷涂、辊涂或喷涂法施工。重涂间隔时间应在 8h 以上。稀释剂为二甲苯、煤焦溶剂或 200# 溶剂汽油。

产品配方（质量分数）

钛白粉	15
瓷土	16
中黏度氯化橡胶	14
氯化石蜡	9.5
黏土凝胶剂	0.5
乙醇	0.2
二甲苯	33.5
200# 溶剂汽油	11.3

生产工艺与流程

先将氯化橡胶溶解于二甲苯和溶剂汽油的混合溶剂中配成基料，然后取一部分基料同颜料、填料混合，搅拌均匀，经砂磨机研磨至细度合格，再加入其他原料，充分调匀，过滤包装。

2-23 白色氯化橡胶游泳池涂料

性能及用途 主要用作游泳池的表面涂膜。涂层具有较好的耐水性。

涂装工艺参考 可用刷涂、辊涂或喷涂法施工。重涂间隔时间应在 8h 以上。稀释剂为二甲苯、煤焦溶剂或 200# 溶剂汽油。

产品配方（质量分数）

钛白粉	20
中黏度氯化橡胶	18
乙醇	0.2
二甲苯	36.9
氯化石蜡	12
黏土凝胶剂	0.5
200# 溶剂汽油	12.4

生产工艺与流程 将氯化橡胶溶解于二甲苯和溶剂汽油的混合物中配成基料，然后加入钛白粉，搅拌均匀，经砂磨机研磨至细度合格，加入其余原料，搅拌均匀，过滤包装。

2-24 新型丙烯酸耐擦洗外墙涂料

性能及用途 用作一般建筑的外墙涂料。

涂装工艺参考 可用墙面敷涂器敷涂或用彩砂涂料喷涂机喷涂施工。

产品配方（质量分数）

水	280
聚乙烯醇水溶液(5%)	170
建筑乳胶	150
六偏磷酸钠水溶液(25%)	28
钛白粉	7
立德粉	90
轻质碳酸钙	170
滑石粉	220
成膜助剂	25
苯甲酸钠	1
磷酸三丁酯	2
增稠剂	10
氨水	适量

生产工艺与流程 按配方所列顺序将原料（除氨水外）投入反应釜中，搅拌，加入氨水调节 pH ＝8～9，过滤、研磨。

2-25 白色氯化橡胶厚涂层建筑涂料

性能及用途 用作建筑物的外墙墙体涂料。

涂装工艺参考 可用刷涂、辊涂或喷涂法施工。稀释剂为二甲苯或二甲苯和 α-乙氧基醋酸酯的混合物。

产品配方（质量分数）

钛白粉	18
沉淀硫酸钡	13.5
轻质碳酸钙	9.2
氯化石蜡	7.7
氧化蓖麻油	0.8
云母粉	1
低黏度氯化橡胶	14.3
二甲苯	28.4
乙氧基醋酸酯	7.1

生产工艺与流程 先将氯化橡胶溶解于二甲苯和 α-乙氧基醋酸酯的混合物中配成基料，再加入颜料和填料，经砂磨机研磨至细度合格，加入其余原料，充分调匀，过滤包装。

2-26 新型溶剂型丙烯酸酯外墙涂料

性能及用途 用于外墙复合层的罩面涂料，装饰效果较好。

涂装工艺参考 以刷涂和辊涂为主，也可喷涂。施工前要求对墙面清理整平。

产品配方（质量分数）

（1）溶剂配方

	Ⅰ	Ⅱ	Ⅲ
丙酮或丁酮	15	15	15
醋酸溶纤剂	—	25	—
环己酮	10	—	—
醋酸丁酯	10	10	15
二甲苯	15	15	20
甲苯	45	30	40
丁醇	5	5	10

（2）丙烯酸酯清漆配方

	Ⅰ	Ⅱ	Ⅲ
丙烯酸树脂溶液	67.0	30.0	45.0
硝酸纤维素	—	21.4	—
过氯乙烯树脂	—	—	4.0
苯二甲酸二丁酯	0.5	3.0	0.5
苯二甲酸二辛酯	0.5	3.0	—
醋酸丁酯	6.4	25.0	15.1
丁醇	6.4	7.6	—
乙醇	3.2	—	—
甲苯	16.0	10.0	35.4

（3）丙烯酸磁漆配方

	Ⅰ	Ⅱ
丙烯酸树脂溶液	71.3	48.0
过氯乙烯树脂	—	5.8
苯二甲酸二丁酯	0.39	1.5
金红石型钛白粉	2.62	8.0
其他配色颜料	0.86	0.6
1%硅油二甲苯溶液（消泡剂）	0.39	—
醋酸丁酯	—	7.2
丁醇	7.44	—
丙酮	—	6.5
甲苯	—	22.4
二甲苯	17.0	—

生产工艺与流程　先将颜料、填料加入球磨机中，然后，将助剂加入部分溶剂混合后加入球磨机中，球磨30min，待粉料研磨润湿后，再投入树脂溶液数量的1/2，继续球磨4～5h，最后，将余下的树脂溶液全部投入球磨机中继续球磨30min。

2-27　新型外墙防潮涂料

性能及用途　用作一般建筑的外墙涂料。

涂装工艺参考　可用墙面敷涂器敷涂或用彩砂涂料喷涂机喷涂施工。

产品配方/g

A. 乳香	100
无水乙醇	10
50%乙醇(1)	100
B. 鱼胶	200
水	1000
C. 氨水	25
50%乙醇(2)	250

生产工艺与流程　先将乳香加入反应釜中溶于乙醇（1）中，再将鱼胶浸入水中，静置6h，待其浸透膨胀，加热熔融，然后加入乙醇（2），将氨水与乙醇混合，水浴加热，将氨水液注入B部鱼胶溶液中充分搅拌，然后将A部加入其中，搅拌5min至完全混合均匀即可。

2-28　改性丙烯酸酯外墙涂料

性能及用途　用作一般建筑的外墙涂料。

涂装工艺参考　以刷涂和辊涂为主，也可喷涂。施工前要求对墙面清理整平。

产品配方（质量分数）

水	19～23
群青	0.01～0.02
泡茶花碱（增稠剂）	1.9～2.2
滑石粉与轻钙	0.3～0.7
钛白	2.7～3.3
聚乙烯醇缩醛溶液	13～18
甲基羟基或羟乙基纤维素溶液（2%）	9～11
消泡剂	0.05～0.07
改性丙烯酸酯树脂乳液	7～10

生产工艺与流程　本涂料是在常温、常压和搅拌条件下，按配方次序加入物料，再经研磨而成。

为了改善涂料的流平性、防水性、防腐性、抗老化性，可在涂料中加入约0.5%的丙二醇、约0.5%四氟乙烯、约0.1%氧化铜、约0.5%的浓度为70%的OP-10或OP-15溶液。

其他各色涂料是在上述白色或次白色涂料中加入颜料并经高速分散而成。

2-29　PVB丙烯酸复合型建筑外墙涂料

性能及用途　用作建筑物的墙体涂料。

涂装工艺参考　以刷涂和辊涂为主，也可喷涂。施工前要求对墙面清理整平。

产品配方（质量分数）

混合成膜乳液、助剂溶剂	40
钛白	5
沉淀硫酸钡	15
硅灰粉	5
立德粉	10
滑石粉	15
轻质碳酸钙	10
消泡剂	适量
防腐剂	适量

生产工艺与流程 将水和混合乳液、助剂、分散剂、填料加入反应釜中高速搅拌 2h，使用时混合均匀，然后用胶体磨研磨两遍，调色即成为成品。

2-30 彩砂苯丙乳胶建筑涂料

性能及用途 用作一般建筑的外墙涂料。

涂装工艺参考 可用墙面敷涂器敷涂或用彩砂涂料喷涂机喷涂施工。

产品配方（质量分数）

钛白粉	14.5
滑石粉	15
0.25～0.35mm 彩砂	6
0.4～1mm 彩砂	13
六偏磷酸钠	0.2
纤维素增稠剂	0.3
沉淀碳酸钙	7
50%苯丙乳液	25
防霉剂	0.1
乙二醇单丁醚	1.2
水	17.7

生产工艺与流程 将全部原料混合，经分散机充分搅拌分散均匀，包装备用。

2-31 硅丙树脂外墙涂料

性能及用途 用作一般建筑的外墙涂料。

涂装工艺参考 以刷涂和辊涂为主，也可喷涂。施工前要求对墙面清理整平。

产品配方（质量分数）

配方 1/%

树脂	60
R-960 金红石型钛白	20
二甲苯	12
乙酸丁酯	7
902 分散剂	0.1
6500 消泡剂	适量

生产工艺与流程 将丙烯酸树脂、乙酸丁酯、二甲苯、分散剂、消泡剂经上各组分反应釜中混合在一起进行搅拌，再用球磨机加入钛白研磨，过滤，即成。

配方 2/%

引发剂	适量
二甲苯	140
乙酸丁酯	60
硅醇	20

生产工艺与流程 在反应釜中加入二甲苯、乙酸丁酯，搅拌升温至回流温度，开始滴加单体、引发剂，3h 加完，保温 0.5h，补加引发剂，随后加入硅醇，脱水，保温 2h。

配方 3/%

引发剂	适量
二甲苯	140
乙酸丁酯	60
乙烯基环四硅氧烷	20

生产工艺与流程 在反应釜中加入二甲苯、乙酸丁酯，搅拌升温至回流温度，开始滴加单体、引发剂，3h 滴加完毕，保温 0.5h，补加引发剂，加入乙烯基环四硅氧烷，保温 0.5h。

配方 4/%

乙烯基硅氧烷	50
甲基硅氧烷	50
1# 催化剂	0.1

生产工艺与流程 在反应釜中放入乙烯基硅氧烷和甲基硅氧烷，搅拌升温 90～140℃，加入 1# 催化剂 0.1%进行合成，时间为 6h，测黏度，冷却，出料。

配方 5/%

甲基丙烯酸甲酯(MMA)	31.2
丙烯酸丁酯(BA)	5.9
丙烯酸(AA)	2.0
引发剂	适量
二甲苯	42
乙酸丁酯	17.8
硅中间体	适量

生产工艺与流程 在反应釜中加入中间体、溶剂，搅拌升温至回流温度，滴加引发剂单体混合液，3h 滴加完毕，保温 0.5h，补加引发剂 1h，保温 0.5h，出料。

配方 6/%

甲基丙烯酸甲酯(MMA)	31.2
丙烯酸丁酯(BA)	5.9
丙烯酸(AA)	2.0

引发剂	0.5
二甲苯	40.5
乙酸丁酯	10.4
硅中间体	2.5

生产工艺与流程 在反应釜中加入中间体、溶剂，搅拌升温至回流温度，滴加引发剂单体混合液，3h滴加完，保温0.5h，补加引发剂1h，保温0.5h，出料。

配方 7/%

硅丙树脂	60
R-960 金红石型钛白粉	15
二甲苯	17
乙酸丁酯	7
902 分散剂	0.1
6500 消泡剂	适量

生产工艺与流程 在反应釜中将硅丙树脂、乙酸丁酯、二甲苯、分散剂、消泡剂经上各组分反应釜中混合在一起进行搅拌，再用球磨机加入钛白研磨，过滤，即成。

配方 8/kg

甲基丙烯甲酯(MMA)	165～300
丙烯酸丁酯(BA)	30～75
丙烯酸(AA)	1.5～7.5
引发剂	适量
二甲苯	225
乙酸丁酯	75
硅中间体	0.5～7.5

生产工艺与流程 在1000L搪瓷釜中加入硅中间体、溶剂，搅拌升温至回流温度，滴加引发剂、单体混合物，3h滴加完毕，保温0.5h，补加引发剂反应1h，保温0.5h，冷却至室温，出料。

2-32 多功能型外墙多彩涂料

产品用途 用于制多彩涂料。

涂装工艺参考 以刷涂和辊涂为主，也可喷涂。施工前要求对墙面清理整平。

产品配方（质量份）

聚醋酸乙烯乳液	251
丙苯乳液	4.51
20%醋纤	1.11
硅油	0.91
邻苯二甲酸二丁酯	0.91
乙二醇	1.2
羧甲基纤维素	0.3
磷酸三丁酯	0.7
色浆	0.2
苯甲酸钠	0.1
造粒剂	4
悬浮剂	0.3
水	60.8

生产工艺与流程 先取适量的水将羧甲基纤维素配成2%的水溶液，将聚醋酸乙烯乳液、丙苯乳液、20%醋纤、硅油、邻苯二甲酸二丁酯、乙二醇、磷酸三丁酯、色浆、苯甲酸钠水溶液加入搅拌器中高速搅拌30min，即成单色涂料。再加入基料两倍的填充料双飞粉，最好是硅溶胶类的无机高分子材料，即成涂料。制作多彩涂料时，将造粒剂、悬浮剂及水搅拌溶解，然后将单色涂料基料加入，慢速搅拌，单色涂料便分散成悬浮的彩粒即成为多彩涂料。

2-33 新型彩砂骨料乙丙乳胶建筑涂料

性能及用途 用作一般建筑的外墙涂料。

涂装工艺参考 用墙面敷涂器敷涂或用彩砂涂料喷涂机喷涂施工。

产品配方（质量分数）

彩砂骨料	76
55%乙丙乳液	17
润湿剂	0.1
高沸点醚类成膜助剂	0.4
滑石粉	4
纤维素增稠剂	0.05
防霉剂	0.05
水	2.4

生产工艺与流程 将全部原料混合，经分散机充分搅拌分散均匀，包装备用。

2-34 有机硅改性丙烯酸树脂外墙涂料

性能及用途 硅丙树脂可用在各种底材的中高级建筑物内外墙涂料。一般用作建筑的外墙涂料。

涂装工艺参考 以刷涂和辊涂为主，也可喷涂。施工前要求对墙面清理整平。

产品配方（质量分数）

硅丙树脂	35～60
10%硅油二甲苯溶液	1～2
金红石型钛白粉	10～15
其他颜料	适量
混合溶剂	30～40
助剂	0.3～0.5

生产工艺与流程 将钛白粉、10%硅油二

甲苯溶液、颜料、一半溶剂加入球磨机中进行研磨，然后加入硅丙树脂的另一半，再用球磨机研磨几小时。最后加入剩余的树脂和溶剂再进行研磨，过滤，即成。

2-35 高耐候性外墙乳胶涂料

性能及用途 用作一般建筑的外墙涂料。

涂装工艺参考 可用墙面敷涂器敷涂或用彩砂涂料喷涂机喷涂施工。

产品配方（质量分数）

自来水	20～25
纯丙乳液	40～45
有机硅乳液	0.06～0.10
颜料	20～30
填料	10～15
增稠剂	0.5～0.8
分散剂	0.1～0.3
成膜助剂	0.80～1.5
消泡剂	0.5～0.8
防冻剂	1.5～2.5
防霉杀菌剂	0.5～0.8
pH 调节剂	0.06～0.10

生产工艺与流程 把以上组分加入反应中进行混合均匀即成。

2-36 新型氯化橡胶建筑涂料

性能及用途 氯化橡胶建筑涂料透水性低，常用于潮湿墙面的封闭底漆，以阻止水分从内墙面渗出，还适用于高透水性的底材。

涂装工艺参考 以刷涂和辊涂为主，也可喷涂。施工前要求对墙面清理整平。

产品配方

(1) 氯化橡胶水泥建筑涂料配方（质量分数）

氯化橡胶	14.0
氯化石蜡	9.5
金红石型二氧化钛	15.0
陶土	16.2
乙醇	0.2
有机胺改性陶土	0.5
二甲苯	33.5
200# 溶剂油	1.1

(2) 白色建筑涂料配方（质量分数）

组分	Ⅰ	Ⅱ
氯化橡胶	8.6	17.4
丙烯酸丁酯	—	5.9
金红石钛白粉	3.9	14.9
二甲苯	28.3	33.3
丁基环氧乙烷	—	5.5
长油度醇酸树脂	28.3	—
氯化石蜡	2.8	5.9
氯化蓖麻油	1.0	0.5
三甲苯	7.1	16.6

(3) 氯化橡胶厚浆建筑涂料配方（质量分数）

氯化橡胶	13.6
氯化石蜡	9.0
氯化石蜡(42)	4.6
金红石钛白粉	8.3
硫酸钡	26.6
二甲苯	29.1
三甲苯	7.3
氢化蓖麻油	1.5

生产工艺与流程 把以上各组分称重混合均匀即成为建筑涂料。

2-37 新型复层弹性外墙乳胶涂料

性能及用途 用作建筑物的墙体涂料。

涂装工艺参考 以刷涂和辊涂为主，也可喷涂。施工前要求对墙面清理整平。

产品配方（质量份）

水	100～120
溶剂	10～20
分散剂	8～15
消泡剂	3～5
润湿流平剂	10～15
防霉杀菌剂	1～2
pH 调节剂	1～2
金红石钛白粉	150～250
硅灰石粉	10～20
纤维物质量	0～3
重质碳酸钙	10～20
配漆：	
弹性乳液	450～550
其他配套乳液	100～200
氨水	1～3
增稠剂	10～20

生产工艺与流程 弹性乳胶漆的生产工艺与普通油漆制造方法相同。

2-38 氯化橡胶外墙壁涂料

性能及用途 用在游泳池内墙面上。

涂装工艺参考 以刷涂和辊涂为主，也可喷涂。施工前要求对墙面清理整平。

产品配方（质量分数）

金红石型二氧化钛	15.0
瓷土	16.2
中黏度氯化橡胶	14.0
氯化石蜡	9.5
膨润土	0.5
工业乙醇	0.2
二甲苯	33.5
200#汽油	11.1

生产工艺与流程 把以上各组分混合均匀即成。

2-39 耐水、耐候的无机建筑涂料

性能及用途 用作耐水、耐候建筑的外墙涂料。

涂装工艺参考 可用墙面敷涂器敷涂或用彩砂涂料喷涂机喷涂施工。

产品配方（质量分数）

20%硅酸四乙醇胺水溶液	10
20%硅酸锂水溶液	10
50%硅酸钠水溶液	100
五氧化二钒	0.5
氟化钙	1
缩合磷酸盐	35
磷酸锌	5
硅酸铝	2
焦磷酸钙	0.2
氢氧化钠	8.5
氧化钛	20
水	45

生产工艺与流程 在反应釜中把20%硅酸四乙醇胺、20%硅酸锂水溶液、50%硅酸钠水溶液、五氧化二钒、氟化钙和氧化钛加入混合搅拌，于100℃下反应10h，配成胶黏剂。

取缩合磷酸盐、磷酸锌、硅酸铝、焦磷酸钙、氢氧化钠和水置于球磨机中混合分散10h，得到白色水分散液100份与上述胶黏剂5份混合成无机涂料。

2-40 新型膨润土涂料

性能及用途 用作一般建筑的外墙涂料。

产品配方（质量分数）

聚乙烯醇溶液（聚乙烯醇∶水＝1∶14.5）	50
膨润土浆[膨润土∶水＝1∶(1～3.0)]	28
硅灰石粉	4
轻质碳酸钙	16
滑石粉	1
水玻璃	1

消泡剂、增白剂、防腐剂、防霉剂、颜料等其他辅助材料适量。

生产工艺与流程 将聚乙烯醇和水加入反应釜中，开动搅拌，通蒸汽渐渐升温至60～100℃，并保持该温度1h，停止搅拌，冷凉后备用。将膨润土加水浸泡，使之充分润湿，将浸泡后的膨润土放入胶体磨，然后开动胶体磨，使膨润土浆分散成浓稠的糊状胶体备用。将溶液和溶浆按比例装入搅拌桶中，同时分别加入硅灰石粉、轻质碳酸钙、滑石粉分散剂、增白剂、消泡剂等其他原料进行搅拌。

将半成品打入胶体磨内研磨、分散、重新组合。抽样检查，成品装桶。

2-41 膨润土外墙涂料

性能及用途 用作一般建筑的外墙涂料。

涂装工艺参考 可用墙面敷涂器敷涂或用彩砂涂料喷涂机喷涂施工。

产品配方（质量份）

聚乙烯醇	45
轻质碳酸钙	100
甲醛	15
碳酸钠	4.5
立德粉	30
尿素	2
水	683.5
膨润土	120

生产工艺与流程 先加入水、膨润土，使膨润土充分浸泡，再加入聚乙烯醇、碳酸钠，然后升温至95～100℃，升温时需继续搅拌，当聚乙烯醇完全溶解后加入甲醛，使温度保持在90℃左右，持续约2h以进行缩醛反应，并经常搅拌使反应充分，最后加入尿素、轻质碳酸钙、立德粉，并加入所需要的颜料，经搅拌均匀后即可进行研磨，包装。

2-42 改性钠水玻璃无机涂料

性能及用途 无毒、无味，对环境污染小，具有较好的耐水性、耐热性、耐酸性、耐碱性、耐老化性，黏结力好，涂膜表面硬度高。可用于混凝土墙体，砖墙、水泥砂浆基层，各种轻质建筑板材表面。

涂装工艺参考 以刷涂和辊涂为主，也可

喷涂。施工时应严格按施工说明，不宜掺水稀释。施工前要求对墙面清理整平。

产品配方（质量分数）

氟硅酸钠改性水玻璃	100
复合硬化剂	10～15
石英粉	40～50
碳酸钙	30～40
滑石粉	10～15
偏硼酸钡	10～20
着色原料	10～20
水	30～50

生产工艺与流程 首先，将胶黏剂水玻璃改性加入反应釜中，按配比加入钠水玻璃，进行搅拌，稀释至相对密度为1.40左右，在夹层中通入蒸汽加热，使釜内熔体升温至80～90℃，在搅拌下加入氟硅酸钠，持续反应4～5h，降温后得改性水玻璃备用。

把规定数量的复合硬化剂、石英粉、碳酸钙和滑石粉加入反应釜中并加入适量的水充分搅拌，使两者反应完全，化学反应得浆状产物，送入烘箱中烘干，然后装入高温炉中，在300～500℃温度下，煅烧2h，烧成的块状物料，送入球磨机中磨细成粉状，进行包装，在容器内密封备用。

偏硼酸钡送入高温炉中，在700℃以上温度下煅烧3h，磨细后包装备用。

按配方比投入打浆机中，充分搅拌均匀，按配比加入着色原料，送入研磨机中研磨后，过筛，即可得到无机涂料。

2-43 硅酸钾无机建筑涂料

性能及用途 用作一般建筑物的外墙涂料。

涂装工艺参考 施工时按配方加入分装的固化剂（缩合磷酸铝），充分调匀。用刷涂或辊涂法施工。施工前要求清理墙面并整平。

产品配方（质量分数）

	白	铁红	橘红	绿
硅酸钾（钾水玻璃）	35	35	35	35
钛白粉	2	—	—	—
立德粉	8	—	—	—
氧化铁红	—	8	4	—
氧化铁黄	—	—	4	—
氧化铬绿（或有机绿）	—	—	—	6.3
滑石粉	25.3	27.3	27.3	30.3
石英粉	10	10	10	10
云母粉	2	2	2	2
六偏磷酸钠（分散剂）	0.2	0.2	0.2	0.2
润湿剂	0.2	0.2	0.2	0.2
消泡剂	0.3	0.3	0.3	0.3
增稠剂	2	2	2	2
高沸点醚类成膜助剂	0.5	0.5	0.5	0.5
外罩剂(防水剂)	12	12	12	12
缩合磷酸铝（固化剂）	2.5	0.5	0.5	0.5
水	适量	适量	适量	适量

生产工艺与流程 将颜料、填料、助剂（固化剂除外）和硅酸钾混合，搅拌均匀，经砂磨机研磨至细度合格，过滤包装。

缩合磷酸铝（固化剂）分装，施工时方可调入。

2-44 新型无机高分子建筑涂料

性能及用途 用作一般建筑的外墙涂料。

涂装工艺参考 可用墙面敷涂器敷涂或用彩砂涂料喷涂机喷涂施工。

产品配方（质量分数）

高模量水玻璃	8～20
石英粉	5～10
石英砂	2～8
大理石渣	2～8
白云石粉	5～15
高岭土	5～8
硫酸铜	0.1～14
钛白粉	0.01～8

生产工艺与流程 把水玻璃加热溶解，骨料备料，颜料备料，然后加水倒入搅拌机搅拌均匀，包装即可。

2-45 新型硅溶胶无机建筑涂料

性能及用途 用作一般建筑物的外墙涂料。

涂装工艺参考 用刷涂或辊涂法施工。施工前要求清理墙面并整平。

遮盖力/(g/cm^2)	320
干燥时间/h	2
最低成膜温度/℃	−5
黏度(涂-4杯)/s	18～25
储存稳定性(常温)	6个月
附着力/%	100
硬度	6H以上
耐水性(常温下浸泡水中60d)	无异常
耐碱性(饱和石灰水浸泡30d)	无异常

耐酸性(5%盐酸溶液浸泡 30d)	无异常
耐热性(600℃以下 5h,600℃)	无异常

产品配方（质量分数）

	白	铁红	橘红	绿
硅溶胶	27	27	27	27
50%苯丙乳液	5	5	5	5
钛白粉	3	—	—	—
立德粉	17	—	—	—
氧化铁红	—	15	8	—
氧化铁黄	—	—	8	—
氧化铬绿(或有机绿)	—	—	—	10
滑石粉	29.3	29.3	28.3	34.3
沉淀硫酸钡	10	15	15	15
六偏磷酸钠(分散剂)	0.2	0.2	0.2	0.2
润湿剂	0.2	0.2	0.2	0.2
消泡剂	0.3	0.3	0.3	0.3
增稠剂	1.5	1.5	1.5	1.5
高沸点醚类成膜助剂	0.5	0.5	0.5	0.5
水	6	6	6	6

生产工艺与流程 将硅溶胶、颜料、填料、各种添加剂和水混合，搅拌均匀，经砂磨机研磨至细度合格，再加入苯丙乳液或调色浆，充分调匀，过滤包装。

第三节 建筑地面涂料

建筑地面涂料的主要功能是装饰与保护室内地面，使地面清洁美观，与其他装饰材料一同创造优雅的室内环境。为了获得良好的装饰效果，地面涂料应具有以下特点：耐碱性好、黏结力强、耐水性好、耐磨性好、抗冲击力强、涂刷施工方便及价格合理等。

地面涂料的分类：

① 地板涂料有聚氨酯、醇酸磁漆、钙脂地板漆、酚醛地板漆等。

② 塑料地板涂料。

③ 水泥砂浆地面涂料有薄质涂料和厚质涂料。薄质涂料又有溶剂型和水乳型，厚质涂料又有溶剂型和水乳型。

一、一般建筑地面涂料的配方设计

建筑地面涂料目前基本上是溶剂型、无溶剂型和环氧地坪涂料，溶剂型环氧地面涂料含有较多的有机溶剂，这些有机溶剂在涂料的生产和施工阶段排入大气，污染环境，同时危害人类健康；无溶剂型环氧地坪涂料含有少量的活性稀释剂，常用的活性稀释剂为丁基环氧丙基醚（有一定毒性），采用自流平施工工艺，涂膜厚度为1～5mm，成本较高且含有少量的挥发性有机溶剂。

与普通的溶剂型环氧地面涂料相比，水性环氧地面涂料具有以下优势：

(1) 以水作为分散介质，不含甲苯、二甲苯之类的挥发性有机溶剂，不会造成环境污染，没有失火的隐患，满足当前环保的要求，当然也可加入少量的丙二醇甲醚等无空气污染的醇醚类溶剂来改善水性环氧涂料的成膜。

(2) 可在潮湿环境中施工和固化，有合理的固化时间，保证涂膜有较高的交联密度。

(3) 对大多基材具有良好的附着力，即使是潮湿的基材表面同样有良好的黏结性。

(4) 操作性能好，施工工具可用水直接清洗，可以重复使用，涂料的配制和施工操作安全方便。

(5) 固化后的涂膜光泽柔和，质感较好，并且具有较好的防腐性能和单向透气性。

因此，随着环保法规和人们环保意识的增强，水性环氧地面涂料将会得到广泛的应用，研究和开发水性环氧建筑地面涂料具有很大的经济效益和社会效益。

如下较为系统地讨论了水性环氧建筑地面涂料的配方设计及其主要成分（环氧树脂、水性环氧固化剂、颜填料、助剂和共溶剂等）对涂膜性能的影响，并给出了水性环氧地面涂料的配方实例及性能，在这基础上简要介绍了水性环氧地面涂料的施工工艺。

一般环氧树脂地面涂料具有硬度高、耐磨性好、附着力高和耐化学药品性能优异等特点，广泛应用在工业地坪涂装领域。

近年来，随着人们环保意识的不断提

高，许多国家相继颁布了限制挥发性有机溶剂（VOC）的环保法规，涂料的水性化、无溶剂化和高固体分化已成为建筑地面涂料发展的必然趋势。

二、新型建筑地面涂料的配方设计举例

该水性环氧地坪涂料由低分子量液体环氧树脂(组分一）和水性环氧固化剂色漆（组分二）组成，采用水性环氧固化剂色漆来乳化低分子量液体环氧树脂，配漆则选择在固化剂组分中进行，这一点与常规的溶剂型环氧地坪涂料的配制不同（在环氧树脂溶液组分中配制)。

水性环氧地坪涂料参考配方如下。

原料名称	质量/g
组分一	
环氧树脂 DDR331	90～95
共溶剂	1～5
组分二	
水性环氧固化剂 GCA01	20～25
水	40～50
抑泡剂	0.1
消泡剂	0.3～0.5
钛白粉	5～10
颜填料	145～175
水性环氧固化剂 GCA01	115～125
增稠剂	1～2

水性环氧地坪涂料的配制工艺如下：

(1) 将水性环氧固化剂 GCA01、水和少量抑泡剂加到料筒中，搅拌直至水性环氧固化剂 GCA01 溶解均匀；

(2) 在中速下加入钛白粉和各种颜填料，先高速分散 10min，然后进行砂磨，直到细度小于 50μm 为止；

(3) 过滤后在中速下缓慢加入水性环氧固化剂 GCA01，加完后再搅拌 15min；

(4) 用增稠剂调节色漆黏度，并在低速下加入消泡剂，搅拌 5min 后进行包装。

三、新型建筑地面涂料生产工艺与产品配方实例

如下介绍新型建筑地面涂料15 个品种。

2-46 新型涂饰水泥地板涂料

性能及用途 具有良好的抗化学性和抗碱性，不受水泥中碱性的影响，与水泥的附着力好。用于水泥地面的涂饰。

产品配方（质量份）

原料	质量份
铁红	60
环化橡胶	70
桐油	3.5
无定形二氧化硅	65
200 号溶剂油	175

生产工艺与流程 将环化橡胶和桐油溶于 200 号溶剂油中，再加入铁红和二氧化硅混合均匀即可。

2-47 新型水泥砂浆地面涂料

性能及用途 用作地面涂料。

涂装工艺参考 用刮涂法施工，在地面刮涂 3～4 道。待涂层完全固化后抛光上蜡，亦可用氯偏共聚乳胶涂料罩面后上蜡。

产品配方（质量分数）

	铁红	橘红	橘黄	绿
500 号水泥	62.4	62.4	62.4	62.4
10%的 801 建筑胶（或 107 建筑胶）	31.3	31.3	31.3	31.3
氧化铁红	6.3	3.2	1.5	—
氧化铁黄	—	3.1	4.5	—
氧化铬绿	—	—	—	6.3
水	适量	适量	适量	适量

注：配方中水和颜料的调配比：水：氧化铁红＝1：0.5；水：氧化铁黄＝1：1；水：氧化铬绿＝1：0.35。

生产工艺与流程 本涂料只能将原料运到施工现场，现调现用。调配时先将颜料混合拌匀后，加入适量水，使其充分润湿，然后在搅拌下加入建筑胶中，充分搅匀即得涂料色浆。临施工时，按配方称取色浆置入容器内，再称取水泥在搅拌下加入色浆中，充分调匀成胶泥，用窗纱网过滤，以除去杂质，即得水泥涂料。

2-48 新型氯偏共聚乳胶地面涂料

性能及用途 用作地面涂料。

涂装工艺参考 用刮涂法施工，在地面刮涂 3～4 道。待涂层完全固化后抛光上蜡，亦可用氯偏共聚乳胶涂料罩面后上蜡。

产品配方 乳液在涂料中占 74%，颜填料比为 1：1(颜料：填料)，颜乳比（颜料＋

填料/乳液）34.5%。

生产工艺与流程　先把乳液加入反应釜中，进行搅拌，搅拌30min，然后把助剂、改性剂、填料加入进行研磨1～2h，底涂搅拌0.5～1h，面涂搅拌0.5～1h。

2-49　新型无水石膏水泥砂浆地面涂料

性能及用途　耐化学腐蚀性好，酸碱侵蚀不易受损。耐大气稳定性、耐寒性好，耐磨性、抗菌性、不燃性也较好。用作地面涂料。该地板硬化时间为3h，1天后压裂强度达11.5MPa。

产品配方（质量份）

无水石膏	50
α-半水石膏	5
分散剂(蜜胺甲醛缩聚物磺酸盐)	0.6
消泡剂	0.03
波特兰水泥	50
硫酸钾	1
增黏剂(甲基化淀粉)	0.1
水(相对上述组成物总量的百分数)	38%

生产工艺与流程　把以上组分混合均匀，进行研磨即成。

2-50　新型环氧树脂地板涂料

性能及用途　用作无缝地板，形成地板覆盖层。

涂装工艺参考　施工表面要除油、锈、尘等，可采用刷或刮涂施工。常温固化。温度低于5℃不宜施工。

产品配方/g

环氧树脂	65
丙烯酸-2-乙基己酯	35
炭黑	20
石英玻璃粉	15
硅油	0.01
氢醌	适量
四亚丙基戊胺	适量
二氧化钛	2

生产工艺与流程　按配方，将环氧树脂、丙烯酸-2-乙基己酯、炭黑、磨细的石英玻璃粉、二氧化钛、硅油和150×10⁻⁶的氢醌混合研磨，使用时再加入四亚丙基戊胺进行固化。

2-51　聚乙烯醇缩甲醛厚质地面涂料

性能及用途　用于新型地面的涂饰。

涂装工艺参考　施工表面要除油、锈、尘等，可采用刷或刮涂施工。常温固化。温度低于5℃不宜施工。

产品配方（质量份）

甲组分：

500# 水泥	0.05

乙组分：

聚乙烯醇缩甲醛胶	0.4～0.5
氧化铁红颜料	0.1
甲组分：乙组分	0.05：0.65
水	0.05～0.09

生产工艺与流程　把以上甲组分：乙组分按配比各组分混合均匀即成。

2-52　聚醋酸乙烯乳液厚质地面涂料

性能及用途　用于新型地面的涂饰。

涂装工艺参考　施工表面要除油、锈、尘等，可采用刷涂或刮涂施工。常温固化。温度低于5℃不宜施工。

产品配方（质量份）

水泥	100
石英粉(325mg)	40
铁系着色颜料	7～16
聚醋酸乙烯乳液(50%)	30
磷酸三丁酯	0.1
六偏磷酸钠	0.5

生产工艺与流程　聚醋酸乙烯厚质地面涂料是有机无机复合材料，聚醋酸乙烯乳液的涂膜与水泥形成的硬化体系紧紧结合在一起，黏结在基层表面，形成复合涂层。

按配方，加入水泥、石英粉，同时加入六偏磷酸钠，送去三辊研磨机上研磨直到颜料极细为止。

2-53　过氯乙烯地面涂料

性能及用途　耐水性、耐化学腐蚀性好，涂层经水泡、酸碱侵蚀，不易受损。耐大气稳定性、耐寒性好，不易发脆开裂。耐磨性、抗菌性、不燃性也较好。用作地面涂料。

涂装工艺参考　用刮涂法施工，在地面刮涂3～4道。待涂层完全固化后抛光上蜡，亦可用氯偏共聚乳胶涂料罩面后上蜡。

产品配方（质量份）

过氯乙烯树脂	100
亚麻仁油醇酸树脂	30
顺丁烯二酸酐	40
混合溶剂	350
苯二甲酸二丁酯	35
蓖麻油酸钡	4
体质颜料	120
着色颜料	140

生产工艺与流程 先把约半数过氯乙烯树脂、颜料、增韧剂、稳定剂一起加入双辊炼胶机，加热50～60℃反复轧炼得到混合色片。制备涂料在反应釜中进行，向反应釜中加入混合溶剂，剩余的一半过氯乙烯树脂、亚麻仁油醇酸树脂、顺丁烯二酸酐树脂加入反应釜中，向反应釜夹层通蒸汽，使釜内温度升到40～50℃，开动搅拌机，直到三种树脂混合溶解后，再加入配合量的色片，继续搅拌，使物料混合均匀，树脂全部溶解，最后放出浆料，经过滤后分桶包装。过氯乙烯分解温度为145℃，这类涂料不易在高温下使用，适合60℃以下环境使用。

2-54 水性环氧工业地坪涂料

性能及用途 本涂料是以水为介质的新型涂料，对混凝土、金属附着力优良。涂膜坚硬、耐磨、耐油，耐酸、碱、盐等。安全，无污染，可在湿表面施工。用于工厂车间地坪，舰船甲板、旅馆、医院厨房等地坪，起到耐磨、耐油、防水等作用。

涂装工艺参考 施工表面要除油、锈、尘等，可采用刷或刮涂施工。常温固化。温度低于5℃不宜施工。

产品配方（质量分数）

环氧树脂	40～60
石英粉(325mg)	15～30
磷酸三丁酯	少量
水	5～10
乳化剂	15～20
六偏磷酸钠	0.2
铁系着色颜料	4～6

生产工艺与流程 环氧树脂在乳化剂、六偏磷酸钠存在下经高速搅拌乳化分散，再加入石英粉、铁系着色颜填料、磷酸三丁酯、水分散至规定细度包装即成。

2-55 醋酸乙烯乳液地面涂料

性能及用途 用作建筑物的墙体涂料。

涂装工艺参考 施工表面要除油、锈、尘等，可采用刷涂或刮涂施工。常温固化。温度低于5℃不宜施工。

产品配方（质量份）

	Ⅰ	Ⅱ
聚醋酸乙烯乳液	100	100
邻苯二甲酸二丁酯	4～10	4
硫脲	1～2	1
环烷酸钴	1～2	1
丙二醇	4～5	4
石英粉	60	40
硫酸钡	40	40
氧化铁红	40	40
六偏磷酸钠	0.1	0.1
磷酸三丁酯	0.5	0.5
滑石粉	60	60
水	240	240

生产工艺与流程 按上述配方，称好聚醋酸乙烯乳液100kg，放入塑料容器内，用液体氢氧化钠将乳液pH值调至5.5～6，将1kg硫脲用2kg水溶解，保持70～80℃温度备用，一边搅拌一边按顺序加入邻苯二甲酸二丁酯4kg，环烷酸钴1kg、溶解好的硫脲、丙二醇4kg，加完后搅拌15min，再停放置24h，使其化学反应完毕，即得改性聚醋酸乙烯乳液。

将上述改性聚醋酸乙烯乳液倒入搅拌桶中，加入240kg水，搅拌溶解后加入石英粉60kg、滑石粉60kg、硫酸钡40kg、氧化铁红40kg，六偏磷酸钠0.1kg搅拌均匀后再加入磷酸三丁酯0.5kg搅拌5min，开动砂磨机，将上述浆料注入砂磨机中，研磨细度到90pm，出料即得所需要的聚醋酸乙烯乳液地面涂料。

2-56 聚乙烯醇缩甲醛水泥地面涂料

性能及用途 用于工厂车间地坪，舰船甲板、旅馆、医院厨房等地坪，起到耐磨、耐油、防水等作用。

产品配方

(1) 涂料配方（质量份）

425# 水泥	100
801胶	50
颜料	10
水	10
六偏磷酸钠	0.6

(2) 颜色料配方（质量份）

	铁红色	橘红色	橘黄色
氧化铁红	10	5	2.5
氧化铁黄	—	6	7.5
氧化铁绿	10		

生产工艺与流程 水泥地面涂料是以聚乙烯醇与甲醛反应生成半缩醛后再经氨基化制成的801胶为基料与水泥和颜料配制使用的一种厚质涂料。

(1) 按配方，称取颜色料、加入适量的水（铁红加水0.5份，铁黄加水1.5份，铁绿加水0.35份）使颜料充分润湿。

(2) 将六偏磷酸钠加入余量的水中，搅拌使其溶解，得六偏磷酸钠水溶液。

(3) 于六偏磷酸钠水溶液中，加入充分润湿的颜料后，用球磨或三辊机等研磨分散30min。

(4) 将801胶研磨后的颜料浆混合，经充分搅拌制成涂料色浆。

(5) 称取涂料色浆与水泥的质量，然后，将色浆置于容器内，在搅拌下徐徐加入水泥，混合成胶泥状，再经纱窗过滤除去杂质，即得均匀的浆状聚乙烯醇缩甲醛水泥地面涂料。

2-57 新型环氧树脂塑料地板厚质涂料

性能及用途 黏结力强，膜层坚硬耐磨，且有一定的韧性，耐久性和装饰性好。用于塑料地板。用作无缝地板，形成地板覆盖层。

涂装工艺参考 施工表面要除油、锈、尘等，可采用刷或刮涂施工。常温固化。温度低于5℃不宜施工。

产品配方（质量分数）

E-44环氧树脂	40
多烯多胺类	3～5
增塑剂(DBP)	2～3
二甲苯、丙酮	6～8
石英砂	40～45
着色颜料	1～5

生产工艺与流程 先把以上组分进行混合，研磨细度至合格。

2-58 过氯乙烯树脂薄质水泥地面涂料

性能及用途 干燥快，与水泥地面结合好，耐水、耐磨、耐化学药品。用作地面涂料。

涂装工艺参考 用刮涂法施工，施工表面要除油、锈、尘等，可采用刷涂或刮涂施工。常温固化。温度低于5℃不宜施工。

产品配方（质量份）

松香改性酚醛树脂	2～5
增塑剂	3～6
稳定剂	0.2～0.3
颜填料	10～15
溶剂(二甲苯、200#轻溶剂油)	70～80
过氯乙烯树脂(含氯量61%～65%)	10～16

生产工艺与流程 把以上组分混合均匀，进行研磨即成。

2-59 新型过氯乙烯地面涂料

性能及用途 黏结力强，膜层坚硬耐磨，有较好的耐水性、耐化学腐蚀性、耐大气稳定性、耐寒性，不易发脆开裂，耐磨性、抗菌性、不燃性也好。用作地面涂料。

涂装工艺参考 用刮涂法施工，在地面刮涂2～3道。待涂层完全固化后抛光上蜡，亦可用氯偏共聚乳胶涂料罩面后上蜡。

产品配方/g

过氯乙烯树脂	100
邻苯二甲酸二丁酯	35
氧化锑	2
滑石粉	10
二碱性亚磷酸铅	30
氧化铁红	30
炭黑	1
溶剂(二甲苯)	705
10#树脂液	75

生产工艺与流程 先将除溶剂和10#树脂液的其他组分混匀，热混炼40min，混炼出涂料色片1.5～2mm厚，切粒后与溶剂加热搅拌混溶，最后加入10#树脂液，搅拌均匀、过滤、包装。

2-60 家庭室内绿色地板漆

性能及用途 该漆为聚氨酯清漆，具有良好耐水、耐磨、耐腐蚀等特性。适用于室内地板、走廊等表面透明涂装。

涂装工艺参考 该漆主要用于刷涂。被涂覆表面应用腻子刮平，并打磨光滑。用氨基稀释剂调节施工黏度。一般应刷涂2～3

道漆。

产品配方（质量份）

氨基甲酸酯树脂	58.2
助剂	10
溶剂	360
填料	48.2

生产工艺与流程

氨基甲酸酯树脂、助剂、溶剂→调漆→过滤包装→成品

第四节　绿色建筑工程涂料

随着对建筑物内外装饰和居住环境质量要求的日益提高，建筑工程涂料将向高性能、环保型、功能型方向发展。

① 适应高墙建筑的工程外墙粉刷、外装饰的需要，发展具有高耐候性、高耐沾污性、高保色性和低毒性高性能的外墙涂料。如水乳型外墙涂料（纯丙、聚氨酯、硅丙、叔醋类等）；高联型丙烯酸系列高弹性乳胶漆；有机硅丙烯酸树脂外墙涂料；有机氟树脂超耐候性涂料等。

② 适应健康、环保、安全的要求，发展低 VOC 环保型和低毒型建筑工程涂料。主要包括：水性涂料系列、环保型内墙乳胶漆、安全型聚氨酯木质装饰涂料、高固体分涂料和粉末涂料等。

③ 为满足建筑物的特殊功能要求，建筑工程涂料发展防火、防腐、防碳化、保温等建筑功能涂料。防火涂料分木结构和钢结构两大类，当前重点发展既具有装饰效果，又能达到一级防火要求的网结构防水涂料；防腐涂料重点发展钢结构的防锈、防腐以及污水工程混凝土及钢结构防腐材料；防碳化涂料重点发展用于钢筋混凝土构筑物的防碳涂料，防止混凝土表层碳化，保护钢筋免遭锈蚀，以确保桥梁等构筑物的百年大计。

④ 水性健康型高耐污瓷光壁建筑工程涂料。

以纳米溶胶、水性硅氟全新材料体系的配方，具有健康无毒、涂层平整细腻、光洁如瓷、耐水洗刷的特性。既具有水性涂料的透气、耐潮、不起皮脱落的特点，又具有溶剂型油漆才能达到、而一般水性涂料难以相比的耐沾污性，如茶叶水、蓝墨水等强沾污物都可用洗涤剂轻易洗净。各项技术性能远远超过合成乳液建筑工程的内墙涂料国家标准的相关指标。

⑤ 水性高耐污、高耐候建筑工程涂料。以有机硅氟及其助剂取代现行乳胶漆产品通用的乳液和助剂体系，从根本上解决了乳胶漆耐沾污性差的难题，具有溶剂型油漆才能达到而一般水性涂料无法相比的高耐污性和高耐候性的特点。而其低光泽度、高透气性及无溶剂污染，则是溶剂型涂料无法达到的。作为涂料耐候性考核指标，其涂料人工加速老化试验通过时间在 1000h 以上，远远超过合成乳液外墙涂料国家标准规定的 250h 指标。

⑥ 水性高耐污、高耐候真石漆及其罩面材料以无皂乳液、有机氟及其助剂取代现行真石漆产品通用的乳液、助剂体系，从根本上解决了真石漆遇水泛白留渗迹的难题。所使用的纳米溶胶、水性硅氟全新罩面材料的渗透性、反应性，使涂层快硬、高强，具有一般水性涂料无法相比的高耐污性、耐候性和溶剂型涂料无法达到的低光泽度。高透气性完全消除了溶剂污染，其各项技术性能，尤其是耐沾污性和耐老化性远远超过合成乳液砂壁状建筑涂料国家标准的相关指标。本罩面材料本身就是一种有自分层结构特征的薄层涂料，除用作真石漆配套罩面材料外，还可单独用于天然石及其他亲水性涂料层罩材料。

今后的建筑工程涂料市场会全面提升产品档次，重点是解决好金红石型钛白粉，耐久性好的红、黄、蓝、黑颜料，各种超细粉末填料，高效的消泡剂、分散剂、增稠剂和防沉淀剂等系列配套材料，并做好科学的配方和稳定的生产供应。

油漆类涂料在建筑工程中也有着广泛的应用，下面就油漆类涂料做一简单介绍。

(1) 建筑工程普通油漆

① 清油　清油又称熟油，是用干性油

经过精漂、提炼或吹气氧化到一定的黏度，并加入催干剂而成的。清油可以单独作为涂料使用，也可用来调稀原漆、红丹粉等。

② 清漆　清漆俗称凡立水。它与清油的区别是其组成中含有各种树脂，因而具有快干性、漆膜硬、光泽好、抗水性及耐化学药品性好等特点。主要用于木质表面或色漆外层罩面。

③ 工程厚漆　厚漆俗称铅油，是由着色颜料、大量体质颜料和10%～20%的精制干性油或炼豆油，并加入润湿剂等研磨而成的稠厚浆状物。厚漆中没有加入足够的油料、稀料和催干剂等，因而具有运输方便的特点。使用时需加入清油或清漆调制成面漆、无光漆或打底漆等，并可自由配色。

④ 工程调和漆　工程调和漆是混油漆的一种，它是以干性油为基料，加入着色颜料、溶剂、催干剂等配制而成的可直接使用的涂料。基料中没有树脂的称为油性调和漆，其漆膜柔韧，容易涂刷，耐候性好，但光泽和硬度较差。含有树脂的称为磁性调和漆，其光泽好，但耐久性较差。磁性调和漆中醇酸调和漆属于较高级产品，适用于室外，酚醛、酯胶调和漆可用于室内外。

⑤ 工程磁漆　磁漆与调和漆的区别是漆料中含有较多的树脂，并使用了鲜艳的着色颜料，漆膜坚硬、耐磨、光亮、美观，好像磁器（即瓷器），故称为磁漆。磁漆按使用场所分为内用和外用两种；按漆膜光泽分为有光、半光和无光三种。半光和无光磁漆适用于室内墙面等的装饰。

⑥ 工程底漆　用于物体表面打底的涂料。底漆与面漆相比具有填充性好，能填平物体表面所具有的细孔、凹凸等缺陷，并且价格便宜，但美观性差、耐候性差。底漆应与基层材料具有良好的黏附力，并能与面漆牢固结合。

(2) 建筑工程特种油漆

① 建筑工程防锈漆　防锈漆是由基料、红丹、锌黄、偏硼酸钡、磷酸锌等配制而成的具有防锈作用的底漆。常用的有醇酸红丹防锈漆、酚醛硼酸钡防锈漆等。主要用于钢铁材料的底涂涂料。

② 建筑工程防腐漆　防腐漆是具有优良耐腐蚀性的涂料，它主要通过屏蔽作用（即隔离开）、缓蚀和钝化作用、电化学作用等来实现防腐，其中后两种作用只对金属材料起作用。通常防腐涂料的基料具有高度的耐腐蚀性和密闭性，对用于金属材料的防腐漆还应具有很高的电绝缘性。常用的防腐涂料有酚醛防腐漆、环氧防腐漆、聚氨酯防腐漆、过氯乙烯防腐漆、沥青防腐漆、氯丁橡胶防腐漆、氯磺化聚乙烯防腐漆等。主要用于金属材料的表面防腐。

③ 建筑工程木器漆　建筑木器漆属于高级建筑专用漆，它具有漆膜坚韧、耐磨、可洗刷等特性。常用的有硝基木器漆、过氯乙烯木器漆、聚酯木器漆等。主要用于建筑装饰、高级家具、木装饰件等。

④ 建筑工程耐高温彩色透明玻璃涂料　耐高温彩色透明玻璃涂料由耐高温树脂、耐高温颜填料及助剂、固化剂等组成，属双组分涂料。本品是目前国内唯一可以在40W以上稳定使用的国产透明建筑工程涂料。主要用于耐高温材料的表面防腐。

二、一般建筑工程涂料的技术与配方及设计

建筑工程作为涂料的一个重要应用领域，受到广大涂料厂商的特别关注。粉末涂料以其完全不含溶剂，可以全部转化成涂膜，而且涂装效率高、保护和装饰综合性能好的特点，适应涂料工业对节约资源和能源、减轻环境污染及提高工效等方面的要求，受到世界各国的广泛重视，从而获得飞速发展。建筑业作为涂料的一个重要应用领域，无疑受到广大粉末涂料厂商的特别关注。对于金属和非金属建材用粉末涂料来说，近期的开发动向如下。

(1) 铝建材用粉末涂料　金属建筑材料以其优异的耐久性、装饰性和加工成形性等特点，广泛应用于建筑物的各个方面。而铝建材因其加工性能佳、质轻等特点，用量占金属建材的80%以上。自20世纪70

年代初粉末涂料问世以来，其在铝建材的应用迅速增长。

目前，粉末涂料在铝建材方面的应用已由欧洲扩大到美国、澳大利亚、远东、中东、非洲和南美洲。

在铝建材的涂装中，代表性的粉末涂料品种有环氧树脂、聚酯树脂、丙烯酸树脂及有机硅树脂粉末涂料等。作为应用，如部分铝框架、门窗、阳台、走廊、隔墙板等高防腐蚀性的铝建材，大多数采用聚酯、丙烯酸粉末涂料。此外，由于环氧树脂粉末涂料具有优异的附着性、防腐蚀性但耐候性稍差的特点，故一般用于室内或作为底漆使用。

与此同时，用热塑性聚偏氟乙烯树脂制备的粉末涂料也早已面市。但是，因其存在着颜料分散性、涂膜光泽等问题，加之要求高温烘烤，所以只能局限于特殊用途。最近，因研究出了分散性优异的颜料，并且开发出以氟烯烃乙烯基醚为主链、可在100℃下熔融的、支链上有羟基等交联性反应基团的氟树脂，故已制备出可利用一般粉末涂装生产线进行涂装的热固性氟树脂粉末涂料。这种热固性氟树脂粉末涂料的耐候性、保光性、耐久性要比环氧树脂粉末涂料、聚酯树脂粉末涂料以及丙烯酸树脂粉末涂料都要好，甚至可以与溶剂型氟树脂涂料相媲美。

(2) 钢及其他金属建材用粉末涂料　对于钢及其他金属建材，所用的涂料品种基本上与铝建材相同，大多数采用环氧树脂粉末涂料、丙烯酸树脂粉末涂料、聚酯树脂粉末涂料、聚氨酯树脂粉末涂料乃至氟树脂粉末涂料等。

钢建材的涂装产品基本上是预涂钢板，采用比例高达95%左右。在建材用预涂钢板中，约60%用于屋顶和室外壁板，40%用于室内装饰。对于室外装饰用的涂装钢板，近年来为适应高层建筑大厦的需要，要求采用轻量化、薄膜化、长期耐久性的涂装钢板。为此，应选用熔融镀锌钢板，并选用耐久性好的粉末涂料进行涂装。如氟树脂粉末涂料涂装的钢板，耐用年数可达20年，达到15年的有氯乙烯树脂粉末涂料和硅氧烷聚酯树脂粉末涂料等。

(3) 非金属建材用粉末涂料　非金属建筑材料中需要进行装饰涂覆的工件，一般是指木材和塑料之类的热敏性材料。经过多年的研究，人们将环保适宜的粉末涂料技术与辐射固化技术二者有机地结合后，可使粉末涂料在低温下快速固化，并且在固化期间几乎不产生挥发物，从而使粉末涂料在木材和塑料等建材上的应用得以逐渐实用化。

(4) MA/VE粉末涂料　MA/VE粉末涂料是荷兰DSM公司开发的一种新型粉末涂料。它由一种分子链中带有顺丁烯二酸或反丁烯二酸的不饱和聚酯低聚物与一种乙烯醚不饱和聚氨酯组成。该粉末涂料的UV固化是基于贫电子的顺丁烯二酸酯或反丁烯二酸酯与富电子的乙烯醚基团的共聚反应。该粉末涂料的热稳定性能很好。该涂料在室温下是固体，这意味着这种UV光固化粉末涂料可用传统的粉末涂料制备工艺来生产。即在该基料中加入光引发剂、颜料和助剂后，于熔融挤出工艺中使之混合均匀即可。该粉末涂料可用摩擦喷枪，静电喷涂在木材上，形成50～100μm厚的涂层。

(5) UP/PVAE粉末涂料　该涂料是一种由固态不饱和聚酯树脂和固态聚氨酯丙烯酸酯固化剂组成的新型粉末涂料，可适用于诸如中密度纤维板和热塑性塑料之类热敏底材的涂覆。其透明粉末涂料在涂装中密度纤维板时，可获得完美的装饰外观。另外，它还可用来涂装高密度木材。而低密度木材只要最初用液态底漆封闭其孔穴，也能用该涂料涂装而不会产生来自底材的脱气效应。而其着色粉末涂料则因所含的颜料降低了固化的彻底性，还在继续研究以解决此方面的问题。

总之，建筑用粉末涂料在整个粉末涂料品种中占有一定的位置，得到世界各国的重视。同时，随着国民经济的发展和人们生活水平的提高，其应用领域正在不断扩大。为了满足用户各方面的要求，高性能粉末涂料的研制，涂装的涂层的薄化、低温固化以及新工艺和新设备的开发，仍是今后粉末涂料领域中重要的研究课题。

二、新型建筑工程氟碳涂料的涂装工艺与配方设计举例

氟碳涂料的主体成分为聚偏二氟乙烯(PVDF)，它通过高温固化形成一种高装饰的保护涂层，可以保证20年内不剥落、粉化、褪色或变色。

氟碳涂料用于建筑业，是1964年美国Elf Afochen公司首创，自1965年开始，世界上很多宏伟的建筑物，如美国亚特兰大市的Taj Mahal、费城Mell银行中心、香港机场等建筑物铝型材/铝板都用氟碳涂料涂装。此外，氟碳涂料还用于幕墙、门窗；高速公路护栏、指示牌；户外广告牌；室内金属装饰板；地铁、隧道、化工生产区等恶劣环境下金属材料的涂装。

自氟碳涂料用于建筑业以来，实行质量保证（20年以上）承诺，因此，无论是PVDF树脂的使用，涂料的生产，以及涂装厂均应建立相应的授权制度，对于喷涂加工厂，必须经过涂料供应商严格的检测标准（包括工艺及设备，质量管理），并要达到美国铝业协会AAMA 2605氟碳喷涂性能标准。氟碳涂料的各种优异性能必须从原料到涂料生产并直到涂装全过程在授权条件下进行严格的质量控制才能充分发挥。

氟碳涂料的涂装工艺如下所示。

(1) 前处理　在涂装前，必须对铝材进行全面清洗、表调和转化膜处理，最终形成的转化膜可以提高铝材的耐腐蚀性和附着性。

① 工艺流程　预脱脂，50～60℃，5min；脱脂，50～60℃，5min；水洗，室温，3min，需有溢流水；碱蚀，40～55℃，4min；水洗，室温，3min，需有溢流水；表调，20℃，3min；水洗，室温，3min，需有溢流水；铬化，30℃，3min；水洗，室温，3min，需有溢流水；纯水洗，室温，3min，需有溢流水；脱水，烘干，80℃，10～15min。

② 控制要点

a. 铝材进行前处理之前，表面的凹坑痕迹、机械划伤必须彻底打磨、清除。

b. 每天应检验一次浸渍式处理槽液状况，根据检验结果及时补充、调整。

c. 绝大多数的油污一般在预脱脂时除去，少量剩余的油污在脱脂中除去。可根据铝板表面油污轻重程度，适当调整处理工艺时间。

d. 检验铝板清洁程度，一般是观察水洗后铝板表面的水膜均匀流淌状况。若流淌水膜均匀，无空隙，则说明铝板已清洗干净。反之，则铝板未清洗干净，需重新清洗。

e. 铬化膜的颜色（黄色）应均匀一致，无污染和挂灰烘干后用试纸擦拭后应不掉色。

f. 前处理完毕的工件表面严禁裸手触摸，搬运时需戴好洁净的手套。周围的环境应保持洁净，工件必须尽快进行涂装，一般不得超过24h，否则需重新进行前处理。

(2) 氟碳涂料涂装

① 工艺流程　上件；喷底漆，干膜厚度5～8μm；流平，室温，环境洁净，10min；喷面漆，干膜厚度20～25μm；流平，室温，环境洁净，10～15min；喷罩光漆，干膜厚度10～15μm；流平，室温，环境洁净，10min；固化烘干，(240±5)℃，20min；自然冷却，降至室温；检验（包括膜厚、色差、表面质量)；下件。

② 工艺要求

a. 二涂一烤：底漆→面漆→固化。一般不含金属闪光粉的氟碳涂料，且无其他特殊要求的，均采用底漆、面漆二涂一烤工艺。

b. 三涂一烤：底漆→面漆→罩光漆→固化。金属闪光氟碳涂料所含的金属闪光粉易受外界空气的氧化，为防止其氧化、变色，通常采用氟碳清漆罩光。

另外，对于某些严酷的腐蚀环境（如海滨、化工生产区等）也可以采用氟碳清漆罩光来提高氟碳涂料的耐候性，采用底

漆、面漆、罩光漆三涂一烤工艺。

c. 四涂二烤：底漆→隔离漆→固化→面漆→罩光漆→固化。一般涂装厂的生产线为二涂一烤或三涂一烤工艺，但对于颜色有特殊要求的氟碳涂料，在底漆与面漆之间增加一道隔离漆，以确保面漆有良好的遮盖力，满足无色差的要求。为此，采用底漆、隔离漆、面漆、罩光漆四涂二烤工艺。

③ 喷涂控制要点

a. 首先根据某一工程的要求，如工程总量（m^2）、供货周期、涂料颜色、膜厚等，制订涂装施工工艺，确定主要工艺参数；根据温度、湿度，确定溶剂品种、配比、输送速度、机喷参数（静电高压、扇形气压、雾化气压、喷枪距工件距离、升降机速度、出漆量）、固化温度；按指定的涂装施工工艺，制作标准的样板，样板必须通过各项性能检测。

b. 整个工程也许需几个月或更长的时间才能完成，每天必须认真、准确记录喷房的温度、湿度。若在喷涂过程中，温度、湿度变化较大时，必须及时调整溶剂的品种、配比，控制溶剂的挥发速度在一定的范围内，以确保喷涂质量稳定，颜色一致，无色差（$\Delta E \leqslant 0.5$）。

c. 机喷的主要参数确定后，基本上保持不变。操作者若发现机喷参数变化或异常，则应及时调整。

d. 对于异形工件或需补喷的工件，最好采用手工静电喷枪喷涂氟碳面漆，以保证与机喷效果一致。手工喷涂操作人员必须具备一定的技能，控制手工喷涂的膜厚、均匀性与机喷相近，确保色差控制在允许的范围内。

e. 氟碳涂料输送吸口处应有过滤装置，涂料桶应有气动搅拌器，保证供给喷枪的涂料搅拌均匀、洁净。

(3) 氟碳涂料涂装线设计

① 前处理

工件：通常要兼顾铝板和铝型材的处理要求，其外形最大尺寸为 6000mm×2000mm×1200mm。

工艺方式：最经济的前处理方式是浸渍式，不仅造价便宜，同时运行成本也低。

槽体：一般设 10 只浸渍处理槽，可采用砖块混凝土结构，内衬软性耐酸塑料板。槽体内腔尺寸为 7000mm×1500mm×2500mm。

加热：若有热源，可充分利用现有热源。若没有热源，可选用 32.5×10^4J 燃油导热油锅炉进行加热。用管状加热器置于槽体底部加热槽液。槽体用耐酸不锈钢制成，无其他特别要求。

烘干槽：内腔尺寸 7000mm×2500mm×2500mm，内壁为钢板，钢板与混凝土间距 150mm，中间填满保温岩棉，片状管式散热器置于烘干槽底部，侧壁设置上吸下送循环送风系统。

工件运输：采用钢结构单梁悬挂吊车，装有 2t 的电动葫芦 2～3 台。

纯水设备：满足每小时供给 2t 纯水的要求。

② 涂装线设计

a. 厂房。氟碳涂料涂装线理想的厂房为 100m×20m×7.5m（长×宽×高），流水线按长环型布置。考虑到设备的安装和夏季通风，厂房的檐口标高应在 7.5m 以上，顶部要有一定数量的通风窗。车间必须采光良好，通风良好，净化良好，保温良好，特别是北方，还要增添适当的供暖设施。车间内洁净度对涂装作业至关重要，为防止顶部灰尘，重要区域要求吊顶。墙面可采用涂料处理，地面采用水泥地坪漆，也可用水磨石或地砖铺设，车间地面要经常用水清洗，应考虑供水和排水设施。

b. 喷房。喷房采用多级水帘净化喷房。上部设置强制送风系统，经均压、过滤后送风进喷房内。喷房底部全部为水池，起到净化喷房的作用，水池上铺放钢制格栅，方便操作人员走动。水中按要求定期放入一定量的涂料絮凝剂，漆雾由水帘净化器吸附在水中，经絮凝剂絮凝成漆渣。定期捕捞漆渣，可焚烧或掩埋处理。考虑设备和操作人员的安全，顶部要安装自动灭火装置。喷房的通风性、洁净度、温度、湿度对氟碳涂料喷涂质量影响极大，所以一定要设计好、控制好。

c. 固化烘道。采用直通式热风循环烘道，热源最好使用液化石油气或天然气。热风发生器最好用电脑控制、无级调火热风发生器，为防止热量损失，进、出段门调节器设置隔热风幕，并根据工件尺寸的大小，选择调整门洞开口大小。循环送风系统为下送、上抽结构，以降低烘道的上、下自然温差。沿烘道长度方向上的送回风管，每间隔 700mm 左右对称设置调整风门，用来调整整个烘道的温度梯度曲线，使其达到最佳状态。为保证烘道的清洁度，烘道内壁板及循环送回管道均用不锈钢板制造，并在热风发生器后端设置防尘、防火星不锈钢过滤网。由于烘道的工作温度高（250℃），要求保温层厚度为 250mm，保温材料为硅酸铝纤维棉毡，同时烘道外部的循环风管及风机均需有 200mm 以上的保温层。

③ 悬挂输送机　输送机的水平标高应一致，不设升降段，这样便于型材的喷涂加工。考虑到操作人员的方便，上、下工件区域可设置高架平台。输送机采用变频调速控制，便于输送速度的调整和延长电机的使用寿命。输送线全长布置防尘、防油积油盘，以防止油污滴挂到喷涂工件表面。

④ 流平室　流平室应洁净，通风良好，通常为封闭结构。底部开一定数量的通风窗，窗口装有不锈钢滤网。顶部有排风系统将工件散发的漆雾排出室外。流平室两侧需设置大面积采光玻璃，局部装照明灯，以方便检验人员观察喷涂表面质量。

三、新型建筑工程涂料生产工艺与产品配方实例

如下介绍新型建筑工程涂料4个品种。

2-61　新型聚酯建筑工程面漆

性能及用途　用于新型建筑工程面漆的涂饰。

	Ⅰ	Ⅱ	Ⅲ
固含量/%	30.0	20.0	20.0
固体树脂含量/%	20.0	—	—
黏度/(Pa·s)	0.05	0.03	0.036
相对密度/(g/cm²)	0.95	0.87	0.87
覆盖面积/(m²/L)	7.4	5.9	5.9

涂装工艺参考　用刮涂法施工，施工表面要除油、锈、尘等，可采用刷涂或刮涂施工。常温固化。温度低于 5℃不宜施工。

产品配方/kg

	Ⅰ	Ⅱ	Ⅲ
A 组分：			
乙酰丁酸酯纤维素	42.4	42.4	24.0
聚多元醇树脂	5.6	—	5.6
钛白粉	40.0	—	—
聚丙烯酸树脂	—	53.2	—
甲乙酮	81.28	96.0	92.88
甲戊酮	29.52	48.0	37.08
乳酸	48.76	57.6	55.8
乙酸异丁酯	59.6	56.8	68.16
甲苯	9.36	28.0	33.56
二甲苯	20.84	21.6	21.88
B 组分：			
聚氨基甲酸酯	42.64	32.0	42.64

生产工艺与流程　将 A 组分混合均匀后，经球磨机研细，然后加入聚氨基甲酸酯，调和均匀得到家具面漆。

2-62　新型聚酯建筑工程漆

性能及用途　用于建筑工程钢铁表面涂刷，涂层具有优秀的力学性能，特别是硬度和柔韧性更佳，且耐候性好。

涂装工艺参考　用刮涂法施工，施工表面要除油、锈、尘等，可采用刷涂或刮涂施工。常温固化。温度低于 5℃不宜施工。

产品配方/kg

GP-185 树脂(固含量 60%)	53.0
氨基树脂液(70%固含量)	0.53
助剂	0.36
固化剂(10%固含量)	0.29
颜料	2.36
二甲苯/环已酮	1.14

生产工艺与流程　先将两种树脂液加入溶剂中，再加入其余物料，分散均匀得到钠板用聚酯面漆。

2-63 聚氨酯塑料面漆

性能及用途 该漆主要用于塑料制品的装饰性刷涂，与塑料具有良好的结合性，涂膜平整、坚韧、光亮。

涂装工艺参考 用刮涂法施工，施工表面要除油、锈、尘等，可采用刷涂或刮涂施工。常温固化。温度低于5℃不宜施工。

产品配方/kg

(1) A组分配方/kg

聚酯树脂	28.94
溶纤剂/二甲苯(1∶1混合溶剂)	14.69
改性膨润土	0.3
碳酸丙酯	0.15
聚羟乙基丙烯酸酯(1%溶纤剂溶液)	1.05
1,3,5-三[3-(二甲基氨基)丙基]六氢三嗪(10%)	1.65
聚硅氧烷(BYK 303)	0.3
聚硅氧烷(BYK 141)	0.75
癸二酸二(1,2,2,6,6-五甲基-4-哌啶酯)(10%二甲苯液)	5.55
钛白粉	43.8

(2) B组分配方/kg

改性膨润土	0.3
溶纤剂	12.45
芳烃溶剂	6.3

(3) C组分配方/kg

聚氨基甲酸酯	34.65

将配方中A组分的聚酯树脂溶于混合溶剂中，再与1%的聚羟乙基丙烯酸酯的溶纤剂溶液、10%的1,3,5-三[3-(二甲基氨基)丙基]六氢三嗪的溶纤剂溶液、癸二酸二(1,2,2,6,6-五甲基-4-哌啶酯)10%的二甲苯溶液、聚硅氧烷、碳酸酯及填颜料混合，混合均匀后用球磨机研磨细度在7.0μm以下，再加入B组分的混合物，混合均匀后再添加C组分，调和均匀得到塑料用面漆。

2-64 新型聚酯-聚氨酯树脂建筑工程面漆

性能及用途 该漆主要用于建筑工程金属、工程木制品的涂饰。塑料制品的装饰性刷涂，与塑料具有良好的结合性，涂膜平整、坚韧、光亮。

性状	650聚酯	7650聚酯
干燥时间/h		
表干	1～2	2～4
实干	24	48
弹性/mm	1	1
冲击强度/(kg/cm)	50	50
附着力/级	1	1
硬度(摆杆)	0.9	0.91

涂装工艺参考 用刮涂法施工，施工表面要除油、锈、尘等，可采用刷涂或刮涂施工。常温固化。温度低于5℃不宜施工。

产品配方/kg

聚酯制备/mol	650聚酯	7650聚酯
邻苯二甲酸酐	6	6
三羟甲基丙烷	7	7
顺丁烯二酸酐	0.1	

回流用二甲苯占投料量10%。在氮气保护下，逐渐升温至200℃，保温回流反应至酸价5以下，脱水量接近理论量，降温100℃，用二甲苯兑稀，出料。

配漆将颜料加到聚酯中，经研磨成聚酯色浆，按NCO∶OH=(1～1.3)∶1的比例，与HDI缩二脲配漆。

新型聚酯-聚氨酯树脂建筑工程面漆配方见表2-3。

表2-3 新型聚酯-聚氨酯树脂建筑工程面漆配方

配方(质量分数)/%	Ⅰ	Ⅱ	Ⅲ	Ⅳ
67% EGA二甲苯液(EGA∶二甲苯=1∶1)	32.2	29.27	18.12	—
RD181(75%二甲苯液)	—	2.91	16.18	37.37
硝基漆片(20% EGA液)	2.05	2.03	2.13	2.25
丙烯酸树脂(10%醋酸丁酯)	0.22	0.22	0.22	0.22
有机硅液(10% EGA液)	0.22	0.22	0.22	0.22
PP(10% EGA液)	1.23	1.23	1.26	1.31
流平剂(10% EGA液)	0.82	0.82	0.84	0.88
膨润土(10%悬浮液)	2.04	2.03	2.11	2.20
钛白粉	24.58	24.44	25.21	26.23
混合溶剂(EGA∶溶剂=2∶1)	10.78	11.59	10.06	8.41
HDI缩二脲(75%)	25.86	25.24	23.65	20.91

把以上组分加入混合器中进行搅拌混合均匀即为涂料。

第三章 防水和防火涂料

第一节 建筑防水涂料

一般防水涂料是在常温下呈无固定形状的黏稠状液态高分子合成材料，经涂布后，通过溶剂的挥发或水分的蒸发或反应固化后在基层表面可形成坚韧的防水膜的材料的总称。

建筑防水涂料是指形成的涂膜能防止雨水或地下水渗漏的一种涂料。一般情况下防水涂料是指能防止雨水或地下水渗漏的一类涂料，主要用于屋面、地下建筑、厨房、浴室、卫生间、粮仓等多水潮湿场所的防雨、防水和防潮。

建筑防水涂料使用时一般是将涂料单独或与增强材料复合，分层涂刷或喷涂在需要进行防水处理的基层表面上，即可在常温条件下形成一个连续、无缝、整体且具有一定厚度的涂膜防水层，以满足工业与民用建筑的屋面、地下室、厕浴间和外墙等部位防水抗渗要求。

建筑防水涂料的分类方法，可按涂料状态和形式分为溶剂型、乳液型、反应型、改性沥青及纳米复合型防水涂料。

溶剂型涂料种类繁多，质量也好，但成本高、安全性差，使用不够普遍。

水乳型及反应型高分子涂料，这类涂料工艺上很难将各种补强剂、填充剂、高分子弹性体使其均匀分散于胶体中，只能用研磨法加入少量配合剂，反应型聚氨酯为双组分类，易变质，成本高。

塑料型改性沥青能抗紫外线，耐高温性好，但断裂延伸性差。纳米复合型防水涂料满足防潮、防渗、防漏功能，质量好，成本比一般涂料高，用在高端建筑工程。

建筑防水涂料一般是由合成高分子聚合物、高分子聚合物与沥青、高分子聚合物与水泥或以无机复合材料为主体，掺入适量的化学助剂、改性材料、填充材料等加工制成的溶剂型、水乳型或粉末型的防水材料。

建筑防水材料其性质在建筑材料中属于功能性材料。建筑物采用防水材料的主要目的是为了防潮、防渗、防漏，尤其是为了防漏。建筑物一般均由屋面、墙面、基础构成外壳，这些部位均是建筑防水的重要部位。

防水就是要防止建筑物各部位由于各种因素产生的裂缝或构件的接缝之间出现渗水。凡建筑物或构筑物为了满足防潮、防渗、防漏功能所采用的材料则称之为建筑防水功能材料。

一、一般建筑防水涂料的配方设计

防水涂料的配方设计是为了满足一定的需求，在防水涂料配方设计和选择原材料上，一般需要考虑以下基本原则。

防水涂覆的基材和目的：如需要考虑防水涂覆的基材的材质，防水涂料特殊作用等。

防水涂膜的基本物理性能：主要包括涂膜的外观，比如遮盖能力、光泽、颜色、涂布率等。

涂料的施工条件和工艺：施工的环境温度；是刷涂、滚涂还是喷涂。

防水涂膜的老化性能和各种抗性：包括耐候性、耐水、耐碱、耐洗刷等性能。

防水涂料的成本：主要包括原材料成本及生产成本等。一般来说，高档产品，其性能要求高，成本可以高些；较低档产品，性能要求较低，成本可以低些。

环保和安全要求：主要考虑 VOC 和各种有害物质的限量。

通常来说，一般的防水涂料的配方设计工作，主要包括：新产品开发、原材料替换、降低成本、产品改进等。

二、新型建筑反应型防水涂料的配方设计举例

(1) 涂膜型防水涂料的研制　我国的聚氨酯防水涂料自20世纪70年代开发至今得到迅速发展，施工应用也已成熟。但长期以来焦油型聚氨酯一直占据主要地位。取而代之的是沥青聚氨酯防水涂料、非焦油聚氨酯防水涂料，而氰凝一直被作为堵漏灌浆材料来使用，TP-IC（深层料）氰凝属刚性材料，所以不使用与变形较大或可能发生不均匀沉降部位。为此我们着手研制聚氨酯涂膜型氰凝防水涂料新产品，并取得成功，该产品是单组分反应型防水涂料，交联剂是空气或基面中的水，大多数聚氨酯防水涂料中典型交联剂 MOCA 被认为对人有致癌危险，且价格昂贵，用水作胶联剂既解决了环保问题，而且有利于潮湿基面施工，而且该产品施工方便，只要涂刷 2～3 次即可达到防水效果，涂膜具有一定断裂伸长率，涂膜强度比聚氨酯防水涂料强度高出近 10 倍，是理想的建筑防水涂料之一。

(2) 主要原材料的选用

① 聚醚的选用　配方设计时选用分子量适中和低官能团聚醚，为了使产品达到一定的技术指标，我们选用了两种聚醚，与异氰凝酯反应。

② 异氰凝酯的选用　在异氰凝酯的选用上，经过大量试验，我们采用 TDI 和 PAPI，当 TDI 用量大时，涂膜的断裂伸长率较大，而强度偏低；当 PAPI 用量增大时，强度逐步增加，而断裂伸长率则逐步下降，涂膜逐渐失去韧性，而转向脆性。

③ 催化剂的选用　涂膜型氰凝防水涂料是反应型防水涂料，主要是 NCO 和 H_2O 发生反应，固化成膜。其固化机理和聚氨酯防水涂料是一样的，所以我们选用有机金属化合物作催化剂。由于反应中的交联剂是空气或基面中的水，催化剂加入量必须调整适量，催化剂过多，成膜速率快，反应生成的 CO_2 气体出不来，容易生成气泡。催化剂少，成膜时固化慢，影响施工速度，适量催化剂有利于形成结构规则的聚合物涂膜，达到理想施工效果。

④ 增塑剂的选用　常用的增塑剂有邻苯二甲酸二丁酯、邻苯二甲酸二辛酯、烷基磺酸苯酯、石油树脂等，我们经过实验，选用几种相混合作为增塑剂，效果更好。

(3) 涂膜型氰凝防水涂料的生产配方

聚醚多元醇(两种混合)	100 份
TDI	20～25 份
PAPI	25～30 份
催化剂	0.2～0.3 份
稳定剂	1 份
增塑剂	10～20 份
防老剂	0.2～0.5 份
有机溶剂	25～30 份
其他助剂	2～3 份

(4) 工艺设计与操作

① A组分操作工艺：将 N-330、N-220、N-210 按一定的质量比放入反应釜中，均匀地搅拌并升温，升温至 50℃时，加入酒石酸或柠檬酸 160g，当温度升到 55℃时，停止升温，此时，滴加一定质量比的 TDI（大约 30～40min），滴加完毕后，自然反应 10min 左右后，如果温度没有达到保温温度时，继续升温至 78～85℃之间，停止升温。保温 1.5h 后，降温至 40℃时，出料。

② B组分操作工艺：首先，将一定质量的古马隆倒入反应釜中，接着加入一定量的水，然后倒入一定量的吐温，充分搅拌，接着分批少量地加入粉料，每次加入的粉料，都要等前一批的粉料搅拌均匀后，才能加入下一批。直至加完为止。最后搅拌 2～3h 后，出料。

三、建筑防水涂料生产工艺与产品配方实例

如下介绍建筑防水涂料生产工艺与产品 40 个品种。

3-1　新型屋面防水涂料

性能及用途　用于屋面的防水。

涂装工艺参考　以刷涂和辊涂为主，也可喷涂。施工时应严格按施工说明操作，不宜掺水稀释。施工前要求对屋面进行清洁。

产品配方（质量分数）

废弃聚苯乙烯泡沫塑料(EPS)	8
10# 石油沥青	24
三苯乙基苯酚	3
7310# 增塑剂	2.5
200# 重芳羟油	8
二氯丙烷	24.5
填料(重质碳酸钙 35kg、滑石粉 10kg、4～6 级石棉绒 5kg)	20

生产工艺与流程　把聚苯乙烯泡沫塑料捡去杂质用电热加热器切成小块，将 200# 重芳羟油、二氯丙烷加入反应釜中，在搅拌下加入 EPS，当 EPS 溶解后，用金属滤网过滤，制得 EPS 溶液。

把 10# 石油沥青、三苯乙基苯酚及 7310# 增塑剂加入反应釜中，加热至 120～130℃熔化塑化，并保温 20min，脱除水分，用金属网趁热过滤，滤液冷却至 100℃以下，在充分搅拌下加入 EPS 溶液，直至均匀，得到半成品黏稠液体。在填料中（在不断搅拌下）加入半成品黏稠溶液至均匀为止，出料即为成品。

3-2　高效丙烯酸酯屋面防水涂料

性能及用途　用于屋面防水。

涂装工艺参考　以刷涂和辊涂为主，也可喷涂。施工时应严格按施工说明操作，不宜掺水稀释。施工前要求对屋面进行清理整平。

产品配方（质量份）

甲基丙烯酸甲酯	5～10
苯乙烯	10～20
丙烯酸-2-乙基己酯	10～20
丙烯酸丁酯	10～30
活性单体	2～6
乙烯类不饱和羧酸	1～5
表面活性剂	2～3
引发剂	0.05～0.1
水	40～60

生产工艺与流程　按配方，将单体、表面活性剂及水进行预乳化后加入高位槽中，引发剂水解后加入另一高位槽中，两者同时以滴加的方式加入反应釜中进行反应，加热至 70～85℃，在 3～3.5min 滴完，最后保温 1～1.5h，使反应完全，然后冷却，用氨水将乳液 pH 调整至 7～8。

将水、分散剂、消泡剂、颜料、填料及其他助剂加入反应釜中，进行高速分散同时加入上述制备的丙烯酸酯共聚乳液，经充分搅拌后即为防水涂料。

3-3　新型高弹性彩色防水涂料

性能及用途　用于高弹性防水涂料并对环境无污染。

涂装工艺参考　采用刷或喷涂施工均可。施工时应严格按施工说明操作。

产品配方（质量分数）

乙烯-醋酸乙烯共聚乳液基料	48～52
滑石粉等填料	20～30
颜料	2～6
乳化剂	0.5～2.0
分散剂	1～2
其他助剂	适量
水	10～20

生产工艺与流程　把以上组分进行混合研磨成一定细度。

3-4　新型轻质屋面防水隔热涂料

性能及用途　用于防水隔热等。

涂装工艺参考　施工表面要除油、锈、尘等，可采用刷涂或刮涂施工。温度低于 5℃不宜施工。

产品配方

(1) A 剂配方（质量分数）

改性膨胀珍珠岩	35
石粉	10
改性膨润土	5
稀土黏合剂	1
稀土添加剂	5
矿渣棉	4

生石灰	5
水	35

(2) B剂配方（质量分数）

聚氯乙烯	30
复合塑料	65
稀土凝固剂	5

生产工艺与流程 将改性膨胀珍珠岩、石粉、生石灰、改性膨润土、矿渣棉经精选、除杂、粉碎、浸泡，然后与黏合剂、稀土添加剂一起同时放入搅拌池中，混合搅拌得涂料的A剂。屋面先涂A剂后，把B剂的组分加入混合器中加热至100℃使其熔化成胶状物，将此涂于干后的A剂上。

3-5 加固型和防渗漏水涂料

性能及用途 用于地基、建筑物等的加固和防渗漏水。

涂装工艺参考 采用刷或喷涂施工均可。不宜掺水稀释。施工前要求对屋面、地面进行清理整平。

产品配方

(1) 甲组分配方（质量份）

丙烯酰胺	5～20
N,N'-双甲基丙烯酰胺	0.25～1
β-二甲氨基丙腈	0.1～1
氯化亚铁	0～0.5

甲组分的制备：先将N,N'-双甲基丙烯酰胺溶于温水中，再加入一定量的水稀释加入丙烯酰胺，搅拌至完全溶解后将所需水加完，然后加入β-二甲氨基丙腈，搅拌均匀即可。

(2) 乙组分配方（质量份）

过硫酸铵	0.1～1
铁氰化钾	0～0.05

乙组分的制备：把过硫酸铵溶于水中即成。

生产工艺与流程 灌浆时，把A液与B液以等体积混合后，立即进行灌浆。

3-6 新型聚氨酯屋面防水涂料

性能及用途 用于屋面、地面、管道的防水。

涂装工艺参考 施工表面要除油、锈、尘等，可采用刷涂或刮涂施工。常温固化。温度低于5℃不宜施工。

产品配方

(1) 甲组分配方（质量份）

聚醚二元醇	200～380
聚醚三元醇	50～180
甲苯二异氰酸酯 80/20	50～88
分散剂	10～20

(2) 乙组分配方（质量份）

甘油	80～100
煤焦油	240～320
填料	280～340
固化剂	8～10.5
蓖麻油	60～80
催化剂	0.3～0.5
抗老化剂	0.05～0.08
稀释剂	30～80

生产工艺与流程 将聚醚加入反应釜中，进行减压脱水，然后降温再加入甲苯二异氰酸酯TDI、分散剂，然后升温。测定固体含量。合格后，降温出料。

先将甘油、蓖麻油及煤焦油分别脱水，而后根据甲组分中固体的含量，将乙组分的几种组成材料按比例混合均匀。出料，冷却即可包装。

3-7 新型弹性水泥复合防水涂料

性能及用途 PMC复合防水涂料（又称弹性水泥）是以丙烯酸酯合成高分子乳液为基料，加入特种水泥、无机固化剂和多种助剂配制而成的双组分防水涂膜材料，它具有良好的成膜性、抗渗性、黏结性（与混凝土、砖、石材、瓷砖、PVC塑料、钢材、木材、玻璃等都有很强的黏结性）、耐水性和耐候性，特别是能够在潮湿基层上施工固化成膜。PMC复合防水涂料分为PMC-Ⅰ和PMC-Ⅱ两种型号，其中PMC-Ⅰ主要用于有较大变形的建筑部位，如屋面、墙面等部位；PMC-Ⅱ主要用于长期浸水环境下的建筑防水工程，如地下室、厕浴间、游泳池、蓄水池、地铁、隧道等工程防水。

涂装工艺参考 采用长板刷或滚筒刷涂刷。涂刷要横、竖交叉进行，达到平整均匀、厚度一致。PMC复合防水涂料施工温度为5～30℃，使用温度为－20～150℃。

产品配方（质量份）

丁腈胶	6
二甲苯	8
煤焦油	48
聚氯乙烯树脂	6
环氧大豆油	12
防老剂D	1.2
紫外线吸收剂	0.6
滑石粉等填料	15
糠醛	3.5
其他助剂	适量

生产工艺与流程 把煤焦油加入反应釜中，加热至120～140℃脱水，然后降温至75～80℃备用。按配方加入聚氯乙烯树脂及环氧大豆油，混合搅拌均匀成糊状。

把上述糊状物缓慢加入到温度为75～80℃的煤焦油中搅拌均匀，并加热至130～150℃，使完全塑化，塑化时间为15min左右，恒温至150℃左右，加入丁腈胶搅拌至熔融，降温至110℃以下，加入石棉粉、其他助剂，二甲苯、糠醛、紫外线吸收剂、防老剂D搅拌均匀，出料，冷却即可包装。

3-8 地下工程防水涂料

性能及用途 用于屋面的防水、地下工程的防水。

涂装工艺参考 以刷涂和辊涂为主，也可喷涂。施工时不宜掺水稀释。对屋面、地下工程的部位进行清理整平。施工温度为5～30℃，使用温度为－20～150℃。

产品配方

（1）甲组分（质量份）

甲苯二异氰酸酯(TDI)	7.2
3010	25.6
邻苯二甲酸二丁酯	7.2

（2）乙组分（质量份）

煤焦油	50
洗油	5
固化剂	1.25

（3）配料（质量比）

甲组分	4
乙组分	5.5

生产工艺与流程 将甲、乙两组分按配方量加入，搅拌混合即成。

3-9 新型绿色环保型防水涂料

性能及用途 用于绿色环保型防水材料。

涂装工艺参考 以刷涂和辊涂为主，也可喷涂。施工时应严格按施工说明操作，不宜掺水稀释。施工前要求对墙面进行清理整平。

产品配方

打底层涂料配方（质量比）

液体：粉料：水	10：7：(0～2)
其他涂层配方(质量比) 液料：粉料：水	10：7：(0～2)

生产工艺与流程 在水中加入分散剂、润湿剂、防霉剂，再依次加入各种颜填料，充分搅拌研磨后，加入乳液、成膜助剂、增稠剂，最后加入防水助剂和增滑助剂等。

3-10 地下工程用途防水涂料

性能及用途 主要用于屋面、地下工程防水。

涂装工艺参考 采用刷或喷涂施工均可。施工时应严格按施工说明操作，不宜掺水稀释。施工前要求对屋面、地下工程进行清理整平。

产品配方

（1）甲组分配方（质量份）

聚醚树脂	70～85
异氰酸酯	15～30

（2）乙组分（质量份）

煤焦油	33～55
增塑剂	1～10
固化剂	1～10
填充剂	15～35
促凝剂	0.05～0.02
稀释剂	2～10

生产工艺与流程 把聚醚树脂加入反应釜中，加热真空脱水，温度为110～150℃，压力0.05～0.08MPa，时间为2～5h。停止抽真空加热，使脱水聚醚冷却至40～60℃，在常压下一次性将异氰酸酯加到聚醚树脂中，搅拌均匀，加热至40～60℃进行聚合，反应时间为4～6h，测NCO含量，即为甲组分。将煤焦油加热到70～90℃，并向其中加入增塑剂、固化剂、填充剂和促凝剂。

在 40～50℃向煤焦油中加入稀释剂，搅拌 0.5～1h，称量出料，密封储存为乙组分。将甲与乙两组分进行混合，即得涂料。

3-11 建筑物外墙隔热防渗装饰涂料

性能及用途 广泛用于建筑物外墙作隔热、防渗、装饰用。

涂装工艺参考

墙体必须平整坚实，洁净、干燥，含水率10%以下；底、面涂装过程可根据需要适量加水，但不能超过涂料总质量的10%；施工环境气温 5℃以上，雨天或湿度>85%不宜施工；为避免涂层脱水过快而导致涂层龟裂，在强烈阳光和 4 级以上大风天气不宜施工。

产品配方（质量份）

硅橡胶乳液	150～200
增稠剂	4～5
消泡剂	0.5
分散剂	3～5
水	8～12
成膜助剂	15～20
混合填料	130～180
氨水	适量
无机填料	30～40

生产工艺与流程 以硅橡胶、无机填料及各种助剂混合搅拌，再经研磨、包装而得。

3-12 聚氯乙烯水乳型防水涂料

性能及用途 用于屋面与地下工程防水。

涂装工艺参考 以刷涂和辊涂为主，也可喷涂。施工时应严格按施工说明操作，不宜掺水稀释。施工前要求对屋面与地下工程进行清理整平。

产品配方（质量份）

筑路油	63～75
增塑剂	5～20
聚氯乙烯树脂	2～5
稳定剂	0.1～0.35
复合乳化剂(六偏磷酸钠)	1～2.5
膨润土	6～12
防老剂	0.02～0.05
水	80～100

生产工艺与流程 将筑路油徐徐加入锅中，加热并搅动，升温至 (150±10)℃，待油面无气泡时，保温备用。将聚氯乙烯树脂、增塑剂、稳定剂和防老剂边搅拌边加入，搅拌均匀为止，制成所需的糊浆。将聚氯乙烯糊浆缓慢加入到计量好脱水后的筑路油中，边加热边搅拌，随着升温，胶状物质由稀变稠，温度控制在 (130±10)℃保温，至胶状物由稠变稀，外观上由黑色无光变为黑色。将复合乳化剂加入到水中，配制成乳化液，用高速搅拌机高速搅拌，同时向乳化液中徐徐加入已塑化好的前述物质、膨润土及复合乳化剂（六偏磷酸钠）进行乳化，乳化时间一般为 3～12min，即得聚氯乙烯水乳型防水涂料。

3-13 乳化沥青防水涂层膏

性能及用途 用作建筑物的防水涂层。

涂装工艺参考 可用刷涂法或喷涂法施工。涂料不能掺水稀释。

产品配方（质量分数）

60 号石油沥青	47
滑石粉	1
水	47
乳化剂(阳离子型)	5

生产工艺与流程 先将乳化剂和滑石粉浸泡在水中（二者总量与水的比例为 1∶2）混合成膏浆，投入乳化罐中，在强力搅拌下，将熔化的热沥青（温度 100～150℃）和水交替而缓慢地加入乳化罐中，并注意观察检查，确保乳化分散均匀，检验合格后，过滤包装。

3-14 乙烯树脂乳胶防水涂料

性能及用途 用于建筑物的顶、地板、墙壁、混凝土底材等防水材料。

涂装工艺参考 以刷涂和辊涂为主，也可喷涂。施工时应严格按施工说明操作，不宜掺水稀释。施工前要求对建筑物进行清理整平。

产品配方（质量份）

原料	Ⅰ	Ⅱ	Ⅲ
沥青乳液(固体分 60%)	100	100	100
聚丁烯乳胶 N03	5	—	—
聚丁烯乳胶 N04	—	10	—
聚丁烯乳胶 N05	—	—	15
苯乙烯-丁二烯橡胶乳液	25	20	15
水泥	40	40	35

生产工艺与流程　将以上组分充分混合搅拌。

表面活性剂	2.5	2.5	2.5

生产工艺与流程　在100份聚丁烯中，加入表面活性剂，于均化器中乳化聚丁烯乳液。

3-15　新型屋面防水乳化沥青涂料

性能及用途　主要用于建筑物的屋面防水。

涂装工艺参考　以刷涂和辊涂为主，也可喷涂。施工时应严格按施工说明操作，不宜掺水稀释。施工前要求对屋面进行清洁。

产品配方（质量分数）

沥青液：

10#石油沥青	30
60#石油沥青	70

乳化液：

洗衣粉	0.9
烧碱	0.4
肥皂粉	1.1
水	97.6

生产工艺与流程　将石油沥青加入锅内，加热至180～200℃熔化、脱水、除去纸屑和杂质，保温在60～190℃备用。将60～80℃的乳化液送入匀化机中，喷射循环1～2s后，再加入60～190℃沥青液（需在1min内全部加完），加入沥青时要注意压力，在0.5～0.8MPa为宜，时间为4h即可。

3-16　地下工程用途防水涂料

性能及用途　主要用于屋面、地下工程防水。

涂装工艺参考　采用刷或喷涂施工均可。施工时应严格按施工说明操作，不宜掺水稀释。施工前要求对屋面、地下工程进行清理整平。

产品配方

(1) 甲组分配方（质量份）

聚醚树脂	70～85
异氰酸酯	15～30

(2) 乙组分（质量份）

煤焦油	33～55
增塑剂	1～10
固化剂	1～10
填充剂	15～35
促凝剂	0.05～0.02
稀释剂	2～10

生产工艺与流程　把聚醚树脂加入反应釜中，加热真空脱水，温度为110～150℃，压力0.05～0.08MPa，时间为2～5h。停止抽真空加热，使脱水聚醚冷却至40～60℃，在常压下一次性将异氰酸酯加到聚醚树脂中，搅拌均匀，加热至40～60℃进行聚合，反应时间为4～6h，测NCO含量，即为甲组分。将煤焦油加热到70～90℃，并向其中加入增塑剂、固化剂、填充剂和促凝剂。在40～50℃向煤焦油中加入稀释剂，搅拌0.5～1h，称量出料，密封储存为乙组分。将甲与乙两组分进行混合，即得涂料。

3-17　新型潮湿表面施工涂料

性能及用途　此种漆无溶剂、气味小，可在潮湿表面上施工。常温固化成膜，具有良好的附着力和防腐性能。可直接用于钢铁、水泥制品的潮湿表面，适用于船舶、水闸、水管、煤矿的坑道及海上工程等。

涂装工艺参考　可采用刷涂、辊或高压无空气喷涂施工。使用量为0.5kg/m²，厚度一道为200μm。充分固化时间为7天，适用期为1h（25℃）。

产品配方（质量份）

VAE乳液	200～300
润湿剂	1
分散剂	2.0
混合填料	150～200
消泡剂	0.5
增稠剂	5
成膜助剂	10～20
氨水	适量
防霉防腐剂	2

生产工艺与流程　只需按配比称取各种原料，按顺序加入混合槽，以不同的速度搅拌分散均匀即可。

3-18　新型丁腈橡胶屋面防水

性能及用途　用于屋面防水。

涂装工艺参考 对屋面施工表面要除油、锈、尘等，可采用刷或刮涂施工。常温固化。温度低于5℃不宜施工。

产品配方

沥青乳液配方（质量份）

60[#]石油沥青	70
10[#]石油沥青	30
烷基苯磺酸钠	1
氢氧化钠	0.1～0.2
聚乙烯醇	2
水	60～80
乳化沥青：丁腈胶乳＝1：1(质量比)	

生产工艺与流程 把乳化沥青和丁腈胶乳混合在一起搅拌均匀即可。

3-19 特种硅橡胶防水涂料

性能及用途 水性硅橡胶防水涂料是以特种硅橡胶乳胶为基础，精选其他原料而组成的一种水分散性、室温固化的橡胶型防水材料。把它涂覆在物体表面，即能于室温下随着水分的蒸发而固化，在被涂物表面形成一层结合牢固的整体防水膜。由于此防水涂料对水泥基层有一定的渗透性，并且所形成的防水膜中有交联键存在，致使其伸长率高达800%～1000%，所以具有很好的防水性及对基层变形开裂的适应性。加上它无毒、无臭，对常用建筑材料如水泥制品、金属、木材等有很好的黏结性，成膜快，可在潮湿基层上施工等优点，是一种防水性和工艺性兼优的新型防水材料。

用于各类新旧建筑物屋顶、卫生间和地下室的防水，水泥地面的防潮，以及各类储水输水建筑的防水防漏等。

涂装工艺参考 施工表面要除油、锈、尘等，可采用刷涂或刮涂施工。常温固化。温度低于5℃不宜施工。

产品配方（质量份）

氯丁橡胶	52
沥青	248
二甲苯	736
云母粉	12
滑石粉	8
邻苯二甲酸二辛酯	1

生产工艺与流程 将氯丁橡胶加入反应釜中，加入二甲苯，在90℃下搅拌2h，使橡胶完全溶解，在沥青中加入二甲苯，在75℃下搅拌1.5h，使沥青完全溶解。将溶解的橡胶倒入沥青中，然后加入云母粉、滑石粉，室温下搅拌0.5h，再加入邻苯二甲酸二辛酯搅拌0.5h即成。

3-20 各色乳化沥青防水涂料

性能及用途 用于屋面的防水。

涂装工艺参考 对屋面施工表面要除油、锈、尘等，可采用刷涂或刮涂施工。常温固化。温度低于5℃不宜施工。

产品配方

（1）红色乳化沥青配方（质量份）

沥青乳液	30～60
烷基苯基聚乙二醇醚	2～10
丁钠橡胶	5～30
聚醋酸乙烯酯分散体	12
无机着色颜料(氧化铁红)	20

（2）蓝色乳化沥青配方（质量份）

乳化沥青	2000
二氧化钛	600～800
天然树脂	500～600
亚麻籽油漆	50～100
杀菌剂	10～20
填料	20～30
合成纤维	30
蓝颜料	80～120

生产工艺与流程 把以上组分加入混合器中进行搅拌均匀即可。

3-21 非离子型乳化沥青防水剂

性能及用途 主要用于屋面防水，地下防潮，管道防腐，渠道防渗，地下防水等。

涂装工艺参考 施工表面要除油、锈、尘等，可采用刷涂或刮涂施工。常温固化。温度低于5℃不宜施工。涂料不能掺水稀释。

产品配方

（1）沥青液配方/kg

60[#]石油沥青	75
10[#]石油沥青	15
65[#]石油沥青	10
水玻璃	1.60
聚乙烯醇	4
平平加	2

（2）乳化液/kg

氢氧化钠	0.88
水	100

生产工艺与流程　将石油沥青加入锅内，加热熔化脱水，除去纸屑杂质后，在160～180℃保温。将乳化剂和辅助材料按配方次序分别称量，放入已知体积和温度的水中，水加热至20～30℃时，加入氢氧化钠，全部溶解后，升温至40～50℃，加入水玻璃，搅拌30min，再升温至80～90℃加入聚乙烯醇，充分搅拌溶解，然后降温至60～80℃，加入表面活性剂平平加，搅拌溶解，即得乳化液。将乳化液过滤，计量输入匀化机中。开动搅拌将预先过滤、计量并保温180～200℃的液体沥青徐徐加入匀化机中，乳化2～3min后停止，将乳液放出，冷却后过滤即得成品。

3-22　非离子型乳化沥青防水漆

性能及用途　主要用于屋面的防水。

涂装工艺参考　可用刷涂法或喷涂法施工。涂料不能掺水稀释。

产品配方（质量份）

茂名10#沥青	50
60#石油沥青	50
水	100
氢氧化钠	0.88
水玻璃	1.6
聚乙烯醇	4
匀染剂X-102	2

生产工艺与流程　在聚乙烯醇中加入总水量的50%，加热至80～90℃进行溶解，溶解完后补加蒸发掉的水量，另外将余下的50%水量加温至40～50℃，加入氢氧化钠，进行溶解后加入水玻璃，加热至70～80℃，再与聚乙烯醇水溶液相混合，倒入乳化器中，再加入乳化剂，保温至70～80℃，混合液即为得到的乳化液。将沥青熔化脱水，保温至180℃左右，再徐徐加入乳化液，加入匀染剂X-102，倒完后再搅拌5～7min，过滤即得产品。

3-23　阳离子乳化沥青防水漆

性能及用途　主要用于水泥板、石膏板和纤维板的防水。

涂装工艺参考　以刷涂和辊涂为主，也可喷涂。施工时应严格按施工说明操作，不宜掺水稀释。施工前要求对水泥板、石膏板和纤维板进行清洁。

产品配方

（1）配方/kg

石油沥青	4.00
石蜡	1.00
聚氧乙烯烷基胺	0.3
硬脂酸	0.25
水	500
明胶	0.25

生产工艺与流程　将沥青和石蜡、硬脂酸在130～140℃下，加热熔制成沥青液，在水中加入聚氧乙烯烷基胺溶解后，用冰醋酸调节pH=6，加入明胶配成乳化液。将70～75℃的乳化液注入匀化机中，然后将130～140℃的沥青液徐徐注入匀化机中，进行乳化，则制成乳化沥青。此配方作为石膏制品的防水剂。

（2）配方/kg

直馏沥青	3.00
石蜡	7.5
阳离子乳化剂	0.36
盐酸	0.1
氯化钠	0.18
水	36.0

生产工艺与流程　将直馏沥青加热熔化脱水，并加热至140℃得沥青液，再将石蜡加入。然后将阳离子乳化剂、盐酸和氯化钠加入水中充分混合均匀得乳化液，保温70℃左右。先将乳化液注入匀化机中，然后徐徐加入沥青液，进行匀化，则得到稳定的乳化沥青。

3-24　沥青厚质防水涂料

性能及用途　主要用于屋面的防水。

涂装工艺参考　施工表面要除油、锈、尘等，可采用刷涂或刮涂施工。常温固化。温度低于5℃不宜施工。涂料不能掺水稀释。

产品配方（质量分数）

	Ⅰ	Ⅱ	Ⅲ
60#石油沥青	15	—	—
30#石油沥青	—	—	36
10#石油沥青	21	21.6	—

	Ⅰ	Ⅱ	Ⅲ
油液	—	14.4	—
含纤维橡胶粉	24	24	24
汽油	40	40	40

生产工艺与流程 将沥青熔化脱水，除去杂质，即缓慢加入废橡胶粉（熬制温度为240℃，反应时间为2h左右），边加边搅拌，并继续升温，加完后并恒温一定时间，最后形成均一的细丝，然后降温至100℃左右，加入定量的汽油进行稀释，搅拌均匀，即为成品。

3-25 膨润土乳化沥青防水涂料

性能及用途 用于屋面防水，房屋修补漏水处，地下工程，种子库地面防潮。

涂装工艺参考 施工表面要除油、锈、尘等，可采用刷涂或刮涂施工。常温固化。温度低于5℃不宜施工。

产品配方（质量份）

石油沥青	20
松焦油	10
硫化鱼油	15
松节重油	15
氧化钙	2
滑石粉	120
云母粉	120
氧化铁黄	30
铝银浆	10
汽油	150.4
煤油	37.6

生产工艺与流程 将石油沥青切成块，放在熔化锅内加热熔化脱水（240～250℃），在搅拌下，加入松焦油、硫化鱼油、松节重油和氧化钙等进行搅拌和反应30min。当温度降至120℃左右，将填料、颜料和汽油、煤油加入装有搅拌器的锅内，再继续搅拌45～60min，合格后出料。

3-26 沥青油膏稀释防水涂料

性能及用途 用于屋面的防水。

涂装工艺参考 以刷涂和辊涂为主，也可喷涂。施工时应严格按施工说明操作，不宜掺水稀释。施工前要求对屋面进行清理整平。

产品配方（质量份）

石油沥青	46
水玻璃	0.2
天然或合成脂肪酸	0.5
环烷酸钴	0.1
汽油、柴油	适量
烧碱	0.3
水	26
聚乙烯醇	3
颜料	适量

生产工艺与流程 将聚乙烯醇中加入总水量的50%，加热至80～90℃进行溶解，补加蒸发掉的水量，另外将余下的50%水量加温至40～50℃，溶解完后将石油沥青、天然或合成脂肪酸混合，加热至115～120℃，碱性乳化液为环烷酸钴、烧碱、水玻璃和水混合溶解而成，预热至60～70℃。

把沥青油膏，用水浴加热至80～90℃，然后加入汽油、柴油等溶剂稀释至适当的程度，再加入适量的颜料配制成沥青油膏稀释防水涂料。

3-27 脂肪酸乳化沥青

性能及用途 用于屋面的防水。

涂装工艺参考 施工表面要除油、锈、尘等，可采用刷涂或刮涂施工，涂料不能掺水稀释。常温固化。温度低于5℃不宜施工。

产品配方（质量份）

石油沥青	50
天然或合成脂肪酸	0.5
环烷酸钴	0.1
烧碱	0.3
水玻璃	0.2
水	18

生产工艺与流程 将石油沥青、天然或合成脂肪酸混合，加热至115～120℃，碱性乳化液为环烷酸钴、烧碱、水玻璃和水混合溶解而成，预热至60～70℃。这两种乳液加入反应釜中，于50～100r/min下混合，当添加完成后，继续搅拌10min以上，即得到脂肪酸沥青乳液。

3-28 氯丁橡胶沥青防水涂料

性能及用途 主要用于屋面防水。

涂装工艺参考 以刷涂和辊涂为主，也可喷涂。施工时应严格按施工说明操作，不

宜掺水稀释。施工前要求对屋面进行清理整平。

产品配方/g

氯丁橡胶	50
沥青	250
二甲苯	740
云母粉	10
滑石粉	10
邻苯二甲酸二辛酯	1

生产工艺与流程　将氯丁橡胶加入反应釜中，加入二甲苯，在90℃下搅拌2h，使橡胶完全溶解，在沥青中加入二甲苯，在75℃下搅拌1.5h，使沥青完全溶解。将溶解的橡胶倒入沥青中，然后加入云母粉、滑石粉，室温下搅拌0.5h，再加入邻苯二甲酸二辛酯搅拌0.5h即成。

3-29　新型沥青防潮涂料

性能及用途　用于屋面的防水涂料，厚质沥青防潮涂料可做灌缝材料。

涂装工艺参考　以刷涂和辊涂为主，也可喷涂。施工时应严格按施工说明操作，不宜掺水稀释。施工前要求对屋面进行清理整平。

产品配方/kg

原料	Ⅰ	Ⅱ
10#茂名石油沥青	100	—
10#兰州石油沥青	—	100
重柴油	12.5	8
石棉绒	12	6
桐油	15	—

生产工艺与流程　将沥青熔化脱水，温度控制在190～210℃除去杂质；降温至130～140℃，再加入重柴油、桐油搅拌均匀后，再加入石棉绒，边加入边搅拌，再升温至190～210℃，熬制30min即可使用。

3-30　石蜡基石油沥青/氯丁防水涂料

性能及用途　用于防水材料。

涂装工艺参考　施工表面要除油、锈、尘等，可采用刷涂或刮涂施工。常温固化。温度低于5℃不宜施工。

产品配方

(1) 沥青乳液配方（质量分数）

10#沥青	10～12
60#沥青	30～37
阳离子乳化剂	0.3～1.5
无机乳化剂	0.5～2
稳定剂	0.2～1
其他助剂	适量
水	50～55
聚乙烯醇	6～8

(2) 氯丁橡胶防水涂料

氯丁胶乳	25～30
乳化沥青	70～75

生产工艺与流程　将无机乳化剂加入适量的处理助剂和水，在高速分散机中处理40～60min，陈化2h以上备用。将聚乙烯醇在90℃溶解，配成5%溶液；将阳离子乳化剂加热溶解配成5%～10%的水溶液，将各种助剂溶解成水溶液。

将配制好的浆料和溶液及水按配方制成乳化液，搅拌均匀，加热，在80℃保温。

将10#、60#石油沥青按配比称量好，加热脱水，在150℃下保温。把乳化液和沥青加入乳化机中进行乳化，压力为0.6～0.8MPa，制得乳化沥青。将氯丁乳胶、乳化沥青加入混合器中，混合均匀即得氯丁橡胶防水涂料。

3-31　沥青氯丁橡胶涂料

性能及用途　用于屋面的防水。

涂装工艺参考　施工表面要除油、锈、尘等，可采用刷涂或刮涂施工。常温固化。温度低于5℃不宜施工。

产品配方（质量份）

甲组分（沥青溶液）：

10#石油沥青	50
甲苯	50

乙组分（橡胶溶液）：

氯丁橡胶(生胶)	100
苯二甲酸二丁酯	2
升华硫	0.8
轻质氧化镁	4
硬脂酸	1
氧化锌	1.25
尼奥棕-D	0.25

生产工艺与流程

甲组分：乙组分＝6：5。

将石油沥青加热熔化脱水，除去杂质，冷却后按比例缓慢加入甲苯中，边加边搅拌均匀为止，即得甲组分。

将氯丁橡胶和各种材料在双辊机上进行混炼，将混炼的胶片压成1～2mm厚，并用切粒机切成小碎片，然后将胶片：甲苯＝1：4的比例投入搅拌机中，搅拌溶解约4～5h即为乙组分。将甲、乙两组分按配比进行混合，搅拌均匀即成。

3-32 阻燃性乳化屋面防水涂料

性能及用途 用于阻燃屋面防水涂料。

涂装工艺参考 以刷涂和辊涂为主，也可喷涂。施工时应严格按施工说明操作，不宜掺水稀释。施工前要求对屋面进行清理整平。

产品配方（质量分数）

废旧聚氯乙烯	14～18
过氯乙烯	5～7
膨润土	8
石棉粉	3～4
粗苯	45
甲苯	15
环己酮	5
乳化剂	0.5
助剂	0.9～1.5

生产工艺与流程 将废旧聚氯乙烯、过氯乙烯加入2/3的混合溶剂，加热溶解，然后加入乳化剂，混合均匀，在高速搅拌下依次加入用剩余溶剂湿润的填料和助剂，乳化完成后研磨即为阻燃性乳化屋面防水涂料。

3-33 金属皂类防水剂

性能及用途 用于屋面、地面的防水。

涂装工艺参考 以刷涂和辊涂为主，也可喷涂。施工时应严格按施工说明操作，不宜掺水稀释。施工前要求对屋面、地面进行清理整平。

产品配方/kg

硬脂酸	4.13
碳酸钠	0.21
氨水	3.1
氟化钠	0.005
氢氧化钾	0.82
水	91.735

生产工艺与流程 将1/2配方量的水加热至50～60℃，把碳酸钠、氢氧化钾、氟化钠溶于水中，将加热熔化的硬脂酸徐徐加入混合液中，并快速搅拌，最后将另一半水加入，搅匀成皂液，待冷却至25～30℃，加入定量的氨水拌匀。用9份水稀释1份防水剂，水泥：砂子＝1：3（体积比），水灰比为0.4～0.5。

3-34 裂缝修补与防水涂料

性能及用途 用于裂缝修补与防水。

涂装工艺参考 采用刷或喷涂施工均可。

产品配方 配方（质量份）

甲基丙烯酸甲酯	100
甲基丙烯酸丁酯	30
过氧化苯甲酰	1.2
二甲基苯胺	1.2
对甲苯亚磺酸	1.2
水杨酸	1.0

生产工艺与流程 把以上组分混合均匀即成。

3-35 三元乙丙橡胶乳化沥青

性能及用途 主要用于屋面的防水。

涂装工艺参考 以刷涂和辊涂为主，也可喷涂。施工时应严格按施工说明操作，不宜掺水稀释。施工前要求对屋面进行清理整平。

产品配方

（1）三元乙丙橡胶胶乳配方（质量份）

三元乙丙橡胶	5
四氯化碳	60
N-牛油-1,3-丙烯二胺	0.1
聚氧化乙烯壬基苯酚醚	0.2
烷基甜菜碱型两性表面活性剂	0.2
聚乙烯醇水溶液（8%～15%）	34

（2）沥青液（质量份）

氧化沥青	15
四氯化碳	50
双氰胺树脂缩合物	0.1
聚乙烯醇水溶液(8%～15%)	35

生产工艺与流程 将固体三元乙丙橡胶溶于四氯化碳中，得到匀质的橡胶溶液，添加*N*-牛油-1,3-丙烯二胺、聚氧化乙烯壬基苯酚醚、烷基甜菜碱型两性表面活性剂，

搅拌均匀，再加入聚乙烯醇水溶液，充分搅拌即得三元乙丙橡胶胶乳。

把氧化沥青溶于四氯化碳中，得到均质溶液，加入双氰胺树脂缩合物和聚乙烯醇水溶液，混合得到沥青溶液，把沥青溶液加到三元乙丙橡胶胶乳中，搅拌后，用蒸馏方法于50℃下除去溶剂和少量的水分，即得阳离子型三元乙丙橡胶乳化沥青。

3-36　再生聚乙烯生产乳化防水涂料

性能及用途　用于生产乳化防水涂料。

涂装工艺参考　施工表面要除油、锈、尘等，可采用刷涂或刮涂施工。常温固化。温度低于5℃不宜施工。

产品配方（质量分数）

10# 石油沥青	16～18
100# 石油沥青	14～20
废旧聚乙烯	8～12
膨润土	10～14
滑石粉	3～5
水	30～40
乳化剂	0.5～1
助剂	0.5～1

生产工艺与流程　将水、膨润土、滑石粉、助剂、乳化剂混合均匀，加热至80℃，保温待用，称为甲液。将混合沥青加热至220℃左右，使沥青脱水，然后缓缓加入废旧塑料聚乙烯，使之熔化，与沥青均匀混合，待混合液可均匀地拉出细丝，然后降温至150℃左右称为乙液，在高速搅拌下，将乙液缓缓加入甲液中进行乳化，加毕，搅拌均匀即可。

3-37　再生聚苯乙烯制备防水涂料

性能及用途　用于包装材料。

涂装工艺参考　施工表面要除油、锈、尘等，可采用刷涂或刮涂施工。温度低于5℃不宜施工。

产品配方/g

泡沫塑料	5.0
混合溶剂	10.0
增塑剂邻苯二甲酸二丁酯	5.0mL
乳化剂	2.0mL
水	15.0mL

生产工艺与流程　把废泡沫塑料用水洗净，晾干，粉碎，按一定比例加入混合溶剂中，边加边搅拌，使其溶解，待成黏稠状后，再加入邻苯二甲酸二丁酯，充分搅拌溶解1h后，加入乳化剂OP-10快速搅拌均匀，然后边搅拌边将一定质量的水慢慢加入油相中，最后得到乳白色O/W型乳状液即为防水涂料。

3-38　防水防腐树脂涂料

性能及用途　用于防水防腐涂料。

涂装工艺参考　施工表面要除油、锈、尘等，可采用刷涂或刮涂施工。温度低于5℃不宜施工。

产品配方（g）

重甲苯	500
废弃泡沫塑料	150
氯丁橡胶液	50
石墨	300
膨润土	30

生产工艺与流程　将重甲苯加入容器中，加入废弃泡沫塑料，用木棒搅拌使泡沫塑料溶化，用80mg网过滤除去滤渣，滤液装另一容器中，将氯丁橡胶溶于甲苯中，制得氯丁橡胶液（氯丁橡胶片：甲苯＝1：4），把50g氯丁胶倒入容器中，搅拌均匀，加入石墨片、膨润土分批慢慢倒入容器中，边倒入边搅拌直到石墨搅拌成浆糊液体时，再加入第二批石墨，直到加完为止。将树脂放入砂磨机中进行研磨，1h左右为好。

3-39　再生泡沫塑料制备防水涂料

性能及用途　用于纸箱防水涂料。

涂装工艺参考　以刷涂和辊涂为主，也可喷涂。

产品配方（质量份）

废聚苯乙烯	18～34
改性剂二甲苯	30～42
增溶剂	5～8
乳化剂 OP-10	1～1.2
增塑剂邻苯二甲酸二丁酯	3～5
分散剂	80～100
十二烷基苯磺酸钠	1～2
改良剂乙二醇	1～3
增稠剂	0.4～0.7
硬脂酸铝	0.3

生产工艺与流程 将净化处理后的聚苯乙烯泡沫塑料，粉碎成一定细度的碎片，然后加入改性剂二甲苯、增溶剂、乳化剂OP-10和增塑剂邻苯二甲酸二丁酯，常温下搅拌改性，制成油相液。将分散剂、十二烷基苯磺酸钠、改良剂乙二醇、增稠剂按比例制成水相液，在搅拌下加入油相液后，乳液在60℃恒温1～1.5h，即得产品。加入硬脂酸铝及色浆制成废聚苯乙烯制备防水涂料。

3-40 新型热弹塑性防水涂料

性能及用途 用于屋面的防水。

涂装工艺参考 以刷涂和辊涂为主，也可喷涂。施工时应严格按施工说明，不宜掺水稀释。施工前要求对屋面进行清理整平。

产品配方（质量份）

煤焦油	53
聚氯乙烯树脂	8
丁腈胶	5
环氧大豆油	9
防老剂D	1.2
紫外线吸收剂	0.5
石棉粉	12
二甲苯	8
糠醛	3.3

生产工艺与流程 把煤焦油加入反应釜中，加热至120～140℃脱水，然后降温至70～80℃备用。按配方加入聚氯乙烯树脂及环氧大豆油，混合搅拌均匀成糊状。

把上述糊状物缓慢加入到温度为70～80℃的煤焦油中搅拌均匀，并加热至130～150℃，使之完全塑化，塑化时间为15min左右，恒温至150℃左右，加入丁腈胶搅拌至熔融，降温至110℃以下，加入石棉粉、二甲苯、糠醛、紫外线吸收剂、防老剂D搅拌均匀，出料，冷却即可包装。

第二节 建筑防火涂料

一般防火涂料是施用于可燃性基材表面，能降低被涂材料表面的可燃性、阻滞火灾的迅速蔓延，或是施用于建筑构件上，用以提高构件的耐火极限的一种功能性涂料。

防火涂料涂覆在基材表面，除具有阻燃作用以外，还具有防锈、防水、防腐、耐磨、耐热以及增强涂层坚韧性、着色性、黏附性、易干性和一定的光泽等性能。

防火涂料本身是不燃的或难燃的，不起助燃作用，其防火原理是涂层能使底材与火（热）隔离，从而延长了热侵入底材和到达底材另一侧所需的时间，即延迟和抑制火焰的蔓延作用。侵入底材所需的时间越长，涂层的防火性能越好，因此，防火涂料的主要作用应是阻燃，在起火的情况下，防火涂料就能起防火作用。

防火涂料通常按涂层受热后的状态分为膨胀型防火涂料和非膨胀型防火涂料，又可按涂料的燃烧性能分为难燃型防火涂料和不燃型防火涂料。

防火涂料按基料组成成分不同，可分为无机防火涂料和有机防火涂料，无机防火涂料用无机盐作基料，有机防火涂料则用合成树脂作基料。

防火涂料按使用的分散介质的不同，可分为水溶性防火涂料和溶剂型防火涂料。无机防火涂料以及乳胶防火涂料一般用水作分散介质，一些有机防火涂料则用有机溶剂来作分散介质。

防火涂料按涂覆的基材不同，可分为钢结构防火涂料、混凝土结构防火涂料和木结构防涂料等。

防火涂料的特点是，它既具有一般涂料的装饰性能，又具有出色的防火性能。即防火涂料在常温下对于所涂物体应具有一定的装饰和保护作用，而在发生火灾时应具有不燃性或难燃性，不会被点燃或具有自熄性，它们应具有阻止燃烧发生和扩展的能力，可以在一定时间内阻燃或延迟燃烧时间，从而为人们灭火提供时间。

根据防火原理，涂层使用条件和保护对象材料的不同，防火涂料可以划分成许多种类型。通常按其组成材料不同和遇火后的性状不同，可分为非膨胀型防火涂料和膨胀型防火涂料两大类。

一、一般建筑防火涂料的配方设计

(1) 新的建筑防火机理　P-N-C膨胀体系虽然有很好的性能，但随着研究的深入，其表现出来的不足也越来越明显，如耐水性、耐久性差，对涂料成分敏感（毒剂），要求比例高（一般在涂料中要达到60%～70%），漆膜理化性能差等。为了解决这一问题，人们已开始研究新的膨胀防火机理，其中比较成功的是选用自身能膨胀的物质作为膨胀源，当涂料受热时，材料本身即可发生膨胀，产生具有隔热效果的膨胀层。这种办法的优点是不用或少用P-N-C膨胀体系阻燃材料，从而使涂料具有几乎和普通涂料一样的理化性能。

自身具有受热膨胀特性的材料有很多，已公开的有氨基苯磺酸盐、氨基磺酰对苯胺、*p*,*p*-氯化二苯磺酰肼、5-氨基-2-硝基苯甲酸等化合物；海洋化工研究院在20世纪90年代就开始对涂料用自膨胀材料进行研究，已取得突破性进展。

(2) 新型薄涂型钢结构防火涂料设计　涂层使用厚度在3～7mm的钢结构防火涂料称为薄涂型钢结构防火涂料。目前国内外所使用的薄涂型钢结构防火涂料一般均为膨胀型防火涂料。由基体树脂、催化剂、发泡剂、成炭剂、阻燃剂、补强剂、颜填料和溶剂等组成。

膨胀型防火涂料膨胀组分一般由脱水成炭催化剂、成炭剂和发泡剂三部分组成。

防火机理为脱水成炭催化剂一般是可在加热条件下释放无机酸的化合物，释放出的无机酸要求沸点高，而氧化性不太强。成炭剂是膨胀多孔炭层的碳源，一般是含碳丰富的多官能团的物质，可以单独或在催化剂作用下加热成炭。发泡剂是受热条件下释放出惰性气体的化合物。

膨胀型防火涂料受热时，成炭剂在催化剂作用下脱水成炭，炭化物在发泡剂分解的气体作用下形成膨松、有封闭结构的炭层，该炭层可以阻止基材与热源间的热传导，另外多孔炭层可以阻止气体扩散，同时阻止外部氧气扩散到基材表面，达到防火目的。

(3) 薄涂型钢结构防火涂料的性能特点

优点：①涂层薄、质轻，黏结力强，干燥快；②表面光滑，颜色可调，装饰性好；③单位面积用量少；④施工简便；⑤抗震动、抗挠曲性强。

缺点：①主要组分为有机材料，遇火时可能会释放出有毒有害气体；②耐火性能受环境影响大；③严格意义说不能用于室外。

(4) 超薄型建筑钢结构防火涂料设计　超薄型钢结构防火涂料是指涂层使用厚度不超过3mm的钢结构防火涂料。超薄型钢结构防火涂料的防火机理与薄涂型完全一致。因目前国内外钢结构防火涂料的发展趋势是涂层超薄、装饰性强、施工方便、防火性能高、应用范围广，对涂料的黏结力和耐水性有较高的要求，因此，超薄型钢结构防火涂料一般为油性膨胀型防火涂料，本涂料除应具有较好的防火隔热性能、黏结力好、强度高，能经受高低温循环的影响外，涂层还应具有良好的耐水性、耐酸性、耐盐腐蚀性，和不易脱落，储存稳定，装饰性好，施工方便等特点。

这类钢结构防火涂料受火时膨胀发泡形成致密的防火隔热层，该防火隔热层延缓了钢材的升温，提高了钢构件的耐火极限。与厚涂型和薄涂型钢结构防火涂料相比，超薄型钢结构防火涂料粒度更细、涂层更薄、施工方便、装饰性更好是其突出特点，在满足防火要求的同时，又能满足人们高装饰性要求，特别是对于裸露的钢结构。

(5) 超薄型钢结构防火涂料的性能特点

优点：①涂层更好；②装饰性更好；③兼具薄型涂料的优点；④施工受环境影响小。

缺点：同样具有薄型涂料的缺点。

国外生产薄型和超薄型钢结构防火涂料比较著名的厂家有：英国的“Nullifire”，英国的IP公司，德国的Herberts，日本的“日邦油漆”和美国的“Nofire”等。

国内有公安部四川消防科研所、汇丽

集团、兰陵集团、天宁公司、621所及海洋化工研究院等。

二、建筑防火涂料的配方设计举例

(1) 建筑防火涂料产品设计

① EPX环氧防火涂料　美国佛罗里达州NAPLES消息，工业纳米科技公司（Industrial Nanotech，Inc.）对外宣布，公司已经成功在其Nansulate EPX节能环氧涂料产品中添加金有效的防火阻燃技术。

“融合先进防火阻燃技术的Nansulate EPX环氧涂料，即将面世，这将是工业纳米科技公司的一项具有里程碑意义的技术突破。”工业纳米科技公司CEO兼CTO Stuart Burchill向SpecialChem介绍说，“在目前纳米科技高质量的涂料体系中添加防火阻燃科技，将极大地增加其作为隔热绝缘材料的应用安全系数。而且添加阻燃科技的Nansulate EPX环氧涂料具有耐化学腐蚀、固化时间迅速、无成型收缩的特点，适合不同应用环境下不同厚度需要的防护防腐蚀应用。尤其是在建筑、石油天然气、生物柴油加工、化学工程、民用住宅、军事国防、武器工厂、船舶制造等行业的应用。”

② Nansulate防火绝缘涂料　Nansulate是水性半透明防火绝缘涂料系统，含有纳米技术材料。Nansulate PT是金属涂料可用于管道、罐桶和其他金属底材。Nansulate GP主要设计用于建筑木材、玻璃纤维和其他非金属底材。产品完全为工业环境设计，包括Nansulate Chill Pipe应用于低温管道和桶。Nansulate HomeProtect ClearCoat和HomeProtect Interior主要为住宅和商用建筑设计。Nansulate LDX设计用于铅包装领域。涂料能够抵抗真菌，防止腐蚀和提供热绝缘性能。

③ 无机隔热反射防火阻燃墙体涂料　国内外涂料及涂层技术发展很快，并不断更新换代，无机建筑涂料，特别是无机隔热反射建筑涂料是发展方向之一。

目前德国KEIM矿牌涂料是最具代表性的全无机硅酸盐涂料。该涂料涂刷后能渗入墙体基面0.5～2mm深，与墙体的矿物质基质发生化合作用，能形成一层抗碱防酸的硅石，使涂层与墙体牢固地结合。加上该涂料与墙体同属于矿物基质，有相近的热胀冷缩系数，可避免涂层龟裂与剥落，耐候性好，使用寿命可达10～15年。该涂料防火阻燃、防尘自洁、无菌类及苔藓滋长、无挥发物、无毒环保、永不褪色、适用范围广。

(2) 水性防火涂料的配方设计举例

本品以苯丙乳液为主要成膜物质，添加防火阻燃剂、无机颜料和助剂等研磨混合，以水作稀释剂调配而成，外观为乳白色稠状液体，黏度（涂-4杯法）20～30s，具有良好的耐水性和阻燃性能，根据GB 1733—1979（甲法）的耐水浸泡实验和ZB 651001—1985木板燃烧实验法，其耐水性和防火性均达到一级标准。

本品主要用作各类建筑材料的防火涂层，且具有良好的装饰性，尤其是木材、纤维板面的表面涂装。适用于公用建筑、船舶车辆、工厂仓库、古代建筑、文物保护及木质家具等火灾隐患较重场所的装饰。

① 绿色技术

a. 目前市售防火涂料均采用有机溶剂作稀释剂，毒性较大，对人体危害较大，污染环境。本品采用水作稀释剂，可避免危害人体和污染环境。

b. 本品生产过程中的绝大部分工序在常温操作，能源消耗少，制备简单，生产成本低。

c. 本品不燃烧，不爆炸，便于运输和储存。低毒无异味，无腐蚀性，生产和使用过程中不产生有害气体和废水。

② 制造方法

a. 基本原理。本品以苯丙乳液、季戊四醇、三聚氰胺、磷酸胍、无机颜料等为原料，经砂磨机研磨分散，加水调配而成，由于本品中添加脱水剂、发泡剂、成炭剂等防火助剂，使涂层遇火燃烧时，涂层发生膨胀炭化，形成一层比原来涂层厚度大几十倍甚至上百倍的不易燃海绵状的炭化层，隔断外界火源对底材的加热，从而起到阻燃作用。另外，在火焰和高温作用下，涂层发生软化、熔融、蒸发、膨胀等物理变化以及高聚物、填料等组分发生的分解、解聚、化合等化学变化，吸收大量的热能，抵消了部分外界作用于底材的热能，对被保护物的受热升温过程起到了延滞作用，从而达到防火目的。本品阻燃时间约15～25min，当火灾形成时，可为人员撤离、财产抢救及灭火提供宝贵的时间。

b. 工艺流程方框图

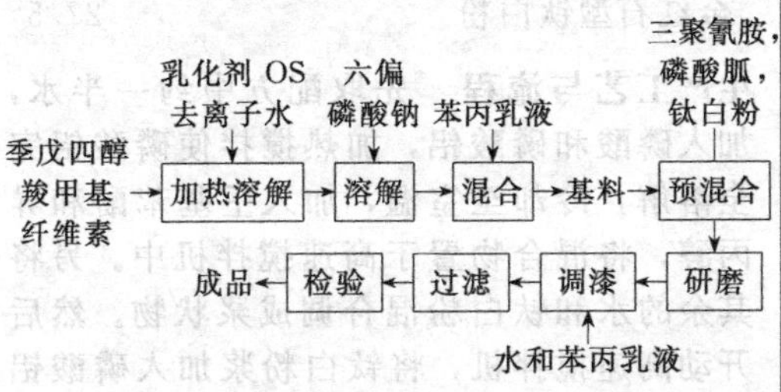

c. 主要设备及水电气（以日产1t产品计）。

不锈钢或搪瓷溶解釜（带搅拌装置和电加热装置） 2台，200L，用于原料的溶解；

不锈钢预混合槽（带搅拌装置） 2个，200L，用于研磨分散前的预混合；

液料泵 2台，用于液料的输送；

砂磨机 1台，200kg/h产量；

调漆釜（带高速分散机） 1台，500L；

不锈钢槽 若干个，200L，用于盛装原料和调漆过滤用；

去离子水生产装置 1套，500kg/h；

袋式过滤器 1台，用于产品的过滤；

配50kW的变电装置1套。

d. 原料规格及用量（表3-1）。

表3-1 原料规格及用量

原料名称	规 格	用量/质量份
苯丙乳液	涂料级	100
六偏磷酸钠	工业品	15
三聚氰胺	涂料级	40
季戊四醇	工业一级	15
磷酸胍	自制	50
乳化剂OS	工业品	5
羧甲基纤维素	工业品	10
钛白粉	金红石型	20
水	去离子水	100

e. 生产控制参数及具体操作。

ⓐ 基料的配制。将羧甲基纤维和季戊四醇投入反应釜中，加入约40%用量的去离子水，加热至完全溶解，再加入乳化剂OS和六偏磷酸钠，搅拌至完全溶解，最后加入约50%用量的苯丙乳液，搅拌均匀即得基料。

ⓑ 研磨与分散。将调配好的基料、三聚氰胺、钛白粉、磷酸胍投入预混合槽中，充分搅拌，使颜料充分润湿，混合均匀后，用液料泵送入砂磨机中研磨分散，研磨至符合细度要求为止。

ⓒ 将经过研磨分散的稠状涂料用液料泵送至调漆釜中，加入剩余的苯丙乳液和去离子水，使涂料黏度达到规定要求，用高速分散机搅拌均匀后，用袋式过滤机过滤，即得成品。

ⓓ 检验与包装。将上述所得成品检验合格后，即可包装出厂。

③ 安全生产 生产过程中使用机械装置、电加热装置，操作者应严格遵守操作规则，以免发生安全事故。

④ 环境保护 本品生产过程中基本上无三废排出，原料及成品低毒，对环境污染极小。使用本品对人体无害。

⑤ 产品质量

a. 产品质量参考标准如表3-2所示。

表3-2 产品质量参考标准

检测项目	指 标
外观	乳白色稠状液体
细度/μm	40～50
黏度/s	20～30
干燥时间/h	
表干	≤4
干燥时间/h	
实干	≤24
遮盖力/(g/m²)	≤200
附着力/级	1～2
耐水性(24h,25℃)	不起泡,不掉粉,不变色
防火性/级	1

b. 环境标志 本品以水作稀释剂，不含有机溶剂，安全低毒，无异味，不燃，对环境污染极小，可考虑申请环境标志。

⑥ 分析方法

a. 细度。按 GB/T 6753.1—2007“色漆、清漆和印刷油墨研磨细度的测定”的方法进行测定。

b. 遮盖力。按 GB/T 1726—1979（1989）“涂料遮盖力测定法”的方法进行测定。

c. 外观、附着力。按 JC/T 423—1991 的相关方法进行测定。

d. 黏度。按 GB/T 1723—1993“涂料黏度测定法”的方法进行测定。

e. 干燥时间。按 GB/T 1728—1979（1989）“漆膜、腻子膜干燥时间测定法”的方法进行测定。

f. 耐水性。按 GB/T 1733—1993 的方法测定。

三、建筑防火涂料生产工艺与产品配方实例

如下介绍建筑防火涂料生产工艺与产品 24 个品种。

3-41 新型水性建筑防火涂料

性能与用途 该涂料无毒，涂膜附着力强。涂刷墙面，在 500℃ 明火时不燃烧，墙面涂层无火焰，仅有少量烟雾，故防火效果明显。

涂装工艺参考 以刷涂和辊涂为主，也可喷涂。施工时应严格按施工说明操作，不宜掺水稀释。施工前要求对墙面进行清理整平。

产品配方（质量份）

磷酸铝	57.0
磷酸	2.0
壬基苯酚	0.2
异丙醇	1.7
金红石型钛白粉	39.0
水	42.0
色料	适量

生产工艺与流程 将磷酸铝、磷酸溶于热水中，冷却至室温，加入壬基苯酚和异丙醇，充分搅拌均匀，最后依次加入金红石型钛白粉和色料，混合均匀，即得本品。

3-42 装饰性建筑防火涂料

性能及用途 该涂料主要用于建筑物表面作防火涂层。既可单独作装饰性涂料，又可作为底层涂料，上面再涂其他涂层。

涂装工艺参考 用刷涂或辊涂法施工。可适当加水稀释。施工前要求对底材清理并整平。

产品配方（质量份）

85%磷酸	1.4
水	29.3
磷酸铝（含 3 个结晶水）	40.5
壬基苯酚	0.1
异丙醇	1.2
金红石型钛白粉	27.5

生产工艺与流程 先取配方中约一半水，加入磷酸和磷酸铝，加热搅拌使磷酸铝完全溶解，冷却至室温，加入壬基苯酚和异丙醇，将混合物置于高速搅拌机中。另将其余的水和钛白粉混合调成浆状物。然后开动高速搅拌机，将钛白粉浆加入磷酸铝溶液中，充分搅匀分散，过滤包装。

3-43 膨胀隔热型乳胶防火漆

性能及用途 本涂料具有良好的耐水、耐油、耐候性能和优良的防火隔热性能、力学性能。适用于建筑物、船舶、地下工程及室内外电缆的防火处理。阻止火灾蔓延，并具有隔热保护效果。

涂装工艺参考 采用刷、喷涂施工均可。建筑物一般涂 3～5 道，耗漆量 $500g/m^2$，电缆保护需涂 1～1.5mm，金属底材需涂 1～2mm。然后罩一层过氯乙烯配套清漆。

产品配方（质量份）

多磷酸铵	24.2
三季戊四醇	7.0
三聚氰胺	7.4
氯化石蜡（70%氯）	3.7
二氧化钛	5.6
分散剂、润湿剂、增塑剂等	4.8
水	27.38
聚乙酸乙烯乳液（60%）	20.0

生产工艺与流程 将树脂液和固体组分一起研磨分散至规定细度，过滤，包装。

3-44 新型透明防火漆

性能及用途 本涂料具有优良的力学性能和防火性能，而且施工方便，无污染，成本低。可广泛用于各种建筑物内的木材、

纤维板、胶合板、塑料等易燃材料的防火和装饰。

涂装工艺参考 采用刷涂或喷涂施工均可。每天施工一道，常温固化，一般施工3～4道，用量达700g/m²。

产品配方（质量份）

原料	质量份
钙钛白	30
二氧化钛	15
锑白	7.5
硬脂酸铝	0.2
催干剂	1.5
溶剂	10.0
含氯醇酸树脂(60%)	35.8

生产工艺与流程 首先制备透明的液态树脂，加入阻燃剂、助剂混匀即制得产品。

3-45 耐高温透明防火漆

性能与用途 本涂料耐火温度高，耐火时限长，附着力强，在高温下不脱落，即使涂料全部炭化了，形成的新物质也不会脱落。涂料成本低，施工简单，广泛用于各种建筑物、设备、罐体的防火隔热保温。

涂装工艺参考 以刷涂和辊涂为主，也可喷涂。施工时应严格按施工说明操作，不宜掺水稀释。

产品配方（质量份）

原料	质量份
热水(70～95℃)	500～600
石棉纤维	30～40
海泡石纤维	10～20
硅酸铝纤维	20～40
硅酸盐微珠	18～38
膨胀珍珠岩	20～35
膨润土	0～10
聚乙烯醇液	5～18
乳白胶	10～20
水玻璃	12～28
磷酸铝液	1～7
磷酸三钠	0.01～1
高温黏结剂	5～12
快速渗透剂	1～10
有机硅油	0.001～0.01

生产工艺与流程 以石棉纤维、海泡石纤维、硅酸铝纤维、硅酸盐微珠、珍珠岩、膨润土、快速渗透剂、静电悬浮液和热水为原料，经化学开棉、制备负离子悬浮液、综合强制搅拌、测定涂料容重和pH值等工序制备而成。

3-46 透明型膨胀防火漆

性能与用途 该涂料透明，应用于木制家具等具有很好的装饰效果。在火灾发生时，涂膜表面熔融发泡可达原厚度的几十倍，在基材和火源之间形成隔离层而防火。

涂装工艺参考 以刷涂和辊涂为主，可喷涂。施工时应严格按施工说明操作，不宜掺水稀释。

产品配方

配方1（质量份）

原料	质量份
甲醛	70～90
尿素	18～20
三聚氰胺	3～5
碳化剂	10～12
碱性胺	10～12
助剂	7～9

配方2（质量份）

原料	质量份
酸性催化剂	70～80
氢氧化铝	7～9
金属盐	18～20

生产工艺与流程 将配方1与配方2中两组组分各自混匀，使用时以2∶1的比例混合。

3-47 水性膨胀型防火漆

性能与用途 该涂料的防火性能为二级，是不含卤素阻燃剂的水性防火涂料，使用安全，燃烧时不会产生有害气体。它有较好的防火性和装饰性，可广泛用于各种可燃基材的表面，有效地降低基材表面的燃烧性，从而抑制初期火灾的蔓延和扩大。

涂装工艺参考 底材要进行除油、除锈处理。利用0.4～0.6MPa空气压力喷涂施工。每隔8～24h喷一道，一般需喷三道。上罩面漆装饰保护。

产品配方（质量份）

原料	质量份
亚麻油	50～80
顺丁烯二酸酐	80～110
松香酚醛树脂	40～60
丁醇	10
氨水	适量
催干剂	0.3～1.0
聚磷酸铵	10～15
季戊四醇	5～8
淀粉	9～12

三聚氰胺	6～10
水	20～50

生产工艺与流程 将亚麻油、顺丁烯二酸酐加入反应釜，搅拌后升温至200℃，保温2h，加入松香酚醛树脂，升温至250℃保温至酸值65～75时，降温至130℃以下加入丁醇，60℃以下加入氨水中和，用水稀释，最后加入催干剂，搅匀出料，得树脂胶黏剂棕色透明液体。

将树脂胶黏剂25～30份、聚磷酸铵、季戊四醇、淀粉、三聚氰胺、水等按比例加入球磨机球磨24h，至细度达到70pm以下，用水将涂料黏度调到90～110Pa·s，得白色涂料，根据需要可加入各种颜料配成多种美丽的颜色。

3-48 新型木结构膨胀防火涂料

性能及用途 本涂料以水为溶剂，安全，无污染。干燥快，耐水、耐油性好。防火隔热性优良。可广泛用于宾馆、礼堂、影院、学校、医院、变电所等木质结构、纸制品、纤维板等表面的防火保护和装饰。也可用于电缆线起防延燃作用。

涂装工艺参考 底材表面需除油、填平。施工可采用刷涂、喷涂。在木质基材上使用量为750～1000g/m²，电缆上使用量为1500～2000g/m²。涂层厚1mm。施工间隔4～24h。一般涂三道。宜在温度≥15℃、相对湿度≤90%条件下施工。

产品配方（质量份）

50%酚醛漆料	699
颜料	342
助剂	14
溶剂	62

生产工艺与流程 将防火阻燃颜填料加入水和助剂研磨分散至规定细度，加入漆基及色浆，搅匀，包装。

3-49 新型膨胀型无机防火漆

性能及用途 本涂料附着力强，韧性好，不燃，无臭，具有优良的防火隔热性能。适用于木材、纤维板、塑料及玻璃钢等易燃基材的防火保护和装饰。

涂装工艺参考 本涂料可用刷涂、喷涂施工。每隔24h施工一道，一般施工2～3道。使用量500g/m²。

产品配方（质量份）

乳液	78
防火材料	506
助剂	70
颜料	62
水	76

生产工艺与流程 按组成的配方量，混合后研磨分散至≤100μm过滤，包装。

3-50 新型膨胀发泡型防火涂料

性能及用途 该漆遇火即膨胀发泡，阻隔火焰蔓延，适宜于在交通运输工具的轮船、火车、汽车上使用。

涂装工艺参考 可刷涂、滚涂或喷涂。涂刷量约为500g/m²，使用时搅拌均匀，并用自来水调整黏度。

产品配方（质量份）

	Ⅰ	Ⅱ
磷酸二氢铵	11	7
季戊四醇	6	4
钛白粉	14	15
淀粉	1.5	2
双氰胺	8	—
三聚氰胺	—	5
催干剂	0.5～2	0.5～2
酚醛清漆	45～55	50
松香水	适量	适量

说明：使用方法与一般油漆相同，但因防火漆固体分重，不宜喷涂。涂刷厚度比一般油漆稍厚，才能达到防火目的。

生产工艺与流程 把以上组分混合均匀即成。

3-51 室外钢结构防火隔热涂料

性能及用途 该涂料容重轻、强度高、黏结力强，抗震性、抗弯性、耐水性、防火性能均较好，耐各种化学介质和冻融试验，施工方便，无污染。价格便宜。可用于室内外钢结构的防火隔热保护，如宾馆、影剧院、化工炼油厂的储油罐等。

涂装工艺参考 钢结构表面需除油、除锈处理。用挤压泵或斗式喷涂器在0.4～0.6MPa空气压力下喷涂。间隔24～48h喷一次。施工温度5℃，相对湿度≤80%。

产品配方（质量份）

改性 HCPE 树脂	10～30
聚磷酸铵	10～30
季戊四醇	5～15
钛白粉	5～10
氧化锌	5～10
助剂 A	5～10
助剂 B	1
溶剂	10～30

生产工艺与流程　预先溶解好改性 HCPE 树脂，然后按配方比加入其他组分，搅拌均匀，用三辊研磨机研磨至规定细度即可。

3-52　氯化橡胶防火隔热涂料

性能及用途　不燃、不爆、无毒、无污染，防火性能优良并有一定装饰效果。适用于室内各种木质材料或可燃性基材表面涂刷。

涂装工艺参考　采用刷涂、喷涂施工均可。建筑物一般涂 3～5 道，耗漆量 500g/m²，电缆保护需涂 1～1.5mm，金属底材需涂 1～2mm。然后罩一层过氯乙烯配套清漆。

产品配方（质量份）

低黏度氯化橡胶	9.57
中油度亚麻油醇酸树脂	7.65
磷酸三甲酚酯	5.75
钛白粉	3.59
钛白粉	35.2
锑酸钙	12.95
重质苯	25.01
炭黑	0.28

生产工艺与流程　预先溶解好氯化橡胶和溶解亚麻油醇酸树脂，加入磷酸三甲酚酯，然后按配方比加入其他固体组分，搅拌均匀，用三辊研磨机研磨至规定细度，过滤，包装。

3-53　预应力楼板防火隔热涂料

性能及用途　本品黏结力强，容重轻，热导率低，可降低热量向混凝土及其内部钢筋的传递速度。耐火性能突出，耐水、耐冻融、耐候。广泛用于工业与民用建筑物的预应力楼板的防火保护。

涂装工艺参考　可用喷嘴直径为 4～6mm 的喷涂机喷涂施工。喷涂压力为 0.4MPa。每道可喷 2～3mm，喷 2～3 道，厚度可达 6mm。使用量 6～7kg/m²。

产品配方（质量份）

乳液	75
防火材料	512
颜料	50
助剂	76
水	74

生产工艺与流程与流程　本涂料为双组分。甲组分由漆基和增强材料分散均匀制成；乙组分是将膨胀珍珠岩粉等填料混合均匀即可。用时将二者以一定比例混配，用水分散成可施工黏稠体。

3-54　阻燃防火隔热涂料

性能及用途　漆膜具有突出的阻燃性，优异的耐温、耐冷热交变、耐电压、耐溶剂、耐湿热等特点。用于碳膜、金属电阻器的绝缘保护，阻燃效果达到日本同类产品性能及阻燃指标。

涂装工艺参考　采用浸涂施工，施工后在 180℃、3min 固化。

产品配方（质量份）

乳液	142
颜、填料	62
阻燃剂	392
助剂	97
去离子水	398

生产工艺与流程

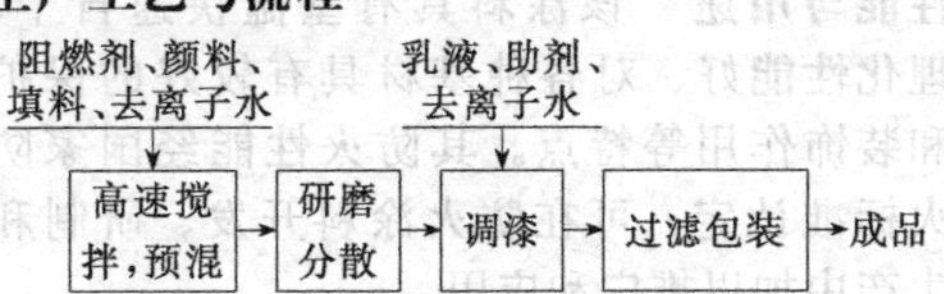

3-55　新型电感器阻燃包封涂料

性能及用途　该包封涂料体系可在高温下快速固化。涂膜具有良好的阻燃性、绝缘性能和耐介质性能。用于电感器及其他电器元件的阻燃包封处理。

涂装工艺参考　浸涂施工。在自动流水生产线上连续浸涂、烘干即得成品。

产品配方（质量份）

乳液	66
防火材料	480
颜料	48
助剂	73
水	76

生产工艺与流程 内外包封涂料都为双组分。将组成的配方量，混合后研磨分散至≤100μm过滤，包装而成。

3-56 丙烯酸乳胶防火涂料

性能及用途 不燃、不爆、无毒、无污染，防火性能优良并有一定装饰效果。适用于室内各种木质材料或可燃性基材表面涂刷。

涂装工艺参考 刷涂、喷涂均可。刷涂时用排笔或羊毛刷，底材要求无毛刺、油污、粉尘、积水等，如有旧漆要铲除。施工前搅匀，搅拌时泡沫过多，可加入少许消泡剂。可采用自来水调整施工黏度，不可加有机溶剂，施工温度在15℃以上。

产品配方（质量份）

乳液	128
颜、填料	57
阻燃剂	413
助剂	93
去离子水	380

生产工艺与流程

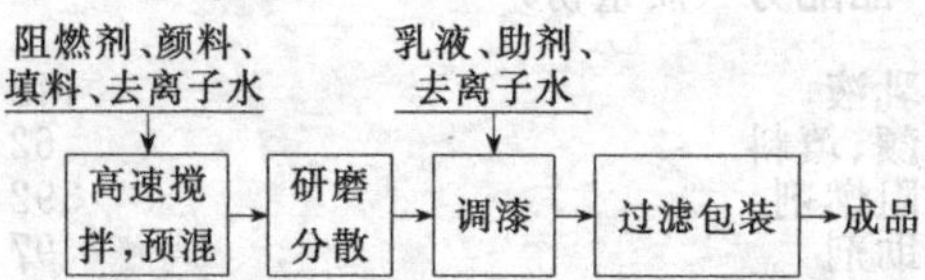

3-57 新型水性自干防火涂料

性能与用途 该涂料具有室温快速自干、理化性能好、对各种基材具有较好的保护和装饰作用等特点。其防火性能经国家防火标准认定，可在防火涂料开发、研制和生产中加以推广和应用。

产品配方（质量份）

聚合物乳液（Ⅰ，Ⅱ型苯丙乳液）	20～40
氨水	0.5～1.2
硫酸铜	2～4
滑石粉	2～4
缓蚀剂	1～2
增稠剂	1.0～2.0
消泡剂	0.06～0.12
蒸馏水	适量
氧化锌	1～2
铁红	10～20
磷酸锌	5～10
锌黄	1～4
表面活性剂（乙二醇）	1.0～1.5
分散剂（F-5，SG8001）	0.2～1.0
成膜助剂（乙二醇丁醚）	1.0～5.0

生产工艺与流程 将颜填料、分散剂、表面活性剂、缓蚀剂、消泡剂、蒸馏水等混合，搅拌均匀，在锥形磨上研磨至细度<60μm，制得色浆。然后在聚合物乳液中加入氨水，中和至pH＝8～9，再加入成膜助剂，制得中和的乳液。最后把中和的乳液、<60μm色浆、增稠剂高速搅拌，分散均匀，经过滤即得涂料。

3-58 非膨胀型丙烯酸水性防火涂料

性能及用途 具有优良的防火性能，当遇到火焰或高温时生成均匀密封的泡沫隔热层，能隔绝热源对底材的破坏作用，以防火灾蔓延。适用于建筑物构件内部可燃性基材的保护和装饰，对防止初期火灾和减缓火灾有重要作用，是兼防火和装饰作用的室内特种涂料。

涂装工艺参考 可刷涂、辊涂或喷涂。涂刷量约为500g/m²，使用时搅拌均匀，并用自来水调整黏度。施工环境湿度应在80%以下，需表干后再涂刷第二、第三道（2～3道可达500g/m²）。被涂物面施工前应除去油污、灰尘等脏污。本涂料不可覆盖其他类型面漆。

产品配方（质量份）

氧化锑	74
二氧化钛	140
碳酸钙	40
五溴甲苯	37
瓷土	35
云母	39.2
羟乙基纤维素	1.7
内增塑丙烯酸乳液（固体分56%）	165.5
表面润湿剂	1.8
水	218

生产工艺与流程

3-59 各色酚醛防火漆

性能及用途 漆膜中含有耐温颜料与防火剂，在燃烧时漆膜内的防火剂受热产生烟气，能起延迟着火的作用。适用于船舶、公共建筑房屋等钢铁及木质结构。

涂装工艺参考 该漆以刷涂施工为主。用

200号油漆溶剂油调节黏度。配套底漆为红丹酚醛防锈漆、灰酚醛和铁红酚醛防锈漆。有效储存期为1年，过期可按质量标准检验，如符合要求仍可使用。

产品配方（质量份）

乳液	75
防火材料	512
颜料	50
助剂	76
水	74

生产工艺与流程与流程

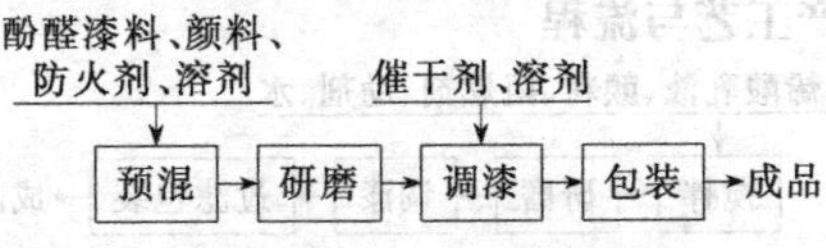

3-60 装饰性水性建筑防火漆

性能及用途 本涂料主要用于建筑物表面作防火涂层。既可单独作装饰性涂料，又可作为底层涂料，上面再涂其他涂层。

涂装工艺参考 用刷涂或辊涂法施工。可适当加水稀释。施工前要求对底材清理并整平。

产品配方（质量分数）

85%磷酸	1.4
水	29.3
磷酸铝(含3个结晶水)	40.5
壬基苯酚	0.1
异丙醇	1.2
金红石型钛白粉	27.5

生产工艺与流程 先取配方中约一半水，加入磷酸和磷酸铝，加热搅拌使磷酸铝完全溶解，冷却至室温，加入壬基苯酚和异丙醇，将混合物置于高速搅拌机中。另将其余的水和钛白粉混合调成浆状物。然后开动高速搅拌机，将钛白粉浆加入磷酸铝溶液中，充分搅匀分散，过滤包装。

3-61 新型环保型隧道防火漆

性能与用途 该涂料具有无毒无味、施工简便、涂层附着力强、机械强度高、耐火极限时间长、耐火性能稳定可靠等特点。

产品配方（质量份）

乳液	146
颜料	25
去离子水	386
助剂	82
填料	42
阻燃剂	388

生产工艺与流程

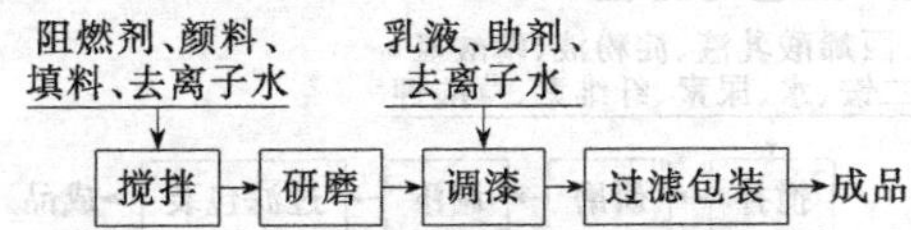

3-62 新型钢结构抗振防火漆

性能及用途 本涂料黏结强度高，抗振、抗弯、耐水、耐候性好。可直接喷涂于钢基材上，不需铁网加固，施工方便，干燥快，使用安全。颜色可调。

涂装工艺参考 适用于裸露承重钢结构的防火保护。提高其耐火极限，满足设计规范要求。例如体育馆、影剧院、饭店、百货楼及工厂的钢结构等都可采用本涂料提高防火隔热性能，又有装饰效果。底材要进行除油、除锈处理。利用0.4～0.6MPa空气压力喷涂施工。每隔8～24h喷一道，一般需喷三道。上罩面漆装饰保护。

产品配方/kg

聚氯丁橡胶乳液(50%)	100
颜料	10
抗氧剂	2
去离子水	适量
石棉纤维	10
氢氧化铝	80
三氧化二锑	5

生产工艺与流程

三氧化二锑、颜料、氢氧化铝、石棉纤维　　乳液、抗氧剂、去离子水

3-63 新型泡沫型防火漆

性能及用途 适用于建筑物构件内部可燃性基材的保护和装饰，防止初期火灾和减缓火灾蔓延。

涂装工艺参考 可刷涂、辊涂或喷涂。涂刷量约为500g/m²，用自来水调整黏度。

产品配方（质量份）

分散性聚丙烯酸酯树脂	25
淀粉液	5
磷酸氢二铵	10
水	35

尿素	5
纤维素	1
草酸钾	5

生产工艺与流程

3-64 新型膨胀型丙烯酸乳胶防火漆

性能及用途 该漆以水为稀释剂，涂刷性好，施工方便，储运安全，无毒无臭不污染环境。漆膜一旦接触火焰，立即生成均匀致密的蜂窝状隔热层，有显著的隔热防火作用。具有良好的抗水防潮性和装饰性能。适用于建筑物构件内部可燃性基材的保护和装饰，对防止初期火灾和减缓火灾蔓延具有重要的意义。

涂装工艺参考 可刷涂、辊涂或喷涂。涂刷量约为500g/m²，使用时搅拌均匀，并用自来水调整黏度。

产品配方（质量份）

	白	奶黄
颜料	81	83
丙烯酸乳液	100	100
阻燃剂	496	496
助剂	74	74
去离子水	309	307

生产工艺与流程

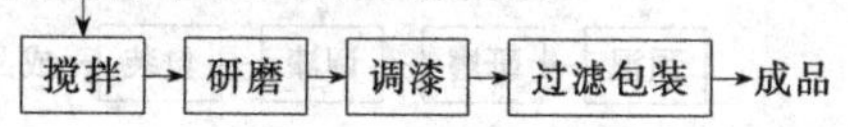

第四章 水性涂料和仿瓷涂料

第一节 水性涂料

水性涂料是以水为溶剂或分散介质的涂料。水性涂料已形成多品种、多功能、多用途、庞大而完整的体系。按照水性涂料的物理特性，水性涂料包括水溶性涂料、水稀释性涂料、水分散性涂料（乳胶涂料）3种。

水溶性涂料是以水溶性树脂为成膜物，以聚乙烯醇及其各种改性物为代表，除此之外还有水溶醇酸树脂、水溶环氧树脂及无机高分子水性树脂等。在水性涂料中，又以乳胶涂料占绝对优势。乳胶中最大的品种是聚醋酸乙烯和丙烯酸酯两类。丙烯酸乳胶的优点是耐候性好，湿附着力高；另一个特点是流动性和流平性好。而聚醋酸乙烯的流动性、流平性和湿附着力现在已经赶上了丙烯酸酯乳胶，外用耐久性也可以与丙烯酸酯涂料相比，并且聚醋酸乙烯的成本相当低。水性涂料是最早作为低污染涂料而进行开发的，发展很快。

水有别于绝大多数有机溶剂的特点在于其无毒、无臭和不燃，将水引进到涂料中，不仅可以降低涂料的使用成本和施工时由于有机溶剂存在而导致的危险性，也大大降低了VOC。因而水性涂料是绿色涂料发展的一大趋势，其物理、应用性能的重要差别如表4-1所示。

表4-1 水性涂料物理性能和应用性能比较

性 能	水分散型	乳胶型	水溶型
外观	不透明，呈现光散射	半透明，呈现光散射	透明，无光散射
微粒粒径/μm	≥0.1	0.02～1	<0.005
自聚集常数	—1.9	0～1.0	0
相对分子质量	10^6	2×10^4～2×10^5	2×10^4～5×10^4
黏度	低，与聚合物分子量无关	较黏，稍取决于聚合物分子量	完全取决于聚合物分子量
固含量	高	中	低
耐久性	优	优	很好
黏度控制	外加增稠剂	加入共溶剂增稠	由聚合物调节
组成	复杂	居中	简单
颜料分散	差	好～优	优
应用范围	多	一些	几个
反射光泽	低	较接近水溶型	高

一、一般建筑水性涂料的配方设计

凡是以水作为溶剂或者分散在水中的涂料都叫做水性涂料。水性涂料一般是指水分散涂料。通常包括水乳型分散体涂料和水稀释性分散体涂料。在本节中的水性建筑涂料是指水乳型分散体涂料，主要指乳胶漆。

乳胶漆：是指以合成树脂乳液为基础，使颜料、填料、助剂分散于其中而形成的水分散体系涂料。合成树脂乳液是指在机械搅拌下，通过乳化剂的作用，不饱和单体通过加成聚合而成的树脂小粒子团分散在水中形成的分散液。

（1）水性涂料的组成 水性涂料通常由基料、颜填料、助剂和水四个部分组成。

黏结剂或基料：基料是涂料的主要成膜物质，能将颜填料黏结在一起，形成涂膜，提供涂膜基本的物理性能和化学性能，是影响涂料性能的首要因素。它影响涂膜的硬度、柔韧性、耐水性、耐碱性、耐擦洗性、耐候性、耐沾污性、涂料的成膜温度及对底材的结合强度等性能。因此，在设计配方时，要根据涂装的环境及要求，选择合适的乳液品种作为基料。常用的基料有醋丙乳液、苯丙乳液、纯丙乳液、硅丙乳液等。

颜料或填料：颜料或填料是涂料的次要成膜物质。颜料主要起着色和遮盖作用。填料在涂料中没有着色作用，遮盖作用也很小，但能增强涂膜的强度，提高耐久性，还可以增加涂料的体积，降低涂料的成本。

颜填料对涂料的其他性能也是有影响的，影响漆膜的光泽、保色性、硬度、耐久性等。因此在设计配方时，要选择合适的颜填料，以达到适当的要求。常用的颜料有白色颜料和有色颜料。白色颜料如钛白粉、立德粉等。有色颜料如铁红、铁黄、铁黑等无机颜料和酞菁蓝、酞菁绿、汉沙黄等有机颜料。

助剂：少量添加即能够显著改善涂料的多种性能。助剂在涂料中的主要作用有：改善颜填料在水中的分散性，提供涂料的储存稳定性、改善涂料的成膜性及涂膜外观、满足涂料生产的工艺要求及满足不同的施工要求。

水性涂料常用的助剂有成膜助剂、分散润湿剂、消泡剂、增稠剂及流变改性剂、防霉剂、防腐剂、pH 调节剂、防锈剂及防冻剂等。

水：水是水性涂料的稀释剂，可以调节涂料的流动性和黏度。

(2) 水性涂料的成膜机理　水性涂料，在此指乳胶漆，它的成膜过程一般认为分为三个阶段：聚合物和颜料颗粒的靠拢；颗粒的堆积、变形；最后聚结成膜。成膜过程参见图 4-1。

乳胶漆施工后，由于水分挥发，聚合物颗粒和颜料颗粒相互靠拢，随着水分的进一步挥发，逐步达到紧密堆积状态。此时颗粒密度变大，失去流动性。干燥过程

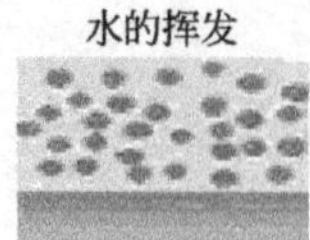

(a) 颗粒靠拢　(b) 堆积、变形　(c) 成膜

图 4-1　乳胶漆的成膜过程

继续进行，一般认为此时在缩水表面产生的力及毛细管力或表面张力的作用下，颗粒彼此接触，发生变形和聚结。能否形成连续的涂膜，则要看聚合物的最低成膜温度（MFT，minimum film-forming temperature)，此时如果周围环境温度高于 MFT，则聚合物颗粒变形、缠绕、聚结，形成连续膜。若周围环境温度低于 MFT，则不能形成连续膜，影响涂料的性能。

为了保证乳胶漆能很好地成膜，乳胶漆中通常需要添加成膜助剂，成膜助剂可以适当降低乳胶漆的最低成膜温度。尽管如此，乳胶漆的施工温度仍有一定的限制，通常要求施工温度高于 5℃。

乳胶漆的成膜除了与温度有关之外，与环境的相对湿度、基层的含水率等都有一定的关系。

成膜助剂作用：构成乳液或分散体的聚合物通常具有高于室温的玻璃化温度，为了使乳液粒子很好地融合成为均匀的漆膜，必须使成膜助剂降低最低成膜温度(MFT)。

成膜助剂是一类小分子有机化合物，存在于漆膜中的成膜助剂最终会逐渐逸出并挥发掉，多数成膜助剂是涂料 VOC 的重要组成部分，因此成膜助剂用得越少越好。选用成膜助剂要优先考虑不属于 VOC 限制范围，但挥发性不得太慢、成膜效率还要高的化合物。成膜助剂的量取决于配方中乳液或水分散体的用量和玻璃化温度。乳液或水分散体用量大以及聚合物的 T_g 高，成膜助剂的用量也要大，反之用量少，配方设计时，首先考虑成膜助剂大约占乳液或水分散体的 3%～5%，或占乳液或分散体固体分的 5%～15%。但是，对 T_g 超过 35℃

的聚合物乳液可能要提高成膜助剂的用量才能保证低温成膜的可靠性，这时应逐渐提高成膜助剂的用量，直至低温（10℃左右或更低）涂装能形成不开裂、不粉化的均匀漆膜为止，找出成膜助剂的最低用量。成膜助剂的用量达乳液或分散体的15%或者更高是不可取的，应考虑更换其他成膜助剂再试。除降低最低成膜温度和提高漆膜致密度外，成膜助剂还能改善工性能，增加漆的流平性，延长开放时间，提高漆的储存稳定，特别是低温防冻性。

二、新型建筑水溶性涂料的配方设计举例

水溶性涂料分为水溶性涂料、水分散性涂料；又分为电沉积涂料、乳胶涂料水溶性自干或低温烘干涂料；按用途分类可分为：水溶性木器底漆、装饰性水溶性涂料、内外墙建筑用水溶性涂料、工业用水溶性涂料，其中以水溶性涂料、电沉积涂料以及乳胶涂料占据主要地位。

通常使用的水溶性高分子涂料主要有离子型的聚丙烯酸盐，非离子型的聚乙烯醇、聚乙二醇，水溶性纤维素衍生物等。由于其水溶性的性质，这类高分子涂料耐水性差，仅有酚醛树脂等少数几种可作交联树脂之用。近来有报道称水缔合型高聚物（HAP）可作为高效的增稠剂。HAP在水溶性高分子的亲水骨架中引入小于1%～3%（摩尔分数）的疏水基团，在极性介质环境中，疏水基团之间的缔合（物理交联）可导致溶液黏度的增高；同时外力（如剪切）的作用可去除缔合。这类溶液黏度对剪切力的极大依赖性即假塑性，使得这类聚合物可作为水基涂料的增稠剂，有效地改善涂料的流变性能。

三、水溶性涂料生产工艺与产品配方实例

如下介绍水溶性涂料生产工艺与产品27个品种。

4-1　水溶性改性树脂漆

性能及用途　适用于各种金属设备及构件的表面涂装。

涂装工艺参考　以刷涂和辊涂为主，也可喷涂。施工时应严格按施工说明操作，不宜掺水稀释。施工前要求对金属设备及构件的表面进行清理整平。

产品配方

（1）水溶性改性树脂配方（质量分数）

亚麻油	30
顺丁烯二酸酐	5～10
石油树脂	5～10
催化剂(PC)	0.01
丁醇	10～15
有机胺	1～2
氨水	5～6
水	余量

生产工艺与流程　将亚麻油、石油树脂、顺丁烯二酸酐等原料加入反应釜中。加热至180℃，加入催化剂、丁醇继续加热至210℃，保温1～15h，当黏度达到7～10s时，冷却降温，加入有机胺、氨水等调整pH值为7.0～7.5。然后加水稀释，沉降分离，过滤，包装。

（2）新型水溶性树脂涂料配方（质量分数）

改性树脂	25～30
催干剂	0.1～0.5
丁醇	3～5
水	适量
轻质碳酸钙	5～6
沉淀硫酸钡	8～10
滑石粉	8～10
湿法氧化铁红	15～20

生产工艺与流程　先用改性树脂和去离子水配制水溶性树脂溶液，然后将催干剂溶于丁醇，再加到水溶性树脂中，最后用去离子水将溶液黏度调整到3～4s，制成漆料。在此漆料中加入其他固体颜料，搅拌均匀，用砂磨机研磨3～4遍，过滤，包装。

4-2　水溶性氨基树脂漆

性能及用途　用于金属表面的涂装。

涂装工艺参考　可采用刷涂、辊涂或高压无空气喷涂施工。使用量为0.5kg/m²，厚

度一道为 200μm。充分固化时间为 7 天，适用期为 1h（25℃）。

产品配方

	物质的量比	质量/g
三聚氰胺	1	312
甲醛	4～5	990
聚乙二醇		100
尿素		50
NaOH		适量
草酸		适量
甲醇	5～6	500

生产工艺与流程 将甲醛加入反应釜中，用 NaOH 调节 pH 值为 7.5～9。升高温度，加入三聚氰胺使其溶解，在 60～80℃反应 39～50min，加入聚乙二醇和尿素，继续反应 30～50min，加入甲醇进行醚化，此时反应体系的 pH 值用草酸调节至 4.5～6。继续反应至反应物呈脱水现象，立即用 NaOH 调节 pH 值为 7.5～8.5。将反应物真空脱水，黏度控制在 20s 左右，冷却至室温出料。

色漆配方/g

水溶性氨基树脂	75
二氧化钛	20
乙二醇丁醚	5
OP-10	0.05

把以上组分加入混合容器中进行混合均匀即可。

4-3 水溶性氨基醇酸树脂漆

性能及用途 该涂料可作为金属工件的烤漆，热固性胶黏剂等。

涂装工艺参考 以刷涂和辊涂为主，也可喷涂。施工时应严格按施工说明操作，不宜掺水稀释。施工前要求对金属工件面进行清理整平。

产品配方

（1）树脂的制备配方（质量份）

蓖麻油改性苯二甲酸树脂的二甲基乙醇胺溶液	24
甲氧甲基三聚氰胺	240

将以上组分在 60℃以下温度混合，得一高黏度的固体合成树脂，它能在室温下溶解于水。

（2）涂料的制备配方（质量份）

蓖麻油改性苯二甲酸树脂 60% 水溶液	100
硅油	0.5
二氧化钛	40

生产工艺与流程 将以上组分混合研磨成色浆，色浆用水稀释到 5～40s 的黏度，即可。

4-4 新型水溶性树脂漆（Ⅰ）

性能及用途 用作一般水基涂料。

涂装工艺参考 以刷涂和辊涂为主，也可喷涂。施工时应严格按施工说明操作，不宜掺水稀释。施工前要求对施工面进行清理整平。

产品配方

（1）水溶性醇酸树脂配方（质量份）

油酸	38.9
一元酸	8.5
间苯二甲酸	21.5
三羟甲基丙烷	23.6
偏苯三甲酸酐	7.5
助溶剂	25.0

生产工艺与流程 树脂的合成采用脂肪酸酯化法，首先将脂肪酸、一元酸、三羟甲基丙烷、间苯二甲酸等原料加入反应釜中，逐渐升温至 230℃进行酯化反应，经 10～15h，直到酸值降至于 10mgKOH/g 以下，然后，将温度降至 180℃，加入偏苯三甲酸酐，保持温度在 165℃继续反应至酸值 4.5～5.5mgKOH/g 为止，降温加入稀料后出料。

（2）色漆的制备

将树脂、颜料、填充料、助剂等加入反应釜中混合均匀，直到黏度合格后为止，再加入中和剂、催干剂并用去离子交换水稀释，过滤，出料。

4-5 新型水溶性树脂漆（Ⅱ）

性能及用途 用于防火涂料。

涂装工艺参考 用墙面敷涂器敷涂或用彩砂涂料喷涂机喷涂施工。

产品配方/g

	Ⅰ	Ⅱ
亚麻仁油脂肪酸	500	200
三羟甲基丙烷	240	200
偏苯三酸酐	30	2.7

	Ⅰ	Ⅱ
催干剂	适量	—
苯二甲酸酐	200	—
顺丁烯二酸酐	50	—
乙二醇单丁醚	680	320
间苯二甲酸	—	200
三乙胺	—	4.1
正丁醇	—	3.6
钴-铅-钙催干剂	—	适量

生产工艺与流程 配方Ⅰ，先将亚麻仁油脂肪酸、苯二甲酸酐、三羟甲基丙烷在225℃下热炼到酸值为15mgKOH/g，降温，加入顺丁烯二酸酐和偏苯三甲酸酐，再次加热至180℃，热炼至酸值为45mgKOH/g。用乙二醇单丁醚稀释到60%的溶液，加入金属催干剂和色料，得到水稀释气干型醇酸涂料。

配方Ⅱ，将亚麻仁油脂肪酸、三羟甲基丙烷和间苯二甲酸在240℃下热炼到酸值为25mgKOH/g，降温至160℃，加入偏苯三酸酐，在190℃下加热反应到酸值为35～45mgKOH/g，降温至140℃加入乙二醇单丁醚、正丁醇、三乙胺，得到60%的基料水溶液，加入Co-Pb-Ca催干剂，得到水稀释型醇酸涂料。

4-6 新型水溶性树脂漆（Ⅲ）

性能及用途 用作一般金属的涂装。

涂装工艺参考 以刷涂和辊涂为主，也可喷涂。施工时应严格按施工说明操作，不宜掺水稀释。施工前要求对金属表面进行清洁。

产品配方/g

脱水蓖麻油脂肪酸	280
聚氧化乙烯双酚A	200.5
乙二醇单丁醚	50
三羟甲基丙烷	250
间苯二甲酸	349.5
三乙胺	5.2
二氧化钛	737.5
水	4.8
三聚氰胺树脂	184.4

生产工艺与流程 先将脱水蓖麻油脂肪酸、聚氧化乙烯双酚A、三羟甲基丙烷和间苯二甲酸加入反应釜，加热升温至220℃进行缩聚反应，当酸值达到30mgKOH/g，加入乙二醇单丁醚、三乙胺和水，反应结束后加入二氧化钛和三聚氰胺树脂，搅拌混合均匀，即为水溶性醇酸树脂涂料。

4-7 新型水溶性树脂漆（Ⅳ）

性能及用途 制备水溶性醇酸涂料。

涂装工艺参考 用墙面敷涂器敷涂或用彩砂涂料喷涂机喷涂施工。

产品配方（质量份）

	Ⅰ	Ⅱ	Ⅲ	Ⅳ
塔尔油脂肪酸	456	—	—	—
亚麻仁油脂肪酸	357	357	—	—
三羟甲基丙烷	277	335	335	286
间苯二甲酸	264	299	299	307
偏苯三酸酐	87	99	99	102
豆油	—	—	—	374
氢氧化锂				101

生产工艺与流程 将脂肪酸、三羟基丙烷和间苯二甲酸加入反应釜中，在搅拌下加热至177℃进行酯化反应，反应为3h，温度升高到238℃，酸值达到10mgKOH/g时，冷却到182℃，再加入偏苯三酸酐，其温度171～177℃，当酸值达到要求时，冷却温度至163℃，然后用共混溶剂进行稀释。

4-8 新型水溶性树脂漆（Ⅴ）

性能及用途 用于调制水溶性涂料。

涂装工艺参考 以刷涂和辊涂为主，也可喷涂。施工时应严格按施工说明操作，不宜掺水稀释。施工前要求对墙面进行清理整平。

产品配方

（1）配方（质量份）

一元羧酸	40～70
二元羧酸	7～20
二元醇	0～10
多元醇	14～30
二异氰酸酯	10～23

（2）具体配方/g

间苯二甲酸	367
季戊四醇	752
豆油脂肪酸	1549
二月桂酸二丁基锡	41
一元脂肪酸	774
二羟甲基丙酸	255
异佛尔酮二异氰酸酯	789

生产工艺与流程

(1) 先将间苯二甲酸、季戊四醇、豆油脂肪酸、一元脂肪酸加入反应釜中进行缩聚反应合成醇酸树脂，其羟值为164mgKOH/g，酸值为25mgKOH/g，将该树脂加入到*N*-甲基吡咯烷酮中，继续反应再加入二羟甲基丙酸和催化剂二月桂酸二异丁基锡，升高温度为100～120℃下进行搅拌，在75℃温度下加入异佛尔酮二异氰酸酯混合，在110℃下继续搅拌一定时间，当酸值为28mgKOH/g时，制得水溶性醇酸树脂。

(2) 涂料的配制。把480份水溶性醇酸树脂、催化剂三乙胺9.4份和防结皮剂6.65份投入反应釜中，开动搅拌，进行混合，在水中形成43%分散体系即为涂料。

4-9　新型水溶性树脂漆（Ⅵ）

性能及用途　制备水溶性醇酸涂料。

涂装工艺参考　可采用刷涂、辊涂或高压无空气喷涂施工。使用量为0.5kg/m²，厚度一道为200μm。充分固化时间为7天，适用期为1h（25℃）。

产品配方

(1) 水溶性醇酸树脂的制备配方（质量比）

失水偏苯三甲酸	6.3
邻苯二甲酸酐	7.4
1,3-丁二醇	7.2
丁醇	6.3
甘油-豆油脂肪酸酯	10.6
氨水	适量

生产工艺与流程　将失水偏苯三甲酸酐、邻苯二甲酸酐、1,3-丁二醇、丁醇、甘油-豆油脂肪酸酯加入反应釜中，通入二氧化碳气，加入原料，开动搅拌，升温至180℃进行缩聚酯化反应，当酸值达到60～65mgKOH/g时，降温，冷却到130℃，再加入丁醇进行溶解，当温度达到60℃以下时，用氨水进行中和，可制得水溶性醇酸树脂。然后再进一步制备色浆涂料。

(2) 配方/kg

蓖麻油	40.75
季戊四醇	9.82
甘油	5.89
氧化铅	0.01223
苯二甲酸酐	28.45
二甲苯	5.70
丁醇	12.20
异丙醇	12.20
一乙醇胺	7.96

生产工艺与流程　将蓖麻油、甘油、季戊四醇加入反应釜中，通入二氧化碳气，在搅拌下升高温度至120℃，加入氧化铅继续升高温度至230℃，保温3h，使其溶解完全后，温度降至180℃，停止搅拌。加入苯二甲酸酐和二甲苯，升温至180℃回流酯化。每隔0.5h取样分析一次，直到酸值为80mgKOH/g时为止，停止加热，然后降温，抽真空除去溶剂，当温度降至120℃，加入丁醇、异丙醇继续降温至50～60℃时，再加入一乙醇胺进行中和。

4-10　新型水溶性树脂漆（Ⅶ）

性能及用途　用于钢板、钢件等涂装。

涂装工艺参考　以刷涂和辊涂为主，也可喷涂。施工时应严格按施工说明操作，不宜掺水稀释。施工前要求对钢板、钢件面进行清理整平。

产品配方

(1) 顺丁烯二酸醇酸树脂配方（质量份）

亚麻油脂肪酸	675
间苯二甲酸	201
季戊四醇	234
苯甲酸	217
顺丁烯二酸酐	78

生产工艺与流程　按上述配方，把原料亚麻油脂肪酸、间苯二甲酸、季戊四醇和苯甲酸加入反应釜中，充氮气，进行搅拌，在催化剂存在下，逐渐升温至240℃，反应约8h，使树脂酸值为1.1mgKOH/g时，然后慢慢降温至200℃，加入顺丁烯二酸酐，在200℃下进行顺丁烯二酸化反应，反应需3h，即得顺丁烯二酸醇酸树脂。

(2) 醇酸树脂（质量份）

松香油脂肪酸	655
间苯二甲酸	219

季戊四醇	237
苯甲酸	209

生产工艺与流程　按上述配方，把原料松香油脂肪酸、间苯二甲酸、季戊四醇和苯甲酸加入反应釜中，充氮气，在催化剂存在下进行搅拌，升温至240℃，反应需用2h，酸值为2mgKOH/g。

（3）树脂乳液配方（质量份）

顺丁烯二酸醇酸树脂	210
醇酸树脂	210
异丙醇	126
三乙胺	中和用量
去离子水	650

生产工艺与流程　把顺丁烯二酸醇酸树脂和醇酸树脂加入反应釜中，升高温度至180℃，反应30min，当酸值达到28.7mgKOH/g时，加入去离子水，进行开环反应，然后慢慢加入异丙醇，进行溶解，再用三乙胺中和，在内温为40～45℃时滴加去离子水，在0.5h内滴加完毕，随后在此温度下进行减压蒸馏1h，除去溶剂，即得树脂乳液。

4-11　常用的水溶性氨基醇酸树脂漆

性能及用途　稳定性好、防腐性好。用于防腐蚀设备的涂饰。

涂装工艺参考　以刷涂和辊涂为主，也可喷涂。施工时应严格按施工说明，不宜掺水稀释。施工前要求对防腐蚀设备的面进行清理整平。

产品配方（质量份）

氧化锌	50
焦磷酸钠	2
β-萘磺酸钠甲醛溶液缩合物	1
水	47
水溶性醇酸树脂(50%)	1
甲氧基三聚氰胺树脂(70%)	5
乙二醇单丁醚	15
炭黑	2
水	24

生产工艺与流程　将前四种原料加入球磨机中进行研磨20h，然后经塑炼可得到稳定性防腐蚀颜料4份再与配方中其余组分相混合，经10min混炼后得水性涂料。

4-12　新型水溶性醇酸树脂烘烤漆

性能及用途　漆膜透明、柔韧，抗冲击性、耐水性、耐酸性、耐盐性和耐溶剂性良好，碱性稍差。用于降低环境污染、火灾危险以及低毒的地方。

涂装工艺参考　以刷涂和辊涂为主，也可喷涂。施工时应严格按施工说明，不宜掺水稀释。施工前要求对施工面进行清理整平。

产品配方

（1）水溶性醇酸树脂配方（质量份）

脱水蓖麻油脂肪酸	250
海松酸	250
乙二醇	60
甘油	30
氧化钙	0.125

生产工艺与流程　将脱水蓖麻油脂肪酸和海松酸加入反应釜中，反应釜带有搅拌器、温度计和回流冷凝器，加热到180℃通入氮气进行保护，在反应物中加入脂肪酸质量的0.05%的氧化钙催化剂，然后加入甘油和乙二醇，并将反应物在200℃加热4h，反应混合物再进一步升温到240℃后，保温到所需要的酸值和黏度，酸值为56.7mgKOH/g。

（2）水溶性甲醇醚化三聚氰胺-甲醛树脂（质量份）

三聚氰胺	250
甲醛液(37%)	1050
10%NaOH水溶液/mL	20

生产工艺与流程　按上述配方，把三聚氰胺和甲醛溶液加入到三口瓶中，向反应物中加入10%NaOH水溶液调节pH值为9～10，然后把反应物加热到60℃，反应30min，然后用水稀释，真空过滤，最后用水充分洗涤以除去残留碱，制得沉淀树脂。

（3）海松酸水溶性醇酸树脂涂料　将沉淀树脂加入到反应釜中，后加入甲醇，用10%HCl水溶性将反应混合物的pH值调到4～5，反应混合物加热回流，得到透明产物。把树脂产物浓缩到60%固体分。

4-13　新型水溶性氨基改性醇酸树脂漆

性能及用途　外观棕色透明黏稠液体。用于纸张、木材的涂装。

涂装工艺参考　以刷涂和辊涂为主，也可喷涂。施工时应严格按施工说明操作，不

宜掺水稀释。施工前要求对纸张、木材面进行清洁。

产品配方

（1）醇酸树脂的制造配方/kg

蓖麻油	40.75
季戊四醇	9.82
甘油	5.89
氧化铅	0.01223
苯二甲酸酐	28.45
二甲苯	5.70
丁醇	12.20
异丙醇	12.20
一乙醇胺	7.95

（2）色漆的配方/kg

水溶性醇酸树脂	42.85
氨基树脂	14.28
炭黑	1.00
中铬黄	3.15
深铬黄	0.53
钛白粉	0.3
酞菁蓝	0.19
硫酸钡	6.33
碳酸钙	12.64
滑石粉	2.26

生产工艺与流程 把以上组分加入反应釜中，进行搅拌混合均匀即可。在施工过程中可在涂料中加入少量水溶性硅油及增加助溶剂量，可克服涂膜缩边、水花点等。

4-14 水溶性无油醇酸树脂漆

性能及用途 适用于家电、一般机械、汽车等金属底材和塑料底材的涂装，涂装以后，于80～250℃烘烤1～60min固化成膜。

涂装工艺参考 以刷涂和辊涂为主，也可喷涂。施工时应严格按施工说明操作，不宜掺水稀释。施工前要求对金属底材和塑料底材的涂装面进行清理整平。

产品配方

（1）水溶性无油醇酸树脂配方（质量份）

间苯二甲酸	20.0
偏苯三甲酸酐	10.0
己二酸	9.3
十六噻吩甲基丁二酸酐	25.0
1,4-丁二醇	20.8
三羟甲基丙烷	14.9
丁基溶纤剂	11.1

生产工艺与流程 在装有搅拌器、冷凝器和温度计的三口瓶中加入间苯二甲酸、偏苯三甲酸酐、己二酸、十六噻吩甲基丁二酸酐、1,4-丁二醇和三羟甲基丙烷，通氮气进行保护，边加热，边搅拌，升高温度至220℃，保温2h，然后降温至190℃以下，酯化2h，即酸值为50mgKOH/g的反应物，后冷却至100℃以下加入丁基溶纤剂进行稀释，得到水溶性无油醇酸树脂。

（2）树脂水溶液配方（质量份）

水溶性无油醇酸树脂	100.0
二甲基乙醇胺	5.7
去离子水	151.4

生产工艺与流程 在反应釜中加入水溶性无油醇酸树脂和二甲基乙醇胺，充分搅拌混合，然后用去离子水调整固体分为35%，即得树脂水溶液。

（3）色浆配方（质量份）

树脂水溶液	100.0
钛白粉	70.0

生产工艺与流程 按上述配方，将树脂水溶液和钛白粉加入反应釜中进行混合，后加入研磨机中进行研磨1h，得白色浆。

（4）白磁漆配方（质量份）

色浆	100.0
水溶性三聚氰胺	6.2
表面活性剂	0.02
去离子水调节固体分	适量

生产工艺与流程 把色浆、水溶性三聚氰胺和表面活性剂加入反应釜中进行搅拌混合均匀，然后用去离子水调节其黏度和固体分，得白磁漆。

4-15 水溶性氨基有机硅树脂漆

性能及用途 可用于木炭炉、消音器、汽车排气管、空间加热器的耐高温保护涂料。

涂装工艺参考 可用刷涂法或喷涂法施工。涂料不能掺水稀释。

产品配方

（1）白色水性有机硅涂料的配制配方（质量份）

颜料浆	18.2
金红石型钛白	225.6
丙二醇	32.2

二甲基乙醇胺	4.8
甲氧基甲基三聚氰胺	32.2
水	59.6

生产工艺与流程　按照配方，把各组分加入混合釜中进行混合，然后加入研磨机中研磨15min，制成白色浆液。

（2）配漆（质量份）

颜料浆	12.4
乙二醇单丁醚	32.2
辛酸锌(8%)	6.3
有机硅乳液	1023

生产工艺与流程　按配方将各组分加入砂磨机中，进行研磨，可得到水性有机硅乳胶涂料。

（3）制造有机硅乳液（质量份）

Methocel A-25	7.2
粉状甲基纤维素和纤维素醚	7.2
水	360
有机硅甲苯溶液	216
水	105

生产工艺与流程　在水容器中加入180份水并预热到80～90℃，把配方中的Methocel A-25、甲基纤维素加入其中，搅拌分散纤维素粉末，再加入180份水，混合物温度下降到20℃，再加入乳化有机硅甲苯溶液，再加入105份水，搅拌混合均匀后，再放入胶体磨中进行研磨。

4-16　水溶性氨基丙烯酸·环氧树脂漆

性能及用途　用于金属、有底漆的表面或食品罐头等的涂装。

涂装工艺参考　可用刷涂法或喷涂法施工。涂料不能掺水稀释。

产品配方

（1）羟基丙烯酸树脂溶液配方（质量份）

丁醇	400
甲基丙烯酸	138
苯乙烯	138
丙烯酸乙酯	14
过氧化苯甲酰(75%)	15.5
2-丁氧基乙醇	290

生产工艺与流程　按配方把丁醇加入带搅拌器、温度计、回流冷凝器的反应釜中，在另一烧杯中加入甲基丙烯酸、苯乙烯、丙烯酸乙酯、过氧化苯甲酰等进行搅拌混合，当反应釜升温至105℃后，在3h内慢慢滴加混合物，保温2h，反应结束后，加入2-丁氧基乙醇，即得含有羟基的丙烯酸树脂溶液。

（2）环氧树脂溶液配方（质量份）

环氧-828	500
双酚A	259
环戊烷酸	12.6
三正丁胺	0.5
甲基异丁酰甲酮	86

按上述配方，把原料加入反应釜中，在通氮气的情况下加热至135℃进行反应，因是放热反应，温度慢慢升到180℃，反应后冷却至160℃，即得环氧树脂溶液。

（3）水溶性涂料配方（质量份）

30%含有羟基的丙烯酸树脂溶液	200
90%环氧树脂溶液	266
丁醇	86
2-丁氧基乙醇	47
去离子水	3.2
二甲基氨基乙醇(1)	5.3
二甲基氨基乙醇(2)	9.5
三聚氰胺-甲醛树脂	15.0
去离子水	627

生产工艺与流程　按上述配方，把30%羟基丙烯酸树脂溶液、90%环氧树脂溶液、丁醇、2-丁氧基乙醇加入反应釜中，通入氮气进行保护，加热至115℃，使树脂完全溶解，然后冷却至105℃，再加入去离子水、二甲基氨基乙醇（1），然后在105℃下保温3h，测定酸值为51mgKOH/g，再过3h，再加入二甲基氨基乙醇（2），再过5min后，加入三聚氰胺-甲醛树脂进行混合20min后，在此30min内慢慢地加入去离子水，得到稳定的水溶性涂料。

4-17　常用的水性氯磺化聚乙烯涂料

性能及用途　本涂料以水为分散介质，具有不燃、无污染、对人体无影响等优点。可在地下洞库等潮湿表面施工，固化后漆膜对底材具有优良的附着力，并具有很好的防潮、防霉、耐水、耐海洋大气腐蚀等性能。用于地下工程、地铁车站、海洋工程、石油化工、啤酒及饮料酿造、民用建筑等领域。作为混凝土、水泥砂浆、灰浆等基材的装饰防护涂料。

涂装工艺参考 本涂料为双组分，使用时按比例现场配制，可采用刷、喷涂施工。两层间施工间隔以表干为准，当 RH≥95%时，应通风。

产品配方（质量分数）

二氧化钛	30
钙钛白	15
锑白	7.5
硬脂酸铝	0.2
催干剂	1.5
溶剂	10.0
含氯聚乙烯树脂(50%)	35.8

生产工艺与流程 将配方中各组分进行混合，然后再用研磨机研磨得白色磁漆。

4-18 常用的水溶性多功能光亮膏

性能及用途 用于汽车、家具、家电等表面的涂饰。

涂装工艺参考 可采用刷涂、辊涂或高压无空气喷涂施工。使用量为 0.5kg/m²，厚度一道为 200μm。充分固化时间为 7 天，适用期为 1h (25℃)。

产品配方

（1）配方（质量分数）

石蜡	6
二甲基硅油	1.2
羟基三氯硅烷	0.4
聚氧化乙烯烷基苯	0.8
双硬脂酸铝	10
磺化硬脂酸烷基酯	0.6
防冻剂	0.4
聚乙烯蜡	4
甲基氯硅烷	0.8
NaOH 液	2
磺基琥珀酸二辛酯钠	1.6
丙烯酸乳液	4.1
防腐剂	0.1
碱式香精	适量

（2）皮系列用水溶性多功能石蜡光亮膏（质量分数）

石蜡	6
蜂蜡	0.4
二甲基硅油	1.2
NaOH 液	2
硬脂酸甘油酯	1
甲苯磺酰胺	0.8
防腐剂	0.1
软化水	57
地蜡	3.6
氨基硅氧烷	0.8
OP-7	0.6
双硬脂酸羟铝	10
丙烯酸乳液	7.2
防冻剂	0.4
碱式香精	适量

（3）家具家电、自行车用水溶性多功能石蜡光亮膏（质量分数）

石蜡	7
地蜡	2.8
二甲基硅油	1
NaOH	2
二乙二醇单月桂酸酯	0.8
邻甲苯磺酰胺	0.8
防腐剂	0.1
防冻剂	0.4
蜂蜡	0.2
甲基硅烷	1
OP-10	0.8
硬脂酸羟铝	10
丙烯酸苯乙烯乳液	4.4
软化水	57
碱式香精	适量

生产工艺与流程 将上述配方中的各组分加入反应釜中，进行搅拌加热至 70℃，再升温至 90℃，反应约 0.5h 进行乳化反应。再将双硬脂酸羟铝在 20min 加入反应釜中，升温至 90～100℃，此时反应液出现黏稠状，保持 45min，再将增光剂与聚合物乳液及配方量 25% 的软水加入反应釜中，在 95℃时反应 20min，加入非离子表面活性剂、硅油。最后加入防腐剂、防冻剂及余量的软水反应釜中，降温至 40℃加入碱式香精，即得产品。

4-19 水稀释氨基聚醚树脂漆

性能及用途 用于外用汽车部件，也可用于裸钢、打底过的金属和各种耐用烘烤温度的聚合物。

涂装工艺参考 以刷涂和辊涂为主，也可喷涂。施工时应严格按施工说明操作，不宜掺水稀释。施工前要求对汽车部件、金属面进行清理整平。

产品配方（质量份）

聚醚多元醇	65.0
三聚氰胺-甲醛树脂	35.0
添加剂	0.5
异丙醇	20.0
铝粉浆	20.0

生产工艺与流程 在混合器中加入上述各种原料，进行充分混合均匀，即为所需涂料。

4-20 水溶性氨基醇酸·丙烯酸酯磁漆

性能及用途 用于电器、无线电工业制品、汽车、农药机部件及其他金属制品的涂装。

涂装工艺参考 可用刷涂法或喷涂法施工。涂料不能掺水稀释。

产品配方（质量分数）

丁醇醚化三聚氰胺甲醛树脂	1.5
脂肪酸醇酸树脂	10.0
二氧化钛	21.0
有机溶剂	10.0
异丙醇	5.0
丁醇	3.0
二甲苯	2.0
水	25.0
乙酸乙烯酯-丙烯酸丁酯和丙烯酸共聚物(按固体分为 50：48：2)	22.5

生产工艺与流程 在带有搅拌器的容器中加入上述配方中的各种原料，进行搅拌混合后，放入砂磨机中分散到细度为 20μm。

4-21 水溶性氨基丙烯酸酯树脂漆

性能及用途 该涂料表面装饰性好，流平性和颜料润湿性优良，可防止麻点或缩孔现象。用作质量要求较高的建筑墙面涂料。适用于金属、混凝土、石棉、木材、织物、皮革、纸张等底材，适用于铁、铝等金属表面涂装。

涂装工艺参考 以刷涂和辊涂为主，也可喷涂。施工时应严格按施工说明操作，不宜掺水稀释。施工前要求对金属、混凝土、石棉、木材、织物、皮革面进行清理整平。

产品配方（质量份）

丙烯酸系低聚物(Ⅰ)	44
丙烯酸系低聚物盐(Ⅱ)	145
甲基醚化三聚氰胺	29
二氧化钛	100
乙二醇单丁醚	42.6

生产工艺与流程 将配方中各组分进行混合，然后再用研磨机研磨得白色磁漆。

4-22 常用的水溶性丙烯酸漆

性能及用途 已广泛用于烘漆。

涂装工艺参考 可采用刷涂、辊涂或高压无空气喷涂施工。使用量为 0.5kg/m^2，厚度一道为 200μm。充分固化时间为 7 天，适用期为 1h (25℃)。

产品配方（质量份）

水溶性丙烯酸树脂	1
固化剂	0.25
去离子水	1～2
颜料	0.2
催干剂(1：2 钴催干剂和稀土催干剂)	0.008

生产工艺与流程 在带有搅拌器、温度计、回流冷凝器的三口瓶中，充氮气加入以上组分进行充分混合，即成为色漆。

4-23 新型水溶性丙烯酸漆（Ⅰ）

性能及用途 用于配制水性涂料。

涂装工艺参考 可用刷涂法或喷涂法施工。涂料不能掺水稀释。

产品配方

(1) 原料配比（物质的量比）

丙烯酸	1.3
丙烯酸丁酯	2.5
甲基丙烯酸甲酯	0.8
苯乙烯	1.0
丙烯酸-2-羟丙酯	1.2
丁醇(为聚合物的 50%)	适量
过氧化苯甲酰(为单体量的)	2%

生产工艺与流程 按照配方中量，把丁醇加入反应釜中，升温至回流温度，滴加单体和引发剂混合物，滴加完毕后，继续反应 2h，减压除去丁醇，60℃以下加氨水中和使 pH 值为 7.5～8.0 出料。

(2) 色漆配制（质量份）

钛白	30
群青	0.15
水溶性丙烯酸树脂(100%)	81.9
六甲氧甲基三聚氰胺	9.0
水	调整漆挥发分

生产工艺与流程 将水溶性丙烯酸树脂、钛白、群青搅拌均匀后，加入三辊机研磨

至细度为20μm以下，加入六甲氧甲基三聚氰胺，用蒸馏水调至漆挥发分为50%，过滤，装桶。

4-24 新型水溶性丙烯酸漆（Ⅱ）

性能及用途 适用于钢板、软钢板等底材上。

涂装工艺参考 可采用刷涂、辊涂或高压无空气喷涂施工。使用量为0.5kg/m²，厚度一道为200μm。充分固化时间为7天，适用期为1h（25℃）。

产品配方

（1）脂肪酸改性单体配方（质量份）

原料	质量份
豆油脂肪酸	240
对苯二酚	1.3
甲基磺酸	2.6
正庚烷	144
甲基丙烯酸-β-羟乙酯	1300
对苯二酚	2.6
甲基磺酸	7.6
甲苯	234

生产工艺与流程 按上述配方，把豆油脂肪酸、对苯二酚、甲基磺酸和正庚烷加入带有搅拌器、温度计、回流冷凝器的反应釜中，加热至150℃，在此温度下滴加甲基丙烯酸-β-羟乙酯、对苯二酚、甲基磺酸、甲苯的混合物，用3h加完，在150℃回流脱水6.5h，当反应生成物酸值为7.4mgKOH/g时，减压除去溶剂，固体分为95%。

（2）共聚物配方（质量份）

原料	质量份
脂肪酸改性单体	796
正丁基溶纤剂	1000
苯乙烯	344
甲基丙烯酸正丁酯	344
丙烯酸-β-羟乙酯	514
偶氮-2-甲基戊腈	50
偶氮二异丁腈	40

生产工艺与流程 按上述配方，把正丁基溶纤剂，升温至120℃在搅拌下滴加脂肪酸改性单体、苯乙烯、甲基丙烯酸正丁酯、丙烯酸-β-羟乙酯、偶氮二异丁腈和偶氮-2-甲基戊腈的混合物，用1h滴完，在120℃下再反应2h，反应结束后减压除去未反应的单体和丁基溶纤剂，使固体分为75%。

4-25 新型水溶性丙烯酸漆（Ⅲ）

性能及用途 具有优良的热固化性和良好的加工性，是透明的黏性清漆。制造水溶性透明清漆，用于金属表面的涂装。

涂装工艺参考 以刷涂和辊涂为主，也可喷涂。施工时应严格按施工说明操作，不宜掺水稀释。施工前要求对金属表面进行清理整平。

产品配方/g

甲基丙烯酸甲酯	500
甲基丙烯酸-2-乙基己酯	1200
甲基丙烯酸-β-羟乙酯	2000
马来酸单丁酯	1000
甲醇	3000
苯乙烯	500
丙烯酸丁酯	3800
偶氮双异丁腈	300
丙烯酰胺	1000
乙酸丁酯	500
N,*N*-二甲基乙醇胺	1000
水	5700
叔丁基过氧化物/己酸-β-羟乙酯	30

生产工艺与流程 按以上配方，加入苯乙烯、甲基丙烯酸甲酯、甲基丙烯酸-2-乙基己酯、甲基丙烯酸-β-羟乙酯、丙烯酸丁酯、马来酸单丁酯、丙烯酰胺等组分于反应瓶中，加入甲醇，在偶氮双异丁腈引发下，加热至100℃，反应3h，回收甲醇，加入乙酸丁酯和叔丁基过氧化物/己酸羟乙酯，在100℃下，保温1.5h，再加入*N*,*N*-二甲基乙醇胺和水，制得透明的水溶性清漆。

4-26 新型水溶性丙烯酸漆（Ⅳ）

性能及用途 适用于金属、陶瓷器、石膏、木材、纸张、合成树脂板、玻璃的涂装。具有良好的耐久性、难燃性、耐污性、防尘性、防结露性、耐水性、储存稳定性等。

涂装工艺参考 以刷涂和辊涂为主，也可喷涂。施工时应严格按施工说明操作，不宜掺水稀释。施工前要求对施工面进行清理整平。

产品配方

（1）丙烯酸共聚物的制造配方（质量份）

原料	质量份
异丙醇	38.85
苯乙烯	40

丙烯酸正丁酯	38.6
丙烯酸-β-羟乙酯	10
丙烯酸	8.4
偶氮二异丁腈	3
偶氮-2-二甲基戊腈	1
丙醇	15
γ-甲基丙烯酸羟丙基三甲氧基硅烷	3

生产工艺与流程　把异丙醇加入带有搅拌器、温度计、回流冷凝器的四口瓶中，用氮气保护，滴加入苯乙烯、丙烯酸正丁酯、丙烯酸-β-羟乙酯、丙烯酸、γ-甲基丙烯酸羟丙基三甲氧基硅烷和偶氮二异丁腈混合物，进行搅拌混合，加热至80～90℃，用3h加完，继续反应1h，然后滴加偶氮-2-二甲基戊腈和丙醇，反应2h，反应结束用丙醇调整固体分到65%。

（2）涂料的制备（质量份）

颜料浆	50
水性树脂分散体	50
增稠剂	2.5
消泡剂	0.25
去离子水	5

生产工艺与流程　将上述配方中各组分加入反应器中，进行搅拌混合均匀，即可。

（3）水性树脂分散体的制造（质量份）

十二烷基磺酸钠	3
胶体二氧化硅	50
去离子水	150
丙烯酸-β-羟乙酯	40
甲基丙烯酸甲酯	29
苯乙烯	27
丙烯酸	1
过硫酸铵	0.7
γ-甲基丙烯酸羟丙基三甲氧基硅烷	3

生产工艺与流程　把以上配方中各组分加入带有搅拌器、温度计、回流冷凝器的三口瓶中，搅拌混合，通氮气进行保护，加热至60～70℃，在3h内滴加完上述混合物，滴完后，保温2h，然后冷却，用氨水调整pH=8～9，固体分调整至40%，得到稳定的水性树脂分散体。

4-27　新型水基水溶性漆

性能及用途　用于制备白色烘干漆，适用于金属、陶瓷器、石膏、木材、纸张、合成树脂板、玻璃的涂装。具有良好的耐久性、难燃性、耐污性、防尘性、防结露性、耐水性、储存稳定性等。

涂装工艺参考　以刷涂和辊涂为主，也可喷涂。施工时应严格按施工说明操作，不宜掺水稀释。施工前要求对墙面进行清理整平。

产品配方（质量份）

三羟甲基丙烷	1409
异壬酸	679
间苯二胺	1412
1,2-羟基硬脂肪酸	245
甲氧基聚乙二醇	191
N-甲基吡咯烷酮	500
缩二脲异氰酸酯三聚体	305

生产工艺与流程

（1）亲水醇酸树脂的制备　在氮气保护下，在反应釜中加入三羟甲基丙烷、异壬酸和间苯二胺和二甲苯，用二甲苯回流，将混合物加热230℃，除去反应生成的水，酸值达2mgKOH/g后停止回流。

将1,2-羟基硬脂肪酸、甲氧基聚乙二醇和N-甲基吡咯烷酮组成的溶液加到缩二脲异氰酸酯三聚体中，反应物于60℃反应，直至NCO含量降至95%。

（2）制备乳液　将二甲基乙醇胺充分中和改性短油度醇酸树脂，然后分散在软化水中，得到稳定的半透明乳液。取150份乳液、195份二氧化钛颜料，1份分散剂助剂研磨，再加入275份乳液、37份甲基化蜜胺甲醛树脂和42份软化水得到白色烘干漆。

第二节　水稀释性涂料

水稀释性涂料是指后乳化乳液为成膜物配制的涂料，使溶剂型树脂溶在有机溶剂中，然后在乳化剂的帮助下靠强烈的机械搅拌使树脂分散在水中形成乳液，称为后乳化乳液，制成的涂料在施工中可用水来稀释。

如下介绍水稀释涂料生产工艺与产品配方实例4个品种。

4-28 新型水稀释性聚氨酯涂料

性能及用途 用于飞机、工业维修、汽车修补等方面。

涂装工艺参考 可采用刷涂、辊涂或高压无空气喷涂施工。使用量为0.5kg/m²，厚度一道为200μm。充分固化时间为7天，适用期为1h（25℃）。

产品配方（质量份）

N-甲基-2-吡咯烷酮	432.4
Formrez	315.0
聚合物2000	315.0
二羟甲基丙酸	129.0
Hylene W	573.0
新戊二醇	6.5
去离子水	2348.0
二甲基乙醇胺	82.3
亚乙基二胺	43.7

生产工艺与流程 把前4种组分加入反应釜中，加热至85～90℃，保持15min，直至反应混合物均匀，然后将反应混合物冷却至54～60℃，加入Hylene W后再加入新戊二醇，将反应混合物温度升至70～75℃，保持15min直至混合均匀，再升高温度至85～90℃加入去离子水、二甲基乙醇胺和亚乙基二胺的混合物中进行分散，使分散温度维持在70～75℃，搅拌30min，冷却至30～35℃，该分散体固体分为34.3%。

4-29 常用的水稀释性自干磁漆

性能及用途 光泽性好、保光性强、抗蚀能力高。用于钢件的涂饰。

涂装工艺参考 以刷涂和辊涂为主，也可喷涂。施工时应严格按施工说明操作，不宜掺水稀释。施工前要求对墙面进行清理整平。

产品配方（质量份）

	Ⅰ 黑	Ⅱ 绿	Ⅲ 蓝
A组：			
水稀释性醇酸树脂	80.9	90.3	151.2
氨水(28%)	5.5	6	6.2
仲丁醇	13.9	—	128
2,4,7,9-甲基-5-癸炔-4,7-二醇	1.8	—	13
丙氧基丙烷	—	12.8	12.5
钛白粉	2.8	33.6	—
酞菁蓝	—	3.4	22.3
炭黑	13.9	—	—
胶态二氧化硅	4.6	—	25
聚硅氧烷	2.8	0.9	1.0
去离子水	92.5	100.6	144.0
锶黄	5.0	—	—
中铬黄	61.5	—	—
B组：			
水稀释性醇酸树脂	240.4	178.5	90.2
氨水(28%)	13.9	95	2.3
去离子水	340.7	—	—
丁醇	430	—	—
C组：			
环烷酸钴(6%)	2.3	3.9	2.7
环烷酸锆(6%)	3.2	3.9	3.5
环烷酸钙(4%)	1.8	—	—
丁醇	13.9	—	—
1,10-二氮杂菲	3.8	0.7	1.0
乙二醇丁醚	11.4	—	—
丙氧基丙醇	—	—	12.5
D组：			
去离子水	254.3	204.1	—
去离子水(调黏度用)	104.0	—	—
聚硅氧烷	—	0.6	—
E组：			
丙烯酸树脂	—	101.7	—
聚硅氧烷	—	0.7	—
氨水(28%)	—	4.3	—
去离子水	—	35.0	—
去离子水(调黏度用)	—	49.4	—

生产工艺与流程

配方1，将A组分混合均匀，在球磨机中研磨细度为6.25μm，加入B组分混合均匀，加入预先混合好的C组分充分分散后，再加入D组分混合均匀。

配方2，将A组分加入球磨机中进行研磨，其细度为6.25μm，加入B组分混合均匀，加入预先混合的C组分，混合均匀即成。

配方3，将A组分加入球磨机中进行研磨，其细度为6.25μm，顺序加入B组分、预先混合好的C组分、D组分混合均匀，在不断搅拌下加入E组分并混合均匀。

4-30 新型高岭土水性漆

性能及用途 用于配制水性涂料。

涂装工艺参考 可用刷涂法或喷涂法施工。涂料不能掺水稀释。

产品配方

（1）配方（质量分数）

胶乳640	7.55
润滑剂	1.05

HF 黏土	83.85
淀粉	7.55

（2）配方（质量分数）

高岭土	52.52
胶乳 620A	9.70
707 树脂	0.61
二氧化钛	28.28
蛋白质	8.89

生产工艺与流程 按配方量加入各组分于反应釜中，开动搅拌进行反应聚合。

4-31 新型丙烯酸水性无光漆

性能及用途 用于配制水性涂料。

涂装工艺参考 可用刷涂法或喷涂法施工。涂料不能掺水稀释。

产品配方

（1）含有羧基聚合物溶液的制备（质量份）

乙二醇丁醚	50
异丙醇	617
丙烯酸丁酯	500
甲基丙烯酸甲酯	400
甲基丙烯酸	100
偶氮二异丁腈	20

生产工艺与流程 把乙二醇丁醚和异丙醇加入带有搅拌器、温度计、回流冷凝器的反应釜中，升温至 80℃，保温。然后滴加已溶解偶氮二异丁腈的丙烯酸丁酯、甲基丙烯酸甲酯和甲基丙烯酸的混合溶液连续滴 6h，在同一温度下加热 2h，得到含有羧基聚合物溶液。

（2）丙烯酸共聚物溶液的制备（质量份）

异丙醇	50
甲醇	17
丙烯酸异丁酯	36
丙烯酸-β-羟乙酯	10
甲基丙烯酸甲酯	30
甲基丙烯酸	8
甲基丙烯-β-羟乙酯	8
N-羟甲基丙烯酰胺	8
偶氮二异丁腈	2

生产工艺与流程 把异丙醇和甲醇装入带有搅拌器、温度计和回流冷凝器的反应釜中，升温至 68℃后，滴加偶氮二异丁腈溶解在单体混合溶液中，连续滴加 6h，然后在同一温度下保温 2h，得到固体分为 60％的丙烯酸共聚物溶液。

（3）微粒状聚合物分散液的制备（质量份）

含有羧基聚合物溶液	334
乙二醇丁醚	200
异丙醇	466
甲基丙烯酸缩水甘油酯	100
丙烯酸	60
甲基丙烯酸甲酯	40
偶氮二异丁腈	4
滴加组分混合液	适量

生产工艺与流程 把含羧基聚合物溶液、乙二醇丁醚、异丙醇加入带有搅拌器、温度计、回流冷凝器的反应釜中，加热至 80℃，加入甲基丙烯酸缩水甘油酯、丙烯酸、甲基丙烯酸甲酯和偶氮二异丁腈，再加入配方中的组分混合液，用 3h 加完，反应 4h，不断搅拌，在此期间每 1h 分批添加 4 份偶氮二异丁腈，至反应终了。把得到的微粒状聚合物分散物用研磨机进行研磨 1h，得到极细的固体分为 30％的分散液。

（4）无光涂料（质量份）

微粒聚合物分散液	600
丙烯酸共聚物溶液	167
三聚氰胺树脂	120
三乙胺	16
水	95

生产工艺与流程 把以上三组分进行混合，然后加入三乙胺进行中和，再加入水，即得固体分为 40％的无光涂料。

第三节 水分散涂料

水分散涂料主要是指以合成树脂乳液为成膜物配制的涂料。水分散型涂料由于是用水作为分散介质的双重不匀相体系，与传统溶剂型涂料有着根本性差别，故水分散型涂料在制备、储存、施工过程中都存在着一系列新问题。

乳液是指在乳化剂存在下，在机械搅拌的过程中，不饱和乙烯基单体在一定温度条件下聚合而成的小粒子团分散在水中组成的分散乳液。将水溶性树脂中加入少许乳液配制的涂料不能称为乳胶涂料。严格来讲水稀释涂料也不能称为乳胶涂料，但习惯上也将其归类为乳胶涂料。

目前最主要的水分散型涂料是聚丙烯酸酯类涂料。其中的高分子或含有被低分子量胺中和的羧酸基团，或是含有被低分子量酸中和的胺基团。例如，含有铵盐的丙烯酸酯类树脂的有机溶剂溶液可形成高分子聚集体的稳定分散体系，高分子聚集体被水和溶剂均匀溶胀，因而表观不透明。除聚丙烯酸酯类以外，其他的水分散型涂料品种还有醇酸树脂、聚酯、环氧树脂和聚氨酯等。尽管固含量不是很高，但由于水的引入 VOC 被大大降低了，一般低于 20%。在降低 VOC 的同时，水分散型涂料还具备一个显著的优点，即其分子量与常规有机溶剂型涂料相当，同时却可含有 10%（摩尔分数）的功能性官能团含量，这克服了高固体分溶剂型涂料所遇到的一个困难。

乳胶型涂料的优点首先是 VOC 很低，这符合日益严格的 VOC 排放限制；其次，一般来说乳胶涂料无毒，没有溶剂的刺激性气味，没有火灾的危险等；另外，由于乳胶的黏度与高分子的分子量没有太大的关系，这样基质高分子的分子量可达到很高，从而保证涂料成膜后的优秀力学性能。乳胶漆在使用过程中，高分子通过粒子间的凝结成膜。最低成膜温度需要略高于高分子的 T_g。通常为了使高分子的 T_g 不致太低（否则于膜性能不利）及成膜温度不致太高，可加入适量的溶剂（即所谓凝结剂或成膜助剂）来降低成膜温度，而高分子的实际 T_g 可高于成膜温度。但这样做的一个副作用是引进了少量的 VOC 挥发物。核-壳结构的乳胶可在一定程度上降低成膜温度。近 20 年以来有关室温交联型乳胶的专利报道一直很多。这些研究的出发点是在室温下成膜的同时，高分子粒子包含的反应性官能团相互接触，继而反应而形成交联，通过交联使 T_g 得到提高，同时可免除凝结剂的使用，使 VOC 尽可能地低。但至目前，真正大规模商品化的产品尚未问世，有待于对这一领域作更深入地研究。另外一个潜在的改进措施是使用粒径非常小的高分子粒子，纳米级粒子有助于成膜的进行。常规乳液聚合得到的乳胶粒径一般在几百纳米，通过种子乳液聚合法可制备得到小达 50～100nm 的粒子，若要进一步降低粒径则需通过微乳液聚合来实现。常规的微乳液聚合需要大量的乳化剂来得到小于 50nm 尤其是 20nm 左右的粒子，通常乳化剂/高分子含量之比高于 1，且高分子含量通常低于 10%，这些不利因素事实上限制了微乳液聚合的实际应用。

水分散聚氨酯性能特点与技术及设计

水性聚氨酯是以水代替有机溶剂作为分散介质的新型聚氨酯体系，也称水分散聚氨酯、水系聚氨酯或水基聚氨酯。水性聚氨酯以水为溶剂，无污染、安全可靠、力学性能优良、相容性好、易于改性等优点。聚氨酯树脂的水性化已逐步取代溶剂型，成为聚氨酯工业发展的重要方向。水性聚氨酯可广泛应用于涂料、胶黏剂、织物涂层与整理剂、皮革涂饰剂、纸张表面处理剂和纤维表面处理剂。

按粒径和外观分可分为聚氨酯水溶液（粒径＜0.001μm，外观透明）、聚氨酯水分散体（粒径：0.001～0.1μm，外观半透明）、聚氨酯乳液（粒径≥0.1μm，外观白浊）；依亲水性基团的电荷性质，水性聚氨酯可分为阴离子型水性聚氨酯、阳离子型水性聚氨酯和非离子型水性聚氨酯。其中阴离子型最为重要，分为羧酸型和磺酸型两大类。

依合成单体不同水性聚氨酯可分为聚醚型、聚酯型和聚醚、聚酯混合型。依照选用的二异氰酸酯的不同，水性聚氨酯又可分为芳香族和脂肪族，或具体分为 TDI 型、HDI 型等等。

依产品包装形式水性聚氨酯可分为单组分水性聚氨酯和双组分水性聚氨酯。

水性聚氨酯整个合成过程可分为两个阶段。第一阶段为预逐步聚合，即由低聚物二醇、扩链剂、水性单体、二异氰酸酯通过溶液逐步聚合生成相对分子质量为1000量级的水性聚氨酯预聚体；第二阶段为中和后预聚体在水中的分散。

水性PU因其具有环保作用，虽然历史不长，但发展非常迅速。

水性聚氨酯包括聚氨酯水溶液、水分散液和水乳液三种，为二元胶态体系，聚氨酯（PU）粒子分散于连续的水相中，也有人称其为水性PU或水基PU。

水性PU分散体已在通用溶剂型PU所覆盖的领域大量使用，成功地应用于轻纺、皮革加工、涂料、木材加工、建材、造纸和胶黏剂等行业。

皮革工业加工中用PU乳液涂饰后的皮革，具有光泽度高、手感好、耐磨耗、不易断裂、弹性好、耐低温性能和耐挠曲性能优良等特点，克服了丙烯酸类树脂涂饰剂"热黏冷脆"的缺陷。

此外，在纺织品涂层整理中有广泛的应用。水性PU对纺织品的成膜性好、黏结强度高，能赋予织物柔软、丰满的手感，改善织物耐磨性、抗皱性、回弹性、通透性和耐热性等。

水性PU比有机溶剂型PU应用成本低、无公害、易处理、黏合效果好，在胶黏剂及涂料行业有很好的发展前途。PU离子聚合物对天然和合成橡胶表面均具有很好黏结性，可用于鞋类的制造。

目前，水性PU主要用做家具漆、电泳漆、电沉积涂料、建筑涂料、纸张处理涂料、玻璃纤维涂料等。除此之外水性涂料还有一些特殊用途，如用作安全玻璃的中间涂膜，以制成不碎裂的安全玻璃，广泛用于汽车、飞机、轮船或航天仪器。

水性分散体主要用作金属涂料，如阳离子型电沉积涂料被广泛用于汽车底漆，以提高车体的抗腐蚀性能。

近年来，水性PU在纺织和印染助剂方面的应用越来越广泛。如用作染色助剂、涂料印花黏结剂、柔软与防皱整理剂、抗静电和亲水整理剂等，可提高其染色深度、牢度以及纺织物的其他性能。

近年来，水性PU也广泛用于石油破乳剂，其造价低、破乳效果好、速度快、无毒、使用方便。

此外，在聚氨酯主链上接枝多氟烷基，即可制作优良的防水、防油、防污剂，水性聚氨酯清漆就是一种应用很普遍的产品；在其主链上接枝卤素、磷等元素，也可制成优良的阻燃整理剂。

今后应加强复合型改性水分散型聚氨酯的研究，利用聚氨酯分子的可设计性，在聚氨酯链上引入特殊功能的分子结构，如含氟、含硅聚合物链，使涂膜具有更多的功能性，如优异的表面性能、耐高温性、耐水性和耐候性等；开展双组分水性聚氨酯涂料的研究，加强对高固含量和粉末状水分散型聚氨酯的研究，降低成本，方便使用；利用可再生资源如植物油、松香及废弃塑料制备多元醇，再用该多元醇合成水性聚氨酯，制备改性水性聚氨酯涂料。

如下介绍水分散涂料生产工艺与产品配方实例10个品种。

4-32 新型水分散性聚氨酯漆（Ⅰ）

性能及用途 耐水性、耐溶剂性和漆膜优异。用于配制水性涂料。

涂装工艺参考 以刷涂和辊涂为主，也可喷涂。施工时应严格按施工说明操作，不宜掺水稀释。施工前要求对墙面进行清理整平。

产品配方/g

聚丙二醇	200
二羟甲基丙酸	10.4
聚乙烯/聚丙二醇单丁醚	7.1
异佛尔酮二异氰酸酯	87.3
ε-己内酰胺	481
三乙胺	7.9
水	适量
氨水(6%)	77.0

生产工艺与流程 将前4种组分加入反应釜中制得聚氨酯，再用ε-己内酰胺封闭，然后与三乙胺混合，加至830mL水中，混合后加入6%氨水，在真空中蒸馏以回收到67.5%三乙胺，最后用适量的水稀释至固体分为30%。

4-33 新型水分散性聚氨酯漆（Ⅱ）

性能及用途 干燥性良，透明性优，光泽性优，附着力优。用于涂漆剂、涂料和加工物品表面涂饰，也可用于黏结剂、印刷油墨等。

涂装工艺参考 以刷涂和辊涂为主，也可喷涂。施工时应严格按施工说明操作，不宜掺水稀释。施工前要求对加工物品表面进行清平理整。

产品配方

(1) 合成松香和三羟甲基丙烷的酯化二元醇化合物配方/g

松香	188
三羟甲基丙烷	74

生产工艺与流程 把组分加入带搅拌器、温度计、回流冷凝器的反应釜中，通氮气进行保护，加热至255℃反应6h，直至酸值为10mgKOH/g为止，得到245g松香酯二元醇化合物。

(2) 水分散聚氨酯的合成配方/g

丙酮	40
松香酯二元醇化合物	41.6
二月桂酸二丁基锡	0.06
甲苯二异氰酸酯	32.6
40g丙酮中溶解甲基二醇胺	13.4

生产工艺与流程 在反应釜中加入丙酮、松香酯二元醇化合物溶解后，加入二月桂酸二丁基锡，在室温下加入甲苯二异氰酸酯，然后，升温至丙酮回流温度，在该温度下，反应1h，然后冷却至室温，再慢慢滴加40g丙酮溶解甲基二醇胺，放热停止后，温度升至丙酮回流温度，保持反应1h，得到水分散性聚氨酯树脂溶液。

将上述树脂溶液蒸除丙酮，然后加8g醋酸和154g水，充分搅拌分散后，在65℃减压蒸馏1h，除去残留的丙酮，再用水稀释，得到固体分为35%的褐色透明水性分散液。

4-34 新型水分散性聚氨酯漆（Ⅲ）

性能及用途 一般用于配制水性涂料。

产品配方

聚氨酯分散物的合成配方（质量份）

亚麻仁油	508.6
三羟甲基丙烷	143.5
环烷酸锂	0.2
蓖麻油脂肪酸	53
聚乙二醇	50
甲苯二异氰酸酯	244.9
甲苯(1)	666.6
甲苯(2)	33.4
二甲基乙醇胺	1.98
水	122.2

生产工艺与流程 在反应釜中，加入前3种组分，在240℃进行酯交换2h，然后冷却，加入蓖麻油脂肪酸和聚乙二醇，搅拌混合后，在60℃下1h滴加甲苯二异氰酸酯，滴完后再加入甲苯（1），在110℃反应4h，然后加入甲苯（2）和二甲基乙醇胺，搅拌后加入水，搅拌分散5min。得到水分散性聚氨酯涂料。

4-35 新型水分散性聚氨酯漆（Ⅳ）

性能及用途 储存稳定性高，硬度高，具有耐溶剂性、耐候性、耐水性等优点。适用于硬质、非柔性底材上的涂装。

涂装工艺参考 以刷涂和辊涂为主，也可喷涂。施工时应严格按施工说明操作，不宜掺水稀释。施工前要求对柔性底材面上进行清理整平。

产品配方

(1) 预聚物的制备（质量份）

聚酯	620.5
1,4-丁二醇	31.5
聚醚	43
2,2-二羟甲基丙酸	40.2
三羟甲基丙烷	13.4
3-异氰酸酯基甲基-3,5,5-三甲基环己基异氰酸酯	488.4

生产工艺与流程 将前5种组分进行混合，并在70～110℃下与最后一个组分进行混合反应，直至生成的预聚物的—NCO—含量降到大约6.7%为止。

(2) 分散体的制备配方（质量份）

上述预聚物	所得全量
丙酮	2420
三乙基胺	30.31
乙二胺	24
二乙基三胺	10.3
去离子水	310
去离子水	2110

生产工艺与流程 把预聚物溶解在丙酮

中，并在室温下与三乙基胺混合，用乙二胺、二乙基三胺和310份去离子水配制好溶液，在搅拌下5min内倒入预聚物溶液内（NCO/NH物质的量比12.8∶1），再继续搅拌15min后，在强烈搅拌下加入去离子水2110份，得到带蓝相不透明的分散体，用蒸馏法蒸去丙酮，得到一种纯的分散体。其固体分为35%。

4-36 新型水分散性聚氨酯漆（V）

性能及用途 储存稳定性、低温成膜性、对各种底材的附着力以及耐久性均优。用于纸张、纤维制品、皮革、木材、塑料、金属、玻璃等浸渍加工、涂覆加工、包装加工、层压加工等。

涂装工艺参考 以刷涂和辊涂为主，也可喷涂。施工时应严格按施工说明操作，不宜掺水稀释。施工前要求对墙面进行清理整平。

产品配方

（1）氨基甲酸酯预聚物的制备配方（质量份）

聚丙二醇	1000
甲苯二异氰酸酯	350

生产工艺与流程 将聚丙二醇加入甲苯二异氰酸酯中，于80℃反应4h，制得异氰酸酯含量为6.2%的预聚物。

（2）水溶性聚氨酯（质量份）

聚丙二醇	500
己二酸	146
二羟甲基丙酸	134
钛酸四异丙基酯	0.08
丙酮	387
甲苯二异氰酸酯	175
乙二胺	60
三乙胺	100
水	3750

生产工艺与流程 把聚丙二醇、己二酸、二羟甲基丙酸、钛酸四异丙基酯加入反应釜中，加热至170℃反应30h，制得羟值为79.5mgKOH/g，酸值为79.0mgKOH/g的聚酯多元醇，将此聚酯多元醇709份在减压和120℃下脱水，冷却至80℃加入丙酮并搅拌溶解，然后加入甲苯二异氰酸酯，于60℃反应4h，置于乙二胺、三乙胺、水组成的均匀水溶液中，在搅拌和减压下蒸除丙酮，制得不挥发分为20%的透明胶体状分散体。

（3）聚氨酯分散体（质量份）

含乙二胺35份的水溶液	270
氨基甲酸酯预聚物	800
水溶性聚氨酯	1000

生产工艺与流程 把水溶性聚氨酯加入反应釜中，在强烈搅拌下加入预聚物，制得预聚物乳化物，再在搅拌下加入含乙二胺的水溶液35份，进行链增长反应，制得不挥发分为50%的聚氨酯水溶液。

4-37 常用的水分散聚氨酯/丙烯酸聚合物漆

性能及用途 涂层具有良好的耐水性、耐碱性、耐溶剂性、附着力和力学性能优良。用于木材用清漆。

涂装工艺参考 可采用刷涂、辊涂或高压无空气喷涂施工。使用量为0.5kg/m^2，厚度一道为200μm。充分固化时间为7天，适用期为1h（25℃）。

产品配方/g

顺丁烯二酸酐	29.4
三羟甲基丙烷	40.2
聚四亚甲基乙二醇	95
2,2-二(4-羟环已基)丙烷	31.2
N-甲基吡咯烷酮	150
苯甲酰氯	0.2
异佛尔酮二异氰酸酯	208.1
水	1038
$(CH_3)_2NCH_2CH_2OH$	26.71
甲基丙烯酸甲酯	3701
苯乙烯和表面活性剂水溶液	30
8%的叔丁酸水溶液	45
4%的次硫酸钠溶液	45

生产工艺与流程 将顺丁烯二酸酐和三羟甲基丙烷加入反应釜中加热至85℃测定酸值为恒定，在40℃，加入聚四亚甲基乙二醇、2,2-二(4-羟基环己酯)丙烷、*N*-甲基吡咯烷酮、苯甲酰氯和异佛尔酮二异氰酸酯，于85℃加热至NCO含量为5%，加入水和$(CH_3)_2NCH_2CH_2OH$，在50℃加热到NCO含量为0%，再加入甲基丙烯酸甲酯、苯乙烯和表面活性剂，加热到60℃，加入组分

8%的叔丁酸水溶液和4%的次硫酸钠溶液，并在60℃制得43%固体分的稳定乳液。

4-38 新型水分散阴极电泳漆

性能及用途 该漆的耐冲击性和耐腐蚀性优良，涂层无起泡或裂缝。在150℃时可固化成耐溶剂的涂膜。阴极电沉积漆涂在磷化物处理的金属板上用于阴极保护。用于裸钢件，涂有油的钢件或磷酸处理过的钢件涂装。

涂装工艺参考 可采用刷涂、辊涂或高压无空气喷涂施工。使用量为0.5kg/m²，厚度一道为200μm。充分固化时间为7天，适用期为1h（25℃）。

产品配方（质量份）

环氧树脂(634)	24.1
环氧树脂(6101)	23.6
丁醇半封闭甲苯二异氰酸酯	25
乙二醇丁醚	适量
二甲苯	适量
三乙醇胺	11.7
丁醇	适量
甲酸	适量

生产工艺与流程 按配方，把环氧树脂和适量二甲苯加入带搅拌器、温度计、回流冷凝器的反应釜中，加热升温至60℃滴加三乙醇胺，约0.5h滴加完毕，然后升温至80～90℃，保温4h，再升温至160℃回流脱水，降温，于70℃滴加丁醇半封闭甲苯二异氰酸酯，保温3h，抽真空，除去二甲苯及剩余的胺。加入适量丁醇或乙二醇丁醚和甲酸，随之加水稀释。

4-39 常用的水分散铵碳酸盐树脂阴极电泳漆

性能及用途 耐水性、耐溶剂性和漆膜优异。用于配制水性涂料。涂层非常光滑、均匀。用于钢材的阴极电泳涂装。

涂装工艺参考 本水分散铵碳酸盐树脂阴极电泳涂料可用喷涂机施工。涂料稀稠度可适当加水调整。

产品配方

（1）含环氧化聚合物配方（质量份）

环氧树脂(829)	1389.6
双酚A	448.6
新戊二醇己二酸聚酯	380
TexaNol	178
苄基二甲胺	4.7
乳酸水溶液(88%)	5.4
甲乙酮	365.0

生产工艺与流程 将环氧化合物和双酚A加入反应釜中，加热至150℃，保温1h，当反应物冷却到130℃，再加入新戊二醇己二酸酯和TexaNol后，加入苄基二甲胺，在130～140℃保温4.5h，在此温度下加入乳酸，使苄基二甲胺中和，再加入苄基溶纤剂和甲乙酮，即得环氧聚合物。

（2）二甲基乙醇胺的碳酸盐（质量份）

二甲基乙醇胺	500
去离子水	310
CO_2	120

生产工艺与流程 将二甲基乙醇胺和水加到反应釜中，通CO_2约8.5h，反应器中增重约110份，通CO_2延续约14h，增重120份，完全碳酸化至所需理论增重123份。

（3）季铵化树脂（质量份）

含环氧化合物	443.5
二甲基乙醇胺的碳酸盐	31.0
去离子水	89

生产工艺与流程 把各组分进行混合，放进85℃反应器中。在92～94℃进行反应5.5h，即得固体含量为68.9%树脂。

（4）电沉积涂料（质量份）

季铵碳酸盐树脂	166
甲乙酮	20
去离子水	841

生产工艺与流程 将制成的166份季铵碳酸盐树脂用20份甲乙酮稀释，分散在841份去离子水中，制成电沉积涂料。

4-40 新型阴极电沉积氨基树脂漆

性能及用途 涂层具有良好的耐水性、耐碱、耐溶剂性、附着力和力学性能优良。该漆在150℃时可固化成耐溶剂的涂膜。阴极电沉积漆涂在磷化物处理的金属板上。

涂装工艺参考 本阴极电沉积漆采用涂漆喷涂机施工。涂料稀稠度可适当加水调整。

产品配方/g

双酚 A/环氧丙烷加合物(1∶2)	0.9
三聚氰胺甲醛树脂液(80%)	60.3
辛酸铅	8.5
甲酸溶液(90%)	5.3
水	903mL
聚环氧化合物/二乙醇胺加合物(65%)	35.6

生产工艺与流程 将聚环氧化合物/二乙醇胺加合物、双酚 A/环氧丙烷加合物与三聚氰胺甲醛树脂液混合后，加入其余物料，研磨后得到阴极电沉积漆。

4-41 常用的氨基-环氧树脂阴极电泳漆

性能及用途 耐冲击性和耐腐蚀性优良，涂层无起泡或裂缝。该漆在150℃时可固化成耐溶剂的涂膜。阴极电沉积漆涂在磷化物处理的金属板上用于阴极保护。用于裸钢件、涂有油的钢件或磷酸处理过的钢件涂装。

涂装工艺参考 本氨基-环氧树脂阴极电泳漆采用喷涂机施工。涂料稀稠度可适当加水调整。

产品配方

(1) 加成物（Ⅰ）

① 含糊 9%固体分的树脂液配方（质量份）

三亚乙基四胺	2131
环氧树脂	1368
乙二醇单丁醚	1400
正辛基和正癸基的混合脂肪醇缩水甘油醚	519

生产工艺与流程 按上述配方，将三亚乙基四胺加入反应釜中，搅拌升温至 71.1℃，在 1.25h 加入环氧树脂，在此温度下加热 1.25h，进行真空蒸馏，把未反应过的过量胺蒸出，在 1.25h 内慢慢升至 260℃，然后降到 182.2℃，此时放真空，加入乙二醇单乙醚后，温度降到 148.9℃制得溶液，温度降到 82℃后，在 1.08h 内加入脂肪醇缩水甘油醚，在 82℃保温 1h，使反应完全，即得到 59%固体分的溶液。

② 固体分为 30.08%的树脂液配方（质量份）

甲酸水溶液(88%)	6.93
去离子水	276+277
59%固体分的树脂溶液	400

生产工艺与流程 将树脂液Ⅰ加到反应釜中，在 2.6h 内真空加热至 204.4℃，蒸馏出溶剂，当把所有的溶剂除去后，树脂温度降至 121.1℃，慢慢地加入甲酸溶液(88%）和 276 份去离子水，保温在 93.3℃时再加入 277 份去离子水，直至得到均匀不透明的分散液，其固体分为 30.08%的加成物Ⅰ。

(2) 加成物（Ⅱ）

固体分为 71.3%的树脂液配方（质量份）

三亚乙基四胺	1881.7
环氧树脂溶液	1941.8
乙二醇单甲醚	700
主要含正辛苦基和正癸基的混合脂肪醇的缩水甘油醚	458.3

生产工艺与流程 按配方将三亚乙基四胺加入反应釜中，加热至 104.4℃时，慢慢地加入溶于乙二醇甲醚的环氧树脂溶液，在 10.8h 内完成，降温至 98.9℃，在 45min 内慢慢升至 121.1℃，在 121.1～126.7℃保温 1h，使反应完成，将该加成物溶液真空加热到 232.3℃，除去过量未反应的胺和溶剂后，放真空，温度降至 182.2℃后加入乙二醇单甲醚，随之降至 118.3℃，制得溶液后，在 115.61～112.1℃在 17h 内加入脂肪醇缩水甘油醚，在 116.5℃保温一段时间后，停止加热，得固体分为 71.3%的加成物Ⅱ。

(3) 颜料浆（质量份）

去离子水	21.62
炭黑	4.0
氧化铁黑	8.0
氧化铁红	8.0
硅酸铅	20.0
加成物Ⅰ溶液	16.67
加成物Ⅱ溶液	21.28
甲酸水溶液(88%)	0.43

生产工艺与流程 把组分加入反应釜中进行搅拌混合后，再放入球磨机中进行研磨，得到均匀的颜料浆。

(4) 固体分为 73.4%树脂溶液配方

(质量份)

三亚乙基四胺	3044
乙二醇单甲醚	1000
溶于乙二醇单乙醚中环氧树脂溶液	2792
主要含正辛基和正癸基的混合脂肪醇的缩水甘油醚	741

生产工艺与流程 把三亚乙基四胺和环氧树脂溶液加入反应釜中进行反应，反应完全后，除去未反应的三亚乙基四胺，上述加成物用乙二醇单甲醚稀释后，再与脂肪醇缩水甘油醚反应，得到固体分为73.4%的树脂液。

(5) 涂料(质量份)

① 树脂预混合物

上步制得的树脂液	78.69
溶于正丁醇中75%固体分的丁醇醚化三聚氰胺甲醛树脂	21.31

② 树脂预混合

树脂预混合物	50.5
去离子水	48.35
甲酸水溶液(88%)	1.15

③ 制得树脂液 84.92

颜料浆	15.60
去离子水	需要量

生产工艺与流程 将(4)制得树脂液与颜料浆混合，制得固体分为39.8%的涂料，然后用去离子水稀释。

第四节 新型建筑仿瓷涂料

仿瓷涂料又称瓷釉涂料，是一种装饰效果酷似瓷釉饰面的建筑涂料。由于组成仿瓷涂料主要成膜物的不同，可分为以下两类。

(1) 溶剂型树脂类 其主要成膜物是溶剂型树脂，包括常温交联固化的双组分聚氨酯树脂、双组分丙烯酸-聚氨酯树脂、单组分有机硅改性丙烯酸树脂等，并加以颜料、溶剂、助剂而配制成的瓷白、淡蓝、奶黄、粉红等多种颜色的带有瓷釉光泽的涂料。其涂膜光亮、坚硬、丰满，酷似瓷釉，具有优异的耐水性、耐碱性、耐磨性、耐老化性，并且附着力极强。

(2) 水溶型树脂类 其主要成膜物为水溶性聚乙烯醇，加入增稠剂、保湿助剂、细填料、增硬剂等配制而成。其饰面外观较类似瓷釉，用手触摸有平滑感，多以白色涂料为主。因采用刮涂抹涂施工，涂膜坚硬致密，与基层有一定黏结力，一般情况下不会起鼓、起泡，如果在其上再涂饰适当的罩光剂，耐污染性及其他性能都有提高。由于该类涂料涂膜较厚，不耐水，施工较麻烦，属限制使用产品。

如下介绍新型建筑仿瓷涂料生产工艺与产品配方实例23个品种。

4-42 常用的瓷性涂料

性能及用途 用于瓷性涂料。

涂装工艺参考 可用刷涂法或喷涂法施工。涂料不能掺水稀释。

产品配方

(1) 基料的配制/kg

水	100
17～99 聚乙烯醇	7
硼砂	2～3g
PVAC	72
甘油	0.5
辛醇	5

(2) 填料的配制(质量比)

双飞粉：轻质碳酸钙：$Ca(OH)_2$：立德粉=50：35：10：5

生产工艺与流程 把基料计量后，加入1.2～1.3倍的填料，在混合机中充分混合均匀，检验无干粉及团状颗粒即可使用。将全部原料混合，充分调匀，过滤包装。

4-43 新型外墙瓷釉涂料

性能及用途 用于外墙的装饰。

涂装工艺参考 以刷涂和辊涂为主，也可喷涂。施工时应严格按施工说明操作，不宜掺水稀释。施工前要求对墙面进行清理整平。

产品配方

白色涂料配方(质量份)

	面层	底层
甲组分：		
IPDI 加成物	15～20	15～20
乙组分：		
SH 树脂	100	100
钛白粉(金红石)	20～28	—
钛白粉(锐钛石)	—	6～10
流平剂	0.1～0.5	—
溶剂	30～40	30～40
立德粉	—	6～15
沉淀 Ba_2SO_4	—	70～90
轻钙	—	30～35
其他	0.1～0.3	1～5

生产工艺与流程　先将 SH 树脂、钛白粉、溶剂、流平剂以及其他组分按配方计量后加入反应釜中，开动搅拌混合均匀后，研磨、过滤即制成涂料。

4-44　新型仿瓷漆

性能及用途　该漆能室温自干，亦能低温(60℃)烘干。能刷涂，又可喷涂。漆膜具有平整光亮、丰满度好、硬度高、附着力强、耐水、耐高温、耐溶剂、耐腐蚀、耐骤冷骤热、防霉抗潮、抗冻等特性。外用型更具有不泛黄、保光、保色、耐候性好等特性。该漆可用于金属、水泥、木材表面的装饰，用于医院、食品厂、宾馆、家庭厨房、卫生间等墙面、台面的装饰。外用型可用于汽车、机床等表面的装饰，尤其在水泥制品的表面装饰可达到仿瓷砖的效果。使用时按组分一∶组分二＝2∶1 配漆。现用现配。使用专用稀释剂调整黏度进行刷涂或喷涂。使用时严禁水、酸、碱、醇等混入。

涂装工艺参考　以刷涂和辊涂为主，也可喷涂。施工时应严格按施工说明操作，不宜掺水稀释。施工前要求对墙面进行清理整平。

产品配方（质量份）

改性聚醋酸乙烯乳液	190
氨水	适量
石灰水	适量
钛白粉	20～30
立德粉	10～15
沉淀硫酸钡(200mg)	8～12
石膏粉	8～12
重质碳酸钙	12

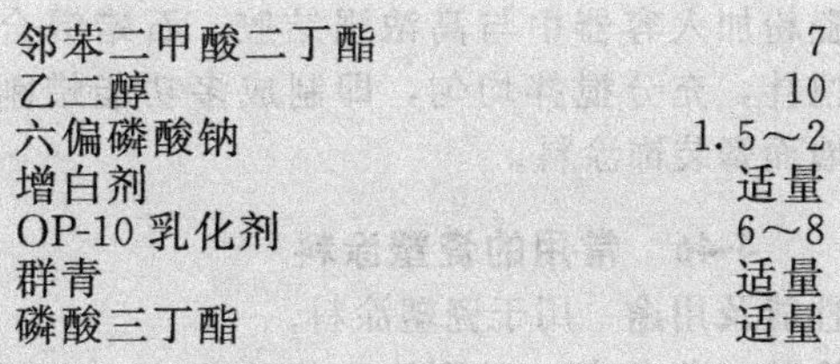

邻苯二甲酸二丁酯	7
乙二醇	10
六偏磷酸钠	1.5～2
增白剂	适量
OP-10 乳化剂	6～8
群青	适量
磷酸三丁酯	适量

生产工艺与流程

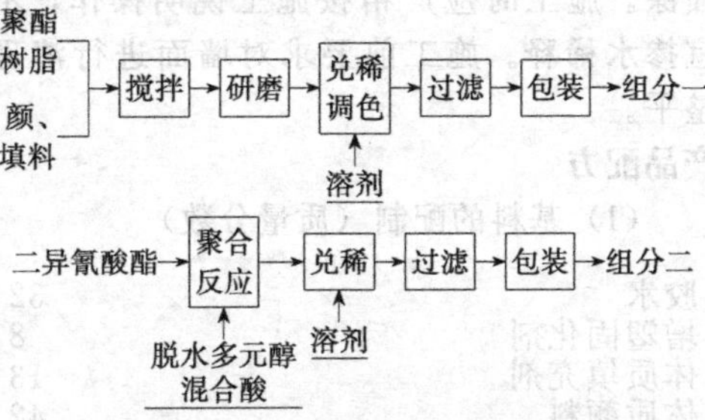

4-45　新型多功能蜡刚墙面装饰漆

性能及用途　多功能蜡刚墙面装饰涂料。

涂装工艺参考　可用刷涂法或喷涂法施工。涂料不能掺水稀释。

产品配方

(1) 配方（质量分数）

高浓强结胶	37
增硬瓷粉	62
石蜡	1

(2) 高浓强结胶的配方（质量分数）/%

水	90
聚乙烯醇	8
氢氧化钠	0.5
盐酸	0.5
甲醛	0.7
磷酸	0.3

(3) 增强瓷粉的配方（质量分数）

碳酸钙	68
氢氧化钙	31
氢化镁	1

生产工艺流程　先将水放入容器内加热，待水温加热至 90～100℃时，将聚乙烯醇加入热水中，使聚乙烯醇分散于水中溶解，然后依次再加入氢氧化钠、甲醛、盐酸、磷酸，加入每一种原料后都必须在容器中搅拌，待继续加热溶化，再将上述溶液即高浓强结胶经过滤后，进入搅拌容器中，趁溶液热时加入石蜡，再将配制好的增强

瓷粉加入容器中与高浓强结胶、石蜡混合搅拌，充分搅拌均匀，即制成多功能蜡刚墙面膏装饰涂料。

4-46 常用的瓷塑涂料

性能及用途 用于瓷塑涂料。

涂装工艺参考 以刷涂和辊涂为主，也可喷涂。施工时应严格按施工说明操作，不宜掺水稀释。施工前要求对墙面进行清理整平。

产品配方

(1) 基料的配制（质量分数）

胶水	32
增塑固化剂	8
体质填充剂	13
体质颜料	42
润滑剂	5

(2) 增塑固化剂配方（质量分数）

邻苯二甲酸二辛酯	2
六偏磷酸钠	4
磷酸三丁酯	6
甲醛	6
尿素	75
N,*N*-羟二基乙二胺	7

(3) 增塑涂料（质量分数）

增塑固化剂	21
聚乙烯醇	75.2
十二烷基酚氧乙烯醚	0.8
群青	8

生产工艺与流程 把水 83%～88%加入增塑固化剂中，胶水中的水为 92%～95%。

将适量的水加入反应釜中，再加入尿素，使其溶解，然后在加入邻苯二甲酸二辛酯、六偏磷酸钠、甲醛、磷酸三丁酯和*N*,*N*-羟基二基乙二胺，搅拌 5min，制成增塑固化剂。再将适量的水加入制胶机中，加热升温到 75～82℃时，开动搅拌，加入聚乙烯醇，当温度升高至 91～97℃时，停止加热，保温 1h，再加入群青，降温至 45～50℃，再加入增塑固化剂和乳化剂，时间为 15min，搅拌均匀后，冷却待用。将上述所制得的混合液加入反应釜中，进行搅拌加入 NaOH、重质碳酸钙、滑石粉，搅拌均匀，色泽均匀后，即制涂料。

4-47 新型仿石漆

性能及用途 用于仿石涂料。

涂装工艺参考 可用刷涂法或喷涂法施工。涂料不能掺水稀释。

产品配方（质量份）

原料	质量份
白色石英砂(80～140mg)	100
彩砂(20～140mg)	适量
丙烯酸乳液	20.0
高弹性水溶性聚氨酯	5.0
成膜助剂	1.0
氨水	0.5
防沉剂	1～1.6
水	适量

生产工艺与流程 将水和水溶性聚氨酯加入砂浆搅拌机中，低速搅拌下加入防沉剂，然后提高搅拌速度进行搅拌混合均匀，降低搅拌速度缓慢加入丙烯酸乳液成膜助剂和氨水，搅拌均匀后加入砂浆搅拌机中，开动搅拌，加入石英砂和彩砂，充分搅拌后即成为成品。

4-48 新型耐擦洗仿瓷内墙涂料

性能及用途 用于建筑内墙的涂饰。

涂装工艺参考 可用刷涂法或喷涂法施工。涂料不能掺水稀释。

产品配方（质量分数）

聚乙烯醇	5.0
甲醛	2.5
三聚氰胺	0.7
明胶	1.0
六偏磷酸钠	2.0
轻质碳酸钙	20
磷酸三丁酯	适量
重质碳酸钙	20
滑石粉	5.0
膨润土	2.0
邻苯二甲酸二丁酯	适量
硼酸	适量
水	100

生产工艺与流程 在反应釜中加入水，升温至 70℃，边搅拌边加入聚乙烯醇，再升温至 95℃左右，直到聚乙烯醇完全溶解，降温至 80℃，调节 pH=2，缓慢加入甲醛水溶液，当反应达到所需的缩醛度后，调 pH=8.8～9.0，在生成的聚乙烯醇缩醛胶中加入三聚氰胺，升温至 88～90℃反应 1h 左右，使体系中残存的甲醛含量≤0.2%，

然后，加入其余的组分进行研磨，得耐湿擦仿瓷的内墙涂料。

4-49 新型环氧聚氨酯仿瓷漆

性能及用途 用于各种建筑基材、金属材料、木材、塑料、玻璃钢等表面的涂装。可用于住宅建筑、厨房卫生间、浴缸、医院手术室、药库、制药厂无菌室、净化室、食品厂的操作间、电子产品的净化车间及各种工业用储水罐、储油、高级机床、化工设备的内外表面装饰及防腐。

涂装工艺参考 以刷涂和辊涂为主，也可喷涂。施工时应严格按施工说明操作，不宜掺水稀释。施工前要求对墙面进行清理整平。

产品配方（质量份）

甲组分：

三羟甲基丙烷	25～28
邻苯二甲酸酐	23～25
顺丁烯二酸	0.2～0.3
环氧树脂	15～20
混合溶剂	40～50
金红石型钛白	25～30
助剂	2～4

乙组分：

二异氰酸酯	40～42
三羟甲基丙烷	8～10
经处理混合溶剂	48～52

生产工艺与流程 首先将酸、醇、环氧树脂、部分溶剂加入带搅拌器、温度计、回流冷凝器的反应釜中，升温到一定温度开始酯化脱水，当脱水到一定时间后，脱水到理论值时，测定酸值，冷却降温，加入其他溶剂，过滤、装罐备用。

色浆的制备 把经处理过的颜填料、溶剂、助剂及部分聚酯多元醇混合搅拌均匀后，用球磨机研磨至细度 20～30μm，放入桶中，将其余聚酯多元醇加足，并搅拌均匀，过滤、装罐备用。

预聚物的处理 把处理过的部分溶剂与二异氰酸酯投入反应釜中，开始搅拌，将聚酯多元醇在一定的温度下均匀滴加，滴加完毕，加入其他溶剂升温并保持一定时间，降温过滤出料装罐。

4-50 新型光泽瓷釉涂料

性能及用途 用途很广，具有装饰性及保护功能。

涂装工艺参考 可用刷涂法或喷涂法施工。涂料不能掺水稀释。

产品配方（质量份）

环氧聚氨酯溶液	35～40
二氧化钛	26～32
硫酸钡	8～11
滑石粉	4～7
二甲苯	14～26
正辛醇	0.2～0.6
邻苯二甲酸二辛酯	1～2
环氧大豆油	1～3

生产工艺与流程 把环氧聚氨酯溶液及二甲苯，在搅拌下加入二氧化钛、硫酸钡、滑石粉、环氧化大豆油、邻苯二甲酸二辛酯、正辛醇。经高速搅拌分散均匀后，再送至研磨机研磨。研磨后，再经过滤除去未分散的或凝集的颗粒，即可包装为面漆或底漆。

4-51 常用的速溶建筑装饰瓷粉

性能及用途 用于速溶建筑装饰瓷粉。

涂装工艺参考 可用刷涂法或喷涂法施工。涂料不能掺水稀释。

产品配方（质量分数）

水溶性树脂	2
消泡剂	微量
颜料	适量
硬质填充料	74
固化剂	20
分散剂	适量
防水剂	1
钠基膨润土	3

生产工艺与流程 将水溶性树脂加入反应釜中，加水加热溶解，再加入消泡剂、颜料进行搅拌，温度为 90℃。将反应好的胶体与硬质填充料混合成半干半湿状料，再送入烘干机烘干，干燥温度为 60℃ 左右，干燥后物料含水量为 2%。将干粉送入制粉机中制成粉料。将胶粉与剩下原料混合均匀即可。

4-52 常用的瓷釉涂料

性能及用途 用于瓷釉涂料。

涂装工艺参考 可用刷涂法或喷涂法施工。涂料不能掺水稀释。

产品配方

(1) 配方1（质量分数）

甲组分：

环氧聚氨酯溶液(70%)	36～38
稀释剂	10～12
邻苯二甲酸二辛酯	2～3
二氧化钛(金红石型)	15～20
磷酸锌	10～18
超细白硅灰石	5～6
滑石粉	6～8
硫酸钡	6～8
改性膨润土	1～2
正辛醇	适量

乙组分：

T_{31}固化剂	按施工配比

(2) 配方2（质量分数）

甲组分：

环氧聚氨酯溶液(70%)	36～38
稀释剂	12～24
邻苯二甲酸二辛酯	1～2
增韧剂	2～3
金红石型二氧化钛	28～30
硫酸钡	8～10
滑石粉	4～5
正辛醇	适量

乙组分：

T_{31}固化剂	按施工配比

生产工艺与流程 先将环氧聚氨酯溶液加入反应釜中，再加入稀释剂制成主要成膜剂，将成膜剂放入高速分散机搅拌罐内，在搅拌下加入颜料、填料、增塑剂、增韧剂、底釉阻锈剂、消泡剂，搅拌分散均匀后，加入研磨机进行研磨，合格后包装。

4-53 常用的仿釉漆

性能及用途 用于仿釉涂料。

涂装工艺参考 可用刷涂法或喷涂法施工。涂料不能掺水稀释。

(1) 产品配方（质量份）

水	50～70
聚乙烯醇	12.5～17.5
甲醛	12.5～17.5
轻质碳酸钙	21～24.5
氧化镁	10～15
助剂	0.6～0.9

(2) 助剂配方（质量分数）

纤维素	71.5
硅酸钠	21.18
群青	4.5
荧光增白剂	2.7
硝酸钾	0.08
四飞粉	0.03
硼砂	0.01

生产工艺与流程 先将水加热至70～80℃加入聚乙烯醇，边加边搅拌，加温至85～95℃时加入甲醛，边加边搅拌，升温至100℃以上时，加入上述助剂，搅拌成胶液。将胶液进行自然冷却，降温至40℃，再加入轻质碳酸钙和氧化镁，边加边搅拌，直至混合均匀后，出料。存放24h后便可上墙使用。

4-54 常用的水性仿瓷漆

性能及用途 用于仿瓷涂料

涂装工艺参考 以刷涂和辊涂为主，也可喷涂。施工时应严格按施工说明操作，不宜掺水稀释。施工前要求对施工面进行清理整平。

产品配方

(1) 丙烯酸与丙烯酸丁酯共聚乳液的合成的配方（质量份）

丙烯酸	20
丙烯酸丁酯	15
过硫酸钾	0.3～0.5
蒸馏水	65

生产工艺与流程 将单体和蒸馏水加入带搅拌器、温度计、回流冷凝器的反应釜中，加热至75～80℃，加入过硫酸钾引发剂，用碳酸钠调节pH值为6～7，保温1.5h，停止反应。

(2) 聚丙烯酸酯乳液的合成配方（质量份）

丙烯酸与丙烯酸丁酯共聚乳液	6
聚乙烯醇	0.08
丙烯酸丁酯	10
丙烯酸异辛酯	6

醋酸乙烯酯	6
丙烯酸甲酯	3
N-羟甲基丙烯酰胺	0.6
过硫酸钾	0.12～0.16
蒸馏水	65

生产工艺与流程 将聚乙烯醇、丙烯酸-丙烯酸丁酯共聚乳液加入到反应釜中，搅拌升温至75～80℃进行溶解，加入丙烯酸酯各单体，乳化0.5h，取出2/3量，加入2/3量的引发剂过硫酸钾，反应0.5h，使乳液在1.5～2.5h滴完，加入剩余的引发剂，保温1.0～1.5h，使反应完全，用碳酸钠中和pH值为7～8。

(3) 涂料的配制配方（质量份）

丙烯酸酯	64
钛白粉	18
滑石粉	3
轻质碳酸钙	10
膨润土	5
复合消泡剂	0.2

生产工艺与流程 把以上组分加入反应釜中用高速搅拌加入复合消泡剂，进行研磨至一定细度合格。

4-55 新型高强耐擦洗仿瓷漆

性能及用途 适用于内墙的装饰。

涂装工艺参考 可用刷涂法或喷涂法施工。涂料不能掺水稀释。

产品配方（质量份）

基料	4
重质碳酸钙	78
氧化钙	18

基料主要原料（质量份）

聚乙烯醇	89
丙三醇	9
柠檬酸	2

生产工艺与流程 首先将聚乙烯醇按配比量，缓慢加入热水中，然后进行搅拌，水温可达90℃以上，使聚乙烯醇完全溶解为止，并保温一段时间（2h左右），然后，降温至75℃时，加入丙三醇和柠檬酸进行搅拌缩合反应1h左右，将此基料进行过滤，按配方规定将重质碳酸钙和氧化钙加入基料溶液中，进行充分搅拌均匀后即得成品，在制基料溶液时，水的用量可根据实际要求决定，一般用水量为基料溶液总量的80%～90%。

4-56 常用的水乳型仿瓷漆

性能及用途 可取代瓷砖进行装饰。

涂装工艺参考 可用刷涂法或喷涂法施工。涂料不能掺水稀释。

产品配方（质量份）

改性聚醋酸乙烯乳液	180～200
氨水	适量
石灰水	适量
钛白粉	20～30
立德粉	10～15
沉淀硫酸钡(200mg)	8～12
石膏粉	8～12
重质碳酸钙	6～9
邻苯二甲酸二丁酯	6～8
乙二醇	9～12
六偏磷酸钠	1.5～2
增白剂	适量
OP-10乳化剂	6～8
群青	适量
磷酸三丁酯	适量

生产工艺与流程 按配方把石灰水和改性聚乙烯醇乳液加入反应釜中，用氨水调pH值为7～8，然后加入颜料、填料及分散剂进行搅拌混合30min，然后加入助剂，再搅拌混合1h，送去研磨一定细度合格，过滤，即为成品。

4-57 新型合成天然大理石纹理涂料

性能及用途 用于合成天然大理石纹理涂料。

涂装工艺参考 以刷涂和辊涂为主，也可喷涂。施工时应严格按施工说明操作，不宜掺水稀释。施工前要求对墙面进行清理整平。

产品配方（质量份）

聚酯清漆	1000
苯乙烯	40
过氧化苯甲酰	20
二甲基苯胺	10
着色颜料	20

生产工艺与流程 按不同颜色红、黑、白、灰四色各20g分别加入四种容器中，然后把以上组分分别加入四种不同容器中，轻

轻地压平，等10～15min，即可干燥使用，形成四色斑斓的大理石纹理。

4-58 新型高光冷瓷漆（Ⅰ）

性能及用途 用于高光冷瓷涂料。

涂装工艺参考 以刷涂和辊涂为主，也可喷涂。施工时应严格按施工说明操作，不宜掺水稀释。施工前要求对墙面进行清理整平。

产品配方（质量比）

丙烯酸酯	1
桐油	0.01～0.03
酚醛清漆	0.6～0.8
颜料	0.4～0.6
渗透剂	0.01～0.03
聚氨酯	1
三乙醇胺	0.65～0.85
桐油	0.01～0.02
颜料	0.4～0.6
渗透剂	0.01～0.03

生产工艺与流程 把以上组分加入反应釜中，混合搅拌至均匀，然后送入三辊研磨机中研磨，经过滤机过滤，固含量为50%～60%，移到调节釜中加入苯乙烯稀释剂，调节至固含量为18%～20%即成。

4-59 新型高光冷瓷漆（Ⅱ）

性能及用途 用于冷瓷涂料，涂在金属上像搪瓷，涂在水泥上像瓷砖。

涂装工艺参考 可用刷涂法或喷涂法施工。涂料不能掺水稀释。

产品配方

（1）甲组分（质量份）

NCO/%	6
多羟化合物	100
混合溶剂	200
TDI(80/20)	300
阻聚剂	0.6

（2）乙组分（质量份）

多元醇	100
金红石型二氧化钛	25
三氧化二铝	20
混合溶剂	20
流平剂	1.2
紫外线吸收剂	2.4
抗氧剂	2.4
群青	0.02

生产工艺与流程 把多羟化合物和混合溶剂加入反应釜中，然后慢慢滴加TDI，其温度不超过70℃，待放热完毕后，温度升至60～100℃，保温2～3h，测NCO含量，然后加入阻聚剂，搅拌15min，冷却放出。

（3）乙组分的制备 将75%的多元醇树脂、粉料、混合溶剂、助剂、紫外线吸收剂、抗氧剂，加入球磨机中，进行球磨，合格后需放置24～40h，然后加入剩余的树脂，转动调匀后放料，调浆、研磨、调稀在圆筒内进行。

4-60 常用的高强瓷化涂料

性能及用途 用于高强瓷化涂料。

涂装工艺参考 可用刷涂法或喷涂法施工。涂料不能掺水稀释。

产品配方（质量份）

（1）配方

胶水	40～45
方解石粉	35～45
灰钙粉	10～12
滑石粉	5～6
萤石粉	4～7
添加剂B	0.1～1.5
调色剂	0～5

（2）胶水的组成

聚乙烯醇	4～7
硅氧油	0～6
硅氧树脂	0～7
添加剂A	0.1～1.0
水	余量

（3）添加剂A的组成

荧光增白剂	0～10
焦磷酸钠	0～10
磷酸三丁酯	0～10
磷酸三乙酯	0～10
磷酸三丁酯	0～10
磷酸二苯辛酯	0～10
邻苯二甲酸二丁酯	0～10
邻苯二甲酸二辛酯	0～10
苯甲醇	0～10
水	余量

（4）添加剂B的组成

硅酸钙	0～12
烷基醚磷酸酯	0～15
硬脂酸钙	0～16

碳酸氢钠	3.5～8.5
硼酸	0～3.5
偏硼酸钠	0～4
五氧化二砷	0～16
硼酸钠	0～1.5
异丁醇	0～10
防霉灵	0～21
松节油	0～14
次氯酸钙	0～5
水	余量

(5) 调色剂组成

无机颜料	0～85
有机颜料	0～24

首先配制添加剂 A、添加剂 B、调色剂。

(6) 配制胶水

聚乙烯醇	0～12
硅氧油	0～3
水	0～8
硅氧树脂	0～6
添加剂 A	0～1.2

生产工艺与流程 加热 70℃时，加入聚乙烯醇，在不断搅拌下，加热至 90～95℃保温 20～30min 至聚乙烯醇完全溶解后，加入硅氧油、硅氧树脂、添加剂 A 等完全混溶为止，将配好的胶水冷却至 40℃以下，按高瓷化涂料的配方，将胶水加入混料搅拌筒中，在不断搅拌下加入高强瓷化涂料的其他组分，经充分搅拌后，出料。

4-61 新型各色乙烯基仿瓷内墙涂料

性能及用途 漆层对石灰、砂墙面有良好的附着力，漆层平整光滑、坚硬、耐洗刷、有仿瓷般质感。遇潮不结水珠、不发霉。主要用于内墙表面的装饰保护。

涂装工艺参考 厚层刮涂施工方法。把本产品用水调至适当黏度，用刮片将漆刮在已处理好的墙面上。一般刮两层，要待第一层干后（约 1～2h）再刮第二层。第二层施工约 0.5h 后，进行抛光，抛光 4h 后，涂刷一道加强剂。该漆有效储存期为 3 个月，过期可按产品标准进行检验，如符合质量要求仍可使用。

产品配方（质量份）

聚乙烯醇	94
柠檬酸	2.0
膨润土	2.0
重质碳酸钙	78
丙三醇	9
氧化钙	18

生产工艺与流程与流程

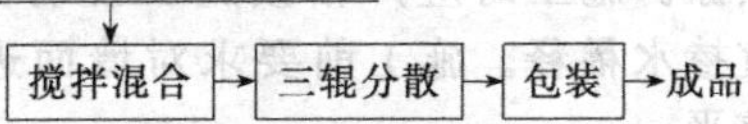

4-62 新型墙面水晶瓷漆

性能及用途 用于建筑物墙面的涂装。

涂装工艺参考 以刷涂和辊涂为主，也可喷涂。施工时应严格按施工说明，不宜掺水稀释。施工前要求对墙面进行清理整平。

产品配方

(1) 添加剂的制备配方（质量分数）

水	97.6
尿素	0.9
乙二醇	0.5
邻苯二甲酸二丁酯	0.5
甲醛	0.5

将尿素加入常温水中，溶化后加入其他组分摇匀即成。

(2) 胶水的制备配方（质量分数）

1799 聚乙烯醇	4.4
水	73
20%明矾水溶液	21.9
添加剂	0.7

生产工艺与流程 将定量的水加入反应釜中，开始升温，当温度升到 90℃时，开始搅拌并加入聚乙烯醇，当温度升到 96℃，停止升温，搅拌 30min，待聚乙烯醇全部溶解后，加入明矾溶液和添加剂，搅拌均匀，冷却待用。

(3) 涂料的配制配方（质量分数）

胶水	40
熟石灰粉	42
轻质碳酸钙	6
重质碳酸钙	6
滑石粉	6

生产工艺与流程 将胶水加入搅拌机中（制彩色涂料可加入 0.4%颜料或色浆），搅拌 5min 后加入石灰粉，搅拌 10min，再加

入轻质碳酸钙、重质碳酸钙和滑石粉，继续搅拌 20～40min，待物料均匀，色泽统一，即成为成品。

4-63 新型耐擦洗刚性仿瓷漆

性能及用途 用于仿瓷涂料。

涂装工艺参考 以刷涂和辊涂为主，也可喷涂。施工时应严格按施工说明操作，不宜掺水稀释。施工前要求对墙面进行清理整平。

产品配方（质量分数）

原料	质量分数
聚乙烯醇	3
甲醛(37%)	2.5
盐酸(37%)	0.3
NaOH	0.1
重铬酸钾	0.1
硅溶胶	2
灰钙粉	25
滑石粉	5
轻质碳酸钙	5
群青	0.1
荧光增白剂	0.08
聚丙烯酰胺	0.1
防霉剂	0.01
防腐剂	0.1
三聚磷酸钠	0.2
磷酸三丁酯	0.01
水	56.4

生产工艺与流程

(1) 聚乙烯醇乳液的制备　在反应釜中加入水，投入聚乙烯醇，加热至90℃，使其完全溶解，加入盐酸，调节 pH 值为 2～3，滴加甲醛溶液于液面下，30min 内滴完。继续加热，当溶液出现白色荧光絮状物与水分离时停止加热，用 NaOH 溶液调整 pH 值为 7～8。充分搅拌，直到树脂与水又溶为一体为止。在上述溶液中加入重铬酸钾溶液，在 50℃搅拌 1h，取样分析。在聚乙烯醇缩甲醛铬合物中加硅溶胶搅拌 0.5h。

(2) 耐擦洗刚性仿瓷涂料的制备　把水、三聚磷酸钠、群青、荧光增白剂加入反应釜中，搅拌再加入灰钙粉、轻质碳酸钙和滑石粉，搅拌混合，加入防腐剂、防霉剂、聚乙烯醇缩甲醛铬络合物与硅溶胶的共聚液，加入磷酸三丁酯，搅拌均匀，用胶体磨磨过两遍，过滤，加入聚丙烯酰胺溶液，慢慢搅拌混合均匀，即得产品。

4-64 常用的聚乙烯醇系列仿瓷漆

性能及用途 用于仿瓷涂料。

涂装工艺参考 可用刷涂法或喷涂法施工。涂料不能掺水稀释。

产品配方

(1) 配方（质量份）

原料	质量份
聚乙烯醇	25
羧甲基纤维素	10
明胶	10
膨润土(330mg)	25
碳酸钠	适量
灰钙粉(320mg)	6
灰钙粉改性剂	1
甲醛(30%～40%水溶液)	0.15
轻质碳酸钙(320mg)	15
重质碳酸钙(320mg)	25
邻苯二甲酸二丁酯	适量
乙二醇	适量
钛白粉	适量
群青	适量
偶联剂	适量
水	补足 100 溶剂

生产工艺与流程 首先配制仿瓷胶水生产基料，然后再进行涂料配制，对膨润土和灰钙粉进行预处理即膨润土的激发与灰钙粉的改性，然后再配制涂料。

(2) 仿瓷胶水的配制/kg

原料	Ⅰ	Ⅱ
聚乙烯醇	10	12
$NaB_2O_7 \cdot 10H_2O$	2	2
自来水	188	186
群青	150	150
助剂	适量	适量

(3) 配方

原料	Ⅰ	Ⅱ	Ⅲ	Ⅳ
聚乙烯醇(1)	550	550	—	—
聚乙烯醇(2)	—	—	400	450
轻钙	450	225～350	—	—
双飞粉	—	—	600	300
灰钙粉	225～100	—	—	250
各种助剂	适量	适量	适量	适量

生产工艺与流程 在反应釜中加入聚乙烯醇水溶液（即仿瓷胶水），再按配方比例加入填充料及各种助剂，充分搅拌即成膏状物仿瓷涂料。

第五章　美术、多彩和浮雕涂料

第一节　美术涂料

美术涂料是涂料的品种之一，它起到保护、装饰、美化的作用，富有立体感，有多种多样的花纹品种。美术涂料又称美术漆、美术油漆，是由特种材料构成的具有特殊效能的涂料品种，是一种工业用漆。与其他涂料一样，将这种涂料涂在物体表面会起到对各种物体的保护作用，不同的是其成膜后，涂面会自然形成和出现自然的各种美丽图案花纹，如锤纹、皱纹、橘纹、石纹、斑纹、晶纹、裂纹、木纹等。

锤纹漆是一种常用的美术漆，它在被涂装的物体表面形成一层漆膜，这层漆膜似有铁锤敲打铁片所留下的锤纹花样，所以称之为锤纹漆。

裂纹漆不同于硝酸纤维素漆的地方是漆内颜料分所占比例特别多，并采用挥发快的低沸点溶剂，硝酸纤维素和增韧剂的用量少到仅能使颜料润湿和研磨，因此在成膜时膜层韧性极小，在内部的收缩作用下，漆膜就形成宽大的龟裂花纹，和泥浆在干燥后裂开的情形一样。

皱纹漆属于油基性漆，它能形成有规则的丰满皱纹，涂在黑色金属表面，同时能将粗糙的物面隐蔽，它也是美术漆的一种。

一、一般美术涂料产品的生产技术与配方设计

一般常用美术型粉末涂料产品有混合型、纯聚酯型等多种树脂类型的美术花纹效果粉末涂料，分别适合于户内或户外使用。并具有独特豪华的外观装饰效果，能帮助掩盖基材本身的缺陷。广泛应用于各种高档金属制品的涂装。

热固性美术纹理型粉末涂料有锤纹、皱纹、网纹及各种特殊花纹的多类品种，有极佳的装饰性外观和立体感，不仅对粗糙工件表面的掩饰性强，而且具有涂膜坚固耐久、耐摩擦、耐划痕及耐化学性等特点。适用于铸件、压延件、重型机械、工程构件、点焊构件、化工制冷设备、炊具、钢管、框架、机电设备、五金工具、纺织机械、仪器仪表等物件的表面涂装。

（1）产品系列　可提供砂纹、锤纹、皱纹、金属外观等多种效果的产品。可根据用户的需求提供多种光泽的产品。

（2）粉末物理性能　密度（25℃）：1.2～1.8g/cm³；粒度分布：100%小于100μm（具体指标视美术效果而定，可根据涂装的特殊要求进行调整）。

（3）固化条件　根据产品的树脂类型而定，具体请参考产品的随附说明。

（4）涂膜性能　见表5-1。

表5-1　涂膜性能

检测项目	检验标准或方法	检验指标
抗冲击性	GB/T 1732—1993	30～50kg·cm
附着力(划格法)	GB/T 9286—1998	0级
弯曲	GB 6742—1986	3mm
铅笔硬度	GB/T 6739—1996	1H～2H
盐雾试验	GB 1771—1991	＞500h
湿热试验	GB 1740—1989	＞1000h

注：1. 以上试验采用0.8mm厚经标准前处理的冷轧钢板，涂膜厚度为60～80μm。

2. 以上涂膜的性能指标可能会随着美术效果和树脂类型的不同而有所变化。

(6) 平均覆盖率 7～10m^2/kg，膜厚80μm左右（以100%的粉末涂料使用率计算）。

(7) 美术花纹型粉末涂料的喷涂方法

① 施工方法：静电枪喷涂，手动或自动均可。需接地良好，避免上粉差；要严禁不同品牌粉末混入带来的干扰，避免形成缩孔、杂色等现象，故在施工前，务必清净系统工具及周围环境。

② 涂膜推荐厚度：31008系列 50～70μm

35012、35010、35009系列 60～90μm

35008系列 80～120μm

35005、35006系列 100～140μm

其中35008、35005、35006系列产品涂膜薄了，达不到理想的立体效果；35005系列产品以比常规喷涂电压低点喷涂为宜，若能采用热喷，效果更加。

③ 固化条件：一般标准板（15cm×7.5cm×0.7cm）固化条件为180℃/15min。工件的固化条件，只有工件结构和工件材质与样板情况相近时才能采用。因此应根据固化炉特点及工件结构特点，通过试验后确定，以保证涂层质量。固化温度不宜超过200℃，固化时间随固化温度提高而适当缩短。其中35008、35009、35010系列以常温进炉、快速升温（2～4℃/min）为佳，以达到理想的橘纹效果。35005可常温，也以较高温度（＜160℃）进炉、快速升温（3～4℃/min）为佳，以达到理想的大橘纹立体效果。35006宜常温进炉、180℃烘烤。

④ 维护和保养：35012、35006、31008定期吹气或用吸尘器清理，保持清洁。35010、35008、35009、35005定期采用水洗、擦洗或吹气等方法清理均可，保持清洁、美观。

二、美术型网纹涂料的配方设计举例

网纹涂料作为环保型涂料在这几年得到了迅速的发展。随着生活水平的提高、涂料市场的扩大，竞争不断加剧，涂料的品种也向多样化、美观化发展。美术型网纹涂料作为美观性强的涂料因其装饰效果强、产品附加值高而越来越受到生产厂家和用户的重视。由于美术型网纹涂料有别于普通涂料的特殊性，因此生产厂家在生产和涂装过程中会遇到许多问题。美术型涂料是一种新的涂料品种，技术还不完善，目前还处于一个摸索和积累的阶段。作者结合鄂南生产和涂装实践中的经验，概括地谈谈对美术型网纹涂料的认识。美术型网纹涂料是指涂料经过网印或喷涂烘烤后工件表面涂膜形成一种带有网状的涂膜。其表面网纹纹路清晰、表层光亮、凹凸感明显、触摸的手感极佳，具有极高的美观性。由于网纹涂料与一般涂料不同，其配方、生产、网印或喷涂参数也与一般涂料不同。

(1) 配方设计 美术型网纹涂料的网纹形成实际上是美术型波纹助剂、金银粉和基料在一起通过内挤工艺后，波纹助剂、金银粉、树脂和填料在一起综合作用而形成的。它除了具有一般波纹产品的特点外，还有其自身的特点。网格纹理的形成源于贝纳德旋涡效应。经过内挤工艺后得到的美术型涂料经网印或喷涂后，在烘烤过程中树脂软化，形成熔融的涂膜液面，在波纹助剂作用下存在着表面张力梯度，将产生一种推力使涂料从底层往上层运动，这种流动形成边与边相接的不规则六角形网格（称之为贝纳德旋涡）。格体的中间为原动点，是表面张力低的部分，网格边缘为表面张力高的部分，在金银粉的影响下会形成不均匀的纹状效果，将涂膜充分固化后涂膜表面就形成了不均匀的网纹或条纹。

因此，美术型网纹涂料在配方设计时需要注意以下几点。

① 树脂量不能过低，一般要求树脂占基料量的70%以上。过低的树脂量不利于内挤后金银粉在熔融流动中迁移及贝纳德旋涡效应的形成，制备出来的网纹纹路模糊不清、凹凸感不明显。

② 应选用黏度较高的树脂。由于黏度高，在熔融状态下涂膜流动性差，有利于贝纳德旋涡效应的形成，从而使网纹立体效果较强。

③ 金银粉宜选用非浮型，一般使用量

在2%～2.5%。因为金银粉是在内挤压后与基料一起混合，在烘烤熔融条件下通过影响涂膜里层的流动而形成不均匀的纹路，所以如果选用浮型金银粉，则会由于在烘烤熔融条件下金银粉都上浮了，所起到的作用不大，从而影响到纹路的形成。金银粉在挤出后颜色、片状结构均受到严重破坏，一般呈灰黑色。在不影响纹理效果的情况下，选用价廉易得的银粉为佳。

④ 在选择填料时要考虑波纹的效果，如立体感、大小、防露底等。一般情况下，美术型网纹涂料尽量不用钛白粉，颜填料的量要少，否则网纹效果会模糊不清。

⑤ 网纹的大小取决于网纹助剂和金银粉的用量。要求立体感强的要适当控制流平剂和填充料的用量。

⑥ 考虑到在喷涂烘烤过程中由于涂膜喷涂或网印得厚而出现流挂现象，可以在配方设计中加入一定量的膨润土。

(2) 产品制备　在配方确定后，产品的制作过程，包括混合、挤出的工艺参数等直接影响到网印膜的效果。

由于原料中有金属粉末，摩擦易产生静电、容易燃烧，所以混合的时间一般在1min左右。在制作过程中应保持挤出机螺杆转速和挤出区温度设定的一致，才能保证产品美术效果的稳定。由于银粉经挤出机的强烈剪切作用后呈现灰黑色，因此若底色为白色或与网纹颜色接近将影响网格的表观效果，这是调色过程中应注意的。美术型网纹涂料一般情况下遮盖力强，涂层的厚薄就会影响到涂膜的外观纹路。为了网印时较好地控制涂膜的厚度，一般丝网目数在140目左右。如果粉粒过细会影响网印的厚度，从而影响网纹效果。

(3) 网印过程　在网印或喷涂过程中，要求对底材进行有效的前处理。否则会由于有油脂或脏物残留于工件表面使网膜的附着力、弯曲性能受到损害。因网纹效果受涂膜厚薄影响显著，故网印时控制好涂膜的厚度尤为重要。另外粉中带有金属粉末，静电电压不能太高，否则容易产生火花，并且产生粉团堵塞的现象，影响网印效果。

总之，美术型网纹涂料由于具有较强的美观性和较好的网印效果，已经批量地应用于家电、灯饰外壳保护等产品上。虽然美术型网纹涂料从出现到今已有了一段时间，技术有了一定的基础，但不同厂家由于各种原因在生产过程中都会发生不同的问题，都在摸索和积累经验的过程中，工艺技术有待进一步完善。

三、手感美术橡胶漆的应用举例

手感美术橡胶漆是一种双组分高弹性聚氨酯美术型油漆，该油漆喷涂后的产品具有橡胶特殊柔软的触感与弹性，还有高弹性、耐磨性、耐刮性、耐冲击性、可自复性等性能；有一种柔和的手感使其所喷的产品显得高档华丽、面部色泽透明，并带有哑面效果；从而大大提高产品的附加值。

(1) 典用产品　望远镜、电话机、MP_3、手机外壳、装饰盒、游戏机手柄、话筒、工艺礼品、美容器材、化妆刷柄、摄像头、电吹风、运动器材、鼠标、液晶电视等外壳的装饰。适用于各种电子塑胶、金属、木器等产品的表面喷涂。

(2) 比例配方　采用橡胶漆10份、开油水3份、固化剂1份的比例混合后，充分搅拌均匀静置5～10min，即可喷涂。

(3) 干燥条件　塑胶、木器需要温度70℃烘烤30min，五金120℃烘烤30min。

混合后的橡胶漆必须在3～4h内用完。

(4) 使用方法

① 搅拌均匀。开罐后用工具由桶底向上搅动，直至把桶底的沉淀搅拌均匀或把桶倒置过来一直摇动至均匀。

② 开油比例。A∶B∶C＝10∶3∶1。

A组分：橡胶油　100g

B开油水：AC-118　30g

C组分：固化剂　10g

三部分混合均匀，用200目过滤后即可喷涂。

③ 喷涂方法。工件必须清洁（无尘、无水、无油等），工作时应注意喷枪气压不

宜过高，工件面上不易喷到的地方应避免干喷，喷涂次数要两次以上。

④ 喷涂后的工件先放置 3～10min 等漆膜出现哑面才可入炉或烤漆线烤干。烘干条件：温度 60～70℃，时间 30min。

⑤ 注意事项。

a. 喷涂的漆面越厚，烘烤前放置的时间应该越长。

b. 金属工件上如果要涂装尼龙油，烘烤温度及时间应提高到 100℃×20min。

c. 自动喷涂施工黏度比例 10∶1∶3（油漆∶固化剂∶开油水）。

(5) 橡胶漆使用注意事项

① 固化剂因素。固化剂比例可以在 0.8～1.0 范围内作适当调整。

a. 按 1.0 的比例时，有较好耐刮性。

b. 按 0.8 的比例时，有柔软及较好的弹性效果。

c. 固化剂过高或过低都会影响橡胶漆的效果。固化剂过高，会影响其弹性；固化剂过低会导致不干及发白的现象。

② 开油水因素。

a. 对较弱的 ABS 料用 608 开油水可防止烧胶。

b. 对有烧胶情况，但不适用 608 开油水的材料（如 PVC 料），应先用 BA-110 底油打底再涂装。

c. ABS 底材及 PC 底材的产品均可直接涂装橡胶漆。如果为 PS 或普通塑胶产品应先喷涂 BA-110 底油，为 PP 底料可以先喷涂 PP 底水，再喷涂橡胶漆。

③ 环境因素。橡胶漆应在室温，湿度≤70%的情况下施工为宜，如温度、湿度过低或过高的环境，可能会造成性能下降（如不干或慢干、发白等情况）；如有上述问题应暂时停止工作。可试用以下方法处理：

a. 增加固化剂的比例；

b. 调节空气中的温度及湿度；

c. 增加通风排气降温降湿。

四、美术涂料生产工艺与产品配方实例

如下介绍美术涂料生产工艺与产品 15 个品种。

5-1 新型美术涂料

性能及用途 各种色彩、花纹、色调的涂料，经久耐用。适用于家庭、酒楼、体育馆等各种场所。

涂装工艺参考 采用聚乙烯醇缩甲醛胶，掺入白色水泥，调节成特种胶料，先将图案贴于基层上，再罩上保护层涂料，胶料黏纸于干燥后剥离强度不亚于油漆层涂料保护层，与纸张的黏结强度也相当高。

产品配方（质量份）

聚氨酯清漆	0.8
玻璃粉	1.5
酚醛清漆	0.5
熟桐油料	0.5
聚乙烯醇缩甲醛	0.3
白水泥	0.15

生产工艺与流程 将聚乙烯醇缩甲醛与白水泥掺在一起制成特种胶料。将聚氨酯清漆与酚醛清漆、熟桐油按配比搅拌均匀，制成黄亮体后，再加入玻璃粉搅拌均匀后即成为美术涂料。

5-2 设备装饰型美术涂料

性能及用途 有皱纹、美观大方。用于仪器设备、文具和家用器具的装饰。

涂装工艺参考 该漆采用喷涂施工。施工时按比例调配均匀，一般在 4h 内用完，以免胶化。调节黏度用稀释剂，严禁与水、酸、碱等物接触。有效储存期为 1 年，过期的产品可按质量标准检验，如符合要求仍可使用。

质量标准

漆膜颜色及外观	漆膜有光
干燥时间/h	≤72
细度/μm	≤25
油渗性	颜料不溶于油中
分布性	容易分布，不易成团
稳定性(3 年)	不结硬皮与胶化

产品配方

(1) 黑色皱纹漆配方（质量份）

炭黑	1.9
硅藻土	4.7
二甲苯	45.6

6%环烷酸钴	1.4
10%环烷酸锰	0.3
短油度桐油、亚麻油改性醇酸树脂，60%甲苯溶液	46.1

把以上各物料加入反应釜中进行搅拌混合即成为涂料。

(2) 灰色锤纹烘漆配方（质量份）

非浮型铝粉浆	1.9
二甲苯	4.9
正丁醇	1.9
硅油	0.2
短油度脱水蓖麻油醇酸树脂，60%二甲苯溶液	68.1
丁醇醚化脲醛树脂，50%二甲苯溶液	22.5

生产工艺与流程　在常温下把基料加入反应釜中，在加入以上各种物料进行搅拌混合均匀后即为所需要的涂料。

5-3　场所装饰型美术涂料

性能及用途　各种色彩、花纹、色调的涂料，经久耐用。适用于家庭、酒楼、体育馆等各种场所。

涂装工艺参考　采用聚乙烯醇缩甲醛胶，掺入白色水泥，调节成特种胶料，先将图案贴于基层上，再罩上保护层涂料，胶料黏纸于干燥后剥离强度不亚于油漆层涂料保护层，与纸张的黏接强度也相当高。

质量标准

容器中状态	搅拌后无结块、均匀一致
施工性	喷涂或刷涂无障碍
干燥时间/h	24
涂膜外观	正常
耐光性(水银灯式)	变化程度不大
耐水性(浸入水中 96h)	无异常
耐碱性(浸入 NaOH 饱和溶液中 48h 后)	无异常
耐洗刷性/次	耐 300 次
耐候性(经 12 月后)	不脱落无裂纹

产品配方（质量份）

聚氨酯清漆	0.8
玻璃粉	1.5
酚醛清漆	0.5
熟桐油料	0.5
聚乙烯醇缩甲醛	0.3
白水泥	0.5

生产工艺与流程　将聚乙烯醇缩甲醛与白水泥掺在一起制成特种胶料。将聚氨酯清漆与酚醛清漆、熟桐油按配比搅拌均匀，制成黄亮体后，再加入玻璃粉搅拌均匀研磨后即成为美术涂料。

5-4　新型油基美术漆

性能及用途　该漆有黑、白两色，系浆状混合物，细腻易于涂刷。用于油画。

涂装工艺参考　施工以刷涂为主，漆膜干燥太慢时，可酌量加入催干剂以弥补之。有效储存期为 3 年。

质量标准

漆燥颜色及外观		黑白两色，漆膜有光
干燥时间/h	白色	≤72
	黑色	120
细度/μm		≤25
油渗性		颜料不溶于油中
分布性		容易分布，不易成团
稳定性(3 年)		不结硬皮与胶化

产品配方

配方/(kg/t)	红	白	黑
成膜物	612	227	805
颜、填料	428	823	238
催干剂	10	10	20

生产工艺与流程　油基树脂美术漆一般采用热炼法生产，将树脂和油高温熬炼至一定黏度，然后冷却至溶剂沸点下进行稀释。包括六道工序：配料、热炼、稀释、净化、检验、包装。该漆由植物油、蜡、树脂、颜料配制而成，把以上组分植物油、蜡、树脂加入混合器中进行混炼，然后再进行研磨，最后进行调漆均匀即成。

5-5　各色油基油画美术涂料

性能及用途　该漆系浆状混合物，细腻易于涂刷。用于油画。该漆有黑、白两色。

涂装工艺参考　施工以刷涂为主，漆膜干燥太慢时，可酌量加入催干剂以弥补之。有效储存期为 3 年。

产品配方（质量份）

豆油	22～26
甘油	5～7
邻苯二甲酸酐	10～12
季戊四醇	3～4
甲苯二异氰酯(TDI)	7～10

磷酸	0.002
抗氧剂	0.005
二月桂酸二丁基锡	0.002
二甲苯	5～8
200# 溶剂汽油	35～40

生产工艺与流程

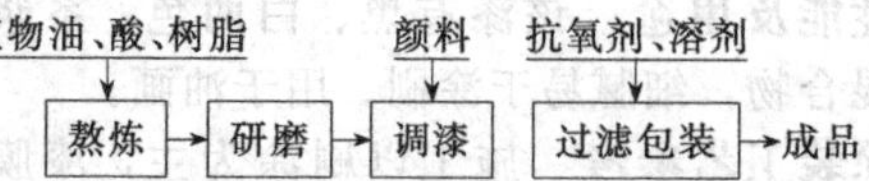

把丙烯酸树脂、钛白粉、滑石粉、硫酸钡、触变剂加入适量二甲苯，搅拌均匀，润湿过夜，用三辊机研磨至细度≤35μm，加入助触变剂和催化剂，用二甲苯调整漆的固体分为60%。甲组分为固化剂50%加成物。

甲组分：乙组分=1：5配比施工配漆并用稀释剂稀释。

混合溶剂为二甲苯和环已酮(二甲苯：环已酮=7：3)。

5-6 常用的水稀型无毒美术涂料

性能及用途 该漆干燥时间介于丙烯酸树脂漆和油性漆之间，对画家的毒性和过敏感性降低。用于美术漆，美观大方。用于文具和装饰画、家用器具的美术装饰。

涂装工艺参考 以刷涂和辊涂为主，也可喷涂。施工时应严格按施工说明操作，不宜掺水稀释。施工前要求对表面进行清理整平。

产品配方（质量份）

植物油(如豆油)	50～90
催干剂(氧化镁或氧化钴)	1～5
熟亚麻油	3～15
酚类抗氧剂	0.15～2
干颜料	5～20
二氧化硅	0.75～2
豆油	3.75
熟亚麻油	2.25
日本漆	0.75
丁基-对甲酚	0.75
颜料	5
二氧化硅	37.5

生产工艺与流程

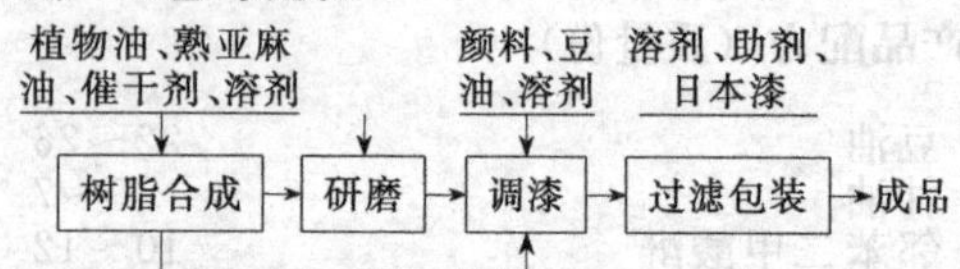

该漆由植物油、催干剂、熟亚麻油、酚类抗氧剂、干颜料及二氧化硅混合研磨而成。

一种纯紫色漆在画布上2天后仍可使用，3周后方可完全干燥，它由豆油、熟亚麻油、日本漆、丁基-对甲酚、颜料及二氧化硅构成。

5-7 常用的水稀释的美术色料

性能及用途 该漆有黑、白两色，系浆状混合物，细腻易于涂刷。适用于少年儿童学习作画。

涂装工艺参考 采用树脂为主原料。以刷涂和辊涂为主，也可喷涂。施工时应严格按施工说明操作，不宜掺水稀释。施工前要求对表面进行清理整平。

产品配方（质量份）

玉米淀粉	200
马铃薯淀粉	40
蔗糖	120
麦粉	150
胡萝卜素	20
食用染料	5
防腐剂(o-phC_6H_4ONa)	5
黄原胶(增稠剂)	5
山梨糖醇(润湿剂)	30
水/mL	425

生产工艺与流程

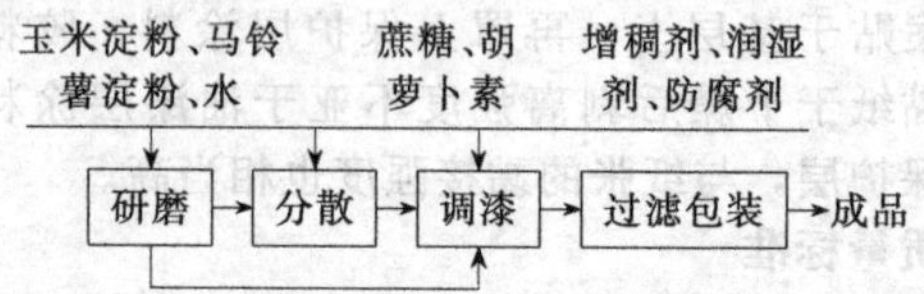

将各物料分散于水中，色料可以根据需要改变色彩，混合均匀得浆状美术色料。

5-8 新型水稀释的美术色料

性能及用途 该漆有黑、白两色，系浆状混合物，细腻易于涂刷。适用于水稀释的美术色料。

涂装工艺参考 采用树脂为主原料。以刷涂和辊涂为主，也可喷涂。施工时应严格按施工说明操作，不宜掺水稀释。施工前要求对表面进行清理整平。

质量标准

固含量/%	50
黏度(涂-4杯)/s	90
柔韧性/mm	1
附着力/级	1

冲击强度/cm	≥45
硬度/H	≥2
耐水性(240h)	不起泡、不起皱、不脱落
耐 30%NaOH 水溶液不起泡(20℃)/h	≥100
耐汽油性(200# 汽油,60h)	不脱落
耐光性(室外暴晒)	12 个月无锈蚀

产品配方（质量份）

非水溶性多糖(作填料)	5～60
马铃薯淀粉	4
蔗糖	12
玉米淀	20
麦粉	15
胡萝卜素	2
食用染料	0.5
防腐剂(o-phC_6H_4ONa)	0.5
黄原胶(增稠剂)	0.5
山梨糖醇(润湿剂)	3

生产工艺与流程 把以上各种物料加入高速搅拌机中进行搅拌均匀变成水混合物，呈浆糊状、充分调匀，过滤包装。

5-9 新型多彩美术漆

性能及用途 用于美术漆。适用于内外装饰性表面涂装（家庭、酒楼、体育馆）等各种场所。用于单组分、多组分的室内装饰涂料。

涂装工艺参考 该漆采用喷涂施工。施工时按比例调配均匀，一般在 4h 内用完，以免胶化。调节黏度用稀释剂，严禁与水、酸、碱等物接触。有效储存期为 1 年，过期的产品可按质量标准检验，如符合要求仍可使用。

质量标准

	户外用	户内用
容器中状态	搅拌后无结块、均匀一致	
施工性	喷涂或刷涂无障碍	
干燥时间/h	24	
涂膜外观	正常	
耐光性(水银灯式)	—	变化程度不大
耐水性(浸入水中 96h)	无异常	—
耐碱性(浸入 NaOH 饱和溶液中 48h 后)	无异常(18h 后)	无异常
耐洗刷性/次	耐 300 次	耐 100 次
耐候性(经 12 月后)	不脱落无裂纹	

产品配方（质量份）

合成树脂乳液	60	60
55%钛白色浆	38	38
红色色浆	2	—
绿色色浆	—	2

生产工艺与流程 由合成树脂乳胶漆、液态或凝胶状两种颜色以上的色粒配制而成。

5-10 常用的内外装饰性多彩美术漆

性能及用途 该漆用于美术漆。适用于单组分、多组分的内外装饰性表面涂装。

涂装工艺参考 施工以刷涂为主，漆膜干燥太慢时，可酌量加入催干剂以弥补之。有效储存期为 2～3 年。

质量标准

外观	色彩鲜艳
固体分/%	≥20
干燥时间/min	≤30
黏度(涂-4 杯)/s	50～60
柔韧性/mm	1
附着力/级	1
冲击强度/cm	≥25
硬度/H	≥2

产品配方（质量份）

合成树脂乳液	6
醇酸树脂乳液	3～4
顺丁烯二酸树脂	3～4
二甲苯	14～18
其他溶剂	2～3
防划痕剂	2～4
季戊四醇	40～50
三聚氰胺甲醛树脂	7～10
红色色浆	2
55%钛白色浆	8

生产工艺与流程 把以上各种物料加入混合器中进行混合均匀变成水混合物，呈浆糊状。

5-11 新型自行车、汽车涂装闪光美术漆

性能及用途 该漆系多组分的浆状混合物，细腻易于涂刷。用于自行车、汽车的涂装。

涂装工艺参考 施工以刷涂为主，施工时应严格按施工说明操作，不宜掺水稀释。施工前要求对表面进行清理整平。有效储存期为 3 年。

产品配方（质量份）

闪光粉(为漆料质量的)	2～5
银粉(为漆料质量的)	9～12
珠光粉	6～8

生产工艺与流程 闪光粉（闪光银粉浆和珠光粉）和醋丁纤维素（CAB定向剂）2%～3%可防止银粉沉淀，闪光漆中加入适量的银粉定向剂，加入量为CAB10%～20%。

5-12 新型器具装饰闪光美术漆

性能及用途 用于面包车的涂饰和其他类型的金属表面的涂饰。有皱纹、美观大方。也可用于仪器设备、文具和家用器具的装饰。

涂装工艺参考 以刷涂和辊涂为主，也可喷涂。施工时应严格按施工说明操作，不宜掺水稀释。施工前要求对表面进行清理整平。

质量标准

固含量/%	45～55
黏度(涂-4 杯)/s	80～100
柔韧性/mm	1
附着力/级	1
冲击强度/cm	≥45
硬度/H	≥2
耐水性(240h)	不起泡、不起皱、不脱落
耐 30%NaOH 水溶液不起泡(20℃)/h	≥100
耐汽油性(200# 汽油,60h)	不脱落
耐光性(室外暴晒)	12 个月无锈蚀

产品配方

丙烯酸氨基闪光银粉漆/%

羟基丙烯酸树脂(固含量 60%)	54.2
氨基树脂(60%固含量)	18.7
非浮型闪光银粉	9～12
聚乙烯蜡防沉剂 201	2～3
CAB	10～14
二甲苯等溶剂	26

生产工艺与流程 把以上各种物料加入混合器中进行混合均匀变成水混合物，呈浆糊状。

5-13 含丙烯酸树脂及聚氨酯水性美术漆

性能及用途 该漆可形成抗褪色性、耐光雾性和抗龟裂性及均匀性好的透明涂膜。用于艺术品，美术漆。

涂装工艺参考 施工以刷涂为主，漆膜干燥太慢时，可酌量加入催干剂以弥补之。有效储存期为 3 年。

产品配方

组成物/%

水	90～100
聚氨酯	4～17
着色剂	0.1～10
丙烯酸酯树脂	适量

典型的涂料是由以下物质组成/g

丙烯酸酯型树脂乳液(固体分 65%)	81.4
阴离子型聚氨酯分散体(30%固体分)	12
成膜剂	1
防腐剂	0.2
紫外线吸收剂	0.4
着色剂	4

生产工艺与流程 该漆由水和聚氨酯、着色剂和适量的丙烯酸酯树脂组成，树脂是由两种树脂组成，后一种树脂与前一种树脂之比为（83～95）：（5～17）；这是一种典型美术涂料，该涂料是由丙烯酸酯型树脂乳液和阴离子型聚氨酯分散体、成膜助剂、防腐剂、紫外线吸收剂和着色剂组成。

5-14 新型半透明美术涂料

性能及用途 该漆是不着火的弹性体，具有耐磨和耐裂的特点，可起到保护物品的作用。用于艺术品，美术漆。

涂装工艺参考 施工以刷涂为主，漆膜干燥太慢时，可酌量加入催干剂以弥补之。有效储存期为 3 年。

产品配方（质量份）

聚乙烯醇	100
硅酸钠溶液	5～20
动植物油	适量

生产工艺与流程 把上述动植物油提取到物料浓缩罐炼成浓缩半透明，把成品涂在有吸湿的物品上，干燥后完全密封。

5-15 新型砂型美术乳胶漆

性能及用途 该漆系美术乳胶漆，细腻易于涂刷。用于建筑内墙的装饰。

涂装工艺参考 施工以刷涂为主，漆膜干燥太慢时，可酌量加入催干剂以弥补之。

有效储存期为3年。

质量标准

膜厚/μm	70～100
外观	锤纹清晰

产品配方（质量份）

钛白	14.5
老粉	7.0
滑石粉	15.0
水	17.8
六偏磷酸钠	0.15
水流砂(或石英砂 255～355μm)	6.0
防腐剂、防霉剂	0.10
纤维素类增稠剂	0.25
乳液(50%)	25.0
成碘助剂	1.2
水流砂(或石英砂 355～1000μm)	13.0

生产工艺与流程 先把颜料和填料分散，待加入砂子时，应减慢搅拌速度，要在加完砂子后再配色，最后成漆。黏度高时会产生泡沫则应加入消泡剂，有时加些纤维短绒，使漆膜结构加强，因砂子的粒度比颜色、填料要大得多，不会影响颜、填料和浓度。施工时刷涂1～2道。

第二节 锤纹漆

一、锤纹漆的基本概念

1. 概述

锤纹漆又称锤纹涂料，是一种常用的美术漆，它在被涂装的物体表面形成一层漆膜，这层漆膜似有铁锤敲打铁片所留下的锤纹花样，有自干型和烘干型两种。由铝粉、合成树脂、溶剂等制成。喷涂干燥成膜后，漆面呈不规则而微凹的圆斑，美观耐久。广泛用于木制家具表面的美术涂装，也适合于各种机械设备、环保行业，钢结构，泵阀、体育设备、金属门窗，涂饰仪器、仪表、电器等。

2. 锤纹漆形成锤纹的原理

主要是漆液喷溅后形成表面呈凹状的漆点，漆点中铝粉的下沉受到溶剂挥发的影响，使其一边下沉一边作旋转运动，促使清漆和颜料出现分层和离心，当喷涂的各个漆点在物体表面流展到互相连接时，颜料已在漆点的最外边缘形成了色圈分界线，而各色圈内则是由铝粉旋转而成的一个一个浅碟子似的旋涡，清漆浮于铝粉上面，使得这些旋涡显现出美丽的锤纹，而且锤花的大小和深浅均匀，闪烁着金属的光泽。

3. 锤纹漆的分类

锤纹漆有6种：硝基锤纹漆，过氯乙烯锤纹漆，氨基锤纹漆，丙烯酸锤纹漆，聚氨酯锤纹漆，氯化橡胶锤纹漆。现把锤纹漆6种的分类分别介绍如下。

① 硝基锤纹漆是由硝化纤维素及各种合成树脂溶解于有机溶剂中，并加入增韧剂和少量颜料、铝粉浆调制而成的。锤纹漆中颜料越少越好，常用半透明的有机颜料着色。

② 过氯乙烯锤纹漆是以过氯乙烯树脂溶解于挥发性有机混合溶剂中，并加入醇酸树脂及增韧剂，使用时加入无延展性铝粉浆而成。

③ 氨基锤纹漆是氨基树脂与醇酸树脂用二甲苯与丁醇稀释后，加不浮型铝粉制成的；该漆膜也有类似锤击铁板所留下的锤痕纹，可用于色浆配制成各种色泽，是一种烘烤型涂料，漆膜经烘烤后，具有坚韧耐久、色彩调和等特点。

④ 聚氨酯锤纹漆是由氨基树脂、合成脂肪酸、三羟甲基丙烷醇酸树脂、铝粉浆、二甲苯及丁醇组成。

⑤ 丙烯酸烘干锤纹漆是由甲基丙烯酸酯，丙烯酸酯共聚树脂，苯代三聚氰胺甲醛树脂、脱浮铝粉浆，催干剂及酮、苯类溶剂制成。

⑥ 氯化橡胶锤纹漆由氯化橡胶、醇酸树脂、酚醛树脂、铝粉浆、催干剂和有机溶剂混合而成。

二、锤纹漆的品种与技术特点

锤纹漆涂装的技术特点：产品漆膜丰满，细腻，坚韧厚实，附着力强，遮盖力好。一般选用进口特殊原料，采用先进工艺精制而成。漆膜丰满厚实、硬度高，具有特殊的锤纹效果，立体感特强，而且纹路清晰。

1. 锤纹漆的品种与施工特点

(1) 氨基锤纹漆的施工

① 常用氨基锤纹漆的品种见表 5-2。

表 5-2 常用氨基锤纹漆的品种

型号及名称	组 成	性能及用途
A16-50 各色氨基烘干锤纹漆	氨基树脂、合成脂肪酸三羟甲基丙烷醇酸树脂、铝粉浆、二甲苯及丁醇	漆膜光泽高，花纹立体感强，烘干变黄性小，用于仪器、仪表、医疗器械、缝纫机及电冰箱表面涂装
A16-51 各色氨基烘干锤纹漆	酚醛树脂、醇酸树脂、不浮型铝粉、二甲苯及丁醇、颜料	漆膜类似锤击铁板留下的锤痕花纹，可用色浆调配各种色泽，用途同 A16-50
A16-52 各色氨基烘干锤纹漆	酚醛树脂、合成脂肪酸醇酸树脂、脱浮型铝粉浆、二甲苯、丁醇、颜料	漆膜色彩鲜艳，保色、保光，用于仪器仪表、医疗器械及钢家具等表面涂装
A16-53 各色氨基烘干锤纹漆	酚醛树脂、油改性醇酸树脂、铝粉浆、导电溶剂、颜料	漆膜坚硬，色彩鲜艳，保色、保光性好，用于仪器仪表、医疗器械及钢家具等表面涂装
A16-54 各色氨基烘干锤纹漆	酚醛树脂、合成脂肪酸醇酸树脂、铝粉浆、导电溶剂、颜料	漆膜坚硬，色彩鲜艳，保色、保光性好，用于仪器仪表、医疗器械及钢家具等表面涂装

②氨基锤纹漆施工原理。锤纹漆喷涂后呈现锤纹，主要有 3 个基本因素：组成漆膜中黏结成分的各种树脂；脱浮铝粉；挥发速度合适的稀释剂。漆料能决定漆膜的一般物理化学性能，而浮铝粉在漆膜中慢慢沉底，便形成锤花，稀释剂对于形成花纹也是十分重要的。

喷涂锤纹漆时，是将涂料喷成一小点一小点地飘落在物件表面上，这些漆点在重力作用下便会自动流成表面平滑的漆膜，就在这些漆点流平的过程中，发生下面这些变化而使漆膜出现锤纹：漆点中的铝粉旋转着下沉，之所以一边下沉又作旋转运动，是由于漆点中的溶剂挥发，产生像一股股小旋风似的力量，带动了下沉中的铝粉旋转，在铝粉下沉的同时，漆点中的清漆和颜料形成分界线，随着漆点的稀释剂不断挥发，使漆料逐渐黏稠，当稀释剂挥发得差不多时，漆膜便黏稠得不能再流动，这样喷在物件表面上的各个漆点已流展到互相连接，颜料在它的最外边缘，形成一个个色圈分界线，原来各个漆点下面的铝粉又旋转成个个浅碟子似的旋涡，清漆浮在铝粉上面使得这些旋涡显出闪烁着金属的光泽和均匀美丽的锤纹。

③ 施工方法。使用 A16-50 和 A16-51 氨基烘干锤纹漆时，待被涂物表面彻底处理干净后，先涂一道 X06-2 磷化底漆，干后再涂一道 H06-2 环氧底漆，干燥后如面有不平之处，要用醇酸腻子进行刮平，干燥后用水砂纸水磨光滑，抹净晾干水分后，再均匀喷涂一道醇酸二道浆，烘干或自干后，用 320# 水砂纸全面经水磨光滑，抹净并烘干水分，用硝基稀腻子将针孔等缺陷找平，干后经磨，软布进行二次抹净，之后，将该漆彻底搅拌均匀，用 X-4 氨基漆稀释剂调稀到黏度为 30～40s，用 120 目筛网过滤干燥，然后用扁嘴式大喷枪均匀喷涂一道，第一道喷好后，在室温静置 20～30min，待指干不黏时，再喷涂一道，静置 20min 左右，使花纹成型后，送入烘房或鼓风烘箱内，在 100～110℃ 下烘烤 2～3h 干燥。

④ 施工工艺。

a. 配漆：按包装桶合格证标签标注正确配比，其中稀释剂可适量增减，以便得到合适的施工黏度。充分搅匀后，用 200 目滤网过滤，静置 10～15min，即可施工。以喷涂最佳。

b. 施工方法：把配制好的油漆施工在已涂有色（实色）底漆的基面上（一般选用白底、灰底或黑底的涂装基面）1 道（请参阅有色底漆产品说明书），即可产生锤纹效果。

⑤ 注意事项。

a. 系列产品须配套使用，正确配比，

油漆现配现用，漆液一经配制，必须3h内用完，以免凝胶变质。主漆、固化剂、稀释剂用后须马上密封，以免挥发，吸潮变质，影响使用效果。

b. 配漆时，先搅匀主漆，再按配比正确调配。

c. 喷涂时要均匀，涂漆厚度一致。漆膜涂层厚、薄均会产生不同的表面效果。漆膜厚，花纹就大，立体感强；反之，漆膜薄，花纹就小。

d. 锤纹漆干后用600目以上细砂子稍打磨再用清面漆修饰（进行罩光），则色彩持久、立体感更强。

储存：本品完全密封，应储存于阴凉、通风、干燥处，勿近火源。保质期见包装桶合格证标注，超过保质期按该产品技术指标规定项目进行检验，结果符合要求仍可使用。

(2) 硝基锤纹的施工

硝基锤纹漆是一种自干型漆，干燥速度快，所以对于它的施工，应待底层流平后，先喷涂两道锤纹漆，而后薄喷一次一道香蕉水，使香蕉水将漆膜溶解呈涡状而形成美观的锤印花纹。

① 常用硝基锤纹漆的品种。主要有Q16-31各色硝基锤纹漆，它是由硝化棉及合成树脂液溶于有机溶剂中，加入增韧剂和少量铝粉浆配制而成，其特点是漆膜干燥迅速，花纹美观大方，坚韧耐久，主要用于五金零件、仪表仪器及文教用品等表面涂装。

② 施工方法。待被涂物表面处理干净后，先涂一道C06-1铁红醇酸底漆或H06-2环氧底漆，干燥后，再将该漆彻底搅拌均匀，并加入适量硝基漆稀释剂（甲级香蕉水）稀释至施工黏度为20～25s，用180目筛网过一次，然后喷涂两道，喷涂第一道时，喷枪与物面距离为350～450mm，空气压力为3～3.5kg/cm^2，喷后稍等几分钟，待漆膜稍干后，即可喷第二道，第二道喷后待5min左右，锤纹即形成。如末道喷溶剂时，第一道漆膜应喷薄一些，以仅遮盖底层为宜，第一道喷后干燥1h，再喷第二道，这道漆膜应比头道稍厚，待漆膜稍干时，薄喷一道香蕉水，喷时气压为2.5～3.5kg/cm^2，喷涂距离为450～550mm，喷时喷枪移动速度应稍快，力求一枪喷成，以使花纹大而美观。硝基锤纹漆喷好后，用360$^\#$～400$^\#$水砂纸轻轻水磨光滑，抹净晾干后，再均匀喷涂1～2道硝基清漆罩光。

(3) 过氯乙烯锤纹漆施工

① 常用过氯乙烯品种。主要有G16-31各色过氯乙烯锤纹漆和G16-32各色过氯乙烯锤纹漆。

② 施工方法。在涂装之前，必须将被涂物表面彻底处理干净，而后先喷一道过氯乙烯底漆或铁红醇酸底漆，干后再涂一道过氯乙烯或醇酸腻子进行刮平缺陷，干燥后磨光，抹净，再喷涂一道过氯乙烯二道浆或醇酸二道浆，干燥后，用稀硝基腻子或过氯乙烯腻子把针孔等缺陷找平，干后轻轻全面磨光，抹净，将该漆加铝粉充分搅拌均匀，用X-4过氯乙烯稀释剂调稀，过滤干燥，先均匀喷涂一道，待干透，再用320$^\#$～360$^\#$水砂纸轻轻水磨光滑，抹净晾干后，再均匀喷涂一道G01过氯乙烯清漆罩光即可。

(4) 丙烯酸锤纹漆施工

① 常用丙烯酸锤纹漆品种。主要有B16-51各色丙烯酸烘干锤纹漆，它是由甲基丙烯酸酯、丙烯酸酯共聚树脂、苯代三聚氰胺甲醛树脂、脱浮铝粉浆、催干剂，及酮、苯类溶剂制成，其特点是漆膜坚韧耐久，有良好的三防（湿热、盐雾、霉菌）性能。可用于湿热带要求三防的录音、仪表仪器及热水瓶等高级制品等表面涂装。

② 施工方法。在涂装之前，必须将被涂物表面彻底处理干净后，而后先涂一道X06-1磷化底漆，干后再涂一道H06-2环氧底漆，自干或烘干后，用环氧腻子或聚酯腻子进行刮平，干燥后用水砂纸水磨光滑，抹净并烘干水分后，再喷涂一道环氧二道浆，烘干或自干后，用280$^\#$水砂纸全面经水磨光滑，抹净并烘干水分后，将该漆彻底搅拌均匀，并加入30%～40%二甲苯调

稀，用220目筛网或绢布过滤干燥，然后用扁嘴式大喷枪均匀喷涂一道，喷涂气压为3.5～4kg/cm²，喷涂距离为250～350mm，喷好后在室温静置15～20min，待表干后再均匀喷涂一道，这道漆清可加10%～20%二甲苯，使漆液变稠些，然后用喷涂气压为2～25kg/cm²，喷涂距离为200～300mm进行喷涂，喷好后在室温静置15～30min左右，使花纹呈现均匀后，再送入烘房进行烘干，烘干冷却后，用360[#]水砂纸轻轻水磨光滑，抹净烘干水分，再均匀喷涂一道丙烯酸清漆罩光。

(5) 聚氨酯锤纹漆

① 常用聚氨酯锤纹漆品种。主要有S16-30银灰聚氨酯锤纹漆。该漆是由甲苯二异氰酸酯三羟甲基丙烷加成物和有机溶剂制成组分一，使用时按比例加入含水蓖麻油醇解物、铝粉浆和有机溶剂制成组分二。其特点是常温干燥，漆膜锤纹清晰，坚硬，三防性能好，可用于亚热带地区和潮湿地区机械、电机设备外壳等表面涂装。

② 施工方法。在涂装之前，先将被涂物表面彻底处理干净后，而后先涂一道聚氨酯底漆或醇酯底漆，干后用醇酸腻子进行刮平，干透磨光吹净，匀喷一道灰醇酸二道浆，干后，用220[#]水砂纸或180[#]砂布轻磨光滑，仔细吹光抹净，之后，将该漆组分一和组分二按质量比65∶35比例混合均匀，并用无水二甲苯调稀至施工黏度，用120目筛网过滤干燥，均匀喷涂两道，第一道喷后，晾置10min左右，再喷第二道，第二道喷后干燥24h，即可投入使用。

(6) 氯化橡胶锤纹漆

① 常用氯化橡胶锤纹漆品种。主要有J16-31铝粉氯化橡胶锤纹漆。该漆由氯化橡胶、醇酸树脂、酚醛树脂、铝粉浆、催干剂和有机溶剂混合而成，其特点是常温干燥，漆膜附着力强，耐水和防潮性好，主要适用于无烘烤条件的大型设备表面涂装。

② 施工方法。待被涂钢铁表面处理干净后，先涂一道C06-1铁红环氧底漆或C06-1铁红醇酸底漆，干燥后，再涂一道J06-2灰氧化橡胶底漆，干燥后，用细砂布轻轻全面磨光滑，仔细吹光抹净，之后，将该漆彻底搅拌均匀，并用二甲苯或200[#]煤焦溶剂油调稀，用120目筛网过滤干燥，均匀喷涂第一道，待涂漆膜表干后，再均匀喷涂一道，干透后，用280[#]水砂纸全面轻轻水磨光滑，抹净晾干后，再均匀喷涂一道J01-1氯化橡胶清漆即可。

2. 锤纹漆的修补

锤纹漆膜的修补是当工件喷完后，再罩一层氨基清烘漆，不仅可以增加锤纹漆的光泽，而且可以延长其使用寿命。

如果锤纹漆膜有破损处，在罩漆前应作修补，但不能像普通磁漆那样对着破损处补上一枪，若这样补枪，补枪处的周围会产生难看的分界线，锤纹漆的修补方法有以下3种。

① 用毛笔涂刷漆膜破损处，当破损面积不大时，这种修补并不显眼，效果颇好。

② 植皮法。当破损面积较大时，可将单幅锤纹漆漆膜剪成相应大小，并在修补处的周围用毛笔涂刷一层薄薄的锤纹漆漆料，随即将剪好的漆膜黏上去，就像医生植皮似的，效果尚可。

单幅锤纹漆的制法：将锤纹漆喷在清洁的、干燥的玻璃片上，待漆膜充分干透后，浸在清洁水中，几小时或次日就能将漆膜完整地撕下，备作植皮修补用。

③ 整幅喷涂。大面积破损时，若整个平面再喷一次，效果较好，在点花前，选定棱角位或与其他部件交接处分界线，将分界线以外好的表面用硬纸板遮挡着，以免污染，然后点花。

3. 锤纹漆的工艺流程

钢铁制品→除锈→涂刷底漆一遍→（隔日）水法磨光漆层→喷涂硝基色漆一遍水法磨光漆膜→喷涂第一遍锤纹漆漆层越薄越好→喷涂第二遍锤纹漆层适中→喷涂一遍硝基清漆罩光→工艺完成

4. 锤纹漆的喷涂方法

有3种喷涂方法：一般喷涂法；溶解

喷涂法；洒硅法。

(1) 一般喷涂法　将漆液调稀至适合施工黏度后，过滤，再喷到工件上，使之呈现花纹，形成花纹膜，一般喷涂法又有一层喷涂法和两层喷涂法。

(2) 溶解喷涂法　将锤纹漆像普通漆一样喷涂，只要求漆膜厚薄均匀，不求锤花与否，一般是连续喷两层（中间间隔10～15min）使漆膜均匀无漏底，再静置15～20min，待漆膜接近表干时，再喷洒清洁的锤纹漆稀释剂，将稀释剂喷成分散的点子，洒落在喷好的漆膜上，通常这些稀释剂点子将漆膜溶解又再挥发的过程，形成锤纹花纹。溶解喷涂法，采用烘干型氨基锤纹漆喷大面积设备效果很好，所得锤纹花比其他喷涂法花纹更大，更清晰。

(3) 洒硅法

① 施工方法及原理　在工件上先喷一层锤纹漆，待漆膜表干后，薄薄喷一层硅水，然后再喷一层锤纹漆。它是利用硅水的微小珠粒对铝粉漆料的强烈排斥，形成了以硅水珠滴为圆心逐渐凹下的锤窝，与此同时，由于溶剂挥发，使铝粉下沉，便产生有金属光泽的锤纹。

② 硅水的配制　将硅油配成0.1%～0.5%的汽油溶液再加入10%左右的二甲苯而成，选用汽油作溶剂是因为它对漆膜溶解力不强，挥发又较快，加入甲苯可防止洒硅时垂直面上的硅水珠滴发生流挂现象。称这种硅溶液为硅水。对于像机床那样较大的物件，硅油浓度以0.5%为好，参考配方：

硅油	0.5%
二甲苯	0.5%
汽油	90%

三、常用的锤纹漆的施工操作方法

1. 喷涂法

锤纹漆喷涂操作主要有先点后喷及先喷后点两种方法。

(1) 先点后喷法　采用先点后喷的锤纹漆施工工艺，首先应将被喷涂的工件水平放置于喷台上，用1.5～2.5mm口径的喷枪，喷涂时，要求出漆量大而气压小，使其喷出的锤纹漆成大点状均匀地洒落在被涂的工件表面上，点洒喷涂以后，立即将喷枪调整至正常的喷涂状态，在已经经过点洒喷涂的涂膜面上以雾状薄薄地再喷涂同样的锤纹漆一遍，待漆膜干燥以后，再喷涂一层透明面漆进行罩光，干燥以后就获得了锤状花纹的漂亮涂层。

(2) 先喷后点法　将工件平置于喷台上，先按正常喷涂法薄薄地在工件表面上喷上一道彩色锤纹漆，然后立即将喷枪调整至大出漆量，小气压的喷涂状态，将漆液成点状均匀地洒在经上述薄喷涂的工件表面，干燥以后，再喷涂透明清漆进行罩光。

在进行上述喷涂施工时，还必须注意以下几点：

(1) 工件应水平放置；

(2) 涂层不能过厚；

(3) 洒点必须均匀，并且点滴间不能连贯；

(4) 洒点时枪口宜高，而喷涂时枪口宜适当靠近工件表面。

2. 溶解喷涂法

先将锤纹漆按一般喷漆的操作法，均匀地喷涂于被涂装的（经涂前处理和涂饰透明底漆的）工件表面上，待已喷涂的锤纹漆膜已处于表干状态，即以点状喷涂法均匀地将垂纹漆的专用稀释剂均匀地喷洒于该锤纹漆膜溶解，又一次引起点上溶剂的挥发，从而形成美丽的锤纹。

3. 洒硅法

洒硅法是利用“硅水”可改变涂膜表面张力的作用，使硅水的微滴可对漆膜中的铝粉和漆料产生强烈的排斥作用，形成以“硅水”液滴为圆心，铝粉沉陷于窝底的凹陷锤窝，这样就形成了美丽的锤花。因此，洒硅法的操作方法，应该是先在被涂工件表面上喷涂一层锤纹漆，待漆膜表干时，再以点状薄喷上一层“硅水”，然后再喷涂一层锤纹漆，干燥以后就可获得所需锤花的锤纹漆漆膜。如在表面再喷涂一道透明的罩光面漆，则效果更好。喷涂的"硅水"是由高黏度硅油溶解于汽油和二甲苯中的硅油溶液。硅油在混合溶剂中的含量控制在1%以内。

4. 锤纹漆三种施工方法的比较

(1) 喷涂法操作简单，成本低，但难以获得均匀的花纹。

(2) 溶解喷涂法适于大面积的喷涂作业，并且花纹大而清晰，但对调节溶剂的挥发速率要求较高，这是因为在自干状态的家具表面涂饰工艺中，如果溶剂的挥发速率较慢，就会在溶剂尚未挥发以前膜面已经流平，而难以形成锤花；同样，如果溶剂挥发过快，锤花形成太多，这时膜表的凹凸之处过于明显，也影响锤纹漆漆膜的外观质量，因此，溶解喷涂法必须视气候状态，十分小心地调节溶剂的挥发速率。

(3) 由洒硅法获得的锤花均匀而清晰，且锤感强，但洒硅操作的要求较高，不能有漏洒和重洒，否则也易影响锤花质量。同时，硅水中的硅油对喷涂其他非锤纹漆的影响较大，因此洒硅法对周围环境以及喷涂设备、用具的清洗要求较高。

四、锤纹漆涂料与技术的应用状况

1. 锤纹漆涂料与技术的应用

(1) 7111聚氨酯锤纹漆技术的应用

技术人员发现在油漆中如果掺入助剂(硅油)会影响油漆漆膜(图5-1)，表面形成网状凹凸不平。这原是一种油漆病态，但由于其独特花纹，遂发展成为锤纹漆系列。通常会在锤纹漆中添加铝粉，产生光的反射，结合网状凹凸不平的漆膜，达到人们所期望的效果。由于锤纹漆表面凹凸

图5-1 掺入硅油漆膜

不平和对光线的不规则反射，锤纹漆能够掩盖小的凹凸不平。被涂表面只要相对平整就可以了，减轻了油漆施工人员涂抹腻子的工作量（有规则曲线的物体表面，用腻子做平是较难的）。锤纹漆在市场上的竞争对手是聚氨酯橘形漆。橘纹漆也有和锤纹漆一样具有掩盖被涂表面凹凸不平的特点，且色泽浅而鲜艳（锤纹漆通常色比较深），目前占据市场份额比锤纹漆大很多。机床行业大量运用聚氨酯橘纹漆。当然锤纹漆相对橘纹漆也有自己的优点，不会积灰和积油污，表面容易清洗。做推广时要予以重点介绍。

上海造漆厂生产7111聚氨酯锤纹漆(图5-2)，具备耐磨，高光泽等聚氨酯的一切特点。

图5-2 7111聚氨酯锤纹漆

聚氨酯具有露底这一先天的特点，原先施工要求先喷一道没有花纹的锤纹漆盖底，再喷一道有花纹的锤纹漆做面。通过稀释剂比例和喷枪的压力、远近来调节锤纹漆的花纹，这对施工工艺要求过高，对锤纹漆市场推广不利。现根据现场经验用以下施工方案予以解决。

① 用G06-4铁红过氯乙烯底漆打底，不平处用G07-5过氯乙烯腻子找平。

根据锤纹漆的颜色选择中间涂层，如最后是酞绿色锤纹漆，则中间涂层喷涂413豆绿色的G04-9过氯乙烯面漆（有光）。原则上选择与锤纹漆颜色相近且鲜艳的颜色（注意选择价格低的产品）。喷涂以基本盖住铁红底漆为准。

② 喷涂聚氨酯锤纹漆，尽量不加稀释剂。这样花纹小且致密，喷涂一遍即可（锤纹漆只能喷涂一遍，这时花纹是最理想

的，也比较容易控制）。

这个方案有如下优点：

① 不存在锤纹漆露底的老毛病，反正露底也露得是颜色相近的过氯乙烯面漆，而且不会影响整体漆膜的使用年限。

② 由于底下两层为过氯乙烯，价格相对较低，降低客户油漆总的使用成本。

③ 施工快，过氯乙烯油漆是单组分的，施工简便，干得快。需要的话，一个工作日或几个小时就可以解决底中面三层。

④ 对油漆施工人员无特别要求，新手短期就能喷出完整花纹。

⑤ 施工间隔时间基本可任意调整，既可每层相隔1～2h喷涂，也可以隔上几天。每层之间不存在聚氨酯两层之间附着力的问题。

(2) 7111聚氨酯锤纹漆技术标准与技术说明

7111凹凸型聚氨酯锤纹漆（双组分）的技术标准为Q/GHTB 174—2001。

配套产品：7111锤纹稀释剂，H-5固化剂，G06-4过氯乙烯铁红底漆，G04-9过氯乙烯色漆，898过氯乙烯稀释剂，G07-5过氯乙烯腻子。

7111凹凸型聚氨酯锤纹漆与H-5固化剂以2∶1的比例混合。

① 组成。本产品由含经基树脂、铝粉、色浆、有机溶剂及助剂组成的乙组分和H-5聚氨酯固化剂为甲组分，组成的分装交联型涂料。

② 特性。本产品喷涂于物件表面能产生富有立体感效果的凹凸锤纹面，锤纹均匀清晰，涂层附着力强，抗划性好，并具有优良的耐水、耐油及耐皂液性能。

③ 用途。主要应用于机床行业、电机、仪器仪表等产品表面的保护和装饰。尤其适合于铸件表面的装饰，能掩饰铸件表面凹凸不平的缺陷。是一种理想装饰保护涂料。

(3) 7111聚氨酯锤纹漆施工参考

① 被涂件表面应清洁干燥，无油、无锈、无灰尘及杂质。

② 本产品开封后搅拌均匀与H-5固化剂以2∶1的比例（重量比）混合并加入适量的7111稀释剂稀释至施工黏度。

③ 施工黏度一般在25～35s（涂-4）；空气相对湿度应不大于85%；喷枪压力在0.4～0.5MPa，喷枪口径不小于1.8mm。

④ 根据施工要求，可直接喷涂在物件表面上，也可喷涂在涂有环氧类、聚酰胺类底漆上，但须在干燥的底漆上喷涂。

⑤ 喷涂的花纹大小与喷涂厚薄有关，要求花纹大些，喷涂得稍厚些；反之亦然。

⑥ 本产品夏季施工时，可酌情加入1%～3%环己酮溶剂，以防高温施工产生漆膜表面气泡。

⑦ 本产品与H-5固化剂混合后在6h内用完，现配现用，不能隔夜，更不能倒回原桶内，以免胶结。施工器具应及时清洗干净。

(4) 储存产品应存放在阴凉、干燥、通风的库房内，并防止日光直接照射，隔绝火源，远离热源。

产品在封闭原包装的条件下，储存期自生产完成日起为一年。

2. 热固性锤纹粉末涂料技术与应用

(1) 概述 热固性锤纹粉末涂料也叫美术型粉末涂料，由于涂膜能形成犹如锤击金属表面后产生的花纹，此类型的粉末涂料不仅具有一般热固性粉末涂料的诸多优点，而且花纹美观大方、涂膜平滑、装饰性强，还可以弥补和遮盖工件表面粗糙、不平整等缺陷，锤纹粉末涂料具有色泽柔和，涂膜柔韧、坚硬、耐久等特点，因此广泛应用于仪器仪表、配电柜、防盗门、家电家具、灯饰、医疗器械等领域的金属表面涂装。

(2) 锤纹粉末涂料配方 锤纹粉末涂料是利用烘烤固化的粉末涂料的熔融黏度、表面张力和固化速度等的变化，引起涂膜表面的收缩等原理而配制。生产锤纹粉末涂料通常有以下几种方法。

① 加入填料。加入填料生产锤纹粉末涂料的原理：增加填料用量，或使用高吸油量填料，以阻碍树脂熔融时的正常流动，使得树脂不能完全包容或者刚好能包容颜

填料颗粒，没有多余的树脂去填充颜填料颗粒间的空隙，从而形成了以颜填料颗粒为骨架的立体结构。采用此种方法需要注意的是：不同的填料的吸油量不同，一般要达到相同的体积浓度，密度小、粒径小的要比表面积大和吸油量大的颜填料用量少。这种方法生产的锤纹的优点在于它的成本较低，但若填料量控制不当，会使粉末涂料的施工性能、涂膜的力学性能、耐化学性能受到影响。一般要用此种方法生产高效率和稳定性好的产品，可以在生产工艺上作一些调整。参考配方见表5-3。

表5-3 锤纹粉末涂料参考配方（一）

原材料	质量分数/%
环氧树脂	25
聚酯树脂	25
助剂	5
颜填料	45

② 加入不相容物质。加入不相容物质生产锤纹粉末涂料是指：在粉末涂料中加入一些不相容的聚合物，其熔点高于粉末涂料树脂基料的熔融温度，含有不相容物质的粉末涂料预混合在熔融挤出时与其他树脂固化剂不相容，固化成膜时构成基料的树脂包覆在聚合物的颗粒上，从而形成纹理。此种方法应该注意的是需要严格控制不相容物质的种类及添加量，否则会使涂膜的力学性能受到影响。此种方法生产的锤纹粉末涂料耐化学性、耐腐蚀性较好。参考配方见表5-4。

表5-4 锤纹粉末涂料参考配方（二）

原材料	质量分数/%
环氧树脂	31
聚酯树脂	31
不相容聚合物	3
助剂	5
颜填料	30

③ 加入流变助剂。加入流变助剂生产锤纹粉末涂料：在粉末涂料熔融挤出高剪切力的情况下使体系具有正常黏度，而在熔融固化阶段，在体系中具有很高的黏度而无法流动，从而形成锤纹。采用此种方法需要注意的是：在生产锤纹时因流变助剂用量很小，一般占到总量的1%～2%，所以在预分散时一定要分散均匀。此种方法较加入填料法的优势在于保持成本变化不大的情况下，涂料的装饰效果相似，涂膜的防护能力有所提高，易上粉，喷涂面积大，填料量下降时容易挤出生产。参考配方见表5-5。

表5-5 锤纹粉末涂料参考配方（三）

原材料	质量分数/%
环氧树脂	31
聚酯树脂	31
流变助剂	1.5
助剂	5
颜填料	3.15

④ 加入锤纹剂。一般现在粉末涂料制造商常用的是加入锤纹剂。加入锤纹剂生产锤纹粉末涂料的原理是：粉末涂料在熔融流平时，由于锤纹剂的表面张力小于正常的粉末涂料涂膜的表面张力，分散于涂膜各点的锤纹剂改变涂膜的局部张力，使表面张力高的基料来包裹表面张力低的锤纹剂，最终涂膜表面呈现分布均匀的锤纹状。采用此种方法生产的锤纹粉末涂料的装饰性和防护性都好，不仅力学性能优异，而且纹理重现稳定、手感滑爽、挤出容易、效果稳定，主要的缺点即是材料的成本较高。参考配方见表5-6。

表5-6 锤纹粉末涂料参考配方（四）

原材料	质量分数/%
环氧树脂	32
聚酯树脂	32
锤纹剂（据其物性可先加或后加）	0.5～1.5
助剂	5～7
颜填料	28

上述四种锤纹粉末涂料的生产方法是将树脂、颜填料、助剂和辅助材料，通过预混合、熔融挤出、压片、冷却破碎、粉碎过筛、包装至成品，锤纹剂可以先加入或者后混入成品粉中生产出粉末涂料。另外，可以根据实际情况，将上述四种锤纹粉末涂料的制法有机地结合，生产出物美价廉的产品。

(3) 锤纹粉末涂料喷涂工艺　锤纹粉

末涂料由于其特殊的成膜和生产工艺，在涂装时要注意其特殊操作性，需要对它的涂装设备和施工工艺进行适当的调整，符合锤纹粉末涂料涂膜固化成膜的要求。

① 工艺流程。对于待涂装工件进行表面预处理→干燥→填刮腻子→打磨→干燥→喷涂。

② 表面预处理。对进行喷涂的工件表面应经过除油、除锈、磷化或化学氧化、阳极氧化等处理，工件表面应清洁、干燥，不能有油污、锈蚀、酸、碱、盐及水分等，保证获得结合力及耐腐蚀性良好的涂膜。常用处理方法如下：

a. 铁系材质结构：除油、除锈后，经磷化、钝化处理；

b. 铝系材质结构：碱性除油及除去氧化膜后，进行硫酸阳极氧化、铬酸阳极化或化学氧化。

③ 填刮腻子。在喷涂锤纹粉末涂料前，需要填刮腻子以补平工件表面的夹缝、焊缝、气孔、凹陷或损伤等缺陷，较为理想的腻子应该是具有施工简便、附着力强、硬度高、干燥快、不收缩开裂、易打磨等特点。

④ 涂装参数。影响锤纹粉末涂料涂膜质量及形成锤纹效果的因素很多，主要有喷涂环境、固化条件、涂膜厚度。

a. 喷涂环境及参数。锤纹粉末涂料所使用的原材料的特殊性，虽然它对不相容物质不是很敏感，但是如果喷涂环境、设备清理不干净，以及空气中各种杂质较多，使涂膜受到污染，会导致其表面难以形成纹理状，所以喷涂环境要干净。

锤纹粉末涂料在喷涂时，静电电压一般控制在60～80kV，电压太低，粉末不易附在工件上，电压太高，涂覆在工件上粉末会出现反弹，影响整体的立体感花纹。同时，输粉气压不宜太大，一般控制在(4.9～15)×10^4Pa，气压太高会导致涂膜厚薄不均匀，从而导致花纹大小不明显。

喷枪喷嘴与工件的距离也会影响成膜后的均匀性，为了得到满意的锤纹效果，创造出清晰、均匀的表面，因此锤纹的喷涂距离要比一般的喷涂距离远一些，一般控制在20～30cm。喷涂时为了保证涂装后的涂膜涂层均匀、清晰，要求喷涂过程中喷枪的走向要与工件表面平行，移动速度要均匀，约为40～60cm/s。

b. 固化条件。锤纹粉末涂料与一般粉末涂料的固化温度差不多，必须经过规定的温度和时间烘烤，才能使粉末涂料完全交联固化。而规定的烘烤温度是指被涂装工件表面实际应达到的温度，粉末在此温度下维持一定的时间固化成膜。有些厂家在涂装施工过程中，往往在工件的表面实际温度未达到规定的固化条件的情况下，实施了烘烤固化，从而造成了粉末涂膜固化不完全、力学性能明显下降等缺陷。因此，可按其固化条件采取相应的措施，如提高烘烤炉的炉内温度、延长固化时间等。有条件的厂家可以用炉温跟踪仪对烤炉进行温度检测，以便更好地掌握涂膜的固化条件。

c. 涂膜厚度。粉末流平的时间长短、涂膜厚度直接影响粉末成膜后的花纹大小，通常锤纹粉末涂料的膜厚控制在70～100mm，涂膜厚，粉末熔融流平时间长，花纹变平、模糊状；涂膜薄，粉末熔融流平时间短，花纹变碎、清晰。但不能太薄，否则工件表面会出现露底等现象；也不能太厚，否则工件表面会出现麻点、凹坑等静电击穿现象。因此，在锤纹粉末涂料施工过程中，涂膜的厚度一定要保持均匀，以防止上述质量缺陷的产生。

(4) 喷涂注意事项及常见问题　喷涂注意事项如下。

① 在粉末涂料施工过程中，应力求喷涂到金属工件表面的涂层厚薄均匀且适宜，太厚会造成锤纹界限模糊不清，太薄则容易出现露底、缩孔等毛病。

② 建议喷涂次序由高到低，先喷涂次要面，再喷涂主要面，最好能一次喷涂完成，有些死角需要局部补漆，如此会使原有的部分锤纹消失。

③ 欲达到最佳的喷涂效果，施工前，采用筛网略大的过筛，经流化床系统供粉

装置，调整出粉空气气压、雾化气压、喷嘴与工件的距离、喷枪的移动速度等各项工艺参数，调整到最佳效果。

④ 使用和应用锤纹粉末涂料时，要防止他们对非美术型涂料的污染，如果有条件，最好两套设备分别使用；若没有条件，在使用了美术型粉末涂料后，必须彻底清洗设备，才可以适用于普通的粉末涂料施工。

⑤ 静电喷涂时，对工件的热喷涂要比冷喷涂纹理形成的效果好，是由于采用热喷涂，粉末涂料一接触工件就快速熔融，涂层立即开始对流（如果含有金属颜料，则颜料漂浮），使它有足够的时间旋转到最佳的反光角度。如果采用冷喷涂，因为工件的热容量大（特别是比较厚的材质），从室温升至固化温度需要较长时间，也就是在较长一段时间内树脂处于高黏度下，内部的阻力阻碍了纹理的形成，如果涂层的胶化时间较短，在升温过程中逐渐胶化，到达固化温度时，涂层已形成凝胶，就无法形成纹理。

喷涂常见问题如下。

① 流挂：喷涂时涂膜太厚所造成，另一原因可能是升温速度太慢，造成粉末涂料胶化时间太长。解决的方法是控制涂膜厚度，加快升温速度。当然，也有可能是粉末涂料本身熔融黏度太低，从而造成了流挂。

② 锤纹不均匀：喷涂过程中喷枪的移动速度不均匀，涂膜厚薄不一，因此，在喷涂过程中应严格控制手动程序，才能获得均匀美丽的锤纹。

③ 锤纹界限不清晰：是由于在喷涂过程中表面涂得太厚。

④ 露底、缩孔：工件表面前处理不好，使其表面附着底表面张力的物质（如油或斑点），或者是压缩空气中有油或水，解决的方法是严格控制喷涂前的工件质量。当然，此粉末涂料喷涂太薄时，会出现严重的露底现象。

⑤ 其他：如涂膜的冲击强度和附着力差，可能是固化温度过低、时间过短，涂层过厚，或是磷化膜不好或太厚、前处理不充分造成的等。

总之，锤纹粉末涂料生产工序简便、质量性能稳定、装饰性能优越，已广泛应用于一般金属表面的涂装。锤纹粉末涂料有它自身的特殊性，适用于各种体系中，而且随着粉末涂料的发展而发展。

3. 新型自干型丙烯酸立体锤纹漆技术与应用

（1）概述　压缩机行业制造的活塞压缩机、螺杆压缩机和工艺流程用压缩机等产品，因其铸件零部件表面不平整，过去在涂装中普遍采用光油腻子或醇酸腻子进行三刮三磨工序，涂刮零部件表面的凹坑，以弥补外观缺陷，面漆应用丙烯酸硝基磁漆或过氯乙烯磁漆，涂装施工工序需要 20 道，费工费料。由于腻子层过厚，涂装材料配套性差，以及压缩机运转时产生的热量等因素，在短时期内压缩机外观表面的腻子和漆膜产生龟裂、鼓泡、剥落等弊病，影响整机外观质量。

近几年来，新型自干型丙烯酸立体锤纹漆，作为一种美术型装饰防护涂料，应用于机床工具、印刷机械、纺织机械、家电五金、电器电柜等产品。该涂料锤花清晰，光泽柔和，给人以舒适的立体感，同时锤纹漆可掩盖底材表面不平整等缺陷，使涂刮腻子、打磨时间和施工道数大大减少，提高了涂装效率，因此，适用范围较广。目前，该涂料在压缩机表面作为面漆涂装施工工艺较为成熟，现已在活塞式压缩机、螺杆式压缩机产品外观涂装施工工件中全面推广应用。

（2）锤纹漆组成及原理

① 锤纹漆组成。自干型丙烯酸立体锤纹漆是新型的美术型涂料，一般由含羟基丙烯酸树脂、非浮型铝粉、助剂、有机溶剂和颜色浆等，喷涂前按比例加入固化剂混合调制而成。干燥后的涂层，呈现浮凸玲珑似锤击后锤花状的美丽外观，涂层丰满，花纹图案清晰别致，有很强的立体感。

② 锤纹形成的原理。主要是漆液喷溅在物面后，形成表面呈凹状点，漆点中铝粉旋转下沉，由于漆点中的溶剂挥发，使

铝粉一边下沉，一边又作旋转运动，促使漆料和颜料出现分层和离心。当喷涂的各个漆点在物面流展到互相连接时，颜料已在漆点的最外边缘形成了一个个色圈分界线，而各个漆点中的铝粉就此旋转成为一个个浅碟子似的旋涡，漆料略浮于铝粉上面，使得这些旋涡显现出均匀的锤纹，通过光线的照射，产生闪烁的金属光泽和真实的锤痕花纹感。

(3) 工艺流程及参数

① 锤纹漆涂装与丙烯酸硝基喷漆涂装工艺对比。

a. 锤纹漆工艺流程。

零部件：除油除锈→涂环氧底漆→填刮不饱和聚酯腻子→打磨→喷中涂漆。

整机产品：清除油污杂质→补刮不饱和聚酯腻子→打磨→喷 2 道锤纹漆。

b. 丙烯酸硝基喷漆工艺流程。

零部件：除油除锈→涂环氧底漆→刮第 1 道光油腻子→打磨→涂酯胶底漆→刮第 2 道光油腻子→打磨→涂酯胶底漆→刮第 3 道光油腻子→水磨→喷丙烯酸硝基漆。

整机产品：清除油污杂质→修铲损坏漆层→补底漆→补光油腻子→打磨→喷第 1、第 2 道面漆→补硝基腻子→打磨→喷第 3、第 4 道面漆。

从工艺流程对比来看，在压缩机表面涂装锤纹漆，施工工序从 20 道减少到 9 道，生产周期从 8 天缩短到 4 天。原丙烯酸硝基喷漆涂装工艺，劳动强度高，环境污染大，质量难以保证，漆膜时有起泡、泛白、剥落等现象。应用锤纹漆涂装工艺以来，产品外观在装饰和防护性能很好。经测试涂膜可达到表 5-7 所列技术指标要求。

表 5-7 丙烯酸立体锤纹漆技术指标

项目	技术指标	试验方法
漆膜外观	漆膜丰满、锤纹清晰	目测
附着力/级	≤2	GB/T 1720—79(89)
柔韧性/mm	≤2	GB/T 1731—79
硬度	≤0.6	GB/T 1730—79
耐盐雾性(72h)/级	1	GB/T 1771—91
耐湿热性(72h)/级	1	GB/T 1740—89

② 锤纹漆涂装工艺参数。涂料黏度控制在 30～45s（涂-4 杯，25℃），喷涂压力 0.3～0.5MPa，喷涂距离 200～300mm，干燥时间：表干 20min、实干 24h。

(4) 涂装施工 喷涂物表面必须清洁干净，无油污、无锈痕、无水分及其他机械杂质。

配套底漆和腻子选用环氧、丙烯酸、有机硅类，以及不饱和聚酯腻子。

自干型丙烯酸立体锤纹漆属双组分交联固化涂料，施工时将色漆搅拌均匀与固化剂按 4∶1 配制混匀，调整黏度后熟化 15min，用 100 目铜筛过滤后即可喷涂。

锤纹漆喷涂可分 1 层喷涂法和 2 层喷涂法。喷涂大、中型压缩机采用 2 层喷涂为好，第 1 层漆不宜过厚，以均匀盖底为主，待第 1 层漆中溶剂挥发表干后，即喷第 2 层漆。

喷涂时使用扁嘴式喷枪的气压、黏度应降低，但对于气缸、储气罐、冷却器等圆形物体，应选黏度大一些的涂料，否则，会使非浮铝粉没有沉淀机会，造成锤纹不匀。

喷枪运行速度一般为 200～300mm/s，走枪过快，喷涂的漆膜薄，表面无光泽，花纹不明显，有虚喷和漏喷现象；走枪过慢，易流挂。同时，喷涂时喷嘴应尽量垂直物面。

压缩机形状较复杂，以圆形为主，走枪应遵循“先上后下，先次后主”的原则，先喷顶面、凹面等次要部位，再喷主要部位，确保主要表面的锤纹美观，漆膜色泽均匀一致。

喷涂时，如漆稠，可加少量配套溶剂，不能用汽油、松香水、香蕉水或其他稀释剂稀释。若发现漆膜外干里不干现象，可用高沸点溶剂调整。

当天调配的漆必须在 8h 内用完，喷枪和漆罐用毕及时清洗干净，否则自行交联固化；固化剂用毕须盖紧，严禁渗入水分，以防胶化变质。

(5) 漆膜的修补 锤纹漆的漆膜若碰伤破损，一般可采用点漆修补，整幅遮盖修补，植皮修补。

① 点漆修补：锤纹漆的漆膜破损小的缺陷，可用毛笔蘸原漆进行点漆修补破损处，点漆面积宜小不宜大。

② 整幅遮盖修补：大面积破损，应整幅面再喷一次。一般将分界线以外完好的漆膜表面用硬纸板遮盖，以免漆点溅染，然后用原漆喷涂破损部位。

③ 植皮修补：将锤纹漆喷在清洁光滑的玻璃板上待漆膜干燥后，浸在清水中，数小时后或次日就能将漆膜完整地揭下。将破损部位打磨后，薄薄地涂上一层锤纹漆，数分钟后，待溶剂部分挥发，将已剪好的锤纹漆皮粘贴上去，一般应选用与修补部位花纹相似的锤花漆皮。

总之，自干型丙烯酸立体锤纹漆，用于大、中型压缩机等产品表面涂装，不仅能掩盖和弥补底材缺陷，施工简便，省工省料，缩短生产周期，而且提高了压缩机的外观装饰性能和防护性能，具有较广的应用前景。

4. 锤纹漆涂饰性施工技艺与配方

锤纹漆由非漂浮性铝粉和快干漆料组成，也可用干燥慢的醇酸树脂配制，但需加入锤纹剂，二者的施工技艺不一样。

快干性硝基锤纹漆，在漆膜尚湿时，喷溅稀释剂，使之产生凹形圆斑，且厚薄不匀，不能重新流平，圆斑处由于溶剂挥发产生旋涡，使铝粉上浮产生锤纹，操作过程如下。

(1) 表面准备，喷硝基漆，干燥打磨；

(2) 喷硝基锤纹漆，立即喷溅稀释剂(可加些高黏度的硅油)；

(3) 干后，喷1～2道硝基清漆。

慢干性的醇酸锤纹漆在喷涂时借助锤纹助剂使之产生不匀的凹形圆斑，凹处的铝粉反光到眼睛里产生锤纹感觉。但在喷涂时应防止流挂。这类锤纹漆的喷涂工艺如下。

(1) 物件打底，并预热至60℃(防流挂)；

(2) 喷一道醇酸锤纹漆，流平10～20min；

(3) 将黏度稍大的锤纹漆厚喷一道；

(4) 静置20～30min，待锤纹微露时于80～100℃烘3h即干燥。

锤纹漆配方举例如下。

(1) 银色　铝粉浆10份，漆料155份，溶剂110份。

(2) 绿色　铝粉浆10份，铬绿3份，漆料127份。

(3) 湖绿　铝粉浆10份，铁蓝1.12份，柠檬黄6份，亚麻油5.6份，环烷酸锌0.13份，漆料754份，二甲苯24份。

(4) 玫瑰红　铝粉浆10份，桃色色浆27.3份，亚麻油29份，环烷酸锌0.07份，漆料705份，二甲苯28份。

漆料可以是自干型的醇酸树脂，也可以是烘干型的氨基醇酸，也可以直接取透明色漆(5份)与铝粉浆(1份)混合配成锤纹漆。

五、锤纹漆生产工艺与产品配方实例

如下介绍锤纹漆生产工艺与产品27个品种。

5-16 常用的锤纹涂料

性能及用途　干燥速度快、涂装效率高。适用于人造板、胶合板、石板上的装饰。

涂装工艺参考　以刷涂和辊涂为主，也可喷涂。施工时应严格按施工说明操作，不宜掺水稀释。施工前要求对表面进行清理整平。

(1) 产品配方(质量份)

组分	质量份
短油4#醇酸树脂(60%)	66.8
三聚氰胺甲醛树脂(50%)	26.2
不漂浮型铝粉浆(50%)	4.4
环烷酸铝(10%)	1.55
环烷酸钴(4%)	0.40
环烷酸锌(3%)	0.78
环烷酸锰(3%)	0.80

(2) 产品配方(质量份)

组分	质量份
低醚化度三聚氰胺树脂	22
不漂浮型铝粉浆	3
二甲苯	9
46%油度桐油亚麻油醇酸树脂(50%)	66

生产工艺与流程　乳液型锤纹漆主要是由醋酸乙烯乳液、有机硅化合物和金属粉制成。

5-17　快速锤纹涂料

性能及用途　干燥速度快、涂装效率高。适用于仪器、仪表的喷涂。

涂装工艺　锤纹漆一般要喷涂两次，第一层薄而均匀，然后在室温下停放 10min 左右，漆膜表面达到指触干状态时为最佳，一次喷过不可重复操作，以使花纹清晰，喷涂时压缩空气的压力大小，根据喷出来的漆液形状成漆点的需要而定；第二层锤纹漆喷涂完成后应在室温下停放 15min 以上，待漆膜表面锤纹成型并清晰美观时，再将产品送入烘箱内烘烤，在 (60±5)℃的条件下，干燥 0.5h，再升温至 (100±5)℃，干燥为 1.5h 即可。

产品配方（质量份）

氨基树脂	1
醇酸树脂	5
二甲苯、丁醇稀释剂	适量
非漂浮型铝粉	适量

生产工艺与流程　打开油桶盖，将油料倒入另一准备好的干净容器中，经过充分搅拌，再用氨基漆稀释剂兑稀到喷涂的黏度，第一次喷涂的锤纹漆黏度为 30～40s，第二次喷涂的锤纹漆黏度为 40～45s，然后再次搅拌，用 4～5 层纱布过滤，停放 10min 左右才能使用。

5-18　新型锤纹涂料

性能及用途　干燥速度快、涂装效率高。适用于人造板、胶合板、石板上的装饰。

涂装工艺参考　以刷涂和辊涂为主，也可喷涂。施工时应严格按施工说明操作，不宜掺水稀释。施工前要求对表面进行清理整平。

产品配方（质量份）

丁醇醚化脲醛树脂溶液（固体分 50%）	22.7
短油度脱水蓖麻油醇酸树脂（固体分 60%）	68.1
非浮型铝粉浆	1.9
二甲苯	4.9
正丁醇	2.4

生产工艺与流程　乳液型锤纹漆主要是由醋酸乙烯乳液、有机硅化合物和金属粉配制而成。

5-19　常用的自干锤纹漆

性能及用途　适用于喷涂装饰机械、设备，如机床、电器开关和开关控制台板、电机、仪表等。

涂装工艺参考　以刷涂和辊涂为主，也可喷涂。施工时应严格按施工说明操作，不宜掺水稀释。施工前要求对物面进行清理整平。

质量标准

漆膜颜色及外观	锻灰及各色呈锤纹型花纹、无针孔
黏度(涂-4 杯)/s	50～90
柔韧性/mm	1
花纹/mm^2	2
干燥时间	
不沾时间/min	30
表干/h	1.5
实干/h	24
干硬/d	7
烘干(78～82℃)/h	1

产品配方（质量份）

银灰色

833 树脂	860
颜料	40
溶剂	89
铝粉浆助剂	34

生产工艺与流程　由 833 树脂、铝粉浆助剂及有机溶剂调制而成。

5-20　自干锤纹漆

性能及用途　适用于喷涂装饰机械、设备，如机床、电器开关和开关控制台板、电机、仪表等。

涂装工艺参考　该漆采用喷涂施工。施工时按比例调配均匀，一般在 4h 内用完，以免胶化。调节黏度用稀释剂，严禁与水、酸、碱等物接触。有效储存期为 1 年，过期的产品可按质量标准检验，如符合要求仍可使用。

质量标准

干燥时间(25℃)	
表干/h	≤1
实干/h	≤22
黏度(25℃)/s	50～90
花纹/mm^2	≤2

产品配方（质量份）

绿色	
833 树脂	860
颜料	43
溶剂	87
助剂	34

生产工艺与流程 把以上各组分加入混合器中进行搅拌混合均匀为止。

5-21 新型自干锤纹漆

性能及用途 用于机床、电机、纺织机械等涂装。

涂装工艺参考 以刷涂和辊涂为主，也可喷涂。施工时应严格按施工说明操作，不宜掺水稀释。施工前要求对墙面进行清理整平。

产品配方（质量份）

911 醇酸树脂(50%)	85
铝粉浆	5
锤纹助剂	0.3
催干剂	4.7
混合溶剂	5

生产工艺与流程 将铝粉浆溶液、911 醇酸树脂、锤纹助剂、催干剂等加入混合器中进行混合均匀，若需调色，再加入适当的各种透明色浆，最后加入溶剂进行稀释。

油、多元醇、一元醇 → 催化剂 → 醇解 → 多元醇 →

酯化 → 溶剂 → 加稀 → 过滤

铝粉浆、883 树脂、助剂 → 883 自干锤纹漆 → 包装
↑
加稀调黏度

5-22 常用的自干锤纹漆漆料

性能及用途 适用于喷涂装饰机械、设备，如机床、电器开关和开关控制台板、电机、仪表等。

涂装工艺参考 以刷涂和辊涂为主，也可喷涂。施工时应严格按施工说明操作，不宜掺水稀释。施工前要求对物面进行清理整平。

产品配方（质量份）

季戊四醇醇酸树脂(70%在二甲苯溶液)	12
改性酚醛树脂	25
丙烯酸丁酯(50%溶液)	1.25
环烷酸钴干燥液	3.75

生产工艺与流程 把以上各组分加入混合器中进行搅拌混合均匀为止。

5-23 新型自干锤纹漆

性能及用途 适用于电影、电机、机床、纺织机械、轻工机械等的装饰。

涂装工艺参考 该漆采用喷涂施工。施工时按比例调配均匀，一般在 4h 内用完，以免胶化。调节黏度用稀释剂，严禁与水、酸、碱等物接触。有效储存期为 1 年，过期的产品可按质量标准检验，如符合要求仍可使用。

质量标准

漆膜颜色及外观	银灰及各色
黏度(涂-4 杯,25℃)/s	50
柔韧性/mm	1
干燥时间	
表干/h	≤5
实干/h	≤20

产品配方（质量份）

911 醇酸树脂(50%)	85～90
铝粉浆	4～5
锤纹助剂	0.1～0.5
催干剂	3～4
混合溶剂	3～5

生产工艺与流程 将铝粉浆液、911 醇酸树脂、锤纹助剂、催干剂等加入混合器中进行混合均匀，若需调色，再加入适当的各种透明色浆，最后加入溶剂进行稀释即可。

5-24 新型丙烯酸烘干锤纹漆

性能及用途 漆膜坚韧耐久，色彩调和，花纹清晰。主要用于医疗器械、仪器、仪表等各种金属表面作装饰保护。

涂装工艺参考 使用前，必须将漆兜底调

匀，如有粗粒机械杂质必须进行过滤。被涂物面事先要进行表面处理，黑色金属宜进行磷化处理，铸铁件宜喷砂，铝合金可采用阳极氧化或铬酸纯化，以增加附着力和耐久性。由于丙烯酸烘漆对金属具有良好的附着力，一般在化学处理后亦可不喷底漆，即可喷涂，被涂物面也可根据施工条件和工艺要求，可与环氧底漆配套。施工以喷涂为主，喷涂层数为2次，稀释剂可用丙烯酸烘漆稀释剂或二甲苯和丁醇（7：3）混合溶剂稀释，施工黏度第二次比第一次要稠厚些。喷枪喷嘴内径不小于2.5mm，气泵压力在0.2MPa以下。对锤纹需要大时，喷枪与物件之间距离近一些（约20～30cm），喷枪移动速度可慢些，当第一道喷完后放置10～20min，在表面漆膜刚表干时就可喷第二道漆，然后放置15min，再进入烘箱中焙烘（温度应由低逐步升高），在规定时间内取出，即能得到锤纹的效果。该漆不能与不同品种的涂料和稀释剂拼和混合使用，以致造成产品质量上的弊病。可与H06-2铁红环氧酯底漆、8252丙烯酸清烘漆、8252A丙烯酸清烘漆配套使用。

产品配方（质量份）

甲基丙烯酸甲酯	15～25
二甲苯	60
颜料	5～6
过氧化苯甲酰	1～4
氨基树脂	10～15

生产工艺与流程

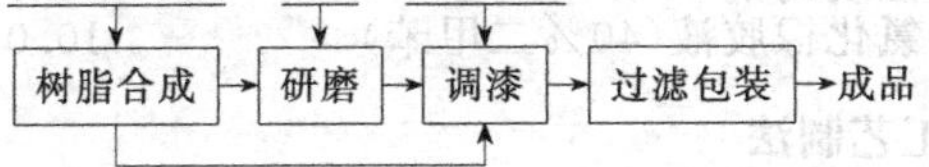

5-25　常用的烘干锤纹漆漆料

性能及用途　漆膜坚韧耐久，色彩调和，花纹清晰。主要用于医疗器械、仪器、仪表等各种金属表面作装饰保护。

涂装工艺参考　该漆采用喷涂施工。施工时两组分按比例调配均匀，一般在4h内用完，以免胶化。调节黏度用醇酸树脂稀释剂，严禁与水、酸、碱等物接触。有效储存期为1年，过期的产品可按质量标准检验，如符合要求仍可使用。

产品配方（质量份）

半干性醇酸树脂（70%溶液）	100
脲醛树脂	25
丙烯酸丁酯（50%溶液）	2
或不干性醇酸树脂	100
脲醛树脂	33.3

生产工艺与流程　把以上各组分加入混合器中，进行搅拌混合均匀即成。

5-26　新型双组分聚氨酯锤纹漆

性能及用途　漆膜附着力强，耐水，漆膜光亮耐磨、花纹清晰，色泽柔和，具有较好的附着力和一定的耐油性。适用于金属表面的涂饰保护，上漆后在105℃干燥1～2h时成膜。

涂装工艺参考　使用时必须按比例配合调匀，施工以喷涂为主。有效储存期为1年，过期产品可按质量标准检验，如符合要求仍可使用。

质量标准

颜色	花纹
黏度（涂-4杯，25℃）/s	45～70
附着力/级	2
硬度/H	≥0.6
闪点/℃	≥26
柔韧性/mm	1
耐磨性（750g/500转）/g	≤0.03

产品配方（质量份）

甲组分

混合溶剂	49～52
甲苯二异氰酸酯（TDI）	39～40
三羟基丙烷（TMP）	10～11

乙组分

豆油
黄丹
二甲苯
甘油
苯酐

生产工艺与流程

（1）甲组分的制备　将混合溶剂、三羟基丙烷（TMP）加入反应釜中，升温至回流，保持降温至40℃加入TDI，待升温停止后，加热升温至80～85℃，保持降温，过滤，包装。

(2) 乙组分的制备　将豆油、甘油加入反应釜中，开始搅拌升温，120℃加入黄丹，230～235℃保温醇解，合格后降温，200℃加入苯酐、二甲苯，升温。180℃保持2h，再升温至200～205℃保持至酸价和黏度合格后降温，加入混合溶剂兑释，过滤，备用。

5-27 常用的单组分改性树脂锤纹漆

性能及用途　漆膜坚韧耐久，色彩调和，花纹清晰。主要用于机床、电机、纺织机械等涂装，各种金属表面作装饰保护。

涂装工艺参考　使用前，必须将漆兜底调匀，如有粗粒机械杂质必须进行过滤。

质量标准

项目	指标
涂膜外观及颜色	银灰及各色
黏度(涂-4杯,25℃)/s	≤50
干燥时间	
表干/min	≤30
实干/h	≤15
柔韧性/min	≤1
冲击强度/(N/cm)	≥49
硬度/H	≥0.5
附着力/级	≤1
耐水性(沸水30min)	不起皱、不脱落

产品配方（质量份）

原料	质量份
改性树脂	75.0
铝银浆	3.5
混合溶剂	6.9
催干剂	3.9
锤纹助剂	0.7
氧化橡胶液(40%二甲苯)	100

生产工艺与流程　将铝银粉溶于部分溶剂中调匀。再将铝银浆液、改性树脂、锤纹剂、催干剂及氯化橡胶液混合，在高速搅拌下搅拌均匀，也可加入色浆，最后加入溶剂调稀。

5-28 单组分醇酸树脂自干锤纹漆

性能及用途　用于机床、电机、纺织机械等涂装。

涂装工艺参考　以刷涂和辊涂为主，也可喷涂。施工时应严格按施工说明操作，不宜掺水稀释。施工前要求对表面进行清理整平。

质量标准

项目	指标
涂膜外观与颜色	银灰及各色
黏度(涂-4杯,25℃)/s	≤50
干燥时间	
表干/min	≤30
实干/h	≤15
柔韧性/mm	≤1
冲击强度/(N/cm)	≥49
硬度/H	≥0.5
附着力/级	≤1
耐水性(沸水30min)	不起皱、不脱落

产品配方（质量份）

(1) 苯甲酸改性短油度醇酸树脂的制备配方（质量份）

原料	质量份
豆油	6.5
苯甲酸	5.0
苯酐	19.0
季戊四醇	3.2
甘油	8.3
二甲苯	48.0

生产工艺与流程　将配比的豆油、苯甲酸、季戊四醇、甘油加入带搅拌器、温度计、冷凝器的三口瓶中，搅拌升温至120℃，通冷水。继续升温至240℃进行醇解，保温1.5h左右，测醇度，降温至180℃加入苯酐及回流溶剂，在200℃保持酯化至酸值10mg KOH/g以下，黏度（涂-4杯/25℃）150～200s。

(2) 单组分自干锤纹漆的制备

配方（质量份）

原料	质量份
改性树脂	75.0
铝银浆	3.5
混合溶剂	6.9
催干剂	3.9
锤纹助剂	0.7
氯化橡胶液(40%二甲苯)	10.0

工艺制法

将铝银粉溶于部分溶剂中，调匀。再将铝银浆液、改性树脂、锤纹剂、催干剂及氯化橡胶液混合。在高速搅拌下搅拌均匀，也可加入色浆。最后加入溶剂调稀。

5-29 常用的自干、烘干两用锤纹漆漆料

性能及用途　用于机床、电机、纺织机械等涂装。

涂装工艺参考　以刷涂和辊涂为主，也可喷涂。施工时应严格按施工说明操作，不宜掺水稀释。施工前要求对表面进行清理整平。

产品配方（质量份）

改性酚醛树脂	50
桐油	80
黄丹	0.5
梓油	20
环烷酸锰干燥液	7
纯苯	150
无叶展性铝粉	10
亚麻油酸铅皂	0.2
苯或汽油	20～30

生产工艺与流程　把改性酚醛树脂、桐油、黄丹在280℃下保温至滴珠坚硬，加冷厚梓油、环烷酸锰干燥液和纯苯；加入无叶展性铝粉，加入亚麻油酸铅皂、苯或汽油，在回流冷凝器下在水浴上加热1h，除去无叶展性铝粉自行制成，馏去溶剂，烘干备用。

5-30　新型彩绒壁多彩绒感受涂料

性能及用途　漆膜坚韧耐久，色彩调和，花纹清晰。主要用于对表面的装饰。

涂装工艺参考　施工以刷涂为主，漆膜干燥太慢时，可酌量加入催干剂以弥补之。有效储存期为2～3年。

产品配方（质量份）

聚苯乙烯微球	100
聚酯超短纤维	600
短棉纤维	200
苯甲酸钠	9
防老剂D	5
三丁基锡	4
磷酸三甲酯	9
脲醛树脂	100

生产工艺与流程　将天蓝色聚苯乙烯微球、黄色聚酯超短纤维、白色棉短纤维以及适量的金色、蓝色短丝线干混均匀，装袋。

将苯甲酸钠、防老剂D、三丁基锡和磷酸三甲酯加入到脲醛树脂胶液中，充分搅拌均匀，装袋。

将上述两袋料倒入容器中，再加入6kg水充分混合，放置10min，再用抹子或光滑滚筒均匀涂在墙面上，48h后可干燥完全。

5-31　新型绿色锤纹漆

性能及用途　用于机床、电机、纺织机械等涂装。

涂装工艺参考　以喷涂为主，也可辊涂。施工时应严格按施工说明操作，不宜掺水稀释。施工前要求对表面进行清理整平。

产品配方（质量份）

无叶展性铝粉浆	10
铬绿	3
锤纹漆漆料	127

生产工艺与流程　把以上各组分加入混合器中，进行搅拌混合均匀即成。

5-32　新型银色锤纹漆

性能及用途　用于机床、电机、纺织机械等涂装。

涂装工艺参考　以喷涂为主，也可辊涂。施工时应严格按施工说明操作，不宜掺水稀释。施工前要求对表面进行清理整平。

产品配方（质量份）

无叶展性铝粉浆	10
锤纹漆漆料	155
溶剂	110

生产工艺与流程　把以上各组分加入混合器中，进行搅拌混合均匀即成。

5-33　新型灰色锤纹烘漆

性能及用途　用于家庭器具、仪器设备、文具等。

涂装工艺参考　以刷涂和辊涂为主，也可喷涂。施工时应严格按施工说明操作，不宜掺水稀释。施工前要求对表面进行清理整平。

（1）产品配方（质量份）

非浮型铝浆	1.9
短油度脱水蓖麻油醇酸树脂(60%)	68.1
二甲苯溶液二甲苯	4.9
丁醇醚化脲醛树脂(50%)二甲苯溶液	22.5
正丁醇	1.9
硅油	0.2

（2）产品配方（质量份）

46％油度桐油亚麻油醇酸树脂（50％）	66
低醚化度三聚氰胺树脂	22
不漂浮型粉粉浆	3
二甲苯	9

（3）产品配方（质量份）

短油4#醇酸树脂（60％）	67.0
三聚氰胺甲醛树脂（50％）	25.0
不漂浮型铝粉浆（50％）	4.5
环烷酸锰（3％）	0.81
环烷酸铝（10％）	1.65
环烷酸钴（4％）	0.41
环烷酸锌（3％）	0.81

生产工艺与流程 把以上各种原料加入反应釜中，进行搅拌混合均匀，固化条件为120℃/20min。

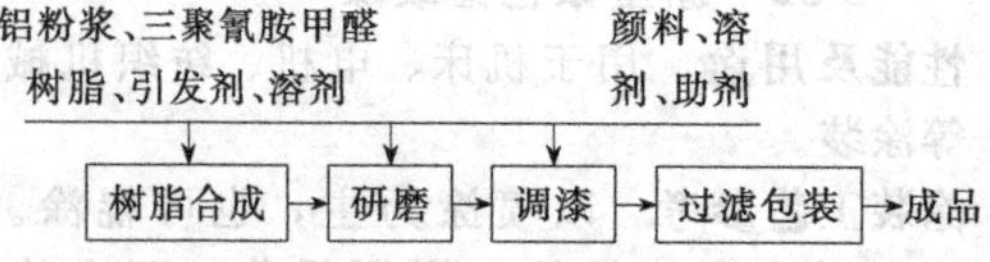

5-34 新型湖绿色锤纹漆

性能及用途 用于机床、电机、纺织机械等涂装。

涂装工艺参考 以刷涂和辊涂为主，也可喷涂。施工时应严格按施工说明操作，不宜掺水稀释。施工前要求对表面进行清理整平。

产品配方（质量份）

无叶展性铝粉浆	10
铁蓝	1.12
柠檬黄	6
碱漂亚麻籽油	5.6
环烷酸锌	0.13
锤纹漆漆料	70.5
二甲苯	28

生产工艺与流程 把无叶展性铝粉浆加入混合器中，再加入用铁蓝、柠檬黄、碱漂亚麻籽油、环烷酸锌研磨成的色浆及加入锤纹漆漆料和二甲苯，再进行混合均匀即成。

5-35 新型凹凸型锤纹漆

性能及用途 用于仪器、仪表、机床等。

涂装工艺参考 该漆采用喷涂施工。施工时按比例调配均匀，一般在4h内用完，以免胶化。调节黏度用稀释剂，严禁与水、酸、碱等物接触。有效储存期为1年，过期的产品可按质量标准检验，如符合要求仍可使用。

质量标准

漆膜颜色及外观	花纹均匀
干燥时间	
表干/min	≤20
实干/h	24
黏度（涂-4杯，25℃）/s	≥40
附着力/级	≤2
柔韧性/mm	≤3

产品配方（质量份）

丙烯酸树脂（56％）	60～80
色浆	1～10
铝粉浆	2～4
固化剂	8～10
溶剂	10～30

生产工艺与流程 按配方量混合均匀，调整适当的黏度，喷涂后得到美观的锤纹漆膜。

树脂、色浆、铝粉浆、固化剂等溶剂→搅拌预混→过滤包装→成品

5-36 常用的玫瑰红锤纹漆

性能及用途 用于机床、电机、纺织机械等涂装。

涂装工艺参考 该漆采用喷涂施工。施工时按比例调配均匀，一般在4h内用完，以免胶化。调节黏度用稀释剂，严禁与水、酸、碱等物接触。有效储存期为1年，过期的产品可按质量标准检验，如符合要求仍可使用。

产品配方（质量份）

无叶展性铝粉浆	10
桃红色淀	27.3
碱漂亚麻籽油	29
环烷酸锌	0.07
锤纹漆漆料	70.5
二甲苯	28

生产工艺与流程 把无叶展性铝粉浆加入混合器中，再加入用桃红色淀、碱漂亚麻籽油、环烷酸锌研成的色浆及加入锤纹漆漆料和二甲苯，再进行混合均匀即成。

第三节 橘纹漆

一、概述

橘纹漆成膜后，外观像橘子皮，故称橘纹漆。

二、橘纹漆的品种与用途

常用的橘纹漆有氨基橘纹漆、热塑性丙烯酸橘纹漆和丙烯酸硝基橘纹漆。广泛应用于木制家具表面的美术涂装，也适合于各种大型的机械及仪器仪表金属表面的涂装。

橘纹漆产品特性：橘纹漆一般选用进口特殊原料，采用先进工艺精制而成。漆膜丰满厚实、硬度高，具有特殊的锤纹效果，立体感特强。而且纹路清晰。

三、橘纹漆的技术特点

(1) 系列产品须配套使用，正确配比，涂料现配现用，漆液一经配制，必须 3h 内用完，以免凝胶变质。主漆、固化剂、稀释剂用后须马上密封，以免挥发，吸潮变质，影响使用效果。

(2) 配漆时，先搅匀主漆，再按配比正确调配。

(3) 喷涂时要均匀，涂漆厚度一致。漆膜涂层厚、薄均会产生不同的表面效果。漆膜厚，花纹就大，立体感强；反之，漆膜薄，花纹就小。

(4) 锤纹漆干后用 600 目以上细砂纸稍打磨再用清面漆修饰（进行罩光），则色彩持久、立体感更强。

储存：本品完全密封，应储存于阴凉、通风、干燥处，勿近火源。保质期见包装桶合格证标注，超过保质期按该产品技术指标规定项目进行检验，结果符合要求仍可使用。

橘纹剂结果表明，色浆用量在 50.0%，橘纹剂选择 SP-902 且用量 0.5%，橘纹漆与固化剂比例为 4∶1时，橘纹效果良好。

四、高级聚氨酯橘纹漆的研制

聚氨酯油漆具有光亮丰满、耐磨、耐腐蚀、保光保色、耐水、耐溶剂等综合的优异性能，广泛应用于机械、建筑、轻工、船舶、航空航天等行业的表面涂装。

在我国仍以普通聚氨酯（固体剂为芳香族类异氰酸酯）居多，而一些大型机械、仪表、仪器和电气设备对漆膜的耐磨性、耐候性、耐腐蚀性的要求极高，一般聚氨酯难以适应。作者把高级聚氨酯橘纹漆的树脂、助剂、催化剂选择等方面进行工艺优化，制得的产品可以很好满足上述三方面的特殊要求。

1. 高固体分含羟基丙烯酸树脂的合成

(1) 配方设计原理。

① 复合引发剂的应用。为了提高树脂固体含量（达到 60%），减少溶剂的污染，在制备前期用半衰期短的引发剂，以便产生较多的自由基聚合中心，在后期则加入半衰期较长的引发剂。

② 链转移剂的选择。采用十二烷基硫醇控制树脂黏度。

③ 玻璃化温度的调整配方中单体的比例决定树脂的玻璃化温度，本试验为了提高产品的硬度，将玻璃化温度控制在 50℃左右。

④ 大致配方（质量份）如下：甲基丙烯酸甲酯 8%～10%；苯乙烯 0～15%；β-羟乙酯 5%～10%；丙烯酸丁酯 15%～25%；丙烯酸 0.5%～1%；溶剂 40%。

(2) 合成工艺简述

将甲基丙烯酸甲酯、丙烯酸丁酯、溶剂投入釜中，在 90～130℃之间滴加苯乙烯、丙烯酸、β-羟乙酯反应 4～8h，补加链转移剂、复合引发剂保温聚合，至黏度合格为止，抽真空、兑稀、过滤、备用。

(3) 技术指标

酸值：≤4mg KOH/g，OH：2%～4%，固体含量：58%～62%，黏度（涂 25℃）：100～300s。

2. 聚氨酯橘纹漆的配制

(1) 配漆原理

① 颜料分散。高固分丙烯酸树脂对颜料的润湿性能不如醇酸树脂好，在分散时必须选用良好的分散剂，作者采用德国BYK公司分散剂BYK 104Ps进行试验，结果见表5-8。

表5-8 分散性实验

分散剂用量/%	0.05	0.1	0.15	0.2	0.25
分散时间/min	60	50	36	30	28
细度/μm	10	10	10	10	10

② 催化剂的选择。用于脂肪族聚氨酯漆的催化剂有叔胺类、金属化合物、有机磷等物质。本试验选用活性较高的月桂酸二丁基锡作为催化剂，油漆储存稳定期长，用量0.1%～0.2%左右。

③ 特殊助剂的选择。一般油漆的漆膜外观是平整光滑的，而本产品为了增强漆膜的耐磨性，使工件产生均匀、美观的橘纹，我们通过实验，添加特殊助剂改变了油膜的表面状态，达到较好的效果。

(2) 成品漆的大致配方

该漆分为甲、乙两组分，甲组分为固化剂，为德国Bayer公司生产的N-75 NCO含量为16.6%。乙组分为丙烯酸树脂20%～40%，颜料15%～30%，填料5%～20%，分散剂0.2%，特殊助剂0.1%～0.3%，溶剂5%～10%。

总之，该漆具有均匀、美丽的外观，增加了工件的耐磨性；该漆耐候性优异，可与大型自动化仪表、机械设备、开关仪器的户外使用相匹配；探索出分散助剂、催化剂等的最佳使用量；该漆可满足用户作为工件的保护、装饰、长效的需求，具有广阔的应用前景。

五、橘纹漆的施工与修补

1. 烘腻子

喷涂前应将现场清扫干净，并洒水防止尘土飞扬，新刮的腻子必须烘干，温度为80～100℃烘烤40min，待制品温度降到室温后再喷涂。

2. 调整黏度

将橘纹漆开桶，搅拌均匀，调整黏度，喷涂第一道橘纹漆的黏度为25～30s，喷涂第二道橘纹漆黏度为40～60s，黏度调好后，用200目铜筛子过滤后待用。

3. 喷涂第一道橘纹漆

喷涂第一道橘纹漆，一般用PQ-1型对嘴喷枪，喷嘴直径选用1.5～2mm，压缩空气的压力为3～4kg/cm²，喷涂应均匀：不能有漏喷和流坠，如用氨基橘纹漆时，第一道喷涂后，应在35～45℃的烘箱内烘烤10～15min，取出后降至室温，待涂膜表面干燥后，即可喷第二道；用热塑性丙烯酸橘纹漆和丙烯酸硝基橘纹漆，也同样，第一道喷涂后，要待表面干燥后再喷第二道。

4. 喷涂第二道橘纹漆

喷涂第一道橘纹漆，一般按制品面积大小，选用喷枪嘴直径，选用范围为2～2.5mm，压缩空气压力为2～2.5kg/cm²，喷涂第二道橘纹漆应同喷涂第二道锤纹漆一样，采用向前推进的方式溅点喷涂，若涂层表面的橘纹漆花纹要求比较突出，喷涂第二道橘纹漆时，漆膜的黏度应调整至80s，若涂膜要求似人造革状，可在喷完第一道橘纹漆的基础上，再喷涂一道稀释剂；如热塑性丙烯酸橘纹漆，喷涂完后放入烘箱内，升温到80℃即可出箱，恒温40min，即可出箱，如果是氨基橘纹漆，烘箱升温至80℃，恒温1h，即可出箱。

六、橘纹漆工艺要点及其施工

(1) 橘纹漆使用前要搅拌均匀，要用专用稀释剂调整黏度，并用200目铜筛（或丝绢网）过滤后备用。喷漆的黏度控制问题，喷涂第一道一般黏度为25～30s，以达到均匀盖底的目的；喷涂第二道黏度一般在40～60s，这道漆是达到花纹要求的关键。

(2) 喷涂橘纹漆一般多数采用PQ-1型对嘴喷枪，喷涂大花纹喷嘴口径要大一些，一般喷涂第一道时，选用喷枪的喷嘴口径为ϕ1.5～2mm，喷涂第二道时，喷枪的喷嘴口径为ϕ2～3mm。

(3) 喷涂橘纹漆使用压缩空气的压力比喷普通喷漆的压力要低，一般喷第一道压力为 0.3～0.4MPa；喷第二道压力为 0.2～0.25MPa。

(4) 若喷涂氨基橘纹漆，每一道喷完后要在 35～45℃条件下烘烤 10～15min，取出后降至室温，当漆膜表干后，再喷第二道。喷涂完后待表干，然后放入烘箱，升温 60～80℃，恒温 1h 即可出箱。使用热塑性丙烯酸橘纹漆、丙烯酸硝基橘纹漆或聚氨酯双组分橘纹漆等自干型漆，都要待第一道表干后再喷第二道。

(5) 喷涂第二道橘纹漆的走枪方式，要同喷第二道锤纹漆一样，采用向前推进的方式作溅点喷涂。若要求漆膜表面橘纹花点突出，喷第二道时可将橘纹漆的黏度调整到 80s 左右；如要求漆膜像人造革状的花纹，可在喷完第二道漆的基础上，再喷涂一道稀释剂。

七、丙烯酸-聚氨酯凹凸橘纹漆及其施工

丙烯酸聚氨酯凹凸橘纹漆，它是一种自干型双组分新型美术漆。

1. 主要优点

(1) 喷涂后可自然形成立体感强、清晰均匀的橘纹；

(2) 漆膜坚硬、光滑、耐磨，具有优良的保护性能及装饰性；

(3) 漆膜反射光线柔和，有利机床操作者视觉卫生；

(4) 固体含量高，遮盖力好。因此容易遮盖漆件表面的缺陷。例如焊疤、砂纸痕迹等；

(5) 喷漆时漆雾少，对施工周围环境的污染小；

(6) 施工方便。可采用 PQ-2 型普通喷漆枪喷涂。喷涂方法可似普通常规喷漆一样喷涂。

2. 施工参考

近几年来，该漆在常州机床总厂使用较为成功。现将该厂使用该漆的施工要点简介如下，以作参考。

(1) 使用喷漆枪 采用日本岩田 W-77 型或国产 PQ-1、PQ-2 型普通喷漆枪均可。

(2) 施工气压 工作气压一般采用 30～50Pa（近似 3～5kgf/cm²）。

(3) 喷涂方法 先喷一道打底，以遮盖漆件表面为准。待干燥 15～25min 后（视气温高低，使其即将表干为准）采用纵横交叉法再喷涂一道即可。

(4) 黏度控制 漆料的施工黏度决定橘纹的大小。需要获得细密平滑的细橘纹时（橘纹花点半径在 0.5mm 以下）漆料的施工黏度一般控制在 18～25s（涂-4 杯）；若要获得立体感强的粗橘纹时（橘纹花点半径在 0.5～1mm 之间）漆料的施工黏度一般控制在 35～45s。

3. 使用注意事项

因为该漆中含有较特殊的专用助剂，因此在使用时，严禁与其他漆种混合，尤其是不可将该漆混入其他常规喷漆。一旦将此凹凸漆混入平面漆，则会造成平面漆的漆膜产生凹点。所以调漆时必须注意将该漆与其他漆种所用的配漆桶及调漆棒相互分开；喷漆枪施工后，必须用溶剂彻底清洗干净，方可用于其他漆种。

八、橘纹漆的应用与展望

可用涂饰仪器、仪表、电器等制品外壳或面板，使制品表面形似橘子皮或皮革，显得幽雅、美观。

如下介绍橘纹漆生产工艺与产品 4 个品种。

5-37 常用的橘纹漆

性能及用途 用于机床、仪表、仪器的装饰。

涂装工艺参考 以刷涂和辊涂为主，也可喷涂。施工时应严格按施工说明操作，不宜掺水稀释。施工前要求对墙面进行清理整平。

产品配方/%

过氯乙烯树脂	9.55
3# 丙烯酸树脂	10.0

氯化橡胶树脂	8.0
增韧剂	3.5
颜填料	20.19
稀料	48.87

生产工艺与流程 按上述配方，把热塑性丙烯酸树脂、氯化橡胶溶液和过氯乙烯溶液进行调漆时，要求三者之间呈现最佳混溶性。

5-38 新型橘纹漆

性能及用途 用于装饰。

涂装工艺参考 以刷涂和辊涂为主，也可喷涂。施工时应严格按施工说明操作，不宜掺水稀释。施工前要求对墙面进行清理整平。

产品配方（质量份）

丙烯酸树脂	12.0
氯化橡胶树脂	10.0
颜料	8.2
填料	12.6
过氯乙烯溶液	12.2
增韧剂	4.6
稀料	47.6

生产工艺与流程 按上述配方，把丙烯酸树脂、氯化橡胶溶液和过氯乙烯溶液进行调节，配漆时要求将物料混合好。

5-39 新型气干橘纹涂料

性能及用途 用于涂装计算机和科学仪表。

涂装工艺参考 以刷涂和辊涂为主，也可喷涂。施工时应严格按施工说明操作，不宜掺水稀释。施工前要求对墙面进行清理整平。

产品配方（质量份）

丙烯酸树脂	45
颜料	20
填料	19
分散剂	0.2
特殊助剂	0.3
溶剂	15.5

生产工艺与流程 称取各固体组分并在一起混均匀，加入部分树脂后，再继续混匀，将混合料投入砂磨机进行研磨，一般要求细度在30μm，然后方可调色和补加余量树脂，达到所需要的色相后，加入催干剂、稀释剂，再混合均匀，待黏度合格后出料待用。

5-40 常用的自干无光橘纹涂料

性能及用途 是一种美术型装饰性防护漆，主要用于涂装计算机和科学仪表等表面的涂装。

涂装工艺参考 防日晒雨淋。按危险品规定储运。储存期为一年半。

包装于铁皮桶中。美术和多彩涂料生产应尽量减少人体皮肤接触，防止操作人员从呼吸道吸入，在油漆车间安装通风设备，在涂料生产过程中应尽量防止有机溶剂挥发，所有盛装挥发性原料、半成品或成品的储罐应尽量密封。

质量标准	白色	翠绿	米黄	橘黄	天蓝	浅灰	浅湖绿
涂膜外观	橘纹均匀						
黏度/s	76	110	47	83	55	55	87
细度/μm	30	30	35	35	30	30	40
干燥时间							
表干/h	0.5	0.3	0.5	0.5	0.5	0.5	0.2
实干/h	6	1	1	6	6	6	10
遮盖力/(g/m²)	90	80	80	80	—	—	—
柔韧性/mm	1	1	1	1	1	1	1
光泽/%	4	10	5	4	3	8	12
硬度/H	0.25	0.25	0.22	0.22	0.24	0.43	0.27
冲击强度/(kgf/cm)	50	50	—	50	—	—	—
附着力/级	2	2	2	2	2	2	2
耐水性/h	24	60	24	24	24	48	24

产品配方/%

	白色	翠绿	米黄	青莲	天蓝	浅灰	浅湖绿
钛白粉	20.5	—	18	20	18.7	20	18
碳酸钙	23	20	20.7	—	21.3	22.4	20
硫酸钡	23	—	—	—	—	—	—
醇酸树脂	42	42.9	43.6	42.4	44.7	43	43
200# 汽油	1.8	1.8	1.8	1.8	1.8	1.8	1.8
二甲苯	7.2	7.2	7.2	7.2	7.2	7.2	7.2
1# 触变性	1	1	1	1	1	1	1
2# 复合催化剂	4.5	4.5	4.5	4.5	4.5	4.5	4.5
中铬黄	—	—	3.04	—	—	—	—
铁蓝	—	—	—	—	0.8	0.026	0.12
青莲	0.09	—	—	—	—	—	—
柠檬黄	22	—	—	—	—	—	4
酞菁蓝	0.6	—	—	—	—	—	0.38
炭黑	—	—	—	—	—	—	0.13

生产工艺与流程 称取各固体组分并在一起混合均匀，加入部分树脂后，再继续混匀，将混合料投入砂磨机进行研磨，一般要求细度在30μm，后方可调色和补加余量树脂，达到所需要的色相后，加入催干剂、稀释剂，再混合均匀，待黏度合格后出料待用。

第四节 裂纹漆

一、概述

裂纹漆不同于硝酸纤维素漆的地方是漆内颜料分所占比例特多，并采用挥发快的低沸点溶剂，硝酸纤维素和增韧剂的用量少到仅能使颜料润湿和研磨，因此在成膜时膜层韧性极小，在内部的收缩作用下，漆膜就形成宽大的龟裂花纹，和泥浆在干燥后裂开的情形一样。

二、裂纹漆的基本特性

裂纹漆由硝化棉、颜料、体质颜料、有机溶剂、辅助剂等研磨调制而成的可形成各种颜色的硝基裂纹漆，也正是如此裂纹漆也具有硝基漆的一些基本特性，属挥发性自干油漆，无须加固化剂，干燥速度快。因此裂纹漆必须在同一特性的一层或多层硝基漆表面才能完全融合并展现裂纹漆的另一裂纹特性。由于裂纹漆粉性含量高，溶剂的挥发性大，因而它的收缩性大，柔韧性小，喷涂后内部应力产生较高的拉扯强度，形成良好、均匀的裂纹图案，增强涂层表面的美观，提高装饰性。

三、裂纹漆的品种与分类

常用的主要有 Q18-31 各色硝基裂纹漆，它是由硝化棉溶于有机溶剂中，并加入颜料和较多的填充料等制成的美术漆，其特点是漆膜干后具有均匀美观的裂纹漆，但附着力差。

四、裂纹漆的生产工艺

裂纹漆的施工方法有以下几种。

(1) 涂装墙面。底层必须光滑平整，待墙面处理干净后，先用刮刀清干净砂灰等杂质，并用砂纸或砂布磨光，清扫干净，而后喷涂一道白色或乳黄色等浅色漆，干后用硝基腻子刮平缺陷，磨光抹净后，再喷一道浅色硝基磁漆，干燥后，用120# 布轻磨光滑，抹净，之后，再喷黑裂纹漆。凡做裂纹漆，底色漆一般是浅色的，面漆是深色的。

(2) 喷裂纹漆前，将该色裂纹漆彻底搅拌均匀，并用香蕉水调稀，再用 100 目筛网过滤干净，均匀喷涂一道，喷时控制气压不可太大，以气压 2.5～3.5kg/cm^2 为宜，一般来说，喷涂漆膜厚，则裂纹大，反之裂纹小，故喷涂必须厚薄均匀，以使裂纹达到均匀美观。

罩光：裂纹漆喷涂好，干透后，用320#～360#水砂纸轻磨光滑，抹净晾干后，再连续喷涂2～3道硝基清漆罩光，以使纹美丽，漆膜坚固，经久耐用。

(3) 涂装金属面。待表面处理干净后，先喷涂一道浅色硝基底漆，干后用硝基腻子刮平缺陷，磨光抹净后，再喷一道Q06-5白灰色硝基底漆，干燥后，用稀腻子仔细找平针孔，干后，细心磨光，用软布进行二次抹平，之后，再喷一道白硝基磁漆，干后磨光并仔细抹平，而后均匀喷涂一道黑色裂纹漆，干透后，用360#～400#水砂纸轻磨光滑，抹净晾干后，再喷涂二道硝基清漆罩光。

五、裂纹漆的基本施工工艺

(1) 裂纹漆为单组分漆，配漆时不须使用其他固化剂，施工黏度可用适量同厂生产的配套专用裂纹水来调节，以便施工。将调节好的裂纹漆充分搅匀后，用100～200目滤网过滤，即可施工。漆液现配现用，一经配制，尽量在2h内用完，最多不要超过4h。油漆开罐后，必须马上密封，以免挥发、吸潮变质，影响使用效果。

(2) 施工裂纹漆一般以喷涂施工效果最佳，裂纹纹理圆润自然、均匀立体；如采用手刷施工则裂纹会受刷漆时的手势、方向不均匀变换而产生裂纹纹理不均匀、枯燥死板的感觉。

(3) 施工裂纹漆前一般先施工底漆，底漆可采用同厂生产的配套裂纹底漆也可以用铝粉、珠光粉、金粉等有色底漆，一般来说底漆与面漆二者颜色反差越大，立体感越强，效果越好。但如在聚苯乙烯塑料（PS）上施工则可以不用打底，直接喷涂裂纹漆。

① 施工配套裂纹底漆：配套裂纹底漆的调配同裂纹漆一样，配漆时无须加固化剂，施工黏度用适量专用裂纹水调节，将调节好的漆充分搅匀后，用100～200目滤网过滤，即可施工。漆液现配现用，一经配制，尽量在2h内用完，最多不要超过4h。油漆开罐后，必须马上密封，以免挥发、吸潮变质，影响使用效果。施工时先在基层施工硝基封闭底漆（底得宝）1～2道后施工硝基白（或有色）底漆2～3道直至基层达到丰满效果，待干后打磨除尘干净，即可施工配套裂纹底漆1～2道，施工时均匀喷涂，干后用600目以上砂纸打磨，除尘干净。裂纹底漆的漆膜涂层要有一定的丰满度（一般喷涂一个半十字架），如漆膜过薄会影响附着力与强度。

② 施工铝粉、珠光粉、金粉等有色底漆：铝粉、珠光粉、金粉等用适量香蕉水调配，施工时先在基层施工白色硝基手扫漆2～3道达到丰满效果，待干后打磨除尘干净，即可均匀喷涂调配好的铝粉、珠光粉、金粉等漆1～2道，干后除尘干净即可，无须打磨。

③ 施工裂纹漆：把配制好的裂纹漆施工在已喷涂好底漆的基面上均匀喷涂1道，大约30～50min，由于收缩剂的收缩作用即可自行产生裂纹效果，在美丽的裂纹下面，露出底色漆的颜色。如果裂纹漆与底漆配合得协调，则可以得到很好的花纹和色彩，喷涂裂纹面漆时，须在底漆干燥后施工（一般25℃，6h以上），否则会影响裂纹。最后再用半亚光、哑光清面漆或双组分PU光油在裂纹漆表面罩面。大面积施工前必须先在已喷涂底漆的小样板上喷涂试样，根据裂纹大小的效果，选择好裂纹面漆的施工黏度、漆膜的厚度，调节好喷枪的形状、气压、出漆量（定型）。裂纹面漆黏度大、漆膜厚则裂纹速度慢，裂纹纹理大；反之，裂纹速度快，裂纹纹理小。裂纹面漆喷涂必须均匀，否则就产生裂纹大小不匀的效果。如施工后裂纹效果不佳可直接在面漆上重涂底漆（须在清漆罩面工序前），重涂底漆方法同前。

(4) 施工技巧：裂纹漆的施工需要一定技巧，裂纹的大小、均匀度与调漆的黏度、喷涂的气量、油量、厚度等均有关系。喷涂同裂纹效果的油漆施工黏度要统一，同一种裂纹效果的油漆调配颜色比例要统一。喷涂时空气压缩机空气压力应保持一致，不要时大时小。喷枪口径以1.5～2.0mm为准，出油口要流畅。走枪速度、间隔距离要一致，并要把握好排气量及出油量。

六、裂纹漆的常见问题

(1) 裂纹漆的裂纹太细甚至裂纹面不开裂：由于裂纹图案是靠漆膜匀裂而呈现，因此不能一次性喷得太厚，否则裂纹会很细甚至裂纹面不开裂，应小心控制出油量及枪数以选择最佳图案。同时由于裂纹漆对温度、湿度较为敏感，气温太低，裂纹细小甚至不开裂；气温太高，花纹较大。因此环境湿度过大，温度过高、过低时均不宜施工，一般以温度25℃，相对湿度75%为佳，以免产生不良效果。还有一些情况是由于对裂纹漆的基本特性掌握不够，在基层底漆施工时使用非硝基类特性的油漆（包括铝粉、珠光粉、金粉等有色底漆）造成了裂纹漆无法与底漆有效融合并展现另一裂纹特性。不过，解决办法很简单，对已施工好的非硝基类特性的油漆底漆（包括铝粉、珠光粉、金粉等有色底漆）在喷涂裂纹漆前先喷涂硝基清漆1～2道，等10～20min左右（视环境温度情况决定），待硝基清漆处于半干的状态时立即喷涂裂纹漆1道，即可产生裂纹效果。

(2) 裂纹大小不均匀：裂纹大小均匀受到较多因素影响，尤其是施工人员对喷涂技巧的掌握熟练程度，只能加强对施工人员的培训和锻炼，没有其他捷径可走。但同时也要掌握裂纹大小的原理：若需要大裂纹效果，则底漆膜应厚一些，而裂纹漆也应多喷2～3次，且气量不需太大；若需要小裂纹效果，则底漆不需太厚，而裂纹漆应喷薄一些，气量可稍大一点。但始终应保持喷涂的均匀性，才能获得均匀的裂纹效果，尤其是喷涂时只能喷涂一道，应当一枪成功，不得回枪或补枪，如果厚薄不均匀、回枪、补枪都会造成裂纹大小不均匀的毛病（在喷涂过程中纹裂尚未终止前，可在裂纹上再喷，以控制裂纹大小，但这需要施工人员具有非常高超的技术手法，一般施工人员不建议使用）。

(3) 裂纹开裂后漆面脱落：由于裂纹漆的粉性大、收缩性大，柔韧性小，附着力差，因此漆面干燥收缩后较容易脱落。为了使裂纹漆坚固耐久，更加光亮美观，在裂纹漆干透后，打磨平滑，表面清除干净后罩半哑光、哑光硝基清漆或聚酯漆、聚氨酯漆、双组分PU光油等。罩光时，清面漆涂装应掌握好薄喷多次（至少分两次涂装）。

施工中有的施工人员由于对裂纹漆的基本特性缺乏了解，用普通刮批腻子等打底后再施工非硝基类特性的油漆（包括铝粉、珠光粉、金粉等有色底漆），造成基底较软，裂纹漆喷涂后内部应力产生较高的拉扯强度，在收缩过程中会将软基底全部连底翻起，造成大面积的起皮、剥落。不过，解决办法也很简单，不须返工重新打底，对用普通刮批腻子等打底后再施工非硝基类特性的油漆（包括铝粉、珠光粉、金粉等有色底漆）的可采用聚酯底漆或聚氨酯底漆等封闭性较强、漆膜强韧、层厚面硬的油漆先将原基层封闭强化后，再重新喷涂调配好的铝粉、珠光粉、金粉等漆1～2道，干后除尘干净即可喷涂裂纹漆1道，即可产生裂纹效果，面层罩漆方法同上。

七、皱纹漆的涂饰

皱纹需要采用专门的皱纹漆并加以施工工艺的配合才能形成。皱纹漆由桐油、醇酸树脂、干料和颜料组成。桐油在烘烤时，加速醇酸树脂很快表面干并起皱；体质颜料的种类和数量对花纹将产生影响，颜料多，花纹粗大，颜料少花纹较细。皱纹漆可以掩盖表面缺陷，对粗糙表面涂饰尤为适合。但皱纹的大小和均匀性对装饰效果有很大影响，它们与喷涂涂膜的厚度及均匀性烘烤温度很有关系。涂饰时产生的流痕将使漆膜无法修补，可事先将工件预热至60℃，并采取喷涂作业方法来防止流挂的产生。

皱纹漆依桐油炼制的稠度和干料用量的不同，花纹有粗、中、细三类，有些必须烘烤才能起皱，有些不需烘烤，可依情况选之。涂饰过程如下：

(1) 物件表面准备并涂底漆，干燥后打磨。

(2) 物件预热 60℃，喷一道皱纹漆，隔 20～30min 再喷一道（使皱纹均匀）。

(3) 置 20～30min 后，于 80～100℃烘 2～3h 即干燥；大花纹调黏度到 100～120s，中花纹调黏度到 60～80s，小花纹调黏度到 30～40s。

裂纹漆由硝基漆配制，漆中颜料分较高，而且增塑剂的用量较少，在成膜时，漆膜受内部作用力收缩，加上漆膜韧性又小，最终漆膜龟裂产生裂纹。裂纹粗细与涂膜的厚度有关，涂膜厚裂纹大；喷得薄，裂纹细。裂纹漆膜开裂以后呈现底色，且附着力、强度均差，需彩色漆打底，最后用清漆加固。一般底色浅，裂纹漆色深。若底、面色一致，则呈现皮革外观。

涂饰过程如下：

(1) 物件表面准备，喷 2～3 道彩色底漆并干透；

(2) 打磨擦净后，喷裂纹漆，厚度依裂纹粗细来确定，但要均匀一致，干 1h 后便呈现裂纹；

(3) 干后，打磨擦净，再喷 2～3 道硝基清漆。

裂纹漆配方如下。

(1) 黑色　炭黑 20 份，硝化棉 (5S) 2.2 份，香蕉水 77.8 份。

(2) 各色裂漆　氧化锌 100 份，着色颜料适量，硝化棉 3.6 份，甘油松香脂 2.3 份。

八、裂纹漆操作流程及质量控制

(1) 环氧型裂纹粉末（以黑色底粉为参考）

底粉基本配方（质量份）

E-12	70
DICY	2.4
二甲基咪唑	0.08
$BaSO_4$	35
PV88	0.06
炭黑	1

底粉生产同一般混合型粉，粉碎过 180 目筛备用。成品是部分花纹剂，碳酸钙和颜料（或金属粉，珠光颜料等）混合。

参考颜色如下。

① 黑底银色裂纹漆。

底粉：浮花剂（120 或 150 目）：碳酸钙：浮型银粉＝100：0.35：24：0.6

(2) 黑底绿珍珠。

底粉：浮花剂：碳酸钙：珠光绿（如 I-235）＝100：0.25：3：1.5

裂纹漆的工艺特点：

① 底粉中的树脂含量高，则易得到较大的花纹。

② 二甲基咪唑的添加量决定花纹的大小和形状。

③ 后混用的碳酸钙有很大的选择性，不同的品种对花纹有明显的影响。

④ 浮花剂的粗细对花纹也有明显的影响。

⑤ 成批加工时，充分混合是必要的。

⑥ 喷涂时的条件如电压、出粉量和喷涂距离等因素会明显地影响花纹的大小和形状。

⑦ 客户的工件厚度、材质等也能影响花纹。

⑧ 升温速率和烘烤形式（烘道、烤箱以及红外线等）也有一定程度的影响。

以上几个方面在设计裂纹粉末时应加以考虑，针对不同的客户和不同的使用条件来调整配方，务必使粉末能适应客户的实际需求。

(2) 聚酯型裂纹粉末　现技术上尚不成熟，花纹不稳定，这里暂不推荐。

九、裂纹漆生产工艺与产品配方实例

如下介绍裂纹漆生产工艺与产品 6 个品种。

5-41　常用的硝基裂纹漆

性能及用途　用于各种金属制品及日用品

的金属外壳表面的涂层。

涂装工艺参考　该漆采用喷涂施工。施工时按比例调配均匀，一般在4h内用完，以免胶化。调节黏度用稀释剂，严禁与水、酸、碱等物接触。有效储存期为1年，过期的产品可按质量标准检验，如符合要求仍可使用。

质量标准

外观	色彩鲜艳，花纹美
固体分/%	≥20
干燥时间/min	≤30

产品配方（质量份）

氧化锌	100
着色颜料	适量
5s硝酸纤维(含乙醇30%)	3.6
甘油松香	2.3
乙酸乙酯	10.8
乙酸丁酯	13
纯苯	45.6

生产工艺与流程　将上述原料加入球磨机中，进行研磨至细度为30μm以下，过滤包装。

5-42　新型中黄硝基裂纹漆

性能及用途　涂于各种轻工业金属制品及日用品的金属外壳表面。

涂装工艺参考　该漆采用喷涂施工。施工时按比例调配均匀，一般在4h内用完，以免胶化。调节黏度用稀释剂，严禁与水、酸、碱等物接触。有效储存期为1年，过期的产品可按质量标准检验，如符合要求仍可使用。

质量标准　耐水性良好。

产品配方（质量份）

裂纹漆料	98.0
铬黄浆(7∶3)	2.0

裂纹漆料配方(质量份)

硝化棉液	81.5
硬脂酸镁	3.5
碳酸镁	15.0

硝化棉液配方(质量份)

苯	60.0
醋酸乙酯	6.6
醋酸丁酯	4.0
丁棉	2.7
乙棉	26.7

生产工艺与流程　将以上两种物料加入高速分散机、球磨机进行研磨至细度为30μm以下，过滤包装。

5-43　新型大红硝基裂纹漆

性能及用途　用于各种轻工业金属制品及日用品的金属外壳表面的涂层。

涂装工艺参考　该漆采用喷涂施工。施工时按比例调配均匀，一般在4h内用完，以免胶化。调节黏度用稀释剂，严禁与水、酸、碱等物接触。有效储存期为1年，过期的产品可按质量标准检验，如符合要求仍可使用。

质量标准　有良好的耐水性。

产品配方（质量份）

裂纹漆料	98.0
红色浆(4∶6)	2.0

裂纹漆料配方（质量份）

硝化棉液	81.5
硬脂酸镁	3.5
碳酸镁	15.0

生产工艺与流程　将上述两种原料加入高速分散机、球磨机中，进行研磨至细度为30μm以下，过滤包装。

5-44　常用的白、红色硝基裂纹漆

性能及用途　用于仪表、仪器、医疗等器械的涂装。

涂装工艺参考　该漆采用喷涂施工。施工时按比例调配均匀，一般在4h内用完，以免胶化。调节黏度用稀释剂，严禁与水、酸、碱等物接触。有效储存期为1年，过期的产品可按质量标准检验，如符合要求仍可使用。

质量标准

外观	色彩鲜艳，花纹美
固体分/%	≥20
干燥时间/min	≤30

产品配方（质量份）

	白	红
0.5s 硝化棉(70%)	38	6
醋酸丁酯	10.2	16.5
醋酸乙酯	10.5	16.5
丁醇	4	6
改性酒精	1.5	2
纯苯	20	33
酞白粉	50	—
大红粉	—	20

生产工艺与流程 先将硝化棉投入基料锅，加入丁醇、改性酒精、纯苯等进行湿润，最后加入酯类溶剂，将硝化棉溶解成溶液，然后按配方，将硝化棉溶液和颜料，加入球磨机中进行研磨，至细度达 30μm 以下时，过滤包装。

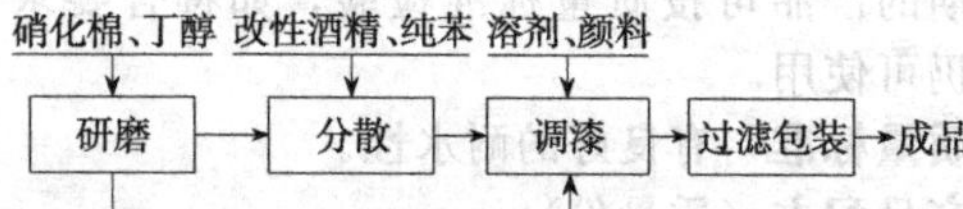

5-45 常用的黑色硝基裂纹漆

性能及用途 用于仪器、仪表、医疗器械、手风琴等。

涂装工艺参考 该漆采用喷涂施工。施工时按比例调配均匀，一般在 4h 内用完，以免胶化。调节黏度用稀释剂，严禁与水、酸、碱等物接触。有效储存期为 1 年，过期的产品可按质量标准检验，如符合要求仍可使用。

质量标准

外观	色彩鲜艳，花纹美
固体分/%	≥20
干燥时间/min	≤30

产品配方（质量份）

硝化棉(70%)0.5s	6
醋酸丁酯	16.5
醋酸乙酯	16.5
丁醇	6
改性酒精	2
纯苯	33
炭黑	20

生产工艺与流程 先将硝化棉投入基料锅，加入丁醇、改性酒精、纯苯等进行湿润，最后加入酯类溶剂，将硝化棉溶解成溶液，然后按配方，将硝化棉溶液和颜料加入球磨机中进行研磨，至细度达 30μm 以下时，过滤包装。

5-46 新型红黄蓝色硝基裂纹漆

性能及用途 用于仪表、仪器、医疗等器械的涂装。

涂装工艺参考 该漆采用喷涂施工。施工时按比例调配均匀，一般在 4h 内用完，以免胶化。调节黏度用稀释剂，严禁与水、酸、碱等物接触。有效储存期为 1 年，过期的产品可按质量标准检验，如符合要求仍可使用。

质量标准

外观	色彩鲜艳，花纹美
固体分/%	≥20
干燥时间/min	≤30

产品配方（质量份）

(1) 基本配方（质量份）

硝酸纤维(含乙醇 30%)	3.6
红黄蓝颜料	20
乙酸乙酯	15.5
乙酸丁酯	15.5
丁醇	7.0
纯苯	39

工艺制法

先将硝化纤维素投入基料锅，加入丁醇、纯苯等进行湿润，最后加入酯类溶剂，将硝化纤维素溶解成溶液，然后按配方，将硝化纤维素溶液和炭黑加入球磨机中进行研磨，至细度达 30μm 以下时，过滤包装。

(2) 基本配方（质量份）

氧化锌	100
着色颜料	适量
5s 硝酸纤维(含乙醇 30%)	3.6
甘油松香	2.3
乙酸乙酯	10.8
乙酸丁酯	13
纯苯	45.6

生产工艺与流程 将上述原料在溶解锅溶解加入球磨机中，进行研磨至细度为 30μm

以下，过滤包装。

第五节　皱纹漆

一、皱纹漆的基本概念

皱纹漆属于油基性漆，它能形成有规则的丰满皱纹，涂于黑色金属表面，同时尚能将粗糙的物面隐蔽，它也是美术漆的一种。

二、形成皱纹漆的原因与种类

① 利用聚合不完全的桐油在干结成膜的过程中，有部分甲型桐油酸转变成乙型酸（也叫A型转变成B型）而发生皱纹的现象，所以皱纹漆都要通过烘烤，以加速氧化聚合起皱。

② 在皱纹漆内加入大量环烷酸钴干燥剂，并在桐油漆料或醇酸液中，配合一些环烷酸锰干燥剂，促使漆料表面很快干结成膜，将内层封闭，这样，内外层在不同速度下氧化干燥，外层结膜面积增加，里层未干，促使表面上多出来的面积向上隆起，这样漆膜就起皱。

③ 因体质颜料的种类和数量的不同，起皱的花纹大小也不同，一般颜料多的花纹较细，颜料少的花纹较粗，皱纹漆料依炼制稠度和含钴量的不同分为粗纹、中纹、细纹三类，色别有黑色、绿色、白色、红色、灰色、黄色、蓝色七种。

三、皱纹漆的施工步骤

(1) 底层的处理　按一般金属的处理，选择物理或化学处理妥善后，用铁红醇酸底漆加15%～20%的甲苯稀释至喷涂黏度，搅拌均匀，过滤好喷上一层底漆，待自然干燥后，在预热的烘箱中以60℃烘烤1h，或80℃烘烤0.5h。

(2) 喷涂皱纹漆　出烘箱后趁热喷上一层适宜黏度并过滤好的某色皱纹漆，这样皱纹漆内溶剂挥发快，皱纹呈现均匀，使用量控制在100～140g/m²，在喷涂时必须注意均匀，喷得厚则皱纹大，喷得薄皱纹小，不过既不能太厚又不能喷得太薄，喷得太厚会流坠，喷得太薄难起皱。

(3) 起皱阶段　将皱纹漆喷好工件后必须间隔10min，放入烘箱中进行烘烤，以80℃烘烤30min，再将涂件退出烘箱，待冷却后检查皱纹。

(4) 检查皱纹　如发现涂件上皱纹局部有缺陷，用适合大小的油画笔蘸原来同等黏度的皱纹漆，按喷涂厚度的皱纹漆，补上皱纹漆后，第二次进入烘箱进行烘烤。

(5) 最后烘烤　第二次烘烤皱纹漆的目的是增加漆膜硬度，使内层彻底干燥，烘烤温度如深色的用（110±5)℃，浅色的用（90±5)℃，烘烤时间约2～3h，白色的温度低，时间长，但不得超过4h。

四、皱纹漆的涂装工艺配方

皱纹漆是一种特殊配方的硝基面漆，裂纹美丽，色彩丰富，充满个性。板材选用同实色漆选择一样。工艺：底材处理→打磨→刮腻子→打磨→喷涂实色底漆→打磨→皱纹底漆、清面漆两遍→皱纹面漆罩清漆

(1) 板材处理：板材彻底干燥，含水率小于8%，320# 砂纸打磨。

(2) 板材封闭：用封闭底漆刷一遍，干后320# 砂纸打磨。

(3) 满刮腻子，填平木缝，干后打磨。

(4) 喷涂实色底漆2～3遍（聚酯或硝基），干后打磨。

(5) 喷涂皱纹底漆1～2遍（如无专用皱纹底漆，可用硝基亮光清漆调配），完全干透。

(6) 最好是喷涂硝基亮光清面1～2遍，避免开裂时将底漆拉开。

(7) 喷皱纹漆（最好一次喷完）。

(8) 罩硝基清漆1～2遍，可湿碰湿施工。

注意事项：

(1) 皱纹面漆喷得厚则裂纹大，喷得薄则裂纹小。

(2) 皱纹面漆稠则花纹大，调稀则花

纹小。

(3) 慢干花纹大，快干则花纹小。

(4) 喷涂厚度要均一，否则裂纹大小不均。

(5) 如果面积过大（超过 1.5m²），则应分开来做。

(6) 尽量不做立面喷涂，如非做立面，要多次套喷，花纹不宜过大。

(7) 理论涂刷面积：每遍 4～6m²/kg。

(8) 做树皮纹（竖纹）需用刷涂的方式（顺同一方向），最好用鬃毛刷。

五、真石漆施工工艺

1. 施工设备及要求

(1) 空气压缩机：功率 5 匹（1 匹＝2324W）以上，气量充足，至少带三根气管，能满足三人以上同时施工。

(2) 下壶喷枪：容量 500mL，口径 1.3mm 以上，容量不能太大，否则太重，操作不便，口径小则施工速度慢，可能延缓工期，不宜大面积施工。

(3) 真石漆喷枪：分单枪、双枪、三枪等，根据不同的花色选择单色用单枪，双色、多色用双枪、三枪，以便适应不同施工工艺，喷出更理想的效果。

(4) 各种口径喷嘴：4mm、5mm、6mm、8mm 等，根据样板的要求选择不同的喷嘴，口径越小则喷涂效果越平整均匀，口径大则花点越大，凹凸感越强。

2. 施工流程

喷底油两遍→喷真石漆 2～3mm→喷面油两遍

3. 施工技术指标

(1) 喷涂底油：选用下壶喷枪，压力 4～7kg/cm²，施工时温度不能低于 10℃，喷涂两遍，间隔 2h，厚度约 30μm，常温干燥 12h。

(2) 喷涂真石漆：选用真石漆喷枪，空气压力控制在 4～7kg/cm²，施工温度 10℃以上，厚度约 2～3mm，如需涂抹两道、三道，则间隔 2h，干燥 24h 后方可打磨。

(3) 打磨：采用 400～600 目砂纸，轻轻抹平真石漆表面凸起的砂粒即可。注意用力不可太猛，否则会破坏漆膜，引起底部松动，严重时会造成附着力不良，真石漆脱落。

(4) 喷涂面油：选用下壶喷枪，压力 4～7kg/cm²，施工不低于 10℃，喷涂两遍，间隔 2h，厚度约 30μm，完全干燥需 7 天。

4. 施工底材及要求

适用于混凝土或水泥内外墙及砖墙体，还有石棉水泥板、木板、石膏板、聚氨酯泡沫板等底材。施工底材表面基层应平整、干净，并具有较好的强度，新墙体则应实干一个月，方可施工，旧墙翻新，先要整平基层，除去松脱，剥落表层及粉尘油垢等杂质后方可施工。

对于不同喷涂对象的真石漆喷涂工艺技术如下。

(1) 砖形真石漆：先按要求设计好砖形尺寸，然后在已涂好底油的墙面用木框架做好砖形模型，再喷上真石漆，在真石漆还没有表干前取下木框即可。

(2) 垂直面喷涂：采用划圈法，距离 30～40cm，以半径约 15cm 横向划圈喷涂，并不时上下抖动喷枪，这样喷速度快而均匀，且易控制，如果采用一排一排的重叠喷涂，则速度慢，上下交接处难控制均匀，将影响外观，造成涂料缺陷。

(3) 罗马圆柱喷涂：因其是圆柱形，所以采用“M”线形喷涂，距离略远约 40cm，喷枪要垂直柱面喷涂，自上而下，喷好一面再转向另一面，转向角度约 60°为宜。

(4) 方形柱喷涂：方形柱棱角分明，很容易因喷涂不匀而使棱角模糊，为了喷涂方便，以约 50cm 的距离喷涂棱角，远距离喷涂，雾花散得开，面积大而均匀，如果距离太近，稍不注意就会喷厚，喷不均匀，使棱角线条显现不出来，失去了原有建筑的整体外观美感。

(5) 圆柱形小葫芦喷涂：现代建筑采用圆柱形小葫芦做栏杆装饰，大都要求喷上真石漆，因其小巧玲珑，极具装饰性，对它们的喷涂工艺也更为细致。做栏杆装饰的葫芦柱，距离太近，有些地方根本无法正面喷涂，所以按一般常规喷法是无法达到理想效果的。喷涂选用小喷嘴，距离约40cm，快速散喷真石漆，自上而下一面一面来喷，不能正面喷涂的，用抖动喷枪的方法，令其周围尽量喷上真石漆，然后用毛刷刷平真石漆，没有喷到的地方也可以用毛刷略微抹上一层，再用喷枪散喷一遍，不能太薄，也不能太厚，盖住刷痕即可，薄了不能起到很好的保护效果，厚了则遮盖住了原有的线条美感，也可能出现皱缝等不良表面现象。

5. 结论

(1) 阴阳角皱缝：真石漆喷涂过程中，有时会在阴阳角处出现皱缝，因阴阳角是两个面交，如果喷上真石漆，在干燥过程中会有两个不同方向的张力同时作用于阴阳角处的涂膜，易裂缝。现场解决办法：发现裂缝的阴阳角，用喷枪再一次薄薄地覆喷，隔0.5h再喷一遍，直至盖住皱缝；对于新喷涂的阴阳角，则在喷涂时特别注意不能一次喷厚，采取薄喷多层法，即表面干燥后重喷，喷枪距离要远，运动速度要快，且不能垂直阴阳角喷，只能采取散射，即喷涂两个面，让雾花的边缘扫入阴阳角。

(2) 平面出现皱缝：主要原因可能是因为天气温差大，突然变冷，致使内外层干燥速度不同，表干里不干而形成皱缝，现场解决方法是改用小嘴喷枪，薄喷多层，尽量控制每层的干燥速度，喷涂距离以略远为好。

(3) 成膜过程中出现皱缝：在喷涂时，覆盖不够均匀或者太厚，在涂层表面成膜后出现皱缝，甚至若干星期后出现皱缝，这种情况就要具体分析，除了施工时注意喷涂方法外，必要时应改变配方，重新试制。近年来，液体壁纸漆产品开始在国内盛行，受到众多消费者的喜爱，成为墙面装饰的最新产品。

六、皱纹漆生产工艺与产品配方实例

如下介绍皱纹漆生产工艺与产品12个品种。

5-47　常用的皱纹漆

性能及用途　用于金属表面的涂饰。

涂装工艺参考　该漆采用喷涂施工。施工时按比例调配均匀，一般在4h内用完，以免胶化。调节黏度用稀释剂，严禁与水、酸、碱等物接触。有效储存期为1年，过期的产品可按质量标准检验，如符合要求仍可使用。

质量标准

漆膜颜色和外观	平整光滑
黏度(涂-4杯)/s	30～70
干燥时间[(110±2)℃]/h	≤2
光泽/%	≥90
柔韧性/mm	1
附着力/级	≤2
硬度/H	>0.45
冲击强度/(kg/cm)	50
耐水性(60h)	不起泡、不脱落
耐汽油性(浸于NY200#油漆溶剂油中48h)	不起泡、不脱落
耐油性(浸渍于10#变压器油中48h)	不起泡、不脱落

产品配方

① 配方1（质量份）

甲基硅烷基的乙烯基树脂	150
Niklac MW-22	14.3
三乙胺十二烷基苯磺酸盐	5.0
Bu_2S	4.5
流平剂	0.5

② 配方2/%

过氧乙烯	46.9
增塑剂	12
含硅藻土的二氧化硅	4.7
二甲苯	46.5
炭黑	1.9

5-48　新型皱纹漆

性能及用途　用于钢制的小型机械设备、照相馆相机、小型测量仪器等。

涂装工艺参考　该漆采用喷涂施工。施工时按比例调配均匀，一般在4h内用完，以

免胶化。调节黏度用稀释剂，严禁与水、酸、碱等物接触。有效储存期为1年，过期的产品可按质量标准检验，如符合要求仍可使用。

质量标准 由于加热固化，涂膜强度较高，涂膜具有耐老化性，可以遮盖底材凹凸不平的缺陷，具有防止滑动的效果，涂膜容易玷污，表面缺少光泽。

产品配方

黑色细花纹涂料

①配方 1/kg

酚醛改性细花纹皱纹漆料	37.0
调花料	6.5
炭黑	1.5
轻质碳酸钙	39.3
蓖麻油酸锌	0.5
环烷酸钴(4%)	1.7
环烷酸铅(10%)	0.9
环烷酸钙(2%)+环烷酸锰(3%)	0.4+1.3
混合苯	12.0

②配方 2/kg

酚醛树脂改性皱纹漆料	45.8
调花料	8.1
发黑	1.9
轻质碳酸钙	26.7
蓖麻油酸锌	0.6
环烷酸铅(10%)	1.3
环烷酸钴(3%)	2.3
混合苯	13.5

生产工艺与流程 把以上物料在使用前充分混合，喷涂时应均匀细致，在喷涂时涂膜应稍厚一些，在固化时当溶剂大部分挥发，应立即放入烘箱中在60～80℃内，烘烤10～20min。使表面形成皱纹，再在100～150℃加热固化。

5-49 新型皱纹漆料

性能及用途 涂膜强度高、耐老化性良好。用于钢制的小型机械设备、照相馆相机、小型测量仪器等。

涂装工艺参考 该漆采用喷涂施工。施工时按比例调配均匀，一般在4h内用完，以免胶化。调节黏度用稀释剂，严禁与水、酸、碱等物接触。有效储存期为1年，过期的产品可按质量标准检验，如符合要求仍可使用。

质量标准

漆膜颜色和外观	平整光滑
黏度(涂-4杯)/s	70～80
干燥时间[(110±2)℃]/h	≤2
光泽/%	≥90
柔韧性/mm	1
附着力/级	≤2
硬度/H	>65
冲击强度/(kgf/cm)	50
耐水性(60h)	不起泡、不脱落
耐汽油性(浸于NY200#油漆溶剂油中48h)	不起泡、不脱落
耐油性(浸渍于10#变压器油中48h)	不起泡、不脱落

产品配方（质量份）

黑色细花纹涂料配方

酚醛改性细花纹皱纹漆料	37.0
调花料	6.5
炭黑	1.5
轻质碳酸钙	39.3
蓖麻油酸锌	0.5
环烷酸钴(4%)	1.7
环烷酸铅(10%)	0.9
混合苯	12.0
环烷酸钙(2%)+环烷酸锰(3%)	0.4+1.3

生产工艺与流程 把基料搅拌及颜料加入研磨机中进行研磨到一定细度后，加入催干剂，再用专用稀释剂调整到合适黏度即可。工艺涂装：把以上物料在使用前充分混合，喷涂时应均匀细致，在喷涂时涂膜应稍厚一些，在固化时当溶剂挥发，应立即放入烘箱中在60～80℃内烘烤10～20min。使表面形成皱纹，再在100～150℃加热固化。

5-50 常用的单组分低温烘干皱纹漆

性能及用途 用于仪器、仪表、医疗器械、手风琴等。

涂装工艺参考 该漆采用喷涂施工。施工时按比例调配均匀，一般在4h内用完，以免胶化。调节黏度用稀释剂，严禁与水、酸、碱等物接触。有效储存期为1年，过期的产品可按质量标准检验，如符合要求仍可使用。

质量标准 由882皱纹漆及保护面漆组成，均为单组分低温烘干型。适用于塑料、陶瓷、木材、金属等制品。皱纹漆形成的漆膜易皱，其纹路均匀一致、美观大方、光亮持久，耐磨、耐热、耐水，附着力强、不咬底、干燥速度快。符合玩具、工艺品、圣诞产品、年货等装饰装潢产品的要求。

(1) 882 系列皱纹漆固体分高、黏度大，使用中可用少量 DA 水调整成适宜的黏度。

(2) 皱纹漆的质量好坏与施工技术的高低有密切关系。只有保持涂饰的漆膜厚度均匀、不流挂、不积油、不起泡、平整均一，才能得到纹路均匀，美丽标致的综合效果。

(3) 皱纹漆涂饰后，一般应尽快进入 60～75℃烘箱烘烤，直至烤干为止，方可镀铝。

(4) 保护面漆为 SZ-97 镀膜油或 SZ-透明色油，使用方法请参看本《产品目录》的相关产品说明。

(5) 本产品为自干型漆，如果一次没有用完，应密封保存，以免结皮胶凝。

产品配方（质量份）

882 皱纹漆料	55.0
沉淀硫酸钡	12.0
轻质碳酸钙	13.0
炭黑	2.0
甲苯	7.0
纯苯	86.0
环烷酸钴(2%)	1.0
环烷酸锰(2%)	0.5
环烷酸铅(10%)	1.5

生产工艺与流程　把基料及颜料加入研磨机中进行研磨到一定细度后，加入催干剂，再用专用稀释剂调整到合适黏度即可。

本品为易燃品，必须在远离火源和避免阳光暴晒条件下保存和运输，注意降温防火。请将本产品存放于 40℃以下室内，使用后请紧闭桶盖。施工时注意通风，严禁烟火。尽量减少与皮肤直接接触，如发生意外接触，请立即用肥皂水冲洗；若不慎溅入眼睛，可先用大量清水冲洗，并及时送医院治疗。

储存有效期：自出厂之日起为一年。超过有效期，经试涂，如不影响质量，可继续使用。

5-51　常用的皱纹漆

性能及用途　热塑型丙烯酸树脂，着色颜料。此种漆为新形油漆，产生效果三维立体，现用于玩具上较多，其缺点为不耐磨。用于摩托车、汽车、电器，工艺品等各类塑胶件。

涂装工艺参考　该漆采用喷涂施工。施工时按比例调配均匀，一般在 4h 内用完，以免胶化。调节黏度用稀释剂，严禁与水、酸、碱等物接触。有效储存期为 1 年，过期的产品可按质量标准检验，如符合要求仍可使用。

质量标准　涂料质量标准见表 5-9。

表 5-9　涂料质量标准

项　目	条　件
施工黏度(NK-2 杯,25℃/s)	10±2
稀释剂	S-11,S-12
稀释比例	1∶(1.5～2.2)
喷涂压力/(kg/cm²)	4～6
干燥条件	(60±5)℃×30min

(1) 油漆（包括配套产品）应存放于阴凉、干燥、通风良好的场所。

(2) 油漆用期为 1 年，开启后要及时密封保存，以免失效。

(3) 本品为易燃品，要远离火源。

(4) 避免接触眼睛或皮肤。

塑料涂膜的主要技术指标见表 5-10。

表 5-10　塑料涂膜的主要技术指标（统一标准）

检验项目	技术指标	试验标准
外观	无颗粒杂物	
附着力	0 级	GB 9286—88
硬度	HB	GB/T 6739—1996

注：适应底材：ABS，EPDM。

产品配方（质量份）

皱纹漆漆料	133
轻质碳酸钙	50
环烷酸铅	4
环烷酸钴	5
混合苯	13

生产工艺与流程　把基料及颜料加入研磨机中进行研磨到一定细度后，加入催干剂，再用专用稀释剂调整到合适黏度即可。

5-52 常用的黄色皱纹漆

性能及用途 制备黄色的皱纹漆。

涂装工艺参考 该漆采用喷涂施工。施工时按比例调配均匀，一般在4h内用完，以免胶化。调节黏度用稀释剂，严禁与水、酸、碱等物接触。有效储存期为1年，过期的产品可按质量标准检验，如符合要求仍可使用。

质量标准

漆膜外观	皱纹均匀
黏度/s	≥100
出花纹时间[(80±5)℃]/min	25～40

产品配方（质量份）

中铬黄	100
轻质碳酸钙	100
皱纹漆漆料	263
环烷酸铅	4
环烷酸钴	10
苯	33

生产工艺与流程 把基料及颜料加入研磨机中进行研磨到一定细度后，加入催干剂，再用专用稀释剂调整到合适黏度即可。

5-53 新型黑色皱纹漆

性能及用途 用于仪器仪表、文具和家用电器具的装饰和保护。

涂装工艺参考 该漆采用喷涂施工。施工时按比例调配均匀，一般在4h内用完，以免胶化。调节黏度用稀释剂，严禁与水、酸、碱等物接触。有效储存期为1年，过期的产品可按质量标准检验，如符合要求仍可使用。

质量标准

黏度(涂-4杯,25℃)/s	≥100
细度/%	55
皱纹出现时间/min	25～40
实干时间(110℃)/h	15～20
漆膜外观	花纹均匀清晰

产品配方（质量份）

(1) 配方1（质量份）

炭黑	1.9
硅藻土	4.7
短油度桐袖、亚麻油改性醇酸树脂(60%)二甲苯溶液	46.1
二甲苯	45.6
环烷酸钴(6%)	1.4
环烷酸锰(10%)	0.3

(2) 配方2（质量份）

炭黑	3
碳酸钙	10～32
皱纹漆漆料	51～82
纯苯	6～8
环烷酸钴	1
环烷酸锰	1

生产工艺与流程 把以上各种物料加入反应釜中进行混合均匀，即成，固化条件为120℃/1h。

5-54 新型红色皱纹漆

性能及用途 制备红色的皱纹漆。

涂装工艺参考 该漆采用喷涂施工。施工时按比例调配均匀，一般在4h内用完，以免胶化。调节黏度用稀释剂，严禁与水、酸、碱等物接触。有效储存期为1年，过期的产品可按质量标准检验，如符合要求仍可使用。

质量标准

黏度(涂-4杯,25℃)/s	≥100
细度/%	55
皱纹出现时间/min	25～40
实干时间(110℃)/h	15～20
漆膜外观	花纹均匀清晰

产品配方（质量份）

立索尔红	10
磺酸钙	46
皱纹漆漆料	96
工业汽油	23
环烷酸钴	3.5

生产工艺与流程 把基料及颜料加入研磨机中进行研磨到一定细度后，加入催干剂，再用专用稀释剂调整到合适黏度即可。

5-55 新型绿色皱纹漆

性能及用途 制备绿色的皱纹漆。

涂装工艺参考 该漆采用喷涂施工。施工时按比例调配均匀，一般在4h内用完，以免胶化。调节黏度用稀释剂，严禁与水、酸、碱等物接触。有效储存期为1年，过期的产品可按质量标准检验，如符合要求仍可使用。

质量标准

黏度(涂-4杯,25℃)/s	≥100

细度/%	55
皱纹出现时间/min	25～40
实干时间(110℃)/h	15～20
漆膜外观	花纹均匀清晰

产品配方（质量份）

铬绿	12.25～17.1
碳酸钙	18～22
皱纹漆漆料	53.5～66.3
苯	6
环烷酸铅	4～5
环烷酸钴	0.4～0.5

生产工艺与流程 把基料配料搅拌及颜料加入研磨机中进行研磨到一定细度后，加入催干剂，再用专用稀释剂调整到合适黏度即可。

5-56 新型蓝色皱纹漆

原料组成 以锌钡白、轻质碳酸钙、皱纹漆漆料为基料，添加其他填料、助剂而成。

性能及用途 制备蓝色的皱纹漆。

涂装工艺参考 该漆采用喷涂施工。施工时按比例调配均匀，一般在4h内用完，以免胶化。调节黏度用稀释剂，严禁与水、酸、碱等物接触。有效储存期为1年，过期的产品可按质量标准检验，如符合要求仍可使用。

质量标准

漆膜外观	皱纹均匀
黏度/s	≥100
出花纹时间[(80±5)℃]/min	25～40

产品配方（质量份）

铁蓝	20
锌钡白	53
轻质碳酸钙	120
皱纹漆漆料	260
环烷酸铅	6
环烷酸锰	1～6
苯	33

生产工艺与流程 把基料配料搅拌及颜料加入研磨机中进行研磨到一定细度后，调漆锅加入催干剂，再用专用稀释剂调整到合适黏度即可。

5-57 新型白色皱纹漆

性能及用途 制备白色的皱纹漆。

涂装工艺参考 该漆采用喷涂施工。施工时按比例调配均匀，一般在4h内用完，以免胶化。调节黏度用稀释剂，严禁与水、酸、碱等物接触。有效储存期为1年，过期的产品可按质量标准检验，如符合要求仍可使用。

质量标准

漆膜外观	皱纹均匀
黏度/s	≥100
出花纹时间[(80±5)℃]/min	25～40

产品配方（质量份）

钛白粉	20
硫酸钙	22
皱纹漆漆料	53
重质苯及环烷酸钴	14.6

生产工艺与流程 把基料及颜料加入研磨机中进行研磨到一定细度后，加入催干剂，再用专用稀释剂调整到合适黏度即可。

5-58 新型灰色皱纹漆

性能及用途 制备灰色的皱纹漆。

涂装工艺参考 该漆采用喷涂施工。施工时按比例调配均匀，一般在4h内用完，以免胶化。调节黏度用稀释剂，严禁与水、酸、碱等物接触。有效储存期为1年，过期的产品可按质量标准检验，如符合要求仍可使用。

质量标准

漆膜外观	皱纹均匀
出花纹时间[(80±5)℃]/min	25～40
黏度/s	≥100

产品配方（质量份）

锌钡白	100
轻质碳酸钙	17
松烟	1.4
皱纹漆漆料	140
硬脂酸铝	0.3
环烷酸铅	2.8
环烷酸钴	1.1～2
纯苯	18.5

生产工艺与流程 把基料加热反应及颜料加入研磨机中进行研磨到一定细度后，加入催干剂，再用专用稀释剂调整到合适黏度即可。

第六节 多彩涂料

多彩涂料是由不相混溶的两相组成，其中一相为连续相（分散介质），另一相为分散相。涂装时，通过一次喷涂，便可以得到豪华、多彩的图案。它不包括通过几次工序才得到的多彩花纹的方法。

幻彩涂料又叫云彩涂料、梦幻涂料，它是现代建筑和建筑装饰中，强调通过室内造型、装潢、设施和家具等手段，充分考虑人、建筑和室内环境的调节，既要满足人们健康要求，又能模拟和创造大自然的清新、明丽和舒适宜人的高档室内装饰材料。幻彩涂料是以水为溶剂，无毒、不燃，涂膜光滑细腻，具有优良的耐水性，可用自来水和清洁剂反复擦洗，仍能保持涂膜的色彩和光泽，适用于混凝土、砂浆抹面、石膏板、木板、玻璃、金属等。

多彩涂料的特征：

①一次涂覆可以加工成多彩花纹；②涂层色彩鲜艳、装饰效果好；③涂膜耐久性好；④涂膜厚度具有弹性，耐磨性好；⑤耐擦洗性好。

多彩涂料的类型：OAV（水中油型或水包油型）；W/O（油中水型或称油包水型）；O/O（油中油型或称油包油型）；W/W（水中水型或称水包水型）。

如下介绍多彩涂料生产工艺与产品 36 个品种。

5-59 新型室内装饰多彩涂料

性能及用途 用于单组分、多组分的室内装饰涂料。

涂装工艺参考 可用刷涂或辊涂法施工。

产品配方

(1) 水溶液配方（质量份）

水	90～98.5
保护剂	0.1～2.5
胶化剂	1～4
稳定剂	0.5～3.5

生产工艺与流程 (1) 在常温下把去离子水加入稳定剂、保护剂、胶化剂后，搅拌分散均匀，测量其黏度及相对密度。合格后备用。

(2) 多彩涂料的制备配方（质量份）

A组分	20～45
B组分	50～70
保护胶体 2#	5～10

生产工艺与流程 (2) 将A组分倒入装有搅拌器的反应釜中，进行搅拌，随即将B组分以细流注入，注入速度不要太快，以防在釜底堆积来不及分散的物料，B组分加入后与连续相（A组分）中的胶化剂反应，颗粒不断增加；待B组分加完，体系内油相完全形成颗粒，分散均匀后，开始加入保护剂 2#。此时，颗粒在连续相明显悬浮，搅拌 15min，即可出料。

(3) 基料的制备（质量份）

成膜剂	15～25
溶剂	65～80
增塑剂	5～10

按照配方称量物料，依次放入搅拌容器中进行慢慢搅拌，使溶解均匀。

(4) 色浆的制备（质量份）

颜料	10～40
增塑剂	20～40
溶剂	20～70

生产工艺与流程 (3) 将颜料、增塑剂、溶剂混合搅拌均匀后，用胶体磨进行研磨，使色浆分散均匀，颗粒细度达到 30～80μm。

5-60 常用的内涂饰多彩涂料

性能及用途 用于建筑物内墙的涂饰。

涂装工艺参考 可用刷涂或辊涂法施工。

产品配方/%

硝酸纤维素	5～20
改性成膜剂	1～10
复合增塑剂	0.5～2
混合溶剂	25～40
分散剂	0.15～1.5
体质颜料	5～10
着色颜料	2～6
保护胶体	2.5～45
分散稳定剂	1～3
其他助剂	适量
水	补足 100%用量

生产工艺与流程 把色浆、基料调和成漆，色浆为膏状物，应很好地分散于基料中。

5-61 常用的可刷涂多彩涂料

性能及用途 用于建筑物的内墙装饰。

涂装工艺参考 用多彩涂料喷涂机喷涂施工。注意使用时不能往涂料中掺水或有机溶剂。

产品配方（质量份）

① 甲组分：

水	11.64
无水焦磷酸钠	0.16
特制黏土分散剂	7.5
硅溶胶	2.21
硼酸钠(2%水溶液)	3.1
硅灰石	21.3
瓷土	15.6
消泡剂	0.4
丙烯酸乳液(固体分 60%)	24.8
三甲基戊二基异丁酯	0.9
氨水(28%)	0.8
甲基乙基醚-顺丁烯二酸酐共聚物	5.9
增稠剂(8%水溶液)	5.6

② 乙组分（色浆）：

阴离子磷酸酯颜料分散剂	0.6
水	7.6
聚合物颜料分散剂	0.1
钛白粉	2.7
碳酸钙	6.6
丙烯酸乳液(46.5%固体分)	16.7
消泡剂	0.2
三甲基戊二基异丁酯	0.4
氨水(28%)	0.5
瓜尔胶(15%水溶液)	6.8
阳离子纤维素衍生物(25%水溶液)	47.8

生产工艺与流程 将甲组分与乙组分等量加入反应釜中进行搅拌混合，生成白色粒子。其他色浆可以互换。再向其中加入少量的聚合物增稠剂，即得到多彩涂料。

5-62 新型建筑物装饰多彩涂料

性能及用途 用于建筑物的涂饰。

涂装工艺参考 以刷涂和辊涂为主，也可喷涂。施工时应严格按施工说明操作，不宜掺水稀释。施工前要求对墙面进行清理整平。

产品配方

(1) 色漆配方（%）

聚乙烯醇稳定化的聚醋酸乙烯乳液(50%固体分)	66.5
钛白粉/磷酸三酯(4：6)	13.5
水	20.0

(2) 多彩涂料（%）

白色漆	25.0
红色漆	7.5
3%非离子乙基-羟乙基纤维素	18.0
特制黏土分散剂(15%)	6.0
氨水	0.25
硼酸钠水溶液(5%)	5.0
ZK	38.25

(3) 分散相部分的制备配方（%）

配方	Ⅰ	Ⅱ	Ⅲ
合成树脂乳液	60	60	60
55%钛白色浆	40	38	38
红色色浆	—	2	—
绿色色浆	—	—	2

(4) 合成树脂乳液（质量份）

配方	Ⅰ	Ⅱ	Ⅲ	Ⅳ
烷基苯磺酸盐	10	10	10	10
聚乙烷基苯基醚	10	10	10	10
无离子水	2475	2475	2475	2475
丙烯酸乙酯	1800	1800	1500	2000
丙烯酸甲酯	—	—	300	—
甲基丙烯酸	—	200	—	—
丙烯酸	200	—	200	—
1%过硫酸铵	505	505	505	505

(5) 分散介质部分配方（质量份）

阳性改性的胺树脂水溶液	3
改性的甲基丙烯酸酯树脂	1.5
羟乙基纤维素	4
乙氨基甲丙醇	3
消泡剂	0.2
水	100

生产工艺与流程 在 5L 的四口瓶中加入烷基苯磺酸盐、聚乙烷基苯基醚、水，升温至 80℃，然后经 2.5h，一边滴加丙烯酸乙酯 1800 份及丙烯酸 200 份，一边滴加 1%过硫酸铵，待滴完后，继续反应 1h，冷却出料。

5-63 新型耐磨、耐热多彩涂料

性能及用途 本涂料具有耐磨、耐热、光滑、不易变色等特点，适用于建筑物内墙面作壁画的底层涂料，涂层上可以绘制壁画。

涂装工艺参考 用刷涂、辊涂或喷涂法施工，墙面必须平整。

产品配方

(1) 配方/%

基料	54.95
色浆	23.15
22# 树脂液	13.10
乙酸辛酯	3.10
二甲苯	5.10
丁醇	0.60

生产工艺与流程 (1) 将上述原料按配方比例放入反应釜中搅拌 3h 左右即可。

(2) 色浆的配方/%

颜料	53.84
醇酸树脂	28.85
邻苯二甲酸二丁酯	9.62
磷酸三甲苯酯	1.92
蓖麻油	1.92
二甲苯	3.85

生产工艺与流程 (2) 将上述原料按配方比例混合，搅拌 3h，在三辊研磨机上研磨至粒度为 20μm 即可。所述颜料可根据需要而定。

(3) 基料的配方/%

硝化棉	10.15
二甲苯	39.95
乙酸乙酯	12.05
蓖麻油	1.30
邻苯二甲酸二丁酯	1.20
乙酸辛酯	25.30
甲基异丁基乙醇	10.05

生产工艺与流程 (3) 先将上述除硝化棉外的其他原料放入反应釜中，搅拌 10min，然后将硝化棉分次加入后搅拌 10h，均匀后即可。

(4) 分散液的配方/%

DC 分散剂	1.55
去离子水	98.45

生产工艺与流程 (4) 将上述原料按配方比例混合，使 DC 分散剂溶解即可。

(5) 单色涂料的制备

色浆的配方	100 份
分散液的配方	100 份

生产工艺与流程 (5) 将 50%～60%的色漆加入 50℃ 40%的分散剂中，用分散搅拌到所要的粒度即可。将两种或两种以上的单色涂料按比例混合搅拌均匀后，即成为多彩涂料。

5-64 新型建筑物内墙多彩涂料

性能及用途 用于建筑物的内墙装饰。

涂装工艺参考 用多彩涂料喷涂机喷涂施工。注意使用时不能往涂料中掺水或有机溶剂。

产品配方

配方 1 (质量份)

季戊四醇-邻苯二甲酸树脂及季戊四醇，无水苯二甲，变性脂肪酸	32～36
用天然重结石作基料载体与氧化铁红制成的包膜色素	28～30
白切油	30～0
乙二胺	0.1～0.3
环烷酸钴	2～3

配方 2 (质量份)

包膜色素	28～32
白节油	30～33.5
环烷酸钴	0.05～0.1
聚甲基硅氧烷	2～3
季戊四醇(邻)苯二甲酸树脂	32～36

生产工艺与流程 将上述组分进行混合均匀，即可。

5-65 新型膨润土多彩涂料

性能及用途 用作一般建筑物的内墙涂料。

涂装工艺参考 可用刷涂或辊涂法施工。

产品配方/%

膨润土浆(土：水=1：1.2)	48
建筑胶	35.3
立德粉	7
滑石粉	9
消泡剂	0.2
防沉剂	0.5
涂料色浆	适量

生产工艺与流程 先制备好建筑胶，然后按配比在高速搅拌机中调配好膨润土浆，再加入颜料、填料和添加剂，经磨漆机研磨至细度合格，在调漆锅中加入涂料色浆，充分调匀，过滤包装。

5-66　常用的建筑物装饰多彩花纹涂料

性能及用途　用于建筑物的涂饰。

涂装工艺参考　用多彩涂料喷涂机喷涂施工。注意使用时不能往涂料中掺水或有机溶剂。

产品配方（质量份）

Ⅰ配方：

聚氯乙烯粒子	100
黄色丙烯酸聚合物乳胶漆	50
水溶性金属盐	适量

Ⅱ配方：

聚氯乙烯粒子	100
蓝色的丙烯酸聚合乳胶漆	50
水溶性金属盐	适量

Ⅲ配方：

丙烯酸 801	60
铬酸铅	20
碳酸钙	10
甲苯	10
Ⅰ配方	40
水	50
Ⅱ配方	20
丙烯酸(210E)	55
添加剂	3.9
水	17.6
偏氯乙烯丙烯腈共聚物中空粒子	0.45

将所得Ⅱ涂料涂在溜冰板上，即得黄色斑点状的多彩涂料。

（1）水性色浆的制备配方（质量份）

白颜料	1.73
填料	30.84
助剂	7.33
水	50.1

（2）彩色乳胶涂料配方（质量份）

Ⅰ配方	79
乳液	20
助剂	1

（3）油性彩漆制备配方（质量份）

基料(树脂＋溶剂)	65.6
触变剂 A	1.1
触变剂 B	1.46
颜料	28
助剂	3.66

（4）多彩涂料的制备配方（质量份）

Ⅰ配方	78～84
Ⅱ配方	10～12
分散液	6～10

生产工艺与流程　把以上组分加入反应釜中进行充分混合即成。

5-67　常用的内外墙装饰多彩花纹涂料

性能及用途　用在建筑方面可用于装饰高档的内外墙及天花板涂料，作地面工事的隐蔽涂料；金属底材上的多彩锤纹涂料。

涂装工艺参考　以刷涂和辊涂为主，也可喷涂。施工时应严格按施工说明操作，不宜掺水稀释。施工前要求对墙面进行清理整平。

产品配方

（1）A组分（黄色硝基涂料配方）（质量份）

硝化棉	5～6
邻苯二甲酸二丁酯	3～4
甲苯	43～47
乙酸正丁酯	43～47
氧化铁黄	0.8～1.2
环烷酸钴	0.1～1

（2）B组分（红色乙烯树脂涂料）（质量份）

氯乙烯-醋酸乙烯共聚物	15～17
邻苯二甲酸二丁酯	4～6
甲苯	35～45
乙酸正丁酯	35～45
氧化铁红	1.5～3
环烷酸钴	0.1～2

生产工艺与流程　将A组分及B组分分别按配比量用砂磨机研细后待用。

在搅拌釜中先加入研细的B组分62份，在搅拌下加入研细的A组分32份，用中速搅拌混合，直到得到分散适宜的多彩涂料。

5-68　常用的内外墙的涂装多彩花纹涂料

性能及用途　用于内外墙的涂装。

涂装工艺参考　以刷涂和辊涂为主，也可喷涂。施工时应严格按施工说明操作，不宜掺水稀释。施工前要求对墙面进行清理整平。

产品配方

(1) 配方(质量份)

配方	白分散体	红分散体
铁红		4.35
二氧化钛	5.25	—
硝酸纤维素	14.48	14.78
蓖麻油	1.28	1.28
二辛基酞酸盐	1.28	1.28
改性树脂	6.30	6.30
石脑油	15.15	15.38
乙烯-1,2-乙二醇-乙基醚乙酸盐	31.28	31.65

(2) 分散介质配方(质量份)

水	24.63	24.63
溶剂	0.25	0.25
MC	0.25	0.13

生产工艺与流程 按上述配方,先配制白分散体和红分散体,然后按白分散体∶红分散体=95∶5配比,在低速搅拌下进行混合,即得多彩涂料。

5-69 新型室内外装饰多彩涂料

性能及用途 用于室内外的装饰。

涂装工艺参考 以刷涂和辊涂为主,也可喷涂。施工时应严格按施工说明操作,不宜掺水稀释。施工前要求对墙面进行清理整平。

产品配方

(1) 配方1(质量份)

成膜物质	6～30
溶剂	25～40
增塑剂	0.5～2
分散剂	0.15～1.5
体质颜料	5～10
着色颜料	2～6
分散稳定剂	1～3
胶体保护剂	2.5～4.5
其他助剂	适量
水	补足

(2) 配方2(质量份)

聚酰胺树脂	3
甲基丙烯酸树脂	1.5
5%羟乙基纤维素溶液	4
二甲氨甲基丙醇	3
水	100
丙烯酸乳液	150
55%二氧化钛包浆	100

配成白色涂料,将白色、红色和蓝色涂料复配,即成多彩涂料。

(3) 配方3(质量份)

水	13
阳离子表面活性剂	0.7
甲基纤维素	0.14
湿润剂	0.4
合成乳液	57.4
黄色颜料	0.2
红色颜料	0.1
黑色颜料	0.02

(4) 配方4(质量份)

硝化棉	5.2
氯酸树脂	16.5
醋酸丁酯	83.7
邻苯二甲酸二丁酯(DBP)	8.0
甲苯	83.7
氧化铁红	1.6
氯化铁黄	0.9

生产工艺与流程 把以上组分进行混合,再加入颜料混合即成为多彩涂料。

5-70 常用的多彩花纹内墙涂料

性能及用途 用作较高档建筑的内墙涂料,具有透气性好、美观豪华、色彩丰富、可以擦洗、使用期限长等特点。

涂装工艺参考 用多彩涂料喷涂机喷涂施工。注意使用时不能往涂料中掺水或有机溶剂。

产品配方(%)

10%聚乙烯醇水溶	7
钛白粉	3
彩色颜料	8
轻质碳酸钙	2
滑石粉	2
0.5s硝化纤维素	5
有机硅树脂	1
松香	2.5
分散剂	0.2
10%纤维素水溶液	12
乙二醇乙醚	17
200#溶剂汽油	4
醋酸乙酯	2
丙酮	10
蓖麻油	2
二丁酯	12
氨水	0.3
去离子水	10

生产工艺与流程 多彩花纹内墙涂料分以

下4个主要步骤。

第一步：配制硝基色漆。先将硝化纤维素、树脂等溶于酯类、酮类溶剂配制成基料；然后将颜料、填料和增塑剂混合经磨漆机研磨成色浆，最后将色浆和基料混合调匀，即成硝基色漆。

第二步：配制水性分散介质。即将聚乙烯醇和水溶性纤维素在蒸汽加热的设备中配制成10%的水溶液。

第三步：配制单色涂料。将水性分散介质放入调漆罐中，调节好搅拌速度（在100～350r/min之间，快速时色漆粒子较细，反之则粗）和温度（10～25℃），然后将预先稍微加热的硝基色漆以细流形式缓慢加入。加色漆速度不宜太快，注意避免与搅拌器或容器壁接触，色漆加完后，再搅拌数分钟即成单色涂料。

第四步：配制多彩涂料。即根据不同的颜色和花纹把两种或两种以上的单色涂料倒入容器中，经数分钟慢速搅拌，混合均匀即为成品多彩花纹涂料。

5-71 常用的聚乙烯醇系水型多彩涂料

性能及用途 本涂料具有耐磨、耐热、光滑、不易变色等特点，适用于建筑物内墙面作壁画的底层涂料，涂层上可以绘制壁画。用于内墙涂装。

涂装工艺参考 用刷涂、辊涂或喷涂法施工，墙面必须平整。

产品配方

（1）色浆（质量份）

聚乙烯醇稳定化的聚醋酸乙烯乳液(固体分55%)	66.5
钛白粉/磷酸二丁酯(4∶6)	13.5
水	20.0

（2）多彩涂料（质量份）

白色漆	25.0
红色漆	7.5
特制黏土分散剂(15%)	6.0
氨水	0.25
硼酸钠水溶液(5%)	5.0
水	38.25
非离子型乙基-羟乙基纤维素(3%)	18.0

生产工艺与流程 将40份钛白粉与60份磷酸二丁酯高速搅拌混合，再将混合物慢慢加入到聚醋酸乙烯乳液中，然后加水搅拌均匀。将特制黏土分散剂3份与0.25份氨水、5份硼酸钠水溶液混合，再加入7.5份红色漆，搅拌混合均匀，再加入8份羟乙基纤维素增稠剂和38.25份水，加快搅拌速度，将白色漆慢慢加入，再将余下的特制黏土分散剂溶液加入，搅拌均匀，即成为多彩涂料。

5-72 新型丙烯酸酯低聚物乳液多彩涂料

涂装工艺参考 用多彩涂料喷涂机喷涂施工。注意使用时不能往涂料中掺水或有机溶剂。

产品配方（质量份）

（1）甲组分（白色分散漆配方）

丙烯酸低聚物乳液(固体分46%)	35.7
钛白粉	10.7
壬苯基聚乙烯-L-醇醚	0.2
交联磺化聚苯乙烯(3%)溶液	26.8
水	26.6

（2）乙组分（蓝色分散漆配方）

钛白粉	10.6
丙烯酸低聚物乳液(固体分46%)	35.7
壬苯基聚乙烯-L-醇醚	0.2
交联磺化聚苯乙烯(3%)溶液	26.8
水	26.6
酞菁蓝	0.1

（3）丙组分多彩涂料

甲组分(配方)	100
乙组分(配方)	10.7

生产工艺与流程 将等量的甲组分与乙组分加入反应器中进行搅拌混合均匀，即可。

5-73 新型内墙涂装的丙烯酸乳液多彩涂料

性能及用途 用于内墙的涂装。

涂装工艺参考 用刷涂、辊涂或喷涂法施工，墙面必须平整。

产品配方

（1）配方（质量份）

烷基苯磺酸钠	10
聚氧化乙烯烷基酚醚	10
丙烯酸乙酯	1800
水	2475
丙烯酸	200
1%过硫酸铵	505

生产工艺与流程 (1) 把以上各种原料进行混合。取60份乳液与55%的二氧化钛色浆40份混合制得白色水性涂料。

(2) 水性分散液的配方（质量份）

改性聚酰胺树脂	3
改性甲基丙烯酸酯树脂	15
5%羟乙基纤维素水溶液	4
二氨基甲基丙醇	3
水	100

生产工艺与流程 (2) 将白色水性涂料250份，在搅拌下加入白色分散粒子表面发生胶化为止。

5-74 新型内墙装饰水性多彩花纹涂料

性能及用途 多彩涂料用于建筑物的内墙装饰，一般可用于混凝土、加气混凝土、石棉水泥板、水泥砂浆等。

涂装工艺参考 以刷涂和辊涂为主，也可喷涂。施工时应严格按施工说明操作，不宜掺水稀释。施工前要求对墙面进行清理整平。

产品配方

(1) 配方

① 甲组分（红色分散漆配方）（质量份）

阳离子淀粉衍生物(5%)水溶液	45.5
阳离子纤维素醚(2%)水溶液	50.0
氧化铁红	4.5

② 乙组分（黄色分散漆）（质量份）

阳离子淀粉衍生物水溶液	45.5
阳离子纤维素醚	50.0
氧化铁黄	4.5

③ 丙组分（红、黄多彩涂料）

将等量的甲组分和乙组分加入反应釜中充分混合均匀，即成。

(2) 多彩涂料专用色浆生产工艺

颜料→胶体磨→色浆

含不溶剂的水溶液（加入颜料） 分散剂（加入胶体磨）

(3) 彩料生产工艺

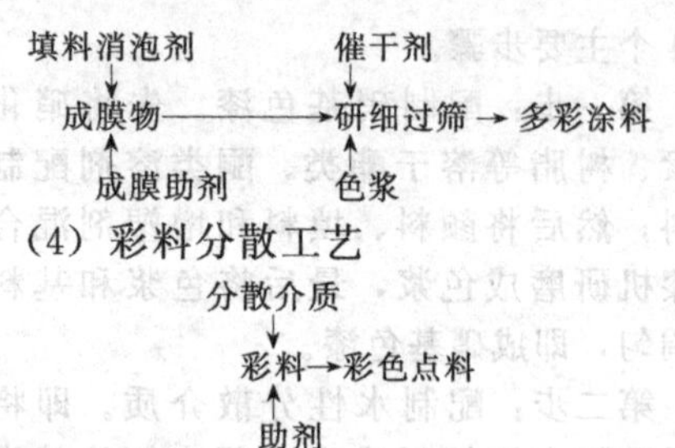

(4) 彩料分散工艺

(5) 多彩涂料的生产工艺

生产工艺与流程

甲组分：将全部原料投入溶料锅中混合，充分搅拌均匀至完全溶混，过滤包装。

乙组分：将全部原料投入溶料锅中混合，充分搅拌均匀至完全溶混，过滤包装。

保护剂 相对密度调节剂

彩色点料→→多彩涂料

黏度控制剂 增稠剂

5-75 常用的内装饰水性多彩涂料

性能及用途 多彩涂料用于建筑物的内墙装饰，一般可用于混凝土、加气混凝土、石棉水泥板、水泥砂浆等。

涂装工艺参考 用多彩涂料喷涂机喷涂施工。注意使用时不能往涂料中掺水或有机溶剂。

产品配方（质量份）

烷基苯磺酸钠	10
聚氧化乙烯烷基苯醚	10
水	2425
丙烯酸乙酯	1495
甲基丙烯酸甲酯	305
丙烯酸	250
1%过硫酸铵水溶液	505

生产工艺与流程 在5L的四口瓶中装入配方量的烷基苯磺酸钠、聚氧化乙烯烷基苯醚和水，加热至80℃，然后用2.5h同时滴加由丙烯酸乙酯、甲基丙烯酸甲酯和丙烯酸组成的混合物，及时加入1%的过硫酸铵水溶液，滴完后，再进行反应1h，反应完后，冷却，得到合成树脂乳液，该乳液丙烯酸含量为16.2%（摩尔分数）乳白色。

5-76 常用的水包水型多彩涂料

性能及用途 适用于水泥砂浆、混凝土预

制板、PC板、TK板、三夹板、纸面石膏板、普通白灰墙等多种基材。

涂装工艺参考 以刷涂和辊涂为主，也可喷涂。施工时应严格按施工说明操作，不宜掺水稀释。施工前要求对墙面进行清理整平。

产品配方

(1) 配方/kg

交联剂	230～240
自来水	1350
白乳胶	3～4
仿白胶	17
碳酸钙	9
乙二醇	50～85
708水溶液性硅油	8
磷酸三丁酯	6
水性色浆	1～3

生产工艺与流程 先按配方，称取交联剂、水，按所需彩浆分散罐个数分成相同等份，分别投入各个彩浆罐，以≥240r/min的速度搅拌20min，直至完全分散为止，在搅拌时按配方称取白乳胶、仿白胶、碳酸钙、L-醇、磷酸三丁酯，按彩浆罐个数分成相等份，分别装入各罐。

(2) 彩点料配方/kg

彩浆	1700
分散剂	350
自来水	600

生产工艺与流程 称取分散剂、水分别装入各罐，开动搅拌以100r/min速度搅拌10min，使其分散均匀，将彩浆以细流状慢慢加入彩料罐，在罐内搅拌下彩浆遇分散剂形成长短，大小不一的彩点。

(3) 配制成品配方/kg

各色彩点料	195
自来水	770
氨水	3
乙二醇丁醚	10
保护胶	35

生产工艺与流程 按配方，将水和保护胶称量加入混料罐，搅拌以30～50r/min速度搅拌15min，分散均匀后停机，根据色卡称取彩点195kg加入混料罐，开动搅拌，以30r/min速度搅拌均匀，最后计量包装。

5-77 新型内墙装饰水包水型多彩花纹涂料

性能及用途 用于内墙的涂饰。

涂装工艺参考 以刷涂和辊涂为主，也可喷涂。施工时应严格按施工说明操作，不宜掺水稀释。施工前要求对墙面进行清理整平。

产品配方/%

连续相	55～85
成膜物	18～20
乳化剂及树脂	1～15
颜填料	2～6
助剂	2～3

生产工艺与流程 将乳化彩浆直接分散在改性聚乙烯醇水溶液中，通过改变搅拌方式、搅拌速度和搅拌时间来控制彩点的大小和形状。

5-78 新型内墙壁丙乳液多彩涂料

性能及用途 用于内墙壁的涂饰。

涂装工艺参考 以刷涂和辊涂为主，也可喷涂。施工时应严格按施工说明操作，不宜掺水稀释。施工前要求对墙面进行清理整平。

产品配方（质量份）

基料	40～70
颜料浆	1～30
各类添加剂	适量
保护膜物A	适量
水	0～50

生产工艺与流程 把颜料事先打成浆料，在不断搅拌下把上述配方中的基料、各类添加剂、助剂加入反应釜中，搅拌混合均匀，即可。

5-79 常用的水包水型芳香多彩花纹涂料

性能及用途 用于内墙的装饰。

涂装工艺参考 用多彩涂料喷涂机喷涂施工。注意使用时不能往涂料中掺水或有机溶剂。

产品配方

(1) 配方（质量份）

聚醋酸乙烯乳液	25
醋-丙乳液	40
乙二醇	6
乙二醇丁醚	6
钛白浆料	15
水性颜料	0.5～1.5
防霉、防腐剂	0.3
20%六偏磷酸钠	1.2
正辛醇	2.0
预乳化香料	1～4

生产工艺与流程（1） 把上述物料进行混合搅拌，磨细即成。

（2）絮凝剂的配方（质量份）

把羧甲基纤维素钠 0.9 份、甲基纤维素 0.5 份、水 98.6 份配成浓度为 1.4%的絮凝剂。

（3）把明矾 65 份、氯化镁 2 份、水 91.5 份配成浓度为 8.6%促凝剂。

（4）配方（质量份）

浓度为 1.4%的絮凝剂溶液	450
水性着色带香涂料	200～300
浓度为 8.5%的促凝剂溶液	250

生产工艺与流程（2） 在搅拌下将絮凝剂和涂料混合均匀，然后继续在搅拌下加入促凝剂溶液，搅拌速度为 200～400r/min 即可得到含颜料的分散粒子凝胶化的有色带香粒子涂料，可在涂料中添加 100～300 份丙烯酸乳液或苯丙乳液。

5-80 新型油包水型硝化纤维素多彩涂料

性能及用途 用于内墙的装饰。

涂装工艺参考 以刷涂和辊涂为主，也可喷涂。施工时应严格按施工说明操作，不宜掺水稀释。施工前要求对墙面进行清理整平。

产品配方（质量份）

二氧化钛	12
湿硝化纤维素	15
酯胶	10
蓖麻油	2
邻苯二甲酸二丁酯	2
丁醇	4
乙酸丁酯	8
甲基异丁基乙酸甲酯	13
甲苯	17
混合二甲苯	17

生产工艺与流程 把以上组分进行混合均匀即成为基料。

把基料 100 份和含 1%甲基纤维素溶液 50 份加入反应釜中进行混合搅拌，搅拌速度为 600r/min。

5-81 常用的聚苯乙烯多彩涂料

性能及用途 用于装饰。

涂装工艺参考 以刷涂和辊涂为主，也可喷涂。施工时应严格按施工说明操作，不宜掺水稀释。施工前要求对墙面进行清理整平。

产品配方 聚苯乙烯分散液配方（质量份）

二氧化钛	25
聚苯乙烯树脂	25
混合二甲苯	50

生产工艺与流程 把以上原料进行混合均匀。然后把 1 份醋酸邻苯二甲酸酯纤维素溶解于 49 份水中，再加入氢氧化铵调节 pH 值为 8.8 左右，然后将此溶液加入反应釜中进行混合，搅拌速度为 750r/min，最后将 100 份上述物料加入其中，搅拌 5min，即为分散液。

5-82 新型水乳型芳香乙二醇涂料

性能及用途 用于内墙的装饰。

涂装工艺参考 以刷涂和辊涂为主，也可喷涂。施工时应严格按施工说明操作，不宜掺水稀释。施工前要求对墙面进行清理整平。

产品配方（质量份）

苯丙乳液	20
聚乙烯醇	2
钛白粉	8
轻质碳酸钙	10
滑石粉	4
膨润土浆	12
邻苯二甲酸二丁酯	1～2
乙二醇	1～2
OP-10	1～2
六偏磷酸钠	0.7
荧光增白剂	0.04
群青	0.05
亚硝酸钠	适量
硝酸三丁酯	适量
水	39～35
香精	1～2

生产工艺与流程　把水和聚乙烯醇加入反应釜中，加热升温至100℃，使其溶解，然后降温至90℃再加入颜料、膨润土和六偏磷酸钠搅拌混合进行反应，然后降温至50℃加入苯丙乳液、荧光增白剂和群青，用氨水调整pH值为7～8，继续搅拌均匀，再降温至40℃，加入OP-10乳化剂和香精，搅拌15min，过滤即为成品。

5-83　常用高级宾馆的装饰多彩涂料

性能及用途　用于高级宾馆的装饰。

涂装工艺参考　以刷涂和辊涂为主，也可喷涂。施工时应严格按施工说明操作，不宜掺水稀释。施工前要求对墙面进行清理整平。

产品配方

（1）色漆的制造配方（质量份）

钛白粉	8.30
硝化纤维素(20s,100%)	4.77
硝化纤维素(1/2s,100%)	1.70
蜜胺甲醛树脂(50%)	15.40
环己酮树脂(100%)	3.40
蓖麻油	1.70
苯二甲酸二丁酯	4.12
乙酸乙酯	2.56
乙酸丁酯	2.56
乙二醇乙醚醋酸酯	3.42
甲氧基甲基戊酮	7.69
乙二醇单丁醚	4.27
甲醇	5.57
丁醇	5.57
甲苯	20.41
二甲苯	2.60
甲基异丁基甲醇	7.26

（2）氧化铬绿色漆配方（质量份）

氧化铬绿	8.30
硝化纤维素	4.77
硝化纤维素	1.70
蜜胺甲醛树脂(50%)	1.54
环己酮树脂(100%)	3.40
蓖麻油	1.76
苯甲酸二丁酯	4.12
乙酸乙酯	2.56
乙酸丁酯	2.56
甲氧基甲基戊酮	7.69
乙二醇乙醚醋酸酯	3.42
乙二醇单丁醚	4.27
甲醇	4.27
丁醇	5.57
甲苯	20.41
二甲苯	2.60
甲基异丁基甲醇	7.26

（3）白色花纹分散漆配方（质量份）

白色漆	44.5
异丙醇/正丁醇混合剂(3∶7)	44.5
水	11.0

（4）绿色花纹分散漆配方（质量份）

绿色漆	44.5
异丙醇/正丁醇混合剂(3∶7)	44.5
水	11.0

生产工艺与流程　将白色分散漆与绿色分散漆混合，即得到白绿两色多彩花纹涂料。

5-84　常用的多彩立体花纹涂料

性能及用途　用于内墙的装饰。

涂装工艺参考　以刷涂和辊涂为主，也可喷涂。施工时应严格按施工说明操作，不宜掺水稀释。施工前要求对墙面进行清理整平。

产品配方（质量份）

醋酸丁酯	53
颜料粉	50
醇酸树脂	45
醋酸异戊酯	4
甘油树脂	17
溶剂	7
硝化棉	15
正丁醇	20
二甲苯	56
蓖麻油	3.25
二丁酯	11.75

生产工艺与流程

（1）制备基料　将硝化棉15份、正丁醇20份、二甲苯50份、蓖麻油1.75份、二丁酯1.75份、醋酸丁酯50份加入溶解罐内，进行搅拌充分混合。

（2）制备色浆　将所需要的颜料粉50份、蓖麻油1.5份、二丁酯10份、醇酸树脂35份加入溶解罐内进行充分搅拌混合。

（3）制备混合溶剂　将醋酸异戊酯4份、醋酸丁酯3份、二甲苯3份加入溶解罐内，并用热水加热至40℃，同时进行搅拌。

（4）制备甘油树脂　将二甲苯3份、甘油树脂7份加入溶解罐内进行搅拌。

（5）制备色浆　将色浆10份、醇酸树脂10份、甘油树脂10份、基料40份、混合溶剂适量加入溶解罐内搅拌均匀，并在三辊机上进行研磨。

(6) 分散介质的制备　将浓度1%的甲基纤维素1份和浓度为2%聚乙烯醇1份进行搅拌混合。

(7) 制备单色涂料将色漆40份和分散介质20份放入溶解罐内，加热40℃进行搅拌溶解。

5-85　高级多彩立体花纹涂料

性能及用途　用于内墙的装饰。

涂装工艺参考　以刷涂和辊涂为主，也可喷涂。施工时应严格按施工说明操作，不宜掺水稀释。施工前要求对墙面进行清理整平。

产品配方

(1) 色浆的制备/%

颜料	20～50
增塑剂	15～25
树脂	20～30
稀释剂	适量

生产工艺与流程　按配方比例依次把物料加入反应釜中，搅拌均匀，然后进行胶体磨、砂磨机或三辊机中进行研磨分散，一般研磨2～3次即可。

(2) 分散剂的制备（质量份）

水	95～98
保护胶体	0.5～1.0
稳定剂	0.2～1.5
分散剂	0.2～1.5

生产工艺与流程　在水中加入分散剂、保护胶体、稳定剂后，搅拌均匀，溶液呈现五色透明状即可使用。

(3) 多彩涂料的制备（质量份）

基料	32
色浆	12
清漆	36
分散剂	6

生产工艺与流程　将基料、清漆加上色浆制成色漆，将制备好的清漆投入色漆罐中，加入一定量的色浆，充分搅拌至罐内成为完全均匀的色浆，一般搅拌4～6h，然后将做好的色漆按比例加入分散剂，在搅拌罐内充分搅拌，制成单色的成品，单色成品按一定比例配合即为多彩涂料。

5-86　聚醋酸乙烯乳液多彩涂料

性能及用途　用于内墙面的装饰。

涂装工艺参考　用多彩涂料喷涂机喷涂施工。使用时不能往涂料中掺水或有机溶剂。

产品配方（质量份）

(1) 甲组分

①钛白粉	4～15
聚醋酸乙烯乳液(51%～53%)	10～24
甲基纤维素(2%)	86～61
②中铬黄	4～15
聚醋酸乙烯乳液(51%～53%)	10～24
甲基纤维素	86～61
③氧化铁黑颜料	4～15
聚醋酸乙烯乳液	10～24
甲基纤维素	86～61

(2) 乙组分

有机膨润土	0.5～3
碳酸钙	0～3
苯乙烯-丁二烯共聚物	3～10
二甲苯	96.5～84

(3) 多彩涂料(质量份)

甲组分	65
乙组分	35

生产工艺与流程　甲组分用聚丙烯酸乳液、丁二烯-苯乙烯乳液代替。乙组分可以用苯乙烯-丁二烯共聚物、氯化橡胶、聚氨酯代替。把以上各组分加入反应釜中，充分搅拌使其均匀混合，即可。

5-87　常用的多彩喷塑涂料

性能及用途　用于建筑物的内墙涂饰。

涂装工艺参考　以刷涂和辊涂为主，也可喷涂。施工时应严格按施工说明操作，不宜掺水稀释。施工前要求对墙面进行清理整平。

产品配方

(1) 基料的制备配方（质量份）

成膜剂	15～25
增塑剂	5～10
溶剂	65～80

按配方把成膜剂、增塑剂、溶剂加入反应釜中进行搅拌混合均匀，使之溶解。

(2) 色浆的制备配方（质量份）

颜料	10～40
增塑剂	20～40
溶剂	20～70

把原料加入到反应釜中，搅拌混合均匀，然后用胶体磨研磨至颗粒达到 80μm 即可。

（3）B组分的配制

将配好的基料与色浆按一定比例混合即为B组分。

（4）A组分水溶液的制备配方（质量份）

去离子水	90～98.5
保护胶 1#	0.1～2.5
胶化剂	1～4.5

常温下，把去离子水、保护胶、胶化剂加入反应釜中，进行搅拌分散均匀。

（5）多彩涂料的制备配方（质量份）

A组分	20～45
B组分	50～70
保护胶 2#	5～10

生产工艺与流程 将A组分倒入反应釜中进行搅拌分散，随即加入B组分进行反应，搅拌 15min，得细度合格的多彩喷塑涂料。

5-88 常用的芳香彩色花纹涂料

性能及用途 用于建筑物的装饰。

涂装工艺参考 用多彩涂料喷涂机喷涂施工。注意使用时不能往涂料中掺水或有机溶剂。

产品配方/kg

海藻酸钠	20
氯化钙	45
聚乙烯醇	50
107 胶	100
水玻璃(浓度 40%～50%)	20
钛白粉	10
滑石粉	20
天然色素	2
香精	1

生产工艺与流程 将定量的海藻酸钠加入常温水中溶解，搅拌后加入定量的天然色素搅拌均匀，静置待用。将定量的氯化钙加水溶解，用 20～30mg 筛过筛待用。将色片、胶水、钛白粉、滑石粉、香料按比例混合即得到彩色涂料。

将海藻酸钠溶液倒入氯化钙溶液中，即形成胶粒或不规则胶体，隔 5min 捞出放入清水浸泡 0.5h，倒入砂轮磨碎机制成色片或色粒。

将聚乙烯醇加入反应釜中加水加热溶解，温度升至 95～96℃时，停止加热，降温至 45℃时加入 107 胶、水玻璃，再加入适量的水进行搅拌即为胶水。

将色片、钛白粉、滑石粉、香料投入胶水中搅拌均匀即成。

5-89 常用的油包水型多彩涂料

性能及用途 用于建筑物内部的涂装。

涂装工艺参考 用多彩涂料喷涂机喷涂施工。注意使用时不能往涂料中掺水或有机溶剂。

产品配方

多彩涂料色漆配方/kg

中铬黄颜料	11
乙基纤维素	15
松香酸酯胶	15
蓖麻油	4
邻苯二甲酸二丁酯	5
乙醇	8
二甲苯	12
甲苯	30
分散液酪朊	15
NH_4OH	0.5
去离子水	98

生产工艺与流程 将 100 份中铬黄色漆分散于 450 份的酪朊分散液中，即成为中铬黄分散漆。最后把多彩涂料色漆与分散液进行混合即成为多彩涂料。

5-90 常用的多彩钢化中涂涂料

性能及用途 用于内墙的装饰。

涂装工艺参考 以刷涂和辊涂为主，也可喷涂。施工时应严格按施工说明操作，不宜掺水稀释。施工前要求对墙面进行清理整平。

产品配方（质量份）

	Ⅰ	Ⅱ	Ⅲ	Ⅳ	Ⅴ
聚乙烯醇	1	2	3.5	5	7
邻苯二甲酸二丁酯	0.05	0.1	0.15	0.2	0.5
六偏磷酸钠	0.15	0.2	0.25	0.3	0.5
聚乙烯醇	1	2	3.5	5	7
增白剂	0	0.1	0.15	0.18	0.2
磷酸三丁酯	0	0.1	0.3	0.4	0.5
立德粉	2	3	4	5	6
钛白粉	2	3	4	5	8
氢氧化钠	5	10	15	20	25
苯丙乳液	0	0.5	1.2	2	5
滑石粉和碳酸钙混合料	20	20	15	0	0

生产工艺与流程 将部分水加入反应釜中升温至60～85℃，加入聚乙烯醇，完全溶解，停止升温，然后加入邻苯二甲酸二丁酯或乙二醇，并使充分反应后降温至常温；将六偏磷酸钠加入适量的热水中溶解。将增白剂加入适量的水中溶解；将前几步的物料加入反应釜中进行混合搅拌均匀后，加入立德粉、钛白粉、氢氧化钠并搅拌均匀。研磨、过滤最后加入苯丙乳液和必要的填充料，即得产品。

5-91 新型钢化多彩喷塑涂料

性能及用途 用于钢化多彩喷涂涂料。

涂装工艺 用多彩涂料喷涂机喷涂施工。注意使用时不能往涂料中掺水或有机溶剂。

产品配方（质量份）

聚乙烯醇	1
碳酸钙	77
氢氧化钙	18
磷酸盐	0.1
四硼酸钠	1.6
硼酸	1.5
颜料	0.8

生产工艺与流程 将聚乙烯醇、磷酸盐、四硼酸钠、硼酸按其配方加入反应釜中，再加入水加热至85℃，使其溶解，即成为胶水，然后在胶水中加入碳酸钙、氢氧化钙和颜料，再充分搅拌均匀即成为钢化中涂涂料。

5-92 常用的仿瓷多彩涂料（Ⅰ）

性能及用途 用于仿瓷多彩涂料。

涂装工艺参考 以刷涂和辊涂为主，也可喷涂。施工时应严格按施工说明操作，不宜掺水稀释。施工前要求对墙面进行清理整平。

产品配方

（1）配方（质量份）

聚乙烯醇	9.5～10.5
水	180～30
甲醛	1.5～2.0
尿素	7.5～9.5
矿石粉	350～420
交联剂	4.5～5.5
增黏剂	0.9～1.2
多彩色浆	4.5～8.0

先将生石灰和明矾按（55～65）：1比例用水进行消化，再用100mg以上的筛网进行过筛，让其沉淀得到膏状物。

（2）多彩色浆的制备配方（质量份）

包料	5～10
液体石蜡	4～9
水	8～18
熟石灰	5～8
羧甲基纤维素	0.5～0.8
明胶	0.05～0.2
方解石粉	6～12

生产工艺与流程 其中色料可采用酚醛树脂加颜料或直接用酚醛树脂有色调和漆，羧甲基纤维素和明胶可溶在一起成为乙溶液。

（1）将酚醛树脂加色浆或直接加入酚醛树脂调和漆，再加入方解石粉和熟石灰搅拌均匀，再边搅拌，边加入液体石蜡搅拌成色胶。

（2）分别将明胶、羧甲基纤维素溶于水中呈现溶液状态为乙溶液，将一定量的乙溶液倒入色胶中搅拌均匀即成为单色保护胶。

（3）在搅拌状态下，向单色保护胶丙加入配方1/3量的方解石粉搅拌，即成为多彩色浆。

① 黏合剂的制备。将聚乙烯醇在水中加热（85～95℃）搅拌直至溶解，用30%盐酸调整pH值2～3，再加入甲醛，用30%液体烧碱调整pH值为7.8～8.5，再加入尿素进行缩合反应，在60℃条件下，保温2～3h，冷却后成为黏合剂。

② 仿瓷涂料的制备。将交联剂、矿石粉、增黏剂依次加入到胶黏剂中并逐一搅拌均匀，并用水调合成便于刮涂的膏状仿瓷涂料。

③ 仿瓷多彩涂料的制备。将多彩色浆边搅拌边加入到膏状仿瓷涂料中，其速度为40～120r/min，两种以上不同颜色的色浆可以先混合后加入，也可以依次加入，搅拌均匀即为多彩仿瓷涂料。

5-93 常用的仿瓷多彩涂料（Ⅱ）

性能及用途 用于仿瓷多彩涂料。

涂装工艺参考 以刷涂和辊涂为主，也可喷涂。施工时应严格按施工说明操作，不宜掺水稀释。施工前要求对墙面进行清理整平。

产品配方

(1) 水溶性仿瓷涂料的配制配方（质量份）

聚乙烯醇	10～12
水	190～210
甲醛	1.5～2.0
尿素	8.0～9.0
矿石粉	350～400
交联剂	45～55
增黏剂	1.0～1.5
水性色浆	适量

生产工艺与流程 将聚乙烯醇在水中加热溶解，加入催化剂并制成聚乙烯醇缩甲醛胶，然后加入矿石粉、交联剂、增黏剂、颜料和其他助剂，最后加入适当的水调和成一定黏度的黏稠状仿瓷涂料。

(2) 多彩色浆的配制配方（质量份）

树脂色漆	7～9
交联剂	4～6
填料	5～7
保护膜物	3～5
羧甲基纤维素	0.5～1.0
保护胶	0.1～0.2
分散剂	1～2
水	15～20

生产工艺与流程 在树脂清漆中加颜料调和成树脂色漆，把交联剂、填料依次加入到基料中，进行搅拌，得到改性后的基料，然后进行破碎与包膜，制得单色色料，将羧甲基纤维素、保护胶加入水中溶解并制成水溶液，加入无机分散剂调节黏度。

(3) 仿瓷多彩涂料

水溶性仿瓷涂料的配制配方＋多彩色浆的配制配方。

生产工艺与流程 将制好的改性水溶性仿瓷涂料加入反应釜中，搅拌速度为 30～50r/min，将多彩色浆慢慢加入其中，分散均匀后为多彩仿瓷涂料。

5-94 保温多彩喷塑涂料

性能及用途 用于建筑物的内墙装饰。

涂装工艺参考 以刷涂和辊涂为主，也可喷涂。施工时应严格按施工说明操作，不宜掺水稀释。施工前要求对墙面进行清理整平。

产品配方（质量份）

(1) 甲组分配方

石棉	20
玻璃棉	20
珍珠岩	10
渗透剂	5
煤灰粉	10
黏合剂	10
发泡剂	5
水	20

把以上组分混合均匀即可。

(2) 乙组分配方

轻质碳酸钙	20
硅酸钠	10
脲醛树脂	10
色浆	5
水	5

把以上组分进行混合均匀即可。

(3) 丙组分配方

防水照光剂	40
脲醛树脂	10
水	5

生产工艺与流程 把以上组分混合均匀。将上述甲组分混合后第一遍先喷涂甲组分，第二遍喷乙组分，第三遍喷丙组分。

第七节 浮雕涂料

浮雕涂料也称喷塑涂料、凹凸涂层涂料，属复层涂料种类。广泛用于内外墙面装饰，质感较强。由封闭底、底涂层、主涂层和罩光涂层所组成。主涂层是提供花纹质感的主要涂层，按成膜物质种类分聚合物-水泥类、硅酸盐类、合成树脂乳液类以及反映固化型合成树脂乳液类。

浮雕涂料属刚性厚浆涂料，其黏度范围大约在 3～20Pa·s之间。生产方式类似厚浆涂料，生产施工中常见问题也类似厚浆涂料。浮雕涂料组成主要有黏结基料、填料、骨料（60～100 细砂），防裂增强纤维，增稠剂等。

浮雕涂料常见问题：浮雕涂料喷涂施工形成厚涂大小斑点，斑点涂层干燥成型后，不能流挂，不能变形。浮雕涂料经喷涂后黏附于经处理的基材上，厚涂层在成膜而产生强度以前具有流挂趋向。

在干燥成膜过程中由于水分的蒸发逸散，体积变小，有产生收缩开裂的可能。因此浮雕涂料的流变性和初期干燥抗裂性需要配方设计时着重考虑。

浮雕涂料流变性：浮雕涂料属强触变性涂料，涂料黏度-剪切速率曲线中黏度滞后的触变环很小，材料经历剪切变稀，停止或减少剪切，黏度增加的速度快。涂料喷涂到基底上，剪切力终止，涂料很快回复到高黏度状态，阻止流挂变形的发生。涂料的这种强触变流变特性可以使用膨润土、纤维素以及丙烯酸类增稠剂（或三者配合使用），均能满足强触变行为。因浮雕涂料的固体分高，水量少，采用干法生产方法生产，从生产角度考虑使用粉末状增稠剂受到工艺限制，浮雕厚浆涂料增稠剂最佳选择为碱溶涨类（如DSX1130）。

浮雕涂料斑点干燥开裂现象很常见，避免或防止开裂常用防裂增强纤维，常用无机粉状硅酸盐纤维（纤维较长者在1.5mm以下）、纸筋、化纤、木质纤维等。

如下介绍浮雕涂料生产工艺与产品9个品种。

5-95 雕塑黏土——新型橡皮泥

性能及用途 用作建筑物的装饰。

涂装工艺参考 以刷涂和辊涂为主，也可喷涂。施工时应严格按施工说明操作，不宜掺水稀释。施工前要求对墙面进行清理整平。

产品配方（质量份）

原料	配方一	配方二
CMS(1%水溶液)	2	—
羟乙基纤维素(1%水溶液)	—	2
黏土	60	63
碳酸钙	3	—
水	37	37

生产工艺与流程

羟乙基纤维素、黏土、水 → 搅拌、分散 → 调漆（碳酸钙、水）→ 包装 → 成品

5-96 常用的丙苯乳胶浮雕涂料

性能及用途 用水作溶剂，无毒、无味、无污染，漆膜耐水、耐碱、耐盐水性好。与采用干黏石、水刷石施工相比可缩短工期，增加墙面立体感，自重比干黏石、水刷石轻20倍，而且避免水刷石的脱落现象，减轻劳动强度。作为内外墙、纤维板的保护和装饰之用。

产品配方 kg/t

苯丙乳液	350
助剂	11
颜、填料	510
水	192

涂装工艺参考 喷涂。可根据喷嘴大小喷出不同花纹。使用量0.6～1.5kg/m²，喷后隔8h可喷或刷面漆1～2道，用水作稀释剂，切忌加入油性漆及其溶剂混合之。

生产工艺与流程

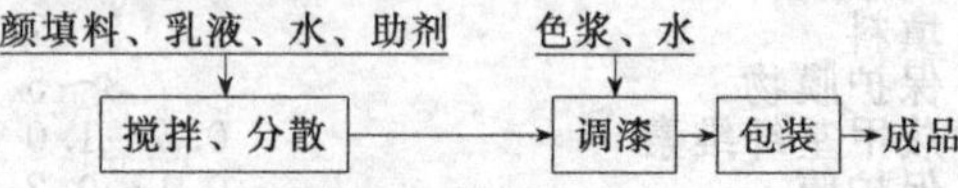

5-97 新型浮雕涂料

性能及用途 用作建筑物的内外墙面涂饰。

涂装工艺参考 以刷涂和辊涂为主，也可喷涂。施工时应严格按施工说明操作，不宜掺水稀释。施工前要求对墙面进行清理整平。

产品配方

（1）底层涂料配方（质量份）

苯丙乳液	30
107胶	10
六偏磷酸钠(5%)	4
基层渗透剂	2
水	适量

生产工艺与流程 把以上组分混合在一起，搅拌均匀即可。

（2）主层涂料的制备配方（质量份）

交联型核壳乳液	30
硅溶胶	5
聚乙烯醇(7%)	10

乙二醇丁醚	1
分散剂	2
调节剂	2
滑石粉	30
重质碳酸钙	25
硅灰石粉	40
化学纤维	4
水	适量

生产工艺与流程　把滑石粉、重质碳酸钙、硅灰石粉、化学纤维加入反应釜中进行混合均匀，即成。在高速分散机中加入乳液、乙二醇丁醚、硅溶胶、聚乙烯醇溶液、分散剂、调节剂、水搅拌混合均匀，慢慢加入粉料，搅拌 0.5h，测定黏度，加入消泡剂，即得到主层涂料。

(3) 罩面涂料配方（质量份）

分散剂	2
流平剂	1
钛白粉	20
颜料	适量
甲苯	20
有机硅油	0.5
有机硅改性丙烯酸树脂(50%固体分)	45

生产工艺与流程　将树脂、溶剂、助剂加入反应釜中，开动搅拌，慢慢加入颜填料，搅拌均匀后进行研磨，细度为 30μm 以下即可。

5-98　常用的浮雕状喷塑涂料

性能及用途　用作建筑物的内外墙面涂饰。

涂装工艺参考　本涂料应使用专用的厚浆涂料喷涂机施工。涂料稀稠度可适当加水调整。

产品配方（质量份）

苯丙乳	25
钛白粉	2
重晶石粉	30
石棉绒	2
羟乙基纤维素	1
石粉	20
滑石粉	7
云母粉	10
增稠剂	0.2
防霉	0.2
乙二醇	0.5
触变剂	0.1
去离子水	2

生产工艺与流程　将全部原料投入搅拌机内，充分搅拌均匀，即可包装待用。

5-99　新型多层浮雕涂料

性能及用途　用于主涂面漆。

涂装工艺参考　以刷涂和辊涂为主，也可喷涂。施工时应严格按施工说明操作，不宜掺水稀释。施工前要求对墙面进行清理整平。

产品配方

浮雕漆的配制（质量份）

水	10～20
乳液	15～25
增稠剂	1～3
短纤维	1
填料	57～59
助剂	4～5

生产工艺与流程　把以上组分混合均匀即成，因浮雕漆表面呈凹凸花纹，基底可省去一道批涂平整的工序，不需要打平，表面要求粗糙，无油污就可施工。涂底漆要兑稀，辊涂或刷涂一道。

5-100　新型浮雕建筑涂料

性能及用途　适用于高级楼宇、园林、宾馆、体育场馆、餐馆等高级建筑棚顶、墙壁的装修。

涂装工艺参考　以刷涂和辊涂为主，也可喷涂。施工时应严格按施工说明操作，不宜掺水稀释。施工前要求对墙面进行清理整平。

产品配方

(1) 底涂层配方/%

丙烯酸乳液	80
聚乙烯醇	10
水	10

把以上组分进行混合搅拌均匀即成底涂层。

(2) 中涂层涂料/%

苯丙乳液	250
方解石	350
石棉绒	30
石英砂	85
硅石灰	150
滑石粉	100
10%聚乙烯醇	100
10%六偏酸钠	25

乙二醇	6
强化剂	1
苯甲醇	适量
水	30

生产工艺与流程 在高速搅拌机中加入水及10%六偏磷酸钠和10%聚乙烯醇进行溶解，开动搅拌，依次加入各粉料，最后加入过苯丙乳液和助剂，搅拌40min后，即得中层涂料。

5-101 新型浮雕涂料罩面涂料

性能及用途 适用于宾馆、体育场馆、餐馆等高级建筑棚顶、墙壁的装修。

涂装工艺参考 以刷涂和辊涂为主，也可喷涂。施工时应严格按施工说明操作，不宜掺水稀释。施工前要求对墙面进行清理整平。

产品配方（质量份）

有机硅改性丙烯酸树脂(50%固体)	45
分散剂	2
流平剂	1
钛白粉	20
颜料	适量
甲苯	20
有机硅油	0.5

生产工艺与流程 底材必须先进行表面处理，清除灰土、杂物，填坑找平，然后刷涂或喷涂底层涂料。主层涂料采用专用喷枪进行喷涂，空压机压力控制在0.4～0.6MPa。主层涂料干燥24h后可进行罩面涂料施工。

5-102 新型浮雕涂料底层涂料

性能及用途 适用于宾馆、体育场馆、餐馆等高级建筑棚顶、墙壁的装修。

产品配方（质量份）

苯丙乳液	30
107胶	10
六偏磷酸钠(5%)	4
基层渗透剂	2
水	适量

生产工艺与流程 将上述物质称量后加在一起，搅拌均匀即可。

5-103 新型闪光浮雕涂料

性能及用途 适用于高级楼宇、园林、宾馆、体育场馆、餐馆等高级建筑棚顶、墙壁的装修。

涂装工艺参考 以刷涂和辊涂为主，也可喷涂。施工时应严格按施工说明操作，不宜掺水稀释。施工前要求对墙面进行清理整平。

产品配方/g

石灰乳	37
填充料	14
骨料(萤石粉)	15
水	9
消泡剂	适量
聚乙烯醇缩甲醛溶液和丙烯酸乳液混合物	25

生产工艺与流程 把以上组分加入混合器中进行搅拌混合均匀即成。

在施工时向墙面撒云母粉细片。在喷涂后石灰乳与空气中的二氧化碳结合，生成不溶于水的碳酸钙反应，使浮雕与墙面结合。然后用丙烯酸乳液罩光，同时撒云母粉，使其闪闪发光。

第六章　防腐和防锈涂料

第一节　防腐涂料

腐蚀的定义为所有物质因环境引起的破坏。所有物质包括金属、木材、混凝土、塑料和橡胶等。金属的腐蚀是腐蚀科学研究的重点。

金属有自然腐蚀的趋势。

金属的腐蚀分类：①按腐蚀介质分为大气腐蚀、水及海水腐蚀、土壤腐蚀、化学介质腐蚀四类。②按腐蚀介质接触情况分液相腐蚀和气相腐蚀两类。③按腐蚀过程机理分化学腐蚀和电化学腐蚀两类。

在水或水汽的参与下各种介质对金属的腐蚀称为“湿蚀”，是电化学腐蚀。化学物质对金属的直接作用及高温氧化等的腐蚀，称为“干蚀”，属于化学腐蚀及其他。

根据中国国家标准 GB/T 15957—1995《大气环境腐蚀性分类》：大气环境分为乡村大气、城市大气、工业大气和海洋大气四类；按大气相对湿度（RH）划分为干燥型环境（年平均 RH＜60％）、普通型环境（年平均 RH 60％～75％）和潮湿性环境（年平均 RH＞75％）三类；对环境气体类型分为 A、B、C、D 四种类型。标准根据碳钢在不同大气环境下暴露第一年的腐蚀速率（mm/a），规定了 6 类腐蚀环境类型的技术要求。

用涂膜保护是防锈和防腐的重要措施。防腐蚀涂膜的作用有：①屏蔽作用；②缓蚀作用；③阴极保护作用。

对涂膜的基本要求是：①对环境介质稳定；②对基体牢固附着；③有一定的机械强度，对外加应力有相当适应性。重要的考核项目是涂膜在腐蚀环境下的使用寿命。一般根据保护对象的要求决定，对耐受气相腐蚀的涂膜的使用寿命作如下分类：

短期：	＜5 年
中期：	5～10 年
长期：	10～20 年
超长期：	＞20 年

一般防腐蚀涂膜为短期至中期，能在严酷的腐蚀环境下应用并具有长效使用寿命的重防腐蚀涂膜，在化工大气和海洋环境中使用寿命 10～15 年，在一定温度的化学介质中使用寿命应在 5 年以上。

防腐蚀涂膜通常为多道涂层，防腐蚀效果优于单道涂层。比较合理的涂层是底、中、面三道涂层，中层采取厚涂层，底、面层为薄涂层。涂膜厚度与保护寿命有线性关系，一般防腐蚀涂膜干膜厚度约在 150μm 或以上，重防腐蚀涂膜则在 200μm 或 300μm 以上，厚者达到 500～1000μm，甚至 2000μm。厚膜为重防腐蚀提供保证。

防腐涂料分类：隔热防腐，防腐防污，防腐防锈，金属防腐，耐温防腐，防腐，耐酸碱，耐候，耐腐蚀，玻璃鳞片，耐油，耐酸等。

随着防腐涂料技术进步和现代防腐喷涂设备的应用，尤其是高压无气喷涂设备、无溶剂双口喷涂设备、粉末喷涂设备等的大力推广，将防腐涂料扩展到特种防腐蚀涂层领域。防腐涂料主要应用于腐蚀问题突出的苛刻环境和不便于短期维修的工业部门。

防腐涂料在应用领域中的分类主要有以下五个方面。

① 新兴海洋工程：海上设施、海岸及海湾构造物、海上石油钻井平台；

② 现代交通运输：高速公路护栏、桥梁、船艇、集装箱、火车及铁道设施、汽车、机场设施；

③ 能源工业：水工设备、水罐、气罐、石油精制设备、石油储存设备（油管、油罐）、输变电设备、核电、煤矿；

④ 大型工业企业：造纸设备、医药设备、食品化工设备、金属容器内外壁，化工、钢铁、石化厂的管道、储槽，矿山冶炼、水泥厂设备，有腐蚀介质的地面、墙壁、水泥构件。

⑤ 市政设施：煤气管道及其设施（如煤气柜）、天然气管道、饮水设施、垃圾处理设备等。

一、一般聚氨酯防腐涂料的配方设计

聚氨酯涂料具有耐候性好、保光性好，色泽稳定性好，耐腐蚀、耐酸雨、低温施工性好，涂层可覆涂性能好，易修复，涂层柔韧性好并具有优良的延展性、耐冲击性和抗震动效果好的性能优势，其卓越的综合性能使其在防腐工程中得到广泛的应用，其中用的比较多的是水性聚氨酯清漆。

与其他涂料相比，聚氨酯涂层系统的生命周期成本最低，并能达到欧美关于有机挥发物高要求的排放标准。其优秀的化学性能、较好的经济效益及低有机挥发物标准赢得越来越多的专业人士和用户的认可，聚氨酯已成功应用于桥梁、近海平台、港口机械、工厂设备、储罐管道及机场、体育场馆等建筑设施。在全球范围内，随着对工程涂层保护功能及表观要求的不断提高，聚氨酯在钢结构防腐蚀领域的应用也在不断发展中。

除了常规双组分聚氨酯技术外，单组分湿固化聚氨酯和天冬氨酸酯聚脲也拓展了聚氨酯在防腐蚀涂料领域的应用空间，并在欧美的诸多工程应用中就许多工程难题提供了解决方案。

湿固化聚氨酯与天冬氨酸酯聚脲同时具备了覆涂间隔短、固化反应快的特点，两种产品在同一系统共同使用，使其快速特性叠加，形成快速处理涂层系统。而另一方面，湿固化聚氨酯与天冬氨酸酯聚脲同时具备优越的耐腐蚀性能，二者配套使用又强化了体系高功能、重防腐的工程优势。所以，单组分湿固化聚氨酯和天冬氨酸酯聚脲作为防腐蚀新技术在中国的应用和进一步发展是必然的，也将会是成功的。

二、新型水性防腐涂料的配方设计举例

1. 配方设计的内容与流程

水性防腐涂料的组成复杂，每种组分在涂料的制造、施工与储存中，或在对于涂膜的性能的影响上，都发挥着不同的作用，使用不当将会给涂料的生产与应用、涂膜的性能等各个环节带来不利影响，因此，合理的配方设计是最终得到符合要求的防腐涂料产品的关键，一个精心设计的涂料配方是涂料产品性能和使用价值的根本保证。涂料配方设计的内容主要包括：原材料的选择、原材料用量与比例的确定、试配、基本性能的检测、调整配方直至达到要求。配方设计流程如图 6-1 所示。

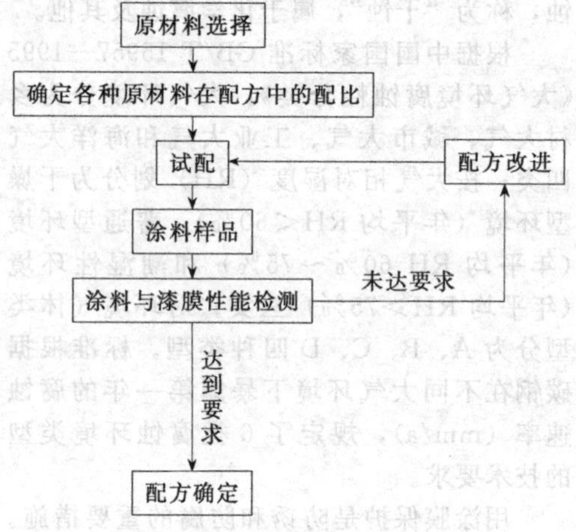

图 6-1 涂料配方设计流程

2. 配方设计的步骤

涂料的配方设计通常有下列几个步骤：

① 配方基本组成的确定，见表 6-1。

表 6-1 涂料配方基本组成

组分类型	组 分
成膜物质	水性防腐涂料专用乳液
颜填料	着色颜料
	防锈颜料
	体质颜料（填料）
溶剂	水
助剂	分散剂
	润湿剂
	消泡剂
	成膜助剂
	增稠剂

② 用量范围的确定。配方的基本组成确定以后，下一步就是确定具体成分及各成分用量范围。

③ 性能测试。确定了配方的基本组成和用量后，接下来就是要测定根据这个配方所制备的涂料与漆膜的性能。本实验需要测定的性能项目见表 6-2。

表 6-2 涂料性能检测项目

在容器中状态	GB/T 9278	调漆刀或搅拌棒
黏度/KU	GB/T 9269—88（斯托默黏度测定法）	斯托默黏度计
细度/μm	GB/T 1724—79	刮板细度计
固体含量/%	GB/T 1725—79	玻璃培养皿，玻璃干燥器
遮盖力/(g/mm²)	GB/T 1726—79	黑白格纸板
干燥时间 表干/h 实干/h	GB/T 1728—79	干燥试验器
涂膜附着力/级	GB/T 1720—79（划圈法）	附着力测定仪
储存稳定性	GB/T 6753.3—86	恒温干燥器
耐洗刷性	GB/T 9755—2001	耐洗刷测定仪
耐水性	GB/T 1733—93	
耐碱性	GB/T 9265—79	
耐盐水性	GB/T 1763—79	

3. 配方设计需要考虑的问题

涂料的配方设计需要考虑下列几个方面。

① 成膜物质——树脂的化学性质和物理性能。如室温干燥固化还是反应固化，柔软性/硬度比，与漆膜基材的黏结性、耐候性、防腐蚀性等；

② 挥发物——溶剂和稀释剂的物理化学性质。如挥发速度，沸点，对树脂的溶解性，毒性和闪点等；

③ 颜料和助剂性质——如颜料的着色力，遮盖力，密度，与基料的混溶性（分散性），耐光性，耐候性和耐热性等；助剂的特殊功能等；

④ 涂覆的目标和目的。如基材的材质，是高档产品（如轿车、飞机、精密仪器仪表等）还是中低档产品（如家用电器、内外墙、桥梁、塑料、纸张等）；是一般的装饰，还是起保护作用，还是赋予被涂物件某种特殊功能；

⑤ 成本考虑。包括原材料的成本，生产成本，储存和运输成本等。用于高档产品的涂料，其性能要求更高些，价格可以较贵些；用于低档产品的涂料，性能可以稍差些，价格则可以便宜些。具体地说，在涂料的配方设计中，常常涉及：原材料的更换；降低成本；产品改进；新产品开发；新的原材料利用；新技术等。

三、新型水性防腐涂料生产工艺与产品配方实例

如下介绍新型水性防腐涂料生产工艺与产品 20 个品种。

6-1 水性环氧酯防腐漆

性能及用途 本涂料系单包装水分散型涂料，涂膜具有良好的附着力、柔韧性、冲击强度和优越的耐化学介质和防腐性能。综合性能达到和超过溶剂型环氧酯底漆水平。可和多种溶剂型和水性等多种涂料配套使用。适用于船舶、车辆、桥梁与机械设备等表面涂装。可用于潮湿、不易通风、溶剂型涂料不能施工的部位和舱室。

涂装工艺参考 本涂料可常温固化、厚涂。可采用刷、喷、浸涂施工。施工间隔 16～24h，浸涂施工每道可达 100μm 的厚度。

生产工艺与流程 首先将环氧树脂和脂肪酸制成环氧酯，加入乳化剂、助剂和水制成乳液，脱除溶剂。再将已分散好的颜填料浆混入搅匀，包装。

6-2 沥青防腐漆

性能及用途 该漆自干，具有附着力强、

防腐蚀性及耐水性优良等特点。能经受一氧化碳气体的腐蚀。适用于涂装煤气柜内壁防腐之用。

涂装工艺参考 施工方法可用刷涂或滚涂。施工时如黏度过大可用 200# 油漆溶剂油稀释至符合施工要求。本品有效储存期为 1 年。过期可按质量标准检验，如符合要求仍可使用。

生产工艺与流程

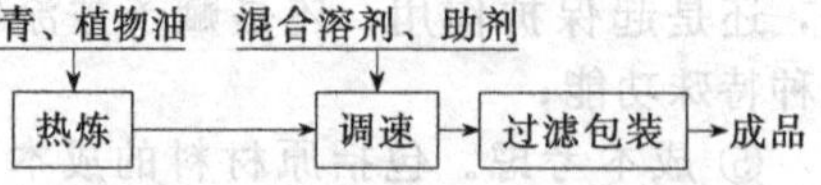

6-3 绿色过氯乙烯防腐涂料

性能及用途 漆膜具有优良的防腐性能，与 G01-5 过氯乙烯清漆配套能耐 98%硝酸气体。适用于各种金属表面作防化学腐蚀涂料。

涂装工艺参考 使用前，必须将漆彻底搅匀，如有粗粒和机械杂质，必须进行过滤。被涂物面事先要进行表面处理，要做到清洁干燥，平整光滑，无油腻、锈斑、氧化皮及灰尘，以增加涂膜附着力和耐久性。该漆不能与不同品种的涂料和稀释剂拼和混合使用，以致造成产品质量上的弊病。该漆施工可以喷涂、刷涂、浸涂，稀释剂用 X-3 过氯乙烯漆稀释剂稀释，施工黏度按工艺产品要求进行调节。遇阴雨湿度大时施工，可以酌加 F-2 过氯乙烯漆防潮剂 20%～30%，能防止漆膜发白。过期的可按产品标准检验，如符合要求仍可使用。可与 G01-5 过氯乙烯清漆配套使用。

生产工艺与流程

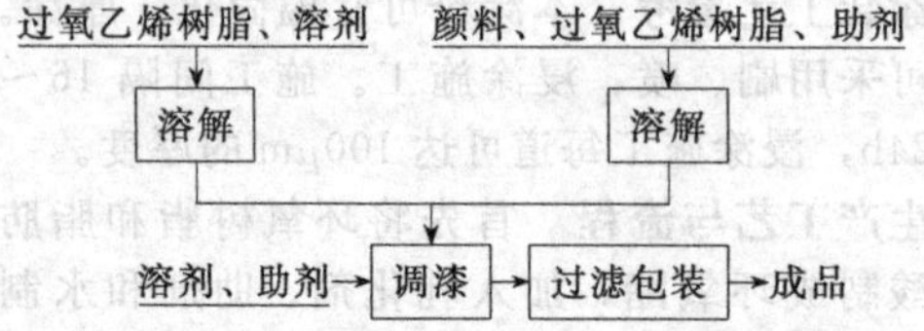

6-4 新型水性耐 500℃高温防腐漆

性能及用途 本涂料耐 500℃高温，耐盐水腐蚀，导电性好，具有阴极保护和钝化性能，对润滑油、燃油、甲醇性能稳定。用于等离子喷涂时保护那些不需喷涂的邻近部位，防止该部位高温氧化和沾污。

涂装工艺参考 施工时将底材去油除锈后，即可采用刷涂施工。常温干燥。

产品配方（质量份）

甲组分：

原料	质量份
环氧树脂	23
煤焦油提取物	37
滑石粉	20
重晶石	20

乙组分：

原料	质量份
聚酰胺	10

生产工艺与流程 按组成原材料及配比混合，将甲组分混匀，在球磨机中进行研磨至一定细度为 30μm，加入乙组分混匀，经研磨分散而成。

6-5 新型金属防腐漆

性能及用途 该漆干燥快、附着力强、力学性能好，其耐油性、防锈性和防腐蚀性好。主要用于各种汽车车身、车厢及零部件底层涂覆。

涂装工艺参考 可采用刷涂和喷涂施工。按产品要求选用配套的或专用的稀释剂调整施工黏度。与专用腻子和面漆配套使用。

产品配方/kg

线型酚醛树脂	118
聚醋酸乙烯酯	80
铬酸锌	52
丹宁	30
铁黄	4
酞菁蓝	2
炭黑	15
膨润土分散剂	10
滑石粉	33
丁醇	100
异丙醇	265
甲苯	350

生产工艺与流程 将树脂料与异丙醇、丁醇和甲苯的混合溶剂混合，加入其余物料，经球磨机球磨、过筛得到防腐蚀底漆。

6-6 新型高效防腐防锈漆

性能及用途 可在锈面（<50μm 锈层）上施工。和面漆配套性好，耐油性优良。用于地下机械设备防腐蚀的防锈漆、防腐涂

料或其他带锈金属部件的保护和维修。

涂装工艺参考　采用刷涂施工，如果喷涂则要有良好的通风条件。常温固化。

产品配方（质量份）

甲组分：

环氧树脂	20
稀释剂	12
煤焦油提取物	44
滑石粉	15
重晶石	10

乙组分：

聚酰胺树脂	10
稀释剂	8

将甲组分混合均匀，在球磨机中研磨至细度合格为37～50μm，加入乙组分再混合均匀即成。

生产工艺与流程　将配方组分加入进行混合混匀，在球磨机中进行研磨至一定细度。

6-7　新型水性环氧酯防腐漆

性能及用途　本涂料的附着力、柔韧性、冲击强度都很好，还具有优越的耐化学介质和防腐性能。综合性能达到和超过溶剂型环氧酯底漆水平。可和多种溶剂型和水性等多种涂料配套使用。适用于船舶、车辆、桥梁与机械设备等防腐涂装。可用于潮湿、不易通风、溶剂型涂料不能施工的部位和舱室。

产品配方（质量分数）

聚乙烯醇缩丁醛	5.2
四盐基锌黄	9.7
甲醇	26.3
甲苯	2.4
正丁醇	25.0
酚醛树脂	5.2
石棉	1.4
甲乙酮	19.4
正磷酸	5.4

生产工艺与流程　把以上组分进行混合研磨至一定细度合格。

涂装工艺参考　本涂料可常温固化、厚涂。可采用刷、喷、浸涂施工。施工间隔16～24h，浸涂施工每道可达100μm的厚度。

生产工艺与流程　首先将环氧树脂和脂肪酸制成环氧酯，加入乳化剂、助剂和水制成乳液，脱除溶剂。再将已分散好的颜填料浆混入搅匀，包装。

6-8　新型耐高温防腐漆

性能及用途　本涂料形成的涂层具有优异的耐高温、耐盐雾、耐湿热、耐化学介质及力学性能。用于海洋环境耐高温部位的防腐保护。

涂装工艺参考　刷涂、喷涂均可。每层在250℃烘1h，最后在300℃烘1h。一般需涂三道。

产品配方（质量份）

丁醇醚化二甲酚甲醛树脂	17.7
环氧树脂蓖麻油酸酯漆料	8
环已酮	2.9
环氧树脂液	87.0
二甲苯	4.4

生产工艺与流程　在环氧改性有机硅树脂液中加入颜填料搅匀，经研磨分散至规定细度，出料、包装，即得产品。

6-9　新型金属制件环氧防腐漆

性能及用途　用于各种化工设备和金属制件的防腐。

涂装工艺参考　使用时按甲、乙组分为10∶1的比例混合，充分调匀，即调即用。采用刷涂、喷涂法施工均可，可用X-7环氧漆稀释剂进行稀释，在配制中有放热反应，在夏季炎热的条件下施工，可采用冷浴容器以延长工作时间防止固化。金属表面涂装应除尽油污铁锈，涂刷两道；被涂的混凝土或耐酸砖面，需除掉水分。使用过程中应注意固化剂不可与皮肤接触以免腐蚀。

产品配方（质量分数）

甲组分：

	灰	铁红	黑
钛白粉	10	—	—
炭黑	0.1	1	5
滑石粉	22	22	22
低分子量环氧树脂液(50%)	40	40	40
苯二甲酸二丁酸	3	3	3
环氧漆稀释剂	2.9	3	3

乙组分：

己二胺	50
95%工业乙醇	50

生产工艺与流程

甲组分：将全部原料混合均匀，经磨漆机研磨至细度合格，过滤包装。

乙组分：将己二胺溶解于乙醇，配制成溶液。

6-10 新型耐800℃高温漆

性能及用途 本涂料具有耐800℃高温和抗氧化防腐性能。适用于高温金属部件防氧化防腐保护。

涂装工艺参考 采用喷涂。涂层厚度为(25±5)μm。在180℃烘2h固化。

产品配方/g

丙烯酸乙酯/甲基丙烯酰氧丙基三甲氧基硅烷/乙酸乙烯共聚物(50%)	80
2-(2-羟基-5-叔丁基)苯并三唑	15
乙基溶纤剂	700
双丙酮醇	85
交联剂(20%)	100

生产工艺与流程

(1) 交联剂的制备 将3-[(2-氨乙基)氨基]丙基三甲氧基硅烷和六甲基二硅氮烷，用3-缩水甘油氧丙基甲基二乙氧基硅烷于120℃处理，制备一种黏性中间体，再用乙酸酐进行酰胺化处理，制得交联剂。

(2) 将共聚物、聚甲基丙烯酸甲酯、交联剂（20%溶液）、苯并三唑、乙基溶纤剂和双丙酮醇混合，制成底漆。

生产工艺与流程 先由有机硅单体水解制成硅中间物再和环氧反应制成环氧改性有机硅树脂，加入颜填料及助剂一起研磨分散制得本产品。

6-11 新型化工设备防腐漆

性能及用途 用于化工设备、仪器仪表等的防腐蚀涂层。

涂装工艺参考 可采用喷涂、刷涂或浸涂法施工，但以浸涂法为佳。用二甲苯与环己酮混合溶剂调整施工黏度。涂层以4～6道为宜，每道涂层厚度约15～20μm，以膜薄而道数多为佳，前数道在160℃下烘40min，最后一道在180℃下烘60min。使用前对被涂物的表面必须进行处理，对底材最好采用喷砂方式，如需用化学药品处理时则用温水冲洗干净。

产品配方（质量份）

丁醇醚化二甲酚甲醛树脂	17.3
604环氧树脂蓖麻油酸酯漆料	4
609环氧树脂液	71.4
环己酮	3.6
二甲苯	3.7

生产工艺与流程 将全部原料投入溶料锅混合，搅拌，充分调匀，过滤包装。

6-12 新型油-水换热设备防腐漆

性能及用途 本涂料具有良好的物理机械性能和耐酸、耐碱性；并具有突出的耐温(150～300℃）和耐油性。本涂料广泛应用于石油化工、化肥、农药、化纤、海洋化工等工业的大型设备的防腐，油-水换热设备的防腐，特别是150～300℃范围内换热器保护。

涂装工艺参考 施工前要进行严格的表面处理，管内采用喷砂处理，管外采用化学处理。避免在烈日或风沙中施工。施工温度不得低于15℃。可以采用刷、喷、流或灌涂施工。

产品配方（质量分数）

氯化橡胶	3.9
锌粉	74.8
环氧化油	1.0
烷烃石蜡油	2.6
氢化蓖麻油	0.2
芳烃溶剂	17.5

生产工艺与流程 将所有原料进行混合混匀，研磨至一定细度合格。

6-13 新型碳钢水冷器防腐漆

性能及用途 本涂料具有优异的耐温、耐水、耐腐蚀介质（酸、碱、海水、有机溶剂等）性能。有良好的导热性，在运行过程中，传热系数明显高于无涂层情况。有明显的阻垢性能。涂层表面光滑，表面能低，不易结垢，不用清洗，利于传热。本涂料可广泛应用于石油化工、化肥、冶金、

海洋工程、制碱、发电、制药等工业的换热设备（水冷器、冷凝器、转换吸收器、预热器等）的防腐与阻垢。

涂装工艺参考　施工时要求底面配套。底材要严格表面处理，淋涂施工。要控制涂层厚度、烘烤条件及性能测试，以确保涂层质量。

产品配方（质量分数）

组分 A

环氧树脂(E-20)	23.2
丁醇	24.6
重质苯	17
锌黄(109)	10.2
锌粉	6.46
石墨粉	5.67
银粉浆	12.87

组分 B

聚酰胺(650 号)	14.5
重质苯	10.9
煤焦油沥青(023)	74.6

按配比先将 A，B 两组分配好，使用时按 A：B＝1：1 进行配制。固化可在室温下，也可加热，但要注意沥青流失。室温下 2h 指干，24h 实干。

本漆附着力为 2 级，冲击强度达 5MPa，耐盐水一个月无变化，漆膜厚 50μm，主要用于钢材防锈。

生产工艺与流程　在已溶化好的环氧树脂液中加入颜填料，经搅拌分散、研磨至规定细度，加入氨基树脂，搅匀，调节至规定的固体分及黏度，出料，包装。

6-14　新型绿色过氯乙烯防腐漆

性能及用途　漆膜具有优良的防腐性能，与 G01-5 过氯乙烯清漆配套能耐 98%硝酸气体。适用于各种金属表面作防化学腐蚀涂料。

产品配方/kg

过氧乙烯树脂	133
颜料	83
溶剂	801

涂装工艺参考　使用前，必须将漆彻底搅匀，如有粗粒和机械杂质，必须进行过滤。被涂物面事先要进行表面处理，要做到清洁干燥，平整光滑，无油腻、锈斑、氧化皮及灰尘，以增加涂膜附着力和耐久性。该漆不能与不同品种的涂料和稀释剂拼和混合使用，以致造成产品质量上的弊病。该漆施工可以喷涂、刷涂、浸涂，稀释剂用 X-3 过氯乙烯漆稀释剂稀释，施工黏度按工艺产品要求进行调节。遇阴雨湿度大时施工，可以酌加 F-2 过氯乙烯漆防潮剂 20%～30%，能防止漆膜发白。过期的可按产品标准检验，如符合要求仍可使用。可与 G01-5 过氯乙烯清漆配套使用。

生产工艺与流程

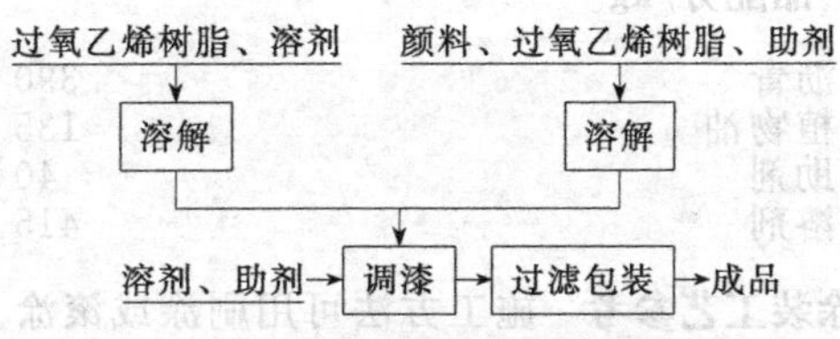

6-15　食品容器内壁环氧聚酰胺涂料

性能及用途　本涂料附着力强，耐水、耐溶剂和防腐性能均佳，对人体无害，符合国家食品容器内壁聚酰胺环氧树脂涂料卫生标准。可用于钢、铝、水泥等底材接触的储存酒、酱油、发酵食品、食用油、面粉及其制品、饮用水等的储罐内壁的防腐。金属表面施工前需经喷砂、酸洗等方法处理后方可施工。

涂装工艺参考　可用刷涂或辊涂施工。施工厚度要在 350μm 以上。双组分混合后施工寿命为 2h。15℃以下不宜施工。

产品配方（质量分数）

组分 A（带锈环氧底漆）

环氧树脂(E-44)	42.0
氧化铁红	12.6
轻质碳酸钙	4.2
氧化锌	3～6
磷酸锌	2～5
碳酸钙	0.8
四盐基锌黄	1～3
铬酸二苯胍	0.5～2
滑石粉	4.2
重晶石粉	8.4
混合溶剂(二甲苯：丁醇＝4：1)	15～20

组分 B

聚酰胺树脂(300 号)	10～20

本漆对锈层不超过 30μm 的表面有较好的效果，适合无彻底除锈的油罐或旧罐重涂，是油罐内壁防腐涂料。

生产工艺与流程 底、面漆制造都是将颜填料加入环氧树脂液中，研磨分散得甲组分；聚酰胺溶解包装为乙组分。

6-16 新型沥青防腐涂料

性能及用途 该漆自干，具有附着力强、防腐蚀性及耐水性优良等特点。能经受一氧化碳气体的腐蚀。适用于涂装煤气柜内壁防腐之用。

产品配方/kg

沥青	390
植物油	135
助剂	40
溶剂	415

涂装工艺参考 施工方法可用刷涂或滚涂。施工时如黏度过大可用 200# 油漆溶剂油稀释至符合施工要求。本品有效储存期为 1 年。过期可按质量标准检验，如符合要求仍可使用。

生产工艺与流程

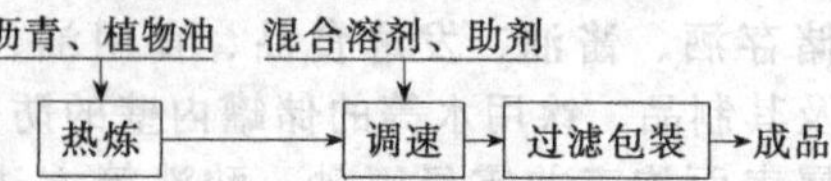

6-17 半透明钢管防腐涂料

性能及用途 该漆膜坚韧，对钢铁附着力牢固，有优良的抗冲击性、耐温变性、耐天然工业大气性和耐湿热性。可用于需严格防腐的石油管道、锅炉管等各种无缝钢管，也适用于水道管、化工管道等各种无缝、有缝钢管和各种钢铁设备、物件表面的防腐涂装。

涂装工艺参考 该漆施工方法喷涂、刷涂均可。可用 200# 油漆溶剂、松节油、松香水等调整施工黏度。涂漆前须将欲涂表面清理干净，以免影响附着力。静电喷涂时，电压应控制在 11 万～16 万 V，才能达到喷涂均匀、丰满的涂膜，不出阴阳面。干膜厚度要控制在 20～30μm 才有防腐作用。若要求严格，可涂二道，第一道漆干燥 24h 后再涂第二道漆。有效储存期为 1 年，过期若无胶化、结块现象，可继续使用。

产品配方/kg

钛白粉	14.8
滑石粉	13.6
二甲苯	25.3
硫酸钡	13.6
脲醛树脂	29.2
正丁醇	3.5

生产工艺与流程

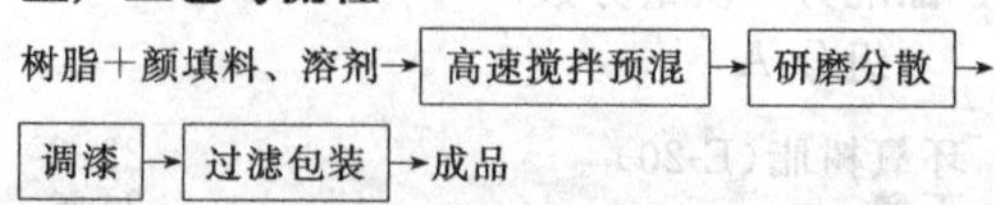

6-18 厚膜型环氧沥青重防腐蚀涂料

性能及用途 系高固体分、厚膜型重防腐蚀涂料，一次涂装可形成 125～200μm 厚度涂层，附着力好、耐冲击、耐电位、耐海水、耐油、耐化学品腐蚀、抗机械磨损，广泛用于舰船、水下构筑物、地下工程、钻井平台、码头、污水池、地下管道、桥梁、陆上大型钢结构件等长期防腐蚀工程。

产品配方/kg

树脂	400
颜料	350
溶剂	200
助剂	50

施工方法 使用前按比例把甲、乙两组分充分混合，用刷涂、滚涂或高压无气喷涂于经表面处理达 Sa1/2 或 St3（SIS 055900—1967）除锈等级的钢材上，混合后使用期（23℃）6h，涂装间隔（23℃）1～5 天。配套涂料，前道涂料为无机富锌车间底漆，环氧富锌车间底漆，环氧铁红车间底漆，与 H2-1、H2-2 重防腐蚀涂料配套使用。

生产工艺与流程

(1) 环氧树脂、溶剂、助剂→溶解→过滤→包装→成品

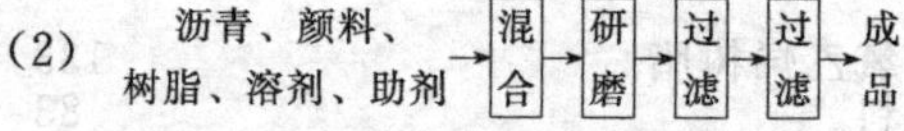

6-19 环氧酚醛烘干防腐漆

性能及用途 该清漆具有突出的耐酸、耐碱、耐溶剂及耐化学品腐蚀性能。适用于能烘烤的化工设备、电机、管道、储罐等

表面涂装。

产品配方/kg

树脂	406
溶剂	652

涂装工艺参考　底材最好用喷砂处理，避免用化学药品处理，将漆搅拌均匀，如沉底严重，应将上面薄的部分倒出，将结块部分搅拌均匀后，再将薄的部分加入搅匀。施工可用喷涂、刷涂或浸涂，但以浸涂为佳。黏度太大时，可加二甲苯与环己酮或二丙酮醇与环己酮混合溶剂稀释，但不宜超过20%。涂层以4～7道为宜，每道约15～20μm，以薄而道数多为佳。前数道在160℃烘40min，最后一道在180℃烘60min。

生产工艺与流程

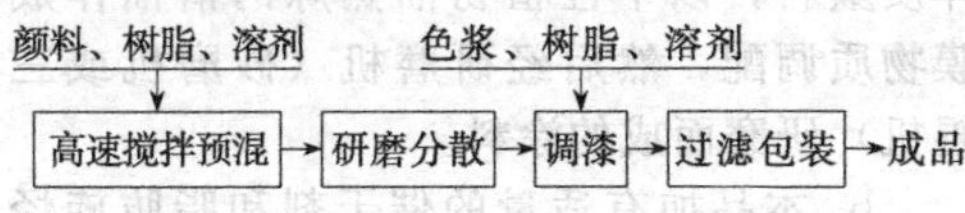

6-20　银色环氧防腐漆

性能及用途　遮盖力较强，有一定的耐腐蚀性能，可以室温干燥或低温烘干。

产品配方（质量分数）

氢氧化钠	8～15
氧化锌	2～5
氯化镍	0.5～3
乙二胺	2～4
三乙醇胺	2～4
酒石酸钾钠	0.5～3
DE	0.2～0.8
十二烷基磺酸钠	0.01～0.1
余量为水	

涂装工艺参考　钢板先经喷砂，涂一道H53-3环氧防腐漆，室温静置15min。90℃烘1h，室温静置15min，涂银色环氧防腐漆一道，静置15min。90℃烘1h，涂银色环氧防腐漆第二道，室温30min，90℃烘5～8h。配套漆：以H52-3环氧防腐漆作底漆，银色环氧防腐漆作面漆。

生产工艺与流程

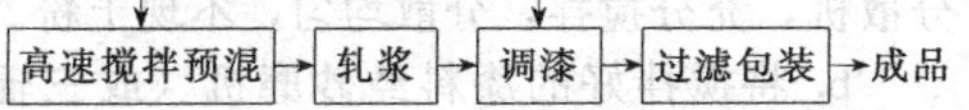

第二节　防锈涂料

金属、混凝土、木材等材料受周围环境介质的化学作用或电化学作用而损坏的现象称为腐蚀。研究腐蚀的主要对象是金属，尤其是钢铁。世界上每年因金属腐蚀而造成巨大的损失。从材料的保护来讲，防锈涂料的应用无疑是一种效果明显、成本低廉、施工简便的方法。

一、防锈涂料的防锈机理及组成

1. 防锈涂料的防锈机理

钢铁的生锈腐蚀主要是在水中或地下潮湿环境中形成化学电池而造成；另外，受空气中的氧气和水分作用也会发生锈蚀。防锈涂料从两个方面起到防锈作用：一是在金属表面形成一层致密的涂膜，将氧气和水分的渗透减少到最低限度；二是通过添加防锈颜料抑制锈蚀的产生，起到缓蚀作用。

2. 防锈涂料的组成

防锈涂料主要是由成膜物质、防锈颜料、体质颜料和一定的添加剂组成。

(1) 成膜物质　可以用作防锈涂料的成膜物质很多，有熟油、油基树脂、醇酸、环氧、聚氨酯、氯丁橡胶、沥青、乙烯共聚树脂等。一般要从对水和氧气的透过率，对金属的附着力、吸水性、耐碱性等几个方面综合考虑选择。

油性涂料对金属表面的浸渍性好，但耐水、耐碱性差。若与铅丹配合使用效果很好。

由桐油（或亚麻油）与酚醛树脂制成的油基涂料耐水性、耐候性均好，适于用作户外浸润、潮湿环境的防锈涂料。而醇酸树脂干燥较快，附着力大，易用于大气防锈。

环氧酯兼具酚醛和醇酸树脂的优点，干燥快、附着力大、耐碱性很好，适于潮湿环境。环氧防锈涂料的另一个品种是环氧-聚酰胺涂料。这种涂料具有表面活性，能在金属界面上定向，极性基向内与金属层吸附，脂肪基向外取向，交联后形成坚固的涂膜；它的另一特点是附着力大，可用于大气或干湿环境。但这种涂料是两罐分装，使用不太方便。

(2) 防锈颜料　防锈颜料在防锈涂料的保护作用中占有很重要的地位，其防锈机理可分为如下几类：

① 与成膜物质中的酸成分反应，形成渗透性小的致密涂膜；

② 呈微碱性，抑制锈蚀的形成；

③ 利用铬酸离子抑制锈蚀的发生；

④ 利用化学作用抑制锈蚀；

⑤ 利用离子化作用使阴极起防锈作用；

⑥ 利用生成键或盐，增强耐水性；

⑦ 颜料呈鳞片状，在涂膜中按层次排列，形成渗透小的涂膜。

按以上机理防锈颜料有以下几类：

①——铅白、碱式硫酸铅、氧化锌。

①+②——铅丹、一氧化二铅、碳氮化铅（氰胺化铅）。

①+③——碱式铬酸铅，铬酸锌（309 锌铬黄）。

③——铬酸锌钾（109 锌铬黄）、铬酸钾钡。

①+④——铅酸钙（钙黄）。

①+⑤——锌粉。

⑥——铝-粉、石墨。

(3) 体质颜料　体质颜料即填料，可以降低成本并赋予涂膜一定的物理性能，有的还可以增强防锈作用。在防锈涂料中常用的有滑石粉、碳酸钙、硫酸钡、云母粉、硅藻土等。

二、一般红丹油性防锈涂料的配方设计

本品英文名称 Red lead oil anti-corrosive paint，系防锈颜料、体质颜料，以天然植物油熬炼的油性漆料作展色剂，并加以适量的助剂调制经研磨而成的涂料。

本品主要用于钢铁构件表面防锈打底。

(1) 绿色技术

① 制造本品的成膜物质系天然植物油中的亚麻油、苏籽油或梓油等熬炼成的清油，纯属天然物质，系可再生资源，能持续发展。

② 制造本品的防锈颜料红丹，其化学成分是四氧化三铅（Pb_3O_4），是一种古老的性能非常优异的防锈颜料，它性能稳定，与钢铁表面附着力很强，并且用作底漆（上层有防护面漆），尽管它是铅化合物，但仍然被视为在一般情况下不会造成环境污染的优质防锈涂料。

③ 本品不属易燃物质，生产、储存、运输和使用方便。

(2) 制造方法

① 基本原理。

a. 本品系采用防锈颜料四氧化三铅和体质颜料，以干性植物油熬炼的清油作成膜物质调配，然后经研磨机（砂磨机或三辊机）研磨而成的涂料。

b. 本品加有适量的催干剂和脂肪族烃类溶剂。使用前必须将涂料搅拌均匀，如发现黏度太稠，可加入适量的 200# 溶剂汽油或松节油进行调整；如干燥太慢，可加入适量的催干剂，充分搅匀再进行施工。

② 工艺流程方框图。

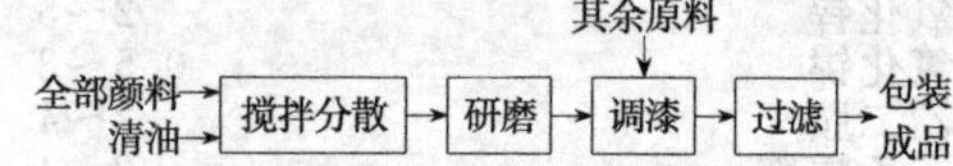

③ 原料规格及用量（见表 6-3）。

表 6-3　原料规格及用量

名　称	规　格	用量 /(kg/t 产品)
红丹粉	工业级	600
滑石粉	工业级	100
清油	工业级	270
硬脂酸铅	工业级	5
环烷酸钴(含 Co 2%)	工业级	5
环烷酸锰(含 Mn 2%)	工业级	5
200# 溶剂汽油	工业级	15

④ 生产控制参数及具体操作。

a. 按配方将全部颜料和清油投入高速分散机，充分搅拌，分散均匀，不现干粉。

b. 将搅拌好的漆料经砂磨机（或三辊

机）研磨2～3遍，至细度达到要求为止。

c. 将研磨好的涂料泵入调漆罐，在搅拌下加入其余的原料，充分搅拌均匀。

d. 检测质量合格后，进行过滤和包装，即为成品。

(3) 产品质量　产品质量参考标准（参考中华人民共和国专业标准 ZBG 51026—87 Y53—31 红丹油性防锈漆标准），如表6-4所示。

表6-4　产品质量参考标准

项　目		指　　标
漆膜颜色和外观		橘红，漆膜平整，允许略有刷痕
黏度（涂-4黏度计）/s		30～80
细度/μm	≤	60
遮盖力/(g/m²)	≤	220
干燥时间/h		
表干	≤	8
实干	≤	24
耐盐水性（浸120h）		不起泡，不生锈

(4) 分析方法

① 漆膜颜色及外观　与标准样板对比，用目测法进行测定。

② 黏度　按GB/T 1723—1993"涂料黏度测定法"进行测定。

③ 细度　按GB/T 6753.1—1986"涂料研磨细度的测定"进行测定。

④ 遮盖力　按GB/T 1726—1979 (1989)"涂料遮盖力测定法"进行测定。

⑤ 干燥时间　按GB/T 1728—1979 (1989)"漆膜、腻子膜干燥时间测定法"进行测定。

⑥ 耐盐水性　按GB/T 1963—1979 (1989)"漆膜耐化学试剂性测定"进行测定。

三、新型水性带锈防锈涂料的配方设计举例

本品是一种水基涂料，由成膜物质（醋酸乙烯和丙烯酸类单体共聚形成的水溶性高聚物）、铁锈转化剂、填料等研磨分散而成，棕红色黏稠状液体。无毒、无异味，具有良好的耐水性、耐候性和防腐蚀性能。

本品主要用于钢铁材料及设备的防腐蚀、维修和保养，能带锈涂装。施工方便，可采用刷涂、喷涂、浸涂等方式施工，一般用量为150～200g/m²。

(1) 绿色技术

① 我国于20世纪60年代以后开发了一系列溶剂型带锈防锈涂料，能直接涂装于一定锈蚀的钢制件表面，简化了施工工序，减轻了工人劳动强度，但这类涂料含有大量的有机溶剂，毒性大，对操作者危害较大，对环境污染严重。采用本品对人体无害，对环境污染极小。

② 本品在常温下制备，不需加热，不消耗热能，制备简单。

③ 本品以水替代有机溶剂作稀释剂，低毒无异味，不燃。生产和使用过程中不产生有毒的有机溶剂气体，从根本上改善了操作者工作环境和劳动条件，保障了人体健康，是一种较理想的环保型涂料。

(2) 制造方法

① 工艺流程方框图。

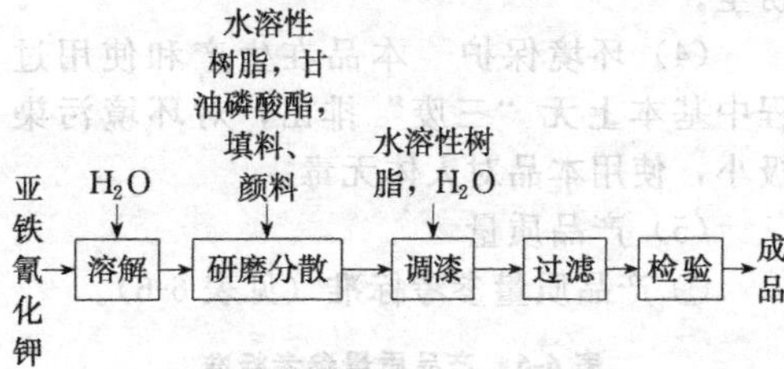

② 主要设备及水电气。砂磨机1台，供研磨色浆用，产量200～300kg/h；去离子水生产装置1套，产量40～50kg/h；调漆釜（带高速分散机）1台，500L；袋式过滤器或筛网过滤机1台，产量200～250kg/h；不锈钢原料储存罐若干个，用于原料储存和调漆过滤用；液料泵2台，用于液料的输送；配50kW的变电装置1套。

③ 原料规格及用量（见表6-5）。

表6-5　原料规格及用量

原料名称	规格	用量/质量份
水溶性树脂（醋丙共聚乳液）	涂料级	40
亚铁氰化钾	工业品	8
甘油磷酸酯	工业品	2.5
氧化铁红	涂料级	1.5
填料	涂料级	18
水	去离子水	30

④ 生产控制参数及具体操作。

a. 研磨与分散。将一半水溶性树脂、去离子水、细度达到规定要求的颜料和填料、甘油磷酸酯以及用去离子水溶解好的亚铁氰化钾投入预混合槽中，充分搅拌，使颜料和填料充分润湿混合均匀后，用液料泵送入砂磨机中研磨分散，研磨至符合涂料规定细度要求为止。

b. 调漆与过滤。经过研磨分散的水性稠状漆料用液料泵送入调漆釜中，加入余下的水溶性树脂和去离子水，用高速分散机搅拌均匀，达到涂料黏度要求后，用袋式过滤器或筛网式过滤机过滤，即得成品。

c. 检验与包装。将上述所得成品检验合格后，即可包装出厂。

(3) 安全生产　操作人员必须严格遵守安全操作规则，应穿戴好防护用品。调漆时注意粉尘的危害，要防止加料时吸入粉尘。

(4) 环境保护　本品在生产和使用过程中基本上无“三废”排出，对环境污染极小，使用本品对人体无毒。

(5) 产品质量

① 产品质量参考标准（见表6-6)。

表6-6　产品质量参考标准

检测项目	指标
外观	棕红色黏稠状液体
稀释性	混溶性好
黏度/s	30～40
细度/μm	≤60
附着力/级	1
遮盖力/(g/m²)	≤200
干燥时间/h	
表干	≤6
实干	≤24
耐水性(25℃,144h)	不变色,不起泡,不脱落

② 环境标志。本品以水为稀释剂，低毒无异味，不燃，对环境污染极小。可考虑申请环境标志。

(6) 分析方法

① 铁锈转化能力。将打磨清洗后的A3钢样置于人工潮湿环境中，直至有均匀铁锈生成为止，在其上涂覆本品，涂膜厚度约60μm，干燥24h后，用手术刀从A3钢基体上剥离涂层，并观察A3钢基体表面锈蚀状态，以判断其铁锈转化能力。本品铁锈转化能力强，基本上看不到铁锈。

② 细度，遮盖力，外观、附着力，黏度，干燥时间，耐水性的测定方法同水性防火涂料。

四、防锈涂料的分类及典型配方举例

防锈涂料可按防锈颜料或成膜物质进行分类，本节采用日本工业标准本身防锈颜料的不同将其分为以下几类，并举例列出参考配方。

1. 铁红防锈涂料

铁红（氧化铁）性质稳定，颗粒细，在涂膜中能起到很好的封闭作用，但其本身不具有化学防锈作用，常要配以其他防锈颜料，因其价廉无毒，适宜于切割和焊接，可应用于一般建筑物、结构物涂装。

配方1　铁红酚醛树脂防锈涂料（质量份）

铁红	30
环烷酸锰(3%)	0.15
碳酸钙	10
200#油漆溶剂油	3.77
环烷酸钴(4%)	0.2
硫酸钡	15
硬脂酸铝	0.28
氧化锌	5(含铅)
环烷酸铅(10%)	0.6
油基酚醛漆料(70%)	35

2. 铅丹防锈涂料

铅丹（即红丹）防锈涂料是人们发明最早的一种防锈涂料，但至今仍广泛使用，尤其适于工业大气或难以彻底处理的钢铁结构表面，还应用于一般建筑物、桥梁、储罐、船舶（不接触水的部位）。但铅的毒性很大，并且铅丹涂料不耐暴晒。

配方2　铅丹酚醛防锈涂料（质量份）

铅丹(98%)	60
碳酸钙	6
油基酚醛漆料(50%)	30.85
硫酸钡	3
硬脂酸锌	0.15

3. 铬酸锌防锈涂料

铬酸锌又称锌铬黄，可在涂料中分解生成铬酸离子使金属表面钝化而防止腐蚀，主要用作铝镁等有色金属的防锈涂料和钢铁表面的可焊接底漆或预涂底漆。因其对工业酸性大气的抵抗性较弱，耐水性也不好，所以常配以氧化锌、铁黄等颜料。

配方 3　锌铬黄环氧防锈涂料（质量份）

锌铬黄	20
滑石粉	15
环烷酸锰(2%)	1
双戊烯	4.8
氧化锌(含铅)	10
三聚氰胺树脂(50%)	2
环烷酸铅(10%)	1
环氧酯(50%)	34
环烷酸钴(2%)	1
甲苯	11.2

4. 锌粉防锈涂料

由于锌粉对钢铁的阴极保护原理，工业上常使用金属锌喷镀在钢铁构件上防止大气锈蚀；涂料工业上使用的锌粉防锈涂料也是通过锌粉粒子之间的紧密接触作为一种牺牲阳极而保护钢铁。通常涂膜中含锌量 85%～95%防锈效果比较好。目前，锌粉防锈涂料已广泛作为预涂底漆用于钢铁结构物、车辆、船舶、卷涂材料。

使用锌粉防锈涂料应注意以下几个问题：

(1) 该种涂料系两罐（或三罐）分装，用前调配。

(2) 涂有富锌底漆的钢铁在切割焊接时会产生对人体极为有害的“锌雾”。下面是几种典型配方

配方 4　环氧酯富锌底漆（质量份）

组分 1

环氧酯(50%)	335
膨润土	4
乙醇	1
高闪点石脑油	85
二甲苯	80
钴催干剂	1

组分 2

锌粉	1980

这种涂料适用于大气中钢铁结构的防锈底漆。

配方 5　环氧-聚酰胺富锌底漆（质量份）

组分 1

锌粉	768

组分 2

E-20 环氧树脂(20%)	16.0
丁醇	2.4
甲苯	4.8

组分 3

聚酰胺树脂(50%,胺值 238)	10.0

这种涂料适用于大气、浸水、化学腐蚀等环境。

配方 6　硅酸盐富锌涂料（质量份）

组分 1

硅酸钠(模数 3.98,固含量 28.4%)	2.0
海藻酸钠	12.0

组分 2

锌粉	90.0

这种涂料为自固型涂料，可作为强防腐涂料。

有机富锌底漆力学性能好，而无机富锌底漆耐热、耐溶剂、电绝缘性好，如果二者拼用，可取长补短，关键在于解决相容性问题。

配方 7　拼用型富锌底漆（质量份）

组分 1

锌粉	76

组分 2

硅酸乙酯水解物	16
乙基溶纤剂	6
环氧树脂(环氧当量 180～190)	3

组分 3

胺固化剂	1.8
乙基溶纤剂	3.2

此外，还有一氧化二铅、碳氮化铅、

铅酸钙等系列防锈涂料，在此不加详述。

五、新型防锈涂料生产工艺与产品配方实例

上述介绍典型防锈涂料 7 个配方举例，如下介绍新型防锈涂料生产工艺与产品 10 个品种。

6-21 新型水下施工防锈漆

性能及用途 本涂料为无溶剂型，可直接在水下钢铁表面施工，在水中固化成膜。具有良好的附着力和防锈性能。适用于各种海上工程，诸如海上石油、天然气钻井平台、开采设备、码头钢桩、水下管道及船舶水下部位等的保护。

涂装工艺参考 施工表面需清除附着的海生物及厚锈层。甲、乙组分（5∶1）混匀后在水下刷涂施工。用量 0.5kg/m²。涂层厚（每道）约 200μm。

产品配方（质量份）

甲组分

环氧树脂	40
润湿剂	6
盐酸(相对密度 1.91)	1.46
防锈颜料	60

乙组分

硫酸(相对密度 1.84)	40.5
磷酸(相对密度 1.70)	18.7
水	36.34
六次甲基四胺	1
膨润土	适量

生产工艺与流程 将硫酸、磷酸、盐酸组分按比例放入搪瓷锅内搅拌均匀，然后加入适量的膨润土、六次甲基四胺边加边搅拌，至成为稠糊状后放置 3～4h 包装即可。甲组分是将环氧树脂、防锈颜料及润湿剂混合、研磨、过滤、包装而成。

6-22 新型铁红油性防锈漆

性能及用途 附着力较好，附锈性能较好，但次于红丹防锈漆，漆膜较软。主要用于室内外一般要求不高的钢铁结构表面作打底之用。

涂装工艺参考 刷涂施工。用 200# 油漆溶剂油或松节油作稀释剂。该漆单独使用耐候性不好，应与面漆配套使用。配套面漆为酚醛漆、脂胶漆。有效储存期为 1 年，过期的产品可按质量标准检验，如符合要求仍可使用。

产品配方/kg

植物油	518
颜填料	435
溶剂	210
助剂	10

生产工艺与流程

炼制的植物油、颜填料 → 预混；溶剂、助剂 → 调漆

预混 → 研磨 → 调漆 → 包装 → 成品

6-23 新型铁黑油性防锈漆

性能及用途 干性适中，涂刷方便，有良好的耐晒性和一定的防锈性。用于已涂其他防锈底漆的表面及钢板的保养。

涂装工艺参考 使用前要先将漆搅匀，以刷涂为主。用 200# 溶剂油或松节油作稀释剂，可作红丹防锈漆的保护面漆用，可与酚醛、脂胶磁漆或调和漆配套使用。有效储存期为 1 年，过期的产品可按质量标准检验，如符合要求仍可使用。

产品配方/kg

颜料	309.8
漆料	424.5
催干剂	66.2
溶剂	226.7

生产工艺与流程

漆料、颜料、溶剂 → 预混；催干剂、溶剂 → 调漆

预混 → 研磨 → 调漆 → 过滤包装 → 成品

6-24 新型铁黑酚醛防锈漆

性能及用途 该漆涂刷性好。适用于室内外要求不高的建筑表面作打底或盖面用，亦可作钢铁的防锈涂层。

涂装工艺参考 采用刷涂法施工，可用 200# 油漆溶剂油或松节油作稀释剂，与各色酚醛磁漆配套使用。有效储存期为 1 年，过期可按质量标准检验，如符合要求仍可使用。

产品配方/kg

50%酚醛漆料	602.2
颜、填料	311
溶剂	90
助剂	15

生产工艺与流程

6-25　新型钢结构锌灰油性表面防锈漆

性能及用途　该漆膜平整，附着力好，有较好的耐候性能。主要用于已涂防锈漆打底的室内外钢铁结构表面作保护防锈之用。

涂装工艺参考　采用刷涂法施工。用200#油漆溶剂油或松节油调节黏度。有效储存期为1年，过期的产品可按质量标准检验，如符合要求仍可使用。

产品配方/kg

80%漆料	500
颜料	600
催干剂	88
溶剂	120
助剂	30

生产工艺与流程

6-26　新型钢构件表面除锈漆

性能及用途　该漆具有一般的防锈性能，主要用于防锈性能要求不高的钢铁构件表面涂覆，作为防锈打底之用。

涂装工艺参考　以刷涂施工为主。有效储存期为1年，过期可按质量标准检验，如符合要求仍可使用。

产品配方

丙烯酸系乳液防锈涂料（质量份）

四盐基铬酸锌	63.5
氧化铁系颜料	36.3
重晶石粉	36.3
碳酸钙	45.5
苯乙烯-顺丁烯二酸酐共聚物（2.25%水溶液）	40
羧甲基纤维素钠盐水溶液(2%)	8
水	60.8
丙烯酸系乳液(51.8%)	692
三乙醇胺	10
三聚磷酸钾	10.9
安息香酸钠-亚硝酸钠(1∶1)混合物	0.42

生产工艺与流程　将丙烯酸系乳液防锈涂料组分混合、研磨、过滤、包装而成即可。

6-27　新型偏硼酸酚醛防锈漆

性能及用途　在大气环境中具有良好的防锈性能，适用于桥梁、火车车辆、船壳、大型建筑钢铁构件、钢铁器材表面作防锈打底之用。

涂装工艺参考　喷涂、刷涂均可。使用时用200#油漆溶剂油或松节油作稀释剂。一般工程以涂两道为宜，每道漆使用量不大于80g/m²，第二道漆膜干硬后再涂面漆。最好不单独使用，可与酚醛磁漆、醇酸磁漆配套使用。有效储存期为1年，过期可按质量标准检验，如符合要求仍可使用。

产品配方/kg

50%酚醛树脂	607
颜、填料	316
溶剂	102
助剂	13

生产工艺与流程

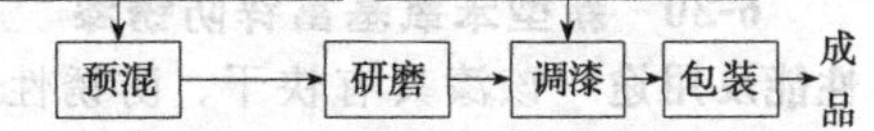

6-28　新型硼钡油性表面防锈漆

性能及用途　该漆可代替红丹油性防锈漆使用，没有红丹的毒性，防腐性能好。

涂装工艺参考　该漆以刷涂施工。调节黏度可用200#溶剂油。有效储存期为1年，过期的产品可按质量标准检验，如符合要求仍可使用。

产品配方/kg

聚合油	357
颜、填料	952
溶剂	85
催干剂	24

生产工艺与流程

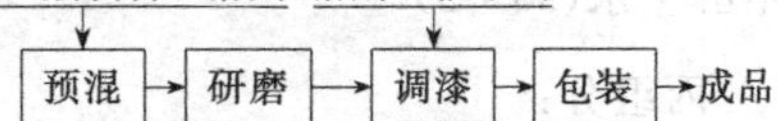

6-29　新型富锌防锈漆

性能及用途　本防锈漆具有干燥快、防腐性好、耐磨、耐候等优点。可和环氧橡胶、氯化橡胶等面漆配套。是一种优良的重防腐配套用防锈漆。

涂装工艺参考 施工时要求底材喷砂处理达到瑞典标准 Sa2 1/2 级。可用刷涂或高压无空气喷涂。刷涂要两道，间隔 1～2h。施工相对湿度为 60%～90%。适用期（25℃）为 8h。膜厚 70～80μm。可和环氧橡胶、氯化橡胶等防腐面漆配套。施工间隔 16h～4 个月。

产品配方（质量份）

甲组分：

环氧树脂	6
二甲苯：甲基异丁酮：正丁醇(3：1：1)	4
锌粉	90
二甲苯：甲基异丁酮：正丁醇(3：1：1)	5

乙组分：

聚酰胺	3.24
二甲苯：甲基异丁酮：正丁醇=3：1：1	2.16

生产工艺与流程 在反应釜中依次加入甲组分原料，每加一种原料都要混合均匀，在高速分散机中进行分散 15min，加入乙组分再进行混合。

6-30 新型苯氧基富锌防锈漆

性能及用途 该漆具有快干、防锈性能好的特点。适用于涂装在经抛丸、喷砂或酸洗等处理后的钢板及钢铁构件。

涂装工艺 该漆可采用无气喷涂、刷涂均可。施工时应按基料：固化剂：粉剂＝28：8.7：63.3 的混合比混匀，在 24h 内用完。稀释时采用专用稀释剂，稀释剂用量为 10%～20%（质量分数）。

产品配方/kg

甲组分：

苯氧基树脂	12.8
溶纤剂醋酸酯	12.8

乙组分：

改性膨润土	0.58
甲醇：水(95：5)	0.15

丙组分：

硅胶	0.87
锌粉	92.8

丁组分：

甲苯	41
二甲苯	14
膨润土	4

生产工艺与流程 将甲组分混合均匀，加入乙组分再混合均匀，在高速分散机中进行分散，将丙组分加入其中进行研磨。将丁组分加入研磨。

苯氧基树脂液、颜料、溶剂 → 配料 → 研磨 → 过滤包装 → 基料

第三节 带锈涂料

一般的涂料在钢铁表面涂装时都要求彻底除锈，这不仅费时费力，而且对于船舶、桥梁等大型复杂的工程设备，彻底除锈在技术上是不可能的。所以人们研制出了可直接涂刷于残余锈蚀钢铁表面的带锈涂料（又称锈面涂料）。带锈涂料从其作用上讲还是一种防锈涂料。

按照带锈涂料的基本机理，可将其分为以下几类。

一、渗透型带锈涂料

最早的带锈涂料是以鱼油为主要成分的，它可渗透到锈中，将锈封闭，阻隔氧气和水分透入锈层。油性铅丹防锈涂料可以认为是这类带锈涂料。目前，这类涂料已不仅仅是依靠其良好的渗透性，而且还要具有稳定活泼锈蚀的作用。常见的是用有机铅树脂或螯合树脂来稳定锈层。

(1) 有机铅树脂是由含两个羧基的脂肪酸（如顺丁基二酸、亚麻油二聚酸、松香油二聚酸等）或加少量元脂肪酸（亚麻油酸、豆油酸等）与铅化合物（氧化铅、氢氧化铅、醋酸铅等）加热反应制成。其末端的羧基极性高，对锈层和钢铁表面有很好的润湿和渗透作用，并可捕捉锈层中的铁离子形成沉淀达到稳定锈层的目的；而链节中的铅可使树脂具有铅皂的阻蚀作用。

配方（质量份）

有机铅树脂分散体(60%)	39.0
环烷酸钴(含钴 5%)	0.2
铁红	9.0
环烷酸铅(含铅 15%)	0.8
重质碳酸钙	48.0
松香水	3.0

(2) 螯合树脂对锈层中的活泼铁离子和钢铁表面有螯合作用，生成金属螯合物，使活泼锈层和钢铁表面钝化，达到防锈目的。这类树脂常见的是损枷酚水杨酸缩甲醛树脂。用环氧膦酸酯、膦酸、次膦酸或多羟基酚接枝的醇酸、环氧、干型油树脂对锈层也有比较好的浸润、稳定作用。

配方（质量份）

水杨酸缩甲醛树脂(60%)	40
熟油	5
红丹	2
铁红	5
滑石粉	5
添加剂	适量

二、稳定型带锈涂料

这类带锈涂料是靠活性颜填料来稳定锈层并达到持久的防锈效果，其特点是对有锈和无锈的钢铁表面都有很好的防锈作用。活性颜料对活泼锈层的稳定机理一般认为是生成杂多酸络盐、尖晶石结构或三氧化二铁。

如果要生成杂多酸络盐，通常是使用磷酸盐或铬酸盐（如磷酸锌、磷酸铬、铬酸锶、铬酸锌、铬酸钙、铬酸钡等）与活泼铁锈反应生成杂多酸盐并配以有机氮碱及其盐类（如铬酸胍、铬二苯胍、氨基胍、磷二苯胍等）得到水不溶的络盐。如果要使锈层中的铁离子成为化学性质稳定的四氧化三铁尖晶石结构，一般是采用氧化锌、氧化钡、氧化锶、氧化铝、氧化铁等多价态金属氧化物，还要配以磷酸盐、铬酸盐和有机氮碱的组合颜料体系。使用铁酸盐颜料（铁酸锶、铁酸钡、铁酸钙、铁酸锌等）可以吸收锈层中的水分并和水分反应而把锈层中的水分排除出去，使锈层钝化失去活性。

配方（质量份）

氧化铁红(或氧化铝、铝土矿粉)	50
磷酸锌(或磷酸钙)	10
铬酸钡	5
氧化锌(含铅 3%～5%)	10
铬酸锌	10～14
碱性有机氮碱衍生物	1～5

配方（质量份）

亚桐油环氧酯漆料(50%)	60
铁酸钙	20
渗透剂(聚氧亚乙基酚醚或二辛基丁酸磺酸钠)	0.15
沉淀碳酸钙	20
氧化锌	1
环烷酸钴	0.24

三、转化型带锈涂料

同前两种带锈涂料不同，转化型带锈涂料不是仅仅将锈层中活泼的铁锈成分稳定下来或将锈层包封住，而是通过锈的转化剂在短期内完成对锈层的转化反应，改变整个锈层的结构、组成和性质，使锈层变成涂膜中具有保护作用的稳定物质。

锈的转化剂主要采用可与锈发生反应并生成稳定产物的物质，常见的有无机酸、有机酸或它们的络合物，亚铁氰化钾、亚铁氰化钠、草酸、铬酸、丹宁酸、水杨酸、乙酰基丙酮等。为了利于对锈层的转化反应，往往在转化剂中加入溶剂配成转化液使用。另外，为增加涂层的保护性和改善转化膜的物理机械性能，还需要另一重要组分——成膜液。一般是采用耐酸性好的树脂，如环氧、呋喃、酚醛、醇酸、聚乙烯醇缩丁醛、聚偏氯乙烯、沥青等配成（醇酸树脂不适用于磷酸丹宁酸体系）。

配方（质量份）

转化液(85%工业磷酸：亚铁氰化钾=89：11)	70
成膜液　聚乙烯醇缩丁醛(10%)	16
溶剂(乙醇：丁醇=1：1)	10
环氧树脂(6101)	2
蓖麻油	2

配方（质量份）

转化液　单宁酸(单宁含量75%以上,工业级)	7.42
磷酸(工业级,85%以上)	40.60
乙醇(工业级)	19.46
丁醇(工业级)	2.52
成膜液　缩丁醛树脂液(10%)	20.0
环氧树脂(6101)	2.0
甘油(工业级)	1.0
铁红浆	7.0
铁红浆　(氧化铁红)	47.1
苯二甲酸二丁酯	12.2
环氧树脂(6101)	12.2
蓖麻油	28.5

如下介绍新型带锈涂料生产工艺与产品4个品种。

6-31　新型醇酸树脂带锈漆

性能及用途　本产品为可直接施工于带锈表面的单组分涂料。常温固化，施工方便。对锈层具有渗透、缓蚀的双重作用。可和多种面漆配套使用。本产品适用于不宜用喷砂除锈的大型钢铁构件、设备及管路等部位的涂装及保养。

产品配方/kg

钛白粉	14.8
滑石粉	13.6
二甲苯	25.3
硫酸钡	13.6
脲醛树脂	29.2
正丁醇	3.5

涂装工艺参考　施工时首先要清理表面的油污及松散浮锈层。可用刷、喷或滚涂施工。施工间隔：底漆之间8h，底面之间24h。

生产工艺与流程　将醇酸树脂、改性石油树脂、防腐颜料、助剂及溶剂等分散，研磨至规定细度即制成本涂料。

6-32　新型铁红环氧酯带锈底漆

性能及用途　该漆能在带有残锈的钢铁表面上涂覆，从而简化了钢铁锈蚀表面涂漆前的处理工艺，缩短了施工周期，节约了施工费用，改善了劳动条件。漆膜坚硬耐久，防锈性好，干燥迅速。适用于涂覆各种钢铁及其制品和其他金属表面，还适用于沿海地区和湿热带气候条件下金属材料的表面打底。涂装前将影响底漆附着力的物质加以清除。施工以喷涂为主，刷涂也可以。底漆要充分干燥后，方可涂面漆。锈层薄可涂一道，锈层在60～80μm时，需要涂二道。

涂装工艺参考　该产品施工前被涂物件表面处理要保证涂料与被涂物表面有好的结合力，被涂物面必须处理干净，进行喷砂、除锈，否则影响涂装的质量，然后按配套涂层的要求（底漆、中涂漆、面漆）进行施工。该产品施工时采用刷涂、喷涂均可。

产品配方（质量分数）

甲组分：

铁红	69.0
锌粉	12.5
环氧树脂1001	3.5
膨润土	0.8
溶剂	8.9

乙组分：

聚酰胺	1.9
溶剂	1.9
催干剂	1.5

生产工艺与流程　把以上组分进行研磨混合成一定细度合格。

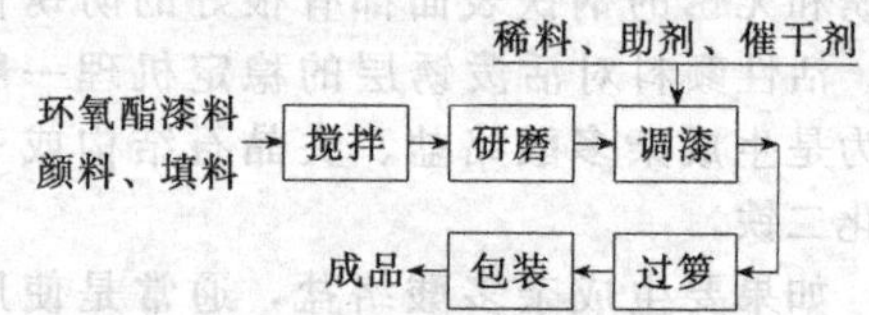

6-33　新型金属油罐带锈漆

性能及用途　可在锈面（<50μm锈层）上施工。和面漆配套性好，耐油性优良。用于金属油罐防腐涂料或其他带锈金属部件的保护和维修。

涂装工艺参考　采用刷涂施工，如果喷涂则要有良好的通风条件。常温固化。

产品配方（质量份）

甲组分：

水	47.0
分散剂	18.0
聚丙烯钠盐	1.80
铁红	70.0

铁黄	20.0
碳酸钙	100.0
磷酸锌	93.0
水	9.0
氨水	6.50

乙组分：

壬基酚氧基	1.80
聚氧乙烯醚醇丁腈橡胶	650.0
2-甲基丙酸 2,2,4-三甲基-1,3-戊二醇醋酸酯	5.50
乙二醇	26.0
消泡剂	3.75
增稠剂(20%)	23.0

将甲组分加入混合均匀研磨磨细，然后再加入乙组分混合均匀。

生产工艺与流程　A 组分：在环氧树脂液中，加入颜填料经研磨分散至规定细度，包装即可；B 组分：聚酰胺用溶剂溶解包装。

6-34　铁红醇酸带锈底漆

性能与用途　用于涂在有较均匀锈层的钢铁表面。

涂装工艺参考　刷涂、喷涂法施工均可，涂装时，须将被涂钢铁锈面的疏松旧漆、泥灰、氧化皮、浮锈或局部严重的锈蚀除去，使锈层厚度不超过 80μm，一般涂两道，第一道干后再涂第二道。使用时要搅拌均匀，如漆太厚，可加 X-6 醇酸漆稀释剂调稀。该漆可与醇酸、氨基、硝基、过氯乙烯、丙烯酸、环氧、聚氨酯等面漆配套。有效储存期为 1 年。

产品配方（质量分数）

氧化铁红	11
氧化锌	3.5
锌铬黄	11
铬酸钡	2
磷酸锌	5.5
铝粉浆	2
亚硝酸钠	0.5
中油度亚麻油醇酸树脂	37
200# 溶剂汽油	14.5
二甲苯	10
环烷酸钴(2%)	0.5
环烷酸锰(2%)	0.5
环烷酸铅(10%)	2

生产工艺与流程　将颜料、辅料和一部分醇酸树脂混合，搅拌均匀，经磨漆机研磨至细度合格，再加入其余的醇酸树脂、溶剂和催干剂，充分调匀，过滤包装。

第七章　面漆和底漆

第一节　面　漆

面漆，又称末道漆，是在多层涂装中最后涂装的一层涂料。应具有良好的耐外界条件的作用，又必须具有必要的色相和装饰性，并对底涂层有保护作用。在户外使用的面漆要选用耐候性优良的涂料。面漆的装饰效果和耐候性不仅取决于所用漆基，而且与所用的颜料及配制工艺关系很大。

一、建筑面漆

面漆主要体现在建筑外墙上。美国、欧洲、日本等发达国家的建筑外墙已经逐步摒弃了瓷砖、马赛克等装饰材料，80%以上使用涂料进行装饰。其中氟碳涂料优异的综合性能和性能价格比，使它在超高建筑、标志性建筑、重点工程等方面具有无与伦比的竞争优势，随着水性氟碳涂料的开发和应用，它可喷涂，也可辊涂，又使它在施工方面的成本大大降低。这也是目前氟碳涂料市场的主要增长点。我国在建筑外墙领域，涂料的使用率很低，只有10%，氟碳涂料的使用就更少了。随着国家法规对瓷砖、马赛克、玻璃幕墙等建材的限制，涂料在建筑市场的份额将大幅攀升，预计，到2015年将达到60%以上。其中，氟碳涂料在大型建筑、超高建筑、标志性建筑方面具有得天独厚的优势，国内以上海衡峰氟碳材料有限公司为代表，已使用氟碳涂料外墙的建筑有：上海边防检查站、东方艺术中心、正大广场、深圳蛇口科技大厦、常德卷烟厂等等。

二、汽车面漆

汽车面漆是整个涂膜的最外一层，这就要求面漆具有比底漆更完善的性能。首先耐候性是面漆的一项重要指标，要求面漆在极端温变湿变、风雪雨雹的气候条件下不变色、不失光、不起泡和不开裂。面漆涂装后的外观更重要，要求涂膜外观丰满、无橘皮、流平好、鲜映性好，从而使汽车车身具有高质量的协调性和外形。另外，面漆还应具有足够的硬度、抗石击性、耐化学品性、耐污性和防腐性等性能，使汽车外观在各种条件下保持不变。

三、罩光面漆

罩光漆俗称光油，在模型制作中有很高的使用频率。通常用于民用模型，提高完成品的光亮度。在全车制作完成，贴好帖纸之后，按照1：3的比例兑入溶剂稀释，均匀地喷涂于车辆表面，几次之后，就可以获得比较满意的效果。需要注意的是，透明件上尽量不要喷上罩光漆，那样做有可能损坏透明件。

(1) 汽车罩光漆：由高耐候性含羟基丙烯酸树脂、特种助剂和有机溶剂经分散调制而成，为双组分产品。施工时需与固化剂配套使用。主要特性是透明度高，光泽高，耐候性能优异，附着力好，硬度高，丰满度好，优异的耐水、耐汽油、耐化学品性能，可自干亦可低温烘干。主要用于中、高档汽车，豪华客车、旅行车等高级车辆的表面罩光用漆。

(2) 外墙透明罩光漆：是一种透明、不泛黄、耐紫外线和化学腐蚀的罩光漆。用途：具有高光泽和高保光性，可用于各种磨损表面，起装饰和保护作用。优点：①高保光性，不泛黄；②高耐磨损性，耐多种化学品腐蚀；③瓷砖般光洁表面，有效防尘防污。

(3) 金属罩光漆：是专门配合溶剂型金属罩光而设计的。适合涂装于室内、外混凝土及墙壁。同时亦可用作防腐涂料系统的面漆。

(4) 外墙透明聚氨酯罩光漆：是一种透明、不泛黄、耐紫外线和化学腐蚀的双组分聚氨酯罩光漆，特别适用于室外。具有高光泽和高保光性，可用于各种磨损表面，起装饰和保护作用，还适合用于室外混凝土表面。

(5) 氟碳罩光漆：是由氟碳树脂为主要成分的A、B双组分涂料，可作为多种涂层和基材的罩面保护，尤其对铝粉金属漆的罩面保护特别重要，防止铝粉氧化变色。能全面提高其自洁性、保护性、装饰性和使作寿命。适用于各种建筑物内外墙、屋顶等多种涂层和基材的罩面保护，尤其对铝粉金属漆的罩面保护特别重要。

(6) 高硬度玻璃罩光漆：超高硬度，光泽度高，附着力强，丰满度好，耐盐雾性、耐溶剂性好。产品用于玻璃制品的罩光，适用于装饰玻璃、灯饰玻璃、家具玻璃、玻璃瓶、化妆品瓶等玻璃制品表面装饰和保护，尤其适用于高硬度场合。

(7) 水性罩光漆：是集环保、纳米、高分子聚合于一体，具有表面张力自动收缩，屏蔽水分子入侵，分解排除微分子颗粒功能的新一代高科技产品。特性：超级的户外耐候性、耐久性能。超强的除尘自洁功能可使被涂物表面颜色虽经历风雨而保持色彩，持久亮丽极好的物体表面色泽保护性。耐水性能佳，手感细腻光滑，光泽淡雅柔和。

四、一般常用面漆种类与用途设计

① 聚酯家具面漆：用于家具的面漆。

② 新型防紫外线面漆：主要用于防止紫外线照射。

③ 聚酯-聚氨酯树脂面漆：用于金属、家具的涂饰。

④ 聚氨酯塑料面漆：用作木器家具或同类型涂层的罩光漆。

⑤ 有机硅聚氨酯树脂面漆：用作飞机蒙皮面漆。

⑥ 新型热固性丙烯酸面漆：用于飞机蒙皮面漆，轿车面漆。

⑦ 新型罩光磁漆：为罩光磁漆，适用于木工表面罩光。

五、新型乳胶面漆的配方设计举例

乳胶面漆的组成和其性能关系密切，组成决定性能。

首先，基料和体系的PVC含量与涂料制造及其全部性能或大部分性能密切相关，乳液是乳胶面漆中黏结剂，依靠乳液将各种颜填料黏结在墙壁上，乳液的黏结强度、耐水、耐碱以及耐候性直接关系到涂膜的附着力、耐水、耐碱和耐候性能；乳液的粒径分布影响到涂膜的光泽、涂膜的临界PVC（CPVC）值，进而影响到涂膜的渗透性、光学性能等；乳液粒子表面的极性或疏水情况影响增稠剂的选择、调色漆浮色发花等。乳胶面漆配方特征不仅取决于PVC，更取决于CPVC值，涂膜多项性能在CPVC点产生转变，因而学会利用CPVC概念来进行配方设计与涂膜性能评价是很重要的，在高PVC体系把空气引进涂膜，而不降低涂膜性能。一般涂料PVC在CPVC±5%范围内性能较好。

其次，颜填料牵涉涂料的制造及涂膜性能的方方面面，涂料的PVC含量、颜填料的种类、颜填料表面处理等参比项中任意项变化，漆及漆膜性能将随之发生变化。颜料种类影响到涂膜的遮盖力、着色均匀性、保色性、耐酸碱性和抗粉化性；填料牵涉涂料的分散性、黏度、施工性、储运过程的沉降性、服胶漆的调色性，同时也部分影响涂料涂膜的遮盖、光泽、耐磨性、粉化以及渗透性等，因此要合理选配填料，提高涂料性能。

涂料助剂对涂料性能的影响虽然不如乳液种类、颜填料种类、PVC大，但其对涂料制造及性能上的影响亦不可小视。增稠剂影响面比较宽，它与涂料的制造、储存稳定、涂装施工以及涂膜性能密切相关，影响到涂料的增黏、储存脱水收缩、流平流挂、涂膜的耐湿擦等。润湿分散剂通过对颜填料的分散效果，吸附在颜填料表面对颜填料粒子表面进行改进，与涂装作业、涂膜性能相联系，它对涂料的储运、流动、调色性产生影响。颜填料分散好，涂料黏度低、流动性好，颜填料粒子聚集少，因而防沉降好、遮盖力高、光泽高。润湿分散剂吸附在颜填料粒子表面，影响粒子的运动能力，从而影响到涂料的浮色发花，疏水分散剂对颜填料粒子表面进行疏水处理后，有助于涂膜耐水耐碱、耐湿擦的提高，当然润湿分散剂种类还会影响到涂膜的白度以及彩色漆的颜色饱和度。消泡剂牵涉涂料制造过程的脱气，对涂料的储存和涂膜性能没有多少关系。增塑剂、成膜助剂可以改性乳液，与涂膜性能有关。防冻剂改善涂料的低温储存稳定，防止因低温结冰，体积膨大，导致粒子聚并，漆样返粗。防腐防霉助剂防止乳胶漆腐败和涂膜抗菌藻污染。

乳胶面漆配方设计是在保证产品高质量和合理的成本原则下，选择原材料，把涂料配方中各材料的性能充分发挥出来。配方设计者应熟悉涂料各组成，明确涂料各组成的性能。乳胶漆性能全依赖所用原材料的性能，以及配方设计者对各种材料优化组合，高性能材料不一定能生产出高品质乳胶漆，使组分中每一个组分的积极作用充分发挥出来，不浪费材料优良性能，消极的负面效应掩盖好或减少最低，这便是乳胶面漆配方设计的境界。下面7-1～7-15简述几类常见面漆涂料的配方设计并列举具体的涂料配方。

六、新型汽车色漆配方设计举例

(1) 必须真正搞清用户对色漆产品最终用途的要求：设计配方前要冷静而理智，问清用户对产品最终用途的要求是至关重要的一个问题。配方设计者有必要深入现场和用户直接接触并相互交流。

(2) 明确采用的法规及标准：不仅需要明确设计的色漆产品当前需要遵循的法规和标准，而且需要对在一段时间内可能实行的法规及标准予以超前考虑。

(3) 产品性能或质量的评价方法必须经过涂料供应商和终端用户双方确认：色漆是一种非常复杂的复合物，并且不同用户对产品要求重点也彼此不同。而涂料厂对色漆产品的检测，不能真正反映它的实际应用性能，有时一些测试方法的结果往往还会与实用效果不符——如测定色漆涂膜防腐性能的盐雾试验，而与终端用户协商用一种已知其实用性能的涂料作参比试验。结合测试及理化分析手段才便于得出可靠的结论。

(4) 对目标成本的追求应当在产品研制初期确定下来：目标成本是一个色漆产品研制项目中的一个重要部分，因为一个产品的性价比合理才能真正赢得市场，全面分析产品特点的商业价值，及其与成本的关系，并在立项研制初期就明确下来是十分重要的问题。

(5) 色漆产品各项性能要求列表排序，分清主次：对一个色漆产品性能的要求往往是多方面的，有时某些性能指标又相互矛盾，即在平衡配方时彼此相互制约。因此在设计一个色漆配方时，切记首先将所有感兴趣的性能详细列表排序，分清哪些性能是重要的、是必须保证的，哪些性能相对次要、要尽量保证，哪些性能是与重要目标矛盾而可以舍弃的。

(6) 色漆配方设计提倡创新，避免仿制及墨守成规，应避免产品的同质竞争：开拓特点突出的色漆产品的最佳途径是技术创新，沿用老概念抄袭仿制竞争对手的低投入方式只能获得低利润。色漆配方设计者应广征博引，采众家之长创造最大的机会，采用所有的方法去解决难题。

(7) 色漆配方设计要想到体积：调整配方进行试验都是以各种原料的质量来计量的，改动配方中原料数量也是按质量进行的。但是分析和评价试验数据，研究各种颜料比例和色漆性能之间的关系时，一定要牢记：体积关系而不是质量关系，才永远是关键数据。

(8) 广泛搜集，注意积累，日常积累是灵感和成功的源泉。持久性地搜集有关漆料、颜料、溶剂、助剂方面的信息，设计配方才有不竭的资源。

如下 7-1～7-15 介绍几类常用面漆涂料生产工艺与产品品种。

建筑面漆品种：建筑面漆是涂装的最终涂层，是建筑墙体装修中最后涂抹的一层，装修后所呈现出的整体效果都是通过这一层体现出来。因此对所用材料有较高的要求，不仅要有很好的色度和亮度，更要求具有很好的耐污染、耐老化，防潮，防霉性好，还要有不污染环境、安全无毒、无火灾危险、施工方便、涂膜干燥快、保光保色好、透气性好等特点。具有装饰和保护功能，如颜色、光泽、质感等，还需有面对恶劣环境的抵抗性。

7-1　新型建筑面漆

性能及用途　该漆可作为底漆防锈，又可作为面漆防护、建筑面漆装饰用。对铁板附着力好，一次涂成节省工序，施工方便，适用于铁桶、铁板底面漆的一次涂装。

涂装工艺参考　涂漆前必须将欲涂表面清理干净（如焊渣、铁锈、浮锈、泥灰、油污等应彻底清除），对进口冷轧钢板等光滑物面必须擦毛或化学处理后再涂漆，以免造成附着力不好。可采用刷涂或喷涂施工，浅色漆应以喷涂为好。一般干漆膜厚度不得低于 30μm 才能有防锈保护作用，如漆太稠可适量加入 200# 溶剂汽油或醇酸漆稀释剂兑稀。有效储存期为 1 年，逾期可按质量标准进行检验，如符合标准可继续使用。

产品配方/kg

醇酸树脂	36.3
颜料	10.7
酚醛树脂	26.8
催干剂	1.2
溶剂	54.5
氨水	适量

生产工艺与流程

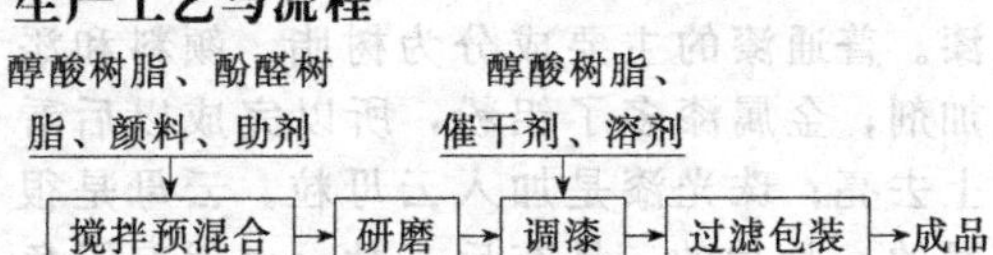

7-2　建筑防紫外线面漆

性能及用途　建筑面漆装饰用、建筑防紫外线面漆。

涂装工艺参考　施工时，搅匀，用喷涂法施工。严禁与胺、醇、酸、碱、水分等物混合。有效储存期 1 年，过期如检验质量合格仍可使用。

产品配方（质量分数）

618 环氧树脂	15
Tu 固化剂	3.8
甘油环氧树脂	3.8
邻苯二甲酸二丁酯	0.8
乙醇或丙酮	76.6

生产工艺与流程　先取热的环氧树脂（40～50℃）溶解在乙醇与丙酮混合溶剂中，待完全溶解后，按比例加入邻苯二甲酸二丁酯和 Tu 固化剂连续搅拌至溶液澄清不混浊后，在 25℃，65% 的条件下涂刷即可。并在 24h，即可完全固化（乙醇与丙酮混合液的比例是 1∶16，固化条件，25℃，65%）。

飞机/汽车面漆品种　飞机/汽车漆面，从大类分，可分为水性漆和油性漆。按照欧盟对出口产品的要求，现在技术先进的厂家都采用了水性基的漆了。

从漆的种类分，飞机/汽车面漆主要分为金属漆和素色漆。素色漆一般是纯色的，比如白色、红色、黑色等等。而金属漆，顾名思义，就是在漆里掺入了金属粉体，这样做出的漆面，看起来具有立体感，漆膜结构稳固，比素色漆更坚固些。

飞机/汽车油漆一般都是烘烤漆。在厂

里面，机/车架、机/车身焊接完成，手工修补机/车身后，下一道工序就是上漆。一般来说，首先是底漆。将白皮机/车身浸入糖浆般的漆槽，取出烘干底漆；然后送入无尘车间，用静电喷漆工艺喷上面漆，然后用200℃左右的温度烘干。有的还会再上一层清漆。这样，油漆工艺就大功告成了。一般面漆有几种：普通漆、金属漆、珠光漆。普通漆的主要成分为树脂、颜料和添加剂；金属漆多了铝粉，所以完成以后看上去亮；珠光漆是加入云母粒。云母是很薄的一片片的，具有反光性，也就有了色彩斑斓的效果。如果是金属漆加上清漆层，机/车漆看上去就很耀眼。

有机硅聚氨酯树脂面漆：用作飞机蒙皮面漆。

新型热固性丙烯酸面漆：用于飞机蒙皮面漆，轿车面漆。

7-3 飞机蒙皮有机硅聚氨酯树脂面漆

性能及用途 用作飞机蒙皮面漆。

涂装工艺参考 施工时，搅匀，用喷涂法施工。严禁与胺、醇、酸、碱、水分等物混合。有效储存期1年，过期如检验质量合格仍可使用。

产品配方/kg

	配方1	配方2
羟基有机硅树脂(65%,OH=14%)		61.5
聚酯有机硅树脂(50%,OH=0.125%)		70
钛白粉	30.1	35
酞菁蓝浆	少量	
炭黑浆		少量
环烷酸锌液含锌(3%)		1.4
氨基树脂液(50%)		1.4
二丁基二月桂酸锰二甲苯液(5%)		0.65
异氰酸酯部分		
HDI缩二脲(50%,NCO=10%～11%)	30	51
TDI-TMP加成物(50%,NCO=7.5%～8.5%)	20	

生产工艺与流程 把以上组分进行研磨均匀即成。

7-4 新型热固性飞机蒙皮面漆

性能及用途 用于飞机蒙皮面漆，轿车面漆。

涂装工艺参考 施工时，搅匀，用喷涂法施工。

产品配方

(1) 配方1(质量分数)

炭黑	2.4
新戊二醇聚酯,50%二甲苯溶液	55.6
丁醇醚化三聚氰胺和苯代三聚氰胺甲醛树脂,50%丁醇溶液	22.0
醋酸丁酯纤维素	1.0
1%硅油	4.0
醋酸丁酯	4.0
二甲苯	5.0
丙二醇丁醚	6.0

热固性丙烯酸涂料的烘干温度为通常在120℃，30min。

(2) 配方2/kg

甲基丙烯酸丁酯甲基丙烯酰胺共聚物树脂(30%)	46.7
158氨基树脂液(60%)	3.92
钛白粉	7.67
氧化锌	0.65
滑石粉	0.30
邻苯二甲酸二丁酯	0.78
磷酸三甲酚酯	0.78
硅油(1%)	0.5
X-5稀释剂	39.20

生产工艺与流程 把以上组分进行混合研磨成一定细度为止。

7-5 新型轿车聚酯面漆

性能及用途 漆膜丰满、光亮、装饰性好，具有良好的物理机械性能和三防性能，漆膜保光、保色、耐候性好，本产品由于固体分高，有机溶剂少，可减少大气污染，改善施工条件，提高生产效率，节约各种能源，是目前较先进的涂料产品之一。用于钢铁表面涂刷。可用于各种车辆及室内外金属制品作装饰保护涂料，作为各种小轿车、吉普车、大轿车、卡车、自行车等室内外金属制品的保护涂料。

涂装工艺参考 施工时，搅匀，用喷涂法施工。

产品配方/kg

GP-185树脂(固含量60%)	53.0
氨基树脂液(70%固含量)	0.53

助剂	0.36
固化剂(10%固含量)	0.29
颜料	2.36
二甲苯/环己酮	1.14

生产工艺与流程 先将两种树脂液加入溶剂中，再加入其余物料，分散均匀得到钠板用聚酯面漆。

7-6 新型轿车丙烯酸/环氧树脂底漆

性能及用途 该漆具有优良的耐盐雾、耐湿热性及良好的机械物理性能，对金属表面有较好的附着力，可作优良的防锈底漆。直接喷涂或静电喷涂。

涂装工艺参考 采用刷涂施工，如果喷涂则要有良好的通风条件。常温固化。

产品配方/g

甲基丙烯酸树脂(40%二甲苯溶液)	195
环氧树脂(50%乙二醇单乙醚溶液)	2785
环氧树脂(环氧当量 180～200)	318
醚化酚醛树脂(57%,2：1 的甲苯/丁醇溶液)	271
异氰酸酯(11.5% NCO 基)	108
钛白粉	2168
二氧化硅	22
铬酸锶	217
有机溶剂	3916

生产工艺与流程 将40%的甲基丙烯酸树脂的二甲苯溶液、环氧树脂溶液与酚醛树脂溶液混合后，搅拌下加入其余物料，均质化后得到丙烯酸环氧树脂底漆。

7-7 丙烯酸系树脂改性氨基醇酸树脂有光面漆

性能及用途 具有高装饰性、高光泽、耐候性好，化学稳定性强等特点，由于固体分高，可省能源、减少大气污染。主要用于汽车工业、航空工业、建筑工程及自行车等轻工产品以及洗衣机、电冰箱等家电的防腐和金属罩面的涂饰。

涂装工艺参考 使用前将漆搅拌均匀，并用绢布或筛网过滤。施工以手工、静电喷涂为宜。静电喷涂要使用本产品的静电专用稀释剂。施工黏度（涂-4 黏度计）为16～25s。冬季施工，室温宜在0℃以上。

产品配方

（1）丙烯酸系共聚物配方（质量分数）

甲基丙烯酸甲酯	9.91
苯乙烯	9.16
丙烯酸丁酯	23.97
丙烯酸	4.75
过氧化苯甲酰	2.24
甲苯	49.97

（2）丙烯酸系共聚物改性醇酸树脂配方（质量分数）

氢化蓖麻油酸	25.16
三羟甲基丙烷	21.56
丙烯酸共聚物	14.08
苯酐	23.72
丁醇	15.48
氨水	适量

（3）色漆配方（质量分数）

配方	白色	奶黄	淡湖绿
丙烯酸改性醇酸树脂(71.5%)	61.01	61.70	61.65
金红石型二氧化钛	14.41	14.46	14.22
群青黄	0.11	—	—
浅铬黄	—	0.21	—
柠檬黄	—	—	0.395
钛青蓝	—	—	0.07
水性六甲氧甲基三聚氰胺树脂(69%)	20.11	19.22	19.24
水性硅油(2%)	4.36	4.41	4.43

生产工艺与流程 把以上组分进行研磨至一定的细度为止。

家具面漆品种：人们常言的家具漆，其实特指木器、竹器家具表面专用漆，又名为“木器漆”。家具漆能使木器竹器家具更美观亮丽，改善家具本身带有的粗糙手感，使家具不受气候与干湿变化影响，不仅起到保护养护木器竹器家具的作用，而且还能使整个家庭生活变得更加舒适。

7-8 新型聚酯家具面漆

性能及用途 用于家具的面漆。

涂装工艺参考 施工时，甲组分和乙组分按1：1混合，充分调匀，用喷涂法施工。混合后的涂料应在5h内使用完毕。

产品配方/kg

	Ⅰ	Ⅱ	Ⅲ
A 组分：			
乙酰丁酸酯纤维素	42.4	42.4	24.0
聚多元醇树脂	5.6	—	5.6
钛白粉	40.0	—	—

	Ⅰ	Ⅱ	Ⅲ
A组分：			
聚丙烯酸树脂	—	53.2	—
甲乙酮	81.28	96.0	92.88
甲戊酮	29.52	48.0	37.08
乳酸	48.76	57.6	55.8
乙酸异丁酯	59.6	56.8	68.16
甲苯	9.36	28.0	33.56
二甲苯	20.84	21.6	21.88
B组分：			
聚氨基甲酸酯	42.64	32.0	42.64

生产工艺与流程 将A组分混合均匀后，经球磨机研细，然后加入聚氨基甲酸酯，调和均匀得到家具面漆。

7-9 新型聚氨酯塑料面漆

性能及用途 用作木器家具或同类型涂层的罩光漆。

涂装工艺参考 施工时，甲组分和乙组分按1∶1混合，充分调匀，用喷涂法施工。混合后的涂料应在5h内使用完毕。

产品配方/kg

(1) A组分

聚酯树脂	28.94
溶纤剂/二甲苯(1∶1混合溶剂)	14.69
改性膨润土	0.3
碳酸丙酯	0.15
聚羟乙基丙烯酸酯(1%溶纤剂溶液)	1.05
1,3,5-三-[3-(二甲基氨基)丙基]六氢三嗪(10%)	1.65
聚硅氧烷(BYK 303)	0.3
聚硅氧烷(BYK 141)	0.75
癸二酸二(1,2,2,6,6-五甲基-4-哌啶酯)(10%二甲苯液)	5.55
钛白粉	43.8

(2) B组分

改性膨润土	0.3
溶纤剂	12.45
芳烃溶剂	6.3

(3) C组分

聚氨基甲酸酯	34.65

生产工艺与流程 将配方中A组分的聚酯树脂溶于混合溶剂中，再与1%的聚羟乙基丙烯酸酯的溶纤剂溶液、10%的三[3-(二甲基氨基)丙基]六氢三嗪的溶纤剂溶液、癸二酸二(五甲基哌啶酯)的10%的二甲苯溶液、聚硅氧烷、碳酸酯及颜料混合，混合均匀后用球磨机研磨至细度在7.0μm以下，再加入B组分的混合物，混合均匀后再添加C组分，调和均匀得到塑料用面漆。

罩面/光面漆品种

(1) 罩光漆：指在已涂好面漆的表面再涂1～2遍清漆来提高亮度。

(2) 罩面漆：指在已涂底漆或面漆的表面再涂1～2遍面漆来提高防护性能和装饰要求。

(3) 罩光清漆：指在涂于面漆之上形成保护装饰涂层的清漆统称为罩光清漆，其特点是光泽高，清晰度优，丰满度好，同时具有一定的硬度、耐磨性、耐候性等。常用的有氨基清漆、丙烯酸清漆、聚氨酯清漆等。

(4) 建筑罩光乳胶漆：这种涂料由苯丙乳液、交联剂和助剂等配制而成。该涂料以水为稀释剂，安全无毒，漆膜色浅，保光性能好，可用做涂料的表面罩光，也可用做石碑、青铜器文物及古建筑表面保护。

7-10 新型丙烯酸罩光涂料

性能及用途 该漆干燥迅速，可常温干燥，也可低温烘干。光泽柔和、附着力强、硬度高、三防性能优异，并且有良好的耐化学品性及耐候性。该漆适用于机床、仪器、仪表、电器、车辆内壁、铸造件、塑料件及各种机械表面，用于多层面漆。

涂装工艺参考 施工时，搅匀，用喷涂法施工。严禁与胺、醇、酸、碱、水分等物混合。有效储存期1年，过期如检验质量合格仍可使用。

产品配方

(1) 聚丙烯酸树脂溶液（质量份）

石脑油	727.2
过异壬酸叔丁酯的混合物	72
丙烯酸正丁酯	276
丙烯酸叔丁酯	276
甲基丙烯酸环己酯	120
甲基丙烯酸缩水甘油酯	240
马来酸酐	168
甲基丙烯酰氧丙基三甲氧基硅烷构成的混合物	120

将溶剂石脑油装入单体入口管，加热

至140℃然后在搅拌下加入72份溶剂石脑油和72份异壬酸叔丁酯的混合物A，混合物在4.75h内加完，在开始加入混合物15min后，向反应混合物中加入由甲基丙烯酸环己酯、甲基丙烯酸缩水甘油酯、马来酸酐和甲基丙烯酰氧丙基三甲氧基硅烷构成的混合物，混合物在4h后加完，当混合物加完后，将反应混合物在140℃再保持2h，然后冷却到室温，所得的聚烯酸树脂溶液固体分为60%。

(2) 透明面漆（质量分数）

丙烯酸树脂溶液	80
聚丙烯酸树脂溶液	80
Tinuven1130	1.4
Tinuven440	1.0
1%硅油溶液	1.0
对甲苯磺酸单水化合物	1.5
丁醇	8.9
98%甲醇醚化三聚氰胺树脂	6.2

生产工艺与流程　将80份上述的聚丙烯酸树脂溶液和80份上述的聚丙烯酸树脂溶液、Tinuven1130、Tinuven 440和1%浓度的硅油溶液在搅拌下加到先加入对甲基苯磺酸单水合物在丁醇中和溶液里，把这些组分充分混合物后，加入浓度为98%甲醇醚化的三聚氰胺树脂，得到透明面漆。

7-11　新型皮革罩光涂料

性能及用途　干燥快、光泽好、有良好的柔韧性。作皮革表面上罩光。薄涂于皮革表面。

涂装工艺参考　施工时，搅匀，用喷涂法施工。

产品配方/kg

中油度蓖麻油醇酸树脂	2.0
蓖麻油	1.5
硝酸纤维素(30～40s,70%)	2.7
邻苯二甲酸二丁酯	0.5
甲苯	5.4
醋酸乙酯	1.7
醋酸丁酯	4.6
丁醇	0.5
乙醇	0.8

生产工艺与流程　将各组分混合搅拌均匀，过滤即为皮革罩光涂料。

7-12　新型木工表面罩光磁漆

性能及用途　为罩光磁漆，适用于木工表面罩光。

涂装工艺参考　施工时，搅匀，用喷涂法施工。

产品配方/kg

环氧树脂	1.4
丁醇醚脲醛树脂	1.0
二丙酮醇	1.2
钛白粉	2
二甲苯	1.2

生产工艺与流程　将各组分混合均匀，经三辊机研磨即得。

7-13　新型云母钛珠光罩面漆

性能及用途　广泛用于桥梁、公路标识、车辆、船舶等工程。

涂装工艺参考　施工时，搅匀，用喷涂法施工。严禁与胺、醇、酸、碱、水分等物混合。有效储存期1年，过期如检验质量合格仍可使用。

产品配方

云母钛珠光罩面涂料（质量分数）

聚氨酯改性树脂	70
云母钛珠光颜料	6～7
透明颜料	2～3.5
混合催化剂	2
其他助剂	0.5
混合溶剂(CAC,乙酸乙酯和丙酮组成混合溶剂)	19.5～18

生产工艺与流程　称取定量树脂、部分混合溶剂、透明颜料、分散剂、防沉剂，在反应釜中高速搅拌分散3～4h，至无浮色无絮凝，经调整分散后的物料再经砂磨机研磨至细度≤20μm，研磨后的物料中再加入云母钛珠光颜料，剩余的混合溶剂，低速搅拌至物料完全浸润，低搅拌下缓缓加入混合催化剂、流平剂，再低速搅拌0.5h至均匀。

7-14　新型双涂层罩面无水漆

性能及用途　用作双涂层罩面无水涂料，用于木器家具或同类型涂层的罩光漆。

涂装工艺参考　施工时，甲组分和乙组分按1∶1混合，充分调匀，用喷涂法施工。

混合后的涂料应在5h内使用完毕。

产品配方

(1) 含有羟基聚丙烯酸酯树脂组分A配方/g

聚合溶剂	1140
丙烯酸叔丁酯	562
甲基丙烯酸正丁酯	182
甲基丙烯酸-2-羟丙酯	364
丙烯酸-4-羟丁酯	73
丙烯酸	33
过苯甲酸叔丁酯	73
2-丙基酯	101

生产工艺与流程

称量聚合溶剂并加入反应釜中，通氮气进行保护，溶剂加热至150℃后加入丙烯酸叔丁酯、甲基丙烯酸正丁酯、甲基丙烯酸-2-羟丙酯、丙烯酸-4-羟丁酯和丙烯酸的混合物和引发剂过苯甲酸叔丁酯在73g上述芳族溶剂中的溶液，要两种加料分别在4h和4.5h内均匀完成，温度保持在150℃，1h后测定反应混合物的非挥发性成分而确定转化率，转化率完成后在150～190mPa真空和110℃蒸馏出526g聚合溶剂，物料然后用101g 2-丙基酯并用上述芳族溶剂调节非挥发分达60%。

(2) 含有羟基醇酸树脂B组分/g

六氢苯二酸酐	1142
1,1,1-三羟甲基丙烷	1024
异壬酸	527
二甲苯	100

生产工艺与流程

将六氢苯二酸酐、1,1,1-三羟甲基丙烷、异壬酸和100g甲苯加入反应釜中，反应加热8h加热到210℃进行回流，反应混合物保持在210℃直到反应混合物在反应釜中所述芳族溶液剂中的60%溶液样品测得的酸值18.6和黏度940cPa·s为止。然后将物料冷却到160℃并搅拌溶于1000g上述芳族溶剂中，溶液从设备中排出，该溶液用芳族溶剂稀释，其量应使非挥发成分达成60.5%。

(3) 被保护多异氰酸酯（组分C)/g

六亚甲基二异氰酸酯的异氰脲酸酯三聚物	504.0
芳族溶剂	257.2
丙乙酸二乙酸	348.0
乙酰乙酸乙酯	104.0
对十二烷基酚钠在二甲苯中的50%	2.5

生产工艺与流程

称量六亚甲基二异氰酸酯的异氰脲酸酯三聚物和芳族溶剂并将其加入反应釜中，溶液加热到50℃，2h内从计量器中加入丙乙酸二乙酸、乙酰乙酸乙酯和对十二烷基酚钠在二甲苯中的50%溶液2.5g，以使温度不超过70℃，混合物缓慢加热到90℃，并将该温度保持在6h后，再加入2.5g对十二烷基酚钠液，并将混合物保持在90℃直到反应混合物中NCO基量达到0.48%为止，然后加入35.1g正丁醇，所得溶液非挥发成分为59.6%。

(4) 制备透明面罩层漆

依下述顺序称量(g)组分A、B、C，并加入反应器中进行搅拌，使其充分混合后加丁二醇或引发剂二甲苯，并同样将其充分搅拌，而为透明面罩漆。

① 组分A 72.7;组分B 14.1;组分C	6.8
② 丁二醇	4.7
UV紫外线吸收剂	1.1
自由基清除剂	1.1
二甲苯	3.0
正丁醇	4.0
均化剂	2.0

7-15 新型罩面玻璃漆

性能及用途 直接涂于玻璃上，然后在25℃和相对湿度为50%的条件下，放置一周，得到耐碱和耐水的罩面涂料。

涂装工艺参考 施工时，搅匀，用喷涂法施工。严禁与胺、醇、酸、碱、水分等物混合。有效储存期1年，过期如检验质量合格仍可使用。

产品配方/g

八甲基环四硅氧烷	400
三乙氧基甲基硅烷	200
十甲基环戊硅氧烷	200
二月桂酸二丁基锡	0.4

生产工艺与流程 将八甲基环四硅氧烷、十甲基环戊硅氧烷、三乙氧基甲基硅烷在二月桂酸二丁基锡存在下水解，得到玻璃罩面涂料。

第二节　底　漆

底漆是直接涂到物体表面作为面漆坚实基础的涂料。要求在物面上附着牢固，以增加上层涂料的附着力，提高面漆的装饰性。根据涂装要求可分为头道底漆、二道底漆等。

(1) 底漆二道浆（合一涂料）　可把稍不平整的基底整平，为其后施涂的涂料体系做准备而特别设计的一种着色涂料。实质上是稀薄的腻子和/或封闭底漆。干燥后通常可用砂纸打磨成平滑的表面。

(2) 面涂层　涂层体系中最后一道施涂的涂层，或固化或干燥后的最后一道涂层。通常施涂于底漆、中间涂层或二道浆之上。

(3) 面下涂层不吸光性　不同的面下涂层（底漆层或中涂层）涂覆面漆时不影响面涂层光泽的倾向。

(4)（明暗）色调谐调涂装法　通过使涂漆装饰表面某些部位的色彩比该表面主体颜色稍浅的处理来增强或产生凹凸效果的涂装方法。

(5) 底材　又称基底。施涂涂料于其上的表面。可以是未涂漆的表面和已涂漆的表面。

(6) 底干　涂膜由底向面的干燥过程。环烷酸铅是用作底干的催干剂。

(7) 底面　为涂漆而适当处理过的表面。

(8) 底面合一漆　单一涂层组成的一种涂料体系。

(9) 底面两用漆　使用同一涂料作底漆和随后的涂料。对于不同涂层可采用不同的稀释情况。

汽车用底漆就是直接涂装在经过表面处理的车身或部件表面上的第一道涂料，它是整个涂层的开始。

根据汽车用底漆在汽车上的所用部位，要求底漆与底材应有良好的附着力，与上面的中涂或面漆具有良好配套性，还必须具备良好的防腐性、防锈性、耐油性、耐化学品性和耐水性。当然，汽车底漆所形成的漆膜还应具有合格的硬度、光泽、柔韧性和抗石击性等力学性能。

随着汽车工业的快速发展，对汽车底漆的要求也越来越高。20 世纪 50 年代，汽车还是喷涂硝基底漆或环氧树脂底漆，然后逐步发展到溶剂型浸涂底漆、水性浸涂底漆、阳极电泳底漆、阴极电泳底漆。目前比较高档的汽车尤其是轿车一般采用阴极电泳底漆，阴极电泳底漆经过 20 多年的发展，同时也经过引进先进技术和工艺，现在已经能很好地满足底漆所要求的各项力学性能、与其他涂层的配套性尤其是现代的流水线涂装工艺，目前轿车用底漆几乎已全部使用阴极电泳底漆。

汽车用溶剂型底漆主要选用硝基树脂、环氧树脂、醇酸树脂、氨基树脂、酚醛树脂等为基料，颜料一般选用氧化铁红、钛白、炭黑及其他颜料和填料，涂装方式有喷涂和浸涂两种。电泳漆是在水性浸涂底漆的基础上发展起来的，它在水中能离解为带电荷的水溶性成膜聚合物，并在直流电场的作用下泳向相反电极（被涂面），在其表面上不沉积析出。采用电泳涂装法要求被涂物一定是电导体。根据所采用的电泳涂装方式的不同，电泳底漆可分为阳极电泳底漆和阴极电泳底漆。电泳底漆使用的成膜聚合物是阴、阳离子型树脂，中和剂为无机碱、有机胺或有机酸，颜料一般选用钛白和炭黑等。

一、一般常用底漆种类与用途设计

(1) 铁红阴极电泳底漆：本漆漆膜有良好的附着力和耐腐蚀性能，比阳极电泳底漆更为优越，适用于金属制件的底漆，特别宜于作钢铁制品的底漆。

(2) 新型金属防腐底漆：该漆干燥快、附着力强、力学性能好，其耐油性、防锈性和防腐蚀性好。主要用于各种汽车车身、车厢及零部件底层涂覆。

(3) 磷化底漆：用于精华素底材的涂底漆。

(4) 氨基醇酸二道底漆：用于中间层涂料。适用于已涂有底漆和已打磨平滑的腻子层上，以填平腻子层的砂孔和纹沟。

(5) 新型木器封闭底漆：适用于木器封闭底漆、装饰和建筑涂料。

(6) 新型金属底漆：用于金属表面的打底。

(7) 新型富锌底漆：用于造船厂水下金属表面涂装及化工防腐金属打底。

(8) 铁红醇酸树脂底漆：用于涂在有较均匀锈层的钢铁表面。

(9) 橡胶醇酸底漆：刷涂或喷涂于已处理过的金属表面。

(10) 锌黄聚氨酯底漆：适用于铁路、桥梁和各色金属设备的底层涂饰。

(11) 丙烯酸/环氧树脂底漆：具有良好的耐盐雾性、耐湿热性及良好的力学性能，对金属表面有较好的附着力，可作优良的防锈底漆。

(12) 新型聚酚氧预涂底漆：应用于机械车辆、设备、造船等行业。

(13) 环氧脂各色底漆：适用于涂覆轻金属表面。

(14) 新型沥青船底漆：适用于船舶的水下部分打底，也可作铝粉沥青船底漆和沥青防污漆之间的隔离层。

二、新型汽车用金属闪光底漆的配方设计举例

所谓金属闪光底色漆就是作为中涂层和罩光清漆层之间的涂层所用的涂料。它的主要功能是着色、遮盖和装饰作用。金属闪光底漆的涂膜在日光照耀下具有鲜艳的金属光泽和闪光感，给整个汽车添装诱人的色彩。

金属闪光底漆之所以具有这种特殊的装饰效果，是因为该涂料中加入了金属铝粉或珠光粉等效应颜料。这种效应颜料在涂膜中定向排列，光线照过来后通过各种有规律的反射、透射或干涉，最后人们就会看到有金属光泽的、随角度变光变色的闪光效果。溶剂型金属闪光底漆的基料有聚酯树脂、氨基树脂、共聚蜡液和CAB树脂液。其中聚酯树脂和氨基树脂可提供烘干后坚硬的底色漆漆膜，共聚蜡液使效应颜料定向排列，CAB树脂液主要是用来提高底色漆的干燥速率、提高体系低固体分下的黏度、阻止铝粉和珠光颜料在湿漆膜中杂乱无章的运动和防止回溶现象。有时底漆中还加入一点聚氨酯树脂来提高抗石击性能。

目前国内汽车涂装线一般采用溶剂型闪光底色漆，而在一些西方发达国家已经大量使用水性底色漆。典型的闪光底色漆配方见表7-1。

表7-1 典型闪光底色漆配方

项目	水性底色漆	溶剂型底色漆
基料	15%～20%丙烯酸-聚氨酯-氨基树脂，用胺进行水稀释	11%～13%聚酯-氨基树脂混合物
溶剂	10%～15%水、乙二醇、醇	70%～90%酯、脂肪烃
颜料	1%～20%铝粉、珠光粉、着色颜料	1%～10%铝粉、珠光粉、着色颜料
增稠剂	<1% pH控制增稠剂	1%～5%没有真的增稠剂，但有控制排列效果的原料
助剂	<1%润湿剂、消泡剂、快干剂	<1%润湿剂

三、新型几类常见底漆的配方设计举例

下面7-16～7-49简述几类常见底漆的配方设计并列举具体的涂料配方。

7-16 汽车车身、车厢及零部件底漆

性能及用途 该漆干燥快、附着力强、力学性能好，其耐油性、防锈性和防腐蚀性好。主要用于各种汽车车身、车厢及零部件底层涂覆。

涂装工艺参考 可采用刷涂和喷涂施工。按产品要求选用配套的或专用的稀释剂调整施工黏度。与专用腻子和面漆配套使用。

产品配方/kg

线型酚醛树脂	120
聚醋酸乙烯酯	80
铬酸锌	50
丹宁	30

铁黄	4
酞菁蓝	2
炭黑	20
膨润土分散剂	10
滑石粉	30
丁醇	100
异丙醇	270
甲苯	345

生产工艺与流程 将树脂料与异丙醇、丁醇和甲苯的混合溶剂混合，加入其余物料，经球磨机球磨、过筛得到防腐蚀底漆。

7-17 玻璃、铝、钢户外件耐光底漆

性能及用途 刷涂于玻璃、铝、钢等户外件上，形成的漆膜有良好的耐日照性能。

涂装工艺参考 施工时，搅匀，用喷涂法施工。

产品配方/g

六亚甲基二异氰酸酯	168.2
月桂酸二丁基锡	2.9
γ-巯基丙基三甲氧基硅烷	196.0
醋酸乙酯	适量

生产工艺与流程 将六亚甲基二异氰酸酯、月桂酸二丁基锡、γ-巯基丙基三甲氧基硅烷在醋酸乙酯中，于70℃处理5h，得到耐光底漆。

7-18 新型金属底材磷化底漆

性能及用途 用于金属底材的涂底漆。

涂装工艺参考 施工时，搅匀，用喷涂法施工。严禁与胺、醇、酸、碱、水分等物混合。有效储存期1年，过期如检验质量合格仍可使用。

产品配方

(1) 单罐装磷化底漆配方（质量分数）

铬酸铅	9.0
滑石粉	1.4
低黏度聚乙烯醇缩丁醛	9.0
异丙醇	60.5
甲乙酮	13.9
85%磷酸	2.9
水	2.9

(2) 配方（质量分数）

聚乙烯醇缩丁醛	5.9
滑石粉	1.5
正丁醇	18.7
正磷酸	1.8
异丙醇	7.3
磷酸铬	5.8
异丙醇	56.3
膨润土	1.8
水	0.9

(3) 双罐装磷化底漆配方（质量分数）

A组分：

四盐基铬酸锌	7.0
滑石粉	1.1
减黏度聚乙烯醇缩丁醛	7.2
异丙醇	50.0
甲苯	14.7

B组分（磷化液）：

85%磷酸	3.6
乙醇	13.2
水	3.2

生产工艺与流程 把以上组分混合研磨至一定细度合格时为止。

(4) 配方（质量分数）

聚乙烯醇缩丁醛树脂	7.2
四盐基锌黄	6.9
滑石粉	1.1
异丙醇或95%乙醇	48.7
正丁醇	16.1
正磷酸(85%)	3.6
异丙醇或95%乙醇	13.2
水	3.2

生产工艺与流程 把以上组分混合研磨至一定细度合格。黏度很低，可直接在金属底材上喷涂，涂膜厚度约为12～15μm。

7-19 新型铁红耐磨、防锈乳胶底漆

性能及用途 以水为稀释剂，安全无毒，干燥快，施工方便，耐洗耐磨，防锈效果超过醇酸底漆和过氯乙烯底漆，耐候性特别好。适用于不同表面处理的钢铁底材，能和各种面漆配套使用。广泛用于机床铸件、铁制家具等各种钢铁表面，并可用于铝合金、木材、水泥表面以及镀锌铁面上。

涂装工艺参考 施工前工件表面必须保证清洁。有油污、铁锈者需除尽后方可施工。使用时，要将原漆搅拌均匀后涂刷。该漆不能与有机溶剂、油性漆或其他涂料混合使用。可采用刷涂、喷涂方法施工。与过氯乙烯漆、醇酸漆、硝基漆、氨基烘漆、丙烯酸酯漆等配套使用。施工温度为5℃以

上，一般工件需涂刷两道，每道厚度为40μm。原漆太厚可边搅拌边用少量自来水稀释（切不可用大量水稀释），施工工具、容器用毕后立即用水清洗净。作地板漆时，应先将地面除去浮灰，用乳胶腻子将地面填平砂光，然后涂刷。该漆有效期为半年，过期可按产品标准检验，如符合质量要求仍可使用。

产品配方/kg

颜、填料	350
合成树脂乳液	380
助剂	49
无离子水	220

生产工艺路线与流程

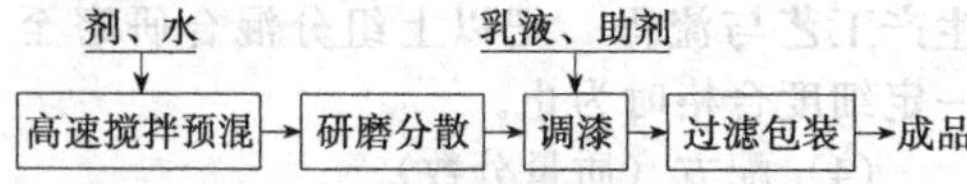

7-20 新型钢铁制品电泳底漆

性能及用途 本漆漆膜具有良好的附着力和耐腐蚀性能，比阳极电泳底漆更为优越，适用于作金属制件的底漆，特别宜于作钢铁制品的底漆。

涂装工艺参考 本漆必须严格按阴极电泳施工工艺施工，必须用去离子水稀释至施工要求的固体含量。被涂物表面必须严格处理干净并用水清洗干净方可进行电泳涂装。

配方（质量份）

阳离子型电泳漆料（半成品）：

604 环氧树脂	40.5
二甲苯	7
5,5-二甲基乙内酰脲	2.6
二酮亚胺	10
水	6.7
丁基溶纤剂	5
1,1-二甲基-1-(2-羟丙基)胺丙烯酰亚胺(25%溶纤剂溶液)	28.2

铁红阴极电泳底漆（成品）：

氧化铁红	12
沉淀硫酸钡	8
滑石粉	5
阳离子型电泳漆料	50
去离子水	25

生产工艺与流程 阳离子型电泳漆料（半成品）：将环氧树脂和二甲苯投入水蒸气加热反应锅中，加热升温至120℃，加入5,5-二甲基乙内酰脲，加完后在120℃反应2h，降温至80℃，加入二酮亚胺，在80～100℃反应2h，然后加水、丁基溶纤剂和1,1-二甲基-1-(2-羟丙基)胺丙烯酰亚胺的25%乙基溶纤剂溶液，加完后，在90～100℃反应4h，即可过滤储存备用。

铁红阴极电泳底漆（成品）：将全部颜料、填料和一部分阳离子型电泳漆料投入配料搅拌机，搅匀，经砂磨机研磨至细度合格，转入调漆锅，再加入其余的漆料和去离子水，充分调匀，过滤包装。

7-21 铝蒙皮表面件保护漆

性能及用途 适用于阳极化处理的铝蒙皮表面件保护漆料。

涂装工艺参考 施工时，搅匀，用喷涂法施工。严禁与胺、醇、酸、碱、水分等物混合。有效储存期1年，过期如检验质量合格仍可使用。

产品配方（质量份）

（1）树脂部分配料

三羟甲基丙烷	21.56
丙烯酸共聚物	14.08
苯酐	23.72
丁醇	15.48
氨水	适量

生产工艺与流程

升温搅拌→酯化→兑稀→过滤包装

（2）底漆部分

合成树脂乳液	190
颜、填料	175
无离子水	110
助剂	25

生产工艺与流程

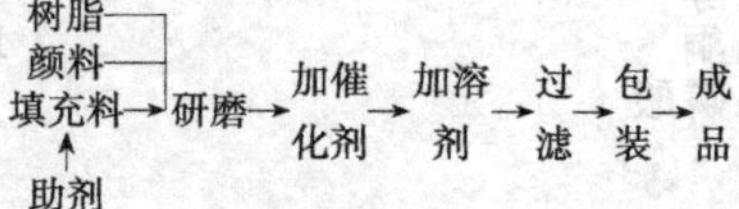

7-22 新型耐磨有机硅底漆

性能及用途 用于底漆。

涂装工艺参考 施工前工件表面必须保证清洁。有油污、铁锈者需除尽后方可施工。使用时，要将原漆搅拌均匀后涂刷。该漆不能与有机溶剂、油性漆或其他涂料混合使用。可采用刷涂、喷涂方法施工。与过氯乙烯漆、醇酸漆、硝基漆、氨基烘漆、丙烯酸酯漆等配套使用。施工温度为5℃以上，一般工件需涂刷两道，每道厚度为40μm。原漆太厚可边搅拌边用少量自来水稀释（切不可用大量水稀释），施工工具、容器用毕后立即用水清洗净。作地板漆时，应先将地面除去浮灰，用乳胶腻子将地面填平砂光，然后涂刷。该漆有效期为半年，过期可按产品标准检验，如符合质量要求仍可使用。

产品配方/g

丙烯酸乙酯/甲基丙烯酰氧丙基三甲氧基硅烷/乙酸乙烯共聚物(50%)	80
2-(2-羟基-5-叔丁基)苯并三唑	15
乙基溶纤剂	700
双丙酮醇	85
交联剂(20%)	100

生产工艺与流程

(1) 交联剂的制备　将222g 3-[(2-氨乙基)氨基]丙基三甲氧基硅烷和242g六甲基二硅氮烷，用496g 3-缩水甘油氧丙基甲基二乙氧基硅烷于120℃处理而制备一种黏性中间体，再用141g乙酸酐进行酰胺化处理，制得交联剂。

(2) 将共聚物、聚甲基丙烯酸甲酯、交联剂（20%溶液）、苯并三唑、乙基溶纤剂和双丙酮醇混合，制成底漆。

7-23　硝基纤维封闭底漆

性能及用途　用于封闭底漆。

涂装工艺参考　施工时，搅匀，用喷涂法施工。

产品配方（质量份）

醋酸纤维素	50.0
乙烯与醋酸乙酯共聚物	50.0
异丙醇	21.5
正丁醇	158.5
醋酸正丁酯	307.2
醋酸正丙酯	35.7
醋酸异丙酯	17.1
甲苯	360.0

生产工艺与流程　将原料混合，搅拌溶解，调节、过滤。

7-24　新型耐腐蚀金属底漆

性能及用途　用于金属表面的打底。遮盖力较强，有一定的耐腐蚀性能，可以室温干燥或低温烘干。

涂装工艺参考　施工时，搅匀，用喷涂法施工。严禁与胺、醇、酸、碱、水分等物混合。有效储存期1年，过期如检验质量合格仍可使用。

产品配方（质量份）

(1) 配方1

甲组分：

水	47.0
分散剂	18.0
壬基酚氧基聚氧乙烯醚醇	1.80
聚丙烯钠盐	1.80
铁红	70.0
铁黄	20.0
碳酸钙	100.0
磷酸锌	93.0

乙组分：

水	9.0
氨水	6.50
丁腈橡胶	650.0
乙二醇	26.0
消泡剂	3.75
增稠剂(20%)	23.0
2-甲基丙酸2,2,4-三甲基-1,3-戊二醇醋酸酯	5.50

将甲组分加入混合均匀研磨磨细，然后再加入乙组分混合均匀。

(2) 配方2（长效型预涂底漆）

聚乙烯醇缩丁醛	5.2
四盐基锌黄	9.7
甲醇	26.3
甲苯	2.4
正丁醇	25.0
酚醛树脂	5.2
石棉	1.4
甲乙酮	19.4
正磷酸	5.4

生产工艺与流程　把以上组分进行混合研磨至一定细度合格。

7-25　新型金属部件高效防腐底漆

性能及用途　可在锈面（<5.1mm锈层）上施工。和面漆配套性好，耐油性优良。

用于地下机械设备防腐蚀作底漆防锈漆。防腐涂料或其他带锈金属部件的保护和维修。

涂装工艺参考 采用刷涂施工，如果喷涂则要有良好的通风条件。常温固化。

产品配方（质量份）

（1）配方 1

甲组分：

环氧树脂	18
稀释剂	11
煤焦油提取物	46
滑石粉	15
重晶石	10

乙组分：

聚胺树脂	10
稀释剂	10

将甲组分混合均匀，在球磨机中研磨至细度合格为 37.50μm，加入乙组分再混合均匀即成。

（2）配方 2（无溶剂型）

甲组分：

环氧树脂	23
煤焦油提取物	37
滑石粉	20
重晶石	20

乙组分：

聚酰胺	11

将甲组分混匀，在球磨机中进行研磨至一定细度为 30μm，加入乙组分混匀。

（3）配方 3

钛白粉	14.8
滑石粉	13.6
二甲苯	25.3
硫酸钡	13.6
脲醛树脂	29.2
正丁醇	3.5

生产工艺与流程 将配方组分加入进行混合混匀，在球磨机中进行研磨至一定细度。

7-26 造船厂水下金属表面底漆

性能及用途 适用于造船厂水下金属表面涂装及化工防腐金属打底。本底漆具有干燥快、防腐性好、耐磨、耐候等优点。可和环氧橡胶、氯化橡胶等面漆配套。是一种优良的重防腐配套用底漆。

涂装工艺参考 施工时要求底材喷砂处理达到瑞典标准 Sa2 1/2 级。可用刷涂或高压无空气喷涂。刷涂要两道，间隔 1～2h。施工相对湿度为 60%～90%。适用期（25℃）为 8h。膜厚 70～80μm。可和环氧橡胶、氯化橡胶等防腐面漆配套。施工间隔 16h～4 个月。

产品配方（质量份）

（1）配方 1

甲组分：

环氧树脂	6
二甲苯：甲基异丁酮：正丁醇(3：1：1)	4
锌粉	90
二甲苯：甲基异丁酮：正丁醇(3：1：1)	5

乙组分：

聚酰胺	3.24
二甲苯:甲基异丁酮:正丁醇(3：1：1)	2.16

在反应釜中依次加入甲组分原料，每加一种原料都要混合均匀，在高速分散机中进行分散 15min，加入乙组分再进行混合。

（2）配方 2（苯氧基树脂）

甲组分：

苯氧基树脂	12.8
溶纤剂醋酸酯	12.8

乙组分：

改性膨润土	0.58
甲醇：水(95：5)	0.15

丙组分：

硅胶	0.87
锌粉	92.8

丁组分：

甲苯	41
二甲苯	14
膨润土	4

生产工艺与流程 将甲组分混合均匀，加入乙组分再混合均匀，在高速分散机中进行分散，将丙组分加入其中进行研磨。将丁组分加入研磨。

(3) 配方 3

氯化橡胶	3.9
锌粉	74.8
环氧化油	1.0
烷烃石蜡油	2.6
氢化蓖麻油	0.2
芳烃溶剂	17.5

生产工艺与流程　将所有原料进行混合混匀，研磨至一定细度合格。

(4) 配方 4（双包装环氧型）（质量分数）

甲组分：

锌粉	83.0
环氧树脂 1001	3.5
膨润土	0.8
溶剂	8.9

乙组分：

聚酰胺	1.9
溶剂	1.9

生产工艺与流程　把以上组分进行研磨混合成一定细度合格。

7-27　钢铁表面铁红醇酸底漆

性能及用途　用于涂在有较均匀锈层的钢铁表面。

涂装工艺参考　刷涂、喷涂法施工均可，涂装时，须将被涂钢铁锈面的疏松旧漆、泥灰、氧化皮、浮锈或局部严重的锈蚀除去，使锈层厚度不超过 80μm，一般涂两道，第一道干后再涂第二道。使用时要搅拌均匀，如漆太厚，可加 X-6 醇酸漆稀释剂调稀。该漆可与醇酸、氨基、硝基、过氯乙烯、丙烯酸、环氧、聚氨酯等面漆配套。有效储存期为 1 年。

产品配方（质量份）

	Ⅰ	Ⅱ
桐亚醇酸树脂(中油度)	33.0	—
亚麻厚油醇酸树脂(长油度)	—	33.23
铁红	26.3	26.73
锌黄	6.7	—
沉淀硫酸钡	13.2	—
滑石粉	—	11.63
浅铬黄	—	11.63
黄丹	1.1	—
三聚氰胺甲醛树脂(50%)	0.5	—
环烷酸铅(12%)	1.3	1.0
环烷酸钴(3%)	1.0	0.02
环烷酸锰(3%)	1.2	0.17
环烷酸锌(3%)	—	0.17
环烷酸钙(2%)	—	0.53
二甲苯	18.3	14.71

生产工艺与流程　把以上组分进行研磨至一定细度合格。

7-28　新型环氧改性底漆

性能及用途　该树脂与环氧树脂配合后，其复合物具有密封性佳、电气性能可靠、机械强度高、结构简单、体积小等优点。本产品与环氧树脂的复合物用于户内 1～10kV 的电缆终端头。用作金属件的底漆，经表面处理后，刷涂或喷涂。

涂装工艺参考　施工时，搅匀，用喷涂法施工。

产品配方/kg

A 组分：

环氧树脂(75%二甲苯溶液)	27
脲醛树脂	0.61
丁醇	4
二甲苯	4
氧化铁红	3.64
硅酸铬铅盐	47.4
改性膨润土	1.1
硅藻土	2.91
甲醇/水(95/5)	0.36

B 组分：

改性膨润土	1.09
丁醇	7.64
二甲苯	7.64
聚胺树脂	6.8
二甲苯	4
丁醇	4

生产工艺与流程　将 A 组分中的环氧树脂、脲醛树脂、固体添加剂和溶剂混均匀后，在球磨机中研磨，然后加入 B 组分物料的混合物，再次进行研磨，最后加入聚胺树脂与二甲苯、丁醇的混合物混匀，过滤。得到固体颗粒体积为 45%，颜料体积浓度为 37%的底漆。

7-29　新型木材打磨的封闭底漆

性能及用途　适用于非多孔木材封闭底漆。

涂装工艺参考　施工时，搅匀，用喷涂法施工。

产品配方（质量分数）

	Ⅰ	Ⅱ
醋丁纤维素	6.0	6.0
酚醛树脂	4.5	4.5
醇酸树脂	7.5	7.5
甲乙酮	12.8	15.1
异丙醇	12.8	16.0
丁醇	4.3	4.0
甲苯	51.0	13.4
二甲苯	1.3	—
一烃类溶剂	—	15.0
醋酸异丁酯	—	16.5
异丁酸异丁酯	—	2.0

生产工艺与流程 在气干 10min 后，再在 49℃烘烤 20～30min 而固化，固化后用砂纸打磨。还可添加质量分数为 5%的硬脂酸锌。

7-30 新型金属表面底漆

性能及用途 该漆涂层坚牢，耐磨、耐油、耐水、耐热、耐候性优良，对黑色金属表面有隔绝和阴极保护作用。适用于油槽、水槽、桥梁等钢铁表面的涂装。

涂装工艺参考 该漆施工时配漆比例为漆基：锌粉：固化剂＝21：79：适量，调匀后使用。被涂钢铁表面必须经喷砂处理。施工时以干燥晴朗天气为宜，温度过低、湿度过高会影响漆膜固化。通常情况下，涂覆数小时后即可固化，隔 24h 后固化完全，待干透后，即可涂刷一遍漆。涂覆漆膜不宜太厚，一般以 50～80μm，过厚不宜固化完全。该漆施工时现用现配，8h 用完，使用时经常搅拌，防止锌粉沉淀，此漆涂刷一遍足够防腐。该漆有效储存期为 1 年。过期可按产品标准检验，如符合质量要求仍可使用。

产品配方（质量份）

锌粉(120～200 目)	100
水玻璃(模数＞2.0)	17～19
自来水	100
一氧化铅	1～2

制法：把水玻璃用水调稀，再倒入锌粉和一氧化铅搅拌均匀，放置 1～2h 即可涂刷。

用稀磷酸作固化剂，配方如下。

磷酸(35%)	10～15
水	85～90

施工方法：涂刷件表面除油徐锈后，涂刷第一道漆料（自然干燥 2h），酸洗固化（涂刷 2～3 道，固化 2h），水洗。此漆一般涂刷 1～2 层。

生产工艺与流程

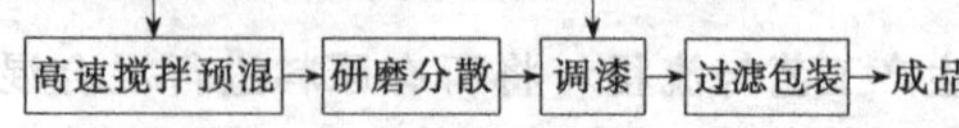

7-31 新型木器封闭底漆

性能及用途 适用于木器封闭底漆、装饰和建筑涂料。

涂装工艺参考 施工时，搅匀，用喷涂法施工。严禁与胺、醇、酸、碱、水分等物混合。有效储存期 1 年，过期如检验质量合格仍可使用。

产品配方（质量份）

（1）配方 1

醋丁纤维素	3.8
甲基异丁酮	2.7
异丁醇蔗糖醚乙酸酯	1.9
甲苯	49.0
醋酸异丁酯	16.5
醋酸乙酯	16.5
异丙醇	7.9
742 树脂(乙烯-醋酸乙烯共聚物)	1.9

把以上组分进行研磨成一定细度合格。

（2）配方 2（软质木材用无铅底漆）

钛白	17.0
大白粉	11.8
氧化铁红	2.9
树脂基料(50%固体分)	67.7
干料	0.6

（3）配方 3（木材用乳胶底漆）

金属石型二氧化钛	13.4
精细天然二氧化硅	4.4
碳酸钙	13.6
羟乙基纤维素(2.5%溶液)	6.8
防腐剂	0.4
消泡剂	0.2
松油	0.3
氨水	0.2
非离子型表面活性剂	0.6
乙二醇	2.2
丙烯酸乳液(46%固体分)	57.9

把以上组分进行混合研磨至一定的细

度合格。

(4) 配方 4（浅红棕色丙烯酸封闭底漆）

富铁煅黄	0.42
硬脂酸锌	0.56
乙烯基噁唑啉酯	3.25
二氧化硅	0.56
丙烯酸改性醇酸树脂溶液	58.64
200#溶剂汽油	31.4
双戊烯	4.97
钴干料(6%钴)	0.21

生产工艺与流程　把以上组分进行研磨混合至一定细度合格。

7-32　新型橡胶醇酸底漆

性能及用途　刷涂或喷涂于已处理过的金属表面。

涂装工艺参考　施工时，搅匀，用喷涂法施工。

产品配方 1/kg

A 组分：

氯化橡胶	47.2
长油度醇酸树脂	36.4
芳烃溶剂	51.2
烷烃石蜡油	11.2
重晶石	16
磷酸锌	81.2
二氧化钛	14
滑石粉	21.2

B 组分：

改性膨润土	0.2
异丙醇(99%)	2.4
二甲苯	109

C 组分：

环烷酸钴(6%)	0.4
环烷酸铅	0.8

生产工艺与流程　将 A 组分的氯化橡胶、醇酸树脂和固化剂、溶剂混合，投入球磨机中进行研磨，将 A 组分过滤后加入至预先混匀并溶解的组分中，搅拌均匀后加入 C 组分（催干剂）混匀后得到底漆。

产品配方 2/kg

氯化橡胶	64.8
烷烃石蜡油	28
松香水	32
氢化蓖麻油	2
硅石墨	53.2
环氧大豆油	4
芳烃溶剂	96
铅粉(分散于烷烃石蜡油中,91%)	120

生产工艺与流程　将各物料混合，经球磨磨细后过滤。

7-33　新型氨基醇酸二道底漆

性能及用途　用于中间层涂料。该漆烘干后可提高漆膜性能，附着力强，特别是对腻子层和面漆有较好的结合力。漆膜细腻、易打磨。适用于已涂有底漆和已打磨平滑的腻子层上，以填平腻子层的砂孔和纹道。

涂装工艺参考　该漆施工方法以喷涂为主，亦可刷涂、浸涂。可用 X-4 氨基漆稀释剂调整施工黏度。该漆有效储存期为 1 年。过期可按产品标准检验，如果符合质量要求仍可使用。

产品配方（质量份）

(1) 配方 1

金红石型二氧化钛	21.8
重晶石粉	29.5
云母粉	5.5
碳酸钙	5.5
200#溶剂汽油	15.1
24%环烷酸铅	0.33
6%环烷酸钴	0.17
长油度豆油醇酸,75%溶剂汽油溶液	22.1

(2) 配方 2

醇酸树脂	215
氨基树脂	50
颜料、体质颜料	420
溶剂	315

生产工艺　把以上组分进行混合研磨至一定细度合格。

生产与流程

酚醛树脂、颜料、体质颜料、溶剂 → 高速搅拌预混 → 研磨分散 → 调漆（← 氨基树脂、溶剂）→ 过滤包装 → 成品

7-34　新型硝基底漆

性能及用途　用于铸件、车辆表面的涂覆，作各种硝基漆的配套底漆用。

涂装工艺参考　采用刷涂施工，如果喷涂

则要有良好的通风条件。常温固化。

产品配方（质量份）

	红色	灰色
内用硝基基料	76	76
甘油松香液(50%)	33	33
顺酐甘油松香液(50%)	13	13
红色硝基底漆浆	—	72
灰色硝基底漆浆	—	72
统一硝基稀料	6	6

生产工艺与流程 先制成基料、树脂液和色浆，然后将硝化棉基料与树脂液混合，搅拌下加入色浆，充分搅拌均匀，过滤、包装。

7-35 水可稀释性灰色醇酸烘烤底漆

性能及用途 用于水可稀释性烘烤底漆。

产品配方（质量份）

水可稀释性醇酸树脂	132.8
三聚氰胺树脂	17.3
硅酮	0.9
三乙胺	8.9
去离子水	89.1
2,4,7,9-四甲基-5-癸炔-4,7 二醇	4.5
丁基卡必醇(二缩乙二醇单丁醚)	40.1

搅拌均匀加入下列成分：

钛白粉	156.6
氧化铁黄	3.8
氧化铁红	2.3
胶体二氧化硅	23.5
炭黑	3.9

球磨分散到细度为 7μm，再加入下列成分。

水可稀释性醇酸树脂	89.1
三乙胺	4.5
去离子水	334.3
去离子水	69.5

生产工艺与流程 把以上成分加入球磨机，进行研磨到一定细度合格。

7-36 苯乙烯改性醇酸铁红烘干底漆

性能及用途 用于工业涂料的底漆。

涂装工艺参考 施工时，搅匀，用喷涂法施工。严禁与胺、醇、酸、碱、水分等物混合。有效储存期 1 年，过期如检验质量合格仍可使用。

产品配方（质量份）

氧化铁红	29.0
铬酸锌	8.2
滑石粉	2.4
碳酸钙	5.7
二甲苯溶液	12.8
二甲苯	23.2
苯乙烯改性中油度醇酸(50%)	31.4

生产工艺与流程 把以上组分进行研磨混合即成。

7-37 铁黄聚酯烘烤底漆

性能及用途 用于金属材料底漆。

涂装工艺参考 采用刷涂施工，如果喷涂则要有良好的通风条件。常温固化。

产品配方（质量份）

高固体分聚酯树脂	259.3
钛白粉	51.9
磷酸锌	77.8
胶体二氧化硅	5.7
三聚氰胺树脂	103.7
乙二醇单乙醚乙酸酯	119.3
氧化铁黄	51.9
炭黑	1.0

上述成分球磨分散到 7.5μm，形成色浆，再添加以下其他成分：

高固体分聚酯树脂	205.4
三聚氰胺	28.0
VP-451	9.0
乙二醇单乙醚乙酸酯	114.1
硅氧烷	53

生产工艺与流程 把以上组分进行混合研磨成一定细度到合格。

7-38 新型环氧改云铁聚氨酯底漆

性能及用途 该树脂与环氧树脂配合后，其复合物具有密封性佳、电气性能可靠、机械强度高、结构简单、体积小等优点。本产品与环氧树脂的复合物用于户内 1～10kV 的电缆终端头。

涂装工艺参考 采用刷涂施工，如果喷涂则要有良好的通风条件。常温固化。

产品配方（质量份）

组分 1（色浆）：

147 醇酸树脂(固体分 50%)	21.67
锌黄	4.18
云母氧化铁	33.46
硬脂酸铝	0.19

滑石粉	0.91
铝粉浆(65%)	3.23
环已酮	适量

组分 2：

TDI-TMP 加成物溶液,固体分为 50%,NCO 含量 86%	16.25

生产工艺与流程 把以上组分混合均匀进行研磨至一定细度为止。

7-39 金属打底的铁红、灰酯胶底漆

性能及用途 用于金属打底漆。

涂装工艺参考 采用刷涂施工，如果喷涂则要有良好的通风条件。常温固化。

产品配方（质量份）

	铁红	灰色
氧化铁红	26	—
炭黑	0.2	0.6
氧化锌	32	58
滑石粉	8	8
水磨石粉	46	46
酯胶底漆料	56.8	56.8
200#溶剂汽油	27	27
环烷酸钴(2%)	1	1
环烷酸锰(2%)	2	2
环烷酸铅(10%)	1	1

生产工艺与流程 将颜料、填料和部分漆料混合，高速搅拌分散后，研磨分散，然后加入其余漆料、溶剂及催干剂，充分调匀后，过滤、包装。

7-40 船舶油轮铝粉环氧沥青耐油底漆

性能及用途 用于油槽内壁、船舶油轮、水下电缆及有干湿交替作业的钢架打底。

涂装工艺参考 施工时，搅匀，用喷涂法施工。严禁与胺、醇、酸、碱、水分等物混合。有效储存期 1 年，过期如检验质量合格仍可使用。

产品配方

（1）甲组分配方（质量份）

601 环氧树脂	57.2
重质苯	40
乙酸丁酯	45.6
铝粉浆	56.2

（2）乙组分配方（质量份）

煤焦沥青液	178.2
固化剂	10.9

（3）甲组分制法 首先将 601 环氧树脂溶解在重质苯和部分乙酸丁酯中，加入铝粉浆，研磨分散后，加入乙酸丁酯，调漆，过滤，包装。

（4）乙组分制法

生产工艺与流程 将煤焦油与固化剂混合，充分调匀，过滤包装。在使用前把甲组分与乙组分按比例混合。

7-41 铁路、桥梁锌黄聚氨酯底漆

性能及用途 主要用于 S06-1 各色聚氨酯磁漆打底用。也适用于铁路、桥梁和各种金属设备的底层涂布。

涂装工艺参考 施工时，搅匀，用喷涂法施工。严禁与胺、醇、酸、碱、水分等物混合。有效储存期 1 年，过期如检验质量合格仍可使用。

产品配方（质量份）

甲组分：

甲苯二异氰酸酯	39.8
三羟甲基丙烷	10.2
无水环已酮	50

乙组分：

锌铬黄	25
环已酮	20
滑石粉	4
二甲苯	20
中油度蓖麻油醇酸树脂(50%)	31

生产工艺与流程

甲组分的制备 先将二异氰酸酯加入反应釜中，然后将溶有三羟甲基丙烷的部分环已酮在温度不超过 40℃时，于搅拌下慢慢加入反应釜内，再将剩余环已酮清洗倒入上述溶液的容器后一并倾入反应釜中，在 40℃反应 1h，升温至 60℃保温反应 2～3h，升温至 85～90℃保温反应 5h，测定异氰酸基（—NCO）达到 11.3%～13%时，反应完毕，冷却、过滤、包装即得甲组分。

乙组分的制备 将醇酸树脂和颜料混合后搅拌均匀，经磨漆机研磨至细度合格，再加入二甲苯和环已酮，充分调匀，过滤

后包装，即得乙组分。

施工前甲、乙两组分按比例调均匀。黏度由聚氨酯稀释剂或二甲苯调节，8h用完。

7-42 新型环氧树脂改性聚酰胺底漆

性能及用途 该树脂与环氧树脂配合后，其复合物具有密封性佳、电气性能可靠、机械强度高、结构简单、体积小等优点。本产品与环氧树脂的复合物用于户内1～10kV的电缆终端头。

涂装工艺参考 采用刷涂施工，如果喷涂则要有良好的通风条件。常温固化。

产品配方（质量份）

(1) 甲组分

原料	质量份
4,4-异亚丙基二酚-1-氯-2,3-环氧丙烷的聚合物(75%二甲苯溶液)	22.3
脲醛树脂	0.5
二甲苯	3.3
正丁醇	3.3
铁红	3.0
硅藻土	2.4
硅酸铬铅盐	39.1
改性膨润土	0.9
甲醇：水(95：5)	0.3

(2) 乙组分

原料	质量份
二甲苯	6.3
正丁醇	6.3
改性膨润土	0.9
聚胺树脂	5.6
二甲苯	3.3
正丁醇	3.3

(3) 丙组分 将甲组分混合均匀，在球磨机进行研磨至细度合格，加入乙组分进行混合均匀，在球磨机中进行研磨至一定细度，加入丙组分混合均匀。

7-43 聚酚氧预涂底漆

性能及用途 应用于机械车辆、设备、造船等行业。

涂装工艺参考 施工时，搅匀，用喷涂法施工。严禁与胺、醇、酸、碱、水分等物混合。有效储存期1年，过期如检验质量合格仍可使用。

产品配方（质量份）

原料	质量份
环氧酯(60%)	40
磁化铁棕	10～20
缓蚀颜料	30～40
防沉剂	1～3
铝粉	2～5
钴干料(1%)	0.5～15
稀土催干剂(4%)	2～5
填料	10～20
混合溶剂	20～35

生产工艺与流程 把以上组分进行研磨至一定细度合格。

7-44 氯化橡胶、醇酸树脂底漆

性能及用途 适用于化工生产车间建筑物表面的涂饰。

涂装工艺参考 采用刷涂施工，如果喷涂则要有良好的通风条件。常温固化。

产品配方（质量份）

(1) 配方1

原料	质量份
氯化橡胶	16.2
氢化蓖麻油	0.5
硅石墨	13.3
松香水	8.0
烷烃石蜡油	7.0
环氧豆油	1.0
芳烃溶液	24.0
铝粉(分散于烷烃石蜡油中,91%)	30.0

将配方中原料混合，搅拌溶解，调和过滤。

(2) 配方2

甲组分：

原料	质量份
磷酸锌	20.3
重晶石	4.0
二氧化钛	3.5
滑石粉	5.3
氯化橡胶	11.3
烷烃石蜡油	2.8
芳烃溶剂	12.8
长油醇酸树脂(含固量65%)	9.1

乙组分：

原料	质量份
二甲苯	27.2
改性膨润土	2.3
异丙醇(99%)	0.6

丙组分：

环烷酸铅(24%)	0.2
环烷酸钴(6%)	0.1

生产工艺与流程　将甲组分原料混合均匀，在球磨机研磨至细度，将甲组分原料加入预先混匀溶解的乙组分原料中，混合均匀，加入丙组分原料进行混合均匀。

（3）配方 3

甲组分：

氧化铁红	290
锌铬黄	82
氧化锌	19
滑石粉	24
大白粉	19
乙烯基甲苯改性醇酸树脂溶液（含固量 50%）	315

乙组分：

芳烃溶剂	166
二甲苯	85

生产工艺与流程　将甲组分原料混合均匀，在球磨机中研磨磨细，加入乙组分混合均匀。

7-45　新型船底涂布用涂料

性能及用途　用于船舶、铁板、木板上的涂布。

涂装工艺参考　施工时，搅匀，用喷涂法施工。严禁与胺、醇、酸、碱、水分等物混合。有效储存期 1 年，过期如检验质量合格仍可使用。

产品配方（质量份）

铜角叉菜胶	2
水	100
氯化钾	0.3

生产工艺流程　在反应釜中加入铜角叉菜胶与凝胶化促进剂氯化钾和水，加热至 80℃溶解，制得 20%的铜角菜胶溶液，即得含有钾阳离子的铜角菜胶液。

7-46　新型盐雾和防锈底漆

性能及用途　漆膜坚韧耐久，附着力好，若与磷化底漆配套使用，可提高耐潮、耐盐雾和防锈性能。铁红、铁黑环氧酯底漆适用于涂覆黑色金属表面，锌黄环氧酯底漆适用于涂覆轻金属表面。适用于沿海地区及湿热带气候的金属材料的表面打底。

涂装工艺参考　采用刷涂施工，如果喷涂则要有良好的通风条件。常温固化。

产品配方（质量份）

（1）配方

硅酸钠(固含量 37.8%)	3.2
水	8
锌粉	92.5
CMS(2.5%)	24
磷酸(固化剂,89%)	0.4

生产工艺与流程　产品按漆料、固化剂、锌粉 3 罐分装，临用前调配。本品防锈性、耐候性、耐热、耐磨、耐溶剂性均好。调配后 4h 内用完，施工操作需要熟练。锌粉和漆料混合涂覆于钢铁表面后，再涂酸性固化剂，涂层才能固化。

（2）配方清漆（质量分数）

原料	配方一	配方二	配方三	配方四
热塑性丙烯酸酯树脂	10	12	11.5	8
淀粉硝酸酯	2.5	—	1.1	—
氨基树脂(50%)	—	1.5	—	—
增塑剂	1.23	0.86	0.8	0.38
溶剂	86.27	85.64	86.6	91.62

（3）配方磁漆/kg

原料	配方一	配方二
热塑性丙烯酸酯树脂	100	100
三聚氰胺甲醛树脂	12.5	4
淀粉硝酸酯		9
苯二甲酸二丁酯	1.6	10
磷酸三甲酚酯	1.6	6
钛白粉	44	25
混合溶剂	470	300

生产工艺与流程

7-47　新型沥青船底漆

性能及用途　适用于船舶的水下部分打底，也可用作铝粉沥青船底漆和沥青防污漆之间的隔离层。

涂装工艺参考　采用刷涂施工，如果喷涂则要有良好的通风条件。常温固化。

产品配方（质量分数）

70%煤焦油沥青液	4.5
松香	14.0
氧化锌	26.0
氯化三苯基锡	20.0
氧化亚铜	20.0
无水硫酸铜	2.0
纯酚醛树脂	1.0
200#煤焦溶剂	12.0

生产工艺流程：

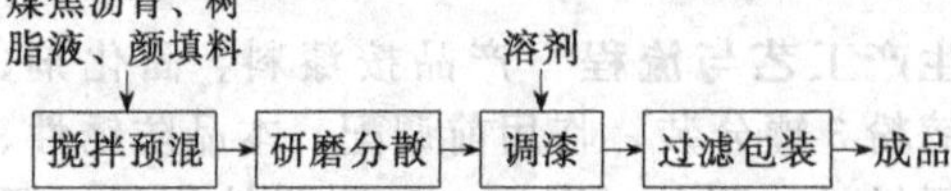

7-48 新型环氧富锌车间底漆

性能及用途 该漆是具有快干、防锈性能好的车间用底漆。适用于涂装在经抛丸、喷砂或酸洗等处理后的钢板及钢铁构件。

涂装工艺参考 该漆可采用无气喷涂、刷涂均可。施工时应按基料：固化剂：粉剂＝28：8.7：63.3的混合比混匀，在24h内用完。稀释时采用专用稀释剂，稀释剂用量为10%～20%（质量分数）。

产品配方（质量份）

环氧树脂(50%乙二醇单乙醚溶液)	726
环氧树脂(环氧当量180～200)	112
异氰酸酯(11.5% NCO基)	108
钛白粉	84
二氧化硅	12
铬酸锶	110
有机溶剂	1820

生产工艺与流程

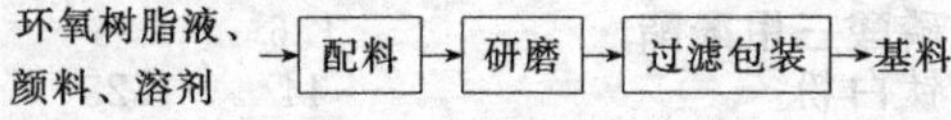

7-49 新型高装饰速干机械底漆

性能及用途 具有干燥快、漆膜丰满光亮、耐水、耐汽油、硬度高等特点。适用于农业机械、纺织机械、重型机械、矿山机械、机床电机、水泵、变压器、桥梁建筑等方面。

涂装工艺参考 将产品充分搅拌均匀后，在涂有底漆的金属或木材表面采用刷涂或喷涂法施工，每层喷涂厚度为（20±3)μm，前一遍干后再涂第二遍，亦可用湿碰湿二遍喷涂。可用本涂料专用稀释剂调整原漆黏度。配套底漆为醇酸底漆、醇酸二道底漆、环氧酯底漆及电泳漆。对于有些用户采用TM-01汽车氨基烘漆而未能烘烤的部分可以采用本品配套，在颜色与丰满度等诸方面与用TM-01达到一致性。为防止使用过程中表面结皮，剩余油漆表面可覆盖少量松节油或200#油漆溶剂油。

产品配方（质量份）

树脂	729
颜料	116
溶剂	260
催干剂	33

生产工艺与流程

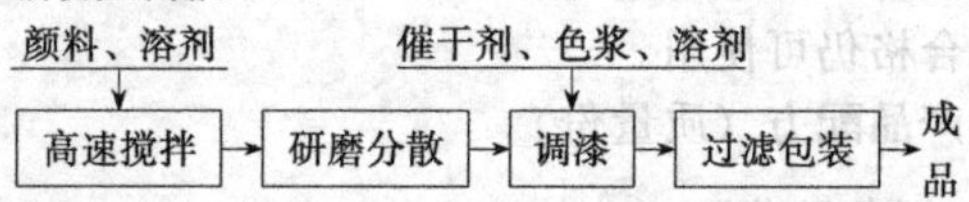

第八章　特种功能涂料

特种涂料是指具有除防护和装饰性之外的特殊功能的专用涂料。比如防污涂料、光固化/耐热涂料、导电涂料、耐磨涂料、润滑涂料、阻尼涂料、发光涂料、伪装涂料、示温涂料等，都有其专有功能。这些具有独特功能的涂料打开了设计涂料的新天地。

在我国，这类涂料的发展历史较短，品种和数量也不多，尚处于研究开发和试用阶段。虽然如此，也已展现了建筑涂料更为广阔的应用领域。

特种涂料品种众多，就其主要功能可分为六大类：热功能、电磁功能、力学功能、光学功能、生物功能及化学功能等。

特种涂料的研究已远远超出本行业所涉及的化学、化工方面的知识，需要与其他学科理论和研究方法相互交叉、渗透。因此特种涂料的生产技术是由综合性学科形成的高新技术，且有待于更深入地研究和拓展。但特种涂料由于成本低、施工方便、功效显著而飞速发展，已成为国民经济各领域所不可缺少的材料。

随着科学技术的发展，涂料的用途也随之延伸，原有的以保护和装饰为目的的涂料，已不能满足现代化军事、国防和国民经济发展的需要，所以国外自20世纪50年代伴随着航天、核能、电子、新型舰船工业的发展，研究开发了一系列具有特种功能和用途的新型涂料。这类涂料还具有制造简单、施工方便、价格低廉等优点，所以是改变物质表面性能，使材料具备特种功能的首选材料。如电气绝缘涂料、船舶防污涂料、高温涂料以及用于航天飞行器（导弹、火箭、宇宙飞船等）的有机消融防热涂料等。

随着纳米材料的发现，涂料的品种更加日新月异地发展，涂料工业自20世纪末开始，逐步应用各种纳米材料来开发特殊功能的新型复合涂料。

第一节　防污涂料

防污功能涂料是由防污基料、漆基、毒剂、颜料、助剂和溶剂所组成。防污基料（0.01～0.1μm)、漆基一般采用沥青、氯化橡胶、丙烯酸树脂和乙烯类树脂。最初的毒剂是砷、汞等化合物，因毒性大已禁用。目前广泛采用的是氧化亚铜、有机锡化合物及其复合物。助剂当中包括分散剂、防沉降剂及渗出调节剂等。

防污功能涂料根据其组成和渗毒方式不同目前可分为溶剂型、接触型、扩散型和自抛光型4种。防污功能涂料虽有种类不同之分，但防污的机理是基本一致的。涂层在海水作用下防污剂以一定的速度［$Cu_2O \geqslant 10\mu g/(cm^2 \cdot d)$，有机锡化合物$\geqslant 1\mu g/(cm^2 \cdot d)$］渗出到涂层表面，对海生物具有杀伤和忌避作用，因而起到防止其附着的效果。

防污涂料是主要应用于船舶工业的一种防护涂料。海洋中污损生物多达两千多种，其中多种生物会附着在船舶底部，不仅造成船舶自负重变大，更增加了船舶航行的摩擦力，加大了动力消耗和维修费用。另外，海洋生物也会污损一些海上设施的水下部分，造成这些设备失灵。这些生物给人们带来的危害是非常严重的。防止海洋生物污损的办法有很多，如释放氯气、超声波、通电流、涂覆辐射材料以及涂料防污等。其中，涂料防污是以涂膜中的防污剂的药物效果和涂膜表面的物理效果来防止海洋生物污损，是技术成熟、工艺简单、经济合理而又行之有效的防污方法，已得到广泛应用。

一、防污剂的分类

防污涂料所使用的防污剂一般分为无机和有机两类。

1. 无机防污剂

无机防污剂多是一些金属氧化物及其盐类，经常使用的有铜粉、氧化亚铜、无水硫酸铜、硫氰酸亚铜、氧化汞、氧化锌等。在这些防污剂中，氧化亚铜是使用最久、应用最广泛的一种。铜对生物的毒理作用是：降低生物机体中主酶对生物生命代谢的活化作用，以此缩短生物寿命，另外还会直接使生物的细胞蛋白质沉淀。氧化亚铜在涂膜中以铜离子的形式向海水中扩散，可以有效地防止海洋生物污损，而对人体毒性不大。氧化亚铜在海水中的渗毒率很大，不利于长期防污，必须添加一些助剂控制氧化亚铜的渗毒率。氧化锌本身毒性不大，但常用作防污涂料的颜料，它的另一作用是促进铜离子的渗出。另一常用颜料氧化铁红也会抑制铜离子的渗出。氧化汞的毒性比较大，而且溶解度也较大，容易造成环境污染，在配制涂料时应避免使用，有时可用少量与氧化亚铜配合使用。

2. 有机防污剂

有机防污剂的种类很多，主要有以下几类。

(1) 有机锡化合物　双三丁基氧化锡、三丁基氟化锡、三苯基氯化锡、三苯基氟化锡、三苯基氢氧化锡、三苯基醋酸锡等。

(2) 有机硫化合物　福美双、福美锌、二硫化四甲基秋兰姆锌等。

(3) 有机铅化合物　三苯基醋酸铅、三苯基硫化铅、三苯基氯化铅、三苯基月桂酸铅等。

(4) 有机砷、有机铋化合物　其中，有机锡化合物作为防污剂得到了迅速地发展并已成为防污涂料的主流。有机锡的渗毒率只及氧化亚铜的1/10，防污效果优于氧化亚铜，并且可以配成各种色漆用于轻金属结构的船舶。有机锡的毒理作用尚不很清楚，但已知其对人体毒害比较大，各国都对涂料中有机锡的含量作了限制。此外，为了消除有机锡的挥发，人们在三烷基锡化合物上引入丙烯酸基团，得到丙烯酸三烷基锡或甲基丙烯酸三烷基锡，进行聚合制备有机锡聚合物，由此研制了划时代的自抛光防污涂料。

如前所述，海洋中的污损生物多达两千余种，而每种防污剂只对其中某一部分污损生物有特效。如氯化亚铜对除防贝类动物效果好，对植物类效果差。此外，二硫化四甲基秋兰姆和DDT也仅对贝类有较好的防污作用。所以在配制防污涂料时要注意选择防污剂的品种和组合，并要考虑到对环境污染小，对人体无毒或低毒。

二、防污涂料用成膜物质和助剂

1. 成膜物质

防污涂料的防污作用是靠防污剂持续不断向海洋中释放而实现的，因此所选用的成膜物质必须兼具耐水性和一定的水解性。为满足这一要求，常采用两种或多种树脂拼用。常用的树脂有：煤焦沥青、氯乙烯-醋酸乙烯共聚物、丙烯酸树脂、过氯乙烯、氯化橡胶、环氧树脂等。另外，还有采用有机氟或有机硅改性的低表面自由度的成膜材料。

2. 助剂

为保证防污剂的均匀渗出以及改进涂料的成膜性能，常在防污涂料中添加以下一些助剂。

(1) 松香　松香和石灰松香在海水中可以缓慢水解，其溶解会为涂膜内部的防污剂向外渗出打开“通道”。在含氯化亚铜的防污涂料中，松香：成膜物质＝2：3为最佳值。

（2）铜皂　亚油酸铜不仅有防污效果，还可以作为防污涂料的防沉淀剂和增韧剂。

此外，防沉淀剂还可以使用气相二氧化硅或硬脂酸铝，增韧剂可采用磷酸三甲酚、邻苯二甲酸二辛酯或环烷酸铜等。

三、防污涂料产品的种类与生产技术及配方设计举例

防污涂料按照渗毒方式可分为如下四大类。

1. 溶解型防污涂料

（1）防污机理　防污剂和部分基料在海水作用下逐步溶解并冲刷下来，防污剂渗入海水中起到防污作用。这种防污涂料使用期限短，属于短效防污涂料。

（2）配方举例（质量份）

原料	配方1	配方2(为木船用)
氧化亚铜	30	15
氧化汞	5	—
氧化锌	18	15
铁红	5.4	10
DDT	3	—
环烷酸铜	—	7
沥青液	4.9	4.5
松香液	17.7	21.2
煤焦溶剂	16	21.3
辅助防污剂	—	6

2. 接触型防污涂料

（1）防污机理　防污涂膜中的防污剂与海水结膜后便以离子形式溶解产生防污作用。成膜物质采用不溶性树脂，造成后期渗毒率极为缓慢，故一配方中添加大量渗出助剂，帮助防污剂疏通渗毒渠道。

（2）配方举例（下例是美国海军涂装潜艇使用的配方F121及其改进型F121/63）。

原料	F121	F121/63
氧化亚铜	55	70.3
松香	5.5	10.5
氯乙烯-醋酸乙烯共聚物	5.5	3.1
磷酸三甲酚酯	2.1	2.5
甲基异丁基酮	18.9	8.0
二甲苯	13	5.6

3. 扩散型防污涂料

（1）防污机理　防污剂在涂膜中均匀分散，表层的防污剂溶于海水后，内层防污剂会通过扩散作用移向表面，以保持一定的渗毒率。通常采用无机-有机混合防污剂，对大型和微型污损生物都有很好的效果。但后期存在着无法克服的表面粗糙度的问题。

（2）配方举例（配方1是美国海军使用的配方1020A）。

① 配方1（质量份）

原料	质量份
双三丁基氧化锡	4.2
炭黑	2.1
正丙醇	11.1
三丁基氟化锡	18.1
二氧化钛	0.8
醋酸丁酯	43.2
聚醋酸乙烯酯树脂	17.5
乙二醇乙醚醋酸酯	3.0

② 配方2（质量份）

原料	质量份
氧化亚铜	30
滑石粉	5
氯化橡胶	5
二甲苯	15
铁红	5
甲苯	10
氧化锌	5
增塑剂	5
三苯基氯化锡	10
聚羟甲基丙烯酸甲酯	5

4. 水解型防污涂料

（1）防污机理　由能够水解的有机锡聚合物作为防污剂。当船舶与海水相对运动时，涂膜中的活性颜料（如氧化锌）缓慢溶解，而不残留在涂膜表面，借此海水可与涂膜的介质接触，有机锡聚合物水解，释放出三烷基锡，这样即释放了毒料起到毒死污损生物的目的，又溶解了主链起到了抛光作用，解决了船体的物理粗糙度。这种涂料又称自抛光防污涂料（SPC防污涂料），防污期效比其他几类要长。

(2) 配方举例 (质量份)

原料	配方1	配方2
甲基丙烯酸三基锡共聚体溶液(30%)	36	25.5
丙烯酸树脂	—	7.8
氧化亚铜	—	36.86
氧化锌	35	18
针状氧化锌	11	—
氧化镁	—	0.78
二氧化硅	0.7	—
膨润土胶	0.9	1.56
双三丁基氧化锡	0.4	—
DDT	3.6	—
溶剂	12.4	9.5

8-1 新型海上使用防污涂料

性能及用途 本涂料可常温固化、厚涂。防污期效长，海域适应性强。施工简便，可和多种防腐漆配套。150μm 厚涂膜，可防污五年。适用于船底、海上平台、航浮等水下设施及海水冷却管道内壁等。

涂装工艺参考 可采用刷涂、辊涂或高压无空气喷涂。要和 8# 防锈漆（或其他品种）配套使用。底材要经喷砂处理。层间施工间隔为 24h。

生产工艺路线 将复合毒剂、颜填料、助剂等加入到沥青液中，球磨研至规定细度，过滤、包装。

8-2 乙烯型共聚体防污漆

性能及用途 本涂料具有长效、快干的特点，干膜厚度在 125～150μm 条件下其防污期可达三年。能与氯化橡胶、环氧沥青等防锈漆配套。不含有机锡。适用于船底、海上钻井、采油平台、码头、海水管道、海洋水下设施等防污保护。

涂装工艺参考 可采用刷涂、滚涂或无空气高压喷涂。压力为 17.1MPa、19.6MPa。施工 2～3 道。干膜厚度≥125μm。涂装间隔 16～72h。

产品配方（质量份）

乙烯树脂 1	5～6（聚异丁二烯）
松香	10.2
增塑剂	2.5（磷酸三甲酚酯）
防污剂	0.54
溶剂	13.0

生产工艺路线 将乙烯树脂、松香及助剂、溶剂等加入球磨机中，研磨粉碎至 80 目以下即可。

8-3 新型沥青防污漆

性能及用途 漆膜干燥快，具有良好的附着力，能耐海水冲击。主要用于涂装在 L44-2 打底的航海船舶部位，能防止海生物附着，保持船底清洁。该漆用于涂装航行在福建海面以南沿海生物繁多之处的船舶。

涂装工艺参考 该漆施工以刷涂为主。一般用重质苯或煤焦溶剂作稀释剂。配套底漆为沥青系船底漆和 L01-17 煤焦沥青漆。有效储存期为 1 年。过期可按质量标准检验，如符合要求仍可使用。

产品配方/(kg/t)

煤焦沥青	45
松香	146
颜、填料	320
毒料	305
助剂	38
溶剂	198

生产工艺与流程

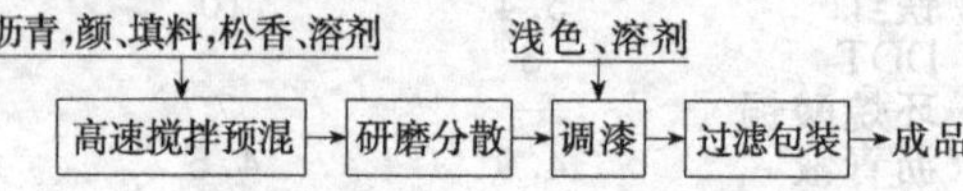

8-4 新型防污漆

性能及用途 本涂料可常温固化、厚涂。具有耐干湿交替等特点，防污期效长，适应性强。施工简便，储藏稳定、可和多种防腐漆配套。150μm 厚涂膜，可防污六年。适用于水下设施及水冷却管道内壁等。

涂装工艺参考 可采用刷涂、辊涂或高压无空气喷涂。要和 8# 防锈漆（或其他品种）配套使用。底材要经喷砂处理。层间施工间隔为 24h。

产品配方（质量份）

水	8.0～12.0
润湿分散剂	0.4～0.8
丙二醇	2.0～6.0
Texanol	1.8～2.2
消泡剂	0.2～0.6
防腐杀菌剂	0.1～0.2
金红石型二氧化钛	10～20
填料	15～20

增稠剂 1	0.4～0.8
增稠剂 2	0.2～0.6
pH 调节剂	0.1～0.3
AP-5085 乳液	40～50

生产工艺与流程 首先在分散釜中加入水、润湿分散剂、部分消泡剂等助剂，低速搅拌下慢慢加入颜填料，高速分散至细度合格，加入乳液、成膜助剂、增稠剂、pH 调节剂及剩余的消泡剂，达到要求的黏度后，再低速搅拌 10min，以达到分散均匀和排除气泡的目的。球磨研至规定细度，过滤、包装。

8-5 氯化橡胶型共聚体防污漆

性能及用途 氯化橡胶型涂料具有长效、快干的特点，干膜厚度在 125～150μm 条件下其防污期可达三年。能与环氧沥青等防锈漆配套。适用于船底、海上钻井、采油平台、码头、海水管道、海洋水下设施等防污保护。

涂装工艺参考 可采用刷涂、滚涂或无空气高压喷涂。压力为 17.1～19.6MPa。施工 2～3 道。干膜厚度≥125μm。涂装间隔 16～72h。

产品配方（质量份）

松香	8.30
氯醚树脂(50%)	12.0
芳烃溶剂	9.8
有机膨润土	0.8
防沉剂	1.7
分散剂	0.5
防藻剂	1.5
Cu_2O	43.8
氧化铁	4.00
氧化锌	10.0
甲戊酮	2.3

生产工艺与流程 将氯化橡胶、松香及助剂、溶剂等加入球磨机中，研磨粉碎至 80 目以下即可。

8-6 新型快干防污漆

性能及用途 用于船舶的防污。本产品具有干燥快、施工简便、储藏稳定、耐干湿交替等特点，有效防污期可达五年。可和各种氯化橡胶、环氧沥青等船底防锈漆配套，不含有机锡。

涂装工艺参考 可用刷涂、滚涂及无空气喷涂。喷出压力 17.1～19.6MPa。施工 2～3 道，膜厚 125μm。涂装间隔（20℃）16～72h。

产品配方（质量份）

(1) 配方 1

松香酸酯胶	26.5
煤焦沥青	8.0
松油	4.2
氧化亚铜	42.5
氧化汞	2.1
氧化锌	2.1
印度红	8.0
硅酸镁	8.0
溶剂	适量

(2) 配方 2（松香甘油型）

氧化亚铜	58.9
氧化锌	10.1
滑石粉	5.6
硬脂酸锌	1.8
松香酸酯胶	27.7
吹气鱼油	11.8
溶剂	适量

把各种组分加入研磨机进行研磨混合均匀即可。

生产工艺与流程 将组成的物料装入球磨机，研磨至 80μm，过滤，出料。

8-7 新型改性沥青防污漆

性能及用途 该漆漆膜具有一定的透水性，漆膜中的毒料能缓慢而适量地向船底周围的海水渗出，从而达到防止海洋附着生物，保护船底洁净。用于海洋中钢铁结构水下物防污之用。

涂装工艺参考 刷涂、滚涂、无空气高压喷涂都可应用。涂装间隔时间，一般常温（25℃左右）情况下，每天涂装一道。该漆必须用 200# 煤焦溶剂作稀释剂，为保证 L40-35 改性沥青防污漆的防污效果，不得减少涂装次数。配套涂料：先涂 L44-81 铝粉沥青船底漆三道，然后涂 L44-82 沥青船底漆二道，最后涂 L40-35 改性沥青防污漆三道。为保证防污漆的防污效果，使用量（手工刷）不得小于 0.17kg/m² 一道。该漆有效储存期为 1 年。过期可按质量标准检验，如果符合要求仍可使用。

产品配方（质量份）

煤焦(软)沥青	44.02
毒料	476.28
颜料	291.75
溶剂	79.38
防污漆料	153.51

生产工艺与流程

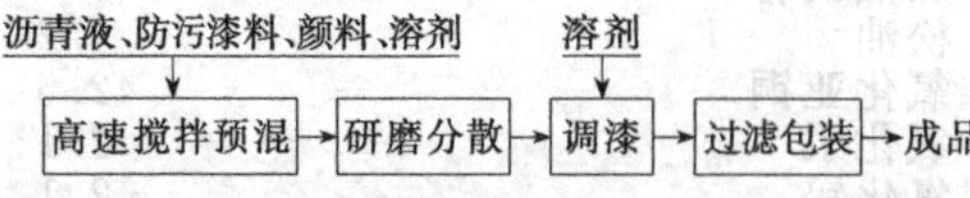

8-8 防除海生物长效防污漆

性能及用途 本涂料弹性好，附着力强，保护网具，防止海生物污损，对食用鱼类无毒害作用，符合卫生标准。

涂装工艺参考 适用于各种定置捕捞网具和沿海养殖网箱、围网等网具防除海生物附着污损。有效期为3～6个月。采用刷涂或浸涂施工。常温固化。

产品配方（质量份）

SPC树脂	25～30
氧化亚铜	20～30
填料	15～20
助剂	5
溶剂	20～30

生产工艺与流程 将防污剂、颜填料、助剂等加入氯磺化聚乙烯液中，在球磨机中研磨至规定细度，过滤、包装。

8-9 新型自抛光防污漆

性能及用途 本涂料有良好的防污性能，浮筏挂板6～7年无海生物附着。实验船涂120μm涂层，两年无生物附着。本涂料毒剂渗出率稳定，锡渗出率在5μg/cm²·d以下，氧化亚铜则在10μg/cm²·d以下。本涂料还有良好的降阻效果，节省燃料。用于大型水面舰艇及大中型民用船只的船底降阻防污涂料。

防污涂料的成膜物主要是不溶于海水的合成树脂——乙烯类氯化橡胶、聚丙烯酸酯以及煤焦沥青等。

涂装工艺参考 采用高压无空气喷涂、滚涂、刷涂均可。

产品配方（质量份）

Cu_2O	70
乙烯树脂	12～3(聚异丁二烯)
松香	10.5
增塑剂	2.4(磷酸三甲酚酯)
防污剂	0.4
溶剂	14.0

生产工艺与流程 首先将甲基丙烯酸用三丁基氧化锡酯化，然后和甲基丙烯酸甲酯、甲基丙烯酸丁酯一起进行聚合反应，生成丙烯酸酯高聚物（P_5）。再将P_5树脂和氧化亚铜、颜料及各种助剂、溶剂一起研磨分散至规定细度，过滤、包装。

8-10 高电压线路防污闪漆

性能及用途 长效防污闪涂料是一种五色（或浅黄色）透明液体，无明显机械杂质、絮状物和沉淀物，黏度（涂-4黏度计）为10s，含固量不低于25%，室温下储存期为12个月，12个月后，经检验合格仍可继续使用。本品主要用于高电压线路绝缘子的防污闪涂层，经电力部主持鉴定，属目前国内首创，达到了国际先进水平，是一种具有应用前景的新型材料。

涂装工艺参考 施工时，搅匀，用喷涂法施工。由本品所得涂层在室温下表干时间约30min，实干为7d，涂层表面平整光滑、手感丰满、耐候性好，涂层的表面电阻大于$10^{12}\Omega$，介质损耗角正切值≤1%，击穿场强为15kV/mm，耐电弧值≥150s，污闪电压提高80%～120%。

产品配方（质量份）

自抛光树脂(50%)	20～25
硅酸盐防污剂	25～30
离子交换型纳米填料	10～15
纳米氧化锌	5～10
纳米助剂	5
溶剂	20～25

生产工艺与流程 采用IPN的合成方法，将上述材料制备成本品。

第二节 耐磨涂料

涂膜的耐磨性实际指涂膜抵抗摩擦、擦伤、侵蚀的一种能力，与涂膜的许多性能有关，包括硬度、耐划伤性、内聚力、拉伸强度、弹性模数和韧性等。一般认为涂膜的韧性对其耐磨性的影响大于涂膜的硬度对其耐磨性的影响。

耐磨剂加入涂料中固化后，大部分能微突出于涂膜表面，且均匀分布。当涂膜承受摩擦时，实质摩擦部分为耐磨剂部分，涂膜被保护免遭或少遭摩擦，从而延长了涂膜的使用周期，赋予涂膜耐磨性。涂膜用耐磨剂可分为以下两大类。

(1) 无机物类　如玻璃纤维、玻璃薄片、碳化硅、细晶氧化铝、矿石粉、金属薄片等。

(2) 有机物类　为惰性高分子材料(如聚氯乙烯粒子、橡胶粉末、聚酰胺粒子、聚酰亚胺粒子等)。

耐磨剂在种类上与防滑剂大致相同，故在涂膜中添加耐磨剂获得耐磨性的同时，也获得一定的防滑性；但耐磨剂要求粒子的粒径要小得多。

耐磨涂料用树脂通常分为3大类，即聚氨酯及其改性物、环氧及其改性物、有机硅及其改性物，其中以聚氨酯的耐磨性为最好，其次为环氧，最差的是有机硅，尤其是弹性聚氨酯和开环环氧聚氨酯的耐磨性最为优良。

8-11　自动玻璃润滑涂料

性能及用途　本涂料具有良好的附着力、润滑性和耐磨性。适用于行列式自动玻璃制瓶机输料系统的润滑。

涂装工艺参考　将输料槽经除油、除锈处理后，采用刷涂施工。需涂三道，第一、第二道在180℃烘15～20min，第三道在210℃烘0.5h。

产品配方（质量份）

聚四氟乙烯粉	7.5
三聚氰胺树脂	7.0
颜料	14.69
乙二醇单乙醚醋酸酯	12.68
甲基异丁基酮	3.58
环氧树脂	14.48
柠檬酸	3.0
醋酸丁酯	33.79
丁醇	5.28

生产工艺与流程　将树脂和润滑剂一起研磨，过滤，包装而成。

8-12　有机硅润滑耐磨涂料

性能及用途　一般本涂料具有良好的附着力、润滑性和耐磨性。

涂装工艺参考　施工时，搅匀，用喷涂法施工。

产品配方

(1) 配方/g

丙烯酸乙酯/甲基丙烯酰氧丙基三甲氧基硅烷/乙酸乙烯共聚物(50%)	80
2-(2-羟基-5-叔丁基)苯并三唑	15
乙基溶纤剂	700
双丙酮醇	85
交联剂(20%)	100

生产工艺与流程

(2) 交联剂的制备

将3-[(2-氨乙基)氨基]丙基三甲氧基硅烷和六甲基二硅氮烷，用3-缩水甘油氧丙基甲基二乙氧基硅烷于120℃处理，制备一种黏性中间体，再用乙酸酐进行酰胺化处理，制得交联剂。

(3) 将共聚物、聚甲基丙烯酸甲酯、交联剂（20%溶液）、苯并三唑、乙基溶纤剂和双丙酮醇混合，制成底漆。

8-13　新型工业防腐耐磨涂料

性能及用途　本品耐磨性、耐水性和漆膜力学性能提高，并起到耐久、隔热、低温柔性等作用。耐腐蚀性、耐酸性、耐碱性、耐冻融性好。用于电子工业。

涂装工艺参考　采用喷涂。喷涂黏度15～20s（250℃，涂-4杯）。

产品配方（质量份）

① 甲液

丁醇醚化的三聚氰胺甲醛树脂	10
二甲苯	5L
丁醇	5L

② 乙液

干性油改性的醇酸树脂	2.4
甲苯	1.6L

③ 丙液

硝酸纤维素	0.2
醋酸乙酯	0.8

生产工艺与流程 将甲、乙、丙3种液体混合，再加入草酸0.2kg、甲醇0.8kg、过氧化苯甲酰0.05kg及少量交联剂甲基丙烯酸缩水甘油酯，制成涂料。

将甲液和乙液混合可制成玻璃纤维增塑料、ABS、聚苯乙烯、有机玻璃的涂料。该产品采用相应的表面后处理的工艺，使之满足与基体的相容应用要求，最后制备出各类混凝土体表面、结构防护专用涂料，聚合物基复合材料和装饰涂料等制品，并对其增加这些涂料及制品的防腐蚀性、耐磨性、耐候性、力学性能、应用性和加工性等起了较大作用。

8-14 锅炉烟灰管高温耐磨涂料

性能及用途 用于锅炉烟灰管高温耐磨保护。

涂装工艺参考 采用高压无空气喷涂、滚涂、刷涂均可。

产品配方

甲组分配方（质量份）

氢氧化铝	1.08
水	2.38
磷酸(85%)	7.34
刚玉砂	73.96
蓝晶石粉	2.49
高岭土	6.65

甲组分（松散湿料）：乙组分（硅溶胶）=93.9：6.1。

将甲组分与乙组分按上述质量配比混合，并停至泥状，涂于锅炉灰管道的内壁上。

生产工艺与流程 先将氢氧化铝与水混合后，加入浓度为85%磷酸，在搅拌下加热至70～80℃，使其反应生成磷酸二氢铝，直到溶液清晰为止，此溶液作为甲组分的胶黏剂。然后将刚玉砂与蓝晶石粉、高岭土混合均匀，作为甲组分的混合粉剂。胶黏剂与混合粉剂的质量配比为10.8：83.1。最后用氢氧化铝与水、磷酸生产的胶黏剂与由刚玉砂、蓝晶石粉、高岭土的混合粉剂混合，即得锅炉烟灰管道高温耐磨涂料的甲组分。

第三节 导电涂料

导电涂料是一种新型涂料，涂覆于绝缘体表面可以形成导电涂膜并能够排除积聚的静电荷能力的涂料，都称为导电涂料。涂料中的成膜物基本上都是绝缘的，为了使涂料具有导电性，最常用的方法便是掺入导电微粒。现在高分子科学关于导电聚合物、超导聚合物的研究，预示着新型的本征性导电涂料将在不久问世。

目前导电涂料已广泛应用于电子工业、建筑工业、航天工业等方面。例如，电视机显像管、阴极射线管、无线电反射器等电子器械都使用导电涂料。当导电涂料涂刷于飞机蒙皮时，可以很快消散电流并防止产生静电。人们还利用导电涂料在导电过程中将电能转化为热能这一性质，将其制成电热导电涂层。以及用作寒冷地区输油管和舰船壳体的防冰装置。导电涂料的另一重要用途是消除静电（可称之为抗静电涂料）。

一、导电涂料分类及导电原理

导电涂料通常由基料、填料、溶剂和其他助剂组成。其中至少有一种组分具有导电性能，以保证形成的涂层为导体或半导体，即涂层的体积电阻率小于1010Ω·cm。

高分子材料其电阻值在10Ω·cm以下为导电高分子，电阻值在10Ω·cm以上为绝缘体。导电高分子材料按导电型原理分为复合型导电高分子和结构型导电高分子两大类。

导电涂料一般是按导电原理进行分类，可分为掺合型（又称添加型）和本征型（又称结构型）两类。

1. 掺合型导电涂料

掺合型导电涂料所用的成膜物质有天

然树脂（如阿拉伯胶）和合成树脂（如乙烯基树脂、有机硅树脂、醇酸树脂、聚酰胺等）。这些树脂不具导电性，需在涂料中掺入导电填料提供载流子进行导电。这些导电填料按其作用可分为导电剂和抗静电剂两类。

(1) 导电剂能够在涂膜中产生自由电子，沿外加电场方向移动形成电流。导电剂通常是无机材料：金属粉末（银、铜、铝、镍、金等），金属氧化物（氧化锌、氧化锡等）。其中，金和银化学性质稳定，导电能力最好，但价格昂贵，使用上受到限制，已开发了Cu-Ag替代品。

(2) 抗静电剂可以消除底材表面的静电荷，但其作用机理尚不清楚。有人认为是它能通过不同的渠道泄漏静电荷或降低摩擦系数，从而抑制静电的产生。

抗静电剂多是一些有机表面活性剂，如长链的季铵盐、长链的磷酸盐或酯及磺酸盐等。下面是几种工业上常用的抗静电剂：聚氧化乙烯烷基醚，聚氧化乙烯烷基胺（抗静电剂P-75），（硬脂酰胺乙基二甲基-β-羟基胺）硝酸盐（抗静电剂SN），三羟乙基甲基季铵硫酸甲酯盐（抗静电剂TM），烷基磷酸酯二乙醇胺盐（抗静电剂P）。

2. 本征型导电涂料

本征型导电涂料是以导电聚合物为成膜物质并提供载流子进行导电的。导电聚合物可以是由共轭双键构成大共轭体系的高聚物，如聚乙炔、聚苯乙炔等；也可以是由电子给体与电子受体构成的电荷转移络合物。电子从给体分子部分或完全转移到受体分子上，使之产生导电能力。其中，高聚物给体复合小分子受体体系研究最多。聚乙炔和聚苯乙炔本身导电性并不好，只是半导体，但可以与溴、碘、AsF，构成电子转移复合物。而TCNQ(7,7,8,8-四氰代对二次甲基苯醌)是导电性非常好的有机电导材料，亦被用作电子受体。此外，还有聚四氟乙烯/钠体系，*N*-乙烯基-5-甲基-2-噁唑烷酮/碘体系等等。

目前，由于技术上和成本上的原因，本征型导电涂料尚未广泛使用。

二、导电涂料产品的种类与生产技术及配方设计举例

1. 高温导电涂料

性能及用途　粉体均匀分布，分散性好、纯度高，比表面机大大高于其他工艺，煅烧温度低、反应易控制、副反应少，可达到工业化生产。

可用作高温发热体，如火箭前锥体、切削刀具、电子陶瓷（高压、高频陶瓷）、生物陶瓷等。

涂装工艺参考　以刷涂和辊涂为主，也可喷涂。施工时应严格按施工说明操作，不宜掺水稀释。施工前要求对墙面进行清理整平。

ZrO_2技术特征　氧化锆陶瓷具有优良的耐高温性能和高温导电性，较高的硬度、高温强度和韧性，良好的热稳定性及化学稳定性，并且抗腐蚀，性能稳定。

纯的氧化锡或氧化铟、氧化钛都是绝缘体，只有当它们的组成偏离了化学比以及产生晶格缺陷和进行掺杂时才能成为半导体。

用非涂布的方法，如物理气相沉积法(PVD)法，溅射法、离子喷镀法等制成的掺杂596～1096的锡的透明铟锡氧化膜电阻率可达10^{-6}～10^{-5}Ω·m。

产品生产技术

(1) 水性导电涂料的生产技术

① 用于半导体工作间的防静电涂料　该涂料含有10%～15%的水溶性或水分散性树脂，5%～40%白色导电颜料(如，表面用氧化锡和氧化锑包覆的钛酸钾）和其他助剂。这种纳米涂料适用于涂刷半导体工业的清洁工作间，用以防止静电产生。

② 水性含氟弹性体导电涂料　由导电性微粒与含氟弹性体乳液制成的涂料可用于电化学应用的基材，如电池、燃料电池和电镀。

③ 核壳乳液聚合型透明导电涂料　在聚丙烯酸类乳液中，采用原位聚合法，使聚丙烯酸类乳液粒子表面形成聚吡咯的透明导电层。

④ 聚苯胺水性导电纳米涂料　将苯胺与酸类聚合物及引发剂混合，进行反应，可制成水溶性聚苯胺导电涂料，反应产物的 pH 值对聚苯胺水溶性有重要影响。

(2) 导电性纳米粉末涂料的生产技术

① 含聚苯胺类的粉末涂料　含翠绿亚胺盐和甲苯磺酸和十二烷基苯磺酸的环氧/聚酯粉末涂料，可以用熔融挤出法制造。

② 粉末涂料的导电性底层 在非导电性材料（如塑料）表面进行静电粉末喷涂以前，需要先涂一层导电性底层。这层底层是由本征导电聚合物形成的，如聚吡咯、聚苯胺和聚噻吩。

(3) 辐射固化纳米导电涂料的生产技术

上述水性涂料的聚苯胺水性导电涂料就是采用的 X 射线或电子束固化的导电涂料。这里再介绍一种用于电记录成像系统的紫外光固化导电涂料。

该涂料可用于表面电阻在 104～107Ω/sq 的电记录成像系统。使用含羧基的单体，如顺丁烯二酸单（2-丙烯酰基乙酯），按所示配方，将涂料涂在 180μm 厚的聚酯基材上，用 2 个 160W/cm 汞蒸气灯，以 100cm/s 的速度固化。固化后涂层的表面电阻为 $5\times10^{5}\sim1\times10^{6}$ Ω/sq 范围。

产品生产工艺　浊液法制备 ZrO_2(3Y) 粉体最主要的一点是将凝胶放入蒸馏罐反应器内进行均相共沸蒸馏处理及微波烘干、煅烧。乳浊液法，在乳化剂（二甲苯）存在下，适量控制蒸馏反应条件，采取超声波处理形成乳浊液的工艺方法，制得 10～15nm 纳米 ZrO_2(3Y) 陶瓷粉体的粒子，包括采用微波烘干对工艺进行新的改进。

片状石墨黑底纳米导电涂料属于无机非金属材料领域前沿，是上海市重大科技创新项目，由华东理工大学与烟台西特电子化工材料有限公司合作完成，并得到上海市纳米科技专项的支持。

2. $BaTiO_3$ 导电涂料

(1) Oslash; 铜质系列（PLS-100、PLS-200）

为了使涂膜对 3GHz 以内的电磁波具有长期稳定的屏蔽效果，波鲁斯以铜填料为中心进行了合理的技术设计。在医疗用电子设备、通信设备、办公自动化设备等电子设备的塑料箱体的内侧上涂膜后，可以阻止不需要的电磁波的泄漏和侵入，也能在厂房和大楼中使用，以防止电磁波干扰。膜厚只有 30μm，却具有良好的导电性。其特殊结构的高机能聚合物充分解决了铜填料的氧化问题，并保证屏蔽性能长达 10 年以上。根据我们国内权威部门的检测结果显示，该系列的屏蔽效能高达 53～77dB。

性能及用途 (1)　PLS-100 是以近场电磁波的屏蔽为目的的涂料。主要用途：电子设备及辅助设备。PLS-200 是以远场平面波的屏蔽为目的的涂料。主要用途：高频带的屏蔽和干扰防止。

(2) Oslash; 磁质系列（PLS-A20、PLS-A50）

把石墨和锰锌系的软磁铁氧体有机结合，进行严密的技术设计，对磁场波和高频电磁波进行屏蔽和吸收。不仅能吸收从 50Hz 到 500kHz 左右的低频电磁波，更能吸收从 2GHz 到 40GHz 以上的高频电磁波。

当电子设备的工作频率在高频范围内时，对 GHz 高频电磁波的反射进行屏蔽后，常常带来二次干扰的问题。因此，吸收型的屏蔽材料是不可或缺的。目前，波鲁斯吸波涂料已通过国内检测，吸收性能超过 15dB。

性能及用途 (2)　PLS-A20、PLS-A50 防止电磁波反射，是以防止电视机、雷达、显示器的重像为目的的涂料。

PLS-A50 含有导电性纤维，能起到偶极子天线的作用。

涂装工艺参考 以刷涂和辊涂为主，也可喷涂。施工时应严格按施工说明操作，不宜掺水稀释。施工前要求对墙面进行清理整平。

产品配方（质量分数）

醇酸树脂	41.6
丙烯酸树脂	10.4
石墨(300～360N)	47.4
硅酸乙酯	0.6
溶剂	适量

生产工艺与流程 $BaTiO_3$具有良好的介电性，是电子陶瓷领域应用最广的材料之一。传统的$BaTiO_3$制备方法是固相合成，这种方法生成的粉末颗粒粗硬，不能满足高科技的要求。纳米材料由于颗粒尺寸减小引起材料物理性能的变化主要表现在：熔点降低，烧结温度降低、荧光谱峰向低波移动、铁电和铁磁性能消失、电导增强等。采用氢氧化钡、钛酸丁酯、乙二醇甲醚、冰醋酸、乙醇为原料，在水溶液添加剂（乙二醇甲醚、分散剂）的存在下，通过醇盐的水解和缩聚反应，由均相溶液转变为溶胶，常温加热反应沉淀、脱水、使用微波干燥减少团聚，高温煅烧制得具有高纯、超细、粒径分布窄特性的20～40nm钛酸钡粒子制备技术新工艺。

8-15 丙烯酸导电漆

性能及用途 用于电磁屏蔽导电涂料。

涂装工艺参考 采用高压无空气喷涂、滚涂、刷涂均可。

产品配方（质量份）

丙烯酸树脂溶液	10～15
镍粉	50～60
硅酸乙酯	0.6～0.8
癸醇	30～40

生产工艺与流程 先将丙烯酸树脂基料和癸醇加入反应釜中进行混合均匀，然后加入硅酸乙酯与镍粉，将混合好的混合料送入研磨机中进行研磨成一定细度合格。

8-16 改性丙烯酸导电漆

性能及用途 用于电磁屏蔽涂料。

涂装工艺参考 施工时，搅匀，用喷涂法施工。

产品配方（质量份）

改性丙烯酸树脂溶液	100
铜粉	150～200
气相二氧化硅	2
流平剂	20～30
钛酸酯偶联剂	2～3
混合溶剂	100～200
抗沉剂118	2

生产工艺与流程 在涂料中加入适当的防沉剂、流平剂、分散剂等。

8-17 电子系列导电漆

性能及用途 导电涂料的用途很广，主要用作电磁屏蔽材料、电子加热元件和印刷电路板用的涂料、真空管涂层、微波电视室内壁涂层、录音机磁头涂层、雷达发射机和接收机、电视机、收音机自动点火器等的导电装置。

涂装工艺参考 采用高压无空气喷涂、滚涂、刷涂均可。

产品配方（质量份）

石墨	18.8
二氧化钛	15.2
硅酸钠	40
三氧化二锑	0.3
二氧化锰	0.3
三氧化二铁	0.4
水	27
合成树脂	38

生产工艺与流程 将合成树脂溶解在溶剂中，再加入导电填料、助剂等混合而成，涂料用的树脂主要有ABS、聚苯乙烯、聚丙烯酸、醇酸树脂、环氧树脂、酚醛树脂、聚酰亚胺等，导电填料有Au、Ag、Cu、Ni、合金、金属氧化物、炭黑、乙炔黑等。

8-18 彩色显像管用导电漆

性能及用途 用于彩色显像管用。

涂装工艺参考 采用高压无空气喷涂、滚涂、刷涂均可。

产品配方（质量份）

鳞片石墨	5～7
氧化铁面	13～15
硅酸钠	10～12
高岭土	3
焦磷酸钠	1
扩散剂	0.5
二氧化硅	2～5
去离子水	56.5～66.5

生产工艺与流程 把 4μm 纯度≥98%的天然鳞片石墨，用去离子水反复漂洗至中性，脱水烘干，再置于电化炉中隔绝空气加温至1200～1600℃，在该温度下保持3～12h，制成石墨粉再把≥99%，粒度≤1μm 的氧化铁粉和扩散剂，按配方量加入纯水，在常温下充分混匀后，再加入二氧化硅，在350℃下喷雾造粒。再把复合粒粉高岭土、焦磷酸钠、硅酸钠、去离子水加入其中进行混合，充分搅拌即成。

8-19 电子工业的电磁屏蔽导电系列涂料

性能及用途 用于电子工业的电磁屏蔽涂料。

涂装工艺参考 采用高压无空气喷涂、滚涂、刷涂均可。

产品配方（质量份）

热塑性丙烯酸树脂	10～15
镍粉	50～60
溶剂	30～40
添加剂	微量

生产工艺与流程 按上述配方，把热塑性丙烯酸树脂、镍粉、溶剂及添加剂加入反应器中，搅拌后，进行研磨，使其充分混合均匀，即为涂料。

8-20 光固化型电磁屏蔽导电漆

性能及用途 用于电磁屏蔽材料。

涂装工艺参考 施工时，搅匀，用喷涂法施工。

产品配方（质量份）

丙烯酸树脂溶液	100～120
T镍微粒	500～520
B镍复合微粒	500～520
N添加剂	10
M添加剂	10
溶剂	500～540

生产工艺与流程

（1）涂料的制备 按上述配方，把各个组分先后加入反应器中，开动搅拌研磨混合，经过一定时间的充分研磨搅拌，使金属微粒细化，各种组分分散均匀，随后出料备用。

（2）涂料施工工艺 将该加工工件表面用乙醇或汽油清洗干净后晾干，用溶剂稀释至黏度为16～20s，搅拌均匀后加入喷枪，在2～6MPa压力下喷涂，喷嘴与工件的距离保持15～30cm，往复喷涂2～3次，然后进行固化处理；一般情况下，50μm 左右厚的涂层，在(50±5)℃温度下15min后用指触法测即可达到表干，在25～35℃下，40min达到表干，涂层的电磁性能在24h即可全部体现出来。

8-21 新型多功能导电涂料

性能及用途 用于电磁屏蔽材料等。

涂装工艺参考 施工时，搅匀，用喷涂法施工。

产品配方

（1）基料树脂的合成配方/g

ε-己内酯开环聚合物(平均相对分子质量350)	530
月桂酸二丁基锡	1
4,4-二苯甲烷二异氰酸酯	524
对苯二酚	1
丙烯酸-β-羟乙酯	232

生产工艺与流程（1） 在装有冷凝管、搅拌器、温度计、氮气导管的四口瓶中，加入ε-内酯开环聚合物，边通氮气边升温至80℃，加入生成的氨基甲酸酯的催化剂月桂酸二丁基锡，用1h通过滴液漏斗滴加配方量的4,4-二苯甲烷二异氰酸酯，滴完后在80℃继续搅拌1h，然后向反应体系中加入终止剂对苯二酚，之后加入配方量的丙烯酸-β-羟乙酯，继续搅拌2h，得到低聚物，其平均分子量为1500。

（2）扩散剂的合成配方/g

甲乙酮	250
苯乙烯-顺丁烯二酸酐共聚物	160
吩噻嗪	0.025
月桂醇	130

生产工艺与流程（2） 在装有搅拌器、冷凝器、氮气导管的反应器中加入甲乙酮、

苯乙烯-顺丁烯二酸酐共聚物和吩噻嗪，并升温至80℃，另外用滴液漏斗滴加月桂醇，用2h滴完，滴完后在80℃搅拌6h，得到苯乙烯-顺丁烯二酸共聚物衍生物，所得化合物借助于红外线等手段，确认已经半酯化。

(3) 涂料的配制配方/g

基料树脂	20
合成分散剂	50
三羟甲基丙烷三丙烯酸酯	20
丙烯酸四氢糠醇酯	10
季戊四醇四丙烯酯	80
含三氧化锑的氧化锡	290
二苯甲酮	18
ミアィゥ-酮	3.8
甲乙酮	560

生产工艺与流程 将配方组分用球磨机研磨分散24h，制得涂料。

8-22 电子半导体及容器导电漆

性能及用途 有机硅导电涂料导电性、透明性、硬度、强度、耐擦伤性以及耐溶剂性优良，并且保持长期稳定的导电性、对塑料底材附着力好。用于半导体容器、电子、电机部件、半导体工厂的地板、墙壁、制品成型加工领域的带电防止剂。

涂装工艺参考 采用高压无空气喷涂、滚涂、刷涂均可。

产品配方/g

有机硅强涂层溶剂	100
异丙醇	30
甲乙酮	70
含三氧化锑的氧化锡平均粒径	0.2μm
不锈钢球(粒径1mm)	500

生产工艺与流程 将配方中各组分装入金属容器内，用变速搅拌器搅拌，混合分散6h，得到导电涂料。

8-23 新型电路印刷导电漆

性能及用途 用于电路印刷与电磁波保护罩材料等。

涂装工艺参考 施工时，搅匀，用喷涂法施工。

产品配方（质量份）

(1) 配方

树脂T-5265	670
异佛尔酮	2000
丁基卡必醇醋酸酯	2000
醋酸乙烯	100
氯化乙烯	2600
2,2-偶氮(4-甲氧基-2,4-二甲基)戊腈	13.3

生产工艺与流程 (1) 在不锈钢反应器中，按上述配方加入异佛尔酮、丁基卡必醇醋酸酯、醋酸乙烯及2,2-偶氮（4-甲氧基）戊腈，用氮气置换反应器中的空气，然后加入氯化乙烯，于38℃下聚合20min。其结果以氯化乙烯和醋酸乙烯为基准的聚合收率为50%，得到由下面组成的热可塑树脂溶液：聚氨酯/氯化乙烯/醋酸乙烯单体（质量）=55/62/15。

(2) 涂料组成配方（质量份）

热可塑性树脂溶液	100
炭黑	25
丁基卡必醇醋酸酯	150
异佛尔酮	150
大豆卵磷脂	2

生产工艺与流程 (2) 按上述配方加入所制备的热塑性树脂溶液、炭黑、异佛尔酮、丁基卡必醇醋酸酯、大豆卵磷脂放入球磨机中研磨24h，充分分散即得导电涂料。

8-24 新型导电涂料组成物

性能及用途 用于导电材料等。

涂装工艺参考 施工时，搅匀，用喷涂法施工。

产品配方（质量份）

四乙胺四氟化硼酸盐	4.34
3-十二烷氧基噻吩	5.36
乙腈	200

生产工艺与流程 将4.34份四乙胺四氟硼酸盐、5.36份3-十二烷氧基噻吩、200份乙腈加入电解池中，阴极长60mm、宽55mm的V2A钢片，阳极长60mm、宽55mm的铂片，电解温度为20℃，阳极电流50mA，电解池电压为3～6V，用机械方法移去沉积在阳极上的沉淀物，电极可重新使用，将收集的初始产品用机械法粉碎，水洗，干燥，再用戊烷及乙腈洗涤，再干燥，产品用四氢呋喃溶解，该溶液用孔径

为G3的玻璃过滤坩埚过滤，滤液用旋转蒸发器干燥，可得100份蓝黑的光亮的固体产品。将1.0g该产品和1.0g异丁烯酸甲酯聚合物，在搅拌下溶于90cm³ THF及10cm³醋酸丁酯中，得到蓝黑色的溶液，将溶液用接触式涂覆设备涂在长1.5m、宽0.2m的聚酯膜上，膜厚125μm，将1g上述的导电聚合物与1.5g苯乙烯-丙烯腈共聚物在50℃溶于30cm³ THF、10cm³硝基甲烷、10cm³ N-甲基吡咯酮、10cm³醋酸丁酯所组成的混合溶剂中，该溶剂装到网式印刷机中，并印刷出一层PVC膜。

8-25 新型玻璃钢导电磁漆

性能及用途 该漆具有一定的导电性、耐候性和较好的附着力。适用于玻璃钢等物件表面涂装，供特殊管道用。

涂装工艺参考 该漆可涂覆于铁红醇酸底漆之上，一般应涂刷两道，干透后，按技术标准测定导电系数为不大于10S/cm，经一年后必须清洁旧漆膜表面，重再涂刷新的导电磁漆，经常检查其诱导静电性（如用于煤矿支柱物涂装更须注意）。施工可采用涂刷或喷涂法。用溶剂汽油或松节油调整施工黏度。有效储存期1年。

产品配方（质量份）

醇酸树脂	729.8
颜料	296
溶剂	184
催干剂	38

生产工艺与流程

醇酸树脂、颜料 → 高速搅拌预混 → 研磨分散 → 调漆（加入催干剂、溶剂） → 过滤包装 → 成品

8-26 导电性水分散性涂料

性能及用途 该涂料形成的涂层坚硬而柔韧、导电，对各种底材如轧钢板、磷化钢板、玻璃纤维增强聚酯板、反应型注模聚氨酯板及其他塑料板具有优良的附着力，该漆用于塑料底材，故广泛被汽车和卡车制造厂采用。

涂装工艺参考 施工时，搅匀，用喷涂法施工。

产品配方

（1）聚酯溶液的制备配方（质量比）

支链聚酯溶液[新戊二醇：三羟甲基丙烷：间苯二甲酸：壬二酸＝0.7：0.6：10.25：0.75(摩尔分数)，聚酯在二甲苯中75%固体分的溶液，羟值200～230，数均分子量为1000]	526.22
邻苯二甲酸酐	62.53
线型聚酯溶液[新戊二醇：1,6己二酸：间苯二甲酸：壬二酸＝1.28：0.32：10.25：0.75(摩尔分数)，聚酯在二甲苯中90%固体分的溶液，羟值200～225，数均分子量为500]	247.22
二甲苯	7.20
二甲苯	20.0
甲乙酮	75.08

生产工艺与流程（1） 在装有氮气导管、冷凝器、温度计的反应器中，加入支链聚酯溶液，搅拌加热125～150℃，反应约1h，加入邻苯二甲酸酐在220～225℃蒸出水，加入线型聚酯溶液，随后加入二甲苯，将产物冷却到室温，所得聚酯溶液固体分约80%，羟值约120～150，数均分子量约1200，支链型聚酯：邻苯二甲酸酐：线型聚酯＝1：1：1（摩尔分数）。

（2）色浆的制备配方（质量比）

聚酯溶液	40.01
炭黑	6.20
二异丁酮	26.73
甲乙酮	11.46
聚氰胺甲醛树脂聚合物在异丁醇中的溶液	15.60

生产工艺与流程（2） 将上述组分加入砂磨机中，研磨到0.127mm细度而制成色浆。

（3）导电涂料的制备配方（质量比）

色浆	56.08
50%三元丙烯酸共聚物	0.26
合成二氧化硅流平剂	6.38
UV屏蔽剂	1.89
乙二醇单丁基醚醋酸酯	14.38
丁醇	8.04

生产工艺与流程（3） 将上述组分置于容器中均匀混合即得涂料，新制底漆固体分为46.5%，颜基比13.5：10。

8-27　新型导电性发热漆

性能及用途　可作为发热涂料，以银粉、超细微粒石墨为填料的高温烧结型导电涂料可代替金属作加热管，还可作飞机用导电磁漆，它是以聚酰亚胺调和漆和炭黑或石墨为基的。

涂装工艺参考　施工时，搅匀，用喷涂法施工。

产品配方（质量份）

镍粉	56
硅酸乙酯	0.8
丙烯酸树脂溶液	14
癸醇	29.2

生产工艺与流程　作为发热涂料一般都使用金属纤维和碳纤维、塑料和导电炭粒子、金属和金属粉末、金属箔和金属蒸镀薄膜等，塑料类面状发热体是将上述发热原料分散于树脂中或与树脂形成的层压制品。

另一种方法是用无电解电镀法在片状云母上镀 Ni-P 合金而成的导电性粉末以及其为发热原料的面状发热体。将这种原料分散在聚氨酯类树脂中所得的面状发热体，膜厚仅为 100μm，用较低的电压就能获得高发热率，且表面温度也上升很快，复杂形状的制品可采用直接涂覆法，若表面温度为 80℃左右，则可耐加热而造成的膨胀、收缩。

8-28　新型镍铬电热丝涂料

性能及用途　用于镍铬电热丝发热体。

涂装工艺参考　施工时，搅匀，用喷涂法施工。

产品配方（质量份）

二氧化钛	14.1
石墨	20.1
硅酸钠	38
三氧化二锑	0.3
三氧化二铁	0.3
二氧化锰	0.2
水	27

生产工艺与流程　把上述组分加入反应釜中，加热到 100℃搅拌均匀即可使用。使用刷子将涂料均匀刷在所用物体表面，厚度为 0.05～1mm，在涂层两端接上电极通电即可。

8-29　无机导电性发热涂料

性能及用途　涂布于基材上，在 110℃下烘烤 5h，得到均一涂层，其电阻率为 260$\Omega \cdot cm^2$。

涂装工艺参考　采用高压无空气喷涂、滚涂、刷涂均可。

产品配方/kg

环氧树脂	11
三氧化二矾	8
石墨球	2

生产工艺与流程　将石墨球和三氧化二矾分散在环氧树脂中，研磨制得导电发热涂料。

第四节　防静电和阻尼涂料

防静电涂料和阻尼涂料：所谓防静电涂料，即在塑料与其他电绝缘体表面涂覆的具有放电功能的涂料，因此不论用哪种手段降低涂膜表面电阻，都可以具有降低防静电功能，防静电涂料也是导电涂料的一种。

8-30　碳纤维复合材料表面抗静电防护涂料

性能及用途　本涂料具有良好的抗静电性、户外耐久性、耐化学介质和优良的力学性能。用于碳纤维复合材料防静电耐候保护。

涂装工艺参考　喷涂、刷涂均可。层间施工间隔 24h。

产品配方（质量份）

A 组分：

硅树脂	156
颜填料	162

B 组分：

异氰酸酯树脂	226
增塑剂	16
溶剂	162

生产工艺路线　本涂料为双组分，A 组分

由含羟基的硅树脂和导电颜填料研磨而成，B组分为多异氰酸酯加成物。

8-31 表面抗静电防腐处理涂料

性能及用途 适用于石油、化工、电子行业用于表面抗静电防腐处理。

涂装工艺参考 采用高压无空气喷涂、滚涂、刷涂均可。

产品配方/%

聚酯树脂(或环氧树脂或聚氨酯树脂)	55～65
填料	27～40
流平剂	4～5
固化剂	3～4
导电微粒介质(石墨或乙炔黑)	0.15～20

生产工艺与流程 把以上组分加入混合器中进行混合即成。

8-32 新型防静电漆

性能及用途 用于防静电涂料。

涂装工艺参考 施工时，搅匀，用喷涂法施工。

产品配方（质量分数）

聚氨酯	10～15
偶联剂	0.1～0.4
聚醚	1～3
纤维素衍生物	0.2～0.4
铝粉(100mg 经上)	10～30
溶液剂	50～80
水	20～30

生产工艺与流程 先把纤维素衍生物溶解待用。

按配比把偶联剂、聚醚、纤维素衍生物溶液加入反应釜中的聚氨酯中，搅拌均匀，按比例加入100mg以上的铝粉加入上述溶液中，搅拌均匀，静止，待气泡放出。加入溶剂稀释，搅拌、静止，装入铁桶中。

8-33 新型无机防静电漆

性能及用途 用于防静电材料等。

涂装工艺参考 施工时，搅匀，用喷涂法施工。

产品配方（质量份）

导电性氧化锌	70
饱和聚酯	100
左旋糖(具有还原性糖类)	0.7
导电性氧化锌∶展色剂(固体计)＝7∶3	

生产工艺与流程 在一混合器中，将上述配方中导电性氧化锌和饱和聚酯预先加入到其中进行混合，然后加入于立式球磨机中充分分散20min左右，再加入0.7份左旋糖后充分分散，即得防静电涂料。

8-34 家电、管线阻尼漆

性能及用途 本涂料具有阻尼温域宽、损耗因子高、常温固化、可以厚涂、施工方便、阻燃和不污染环境、安全等特点。可广泛用于舰船、飞机、汽车、火车、机械、家电、管线等薄壁（壁厚≤10mm）结构的减振降噪。在钢、铝、木材及塑料等底材上都可选用。

涂装工艺参考 本涂料施工包括以下工序：底材处理→底漆施工→阻尼层施工→约束层施工→面漆施工。底漆和面漆根据要求可用也可不用。阻尼层和约束层采用刮涂施工。每道可刮涂0.5～1.0mm。施工间隔15～24h。

产品配方（质量份）

树脂	488
颜料	195
增塑剂	21
润色剂	85
溶剂	187

8-35 交通使用阻尼漆

性能及用途 该漆是气干漆，涂覆于振动的物体上能抑制壳体结构的振动以及带声时传播与杂声辐射。对于低频消声、减振有着特殊效果。适用于飞机、车辆、船舶等物体上达到减振与抑制杂声辐射的目的。

涂装工艺参考 可刷、喷等方法施工，施工前应仔细除油除锈。将涂料充分搅匀。涂层需达到一定厚度，一般涂层厚度为基板的2倍或质量比为20%左右（钢板）。施工时应多次涂刷，每次不宜过厚，待干透后再涂第二层。可与环氧等底漆配套使用。稀释剂为二甲苯。

产品配方（质量份）

树脂	496
润色剂	97
增塑剂	19
溶剂	165
颜料	178

生产工艺与流程

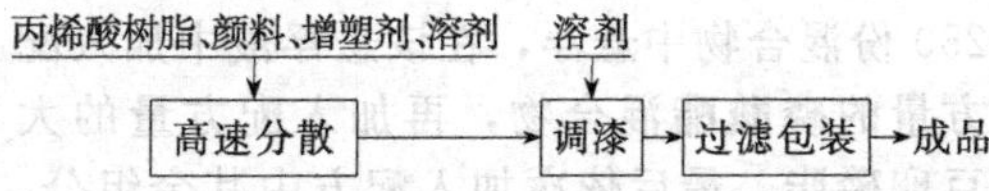

第五节 磁性涂料

磁性涂料是制作各种磁带、磁盘（包括硬磁盘、软磁盘）、磁鼓、磁泡等磁性记录材料的涂覆材料。自从丹麦人 Vander Poulson 于 1898 年发明磁性录音机以来，磁性涂料与磁性记录随着现代科学技术的发展取得了重大进步，并在电子工业中占有十分重要的地位。在磁记录技术中用量最大的是磁带，是在塑料带基上涂覆一层磁性涂料制成，而磁性涂料是由用于磁记录的磁性粉末、成膜基料、助剂及溶剂等组成的。

磁性涂料对磁记录材料的性能具有决定性作用，美国 IBM 公司的研制水平居世界领先地位，日本、德国、英国等国家发展很快。目前，国外生产磁带的国家主要有美国、德国、日本、英国、法国、比利时和俄罗斯等。长期以来，美国的磁带制造技术一直处于垄断地位。不仅首先发明了针状 $\gamma\text{-}Fe_2O_3 \cdot CrO_2$ 和金属磁粉，而且掌握着高级专业磁带的生产技术。20 世纪 70 年代以来，日本的磁带制造技术获得了飞速发展，在高性能钴氧化铁磁粉和盒式录像磁带的开发上居于世界首位。

国内是从 20 世纪 50 年代开始着手研究磁性记录材料的。目前已广泛应用于录音（音频）录像（视频）、仪器和计算机等磁性记录技术中。然而在品种、质量和数量等方面目前还落后于世界先进水平。

磁性记录材料按其形态可分为磁带、磁盘、磁卡和磁鼓等，其中最通用的是磁带。磁带按其用途，又分为录音磁带、录像磁带、计算机磁带和仪器磁带等品种。磁带的质量取决于磁性涂料的性能。要得到符合要求的磁性涂料，实现磁带的高性能化，不光靠磁粉，还要根据不同用途，合理地选用成膜基料和各种助剂，并采用先进的制造磁性涂料的技术和涂布施工工艺。

就磁带而言，其技术进步和高性能化的核心是高密度化。高密度化是磁带技术发展的主题。只有如此，才能适应当代及未来高密度记录和大容量化的需求，在信息技术领域占有一席之地。当前，涂布型磁带仍以普通档的 $\gamma\text{-}Fe_2O_3$ 带为主，高档带多为 $Co\text{-}\gamma\text{-}Fe_2O_3$ 带。DTA、广播用数字 VTR、数字存储带和软磁盘等多为金属介质。

随着信息技术的数字化发展，信息记录技术及其介质发生了重大变化。总的趋势是：①记录技术由磁记录向磁光记录、光记录和半导体记录发展；②记录方式由模拟向数字方向发展；③记录介质形态由带向盘、卡发展，由磁性介质向磁光介质、光介质和固态介质等方向发展，由微米尺度向纳米尺度发展，由氧化物向金属发展，由涂布型向薄膜型发展，由单涂层向多涂层、薄涂层发展。发展目标始终是高密度化、高性能化、大容量化和小型化。

8-36 新型磁性漆

性能及用途 用于磁带，磁记录材料等

涂装工艺参考 施工时，搅匀，用喷涂法施工。

产品配方

（1）改性聚氨酯的制备配方/g

组分	用量
2,4-甲苯二异氰酸酯	33.1
甲酚酚醛系环氧树脂	14.4
环己酮	559
对苯二甲酸系多元醇(聚己内酰胺多元醇)	55.2

生产工艺与流程（1） 把各组分加入带有温度计、搅拌器、冷却器的四口瓶中，通氮气进行保护，加热到 80℃反应 2h 以后，再加入 1,6-己二醇 3.3g，然后在 80℃反应到 NCO 基在红外光谱特征吸收峰消失，得到黏稠的液体，在该溶液中，加入 4.9g 羟醋酸，在 140℃下反应 14h，可得溶液固体分 30%，黏度（25℃）350MPa·s，聚合物的［OH］浓度为 0.54mg/g。

（2）涂料的配制配方（质量份）

组分	用量
改性聚氨酯树脂	100
磁性粉末	100
甲乙酮	100

生产工艺与流程（2） 将配方中各组分加入球磨机中进行混炼72h，得到磁性涂料。

8-37 新型丙烯酸树脂磁性漆

性能及用途 用于丙烯酸树脂磁性涂料。

涂装工艺参考 施工时，搅匀，用喷涂法施工。

产品配方

（1）丙烯酸树脂的制备配方（质量份）

异丁基烯酸甲酯	333
偶氮二异丁腈	5.7
巯基丙酸	8.8
甲乙酮	600
异丁烯酸-1-甲基硅氧烷丙酯	167

生产工艺与流程 将以上组分加入反应釜中，充氮气，在60℃，搅拌反应3h进行均匀混合。通过水和石油醚重复沉淀来净化反应生成物，并在真空及60℃进行干燥48h，得到硅氧烷链的丙烯酸树脂。加入球磨机中进行72h的分散、混合得到丙烯酸树脂来制备磁性涂料。

（2）磁性涂料配方/质量份

丙烯酸树脂	3
聚氨酯基甲酸二酯树脂	8
多官能异氰酸酯化合物	2
炭黑	3
α-Ac_2O_3粉末	3
肉豆蔻酸	2
n-硬脂酸丁酯	2.5
环已酮	130
γ-Fe_2O_3甲苯	130
氯乙烯/乙烯基乙酸酯/乙烯醇共聚物	12

生产工艺与流程 把以上组分加入混合器中进行研磨混合均匀即可。

8-38 磁性记录磁性漆

性能及用途 用于磁带等，磁性记录载体。

涂装工艺参考 采用高压无空气喷涂、滚涂、刷涂均可。

产品配方（质量份）

含Co的γ-Fe_2O_3	100
大豆卵磷脂	0.5
乙烯醇-氯乙烯-醋酸乙烯共聚物	21
异氰酸酯化合物	4
甘油三油酸酯润滑剂	1.5
甲乙酮，甲苯-甲基异丁酮等量混合物	250
磷酸烷基单酯和磷酸烷基烯丙基二酯的混合物	1.0

生产工艺与流程 将含Co的γ-Fe_2O_3在250份混合物中悬浮，在该悬浮液中加入配方量的磷酸酯混合物，再加入配方量的大豆卵磷脂，最后依次加入配方中其余组分，混合分散后制得磁性涂料。

8-39 磷酸改性聚氨酯磁性漆

性能及用途 用于磷酸改性聚氨酯树脂磁性涂料。

涂装工艺参考 施工时，搅匀，用喷涂法施工。严禁与胺、醇、酸、碱、水分等物混合。有效储存期1年，过期如检验质量合格仍可使用。

产品配方/g

苯基磷酸	316
甲乙酮	316
聚(己二酸-1,4-乙酯)	100.9
1,4-丁二醇	73
甲苯二异氰酸酯(MDI)	45
甲氢呋喃	270
甲苯	270
磷酸	750
钴改性的γ-Fe_2O_3环已酮	350
甲乙酮	650
异氰酸酯	20

生产工艺与流程 把苯基磷酸和甲乙酮加入带搅拌、温度计、回流冷凝器的反应釜中，然后于70℃滴加由728g环氧树脂828和等量的甲乙酮构成的溶液，大约30min加完，混合物于70℃反应5h。在反应釜中加入聚（己二酸-1,4-乙酯）、1,4丁二醇、MDI、四氢呋喃和甲苯，在80～85℃反应有12h，加入100g甲乙酮，使固含量为20%。以上所得磷酸改性聚氨酯树脂。

在将磷酸改性聚氨酯树脂溶液、钴改性的γ-Fe_2O_3、环已酮和甲乙酮在球磨机中进行研磨混合72h后，加入异氰酸酯，将所得混合物再混合和捏合30min，得到磁性涂料。

8-40 磁带、圆盘磁性漆

性能及用途 用于磁带、圆盘、纸带、卡片等磁性体。

涂装工艺参考 施工时，搅匀，用喷涂法施工。

产品配方

(1) 配方/g

对苯二甲酸系多元醇	480
2,4-甲苯二异氰酸酯	62.6
环氧树脂	62.4
环己酮(1)	184.0
1,6-己二醇	8.5
环己酮(2)	736.0
己二酸	38.6
环己酮(3)	58.0

生产工艺与流程 (1) 在装有温度计，氮气导管，加料器的四口瓶中按上述配方，加入三组分和环己酮之后，于80～90℃反应2h，再加入1,6-己二酸和环己酮(2)反应至NCO基为红外吸收峰($2250cm^{-1}$)消失为止，然后又加入环己酮3g和己二酸，温度升至135～140℃，反应5h，整个反应在氮气保护下进行，所得聚氨酯相对分子质量为18000，—COOH基浓度为0.36毫克当量/克聚合体，羟基浓度为0.45毫克当量/克聚合体。

(2) 磁性涂料(质量份)

改性聚氨酯树脂	75
钴改性γ-磁性氧化铁	100
甲乙酮	85
环己酮	40

生产工艺与流程 (2) 按上述配方，将改性聚氨酯树脂，钴改性γ-磁性氧化铁，甲乙酮、环己酮于球磨机中混合分散72h后，加入异氰酸酯，再混合分散30min，即得磁性涂料。

8-41 新型磁性涂料

性能及用途 用于磁带、磁卡或磁盘等磁性记录材料等。

涂装工艺参考 施工时，搅匀，用喷涂法施工。

产品配方

(1) 热塑性树脂的合成

配方(质量份)	Ⅰ	Ⅱ	Ⅲ	Ⅳ
氯乙烯可溶型聚氨酯弹性体	20	10	30	20
氯乙烯(MVC)	80	90	75	76
丙烯酸丁酯	—	5	2	—
偏二氯乙烯	—	2	—	—
净水	200	200	200	200
部分皂化聚乙烯酯	0.8	0.8	0.8	0.8
2,2-乙基己基过氧化二碳酸酯	0.05	0.08	0.05	0.05
聚合温度/℃	58	58	58	58
聚合时间/h	15	15	15	15
共聚物中的TPU含量	22	12	22	22

生产工艺与流程 在不锈钢反应器中，加入除配方中的MVC以外的其他原料，用氮气置换空气，然后加入MVC升温至58℃反应15h后，将未反应的单体除去，脱水，干燥得到聚合物粉末。

(2) 涂料的配制 用以上合成的四种热塑性树脂按以下配方调制成磁性涂料。

配方(质量份)

γ-Fe_2O_3	120
炭黑	5
α-氧化铝	2
大豆卵磷脂	3
热塑性树脂	30
脂肪酸改性有机硅	3
甲苯	150
甲乙酮	150

生产工艺与流程 将配方中的组分装入水平运动式全封闭球磨机中，混合研磨8h，进行过滤后，得到溶剂型磁性涂料。

8-42 新型摄像磁带磁性涂漆

性能及用途 用于声响磁带、摄像磁带和磁盘等。

涂装工艺参考 采用高压无空气喷涂、滚涂、刷涂均可。

产品配方(质量份)

含钴的γ-Fe_2O_3	82
氯乙烯-醋酸乙烯酯共聚物	10
丙烯酸系低聚物	10
甲苯	80
甲乙酮	80

生产工艺与流程 在混合分配器中按上述配方加入含钴的γ-Fe_2O_3磁性粉，氯乙烯-醋酸乙烯酯共聚树脂，丙烯酸系低聚体，甲苯，甲乙酮后充分混合分散成磁性涂料。

第六节 光固化涂料

光固化涂料由光固化树脂、活性稀释剂、光敏剂、透明颜料与填料及其他助剂配制而成。光固化树脂包括不饱和聚酯、丙烯酸聚酯、丙烯酸聚醚、丙烯酸环氧、丙烯酸聚氨酯及聚丁二烯等。其中不饱和聚酯多用于配制木器光固化涂料，涂膜厚而坚硬、光亮耐磨、抗沾污；丙烯酸环氧多用于配制光固化底漆，丙烯酸聚氨酯多用于配制塑料用面漆，具有良好的装饰性。

活性稀释剂有苯乙烯和丙烯酸酯类多官能团活性稀释剂。前者多用于稀释不饱和聚酯，后者用于稀释丙烯酸基树脂，并根据稀释剂反应活性、挥发性、交联密度及涂膜性能来选用和确定其用量。

光固化涂料利用300～450nm的近紫外线来固化，100～200nm的紫外线易被物质吸收，穿透力弱，难以利用。故光敏剂选用对300～450nm波长紫外线敏感并能产生引发聚合的自由基的光敏剂。不饱和聚酯多采用安息香醚光敏剂，丙烯酸基多用偶氮二异丁腈。

其他助剂包括纤维素类流平剂、醇胺类或磷酸酯类促进剂及涂料稳定剂。由于颜料的吸光性强，使紫外线无法到达涂膜内部，故光固化涂料仅限于填孔剂、二道浆、透明清漆等品种。如果采取多种紫外线光源与多种光敏剂匹配，实现色漆的紫外光固化也是可能的，但还需进行大量的试验研究，技术难度较大。

光固化涂料主要品种有木器涂料、塑料涂料、纸张涂料、皮革与织物涂料、卷材涂料、光纤涂料和金属涂料等，它们普遍地拥有高光泽和高耐磨性。

8-43 快速光固化光纤涂料

性能及用途 光纤用涂料。

涂装工艺参考 采用高压无空气喷涂、滚涂、刷涂均可。

产品配方/mol

聚丙二醇	1
2,4-甲苯二异氰酸酯	2
丙烯酸-β-羟乙酯	2

生产工艺与流程 以上组分合成聚氨酯丙烯酸酯。

8-44 多硫醇/多烯体系光固化漆

性能及用途 本产品属于多硫醇/多烯体系光固化涂料，其光聚合速率不受氧气的阻聚作用影响，因此固化性能极佳，在紫外线或阳光直射下极易固化，成膜物为无色透明涂层。本品为非易燃、易爆品，外观呈黏稠状五色透明液态，有硫醇气味，有毒，能溶于酮、酯、醚、氯仿、二甲基甲酰胺等有机溶剂。

UV-101主要用于彩色艺术瓷盘像的制作及文物表面的保护层。UV-102可用于光学材料的涂覆及黏结，用溶剂稀释后喷涂可获得较薄的透明涂膜。

涂装工艺参考 喷涂、刷涂均可。层间施工间隔12～24h。

产品配方（质量份）

有机硅丙烯酸酯	80
聚氨酯丙烯酸酯	18
安息香乙醚	6
增感剂	2
交联调节剂	1～2

生产工艺与流程 按配方量把各组分投入反应器中于20℃下搅拌均匀后避光包装。

8-45 新型紫外线固化涂料

性能及用途 固化光纤内层涂料。主要特性如下。

工艺性：透明，流动性液体，黏度较低，对玻璃润湿性强，便于浸渍或涂覆光纤。

固化特性：光固化速度快，收缩性小，无氢释放。

机械特性：固化涂层非常柔软，模量小，延伸度高，强度低，适于作内层涂料。

低温特性：玻璃化温度低，热膨胀系数小，模量变化不大，低温性能良好。

耐环境性：耐水，耐化学试剂，耐热老化。

黏结性：对玻璃附着力特别强，保护性好。

光学特性：折光指数高于1.5。

稳定性：低温（≤251℃）避光保存，有效期3个月以上。

为快速固化内层光纤涂料。

涂装工艺参考　采用高压无空气喷涂、滚涂、刷涂均可。

（1）产品配方（质量份）

有机硅丙烯酸酯	100
聚氨酯丙烯酸酯	适量
安息香乙醚	3～7
增感剂	1～3
交联调节剂	1～2

生产工艺与流程　把以上组分混合均匀，即成。

（2）产品配方（质量份）

聚氨酯丙烯酸酯	50
三(丙烯酰氧乙基)异氰酸酯	30
乙烯基-2-吡咯烷酮	15
光引发剂	5

生产工艺与流程　把以上组分混合均匀，在拉丝机上应用，拉丝速度可达100m/min涂层均匀。

巯丙基甲基二甲氧基硅烷
↓
水解→共聚合→交联剂
↓
稳定剂
基胶→混合→涂料
引发剂

8-46　新型快速固化光敏漆

性能及用途　本涂料具有固化速率快，低温性能好，析氢量低，柔软度、伸长率和拉伸强度高，涂层表面光滑等优良性能。

涂装工艺参考　分别用作单层涂覆光纤的单层涂料，双层涂覆光纤的内层和外层涂料。

产品配方（质量份）

聚硅氧烷丙烯酸酯	86
聚氨酯丙烯酸酯	适量
环氧丙烯酸酯	适量
安息香乙醚	6
增感剂	2.5
交联调节剂	2.0

生产工艺与流程　将合成的多种光敏预聚物与光敏剂、增感剂和稳定剂等按一定比例混合，经特殊工艺加工处理而成。

第七节　耐热涂料

耐热涂料一般是指在温度200℃以上涂膜不变色，不脱落，仍能保持适当的物理机械性能的涂料。耐热涂料广泛应用于高温蒸汽管道、热交换器、发动机部位、排气管、烟囱、耐高温部件。

一、耐热涂料的种类

目前发展的耐热涂料有以下几类。

（1）有机耐热涂料

① 杂环聚合物耐热涂料；

② 元素有机耐热涂料：有机硅、氟、钛耐热涂料。

（2）无机耐热涂料　硅酸乙酯、硅酸盐、硅溶胶、磷酸盐耐热涂料。

其中，最常见的是有机硅耐热涂料（包括有机硅树脂和有机硅改性树脂）和无机耐热涂料。纯有机硅清漆能耐200～250℃，加入耐热填料（金属粉、玻璃粉等）可耐300～700℃。虽然有机硅涂料有比较好的耐热性、耐水性和绝缘性，但硬度低、阻燃性差、成本高。无机耐热涂料可耐400～1000℃高温，硬度大，但涂膜较脆，在完全固化前的耐水性不好，对底材的处理要求严格。

为了取长补短以达到良好的综合性能，通常采取两种涂料拼用或进行改性的无机-有机耐热涂料，这是耐热涂料今后的发展方向。

二、耐热涂料用颜填料

1. 耐热颜料

下面列出了常用的耐热颜料。

白色：钛白、氧化锌、氧化锑；黄色：锶黄、镉黄；红色：镉红、氧化铁红；蓝色：钴蓝、群青；绿色：氧化铬绿；黑色：炭黑、石墨、二氧化锰、铬铁黑；

金属颜料：铝粉、锌粉、不锈钢粉。

2. 耐热填料

在耐热涂料中，耐热填料不仅能适当地降低成本，而且能够提高涂膜的物理机械性能并改善其耐热性。常用的耐热填料及其主要作用如下：

(1) 滑石粉可提高涂膜的热弹性和抗龟裂性，但量多时在高温下易失光粉化。

(2) 云母粉可提高涂膜强度。

(3) 石棉粉可提高抗龟裂性。

(4) 玻璃粉（熔点在400～700℃）与有机硅涂料配合，当有机硅在高温下分解时，玻璃粉熔化与有机硅及其他颜填料形成搪瓷状涂膜，能经受更高温度。

三、耐热涂料产品的生产技术与配方设计举例

有机硅耐热涂料的配方已在有机硅涂料一节作过介绍，下面着重介绍无机耐热涂料。

1. 硅酸乙酯

耐热涂料硅酸乙酯又称四乙氧基硅烷，经水解、聚合，最后形成不含有机物的二氧化硅网状交联聚合物，具有比较好的耐热、耐火、耐化学药品性，可常温固化，一般以醇类作溶剂，毒性小。为了提高其成膜性能，可以通过加入有机树脂或改性剂进行改性，方法如下：

(1) 以醇溶性的聚乙烯缩丁醛或乙基纤维素，可改善涂膜的成膜性、柔韧性、干燥性；

(2) 用硅酸乙酯水解物与多元醇在酸性条件下进行酯交换反应生成聚醚硅酸酯，能改善涂料的储存性能和涂膜的柔韧性；

(3) 硅酸乙酯水解物和含乙氧基、甲氧基、羟基的硅中间物在酸性条件下进一步水解以引入有机硅组分，可提高涂膜的柔韧性；

(4) 用硼酸酯或磷酸酯改性可提高涂膜的附着力并延长其使用期限。

聚硅酸乙酯常用来配制无机富锌底漆。当锌粉含量在60%以上时，涂膜具有优良的防腐性和耐热性。以中间物改性的聚硅酸乙酯与铝粉按质量比10∶6配制的涂料可耐600℃高温且耐冷热循环性能很好。以低熔点玻璃料或珐琅玻璃料为耐热填料配制的硅酸乙酯涂料可耐600℃甚至800℃高温。

由于硅酸乙酯涂料黏度低，施工时易出现倒挂现象，通常要添加防沉降剂如膨润土、改性膨润土、气相二氧化硅、氢化蓖麻油等。

2. 硅酸盐耐热涂料

水溶性硅酸盐又称水玻璃，由碱金属氧化物和二氧化硅的水溶液组成。硅酸盐涂料具有优异的耐热性和阻燃性。随着模数的提高，即二氧化硅含量的增加，涂膜的耐水性、耐热性提高，但成膜性和附着力下降。一般选择模数在3～4可获得比较好的综合性能。

硅酸盐涂料也有不足之处：一般需烘烤才能固化，且涂膜较脆，与底材附着力差，高温时易开裂。通常采用以下办法加以改进：

(1) 采用有效的固化剂如硅氟化物、缩合磷酸盐、氧化锌、硅酸钙、硼酸盐等；

(2) 采用改性剂予以化学改性。可采用的改性剂有氟化物（如氟化钙、氟化铝、氟化镁）、硅氟化物（如硅氟化钠、硅氟化锌、硅氟化镁）、氧化物（如氧化钙、氧化锌、氧化镁、氧化钛、氧化铝、氧化锆、五氧化二钒等）、氢氧化物（如氢氧化钙、氢氧化铝等）；

(3) 引入有机树脂予以改性。可采用水溶性的甲基硅酸钠、聚醋酸乙烯或聚丙烯酸酯的乳液、水性尿素树脂以及有机硅、丙烯酸、环氧、聚酯、三聚氰胺树脂、松香的粉末等。

如果采取几种方法综合使用的办法，可获得更加满意的效果。

配方1

水玻璃	20
三氧化二铁	6
高岭土	16
NaOH水溶液(50%)	4
松香	1
石棉粉	2
二氧化硅粉	16

这种涂料可用于发电厂飞尘箱外表、烟囱、压缩机排气管，作耐热防腐涂料。

配方 2

硅酸钾溶液(模数 5.1)	100
高岭土	9
硅石灰	16
水	5
氧化锌	2

这种涂料用于铝材可获得耐火、防水、耐磨涂膜，且常温干燥。

配方 3

尿素树脂改性硅酸钠树脂	60
水	适量
氧化铬	1
氧化钛	10
氧化铝粉	30

这种涂料可用于高温高压石油精制管道上，涂膜耐氧化、耐腐蚀。

3. 硅溶胶耐热涂料

这类涂料是以硅酸聚合体分散在水中形成的二氧化硅溶胶为胶黏剂。由于在成膜过程中硅酸聚合体随水分蒸发而进一步缩合成为 Si-O-Si 链的无机涂膜，所以具有很好的耐热性；另外，耐水性、耐药品性、干燥性亦很好。二氧化硅的制备通常是以硅酸钠经离子交换树脂作用成为硅酸，在微碱性环境下浓缩而成。由于这种涂料成膜性、柔韧性、附着力较差，需添加硅烷偶联剂、悬浮剂加以改善，也可以拼用磷酸盐、碱金属氢氧化物、有机树脂乳液等。

配方 1

二氧化硅溶胶(固含量 30%)	5.5
皂土粉	100
二氧化硅粉	4
羧甲基纤维素	15

这种涂料对金属附着力，能耐 1000℃以上的高温。

配方 2

二氧化硅溶胶	35
云母粉	10
硅烷偶联剂	5
氧化铬	5
石英粉	45

这种涂料涂于铁板上可耐 600℃高温。

4. 磷酸盐耐热涂料

涂料用的磷酸盐是水溶性的酸性磷酸盐，即磷酸二氢盐、磷酸一氢盐及它们的混合物。磷酸盐溶液的制备方法常用的是磷酸与金属氧化物或氢氧化物在水溶液中反应。所采用的金属元素有铝、镁、钙、铁、铜、锰等，在反应过程中，随着磷酸用量的增大，所得的磷酸盐水溶液稳定性提高，但配成涂料后所得到的涂膜的固化性和耐水性差。一般采用磷酸一氢盐、二氢盐、倍半氢盐的混合物作黏合剂。

磷酸盐涂料需高温烘烤才能固化，可以添加固化剂降低烘烤温度。常用的固化剂有金属氧化物、金属复合氧化物、氢氧化物、硼酸盐、碱式盐和硅氟化物等。另外，这种涂料的酸性较强，一般要加入缓蚀剂如铬酸盐、铬酸、胺类等，以三氧化铬和铬酸钾为最好。

水溶液磷酸盐耐热涂料中应用最广泛的就是磷酸盐铝粉涂料，这种涂料在耐热、耐油、防腐、耐候性等方面性能优异。

8-47 新型水玻璃无机耐热涂料

性能及用途 用于耐热耐水涂料。

涂装工艺参考 采用高压无空气喷涂、滚涂、刷涂均可。

产品配方（质量份）

水玻璃(40%)	1000
三聚磷酸钠	50
硫酸钾	50
硅氧烷水溶液	150
硼酸	50
碳酸钙粉末	80
碳酸钡	100
氧化钛	100
颜料	30

生产工艺与流程 在水玻璃中加入磷酸钠、硫酸钾、硅氧烷水溶液和硼酸，在 80℃下搅拌，使盐类溶解，然后冷却到室温，再加入碳酸钙粉末、碳酸钡、硅酸钙、氧化钛及颜料，充分搅拌均匀混合后制成涂料。

8-48 新型电发热涂料

性能及用途 用于电发热。

涂装工艺参考 采用高压无空气喷涂、滚涂、刷涂均可。

产品配方（质量份）

（1）无机型涂料

配方	Ⅰ	Ⅱ	Ⅲ
石墨粉	100	100	100
铅酸钡	—	10	10
锑粉	—	—	10
二氧化钛	35	35	25
三氧化	5	5	5
氧化铅	10	10	10
三氧化二铁	5	5	5
碳化硅	10	10	10
二氧化硅	10	10	10
硅酸盐和磷酸盐溶液	170	170	170
水	80	80	80

（2）有机无机掺混型涂料

配方	Ⅰ	Ⅱ	Ⅲ
石墨粉	100	100	100
铅酸钡	—	10	20
锑粉	—	—	10
二氧化钛	1	1	1
三氧化二锑	1	1	1
氧化铅	3	3	3
三氧化二铁	2	2	2
硅油	2	2	2
碳化硅	2	2	2
二氧化硅	2	2	2
醇酸树脂	60	—	—
漆酚树脂	—	80	100
松香水	100	—	—
二甲苯	60	120	180

生产工艺与流程 把以上组分进行研磨达到一定细度为止。

第八节 其他涂料

其他涂料品种还很多，如热辐射涂料、太阳能吸收涂料、热反射漆、高温节能漆等。

8-49 热辐射节能涂料

性能及用途 用于热辐射节能。

涂装工艺参考 采用高压无空气喷涂、滚涂、刷涂均可。

产品配方（质量份）

锆砂	30～50
氧化铌	1～3
金红石型二氧化钛	10～15
磷酸二氟铝水溶液	27～50

生产工艺与流程 先将各种组分进行研磨使其细度达到 300mg 以上，然后在水浴上加热 70～80℃加入上述胶黏剂，再逐料加入上述物料，边搅拌边加入使之达到混合均匀，搅拌时间约 60min，转速为 700～1200r/min。最后将上述搅拌均匀的混合物再加入砂磨机中进行研磨 30min，即为成品。

8-50 单组分聚氨酯吸收涂料

性能及用途 用于太阳能吸收。

涂装工艺参考 采用高压无空气喷涂、滚涂、刷涂均可。

产品配方（质量份）

三氧化铁	25～30
硒硫化镉	5～8
铁-锰-铜氧化物	1～2
单组分聚氨酯树脂	50～55
环烷酸钴液	3～6
二甲苯	6～8

生产工艺 将各种吸光剂、单组分聚氨酯树脂混合，搅拌均匀，经研磨机充分调匀，充分研磨至细度合格后充分搅匀，过滤包装。

8-51 同步卫星发射火箭热反射漆

性能及用途 本涂料具有良好的物化性能，热反射率在 80%以上。用于同步卫星发射火箭液氢箱的外表面或地面储油罐表面，用以反射太阳辐射能，降低内部温度。

涂装工艺参考 施工时，搅匀，用喷涂法施工。严禁与胺、醇、酸、碱、水分等物混合。有效储存期 1 年，过期如检验质量合格仍可使用。

（1）产品配方（质量份）

50%硅酮	49
透明陶瓷料	15
聚酰胺	10
耐热黑颜料	8
碳酸锌	8

先将硅酮、聚酰胺、陶瓷料、黑颜料、碳酸锌加入研磨机进行研磨48h至一定细度为止。涂在钢板上，晾干10min，再于200℃下烘烤120min，即固化成膜。

（2）产品配方（质量份）

四乙氧基硅烷	62
甲基二乙氧化基硅烷	125
三乙胺	30
云母	14.4
丁醇	适量
乙醇	187
盐酸	30
二氧化硅	0.36
乙二醇丁醚	7.2
苯类溶剂	适量

在80℃下，将四乙基硅烷、甲基三乙氧硅烷和乙醇组成混合物，在0.2mol/L的盐酸中加热10min，加入三乙胺，在80℃，pH=7条件下，加热2h，再加入苯类溶剂制得清漆，将其中100份与0.36份二氧化硅、云母和乙二醇单丁醚混合，以丁醇稀释到黏度为20～22s。倒在玻璃上或金属板上，涂膜厚为23～27μm，在250℃固化20min。

（3）产品配方

① 清漆配方（质量份）

四乙氧基硅烷	62
甲基三乙氧基硅烷	125
三乙胺	31
乙醇	187
盐酸(0.2mol/L)	30
苯类溶剂	适量

按配方量，把四乙氧基硅烷、甲基三乙氧基硅烷和乙醇混合，加热至60℃，加入盐酸，在80℃左右加热10～12h，并搅拌均匀，加入三乙胺使酸值pH为7，并继续在80℃加热反应2～3h，稍冷加入苯类溶剂，控制固含量为36%，为所得清漆。

② 耐热涂料配方（质量份）

清漆	100
二氧化硅	0.4
云母	14.5
丁基溶纤剂	7.5
丁醇	适量

按配方量，加入清漆、二氧化硅、云母和丁基溶纤剂混合，在搅拌下加入适量丁醇便得到耐热涂料。用于耐热涂料。

（4）产品配方（质量份）

环氧改性有机硅树脂	30～50
玻璃粉	15～60
其他颜料、填料	15～60
玻璃、陶瓷助溶剂	5～10

把各种组分加入研磨机进行研磨成细度一定时为止。可作为表面温度在600～700℃的石油裂解炉和各种热交换器的保护涂料。

（5）产品配方（质量份）

封闭的多异氰酸酯	420
聚酯-聚酰亚胺	260
环烷酸锌(8%)	2
甲酚	60
二甲苯	60

将封闭的多异氰酸酯、聚酯-聚酰亚胺、甲酚和二甲苯混合，加热至70℃搅拌4h，冷却后加入环烷酸锌，制得固含量为40.5%的绝缘涂料。用于绝缘涂料。

（6）产品配方（质量份）

高温绝缘涂料配方/g

乙二醇	100
甘油	25
对苯二甲酸二甲酯	100
醋酸锌	0.2
4,4′-二氨基二苯醚	40
偏苯三酸酐	26.8
钛酸正丁酯	4.5
甲酚	316.2
二甲苯	210.8

按配方，将前4种组分缩合后，加入第5～7种组分进行反应，最后加入甲酚和二甲苯2种溶剂，溶解后涂覆，烘烤即成。主要用于高温运转的电机及电器设备。

生产工艺与流程　本涂料组分和颜填料、助剂研磨分散至≤20μm细度，包装，制成产品。

8-52 散状长效高温节能漆

性能及用途 用于散状长效高温节能。

涂装工艺参考 施工时，搅匀，用喷涂法施工。严禁与胺、醇、酸、碱、水分等物混合。有效储存期1年，过期如检验质量合格仍可使用。

产品配方（质量份）

铬铁矿	70～75
氟化钙	2～6
六偏磷酸钠	9～12
水溶性固体偏硅酸钠细粉	10～15

生产工艺与流程 把固体原料进行粉碎达到各自要求，在调节配漆时加入一定量的水，调节成糊状，然后才能进行涂刷，其配比为散状长效高温节能涂料粉：(55～65)：(35～45)。

产品配方

组分甲/g

磷酸(65%)	3
氢氧化铝	2
缓蚀剂铬酐	0.3
二氧化钛	4.8
二氧化硅	11.04
羟基乙烯树脂	1.3
水	11.2

生产工艺与流程 用65%磷酸与氢氧化铝在79℃反应，生成磷酸盐溶液，用65℃的水调整其固体分为50%，加入缓蚀剂铬酐、用氢氧化钠调整溶液的pH值为4，然后加入耐高温颜料二氧化钛、二氧化硅搅拌研磨而成。其细度为40μm。

组分乙为羟基乙烯树脂促凝剂和水构成。

将组分甲与组分乙按质量1∶3混合，即为常固化磷酸盐耐高温涂料。

8-53 新型太阳能热水器吸热涂料

性能及用途 用于闷晒式太阳能热水器的涂饰。

涂装工艺参考 施工时，搅匀，用喷涂法施工。严禁与胺、醇、酸、碱、水分等物混合。有效储存期1年，过期如检验质量合格仍可使用。

产品配方/质量份

炭黑	1
二氧化锰	0.012
锌钡白	0.012
钛白粉	0.037
铅粉	0.012
氯化钙	0.049
锌粉	0.020

生产工艺与流程 将炭黑、二氧化锰、锌钡白、钛白粉、铅粉、氯化钙、锌粉混合，搅拌均匀，经研磨机充分调匀，充分研磨至细度合格后充分搅匀，过滤包装。

8-54 新型紫外辐射吸收漆

性能及用途 用于吸收紫外线。

涂装工艺参考 采用高压无空气喷涂、滚涂、刷涂均可。

产品配方

(1) 配方1（质量份）

甲基丙烯酰氧化丙基三甲氧基硅烷	25
去离子水	1.8
异丙醇钛	25
乙酸乙酯	15
硝酸	1滴
乙酸乙酯	50

生产工艺与流程 在甲基丙烯酰氧化丙基三甲氧化基硅烷中加入乙酸乙酯、去离子水和1滴硝酸，搅拌0.5h，加入异丙醇钛，再搅拌0.5h，加入去离子水，再搅拌0.5h，加入乙酸乙酯，继续搅拌，制备组合物。

(2) 配方2/g

甲基丙烯酰氧基丙基三甲氧基硅烷	25
胶体二氧化硅	12.8
有机钛酸酯	50
2-丙醇	25
硝酸	1滴
2-丙醇	25

生产工艺与流程 在甲基丙烯酰氧基丙基三甲氧基硅烷中加入胶体二氧化硅、2-丙醇和1滴硝酸，搅拌0.5h，加入有机钛酸酯，再搅拌0.5h，加入2-丙醇25g，继续搅拌。

用配方1和配方2的溶液生产紫外吸收透射薄膜，将石英分别浸入二溶液中，在环境温度下干燥1min，以形成透明的薄膜，然后将透明薄膜置于距高温火焰50～60nm处暴露20s进行火烤，薄膜最初变黑，继而逐渐透明，两种薄膜都有较高的紫外线吸收能力。

8-55　热固性丙烯酸酯吸收涂料

性能及用途　本涂料对太阳光有良好的选择吸收性。对太阳光吸收率 $\alpha_s=0.87\sim0.91$。半球向热辐射率 E 为 $0.42\sim0.53$。并具有良好的耐候性和力学性能。用于太阳能采暖、太阳能制冷、太阳能集热器、太阳能集热板和太阳能热水器等方面。

涂装工艺参考　在除油、除锈的底材上可直接涂覆本涂料。厚度控制在 20μm 左右。

产品配方（质量份）

原料	质量份
热固性丙烯酸酯树脂	100
F_2O_3-MO_2-CuO 黑色颜料	40
四氟乙烯粉末	15
正丁醇	58
二甲苯	42

生产工艺与流程　将配方中各组分加入球磨机中进行研磨分散，再加入正丁醇、二甲苯、芳烃混合溶剂＝29∶21∶50（质量）混合溶剂 200 份，然后加入表面活性剂——聚醚改性有机硅树脂 1.5 份即得涂料。

8-56　夜间芳香彩虹玻璃灯罩涂料

性能及用途　用于玻璃灯罩。

涂装工艺参考　施工时，搅匀，用喷涂法施工。严禁与胺、醇、酸、碱、水分等物混合。有效储存期 1 年，过期如检验质量合格仍可使用。

产品配方（质量份）

原料	质量份
硫酸银	5～12
羧甲基纤维素钠	15～18
长效水溶性香料	2～4
有色荧光粉	5～8
水	1000
分散剂	5～8

生产工艺与流程　先将硫酸银、羧甲基纤维素钠按配方比例混合并溶于 1000g 开水中搅拌均匀，待冷后，再加入水溶性香料和有色荧光粉分散剂搅拌均匀即成。

8-57　环氧改性电阻漆

性能及用途　高效型电阻涂料由两组分组成。主剂为黏稠液体；固化剂为流动型液体。

高效型电阻涂料是保护碳膜电阻器的一种优异材料。该涂料固化速度快，成膜后的电阻器表面平整光亮、满足自动涂漆线生产中的快干要求，提高生产效率，节省能源。可替代进口同类电阻涂料。

涂装工艺参考　采用高压无空气喷涂、滚涂、刷涂均可。

产品配方

主剂	kg/100kg	固化剂	kg/100kg
环氧树脂	40	固化剂	20
改性树脂	13.37	促进剂	28
混合颜填料	46.32	稀释剂	52
混合溶剂	10.31		

注：主剂∶固化剂＝100∶20～25（质量比）。

生产工艺与流程

环氧树脂、改性树脂、混合颜填料、混合溶剂→混料→三辊研磨→主剂

固化剂、促进剂、稀释剂→混合均匀→固化剂

第九章　金属漆和粉末涂料

第一节　金属漆

金属涂料，又称金属漆、金属感漆、金属效应漆、铝粉漆，一般是通过空气喷涂实现的，主要用于电视机等外壳塑料涂饰。

涂装前，首先进行表面处理，一般可先用压缩空气吹去灰尘，用异丙醇等溶剂进行脱脂去油；根据塑料基材的类型，选择好相应的黏结性良好的基材和溶剂（稀释剂）。先涂一层底漆，一般可采用丙烯酸类涂料进行打底、封闭；在丙烯酸清漆（或相应树脂清漆）加入5%塑料用专用铝粉调匀，用滤网或细绢布除去粗颗粒，再根据喷涂要求进行稀释。一般可采用空气喷涂方式，喷涂压力3～5kg/cm^3，喷枪口径1.3～1.5mm，涂料黏度11～15s（涂-4杯），环境温度和湿度控制在15～25℃和50%～75%为宜，涂膜厚度控制在15～20μm为宜。可以根据涂料要求，在适当的温度下进行干燥，例如丙烯酸铝粉清漆可以在40℃下烘烤15min，干燥期间应保持洁净，防止玷污。

金属闪光漆是装饰性涂料，它是由漆料、透明性或低透明性彩色颜料、闪光铝粉和溶剂配制而成，或者在闪光漆各色透明漆液中加入适量闪光铝粉浆配制而成。如果使用金属闪光漆，可以使用闪光金属粉（闪光铝粉、闪光铜粉等）、透明颜料、清漆配制而成或直接购买，底漆的颜色决定闪光的颜色和程度。透明颜料适量，金属闪光粉的用量为清漆的2%左右，施工方法与金属漆施工方法相同。干燥后，再涂一道清漆罩面，可以采用通用的丙烯酸类或丙烯酸聚氨酯清漆等。

一、一般金属防腐漆产品的生产技术与配方设计

一般金属防腐漆，在漆中掺配了金属粉末。是目前流行的一种汽车面漆。金属漆相异于普通漆，除了其硬度高之外，还有良好的外观效果。在分析金属漆配方方面，微谱技术具有最新的金属漆配方技术信息，一般企业都会按照客户的客观需求更大程度发挥金属漆漆膜坚韧、附着力强、耐腐蚀性、高丰满度、抗极强紫外线等性能。设计出最合理的配方方案，完善金属漆的品质。

微谱分析技术分析金属漆配方，是一种成功帮助生产金属漆的企业提高产品性能，开发新型适销对路产品的重要技术手段，因为微谱分析可以还原基本金属漆配方组分。

分析金属漆配方的作用：

① 综合分析技术检测试样配方，综合图谱数据库，由行业权威的教授还原基本配方，辅助厂家调试生产。

② 比对化验高性能样品和提供的样品的配方组分差异，缩短周期，提高研究成效，缩短同行差距。

③ 从化工成分角度挖掘产品质量故障的源头，工业问题诊断，技术支持参考。

聚苯胺改性环氧金属防腐涂料与配方设计如下。

1. 原材料与配方（质量份）

E-44 环氧树脂	15～20
掺杂态聚苯胺	8～10
N-甲基吡咯烷酮	适量
苯肼	1～2
固化剂(二亚乙基三胺)	100
其他助剂	适量

2. 制备方法

分别采用聚酯树脂和环氧树脂（E-44）作为涂料的成膜物质。聚苯胺粉末过 200 目筛后溶于适量 *N*-甲基吡咯烷酮（NMP）中，并加入一定量苯肼，电磁搅拌直至聚苯胺在 NMP 中分散均匀，之后将此分散液与用适量 NMP 稀释过的树脂共混，电磁搅拌 3～5h，静置 1h 后进行涂装。

3. 性能与效果

① 采用还原剂苯肼对聚苯胺溶液进行处理，有利于提高导电聚苯胺（PANI）的溶解性和再涂料中的分散性，改善涂料的防腐性能。但苯肼的加入量必须严格控制，在本体系中，以 1%为宜。

② 聚苯胺的加入可以较大程度地提高涂料的防腐性能，最佳配方为：聚苯胺溶液的浓度为 8%；环氧树脂、聚酰胺固化剂和聚苯胺质量比为 1∶1；聚苯胺用量为 3%。

③ 聚苯胺的加入对饱和聚酯、环氧-聚酰胺固化体系和环氧-二亚乙基三胺固化体系三种涂料的防腐性能均有改善。但其对饱和聚酯涂料改善效果不够显著，对环氧-聚酰胺涂料防腐性能的提高最为明显。

二、新型水性金属漆的配方设计举例

性能及用途　用水或乙醇∶水＝3∶7 作稀释剂，作水性自干漆，漆膜干燥快，光亮，主要用于纸张、纸箱油墨用，属环保型产品。

涂装工艺参考　施工时，搅匀，用喷涂法施工。

产品配方（质量份）

清漆 BS-9301	100
717(美国首诺公司)	30

140℃ 30min 烘烤

助溶剂：醚类、醇类

黑色水性丙烯酸烘烤型漆参考配方（适用于车架等）

原料名称	规格	质量
BS9301 丙烯酸树脂	60%±2%，三木	47
甲醚化氨基树脂	60%±2%，三木	13
高色素炭黑	进口	2.5
滑石粉	800 目	10
沉淀硫酸钡	800 目	5
高岭土	进口	5
多聚磷酸铝	APW-2	5
膨润土	浙江，临安	0.6
EFKA-4560	分散剂，进口	0.5
EFKA-2526	消泡剂，进口	0.3
异丙醇丙二醇丁醚去离子水	1∶1∶1	11.1
合计		100

质量指标

外观：淡黄色透明液体

固含：50%±2%

黏度：20～45s（格氏管，25℃）

pH 值：8～9

T_g：38℃

(1) 涂料性能主要控制指标：细度≤30μm，黏度 60～200s（涂-4），25℃。

(2) 涂膜主要性能：

① 施工时可用自来水稀释；

② 硬度≥2H，冲击 50kg·cm，附着力≤2 级，柔韧性 1mm，光泽 40%～60%，干燥条件通常为 130℃×30min；

③ 耐介质性优/水溶自干漆，水性油墨专用/水丙 2#。

三、新型水性金属漆生产工艺与产品配方实例

如下介绍新型水性金属漆涂料生产工艺与产品 19 个品种。

9-1　金属散热片防腐用涂料

性能及用途　用于铝散热片上成为防腐蚀涂层。

涂装工艺参考 施工时，搅匀，用喷涂法施工。

产品配方（质量份）

60%环氧树脂	50.0
2-二甲基氨基乙醇	9.3
水	290.7
59.7%丙烯酸乙酯-甲基丙烯酸-苯乙烯共聚物溶液	100

把以上组分进行混合均匀，再和以下组分混合：

上制混合物	225.0
水	348.0
尼龙	12
粉末	10.0
丁基溶纤剂	87.0
自乳化环氧树脂水分散物	45.0

生产工艺与流程 把以上组分加入混合器中进行搅拌混合均匀，涂在铝制散热器上，在 230℃ 烘烤 40s 而固化，成为防腐蚀涂层。

9-2 金属钛和金属铋液体涂料

性能及用途 用于液体黄金涂料。

涂装工艺参考 采用高压无空气喷涂、滚涂、刷涂均可。

产品配方（质量份）

阿拉伯树脂	36
硝基苯	8.8
芳樟油	48
钛	1
铁	1.2
铑	0.5
铋	2.6

生产工艺与流程 先把 50%的阿拉伯树脂加入反应釜中，加热至 330℃，徐徐加入金属钛和金属铋，混合搅拌 30min，制成树脂金属钛铋，再把金属铁和铑倒入浓硫酸的溶液中，(水和硫酸的体积比为 1∶2) 金属铁和铑质量之和与硫酸质量之比为 1∶2，把其余的一半阿拉伯树脂加热到 310℃，然后把金属铁和铑同硫酸的反应物徐徐加入阿拉伯树脂中，混合搅拌 30min，倒入布袋中包扎好，放入适量的清水中，清洗硫酸，再放入离心机中排除水分，最后把树脂钛铋和树脂铁铑产物一起放入搪瓷器皿中，加温到 320℃，混合搅拌 60min，停止加热后把芳樟油逐渐倒入搪瓷器皿中，混合均匀，然后倒入硝基苯搅拌均匀，即为产品。

9-3 新型金属型铸铁涂料

性能及用途 用于金属型铸铁用涂层。

涂装工艺参考 采用高压无空气喷涂、滚涂、刷涂均可。

产品配方（质量份）

硅藻土	12～26
膨润土浆	10～20
水	60～72
或者石墨粉	2～5
锆英粉	3～6
膨润土∶水	1∶(5～12)

生产工艺与流程 先将选取好的硅藻土和膨润土，按配方制成膨润土浆，再按配方配制后，搅拌均匀后即可作为金属型的涂料。

9-4 新型罐头表面用清漆

性能及用途 该漆涂于印刷过的金属表面。在 200℃烘烤 5min，制得 5μm 厚的漆膜。

涂装工艺参考 施工时，搅匀，用喷涂法施工。

产品配方/g

环氧树脂 1001	30
苯二甲酸酐	18.5
乙二醇	13.7
己二酸	6.3
苯并胍胺树脂	100
5%马来酸酐的丁基溶纤剂 150	适量
对甲苯磺酸	0.5

生产工艺与流程 将苯二甲酸酐 18.5 份、己二酸 6.3 份、乙二醇 13.7 份和新戊二醇 19.2 份聚合成聚酯，在过氧化苯甲酰存在下用 5%的马来酸酐的丁基溶纤剂处理后为改性聚酯。将 100 份改性聚酯与环氧树脂 30 份，苯并胍胺树脂 100 份和对甲苯磺酸 0.5 份混合，再用丁基溶纤剂稀释至黏度值为 100，制成此清漆。

9-5 锅炉内壁防护涂料

性能及用途 用于锅炉内壁防止水垢，直接贴在金属表面上便于清洗，以及烟囱表面涂刷用。

涂装工艺参考　施工时，搅匀，用喷涂法施工。

产品配方

(1) 配方（质量份）

石墨	38
锅炉漆料	53
200#溶剂油	9
松香酚醛树脂	5.5
甘油松香酯	5.3
200#溶剂油	37.0

(2) 锅炉漆料配方

天然沥青	38.0
二甲苯	6.0
环烷酸锌	7.8

生产工艺与流程　把以上组分加入反应釜中进行搅拌混合分散均匀。

9-6　多功能新型用途金属上光剂

性能及用途　用于金属的上光剂。

涂装工艺参考　采用高压无空气喷涂、滚涂、刷涂均可。

产品配方（质量份）

二甲苯	36～46
甲基丙烯酸甲酯	5～8
丙烯酸丁酯	18～20
丙烯酸-β-羟乙酯	4～5
甲基丙烯酸	4～6
引发剂　微量改性树脂	4～7
链终止剂	4～6
无水乙醇	余量

生产工艺与流程　将二甲苯总量的60%加到反应釜中开动搅拌，加热至120℃，将甲基丙烯酸甲酯、丙烯酸丁酯、丙烯酸-β-羟乙酯、甲基丙烯酸、引发剂、改性树脂混合溶解，在3h内匀速滴加到反应釜中，保温1h后，将余下的二甲苯与链终止剂混合好后，滴加到反应釜中，保温2h，加入余量的无水乙醇，搅拌。

9-7　新型金属表面保护和装饰面漆

性能及用途　该机床面漆均具有良好的抗冲击性和遮盖力，其耐油性、耐切削液侵蚀性优良，用于各种机床的表面保护和装饰。

涂装工艺参考　涂施前，应将漆充分搅拌均匀。多用喷涂法施工。黏度过高时，Ⅰ型漆用X-3过氯乙烯稀释剂调整施工黏度；有效储存期为1年。

产品配方（质量份）

过氯乙烯树脂	66
环氧酯	24
增韧剂	8
颜料	5
溶剂	108

生产工艺与流程

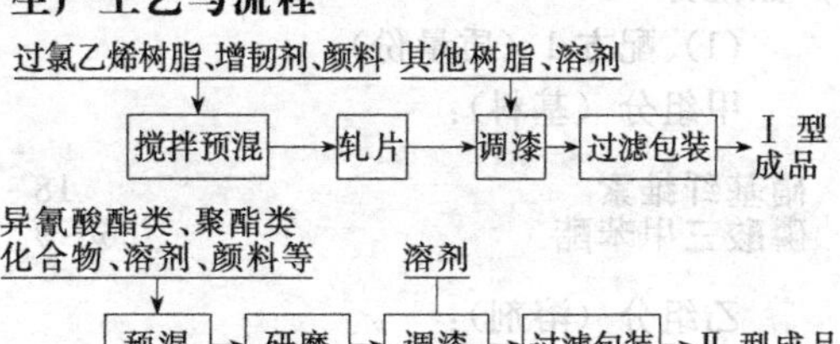

9-8　新型化学镀镍槽壁涂料

性能及用途　用于化学镀槽壁保护。

涂装工艺参考　采用高压无空气喷涂、滚涂、刷涂均可。

产品配方（质量份）

聚氯乙烯	45.5
二异辛酯	13.6
环己酮	22.7
氯丁橡胶	11.4
磷酸铅	1.81
硫酸铅	1.81
乙酸丁酯	0.45
酞菁蓝	0.45
钛白粉	22.7
香精	0.01
氯化镁	0.3～4
氯化钡	0.3～4
水	适量

生产工艺与流程　将聚氯乙烯、二异辛脂、氯丁橡胶、磷酸铅、硫酸铅、乙酸丁酯混合后加入钛菁蓝搅拌均匀后加热塑料，时间为90～130min，温度为80～105℃，加入香精和钛白粉后加入溶剂环己酮加热反应，时间为50～80min，温度为64～76℃，待反应完全后，停止反应后过滤，滤液即为涂料。

生产工艺与流程　将镁砂粉、活化膨润土和两种碱土金属卤化物置于轮碾机内干

混，然后加入水玻璃和糖浆进行混碾一定时间，最后加水碾至糊状，即呈现悬浮液。

9-9 新型金属底漆和面漆

性能及用途 用于底漆和面漆的涂层。

涂装工艺参考 采用高压无空气喷涂、滚涂、刷涂均可。

产品配方

（1）配方1（质量份）

甲组分（基料）：

硝基纤维素	18
磷酸三甲苯酯	6～9

乙组分（溶剂）：

甲基化的乙醇	43.8～46.2
醋酸乙酯	2.9～3.1
醋酸丁酯	2.2～2.3
甲苯	21.9～23.1

生产工艺与流程（1） 把以上组分加入反应釜中进行混合溶解，调和、过滤。

（2）配方2（质量份）

硝基纤维素	14.2
醇酸树脂	5.0
脱蜡树脂	5.0
邻苯二甲酸二丁酯	2.0
邻苯二甲酸二环已酯	5.9
甲基乙基酮：甲苯(60：40)	67.6

生产工艺与流程（2） 把以上原料加入反应釜中进行搅拌混合溶解，调节器合、过滤。

9-10 石油储罐与管道铝粉用防腐涂料

性能及用途 该漆采用的铝粉是呈鳞片状，使漆膜具有极优良的耐晒性、耐热性，并能反射部分热量，对被涂物面具有一定的降温作用。除用于一般物件涂装外，特别适用于油槽、储罐、管道等石油化工设备表面作保护涂层。

涂装工艺参考 该产品施工以刷涂方法为主。涂漆前把被涂钢铁表面清理干净，把铁锈及其他附着物除净。一般涂刷两道为宜，第一道漆膜需薄，二道漆间隔24h，第二道漆膜不宜太厚。

产品配方（质量份）

硅藻土	13～25
膨润土浆	10～20
水	60～75
石油树脂	228
植物油	182
石墨粉	0～5
铝粉	0～5
膨润土：水	1：(5～12)
浮型铝材	114

生产工艺与流程

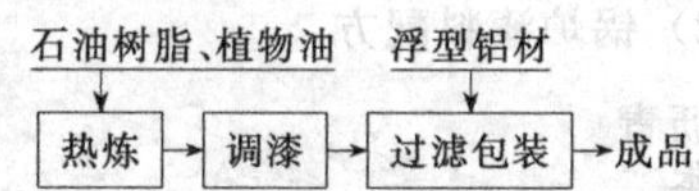

9-11 高温金属热处理保护漆

性能及用途 用于金属热处理时涂在工件表面，以防止工件在高温下氧化和脱碳，适应温度范围为800～1200℃。工件热处理冷却后涂层能自行剥落。

涂装工艺参考 用喷涂或浸涂法施工，可用水调节施工黏度。

产品配方（质量分数）

氧化硅	25
氧化铝	12.5
长石	12.5
氧化铬	12.5
碳化硅	12.5
硅酸钾	10
水	15

生产工艺与流程 将全部原料投入高速搅拌机内混合，搅拌至均匀分散，用水调整至适当的施工黏度即成。本涂料一般在金属热处理单位现场配制，现配现用。

9-12 金属型面漆涂漆

性能及用途 用于底漆和面漆的涂层。

涂装工艺参考 采用高压无空气喷涂、辊涂、刷涂均可。

产品配方

（1）底层涂料配方（质量分数）

绿泥石	50～70
铝矾土	15～20
黏土	10～15
水玻璃	5～15

将绿泥石、铝矾石土、黏土、水玻璃，加水碾成浆状，原料再加入胶体磨或球磨

机中碾磨，加水使涂料的黏度控制在15～25s之间。

（2）面层导热涂料配方（质量分数）

片状石墨	45～75
土状石墨	5～15
黏土	5～10
碱性硅溶胶	10～20
Na_2PO_4饱和水溶液	5～10

生产工艺与流程 把上述原料加水磨碾成浆状，加入胶体磨或球磨机内碾磨时，水的加入量使涂料黏度控制在15～25s之间。

9-13 新型等离子金属喷涂漆

性能及用途 本涂料具有耐等离子火焰辐射800℃的高温，并有良好的附着力和耐磨损性。等离子喷涂过后，易用水清洗除去，对底材无腐蚀。用于等离子喷涂时保护那些不需喷涂的邻近部位，防止该部位高温氧化和沾污。

涂装工艺参考 施工时将底材去油除锈后，即可采用刷涂施工。常温干燥。

产品配方（质量份）

原料	质量份
石油磺酸盐(50%)	200
石蜡	50
羊毛脂衍生物	36
磺酸金属盐(50%)	24
醇酸树脂	150
己烷	150

生产工艺与流程 按组成原材料及配比混合，经研磨分散而成。

9-14 新型钢板保护漆

性能及用途 一般用于钢板的保护与涂刷。

涂装工艺参考 一般施工时，搅拌搅匀，溶解后用喷涂法施工。

产品配方

（1）配方（质量分数）

硝酸纤维素	46.8
醇酸树脂	2.4
甲基乙基酮	40.8
正丁醇	4.8
甲基异丁酮	5.2

生产工艺与流程（1） 把以上组分加入反应釜进行搅拌溶解，调和、过滤。

（2）配方2（耐油脂）（质量分数）

硝酸纤维素	20.8
醇酸树脂	10.0
酯胶	5.0
柠檬酸三戊酯	2.8
醋酸乙酯	20.0
醋酸丁酯	5.8
正丁醇	3.0
甲基化的乙醇	9.6
甲苯	23.0

生产工艺与流程（2） 将以上组分加入反应釜中进行搅拌混合溶解，调节器合、过滤。

（3）配方3（镀铬钢板漆）（质量分数）

甲组分(基料)：	
硝酸纤维素	1.0
聚异丁烯酸酯	36.0
乙组分(溶剂)：	
丙酮	38.4
甲基乙基酮	18.5
溶纤剂	6.1

生产工艺与流程（3） 将乙组分预先混合均匀，然后将甲组分中的组分依次加入乙组分原料中进行搅拌混合均匀即成。

9-15 新型热处理保护涂料

性能及用途 该漆具有耐高温、抗氧化性能，涂层在淬火时具有自行剥落的特点。用于结构钢，作热处理防氧化、防脱碳保护作用。

涂装工艺参考 工件表面处理，工件有氧化皮者，先除净氧化皮，然后用汽油清洗，如系新加工表面，用汽油清洗，晾干后即可涂漆。稀释溶剂为乙醇：丁醇＝8：2的混合溶剂。喷涂施工黏度为10～20s；刷涂施工黏度为25～35s。一次涂层厚度40～80μm，浸涂施工，将零件缓缓放入漆槽中，使漆液将零件完全浸没20～302s，然后慢慢地将零件从液面下提升出来。一般涂覆2～3道，涂层厚度0.08～0.12mm，常温干燥，第二次涂漆后放置3～4h，即可进行热处理，也可以在60～80℃烘干1.5～2h。

产品配方（质量份）

原料	质量份
玻璃料	357
颜填料	223
树脂	75
溶剂	378

生产工艺与流程

玻璃料、颜料、树脂液→加热→保温→过滤包装→成品

9-16 氨基丙烯酸金属闪光漆

性能及用途 用于桥车、微型车、客货两用车。

涂装工艺参考 以刷涂和辊涂为主，也可喷涂。施工时应严格按施工说明操作，不宜掺水稀释。施工前要求对墙面进行清理整平。

产品配方

(1) 氨基丙烯酸金属闪光底漆配方/kg

铝粉	13
二甲苯	10
201P	35
582-2	33
DC-4	60
20%树脂液	适量
稀释剂：	
二甲苯	45
醋酸丁酯	20
S-100	15
乙二醇乙醚醋酸酯	15
丁醇	5

(2) 罩光清漆配方/kg

AB2	50
582-2	20
二甲苯	10
丁醇	5
466	0.2
紫外线吸收剂	适量
其他助剂	适量
稀释剂：	
S-100	30
丁醇	10
二甲苯	51
其他助剂	适量

生产工艺与流程 把以上组分混合均匀即成。

9-17 铝箔制罐头盒内壁用涂料

性能及用途 用于铝箔制罐头盒内食品。

涂装工艺参考 采用高压无空气喷涂、滚涂、刷涂均可。

产品配方

(1) 配方（质量份）

苯酚	208
甲醛(37%)	318.5
氨水(25%)	13
甲酚	59.8
乙醇	287.3
丁醇	95.55

生产工艺与流程 按配方量，将苯酚熔化装入反应釜中，再加入甲酚、甲醛及氨水，加热至60℃，升温至75～80℃，取样分析发挥点到65～75℃时，停止反应，然后减压脱水，温度不得超过90℃，待蒸出220g水后，取样滴在玻璃片上，冷却至室温不黏手为止，时间2.5～3.5h，解除真空，加入丁醇和乙醇，搅拌冷却，然后出料。

(2) 配方（质量份）

部分皂化的醋酸乙烯/氯乙烯共聚物	100
苯乙烯	16
二甲基乙醇胺	15
马来酸酐	40
丁基溶纤剂	60
甲乙酮	250
水	650
三乙胺	0.5
马来酸	10
甲乙酮溶液	适量

生产工艺与流程 将部分皂化的醋酸乙烯/氯乙烯共聚物、马来酸酐40份、甲乙酮250份和三乙胺0.5份，在80℃搅拌2h，得到酸值为2～3的乙烯基共聚物，再把354.5份共聚物与10份马来酸酐和16份苯乙烯在甲乙酮溶剂中于80℃进行聚合，然后与15份二甲基乙醇胺和60份丁基溶纤剂混合，将650份水于30min内滴加至该溶液中，得到组成物。

9-18 新型食品罐头内壁涂料

性能及用途 采用滚涂施工，涂刷后送入隧道式烘房烘干。

涂装工艺参考 采用高压无空气喷涂、滚涂、刷涂均可。

产品配方（质量分数）

214 酚醛树脂	30
609 环氧树脂	70
溶剂(二甲苯、丁醇)	适量

生产工艺与流程 先用苯酚、甲醛、氨水加热至沸50min，于60℃以下真空脱水，

聚合成 214 酚醛树脂。然后用它与环氧树脂 3∶7 的质量比，在搅拌下配成漆料，然后加溶剂稀释施工所需要的黏度即可。

9-19　新型机床表面打底涂层

性能及用途　机床底漆均具有附着力和遮盖力，硬度适中。主要用作各种机床表面打底涂层。

涂装工艺参考　被涂覆的机床金属表面可采用喷砂打磨、酸洗、磷化等方法进行处理，除净铁锈和油污，做到金属表面洁净方可涂施底漆。采用喷涂法或刷涂法施工。

产品配方（质量份）

过氯乙烯树脂	42
环氧酯	18
溶剂	76
颜料	22
填料	12

过氯乙烯树脂、溶剂 → 溶解 → 调漆（环氧酯、颜料、填料）→ 过滤包装 → 成品

第二节　粉末涂料

粉末涂料因其涂装过程中粉末涂料损失少，喷溢料可回收再利用，无溶剂挥发，因此不含有机溶剂、少污染、低公害、对人体健康危害影响最小、节约能源、涂装工序简单、涂装效率高、保护和装饰综合性能好、可一次成膜等特点，生产施工安全，涂装易实现自动化，提高了生产率。它是一种新型环境友好型涂料。

粉末涂膜性能高，坚固耐用，符合国际上流行的“4E”原则（经济、环保、高效、性能卓越）而成为发展迅猛的涂料新品，目前已被证明是一项重大的技术成就，并且已经步入了一个较为成熟的发展阶段。

粉末涂料及其涂装技术是继水性涂料以后，在涂料行业上的又一次技术革命，粉末涂料正经历着快速发展的过程，它在欧洲和日本得到最广泛应用，具有独特的经济效益和社会效益，受到全世界的重视并获得飞速发展。粉末涂料主要有热塑性粉末涂料和热固性粉末涂料两类，与传统有机溶剂涂料相比粉末涂料有很多优点：粉末涂料不含有机溶剂，避免了有机溶剂带来的火灾、中毒和运输中的危险，同时也是一种有效的节能措施；无有机溶剂挥发，对大气无污染，容易保持环境卫生；涂料利用率高，涂料的利用率可达 95%，溅落的粉末可以回收利用；涂膜的性能和耐久性比溶剂型涂料有很大改善；施工和操作方便，一次性涂布可得到 30～500μm 的涂层，容易获得高厚度涂膜，涂膜厚度容易控制，涂装效率高，为一般涂料的 3～5 倍。

保护环境、节约能源已成为 21 世纪发展的两大主题。随着人们对环保意识的加强，各国都制定了相应的保护环境的法规，并对 VOC 的限制也越来越严。传统的有机溶剂涂料由于含有有机溶剂，对环境带来污染，开发新型的环境友好涂料是未来涂料的发展趋势，粉末涂料适应了时代的要求，它具有很大的发展潜力，粉末涂料在工业涂料中的比例将会不断地增加。粉末涂料将向花纹粉末涂料、低温固化粉末涂料、UV 固化粉末涂料、薄层粉末涂料、低光泽粉末涂料、透明粉末涂料；研究开发新型粉末涂料固化剂、助剂、特种功能的粉末涂料开发等几个方向发展。

一、粉末涂料的组成与分类

粉末涂料和一般涂料形态完全不同，它是微细粉末，由于不使用溶剂，因此这种涂料具有无公害、高效率、省资源的特点。热塑性粉末涂料成膜物质的性质可分为两大类，成膜物质为热塑性树脂的叫热塑性粉末涂料；成膜物质为热固性树脂的叫热固性粉末涂料。

热塑性粉末涂料是由热塑性树脂、颜料、填料、增塑剂和稳定剂等成分组成，经干混合或熔融混合、粉碎、过筛、分级得到的。它的特点是合成树脂随温度升高而变软，经冷却后变得坚硬。这种过程可以反复进行多次，每变化一次就会逐步老化，最终成为无塑性的粉末。通常这种树

脂分子量较高，所以有较好的耐化学性、柔韧性和弯曲性能。用作热塑性粉末涂料的合成树脂主要有聚氯乙烯、聚乙烯、聚丙烯、聚酰胺、聚碳酸酯、聚苯乙烯、含氟树脂热塑性聚酰等，主要应用于化学容器的衬里、管道涂覆、金属家具、农业机械、金属丝网、栏架、玻璃器皿的涂层等。

热固性粉末涂料是由热固性树脂、固化剂、颜料、填料和助剂等组成，经预混合、熔融挤出混合、粉碎、过筛、分级而得到的热固性粉末涂料。它的特点是用某些较低聚合度的预聚体树脂，在固化剂存在下经一定温度的烘烤固化，而成为不能溶化或熔融的质地坚硬的最终产物。当温度再升高时，产品只能分解不能再软化，属于化学交联变化。这类合成树脂一般分子量较低，但当固化时能交联成网状的高分子量化合物。由于树脂分子量低，所以有较好的流平性、润湿性，能牢固地黏附于金属工件表面，并且固化后有较好的装饰性和防腐蚀性。这种类型的树脂主要有环氧树脂、聚酯树脂、丙烯酸树脂和聚氨酯树脂等，较多应用于家用电器、仪表仪器、金属家具、建筑五金、石油化工管道等装饰防腐蚀和绝缘。

粉末涂料总的分为热固型粉末涂料及热塑型粉末涂料两大类：

(1) 热塑型粉末涂料包括聚乙烯、聚丙烯、聚氯乙烯、聚酯、氯化聚醚、聚酰胺系如尼龙、纤维素系如醋丁纤维素、聚酯系和烯烃树脂系。

(2) 热固性型粉末涂料包括环氧树脂系、聚酯系、丙烯酸树脂系。

二、新型粉末涂料制造方法与配方设计举例

粉末涂料制造方法可分为干法和湿法两种。干法可分为干混合法和熔融混合法；湿法又可分为蒸发法、喷雾干燥法和沉淀法；近年来，新开发了超临界流体法(vedoc advanced manufacturing process, VAMP)。这些制造方法的主要工艺如表9-1所示。

表 9-1 粉末涂料制造方法

制造方法		工艺流程
干法	干混合法	原料混合→粉碎→过筛→产品
	熔融混合法	原料混合→熔融混合→冷却→粗粉碎→细粉碎→分级过筛→产品
湿法	蒸发法	配制溶剂型涂料→蒸发或抽真空除溶剂→粉碎→分级过筛→产品
	沉淀法	配制溶剂型涂料→研磨→调色→加沉淀剂成粒→破碎→分级过筛→产品
	喷雾干燥法	配制溶剂型涂料→研磨→调色→喷雾干燥→产品
	超临界流体法	配料→预混合→超临界流体釜→喷雾成粒→分级→产品

(1) 干混合法　干混合法是最早采用的最简单的粉末涂料制造方法，先将原料按配方称量，然后用混合设备进行混合粉碎，经过筛分级得到产品。这种方法制造的粉末涂料粒子都以原料成分的各自的状态存在，所以当静电喷涂时，由于各种成分的分散性和均匀性有较大差别，回收的粉末涂料不能再用。另外，各种成分的分散性和均匀性也不好。静电涂装的涂膜外观不好。因此，干法混合只在热塑性粉末涂料制造时使用，不用来制造热固性粉末涂料。

(2) 熔融混合法　熔融混合法在制造过程中不用液态的溶剂或水，直接熔融混合固态原料，经冷却、粉碎、分级制得。在熔融工序中，可以采用熔融混合法和熔融挤出混合法。前者不易连续生产，较少采用。后者可连续生产，具有以下优点：①易连续化生产，生产率高；②可直接使用固体原料，不用有机溶剂或水，无废水或溶剂排放问题；③生产涂料树脂品种和花色品种的适用范围宽，④颜料、填料和助剂在树脂中的分散性好，产品质量稳定，可以生产高质量的粉末涂料；⑤粉末涂料的粒度容易控制，可以生产不同粒度分布的产品。这种方法的缺点是换树脂品种和换颜色麻烦。

(3) 蒸发法　蒸发法是湿法制造粉末涂料的一种。此法获得的涂料颜料分散性好，但是工艺流程比较长，有大量回收来的溶剂要处理，设备投资大，制造成本高，

推广受到限制。这种方法主要用于丙烯酸粉末涂料的制造，大部分有机溶剂靠薄膜蒸发除去，然后用行星螺杆挤出机除去残余的少量溶剂。

(4) 喷雾干燥法 喷雾干燥法也是湿法制造粉末涂料的一种方法，其主要优点有：①配色容易；②可以直接使用溶剂型涂料生产设备，同时加上喷雾设备即可进行生产；③设备清洗比较简单；④生产中的不合格产品可以重新溶解后再加工；⑤产品的粒度分布窄，球形的多，涂料的输送流动性和静电涂装施工性能好。缺点是要使用大量溶剂，需要在防火、防爆等安全方面引起高度重视；涂料的制造成本高。这种方法适用于丙烯酸粉末涂料和水分散粉末涂料用树脂的制造。

(5) 沉淀法 沉淀法与水分散涂料的制造法有些类似，配成溶剂型涂料后借助于沉淀剂的作用使液态涂料成粒。然后分级、过滤制得产品。这种方法适合以溶剂型涂料制造粉末涂料，所得到的粉末涂料粒度分布窄且易控制。由于工艺流程长，制造成本高，工业化推广受到限制。

(6) 超临界流体法 美国Ferro公司开发了超临界流体制造粉末涂料的方法，被称为粉末涂料制造方法的革命，对21世纪粉末涂料工业的发展将起到重要作用。该法使用超临界状态的高压二氧化碳作为加工流体来分散涂料的各组分，可开发多种传统工艺无法制造的粉末涂料。其原理为：二氧化碳在7.25MPa和31.1℃时达到临界点而液化，此时液态二氧化碳与气态二氧化碳两相之间界面清晰，然而压力略降或温度稍高超过临界点，这一界面立刻消失，称为超临界状态。继续升温或降压，二氧化碳变成气态。超临界态的二氧化碳是一种很好的溶剂，在医药萃取、分离等方面得到广泛应用。利用此原理，将粉末涂料的各种成分称量后加到带有搅拌装置的超临界流体加工釜中，超临界态二氧化碳使涂料的各种成分流体化，这样在低温下就达到了熔融挤出的效果。物料经喷雾和分级釜中造粒，获得产品。整个生产过程可以用计算机控制。这种方法的优点是：①减少了熔融挤出混合工序，降低了加工温度，防止粉末涂料在制造过程中的胶化，可改善产品质量；②加工温度低，可以生产多种低温固化涂料；③提高批产量，一般熔融挤出法每批生产453.6kg，而此法可达到9071.8kg。粉末涂料的基体为聚合物，而许多高聚物在合成过程中就可以得到微球状颗粒，结合所选聚合物的特性，采用适当的合成方法可以制得粉末涂料。

三、新型粉末涂料生产工艺与产品配方实例

如下是粉末涂料生产技术与配方设计实例，详细内容参考9-20～9-60举例。

9-20 金属粉末展色涂料

性能及用途 一般该漆具有色泽浅、酸性小、干燥快、对金属粉末润湿性好的特点。若与金粉、银粉配套使用，漆膜能显示出金属感。主要用于金粉、银粉浆作展色涂料。

涂装工艺参考 使用前必须将漆充分调匀，如有粗粒和机械杂质，要进行过滤。被涂物面事先要进行处理，以增加涂膜附着力和耐久性。该漆不能与不同品种的涂料和稀释剂拼和混合使用，以致造成产品质量上的弊病。该漆施工以喷涂为主。稀释剂可用X-1硝基漆稀释剂稀释至施工黏度，一般为15～25s。在使用前，将金属粉末按需要（即：用多少配多少，不宜过夜，以免胶凝变发黑。）边加边搅拌。遇阴雨湿度过大时施工，可以酌加F-1硝基漆防潮剂，能防止漆膜发白。本漆有效储存期为1年。过期可按质量标准检验，如符合要求仍可使用。

产品配方（质量份）

原料	质量份
硝化棉	15
醇酸树脂	36
溶剂	23
颜料	18
金属粉末	12
填料	8
助剂	16

生产工艺与流程

9-21 防腐型环氧-聚酯树脂粉末涂料

性能及用途 一般用于涂装与保护。

涂装工艺参考 施工时，搅匀，用喷涂法施工。

产品配方/g

聚酯	455
双酚A环氧树脂	161.3
苯偶姻	5
对苯二甲酸	48.7
钛白	300
流平剂	30

生产工艺与流程 将环氧树脂和其他组分加入混合器中充分混合后，研磨至一定细度为止。得到平均粒度为 50μm 的粉末涂料。

9-22 家电器材的保护粉末涂料

性能及用途 一般用于家电器材的保护。

涂装工艺参考 施工时，搅匀，用喷涂法施工。严禁与胺、醇、酸、碱、水分等物混合。有效储存期1年，过期如检验质量合格仍可使用。

产品配方/g

聚酯	700
带羟基的乙酰苯-甲醇树脂	100
氧化铁红	40
辛酸亚锡	10
流平剂	10
二氧化钛	500
已内酰胺封闭的六亚甲基二异氰酸酯预聚体	200

生产工艺与流程 把各组分加入混合器中进行混合，然后加入研磨机中进行研磨。

9-23 聚苯乙烯改性环氧聚酯树脂粉末涂料

性能及用途 一般用于钢材构件的保护。

涂装工艺参考 采用高压无空气喷涂、滚涂、刷涂均可。

产品配方

(1) 聚苯乙烯改性环氧树脂的制备配方/g

双酚A二甘油酯	15857
甲基丙烯酸异冰片酯	75.7
叔丁基过苯甲酸酯	317
双酚A	4309
单体溶液	12796
乙基三苯基乙酸膦-乙酸混合物的70%甲醇溶液	26.5

(2) 聚苯乙烯改性环氧化聚酯树脂粉末的制备配方/g

上述制备的聚苯乙烯改性环氧树脂	95.7
羧基官能团聚酯树脂	229.54
二氧化钛	162.59
二苯乙醇酮	2.5
聚丙烯酸流平剂	9.76

生产工艺与流程 将各组分加入混炼机进行混炼挤压，冷却，研磨。

9-24 双酚双组分混合粉末涂料

环氧/聚酯粉末涂料的成膜树脂为双酚A环氧树脂和羧端基聚酯的混合物，是一种混合型粉末涂料，显示出环氧组分和聚酯组分的综合性能。环氧树脂起到了降低配方成本，赋予漆膜耐腐蚀性、耐水等作用，而聚酯树脂则可改善漆膜的耐候性和柔韧性等。这种混合树脂还有容易加工粉碎，固化反应中不产生副产物的优点，是目前粉末涂料中应用最广的一类。

聚酯的羧基和环氧树脂的环氧基在固化温度下发生反应（一般要加催化剂），导致形成交联的固化漆膜。聚酯树脂的组成、分子量、平均官能度数对粉末涂料的性质影响很大。粉末涂料用聚酯平均官能基团应有2～3个，大于3个可提高硬度和化学稳定性，但树脂难以制备，而且熔融黏度高，流动性降低，流平性变差。聚酯的玻璃化温度以50～80℃之间为宜，低于50℃储存时会结块，高于80℃熔融黏度太高使颜料、助剂等组分不能与其很好混合，控制聚酯的玻璃化温度和熔融黏度除了选择的组成外，分子量调节非常重要。

环氧树脂的选用要依据聚酯的羧基量（用酸值表示）和分子量决定，高酸值低分子量的聚酯要用更多的双酚A环氧树脂。

下面列举一种端羧基的聚酯配方和相

应的环氧/聚酯粉末涂料配方。

(1) 端羧基聚酯制备配方（质量份）

乙二醇	130
新戊二醇	1870
1,4-环己烷-二甲醇	270
三羟基甲基丙烷	3320
己二酸	290
对苯二甲酸	3314
锡盐(FASCAT)	6.7
乙酸锂	20
偏苯三酸酐	618
2-甲基咪唑(催化剂)	5

聚合方法是二步法，先制成端羟基聚酯，再加过量多元酸，最后得端羧基聚酯，其性能如下：

酸值	80
羟值	3
软化点	110℃

(2) 粉末涂料的配方

羧端基聚酯树脂	50
环氧树脂(环氧当量 810)	50
流平剂	0.36
钛白	66.66

生产工艺与流程　在粉末涂料的配方中还往往要加防针孔剂安息香，反应催进剂铵盐等等。

9-25　防腐型酚醛固化环氧树脂粉末涂料

性能及用途　一般可用于钢管涂料，也可用于钢筋涂料。

涂装工艺参考　施工时，搅匀，用喷涂法施工。

产品配方/g

环氧树脂(3004)	100
酚醛固化剂	25.0
气相二氧化硅	0.8
二氧化钛	28.0
三氧化二铁	2.4
酚羟基/环氧基	0.95/1.0

生产工艺与流程　把以上组分混合均匀，即为涂料。

9-26　环氧树脂-丙烯酸树脂-聚酰胺树脂粉末涂料

性能及用途　一般用作装饰与保护。

涂装工艺参考　采用高压无空气喷涂、滚涂、刷涂均可。

产品配方（质量份）

环氧树脂(1007)	50
环氧树脂(1009)	50
环氧树脂(1004)	10
丙烯酸树脂	1.5
聚酰胺树脂	1.0
气相二氧化硅	0.1
颜料	0.8
95%甲基咪唑/5%气相二氧化硅	0.6

生产工艺与流程　在混合器中把不同环氧树脂、95%甲基咪唑/5%气相二氧化硅的母体混合物、丙烯酸树脂及聚酰胺树脂和颜料加入混合器中进行混合，然后在挤出机中熔融混合，冷却，粉碎成片，然后在低压混合器中，再与气相二氧化硅相混合，所得产品再用锥形磨研成粉，过筛即得到涂料。

9-27　环戊二烯顺酐共聚物改性环氧树脂粉末涂料

性能及用途　一般用于处理过的钢板、钢部件等的涂装。

涂装工艺参考　施工时，搅匀，用喷涂法施工。

(1) 环戊二烯与顺丁烯二酸酐共聚物配方/g

二甲苯	60
环戊二烯	100
顺丁烯二酸酐	100

把二甲苯、环戊二烯和顺丁烯二酸酐加入反应釜，通氮气在搅拌下加热至260℃共聚反应3h，冷却即得环戊二烯与顺丁二酸酐共聚物。

(2) 涂料配方/g

环戊二烯与顺丁烯二酸酐共聚物	22.2
环氧树脂	100
钛白粉	40
流平剂	40

生产工艺与流程　在混合器中按上述配方加入环氧树脂、环戊二烯顺丁烯二酸酐共聚物、钛白粉和流平剂进行混合，于辊混炼机中，在130℃下混炼10min，即得混合物，经冷却、粉碎至粒度为75mg，即得

涂料。

9-28 节能型装饰与保护粉末涂料

性能及用途 一般作为装饰与保护涂料，特别适用于机电制品、路标制品涂料。

涂装工艺参考 施工时，搅匀，用喷涂法施工。

产品配方

（1）聚酯树脂的制备配方（质量份）

对苯二甲酸二甲酯	380
乙二醇	98
1,3-丁二醇	132
三羟甲基丙烷	39
邻苯二甲酸酐	151

把前几种组分加入反应釜中，加热至180～220℃以下，把生成的甲醇连续排出，反应4h，加入邻苯二甲酸酐，分离出生成的水，加热升温至240℃反应4h，测酸值为8。

（2）封闭异氰酸酯的制备配方

ω,ω′-二异氰酸酯二甲基环己烷3mol和三羟甲基丙烷1mol的加成物的75%醋酸乙烯溶液	380
2-羟基丙酸乙酯	124

生产工艺与流程 在反应釜中加入第1组分然后加入第2组分，并在78～80℃下反应，使游离NCO基下降至0.1%以下，然后减压加热至120℃将醋酸乙烯完全除去，制得熔点为70～75℃的封闭异氰酸酯。

（3）粉末涂料的制备配方（质量份）

封闭异氰酸酯	410
聚酯树脂	728
钛白粉	560
流平剂	5
1,1,3,3-四丁基-1,3-乙酰氧基二锡氧烷	3

生产工艺与流程 将各组分加入混合机中进行预混5min，然后将该混合物加热至100～110℃的挤出机中熔融混合，冷却后在气流粉碎机中粉碎至100μm以下，制得粉末涂料。

9-29 防腐型快速聚酯-环氧粉末涂料

性能及用途 一般用于金属制品的保护。

涂装工艺参考 施工时，搅匀，用喷涂法施工。

产品配方（质量分数）

聚酯	30
环氧树脂	30
SIP复合促进剂	0.02
流平剂	0.7
增光剂	1.2
钛白粉	20
沉淀硫酸钡	17.88
消针孔剂	0.2

生产工艺与流程 把以上组分加入研磨机中进行研磨。

9-30 新型聚酯-环氧树脂粉末涂料

性能及用途 一般用于低温、瞬时间固化成膜，用于磷酸处理过的钢板，金属部件等涂装。

涂装工艺参考 施工时，搅匀，用喷涂法施工。

产品配方

（1）聚酯树脂配方（质量份）

新戊二醇	1046
1,4-环己烷二甲醇	119
对苯二甲酸二甲酯	1000
醋酸锌	1.1
三羟甲基丙烷	47
对苯二甲酸	800
二丁基氧化锡	1.5
偏苯三甲酸酐	313

生产工艺与流程 在反应釜中加入新戊二醇、1,4-环己烷二甲醇、对苯二甲二甲酯和醋酸锌在搅拌下加热至150℃反应1h除去所生成的甲醇，又在210℃下反应2h后，加入三羟甲基丙烷、对苯二甲酸和二丁基氧化锡，在210℃反应4h，再把温度升高至240℃反应10h，进行脱水缩合反应，然后把混合物温度降至180℃，加入偏苯三甲酸酐在180℃反应3h，即得聚酯树脂。

（2）乙烯树脂（质量份）

二甲苯	70
醋酸丁酯	30
苯乙烯	30
甲基丙烯异丁酯	20
甲基丙烯酸缩水甘油酯	20
甲基丙烯酸甲酯	30
偶氮二异丁腈	3
异丙苯过氧化氢	1

生产工艺与流程 在反应釜中先加入二甲

苯和醋酸丁酯进行混合，加热至120℃，然后在2h内滴加苯乙烯、甲基丙烯酸异丁酯、甲基丙烯酸甲酯、甲基丙烯酸缩水甘油酯、偶氮二异丁腈和异丙苯过氧化氢的混合物，再保温15h，即得乙烯树脂。

(3) 粉末涂料配方（质量份）

	Ⅰ	Ⅱ
聚酯树脂	50	—
乙烯树脂	—	87
环氧	50	—
1,10-癸烷二羧酸	—	13
2-甲基咪唑啉/偏苯三甲酸（物质的量比1：1）	0.6	—
流平剂	0.5	0.5
钛白	43	43

生产工艺与流程 把配方中各种组分加入混炼机中进行熔融混炼，温度为80～90℃，冷却粉碎至150mg，即得白色粉末涂料。

9-31 化工、电力环氧树脂粉末涂料

性能及用途 一般用于化工、电力、环保等严重腐蚀单位。

涂装工艺参考 施工时，搅匀，用喷涂法施工。

产品配方（质量份）

E-12环氧树脂	100
酚醛树脂	10～40
促进剂	0.1～1
增韧剂	10～20
流平剂	0.8～1
填料	15～40
着色剂	1～3

生产工艺与流程 粉碎→配料→预混合→熔融挤出→冷却→粉碎→筛选→成品。

9-32 新型热固性聚酯二元醇粉末涂料

性能及用途 广泛用于电冰箱、洗衣机、吸尘器及各种仪表外壳、自行车的涂装。

涂装工艺参考 施工时，搅匀，用喷涂法施工。

产品配方/g

	Ⅰ	Ⅱ
对苯二甲酸二甲酯	2080	10.6
新戊二醇	720	6.8
乙二醇	840mL	15.0
对苯二甲酸	675	4.0
苯酐	555	3.8
癸二酸	150	0.8
己二酸	90	0.7
三羟甲基丙烷	125	1.0
偏苯三酸酐	540	2.8
醋酸锌	1.072	—
亚磷酸三苯基酯	0.442	—

生产工艺与流程 把酯、二元醇及一定量的醋酸锌加入反应釜中，通氮气，进行酯交换反应，至理论量的甲醇交换完毕，导入酯化缩聚釜中，加入多元醇、二元酸、通入氮气在剩余量的醋酸锌作用下，加温170～240℃进行酯化反应，至反应率达到90%以上，加入亚磷酸三苯基酯，进行缩合反应，20min达0.04MPa，温度250℃恢复正常压力，降温到170℃加入三元酸，升温至180～200℃，封闭反应2h，放料。得浅黄色透明树脂。

9-33 防腐型环氧-聚酯粉末涂料

性能及用途 一般用于材料的保护。

涂装工艺参考 施工时，搅匀，用喷涂法施工。

产品配方（质量分数）

环氧树脂	20～40
聚酯树脂	15～40
流平剂	0.4～1.2
促进剂	0.1～5
颜填料	20～40
其他添加剂	0.2～0.5

树脂、促进剂、颜填料、添加剂
↓
搅拌→熔融均化→粉碎→过筛→包装

9-34 节能型家用电器粉末涂料

性能及用途 一般用于家用电器的涂装。

涂装工艺参考 施工时，搅匀，用喷涂法施工。严禁与胺、醇、酸、碱、水分等物混合。有效储存期1年，过期如检验质量合格仍可使用。

产品配方

(1) 氨基甲酸酯改性聚酯树脂的制备配方（质量份）

乙二醇	194
新戊二醇	93
1,6-己二醇	53
对苯二甲酸二丁酯	435
醋酸锌	0.4
二月桂酸二丁酯	0.1
异佛尔酮二异氰酸酯	70
三羟甲基丙烷	35
对苯二甲酸	336
2-正丁基氧化锡	0.5

生产工艺与流程 在混合器中加入乙二醇、新戊二醇、1,6-己二醇、对苯二甲酸二丁酯及醋酸锌，将生成的甲醇排除在外，慢慢升温至210℃，保持2h，进行酯交换。

然后把生成物降温至80℃加入二月桂酸二丁酯，再用1h，恒速滴加异佛尔酮二异氰酸酯，并在同温度下保持1h，然后加入三羟甲基丙烷、对苯二甲酸、2-正丁基氧化锡，要8h升温至240℃，并在同一温度下脱水缩合。

(2) 涂料配制配方（质量份）

改性树脂	83
封闭多异氰酸酯	17
流平剂	0.5
二氧化钛	40

生产工艺与流程 先把组分进行混合，再进行熔融混炼，微粉碎，再过200目筛制得粉末涂料。

9-35 新型电子部件热固性粉末涂料

性能及用途 用于电子部件的涂装。

涂装工艺参考 施工时，搅匀，用喷涂法施工。严禁与胺、醇、酸、碱、水分等物混合。有效储存期1年，过期如检验质量合格仍可使用。

产品配方/g

双酚A环氧树脂	1000
六氢邻苯二甲酸酐	70
乙烯基三乙氧基硅烷	10
胺催化剂	10
炭黑	30
二氧化硅球粒	1000

生产工艺与流程 由热固性树脂、固化剂和30%～60%的球形填料制得。

9-36 节能型家电的涂装粉末涂料

性能及用途 用于家电的涂装与保护。

涂装工艺参考 施工时，搅匀，用喷涂法施工。严禁与胺、醇、酸、碱、水分等物混合。有效储存期1年，过期如检验质量合格仍可使用。

产品配方

(1) 聚酯树脂的制备配方（质量份）

新戊二醇	520
二甘醇	155
对苯二甲酸	1000
三羟甲基丙烷	460

在反应釜中加入新戊二醇、二甘醇、对苯二甲酸、三羟甲基丙烷使其熔融，升温，通入氮气进行保护，温度升至240℃把连续生成的水不断排出，在此温度下保温约10～16h，测其酸值、羟值，当指标合格后反应体系减压、抽真空，然后冷却、排料、粉碎、包装。

(2) 聚氨酯粉末涂料的制备配方（质量份）

聚酯树脂	100
封闭异氰酸酯固化剂	18～25
流平剂	12～20
安息香	0.8～1.0
二氧化钛	50～60

生产工艺与流程 把各组分加入混合器进行熔融，然后加入双螺杆挤出机挤出，粉碎，挤出温度为115～125℃，粉末粒度不超过90μm。

9-37 新型聚酯-环氧树脂粉末涂料

性能及用途 一般用于家用电器及其保护。

涂装工艺参考 施工时，搅匀，用喷涂法施工。

产品配方/g

液态双酚A环氧树脂	768
三乙醇胺	1
二氧化钛	1430
苯偶姻	23.8
对苯二甲酸	232
聚酯	2168.6
流平剂	143

生产工艺与流程 先将环氧树脂、对苯二甲酸和三乙醇胺加入反应釜中，加热至150℃反应12h，制得环氧改性树脂。将环氧树脂与其他物料混合，研磨至平均粒

径 50μm。

9-38　节能型器壁的涂层与保护粉末涂料

性能及用途　一般用于器壁的涂层与保护。

涂装工艺参考　施工时，搅匀，用喷涂法施工。严禁与胺、醇、酸、碱、水分等物混合。有效储存期 1 年，过期如检验质量合格仍可使用。

产品配方（质量份）

	Ⅰ	Ⅱ	Ⅲ	Ⅳ
聚酯 A	47	—	47	—
聚酯 B	—	41.3	—	42.8
1PDI-B1066	13.5	17.2	—	—
1PDI-B1530	—	—	9.5	12.7
二氧化钛	38	40	42	43
流平剂	0.5	0.5	0.5	0.5
安息香	1.0	1.0	1.0	1.0

生产工艺与流程　聚氨酯大多数是以己内酰胺封闭的 IPDI 加成物与聚酯、颜料所组成。把各种组分加入混合器中混匀，然后加入研磨机中进行研磨均匀即成。

9-39　节能型聚氨酯粉末涂料

性能及用途　在家电、空调、建材、汽车部件和摩托车部件中得到应用。

涂装工艺参考　施工时，搅匀，用喷涂法施工。

产品配方（质量份）

含有羟基聚酯树脂	100
异氰酸酯固化剂	18～25
流平剂	1.2～2.0
安息香	0.8～1.0
钛白粉	50～60
助剂	0.2～0.5

生产工艺与流程　把羟基聚酯树脂基料和固化剂配合，加入流平剂、安息香、钛白粉、助剂混合，在涂装前，先要除油、除锈、磷化等处理，清洗、烘干水分后进行涂装。

典型的涂装工艺是：工件→除油→清洗→除锈→清洗＋磷化→清洗→烘干→高压静电喷涂＋流平固化→成品下线。

9-40　金属制品用途的粉末涂料

性能及用途　用于金属制品的保护。

涂装工艺参考　施工时，搅匀，用喷涂法施工。严禁与胺、醇、酸、碱、水分等物混合。有效储存期 1 年，过期如检验质量合格仍可使用。

产品配方/kg

不饱和聚酯树脂	95～105
过氧化二异丙苯	1～5
丙烯酸流平剂	1～5
助流平剂	1～5
氧化锌	8～12
钛白粉	6～8
颜料添加剂	1～5

生产工艺与流程　把不饱和聚酯粉碎至 60mg，然后把组分加入高速混合器进行混合，粉碎成超细粉，再过 180 目筛。

9-41　耐冲击聚氨酯粉末涂

性能及用途　一般用于涂装与保护。

涂装工艺参考　施工时，搅匀，用喷涂法施工。

产品配方/g

聚酯	392
二月桂酸二丁基锡	11.25
二氧化钛	450
苯偶姻	11.25
流平促进剂	16.88
己内酰胺封闭的异佛尔酮二异氰酸酯	179

生产工艺与流程　将聚酯、异氰酸酯、二月桂酸二丁基锡、苯偶姻、钛白粉和流平剂进行混合，挤压研磨，得到粉末涂料。

9-42　新型热固性家用电器粉末涂料

性能及用途　一般用于电冰箱、洗衣机、吸尘器及各种仪表外壳、自行车的涂装。

涂装工艺参考　施工时，搅匀，用喷涂法施工。严禁与胺、醇、酸、碱、水分等物混合。有效储存期 1 年，过期如检验质量合格仍可使用。

产品配方（质量份）

对苯二甲酸二甲酯	355
乙二醇	45mL
新戊二醇	100
二甘醇	62mL
三羟甲基丙烷	76
苯酐	24
偏苯三酸酐	106
醋酸锌	0.2
苄基三乙基氯化铵	3

生产工艺与流程 把酯与醇加入反应釜中，通氮气进行酯交换。在醋酸锌存在下加热至170～240℃进行酯交换，当反应率达到90%以上时，加入亚磷酸三苯基酯，搅拌3～4min，开真空泵，开始缩聚反应的温度为240～250℃，在1h内真空度达到0.09MPa，以氮气消真空，降温到140℃加入酸，在180～200℃酯化，封闭1.5h，反应结束。

9-43 新型钢结构件粉末涂料

性能及用途 广泛用于钢板、钢材、结构件等表面装饰。

涂装工艺参考 施工时，搅匀，用喷涂法施工。严禁与胺、醇、酸、碱、水分等物混合。有效储存期1年，过期如检验质量合格仍可使用。

产品配方

(1) 含有羧基的丙烯酸聚合体配方/g

二甲苯	2450
过氧化二叔丁基	110
二甲苯	186
苯乙烯	835
甲基丙烯酸甲酯	3219
丙烯酸丁酯	755.8
甲基丙烯酸	694.2
巯基丙酸	138.0

生产工艺与流程 (1) 在反应釜中加入二甲苯后，在氮气保护下加热回流，然后慢慢滴加过氧化二叔丁基与苯乙烯、甲基丙烯酸甲酯、丙烯酸丁酯和巯基丙烯酸单体混合物，在3h内滴完，然后回流2h，随后把反应物在真空下加热除去溶剂，得到固体含量为99.7%。含有羧基丙烯酸聚合体。

(2) 羧官能性聚氨酯树脂配方/g

甲基异丁酮	2699.7
1,6-已二醇	1940.7
环已基异氰酸酯	3447
二丁基月桂酸锡	0.6
六氢化邻苯二甲酸酐	911.8

生产工艺与流程 (2) 把甲基异丁酮、1,6-己二醇和二丁基月桂酸锡加入反应釜中，通氮气加热至70℃，在恒温下用6h内滴加环已基异氰酸酯，加完之后把反应混合物升温至90℃，至反应NCO基消失，然后加入六氢化邻苯二甲酸酐，反应物保持在90℃继续反应2h，随后把反应混合物于真空下加热除去溶剂，冷却至室温得到固体生成物的酸官能性聚氨酯树脂。

(3) 双已二酰二胺-戊二酸酰胺配方/g

甲氧基钠的甲醇溶液	4.7
三乙醇胺	1520
丙酮	2000
90/10的已二酸二甲酯/戊二酸二甲酯	1030

生产工艺与流程 (3) 把90/10的已二酸二甲酯/4二酸二甲酯、2-乙醇胺和甲氧基钠的甲醇溶液后，加热至100℃蒸馏甲醇，温度达到128℃时蒸出303g为止，继续反应后，再加甲氧基钠甲醇溶液5mL，蒸馏出5g的甲醇为止，继续反应，之后在减压下蒸馏出28g甲醇，然后在蒸馏的甲醇全部加入反应混合物中再添加丙酮。把反应混合物冷却。即沉淀出羟基烷基酰胺，把沉淀物过滤，用丙酮洗涤，然后风干，于114～118℃熔融，即得生成物双已二酰二胺-戊二酸酰胺。

(4) 粉末涂料/g

羧基丙烯酸聚合体	580
十二烷酸	100
酸官能性聚氨酯树脂	196
双已酰二胺-戊二酸酰胺	168
炭黑	24.8
TINUVIN 900	20.06
TINUVIIN 144	10.03
1RGANOX 1076	15.05
FC-430	1.50
安息香	8.02

生产工艺与流程 (4) 把以上组分加入熔化炉中，加热至177℃使之熔化，接着把熔融物注入冰冷容器中进行固化、粉碎，然后在二进制轴挤压机中于100℃之下挤出，再冷却，粉碎。把粉碎的物料于混合机中同时加入双已二酰二胺-戊二酸酰胺和炭黑充分混合，再在二轴挤压机中于130℃之下熔融挤出，把挤出物冷却成微小颗粒。即得着色粉末涂料。

9-44 聚氨酯改性平光聚酯树脂粉末涂料

性能及用途 一般用于汽车、家用电器、建材等表面的外装饰。

涂装工艺参考 施工时，搅匀，用喷涂法施工。

产品配方

(1) 聚酯树脂A配方/g

间苯二甲酸	16600
三羟甲基丙烷	16520
醋酸锌	4.39

生产工艺与流程 (1) 在不锈钢反应釜中加入间苯二甲酸、三羟甲基丙烷和醋酸锌后，在氮气气氛中加热至230℃生成的水由氮气排出，然后在80kPa减压下，保持3h，即得聚酯树脂A。

(2) 聚酯树脂B配方/g

对苯二甲酸	16600
乙二醇	3720
新戊二醇	10400
三氧化二锑	5.84
三羟甲基丙烷	634
新戊二醇	151

生产工艺与流程 (2) 在不锈钢反应釜中加入对苯二甲酸、乙二醇、新戊二醇，在通氮气氛下加热至250℃所生成的水随时排出，然后加入三氧化二锑，在减压66.7Pa以下，温度为280℃，进行4h聚合反应，之后降温至27℃加入三羟基丙烷和新戊二醇后，在密闭下降解和酯交换反应即得聚酯树脂B。

(3) 粉末涂料配方（质量份）

聚酯树脂A	20
聚酯树脂B	45
固态异氰酸酯	35
流平剂	1
钛白	50
安息香	0.5

生产工艺与流程 (3) 把聚酯树脂A、聚酯树脂B、固态异氰酸酯、流平剂、钛白和安息香加入进行混合，在混炼机中混炼、冷却、粉碎至通过145目，即得粉末涂料。

9-45 新型无定形聚酯粉末涂料

性能及用途 用于金属及其制品的保护。

涂装工艺参考 施工时，搅匀，用喷涂法施工。严禁与胺、醇、酸、碱、水分等物混合。有效储存期1年，过期如检验质量合格仍可使用。

产品配方/g

无定形聚酯	1620
苯偶姻	40
钛白粉	2000
二月桂酸二丁基锡	40
流平剂	40
对苯二酸/新戊二醇/己二醇(100：15：80)聚酯	1020
2,6-甲基-4-庚酮肟封闭的异佛尔酮二异氰酸酯	760

生产工艺与流程 将两种聚酯、肟封闭的多异氰酸酯与其余物料混合，研磨得到粉末涂料。

9-46 新型羧基型聚酯粉末涂料

性能及用途 一般用于装饰与保护。

涂装工艺参考 施工时，搅匀，用喷涂法施工。

产品配方/g

聚酯	556.6
交联剂	30.9
流平剂	7.5
二苯乙醇酮	5.0
二氧化钛	400

生产工艺与流程 把以上组分加入混合机中，挤出温度为110℃，冷却粉碎，筛分制成粉末涂料。

9-47 水泵防腐耐磨粉末涂料

性能及用途 一般用于水泵的喷涂。

涂装工艺参考 施工时，搅匀，用喷涂法施工。

产品配方（质量份）

E-12环氧树脂	100
双氰胺	35
辉绿岩铸石粉	100
尼龙粉	20
聚乙烯醇缩甲醛	5

生产工艺与流程 将以上组分混合加入球磨机中混合磨细，用60～80mg筛过筛，首先将工件加热至240～260℃，在180～200℃温度下保温1h，然后进行喷涂，涂层厚度为0.3～1.5mm。

9-48 新型羟基型聚酯粉末涂料

性能及用途 用于金属及其制品的保护与装饰涂料。

涂装工艺参考 施工时，搅匀，用喷涂法施工。

产品配方

(1) 配方/g

对苯二甲酸	132.92
乙二醇	210.0
新戊二醇	499.2
亚磷酸三苯酯	1.5
单丁基二羟基氯化锡	2.0
偏苯三酸酐	51.23
三醋酸锑	1.3

生产工艺与流程 把物料对苯二甲酸、乙二醇、新戊二醇、亚磷酸三苯酯和单丁基二羟基氯化锡加入反应釜中，在氮气保护下加热至170～240℃反应至不再有水蒸出，将产物冷却至170℃，加入偏苯三酸酐并升温至200℃，反应至酸值小于5，加入三醋酸锑大量吹氮气进行缩聚反应，直到预黏度，然后出料。

(2) 粉末涂料/g

钛白	368.0
已内酰胺封闭异氰酸酯	112.0
聚酯树脂	338.0
流平剂	4.1
辛酸锡	1.5

生产工艺与流程 把各组分加入混合器中进行研磨至一定细度为止。

9-49 节能型金属及其制品粉末涂料

性能及用途 一般用于金属及其制品的保护。

涂装工艺参考 施工时，搅匀，用喷涂法施工。

产品配方

(1) 聚醚酯配方/g

对苯二甲酸	190.00
1,4-环己烷二羧酸	85.89
1,4-丁二醇	159.00
聚氧基亚甲基二醇	127.93
稳定剂	1.0
丁基锡酸	0.6

(2) 粉末涂料配方/g

聚醚酯	66.30
无定形聚酯	259.80
二月桂酸二丁基锡	2.90
苯偶姻	2.90
流平剂	8.0
钛白	160.0
ε-已内酰胺封存闭异佛尔酮多氰酸酯	73.98

生产工艺与流程 在混料器中加入各种组分升温混合，加热至80℃，充分混合分散5min，然后在研磨机中进行研磨。

9-50 节能型交联聚酯粉末涂料

性能及用途 一般用于金属和制品的保护。

涂装工艺参考 施工时，搅匀，用喷涂法施工。严禁与胺、醇、酸、碱、水分等物混合。有效储存期1年，过期如检验质量合格仍可使用。

产品配方/g

聚酯	332.5
二月桂酸二丁基锡	2.9
苯甲酸酯	2.9
流平剂	8
二氧化钛	160
ε-已内酰胺封闭的异佛尔酮二异氰酸酯	67.9

生产工艺与流程 将聚酯和其他组分进行混合，研磨过滤后得到粉末涂料。

9-51 新型磁性涂料用粉末聚氨酯

性能及用途 一般用于磁性涂料。

涂装工艺参考 施工时，搅匀，用喷涂法施工。严禁与胺、醇、酸、碱、水分等物混合。有效储存期1年，过期如检验质量合格仍可使用。

产品配方/kg

异佛尔酮二异氰酸酯	0.263
聚丁二醇	90
硅氧烷二醇	3.55
聚已内酯二醇	181.184
1,4-丁二醇	32
二羟甲基丙酸	1
甲苯二氰酸酯	97
庚烷	600

生产工艺与流程 先将硅氧烷二醇、聚已内酯二醇、异佛尔酮二异氰酸酯混合，再加入稳定剂，再于70℃下，将聚已内酯二醇、聚丁二醇、1,4-丁二醇、二羟甲基丙酸、异氰酸酯，上面制得的稳定剂（10kg）和庚烷，加热20h，然后干燥，得到涂料用聚氨酯粉末。该粉末用聚氨酯粉末溶剂稀释，加入颜填料，制造成磁漆。

9-52 新型半结晶聚酯粉末涂料

性能及用途 一般用于金属材料的表面

保护。

涂装工艺参考　施工时，搅匀，用喷涂法施工。

产品配方/g

对苯二酸：己二酸：己二醇(18.3：1：15.7)聚酯	208.5
己内酰胺封闭的二异氰酸酯	165.9
非晶态聚酯	625.6
二月桂酸二丁基锡	10
二苯乙醇酮	10
钛白粉	400
流平剂	10

生产工艺与流程　将以上组分进行混合研磨，过滤达到所要求的细度。

9-53　新型电脑主机外壳粉末涂料

性能及用途　应用于仪器仪表、配电柜、防盗门以及电脑主机外壳等金属表面的涂装。

涂装工艺参考　施工时，搅匀，用喷涂法施工。严禁与胺、醇、酸、碱、水分等物混合。有效储存期1年，过期如检验质量合格仍可使用。

产品配方

(1) 加入填料法（质量份）

环氧树脂(E-12)	32
聚酯树脂(SP 4128)	30
添加剂	2.5
颜填料	35.5

(2) 纹路法（质量份）

环氧树脂(E-12)	50.0
聚酯树脂(SP 4128)	10.5
固化剂 A	0.5
固化剂 B	2.5
添加剂	3.0
颜填料	33.5

(3) 加入不相容物质法/质量分数

环氧树脂(E-12)	30.5
聚酯树脂(SP 4128)	30.5
蜡	2.5
添加剂	0.5
颜填料	36

(4) 加入锤纹剂法（质量份）

环氧树脂(E-12)	30.5
聚酯树脂(SP 4128)	30.5
锤纹剂	2.5
添加剂	0.5
颜填料	36

生产工艺与流程　上述4种美术粉末涂料的制法是将树脂、颜填料、特殊助剂和辅助材料，通过混合、熔融挤出、压片、粉碎、过筛等工艺、一次性生产出涂料。

9-54　改性聚丙烯酸粉末涂料

性能及用途　用于化工管道、包装桶、池槽等的防腐；汽车、自行车部件、建筑网架构件、电气绝缘器件、网栅等的防护与装饰。

涂装工艺参考　施工时，搅匀，用喷涂法施工。

产品配方（质量份）

用不饱和羧酸及酸酐和有机过氧化物改性以下物质

聚丙烯	65～95
聚乙烯	33～5
乙烯-α-烯烃-非共轭二烯烃	2～10

生产工艺与流程　将以上组分混合加入球磨机中混合磨细，用60～80mg筛过筛，首先将工件加热至240～260℃，在180～200℃温度下保温1h，然后进行喷涂，涂层厚度为0.3～1.5mm。

9-55　新型室内家具、户外门窗粉末涂料

性能及用途　用于室内家具、户外门窗、自行车、汽车等工业产品的涂装。

涂装工艺参考　施工时，搅匀，用喷涂法施工。

产品配方（质量份）

组分	Ⅰ	Ⅱ	Ⅲ
环氧树脂	60～62	30～35	—
聚酯树脂	—	30～35	70～78
固化剂	2～3.5	—	5～5.5
流平剂	1～1.5	1～1.5	1～1.5
填料 A	15～18	15～20	18～20
填料 B	15～17.5	15～20	—
添加剂	1.5	1.5	—
特种助剂	—	0.3～0.4	0.3～0.4

生产工艺与流程　把全部原料加入混合器中，然后加入颜料进行研磨。

9-56　节能型家用电器粉末涂料

性能及用途　一般用于家用电器等的保护。

涂装工艺参考　施工时，搅匀，用喷涂法

施工。

产品配方/g

聚酯	1020
二氧化钛	380
封闭异氰酸酯	360
甲基丙烯酸丁酯/甲基丙烯酸甲酯/苯乙烯(3∶61∶30)	17.8

生产工艺与流程 将聚酯、封闭异氰酸酯和二氧化钛混合研磨，粒度150mg的粉末，再与甲基丙烯酸丁酯/甲基丙烯酸甲酯/苯乙烯（3∶61∶36）的共聚物粉末混合，即得粉末涂料。

9-57 新型热固性高装饰性粉末涂料

性能及用途 一般用作家电、汽车等高装饰性涂料。

涂装工艺参考 施工时，搅匀，用喷涂法施工。

产品配方（质量份）

醋丁纤维素	106
颜料	48
增塑剂(偏苯三酸三辛酯)	17.1
六甲氧甲基三聚氰胺(交联剂)	5~7
对甲基苯磺酸的正丁醇(1∶1)	1.0
稳定剂	0.5

生产工艺与流程 在反应釜中加入醋丁纤维素、颜料、增塑剂、交联剂、催化剂和稳定剂后，然后在挤出机中，在115～130℃下混炼，冷却，低温粉碎，过150mg筛，其粒度不大于105μm，即得粉末涂料。

9-58 改性聚酯树脂粉末涂料

性能及用途 用于磷酸锌处理过的钢板、软钢板、金属附件等。

涂装工艺参考 施工时，搅匀，用喷涂法施工。

产品配方

（1）聚酯树脂Ⅰ配方/g

新戊二醇	2049
对苯二甲酸甲酯	1911
醋酸锌	1.1
己二酸	67
对苯二甲酸	1375
二甲基氧化锡	1.5
偏苯三甲酸	330

生产工艺与流程 在反应釜中加入新戊二醇、对苯二甲酸甲酯和醋酸锌后进行混合，慢慢升温至210℃同时除去生成的甲醇，然后加入己二酸、对苯二甲酸和二甲基氧化锡，反应10h，最后升温至240℃，然后把反应物降至180℃加入偏苯三甲酸酐制得聚酯树脂Ⅰ。

（2）聚酯树脂Ⅱ配方/g

新戊二醇	951
乙二醇	566
对苯二甲酸甲酯	1836
醋酸锌	1.8
间苯二甲酸	1570
二甲基氧化锡	2

生产工艺与流程 在反应釜中加入新戊二醇、乙二醇、对苯二甲酸甲酯和醋酸锌后进行混合，慢慢升温至210℃除去所生成的甲醇，然后加入间苯二甲酸和二甲基氧化锡，反应10h，最后升温至240℃，在此温度下继续反应酸值为25，制得聚酯树脂Ⅱ。

（3）聚合体的制备配方/g

β-甲基丙烯酸甲基缩水甘油酯	80
甲基丙烯酸甲酯	20
叔丁基过苯甲酸酯	11
异丙苯过氧化氢	0.5
二甲苯	100

生产工艺与流程 在反应釜中加入二甲苯，加压加热至150℃，然后滴加β-甲基丙烯酸缩水甘油酯、甲基丙烯酸甲酯、叔丁基过苯甲酯和异苯过氧化氢的混合物，进行聚合反应，除去二甲苯，即得聚合体。

（4）粉末涂料配方/g

	Ⅰ	Ⅱ
聚酯树脂Ⅰ	90	—
聚酯树脂Ⅱ	—	90
聚合体	7	7
异氰尿酸三缩水甘油酯	3	—
环氧树脂	—	3
流平剂	1	1
钛白粉	50	—
炭黑	—	1
硫酸钡	10	—

生产工艺与流程 先把聚酯树脂、聚合体、异氰尿酸缩水甘油酯、流平剂和钛白粉加入进行混合，然后于混炼机中混炼、冷却、粉碎即得涂料。

9-59　封闭型异氰酸酯固化聚酯树脂粉末涂料

性能及用途　用于金属涂饰与保护。

涂装工艺参考　施工时，搅匀，用喷涂法施工。严禁与胺、醇、酸、碱、水分等物混合。有效储存期1年，过期如检验质量合格仍可使用。

产品配方（质量份）

	Ⅰ	Ⅱ	Ⅲ
聚酯树脂(A)	82	—	—
聚酯树脂(B)	—	78	—
聚酯树脂(C)	—	—	82
ε-己内酰胺封闭异佛尔酮异氰酸酯	15	19	15
双酚A环氧树脂	3	3	3
钛白	67	67	67
安息香	0.3	0.3	0.3
二丁基二月桂酸锡	0.2	0.2	0.2
流平剂	0.5	0.5	0.5

生产工艺与流程　将以上组分混合均匀即得粉末涂料。

9-60　新型户外物件的涂装粉末涂料

性能及用途　适用于户外物件的涂装。

涂装工艺参考　施工时，搅匀，用喷涂法施工。

产品配方（质量份）

聚酯树脂	92
TGIC	7～10
流平剂	0.7～1.0
颜填料	40～60
添加剂	适量
珠光颜料	适量

生产工艺与流程　将配方中除珠光颜料之外的物料混合→挤出→破碎→过筛，制得纯聚酯粉末涂料，再与珠光颜料进行干混，一次喷涂固化成膜。

第十章 家用电器涂料

家用电器涂料指的是家电用塑料制件的涂料，即将合成（或天然）树脂的溶液（涂料或漆），涂覆在塑料制件的表面上形成涂层，借以保护或改善制件的性能，增加美观。

根据家用电器涂饰的要求，家用电器需要涂饰的部件主要是金属（冷轧钢板或铝合金材料）箱体外壳和零部件，以及塑料零部件两大类。

家用电器通常是大批量的流水线生产。家用电器对涂料和涂层的要求有以下四点。

(1) 优异的装饰性能。要求涂层色泽鲜艳而柔和，光泽适中。表面要丰满、平滑，给人一种舒适的感觉。

(2) 良好的耐蚀性能。要求涂层有足够的耐蚀性能，在产品有效寿命的范围内不至于出现起泡、生锈、剥落等弊病而影响外观装饰性，且能抵抗化学介质侵蚀。

(3) 极好的施工性能。要求能适应静电喷涂或电泳涂装等流水线作业生产，并能适用于钢板、镀锌钢板、铝板等不同底材。

(4) 具有特定的功能性。要求涂层具有一定的耐热性、耐磨性、无毒性、不黏性等。

按使用部件家电涂料分为金属表面用和塑料表面用涂料两类。

家用电器涂饰有保护性和装饰性两种，应根据这两种涂饰提出的不同要求选择不同的涂料。保护性涂料指的是家用冰箱、冷冻器具、空调器具、清洁器具等七种涂料，要求其表面有很高的光泽和镜面效果，以及优异的耐磨性和耐溶剂性。装饰性涂料指的是对不同的塑料，如聚氯乙烯、聚烯烃、ABS、聚酯、聚碳酸酯等，需采用不同的涂料品种和施工方法。

以聚烯烃表面涂饰为例，在涂饰前应先进行表面处理。聚烯烃的表面处理方法很多，主要有物理处理法、化学处理法、放电处理法、高能射线处理法、硫酸-重铬酸盐氧化法、电晕放电处理法几种。聚烯烃宜用环氧树脂漆、聚氨酯漆等作为防护漆或底漆，最外层可涂上加有紫外线吸收剂等助剂的面漆。此外，还可选用醇酸树脂漆、改性丙烯酸树脂漆、聚酰胺树脂漆等。

目前，电冰箱、洗衣机、空调机、电视机、电风扇等七种家用电器大规模生产所需要的涂料，起初使用的是三聚氰胺醇酸树脂涂料，后来使用聚氨酯树脂涂料、环氧树脂涂料、丙烯酸树脂涂料、电泳涂料等，按不同零部件的要求，分别使用不同的涂料。另一方面，由于家用电器的零部件采用塑料者日渐增多，因此现在涂料在家用电器的涂装中所占比重在逐渐减少。

电冰箱用涂料：初期的电冰箱内壳、外壳都是用钢铁制的，内壳用环氧树脂涂装，但由于内壳被塑料制品代替，涂装就不必要了。外壳开始是用耐腐蚀性、耐污染性、抗泛黄性好的三聚氰胺醇酸树脂涂料涂装，但后来被更耐腐蚀、耐污染、白度更高的热固型丙烯酸树脂涂料所代替，现已成为主流，但有一部分仍使用高固体分型涂料。此外，从前几年起，为适应限制溶剂排放法规和提高涂膜强度的要求，也在进行丙烯酸树脂粉末涂装。

洗衣机用涂料：洗衣机大多在高湿度

的环境下使用，由于洗衣缸下部旋转部位经常受到水分、洗涤剂和漂白剂等的影响，因此需要耐水性、耐化学品性、耐腐蚀性优异的涂料和涂装体系。洗衣机的材料是镀锌铁板，经过磷酸锌处理后，用胺固化环氧树脂涂料或环氧改性三聚氰胺醇酸树脂涂料等涂装，但现在是用热固型丙烯酸树脂涂料。另外，有一部分还用聚酯粉末涂料涂装。洗衣缸下部旋转部位，用浸涂法再涂一道环氧聚酯涂料，以增强防腐蚀性能，但现在已被塑料制品所替代。

空调机用涂料：空气调节器的内部零件，主要使用环氧树脂改性三聚氰胺醇酸树脂涂料，外部表面用热固型丙烯酸树脂涂料涂装。下面10-1～10-31简述几类常见家用电器涂料的配方设计并列举具体的涂料配方。

10-1 电冰箱用涂料

性能及用途 本涂料膜色泽高雅、丰满度好，附着力强。根据其用途所应具备的耐醇性、耐食物侵蚀性优良。耐水性、耐碱性和耐盐雾性、耐湿热性良好。主要用于涂覆电冰箱冷冻室门、冷藏室门及箱体，作保护和装饰用。

涂装工艺参考 采用喷涂施工。被涂覆面应经磷化处理，磷化膜厚度约8μm为宜。已磷化之表面在涂漆前，应保持清洁，严禁用手接触磷化膜。喷涂室温度为20～30℃为宜，以利漆膜流平。用配套的稀释剂调整施工黏度，以20～24s（涂-4黏度计）为宜。一般采用两喷两烘工艺，第二道喷涂雾化程度应高于第一道。一般烘烤温度为120～130℃，烘烤时间25～35min。流平段的排风压力和温度要以物件进入烘道之前漆膜略粘手为宜，否则表干太快，不利于漆膜流平。有效储存期为1年。

产品配方（质量份）

环氧树脂	284
聚酯树脂	347
溶剂	786
颜、填料	386
添加剂	35
色浆	18

生产工艺与流程

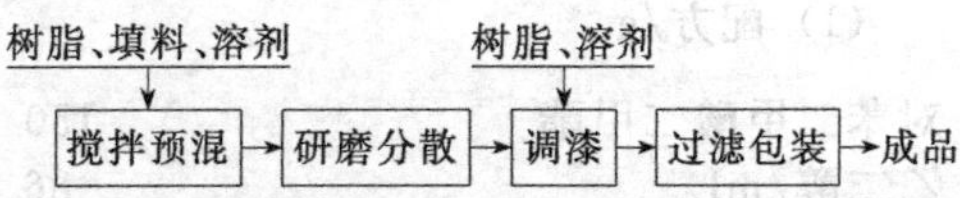

10-2 洗衣机外壳用涂料

性能及用途 主要用于洗衣机外壳、电冰箱外壳以及其他家用电器要求装饰防护性能高的金属外壳制件的表面涂层。

涂装工艺参考 粉末涂料主要采用静电喷涂法施工。被涂物表面必须严格按要求除油、除锈、酸洗、磷化、水洗、干燥等工艺，方可获装饰与防护的效果。

产品配方（质量份）

	白	浅紫罗兰	浅绿
604环氧树脂	27	27	27
羧基聚酯树脂	33	33	33
钛白粉	15	15	10
立德粉	5.2	5	4.7
耐晒紫	适量	0.2	—
耐晒黄	—	—	5
酞菁蓝	—	—	0.5
沉淀硫酸钡	11	11	11
轻质碳酸钙	5.5	5.5	5.5
流平剂	3	3	3
增塑剂	0.3	0.3	0.3

生产工艺与流程 先将环氧树脂和聚酯树脂制成小片或小粒，然后将全部原料投入预混机混合，搅拌均匀，经粉末涂料捏合机加热熔化、捏合、挤出，捏合机内温度控制在（120±5）℃。再将挤出物经冷却带冷却，轧成小片，最后通过微粉机粉碎，经筛分机按细度标准进行筛分后包装。

10-3 吸尘器外壳涂料

性能及用途 广泛用于吸尘器、电冰箱、洗衣机及各种仪器仪表外壳、自行车、家具表面的涂装。

涂装工艺参考 施工时，搅匀，用喷涂法施工。严禁与胺、醇、酸、碱、水分等物混合。有效储存期1年，过期如检验质量合格仍可使用。

产品配方

(1) 配方/g

对苯二甲酸二甲酯	150
乙二醇/mL	86
对苯二甲酸	25
三甲基醇丙烷	12.5
癸二酸	10
苯酐	56
醋酸锌	0.046
亚磷酸三苯基酯	0.055

生产工艺与流程 (1) 按配方加入酯和醇于反应釜中，同时通入氮气，在醋酸锌的作用下，进行酯交换反应，排除甲醇导入酯化-缩聚反应釜中，加入配方量的醇、酸，通入氮气在催化剂酸醋酸锌的作用下，温度升高至170～240℃，进行酯化反应，至反应率达90%以上，加入亚磷酸三苯基酯，搅拌3～4min，开真空泵进行缩聚反应，温度达240～250℃，1h内真空度达0.09MPa，以氮气抽真空，降温至140℃，加酸，在180～200℃左右酯化，封闭1.5h，反应结束得浅黄色透明涂料。

(2) 粉末涂料配方/g

	Ⅰ	Ⅱ
聚酯树脂	6.4	380
环氧树脂E-12	5.8	461
液体流平剂	1.8	9
氧化锌	1	30
钛白粉	5	140
立德粉	—	80
2-甲基咪唑	—	1
轻质碳酸钙	—	11.08
固体流平剂	—	12

生产工艺与流程 (2) 把以上组分混合均匀即成。

10-4 空调机粉末涂料

性能及用途 用作空调机、电冰箱、洗衣机外壳以及其他要求装饰防护性能高的金属制件的表面涂层。

产品配方（质量分数）

	白	翠绿
羧基聚酯树脂	57	57
TGIC（异氰脲酸三缩水甘油酯）	4	4
钛白粉	20	5
立德粉	5	—
耐晒黄	—	10
酞菁蓝	—	3
流平剂	0.5	0.5
安息香	0.5	0.5

10-5 环氧改性聚酰胺-酰亚胺漆包线涂料

性能及用途 该涂料涂覆的漆包线具有优良的耐电气、耐化学药品性和力学强度，其力学性能和耐化学性均优于聚酰亚胺漆。可用来涂刷F、H级圆、扁漆包铜铝线。

涂装工艺参考

PAI-Z漆：线圈预热除潮气后必须晾至50℃以下方可浸渍，以防漆增稠。

PAI-Q漆：密闭储存在干燥阴凉处，调黏度配制混合溶剂时应戴手套。

PAI-V漆：喷涂线圈或部件预热到50～100℃更有利于喷涂质量。烘烤条件120～150℃/1～4h为宜。

产品配方/(kg/t)

原料名称	指标
二甲基乙酰胺	614
二异氰酸酯二苯甲烷	175
偏苯三酸酐	138
618环氧树脂	41
溶剂	78

生产工艺与流程

二甲基乙酰胺、二异氰酸二苯甲烷、偏苯三酸酐 → 聚合反应 → 降温 → 过滤包装 → 成品（丙酮、甲酮、618树脂、乙二醇乙醚 加入过滤包装前）

10-6 醇酸烘干漆包线涂料

性能及用途 该漆具有较强的黏着力及抗潮、绝缘、耐热等性能，为B级绝缘材料。适用立式、横式两种玻璃丝包线，作绝缘之用。

涂装工艺参考 该漆使用前要进行过滤，可采用浸涂法施工，或按玻璃丝包线涂装工艺施工，施工时可用二甲苯、200#溶剂汽油调整黏度。有效储存期1年。

产品配方/(kg/t)

醇酸树脂	589
溶剂	491

生产工艺与流程

醇酸树脂、催干剂、溶剂→调漆→过滤包装→成品

10-7 醇酸烘干绝缘涂料

性能及用途 具有良好的柔韧性，并有较高的介电性能，属于B级绝缘材料。用作云母带和柔软云母板的黏合剂。

涂装工艺参考 施工时用X-6醇酸漆稀释剂稀释至施工黏度。有效储存期为1年。

产品配方/(kg/t)

醇酸氨基树脂	640
催干剂	10
溶剂	550

生产工艺与流程

改性醇酸树脂、催干剂、溶剂→调漆→过滤包装→成品

10-8 粉红硝基绝缘涂料

性能及用途 该涂料干燥快，漆膜坚硬有光，为A级绝缘材料。可用于涂覆电机设备的绝缘部件。

涂装工艺参考 本涂料施工时，可用X-1硝基漆稀释剂稀释。该产品自生产之日算起有效储存期为1年。超过储存期，可按质量标准检验，如符合技术要求仍可使用。

产品配方/(kg/t)

硝化棉	170
醇酸树脂	360
颜料	100
溶剂	390

生产工艺与流程

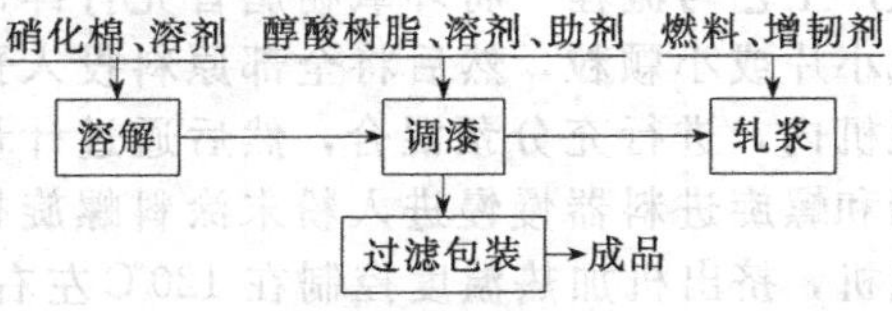

10-9 浸涂型电感器涂料

性能及用途 浸涂型电感器涂料由两组分组成。主剂为黏稠液体；固化剂为流动型液体。该涂料可将裸体电感器进行包封，包封后的电感器表面平整、光滑、无气泡、颜色鲜艳、光泽性好，而且电气绝缘性能优良，各项指标均达到要求。并可替代进口涂料使用。

该产品无毒性。在生产浸涂型电感器涂料过程中，应保持生产车间里通风设施完好，使生产车间空气流通，不受污染。生产浸涂型电感器涂料时，不产生污染环境的废水和废渣及其他有毒害物质。

产品配方/(kg/t)

原料名称	指标
主剂	
环氧树脂	46.3
活性稀释剂	6.1
阻燃剂	21.2
触变剂	7.1
混合颜填料	19.3
固化剂	
固化剂	83.3
促进剂	16.7

主剂：固化剂＝100：15～25(质量比)

生产工艺与流程

环氧树脂、活性稀释剂、阻燃剂、触变剂→混料→三辊研磨→主剂

混合颜填料、固化剂、促进剂→混合均匀→固化剂

10-10 家用电器涂料——冰花漆

性能及用途 聚烯烃宜用环氧树脂漆、聚氨酯漆等作为防护漆或底漆，最外层可涂上加有紫外线吸收剂等助剂的面漆。此外，还可选用醇酸树脂漆、改性丙烯酸树脂漆、聚酰胺树脂漆等。

涂装工艺参考 本品使用前过滤除杂，黏度调节到图案清晰、明亮为止。被漆表面经处理后先刷两遍白色醇酸调和漆，充分干燥后按50g/m^{2}的用量先平刷一遍冰花漆，刷子纵横各走一遍，当看到冰花漆中的铝粉沉底，表面平滑，有丝状、点状时，便形成了冰花漆。此时马上涂刷冰花图案，涂时把冰花漆再调稀些，用刷子蘸漆液在漆过的表面上进行无规则滴流，滴流的线条成网状，间隙不要过大，滴完后用鸡毛在稍稀的间隙拉出一些线条，约20min后即出现千姿百态的冰凌花纹。干后涂上罩面漆。

产品配方（质量份）

配方一

聚酰胺树脂液	100
混合溶剂	100
硝基清喷漆	183
碱性染料	1.67～3.3
二甲苯	48.8
甲苯	25.7
松香水	10
铝粉	14.8

配方二（冰花漆）

清漆	87.0
铝粉料	4.3
二甲苯	1.7
松节油	2.7
松香	4.3

生产工艺与流程　配方一的生产工艺是：将配方一中前三种组分混匀后，再加入铝粉搅匀，在水浴中煮沸 1h，冷却后倒出上层清液，再在沉底的铝粉中加入少量松香水，即为铝粉料。

配方二的生产工艺是：将配方二中各组分混匀即得冰花漆。

10-11　超快干氨基烘干清漆

性能及用途　具有快干节能和提高工效特点，一般节能在 30%以上。具有良好的经济效益和社会效益。广泛用于工业、机械、日用五金等金属表面保护之用。

涂装工艺参考　该漆以手工喷涂为主，也可静电喷涂施工。一般用 X-4 氨基漆稀释剂或二甲苯与丁醇（4：1）的混合溶剂稀释。烘烤温度为 (120±2)℃，3～5min。常作氨基烘干磁漆、沥青烘漆、环氧烘漆的表面罩光。该漆有效储存期为 1 年。过期可按产品标准检验，如果符合质量要求仍可使用。

产品配方/(kg/t)

醇酸醇酸	600
氨基树脂	150
溶剂	300

生产工艺与流程

醇酸树脂、氨基树脂、溶剂→ 调漆 → 过滤包装 →成品

10-12　温度指数 180 耐冷媒漆包线漆

性能及用途　以本漆涂刷的漆包圆铜线具有优良的耐热冲性、高电气强毒，高力学性能及优良的耐冷媒性能，其耐软化击穿温度达 320℃，性能已达到国际电工学会 IEC317-10 标准。用于冰箱及空调机中的压缩机所用的漆包线上。

涂装工艺参考　采用漆包线厂的现有涂线设备，将本涂料涂覆在圆铜漆包线上即可。

产品配方/(kg/t)

环氧树脂	593
助剂	90
颜料、填料	367.5

生产工艺路线　将多元醇、多元酸、芳族多元胺在不锈钢反应釜中进行缩聚，然后用甲酚、二甲苯稀释，并经过滤、包装而成产品。

10-13　家用电器表面涂饰漆

性能及用途　本漆用静电喷涂或其他适当的方法施工，适用于仪器仪表、家用电器及其他钢铁制件的表面涂饰。

涂装工艺参考　该漆采用高压静电喷涂，也可采用流化床浸涂，烘烤温度为 180℃，一般以 X06-2 磷化底漆配套，在要求不高的光滑表面上可直接喷涂。使用过程中谨防潮湿，回收的余粉只能少量搭配使用。有效储存期为 1 年，过期可按产品标准检验，如符合质量要求仍可使用。

产品配方（质量分数）

604 环氧树脂	56.5
钛白粉	20
沉淀硫酸钡	10
轻质碳酸钙	5
取代双氰胺	3
固体流平剂	5
增塑剂	0.5

生产工艺与流程　将环氧树脂首先打碎制成小片或小颗粒，然后将全部原料投入预混机内，进行充分预混合，然后通过计量槽和螺旋进料器慢慢进入粉末涂料螺旋挤出机，挤出机加热温度控制在 120℃左右，挤出物压成薄片经冷却后打成碎片，再用微粉机粉碎筛分后包装。

10-14　家用电器保护涂料

性能及用途　主要用于家用电器的保护。

涂装工艺参考　施工时，搅匀，用喷涂法施工。

产品配方（质量分数）

	Ⅰ	Ⅱ	Ⅲ	Ⅳ	Ⅴ
聚酯树脂	60	60	60	53	53
固化剂	4.8	4.8	4.8	4.5	4.5
钛白粉	25	20	20	25	20
流平剂	1	1	1	1	1
颜填料	8	13	13	15	20
紫外线吸收剂	0.2	0.2	—	0.2	0.2
助剂	1.3	1.3	1.3	1.3	1.3

生产工艺与流程 配料→预混→挤压→压片→粉碎→过筛→粉末产品。

10-15 无光粉末涂料

性能及用途 用于家电用品的涂装。

涂装工艺参考 施工前工件表面必须保证清洁。有油污、铁锈者需除尽后方可施工。使用时，要将原漆搅拌均匀后涂刷。该漆不能与有机溶剂、油性漆或其他涂料混合使用。可采用刷涂、喷涂方法施工。

产品配方（质量分数）

E-12 环氧树脂	40～50
固化剂 B	3～6
填料	30～45
流平剂	0.1～0.5
助剂	适量

生产工艺与流程 混合→挤出（120℃）→冷却破碎→磨粉→产品。

10-16 白色粉末涂料

性能及用途 用于室内家具、家电以及高档的仪器、仪表的涂装。

涂装工艺参考 施工时，搅匀，用喷涂法施工。严禁与胺、醇、酸、碱、水分等物混合。有效储存期 1 年，过期如检验质量合格仍可使用。

产品配方/g

E-12 环氧树脂	500
膨润土	18
三聚氰胺	20
钛白粉	80

生产工艺与流程 将以上组分全部混合进行研磨、粉碎成细末，过 200mg 筛。

10-17 各色丙烯酸氨基烘干透明漆

性能及用途 漆膜坚硬、光亮丰满，有一定的力学性能。主要适用于自行车、摩托车、保温瓶、洗衣机等家用电器作装饰保护。

涂装工艺参考 以喷涂法施工。用二甲苯、醇、乙酸乙酯混合溶剂稀释。该漆使用前搅拌均匀，如有粗粒机械杂质应过滤后使用。该漆有效储存期为 1 年，过期可按产品标准检验，如果符合质量要求仍可使用。

产品配方 单位：kg/t

原料名称	蓝色	红色	黄色
丙烯酸、氨基树脂	762	751	774
颜料	31	10	7
溶剂	229	259	239

生产工艺与流程

丙烯酸树脂、氨基树脂、醇溶颜料、有机溶剂 → 混溶 → 过滤包装 → 成品

10-18 磁性记录材料用涂料（Ⅰ）

性能及用途 用于磁性记录材料。

涂装工艺参考 施工时，搅匀，用喷涂法施工。

产品配方（质量份）

γ-Fe_2O_3	120～200
马来酸-醋酸乙烯-氯乙烯共聚物	24～36
聚氨酯	4～16
分散剂	2～7
添加剂	0.4～4

生产工艺与流程 把以上组分加入混合器进行搅拌混合均匀，然后加入研磨。

10-19 磁性记录材料用涂料（Ⅱ）

性能及用途 用于磁性记录材料用涂料。

涂装工艺参考 施工前工件表面必须保证清洁。有油污、铁锈者需除尽后方可施工。使用时，要将原漆搅拌均匀后涂刷。该漆不能与有机溶剂、油性漆或其他涂料混合使用。可采用刷涂、喷涂方法施工。

产品配方（质量份）

γ-Fe_2O_3	600
聚酯	45
环氧树脂	45
醋酸乙烯-氯乙烯共聚物	60
聚氨酯	12
甲乙酮	600
甲异丁酮	250
环已酮	200
卵磷脂	12
润滑剂	8

生产工艺与流程 把以上组分加入混合器搅拌均匀，然后加入研磨机中进行研磨。

10-20 录音用磁性涂料

性能及用途 用于录音磁带。

涂装工艺参考 施工时，搅匀，用喷涂法施工。严禁与胺、醇、酸、碱、水分等物混合。有效储存期1年，过期如检验质量合格仍可使用。

产品配方（质量份）

(含钴的)γ-Fe_2O_3	100
Cr_2O_3	1.5
$CaCO_3$	9.6
聚酯聚氨酯	15
多异氰酸酯	8
甲乙酮	200
硬脂酸	1
硬脂酸丁酯	1
炭黑	5

生产工艺与流程 聚酯聚氨酯、多异氰酸酯、硬脂酸丁酯共聚物及把以上γ-Fe_2O_3、Cr_2O_3、$CaCO_3$、炭黑、甲乙酮、硬脂酸组分加入混合器中进行搅拌研磨。

10-21 磁性记录材料用聚氨酯涂料

性能及用途 用于磁记录材料，制备磁性记录涂料。

涂装工艺参考 施工时，搅匀，用喷涂法施工。

产品配方

(1) 聚氨酯树脂的制造配方/g

聚己内酯多元醇(Ⅰ)	313
聚己内酯多元醇(Ⅱ)	250
甲乙酮	1013
4,4-二甲苯基甲基二异氰酸酯	113

生产工艺与流程 在装有温度计、搅拌器和氮气导管的四口瓶加入前三种组分，搅拌升温至80℃再由滴液漏斗滴入4,4-二苯基甲基二异氰酸酯，滴完后在80℃反应9h，得到含羟基和羧基的聚氨酯树脂。

(2) 磁记录介质的制造配方

聚氨酯树脂	300
乙基纤维素	150
氯乙烯-醋酸乙烯酯共聚物	50
卵磷脂	10
炭黑	40
含钴的γ-Fe_2O_3	740
甲乙酮	920
甲基异丁酮	310
环己酮	310

生产工艺与流程 将配方中组分混合，用砂磨机混炼6h后再与4,4-二苯基甲基二异氰酸酯和三羟甲基丙烷反应5h，混合，过滤，得到磁性涂料。

10-22 录像带磁性涂料

性能及用途 用作录像带磁性涂料。

涂装工艺参考 施工时，搅匀，用喷涂法施工。严禁与胺、醇、酸、碱、水分等物混合。有效储存期1年，过期如检验质量合格仍可使用。

产品配方（质量份）

氯乙烯-醋酸乙烯共聚物	18～22
丁腈橡胶	4～8
氧化铁磁粉	100
甲苯	30～50
丁酮	40～60
4-甲基-2-戊酮	40～60
硅油	0.1～0.3

生产工艺与流程 按配方比，把组分加入球研磨机中，球磨20～30h。经球磨分散的涂料经三级过滤，除去未分散的或凝集的磁粉颗粒以及成膜基料中的凝胶和各种异物。

10-23 录音带磁性涂料

性能及用途 用于录音带磁性涂料。

涂装工艺参考 施工时，搅匀，用喷涂法施工。

产品配方（质量份）

含钴γ-Fe_2O_3磁粉	100
甲苯	8～120
4-甲基-2-戊酮	80～120
环己酮	40～60
硝化棉	10～12
聚氨酯	10～15
硅油	0.1～0.2
十四酸	0.5～1.5
炭黑	2～4
氧化钴	1～1.5

生产工艺与流程 把上述组分加入球磨机进行研磨，分散时间为5～6h。

10-24 集成电路板用涂料

性能及用途 将集成电路板浸入上述涂料后，取出干燥，即成一层防潮的电绝缘涂料。

涂装工艺参考　施工前工件表面必须保证清洁。有油污、铁锈者需除尽后方可施工。使用时，要将原漆搅拌均匀后涂刷。该漆不能与有机溶剂、油性漆或其他涂料混合使用。可采用刷涂、喷涂方法施工。

产品配方/g

甲基丙烯酸丁酯	236
甲基丙烯酸	7.4
甲苯	329
甲乙酮	90
甲基丙烯酸月桂酯	1.17
偶氮二异丁腈	2.5
二甲苯	218

生产工艺与流程　将甲基丙烯酸丁酯、甲基丙烯酸月桂酯和甲基丙烯酸加入反应釜中，进行混合，再加入偶氮二异丁腈及二甲苯进行聚合，再用二甲苯及甲乙酮进行稀释，得到 80μm 厚的膜。

10-25　漆包线涂料

性能及用途　用于 F 级漆包线。

涂装工艺参考　施工时，搅匀，用喷涂法施工。严禁与胺、醇、酸、碱、水分等物混合。有效储存期 1 年，过期如检验质量合格仍可使用。

产品配方/g

对苯二甲酸二甲酯	18.0
乙二醇	18.0
甘油	4.5
醋酸锌	0.009
偏苯三甲酸酐	10.824
4,4′-二氨基二苯醚	7.2
正钛酸丁酯	0.816
甲酚	62.897
二甲苯	41.929

生产工艺与流程　将对苯二甲酸二甲酯、乙二醇、甘油、醋酸锌投入反应釜中，升温至 140℃，待对苯二甲酸二甲酯全部溶解后，开动搅拌进行酯交换反应，以每 10℃/h 的升温速度升至 200℃左右，以甲醇馏分馏出算起，反应 6h 后，将 4,4′-二氨基二苯醚和偏苯三甲酸酐分 9 次加完，降温至 140℃时投入第一份 4,4′-二氨基二苯醚，搅拌溶解后加入第一份偏苯二甲酸酐，搅拌溶液后保温 1h，有黏稠淡黄色中间体生成，逐渐升温有水分馏出，升温至 200℃反应，待反应物透明时降温至 140℃，再加入第二份 4,4′-二氨基二苯醚及偏苯三甲酸酐，步骤同前一样，直至加完第四份。在 200℃条件下反应，至反应物呈现棕褐色液体时，减压缩聚，达到一定的黏度停止抽真空，保温搅拌反应 1h，加入少量甲酚，搅拌 15min，减压反应到一定黏度停止减压，加入部分（甲酚总量的 2/5）已经预热的甲酚，在 200℃下搅拌 1h，再加入剩下的 3/5 的甲酚，保温反应 1h，最后加入二甲苯及正钛酸丁酯，在 160℃下搅拌 1～2h，并在 100℃以上过滤即得产品。

10-26　醇溶自黏漆包线漆

性能及用途　用于自黏漆包线。

涂装工艺参考　施工时，搅匀，用喷涂法施工。

产品配方（质量份）

聚酰胺(三元尼龙)	20～70
聚酰胺(二元尼龙,PA-6/PA-66)	30～60
环氧(二氧化双环戊二烯)	5～45
顺丁烯二酸酐	2～20
脂肪偶联剂(钛酸酯偶联剂)	1～8
苯酚	60～210
甲酚	100～300
二甲苯	80～280

生产工艺与流程　首先将尼龙和环氧树脂溶解，把溶解好的聚酰胺（尼龙）分别与一种（或两种）溶好的环氧树脂注入两个三口瓶中进行反应，反应是在常压下 180℃下进行反应 1h，然后冷却至室温并放在同一容器中，再搅拌 30min，然后加入其他原料，用二甲苯稀释至黏度为 35～50s（28℃）。

10-27　高压电器绝缘涂料

性能及用途　用于高压电器绝缘涂料。

涂装工艺参考　施工时，搅匀，用喷涂法施工。严禁与胺、醇、酸、碱、水分等物混合。有效储存期 1 年，过期如检验质量合格仍可使用。

产品配方

（1）A 组分的配方（质量份）

环氧树脂(E-51)	41
669 环氧稀释剂	8.2
颜料	8.2
滑石粉	36.6
钛白粉	2
乙酸乙酯	4

（2）B 组分的配方（质量份）

KS 固化剂	43
300# 低分子量聚酰胺	9
乙醇	16
丙酮	8
乙酸乙酯	24

生产工艺与流程

（1）A 组分制备　把环氧树脂预热至 60～80℃加入反应釜中，搅拌并加热至 75～85℃，然后依次加入 7～9 份环氧稀释剂；7～9 份颜料、1～3 份钛白粉、30～40 份滑石粉或轻质碳酸钙、3～4 份乙酸乙酯或丙酮，升温至 45～55℃，搅拌 25～35min，物料过滤后进行砂磨机加工，物料粒径为 20μm。

（2）B 组分的工艺　将 40～50 份 KS 固化剂、8～15 份低分子量聚酰胺预热到 45～55℃加入反应釜中，然后依次加入 10～20 份乙醇、5～15 份丙酮、20～30 份乙酸乙酯，在室温下搅拌 25～35min，经 200mg 滤网过滤除去杂质后放料，最后，使 A 组分和 B 组分按质量比例 2∶1 进行配比，配好的涂料固化条件是指触干燥时间 ≤2h（25℃）。

10-28　耐高温的电阻绝缘涂料

性能及用途　适用于电视电缆，家用电器上的保护涂料。

涂装工艺参考　施工前工件表面必须保证清洁，有油污、铁锈者需除尽后方可施工。使用时，要将原漆搅拌均匀后涂刷。该漆不能与有机溶剂、油性漆或其他涂料混合使用。可采用刷涂、喷涂方法施工。

产品配方/g

氧化铬绿	17.5
滑石粉	17.5
溶剂(二甲苯∶丁醇＝7∶3)	适量
环氧树脂改性有机硅漆料(含环氧树脂 60%)	100

生产工艺与流程　先将前 3 种原料按配方加入一定量的溶剂稀释即可，研磨至细度为 40～50μm 时出料，加入一定量的溶剂稀释为成品。手涂或喷涂后，在 200℃干燥 3h 即可。

10-29　电绝缘无溶剂浸渍漆

性能及用途　用于绝缘浸渍涂料。

涂装工艺参考　施工时，搅匀，用喷涂法施工。严禁与胺、醇、酸、碱、水分等物混合。有效储存期 1 年，过期如检验质量合格仍可使用。

产品配方（质量分数）

改性环氧树脂	50～80
苯乙烯	44～60
酚醛树脂	5～15
有机金属盐	0.001～5

生产工艺与流程　加热至 90～120℃下改性环氧树脂保温 1～5h，加入酚醛树脂，混均匀后，降温至 50～60℃，加入苯乙烯进行搅拌均匀，然后再加入金属有机盐搅拌均匀，得一透明液体，得到改性环氧树脂。将 55～60 份 618 和 20～45 份 601 或 6101 环氧树脂加入反应釜中升温至 90～120℃，加入顺丁烯二酸酐或丙烯酸保温 1～5h 即得改性环氧化树脂。

10-30　聚氨酯漆包线涂料

性能及用途　在仪表、电子元件、微电机上广泛应用，耐热等级 E、B 级。

涂装工艺参考　施工时，搅匀，用喷涂法施工。

产品配方（质量份）

（1）组分 A（含羟聚酯树脂）配方

对苯二甲酸二甲酯(DMT)	25.2
一缩乙二醇	3.5
甘油(96%)	4.9
无水醋酸锌	0.005
乙二醇	12.2
间/对甲酚	54.2

（2）组分 B（封闭聚氨酯预聚体）

甲苯二异氰酸酯	19.1
一缩乙二醇	7.3
苯酚	6.2
甲酚	19.5
环己酮	2.6
甘油	24.0
二甲苯	19.5

生产工艺与流程

(3) 聚酯树脂的制备　在反应釜中加入DMT、乙二醇、甘油和一缩乙二醇，升温至140～150℃，待DMT全部融化后加入醋酸锌，在搅拌下升温，分常压（225℃）和减压（255℃）两个阶段反应，取样分析树脂呈现硬质透明半圆球状时，停止反应，加入甲酚稀释。

(4) 封闭聚氨酯预聚体的制备　在反应釜中加入TDI和苯酚，于135℃，反应4h后加入环己酮稀释，在80～85℃时慢慢滴加甘油/一缩乙二醇溶液，维持温度在110℃以下保温3h，加入稀释剂进行调稀。

(5) 聚氨酯涂料　将组分A和B按质量比1∶9加入反应釜中，于70～80℃搅拌反应3h，后过滤。

10-31　家用电器漆包线涂料

性能及用途　适用于家用电器的漆包线及电线等的涂装。

涂装工艺参考　使用时将甲组分和乙组分按3∶4的比例混合，充分调匀。用漆包线专用涂漆设备施工涂装，可用无水二甲苯与无水环己酮的混合物稀释。其他施工注意事项同一般聚氨酯清漆。

产品配方（质量分数）

甲组分：

甲苯二异氰酸酯	19.5
醋酸丁酯	8.5
甲酚	45.7
甘油	2.8
一缩乙二醇	2.6
苯酚	14.8
无水二甲苯	3.6
无水环己酮	2.5

乙组分：

607环氧树脂	22.4
无水二甲苯	51.5
甲酚	26.1

生产工艺与流程

甲组分：先将甲苯二异氰酸酯、醋酸丁酯、甲酚投入反应锅，加热升温至80℃，慢慢加入甘油和一缩乙二醇，继续升温至90℃，保温2h，再升温至145℃，将醋酸丁酯蒸馏出来，并在145℃下加入苯酚，升温至170℃，保温反应至测定异氰酸基（—NCO）达1%以下为止，降温至130℃加入二甲苯和环己酮，调匀后降温，过滤包装。

乙组分：将607环氧树脂、甲酚、二甲苯全部投入反应锅，加热升温，搅拌至全部溶解为止，温度不超过100℃，降温后，过滤包装。

第十一章 竹木器和家具涂料

第一节 竹木器和家具用涂料

一、竹木器和家具用涂料分类

1. 竹木器涂料

竹木器涂料指的是家具用竹木器件的涂料，即将合成（或天然）树脂的溶液(涂料或漆)，涂覆在木器或塑料制件的表面上形成涂层，借以保护或改善制件的性能，增加美观。

2. 家具用涂料

根据家具涂饰的要求，家具需要涂饰的部件主要是竹木器或塑料制件两大类。家具用着色剂和染色剂是在保持木材原有颜色的同时，为了进一步美化家具而用的补充色料，分涂膜着色剂和白着色剂两类。前者是将染料或颜料溶解或分散于乙醇、矿油精、石脑油、酯类等溶剂中，后者是将透明颜色溶解或分散于清漆中。

头道底漆和封闭底漆是为了防止木材松脂和着色剂的渗色，防止涂料的浸入，增加底材的强度而使用的涂料。可以用紫胶清漆硝酸纤维漆类的木材封闭底漆、聚乙烯缩丁醛封闭底漆、聚氨酯封闭底漆等。

增孔剂与填料用于填平木材导管纤维的空间，使底板表面平滑。以树脂、体质颜料、溶剂或水为主要成分，并配入少量着色染料或颜料。使用乳液类、油性类、合成树脂类及硝酸纤维类填料，涂装后把多余的涂料擦净。

中层涂料、打磨封闭底漆与二道浆可使涂膜具有丰满感与平整性。如在其上面涂装透明面涂，用打磨封闭底漆；如涂装不透明面漆，则用二道浆。干燥后打磨，使涂面光滑，可用聚氨酯树脂系、酸固化氨基醇酸树脂系、聚酯树脂系、硝酸纤维系和油性系等涂料。

面漆按被涂物的用途，从光泽、色调、硬度、耐水性、耐磨损性及抗龟裂性等方面选择合适的涂料。面漆的种类和中层涂料一样，有许多种。从前用硝酸纤维漆涂装家具，用作面漆的是木材用硝基清漆，但由于涂装次数多，研磨也很费事，所以现在多使用厚膜型酸固化氨基醇酸树脂涂料、不饱和聚酯树脂涂料、聚氨酯树脂涂料等。

聚氨酯树脂涂料又分为油改性型、湿固化型和多元醇固化型。以上是像镜面光滑般罩面用涂料。但还有不需填孔、涂料不成膜，而是尽可能渗透到木材中去，以木材原有的颜色和表面组织、原有的姿态呈现出来的白茬涂装法。这种涂装法使用的是以干性油为主的渗透性油性清漆和家具用蜡。

3. 乐器用涂料

乐器用涂料是显示底板原貌的透明涂装，可按家具涂装进行，用黑磁漆涂装。当底材是一般胶合板时，用聚酯二道浆涂底层，用聚氨酯磁漆、不饱和聚酯磁漆或腰果油树脂磁漆作面漆；当底材是酚醛树脂复合的胶合板时，用聚氨酯封闭底漆涂底层。

4. 胶合板用涂料

用作建筑物墙壁及顶棚的涂装胶合板，有印制胶合板、透明涂装胶合板和不透明涂装胶合板。最近主要是印制胶合板，其中多为贴纸印制胶合板。

贴纸印制胶合板是在打磨的胶合板上贴纸后印制木纹等，或者将印有木纹的纸贴在胶合板上，然后再涂二、三道面漆。使用的涂料多为酸固化氨基醇酸清漆；高级装修时，使用多元醇固化型聚氨酯清漆。用辊涂法或流涂法涂装。

5. 木材防潮防腐涂料

该涂料是在乳胶系涂料中，添加了氧化铬的涂料。在涂料中氧化铬变成了铬酸，铬酸离子与木材中的纤维素等还原性物质生成了不溶性络合物，因此，即使薄涂膜也能得到高防潮防腐效果。

该涂料中主要组成有聚醋酸乙烯系乳液涂料、氧化铬、乳液稳定剂、水等。可用刷涂、喷涂、辊涂、流涂、淋涂等方法施工。常温干燥，涂膜厚度50～100μm。

二、水性聚氨酯清漆在竹木器和家具中的应用举例

聚氨酯技术在木器涂料方面的应用历史已超过60年。聚氨酯涂料开始在中国木器涂料市场的应用大约在20世纪60年代末，如今已占中国木器涂料的74%以上，中国已成为世界最大的聚氨酯木器涂料生产国，增长率估计在12%～15%。如今迫于低有机挥发物涂料的压力，各方面性能最接近溶剂型木器漆的水性聚氨酯已成功用于家具及各种木器表面装饰，水性聚氨酯清漆成为市场的热点。

水性木器涂料在中国的推广可以追溯到20世纪90年代末，但其性能一直未能满足用户的需要。拜耳多年来致力于提高水性木器涂料品质，不断为市场提供高品质原材料，例如：更小粒径的单组分水性聚氨酯分散体，因其优异的力学性能和施工方便性广泛应用于木地板、木制工艺品和玩具领域。为得到和溶剂型聚氨酯木器漆性能相似的产品，研发了双组分水性聚氨酯，凭借其对各种底材的良好附着性及优异的耐化学品、耐磨、坚韧性，在其问世10年后增长迅速。该亲水性聚异氰酸酯和丙烯酸、聚酯分散体或乳液能在20～80℃温度下交联反应，从而获得极其优越的涂膜性能，主要应用于家具及室外木器表面。

随市场对更高生产效率和更好的环保性能涂料的需求，水性紫外光固化聚氨酯分散体应运而生，它能在室温下在紫外线或电子束照射下迅速固化。施工非常方便，有着极好的附着力和耐化学品性，成为全球木器涂料市场增长最快的产品。

三、新型竹木器保护用UV固化涂料的配方设计举例

新型竹木器保护用UV固化涂料以丙烯酯或甲基丙烯酸的衍生物为主体的五色透明涂料，其成膜方式是通过UV固化。

新型竹木器保护用UV固化涂料主要用于竹木地板或其他竹木制品的表面保护和罩光，使用方便，固化迅速，光泽理想，涂膜牢固。

(1) 绿色技术

① 本品使用的主要原料丙烯酸酯或甲基丙烯酸酯的衍生化合物，不含有机溶剂，没有VOC公害。

② 本品用辊涂法施工，用紫外线(UV)固化，涂膜固化速度极快（1s左右），涂膜厚度5～10μm。在整个成膜过程中，涂料中的组分全部参加成膜反应，没有VOC污染。

③ 本品涂层的耐久性很好，在完成使用寿命后，涂层会逐渐老化分解，不会产生有害物质污染环境。

(2) 制造方法

①工艺流程方框图

全部原料→调漆→过滤→包装成品

② 原料规格及用量（见表11-1）。

表 11-1 原料规格及用量

名称	规格	用量/(kg/t 产品)
低黏度丙烯酸环氧酯	工业级	515
季戊四醇三丙烯酸酯	工业级	140
乙二醇二丙烯酸酯	工业级	280
二苯甲酮类光引发剂	工业级	20
安息香二甲醚	工业级	20
三乙醇胺	工业级	10
流平剂	工业级	10
消泡剂	工业级	5

(3) 产品质量　产品质量参考标准(参考我国同类产品的企业试行标准)。如表 11-2 所示。

表 11-2 产品质量参考标准

项目		指标
外观		透明,水白色至淡黄色液体
涂膜外观		透明,平整光滑
黏度(涂-4 黏度计)/s		90±20
固体含量/%	≥	95
涂膜光泽/%	≥	95
硬度(铅笔)	≥	3H
附着力(划格法)		合格
固化速率/s	≤	3

(4) 分析方法

① 外观　按 GB/T 1721—1979"清漆、清油及稀释剂外观和透明度测定法"进行测定。

② 黏度　按 GB/T 1723—1993"涂料黏度测定法"进行测定。

③ 固体含量　按 GB/T 1725—1979(1989)"涂料固体含量测定法"进行测定。

④ 涂膜光泽度　按 GB/T 1743—1979(1989)"涂料光泽度测定法"进行测定。

⑤ 附着力　按 GB/T 1720—1979(1989)"漆膜附着力测定法"进行测定。

⑥ 固化速率　参照光固化相关性能测定法进行测定。

⑦ 硬度　按 GB/T 1730—1993"漆膜硬度的测定"进行测定。

⑧ 涂膜外观　用目测法进行测定。

下面 11-1～11-33 简述几类常见竹木器和家具用涂料设计并列举具体的涂料配方。

11-1 新型硝基藤器改性涂料

性能及用途　一般产品为挥发型干燥涂料，在常温下干燥迅速，漆膜丰满、光泽柔和，并具有硬度高、柔韧性好、不易脆裂、不易泛黄等特点。是性能优良的藤器用漆。

涂装工艺参考　该漆施工以喷涂为主，也可浸涂。一般用 X-35 藤器漆稀释剂(1.1～1.2)或用天那水稀释。用 X06-80 各色聚乙酸乙烯藤器水性底漆配套。在要求不高的光滑表面上也可直接涂装。在潮湿天气下，加 F-3 藤器漆防潮剂可防止漆膜发白。该漆有效储存期为 1 年，过期可按质量标准检验，如符合质量要求仍可使用。

产品配方/(kg/t)

醇酸树脂	220
硝化棉	540
颜料	122
消光剂	37
溶剂	96

生产工艺与流程

醇酸树脂、颜色、溶剂 → 高速搅拌混合 → 研磨分散（← 树脂、硝化棉、色浆、溶剂、消光剂）→ 调漆 → 过滤包装 → 成品

11-2 新型水性藤器封闭漆

性能及用途　一般该产品为水性涂料，用水稀释后，在浸涂槽中经较长时间的放置不易沉淀结块、长霉发臭。该漆具有遮盖力强、对底材的附着力好、不易掉粉及不易开裂等特点。是性能优良的藤器封闭底漆。

涂装工艺参考　以浸涂、喷涂为主。施工时可用水调整黏度，本漆可与各色藤器面漆配套使用。该漆储存有效期为 1 年，过期可按产品标准检验，如符合质量要求仍可使用。

产品配方/(kg/t)

聚乙酸乙烯乳液	188
颜料	560
助剂	22
水	245

生产工艺与流程

助剂、颜料、水 → 高速搅拌分散 → 高速搅拌混合（← 树脂、色浆、水）→ 过滤包装 → 成品

11-3 高级竹制器防腐防蛀涂料

性能及用途　一般该涂料漆膜光亮、干燥较

快，但漆膜脆硬，附着力、耐久性也不如酯胶清漆和酚醛清漆，专用于热水瓶竹壳罩光用，对竹制器具有防腐防蛀作用，并可用在纸板箱表面作防潮用。

涂装工艺参考　可采用喷涂法和刷涂法，被涂物面用砂纸打磨光滑，除净木屑粉末。黏度太高时，可用 200# 溶剂汽油或松节油调稀。

产品配方/(kg/t)

钙脂漆料	400
溶剂	560
其他辅助原料	14～32
催干剂	16～18

生产工艺与流程

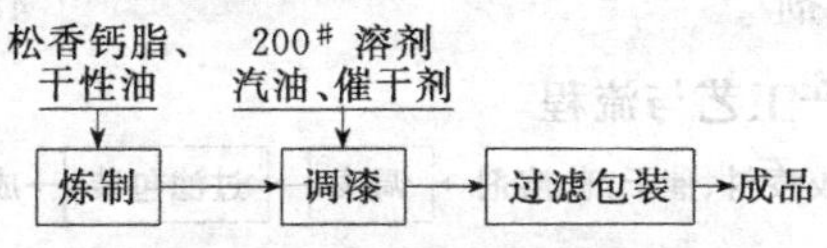

11-4　新型自干型钢琴木器涂料

性能及用途　一般该漆为自干型。漆膜丰满、光亮、坚硬、附着力好，耐寒、耐热，耐温性良好。适用于钢琴、家具等木制品的涂饰。

涂装工艺参考　喷涂、刷涂均可。使用时按规定比例（组分一：组分二为 4：6）混合后，加入二甲苯调整黏度，随用随配，一般有效使用时间为 5h。

产品配方/(kg/t)

树脂(一)	855
催干剂	130
溶剂(一)	159
树脂(二)	938
溶剂(二)	200

生产工艺与流程

11-5　高级家具手扫涂料

性能及用途　该涂料干燥快、流平性好，漆膜坚硬、容易打磨、磨后平整、附着力强。适用于各种木器家具涂装面漆前的打底使用。

涂装工艺参考　该涂料以刷涂为主。适宜于用软毛刷手工涂刷，也可喷涂。施工前，木器表面用腻子填平凹处，干后打磨平整、再涂本漆 2 道，干后用砂纸磨平，再涂面漆。用稀释剂调整黏度。

产品配方/(kg/t)

硝化棉	120
颜填料	420
醇酸树脂	128
助剂	27
溶剂	380

生产工艺与流程

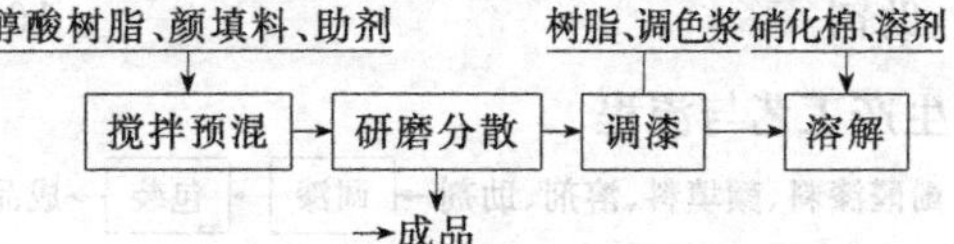

11-6　新型双组分饱和聚酯木器家具罩光漆

性能及用途　一般用作木器家具或同类型涂层的罩光漆。

涂装工艺参考　施工时，甲组分和乙组分按 1：1 混合，充分调匀，用喷涂法施工。混合后的涂料应在 5h 内使用完毕。

产品配方（质量份）

甲组分：

70％固体饱和聚酯树脂	46.0
60％固体短油醇酸树脂	23.0
醋酸丁酯	5
醋酸乙酯	4
甲乙酮	3
β-巯基丙胺	2
二甲苯	10
平滑剂	6

乙组分：

60％1～体 TDI　氨酯	44.0
75％固体 TDI 聚氨酯	21.0
β-巯基丙胺	5
醋酸丁酯	16
醋酸乙酯	14

生产工艺与流程

甲组分：将全部原料投入溶料锅中混合，充分搅拌均匀至完全溶混，过滤包装。

乙组分：将全部原料投入溶料锅中混合，充分搅拌均匀至完全溶混，过滤包装。

11-7　新型耐水透明酚醛木器漆

性能及用途　一般该漆膜具有较好的光泽、硬度和耐水性，并能显示出木纹。主要用于涂饰木器、家具和门窗等物。

涂装工艺参考 该漆以刷涂为主。调节黏度可用200[#]油漆溶剂油或松节油。有效储存期为1年，过期的产品可按质量标准检验，如符合要求仍可使用。

产品配方/(kg/t)

50%酚醛漆料	890
颜料	32
溶剂	88
助剂	16

生产工艺与流程

酚醛漆料、颜填料、溶剂、助剂→调漆→包装→成品

11-8 新型虫胶快干家具及木器上光漆

性能及用途 该漆能形成坚硬薄膜，光亮平滑，干燥迅速，用作家具及木器品的上光，具有一定的绝缘性能，可作一般电器的覆盖层。

涂装工艺参考 以刷涂为主。施工前应先将被涂物面用砂纸打磨平滑后，除净打下的木屑粉末，如有木孔、木纹可用油性腻子填补平整。一般涂刷大约为3～4道，刷第二道时应待前一道干燥后进行，方能形成精细美观的漆膜。该产品自生产之日算起，有效储存期为1年。

产品配方/(kg/t)

虫胶片	360
乙醇	672

生产工艺与流程

虫胶片、乙醇→调漆→过滤包装→成品

11-9 印制铁盒文具木器漆

性能及用途 一般该漆具有较高的硬度和光泽，但柔韧性、冲击强度较差。适用于印制铁盒文具及一般烘漆罩光。

涂装工艺参考 刷涂、喷涂、滚涂均可，以喷涂为主。漆膜要薄，否则出现橘皮或皱皮，施工时可用200[#]油漆溶剂油稀释，但不能采用苯类等强溶剂稀释，否则会将底漆咬起。

产品配方/(kg/t)

树脂	667
催干剂	5
溶剂	443

生产工艺与流程

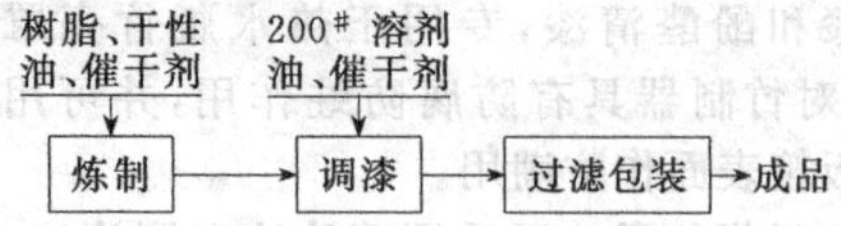

11-10 家具、门窗、板壁木器漆

性能及用途 一般漆膜光亮，耐水性较好。适用于木制家具、门窗、板壁等的涂覆及金属制品表面的罩光。

涂装工艺参考 以涂刷方法施工为主，用200[#]溶剂油或松节油作稀释剂。

产品配方/(kg/t)

酯胶漆料	680
催干剂	10～12
溶剂	482

生产工艺与流程

酯胶漆料、催干剂、溶剂→调漆→过滤包装→成品

11-11 新型文具与木器罩光漆

性能及用途 比一般漆膜坚硬、颜色浅、光泽好。用作印铁盒、文具及一般烘漆物件表面罩光。

产品配方/(kg/t)

酯胶漆料	560
溶剂	580
催干剂	10

涂装工艺参考 可采用刷、喷、橡皮辊滚涂，但以滚涂最宜，漆膜宜薄，否则漆膜会呈现结皮或皱皮，涂装完毕后须静置10～15min，待漆膜流平后方可置入烘房，温度不宜过高，否则会发生泛黄、失光。使用时，如发现漆质太厚，可酌加松节油、200[#]油漆溶剂油稀释，但切忌加入苯类溶剂，以免在涂装时造成底漆咬起，引起花纹模糊。

生产工艺与流程

酯胶漆料、溶剂、催干剂→调漆→过滤包装→成品

11-12 快干木器家具漆

性能及用途 一般该漆有良好的光泽，易涂刷，并有快干的特性。可涂各种家具。

涂装工艺参考 该漆施工采用喷涂、刷涂、淋涂等方法。稀释剂可用X-1硝基漆稀释剂调整施工黏度。遇阴雨湿度大

时施工，可以酌加 F-1 硝基漆防潮剂能防止漆膜发白。有效储存期为 1 年，过期可按质量标准检验，如符合质量要求仍可使用。

产品配方/(kg/t)

70%硝化棉液	160
合成树脂	415
快干剂	28～36
溶剂	415

生产工艺与流程

11-13 锌黄聚氨酯木器配套家具涂料

性能及用途 一般主要用于木器家具、收音机外壳、化工设备以及桥梁建筑等的表面打底，一般与聚氨酯磁漆配套使用。

涂装工艺参考 使用时按甲组分 3 份和乙组分 1 份混合，充分调匀。可用喷涂或刷涂法施工。调节黏度用 X-10 聚氨酯漆稀释剂；配好的漆应尽快用完。严禁漆中混入水分、酸碱等杂质。被涂物表面需处理干净和平整。

产品配方（质量分数）

甲组分：

中油度蓖麻油醇酸树脂(50%)	31
锌铬黄	24
滑石粉	5
水环已酮	20
无水二甲苯	20

乙组分：

甲苯二异氰酸酯	39.8
三羟甲基丙烷	10.2
无水环已酮	50

生产工艺与流程 甲组分和乙组分的生产工艺和生产工艺流程图均同聚氨酯磁漆。

11-14 高级彩色高光泽家具涂料

性能与用途 一般主要用作家具涂料。

涂装工艺参考 施工时，甲组分和乙组分按 1∶1.3 混合，充分调匀，用喷涂法施工。混合后的涂料应在 2h 内使用完毕。

产品配方（质量分数）

甲组分：	玫瑰红	黄	绿	黑
70%固体饱和聚酯树脂	60	60	60	61
耐晒玫瑰红	7	—	—	—
耐晒有机黄	—	10	—	—
耐晒有机绿	—	—	10	—
高色素炭黑	—	—	—	4
醋酸乙酯	5	4	4	6
甲乙酮	5	5	5	6
二甲苯	12	11	12	13
平滑剂	6	7	6	7
β-巯基丙胺	3	3	3	3

乙组分：

生产工艺与流程

甲组分：将颜料、一部分饱和聚酯树脂和适量的溶剂在搅拌机内混合，搅拌均匀，经砂磨机研磨至细度合格，入调漆锅，加入其余原料，充分调匀，过滤包装。

乙组分：将全部原料投入溶料锅中混合，充分搅拌至完全溶混，过滤包装。

11-15 双组分混合快干家具涂料

性能及用途 一般用作家具涂料。

涂装工艺参考 施工时，甲组分和乙组分按 2∶1 混合充分调匀，用喷涂法施工。混合后的涂料应在 2h 内使用完毕。

产品配方（质量分数）

甲组分：

钛白粉	26
70%固体饱和聚酯树脂	26
60%固体羟基丙烯酸树脂	25
醋酸乙酯	4
甲乙酮	5
二甲苯	5
β-巯基丙胺	1
平滑剂	5
分散剂	3

乙组分：

T70 固化剂	52
醋酸丁酯	30
醋酸乙酯	18

注：T70 固化剂是一种异佛尔酮二异氰酸酯，固体含量约为 70%，具有良好的耐黄变性能。

生产工艺与流程

甲组分：将一部分树脂、一部分溶剂和全部钛白粉在搅拌机内混合均匀，经砂磨机研磨至细度合格，入调漆锅，加入其余原料，充分调匀，过滤包装。

乙组分：将全部原料在溶料锅中混合，充分调匀，过滤包装。

第二节 木器、家具清漆

11-16 新型丙烯酸木器清漆

性能及用途 漆膜坚硬光亮，干燥较快，并具有较好的保光保色性。适用于木器及小面积木制件的修补和涂装。

涂装工艺参考 使用前必须将漆兜底调匀，如有粗粒和机械杂质，必须进行过滤。被涂物面事先要进行表面处理。该漆不能与不同品种的涂料和稀释剂拼和混合使用。施工以喷涂、淋涂、揩涂为主，稀释剂可用 X-5 丙烯酸漆稀释剂稀释，施工黏度（涂-4 黏度计，25℃±1℃）一般以 14～20s 为宜。本漆超过储存期，可按本标准规定的项目进行检验，如结果符合要求仍可使用。

产品配方/(kg/t)

丙烯酸树脂	520
氨基树脂	105
硝化棉	75
溶剂	320

生产工艺与流程

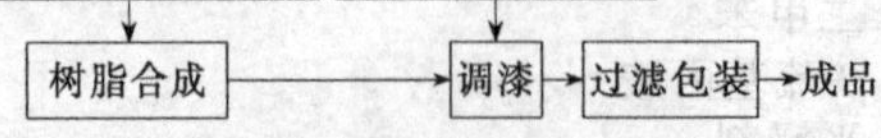

11-17 高光泽不饱和聚酯清漆

性能及用途 一般用作家具涂料。

涂装工艺参考 施工时，称取甲组分涂料，然后按质量先加入 1%的乙组分，充分调匀，再加 2%的丙组分，充分调匀备用。混合了的涂料应在 4h 内使用完毕。

产品配方（质量分数）

甲组分：

Rexter 202	75
苯乙烯	22
阻聚剂	1.5
流平剂	0.5
平滑剂	1

注：Rexter 202 系意大利生产的一种不饱和烯丙基聚酯树脂，固体含量约 80%。

乙组分（促进剂）：

12%辛酸钴	25
醋酸乙酯	75

丙组分（固化剂）：

过氧化甲乙酮	50
邻苯二甲酸二丁酯	50

生产工艺与流程 甲、乙、丙三个组分均分别在常温溶料锅内进行溶混，然后过滤包装。

本产品甲组分的原料（树脂和添加剂）和乙、丙两组分的成品目前多靠进口，故工艺流程图从略。

11-18 高级快干木器、家具清漆

性能及用途 漆膜坚硬、干燥较快、光泽好、固体成分高，并可用砂蜡、光蜡打磨上光，增强光泽度。主要用于高级木器、家具木质缝纫机台板和无线电木壳等室内木制品作装饰保护涂料。

涂装工艺参考 使用时必须将漆充分调匀，有粗粒和机械杂质，必须进行过滤。被涂物面事先要进行表面处理，以增加涂膜附着力和耐久性。该漆不能与不同品种的涂料和稀释剂拼和混合使用，以致造成产品质量上的弊病。该漆施工以静电喷涂、淋涂、手工喷涂等方法。稀释剂可用 X-1 硝基漆稀释剂稀释，静电喷涂需调节好稀释剂的电阻，施工黏度可按工艺产品要求进行调节。遇阴雨天湿度大时施工，可以酌加 F-1 硝基漆防潮剂 20%～30%，能防止漆膜发白。本漆过期可按质量标准检验，如符合要求仍可使用。

产品配方/(kg/t)

硝化棉	255
醇酸树脂	475
助剂	12
溶剂	272

生产工艺与流程

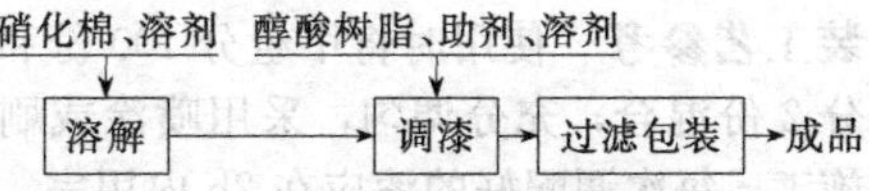

11-19　UV固化丙烯酸清漆

性能及用途　一般用于木质家具或木质板面、纸张、塑料等的表面涂层。

涂装工艺参考　本品系UV（紫外线）固化涂料。开罐后即可使用，主要用淋涂或辊涂法施工。施工时的涂膜厚度一般为120～140g/m²。涂膜在空气中放置1min后即可用UV灯照射。UV灯源的功率为100～120W/m²，通过UV灯的速度约为3～4m/min，本涂料中已加有光敏剂，生产后的储存期一般不超过7天，容器必须避光。

产品配方（质量分数）

Rexter 208树脂	80
苯乙烯	6.5
醋酸溶纤剂	3
CAB溶液	5
平滑剂	1
消泡剂	0.5
光敏剂溶液	4

注：Rexter 208树脂系意大利生产的不饱和烯丙基聚酯树脂，固体含量约70%，CAB溶液系含低黏度CAB 20%的醋酸丁酯溶液，光敏剂溶液系含Irgacure 651（意大利产品）48%的丙酮溶液。

生产工艺与流程　先将树脂、苯乙烯、醋酸溶纤剂投入溶料锅内混合，充分溶混，然后加入各种添加剂，调匀后，过滤包装。包装容器必须完全避光，以免胶化变质。

11-20　聚氨酯平光家具清漆

性能及用途　一般用作家具涂料。

涂装工艺参考　施工时，甲组分和乙组分按2∶1混合，充分调匀，用喷涂法施工。混合后的涂料应在8h内使用完毕。

产品配方（质量分数）

甲组分：

硝化纤维素	7
二甲苯	10
60%固体短油醇酸树脂	50
平光剂	0.5
甲乙酮	20
醋酸乙酯	10
平光粉	1.5
抗刮平滑剂	1

乙组分：

60%TDI聚氨酯	35
醋酸乙酯	35
醋酸丁酯	30

生产工艺与流程

甲组分：先将二甲苯投入溶料锅中，加入硝化纤维素，搅拌湿润，再加入甲乙酮和醋酸乙酯，搅拌至硝化纤维素溶解，加入醇酸树脂，最后加入添加剂，充分调匀，过滤包装。

乙组分：将全部原料投入溶料锅中，搅拌至溶混均匀，过滤包装。

第三节　木器面漆与底漆

顾名思义，水性漆是以水作为介质的漆。如我们所有的内外墙涂料、金属漆、汽车漆等都有相应的水性漆产品。可见水性漆在很多行业已有广泛的应用。

我们普遍关注的水性木器漆，是木器涂料中技术难度和科技含量最高的产品。水性木器漆以其无毒环保、无气味、可挥发物极少、不燃不爆的高安全性、不黄变、涂刷面积大等优点，随着人们环保意识的增强，越来越受到市场的欢迎。

很多企业也在这个时候掀起了环保大波，各企业都看中了环保这一未来发展趋势，对自己的产品作出了改进，不过目前为止，也仅有少数企业能够做到完全环保、完全达到国家水性涂料中的CCEL标准。

11-21　新型快干黑板表面涂料

性能及用途　该漆膜干燥快，耐磨，极少反光。专用于黑板表面。

涂装工艺参考　该漆以刷涂为主。调节黏度用200#油漆溶剂油或松节油。有效储存期为1年，过期可按质量标准检验，如符合要求仍可使用。

产品配方/(kg/t)

50%酚醛树脂	423
颜、填料	440
溶剂	140
助剂	35

生产工艺与流程

11-22 高级家具乐器木制面漆

性能及用途 一般适用于高级家具、乐器、木制工艺品等木质表面涂饰。

涂装工艺参考 使用时按甲组分 1.5 份和乙组分 1 份混合，充分调匀。用喷涂或刷涂法施工，用 X-10 聚氨酯漆稀释剂调整，调配好的漆应尽快用完，

严禁与胺、醇、酸、碱、水分等物混合。有效储存期 1 年，过期如检验质量合格仍可使用。

产品配方（质量份）

甲组分：

饱和聚酯树脂	52
甲苯二异氰酸酯	25
无水二甲苯	16
无水环己酮	7

乙组分：

甘油	10.8
蓖麻油	17.0
甘油松香	8.0
苯酐	13.0
环己酮	15.6
二甲苯	30
回流二甲苯	3.6

生产工艺与流程

甲组分：将聚酯树脂、甲苯二异氰酸酯、环己酮、二甲苯投入反应锅，搅拌升温至 120℃，保温 1.5h，冷却至 60～70℃，过滤包装。

乙组分：将甘油、蓖麻油和甘油松香投入反应锅，加热至 120℃并开动搅拌，继续升温至 240℃，保温 1h，降温至 180℃，加苯酐和回流二甲苯，升温搅拌回流并注意分水，至 170℃保温 1h，升温至 200℃维持 1h，升温至 230℃维持 1h，测定酸价至 5 以下，然后冷却至 130℃加入环己酮和二甲苯，充分调匀，过滤包装。

11-23 新型聚酯木器面漆

性能及用途 一般用作木器、乐器以及高档家具的面漆。

涂装工艺参考 使用时将甲组分 100 份和乙组分 2 份混合，充分调匀，采用喷涂或刷涂法施工。每次调配好的漆应在 2h 内用完，以免胶结。黏度过高需要稀释时，只能适量加入本漆专用的活性稀释剂（苯乙烯单体），不能加入其他任何类型的稀释剂。

产品配方（质量分数）

甲组分：

	白	黑	玫瑰红
75%不饱和聚酯树脂	60	80	75
钛白粉	25	—	—
高色素炭黑	—	3	—
耐晒玫瑰红	—	—	4
耐晒紫红	—	—	4
苯乙烯单体	14	16	16
流平剂	0.5	0.5	0.5
6%环烷酸钴	0.5	0.5	0.5

乙组分：

50%过氮化甲乙酮	100

生产工艺与流程

甲组分：将全部颜料和一部分不饱和聚酯树脂投入配料搅拌机混合，搅匀，经磨漆机研磨至细度合格，转入调漆锅，再加入其余聚酯树脂、苯乙烯单体、环烷酸钴和流平剂，充分调匀，过滤包装。

乙组分：50%过氯化甲乙酮系市售品，不需加工，只需按与甲组分的配比量进行分装。

配比（质量份）

	白	黑	玫瑰红
不饱和聚酯树脂	619	825	773
颜、填料	258	31	82
苯乙烯单体	1～4	165	165
流平剂	5.2	5.2	5.2
6%环烷酸钴	5.2	5.2	5.2
50%过氧化甲乙酮	21	21	21

生产工艺与流程 将甲、乙组分全部颜料和一部分不饱和聚酯树脂投入配料搅拌机混合，搅匀，经磨漆机研磨至细度合格，转入调漆锅，再加入其余聚酯树脂、苯乙烯单体、环烷酸钴和流平剂，充分调匀，过滤包装。

11-24 高级聚氨酯木器磁面漆

性能及用途 一般主要用木器家具、收音

机外壳、化工设备以及桥梁建筑等。可和聚氨酯底漆或其他底漆配套使用。

涂装工艺参考 使用时将甲组分和乙组分按7∶3的比例混合，充分调匀。可用喷涂或刷涂法施工。调节黏度用X-10聚氨酯漆稀释剂，配好的漆应尽快用完，以免胶结。严禁与酸、碱、水等物质混合。被涂物表面须处理平整，以免影响美观。

产品配方（质量份）

甲组分：

	红	黑	绿	灰
大红粉	8	—	—	—
炭黑	—	4	—	1.5
钛白粉	—	—	—	27
氧化铬绿	—	—	25	—
沉淀硫酸钡	14	18	—	—
滑石粉	10	10	7	3.5
中油度蓖麻油醇酸树脂	63	63	63	63
二甲苯	5	5	5	5

乙组分：

甲苯二异氰酸酯	39.8
三羟甲基丙烷	10.2
无水环已酮	50

生产工艺与流程

甲组分：将颜料、填料和一部分醇酸树脂、二甲苯混合，搅拌均匀，经磨漆机研磨至细度合格，再加其余原料，充分调匀，过滤包装。

乙组分：将甲苯二异氰酸酯投入反应锅，取部分环已酮溶解三羟甲基丙烷，在温度不超过40℃时，在搅拌下慢慢加入反应锅内，然后将剩余的环已酮洗净加入反应料中，在40℃保持1h，升温至60℃保持2～3h，升温至85～90℃保持5h，测定异氰酸基（—NCO）达到11.3%～13%时，降温冷却，过滤包装。

11-25 快干木质家具表面装饰面漆

性能及用途 一般漆膜干燥快、光感柔和，具有良好的耐久性。用于家具和木质的表面涂饰。

涂装工艺参考 采用喷涂方法施工。喷漆时，可用X-16硝基漆稀释剂调节黏度。本漆有效储存期为1年。过期可按质量标准检验，如符合技术要求仍可使用。

产品配方/(kg/t)

70%硝化棉液	250
50%醇酸树脂	410
助剂	105
溶剂	266

生产工艺与流程

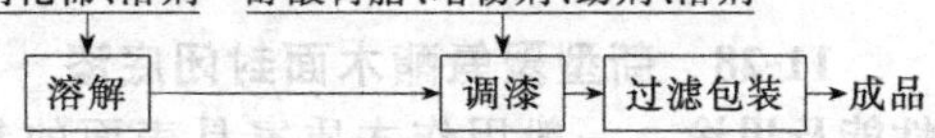

11-26 耐泛黄白色高光泽家具面漆

性能及用途 一般主要用作家具涂料。

涂装工艺参考 施工时，甲组分和乙组分按10∶7混合，充分调匀，用喷涂法施工。混合后的涂料应在2h内使用完毕。

产品配方（质量分数）

甲组分：

70%固体饱和聚酯树脂	30
白色浆(钛白60%,树脂28%)	52
醋酸乙酯	2.5
甲乙酮	3
二甲苯	6.0
β-巯基丙胺	1.5
平滑剂	5.0

乙组分：

HDT固化剂	3
醋酸丁酯	42
OK-D固化剂	30
β-巯基丙胺	5
醋酸乙酯	20

注：HDT固化剂系六甲基二异氰酸酯三聚体，OK-D固化剂系由六亚甲基二异氰酸酯和甲苯二异氰酸酯反应制备的一种脂肪族-芳香族异氰酸酯树脂。

11-27 新型耐磨光固化木器底漆

性能及用途 一般具有良好的填孔、封闭性能，漆膜坚硬，打磨性好，特别是光固化速度快。适用于板式木器家具的流水线涂装，大大提高涂装效率。

涂装工艺参考 该漆采用辊涂、淋涂等工艺。施工黏度过大时，可用适量专用稀释剂调整，不可擅用其他稀释剂。该漆有效储存期为1年，过期产品可按标准检验，如符合质量要求仍可使用。

产品配方/(kg/t)

光敏树脂	1180
溶剂	38
光敏剂	1.5～3.2
助剂	5～6

生产工艺与流程

光敏树脂、光敏剂、溶剂、助剂→合成→过滤包装→成品

11-28 新型聚氨酯木面封闭底漆

性能及用途 一般用作木质家具表面的封闭底漆，其功能是封闭表面木孔，防止上层涂料渗入。

涂装工艺参考 施工时，甲组分和乙组分按2：1混合，充分调匀，用喷涂法施工。

混合后的涂料使用寿命较长，可达24h。

产品配方（质量分数）

甲组分：

低黏度硝化纤维素	8
甲苯	10
75%固体短油醇酸树脂	50
60%固体脂肪酸改性短油醇酸树脂	10
醋酸丁酯	11.7
醋酸乙酯	8
硬脂酸锌	2
消泡剂	0.3

乙组分：

75%固体TDI加成物	45
醋酸丁酯	30
醋酸乙酯	25

11-29 新型木器家具封闭漆

性能及用途 一般该漆干燥迅速，对木制产品有较好的封底作用。主要用于各种木器家具、缝纫机台板等木制产品封底用。

涂装工艺参考 该漆可用工业酒精调整施工黏度，采用刷涂法施工。

产品配方/(kg/t)

树脂	654
溶剂	536
助剂	10

生产工艺与流程

树脂、助剂、溶剂→调配→过滤包装→成品

11-30 高档家具及木器底漆

性能及用途 一般用作木器、乐器以及高档家具的底漆。

涂装工艺参考 使用时将甲组分100份与乙组分2份混合，充分调匀，采用喷涂或刷涂法施工。每次调配好的漆液应在2h内用完。调节黏度时，只能适量加入本漆专用的活性稀释剂（苯乙烯单体），不能加入其他任何类型的稀释剂。

产品配方（质量分数）

甲组分：

75%不饱和聚酯树脂	50
立德粉	18
沉淀硫酸钡	8
滑石粉	10
硬脂酸锌	1
苯乙烯单体	12
流平剂	0.5
6%环烷酸钴	0.5

乙组分：

50%过氧化甲乙酮	100

生产工艺与流程 将甲组分全部颜料和一部分不饱和聚酯树脂投入配料搅拌机混合，搅匀，经磨漆机研磨至细度合格，转入调漆锅，再加入其余聚酯树脂、苯乙烯单体、环烷酸钴和流平剂，充分调匀；再将乙组分50%过氧化甲乙酮充分调匀，过滤包装。

11-31 原子灰

性能及用途 本腻子具有许多比其他类型腻子优异的性能，如快干、牢固、涂刮性好、收缩性小等，适用于汽车车体的嵌填和修补以及各种金属制件和木制品的表面填补。

涂装工艺参考 使用时将甲组分100份和乙组分2份混合，充分调匀，即可用刮涂法施工。每次调配好的腻子应在2h内用完，以免胶结。腻子黏度过高需要稀释时，只能加本腻子专用的活性稀释剂（苯乙烯单体），不能加入其他任何稀释剂，否则腻子将变质。

产品配方（质量分数）

甲组分：

60%不饱和聚酯树脂	20
苯乙烯单体	10
立德粉	10
炭黑	适量
沉淀磷酸钡	15
气相二氧化硅	1
6%环烷酸钴	0.5
滑石粉	10
水磨石粉	33.5

乙组分：

50%过氧化环己酮	100

生产工艺与流程　乙组分为50%过氧化环己酮，一般系市售品，只需按与甲组分的配比进行分装，配套提供给用户。

必须注意的是，过氧化环己酮不能与环烷酸钴直接混合，仓库存放时也应隔离，以免产生激烈的化学反应，以致爆炸。

11-32　新型木器表面与木地板涂饰漆

性能及用途　一般主要用于运动场地板、缝纫机台板，也可用于金属及防酸碱木器表面涂饰制品。

涂装工艺参考　将甲组分100份、乙组分2.6份和丙组分28～30份混合，充分调匀。用于木器、金属、皮革涂饰时，可不加丙组分防滑剂。调配好的漆液应在8h内用完。用喷涂或刷涂方法施工。调节黏度可用无水二甲苯，严禁醇类、酸类、胺类、水分等混入。

产品配方（质量份）

甲组分（预聚物）：

蓖麻油	28
甲苯二异氰酸酯(TDI)	20
甘油	2.0
4%环烷酸钙	0.25
二甲苯	50

乙组分（固化剂）：

二甲基乙醇胺	6
二甲苯	94

丙组分（防滑剂）：

超细二氧化硅	33
二甲苯	34
中油度亚麻油醇酸树脂	33

生产工艺与流程

甲组分：首先将蓖麻油、甘油和环烷酸钙投入反应锅混合加热至240℃，反应1.5～2h，冷却至150℃加入总投料量5%的二甲苯进行回流脱水，然后冷至40℃，滴加甲苯二异氰酸酯，保持温度在40～45℃，加完后0.5h升温至80℃，保温3h，再升温至100℃保持至测黏度达格氏管2～3s(25℃)，胺值达270以下，加入其余的二甲苯，充分搅拌均匀，降温至40℃出料，过滤包装。

乙组分：将二甲基乙醇胺和二甲苯混合，搅拌至完全溶混，过滤包装。

丙组分：将二氧化硅、醇酸树脂、二甲苯混合，搅拌均匀，经磨漆机研磨至细度达30μm以下，过滤包装。

11-33　高级运动场地板涂料

性能及用途　一般主要用于运动场地板表面涂饰，也可用于缝纫机台板、金属制品。

产品配方/(kg/t)

50%酚醛树脂	580
颜、填料	470
溶剂	350
助剂	10～12

生产工艺与流程

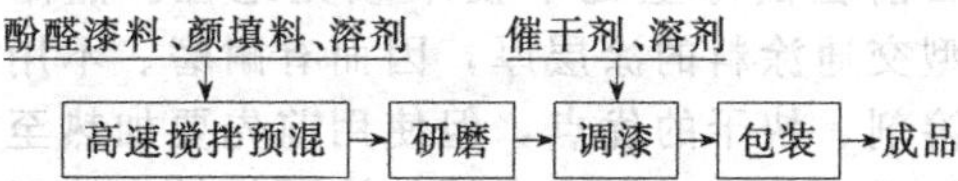

第十二章 交通和航空涂料

第一节 交通涂料

交通涂料是随着交通事业的不断发展，铁路、公路、机场、港口等方面的各类交通标示以及路标涂料的发展提升，尤其是高速公路的出现，更是呼唤附着力强、反光率高的一种新型涂料的总称。

交通涂料在最初阶段是直接借用普通油性漆。随着合成树脂技术的成熟，开发了以合成树脂为成膜物质的溶剂型高档交通涂料的生产技术；溶剂型交通涂料又分为常温溶剂型和加热溶剂型两种，但生产方式大致相同；这类交通涂料各项性能都比普通油性涂料有大幅度提高，尤其是加热溶剂型交通涂料性能更好。溶剂型合成树脂道路涂料后来逐渐发展成为交通涂料的主要品种，至今还保留着某些重要地位。热熔型交通涂料首先于欧洲在20世纪50年代末研究成功。但日本从欧洲引进此技术后，经消化吸收，目前在国际上处于技术领先地位。热熔型交通涂料的涂层厚，因而有耐磨、不用溶剂、快干的优点，但使用前先要加热至熔融，施工时需要专用的涂覆机械，施工工艺较为复杂，此类交通涂料生产技术还处于不断地研究和发展过程中。交通涂料依据所用成膜物质的不同，生产工艺各有其不同的特点。

交通涂料的发展主要提升了路标涂料功能，减少对周围环境的污染；提高标线的视认性；确保汽车行驶的安全性；延长标线的使用寿命使之经济实用。

一、交通涂料的分类与组成

1. 交通涂料的分类

交通涂料有多种分类，按树脂原料分类，有石油树脂、醇酸树脂、饱和与不饱和树脂、丙烯酸/乙烯共聚物、改性松香等类；按剂型分类，主要有溶剂型、热熔型两大类；从发光原料上看，有采用玻璃微珠、珠光颜料、荧光材料。总的来说，交通涂料应具备的基本性能是标线、标示、标牌可见度高，涂料干燥速度快，耐候性好，不泛黄，附着力强，耐磨性好，使用寿命长，易于施工。

2. 交通涂料的组成

一般国内生产的交通涂料产品由交通桥梁涂料、水性交通涂料、热熔性交通涂料组成。

二、溶剂型交通涂料工艺与配方设计实例

溶剂型交通涂料的制造工艺一般包括成膜物质的制造、混合、分散以及调和四个步骤。图12-1、图12-2分别为酯胶型和合成树脂型道路涂料的生产流程示意。

(1) 成膜物质的制造　天然树脂及其改性物均可用作溶剂型道路涂料的成膜物质。在涂料工厂中合成的主要是用缩聚法制得的合成成膜物质，包括醇酸树脂、松香改性树脂、氨基树脂等。多数道路涂料生产厂家一般不自己生产成膜物质，而采用购买产品成膜物质回来加工的方式。

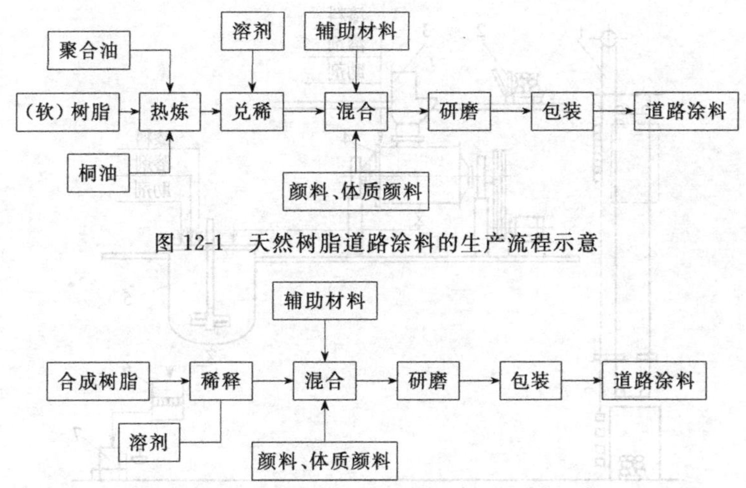

图 12-1 天然树脂道路涂料的生产流程示意

图 12-2 合成树脂类溶剂型道路涂料生产流程示意

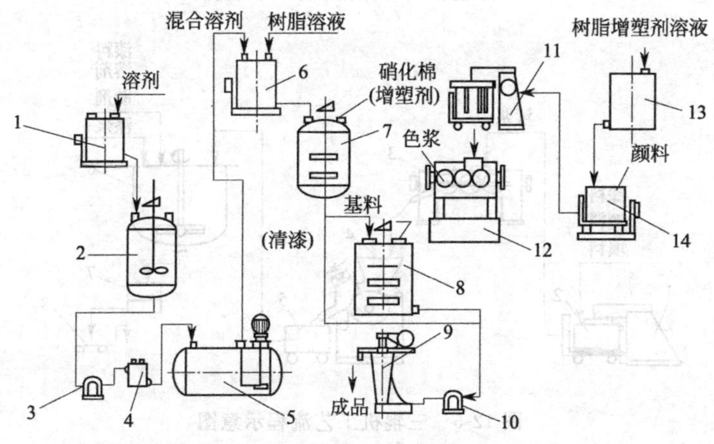

图 12-3 高速分散机、砂磨机工艺流程示意

1—溶剂计量罐；2—溶剂混合罐；3—溶剂泵；4—过滤罐；5—混合溶剂储罐；6—计量罐；7—硝化棉溶解罐；8—调漆罐；9—分离机；10—齿轮泵；11—拌浆机；12—三辊磨；13—储罐；14—配料罐

(2) 预混合　常称调浆或拌合，是把颜料或颜料混合物投入成膜物质内，通过搅拌混合均匀的过程。成膜物质应满足颜料湿润的需要，以保证制得的涂料浆有足够的流动性，以便转入下一步的操作。在道路涂料的制造过程中，这一操作是通过高速分散机来实现的。工艺流程见图 12-3。

(3) 研磨分散　把颜料分散于成膜物质或成膜物质的溶液中的过程。经过这一过程，已混匀的涂料浆要达到充分的润湿状态，使涂料浆中过大的颜料粒子的尺寸降低到道路涂料产品规范要求的细度，并稳定地保持这一状态。工业上是通过砂磨机、球磨机和三辊机来实现这一过程的。其工艺流程分别见图 12-3、图 12-4、图 12-5。

随着科技的进步，分散技术也产生了集成化、自动化、低污染、低消耗等革命性的变化，德国 Netzseh（耐驰）精磨技术股份有限公司开发成功的 Modul 2000 研磨-分散超级加工岛技术，就是其中的代表之

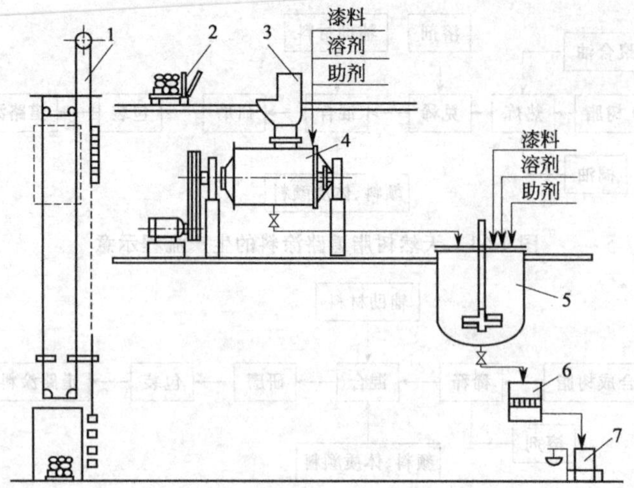

图 12-4 球磨机工艺流程示意

1—升降机；2—运料车；3—加料斗；4—球磨机；5—混合釜；6—中间储槽；7—产品储槽

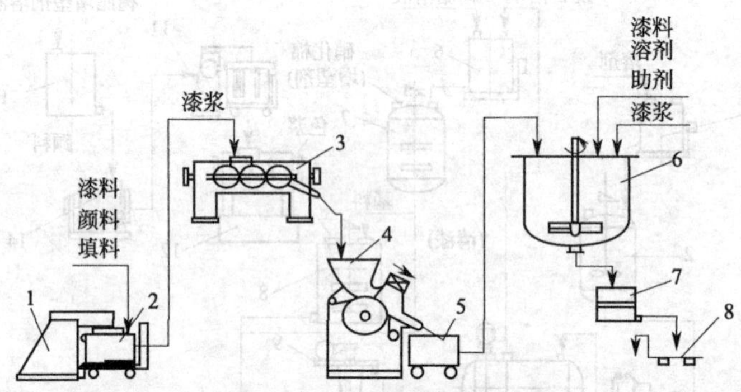

图 12-5 三辊机工艺流程示意图

1—电动机；2—配料罐；3—三辊机；4—储罐；5—料斗；6—生产釜；7—产品储槽；8—包装物

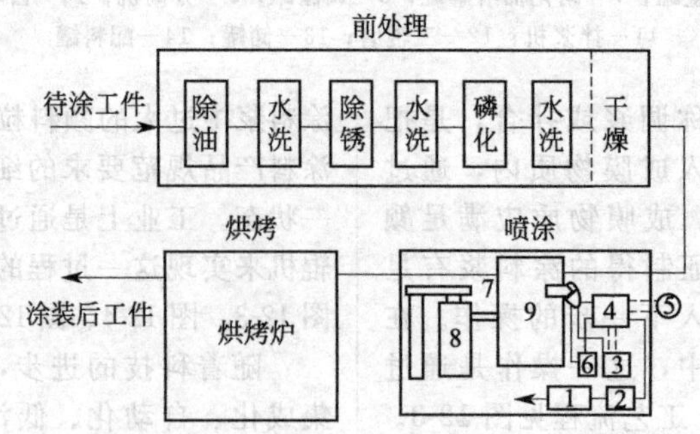

图 12-6 Modul 2000 研磨-分散超级加工岛工艺流程

1—空压机；2—空气干燥过滤器；3—高压静电发生器；4—控制柜；5—喷枪；6—供粉装置；7—风机；8—回收装置；9—喷涂室

一，其工艺流程见图12-6。

该超级加工岛由溶剂回收系统、无粉尘固体物料输送系统、高速分散设备、设备控制系统、循环式砂磨机以及生产过程循环容器六大部分组成。这种加工岛用无粉尘产生的固体粉料液面下输入方式，封闭系统气体循环，溶剂冷却回收避免了对周围环境的污染；超大流量循环式砂磨机组成的研磨系统，具有能耗低、自动化水平高、产品重复稳定性好等特点。这种超级加工岛也可以用来生产高品质的溶剂型道路涂料。

（4）调和　溶剂型道路涂料制造过程中的调和工序，就是把色浆、涂料料液及其他辅助成分按配方规定配成商品涂料，实现规定的颜色、细度、黏度、固含量，并实现全系统稳定化的过程。所谓全系统稳定化，是指将已湿润的颜料分散到大量液体涂料组分中去，并使每个颜料粒子被连续的、不挥发的成膜物质永久分离。在工艺上是通过普通搅拌机或高速分散机来实现的。

三、交通桥梁涂料

① 桥梁防腐蚀涂料。桥梁防腐蚀涂料主要是随着国民经济的发展，铁路建设的发展和相应配套的铁路钢桥而发展起来的。我国的桥梁用涂料在20世纪50年代为305锌钡白面漆、红丹防锈漆以及由金红石型钛白粉与长油度季戊四醇醇酸树脂制成的316面漆，60年代，在原316面漆基础上，针对其采用钛白粉作颜料，颗粒状耐紫外线较差的特点，由片状锌铝粉作颜料并与长油度季戊四醇醇酸树脂制成的66面漆，70年代后开发出当时具有国际先进水平的灰云铁醇酸磁漆、云铁聚氨酯底漆和红丹防锈底漆。

② 21世纪初，氯化橡胶、环氧富锌、无机富锌等系列新型防腐涂料已广泛在公路钢桥上采用，铁路钢桥也正逐渐采用。如典型的氯化橡胶类：此类氯化橡胶漆是指防锈用厚膜氯化橡胶漆。通常氯化橡胶中都添加醇酸树脂，漆膜的干燥速度与氯化橡胶在成膜物质中的比例、醇酸树脂的油度、溶剂品种和用量等有关。添加中油度醇酸树脂比用长油度醇酸树脂有较快的干燥速度，选用短油度醇酸树脂时可使涂层干燥速度更快。但短油度的醇酸树脂与氯化橡胶的混溶性较差。

氯化橡胶醇酸树脂漆的生产，是将着色颜料、填料先以醇酸树脂为介质进行研磨分散。如果生产不添加其他诸如醇酸树脂的氯化橡胶涂料时，填料和着色原料以氯化石蜡作为介质进行研磨。然后加入氯化橡胶混合成成品。

作为防护用涂料，干漆膜越厚防护性能越好，根据实践经验，认为要使钢材能够受到较长期限的有效保护，要求厚度至少要达到125μm。长效防护涂料膜层的厚度要达到250～500μm。厚膜型漆每涂装一道，涂层的干膜厚度可达55～100μm以上，必须进行多道涂装。

设计厚膜型的配方时，颜料体积浓度控制在30%～35%之间为宜。为了确保漆液中含有较高的固体含量分数和具备良好的施工性能、涂层流延性等，还应注意选用较低黏度的氯化橡胶，采用一定比例的较高沸点的溶剂。

设计氯化橡胶防腐补漆配方时，应选用10～20mPa·S氯化橡胶和不皂化的增塑剂（如氯化石蜡、氯化联苯、氧茚树脂等），及一些具有特殊性能的涂料用树脂组成成膜物质，再加入一定比例的防锈颜料，颜料体积浓度控制在30%～40%以内。

12-1　新型桥梁用丙烯酸酯树脂涂料

性能与用途　一般用于桥梁防腐蚀涂饰。

涂装工艺参考　施工时，搅匀，用喷涂法施工。

产品配方/kg

丙烯酸酯树脂溶液	4.8
邻苯二甲酸二丁酯	0.16
过氯乙烯树脂	0.6
钛白粉	0.8
醋酸丁酯	0.72
配色颜料	0.06
甲苯	2.2
丙酮	0.65

生产工艺与流程　将各组分加入反应釜中

进行搅拌混合均匀，过滤即得涂料。

12-2 新型桥梁热溶型标志涂饰涂料

性能与用途 一般用于桥梁标志涂饰。

涂装工艺参考 施工时，搅匀，用喷涂法施工。

产品配方/%

石油树脂(软化点100℃,粒状)	18～20
油料(4559型,自制)	2～4
石英沙粒	30～38
玻璃微珠	10～15
重质碳酸钙	5～10
硅灰石	3～6
二氧化钛(R902)	4～6
$PbCrO_4$(耐晒型)	4～6
PE WAX(软化点112℃)	0～1.5
EVA(UL53019)	0～2.0
SIS(Vector4113)	0～1.0

生产工艺与流程 为了提高涂层的柔韧性，加入了热塑性弹性体和增塑剂。主要技术指标达到或优于中华人民共和国交通行业标准JT/T 280—2004《路面标线涂料》规定的要求。

12-3 新型桥面用双组分聚氨酯涂料

性能与用途 涂层常温下数分钟固化，涂层坚硬，能经受至少1H/200℃的高温。附着力良好。特别是疏水性与抗潮气性优良，由此可大大减少涂层内产生的气泡。用于外表涂料，特别是混凝土表面涂装。该涂层可经受因车辆通行、气候、温度等起变化产生的应力。特别适于作桥面有沥青的混凝土桥盖板用涂料。用于混凝土路面漆。

涂装工艺参考 该涂料可用喷涂或刮涂施工涂装，涂层常温固化。

产品配方（质量份）

(1) A组分

蓖麻油	100
甘油	6.2
聚丁二烯	25
分子筛(在蓖麻油中1∶1)	40
CaO	40.0
Cr_2O_3	2.2
气相二氧化硅	1.8
二月桂酸二丁基锡	0.47

(2) B组分

改性MDI	MONDA XP-7447 (MOBAY产品)

生产工艺与流程 按A组分配方将蓖麻油、甘油、聚丁二烯、分子筛、CaO、Cr_2O_3、气相二氧化硅、二月桂酸二丁基锡充分混合制成弹性体的A组分，然后将B组分与其充分混合，立即发生反应，制成聚氨酯涂料。

12-4 新型桥梁发光标志涂料

性能与用途 一般用于桥梁标志涂饰。

涂装工艺参考 施工时，搅匀，用喷涂法施工。

产品配方/g

191不饱和聚酯树脂	100
2425号白色硅酸盐水泥(一级品白度≥84度)	50
玻璃微珠(折射率>1.8)	6
环烷酸钴	2
石油树脂	2.5
颜料	12.5
轻质碳酸钙	20
石英粉	30
水	5
邻苯二甲酸二丁酯	适量
磷酸三丁酯	适量
过氧化环已酮	适量
表面处理剂	适量

生产工艺与流程 本涂料具有良好的夜间反光性能，优良的耐磨性和耐候性，具有附着力强，配方简单、干燥迅速、施工方便和成本较低等优点。

12-5 新型热熔型桥梁发光标志涂料

性能与用途 一般用于桥梁标志涂料。

涂装工艺参考 施工时，搅匀，用喷涂法施工。严禁与胺、醇、酸、碱、水分等物混合。有效储存期1年，过期如检验质量合格仍可使用。

产品配方

(1) 松香树脂改性配方（质量份）

松香	62
甘油	5～3
富马酸	3～4
改性剂	0.2～0.3
助剂	1～2

生产工艺与流程 在带有搅拌器、温度计、回流冷凝器的反应釜中加入松香，通氮气

升温至150℃使松香熔融，在不断搅拌下加入甘油、富马酸、改性剂和助剂，将反应温度慢慢升高至230℃，保温2h，再升温至260℃，保温8h，使其充分发生酯化反应，取样测酸值，合格后蒸除低分子量物质，制得改性松香树脂。

(2) 配方（质量分数）

改性松香树脂	16～18
醇酸树脂	5～7
颜料	4～5
填料	26～28
助剂	1～3
玻璃微珠	15～18
硅砂	30～33

生产工艺与流程 按配方将改性松香树脂、醇酸树脂在200℃左右进行混熔，搅拌均匀后，再将颜料、填料、玻璃微珠、助剂、硅砂加入混合均匀，过滤出料。

12-6 各色高端桥梁发光涂料

性能及用途 一般制造发光涂料最重要的一点是原料的纯度，发光基料中的氧化钙必须以纯粹的大理石煅烧而得的；硫黄也必须是在二硫化碳中重新结晶过的，还原剂也必须是纯净的氧化淀粉或马铃薯淀粉。

涂装工艺参考 制造时将发光基料各成分均匀混合后煅烧至白色状态约15min，急速冷却，磨细即成。

产品配方

① 蓝色荧光涂料

氧化钙	9～10g
氧化淀粉	3～4g
硝酸钍溶液	1.0mL
硫酸钾	0.25g
硫酸铋溶液	0.5mL
硫	18～20g
硫酸钠	0.25g

② 黄色荧光涂料

氧化钡	10g
氧化淀粉	1g
硫酸钾	0.1g
硫	3g
硝酸钍溶液	1.0mL
硝酸铋溶液	0.5mL

③ 绿色荧光涂料

氧化锶	12g
氧化淀粉	2g
硫酸钾	0.25g
硫	6g
硝酸钍溶液	0.1mL
硝酸铋溶液	0.5mL

生产工艺与流程 至于其他的颜色，只要把增强活性的盐变换后，便可得到各种不同的颜色。例如，用铀盐放出蓝至蓝绿色的光；铈盐，红黄色；锑盐，黄绿色；汞盐，绿色；硫化锰，金黄色；金盐，绿色；铜盐，绿色；硫化钼，橘黄色；硫化铅，蓝绿色。

四、水性交通涂料

1. 水性

水性交通标线涂料以水为溶剂，因而减少了涂料中有机溶剂对环境的污染，现在美国已有90%的溶剂型标线涂料被水性涂料代替，荷兰已有70%被取代，德国和西班牙则完全取代，我国的几家技术力量较强的大厂也开始批量生产，并应用于奥运场地、城市道路和高速公路。

一般国内划线漆是以各类合成树脂、改性树脂、各色颜料、耐磨填料、助剂和溶剂等组成。划线漆漆膜坚硬；耐候性能超群；干燥性能快；高附着力，良好的耐磨性能。

一般水性交通标线涂料附着力良好，漆膜干燥快，可在较低温度下应用。耐紫外线优良，具有较好的耐久性。符合JT/T 280—2004《路面标线涂料》行业标准，一般水性交通标线涂料要通过交通部交通工程检测中心认证。颜色及外观主要有白色、黄色等等。用于公路、区域内主要干线路面标线。

近几年我国公路建设发展速度很快，通车里程逐年增多，水性交通标线涂料用量也在逐年增加。此前用的公路划标线涂料都是溶剂型的，它含有大量有毒的挥发性有机物，直接危害施工人员的身体健康。而且干燥速度太慢，一般都需要15min以上，甚至更长。又因为公路喷涂划线涂料时，不能禁止车辆通行这一特殊性，往往需要长时间设置障碍物，直接影响施工的速度，还避免不了刚刚涂刷的涂层被车辆压坏。

近几年来，采用水性树脂乳液，用普通的设备和工艺科学合理地添加一些特殊的添加剂合成新型的水性公路划线涂料。它完全克服了溶剂型公路划线涂料所有的缺点。挥发性有机化合物含量为5%左右，对人体无危害、对环境无污染，尽管它是水性的但它的干燥速度很快，在温度为25℃、湿度为50%左右时，干燥时间只需5min，可以给施工减少很多麻烦，大幅度提高施工效率。而且有优异的附着力和耐磨性。还可制成抗污染型公路划线涂料。

国内由九鼎有限公司研制的“高温控制水导热”加热方式的新一代智能化热熔标线机械及“高温热水”道路标线清除机械实现了对交通安全设施领域技术的新跨越。

2. 水性交通涂料的种类

一般水性交通涂料是由以各类合成树脂、改性树脂、各色颜料、耐磨填料、助剂和溶剂等组成。也有由聚乙烯醇基料、发光材料、甘油增塑剂组成。比如水性环氧树脂公路划线涂料，一般采用水性环氧树脂乳液，用普通设备添加特殊添加剂而成，克服了溶剂型公路划线涂料的所有缺点。其挥发性有机化合物含量为5%左右，对人体无危害、对环境无污染。虽然是水性涂料但干燥速度很快，可大幅度提高施工效率，同时其附着力和耐磨性也非常强。

(1) 双组分水性交通标线涂料　是一种既环保使用寿命又较长的道路标线涂料。常见的有环氧、聚氨酯、丙烯酸等类型，其中以丙烯酸类的道路标线涂料发展较快，它是以反应性丙烯酸单体或低分子反应性丙烯酸树脂作为涂料组分的预黏结剂和溶剂，并配以颜填料组合成一种组分，另一种组分是水性交联剂，两组分在喷头处混合喷出，经固化后有效高的硬度和机械强度，与路面和玻璃珠也具有较强的黏结力。可以在常温下施工，并可以划出特殊图形的标线，如震荡标线。

(2) 颜料包膜的交通标线涂料　黄色交通标线涂料的黄颜料——中铬黄粉尘有污染性，现采用在颜料外包裹一层水性硅或硅化物，既可提高颜料的耐温性和分散性，又可有效地延缓或阻止颜料粉尘进入人体内，减少对涂料生产工人以及道路标线涂料施工工人的污染。

目前又发展了二次颜料包膜的方法，即将水性涂料的包装袋作为涂料的一种组分，可以直接投入热熔釜熔化，杜绝了由于拆包投料产生的粉尘污染。

(3) 纳米交通标线涂料　目前国内生产了一种高性能纳米交通标线涂料，这是一种纳米复合材料，以纳米级的粉体作为分散相，添加到涂料的基料里，使涂料具有耐老化、抗辐射、附着力强等特殊性能。纳米材料的效果在于对有机聚合物的复合改性，起到增韧又增强的效果，细密的涂膜无裂纹、抗污染、反光效果好。现有的纳米交通标线涂料有水性和溶剂型两种，固体含量达到70%～80%，成膜物的厚度范围为0.4～0.8mm。

12-7　新型水性防滑耐磨标志涂料

性能与用途　用于自行车赛车场跑道标志。

涂装工艺参考　施工时，搅匀，用喷涂法施工。

产品配方（质量份）

A组分：

原料	质量份
聚醋酸乙烯乳液	30
钛白	30
滑石粉	10
轻体碳酸钙	220
防滑剂	25
耐磨剂	15
颜料	5
消泡剂	1
渗透剂	1
防老剂	0.8

防霉剂	0.2
水	50

B组分：

交联剂Ⅰ	400
稀释剂	100
均化剂	0.5
交联剂Ⅱ	20
A组分：B组分	20：1

生产工艺与流程 将各种颜料、助剂加入反应釜中，加入水，开动搅拌，使体系分散均匀，在分散均匀的体系中，加入聚醋酸乙烯乳液、补加消泡剂，搅拌均匀，砂磨机中研磨，过滤即得A组分。

将交联剂加入反应釜中，开动搅拌加入稀释剂进行稀释，再加入交联剂Ⅱ等助剂，搅拌均匀，即得B组分。

最后将A组分和B组分按配比搅拌均匀混合2h，涂料自行固化。

12-8 三元聚合纳米水性路桥涂料

性能及用途 一般用于桥梁涂饰。

三元聚合纳米涂料是一种新型功能涂料，它具有纳米材料表面效应、体积效应、量子尺寸效应、宏观隧道效应和量子隧道效应；具有抗辐射、耐老化与剥离强度高等特性。

由三元聚合氟硅聚合物复配而成的具有独得的结构性能，使其很合适于用作功能性涂料的成膜聚合物。它除了专用路桥装饰和保护功能之外，更具有耐冻融性能、力学性能、耐老化性能和去除有害气体等功能，是耐化学品性能优良的一种路桥涂料。

三元聚合纳米路桥涂料的外观良好、储存稳定、黏度适中，涂层具有致密化抗震、耐酸碱、抗冻融、耐水性好、黏结性强、无污染，能广泛用于路缘石、混凝土表面、路桥结构梁、混凝土柱一体化防腐保护。

涂装工艺参考 三元聚合纳米氟硅乳液与乙烯-醋酸乙烯酯配比为2：1，纳米超细粉体与乳液及水溶液的配比为1：2：3，分散剂、成膜助剂、增塑剂、消泡剂、纳米致密化抗震剂等配比均在0.5%～5%左右。

产品配方（质量份）

含硅聚丙烯酸酯	（Si/MPC）	工业级	10
甲基丙烯酸甲酯	（MMS）	工业级	16
丙烯酸丁酯	（BA）	工业级	18
过硫酸铵	（APS）	工业级	0.5
APS-保护胶	（PM）	工业级	1
聚乙二醇辛基苯醚	（DP-10）	工业级	1.6
壬基酚聚氧乙烯醚	（HV25）	工业级	1.8
十二烷基硫酸钠	（SDS）	工业级	1.0
乳化剂保护液	（CMC）	工业级	1
含氢聚硅氧烷乳液	（PHMS）	工业级	9.5
纳米二氧化钛	（TiO_2）	工业级	1.0
纳米二氧化硅	（SiO_2）	工业级	1.5
调节剂		工业级	0.5
电解质		工业级	0.5
增塑剂	（SiO_2）	工业级	1
去离子水或二次水	（H_2O）		35

生产工艺与流程

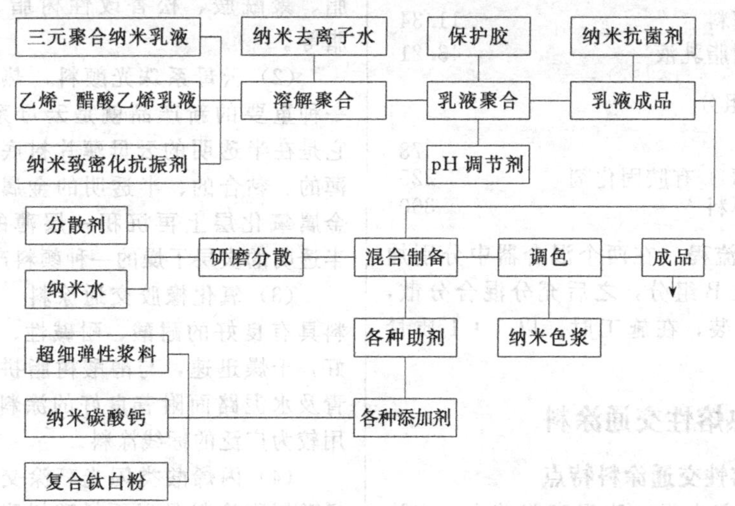

12-9 新型水性道路阻燃标志漆

性能与用途 一般用于道路划线。

涂装工艺参考 施工时，搅匀，用喷涂法施工。

产品配方（质量份）

丙烯酸乳液	48
颜料	18
体质颜料	26
阴燃剂	5.6
水	22
助剂	12

生产工艺与流程 由丙烯酸乳液、颜料、体质颜料、阻燃剂、水及助剂配制而成。

阻燃剂、颜填料、去离子水 → 高速搅拌、预混 → 研磨分散 →（乳液、助剂、去离子水）→ 调漆 → 过滤包装 → 成品

12-10 液态型环氧机场跑道路标漆

性能与用途 一般适用于机场、跑道、停车坪、露天停车场等的路标。

涂装工艺参考 施工时，搅匀，用喷涂法施工。

产品配方

（1）A组分配方/kg

乙二醛	58.0
水	0.82
非离子颜料湿润剂	12.47
二氧化钛	56.7
二氧化硅填料	11.34
液态环氧树脂乳液	43.21

（2）B组分

水	78
含有 $Ca(OH)_2$ 有胺固化剂	225
二氧化硅填料	300

生产工艺与流程 在两个混合器中分别加入A组分及B组分，之后充分混合分散，然后分别包装，在施工时，以1∶1质量混合。

五、热熔性交通涂料

1. 热熔性交通涂料特点

（1）附着力强 为提高附着力，在涂料中加了特种橡胶弹性体，所以附着力超强。

（2）干燥速度快 2～3min即可干燥通车。

（3）反光性好 涂料内含足量的镀膜型折射率稳定的高质量玻璃微珠，并根据玻璃微珠在涂料中的沉降速率，科学选用由不同颗粒配比的混合型玻璃珠，确保新旧标线始终保持良好的反光效果。

（4）抗龟裂好 热熔标线因温度变换，涂膜容易变形，为此在涂料中添加了耐候性较好的材料，防止龟裂。

（5）色泽鲜艳 采用顶级包膜颜料，配比合理，耐候性好，常年暴晒不变色。

（6）涂布率高 密度小，体积大，涂布率高，是热熔涂料的一大特点。

2. 热熔马路划线漆使用方法

（1）稀释 稀释剂只需用水即可，通常加20%水搅拌均匀即可施工，稀释不会改变漆的颜色。

（2）建议涂装遍数 底漆1～2遍。面漆2遍。

3. 热熔性交通涂料组成

（1）热熔性交通涂料 由合成树脂、颜料、骨料、添加剂、反射材料组成，常用的合成树脂有石油树脂、醇酸树脂、聚酯树脂、氯化橡胶、氯乙烯-醋酸乙烯树脂、聚酰胺、松香改性树脂、丙烯酸树脂等。

（2）云母系珠光颜料 热熔性树脂中一种重要的新产品就是云母系珠光颜料，它是在半透明的云母薄片衬底上沉积一层薄的、黏合的、半透明的金属氧化物，在金属氧化层上再沉积一层薄的、黏合的、半透明的炭层干燥的一种颜料产品。

（3）氧化橡胶交通涂料 氯化橡胶涂料具有良好的耐酸、耐碱性、溶剂释放性好，干燥迅速，与醇酸树脂拼用得到与沥青及水泥路面附着良好的涂料，是我国使用较为广泛的标线涂料。

（4）丙烯酸类闪光喷涂交通涂料 丙烯酸树脂涂料是以丙烯酸树脂为成膜物质

的常温干燥型涂料，以甲基丙烯酸甲酯为主体以保持硬度，使用适量的丙烯酸BS起内增塑作用，增加涂膜的柔韧性。

(5) 聚酯型交通涂料　环氧树脂类涂料存在干燥时间长、价格昂贵、黏度大、不利于添加填料、固化系统毒性大的缺点，使用受到一定限制。而大量使用的丙烯酸酯类交通路标漆，因固含量低，溶剂性能差，需多次喷涂和施工不当，易产生漆膜脆裂；以不饱和聚酯树脂和水泥为成膜物质，掺入一定的填料、助剂和颜料经充分搅拌混合、研磨而制成的聚酯交通涂料，综合了树脂和水泥的优良性能，具有良好的标志性和优异的耐磨、耐候性，且附着力强，配制简单，施工方便，干燥迅速，成本较低。

(6) 纳微级耐磨反光涂料　一种在高速公路使用的纳微级含有松香改性聚酯树脂的交通涂料，此外它还含有超细钛白粉、悬浮剂、荧光增白剂和玻璃微珠。

(7) 纳米级交通标志反光漆　为了降低交通标示涂料的制作成本，采用废旧塑料为主要原料制作的环氧乙烯基酯树脂CH-2与多种无机填料和增韧剂等混匀而成，所制得交通道路标示涂料无相分离现象、固化快、夜间能见度高、有较高的压缩强度和剥离强度，在高温下不会太软、在低温下不会太脆，故有较广的应用地区范围，使用寿命长，又因其流动性及流平性较高，因而施工成本也较低。这种提高了发光率和增加附着力的反光漆，主要是由不同底材相适应的基料漆和漆型荧光涂料、透明抗氧剂、防沉剂、催干剂、玻璃微珠、稀释剂等辅助添加剂等组成，该漆还可耐高低温，色泽稳定，原料来源广泛，不但适于铁路、公路、机场、港口等方面的各类交通标示以及各类车辆的牌照使用，也可用于其他需醒目显示的各类标志、广告等诸方面。

(8) 热熔型震荡交通标线涂料　这种标线涂料的特点是干结时间短，有较高的压缩强度及软化点，靠一种特殊的专用机械，能够施工出带有突起点状（圆的或方的）或者条状的标线。当汽车压过这种有凸起的标线时，会产生一定的震动，提醒司机压线了。此外，在下雨天，凸起的部分不会被雨水淹没，雨夜时仍能起到反光作用。

道路划线涂料主要用于人行道、中心线、外侧线、路面划线；公路、高速公路路标等。生产工艺与产品配方实例见12-11～12-35。

12-11　新型热熔型路面标志漆

性能与用途　一般用于公路路面划线涂料。

涂装工艺参考　该涂料可用喷涂施工涂装，涂层常温固化。

产品配方

路面标志材料的配制（质量份）

原料	质量份
松香	15
长油度醇酸树脂增塑剂	3
钛白粉	5
重质碳酸钙	26
寒水石砂	36
玻璃珠	15

生产工艺与流程　在装有搅拌器、冷凝器和分水器的反应釜中加入松香，在氮气保护下升温至240℃保温2h，再升温260℃保温8h，使反应体系保持250℃，以除去低沸点物质。

12-12　低黏度高耐候热熔型改性松香路标涂料

性能与用途　一般用于道路划线标志。

涂装工艺参考　施工时，搅匀，用喷涂法施工。

产品配方（质量份）

原料	质量份
松香	52～55
烯类树脂	40
多元醇	5～8
GRA树脂	适量
松香	70～75
乙烯基化合物	5～6
多元醇	10～12
PO	3～4
BO	5～7

生产工艺与流程　在不锈钢反应釜中加入松香、乙烯基化合物、大分子羟基化合物(PO)、少量浅色剂于190～210℃反应4.5h，再滴加多元醇，含有羟基的粗纤维

(BO)，于230～275℃反应5h，直到酸值降至20以下出料。

12-13 高级热熔型路面划线标志涂料

性能与用途 用于人行道、中心线、外侧线等路面划线标志用涂料。

涂装工艺参考 施工时，搅匀，用喷涂法施工。

产品配方

（1）酸改性石油树脂的制备配方（质量份）

苯	100
氯化铝	15
单体混合物	110.7
顺丁烯二酸酐	0.25

生产工艺与流程 在反应釜中加入苯和氯化铝，边搅拌边加热至40℃，然后在上述溶液中加入单体混合物于90min加完，在40℃保温，搅拌30min，然后加入甲醇和28%的氨水的等体积混合物，使氯化铝分解，过滤除去由于分解而产生的惰性催化剂粒子，当滤液移到玻璃瓶中，一面吹入氮气，一面加热，馏去未反应的烃和溶剂，升温至230℃，随后除去聚合反应生成的油状聚合物及残存的溶剂，在体系内吹入饱和水蒸气，停止吹水蒸气，取出熔融残渣，冷却至室温，得到78份软化点为92℃的黄色树脂。在100份树脂中加入0.25份顺丁烯二酸酐，在230℃反应2h，制得改性石油树脂。

（2）涂料的配制（质量份）

酸改性树脂	100
重质碳酸钙	200
粗粒面酸钙	213
钛白	53
玻璃微珠	100
增塑剂	17
α-烯烃共聚树脂	0.5

生产工艺与流程 将配方中组分加入反应釜中混合均匀，在150℃加热熔融40min，制得涂料。

12-14 高速公路热塑性路标漆

性能与用途 一般用于公路、高速公路路标。

涂装工艺参考 施工时，搅匀，用喷涂法施工。

产品配方（质量分数）

石油树脂	15.0
BYW-1耐热树脂	1.5
钛白粉	4.0
石英砂粉	18.0
滑石粉	18.0
重质碳酸钙	24.0
云母粉	3.0
邻苯二甲酸二辛酯	1.3
KT	0.1
WOT	0.1
玻璃微珠	15.0

生产工艺与流程 热熔型路标涂料的绝大部分物料为固体粉状和粒状，少量为液体，分散搅拌确保物料颗粒形成三层，较大颗粒在核心，中层均匀包覆液体，外层为粉末。

大块物体粉碎→搅拌→循环物料→检验→包装

↑

投料顺序

12-15 新型多功能公路路标用漆

性能与用途 一般路标用涂料。

涂装工艺参考 施工时，搅匀，用喷涂法施工。

产品配方

（1）丙烯酸树脂配方（质量份）

甲苯	240
过苯甲酸叔丁酯(1)	48
甲基丙烯酸甲酯	112
甲基丙烯酸丁酯	88
丙烯酸丁酯	68
丙烯酸异壬酯	12
聚丙二醇单甲基丙烯酸酯	20
甲基丙烯酸二乙基氨乙酯	8
苯乙烯	92
甲苯	80
过苯甲酸叔丁酯(2)	24

生产工艺与流程 在装有搅拌器、温度计、回流冷凝器的反应釜中，加入甲苯和过苯甲酸叔丁酯（1），通氮气进行保护，升温至112℃，然后用滴液漏斗加入丙烯酸酯单体和苯乙烯的混合物，在112℃恒温下滴液180min，然后保温120min，使聚合完毕，再滴加甲苯和过苯甲酸叔丁酯（2）的混合液，每60min滴加一次共分三次滴加完。

继续在112℃下聚合180min，接着冷却至室温，即得丙烯酸树脂。

（2）树脂混合物（质量份）

聚氨酯改性醇酸树脂	95
丙烯酸树脂	5

生产工艺与流程　按配方加入聚氨酯改性醇酸树脂和丙烯酸树脂充分搅拌混合即得混溶性好的透明树脂混合物。

（3）色漆配方（质量份）

上述树脂混合物	144
钛白	48
碳酸钙	272
提取挥发油	24

生产工艺与流程　在反应釜中分别加入树脂混合物、钛白、碳酸钙和提取挥发油后，充分分散至60μm之下。即得路标涂料。

12-16　多功能道路划线标志涂料

性能与用途　一般用于道路划线标志。

涂装工艺参考　施工时，搅匀，用喷涂法施工。

产品配方　聚酯路标漆基本配方（质量份）

不饱和聚酯	100
表面处理剂	适量
白水泥土	60～80
促进剂	1～3
颜填料	适量
增韧剂	适量
水	5～10
轻质碳酸钙	20～30
固化剂	2～4

生产工艺与流程　把各种组分加入研磨机进行研磨至一定细度为止。

12-17　新型热熔型反光道路标线漆

性能与用途　一般用于路面的划线。

涂装工艺参考　施工时，搅匀，用喷涂法施工。

产品配方（质量分数）

体质颜料及填料	47～64
合成树脂	15～22
玻璃珠	15～25
颜料	2～8
增塑剂及其他添加剂	2～5

生产工艺与流程　合成树脂可将颜料、体质颜料、反光材料等加入混合器中结合在一起，与路面附着，热熔结合，熔融时使涂料具有适宜黏度，冷却下来，即自干成膜。

12-18　高端醇酸改性路标快干涂料

性能与用途　一般用于道路划线标志。

涂装工艺参考　施工时，搅匀，用喷涂法施工。

产品配方/g

豆油	290
氧化铝	0.03
邻苯二甲酸酐	185.0
季戊四醇	142.0
苯甲酸	60.0
石油溶剂	适量

生产工艺与流程　将豆油、季戊四醇和氧化铝加入反应釜中加热245℃直至可与甲醇混溶，然后用苯甲酸在二甲苯中酯化，同时除去水，再加邻苯二甲酸酐在180～230℃加热至酸值为10。用石油溶剂稀释至黏度为266mPa·s，制得羟值为93的改性醇酸树脂，再加钛白粉和催干剂调和，得到道路标志漆。

12-19　白色高氯化聚乙烯树脂道路标志漆

性能与用途　一般用于新型HCPE道路标志漆。

涂装工艺参考　施工时，搅匀，用喷涂法施工。

产品配方（质量份）

HCPE溶液(固含量30%)	300
长油度亚麻油醇酸树脂(60%二甲苯溶液)	30
52#氯化石蜡	38
重晶石粉	45
滑石粉	30
双飞粉	60
ZW-2分散剂	3.5
立德粉	335
有机膨润土	3.5
二甲苯	155

生产工艺与流程　本涂料干燥迅速、附着力强、硬度高、经久耐用，适用于水泥、沥青路面标志用，HCPE路标漆质优价廉，必将逐步取代氯化橡胶路标漆。

12-20 环氧改性聚氨酯标志漆

性能与用途 一般用于道路标志涂料。

涂装工艺参考 施工时，搅匀，用喷涂法施工。严禁与胺、醇、酸、碱、水分等物混合。有效储存期1年，过期如检验质量合格仍可使用。

产品配方

(1) 配方（质量份）

	白色	黑色
环氧树脂白浆(609)(固体分50%)	70	—
环氧树脂黑浆(609)(固体分30%)	—	70
加成物	30	30

(2) 加成物配方（质量份）

三羟甲基丙烷	10.2
甲苯二异氰酸酯	39.8
环己酮(1)	10
环己酮(2)	5
环己酮(3)	6
环己酮(4)	30

(3) 609环氧树脂色浆配方（质量份）

	白色	黑色
609环氧树脂环己酮溶液(固体分40%)	48.6	43.6
金红石型二氧化硅	28.6	—
炭黑	—	8.7
邻苯二甲酸二丁酯、二月桂酸二丁基锡	1.4	1.4
5%环己酮溶液	4	4
环己酮	17.4	37.4

生产工艺与流程 把丙烯酸树脂加入分散机中，进行搅拌，再依次加入溶剂、防沉剂、助剂、颜填料，在分散机中进行分散至均匀无块状，然后再打入砂磨机中进行研磨至细度为≤60μm时，即可出料，制得路标漆。

12-21 高级粉状热熔型道路标志涂料

性能与用途 一般用于道路划线。

涂装工艺参考 施工时，搅匀，用喷涂法施工。

产品配方（质量分数）

顺丁烯二酸酐改性松香甘油酯	20
钛白粉	25
群青	0.2
重质碳酸钙	20
滑石粉	3.8
石英砂粉	10
钛酸酯偶联剂	0.6
DOP	4
聚乙烯蜡	0.2
氢化蓖麻油	0.2
2,5-氯化苯并唑	0.05
双水杨酸双酚A酯	0.05
硬脂酸钙	0.2
硬脂酸镁	0.2
玻璃微珠	15
胶体二氧化硅	0.5

生产工艺与流程 按上述配方，在常温下加入钛白粉、重质碳酸钙、滑石粉、石英砂、群青于高速混合机中，在搅拌下缓慢加入钛酸酯偶联剂，约3～5min，即完成对上面物料的表面处理，然后缓缓加入增塑剂，约3～5min，再将上述物料加入混合机中，在搅拌条件下加入黏附剂、聚乙烯蜡、UV-326、BAN、硬脂酸钙及玻璃微珠等物料，搅拌20～30min，即完成涂料的混合过程，最后加入胶体二氧化硅，约20～30min的搅拌，即得涂料。

12-22 公路划线及水泥饰面涂料

性能与用途 一般用于路面划线标志。

涂装工艺参考 施工时，搅匀，用喷涂法施工。

产品配方/g

聚苯乙烯	11
甲苯	35
乙醇	16
碳酸铜	0.003
钛白粉	9
白水泥	10
滑石粉	9

生产工艺与流程 在40～60℃，用乙醇、甲苯把聚苯乙烯溶解，再加入改性剂硫酸铜，搅拌10～15min得基料，然后加入钛白粉、滑石粉、白水泥搅拌，研磨，过滤即得白色涂料，加入染料即可得各种彩色涂料。

12-23　高级热熔型路标涂料

性能与用途　一般用于马路划线漆。

涂装工艺参考　该涂料可用喷涂施工涂装，涂层常温固化。

产品配方

（1）树脂的制备配方（质量份）

二环戊二烯	500
氢化松香	400
米糠脂肪酸	100

生产工艺与流程　将上述组分在高压釜中于280℃下加热反应5h，得到R-1树脂1000份，其酸值为28。

（2）涂料的制备配方（质量份）

R-1树脂	20
增塑剂	3
钛白	15
碳酸钙	17
寒水石	23
玻璃微珠	18

生产工艺与流程　把以上组分加入研磨机进行混合均匀即可。

12-24　镁铝合金表面涂饰标志漆

性能与用途　一般用在镁铝合金或已涂过漆的表面上。

涂装工艺参考　施工时，搅匀，用喷涂法施工。

产品配方（质量分数）

改性丙烯酸树脂	40～45
颜料	10～11
填料	20～30
防沉剂	0.6
溶液剂	12.0
助剂	1.4

生产工艺与流程　把以上组分混合均匀即成。

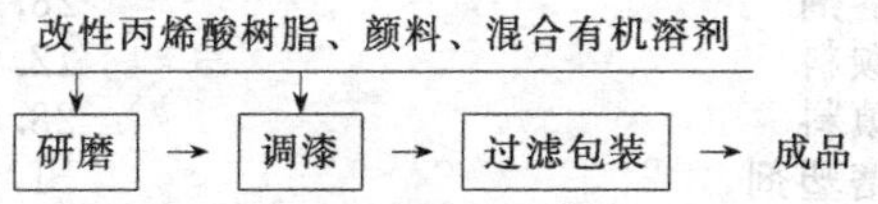

改性丙烯酸树脂、颜料、混合有机溶剂

研磨 → 调漆 → 过滤包装 → 成品

12-25　多功能道路标志改性反光涂料

性能与用途　一般用于道路标志。

涂装工艺参考　施工时，搅匀，用喷涂法施工。严禁与胺、醇、酸、碱、水分等物混合。有效储存期1年，过期如检验质量合格仍可使用。

产品配方

（1）松香改性配方（质量份）

松香	25～35
改性剂	3.5～4.5
助剂	1～2
填料	0.1～0.2

（2）涂料配方（质量份）

改性松香树脂	100
醇酸树脂	25
颜填料	70
玻璃微珠	80
硅砂石英	80
助剂	适量

生产工艺与流程　按配方将松香加入带有搅拌器、回流冷凝器、温度计的反应釜中，用氮气置换再升温150℃使松香熔融，边搅拌边加入改性剂，同时加入助剂、填料，将反应温度升至230℃保温2h，再将温度升至260℃保温8h，使反应充分进行，反应完成后，加热蒸馏，将低沸点组分除去，然后得改性松香树脂。把以上组分加入反应釜中进行加热混合。

12-26　橡胶接枝丙烯酸树脂路标漆

性能及用途　一般用于路标漆。

涂装工艺参考　施工时，搅匀，用喷涂法施工。严禁与胺、醇、酸、碱、水分等物混合。有效储存期1年，过期如检验质量合格仍可使用。

产品配方（质量分数）

丙烯酸树脂(50%)	40
钛白粉	12
填料	30
防沉剂	0.5
溶液剂	16
助剂	1.5

生产工艺与流程　把丙烯酸树脂加入分散机中，进行搅拌，再依次加入溶剂、防沉剂、助剂、颜填料，在分散机中进行分散至均匀无块状，然后再打入砂磨机中进行研磨至细度为≤60μm时，即可出料，制得路标漆。

12-27　高端的高速公路交通标志漆

性能与用途　一般用于高速公路上使用的

交通标志漆。

涂装工艺参考 施工时，搅匀，用喷涂法施工。严禁与胺、醇、酸、碱、水分等物混合。有效储存期1年，过期如检验质量合格仍可使用。

产品配方

(1) 短油度酯胶路标漆基料配方（质量份）

顺丁烯二酸酐松香酯	38
桐油	25
松香水	18

经熬炼成漆料，再配制成道路标志涂料。

漆料	62
钛白粉	16
滑石粉	6
甲苯	9

生产工艺与流程 这种涂料把各组分混合在一起研磨成细粉即成。

(2) 丙烯酸类路标漆（质量份）

丙烯酸乙酯	26
丙烯酸丁酯	10
甲基丙烯酸甲酯	5
苯乙烯	16
偶氮二异丁腈	1.5
溶剂	42.5

生产工艺与流程 涂料的基料是以甲基丙烯酸甲酯和苯乙烯为硬单体，以丙烯酸乙酯和丙烯酸丁酯为软单体，通过溶液聚合制得的丙烯酸类树脂。

(3) 用该基料制丙烯酸类路标漆配方（质量份）

丙烯酸树脂	42
钛白粉	12
重晶石粉	16
碳酸钙	10
有机膨润土	0.3
催干剂	0.2
甲苯	19.5

生产工艺与流程 这种涂料把各组分混合在一起研磨成细粉即成。

(4) 氯化橡胶路标漆：该涂料属于常温溶剂型，以氯化橡胶和醇酸树脂为成膜物质，氯化石蜡为增塑剂，加入适量重晶石粉等低吸油量的填充料。

配方（质量份）

氯化橡胶	12
醇酸树脂	13
氯化石蜡	5
金红石钛白粉	10
碳酸钙	10
陶土	10
重晶石粉	10
改性膨润土	0.5
环氧氯丙烷	0.5
甲苯	20
甲乙酮	20

生产工艺与流程 这种涂料把各组分混合在一起研磨成细粉即成。氯化橡胶道路标志漆具有良好的耐磨性和良好的施工性和耐水性。

12-28 混凝土路面划线底漆

性能与用途 一般用于混凝土路面划线底漆。

涂装工艺参考 施工时，搅匀，用喷涂法施工。

产品配方（质量份）

萜烯树脂(软化点20℃)	100
脂肪族石油树脂	100
天然橡胶	15
甲苯	785

生产工艺与流程 将萜烯树脂、脂肪族石油树脂、天然橡胶溶于甲苯中制得底漆。

12-29 新型耐磨反光道路标志漆

性能与用途 一般用于道路标志反光漆。

涂装工艺参考 施工时，搅匀，用喷涂法施工。

产品配方（质量份）

树脂	20.0
溶剂	28.6
颜料	12.0
填料	28.0
增塑剂	1.0
催干剂	0.1
防沉剂	0.1
玻璃微珠	10
标志漆	100

生产工艺与流程 在常温常压下，先将溶剂注入预分散釜中，然后在搅拌下逐渐加

入树脂，待树脂溶解后，再依次加入防沉剂、催干剂、增塑剂和颜填料，搅拌后加入砂磨机中进行分散研磨，当物料颗粒小于 60μm，即可出料包装。

12-30　多功能反光厚浆型公路标志漆

性能与用途　一般用于道路标志涂料。

涂装工艺参考　施工时，搅匀，用喷涂法施工。严禁与胺、醇、酸、碱、水分等物混合。有效储存期 1 年，过期如检验质量合格仍可使用。

产品配方（质量份）

原料	质量份
氯化聚乙烯	40
改性松香	180
钛白粉	100
碳酸钙	200
滑石粉	50
玻璃微珠	100
膨润土	1
邻苯二甲酸二辛酯	22
偶联剂	4.5
甲苯	200
1,2-二氯乙烷	100

生产工艺与流程　首先将混合溶剂、增塑剂及偶联剂加入带有搅拌器、回流冷凝器、温度计的反应釜中，常温下加入氯化聚乙烯及改性松香酯，约 30min，加热至 70℃，约 2～3h，即完全溶解，得再生涂料用基质溶液，然后将基质溶液移至研磨机中，加入颜料、填料及防沉剂研磨 6h 左右，使物料的细度 50μm 左右，再将经过研磨的基质溶液移到带有搅拌器的混合器中，加入反射材料，混合均匀后，成为厚浆反光型道路标志涂料。

12-31　黄色高氯化聚乙烯树脂道路标志漆

性能与用途　一般用于混凝土路面划线底漆。

涂装工艺参考　施工时，搅匀，用喷涂法施工。

产品配方（质量份）

原料	质量份
高氯化聚乙烯溶液(固含量 30%)	345
长油度亚麻油醇酸树脂(60%二甲苯溶液)	33
52# 氯化石蜡	42
重晶石粉	50
双飞粉	75
ZW-2 分散剂	4.0
立德粉	165
中铬黄	85
有机膨润土	3.0
二甲苯	166
滑石粉	42

生产工艺与流程　本涂料干燥迅速、附着力强、硬度高、适久耐用，适用于水泥、沥青路面标志用，HCPE 路标漆质优价廉，必将逐步取代氯化橡胶路标漆。

12-32　热熔型松香改性路标涂料

性能与用途　一般用于路标漆。

涂装工艺参考　施工时，搅匀，用喷涂法施工。

产品配方

(1) 树脂的合成（质量份）

原料	质量份
富马酸	25
甘油	80
$Ca(OH)_2$	2
熔融松香	600

生产工艺与流程　将富马酸、甘油和 $Ca(OH)_2$ 加入 600 份熔融松香中，220℃加热 2h，再在 60℃下加热 8h，使用酯化真空浓缩，得到软化点 100℃，酸值为 15 的树脂金属盐。

(2) 涂料配方（质量份）

原料	质量份
树脂金属盐碱	15
长油醇酸树脂	8
二氧化钛	5
研磨过的石灰石	26
沙子	36
玻璃微珠	15

生产工艺与流程　将上述组分混合、分散后，制得路标涂料。

12-33　各色醇酸划线磁漆

性能及用途　该漆颜色鲜艳，附着力强，可自干或烘干。供汽车、自行车等表面标线用。

涂装工艺参考　该漆加温烘干或自干均可，但在 60～70℃烘干性能较好。使用时可用二甲苯或 X-6 醇酸漆稀释剂稀释。有效储存期 1 年。

产品配方/kg

原料名称	红	黄	蓝	白	黑	绿
醇酸树脂	803.60	617.60	614.80	615.80	617.23	684.90
颜料	180.20	343.01	143.10	381.49	176.38	222.12
催干剂	44.52	30.85	25.60	41.55	70.49	36.36
溶剂	29.68	68.58	285.14	20.78	207.64	216.61

生产工艺与流程

醇酸树脂、颜料 → 高速搅拌预混 → 研磨分散 → 调漆（催干剂、溶剂）→ 过滤包装 → 成品

12-34　新型松香改性公路划线漆

性能与用途　用于公路划线。

涂装工艺参考　施工时，搅匀，用喷涂法施工。

产品配方（质量分数）

树脂	15～22
增塑剂	2～4
填料	65～74
颜料	5～10
强固剂 A	0.3

生产工艺与流程　热熔型路标涂料主要由树脂、增塑剂、填料、颜料组成。

12-35　非分散性丙烯酸酯白色道路划线漆

性能及用途　一般用于道路划线漆。

涂装工艺参考　施工时，搅匀，用喷涂法施工。

产品配方

(1) 配方（质量分数）

丙烯酸乙酯	40～90
丙烯酸丁酯	5～15
甲基丙烯酸丁酯	0～20
甲基丙烯酸甲酯	5～10
甲基丙烯酸	0～2
苯乙烯	10～30
偶氮二异丁腈	1～2

生产工艺与流程　甲基丙烯酸甲酯、苯乙烯为硬单体，丙烯酸乙酯、丙烯酸丁酯为软单体，向反应釜中加入分散剂，然后搅拌，升温至75～80℃回流0.5h，滴加丙烯酸乙酯、丙烯酸丁酯和偶氮二异丁腈，注意要控制滴加速度，否则温度升高过快，时间约需1～1.5h，保持回流1h。滴加苯乙烯、丙烯酸甲酯、甲基丙烯酸丁酯、甲基丙烯酸和偶氮二异丁腈在1～1.5h滴加完毕，保持回流2h。滴加溶于偶氮二异丁腈的甲苯溶液，保持回流2h。测固含量，控制转化率，冷却出料。

(2) 色漆的配制（质量份）

分散树脂	41
钛白粉	11
重晶石粉	20
重体碳酸钙	16
有机膨润土	0.16
甲苯	适量
催干剂	适量

生产工艺与流程　把以上组分混合均匀即成。

第二节　航空和航天涂料

随着科学技术的发展，涂料的用途也随之延伸，原有的以保护和装饰为目的的涂料，已不能满足现代化军事、国防和国民经济发展的需要，所以国外自20世纪50年代伴随着航天、核能、电子、新型舰船工业的发展，研究开发了一系列具有特种功能和用途的新型的航空和航天涂料。这类涂料还具有制造简单、施工方便、价格低廉等优点，所以是改变物质表面性能，使材料具备特种功能的首选材料。如太空隔热涂料具有优良的热反射性能，能有效阻止太阳辐射热吸收（尤其在夏天高温暴晒下），降低航空和航天设备及容器表面、罐内介质及油的气温，从而减少轻油损耗，促进节能、环保并起到保障安全的作用，是一种在工业上具有广泛应用前景的隔热涂料。

根据航空和航天涂料其性能可分为电学性能（导电性、电绝缘性……）、光学性能（反射、吸收）、热学性能（耐热、防火、示温……）、机械性能（润滑、耐磨）、环保安全性能（防辐照、阻尼、隔音）涂料。本节航空和航天涂料的内容为了简化、方便，按其特定门类，如：飞机蒙皮迷彩涂料、飞机发动机叶片高温保护涂料、八号工程用配套涂料、1#航空底漆等。大体

采用后者分类法编入了一部分新型、性能优异的航空和航天涂料。

舰载机是以航空母舰或其他水面舰艇为基地的海军飞机，现代舰载机可装载各种空舰导弹、空空导弹、鱼雷、水雷及电子干扰、侦察设备等，能完成反舰、反潜、空中格斗和电子战，夺取海上制空权和制海权，支援登陆和抗登陆作战等多种作战任务，因而现代舰载机已成为各国海军举足轻重的海上作战力量。飞行甲板作为舰载机起降的主要平台，起到一个可移动、简易海上飞机场的作用，其甲板表面维护保养的好坏直接影响日常训练和战斗任务的正常进行。

一、舰载机起降对飞行甲板的特殊要求

舰载机按起降方式，分为常规起落飞机、垂直/短距起落飞机和直升机。一般说来，对于小型航母而言，多采用垂直/短距起降方式，如英国的“无敌”级航母等；对于中型航母而言，多采用高性能常规起降方式，如弹射起飞、拦阻着舰方式，如美军的大多数航母。不管采用什么样的起降方式，对于航母甲板涂层，主要有如下几方面的要求。

(1) 耐冲击性舰载机在航母上的降落和一般的机场降落不同，飞机在着陆时不但不减速反而全速前进，防备在万一勾不住阻拦绳时，能有足够再次起飞的动力。据资料介绍，垂直/近距舰载机具有较小的起降速度，着舰下沉速度达到7.3m/s，远大于陆基飞机的2.6m/s。而对于重型舰载机，起降性能较好的，如英军“海鹞”机最大起飞质量8～10t，载弹量约3t，着舰速度达50m/s左右。要保证甲板涂层经受住舰载机瞬间高速冲击力，对涂料涂层的抗冲击性能提出了很高的要求。

(2) 抗冲耐久性舰载机起降时，飞机引擎叶轮比较容易受外物的伤害，即使是一个微小的螺栓也可能摧毁整个引擎。而通常情况下，两架飞机起降的时间间隔很短，往往只有45s左右，如果涂层的抗冲耐久性能不好，破损涂层极易对起降飞机造成致命损坏。

(3) 耐高温冲刷性对于垂直/近距起降舰载机，如英国“鹞”(harrier) 垂直起落战斗/攻击机进行垂直起降时，位于机腹下(是一台装有4个转向喷口、可旋转0～98.5°的“飞马”型涡轮风扇发动机）的4个发动机喷口向下旋转90°以上，发动机向下喷气，使喷气流垂直向下，形成4根强劲有力的气柱，使飞机像火箭一样拔地而起或像“阿波罗”号宇宙飞船登月舱在月球上软着陆一样垂直降落。因此，还需要涂层具有一定的耐高温抗冲刷性。

二、飞行甲板涂料的特殊性能

飞行甲板涂料主要由防滑粒料、成膜树脂等组成。防滑粒料是为了提高漆膜防滑性能的添加剂，赋予漆膜防滑能力；成膜树脂具有固定防滑粒料的作用，同时保护底材不受破坏，赋予涂层各方面优良的综合性能。作为一种特殊的涂料品种，除了具有普通涂料必需的基本性能外，还具有以下一些特殊性能。

(1) 良好的弹性和柔韧性 飞行甲板常年暴露在严酷的海洋环境中，昼夜温差和季节变化造成钢结构热胀冷缩形变，若涂层的弹性和柔韧性不足，这种形变必然会导致涂层开裂、剥离和脱落等破坏。另一方面，舰载飞机在甲板上起降时，对涂层产生极大的冲击能，需要一定的弹性缓冲，而且飞行甲板涂层一般较厚，柔韧性不足会导致涂层开裂。

(2) 优良的防滑性和耐磨性 飞行甲板涂层的摩擦系数一般要求0.7以上，摩擦系数越大，防滑性越好，才能有效防止因海浪颠簸造成飞机侧滑和人员摔伤。同时，甲板也是飞机起降和人员活动频繁的地方，涂层优异的耐磨损性，可减少涂层的磨损，延长涂层的使用寿命。

(3) 耐海洋性气候 影响高盐、高湿、高温差的海洋性气候使得钢底材的腐蚀加剧，涂层良好的附着力和密封性，能阻止水汽和盐雾的渗透，确保钢底材不受腐蚀。

（4）优良的防护性能，较长的使用寿命 涂层不仅具有耐日光暴晒，耐干湿交替变化，耐海水浸湿；还得耐油沾污，能用洗涤剂液进行简单方便的清洗。飞行甲板面积很大，涂装一次费工费时，用料量大，因此，希望使用寿命越长越好。

（5）耐高温抗冲刷性 垂直/短距起降舰载机靠向下的热喷气对甲板产生巨大的反冲力而起降，其尾焰温度较高，冲刷力较大。

（6）踩踏舒适性 飞行甲板也是船员经常活动和行走的地方，涂层的踩踏舒适性是很重要的。

三、国内外研究现状

国外飞行甲板涂料的生产应用具有很成功的经验，除了航空母舰外还广泛地应用在舰载甲板上，已成立了专门的生产、研究中心，涂料品种繁多。例如，美国AST中心生产的EPOXO300C环氧聚酰胺甲板涂料，采用具有金刚石级硬度的氧化铝型耐磨粒料，在水、油状态下摩擦系数几乎不变，耐热喷气能力、耐化学品能力强，且附着力好，用于美国海军全部航空母舰飞行甲板和90%以上大型舰船甲板，是安全保障最高的涂料品种之一，这种涂料摩擦力大、耐久性长，已有20年的应用。

国内厂家针对舰载直升机甲板，研发出了直升机甲板防滑涂料。最早是上海开林造漆厂，采用黄沙、水泥作为防滑耐磨材料，与400水泥按指定的比例，调至不见夹心为止，施工一般采用橡皮刮刀，刮1～3层，其厚度为1～2mm。但这种防滑涂料使用寿命较短，易磨平，在北方严寒的冬季里易冻裂，耐钢板的热胀冷缩性能较差。后来，有许多厂家加以改进，采用了环氧聚酰胺或聚氨酯型作为防滑涂料，加入耐磨的碳化硅、金刚砂等。如江苏太仓生产的SH-F型防滑涂料，青岛海洋化工研究院生产的HF-05型防滑涂料，主要针对普通甲板、甲板过道等场所，已在少量舰船上应用。

四、飞行甲板涂料的发展方向

现在使用的航母甲板涂料多为溶剂型，涂料中含有大量的有机溶剂，施工时全部挥发到空气中，造成了大量的环境污染，仅每年美国海军用于航母的甲板涂料就约10万加仑，向大气和水中排出大量的有机溶剂、致癌物和结晶硅石，这不仅增大了危险品的处理费用，而且给环境造成了极大的危害。目前，随着技术水平的提高，兼顾环保的要求，大概可从3个方向进行改进发展。

（1）无溶剂型 国内外已经出现了无溶剂型100%固体含量的聚氨酯、环氧以及各种粉末防滑涂料，如美国AST中心生产的AS-2500聚氨酯涂料，这种涂料不会产生大气污染。

（2）水性化 水性涂料是涂料工业发展的热门方向，国内外都有所研究，但国内还没有专门的水性防滑涂料生产厂家。

（3）无机涂层激光诱导改善表面（LISI，Laser Induced SUR face Improvement）是在防滑涂料使用方面的一个新的方法，它用激光熔化金属粉末，一部分形成长期防腐的底层，一部分形成耐磨面层。

比如用钛金属，或其他重金属与陶瓷复合在一起形成一层无毒的金属粉末。目前的激光法还没有大量的应用，激光束的宽度仅为4mm，应增加宽度（30～40mm）和扫描速度，这种方法是对防滑甲板涂层的一种创新。NSWCCD预期用LISI方法施工和修补的航母甲板防滑面漆能超过当前有机防滑涂料体系的性能，还能减少维修费用。

12-36 新型永久性磷光航空涂料

性能及用途 用于宣传装饰、夜间路标、航空和航天安全指示器等设备上，也用于家用小五金和钟表等。

涂装工艺参考 该漆采用喷涂施工。施工时按比例调配均匀，一般在4h内用完，以免胶化。调节黏度用稀释剂，严禁与水、酸、碱等物接触。有效储存期为1年，过期的产品可按质量标准检验，如符合要求仍可使用。

产品配方（质量份）

硫化锌/酮	100
溴化锂	0.00001
硝化棉	7
溶剂	60

生产工艺与流程　荧光涂料主要靠紫外线激发，把以上组分加入混合器中进行搅拌混合均匀。

12-37　航空底漆

性能及用途　一般适用于阳极化处理的铝蒙皮表面件保护漆料。

涂装工艺参考　喷涂施工，常温固化。每道用漆量为130g/m²。

产品配方（质量份）

甲组分：

环氧树脂漆溶液(50%)	50
稀释剂	5
颜料	0.5
抗氧剂	2
氧化铁红	19
丙烯酸树脂 EGA 溶液(10%)	3

乙组分：

多异氰酸酯	12
防沉剂	3.9
催干剂	0.8
高色素炭黑	8.6
助剂	3.5
溶剂	24

生产工艺与流程　将环氧树脂、丙烯酸树脂，升温搅拌，酯化，加入稀释剂兑稀，加入颜料、抗氧剂、防沉剂、催化剂搅拌均匀，检验、包装。

(1) 树脂部分配料

升温搅拌→酯化→兑稀→过滤包装

(2) 底漆部分

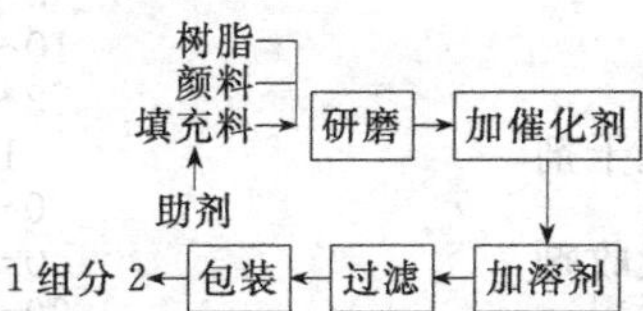

12-38　耐磨、反光丙烯酸乳胶标志漆料

性能及用途　用于飞机跑道，公路中心线、路边标志、桥面滑行台标志。

涂装工艺参考　该漆采用喷涂施工。施工时按比例调配均匀，一般在4h内用完，以免胶化。调节黏度用稀释剂，严禁与水、酸、碱等物接触。有效储存期为1年，过期的产品可按质量标准检验，如符合要求仍可使用。

产品配方（质量份）

波特兰水泥土	100
石英砂	250
丙烯酸乳液成膜胶黏剂	100
颜料	100
玻璃纤维	1
水稀释剂	1
水	200

生产工艺与流程　其中油品油漆为酚醛树脂、聚酯、环氧及聚氨酯等。配料为 SiO_2、$CaCl_3$ 以及稀料等。

发光材料与配料在100～600℃下用5%～40% $ZnSiO_3$ 进行包膜处理，将成品油漆加温到20～50℃下，用稀料调整黏度为20～200s，按配比取已包膜好的发光材料和油漆混合进行机械分散处理，研磨后使其粒度为1～50μm，最后在20～50℃下用稀料调整黏度为40～150s，利用配料的调整发光涂料在涂刷后表干时间可达到1～4min。

波特兰水泥、石英砂最好是白色，细度3.175μm大小，将上述组分进行混合，制得涂料组分。

12-39　航天标牌夜光涂料

性能及用途　适用于航空和航天制作标牌、照明光源的夜光涂料。

涂装工艺参考　该漆采用喷涂施工。施工时按比例调配均匀，一般在4h内用完，以免胶化。调节黏度用稀释剂，严禁与水、酸、碱等物接触。有效储存期为1年，过期的产品可按质量标准检验，如符合要求仍可使用。

产品配方（质量份）

(1) 交通路面划线的夜光涂料

夜光材料	3～40
钛白粉	5～25
锌钡白	0～20
碳酸钙	2～10

钴锰等催干剂	1～5
金属颜料	0～10
紫外吸收剂	0～10
聚合油漆料	30～60
锑白	0～15
滑石粉	3～15
二氧化硅	0～10
玻璃珠	0～30
稀释剂	适量

生产工艺与流程 在常温下按比例称取上述物料，首先在聚合油漆料中，依次加入钛白粉、锑白、锌钡白、滑石粉、碳酸钙、二氧化硅、配料等。边加入边搅拌，混匀后经三辊机研磨，使粒度为50μm以下，并用稀释剂调整好黏度，再加入夜光材料、玻璃珠、钴锰等催干剂，高速搅拌、研磨，使涂料达到60μm以下，并用稀释剂稀释其黏度为50～150s。

(2) 标牌、照明光源的夜光涂料

夜光材料	20～70
复合树脂	20～70
增塑剂、固化剂	0～20
配料	0～15
稀释剂	适量

生产工艺与流程 在稀释剂中加入复合树脂加热反应，再搅拌研磨均匀后，再加入夜光涂料、增塑剂、固化剂、配料，搅拌研磨使粒度为60μm以下，用稀释剂调整好黏度。

上述复合树脂为环氧树脂、醇酸树脂、过氧乙烯树脂、三聚氰胺树脂等透明树脂。

12-40 飞机场夜光涂料

性能及用途 适用于航空和航天制作标致牌、照明光源的夜光涂料。

涂装工艺参考 该漆采用喷涂施工。施工时按比例调配均匀，一般在4h内用完，以免胶化。调节黏度用稀释剂，严禁与水、酸、碱等物接触。有效储存期为1年，过期的产品可按质量标准检验，如符合要求仍可使用。

(1) 半成品配方（质量份）

SrS	1～30
CaS	0～20
$CuSO_4$	0～1
NaCl	0～10
$MgCl_2$	0～10
$Na_2S_2O_3$	0～30
Bi_2O_3	0～1
LiCl	0～10
$ErCl_4$	0～0.1
CO_2C_2	0～1.0
ZnO	40～98
CdS	0～30
$CuCl_2$	0～1
S	0～20
$ZnSiO_3$	0～30

生产工艺与流程 先将配方中的除$ErCl_4$外的原料进行机械研磨混合处理。而$ErCl_4$用量的原料用少量水溶解，在10～50℃下逐渐分散于以上混合物料中充分混合，把混合好的物料置于900～1300℃进行固相反应1～5h，而后在800～1200℃先用惰性气体置换反应中的空气，反应的空气置换完全后通氢气3h，冷却后进行机械研磨，使其粒度为1～50μm，最后在50～500℃进行抗老化稳定性处理，制成的发光材料可以与油漆、配料一起成为发光材料。

(2) 夜光涂料配方（质量份）

半成品	15～98
发光材料	20～60
配料	10～30

12-41 发光喷塑涂料

涂装工艺参考 该漆采用喷涂施工。施工时按比例调配均匀，一般在4h内用完，以免胶化。调节黏度用稀释剂，严禁与水、酸、碱等物接触。有效储存期为1年，过期的产品可按质量标准检验，如符合要求仍可使用。

产品配方（质量份）

发光材料	3～4
钛白粉	5～20
锌钡白	10～20
碳酸钙	2～10
钴锰等催干剂	1～5
金属颜料	0～10
紫外线吸收剂	0～10
聚合油漆料	30～60
滑石粉	3～15
二氧化硅	5～10
玻璃珠	10～20
稀释剂	适量

生产工艺与流程 将发光材料、钛白粉、锌钡白、碳酸钙组分加入混合器中进行预混合，搅拌分散，至无结块时，再添加余下成分，搅拌分散进行混合均匀即成。

12-42 高端耐磨、反光乳胶飞机跑道标志涂料

性能与用途 一般用于飞机跑道中心线、跑道边标志、跑道滑行台标志。

涂装工艺参考 施工时，搅匀，用喷涂法施工。

产品配方（质量份）

波特兰水泥	80～95
石英砂	250
丙烯酸乳液成膜胶黏剂	105
荧光颜料	100
玻璃纤维	1
水稀释剂	1
水	200

生产工艺与流程 波特兰水泥、石英砂最好是白色，细度 3.175mm，将上述组分进行混合，制得涂料组分。

12-43 多功能航空特种涂料——三防漆

性能及用途 适用于在潮湿热地区，用于航空特种的仪器、仪表和设备。阳极化处理的铝蒙皮表面件保护漆料。

涂装工艺参考 刷、喷涂施工均可。常温固化。每道用漆量为 $130g/m^2$。

产品配方（质量份）

甲组分：	
过氯乙烯树脂	6.3
蓖麻油中油度醇酸树脂	8
脱浮型铝粉浆	3.5
甲苯	20
醋酸丁酯	15
亚麻油中油度醇酸树脂	9
松香改性苯酚甲醛树脂	8.2
酞菁绿浆	1.5
环己酮	16
乙组分：	
甲苯二异氰酸酯三羟甲基丙烷加成物	12.5

生产工艺与流程 甲、乙两组分按 87.5：12.5 质量比混合均匀，或者再加入稀释剂即可喷涂。

12-44 飞机蒙皮迷彩涂料

性能及用途 本涂料可室温固化，涂层具有优良的耐热性、耐候性、耐化学介质性等特点。用于飞机铝合金蒙皮的伪装与保护。

涂装工艺参考 喷涂施工即可。常温固化。每道用漆量为 $130g/m^2$。

产品配方（质量份）

环氧树脂 EGA 溶液(50%)	32
硝基漆片 EGA 溶液(20%)	1.4
丙烯酸树脂 EGA 溶液(10%)	0.3
高色素炭黑	17
氧化铁红	19
滑石粉	8.7
乙组分：	
多异氰酸酯预聚物	16

生产工艺与流程 将颜填料加入自行合成的带羟基的树脂液中，研磨至规定细度，包装，即制得 A 组分。B 组分为多异氰酸酯预聚物。

12-45 多功能道路反光漆

性能与用途 一般用于飞机跑道路面划线标志。

涂装工艺参考 施工时，搅匀，用喷涂法施工。

产品配方（质量份）

丙烯酸透明漆	10
稀释剂	2.5
荧光颜料	0.25
抗氧剂	1
防沉剂	1.8
催干剂	0.7

生产工艺与流程 将丙烯酸透明漆、稀释剂、荧光颜料、抗氧剂、防沉剂、催干剂和 3 份 300～400mg 经洗涤清洗，烘干后的玻璃微珠加至容器中，搅拌均匀，检验、包装。

12-46 耐高温飞机蒙皮涂料

性能及用途 本涂料可常温固化，具有良好的底面漆配套性、耐油性、耐候性等特点。可长期耐温 －55～175℃，短期耐温 215℃。用于铝合金蒙皮高速飞机面漆及其他高装饰的耐温部位。

涂装工艺参考 可采用喷涂施工。喷涂黏度为 18 ～ 22s（涂-4 杯 25℃）。施工寿命＜4h。

产品配方/kg

A 组分：

HDI 缩二脲	48
TDI-TMP 预聚物	32

B 组分：

多异氰酸酯	28

生产工艺与流程 A 组分由 HDI 缩二脲和 TDI-TMP 预聚物混配而成。研磨至规定细度，包装，即制得 A 组分。B 组分为多异氰酸酯预聚物。

12-47 飞机发动机叶片高温保护涂料

性能及用途 一般涂料具有优异的耐温性、耐化学介质性和耐风砂磨蚀性。和英国 PL-205 同类产品性能相当。用于飞机发动机叶片的防腐耐磨蚀保护。

涂装工艺参考 施工采用喷涂，喷后在室温放置 1h，湿碰湿喷涂第二道，放置 1h 后，慢速升温至 190℃烘 2h 即可。

产品配方

(1) 内层涂料配方/%

甲基丙烯酸甲酯/丁酯-乙烯基咪唑共聚物	20
二苄基甲苯	50
氧化钙	2
碳酸钙	28

(2) 外层涂料/%

环氧有机硅树脂	30
邻苯二甲酸二壬酯	30
碳酸钙	38
氧化钙	2

内外层涂料分别加入调节器中配制、研磨和过滤。

生产工艺与流程 利用已制备的环氧有机硅树脂，加入颜填料研磨分散至规定细度，调入氨基树脂，搅匀，包装即得成品。

12-48 高级环氧聚氨酯飞机蒙皮底漆

性能及用途 一般用作飞机蒙皮底漆。

涂装工艺参考 施工时，将甲组分和乙组分按 6∶1 比例混合，充分调匀，用喷涂法施工。稀释剂宜用乙二醇乙醚醋酸酯 (EGA)。

产品配方（质量份）

甲组分：

环氧树脂 EGA 溶液(50%)	32
硝基漆片 EGA 溶液(20%)	1.4
丙烯酸树脂 EGA 溶液(10%)	0.3
膨润土悬浮液(10%)	5.6
高色素炭黑	17
氧化铁红	19
滑石粉	8.7
EGA	16

注：EGA 即乙二醇乙醚醋酸酯。

乙组分：

多异氰酸酯	8
溶剂	16

生产工艺与流程 这种涂料把甲组分和乙组分混合在一起研磨成细粉即成。

12-49 新型环氧机场跑道路标涂料

性能与用途 一般适用于机场、跑道、停车坪、露天停车场等的路标。

涂装工艺参考 施工时，搅匀，用喷涂法施工。

产品配方/kg

(1) A 组分

乙二醛	62.0
水	1.0
非离子颜料湿润剂	12.5
二氧化钛	57.0
二氧化硅填料	11.0
液态环氧树脂乳液	40.0

(2) B 组分

水	85
含有 $Ca(OH)_2$ 有胺固化剂	220
二氧化硅填料	320

生产工艺与流程 在两个混合器中分别加入 A 组分及 B 组分，之后充分混合分散，然后分别包装，在施工时，以 1∶1 质量混合。

12-50 防滑耐磨划线涂料

性能及用途 用于飞机跑道标志。

涂装工艺参考 该漆采用喷涂施工。施工时按比例调配均匀，一般在 4h 内用完，以免胶化。调节黏度用稀释剂，严禁与水、酸、碱等物接触。有效储存期为 1 年，过期的产品可按质量标准检验，如符合要求仍可使用。

产品配方（质量份）

A组分：

原料	质量份
聚醋酸乙烯乳液	30
钛白	30
滑石粉	10
轻体碳酸钙	220
防滑剂	25
耐磨剂	15
颜料	5
消泡剂	1
渗透剂	1
防老剂	0.8
防霉剂	0.2
水	50

B组分：

原料	质量份
交联剂Ⅰ	400
稀释剂	100
均化剂	0.5
交联剂Ⅱ	20
A组分/B组分	20/1

生产工艺与流程　将各种颜料、助剂加入反应釜中，加入水，开动搅拌，使体系分散均匀，在分散均匀的体系中，加入聚醋酸乙烯乳液、补加消泡剂，搅拌均匀，砂磨机中研磨，过滤即得A组分。

将交联剂工加入反应釜中，开动搅拌加入稀释剂进行稀释，再加入交联剂Ⅱ等助剂，搅拌均匀，即得B组分。

最后将A组分和B组分按配比搅拌均匀，涂料自行固化。

12-51　丙烯酸聚氨酯飞机蒙皮面漆

性能及用途　用作飞机蒙皮面漆。

涂装工艺参考　施工时，甲组分和乙组分按3.5：1配合，搅匀，用喷涂法施工。

产品配方（%）

甲组分：	
羟基丙烯酸树脂(50%)	55
中醚化度三聚氰胺甲醛树脂(60%)	5
金红石型钛白粉	25
丙烯酸漆稀释剂	14.3
流平剂	0.5
二乙基己酸锌	0.2
乙组分：	
HDI缩二脲(50%)	100

注：HDI缩二脲系由己基二异酸酯和水反应生成的多异氰酸酯化合物，它属脂肪族异氰酸酯，具有优异的耐泛黄性和耐候性。50%HDI缩二脲的NCO（异氰基）含量为10.5%～11.5%，与丙烯酸树脂的羟基配比为NCO：OH=1～1.1。

生产工艺与流程

甲组分：将钛白粉、树脂和适量稀释剂投入搅拌机，搅匀，经砂磨机研磨至细度合格，入调漆锅，再加入其余原料，充分调匀，过滤包装。

乙组分：HDI缩二脲系市售品，不需加工。

第十三章　汽车和摩托车涂料

第一节　汽车涂料

汽车涂料按车身组、轿车车身组、车厢组、发动机组、底盘组、特种涂层组、车内装饰件组等十组，以及甲、乙、丙若干等级使用不同的涂料类别和牌号。

一、汽车涂料定义

汽车涂料系指各种类型汽车在制造过程中涂装线上使用的涂料以及汽车维修使用的修补涂料。

汽车涂料品种多、用量大、性能要求高、涂装工艺特殊，已经发展成为一大类专用涂料。在汽车工业发达的国家，汽车涂料的产量占涂料总产量的20%。汽车涂料是工业涂料中技术含量高、附加值高的品种，它代表着一个国家涂料工业的技术水平。主要品种有：汽车底漆、汽车面漆、罩光清漆、汽车中间层涂料、汽车修补漆。汽车涂料要满足金属表面涂膜的耐候性、耐热性、耐酸雨性、抗紫外照射性以及色相的耐迁移性能等等。

随着近年来汽车工业的飞速发展，汽车的生产量越来越大，这就使汽车的涂装工艺完全转向高速率和现代化的流水作业。

根据这些特点，要求汽车涂料具有下列特性。

(1) 漂亮的外观。要求漆膜丰满，光泽华丽柔和，鲜映性好，色彩多种多样并符合潮流。现在轿车上多使用金属闪光涂料和含有云母珠光颜料的涂料，使其外观看上去更加赏心悦目，给人以美感。

(2) 极好的耐候性耐腐蚀性。要求适用于各种温度、暴晒及风雨侵蚀，在各种气候条件下保持不失光、不变色、不起泡、不开裂、不脱落、不粉化、不锈蚀。要求漆膜的使用寿命不低于汽车本身的寿命，一般为大于10年。

(3) 极好的施工性和配套性。汽车漆一般系多层涂装，因靠单层涂装一般达不到良好的性能，所以要求各涂层之间附着力好，无缺陷。并要求涂料本身性能适应汽车工业现代化的涂装流水线。

(4) 极好的力学性能。适应汽车的高速、多振和应变，要求漆膜的附着力好、坚硬柔韧、耐冲击、耐弯曲、耐划伤、耐摩擦等性能优越。

(5) 极好的耐擦洗性和耐污性。要求耐毛刷、肥皂、清洗剂清洗，与其他常见的污渍接触后不留痕迹。

(6) 良好的可修补性。

二、汽车涂料分类

(1) 按涂装对象的不同，汽车漆可分为：①新车原装涂料；②汽车修补漆。

(2) 按在汽车上的涂层由下至上分类：①汽车用底漆，现多为电泳漆；②汽车用中间层涂料，即中涂；③汽车用底色漆（包括实色底漆和金属闪光底漆）；④汽车用面漆，一般指实色面漆，不需要罩光；⑤汽车用罩光清漆；⑥汽车修补漆。

(3) 按涂料涂装方式分类：①汽车用电泳漆；②汽车用液体喷漆；③汽车用粉末涂料；④汽车用特种涂料如PVC密封涂料；⑤

涂装后处理材料（防锈蜡、保护蜡等）。

（4）按在汽车上的使用部位分类：①汽车车身用涂料；②货厢用涂料；③车轮、车架等部件用的耐腐蚀涂料；④发动机部件用涂料；⑤底盘用涂料；⑥车内装饰用涂料。

目前高档汽车和轿车车身主要采用氨基树脂、醇酸树脂、丙烯酸树脂、聚氨酯树脂、中固聚酯等树脂为基料，选用色彩鲜艳、耐候性好的有机颜料和无机颜料如钛白、酞菁颜料系列、有机大红等。另外还必须添加一些助剂如紫外线吸收剂、流平剂、防缩孔剂、电阻调节剂等来达到更满意的外观和性能。

随着汽车工业的发展，汽车用纳米涂料也在迅速地发展，作为汽车用纳米漆的特殊要求，除了省资源、高耐久性、高装饰性之外，还应着重考虑环境保护（低VOC排放、无重金属离子排放）、耐酸雨、耐碱雾、抗石击、高附加值和低成本等因素。

三、典型汽车涂料产品的生产技术与配方设计举例

1. 水性汽车涂料工艺技术及配方

（1）汽车底漆生产配方及工艺　高级汽车底漆的成膜物主要包括环氧树脂、饱和聚酯树脂和聚氨酯树脂。其固化方式多样，成膜后，漆膜化学稳定性高、结构紧密，并能通过配比和成漆配方的优化和调控，制得综合性能既优异又平衡的高级汽车底漆。

① 底漆生产配方。以铁红高级汽车底漆为例的生产配方见表13-1。

表13-1　铁红高级汽车底漆配方

原料名称	质量分数/%
聚酯树脂	35
环氧树脂	6
氧化铁红	15
滑石粉	12
硫酸钡	8
碳酸钙	10
防沉剂浆2#(10%)	2
流平剂2#	0.25
消泡剂2#系列	0.25
润湿分散剂2#系列	0.3
防浮色剂2#系列	0.15
催化剂(二丁基二月桂酸锡)	0.05
环己酮	3
醋丁	2
二甲苯	5
聚氨酯固化剂($S=50\%$)	1

② 制备步骤。制备底漆分甲乙组分。甲组分：按配方量先把聚酯树脂、颜料、填料、部分助剂和溶剂进行高速分散，然后进行砂磨；再与环氧树脂及部分助剂一起调色成漆。选用固体分（50%）的聚氨酯固化剂作为乙组分备用。

涂装施工配方比例。底漆：固化剂＝4：1调和均匀。

（2）产品性能测试　根据高级汽车底漆工艺配方设计，制得铁红高级汽车底漆样板并测定漆膜性能如表13-2所示。

从表13-3实测结果可以看出，其各项技术指标已达到和超过了标准技术指标，这表明高级汽车底漆漆膜的综合性能优异。

表13-2　铁红高级汽车底漆性能指标

检测项目	技术指标	实测结果
原漆固体分/%	60	70
干燥时间		
表干/min	30	20
实干/h	4	3.5
硬度	0.6	0.68
柔韧性/mm	1	1
附着力/级	1	1
冲击强度/cm	50	50
耐水性	96h不起泡，不脱落	168h不起泡，不脱落
耐盐水性(3% NaCl)/d	7	7
耐湿热(10d)	不起泡，不脱落	不起泡，不脱落
耐10#变压器油(150℃)	6h不起泡，不脱落	8h不起泡，不脱落
耐70#汽油(7d)	无变化	无变化

（3）工艺技术及选择

① 主要成膜物的选择。由于环氧树脂具有环氧基团，在结构上就具备了较高的极性，能与钢材、金属表面起反应，生成化学链，形成较好的附着力，且环氧基团具有较好的防水性，从而赋予涂膜良好的防腐和防锈性能。

表 13-3 树脂配比试验结果比较

项目	干燥时间		硬度	柔韧度/mm	附着力/级	冲击强度/cm	耐水性/h	耐盐水性(3%NaCl)/d	耐 70# 汽油/d
	实干/min	实干/h							
A	12	1.5	0.45	1	2	20	150	7	7
B	23	4	0.70	1	1	40	150	7	7
C	45	6	0.75	2	2	30	150	7	7
D	16	2	0.50	1	2	50	150	7	7
E	20	3.5	0.68	1	1	50	150	7	7
F	65	10	0.78	3	3	50	150	7	7

环氧树脂的环氧基团和聚酯树脂的末端羟基均能与异氰酸酯—NCO 基团进行化学反应，均可形成三维网络状大分子结构，且主侧链上的酯键柔韧性较高，故使得它们形成的涂层能经受较强的冲击。聚氨酯树脂能提供漆膜较高的耐化学性和较好的对钢材的附着力。为此，高级汽车底漆主要选择了环氧、聚酯和聚氨酯树脂复合作为成膜物，三者复合使用，通过实验选择最佳配比配方：自合成的微支链型 1 号和 2 号聚酯树脂与三种环氧树脂（E-06、E-12、E-20）采用不同的比例进行配比实验，试验采用聚酯树脂和环氧树脂的比例为 35：6 的配比、OH/NCO 的比例相同进行实验，试验结果如表 13-3 所示。

从上述试验结果可以看出，试验方案 E 符合试验的要求，所以试验采用 E-12 环氧树脂和自制 2# 聚酯树脂匹配制备高级汽车底漆的甲组分。

② 颜、填料的选择。作为汽车底漆，常不需具有很高的耐候性。故配方设计时宜采用价格适中的颜填料，在保证成漆整体性能的基础上，尽可能以较低的产品价格使用户易于接受。高级汽车底漆配方中颜、填料的主要作用既为了提供遮盖力及色泽，又为了提供对底钢材的防锈能力，并增加堆积密度，降低成本。铁红颜料粉是一种遮盖力强且防锈性优异的颜料品种，作为无机铁系颜料，还具有极好的稳定性和耐化学性能。除筛选颜料以外，为提高汽车底漆的漆膜特性，对填料的选择也有一定的要求，应具备一定的防锈、耐水和致密特性，且应易于砂磨性。所以，汽车底漆主要采用了几种填料的复配，并与颜料相匹配等。

③ 防沉剂的选择。因为高级汽车底漆的颜基比较高，大量颜填料的存在使成漆极易发生絮凝沉淀，从而破坏漆膜的主要特性，甚至于难以施工致使产品报废。故对于高级汽车底漆配方设计而言，必须考虑到成漆的稳定性，为了提高汽车底漆的稳定性采用了添加防沉剂的方法。所以，实验中考察了多种防沉剂包括有机膨润土、有机改性膨润土、XW2 分散防沉剂和 201 防沉剂等，对成漆稳定性的影响如表 13-4 所示。

表 13-4 各种防沉剂对成漆特性的影响

防沉剂品种	1#	2#	3#	4#
罐内成漆状态	稍微分层，疏松无沉底，	无分层，疏松无沉底，均一	有分层，稍有沉底，经搅拌易均匀	有分层，有沉底，经搅拌能均匀

由表 13-4 可见，2# 防沉剂防沉效果最好。所以，选择 2# 防沉剂用于汽车底漆。

④ 助剂的选择。高颜基比的底漆配方中树脂含量较低，故漆膜流平性能相对较差，由于主要成膜物选用环氧树脂，本身分子较大，漆膜的流动困难，所以必须选择添加助剂以改善流动性。实验中选择了国内外多种流平剂包括临安产流平剂、BYK 系列流平剂、中国台湾德谦流平剂及荷兰 EFKA 流平剂等，考察了它们对成漆流平性能的影响，如表 13-5 所示。由表 13-5 可见，2# 流平剂性能优异且价格适中，可作为汽车底漆调节流平助剂。

表 13-5 各种流平剂的作用功效

种类与功效	1#	2#	3#	4#
流平效率	+	++	+++	+++
价格	低	中	高	高

注：+一般，++较好，+++最好。

⑤ 溶剂的选择。汽车底漆采用了三种树脂复配作为基料，为了提高底漆的干性，保证漆膜平整、光滑，则要求溶剂必须对各种树脂具有较好的溶解能力。对环氧树脂溶解能力较强的溶剂主要为酮类和醇类；对于聚酯主要为芳香烃类和酯类；而对于聚氨酯则主要为酯类、酮类和芳香烃类等等。由于聚氨酯树脂中—NCO 基团与醇类相互反应，故醇类不能用作底漆溶剂，只能选择酮类、酯类和芳香烃类为底漆溶剂。为此，针对底漆对干性、流平性等特性的要求，试验中考察筛选了混合溶剂种类和用量，如表 13-6 所示。

表 13-6 底漆用溶剂对成漆性能的影响

混合溶剂	1#	2#	3#
干性	较慢	中等	中等
流平性	好	好	差
价格	高	中	低

注：1#溶剂为 5%环己酮+5%醋丁+5%二甲苯；2#溶剂为 3%环己酮+2%醋丁+3%二甲苯；3#溶剂为 2%环己酮+1%醋丁+7%二甲苯。

由表 13-6 可见，2#溶剂具有适中的挥发速度，可得到较好的成漆流平性和一定的干性，且价格适中。故高级汽车底漆选用了 2#混合溶剂。

2. 高固体分丙烯酸聚氨酯汽车涂料

(1) 汽车面漆生产配方及工艺 高固体分丙烯酸树脂聚氨酯涂料良好的综合性能用于制备汽车涂料，可有效地降低 VOC 含量，使其在汽车工业中得到了广泛的应用。

用高固体分丙烯酸树脂制备汽车涂料，可以显著提高施工固体分，降低 VOC 排放，减少环境污染。

通过对色漆配方精心设计，使用该高固体分丙烯酸树脂，可以得到各方面性能理想的汽车涂料。

① 汽车面漆生产配方。以制备白色汽车漆，配方见表 13-7。

② 制备步骤。制备白色汽车漆。本试验采用进口原料合成。按合成工艺，设计相同的羟值及 T_g 值，合成出高固体分丙烯酸树脂 R-2、R-3 及对比树脂 R-1。采用上述 3 种树脂，分别制备白色汽车漆，配方如表 13-7 所列。

表 13-7 汽车漆配方

原料	加量(质量份)
钛白粉 R-930	24.40
丙烯酸树脂(70%)	52.70
BYK-358	0.10
T292	0.80
T1130	0.50
有机锡	0.07
混合溶剂	22.00

注：混合溶剂组成：TOL∶XL∶Bac∶DME=2∶4∶3∶1（物质的量之比）。

③ 样板的制备。按 GB 1727 标准制备漆膜。弯曲试验、硬度、冲击性能的检测采用马口铁板作底材；其他各项性能检测采用 08 碳素结构薄钢板作底材，底材经磷化处理，并涂电泳底漆[(20±2)μm]，干燥后再喷涂本法制备的白色漆。

配漆时选 N3390 为固化剂，按 OH∶NCO=1∶1 的物质的量比，即 100g 上述漆基与 18.7gN3390 配合，用混合溶剂稀释至喷涂黏度。

(2) 工艺技术及结果

① 树脂部分。合成的 3 种丙烯酸树脂的质量指标如表 13-8 所示。

表 13-8 3 种丙烯酸树脂质量指标

项目	R-1 漆	R-2 漆	R-3 漆
外观	水白透明	水白透明	水白透明
颜色(Fe-Co)/号	<1	<1	<1
固体含量/%	69.8	69.0	68.0
黏度(加氏管)/s	160	90	50
酸值/(mgKOH/g)	2.1	6.6	5.5

从上述结果可以看出，合成的高固体分丙烯酸树脂的黏度有很大地降低，尤其是 R-3，黏度降为树脂 R-1 黏度的 1/3。

② 施工性能。将按表 13-7 制得的色漆 100g 与 N3390 混合，用上述混合溶剂稀释至施工黏度（涂-4 杯/22s），其施工性能如表 13-9 所示。

表 13-9 涂料的施工性能

项目	R-1 漆	R-2 漆	R-3 漆
施工固体分/%	51.0	53.5	57.8
表干/min	30	40	50
实干/h	40	34	40
适用期/h	50	25	30
流平性	差	好	优

从表 13-9 看出，高固体分丙烯酸树脂可显著提高涂料的施工固体分，R-2、R-3 挥发有机物含量分别较 R-1 降低了 5% 和 13.9%，从而有效降低 VOC 排放，减少环境污染，明显改善了漆膜的流平性和光泽。

③ 漆膜性能检验结果如表 13-10 所示。

表 13-10 漆膜性能检验结果

项目	R-1 漆	R-2 漆	R-3 漆
流平性	差	好	优
光泽(60°)/%	87	90～91	91～92
弯曲/mm	1	1	1
冲击强度(正、反)/(kg·cm)	50	50	50
划圈法/级	1～2	1～2	1～2
附着力(划格法)/级	0～1	0～1	0～1
硬度(摆杆法)	0.55	0.73	0.61
耐水性(240h)	不起泡、不起皱、不脱落、不变色、不失光		
4h	不起泡、不起皱、不脱落、不变色、不失光		
耐汽油(24h)	不起泡、不起皱、轻微失光、不变色、不脱落		
耐温变/级	2	1～2	1
耐酸性(5%硫酸,7d)	无明显变化	无明显变化	无明显变化
人工加速老化(1000 h,失光率)/级	1	1	1

从表 13-10。可以看出，该高固体分丙烯酸聚氨酯漆的各项性能指标均较好，可以满足汽车漆的要求。

(3) 配方 1 实例　如表 13-11 所示。

表 13-11 丙烯酸聚氨酯面漆配方

类别	原料	质量分数
基料	丙烯酸乳液	40～60
颜料	铝浆	4～8
溶剂	丙二醇丁醚	5～10
助剂	增稠剂	0.2～0.5
	消泡剂	0.1～0.3
	润湿剂	0.1～0.2
稀释剂	去离子水	25～40

续表

类别	原料	质量分数
成膜助剂	醇酯 12	0.2～0.3
固化剂	水性 HDI 型	4～6
	异氰酸酯	

(4) 配方实例 2　如表 13-12 所示。

表 13-12 高鲜映度氨基丙烯酸汽车涂料配方

类别	原料	质量分数
基料	丙烯酸乳液	40～60
颜料	铝浆	4～8
溶剂	丙二醇丁醚	5～10
助剂	增稠剂	0.2～0.5
	消泡剂	0.1～0.3
	润湿剂	0.1～0.2
稀释剂	去离子水	25～40
成膜助剂	醇酯 12	0.2～0.3
	丙烯酸树脂	15～30
	聚酯树脂	10～25
	BYK-306	0.2
	BYK-358	0.3
	紫外线吸收剂	1
	有机锡	0.01～0.05
	二甲苯	5～10
	醋酸丁酯	3～5
	环己酮	1～5
固化剂	水性 HDI 型异氰酸酯	4～6

3. 汽车粉末涂料工艺技术及配方

汽车面漆用热固性丙烯酸聚氨酯粉末涂料配方如表 13-13 所示。

表 13-13 汽车面漆用热固性丙烯酸聚氨酯粉末涂料配方

原料名称	功用	用量/质量份
十二碳烯双酸(平均粒径 6μm)		9.67 2
丙烯酸共聚物	基料	82.33
封闭异氰酸酯	基料	8.00
苯偶姻(平均粒径 6μm)		0.50
烯化氧改性的二甲基聚硅氧烷液体		0.50
辛酸亚锡		0.10
Tinuvin-622 受阻胺光稳定剂(平均粒径 10μm)		1.00
邻-羟苯基苯并三唑紫外线吸收剂(平均粒径 7μm)	UV 吸收剂	2.00

配方说明：该涂料涂层具有光泽度高、表面光滑、耐候性优良等特点。

4. 典型的金属闪光涂料配方

典型的水性闪光底色漆配方组成见表13-14。

表 13-14 典型水性闪光底色漆配方

成分	用量/份
(1)氨基树脂	
甲醇	336
多聚甲醛	281
水	23
20%苛性钾	1.1
甲基胍	188
顺丁烯二酸	2.4
(2)涂料	
マタワリク51-641(固体分 60%)	140
氨基树脂	50
钛白粉(R-820,坍化学制)	100
1∶1 的索维尔索 100 溶剂/索维尔索 150 溶剂组成的混合溶剂	适量

5. 汽车塑料零部件用涂料

常温或低温固化的丙烯酸树脂涂料。

(1) 配方与工艺

① 丙烯酸酯共聚合物的合成（见表13-15）。

表 13-15 丙烯酸酯共聚物配方

组分	用量/重量份
甲苯	70
氯化聚丙烯(固体分 30%)	333
甲基丙烯酸二甲胺乙酯	12
甲基丙烯酸甲酯	35
丙烯酸丁酯	23
苯乙烯	30
偶氮二异丁腈	1
偶氮二异丁腈	0.3

在装有冷却器、温度计、搅拌器的烧瓶中加入配方量的甲苯、化聚丙烯、甲基丙烯酸二甲胺乙酯、甲基丙烯酸甲酯、丙烯酸丁酯苯乙烯和1份偶氮二异丁腈，在80℃搅拌2h，然后在2h内分8次加入0.3份偶氮二异丁腈，总计用20h聚合终了。得到丙烯酸共聚物，其固体分为39.9%。

② 涂料配制（见表13-16）。

表 13-16 丙烯酸树脂涂料配方

组分	用量/质量份
丙烯酸系共聚树脂	100
山梨醇聚缩水甘油醚	3
甲苯	适量

将配方中前两种组分混合，用甲苯调整黏度，制得清漆，配方中也可加入着色颜料制备色漆。

(2) 性能应用　该涂料可常温或低温固化。涂膜外观及附着力优良。耐碱性、耐溶剂性等各种性能优良。

① 施工及配套要求。可用喷涂、浸涂、刷涂等涂装，涂膜常温干燥。

② 应用范围。用于汽车制品中各种塑料类的涂装。

6. 无皂纯丙乳液型汽车阻尼涂料配方

① 汽车阻尼涂料的作用。汽车阻尼涂料系指能减弱振动，降低噪声的涂料，主要涂布处于振动条件下的大面积薄板状壳体上，如汽车的壳体等。

在这种振动的壳体上涂上一层阻尼涂料，就能起到减振降噪的作用。

② 汽车阻尼涂料的构成。汽车阻尼涂料是由特定功能的高分子材料和填料构成。这是由于高分子材料具有明显黏弹性，它能将振动能的一部分吸收，再以“热”的形式释放出来，即发生所谓力学损耗，也即产生减振降噪的阻尼性能。因而阻尼涂料的阻尼性实质上就是高聚物在特定条件下的力学损耗。

③ 汽车阻尼涂料基料分类。汽车阻尼涂料按使用的基料分类可分为溶剂型阻尼涂料和水性阻尼涂料，以合成聚合物乳液为基料的乳液阻尼涂料，按基料的组分构成又可分为单组分阻尼涂料和多组分阻尼涂料。

单组分阻尼涂料是指涂料的基料只采用一种聚合物，即该阻尼涂料只有一个玻璃化转变温度。多组分阻尼涂料的基料是由两种或两种以上的聚合物构成，如乳液互穿网络及聚合物的共混物为基料所构成的阻尼涂料为多组分阻尼涂料。单组分阻尼涂料如聚醋酸乙烯酯乳液为基料或无皂纯丙乳液为基料制备的阻尼涂料。

利用胶乳互穿网络聚合物（LIPN）调制乳液型阻尼涂料，不仅克服了高聚物共混物的一些缺点，而且提高了组分的相容性，拓宽了阻尼温域，是非常有前途的制备阻尼涂料的方法。

这里仅介绍一个乳液型阻尼涂料的配方（见表13-17）。

表13-17 无皂纯丙乳液型汽车阻尼涂料配方（质量份）

无皂纯丙乳液(固含量60%)	300
保护胶体(固含量5%～7%)	100
水分散沥青(自制,固含量50%～55%)	100
交联剂(自制,有效成分30%～35%)	50
石棉粉(7级)	70～100
滑石粉(320目)	100
云母粉	50
轻质碳酸钙(320目)	100
硅灰石粉(320目)	100
膨胀土(320目)	10～50
颜料	适量
去离子水	适量

四、汽车涂料中的溶剂、颜料、闪光材料选择与配方

1. 汽车涂料配方设计中溶剂的选择方法

溶剂的选择直接关系到漆用树脂的溶解及其相互间的混溶。汽车涂料的基料一般是纤维素酯类和合成树脂类，选用溶剂时应尽可能地选用制造厂和所用涂料的技术条件中所推荐的溶剂，另外，还有溶剂选择的三条通用规律可以遵循。

(1) 极性相似原则。即极性相近的物质可以互溶。如汽车漆中极性比较高的氨基漆一般选择极性比较高的丁醇等做溶剂。

(2) 溶剂化原则。溶剂化是指溶剂分子对溶质分子产生的相互作用，当作用力大于溶质分子的内聚力时，便使溶质分子彼此分开而溶于溶剂中。如极性分子和聚合物的极性基团相互吸引而产生溶剂化作用，使聚合物溶解。

(3) 溶解度参数原则。即如果溶剂的溶解度参数和聚合物的溶解度参数相近或相等时，就能使这一聚合物溶解，应用此原则较易掌握，还可用于电子计算机进行选择。

汽车涂料常用的基料有醇酸树脂、纤维素树脂、丙烯酸树脂、环氧树脂、尿素和三聚氰胺树脂、聚氨酯树脂等，特定树脂按以上原则可选择特定溶剂，分述如下。

醇酸树脂的溶解度很大程度上取决于分子中干性油的百分含量，自干树脂一般很易溶解于溶剂汽油或无味矿油中，因而在溶解醇酸树脂时不需要使用强溶剂。当醇酸树脂的油度下降时，其溶解度也随着下降，对于短油烘干型醇酸树脂，芳香烃特别是二甲苯是溶剂的最佳选择，有时将正丁醇与芳香烃混合以增加溶解力。无油醇酸树脂或聚酯不含植物油，且不溶于烷烃溶剂中，这些树脂大多数溶于芳香烃溶剂或乙二醇醚类。

纤维素树脂是汽车漆常用的重要树脂，其中用于金属闪光底漆的醋丁纤维素的溶解度取决于醋酸酯与丁酸酯的比率。一般都溶于丙酮、甲乙酮、环乙酯、醋酯乙酯、醋酸甲酯等。

包括热塑性丙烯酸树脂在内的丙烯酸涂料，通常以酮作为真溶剂，少量的醇作为潜溶剂，二甲苯或甲苯作为稀释剂。热固性丙烯酸树脂，它要经过交联剂或空气干燥，其溶解度很宽，用来溶解该树脂并能使用的溶剂变化范围很广，可以从脂肪烃一直到酮或乙二醇醚类。

用于大多数环氧树脂的真溶剂是酮、酯和醇醚类，当树脂的分子量降低时，芳香烃和丁醇在溶剂中的百分含量可以增大一些，醇能作为惰性溶剂，但所加的比例所少。

尿素和三聚氰胺树脂常与醇酸树脂混合使用，它们是交联剂。氨基树脂几乎总是与二甲苯、正丁醇、异丁醇或异丙醇混合起来使用。

聚氨酯树脂通常有聚氨酯油、湿固化聚氨酯、封闭的异氰酸酯树脂等几种类型，一般都需要酯、酮、乙二醇醚类和芳香烃混合物作为溶剂。

汽车涂料一般不是由一种树脂而是几种树脂混合为基料而制成的，所以其所用溶剂一般多采用混合溶剂。采用单一溶剂一般得不到较好的溶解性能、经济效果和

施工性能。混合溶剂一般是由真溶剂、助溶剂和冲淡剂三部分组成。配制混合溶剂时，应注意在涂膜干燥过程中混合溶剂的挥发率均匀，混合溶剂应均一、无色透明、无杂质和无水分等。

2. 汽车涂料用珠光颜料的颜色配方

1989年，美国生产的汽车面漆有32%含珠光颜料，而且随角异色效应颜料的应用范围在美国、日本和欧洲不断扩大。当今世界最感兴趣的品种是颜色纯净、柔和并有一定闪烁效果的涂料，其是针对特定类型和特定型号的汽车开发的特殊颜料。例如各种彩色汽车，其颜色鲜艳而且花色很多，有石油绿（马自达、RX-7）、薄荷绿（大众、高尔夫）、鳄鱼灰（福特、埃斯考特）。豪华型彩色汽车的颜色偏暗一些，显得更为优雅，例如毛里求斯蓝色（宝马）、暗表绿云母色（丰田）和闪光红（奥斯摩比）。

随着颜色效应颜料的新发展而不断得到用户的认可。片状石墨是一种“新型黑色颜料”，超细二氧化钛是一种“反向闪烁颜料”，这两种颜料及超细珠光颜料（<15μm）常用于配制有奇特效果的颜色。新一代云母颜料，如银白色灰色珠光颜料能赋予汽车面漆优雅的外观。汽车面漆广泛使用两类随角异色效应颜料：

（1）珠光颜料（云母颜料，Iriodin R/Afflair TMWR颜料）。

（2）片状金属颜料（以铝粉为主）。

除了这两类外，最近还开发了一些颜料品种，它们能在光线照射下呈现绚丽的色彩，主要有微细二氧化钛、片状石墨、片状酞菁铜和氧化铁包覆铝粉。

Iriodin/Afflair珠光颜料是用云母作底材，包覆上金红石二氧化钛和/或三氧化二铁。Iriodin/Afflair的特点是外观明亮，铝粉的粒径范围是7～45μm。

由于Iriodin/Afflair珠光颜料具有透明性，因此可设计出众多珠光彩色效应，但遮盖力有限。在一般底涂/罩光面漆体系中，Iriodin/Afflair珠光颜料都要和其他颜料混拼使用。因为配方中各种组分均应透明且无散射作用，所以只推荐透明的无机或有机颜料。

Iriodin/Afflair珠光颜料有各种粒径规格的产品，它们具有不同的珠光效果。粒度粗，闪光效果好；粒度细（<15μm），则外观柔和。

通常，底涂层的厚度为15～35μm，可以采用下列一些珠光颜料配方：

（1）将Iriodin/Afflair珠光颜料与透明的有机或无机颜料混用，能得到一系列特别明亮外观的色调。

（2）将Iriodin/Afflair珠光颜料与炭黑或片状石墨混合使用，结果得到带有特定高雅感觉的深暗色色调。

（3）在Iriodin/Afflair珠光颜料中加入少量铝粉，能制成闪光面漆，其中云母起闪烁作用，铝粉起遮盖作用。

为了得到最清晰的镜面反射效果，在采用随角异色效应颜料制成的汽车底漆上还需涂一道透明的罩光面漆。

近年来，汽车颜色有更新的突破，如将红色云母颜料（Iriodin/Afflair 9504 WR）与氧化铁红混用，呈现一种鲜艳的红色闪光效果（红色闪光/GM车）；加入干涉颜料后，如Iriodin/Afflair 9219 WR，能产生一种紫色的现代色外观（中紫红/福特车）。另外一个例子是氧化铬绿-云母颜料（Iriodin/Afflair 9444 WR）和片状酞菁蓝颜料混用，结果产生从深蓝色到蓝绿色的强烈颜色闪烁效果。

有一种典型的汽车“云母面漆”，它含有下列组分（按颜料固体分计）：

（1）Iriodin/Afflair珠光颜料（30%～60%）；

（2）透明有机或无机颜料（70%～40%）；

（3）炭黑（约2%）；

（4）粉颜料（约3%）。

以下是几种典型的汽车随角异色效应颜料的配方，配方比例是一个近似值，但从中可以看出颜料之间的比例变化是如何影响颜色及外观效果的。

［**例1**］蓝色，中蓝闪光色——“通用”轿车。这种颜料具有闪光颜色，色泽明快

的特点。

组分	用量(质量分数)
珠光颜料 Iriodin/Afflair 9225 WR	20
铝粉(中粒度)	40
酞菁蓝	30
颜料黑	10

［**例 2**］翠绿色——Mercedes 奔驰。此颜料是干涉云母绿颜料与有机颜料的混合物，蓝色有机颜料的加入使面漆具有现代感。

组分	用量(质量分数)
珠光颜料 Iriodin/Afflair 9225 WR	30
酞菁绿	30
酞菁蓝	35
颜料黑	5

［**例 3**］白色-米色，浅浮木色——通用公司（GM）轿车。该颜料闪光效果强烈，给人的感觉是一种很绚丽的天然的长年木材颜色。

组分	用量(质量分数)
珠光颜料 Iriodin/Afflair 9103 WR (10～40μm)	40
铝粉(中粒度)	55
透明氧化铁	5
颜料黑	微量
颜料白	微量

［**例 4**］灰色-黑色，金刚石黑色——宝马轿车。

组分	用量(质量分数)
珠光颜料 Iriodin/Afflair 9103 WR(10～40μm)	20
玉米片状铝粉	5
透明氧化铁	15
颜料黑	30
靛蒽醌蓝	微量

［**例 5**］闪光亮红色——Corvette (GM)。此颜色让人看了眼花缭乱，一辆静止不动的红色赛车，看上去好像在飞驰。

组分	用量(质量分数)
珠光颜料 Iriodin/Afflair 9103 WR(10～40 μm)	40
喹吖啶酮紫	15
颜料黑	30
花紫红	5

［**例 6**］红色，艳深红色——Mercedes 奔驰。此颜料的特点是使用了两种紫色颜料，使红色很高雅，一种是珠光颜料 Iriodin/Afflair 9505 WR Ⅱ，还有一种是有机紫。

组分	用量(质量分数)
珠光颜料 Iriodin/Afflair 9103 WR (10～40μm)	65
珠光颜料 Iriodin/Afflair 9505 WR Ⅱ (10 ～ 40μm)	5
喹吖啶酮紫	10
苝紫	15
颜料黑	5

3. 汽车涂料用新型闪光材料进行新的色彩装饰

近 5 年内，德国、美国、日本的流行色，在三大汽车市场，汽车的涂装色的倾向是以无彩色为主流，特别是以银色为主导。尤其在日本市场，银色约占 42%，与黑和白合起来的无彩色实际占到 80%。

在彩色领域，已有各种新颜色上市。蓝-绿领域的新色最多，黄色、红色领域的新色较少。特别是红的高色度领域、绿-蓝的高色度领域的新色少。还有，紫、粉红领域的中—高色度的新色也少。

在红的高色度领域，紫、粉红的中、高色度领域，使用具有遮盖性的红色闪光材料，有可能开发新型装饰。在绿、蓝的高色度领域，使用已有的闪光材料有一定困难，特别是有必要期待开发出不会随视角变化而色度低下的闪光材料。

13-1 高端汽车外用面漆

性能与用途 一般漆膜丰满、光亮、装饰性好，具有良好的物理机械性能和三防性能，漆膜保光、保色、耐候性好。用于汽车面漆的装饰。

涂装工艺参考 该漆施工以喷涂为主。一般需在 6h 内用完，以免结胶。严禁胺、水、醇、酸、碱及油等物混入。可与聚氨酯底漆、环氧、醇酸等底漆配套使用。有效储存期 1 年，过期产品按质量标准检验，符合要求仍可使用。

产品配方

(1) 配方 1/kg

A 组分：

乙烯型树脂	15.88
2-乙氧基乙醇乙酸酯	15.39
二甲苯	2.70
甲乙酮	4.73

B 组分：

甲醇/水(95：5)	0.38
膨润土	1.27
钛白粉	33.78
分散剂	8.97
硫酸钡	57.6

C 组分：

乙烯型树脂	17.8
改性膨润土	1.24
2-乙氧基乙醇酸酯	16.70
二甲苯	1.9
甲乙酮	6.0

生产工艺与流程（1）　将 A 组分原料混合均匀后，溶解至清晰，加入 B 组分原料混合物，混合后，在高速分散机中研磨至细度为25μm，最后加入 C 组分原料高速混合均匀，得到厚涂层用乙烯型树脂汽车白色面漆。

（2）配方 2/kg

A 组分：

环氧树脂(75%二甲苯溶液)	87.47
2-乙氧基乙醇乙酸酯	22.53
脲醛树脂	22.53
改性膨润土	1.47
分散剂	2.0
甲醇/水(95：5)	0.29
钛白粉	83.7

B 组分：

2-乙氧基乙醇乙酸酯	40.30

C 组分：

环氧树脂清漆	34.85
2-乙氧基乙醇乙酸酯	9.43

生产工艺与流程（2）　将 A 组分的环氧树脂、脲醛树脂、改性膨润土、钛白粉与溶剂混合后，用高速分散机研磨至一定细度，然后加入 40.29kg 2-乙氧基乙醇乙酸酯混匀后加入 C 组分，调匀得白色汽车面漆。

（3）配方 3/kg

乙酰丁酸酯纤维素(10%溶纤剂溶液)	10.48
金红石型二氧化钛	20.2
乙二醇单乙醚(乙基溶纤剂)	10.36
聚氨基甲酸酯	36.0
聚酯树脂	44.59
二甲苯	4.67

生产工艺与流程（3）　将纤维素、二氧化钛和乙基溶纤剂混匀，用球磨机研磨，过滤，然后与其余物料的混合物调配均匀，制得汽车面漆。

（4）配方 4/kg

	A 组分	B 组分
醇酸树脂(70%甲苯溶液)	11.4	49.2
改性膨润土	0.24	
甲醇/水(95：5)	0.12	
二甲苯	1.8	6.0
三聚氰胺甲醛树脂(20%丁醇溶液)		15
钛钡白	31.6	
丁醇		2.4
乙二醇		1.08
丁二醇		1.08

生产工艺与流程（4）　将 A 组分中的醇酸树脂、改性膨润土、钛钡白及溶剂混合后，用球磨机研磨至一定细度，过滤，再与 B 组分混合均匀后调配，制得汽车面漆。

13-2　多功能轿车外壳喷涂漆

性能与用途　一般具有较好的抛光打磨性能及保光保色性。用于轿车外壳喷涂。

涂装工艺参考　该漆可手工喷涂、静电喷涂、刷涂、浸涂、淋涂施工。

产品配方/kg

丙烯酸酯树脂溶液	2.0
硝基黑片	0.8
丁醇	0.5
丙酮	0.50
硝基纤维素	0.34
醋酸丁酯	1.00
邻苯二甲酸丁苄酯	0.20

生产工艺与流程　将丙烯酸树脂液、硝基黑片、硝基纤维素和增塑剂溶解于醋酸丁酯、丁酮、丙酮混合溶剂中，经高速搅拌器分散均匀，然后再经球磨后过滤，包装。

13-3　新型汽车三防纳米电泳漆

性能与用途　一般漆膜丰满、光亮、装饰性好，具有良好的物理机械性能和三防性能，漆膜保光、保色、耐候性好。

涂装工艺参考　该漆施工以喷涂为主。一般需在6h内用完，以免结胶。严禁胺、水、醇、酸、碱及油等物混入。可与聚氨酯底漆、环氧、醇酸等底漆配套使用。有效储存期1年，过期产品按质量标准检验，符合要求仍可使用。

产品配方（质量份）

（1）胺改性环氧树脂

双酚A型环氧树脂(环氧当量为450)	1620
二乙醇胺	78.0
二乙氨基丙胺	108
乙基溶纤剂	156.5

（2）纳米颜料浆

聚丙二醇改性环氧	630
二乙醇胺	100
环氧树脂828	180
乙基溶纤剂	144.4
二乙氨基丙胺	123.6
胺改性环氧树脂	94
纳米炭黑	5
松节油	28
纳米钛白粉	240
纳米滑石粉	20
丁基溶纤剂	50
铅	20
锡	5

（3）电泳涂料

胺改性环氧树脂	100
2,2-(4-羟环己基)六氟丙烷	30
纳米颜料浆	90
30%甲酸	10
封闭型异氰酸酯(异佛尔酮二异氰酸酯的丁基溶纤剂封闭化合物)	65

生产工艺与流程

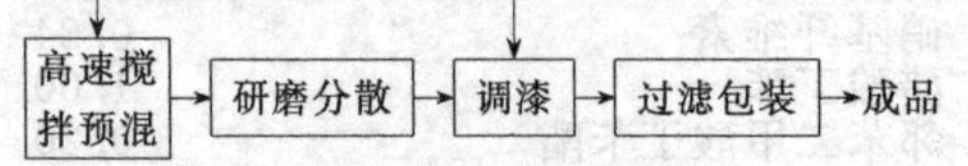

13-4　高固体丙烯酸烘干汽车面漆

性能与用途　本产品由于固体分高，有机溶剂少，可减少大气污染，改善施工条件，提高生产效率，节约各种能源，是目前较先进的涂料产品之一。可用于各种车辆及室内外金属制品作装饰保护涂料，作为各种小轿车、吉普车、大轿车、卡车、自行车等室内外金属制品的保护涂料。

涂装工艺参考　可与H环氧烘干底漆、环氧二道底漆配套使用。施工方法最好采用喷涂，施工黏度控制在25s±2s（涂料-4黏度计）为宜，用该漆专用稀释剂进行稀释。

产品配方/(kg/t)

原料名称	白	蓝	原料名称	白	蓝
丙烯酸树脂	340	408	颜料	170	114
聚酯树脂	220	256	助剂	17	18
氨基树脂	190	223	溶剂	200	120

生产工艺与流程

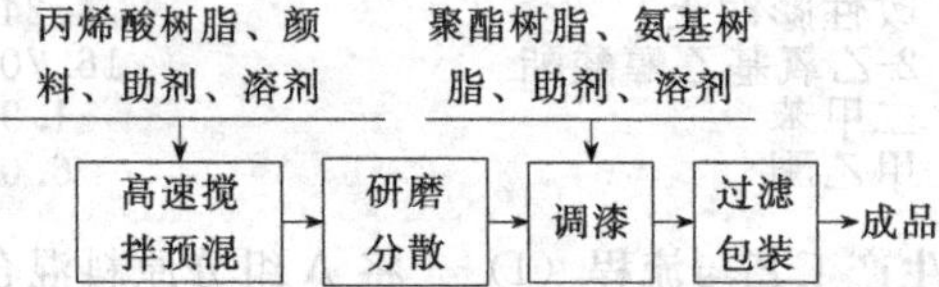

13-5　汽车用水性纳米电泳涂料

性能与用途　一般该漆附着力好，耐磨性、耐洗刷性、耐油性和耐化学品腐蚀性优良。颜料色、光泽、平滑装饰性好。

涂装工艺参考　该漆施工以喷涂为主。一般需在6h内用完，以免结胶。严禁胺、水、醇、酸、碱及油等物混入。可与聚氨酯底漆、环氧、醇酸等底漆配套使用。有效储存期1年，过期产品按质量标准检验，符合要求仍可使用。

产品配方（质量份）

聚酯改性乙烯基树脂和交联共聚树脂的混合液(按固体分3∶7混合)	137
纳米炭黑	0.4
消泡剂	0.1
纳米离子交换水	65
纳米钛白	20

生产工艺与流程　本品涂膜物理性能、耐腐蚀及耐水性优异，是改善汽车车身防腐蚀性的水性热固化树脂涂料。

（1）纳米聚酯改性乙烯基树脂溶液配方

不饱和聚酯树脂溶液间苯二甲酸	32.6
新戊二醇	29
己二酸	18.7
富马酸	3
三羟甲基丙烷	16.7

（将此树脂以乙二醇单乙醚稀释成不挥发分为 60%）

聚酯改性乙烯基树脂溶液：

乙二醇单乙醚	265
甲基丙烯酸甲酯	25
氯化-2-羟基-3-甲基	15
苯乙烯	125
丙烯酸-2-乙基己酯	137.5
甲基丙烯酸-2-羟乙酯	75
偶氮二异丁腈	6
甲基丙烯酸二甲氨基乙酯	40
偶氮二异丁腈	0.6
丙烯酸羟丙基三甲基铵的 50%水溶液	150

生产工艺与流程　向配有搅拌机、温度计、滴液管及冷却管的反应容器内加入乙二醇单乙醚，将温度升到 90℃，把混合液连续在 3h 内滴入，加完后，加入 0.5 份偶氮二异丁腈（分两次加入。每次间隔 30min），使反应温度上升到 95℃后，再加入 0.1 份偶氮二异丁腈（分 4 次加入，每次间隔 30min），于同样温度下反应 4h 得到酸值 2.4、羟值 97、重均分子量 12800、不挥发分为 59.8%的树脂溶液。

（2）交联性共聚树脂溶液配方

乙二醇单乙醚混合液	300
氯化-2-羟基-3-甲基	20
甲基丙烯酸甲酯	25
苯乙烯	125
丙烯酸-2-乙基己酯	175
甲基丙烯酸二甲基氨基乙酯	40
N-正丁氧基甲基丙烯酰胺	125
丙烯酸羟丙基三甲基铵的 50%水溶液	150
偶氮二异丁腈	12.1

生产工艺与流程　向配有搅拌机、温度计、滴液管及冷却管的反应容器内，加入乙二醇单乙醚，升温到 90℃，于 3h 内连续滴加混合液，滴加完混合液后，添加 0.5 份偶氮二异丁腈（分两次，间隔 30min），反应温度升到 95℃后，再加 1.6 份偶氮二异丁腈（分 4 次加入，间隔 30min）于同样温度反应 4h，获得酸值 0.5、重均分子量 19300、不挥发分 58.7%的树脂溶液。

丙烯酸树脂、颜料、助剂、溶剂　　聚酯改性树脂、氨基树脂、助剂、溶剂

高速搅拌预混 → 研磨分散 → 调漆 → 过滤包装 → 成品

13-6　季铵盐改性环氧树脂阴极纳米电泳涂料

性能与用途　一般漆膜丰满、光亮、装饰性好，具有良好的物理机械性能和三防性能，漆膜保光、保色、耐候性好。用于经磷化处理过的钢板、汽车车身、钢部件等的阴极电泳涂装。

涂装工艺参考　该漆施工以喷涂为主。一般需在 6h 内用完，以免结胶。严禁胺、水、醇、酸、碱及油等物混入。可与聚氨酯底漆、环氧、醇酸等底漆配套使用。有效储存期 1 年，过期产品按质量标准检验，符合要求仍可使用。

产品配方/kg

（1）季铵盐改性环氧树脂

双酚 A	412.3
4.5%硼酸水溶液	112.7
环氧树脂液	1225.7
甲乙酮	406
2-乙基己醇	156.1
含烃油纳米硅藻土表面活性剂	9.1
二甲基乙醇胺乳酸盐	196

（2）纳米颜料浆

纳米 TiO_2	400
TWEEN40（山梨糖单棕榈酸酯，表面活性剂）	4
二丁基锡氧化物	40
去离子水	239

（3）纳米电泳涂料

纳米颜料浆（含固体分 69.7%）	107.2
2-乙基己醇	23.5
去离子水	1940
异佛尔酮二异氰酸酯季铵盐改性环氧树脂（含固体分 70%）	190

生产工艺与流程

季铵盐改性环氧树脂、纳米颜料浆、纳米电泳涂料、助剂、溶剂、去离子水

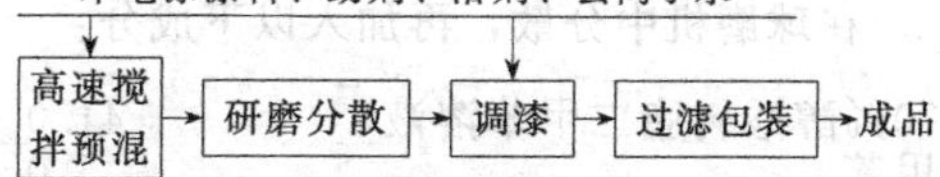

13-7　高级阴极纳米电泳漆

性能与用途　一般漆膜丰满、光亮、装饰性好，具有良好的物理机械性能和三防性能，漆膜保光、保色、耐候性好。

涂装工艺参考　该漆施工以喷涂为主。一

般需在 6h 内用完，以免结胶。严禁胺、水、醇、酸、碱及油等物混入。可与聚氨酯底漆、环氧、醇酸等底漆配套使用。有效储存期 1 年，过期产品按质量标准检验，符合要求仍可使用。

产品配方（质量份）

（1）树脂

对苯酚型环氧树脂(环氧当量 500)	500
聚酰胺树脂(胺值 300)	400
甲基异丁基酮	240
异丙醇	181
二乙胺	36.5
二异丙醇	66.5

（2）水分散树脂（质量份）

上述树脂	130
纳米去离子水	700
丙烯酸	6
40%的水分散树脂	187.5
部分封闭二异氰酸酯（物质的量之比 1：1.5）	386

生产工艺与流程 适用于汽车及其他车辆的电泳涂装底漆。

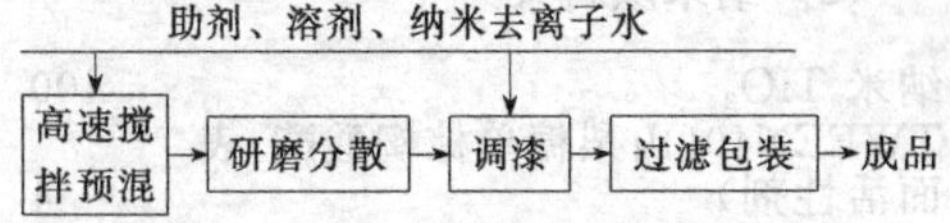

13-8 高档汽车静电喷涂面漆

性能与用途 一般用于汽车面漆的涂饰。

涂装工艺参考 该漆可手工喷涂、静电喷涂、刷涂、浸涂、淋涂施工。

产品配方（质量比）

70%醇酸树脂二甲苯溶液	9.5
二甲苯	1.5
膨润土	0.2
甲醇：水(95：5)	0.1
钛白粉	26.5

在球磨机中分散，再加入以下成分：

70%醇酸树脂二甲苯溶液	41.0
甲苯	5.0
丁醇(一)	2.0
乙二醇	0.9
丁醇(二)	0.9
20%三聚氰胺甲醛树脂的丁醇溶液	12.5

生产工艺与流程 把以上组分加入研磨机进行研磨至一定细度合格。

13-9 高级汽车装饰性磁漆

性能与用途 一般颜料色、光泽、平滑装饰性好。可作浅蓝色闪（银）光汽车用磁漆。

涂装工艺参考 可与 H 环氧烘干底漆、环氧二道底漆配套使用。施工方法最好采用喷涂，施工黏度控制在 25s±2s（涂料-4 黏度计）为宜，用该漆专用稀释剂进行稀释。

产品配方（质量份）

苯乙烯	180～220
甲基丙烯酸丁酯	220～290
甲基丙烯酸-2-羟丙酯	60～90
甲基丙烯酸	10～15
二甲苯	200～220
正丁醇	90～110
共聚催化剂	8～15
丙酮	8.0
共聚溶剂	400～450
铝粉	1～5
三聚氰胺	30
酞菁蓝	1.86

生产工艺与流程 先将共聚溶剂和 1/5 苯乙烯加入反应釜中，然后再加入甲基丙烯酸丁酯、甲基丙烯酸-2-羟丙酯、甲基丙烯酸和共聚催化剂，在不断搅拌下慢慢升温至 130～140℃，保温 1h 后，在 1h 内加入剩余的苯乙烯、甲基丙烯酸丁酯、甲基丙烯酸-2-羟丙酯、甲基丙烯酸和共聚催化剂于反应釜中，在搅拌下进一步反应 2～3h，聚合结束，把反应物冷却、过滤同时加入正丁醇 80～120 及二甲苯 140～160 得到基料。

在反应釜中加入基料 77 份、二甲苯 9.3 份、酞菁蓝 1.87 份，充分搅拌得到酞菁蓝色浆。在反应釜中加入基料 2.7 份、颜料色浆和铝粉 2.2 份、二甲苯 0.6 份、丙酮 2.6 份再充分搅拌均匀。

在另一反应釜中加入三聚氰胺 30 份、二甲苯 38 份、正丁醇 12 份搅拌均匀。

把上述制得的混合物中加入基料共聚物溶液 59 份和三聚氰胺溶液 24 份搅拌均匀后再加入丙酮 5.3 份和二甲苯 2.7 份，充分搅拌直到搅匀后为止，即得成品。

13-10 聚氨酯汽车漆

性能与用途 一般漆膜色彩鲜艳，平整光亮，丰满度高，附着力好，耐磨损性及洗刷性强，耐化学品性优良。适合于无烘房的厂家用于进行汽车喷涂与修补，也可用于机械设备、船舶等保护装饰。

涂装工艺参考 该漆施工以喷涂为主。使用时按规定比例调混均匀，调节黏度可用聚氨酯专用稀释剂，配好的漆应在6h内用完。该漆忌与水、醇、碱油性物质等接触。配套底漆为X06-2磷化底漆、H06-2铁红环氧酯底漆、H06-2锌黄环氧酯底漆。有效储存期为1年，过期产品可按质量标准检验，如符合要求仍可使用。

产品配方/(kg/t)

原料名称	大红	黄	蓝	白	黑	绿
颜料	84	272	221	273	42	221
50%羟基醇酸树脂	788	653	620	777	945	789
溶剂	178	125	209	3	63	40

生产工艺与流程

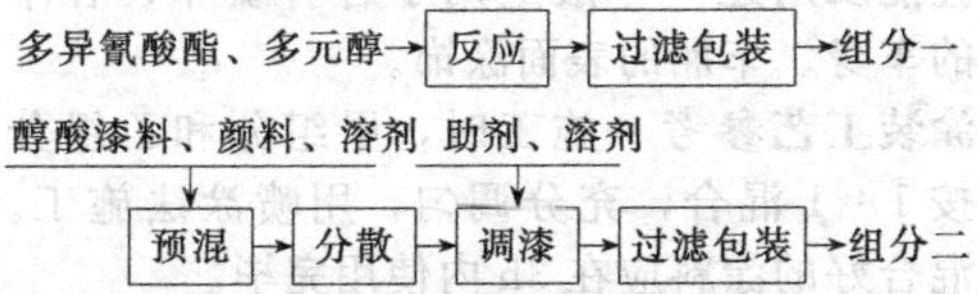

多异氰酸酯、多元醇→反应→过滤包装→组分一

醇酸漆料、颜料、溶剂→预混→分散→调漆（助剂、溶剂）→过滤包装→组分二

13-11 汽车反光镜透明保护涂料

性能与用途 一般用于汽车反光镜透明保护涂料。

涂装工艺参考 该漆可手工喷涂、静电喷涂、刷涂、浸涂、淋涂施工。

产品配方/g

甲基丙烯酸甲酯	27
甲基丙烯酸正丁酯	45
丙烯酸正丁酯	20
丙烯酸	8
过氧化苯甲酰	0.4
醋酸乙酯	40

生产工艺与流程 将甲基丙烯酸甲酯、甲基丙烯酸正丁酯、丙烯酸正丁酯、丙烯酸、0.4g过氧化苯甲酰、醋酸乙酯加入反应釜中进行混合均匀，升温至70℃时，然后再加入0.2g过氧化苯甲酰与20g醋酯乙酯的混合液，开动搅拌器，升温至回流温度80℃，再逐步加入配好的单体溶液，在2h内加完，在回流温度下78～80℃保温1～2h，测定转化率95%，停止加热，冷却降温出料。

13-12 多功能轿车外用涂饰涂料

性能与用途 一般有良好的光泽和丰满度。用于轿车的涂饰。

产品配方/kg

硝酸纤维素(70%)	3.10
丙烯酸酯改性蓖麻油醇酸树脂(60%)	3.00
磷酸三甲苯酯	0.45
硝基纤维素白片	2.5
三聚氰胺树脂(50%)	0.53
丙酮	1.0
邻苯二甲酸二丁酯	0.6
甲苯	4.58
醋酸丁酯	3.5
乙醇	1.03

生产工艺与流程 把各组分加入反应釜中，研磨混合均匀、过滤得到成品。

13-13 各类汽车钢板外壳喷涂面漆

性能与用途 一般用于汽车外壳钢板喷涂。

涂装工艺参考 该漆可手工喷涂、静电喷涂、刷涂、浸涂、淋涂施工。

产品配方

(1) 底漆配方/g

甲基丙烯酸二甲基氨基乙酯/甲基丙烯酸甲酯共聚物	100
甘油多缩水甘油酯	4.4
铝粉浆	7.6
混合溶剂(二甲苯：甲苯：醋酸乙酯为50：30：20)	适量

(2) 透明漆

丙烯酸乙酯/甲基丙烯酸乙酯/羟乙酯	适量
甲基丙烯酸异丁酯/甲基丙烯酸	适量
甲基丙烯酸甲酯/苯乙烯共聚物	适量
溶剂	适量

生产工艺与流程 把以上底漆配方中各组分加入混合器中进行研磨到一定细度，透明漆在混合后加入分散机中进行分散均匀。

13-14 多功能车辆的涂饰专用涂料

性能与用途 一般漆膜色彩鲜艳，光亮丰满，保光、保色性优异，耐磨损，附着力好，可室温固化成膜，也可低温烘烤固化成膜。主要用于各类车辆的涂饰及修补之用，也可用于飞机、火车、摩托车和实用电器的面漆。

涂装工艺参考 施工以喷涂为主。使用时按规定比例调配均匀，调节黏度可用聚氨酯稀释剂，配好的漆需静置 0.5h，待气泡消失，然后喷涂。一般需在 6h 内用完，以免结胶。严禁胺、水、醇、酸、碱及油等物混入。可与聚氨酯底漆、环氧、醇酸等底漆配套使用。有效储存期 1 年，过期产品按质量标准检验，符合要求仍可使用。

产品配方/(kg/t)

原料名称	红	黄	蓝	白	黑	绿
55%丙烯酸树脂	780	660	680	660	810	680
颜料	40	180	70	180	35	120
溶剂	210	190	280	190	185	230

生产工艺与流程

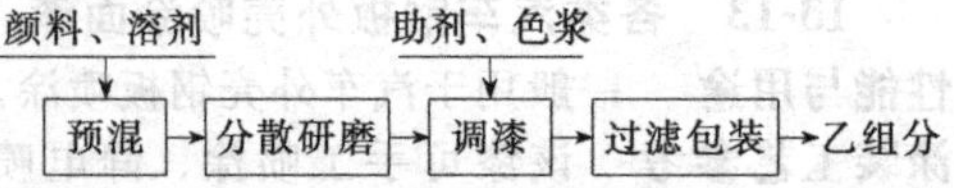

13-15 耐湿热和耐盐雾汽车外用装饰性面漆

性能与用途 一般该涂料具有优异的装饰性和户外耐久性，长期使用不泛黄，不变色，物理机械性能优良，有很好的耐湿热和耐盐雾性能。主要用于室温或低温固化的外用装饰性面漆，如：客车、面包车、微型轿车等汽车面漆，轿车等汽车修补漆，并且是金属闪光漆和珠光漆的首选罩光清漆，另外还可用作 ABS 塑料涂料，摩托车涂料和高档建筑外墙罩面涂料。

涂装工艺参考 聚氨酯丙烯酸汽车漆由甲乙两组分组成，使用前按一定比例混合均匀，用专用稀释剂兑稀到施工黏度，放置片刻即能使用，使用期约 8h，可喷涂、刷涂。

文献报道丙烯酸类单体属低毒类化工原料，合成后的丙烯酸树脂游离单体在 0.5%以下，生产现场二甲苯和单体含量小于 1.6×10^{-6}，而生产过程中没有产生和排放出废水、废气，所以认为该涂料生产符合环保要求。

产品配方

原材料名称	质量份
丙烯酸树脂	15～30
聚酯树脂	10～25
BYK-306	0.2
BYK-358	0.3
紫外光吸收剂	1
有机锡	0.01～0.05
二甲苯	5～10
醋酸丁酯	3～5
环已酮	1～5
固化剂	15～20

生产工艺与流程

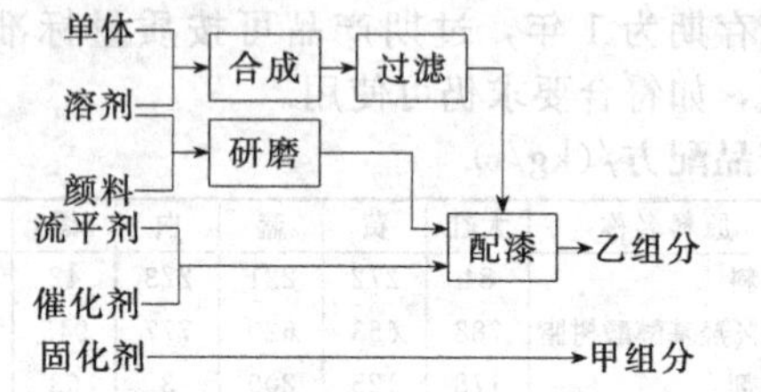

13-16 高光泽紫红汽车面漆

性能及用途 一般适用于各种货车、客车的车身、车厢的表面涂饰。

涂装工艺参考 施工时，甲组分和乙组分按 1∶1 混合，充分调匀，用喷涂法施工。混合好的涂料应在 3h 内使用完毕。

产品配方（质量份）

甲组分：

DS256 聚酯树脂	73.3
紫红粉	7
耐晒玫瑰红	1
醋酸溶纤剂	6
醋酸异丁酯	6
甲苯	6
平滑剂	0.5
丁基二月桂酸锡	0.2

注：DS256 聚酯树脂系意大利生产的一种脂肪酸改性饱和聚酯树脂，具有良好的柔韧性、耐泛黄和耐候性，固体含量约 75%。它与异氰酸酯配合反应形成的高光泽涂料，其附着力和耐候性均很好。

乙组分：

HDB75 固化剂	47
醋酸乙酯	13
醋酸异丁酯	25
甲苯	15

注：HDB75 固化剂系六甲基二异氰酸酯二聚体。

生产工艺与流程

甲组分：将颜料、一部分聚酯树脂和适量溶剂投入配料搅拌机中，搅拌均匀，经磨漆机研磨至细度合格，入调漆锅，再加入其余原料，充分调匀，过滤包装。

乙组分：将全部原料在溶料锅中混合，搅拌至完全溶混均匀，过滤包装。

13-17 多功能新型汽车用面漆

性能与用途 一般漆膜色泽鲜艳、平整光亮、丰满度高、附着力好，耐磨性、耐洗刷性、耐油性和耐化学品腐蚀性优良。适用于各种货车、客车的车身、车厢的表面涂饰。

涂装工艺参考 施工以喷涂为主。施工时按产品说明选用与之相应的稀释剂调整施工黏度。本产品的黏度、干燥条件、遮盖力等项要求，可由用户按不同型号的产品确定。

产品配方/(kg/t)

钛白粉 R-930	24.40
丙烯酸树脂(70%)	52.70
BYK-358	0.10
T292	0.80
T1130	0.50
有机锡	0.07
混合溶剂	22.00

注：混合溶剂组成 TOL：XL：Bac：DME=2：4：3：1（物质的比）

生产工艺与流程

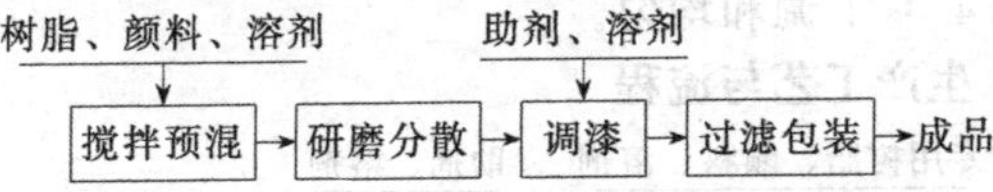

13-18 新型烘烤型抗裂和耐水的汽车底漆

性能与用途 一般用于处理过的金属上，烘烤干后再涂面漆。

涂装工艺参考 该漆可手工喷涂、静电喷涂、刷涂、浸涂、淋涂施工。

产品配方（质量比）

60%共聚物溶液(已二酸/间苯二甲酸/新戊二醇/三羟甲基丙烷)	45
二氧化钛	22.8
滑石粉	1.2
碳纤维	5.0
70%的三聚氰胺溶液	10.2
醋酯(2-乙氧基)乙酯	5.5
60%环氧树脂溶液	4.7
二甲苯	5.6

生产工艺与流程 将上述60%的已二酸/间苯二甲酸/新戊二醇/三羟甲基丙烷共聚物溶液、二氧化钛、滑石粉和碳纤维加入三辊机中进行研磨，再与其余组分按量混合即可。

13-19 烘干高固体型丙烯酸汽车装饰保护面漆

性能与用途 一般漆膜丰满、光亮、装饰性好，具有良好的物理机械性能和三防性能，漆膜保光、保色、耐候性好，本产品由于固体分高，有机溶剂少，可减少大气污染，改善施工条件，提高生产效率，节约各种能源，是目前较先进的涂料产品之一。可用于各种车辆及室内外金属制品作装饰保护涂料，作为各种小轿车、吉普车、大轿车、卡车、自行车等室内外金属制品的保护涂料。

涂装工艺参考 可与H环氧烘干底漆、环氧二道底漆配套使用。施工方法最好采用喷涂，施工黏度控制在25s+2s（涂料-4黏度计）为宜，用该漆专用稀释剂进行稀释。

产品配方/(kg/t)

原料名称	白	蓝	原料名称	白	蓝
丙烯酸树脂	340	408	颜料	170	114
聚酯树脂	220	256	助剂	17	18
氨基树脂	190	223	溶剂	200	120

生产工艺与流程

丙烯酸树脂、颜料、助剂、溶剂 → 高速搅拌预混 → 研磨分散 → 调漆（聚酯树脂、氨基树脂、助剂、溶剂）→ 过滤包装 → 成品

13-20 汽车用隔热涂料

性能与用途 装饰性涂料，用于汽车的隔热装饰。

涂装工艺参考 该漆可手工喷涂、静电喷涂、刷涂、浸涂、淋涂施工。

产品配方（质量分数）

15%丁腈橡胶液	38.59
珍珠岩粉	6.52
蛭石	13.04
石棉绒	13.04
胶黏剂	28.26
炭黑	0.54
稀释剂	适量

生产工艺与流程 将隔热材料烘干后，按照配方量称料，加入混合器中，进行充分混合，再加入稀释剂，搅拌，最后加入胶黏剂和橡胶液，充分搅拌均匀，即成。

13-21 汽车防雾透明涂料

性能与用途 一般主要用于汽车等的前面挡风玻璃，涂上本涂料后，涂膜可以防雾，以免水汽凝结在玻璃表面影响视线。

涂装工艺参考 将本涂料刷涂在挡风玻璃上1～2道即可。

产品配方（质量分数）

原料	质量分数
甲苯二异氰酸酯预聚物	5.2
硫化二丁酸二辛酯	1
二丙酮醇	69
聚乙烯吡咯酮	1.1
环己烷	23.7

生产工艺与流程 先将聚乙烯吡咯酮、二丙酮醇、环己烷投入溶料锅中，搅匀，再加入甲苯二异氰酸酯预聚物和硫化二丁酸二辛酯，搅拌至完全溶解成透明溶液，过滤包装。

13-22 新型高装饰卡车用漆

性能与用途 一般用于进口卡车高装饰用涂料。

涂装工艺参考 该漆可手工喷涂、静电喷涂、刷涂、浸涂、淋涂施工。

产品配方（质量份）

原料	质量份
醇酸树脂(50%固体分)	68.195
金红石型二氧化钛	6.937
酞菁蓝	1.033
酞菁绿	0.758
炭黑	0.128
硅油(1%)	0.197
丁醇	1.967
颜料：基料	3：17
醇酸：氨基	3：1
丁醇改性三聚氰胺树脂(60%)	20.821

生产工艺与流程 把以上组分加入混合器中，进行研磨至一定细度合格。

13-23 高档汽车三防铁红底漆

性能与用途 一般该漆干燥快、附着力强、力学性能好，其耐油性、防锈性和防腐蚀性好。主要用于各种汽车车身、车厢及零部件底层涂覆。

涂装工艺参考 可采用刷涂和喷涂施工。按产品要求选用配套的或专用的稀释剂调整施工黏度。与专用腻子和面漆配套使用。

产品配方

原料名称	质量份
聚酯树脂	35
环氧树脂	6
氧化铁红	15
滑石粉	12
硫酸钡	8
碳酸钙	10
防沉剂浆 2#(10%)	2
流平剂 2#	0.25
消泡剂 2#系列	0.25
润湿分散剂 2#系列	0.3
防浮色剂 2#系列	0.15
催化剂(二丁基二月桂酸锡)	0.05
环己酮	3
醋丁	2
二甲苯	5
聚氨酯固化剂($S=50\%$)	100

制备底漆分甲乙组分。甲组分：按配方量先把聚酯树脂、颜料、填料、部分助剂和溶剂进行高速分散，然后进行砂磨；再与环氧树脂及部分助剂一起调色成漆。选用固体分（50%）的聚氨酯固化剂作为乙组分备用。

涂装施工配方比例。底漆：固化剂＝4：1调和均匀。

生产工艺与流程

专用树脂、颜料、溶剂 → 搅拌预混 → 研磨分散 → 调漆（助剂、溶剂）→ 过滤包装 → 成品

13-24 汽车用磁性氧化铁环氧底漆

性能与用途 一般用于汽车底漆。

涂装工艺参考 该漆可手工喷涂、静电喷涂、刷涂、浸涂、淋涂施工。

产品配方 磁性氧化铁环氧树脂底漆配方（质量分数）

原料	质量分数
环氧树脂 E20	10～30
环氧树脂 E12	8～20
磁性氧化铁	20～40
滑石粉	5～10
沉淀硫酸钡	5～10
硫酸钙	5～10
防沉淀剂	0.5～3
混合溶剂	10

13-25　磁化铁黑车辆表面涂料

性能与用途　主要用作铁路货车车厢的表面涂料，系用于磁化铁黑车辆防锈涂料的配套面漆。

涂装工艺参考　主要用喷涂法施工。用二甲苯或醇酸漆稀释剂作稀释溶剂。

产品配方（质量份）

原料	质量份
60%长油度豆油醇酸树脂	55
磁化铁黑	25
二甲苯	10
200#溶剂汽油	4.5
环烷酸钙(4%)	1
环烷酸钴液(2%)	0.5
环烷酸锰液(2%)	0.5
环烷酸铅液(10%)	2
环烷酸锌液(4%)	1
防沉剂	0.5

生产工艺与流程　将磁化铁黑、一部分醇酸树脂、防沉剂以及适量的溶剂投入配料搅拌机，搅拌均匀，经砂磨机研磨至细度合格，入调漆锅，再加入其余的原料，充分调匀，过滤包装。

13-26　新型汽车修补用涂料

性能与用途　一般用于汽车翻新修补用。

涂装工艺参考　该漆可手工喷涂、静电喷涂、刷涂、浸涂、淋涂施工。

产品配方（质量份）

原料	质量份
聚丙烯酸	10～60
丙烯酸酯	20～85
乙烯系不饱和聚酯	80～20

生产工艺与流程　把以上两组分分别加入各 100 份，进行混合即成为清漆。

13-27　耐磨性和装饰性铁路车皮磁漆

性能与用途　该漆具有优良的耐候性，耐各种油类和化学介质的腐蚀，并具有优良的耐磨性和装饰性，主要作为铁路客车的车皮表面作保护涂饰之用。

涂装工艺参考　该漆采用喷涂为主。被涂刷物件表面一定要处理干净，刷好底漆后，方可喷上配好的本产品。调节黏度可用聚氨酯稀释剂，施工要求：温度 20℃以下，一天喷涂一次，温度 20℃以上，一天早、晚各喷涂一次。配套底漆为环氧酯底漆、环氧富镁底漆或聚氨酯底漆等。有效储存期为 1 年，过期产品可按质量标准检验，如符合要求仍可使用。

产品配方/(kg/t)

50%聚酯树脂	680
颜料	235
溶剂	185

生产工艺与流程

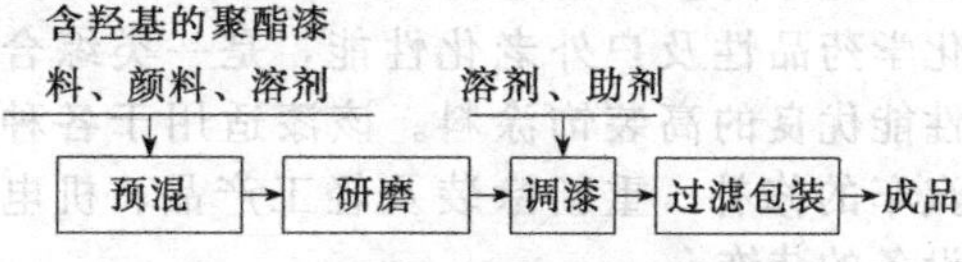

13-28　汽车花键轴耐高温底漆

性能与用途　用于汽车花键轴耐高温底漆。

涂装工艺参考　该漆可手工喷涂、静电喷涂、刷涂、浸涂、淋涂施工。

产品配方（质量分数）

原料	质量分数
环氧树脂	40
固化剂	10
环己酮	16
二甲苯	20
丁醇	14

生产工艺与流程　将环氧树脂加入反应釜中再加入部分溶剂进行回流溶解，然后冷却至 50℃，加入固化剂及剩余溶剂搅拌均匀，过滤、检验，包装。

13-29　新型氨基汽车漆

性能与用途　用于东风汽车上。

涂装工艺参考　该漆可手工喷涂、静电喷涂、刷涂、浸涂、淋涂施工。

产品配方（质量份）

(1) 甲组分：

原料	质量份
饱和脂肪酸	10～20
间苯二甲酸	10～25
三羟甲基丙烷	10～25
一元羧酸	2～5
二甲苯	3～5

(2) 乙组分：

原料	质量份
1000#溶剂	35～40
DF-50	2～5

生产工艺与流程　将甲组分加入反应釜中，然后升温，通氮气进行保护，待甲组分中原料溶解后开动搅拌，继续升温至 160℃，

开始回流出水，停止通氮气，在180℃进行酯化反应5～6h，再升温至230℃继续酯化4h，以后每隔0.5h取样检测指标，合格后降温至140℃以下加入乙组分兑稀溶剂搅拌均匀，过滤出料。

13-30　丙烯酸汽车修补漆

性能与用途　具有良好的附着力，漆膜丰满，光泽高，干燥速度快，并有很好的耐化学药品性及户外老化性能，是一类综合性能优良的高装饰涂料。该漆适用于各种汽车的修补、重新涂装及轻工产品、机电设备的装饰。

涂装工艺参考　该产品使用前必须充分搅拌，使用配套修补漆稀释剂稀释。喷涂黏度（涂—4黏度计）20～22s，喷涂压力0.35～0.4MPa。底漆选用H06-2环氧酯底漆。

产品配方/(kg/t)

原料名称	珍珠白	白	灰	原料名称	珍珠白	白	灰
丙烯酸树脂	640	640	620	溶剂	160	160	200
颜料	200	200	180				

生产工艺与流程

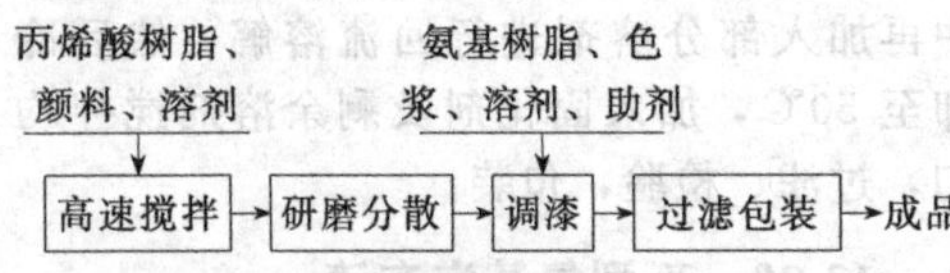

13-31　汽车中涂漆

性能与用途　用于东风汽车上。该漆具有较高的针孔极限、流挂极限、流平性好、抗石击性高，用在汽车的涂层装饰性和保护性。

涂装工艺参考　该漆可手工喷涂、静电喷涂、刷涂、浸涂、淋涂施工。

产品配方（质量份）

脂肪酸改性线型聚酯树脂	30～40
防流挂树脂	8
封闭聚氨酯树脂	5
氨基树脂	10～15
颜填料	26
膨润土	5
消泡剂	1
溶剂	5.2
丙烯酸类流平剂	0.2

生产工艺与流程　以部分脂肪酸改性线型聚酯树脂作研磨树脂，混合以颜料填料和助剂，分散研磨至细度合格，然后缓慢搅拌下补加余下漆料等，分散均匀，即得成品。

13-32　新型的汽车保护和装饰涂料

性能与用途　一般应用于汽车、工程车辆、机床、仪器、仪表等机器设备的保护和装饰。

涂装工艺参考　该漆可手工喷涂、静电喷涂、刷涂、浸涂、淋涂施工。

产品配方

丙烯酸酯：甲基丙烯酸酯：丙烯酸氨基酯	3：(4～7)：6
偶氮二异丁腈/%	2～3
溶剂(甲苯：醋酸丁酯混合溶剂)	适量
丙烯酸树脂单体浓度/%	55～62

生产工艺与流程　偶氮二异丁腈、丙烯酸酯、苯乙烯、丙烯酸氨基酯、甲基丙烯酸酯→混合→滴加甲苯、醋酸丁酯→聚合→丙烯酸树脂→85～95℃。

13-33　环氧磁性铁汽车专用底漆

性能与用途　该漆具有无毒、低温快干、抗油、耐酸、耐碱、耐化学药品等优点，并且还具有优良的耐盐水及耐盐雾性能，能与大部分防锈漆及面漆配套，成为高性能防腐涂料。本底漆还具有导电性，干膜厚度控制在20μm，不影响焊接性能。主要用于汽车、船舶、机械、桥梁、化工设备、石油管道及各种油类储罐做底漆，还可用于仪表、家用电器等轻工产品上。

涂装工艺参考　该漆属双组分漆，施工时须按一定配比混合熟化后方可施工，以喷涂为主，也可刷涂，属常温干燥漆，也可烘烤，烘烤温度为70～80℃为宜，一般用二甲苯与丁醇混合溶剂（7：3）。在涂漆前，须先清除欲涂钢铁表面的疏松旧漆、泥灰、氧化皮、浮锈，然后涂漆。该漆可与各种底、面漆配套。有效储存期为1年，过期可按产品标准检验，如符合质量要求仍可使用。

产品配方/(kg/t)

50%环氧树脂	413.0
助剂	15.3
颜、填料	425.7
溶剂	90.0
50%固化剂	198.0

生产工艺与流程

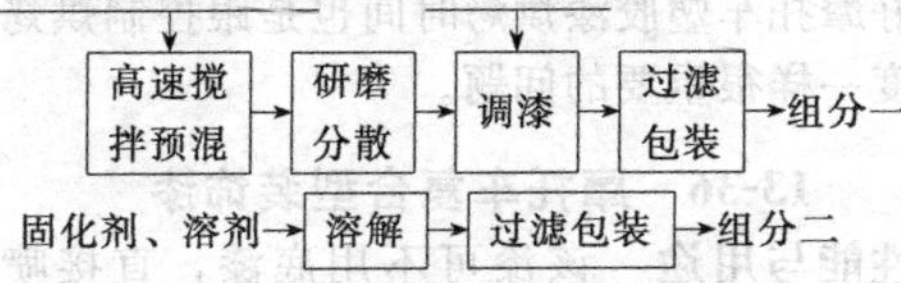

13-34 磁化铁棕车辆防锈涂料

性能与用途 一般主要用作铁路货车车厢的防锈底漆。

涂装工艺参考 主要用喷涂法施工。可用200#溶剂汽油或二甲苯稀释。施工前必须对底材进行除锈处理。

产品配方（质量分数）

50%中油度酚醛漆料	30
磁化铁棕	25
滑石粉	14
沉淀硫酸钡	14
含铅氧化锌	5
200#溶剂汽油	3.5
甲苯	4.6
环烷酸钴液(2%)	0.2
环烷酸锰液(2%)	0.2
环烷酸铅液(10%)	2
环烷酸锌液(4%)	1
防沉剂	0.5

生产工艺与流程 将颜料、填料、酚醛漆料、溶剂、防沉剂全部投入配料搅拌机内混合，搅拌均匀，经砂磨机研磨至细度合格，入调漆锅，加入催干剂，充分调匀，过滤包装。

13-35 汽车车架防腐补漆

性能与用途 用作汽车车架防腐及其他汽车金属部件的涂层。是良好的防锈防腐涂层。

一般的防腐涂料（像红丹防锈漆）在恶劣环境中寿命很短，一般在2年左右，不适合汽车车架被擦伤后的修补要求。一般防腐涂层总厚度为100～150μm，空气中的氧气和水汽仍能较多地透过涂层，引起材料腐蚀。一般来讲，涂层的寿命与涂层厚度的平方成正比，提高涂料寿命的有效手段就是增加涂层厚度。车架补漆的厚度一般要达到500μm，甚至数毫米。

涂装工艺参考 该产品使用前必须充分搅拌，使用配套修补漆稀释剂稀释。喷涂黏度（涂-4黏度计）20～22s，喷涂压力0.35～0.4MPa。底漆选用H06-2环氧酯底漆。

产品配方/(kg/t)

环氧E-20(50%)	48
铝粉浆，非浮型(65%)	3.8
云母氧化铁	24.3
锌铬黄	3.6
二甲苯-丁醇(7：3)	9.1
固化剂聚酰胺300#	9.8

生产工艺与流程

第二节 摩托车漆

一、摩托车专用塑胶漆

(1) 组成 该漆是由高性能树脂、进口助剂、耐候性色浆、闪光粉等制造而成。

(2) 特性 该漆具有附着力强，硬度高，装饰效果好等优点。

(3) 用途 用于摩托车、电动自行车、电器外壳的涂装。

(4) 技术要求 见表13-18。

表13-18 摩托车专用塑胶漆技术要求

项目	指标
漆膜外观	平整光滑
固体含量/%≥	30
干燥时间(23℃) 50%(相对湿度)≤	表干20min 实干6h
附着力(划圈法)≤	2
硬度≥	0.5

(5) 施工参考

① 该漆用于聚苯乙烯、改性聚苯乙烯、高抗冲聚苯等塑料表面的涂装。以空气喷

涂法施工为主。

② 施工前要把被涂物进行表面处理，可采用酒精或汽油擦洗晾干，也可放入2%～3%的碱液刷洗（不低于30℃），以保证施工质量。

③ 使用前先将漆搅拌均匀，用配套稀释剂调整施工黏度约11～13s（涂-4杯，25℃测定），喷涂时空气压缩机压力在2～3kg/m² 左右，施工温度最好在12～30℃范围内，施工场所相对湿度不应大于70%。

④ 喷涂的漆膜厚度每道13～20μm为宜（采用湿碰的施工方法），银色漆喷涂较薄时金属效果佳。

本漆复合型涂膜可自然干燥，也可在40～80℃条件下干燥。

（6）运输、储存

① 产品在运输时，应防止雨淋、日光暴晒，避免碰撞，并应符合交通部门的有关规定。

②产品应存放在阴凉通风处，防止日光直接照射，并隔绝火源，远离热源的库房内。

③安全防护。施工场地应有良好的通风设施，油漆工应戴好眼镜、手套、口罩等，避免皮肤接触和吸入漆雾。施工现场严禁烟火。

二、摩托车塑胶漆粉末涂装

对于涂料涂装企业来说，摩托车塑胶漆粉末涂装的烘烤温度对涂膜的色差有很明显的影响。因为粉末涂料所用的有机颜料和部分无机颜料的耐热温度有一定的限制，尤其是户内用粉末涂料成分中，有些树脂、固化剂和助剂的耐热温度也不高，所以当烘烤温度超过这个温度范围时，很难达到涂膜色差要求。因此，一定要控制烘烤温度，必须保证在粉末涂料配方设计的范围内，如果超过这个温度限制，涂膜的颜色也容易超出规定色差范围。

摩托车塑胶漆粉末涂料的烘烤时间对粉末涂料涂膜色差也有明显的影响。因为粉末涂料配方中使用的树脂、固化剂、有机颜料和助剂的耐热性有一定的限制。耐热性不仅包括耐热温度，还包括该温度下的保持时间。如果粉末涂料的烘烤固化时间过长，由于空气的氧化作用或粉末涂料成分中某些成分的热分解使粉末涂料中的部分成分发生化学变化，最终使涂膜泛黄或者由于某些副反应使涂膜变色，甚至涂膜力学性能下降，同时产生与标准色板的色差问题。因此，控制好摩托车塑胶漆烘烤时间也是跟控制烘烤温度一样很重要的问题。

13-36 摩托车复合型装饰漆

性能与用途 该漆可不用底漆，直接喷涂在摩托车工件上。耐碱性强，保光、保色性好，漆膜丰满光亮。用于摩托车部件等要求附着力特别好、装饰性要求较高的设备上，可烘干，也可制成自干型。

涂装工艺参考 该漆可手工喷涂、静电喷涂、刷涂、浸涂、淋涂施工。烘干条件为130～140℃，40～60min。涂漆物面必须按要求清理干净，进行前处理。调节黏度用X-19氯基静电稀释剂。有效储存期为1年，过期可按质量标准进行检验，如符合标准仍可继续使用。

产品配方/(kg/t)

复合连接料	200
溶剂	185
颜料	585
助剂	120

生产工艺与流程

复合连接料、颜料、助剂 → 拌合 → 研磨分散 → 调漆（溶剂、连接料）→ 过滤包装 → 成品

13-37 热塑性铝银色闪光摩托车闪光涂料

性能与用途 用作摩托车塑料或玻璃钢零部件的闪光涂料。

产品配方（%）

固体热塑性丙烯酸树脂	80
CABT酯溶液(20%)	5
闪光铝银浆	3
丙烯酸漆稀释剂	11.4
流平剂	0.2
润滑剂	0.2
消泡剂	0.2

生产工艺与流程　将树脂和CAB溶液投入溶料锅中，再加入闪光铝银浆，搅拌让铝银浆分散溶混，然后加入稀释剂和添加剂，充分调匀，过滤包装。

13-38　摩托车玻璃钢零部件表面涂料

性能及用途　一般用于摩托车塑料或玻璃钢零部件的表面涂料。

涂装工艺参考　用喷涂法施工。施工条件宜在15～35℃，相对湿度70%以下。喷涂黏度为15～25s（涂-4杯），用丙烯酸漆稀释剂稀释，涂膜发白时可酌加环己酮与二甲苯为1∶1的稀释剂稀释。

产品配方（质量分数）

固体热塑性丙烯酸树脂(50%)	80
CABT酯溶液(20%)	5
耐晒透明红	0.8
丙烯酸漆稀释剂	13.6
流平剂	0.2
润滑剂	0.2
消泡剂	0.2

注：CABT即醋酸丁酸纤维素。

生产工艺与流程　将树脂和CAB溶液投入溶料锅中，搅拌溶混，再加入预先用少量丙烯酸稀释剂溶解的耐透明红溶液，搅拌均匀，然后加入添加剂和其他稀释剂，充分调匀，过滤包装。

产品配方（质量份）

热塑性丙烯酸树脂	833
CAB溶液	52
添加剂	6.3
稀释剂	142
耐晒透明红	8.3

生产工艺与流程

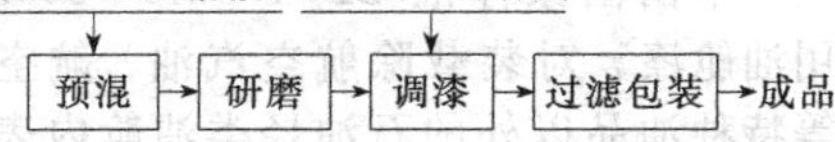

13-39　热固性铝银色闪光摩托车漆

性能与用途　用作摩托车的油箱及其他金属部件的表面闪光涂料。

涂装工艺参考　用喷涂法施工。喷涂黏度为15～25s（涂-4杯），用丙烯酸漆稀释剂稀释。喷涂后，工件在空气中放置10～15min后进入烘箱。

产品配方（质量分数）

50%热固性丙烯酸树脂	50
60%三聚氰胺甲醛树脂	25
闪光铝银浆	3
丙烯酸漆稀释剂	21.4
流平剂	0.2
润滑剂	0.2
消泡剂	0.2

生产工艺与流程　将树脂全部投入溶料锅中，搅拌溶混，加入铝银浆，搅拌让铝银浆分散溶混，然后加入稀释剂和添加剂，充分调匀，过滤包装。

13-40　热固性红色透明摩托车漆

性能与用途　用作摩托车的油箱及其他金属部件的表面涂装。

涂装工艺参考　用喷涂法施工。喷涂黏度为15～25s（涂-4杯），用丙烯酸漆稀释剂稀释。喷涂后，工件在空气中放置10～15min后进入烘箱。

产品配方（质量分数）

热固性丙烯酸树脂(50%)	50
三聚氰胺甲醛树脂(60%)	25
耐晒透明红	0.8
丙烯酸漆稀释剂	23.6
流平剂	0.2
润滑剂	0.2
消泡剂	0.2

生产工艺与流程　将树脂全部投入溶料锅中，搅拌溶混，再加入预先用少量稀释剂溶解的耐晒透明红溶液，然后加入其余的稀释剂和添加剂，充分调匀，过滤包装。

第十四章　船舶和集装箱涂料

第一节　船舶涂料

船舶涂料是一种具有流动性的黏稠的液体，涂于船舶表面干燥硬化、表面形成坚韧且富有一定弹性的皮膜，给船舶以保护、装饰或赋予特殊作用的物质。

涂装于船舶内外各部位、以延长船舶使用寿命和满足船舶的特种要求的各种涂料统称为船舶涂料或通常称之为船舶漆。

一、船舶涂料的特点

由于船舶涂装有其自身的特点，因此船舶涂料也应具备一定的特性。①船舶的庞大决定了船舶涂料必须能在常温下干燥。需要加热烘干的涂料就不适合作为船舶涂料。②船舶涂料的施工面积大，因此涂料应适合于高压无气喷涂作业。③船舶的某些区域施工比较困难，因此希望一次涂装能达到较高的膜厚，故往往需要厚膜型涂料。④船舶的水下部位往往需要进行阴极保护，因此，用于船体水下部位的涂料需要有较好的耐电位性、耐碱性。以油为原料或以油改性的涂料易产生皂化作用，不适合制造水线以下用的涂料。⑤船舶从防火安全角度出发，要求机舱内部、上层建筑内部的涂料不易燃烧，且一旦燃烧时也不会放出过量的烟。因此，硝基漆、氯化橡胶漆均不适宜作为船舶舱内装饰涂料。

二、船舶涂料的分类

船舶涂料根据使用部位和应用环境特点分为防锈涂料、防腐涂料、防污涂料、耐候涂料、耐热涂料以及船底漆、船壳漆、甲板漆、标志漆、油舱漆、电瓶舱漆、压载水舱涂料、弹药舱涂料、生活舱涂料和其他特殊功能涂料等。

从日常用品到国防尖端产品，涂料的身影无处不在，它起着重要的防锈、防腐、防污、装饰、消音、隔热、防火以及吸波、吸声、反红外等特定功能。

作为舰船主要防护手段之一的涂料，遍及舰船各个角落，也几乎涉及各种涂料品种，是涂料工业水平的缩影和具体表现。

(1) 机舱漆　指用于主机、辅机及泵舱的舱底和舱壁的涂料。机舱舱底经常积聚污染的油和油污等，所用舱底漆要耐油、耐水和耐腐蚀，符合中国国家标准 GB/T 14616—2008《机舱舱底涂料通用技术条件》规定。

(2) 油舱漆　包括：①船舶的燃油舱、滑油舱、污油舱、污油水舱等；②原油船的货油舱；③成品油船的货油舱的内表面所用涂料。用于钢板或车间底漆之上，由同类型涂料组成油舱漆配套系统。

中国国家标准 GB/T 6746—2008《船用油舱漆》对装载除航空汽油、航空煤油等特种油品以外的石油烃类油舱内表面用油舱漆配套系统的技术指标作出了规定。

(3) 甲板漆　是用于船舶甲板部位的面层涂料，涂于船用防锈漆之上组成甲板漆配套系统。根据中国国家标准 GB/T 9261—2008《甲板漆》的规定，甲板漆分为“通用型”系统和“防滑型”系统两类。露天甲板应使用防滑甲板漆，直升机平台

(甲板) 等应使用高防滑性能的甲板漆。

作为甲板漆配套系统用的甲板面漆应能在通常的自然(或人工)环境条件下干燥,与防锈漆相互配套,附着坚固。漆膜应具有良好的耐磨性、耐油性、耐水性和海洋环境下的耐候性。甲板漆配套系统的技术要求应符合 GB/T 9261—2008 规定。

(4) 船壳漆:是指使用于船体外板重载水线以上区域和上层建筑外围壁以及甲板舾装件等部位的面层涂料。涂于船用防锈漆之上,组成配套船壳漆系统。

船壳漆应能在常温条件下干燥,与相应的车间底漆和船用防锈漆配套,层间附着坚固。要求具有在海洋环境下的良好耐候性,一定的耐水和耐冲击性,良好的装饰性。根据中国国家标准 GB/T 6745—2008,船壳漆是在海洋气候中使用的一种水上部位涂料,涂刷于船壳及船舰或海上石油平台上层建筑。

(5) 货舱漆 是指船舶干货舱及舱内钢结构部位防护用面漆,涂在防锈漆之上,与防锈漆、中间层漆组成完整的货舱漆配套系统。

货舱漆应根据货舱装载货物的具体情况选用适当的配套系统。

作为货舱面漆使用的货舱漆应能在通常的自然(或人工)环境条件下干燥;能与防锈漆及中间层漆附着坚固;涂膜有较高的硬度和耐磨性;有良好的防锈性;涂层易于修补;装载散装谷物食品的货舱漆,应对谷物无毒性、无污染,在国际上通常需要达到 FDA 规定,符合"中华人民共和国食品安全法"中有关条例规定。

货舱漆的技术指标,中国国家标准 GB/T 9262—2008 船用《货舱漆》规定。

三、舰船涂料的多功能与水性化

舰船涂料的发展趋势是:高性能、易施工、经济、节能、环保,目前具体体现在以下几个方面。

防污涂料向无毒、低毒方向发展。一直以来,有机锡防污涂料在使用年限上达到了 4~5 年的长效保护效果,但随着 2008 年之前在全球范围内禁止使用有机锡防污涂料,防污涂料已经开始走向低公害和无公害。目前得到成功应用的是无锡自抛光涂料,年限可达 3 年。未来,以生物避忌剂和低表面张力的防污涂料有可能达到无毒长效的要求。

防锈涂料向重防腐、环保、低表面处理要求方向发展。由于重防腐涂料等长效防锈底漆通常要求严格的表面处理,在修船行业,面对结构复杂、空间狭小、施工条件受限制及不同原始表面状况等因素,难以实施和达到所要求的表面处理标准,所以国际上开始出现只需除去铁锈、油脂及污物的高性能低表面处理要求底漆。

液舱涂料向浅色、高固体分、无溶剂方向发展。液舱包括水舱、油舱、污水舱、压载水舱、电瓶舱等,由于这些舱室狭小,空气难以流通,因而对涂料的有机溶剂挥发含量和毒性限制有更高的要求,高固体分涂料将取代目前使用的溶剂型涂料,并逐渐向无溶剂涂料方向靠近,同时为便于检查和维护,其涂料颜色将以浅色为主。

船壳涂料向性价比更合理和多功能方向发展。在船壳漆的选择上,可根据性价比和维修涂漆次数的需要进行,一般不参加检阅、检查的军辅船,可选用长寿命的高性能丙烯酸聚氨酯船壳漆;经常接受检阅、检查、出访的舰船,采用中等寿命的单组分丙烯酸改性高氯乙烯、有机硅改性醇酸船壳漆为好;醇酸船壳漆,可用于经常进行维修的交通艇等小型舰艇;热反射船壳漆,可明显降低船舱的温度 5~7℃(国外可达 20℃);能够使锈蚀转化为无色的自清洁船壳漆,也将成为另一种功能性船壳涂料新品种。

生活舱涂料向水性化方向发展。水性生活舱漆,作为面漆使用可具有环保、易于重涂的特性,并与生活舱半光、哑光的要求吻合。随着双组分水性聚氨酯和环氧树脂及高氯乙烯和改性醇酸乳液等高性能水性树脂的出现,研究和使用水性生活舱涂料已成为必然。

甲板涂料向长效、多功能方向发展。现代甲板涂料要求在长效的同时具备高弹性、耐磨防滑、轻质、抗冲击，近来还出现了热反射甲板漆，飞行甲板涂料等。

特种涂料将越来越多地用于舰船。随着科技的发展，舰船将使用越来越多的特种涂料，除热反射、自清洁、防结露、防冰冻、耐热、防火等特种涂料外，还有荧光涂料、变色涂料、吸声和阻尼涂料和可见光、红外、雷达波和激光伪装涂料。

航行于海洋中的船舶，其水下部位会受到海生物的污损，污损的结果不仅大大增加船体的重量、降低航速、多耗燃油，而且会大大加速船体的腐蚀。使用防污涂料，可保护船体免受海洋生物的附着污损。

船舶的内舱部位如成品油舱要求既耐油又耐海水，饮水舱不但要耐水，而且要对水质无影响、无毒；压载水舱的舱室特别狭小，人员难以进出，其表面难以清洁，涂料施工相当困难，因此腐蚀十分严重，更需要高腐蚀性的涂料品种。

四、舰船涂料品种

1. 成品油舱涂料

运载石油成品及醇类、酮类、苯、液化气等制品的船舶舱室称为成品油舱。它们既要装各种油料又要装压载水，既要能抗油又要能抗水。成品油舱涂料品种有环氧系油舱涂料、无机硅锌粉油舱涂料、聚氨酯油舱涂料。

以聚氨酯油舱涂料为例，这是由聚酯/异氰酸酯预聚物和防锈颜料组成的双罐装涂料，漆膜具有优良的耐化学品性和耐溶剂性，在0℃的低温条件下也能固化，适用于运载石油制品、溶剂、化学品和含游离脂肪酸的植物油等物品。

2. 饮水舱涂料

饮水舱涂料品种目前有胺固化纯环氧漆、无溶剂环氧漆和漆酚涂料，国外品种有乙烯系饮水舱漆（如氯乙烯与偏氯乙烯共聚体制成的各种底漆、清漆、面漆）、炔烯共聚体饮水舱漆、环氧树脂饮水舱漆及氯化橡胶饮水舱漆。849 漆酚饮水舱涂料以漆酚树脂为漆料，加入铝粉配制而成。冷固化环氧树脂涂料具有耐久性好、附着力强、耐水性优异、机械强度大、漆膜厚、耐腐蚀的优点。

3. 液舱涂料

船舶的液舱有水舱和油舱两大类。水舱分为淡水舱、饮水舱、压载水舱、冷却水舱、舱底水舱等，油舱则分为燃油舱、滑油舱、污油水舱、原油运输船的货油舱、成品油船的货油舱等。由于各种液舱装载的液体不同，腐蚀条件不同，采用的涂料亦各不相同。

4. 压载水舱涂料

用于船舶的各种压载水舱、艏尖舱、艉尖舱、舱底水舱等内表面。所处环境和施工条件恶劣。压载水舱涂料通常为厚浆型的抗腐蚀性优良的涂料，一次涂装得到厚膜，由同类型涂料 2～3 道组成压载水舱涂料配套系统。

压载水舱涂料应具有优良的耐水、耐油、耐盐雾、耐干湿交替性能；能一次施工得到 200μm 的厚膜而无流挂现象；涂膜寿命长，接近船舶使用期限。

压载水舱涂料配套系统的技术指标，中国国家标准 GB/T 6823—86《船舶压载漆通用技术条件》规定。

五、船舶涂料生产工艺与产品配方实例

生产工艺与产品配方实例见 14-1～14-33。

14-1　新型船舶快干装饰漆

性能与用途　该漆具有漆膜丰满、光亮、干燥时间短，耐候性好的特点，施工省时，缩短了施工周期。主要用于涂装船舶构件上，起保护及装饰作用。

涂装工艺参考　该漆可采用刷涂、滚涂或无气喷涂法施工。施工时，可用 X-6 醇酸

漆稀释剂调整施工黏度，该漆施工后可自然干燥。有效储存期1年。

产品配方/(kg/t)

醇酸树脂	586
颜、填料	332
催干剂、助剂	2874
溶剂	

生产工艺与流程

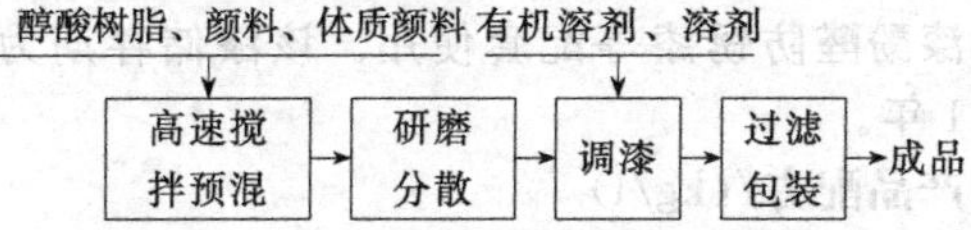

14-2 新型船用防锈漆

性能与用途 该漆漆膜坚韧，附着力强，能受高温烘烤不会产生毒气，具有干燥快、施工方便等优点。主要用于船舶分段防锈时作防锈打底之用。

涂装工艺参考 施工以刷涂为主，喷涂也可。可用200#油漆溶剂油作稀释剂。有效储存期为1年，过期可按质量标准检验，如符合要求仍可使用。

产品配方/(kg/t)

50%酚醛漆料	740
颜、填料	435
溶剂	330
助剂	5

生产工艺与流程

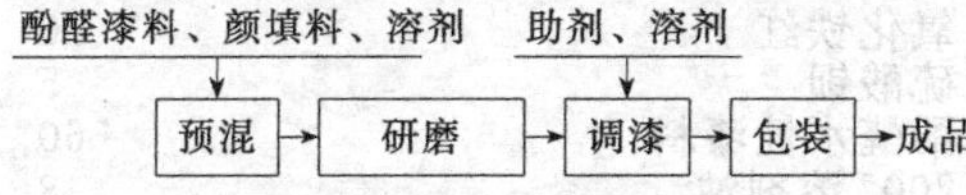

14-3 新型船舶油舱耐油漆

性能与用途 用于船舶的油舱部位的涂层，能经受海水及石油产品的交替腐蚀作用。主要适用于油槽内壁、船舶油舱及地下装备的涂装。

涂装工艺参考 一般采用刷涂法施工，先将甲组分搅拌均匀，按规定的比例将乙组分加入甲组分中，搅拌均匀，用环氧漆稀释剂调整施工黏度，施工前应将被涂物面的油污、铁锈清除干净，先涂H54-82底漆两道，再涂H54-31面漆两道，每道间隔24h。已加固化剂的耐油漆应当天用完，用多少配多少，以免胶化造成浪费。

产品配方（质量份）

甲组分：

601环氧树脂	30.0
重质苯	17.0
氧化铁红	30.0
醋酸丁酯	23.0

乙组分：

氧化锌	32.0
煤焦沥青液	40.2
固化剂	4.8
重质苯	23.0

生产工艺与流程

甲组分：首先将601环氧树脂溶解于重质苯和醋酸丁酯中，然后加入氧化铁红，经磨漆机研磨至细度合格，充分调匀，过滤包装。

乙组分：将氧化锌、煤焦沥青液和重质苯混合，搅拌均匀，经磨漆机研磨至细度合格，加入固化剂，充分调匀，过滤包装。

14-4 黑色酚醛船壳漆

性能与用途 其适用于涂装船舶水线以上船壳部位，也可涂饰桅杆及其他户外钢铁结构表面。

涂装工艺参考 该涂料可用喷涂施工涂装，涂层常温固化。

产品配方（质量份）

炭黑	3
氧化铁黑	2
沉淀硫酸钡	5
酚醛漆料	82
200#溶剂油	4
2%环烷酸钴	1
2%环烷酸锰	1
10%环烷酸铅	2

生产工艺与流程 将颜料、填料和部分漆料混合搅拌均匀，研磨至细度合格后，加入其余漆料、溶剂汽油和催干剂，充分调匀，过滤即可。

14-5 新型船用油舱漆

性能与用途 该漆具有良好的装饰性，光亮、鲜艳、附着力强。适用于船舶的走廊、货舱、房间、客厅、餐厅等部位，不宜涂在太阳直接照射的地方。

涂装工艺参考 该漆喷涂、刷涂均可。可用X-6醇酸漆稀释剂或200#溶剂油调整施工黏度。有效储存期1年。

产品配方/(kg/t)

原料名称	紫红	奶黄	湖绿	原料名称	紫红	奶黄	湖绿
醇酸树脂	715	723	725	催干剂	34.6	35	35
颜　料	235	238	224.2	溶剂	40.4	29	40.8

生产工艺与流程

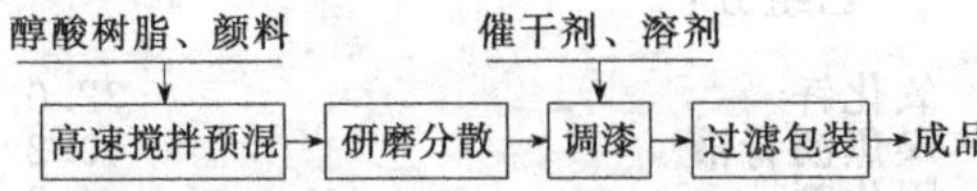

14-6 新型船用中绿水线漆

性能与用途 其适用于涂装铁船或木船的水线部位。

涂装工艺参考 该涂料可用喷涂施工涂装，涂层常温固化。

产品配方（质量份）

柠檬黄	18.0
中铬黄	4.0
立德粉	3
酞菁蓝	0.3
硫酸钡	5
酚醛水性漆料	59
200#溶剂油	6.7
2%环烷酸钴	1
2%环烷酸锰	1
10%环烷酸铅	2

生产工艺与流程 将全部颜料、填料和部分漆料混合搅拌均匀，然后研磨至合格细度后，加入剩余漆料、溶剂油和催干剂，充分调匀，过滤后即为成品。

14-7 新一代甲板涂料

性能与用途 应用于船甲板保护。

涂装工艺参考 该漆可手工喷涂、静电喷涂、刷涂、浸涂、淋涂施工。

产品配方/(kg/t)

酚醛树脂液	500
颜、填料	4760
溶剂	68.6
助剂	20～30
催干剂	12～15

生产工艺与流程

酚醛漆料，颜料、填料，溶剂 → 预混 → 研磨 → 调漆（催干剂、溶剂）→ 过滤包装 → 成品

14-8 新型船用桅杆漆

性能与用途 漆膜光亮，具有良好的耐候性能及附着力，其涂刷性、流平性好。适用于涂装桅杆、船舱等作装饰保护物面之用。

涂装工艺参考 该漆采用刷涂、喷涂均可，使用时将漆充分搅拌均匀，可用200#溶剂油调整施工黏度。与醇酸底漆、醇酸防锈漆酚醛防锈漆等配套使用。该漆储存期为1年。

产品配方/(kg/t)

醇酸树脂	360
颜、填料	170
溶剂	32
助剂、催干剂	36

生产工艺与流程

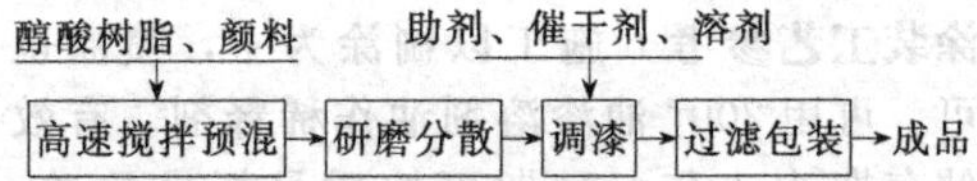

14-9 新型船舶钢铁或木质甲板漆

性能与用途 其适用于船舶的钢铁或木质甲板涂装。

涂装工艺参考 该漆可手工喷涂、静电喷涂、刷涂、浸涂、淋涂施工。

产品配方（质量份）

氧化锌	3
氧化铁红	20
硫酸钡	5
酚醛水性漆料	60
200#溶剂油	8
2%环烷酸钴	1
2%环烷酸锰	1
10%环烷酸铅	2

生产工艺与流程 将颜料、填料和部分漆料混合搅拌均匀，研磨至合格细度后，加入其余的漆料、溶剂油和催干剂，充分调匀，过滤即可。

14-10 新型船用甲板漆

性能与用途 本甲板漆采用成本低而性能好的高氯化聚乙烯（HCPE）进行改性，成为主要的成膜物。本品附着力好，防腐蚀性优异，耐磨性高，适用于大型船舶、钻井平台及港湾设施中。

涂装工艺参考　该漆可手工喷涂、静电喷涂、刷涂、浸涂、淋涂施工。

产品配方（质量份）

高氯化聚乙烯	68.0～72.0
改性树脂	6.0～9.0
钛白粉	8.0～13.0
炭黑	1.0～1.4
硫酸钡	5.0～7.0
稳定剂	适量
助剂	适量
溶剂	适量

生产工艺与流程　将高氯化聚乙烯树脂溶解后加入颜填料及溶剂，进行充分研磨，再加入改性树脂及助剂调匀，过滤，即得产品。

14-11　新型船舶水线漆

性能与用途　用于船舶水线漆。

涂装工艺参考　该漆可手工喷涂、静电喷涂、刷涂、浸涂、淋涂施工。

产品配方（质量份）

铁红	15
氧化锌	14
氧化亚铜	25
氟化三丁基锡	3
氯化汞	3
氯化橡胶溶液(30%)	10
铜皂	2
亚油季戊四醇醇酸树脂	10
松香	10
200# 煤焦溶剂	5

生产工艺与流程　氯化橡胶水线漆是以氯化橡胶为基料，以氯化石蜡为增塑剂，加入颜料、填充料及助剂等配制而成。

14-12　新型船用甲板防滑漆

性能与用途　应用于船甲板、飞机保护。

涂装工艺参考　该涂料可用喷涂施工涂装，涂层常温固化。

产品配方

（1）环氧双丙烯酸酯的合成配方

环氧树脂/mol	2
丙烯酸/mol	2～3
DMP	适量
对苯二酚/g	28

生产工艺与流程　在反应釜中加入环氧树脂，升温至100℃加入丙烯酸和适量的DMP、对苯二酚，搅拌下反应2h，测酸值。当酸值降至15以下时，停止反应充氮气高速搅拌，使残留的丙烯酸单体挥发，用甲苯稀释至固含量为80%，搅拌均匀，降温至40℃出料。得到浅黄色透明黏稠液体。

（2）多羟基聚醚预聚物的合成

聚醚/mol	0.15
TDI/g	218
乙酸乙酯/g	240

生产工艺与流程　将N303、N210按物质的量之比N210/N303＝0.15混合于圆底烧瓶中，120℃下真空脱水，真空度为0.1MPa。至沸石周围无气泡后再脱水1h。乙酸乙酯、二甲苯、环已酮按1∶1∶1比例取240g及脱水N210-N303混合物720g加入反应釜中，升温至90℃，去除水浴加入218g TDI，约3min后温度升高至110℃左右，冷却恒温，此时有大量的气泡产生，在90℃恒温反应2h，终止反应，40℃出料。得到深棕色透明黏稠液体。

（3）三羟甲基丙烷预聚体的合成配方/mol

脱水二羟甲基丙烷 TMP	1
甲苯二异氰酸酯 TDI	3

生产工艺与流程　脱水TMP 1mol用混合溶剂溶解，40℃加入TDI 3mol，在60～70℃下恒温反应2h，冷却至40℃出料，得到深棕色透明液体。

（4）防滑涂料

①A组分（交联剂）TMP-TDI预聚物。

②B组分色浆（质量份）

光稳定剂	0～7
炭黑	1～2
二氧化钛	4～6
二氧化硅	1～3
碳酸钙	2～4
AISt	1～3
N210 N303 预聚体	40～60
双环氧丙烯酸酯	20～30
过氧化物引发剂	1～2

生产工艺与流程　把原料进行混合，用三辊机研磨至细度为20～40μm得到灰黑色浆料，加入适量稀释剂装桶。防滑砂（60mg）经清洗烘干，按11%～15%加入

B组分中。

14-13 新型多功能船舶饮用水舱漆

性能与用途 本品漆膜坚韧、密封性能佳，无毒、不污染水质及油质，附着力强，耐磨、耐水、耐油、防化学腐蚀，防锈性能优良，最高使用温度可达150℃。适用于船舶上的饮水舱、压载水舱、油水舱、油舱的内壁防护、食品储存室墙壁涂装，亦可作大型水槽、水管、油库、油罐、输油管道内壁及工业机械的防锈、防腐蚀涂料。

涂装工艺参考 施工方法，刷涂、滚涂、喷涂均可。被涂钢板或物件，必须彻底除锈，喷砂或除锈应达到瑞典 Sa_2 1/2 级除锈标准。若用机械法或化学法除锈则必须达到全部露出金属光泽，毫无锈斑及氧化皮。且在涂漆前应清除灰尘、锈末等杂质。严禁在雨、雪、浓雾天气或在强烈阳光照射下露天施工操作。可用二甲苯稀释，其用量不得超过5%（质量分数）。涂装3～4道，每覆涂一道时必须待前一道涂层实际干燥后进行。施工全部完毕后，必须放置一星期以上，待漆膜完全干透后，方能使用。施工时操作人员必须将劳防用品穿戴齐全。

（1）产品配方1（质量份）

甲组分：	底漆	面漆
E-20环氧树脂	25	22
氧化铁红	14	—
超细滑石粉	12	—
酰胺改性氢化蓖麻油	12	—
甲苯	12	12
甲基异丁酮	10	10
乙二醇乙醚	22	—
丁醇	22	—
乙组分：	底漆	面漆
聚酰胺	8	9
二甲苯	9	9

（2）产品配方2（质量份）

甲组分：	底漆	面漆
E-44环氧树脂	70	70
丁基缩水甘油醚	30	30
氧化铁红	35	—
钛白粉	—	35
超细滑石粉	20	25
酰胺改性氢化蓖麻油	2	2
乙组分：聚酰胺	55	55

（3）产品配方3（质量份）

A组分：

钛白粉	20
E-20环氧树脂	20
丁醇	14
325目滑石粉	30
二甲苯	15
200#气相二氧化硅	1

B组分：

200聚酰胺树脂	50
二甲苯	50

配比：A∶B=2∶1。

（4）产品配方4/(kg/t)

漆酚树脂	820
铝粉	200

生产工艺与流程

漆酚树脂、防锈颜料、溶剂→调漆→过滤包装→成品

14-14 新型沥青船底漆

性能与用途 该漆干燥快、附着力强，漆膜坚韧、有良好的耐水性和防锈能力。主要用于涂装在已经涂L44-81铝粉沥青船底漆的航海船舶，作为打底漆和防污漆中间的隔离层，并加强其防锈效能。也可单独作为淡水航行船只及拖船底部涂用。

涂装工艺参考 该漆可采用刷涂、滚涂、无空气高压喷涂。施工时用重质苯或重质苯与二甲苯的混合溶剂作稀释剂调整黏度。可与L44-81铝粉沥青船底漆和L40-31沥青防污漆配套使用。该漆有效储存期1年。过期可按质量标准进行检验，如果符合要求仍可使用。

产品配方/(kg/t)

70%沥青液	520.0
颜料、填料	463.1
溶剂	52.0

生产工艺与流程

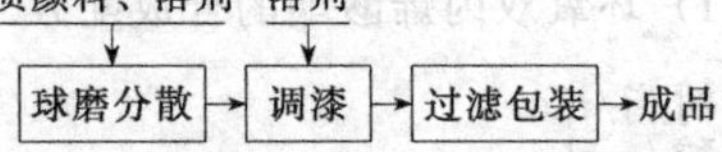

14-15 新型油性船壳涂料

性能与用途 该涂膜具有良好的耐候性和耐水性，适用于要求不高的一般水线以上部位的涂装。也可作船舱内部的装饰。

涂装工艺参考　该漆在金属表面施工，应将锈垢、油污、水汽等清除干净，涂一道防锈底漆，用砂纸磨光，再涂该漆。可用200#油漆溶剂油或松节油调节黏度。有效储存期为1年，过期的产品可按质量标准检验，如符合要求仍可使用。

产品配方/(kg/t)

厚油	530.0
颜、填料	296.0
助剂	55.0
溶剂	141.5

生产工艺与流程

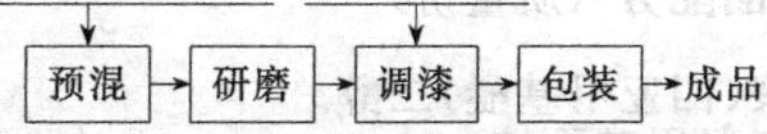

14-16　低表面能海洋防污涂料

性能与用途　本涂料室温固化，并与防锈漆有良好的附着力，涂层表面能低，防污性强，对海洋生物无毒害作用。

涂装工艺参考　该涂料可用喷涂施工涂装，涂层常温固化。

产品配方（质量份）

配方一：

改性有机硅基料	22～35
氯化石蜡	5～18
氧化锌	1～5
其他助剂	0.5～1
有机溶剂	46～55

配方二：

聚醚胺	0.2～1
有机溶剂	余量

生产工艺与流程　本涂料系双组分。本涂料涂覆于船舶底部可防止海洋固着生物的污损。

14-17　新型船底防污涂料

性能与用途　本涂料在水线或飞溅区具有优良的耐干湿交替性能。在水下有良好的防污性能。可和各种底漆配套使用。水线部位有效期为18个月，水下为36个月。可广泛用于舰船水线部位的标志，船底、海底设施及海水冷却管路等防污。

涂装工艺参考　可采用喷涂或刷涂施工。常温固化。施工3～4道。涂层总厚约100～130μm。

产品配方（质量份）

铁红	12
氧化锌	15
氧化亚铜	24
氯化汞	2
氯化橡胶溶液(30%)	18
铜皂	2
亚油改性季戊四醇醇酸树脂	10
其他助剂	5～19
200#煤焦溶剂	9

生产工艺与流程　在反应釜中，加入各料，在氮气保护下，升温至80℃并在此温度下反应7h，得到所需产物。

14-18　船舶防污涂料

性能与用途　该产品为扩散型防污涂料，是以有机金属（一般指有机锡和有机铅）为毒料，以乙烯类树脂或氯化橡胶为基料的船舶防污涂料。本品的普通型可对藻类，如浒苔的孢子等小于0.1μm的生物进行摧毁；宽谱型具有更宽的杀菌能力，不仅对于藻类，而且对贝壳类生物同样具有很强的效果，其有效期为18～30个月。

涂装工艺参考　该涂料可用喷涂施工涂装，涂层常温固化。

产品配方（质量分数）

配方一（普通型）：

双三正丁基氧化锡(TBTO)	10.1
氧乙烯共聚体	7.54
二氧化钛	13.25
滑石粉	8.84
增厚剂(Beritone 27)	1.53
一级松香	6.75
磷酸三甲酚酯	1.14
甲基异丁基酮	25.9
甲苯	24.95

配方二（宽谱型）：

氧化橡胶	7.6
磷酸三甲酚酯	3.7
触变剂	0.9
古马隆茚树脂(95～105)	3.9
氧化锌	22.8
氧化亚铜	25.7
三丁基氟化锡	4.6
双三丁基氧化铅	0.6
三甲基苯混合物	22.7
石油溶剂	7.5

生产工艺与流程 本品生产工艺与一般涂料相同。

14-19 新型船底防污漆

性能与用途 该涂料具有常温固化、可厚涂、防污期效长等特点。150μm 干膜，有效防污期为三年。价格比 L40-41 便宜。配套性好。适用于船底、浮标等水下部位及海水管道内壁，防止海生物附着。

涂装工艺参考 可采用刷涂、辊涂或高压无空气喷涂。可和环氧沥青及氯化橡胶类底漆配套。施工 2～3 道，厚度可达 150μm。

产品配方（质量份）

溶剂	700～800
甲基丙烯酸-β-羟乙酯	90～100
过辛酸特丁酯	0.3～0.5
助剂	0.2～0.3

生产工艺与流程 将沥青熔化后，加入颜填料及助剂研磨至规定细度包装即可。

14-20 松香系防污涂料

性能与用途 该产品的毒料含量甚高，以保证每一个毒料颗粒与其他可溶物相互接触。当漆膜表面的毒料颗粒向界面层溶解和扩散后，下面的毒料颗粒就能与海水接触，使其继续溶解而起到用毒料杀死微生物的作用。

涂装工艺参考 该涂料可用喷涂施工涂装，涂层常温固化。

产品配方

配方一（松香煤焦沥青型）：

组分	用量(质量份)
松香酸酯胶	26.5
煤焦沥青	8.0
松油	4.2
氧化亚铜	42.5
氧化汞	2.1
氧化锌(无铅)	21.0
印度红	8.0
硅酸镁	8.0
溶剂	适量

配方二（松香鱼油型）：

组分	用量(质量份)
氧化亚铜	58.9
氧化锌	10.1
滑石粉	5.6
硬脂酸锌	1.8
松香酸酯胶	27.7
吹气鱼油	11.8
溶剂	适量

生产工艺与流程 本品配制工艺与普通涂料相同。

14-21 多功能聚氨酯防污漆

性能与用途 用于船舶、海上建筑物水下部分防污涂料。

涂装工艺参考 施工时，搅匀，用喷涂法施工。

产品配方（质量份）

聚(四亚甲基醚)二醇	98
三羟甲基丙烷	1.0
四氯间苯二腈	14.0
三亚乙基二胺(1∶2 的乙醇中)	11.2
甲苯二异氰酸酯	26.6

生产工艺与流程 除甲苯二异氰酸酯外把其余组分进行混合，并在真空下进行加热到 120℃，然后将这种混合物进行冷却至 50℃，再与甲苯二异氰酸酯混合。将这种混合体进行浇铸，在室温下固化成弹性体，16h 后得到良好的固化态。

14-22 改性有机硅船舶与防污涂料

性能与用途 用于船舶与防污涂料。

涂装工艺参考 施工时，搅匀，用喷涂法施工。

产品配方（质量份）

改性有机硅	18.0～45.0
聚四氟乙烯	3.0～20.0
石蜡油	0～10.1
体质颜料	2.0～11.0
助剂	0.1～1.6
有机溶剂	余量

生产工艺与流程 将 69.3%～95%（质量分数）的以羟基封端的聚二甲基硅氧烷，在 100～150℃氮气吹提下搅拌 1～5h。加入 0.3%～4.9% 的多官能有肟基硅烷和 1.3%～28.7%的蓖麻油醇解的聚氨酯预聚体，回流 0.5～3h 后制成。

本涂料的具体制法是将处理过的聚四氟乙烯、石蜡油、氧化物进行研磨混合，加入助剂球磨，然后将基料改性有机硅树脂溶于有机溶剂中与球磨好的料充分搅拌均匀球磨而成。

14-23 船舶无机防污涂料

性能与用途 使用时将被涂表面冲洗干净，用钢丝刷刷出毛刺，然后刷两次涂料，间隔 2.5h 左右，养生 4～5 天方可接触使用。本品应现配现用，养生期不应雨淋。该涂料成本低、配方简单、灭藻效果好。

涂装工艺参考 该涂料可用喷涂施工涂装，涂层常温固化。

产品配方（质量份）

钾钠水玻璃(模数 2.9)	50～55
氧化亚铜(60 目)	36.5
氧化锌(300 目)	7.5
硅胶(60～140 目)	2.5
滑石粉	14.5

生产工艺与流程 将以上各组分混匀即可。

14-24 硫化橡胶合成防污涂料

性能与用途 用于船舶防污涂料。

涂装工艺参考 施工时，搅匀，用喷涂法施工。

产品配方（质量份）

室温硫化硅橡胶	96
气相白炭黑	5～30
硅油	5～9
硅烷偶联剂 KH-560	10～18
二月桂酸二丁基锡	5～12

生产工艺与流程 先将室温硫化橡胶、气相白炭黑、硅油、硅烷偶联剂和二月桂酸二丁基锡按比例加入反应釜中进行混合，再加入另一反应釜中加热搅拌，盖好盖进行密封搅拌均匀即可。

14-25 低表面能防污涂料

性能与用途 本涂料主要用于海洋船舶和海中设施的表面防腐蚀处理。

本涂料具有无毒、不污染环境、抗细菌和抗海洋生物附着于生成，在金属、木材、水泥等基底上均具有很好的附着力，可直接用作底层涂料，表面光滑，有很低的表面能，不易积污垢，可以被多次洗涤等优点。

涂装工艺参考 该涂料可用喷涂施工涂装，涂层常温固化。

产品配方（质量份）

黏结料	50～80
硅烷偶联剂	0.01～10
含氟化合物	0.1～10
辛辣型天然防污剂	1～20
无机填料	5～30
溶剂	5～15

生产工艺与流程 将上述组分按配方混合而成。

使用该涂料的方法是首先配制涂料，然后将木材或木制品或网具浸入含有涂料的容器中达几十分钟，取出被浸物自然干燥。

14-26 高级丙烯酸树脂水性防污涂料

性能与用途 涂覆尼龙渔网上进行保护。

涂装工艺参考 施工时，搅匀，用喷涂法施工。

产品配方/g

甲基丙烯酸甲酯	16
丙烯酸丁酯	190
丙烯酰胺	10
乙二醇单丁醚	80
水	1180
氯乙酸乙烯酯	18
表活性剂	130

生产工艺与流程 将甲基丙烯酸甲酯、丙烯酸丁酯、丙烯酰胺和氯乙酸乙烯酯在 400g 水中共聚，制得 50%共聚乳液 800g，再与季铵盐（十六烷基三甲基氯化铵）、乙二醇单丁醚和 800g 水混合乳化得到。

14-27 多功能船底防锈漆

性能与用途 本产品规定了船底防锈漆的通用技术条件，此类漆应具有优良的附着力和耐盐水性。

涂装工艺参考 可采用刷涂、喷涂施工。按产品说明书选用配套的稀释剂调节施工黏度及配套系统。

产品配方（质量份）

铁红	3.8
酚醛甲板漆料	76
2%环烷酸钴	1.2
10%环烷酸铅	2.0

沉淀硫酸钡	20
200#溶剂油	6.4
2%环烷酸锰	1
其他助剂	0.5～1

生产工艺与流程

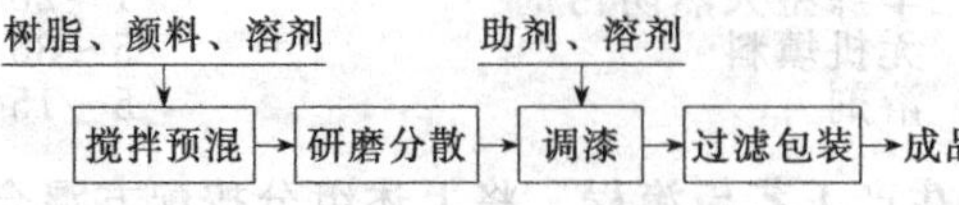

14-28 低表面自由能防污涂料

性能与用途 本产品是利用漆膜的低表面自由能性质而达到防止海洋生物附着的目的。本涂料解决了室温硫化硅橡胶附着力差的问题，并且无毒，对海洋环境无危害，主要用于在海洋环境中，接触海水部分的设施的表面涂装。

涂装工艺参考 该漆可手工喷涂、静电喷涂、刷涂、浸涂、淋涂施工。

产品配方（质量份）

配方一：

601环氧树脂	100～120
室温硫化硅橡胶	90～130
钛白粉	60～70
超细滑石粉	90～110
酰胺改性氢化蓖麻油	5～10
甲苯	50～70
甲基异丁酮	45～60
乙二醇乙醚	5～15
丁醇	5～15
液体石蜡	5～10

配方二：

聚酰胺	40～50
二甲苯	40～50
硅酸乙酯	4～13
丁基二月桂酸锡	0.4～2.6

生产工艺与流程

(1) 将601环氧树脂、钛白粉、超细滑石粉、酰胺改性氢化蓖麻油、甲苯、甲基异丁酮、乙二醇乙醚及丁醇在球磨机中研磨1h。

(2) 将室温硫化硅橡胶和液体石蜡混合均匀。

(3) 将第（1）步与第（2）步所配物料充分混合制成组分甲。

(4) 将聚酰胺、二甲苯、正硅酸乙酯及二丁基二月桂酸锡混合均匀制成组分乙。

(5) 使用时将组分甲与组分乙混合均匀，0.5h后即可涂装。配制完后应在4h内涂装完。

14-29 高级丙烯酸酯共聚乳液防污涂料

性能与用途 用于各类船舶的防污涂料。

涂装工艺参考 施工时，搅匀，用喷涂法施工。

产品配方

(1) 配方/g

三丁基氧化锡	136.1
甲基丙烯酸	40.1
甲基丙烯酸甲酯	72.8
丙烯酸丁酯	41.0
水	295
十二烷基硝酸钠	7.5
过硫酸钾	1.5

生产工艺与流程 在反应釜中加入三丁基氧化锡与甲基丙烯酸甲酯进行反应，生成三丁基锡甲基丙烯酸甲酯，然后将甲基丙烯酸甲酯及丙烯酸丁酯共聚，然后将单体用水乳化。加入十二烷基硫酸钠作为乳化剂，过硫酸钾作为引发剂，反应在80℃进行，反应1h，先将反应釜冷却，然后置80℃水浴中，生成稳定的聚合物乳液，在此共聚物乳液中，三丁基锡甲基丙烯酸的含量为60%，测定0.5%氯仿溶液固有黏度0.6Pa·s。

(2) 颜料浆/g

氧化锌	1172.0
水	550.0
六偏磷酸钠	20.0
壬基酚环氧缩聚物	40.5
消泡剂	9.6
羧甲基纤维素钠分散液	45.0

生产工艺与流程 将上述配方各量加入球磨机中进行研磨分散，即得颜料浆。

(3) 乳胶漆的制备（质量份）

氧化锌预混物	500
共聚物乳液	205

生产工艺与流程 按上述配方，在颜料浆中加入共聚物乳液，快速搅拌得到乳液。

14-30　舰船接触型防污涂料

性能与用途　本品可防止海洋生物附着污损，保持浸水结构如舰船、码头，光洁无物。本品属于溶解型防污涂料，临界渗出率一般为 10τs（dyn/cm^2），防污能力一般为 8～14 个月。

产品配方/g

配方一（普通型）：

氧化亚铜	66.8
氧化铁	11.0
气相二氧化硅	30
松香	8.7
乙烯树脂	8.5
增塑剂	2.2
溶剂	适量

配方二（军用型）：

氧化亚铜	70.6
乙烯树脂	2.7
松香	10.5
磷酸三甲酯	2.4
甲基异丁基酮	8.1
二甲苯	5.6
防沉剂	0.24～0.44
乙醇	0.15

生产工艺与流程　本品生产工艺与普通涂料相同。本品的防污效果比溶解型的好，有效期可达 2～3 年。

14-31　新型丙烯酸船舶防污涂料

性能与用途　可用作木船、钢铁船和玻璃纤维船的水下涂料。

涂装工艺参考　施工时，搅匀，用喷涂法施工。

产品配方/g

乙醇	880
过辛酸特丁酯	0.5
甲基丙烯酸-β-羟乙酯	140

生产工艺与流程　在反应釜中，加入各料，在氮气保护下，升温至 80℃并在此温度下反应 7h，得到所需产物。

14-32　新型松香改性沥青船底防污漆

性能与用途　漆膜干燥快，具有良好的附着力，能耐海水冲击。主要用于涂装在 L44-2 打底的航海船舶部位，能防止海生物附着，保持船底清洁。该漆用于涂装航行在福建海面以南沿海生物繁多之处的船舶。

涂装工艺参考　该漆施工以刷涂为主。一般用重质苯或煤焦溶剂作稀释剂。配套底漆为沥青系船底漆和 L01-17 煤焦沥青漆。有效储存期为 1 年。过期可按质量标准检验，如符合要求仍可使用。

产品配方/(kg/t)

煤焦沥青	48
松香	146
颜、填料	320
毒料	302
助剂	40
溶剂	195

生产工艺与流程

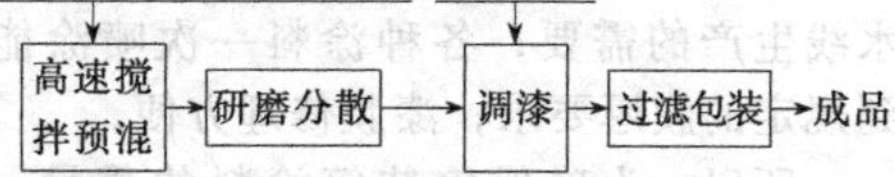

14-33　船舶扩散型防污涂料

性能与用途　该防污涂料采用复合毒料，它不但对一般大型污损生物有防除作用，而且对微型污损生物也奏效，可用于船底防海洋生物附着和定居。

涂装工艺参考　该涂料可用喷涂施工涂装，涂层常温固化。

产品配方（质量份）

氧化亚铜	30
氧化锌	5
铁红	5
滑石粉	5
增塑剂	5
松香	5
三苯基氯化铝	10
氧化橡胶	5
聚羟甲基丙烯酸甲酯	5
二甲苯	15
甲苯	10

生产工艺与流程　将以上各组分在加热至 70～90℃温度下充分搅拌混匀，并研磨即成。

第二节　集装箱涂料

一、集装箱涂料的概述

集装箱是往返于内陆和海上的国际性

运输工具，因此集装箱涂料不仅要经得起地球上任何一种苛刻的气候条件，更要适应海上和陆上任何一种运输方式。

1. 集装箱涂料的特点

集装箱外侧漆膜具有海洋条件下良好的防蚀性，耐湿、耐海水冲击，大部分箱业主规定了集装箱漆膜所承受的温度范围为－40～＋70℃；外侧漆膜的力学性能良好，耐摩擦、耐振动；漆膜耐候性好，3～5年内可基本保持原来的色泽。

集装箱内侧漆膜也应具备耐磨、耐水、耐腐蚀、耐油的特性，可以用于食品运输。

集装箱涂料应具备良好的施工性能，各种配套涂料的干燥速率能符合集装箱流水线生产的需要；各种涂料一次喷涂能达到规定的膜厚要求；漆膜修理方便。

所以，为确保集装箱涂料的质量，国际集装箱标准化委员会对集装箱涂料的鉴定和检测有统一的规定，必须按美国材料检测标准和测试方法，通过美国 konstandt 实验室 8 个项目的 13 种试验，总评分超过 120 分（满分 130 分），由该实验室公司出具合格证书后，这种集装箱涂料才能用于 ISO 标准集装箱的制造，所有涂料公司和集装箱厂必须遵守这一规定。

2. 集装箱涂料的配套和规定膜厚

集装箱业主提交给集装箱厂的技术文件中，明确规定了集装箱涂料的配套方案。目前各家箱业主的规定虽各有不同，大致可分为三种类型。目前，常用集装箱涂料配套最普遍。

国际集装箱标准化委员会对集装箱漆膜厚度虽无统一规定，但各箱业主拟定的规定膜厚却十分接近。一般外侧为总膜厚 110～130μm，内侧 65～90μm。箱底喷小燕子沥青漆，底部钢结构为 210μm；地板沥青漆为 150μm 以上，箱业主在配套中规定了各层涂料的膜厚，有些箱业主还在规定的膜厚前，写上了"minimum"，要求集装箱漆膜表面的所有检测值均应超过或等于规定膜厚。

目前集装箱制造工业主要集中在中国境内，中国汇集了全球制造集装箱活动的八成以上，在世界涂料业加快转移之际，作为全球涂料生产大国之一的我国，伴随着集装箱业的发展同时率先在集装箱涂料领域取得了领航地位。

我国涂料界至今已为 400 多万个标准集装箱涂漆，其中的 90％涂刷的是 3 层漆，一般使用环氧树脂涂料，据中国环氧树脂行业协会介绍，3 层中第 1 层也就是底漆，使用的是环氧锌（30μmDFT）；中间 1 层起抑制作用的，一般采用 30μmDFT；最外面 1 层面漆，为约 60μmDFT。通常情况下集装箱底层覆盖着 1 层 30μmDFT 厚的防蚀锌底漆，接着是 1 层 200μmDFT 的密封漆，或者直接涂刷外层漆。3 层涂漆系统具体明显优越性，其主要优点是机械抵抗力和坚固程度得以增强。

3. 集装箱涂料的主要品种

集装箱涂料的主要品种有：车间底漆为环氧富锌底漆，防锈漆为氯化橡胶底漆或环氧底漆，内面漆为氯化橡胶、乙烯类面漆，外面漆为丙烯酸、聚氨酯、乙烯共聚体，箱底漆为沥青漆。

二、集装箱涂料的性能要求

由于集装箱的营运需要往复经历从陆地到海洋的全过程，要求有较强的防腐蚀性和耐温度性（－40～70℃的温度），还要求装饰性好，不变色、不粉化、耐磨损、耐划伤、耐冲击等，能经受恶劣条件的考验。

（1）厚膜：一次施工的干膜厚度要高。这样可以缩短施工时间且节约费用。

（2）快干：这是集装箱大规模生产线所需要的。每涂下一道中涂层、表面涂饰、印图案以及检查漏水前必须保证涂料充分干燥。

（3）防腐性：这是集装箱涂料最重要的性能。钢集装箱的寿命就是由其防腐程度决定的。要求涂有防腐漆的钢集装箱至少 3～5 年无须重涂。

（4）耐磨耗性：集装箱在储存和运输

过程中，会不可避免地受到碰撞。这种冲击会影响到漆膜。

（5）耐高温高湿性：由于集装箱反复暴露在炎热和寒冷地带，再加上一些地区昼夜温差大。这就要求集装箱涂料也能够经受得住这种环境的考验。

（6）耐候性：户外强烈的阳光、湿气、海水都会引起涂料褪色。而集装箱的颜色对每个公司和箱主都很重要，因为它象征公司在用户心目中的形象，因此要保护其原有的颜色和外观是非常必要的。

（7）修补性：当漆膜严重划伤而引起剥落生锈时，就需要随时随地进行修补。

（8）大规模生产能力：由于集装箱是在生产线上连续生产的，因此涂料也应适应这种需要。由此可见，集装箱涂料要求的性能与船舶涂料及其他钢结构涂料的要求基本相同。但集装箱涂料还有其特别的要求，如抗划伤性和适用干线上大规模生产所需要的快干性等，因此开发一种适用于集装箱的特殊涂装体系是非常必要的。

三、集装箱涂料生产标准化问题

国际集装箱标准委员会（ZSO/TC104）要求集装箱涂料必须通过美国 Konstandt Labo-ratories 的 8 项产品质量标准 13 种性能的测试认可，总评分超过 120 分才能获得该实验室颁发的认可证书。因此集装箱涂料是一种高技术含量、多功能涂料。

如果是运载食品的集装箱，其内侧面漆需通过 FDA（美国食品药物管理局）的认可。不过，目前还有非标准化集装箱漆无须美国 Konstandt Lab 认可，其需求量也很大。它们是：铁路 1t、5t、10t 箱及国内海运和水运箱，以及沥青箱底漆，还有大量的集装箱修补漆。所以，国内非标准集装箱市场也是可以开发和利用的。这样就可以使自己的产品在实际应用中加以提高，并逐步被国内外用户特别是箱厂所接受和认可，为下一步进入国际标准箱涂料市场打好基础。

基于环保的要求，集装箱涂料的发展趋势是水性化、高固体化、无溶剂化。同时，由于氯化橡胶的生产将受到限制，因此开发氯化橡胶的代用品如丙烯酸、高氯烯烃、聚氨酯面漆已成为热门的研究课题。国际集装箱租赁协会（IICL）也召开了专门会议，提出了有关集装箱水溶性涂料开发、生产和应用的建议。但水溶性涂料对工艺条件要求较高，如延长烘干时间，须使用不锈钢高压无气喷涂泵等，使其在短期内大量应用受到限制。据我国现状，预计到 21 世纪末，新颖的集装箱涂装体系将取代目前的涂装体系。

20 世纪 90 年代初，中国集装箱工业开始崛起。从 1994 年开始，中国的集装箱出口量位居全球首位，到目前为止，中国集装箱工业连续 8 年称雄世界，出口量平均增长为 25%。

我国集装箱涂料刚开始依赖进口，采用英国 Mander 公司、韩国 KCC 和日本关西、德国 Freilacke 产品。20 世纪 90 年代初国际油漆（上海）有限公司（IP）、天津关西有限公司、海虹老人牌（Hemple）公司、日本中涂化工有限公司、上海海生涂料有限公司（Ameron）等合资企业产品统领集装箱涂料市场。1995 年后，上海开林造漆厂、青岛海洋化工研究院、广州珠江集团等相继开发生产销售集装箱涂料，形成了合资、独资和国内企业共争市场的局面，但仍满足不了需求，约 20%～30%仍需进口。

集装箱涂料的主要品种有：车间底漆为环氧富锌底漆，防锈漆为氯化橡胶底漆或环氧底漆，内面漆为氯化橡胶、乙烯类面漆，外面漆为丙烯酸、聚氨酯、乙烯共聚体，箱底漆为沥青漆。国内均有多家研究单位和企业研制、开发和生产，并已取得国际权威机构认证，如果利用已认证的企业来扩大规模，将大有作为。

四、集装箱涂料生产工艺与产品配方实例

14-34　铁红集装箱防腐沥青底漆

性能及用途　本底漆具有干燥快、防腐性好、耐磨、耐候等优点。可和环氧橡胶、氯化橡胶等面漆配套。是一种优良的集装箱配套用底漆。用于桥梁、码头、船舶、

海上钻井平台、矿井支架、管道及大型钢结构的重防腐底漆。也可用于船舶水线以下部位作防锈底漆。

涂装工艺参考 施工时用二甲苯、松节油稀释。喷涂、刷涂均可，一般两道底漆后再涂面漆。不可刷涂太厚，干漆膜厚度每道不宜超过 20μm。配套面漆为醇酸磁漆、氨基烘漆、纯酚醛磁漆。有效储存期为 1 年，过期可按质量标准检验，如符合要求仍可使用。

产品配方（质量份）

原料	质量份
氧化铁红	33.0
氧化锌	6.0
滑石粉	3.0
重晶石粉	2.8
70%煤焦沥青液	35.36
40%纯酚醛树脂液	15.7
重质苯	2.64
2%环烷酸钴	0.5
2%环烷酸锰	0.5
10%环烷酸铅	1

生产工艺与流程 将颜料、体质颜料和树脂液混合均匀后，研磨至细度小于 60μm，加入沥青液，混合均匀后，加入重质苯和催干剂，充分调匀后，过滤即得成品。

14-35 新型集装箱防腐纯酚醛底漆

性能及用途 具有一定防锈能力，耐水性好。锌黄纯酚醛底漆用于涂覆本底漆具有干燥快、防腐性好、耐磨、耐候等优点。可和环氧橡胶、氯化橡胶等面漆配套。是一种优良的集装箱配套用底漆。用于桥梁、码头、船舶、海上钻井平台、矿井支架、管道及大型钢结构的重防腐底漆。也可以用铝合金表面、铁红纯酚醛底漆涂覆钢铁表面。

涂装工艺参考 施工时用二甲苯、松节油稀释。喷涂、刷涂均可，一般两道底漆后再涂面漆。不可刷涂太厚，干漆膜厚度每道不宜超过 20μm。配套面漆为醇酸磁漆、氨基烘漆、纯酚醛磁漆。有效储存期为 1 年，过期可按质量标准检验，如符合要求仍可使用。

(1) 锌黄纯酚醛底漆

产品配方（质量份）

原料	质量份
锌铬黄	11
氧化锌	9
滑石粉	8
200#溶剂油	10
二甲苯	10
10%环烷酸铅	3
2%环烷酸钴	0.3
2%环烷酸锰	0.5
4%环烷酸锌	0.3
2%环烷酸钙	0.5
纯酚醛底漆料	49.4

生产工艺与流程 先将颜料、填料和一部分底漆料混合并搅拌均匀，再研磨至合格细度，然后加入其余底漆料、溶剂油、二甲苯和催干剂，充分调匀，过滤后即为成品。其适用于铝合金表面打底漆。

(2) 铁红纯酚醛底漆

产品配方（质量份）

原料	质量份
锌铬黄	7.6
氧化铁红	12
氧化锌	7
滑石粉	13.4
纯酚醛底漆料	45
200#溶剂汽油	5
二甲苯	5.5
2%环烷酸钴	0.3
2%环烷酸锰	0.5
10%环烷酸铅	3.0
4%环烷酸锌	0.2
2%环烷酸钙	0.5

生产工艺与流程 先将颜料、填料和一部分底漆料混合并搅拌均匀，再研磨至合格细度，然后加入其余底漆料、溶剂油、二甲苯和催干剂，充分调匀，过滤后即为成品。其适用于钢铁结构表面打底漆。

酚醛树脂、颜料、溶剂 → 高速搅拌预混 → 研磨 → 调漆包装（← 树脂、溶剂、助剂） → 成品

14-36 新型集装箱防腐底漆

性能与用途 本底漆具有干燥快、防腐性好、耐磨、耐候等优点。可和环氧橡胶、氯化橡胶等面漆配套。是一种优良的集装箱配套用底漆。用于桥梁、码头、船舶、海上钻井平台、矿井支架、管道及大型钢结构的重防腐底漆。

涂装工艺参考 施工时要求底材喷砂处理达到瑞典标准 $Sa_2 1/2$ 级。可用刷涂或高压

无空气喷涂。刷涂要两道，间隔 1～2h。施工相对湿度为 60%～90%。适用期（25℃）为 8h。膜厚 70～80μm。可和环氧橡胶、氯化橡胶等防腐面漆配套。施工间隔 16h～4 个月。

产品配方/（kg/t）

环氧树脂/纯酚醛树脂液	480
颜、填料	4788
溶剂	60.6
助剂	2～3

生产工艺与流程 将各组分经高速分散制得。

14-37 多功能集装箱底漆

产品性能 磷化底漆干性快，对于钢材的焊接、切割无任何不良影响，其表面能涂覆各种有机型涂料。缺点是漆膜薄（8～12μm），室外防蚀期短（一般为 3 个月），热加工时损伤面积较大，耐电位性能较差，不适合装有阴极保护系统的船体水下部位。

涂装工艺参考 单组分磷化底漆使用方便，但防锈蚀效果不如双组分磷化底漆。磷化底漆是醇溶性涂料。作为车间底漆使用，具有磷化处理和钝化处理的双重作用。其作用机理是：由于组分中的磷酸与四碱式锌黄反应产生磷酸盐覆盖膜，起磷化作用；同时生成铬酸使金属表面钝化；聚乙烯醇缩丁醛参加反应形成不溶性物质，堵塞金属表面孔隙，形成牢固附着的封闭层，完整地保护了金属。

磷化底漆有双组分和单组分两种类型，以双组分应用较广。受其性能限制，在集装箱只作为水上部分的车间底漆使用。

产品配方

（1）双组分磷化底漆配方见图 14-1。

表 14-1 双组分磷化底漆配方 单位：质量份

原料名称		1	2
组分 A	聚乙烯醇缩丁醛	7.2	7.7
	醇溶酚醛（50%丁醇液）		3.3
	四碱式锌黄	6.9	7.7
	滑石粉	1.1	1.1
	硬脂酸铝		1.1
	乙醇	48.7	43.6
	丁醇	16.1	15.5
组分 B	磷酸（85%）	3.6	3.8
	水	3.2	1.8
	乙醇	13.2	14.4

（2）单组分磷化底漆配方见表 14-2。

表 14-2 单组分磷化底漆配方 单位：质量份

原料名称	1	2	3
聚乙烯醇缩丁醛（高分子量）	9.2		
聚乙烯醇缩丁醛液（10%）		86.5	84.7
反应型酚醛树脂（50%）	6.7		
锌铬黄	4.1	4.3	
四碱式锌黄	2.7		
铅铬黄			8.5
铁红	1.1		
滑石粉		1.5	1.4
铬酸锶		4.3	
磷酸锌	2.3		
磷酸	1.0	1.7	2.7
水		1.7	2.7
混合溶剂	71.9		
丁醇	1.0		

（3）环氧无锌底漆（non-zinc epoxy primer） 也称环氧铁红底漆（iron oxide epoxy primer），为双组分涂料（见表 14-3）。

利用环氧树脂优异的附着性、耐水性和耐腐蚀性，加入铁红、锌黄等防锈颜料配合，涂于金属上起到车间底漆的作用。

表 14-3 环氧无锌底漆配方

原料名称		用量/%
组分 A	环氧树脂	12
	滑石粉	10
	氧化铁红	10
	锌黄	10
	瓷土	2
	膨润土	1
	硫酸钡	5
	甲苯	24
	异丙醇	8
	丙酮	18
组分 B	聚酰胺树脂	12
	聚乙烯醇缩丁醛	2
	固化加速剂	1
	异丙醇	20
	甲苯	65

注：组分 A：组分 B=2：1（质量比）。

环氧无锌底漆有良好的耐溶剂性和化学稳定性，特别适合作为集装箱或装载石油制品的运输船（成品油船）的货油舱部位钢材的预处理底漆。它在热加工时无氧化锌烟尘产生。其防锈性能略高于磷化底漆，但不及富锌底漆。此外双组分使用不便，干性稍差，抛丸预处理流水线必须安装烘干设备。

(4) 环氧富锌底漆 (zinc-rich epoxy primer) 含锌粉的双组分车间底漆。是一种电化学防锈漆。以环氧树脂为黏结剂，把大量锌粉黏附在钢铁表面，利用锌比铁有更低的电极电位，使钢铁成为阴极而避免腐蚀，得到保护。所用锌粉为高纯度金属锌粉，其用量在干膜中占干膜质量的87%～92%。

① 组成及配方举例 环氧富锌底漆配方见表 14-4。

② 性能 环氧富锌底漆具有很好的防锈性能，其室外防锈期有 6～9 个月。漆膜耐热性较好，热加工时损伤面较小（切割或焊接时，离焊缝处烧损仅约 8～10mm）。漆膜力学性能好，附着力强。由于锌粉含量多，热加工时释放较多氧化锌烟尘，影响人体健康。

表 14-4 环氧富锌底漆配方

原料名称		用量/%
组分A	超细锌粉	70
	601 环氧树脂	12
	有机膨润土	2
	溶剂	16
组分B	200 聚酰胺树脂	50
	溶剂	50

(5) 无机锌底漆 (inorganic zinc primer) 又称硅酸锌底漆 (zinc silicate primer) 或无机硅酸锌底漆，是醇溶性自固型车间底漆。以正硅酸乙酯为基料，锌粉为主要防锈颜料，依靠吸收空气水分，正硅酸乙酯水解缩聚，并与锌、铁反应形成硅酸锌、铁复合盐类，通过化学键结合，紧密附着于钢铁表面。锌作为牺牲阳极，对钢铁起电化学保护作用，同时生成的复合盐结构致密、难溶，沉积在涂层表面，防止氧、水和盐类的侵蚀，起到防锈效果。无机锌底漆是防锈效果较好的一种车间底漆。

无机锌底漆有通用型和耐高温型（耐热可达 800℃）两种。

①组成及配方举例 通用型无机锌底漆由正硅酸乙酯和锌粉组成（见表14-5)。

表 14-5 无机锌底漆配方

原料名称		用量/%
组分A	正硅酸乙酯缩合物	12.04
	乙醇	12.57
	丁醇	5.24
	H_3PO_4(5%)	1.04
	氯化锌	0.52
组分B	聚乙烯醇缩丁醛	1.26
	乙醇	17.07
	氧化铬绿	6.29
	磷酸铝防锈颜料	2.09
组分C	锌粉	41.88

耐高温型无机锌底漆的组成是以超耐热树脂改性的硅酸乙酯为基料，用一部分耐热防锈颜料与锌粉共用为颜料，加入适量溶剂、助剂组成。

② 性能 无机锌底漆干性快，适应预涂流水线要求。漆膜起电化学保护作用，防锈性能优良，室外防锈期可达 6～9 个月。漆膜力学性能好，耐溶剂性强，耐热性优异。通用型能耐 400℃高温，耐高温型可耐 800℃高温，因而热加工损伤面积小。但在焊接、切割时仍有氧化锌烟尘产生。

生产工艺与流程 将氯化氯丁胶溶化，再将防污剂、颜填料及溶剂加入球磨机中研磨至规定细度即可。

14-38 新型集装箱环氧树脂涂料

性能与用途 适用于集装箱、船舶防腐表面涂饰。

涂装工艺参考 使用时按甲组分 1.5 份和乙组分 1 份混合，充分调匀。用喷涂或刷涂法施工，用 X-10 聚氨酯漆稀释剂调整，调配好的漆应尽快用完，严禁与胺、醇、酸、碱、水分等物混合。有效储存期 1 年，过期如检验质量合格仍可使用。

产品配方（质量份）

	Ⅰ	Ⅱ
604环氧树脂(糠醇单体：环氧树脂=1：1)	100	100
钛白粉	42	—
滑石粉	8	—
沉淀硫酸钡	5	—
石墨粉	—	28
红丹粉	—	10
重晶石粉	—	10
混合溶剂(甲苯：丁醇：环己酮=1：1：1)	适量	适量
二乙烯三胺/%	3.3	3.3

产品生产工艺 先涂底漆，再涂面漆，每涂一次后应自然干燥，然后进行热处理，热处理后再涂下一层漆。热处理时，底漆于130℃处理2h，面漆于130℃处理4h，涂层可完全固化。

14-39 新型黑棕集装箱底防锈漆

性能与用途 漆膜干后有良好的坚韧性、附着力强而不易脱落，具有良好的抗水性和防锈效果。适用于钢铁船底防锈用，作为防污漆底层，隔离防污漆与钢板的接触，也可作木船船底防腐用。

涂装工艺参考 该漆以刷涂为主。施工时，船底钢板最好用喷砂处理或用手工铲除铁锈，揩拭干净，先涂1830铝粉打底漆两道，再涂该漆两道，船底漆应配套使用。不可用清油或其他涂料打底或罩面。该漆只能用煤焦沥青稀释剂调和稀释（最好不稀释），不能用其他溶剂，否则漆会凝结胶冻。木船不涂1830铝粉打底漆，而直接涂刷1831船底漆2～3道。该漆有效储存期为1年，过期可按质量标准检验，若符合要求仍可使用。

产品配方（质量份）

石油沥青	80
聚合亚麻籽油	8
汽油和二甲苯混合	90.0
氧化锌	4.4
滑石粉	3.6
炭黑	2
沉淀硫酸钡	3
70%煤焦沥青油	46
重质苯	3
氧化铁红	5.5

生产工艺与流程

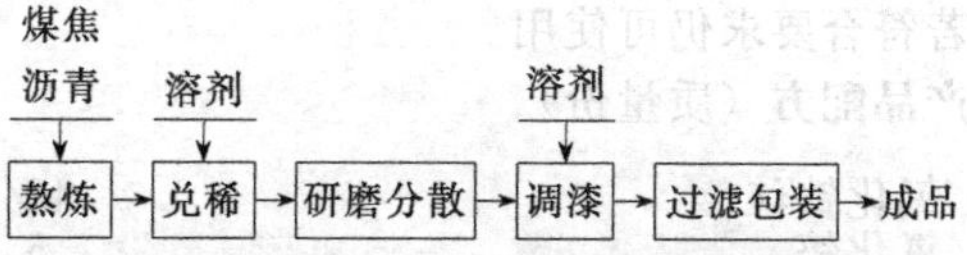

14-40 新型氯化橡胶集装箱漆

性能与用途 可制造集装箱漆、船舶漆、路标漆、游泳池漆、建筑涂料与防锈涂料，特别是船舶防污漆。

涂装工艺参考 该漆可手工喷涂、静电喷涂、刷涂、浸涂、淋涂施工。

水线漆甲板、船壳漆配方（质量分数）

	Ⅰ	Ⅱ	Ⅲ
30%氯化橡胶液	57.5	—	—
40%氯化橡胶液	—	18.18	14.35
氯化石蜡	8.5	1.5	—
钛白粉	25	—	23.6
铁红	—	20	—
油烟	—	—	0.05
滑石粉	—	4	—
硫酸钡	—	5	—
低碳酸钡	—	0.25	—
50%马来酸酐树脂液	8	—	—
50%酚醛树脂液	—	3	—
60%醇酸树脂液	—	42.24	57.37
1%环烷酸锰液	—	0.60	0.41
2%环烷酸钴液	—	0.3	0.27
2%环烷酸锌液	—	0.5	0.68
2%环烷酸铅液	—	—	1.36
甲苯	1	4.43	1.91

生产工艺与流程 把以上组分加入反应釜中，进行混合，然后研磨分散。

14-41 高级棕色集装箱防污漆

性能与用途 该漆属溶蚀性防污漆。漆中所含毒料能适量溶解于周围海水中，使海水中的海菜介壳以及其他海生物不敢接近和附着于集装箱，以保持集装箱清洁。适用于钢铁或铝板船底的表面防污，也可用于涂装木质船舶作防污漆。

涂装工艺参考 该漆适于刷涂。与船底防锈漆配套使用于集装箱部位钢板上。一般在集装箱上涂防锈漆，再在集装箱防锈漆的涂膜上涂上集装箱上涂防污漆，该漆只能用煤焦沥青漆稀释剂调和稀释。该漆有效储存期为1年，过期可按质量标准检验，若符合要求仍可使用。

产品配方（质量份）

氧化铁红	42
氧化锌	5
滑石粉	5
沉淀硫酸钡	3
70%煤焦沥青油	40
重质苯	5

生产工艺与流程

沥青、松香、树脂 → 熬炼 → 兑稀（溶剂）→ 研磨分散（氧化亚铜、有机毒）→ 调漆（溶剂）→ 过滤包装 → 成品

第十五章　天然和元素有机树脂漆

第一节　天然树脂涂料

天然树脂涂料是由天然树脂及其衍生物与植物油一起经过熬炼后，再加入有机溶剂、催干剂配制而成的。可分为清漆、磁漆底漆、腻子等。常用的天然树脂主要有松香、沥青、虫胶及天然大漆。主要油脂是桐油、梓油、亚麻仁油、豆油以及脱水蓖麻油。

目前广泛使用改性松香与油脂经高温炼制后溶于有机溶剂中，从而制得各种性能的漆料，主要品种有酯胶清漆、酯胶调和漆、钙脂清漆、酯胶磁漆。

天然树脂是主要由动植物获得的树脂，是现存树木的分泌物或是已死树木的分泌物埋没土中所化成的物质。来源于植物的主要有松香、大漆、琥珀、达玛树脂等；来源于动物的主要有虫胶。种类很多，可根据特性、来源、输出地点等分类。如分为化石树脂和近代树脂，树脂和达玛树脂等。主要用于涂料工业，也用于纸张、医药、绝缘材料和胶黏剂等。

天然树脂漆是以干性植物油与天然树脂经过热炼制的漆料，加入颜料、催干剂、溶剂调制而成。可分清漆、磁漆、底漆、腻子等。这类漆具有原料易得、制造容易、价格低廉、施工方便、性能良好（其快干性、光泽、硬度、附着力、柔韧性等较油性漆均有所提高）的特点。可广泛用于质量要求不高的木器家具、工业民用建筑、金属制品涂覆用，其最大的缺点是耐久性不佳。

造漆用的天然树脂主要有松香、虫胶及我国特产的天然大漆。所用的油脂为桐油、梓油、亚麻仁油、豆油以及脱水蓖麻油等。

目前，正当普通油漆甲醛释放量高、不环保等问题被社会广泛关注的时候，一种油漆打出纯天然树脂漆的概念，声称可以解决油漆对人体危害的问题。

天然树脂漆可分为清漆、磁漆、底漆、腻子等。天然树脂漆中的干性油可增加漆膜的柔韧性，树脂则使漆膜提高硬度、光泽、快干性和附着力。漆膜性能较油脂漆有所提高。

据了解，纯天然树脂漆无毒、无气味，不含苯、有害重金属、甲醛、TDI、氨等有害物质。由于取材于植物材料，目前此类产品产量有限，因而价格比普通油漆略高。

2013 年，我国的天然树脂漆的产量约为 25 万～38 万吨，占全国涂料总产量的 8.2%～10.5%。

现有北京中环油漆稀释剂厂、立邦涂料公司、西北永新化工公司、四川广汉油漆厂、太原现代化工公司、江苏雄鹰实业公司、山西襄汾油漆厂、乌鲁木齐市油漆厂、上海申华造漆厂、广东肇庆市制漆厂、南昌造漆厂、昆明西山新大地制漆厂、辽宁辽阳油漆总厂、陕西兴平宝塔山油漆公司、吉林长春市油漆厂、广东南海市紫南化工厂等几十家厂商均可生产天然树脂漆。

产品应储存于清洁、干燥密封的容器中，存放时应保持通风、干燥、防止日光直接照射，并应隔绝火源、远离热源。夏季温度过高时应设法降温。

产品在运输时应防止雨淋、日光暴晒，并应符合运输部门有关的规定。

15-1 新型酯胶清漆

性能及用途 漆膜光亮，耐水性较好。适用于木制家具、门窗、板壁等的涂覆及金属制品表面的罩光。

涂装工艺参考 以涂刷方法为主施工，用200#溶剂油或松节油作稀释剂。

配方（质量份）

桐油	360
亚麻油	70
甘油松香	138
松香铅皂	21
200#溶剂油	468
环烷酸催干剂	11

生产工艺与流程 将甘油松香、桐油及一半聚合油、松香铅皂在热炼锅内混合，加热至275℃，在275～280℃下保温至黏度合格，降温，加入另一半聚合油，冷却至150℃，加入200#溶剂油及催干剂，充分调匀，过滤包装。

15-2 家具与电器覆盖的虫胶清漆

性能及用途 该漆能形成坚硬薄膜，光亮平滑，干燥迅速，用作家具及木器品的上光，具有一定的绝缘性能，可作一般电器的覆盖层。

涂装工艺参考 以刷涂为主。施工前应先将被涂物面用砂纸打磨平滑后，除净打下的木屑粉末，如有木孔、木纹可用油性腻子填补平整。一般涂刷大约为3～4道，刷第二道时应待前一道干燥后进行，方能形成精细美观的漆膜。该产品自生产之日算起，有效储存期为1年。

产品配方（质量份）

虫胶	350
95%酒精	650

生产工艺与流程 将酒精放入密封罐中，在搅拌下分批投入虫胶，直至虫胶完全溶解，经检验合格后，过滤即为成品。其用于木器表面的罩光或涂过油性清漆的表面再度抛光，还可用于精细木制品的涂饰。

虫胶片、乙醇→调漆→过滤包装→成品

15-3 新型木器虫胶罩光清漆

性能及用途 该漆能形成坚硬薄膜，光亮平滑，干燥迅速，用作家具及木器品的上光，具有一定的绝缘性能，可作一般电器的覆盖层。

涂装工艺参考 以刷涂为主。施工前应先将被涂物面用砂纸打磨平滑后，除净打下的木屑粉末，如有木孔、木纹可用油性腻子填补平整。一般涂刷大约为3～4道，刷第二道时应待前一道干燥后进行，方能形成精细美观的漆膜。该产品自生产之日算起，有效储存期为1年。

（1）产品配方（质量分数）

虫胶	32
95%酒精	68

生产工艺与流程 将酒精放入密封罐中，在搅拌下分批投入虫胶，直至虫胶完全溶解，经检验合格后，过滤即为成品。其用于木器表面的罩光或涂过油性清漆的表面再度抛光，还可用于精细木制品的涂饰。

（2）产品配方/kg

虫胶	5.5
红丹	5.5
香蕉水	0.3
酒精	7
松节油	0.2
蓖麻油	0.06

生产工艺与流程 先将虫胶加入酒精中，盖好，任其缓慢溶解，使用时再将其他组分加入调匀即可。若太稠，可适当加些酒精调配，检验合格，过滤包装。

虫胶片、乙醇→调漆→过滤包装→成品

15-4 耐水家具及木器清漆

性能及用途 漆膜光亮，耐水性较好。适用于木制家具、门窗、板壁等的涂覆及金属制品表面的罩光。

涂装工艺参考 以涂刷方法为主施工，用200#溶剂油或松节油作稀释剂。

（1）产品配方（质量份）

甘油松香	12
桐油	35
亚、桐聚合油	9

松香铅皂	3
200# 溶剂油	40
环烷酸钴(2%)	0.3
环烷酸锰(2%)	0.7

生产工艺与流程 将甘油松香、桐油及一半聚合油、松香铅皂在热炼锅内混合，加热至275℃，在275～280℃下保温至黏度合格，降温，加入另一半聚合油，冷却至150℃，加入200#溶剂油及催干剂，充分调匀，过滤包装。

(2) 产品配方（质量份）

甘油松香	10.0
松香铅皂	1.5
200# 溶剂油	35.0
2%环烷酸钴	0.56
桐油	26.0
亚桐聚合油	6.7
2%环烷酸锰	0.24

生产工艺与流程 将甘油松香、桐油及1/2的聚合油置入热炼锅中，升温至275～280℃，并保温至黏度合格，稍降温投入另1/2聚合油，冷却至150℃以下，投入200#溶剂油和催干剂，调和均匀，过滤后即为成品。其用于木制家具、门窗、板壁等的涂覆及金属表面罩光。

15-5 自行车缝纫机制品的表面清漆

性能及用途 该漆颜色较浅，附着性好，供自行车、缝纫机贴花用。

涂装工艺参考 施工时采用刷涂、喷涂、橡胶辊涂，但以辊涂为宜。漆膜宜薄，否则漆膜会出现橘皮或皱纹，涂完后须静置10～15min，待漆膜流平后方可进入烘箱，温度不易过高，否则容易发生泛黄、失光等。使用时如果发现漆液太厚，可酌加松节油、200#溶剂油稀释，但不能加入苯类、酯类溶剂，以免在涂装时造成底漆咬起或造成花纹模糊。

产品配方（质量份）

桐油	32
顺丁烯二酸酐树脂	8
甘油松香	8
亚桐聚合油	8
2%环烷酸钴	0.5
2%环烷酸锰	0.5
10%环烷酸铅	3
200# 溶剂油	40

生产工艺与流程 将顺丁烯二酸酐树脂、甘油松香和桐油混合投入热炼锅中，并加热至255～265℃，并保温至黏度合格。稍降温后加入亚桐聚合油，而后降温至150℃以下，加入200#溶剂油和催干剂，充分调匀，过滤后即为成品。其用于自行车、缝纫机等金属制品的表面贴花。

生产工艺与流程

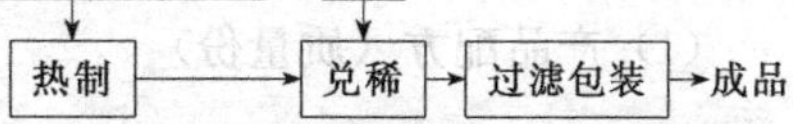

15-6 新型印制铁盒文具罩光清漆

性能及用途 该漆具有较高的硬度和光泽，但柔韧性、冲击强度较差。适用于印制铁盒文具及一般烘漆罩光。

涂装工艺参考 刷涂、喷涂、滚涂均可，以喷涂为主。漆膜要薄，否则出现橘皮或皱皮，施工时可用200#油漆溶剂油稀释，但不能采用苯类等强溶剂稀释，否则会将底漆咬起。

产品配方（质量份）

桐油	22
亚桐聚合油	6
顺丁烯二酸酐树脂	31
乙酸铅	0.4
2%环烷酸钴	0.5
2%环烷酸锰	0.5
200# 溶剂油	39.6

生产工艺与流程 将顺丁烯-二酸酐树脂与桐油混合，加热至190℃，加入乙酸铅，再升温至255～265℃，并保温至黏度合格，停止加热，加入聚合油，而后将物料降温至150℃以下，加入200#溶剂油和催干剂，充分搅拌，调和均匀，过滤后即为成品。其用于马口铁听罐及一般烘漆物件的表面罩光。

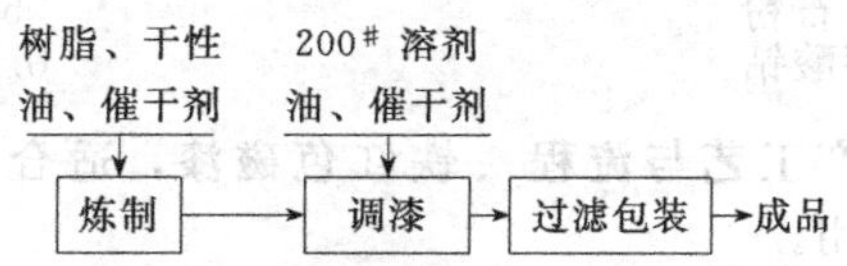

15-7 新型钙脂清漆

性能及用途 漆膜光亮，耐水性较好。适用于木制家具、门窗、板壁等的涂覆及金属制品表面的罩光。

涂装工艺参考 施工时采用刷涂、喷涂、橡皮滚涂，但以滚涂为宜。漆膜宜薄，否则漆膜会出现橘皮或皱纹，涂完后须静置10～15min，待漆膜流平后方可进入烘箱，温度不易过高，否则容易发生泛黄、失光等。使用时如果发现漆液太厚，可酌加松节油、200[#]溶剂油稀释，但不能加入苯类、酯类溶剂，以免在涂装时造成底漆咬起或造成花纹模糊。有效储存期为2年。

(1) 产品配方（质量份）

钙脂	20
铅皂	0.4
2%环烷酸锰	0.2
200[#]溶剂油	15.5
桐油	10
2%环烷酸钴	0.15
松节油	3.8

生产工艺与流程 将钙脂、精炼桐油投入热炼锅中，升温至250～260℃并保温至黏度合格，而后冷却至150℃以下，再加入其他组分，调匀过滤后即可。其用于家具、农具及小五金制品的表面罩光。

(2) 产品配方（质量份）

甘油松香液	130
轻质碳酸钙	7.2
钙钛白粉	100

生产工艺与流程 建筑用白色磁漆。

群青	0.6
乙醇等	58～60
萘酸锰	适量

(3) 产品配方（质量份）

60%钙化松香油	280
吹制鱼油	41
铁红土	150
松香水	117
水	266
滑石粉	50
萘酸钴	0.5

生产工艺与流程 铁红色磁漆，适合室外用。

15-8 金属木质物件酯胶调和漆

产品用途 干燥性能比油性调和漆好，漆膜较硬，有一定的耐水性。用于室内外一般金属、木质物件及建筑物表面的涂覆，做保护和装饰之用。

涂装工艺参考 在金属表面施工，先将锈垢、油污、水汽除净，涂一道防锈漆，对凹凸不平处以酯胶腻子填平，用砂纸磨光，然后再涂该漆1～2道。施工的木材表面如有裂缝、凹凸不平针眼、细孔，需先用腻子填平，有旧漆膜的表面，应将旧漆除去，用砂纸磨光，对新的松木，为防止油脂渗出，应在木节处用虫胶漆进行封闭，表面处理后再涂该漆1～2道。使用前，必须将漆搅匀，如发现粗粒、结皮，应进行过滤。如黏度太大，可加200[#]油漆溶剂油或松节油进行调整。但不宜加煤油或汽油，以免影响干燥或出现咬底和漆膜失光。在气候过冷或储存过久的情况下，其干燥性能会有所减退，可加入适量催干剂，促进干燥。

产品配方

(1) 红色酯胶调和漆（质量份）

大红粉	5.8
轻质碳酸钙	5
沉淀硫酸钡	20
酯胶调和漆料	58.2
亚桐聚合油	5
2%环烷酸钴	0.5
2%环烷酸锰	0.5
10%环烷酸铅	2
200[#]溶剂油	3

(2) 黄色酯胶调和漆（质量份）

中铬黄	15
柠檬黄	2
轻质碳酸钙	5
沉淀硫酸钡	20
酯胶调和漆料	47.2
亚桐聚合油	5
2%环烷酸钴	0.3
2%环烷酸锰	0.5
10%环烷酸铅	2
200[#]溶剂油	3

(3) 蓝色酯胶调和漆（质量份）

铁蓝	1.5
立德粉	12
轻质碳酸钙	4
沉淀硫酸钡	20
酯胶调和漆料	51.5
亚桐聚合油	5
2%环烷酸钴	0.5
2%环烷酸锰	0.5

10%环烷酸铅	2
200#溶剂油	3

（4）白色酯胶调和漆（质量份）

立德粉	52
群青	0.1
酯胶调和漆料	37.2
亚桐聚合油	5
2%环烷酸钴	0.3
2%环烷酸锰	0.5
10%环烷酸铅	2
200#溶剂油	3

（5）黑色酯胶调和漆（质量份）

炭黑	3
轻质碳酸钙	5
沉淀硫酸钡	20
酯胶调和漆料	60.2
亚桐聚合油	5
2%环烷酸钴	0.5
2%环烷酸锰	0.8
10%环烷酸铅	2.5
200#溶剂油	3

（6）铁红色酯胶调和漆（质量份）

氧化铁红	28
轻质碳酸钙	6
沉淀硫酸钡	34
酯胶调和漆料	109.4
亚桐聚合油	10
2%环烷酸钴	1
2%环烷酸锰	1.6
10%环烷酸铅	5
200#溶剂油	6

（7）绿色酯胶调和漆（质量份）

中铬黄	8
柠檬黄	3
铁蓝	2.5
轻质碳酸钙	5
沉淀硫酸钡	20
酯胶调和漆料	50.7
亚桐聚合油	5
2%环烷酸钴	0.3
2%环烷酸锰	0.5
10%环烷酸铅	1
200#溶剂油	3

生产工艺与流程（1～7）　将全部颜料、填料、聚合油及部分漆混合搅拌均匀，并研磨至所需细度，然后加入其余漆料、溶剂油和催干剂，充分调和均匀，过滤后即为成品。其主要用于室内外一般金属、木质及建筑物表面的涂覆，作装饰和保护之用。

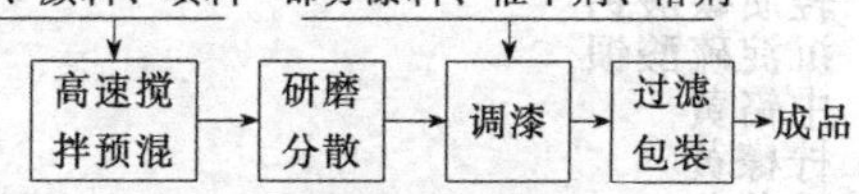

15-9　各色酯胶无光调和漆

性能及用途　该产品漆膜无光、色调柔和，干燥速度稍快，适用于涂刷室内墙壁，作保护和装饰用。

涂装工艺参考　本漆因颜料分高，只宜在室内使用，室外易粉化、脱落。用于一般墙面时，应先将墙面填平，砂光揩净，并涂熟油1～2度。干透后再砂光，涂同色有光调和漆一度打底，干后磨平，再涂无光调和漆1～2度。用于一般板壁表面时，用填泥嵌平，干透后擦光，再涂同色有光调和漆一度作打底，再涂无光调和漆1～2度。本漆易沉底，使用前务须搅拌均匀。漆内若有杂质须事先过滤，黏度变厚可酌加200#溶剂油稀释。若天气寒冷，储藏过久而干性慢，可加少量干燥剂。

产品配方

（1）白色酯胶无光调和漆（质量份）

立德粉	59
轻质碳酸钙	8
沉淀硫酸钡	4
白特酯胶调和漆料	18
群青	适量
环烷酸钴	0.5
200#溶剂油	10.5

生产工艺与流程　先将全部的颜料、填料及部分酯胶漆料混合并搅拌均匀，研磨至细度合格，然后加入剩余漆料、溶剂和催干剂，充分调匀，过滤后即为成品。其用于室内墙壁及其他无光泽要求表面的涂饰。

（2）浅黄酯胶无光调和漆（质量份）

立德粉	52
轻质碳酸钙	8
沉淀硫酸钡	4
中铬黄	4
柠檬黄	2
白特酯胶调和漆料	18
200#溶剂油	11.5
2%环烷酸钴	0.5

生产工艺与流程　同前。

(3) 浅绿酯胶无光调和漆（质量份）

立德粉	52
轻质碳酸钙	8
沉淀硫酸钡	4
中铬黄	2
柠檬黄	4
酞菁蓝	0.5
白特酯胶调和漆料	18
2%环烷酸钴	11
200#溶剂油	0.5

生产工艺与流程 同前。

(4) 浅蓝酯胶无光调和漆（质量份）

立德粉	55
轻质碳酸钙	8
沉淀硫酸钡	7
酞菁蓝	0.5
白特酯胶调和漆料	18
2%环烷酸钴	11
200#溶剂油	0.5

生产工艺与流程 同前。

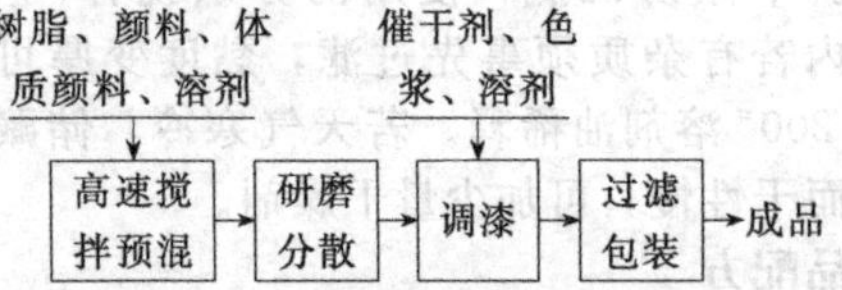

15-10 各色酯胶半光调和漆

性能及用途 该漆漆膜半光，色调柔和，可耐水洗。适用于涂刷建筑工程墙壁内表面以及要求不高的木材、钢铁表面。

涂装工艺参考 施工前将漆搅拌均匀，以刷涂为主。用200#油漆溶剂油或松节油稀释。有效储存期为1年。

产品配方

(1) 白色酯胶半光调和漆（质量份）

立德粉	60
轻质碳酸钙	4
沉淀硫酸钡	4
白特酯胶调和漆料	21
群青	0.1
2%环烷酸钴	10.5
200#溶剂油	0.5

生产工艺与流程 将全部颜料、填料及部分白特酯胶调和漆混合并搅拌均匀，研磨至细度合格，加入其余漆料、溶剂油和催干剂，充分调匀，过滤后即可。

该漆色调柔和，耐水洗，适用于室内墙壁及要求不高的钢铁、木材表面的涂饰。

(2) 浅黄色酯胶半光调和漆（质量份）

立德粉	53
轻质碳酸钙	5
沉淀硫酸钡	3
中铬黄	4
柠檬黄	21
白特酯胶调和漆	21
2%环烷酸钴	0.5
200#溶剂油	11.5

生产工艺与流程 同前。

(3) 浅绿色酯胶半光调和漆（质量份）

中铬黄	2
柠檬黄	4
酞菁蓝	0.5
立德粉	53
轻质碳酸钙	5
沉淀硫酸钡	3
白特酯胶调合漆料	21
2%环烷酸钴	0.5
200#溶剂油	11

生产工艺与流程 同前。

(4) 浅蓝色酯胶半光调和漆（质量份）

立德粉	58
轻质碳酸钙	5
沉淀硫酸钡	4
白特酯胶调和漆料	21
2%环烷酸钴	0.5
200#溶剂油	11
酞菁蓝	0.5

生产工艺与流程 将全部的颜料、填料及部分白特酯胶调和漆混合并搅拌均匀，研磨至细度合格，然后加入剩余漆料、溶剂油和催干剂，充分调匀，过滤后即可。

酯胶调和漆料、颜料、体质颜料 → 高速搅拌预混 → 研磨分散 → 调漆（漆料、催干剂、溶剂）→ 过滤包装 → 成品

15-11 木材和金属表面酯胶磁漆

性能及用途 该漆膜坚硬，光泽、附着力较好，但耐候性较差。主要用于建筑、交通工具、机械设备等室内木材和金属表面的涂覆，作保护装饰之用。

涂装工艺参考 以刷涂为主。用200#油漆溶剂油或松节油作稀释剂。

产品配方

(1) 红色酯胶磁漆（质量份）

原料	质量份
大红粉	65
轻质碳酸钙	9
沉淀硫酸钡	9
酯胶漆料	64.5
亚桐聚合油	5
2%环烷酸钴	0.5
2%环烷酸锰	0.5
10%环烷酸铅	2
200# 溶剂油	3

生产工艺与流程　将全部颜料、填料、亚桐聚合油及部分酯胶漆料混合并搅拌均匀，研磨至细度合格，加入其余漆料、催干剂和溶剂油，充分调匀，过滤后即可。其用于室内一般金属、木器及五金零件、玩具等表面的装饰保护。

（2）黄色酯胶磁漆（质量份）

原料	质量份
中铬黄	15
柠檬黄	2
轻质碳酸钙	9
沉淀硫酸钡	9
酯胶漆料	54
亚桐聚合油	5
2%环烷酸钴	0.5
2%环烷酸锰	0.5
10%环烷酸铅	2
200# 溶剂油	3

生产工艺与流程　同前。

（3）蓝色酯胶磁漆（质量份）

原料	质量份
铁蓝	1.5
立德粉	12
轻质碳酸钙	9
沉淀硫酸钡	9
酯胶漆料	57.5
亚桐聚合油	5
2%环烷酸钴	0.5
2%环烷酸锰	0.5
10%环烷酸铅	2
200# 溶剂油	3

生产工艺与流程　同前。

（4）黑色酯胶磁漆（质量份）

原料	质量份
炭黑	3
轻质碳酸钙	9
沉淀硫酸钡	9
酯胶涂料	67.2
亚桐聚合油	5
2%环烷酸钴	0.5
2%环烷酸锰	0.8
10%环烷酸铅	2
200# 溶剂油	3

生产工艺与流程　同前。

（5）绿色酯胶磁漆（质量份）

原料	质量份
中铬黄	8
柠檬黄	3
铁蓝	2.5
轻质碳酸钙	9
沉淀硅酸钡	9
酯胶涂料	57.5
亚桐聚合油	5
2%环烷酸钴	0.5
2%环烷酸锰	0.5
10%环烷酸铅	2
200# 溶剂油	3

生产工艺与流程　同前。

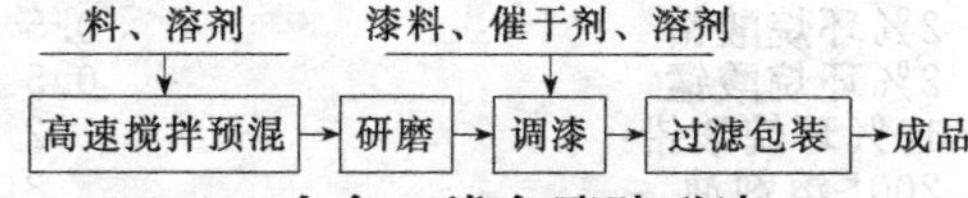

15-12　白色、浅色酯胶磁漆

性能及用途　光泽好，漆膜坚韧，不易泛黄，附着力好，质量与酚醛磁漆相当，但耐候性比醇酸磁漆差。适用于室内外一切金属及木材表面涂饰，如房屋建筑工程、家具、轮船、仓库、汽车、火车车厢、机器、仪表等。

涂装工艺参考　施工方法以刷涂为主，亦可喷涂。用松节油或200# 溶剂油作稀释剂。配套底漆为酯胶底漆或酚醛底漆等。有效储存期为1年。

产品配方（质量份）

原料	质量份
立德粉	41
轻质碳酸钙	6
沉淀硫酸钡	3
亚桐聚合油	5
白特酯胶漆料	37
2%环烷酸钴	0.5
2%环烷酸锰	0.5
10%环烷酸铅	2
200# 溶剂油	3

生产工艺与流程

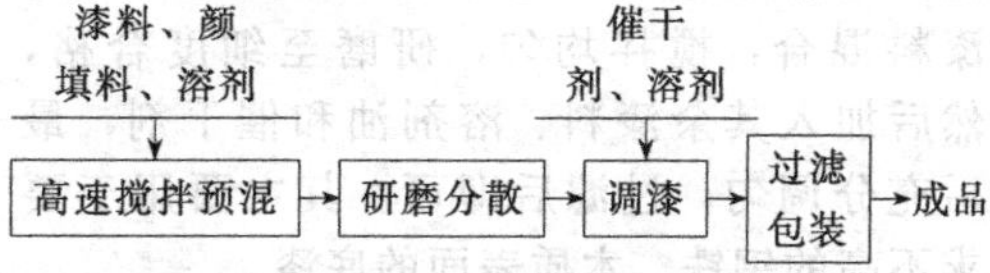

15-13　铁红、灰酯胶底漆

性能及用途　该漆漆膜较硬，易打磨，并有较好的附着力。宜用于要求不高的钢铁、木质物表面的底漆。

涂装工艺参考 刷涂、喷涂均可。施工时用200#溶剂汽油或松节油稀释。此漆只能作填补腻子或填补底漆表面的孔隙纹路用，不能用作面漆。二道底漆干后，表面还必须涂上1～2度调和漆或其他磁漆作保护，该漆有效储存期为1年。

产品配方

（1）铁红酯胶底漆（质量份）

铁红粉	65
轻质碳酸钙	5
立德粉	4
沉淀硫酸钡	9
酯胶漆料	64.5
亚桐聚合油	5
2%环烷酸钴	0.5
2%环烷酸锰	0.5
10%环烷酸铅	2
200#溶剂油	3

（2）铁红酯胶底漆（质量份）

氧化铁红	13
氧化锌	16
炭黑	0.1
水磨石粉	23
滑石粉	4
酯胶底漆料	28.4
200#溶剂油	13.5
2%环烷酸钴	0.5
2%环烷酸锰	1
10%环烷酸铅	0.5

（3）灰酯胶底漆（质量份）

氧化锌	29
炭黑	0.3
水磨石粉	23
滑石粉	4
酯胶底漆料	28.2
2%环烷酸钴	0.5
2%环烷酸锰	1
10%环烷酸铅	0.5
200#溶剂油	13.5

生产工艺与流程 先将颜料、填料和部分漆料混合，搅拌均匀，研磨至细度合格，然后加入其余漆料、溶剂油和催干剂，最后充分调匀，过滤后即可。其主要用于要求不高的钢铁、木质表面的底漆。

漆料、颜料、填料、溶剂 → 高速搅拌预混 → 研磨分散 → 调漆（催干剂、溶剂）→ 过滤包装 → 成品

15-14 金属和木质小型物件磁漆

性能及用途 该漆干燥快，漆膜光亮，用于涂饰室内金属和木质小型物件。

涂装工艺参考 喷涂、刷涂均可。可用200#油漆溶剂油或松节油稀释。配套面漆，可用调和漆、酚醛磁漆、醇酸磁漆或硝基磁漆等。

产品配方（质量份）

银粉浆	25
立德粉	5
轻质碳酸钙	8
沉淀硫酸钡	7
酯胶漆料	42
亚桐聚合油	7
2%环烷酸钴	0.5
2%环烷酸锰	0.5
10%环烷酸铅	2
200#溶剂油	3

涂装工艺参考 该漆施工一般用刷涂，施工时用200#油漆溶剂油及少量松节油混合后调整黏度。

生产工艺与流程

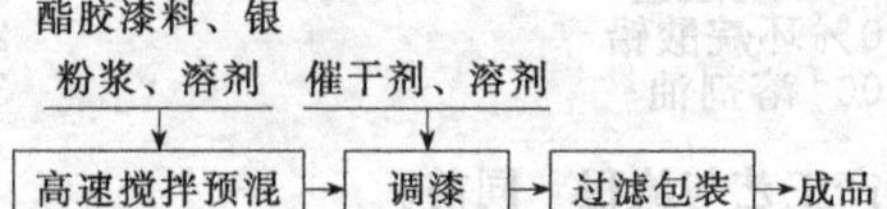

15-15 各色酯胶二道底漆

性能及用途 该漆易于喷涂、打磨，填充力强、填密性好。适用于已涂有底漆、腻子的金属表面或涂有底漆的木材、墙面作中间涂层。

涂装工艺参考 刷涂、喷涂均可。施工时用200#溶剂汽油或松节油稀释。此漆只能作填补腻子或填补底漆表面的孔隙纹路用，不能用作面漆。二道底漆干后，表面还必须涂上1～2度调和漆或其他磁漆作保护，该漆有效储存期为1年。

产品配方

灰酯胶二道底漆（质量份）

立德粉	17.5
轻质碳酸钙	20
沉淀硫酸钡	10
滑石粉	12.5
黄丹	0.5
炭黑	0.1

酯胶底漆料	28.5
2%环烷酸钴	0.4
2%环烷酸锰	0.6
200#溶剂油	9.9

生产工艺与流程　先将颜料、填料及部分酯胶底漆料混合并搅拌均匀，然后研磨至细度合格，最后加入剩余酯胶底漆料、溶剂油和催干剂，充分调匀，过滤即可。其一般用作要求不高的钢铁、木质物件表面的二道底漆。

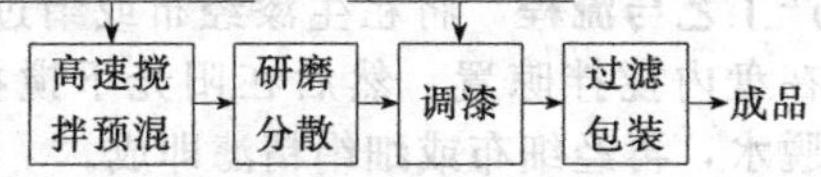

15-16　新型耐氨大漆

性能及用途　用于工艺美术品、高级木制品、纺织纱锭等表面的涂饰。

涂装工艺参考　刷涂、喷涂、滚涂均可，以喷涂为主。用二甲苯溶液作稀释剂调整施工黏度。

产品配方（质量份）

漆酚	10
聚二乙烯基乙炔	14
松节油	25
沥青	25
二甲苯	25
黄丹	0.3
2%环烷酸钴	0.2
2%环烷酸锰	0.5

生产工艺与流程　先将漆酚进行脱水处理，脱水后的漆酚与沥青放入反应釜中混合加热，升温至220℃熔化并搅拌均匀后加入黄丹，然后再升温至260℃，充分搅拌均匀。停止加热，待物料降温至220℃时，加入环烷酸钴和环烷酸锰，而后继续降温至180℃时加入松节油稀释，当温度降至150℃时加入二甲苯，降温至100℃时加入聚二乙烯基乙炔，并在100℃时保温3.5h进行改性反应，最后将物料过滤后即为成品。其用于涂装运载氨水船和水泥船表面。

15-17　新型油基大漆

性能及用途　用于木制家具涂饰。

涂装工艺参考

（1）精炼熟桐油俗称坯油，在熬炼时加有黄丹和锰粉，施工时可随调随用。

（2）使用前将木质表面处理干净，用腻子填平孔眼并磨光，然后涂饰1～2道。

（3）用刷涂法施工，湿度高对施工有利。

（4）不可将生漆接触皮肤，否则，皮肤会出现过敏性皮炎或红肿。

产品配方1（质量份）

净生漆	82
精炼亚麻油	18

生产工艺与流程：将生漆除掉漆渣、水杂，和漂炼后的亚麻油混合，充分搅拌均匀即成。

产品配方2（质量份）

亚麻仁油	8.4
顺丁烯二酸酐树脂	10
生漆	56
松节油	5.6

生产工艺与流程　将树脂与热亚麻仁油混合溶解，再加入松节油稀释，然后将物料加入生漆中充分搅拌，调制均匀，即制得成品。用于木器家具、门窗、手工艺品的贴金、罩光等，也可调入颜色制成色漆使用。

15-18　新型漆酚清漆

性能及用途　用于木制、纺织纱锭等表面的涂饰。

涂装工艺参考　刷涂、喷涂、滚涂均可，以喷涂为主。用二甲苯溶液作稀释剂调整施工黏度。

产品配方（质量份）

生漆	25
二甲苯	25

生产工艺与流程　先将生漆过滤，脱水活化后加入二甲苯进行缩聚反应，反应结束后过滤即可。

其用于化肥、化工设备，机械、农业设备，石油、盐水储槽及其他一些要求耐水、耐酸等金属和木材表面涂装。

15-19　铁红虫胶磁漆

性能及用途　该漆能形成坚硬薄膜，光亮平滑，干燥迅速，用作家具及木器品的上光，具有一定的绝缘性能，可作一般电器的覆盖层。

涂装工艺参考 喷涂、刷涂均可。可用200#油漆溶剂油或松节油稀释。配套面漆，可用调和漆、酚醛磁漆、醇酸磁漆或硝基磁漆等。

产品配方（质量份）

虫胶漆料(45%)	26.6
氧化铁红	8.8
滑石粉	2.2
200#溶剂油	1.2
2%环烷酸钴	0.2
2%环烷酸锰	0.2
10%环烷酸铅	0.8

生产工艺与流程 先将氧化铁红、滑石粉和部分虫胶漆料混合并搅拌均匀，研磨至细度合格，再加入其余虫胶漆料、溶剂油和催干剂，充分调匀，过滤即可。其主要用于船舶机舱、油箱内外各部位的油保护，也可用于其他需耐油的表面。

15-20 新型黑油基大漆

性能及用途 用于工艺美术品、高级木制品、纺织纱锭等表面的涂饰。

涂装工艺参考 刷涂、喷涂、辊涂均可，以喷涂为主。用二甲苯溶液作稀释剂调整施工黏度。

产品配方（质量分数）

净生漆	70
亚麻油	10.5
顺丁烯二酸酐树脂	12.5
松节油	7
着色剂	适量

生产工艺与流程 先将顺丁烯二酸酐树脂溶于热亚麻油（约200℃），加松节油稀释，然后加入生漆中，并加入适量着色剂，充分调匀。

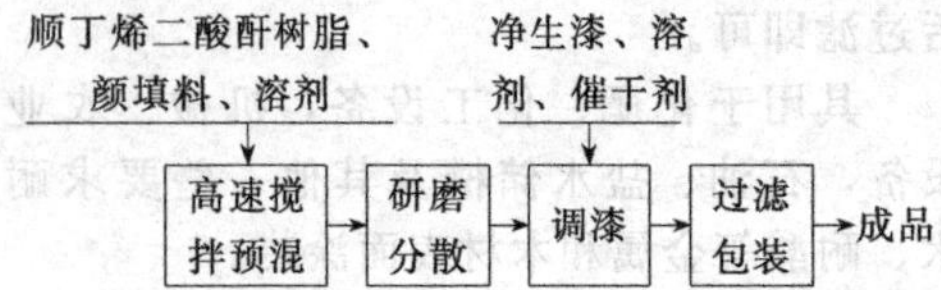

15-21 黑精制大漆

性能及用途 主要用于工艺美术品漆器及高级家具、化工设备的表面涂饰与防腐。可以烘干，与打底漆配套，可用于金属表面涂装。

涂装工艺参考 刷涂、喷涂、滚涂均可，以喷涂为主。用二甲苯溶液作稀释剂调整施工黏度。

产品配方

(1) 精制大漆（质量份）

大木生漆	100
水(视四季之气温、温度而定)	10～30

生产工艺与流程 将粗生漆经布或绢过滤，放在盘内搅拌晾置，然后在阳光下搅拌晒置脱水，再经细布或细绢精滤即成。

用于脱胎漆器及其他漆器、化工设备等装饰，防腐涂层的末道漆，调配色浆可以配成各种色漆。

(2) 黑精制大漆（质量份）

湖北毛坝生漆	70
大木生漆	30
水	4
氢氧化铁(黑)	1

生产工艺与流程 将生漆放入一个容器中，加入水，不断搅拌，在空气中氧化48h，当含水量达到10%以下时，加入氢氧化铁，静置40～60min，然后继续搅拌4h，而后将其放置于红外线下加热，并不断搅拌，当含水量为5%左右时，用细布或细绢过滤后即为成品。

其主要用于工艺美术品漆及高级家具、化工设备的表面涂饰与防腐。也可烘干，与打底漆配套，用于金属表面涂装。

(3) 精制大漆（质量份）

生漆	70
大木生漆	30
水	4
氢氧化铁(黑料)	1

生产工艺与流程 将生漆放入盘内混合，加入水，不断搅拌，在空气中氧化48h含水量达10%以下，加入氢氧化铁，静置40～60min，继续搅拌4h，置红外线下加热，并不断搅拌，至水分达5%左右，然后用细布或细绢过滤即成。

15-22　酯胶烘干硅钢片漆

性能及用途　该漆漆膜坚硬，具有较好的耐油性，属于A级绝缘材料。主要用于电机、变压器和其他电器设备中硅钢片间的绝缘。

涂装工艺参考　该漆可在180～200℃烘干，用松节油或200#溶剂汽油作稀释剂调整施工黏度。

产品配方（质量份）

松香改性酚醛树脂	10.5
石灰松香	5
桐油	30
亚桐聚合油	14.5
煤油	33
200#溶剂汽油	6.5
环烷酸锰(2%)	0.2
环烷酸铅(10%)	0.3

生产工艺与流程　将松香改性酚醛树脂、石灰松香、桐油混合，加热至240℃，加亚桐聚合油，在240～250℃下保温至黏度合格，降温至180℃，加入煤油，然后加200#溶剂汽油和催干剂，充分调匀，过滤包装。

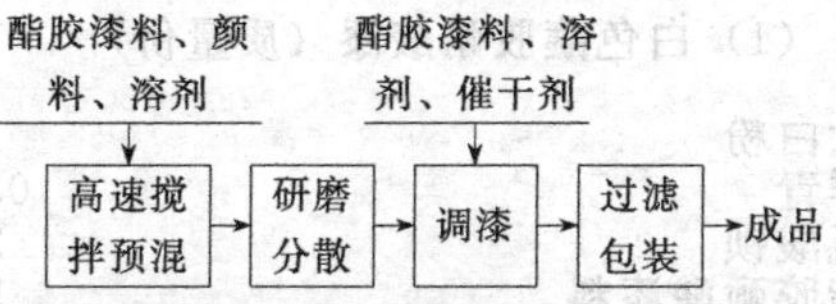

15-23　酯胶绝缘清漆

性能及用途　主要用于化工设备的表面涂饰与防腐。可以烘干，与打底漆配套，可用于金属表面涂装。

涂装工艺参考　在化工设备金属表面施工，需先将锈蚀、油污、水汽等清除干净，然后涂防锈漆或底漆，干后将涂层用砂纸打磨，再将腻子用金属或牛角刮刀涂刮填平。在木制表面施工，可直接用腻子填平细孔、裂缝、针眼及凹凸不平处，对新的松木，为了防止木材中松脂的渗出，可先用虫胶清漆在木节处予以封闭。如稠度过大，可适当加入200#油漆溶剂油或二甲苯进行稀释。使用时每次涂刮不要超过500μm。不能用来填补过大的凹凸处，以免影响其耐久性。如物件表面凹凸较大，需涂厚时，要分多次涂刮，必须等上次涂刮腻子干后再进行。涂刮时不可多次反复涂刮，以免漆料上浮，形成光面造成腻子层外干里不干的病态。

产品配方（质量份）

季戊四醇松香树脂	14.6
200#溶剂油	36
合成脂肪酸桐油季戊四醇酯	18
石灰松香	0.7
桐油	28
松香铅皂	1.7
2%环烷酸锰	0.5
10%环烷酸铅	0.5

生产工艺与流程　将季戊四醇松香树脂、石灰松香、松香铅皂、桐油和合成脂肪酸桐油季戊四醇酯混合加热，升温至270～280℃下保温至黏度合格，然后冷却至150℃以下，加入溶剂油和催干剂，充分调匀过滤后即可。其适用于A级绝缘涂层，供一般电气绝缘器材涂装。

15-24　铁红酯胶船底漆

性能及用途　用于木质船底漆。

涂装工艺参考　该漆宜用刷涂施工，用松节油作稀释剂。

产品配方（质量份）

氧化铁红	29
含铅氧化锌	2
滑石粉	7
200#溶剂油	15
酯胶清漆	142
2%环烷酸钴	1
2%环烷酸锰	1
10%环烷酸铅	3

生产工艺与流程　先将颜料、填料和部分酯胶清漆混合，搅拌均匀，研磨至细度合格，然后加入其余的酯胶清漆、溶剂油和催干剂，充分调匀，过滤后即可。其适用于淡水钢铁船底的防锈涂层。

15-25　酯胶乳化烘干绝缘漆

性能及用途　该漆基用水、乳化剂、氨水、催干剂，经乳化制成漆液。烘干成膜后，具有耐油、不易燃，对漆包线漆层没有溶解作用的特点。用于浸渍电机及电器绕组，作A级绝缘材料。

涂装工艺参考 此漆基专供制备水乳化漆，不能与其他漆种混合，以免影响乳化。经水乳化的漆不易储存，因此，漆基随用随乳化。漆基乳化工艺按使用规定进行。以浸渍法施工。有效储存期为1年。

产品配方（质量份）

漆酚	10
聚二乙烯基乙炔	8
黄丹	0.3
2%环烷酸锰	0.5
沥青	25
二甲苯	25
2%环烷酸钴	0.2
桐油	20

生产工艺与流程

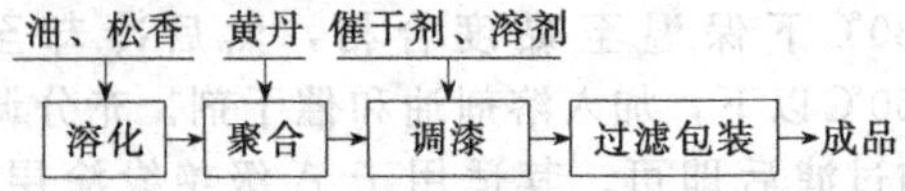

15-26 漆酚环氧防腐漆

性能及用途 其主要用于化工设备和石油管道的防腐涂层。

涂装工艺参考 施工时，用200#油漆溶剂油或松节油作稀释剂，采用刷涂法施工。

产品配方（质量份）

40%漆酚二甲苯溶液	40
二甲苯	19
40%甲醛	4
601环氧树脂	17.5
丁醇	18.5
25%氨水	1

生产工艺与流程 先将漆酚二甲苯溶液加热脱水，然后加入甲醛和氨水，在90℃左右进行缩合反应生成漆酚甲醛缩聚物。同时将环氧树脂加热溶化，加入丁醇和二甲苯溶解成树脂溶液。然后将环氧树脂溶液加入漆酚甲醛缩聚物中，并保温进行交联缩聚反应，直至黏度合格为止，最后冷却降温，过滤后包装。

15-27 松香防污漆

性能及用途 用于木质船底防污，防止船蛆及海生物附着。

涂装工艺参考 该漆宜用刷涂施工，用松节油或200#溶剂汽油作稀释剂。

产品配方（质量份）

氧化铁	24
敌百虫	5
滴滴涕	6
氧化亚铜	8
萘酸铜液	6
氧化锌	8
滑石粉	13
松香桐油防污漆料	20
200#溶剂汽油	10

生产工艺与流程 将全部原料装入球磨机中，经研磨达到细度要求后，调漆至质量合格，过滤包装。

15-28 各色酯胶耐酸漆

性能及用途 该漆干燥较快，并具有一定的耐酸防腐蚀性能。用于一般化工厂中需要防止酸性气体腐蚀的金属和木质结构表面的涂覆，也可用于耐酸要求不高的工程结构物上。但不宜涂覆于长期浸渍在酸液内的物件上，也不宜涂覆于要求耐碱的物件上。

涂装工艺参考 施工时，用200#油漆溶剂油或松节油作稀释剂，采用刷涂法施工。

产品配方

（1）白色蘸胶耐酸漆（质量份）

钛白粉	13
群青	0.1
硫酸钡	25
酯胶耐酸漆料	54
200#溶剂油	6.4
2%环烷酸钴	0.3
2%环烷酸锰	0.3
10%环烷酸铅	1

生产工艺与流程 将颜料、填料和部分耐酸漆料混合，搅拌均匀，研磨至细度合格，然后加入剩余耐酸漆料、200#溶剂油和催干剂，充分调匀，过滤后即可。

其用于一般化工厂中需防止酸性气体腐蚀的金属和木质结构表面的涂覆；也可用于耐酸要求不高的工程结构物件上。但不宜涂覆于长期浸渍在酸液中的物件上。

（2）红色酯胶耐酸漆（质量份）

甲苯胺红	5
硫酸钡	27
酯胶耐酸漆料	60
200#溶剂油	6

2%环烷酸钴	0.5
2%环烷酸锰	0.5
10%环烷酸铅	1

生产工艺与流程　同前。

(3) 绿色酯胶耐酸漆（质量份）

中铬黄	1
浅铬黄	15
铁蓝	2
硫酸钡	20
酯胶耐酸漆料	55
200#溶剂油	5.4
2%环烷酸钴	0.3
2%环烷酸锰	0.3
10%环烷酸铅	1

生产工艺与流程　同前。

(4) 黑色酯胶耐酸漆（质量份）

炭黑	9
硫酸钡	33
酯胶耐酸漆料	55
200#溶剂油	7
2%环烷酸钴	0.5
2%环烷酸锰	0.5
10%环烷酸铅	1

生产工艺与流程　同前。

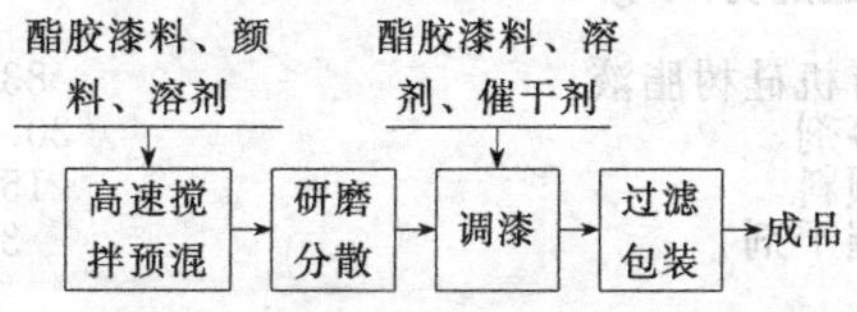

15-29　松香铸造胶液

性能及用途　其适用于钢铁铸造泥芯砂的黏合剂。

涂装工艺参考　施工时，用松节油作稀释剂，采用刷涂法施工。

产品配方（质量份）

桐油	75
石灰松香	23
黄丹	0.3
2%环烷酸钴	0.5
2%环烷酸锰	1.2

生产工艺与流程　先将桐油和石灰松香混合，加热至190℃，再加入黄丹，搅拌均匀后，加热至250～260℃并保温至黏度合格，然后冷却100℃以下加入催干剂，调匀过滤后即可。

第二节　元素有机漆

元素有机硅漆是以有机硅为主要成膜物质的一类涂料。主要包括绝缘漆、电阻漆、耐热漆、高温漆、底漆、腻子等等。可以制成多种用途的不同产品。

该类产品具有良好的耐高温性能，可耐温200～800℃，防水、防潮，并具有良好的电气性能，可以用于不同用途。

该漆有自干型，也有烘烤型。施工刷涂、喷涂、浸漆均可。用于涂覆耐高温的设备，如飞机、汽车、发动机、排气筒、烟囱、烘炉、烘箱、无线电元件以及电机、电器、变压器线圈浸渍等，作为防护、绝缘、耐温涂层。

15-30　有机硅烘干绝缘漆

性能及用途　具有良好的黏结力、耐热性、介电性及耐潮性能等。烘干，属H级绝缘材料。用于制造塑性云母板、粉云母板、玻璃云母箔等。使用时按树脂：二甲苯＝60：40加热溶解配制成清漆。

涂装工艺参考　该漆可采用喷涂法施工，施工时可用二甲苯稀释。

产品配方/(kg/t)

有机硅树脂	618.00
溶剂	412.00

生产工艺与流程

有机硅树脂、溶剂→调漆→过滤包装→成品

15-31　淡红色有机硅烘干底漆

性能及用途　该底漆可耐200℃的温度，涂于耐温钢铁设备表面，具有良好的耐温防腐作用，并与耐温腻子或面漆有很好地结合，具有良好的保护作用。

涂装工艺参考　涂覆的钢铁表面用喷砂法或细砂布打去锈层，并用甲苯等溶剂擦去油垢污物，待溶剂挥发干燥后，即行喷涂底漆。喷后于室温下在无灰尘的室内放置30min，然后放入烘箱内在200℃下干燥2h即可。也可在室温下干燥。该漆可采用刷涂法或喷涂法施工，施工时可用甲苯或二甲苯稀释。

产品配方（质量分数）

有机硅耐热清漆	80.4
钛白粉	5.4
氧化铁红	5
锶黄	1.8
滑石粉	2.4
有机硅漆稀释剂	5

生产工艺与流程 将全部颜料、填料和一部分有机硅耐热清漆投入配料搅拌机混合，搅匀，经磨漆机研磨至细度合格，转入调漆锅，加入其余原料，充分调匀，过滤包装。

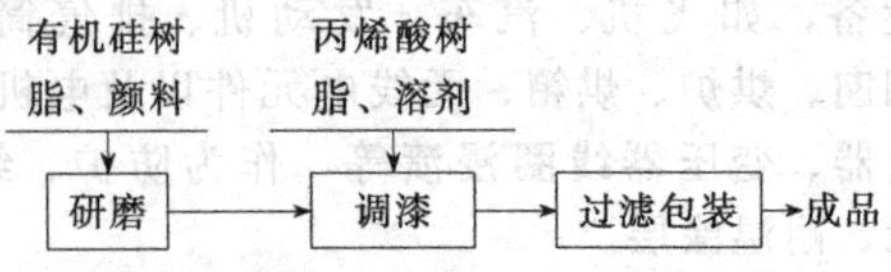

15-32 草绿有机硅耐热漆

性能及用途 该漆漆膜具有良好的耐热性、耐油性和耐盐水性。

涂装工艺参考 待涂制品应预先除油、除污，最好再经喷砂处理。一般为常温干燥，如烘干，则效果最好。以甲苯作稀释剂，最好采用喷涂方法，也可采用刷涂方法，但不易干燥。储存过程中如发现沉淀，使用时应搅匀后再用。因耐汽油性较差，施工选料时应注意。

产品配方/(kg/t)

有机硅树脂液	92.7
溶剂	72.1
颜料	216.3
乙基纤维	648.9

生产工艺与流程

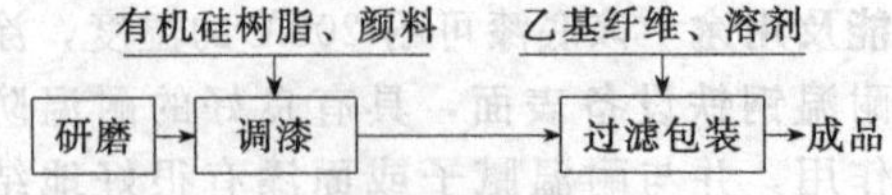

15-33 有机硅绝缘漆

性能及用途 该漆具有低温干燥的特点，有较高的耐热性、介电性、耐温性。可供浸涂硅橡胶电缆引出用玻璃丝套管及浸渍电机、电器线圈之用。

有机硅树脂	565
溶剂	455

涂装工艺参考 应按电机、电器浸渍工艺规程进行施工。若漆的黏度较高，可用甲苯溶剂兑稀调匀后使用。硅橡胶电缆引出管浸渍后，应放置于20～80℃下进行干燥，提高干燥温度能改进漆的性能。电机、电器线圈浸渍后，为使漆的胶结性能良好，应在不低于制品工作温度或高于制品工作温度（30～50℃）条件下进行烘烤。为避免生成气泡，烘烤工序（温度上升）应分阶段进行。

生产工艺与流程

有机硅树脂、溶剂→调漆→过滤包装→成品

15-34 粉红有机硅烘干绝缘漆

性能及用途 该漆漆膜具有较高的耐热性和硬度，较好的耐油性、介电性和热带气候稳定性，属于H级绝缘材料。用于长期180℃或高温下运转的电机线圈端部、绕组分段电枢及其他零件涂覆。

涂装工艺参考 施工时，可用二甲苯、丁醇的混合溶剂稀释，若在180℃下干燥时，可以不加催干剂。

产品配方/(kg/t)

有机硅树脂液	830
溶剂	20.6
颜料	150
催干剂	30

生产工艺与流程

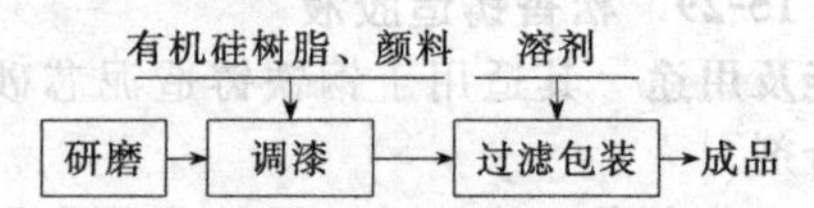

15-35 有机硅烘干绝缘漆

性能及用途 该漆系烘干漆，漆膜具有较高的耐热性和较好的绝缘性能。该漆是H级绝缘材料，主要用于浸渍短期在250～300℃工作的电器线圈，也可用于浸渍长期在180～200℃运行的电机电器线圈。

涂装工艺参考 该漆可采取刷涂法或浸渍法施工，施工时可用二甲苯稀释。

产品配方/%

硅醇(半成品)：	
二甲基二氯硅烷	4.6
二苯基二氯硅烷	1.2

一苯基二氯硅烷	7.7
一苯基三氯硅烷	0.5
二甲苯(回流用)	5
二甲苯(稀释用)	23
自来水	58
硅醇缩聚物(成品)：	
65%硅醇	47.3
环烷酸锌①	0.3
环烷酸锌②	0.2
亚麻油	0.6
二甲苯	51.6

生产工艺与流程

硅醇（半成品）：将全部稀释用二甲苯和自来水投入水解锅，然后将回流用二甲苯和4种硅烷单体在混合罐内混合搅拌均匀，将此溶液均匀滴加入不断搅拌且温度控制在15～17℃的反应锅中，使混合物料进行水解，温度不超过20～22℃，加完料后在20～22℃保温60min，静置分层，水洗一次，转入水洗锅，水洗至硅醇酸价小于1.5（可将硅醇用油水分离机过滤一次除掉水分），然后将反应物进行减压蒸馏以除去少量水分并蒸出多余的溶剂，蒸馏温度不超过80℃，最后硅醇的固体含量为55%～65%。

硅醇缩聚物（成品）：将由上制得的硅醇放在反应锅内，夹套通入蒸汽加热，开搅拌机，加入环烷酸锌，在真空度46.7～53.3kPa（350～400mmHg）、温度130～135℃下蒸馏出二甲苯，并让硅醇在此温度下进行自然缩聚，至黏度达到格氏管2.5～2.7s时即为缩合终点（测黏度时，样品的组分为漆基：二甲苯＝6：4），然后停止加热，加入亚麻油、环烷酸锌和二甲苯，调整黏度，让固体含量达到标准，充分调匀，过滤包装。

有机硅树脂、溶剂→调漆→过滤包装→成品

15-36　有机硅烘干绝缘漆

性能及用途　具有良好的黏结能力、耐热性、介电性和耐潮性，干燥较好，属H级绝缘材料。用于制造玻璃层压板、层压塑料。

涂装工艺参考　该漆可采用喷涂法施工，施工时可用甲苯作稀释剂。

产品配方/(kg/t)

有机硅树脂	618.0
溶剂	412.0

生产工艺与流程

有机硅树脂、溶剂→调漆→过滤包装→成品

15-37　各色有机硅耐热漆

性能及用途　该漆具有室温干燥、耐高温、力学性能优良等特点，经150℃烘烤2h后，具有较好的耐汽油性。用于喷涂在300℃下的钢铁及其他高温零部件，起耐热保护和防腐蚀作用。

涂装工艺参考　涂钢铁表面需经彻底的喷砂处理，除去一切污物和锈迹，用溶剂擦洗干净，并在尽短时间内涂漆。该漆可采用刷涂法或喷涂法施工，施工时可用二甲苯稀释。

产品配方/(kg/t)

有机硅树脂液	587.1
颜料	288.3
溶剂	154.5

生产工艺与流程

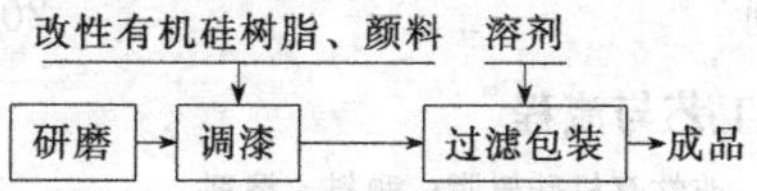

15-38　金属零件表面耐热漆

性能及用途　该漆具有良好的耐热性，适用于在300℃以下工作环境中的各种金属零件及设备之表面。

涂装工艺参考　该漆以喷涂法施工，用甲苯作稀释剂。施工后可在180℃下烘干。

产品配方/(kg/t)

有机硅树脂液	850
颜料	133.5
溶剂	244.5

生产工艺与流程

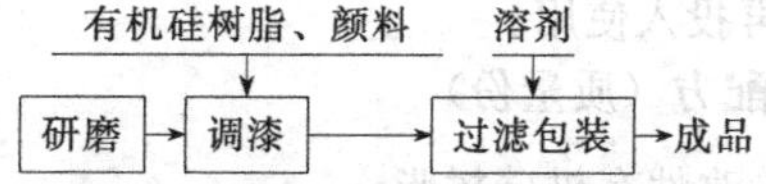

15-39　管道火炉表面耐热漆

性能及用途　该漆为自干型，无光，具有良好的附着力和耐热性。用于长期400～500℃下工作的设备、管道、火炉表面做耐热防腐漆。

涂装工艺参考 设备表面应除污，最好以喷砂除锈，该漆可采用喷涂法施工，施工时可用二甲苯稀释。

产品配方/(kg/t)

有机硅树脂	410.0
颜料	105.0
溶剂	515.0

生产工艺与流程

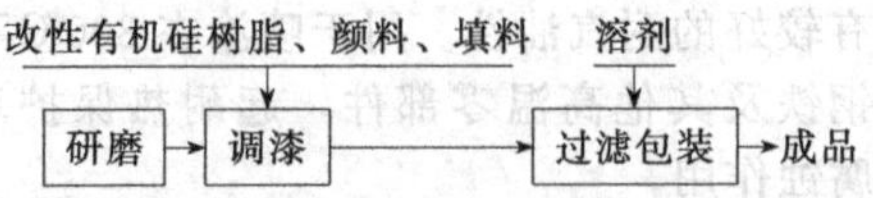

15-40 改性有机硅耐热漆

性能及用途 该漆用于高温钢铁及其高温部件，具有耐热、保护、防腐作用。

涂装工艺参考 该漆可采用喷涂法施工，施工时可用二甲苯稀释，喷涂间隔时间为2h。

产品配方/(kg/t)

有机硅树脂液	700.0
颜料	154.1
溶剂	206.0

生产工艺与流程

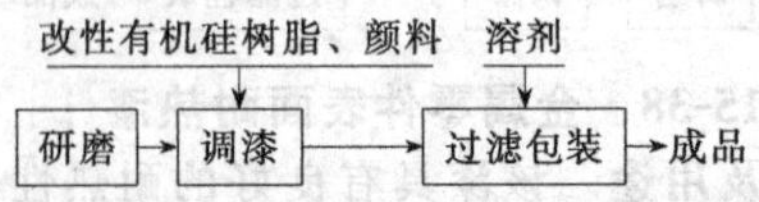

15-41 抗氧防腐蚀有机硅耐高温漆

性能及用途 本漆能耐600℃的温度，漆膜具有耐高温、抗氧化、防腐蚀性能，适用于受热钢铁部件表面保护。

涂装工艺参考 可采用喷涂或刷涂法施工，调节黏度可采用甲苯∶丁醇＝7∶3的混合溶剂或环氧稀释剂。底材需经表面处理，干燥方法以烘烤干燥为主。如被涂件不便于加热烘烤时，则在涂漆后待漆膜干燥2～3天再投入使用。

产品配方（质量份）

环氧改性有机硅树脂	52
三聚氰胺甲醛树脂	1.5
氧化铬绿	1.5
玻璃料	25.5
膨润土	2
甲苯	4

生产工艺与流程

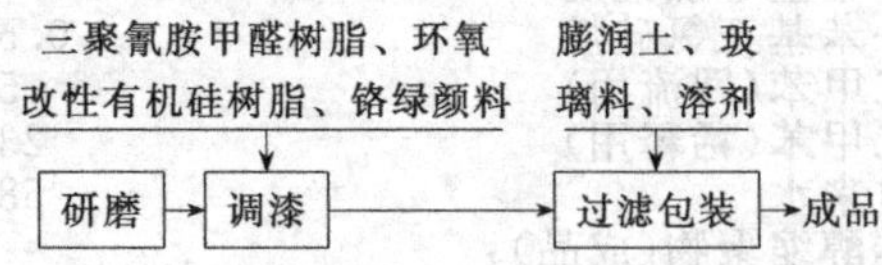

15-42 铝合金耐热部件的表面涂料

性能及用途 该漆可室温干燥，漆膜具有较好的物理、力学性能和耐热性能。主要用于黑色金属、铝合金耐热部件的表面涂覆。

涂装工艺参考 该漆用二甲苯∶丁醇＝7∶3（质量比）混合溶剂稀释。可喷涂亦可刷涂。

产品配方/(kg/t)

有机硅树脂	1580.0
溶剂	5555.5
铝粉浆	349.60

生产工艺与流程

环氧改性有机硅树脂、聚酰胺树脂、铝粉浆、溶剂 → 调漆 → 包装 → 成品

15-43 600[#]有机硅耐高温漆

性能及用途 该漆在600℃经200h，仍具有耐高温、抗氧化、防腐蚀性能，瞬间使用可耐1200℃左右。适用于铸铝、碳钢、高温合金钢等高温部件和某些钢材热处理的保护涂料。

涂装工艺参考 使用前应将漆液充分搅匀，稀释溶剂采用甲苯∶丁醇＝7∶3（质量比）混合溶剂。底材表面处理，碳钢以喷砂处理为好，高温合金钢如系新金属可在除净油污后直接涂漆。干燥方法，以烘烤干燥为主，(180±5)℃经2h。如被涂件不便于加热烘烤，则可采取就地施工的方法，待其自然干燥2～3天后，在使用中受热固化。

产品配方/(kg/t)

有机硅树脂	697.60
颜料	334.52
溶剂	57.88

生产工艺与流程

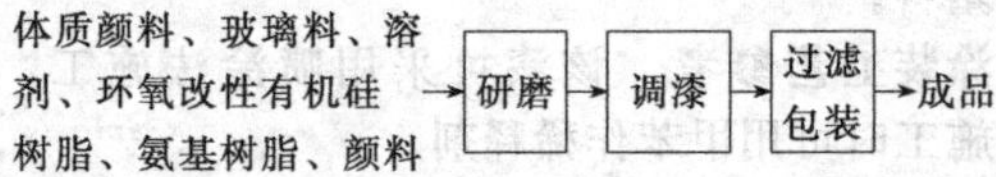

15-44 800# 有机硅耐高温漆

性能及用途 该漆在800℃经200h，仍具有耐高温、抗氧化、防腐蚀性能。适用于涂覆某些高温合金钢部件作保护涂料。

涂装工艺参考 使用前应将漆液充分搅匀，稀释溶剂采用甲苯：丁醇=7：3（质量比）的混合溶液。被涂覆物件表面油污应用汽油洗干净。采用喷涂法为宜（制得的涂层度均匀），涂层厚度 (25±5)μm。干燥方法以烘烤为主，(180±5)℃经2h。如被涂件不便于加热烘烤，则可采取就地施工的方法，待其自然干燥2～3天后在使用中受热固化。

产品配方/(kg/t)

有机硅树脂	637.73
颜料、助剂	125.20
溶剂	138.57
玻璃料	168.53

生产工艺与流程

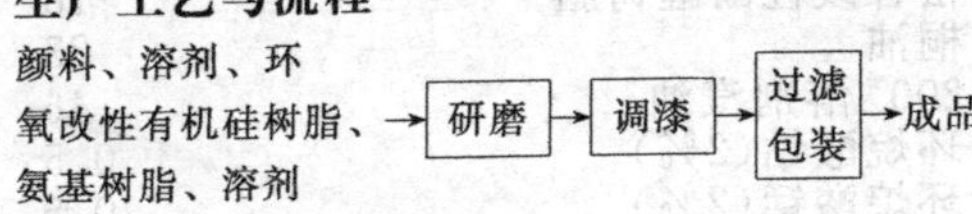

15-45 环氧改性有机硅耐热漆

性能及用途 本漆能耐500℃的温度，漆膜具有耐高温、抗氧化、防腐蚀性能，适用于受热钢铁部件表面保护。

涂装工艺参考 可采用喷涂或刷涂法施工，调节黏度可采用甲苯：丁醇=7：3（质量比）的混合溶剂或环氧稀释剂。干燥方法以烘烤干燥为主。底材需经表面处理，如被涂件不便于加热烘烤时，则在涂漆后待漆膜干燥2～3天再投入使用。

产品配方（质量分数）

环氧改性有机硅树脂	49
三聚氰胺甲醛树脂	2.5
膨润土	3
玻璃料	30
氧化铁红	11.5
甲苯	4

第十六章 酚醛和氨基树脂漆

第一节 酚醛树脂涂料

酚醛树脂涂料是以酚醛树脂为成膜物质，常用的有纯酚醛树脂、改性酚醛树脂、二甲苯树脂等。按所用酚醛树脂种类的不同可将其分为醇溶性酚醛树脂涂料、油溶性纯酚醛树脂涂料、改性酚醛树脂涂料、水溶性酚醛树脂涂料四类。此类漆干燥快、硬度高、耐水、耐化学腐蚀，但性脆，易泛黄，不宜制作白漆。用于木器家具、建筑、机械、电机、船舶和化工防腐等方面。

酚醛树脂是最早用来代替天然树脂与干性油脂配合制漆的合成树脂，酚醛树脂给涂料增加了硬度、光泽、耐水、耐酸碱及绝缘性能；同时也带来缺点，即油漆的颜色深、漆膜在老化过程中易泛黄，因此不宜制白漆。

酚醛树脂漆属于油基漆，酚醛树脂经松香改性后，再与干性植物油熬炼并加入催干剂、颜料、溶液等就可制得松香改性酚醛树脂漆，按干性油与酚醛树脂在油漆中的比例可分为短油度、中油度、长油度和松香改性酚醛树脂漆。短油度多显示树脂的性能，长油度多显示出油的特点。通常短油度比长油度的漆干燥快、硬度高、柔韧性差，耐水性、耐化学性好，涂刷性与漆膜的附着性差，要求较强的溶液来溶解（像二甲苯、甲苯类）；长油度油漆性能则正相反。这样就可以根据产品的性能需要选择长油和短油酚醛树脂漆。

16-1 耐水性家具罩光清漆

性能及用途 该漆膜具有较好的硬度、光泽和耐水性。主要用于家具罩光。

涂装工艺参考 该漆涂刷时用200#油漆溶剂油或松节油作稀释剂。有效储存期为1年。过期的产品可按质量标准检验，如符合要求仍可使用。

产品配方（质量分数）

松香改性顺酐树脂	6
甘油松香	5
松香改性酚醛树脂	18
桐油	23
200#溶剂汽油	46
环烷酸钴(2%)	0.5
环烷酸锰(2%)	0.5
环烷酸铅(10%)	1

生产工艺与流程 将全部硬树脂和桐油混合，加热至270℃，在270～280℃下保温至黏度合格，降温，冷却至150℃，加溶剂汽油和催干剂，充分调匀，过滤包装。

产品配方（质量份）

油溶性对叔丁酚甲醛树脂	10
松香改性酚醛树脂	6
桐油	30
亚桐聚合油	8
200#溶剂油	44
2%环烷酸钴	0.5
2%环烷酸锰	0.5
对叔丁基苯酚	24.85
甲醛	27.3
氢氧化钙	0.083
99%冰乙酸	0.166
草酸	0.075
二甲苯	27.6
水	19.926
10%环烷酸铅	1

生产工艺与流程 将对叔丁基酚和甲醛投入反应釜中，搅拌加热至85℃，加入氢氧

化钙保温缩合。缩合结束后加入冰乙酸中和，然后加入二甲苯稀释，再用水洗涤至中性，静置分水，然后用减压蒸馏法脱去甲苯，缩合物用草酸脱色得纯酚醛树脂(油溶性对叔丁酚甲醛树脂)。

将纯酚醛树脂、松香改性酚醛树脂、桐油投入熬炼锅中，搅拌混合后加热至270℃，并在270～280℃保温熬炼，直至黏度达到30～60s，即为合格，然后加入亚桐聚合油，降温冷却至150℃下加入溶剂、催干剂后，充分调匀过滤即可。

酚醛漆料、溶剂、催干剂→ 调漆 → 过滤包装 →成品

16-2 金属器件表涂清漆

性能及用途 用于外用磁漆的罩光面漆及木质和金属器件的表面涂饰。

涂装工艺参考 可用刷涂法施工，用200#溶剂汽油或松节油作稀释剂。

产品配方(质量分数)

油溶性对叔丁酚甲醛树脂	10
松香改性酚醛树脂	6
桐油	32.5
亚桐聚合油	7.5
200#溶剂汽油	42
环烷酸钴(2%)	0.5
环烷酸锰(2%)	0.5
环烷酸铅(10%)	1

生产工艺与流程 将全部硬树脂和桐油混合，加热至270℃，在270～280℃下保温至黏度合格，加亚桐聚合油立即降温，冷却至150℃，加溶剂汽油和催干剂，充分调匀，过滤包装。

16-3 木器和金属表面罩光清漆

性能及用途 漆膜干燥快，坚硬、平整光亮，抗水性较好。主要用于室内外木器和金属表面罩光。

涂装工艺参考 以刷涂为主。用200#油漆溶剂油或松节油作稀释剂。配套底漆为酯胶底漆、红丹防锈漆、灰防锈漆和铁红防锈漆。有效储存期为1年，过期的产品可按质量标准检验，如符合要求仍可使用。

(1) 产品配方/kg

酚醛树脂 2123 型	0.9
环氧树脂 K-44	12
磷酸	44
丁醇	6
乙醇	20
十二烷基醇酰胺磷酸酯	0.1
煤焦油	3
亚铁氰化钾	2
二甲苯	6
炭黑	1

生产工艺与流程 先将十二烷基醇酰胺磷酸酯溶解于丁醇和二甲苯混合液中，搅拌至全溶，加入环氧树脂 E-44 搅拌至全溶。再把煤焦油倒入其中，混合均匀。另取一非金属容器，先倒入配量1/2的磷酸，逐渐加入亚铁氰化钾粉末，边加边搅拌至全溶成乳白液，再倒入剩余磷酸，再搅拌至全溶，盖好放置24h后，在搅拌下缓慢将其加到环氧树脂液中(防止温度上升超40℃，再稍搅拌后，加入乙醇，充分搅拌，混合均匀，盖好，静置24h后使用。本品为70型带锈涂料，能在水下施工，亦可以雨天、晴天涂施于船舶、桥梁等带锈表面。

(2) 产品配方(质量份)

松香改性酚醛树脂	18
松香改性顺丁烯二酸树脂	5
甘油松香	4
桐油	23
200#溶剂油	50
2%环烷酸钴	0.5
2%环烷酸锰	0.5
松香	69.6
甲醛	11.5
苯酚	11.8
甘油	5.0
氧化锌	0.14
H促进剂	0.55
10%环烷酸铅	1

生产工艺与流程 将松香投入反应釜中，加热熔化，于110℃加入苯酚、甲醛和H促进剂，在95～100℃保温4h，然后升温至260℃，加入甘油并保温反应2h，然后升温至280℃并保温反应2h，最后升温至290℃，当酸价≤12mgKOH/g、软化点(环球法)为135～150℃即为合格，出锅冷却后即为松香改性酚醛树脂。

将松香改性酚醛树脂、松香改性顺丁

烯二酸树脂、甘油松香、桐油投入热炼锅中，在 270～280℃保温熬炼至黏度合格，然后冷却至 150℃，加入溶剂油和催干剂，充分调匀后过滤即可。

16-4 竹木器及家具表面的清漆

性能及用途 该漆膜坚硬，丰满度好，有较好的耐热、耐水、耐化学腐蚀性。主要用于木器、竹器、家具及工艺品表面的涂饰。

涂装工艺参考 该漆以刷涂为主。其他施工方法视具体情况而定。使用时用 200# 油漆溶剂油或松节油调整黏度。有效储存期为 1 年，过期的产品可按质量标准检验，如符合要求仍可使用。

产品配方（质量分数）

腰果壳液	48
甲醛	13
桐油	23
催干剂	2
溶剂	14

生产工艺与流程

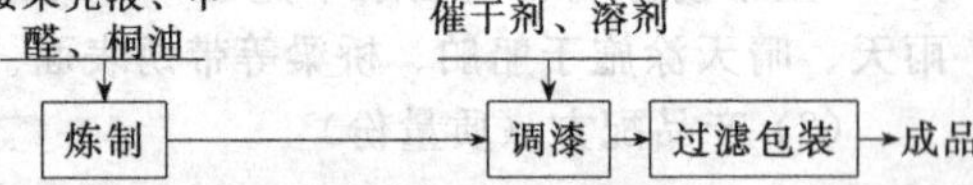

16-5 金属制品表面耐强酸漆

性能及用途 主要用于木质家具的涂饰罩光，也可用于金属制品表面涂饰。

涂装工艺参考 可用刷涂法施工，用 200# 溶剂汽油或松节油作稀释剂。

（1）产品配方/kg

酚醛清漆	142
甲苯	24
石墨粉(200 目)	26
萘	12.8

生产工艺与流程 在反应釜中加入甲苯，加温至 50℃左右投入萘，搅拌全溶后加入酚醛清漆，于 30～40℃时边搅拌边加入石墨粉，混合均匀即得成品。

（2）产品配方/kg

酚醛树脂	6
甘油松香酯	12
桐油	14
亚麻仁油	42
二甲苯	18
200# 溶剂油	30

生产工艺与流程 将前 4 种组分加热至 240℃，保温 1h。降温到 150℃时加入二甲苯和溶剂油，搅拌均匀即成。

（3）产品配方/kg

热溶性酚醛树脂	32
醇溶黑	36
乙醇	66

生产工艺与流程 将酚醛树脂加入乙醇中，浸泡 24h 以上，让其溶解。使用时加入醇溶黑，充分搅拌均匀即成。

16-6 热固性金属表面罩光清漆

性能及用途 该漆比 F01-1 酚醛清漆干燥稍快，硬度较好，但耐候性差。主要用于金属表面罩光之用。

涂装工艺参考 该漆以刷涂为主。用 200# 油漆溶剂油或松节油作稀释剂。有效储存期为 1 年，过期的产品可按质量标准检验，如符合要求仍可使用。

（1）产品配方/kg

酚醛树脂	15
桐油	10
甘油松香钙皂	6.4
加热聚合油	25
乙酸铅	0.5
环烷酸钴	1.4
环烷酸锰	2.3
200# 溶剂油	39.4

生产工艺与流程 将前 4 种组分混合加热至 210℃，加入乙酸铅，再加热至 295℃，保温 1h，降温至 180℃时加入环烷酸钴、环烷酸锰搅拌均匀，降温到 90℃时加入溶剂油，充分搅拌混合均匀，即得成品。

（2）产品配方 /kg

热固性酚醛清漆	70
甲苯	14.5
萘	6.6
高岭土	10
瓷粉	5

生产工艺与流程 先在反应釜中放入甲苯，加热至 50℃时投入萘，搅拌使其溶解，然后加入清漆混合均匀。于 40℃左右时边搅拌边加入高岭土和瓷粉，充分混合均匀即得成品。

酚醛漆料、催干剂、溶剂→调漆→过滤包装→成品

16-7　红黑绿色酚醛树脂漆

性能及用途　用于室内外一般金属和木材表面涂饰。

涂装工艺参考　以喷涂、刷涂为主。有效储存期为1年，过期的产品可按质量标准检验，如符合要求仍可使用。

产品配方

（1）红色酚醛树脂漆/g

50%酚醛乙醇液	160
30%氯化橡胶液	440
42%氯化石蜡	80
氧化铁红	90
氧化锌	90
云母粉	45
沉淀硫酸钡	45
沉淀法二氧化硅(白炭黑)	40

生产工艺与流程　在研磨机中将全部组分混合研磨均匀，即为成品。

（2）黑绿色酚醛树脂漆配方/g

50%酚醛乙醇溶液	140
20%氯醋共聚物	350
环己酮	60
甲苯	70
磷酸三甲酚酯	35
环氧大豆油	5
白炭黑	40
柠檬黄	70
锌黄	70
炭黑	少量

生产工艺流程　在研磨机中将全部的料混合研磨均匀即成。

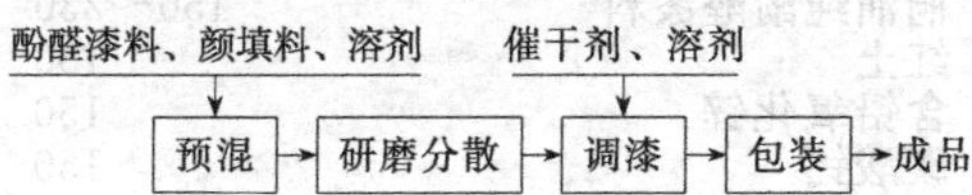

16-8　脱水蓖麻油酚醛清漆

性能及用途　其主要用于木器、家具、竹器和金属等表面的罩光涂装。

涂装工艺参考　以刷涂为主。用200#油漆溶剂油或松节油作稀释剂。配套底漆为酯胶底漆、红丹防锈漆、灰防锈漆和铁红防锈漆。有效储存期为1年，过期的产品可按质量标准检验，如符合要求仍可使用。

产品配方（质量份）

酚醛树脂	100
脱水蓖麻油(黏度40～60s)	336.17
松香钙皂	6.38
氧化铅	1.28
松香水	391.49
2%环烷酸钴	4.26
2%环烷酸锰	8.51
10%环烷酸铅	5.0

生产工艺与流程　先将酚醛树脂、松香钙皂、脱水蓖麻油投入热炼锅中加热熔化，升温至220℃后加入氧化铅，然后升温至270℃，然后再自然升温至280℃，保温至黏度≥60s后，冷却到达140℃后加入松香水、催干剂，充分调匀后即得脱水蓖麻油酚醛清漆。

16-9　酚醛缩丁醛烘干清漆

性能及用途　用于黏合层压制品和涂覆绝缘零件等表面。

涂装工艺参考　以喷涂为主，不可刷涂，以免形成严重的刷痕。可用200#油漆溶剂油或松节油作稀释剂。常温干燥，也可在70～80℃4h烘干。有效储存期为1年，过期的产品可按质量标准检验，如符合要求仍可使用。

产品配方（质量分数）

酚醛树脂	22
聚乙烯醇缩丁醇	7.1
乙醇	35.45
丁醇	35.45

生产工艺与流程　先将22.55份乙醇和22.55份丁醇投入溶解锅中，在搅拌下慢慢加入聚乙烯醇缩丁醛树脂，配成13%的缩丁醛溶液，加热，于45～55℃下搅拌溶解。然后加入酚醛树脂，再加入剩余的乙醇和丁醇，搅拌1h，在真空下减压过滤后，即得烘干清漆。该漆适用于金属表面涂装和黏合层压制品。

16-10　醇溶酚醛烘干清漆

性能及用途　该漆有良好的防潮性、附着力及电绝缘性。用于碳膜电阻的底涂层。

涂装工艺参考　只适于浸涂碳膜电阻作底层的涂膜，浸涂时用乙醇作稀释剂。配套面漆为C37-51绿色醇酸烘干电阻漆或W37-51红色有机硅烘干电阻漆。有效储存期为1年，过期的产品可按质量标准检验，如符合要求仍可使用。

产品配方（质量份）

苯酚	37
37%甲醛	37
25%氨水	2.6
95%酒精	23.4

生产工艺与流程 先将苯酚放入反应釜中加热熔化后，加入甲醛和氨水，搅拌升温至85℃，在85～90℃下保温至黏度为80～100s，测定胶化点达到150℃时，冷却至80℃，然后加入乙醇，充分调匀，过滤即可。

酚醛漆料、增韧剂、溶剂→调漆→过滤包装→成品

16-11 酚醛硅钢片烘漆

性能及用途 其用于电机、变压器和其他电器设备中硅钢片间的绝缘。

涂装工艺参考 适合于喷涂，不可刷涂，以免形成刷痕。用200#油漆溶剂油或松节油作稀释剂。常温干燥，也可在70～80℃下4h烘干。有效储存期为1年，过期的产品可按质量标准检验，如符合要求仍可使用。

产品配方（质量份）

松香改性酚醛树脂	15.5
桐油	24.5
亚麻仁油	12
黄丹	0.4
石灰松香	8.4
二氧化锰	0.2
煤油	39

生产工艺与流程 将酚醛树脂、石灰松香、桐油和亚麻仁油混合并搅拌均匀，然后加热至110℃时，加入黄丹和二氧化锰。然后继续升温至260℃。并在260～270℃下保温至黏度合格，然后再冷却至180℃时，加入煤油，充分调匀，过滤后即可。

16-12 酚醛电位器烘漆

性能及用途 其用于涂装碳膜电位器表面及其他要求电阻稳定的器件。

涂装工艺参考 适合于喷涂，不可刷涂，以免形成刷痕。用200#油漆溶剂油或松节油作稀释剂。常温干燥，也可在70～80℃下4h烘干。有效储存期为1年，过期的产品可按质量标准检验，如符合要求仍可使用。

产品配方（质量份）

80%二酚基丙烷	21.41
37%甲醛	31.14
无水氢氧化钠	0.74
10%磷酸	适量
丁醇	43.08
二甲苯	3.63
5%硫酸	适量

生产工艺与流程 将二酚基丙烷和甲醛投入反应釜中混合均匀，然后再缓慢加入15%氢氧化钠溶液后，加热升温至60℃，并保温6h，然后再降温至30℃，加入5%硫酸调pH值为3～4，静置，然后放掉下层母液，加入丁醇和二甲苯，水洗至中性后放水，加入10%磷酸调pH值为5～5.5，然后再加热升温至90℃，丁醇回流醚化，至125～130℃时，取样测容忍度和黏度，合格后降温，过滤即可。

16-13 各色酚醛底漆

性能及用途 该漆膜具有一定的附着力和良好的防锈能力，易打磨。主要用于涂装钢铁和木质表面作打底之用。

涂装工艺参考 该漆喷涂、刷涂均可，一般涂1～2层，再涂面漆，施工时用200#油漆溶剂油或醇酸稀释剂调节黏度。配套面漆为醇酸磁漆、氨基烘漆、酚醛磁漆等。有效储存期为1年，过期的产品可按质量标准检验。如符合要求仍可使用。

产品配方（质量份）

桐油纯酚醛漆料	150～230
红土	100
含铅氧化锌	150
碳酸钙	150
重晶石粉	100
瓷土	25
炭黑	2.25
萘酸钴	0.5
乙醇、甲苯	16～45

生产工艺与流程 金属面打底用漆。

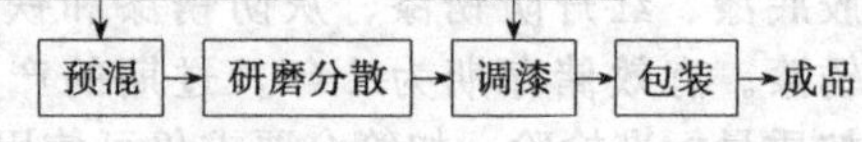

16-14 黑酚醛烟囱漆

性能及用途 其用于工厂、船舶烟囱及锅炉外表面作防锈、防腐之用。

涂装工艺参考 施工时用二甲苯、松节油

稀释。喷涂、刷涂均可，一般两道底漆后再涂面漆。不可刷涂太厚，干漆膜厚度每道不宜超过 20μm。配套面漆为醇酸磁漆、氨基烘漆、纯酚醛磁漆。有效储存期为 1 年，过期可按质量标准检验，如符合要求仍可使用。

产品配方（质量份）

石墨粉	25
炭黑	1
沉淀硫酸钡	7
滑石粉	3
亚桐聚合油	9
酚醛漆料	42
200# 溶剂油	10
2%环烷酸钴	0.5
2%环烷酸锰	0.5
10%环烷酸铅	1.5
膨润土	0.5

生产工艺与流程　将颜料、填料、聚合油和部分漆料混合搅拌均匀后，研磨至合格细度，然后加入其余漆料、溶剂油和催干剂，充分调匀，过滤后即为成品。

16-15　锌黄、铁红、灰酚醛磁漆

性能及用途　漆膜具有较好的防锈性能和附着力。锌黄色用于铝合金等轻金属表面，铁红和灰色用于钢铁金属表面。

涂装工艺参考　采用喷涂或刷涂方法施工。一般涂二道底漆后，再涂面漆，但不宜涂刷太厚。施工时采用 200# 油漆溶剂油、二甲苯、松节油作稀释剂。配套面漆为调和漆、醇酸磁漆、氨基烘漆、纯酚醛磁漆等。有效储存期为 1 年，过期可按质量标准进行检验，如符合要求仍可使用。

生产工艺与流程

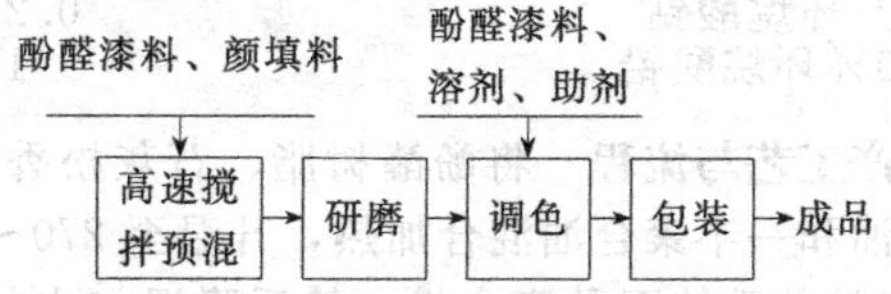

16-16　各色酚醛底漆

性能及用途　该漆膜具有较好的附着力、附锈性和打磨性能。适于已涂有防锈底漆的表面作中间涂层或打底之用。

涂装工艺参考　该漆以刷涂为主，施工时用 200# 油漆溶剂油调节黏度。配套面漆为醇酸磁漆、氨基烘漆、纯酚醛磁漆等。有效储存期为 1 年，过期的产品可按质量标准检验，如符合要求仍可使用。

产品配方（质量份）

（1）红灰酚醛底漆

含铅氧化锌	18
黄丹	1.5
氧化铁红	12.5
酚醛底漆料	31
炭黑	0.05
轻质碳酸钙	13
沉淀硫酸钡	6
瓷土	9
2%环烷酸钴	0.75
2%环烷酸锰	1.25
200# 溶剂油	6.95

生产工艺与流程　先将颜料、填料、黄丹和一部分底漆料混合并搅拌均匀，再研磨至合格细度，然后加入其余底漆料、溶剂油和催干剂，充分调匀，过滤后即可。其适用于金属制品表面打底漆。

（2）锌黄酚醛底漆

锌铬黄	7
中铬黄	4.5
轻质碳酸钙	20
沉淀硫酸钡	12.5
滑石粉	5
酚醛底漆料	42
200# 溶剂油	7.2
2%环烷酸钴	0.3
2%环烷酸锰	0.5
10%环烷酸铅	1

生产工艺与流程　将颜料、填料和一部分底漆料混合搅拌均匀，研磨至合格细度，然后加入其余底漆料、溶剂油和催干剂，充分调匀，过滤后即为成品。其适用于铝合金等轻金属表面作底漆。

（3）铁红酚醛底漆

浅铬黄	9
氧化铁红	17.5
轻质碳酸钙	10
沉淀硫酸钡	5
滑石粉	5
酚醛底漆料	43
200# 溶剂油	8.7
2%环烷酸钴	0.3
2%环烷酸锰	0.5
10%环烷酸铅	1

生产工艺与流程 先将颜料、填料、黄丹和一部分底漆料混合并搅拌均匀，再研磨至合格细度，然后加入其余底漆料、溶剂油和催干剂，充分调匀，过滤后即可。其适用于钢铁金属表面打底漆。

(4) 灰酚醛底漆

钛白粉	3
立德粉	23
炭黑	0.3
轻质碳酸钙	10
沉淀硫酸钡	5
滑石粉	5
酚醛底漆料	43
200# 溶剂油	8.9
2%环烷酸钴	0.3
2%环烷酸锰	0.5
10%环烷酸铅	1

生产工艺与流程 先将颜料、填料、黄丹和一部分底漆料混合并搅拌均匀，再研磨至合格细度，然后加入其余底漆料、溶剂油和催干剂，充分调匀，过滤后即可。

(5) 铁黑酚醛烘干底漆

氧化铁黑	18.5
炭黑	1.5
轻质碳酸钙	3.5
沉淀硫酸钡	3.5
滑石粉	14
酚醛底漆料	45
200# 溶剂油	12.5
2%环烷酸钴	0.2
2%环烷酸锰	0.3
10%环烷酸铅	1

生产工艺与流程 先将颜料、填料和一部分底漆料混合并搅拌均匀，再研磨至合格细度，然后加入其余底漆料、溶剂油和催干剂，充分调匀，过滤后即为成品。其适用于自行车等金属物件表面打底漆。

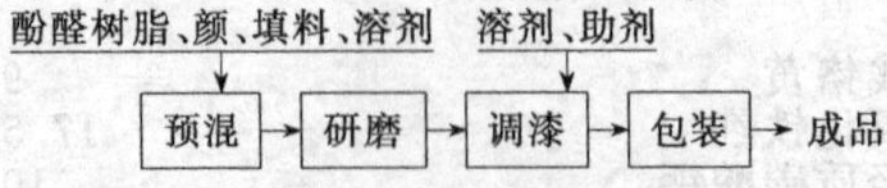

16-17 酚醛烘干绕组绝缘漆

性能及用途 该漆具有较高的绝缘、耐油、防潮、耐高压性能，是A级绝缘材料。主要用于电机、电器的绕组及一般电工器材。

涂装工艺参考 该漆一般用浸漆法施工，可用200# 油漆溶剂油调节黏度。有效储存期为1年，过期的产品可按质量标准检验，如符合要求仍可使用。

产品配方（质量份）

松香改性酚醛树脂	40
桐油	50
200# 溶剂油	90
二甲苯	16
2%环烷酸钴	1.4
2%环烷酸锰	0.8
10%环烷酸钴	0.8

生产工艺与流程 将酚醛树脂、桐油混合并搅拌均匀，然后加热升温至270～280℃并保温熬炼至黏度合格，然后降温加入溶剂油、二甲苯和催干剂，充分调匀，过滤后即为成品。其适用于电机、电器等绕组的浸渍，或用于塑料和金属表面作绝缘防湿之用。

酚醛漆料、催干剂、溶剂→ 调漆 → 过滤包装 → 成品

16-18 酚醛烘干零件绝缘漆

性能及用途 该漆具有耐水和防潮性能，但绝缘性能差。用于浸渍电机、变压器等的绕组及其他一般零件，属A级绝缘材料。

涂装工艺参考 用浸渍法施工，亦可喷涂。用二甲苯、松节油或200# 油漆溶剂油作稀释剂。有效储存期为1年，过期的产品可按质量标准检验，如符合要求仍可使用。

产品配方（质量份）

松香改性酚醛树脂	18
桐油	48
200# 溶剂油	46.5
2%环烷酸锰	0.3
石灰松香	2.5
亚桐聚合油	12
2%环烷酸钴	0.2
10%环烷酸铅	1

生产工艺与流程 将酚醛树脂、石灰松香、桐油和一半聚合油混合加热，升温至270～280℃并熬炼至黏度合格，然后降温加入另一半聚合油，然后再冷却至150℃以下加入200# 溶剂油和催干剂，充分调匀，过滤包装。其适用于电机、变压器绕组和一般电工器材作绝缘涂层。

酚醛漆料、催干剂、溶剂→ 调漆 → 过滤包装 → 成品

16-19 酚醛烘干漆包线绝缘漆

性能及用途 该漆浸渍力较好，固化好，是一种烘干型绝缘漆。适用于浸渍漆包线、玻璃丝包、纱包线和丝包丝制成的电机绕阻。

涂装工艺参考 采用浸渍法施工，调节黏度用二甲基作稀释剂。有效储存期为1年，过期的产品可按质量标准检验，如果符合要求仍可使用。

(1) 产品配方（质量份）

松香改性酚醛树脂	7.5
石灰松香	7
桐油	22
低黏度聚合油	6
高黏度聚合油	4

(2) 产品配方（质量份）

顺丁烯二酸酐树脂	6
200# 溶剂油	46
2%环烷酸钴	0.2
2%环烷酸锰	0.3
10%环烷酸铅	1

生产工艺与流程 将酚醛树脂、顺酐树脂、石灰松香、桐油和低黏度聚合油混合并搅拌均匀，加热升温至270～275℃，并保温至黏度合格，然后降温加入高黏度聚合油，然后再冷却至150℃，加入溶剂油和催干剂，充分调匀，过滤即可。

该漆用于浸涂直径为0.7～2.44mm的漆包线，具有良好的附着力和绝缘性能。

酚醛漆料、溶剂→调漆→包装→成品

16-20 铁红酚醛防锈漆

性能及用途 该漆具有一般的防锈性能，主要用于防锈性能要求不高的钢铁构件表面涂覆，作为防锈打底之用。

涂装工艺参考 以刷涂施工为主。施工时可用200# 油漆溶剂油或松节油调整黏度。该漆耐候性较差，不能作面漆用，配套面漆为酚醛磁漆和醇酸磁漆。有效储存期为1年，过期可按质量标准检验，如符合要求仍可使用。

产品配方（质量份）

75%油溶性酚醛漆料 2402	120
60%沉淀铝浆	10.5
325 目云母氧化铁	150
滑石粉	22.5
200# 溶剂油	适量

生产工艺与流程 刷、喷均可，两遍以上，室温固化。防锈性能好。

酚醛漆料，颜、填料，溶剂→预混→研磨→调漆（←催干剂、溶剂）→包装→成品

16-21 酚醛防火漆

性能及用途 本品对有爆炸性、易燃液体具有显著灭火作用。可供涂装化学易燃品仓库、工厂及珍贵文物等，作为安全防火之用。

涂装工艺参考 刷涂为主，也可喷涂，可用200# 油漆溶剂油或松节油调整黏度。配套面漆为酚醛磁漆和醇酸磁漆。有效储存期为1年，过期可按质量标准检验，如符合要求仍可使用。

产品配方（质量份）

过氯乙烯树脂漆料的制备：	
过氯乙烯树脂	1.4
乙酸丁酯	32.2
二甲苯	43.5
丙酮	10.3
桐油酚醛树脂漆料的制备：	
桐油	2.9
松香水	2.2
松香改性酚醛树脂	4.1
甲苯	4.8
灭火面漆的制备：	
过氯乙烯树脂漆料	52.4
桐油酚醛树脂漆料	17.5
重晶石粉	6.4
氧化铬绿	1.5
钛白粉	22.3

生产工艺与流程 分别将两种漆料混合搅拌均匀。将已制备好的两种漆料及重晶石粉、氧化铬绿、钛白粉投入研磨机中研磨至细度为70μm左右，即为成品。

16-22 三聚磷酸铝酚醛防锈漆

性能及用途 该漆防锈性能较好。可用于钢板或轻金属表面作为防锈打底之用。

涂装工艺参考 刷涂为主，也可喷涂，可用200# 油漆溶剂油或松节油调整黏度。配

套面漆为酚醛磁漆和醇酸磁漆。有效储存期为1年，过期可按质量标准检验，如符合要求仍可使用。

产品配方（质量份）

磷酸锌	15.5
氧化锌	5.5
65%铝粉浆	5.8
天然氧化铁红	13.2
三聚磷酸	15
滑石粉	6
沉淀硫酸钡	5
硬脂酸铝	0.2
膨润土	0.3
酚醛漆料	28
200#溶剂油	2
2%环烷酸钴	0.2
2%环烷酸锰	0.4
10%环烷酸铅	0.6

生产工艺与流程 将颜料、填料和部分漆料混合并搅拌均匀后，研磨至合格细度，然后加入其余漆料、溶剂油和催干剂，充分调匀，过滤即可。其适用作钢铁表面的涂覆，作防锈打底漆。

生产工艺与流程

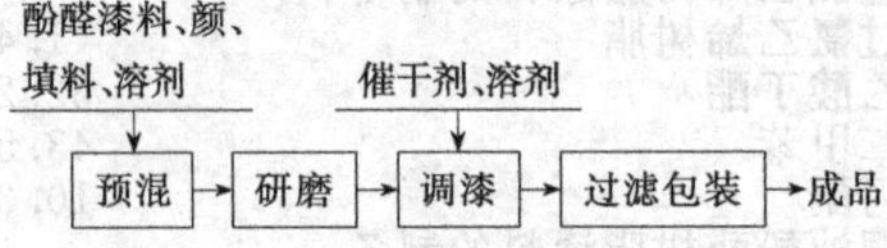

第二节 氨基树脂漆

氨基树脂漆是以氨基树脂和醇酸树脂为主要成膜物质制成的烘干型涂料。常用的氨基树脂有三种：(1) 三聚氰胺甲醛树脂；(2) 脲甲醛树脂；(3) 苯代三聚氰胺甲醛树脂。

醇酸树脂品种很多，主要有中、短油度的不干性油（椰子油、蓖麻油）或半干性油（豆油、脱水蓖麻油、葵花子油）改性醇酸树脂，以及其他类型脂肪酸改性醇酸树脂。

氨基树脂和醇酸树脂在烘烤条件下，发生分子间的交联反应，形成网状大分子涂膜，其主要性能体现了醇酸树脂、氨基树脂的特点，具有高光泽、良好的机械强度、保光、保色、耐候、耐化学腐蚀等特性。品种有清漆、磁漆、底漆、锤纹漆、腻子、绝缘漆、闪光漆等。

此类漆施工方便，价格便宜，是应用范围最广的烘干型高级装饰涂料。广泛应用于汽车、自行车、缝纫机、电冰箱、家用电器、五金工具、仪器仪表、钢制家具等。为了节省能源消耗，氨基树脂涂料正在向低烘、快干方向发展。

16-23 氨基烘干清漆（1）

性能及用途 漆膜坚硬光亮、丰满度好、附着力强，并且有优良的物理性能。该产品色泽较深，氨基含量稍低，柔韧性好，丰满度稍好。主要适用于作金属表面涂过各色氨基烘漆或环氧烘漆的罩光，是用途广泛的装饰性较好的烘干清漆。

涂装工艺参考 该漆使用前必须将漆搅拌均匀，经过滤除去机械杂质。施工以喷涂为主。喷涂黏度以17～23s为宜。稀释剂可用X-4氨基漆稀释剂或二甲苯和丁醇（4∶1）的混合溶剂稀释。使用本清漆罩光前必须事先将被涂物面的漆膜用细砂纸轻轻打磨除去灰尘杂质后，再进行罩光。烘烤温度以100～110℃，时间以1～1.5h为宜，温度不宜高。若温度过高，会使漆膜发脆、失光、泛黄。有效储存期为1.5年。过期可按质量标准检验，如符合要求仍可使用。

产品配方（质量分数）

短油度豆油醇酸树脂	64
三聚氰胺甲醛树脂	23.5
二甲苯	6
丁醇	6
1%有机硅油	0.5

生产工艺与流程 将醇酸树脂、三聚氰胺甲醛树脂和二甲苯、丁醇全部投入熔料锅内混合均匀，加入有机硅油，充分调匀，过滤包装。

醇酸树脂、氨基树脂、溶剂 → 调漆 → 过滤包装 → 成品

16-24 氨基烘干清漆（2）

性能及用途 漆膜坚硬、光亮平整，具有较好的附着力、耐水性、耐汽油性及耐磨

性。适用于缝纫机头及自行车表面罩光。

涂装工艺参考　该漆使用前必须搅拌均匀，如有粗粒机械杂质须经过滤后使用。施工方法以喷涂为主，也可静电喷涂，烘烤温度以（100±2）℃为宜。一般用X-4氨基漆稀释剂调整施工黏度，也可用二甲苯与丁醇（1∶1）的混合溶剂稀释。该漆有效储存期为1年，过期可按产品标准检验，如符合要求仍可使用。

产品配方（质量份）

醇酸树脂	18
颜料	10.5
炭黑	2.8
助剂	16
1%有机硅油	0.5
氨基树脂	20
溶剂	28
色浆	4
锌钡白	12
增塑剂	1.2

生产工艺与流程

醇酸树脂、氨基树脂、增塑剂、颜料、溶剂→调漆→过滤包装→成品

16-25　各色氨基烘干水溶性底漆

性能及用途　该漆为水溶性喷用漆，以水为稀释剂，气味小、毒性低，施工无火灾危险。经烘干后，漆膜附着力好，耐腐蚀性强，漆膜坚硬并具有良好的柔韧性。可用于航空部件及一般能有条件烘烤的钢铁或铝合金制品，作为底漆和氨基无光烘干水溶性漆配套使用。

涂装工艺参考　该漆是用水作溶剂，施工时加水调整黏度至适于喷涂为止，采用喷涂施工。若原漆存放过长氨挥发会影响水溶性，可在施工时加入少量氨水调整水溶性。该漆在110℃，1h或120℃，0.5h烘干成膜。

产品配方（质量份）

水溶醇酸	32
颜料	15
水	48
锌钡白	3.2
助剂	24
填料	14
炭黑	1.5

生产工艺与流程

水溶醇酸、助剂、颜料、填料→高速搅拌预混→研磨分散→调漆（水）→过滤包装→成品

16-26　氨基烘干水砂纸清漆

性能及用途　该漆黏结力强，耐水性好。主要适用于水砂纸黏砂用。

涂装工艺参考　该漆施工以喷涂为主，烘干温度为（110±2）℃为宜。该漆有效储存期为1年，过期可按产品标准检验，如符合质量要求仍可使用。

产品配方（质量份）

醇酸树脂	22
炭黑	5.6
溶剂	12
助剂	12
氨基树脂	15
二甲苯	8
色浆	2.6
锌钡白	24

生产工艺与流程

醇酸树脂、氨基树脂、溶剂→调漆→过滤包装→成品

16-27　各色氨基烘干静电磁漆

性能及用途　漆膜光亮丰满，坚硬耐磨，附着力强，有良好的耐候性，原漆具有一定的导电性，主要适用于洗衣机、电冰箱、电风扇、热水瓶、缝纫机、自行车等各种金属表面作装饰保护涂料。

涂装工艺参考　该漆使用前必须搅拌均匀，如有粗粒机械杂质必须进行过滤。采用高压静电喷涂施工和手工喷涂施工均可，但以高压静电喷涂施工为主。若原漆黏度偏高可用X-19氨基静电稀释剂调整施工黏度。有效储存期为1年。过期可按质量标准检验，如结果符合要求仍可使用。

产品配方（质量份）

醇酸树脂	16
颜料	19
二甲苯	15

1%有机硅油	0.8
氨基树脂	26
溶剂	28
色浆	2

生产工艺与流程

16-28　家用电器快干烘干磁漆

性能及用途　该漆干燥速度快，漆膜色彩鲜艳、光亮坚硬，具有良好的附着力、柔韧性、耐水性及耐油性。主要适用于自行车、缝纫机、仪器、仪表、家用电器、热水瓶及玩具等各种金属表面作装饰保护用。

涂装工艺参考　该漆施工以喷涂为主，也可静电喷涂。使用前须将漆搅匀，如有粗粒杂质宜用绢丝过滤后使用。可用X-4氨基漆稀释剂或二甲苯与丁醇（4∶1）的混合溶剂稀释。该漆的配套品种，底漆：X06-1磷化底漆、H06-2环氧酯底漆；腻子：H07-34各色环氧酯烘干腻子、H07-5各色环氧酯腻子；罩光清漆：A01-1、A01-2、A01-9氨基烘干清漆。该漆有效储存期为1年，过期可按产品标准检验，如果符合质量要求仍可使用。

产品配方（质量份）

醇酸树脂	23
颜料	25
溶剂	20
氨基树脂	17
二甲苯	16
色浆	2.4

生产工艺与流程

16-29　快干金属表面装饰烘干透明漆

性能及用途　漆膜色彩鲜艳、坚硬光亮、平整光滑，具有较好的透明度及优良的物理性能。适用于自行车、热水瓶、文教用品等轻工产品的金属表面装饰。

涂装工艺参考　使用前将漆搅拌均匀，如有粗粒、机械杂质等须进行过滤，以喷涂施工为主。可用X-4氨基漆稀释剂或二甲苯与丁醇（4∶1）的混合溶剂调整施工黏度。施工黏度以20s左右为宜。施工后应在室温下放置15min以上再进行烘烤，烘房内应有鼓风装置，严禁有一氧化碳等污气存在。烘烤温度以100～105℃，时间15～20min为宜，若升高温度，则可进一步缩短时间。配套底漆为环氧酯底漆、醇酸底漆等。该漆有效储存期为1年，过期后可按产品标准检验，如果符合质量要求仍可使用。

产品配方（质量份）

醇酸树脂	20
颜料	25
溶剂	15
助剂	8
氨基树脂	22
二甲苯	9
色浆	4.0
丁醇	12

生产工艺与流程

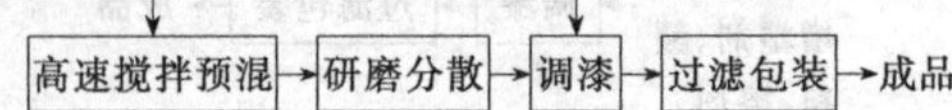

16-30　电子工业透明标志漆

性能及用途　该漆具有耐热、耐助焊剂、耐机械抛洗、丝网印刷等性能。适用于电子工业中手工焊、浸焊及波焊，配套使用的有印刷线路板用白色标志漆。

涂装工艺参考　该漆在丝网印刷过程中如变厚，可酌情加入二甲苯、双戊烯与二甲苯（1∶1）混合溶剂。印刷时如发现有气泡，可加入少量的飞虎牌润滑剂。施工完毕，应用二甲苯将丝网洗清，以免丝网堵塞，影响下次施工。印刷线路板白色标志漆施工参考阻焊漆的施工。

产品配方（质量份）

醇酸树脂	20
颜料	4.8
滑石粉	5.2
助剂	10.5
间苯二甲酸	3.2
氨基树脂	20
溶剂	12

色浆	2.5
钛白粉	12
体质颜料	2.0

生产工艺与流程

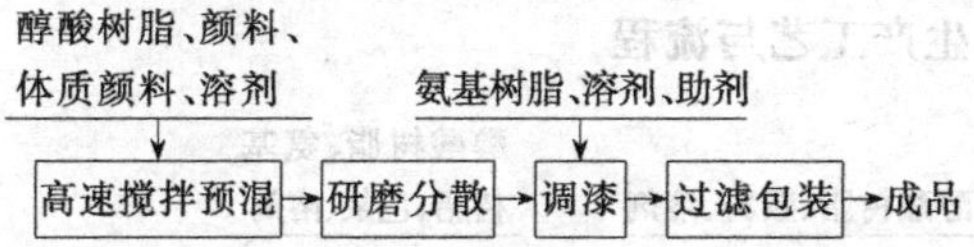

醇酸树脂、颜料、体质颜料、溶剂 → 高速搅拌预混 → 研磨分散 → 调漆（氨基树脂、溶剂、助剂）→ 过滤包装 → 成品

16-31　光学仪器无光烘干磁漆

性能及用途　漆膜色彩柔和，细度较细，其性能基本同于A04-81。主要用于光学仪器、仪表及要求无光的物件上。

涂装工艺参考　以喷涂施工为主，用二甲苯与丁醇（4∶1）的混合溶剂调整施工黏度。烘烤温度以100～120℃，烘烤2h为宜，白色及浅色漆应在100℃左右烘烤。可分别与乙烯磷化底漆、环氧底漆、乙烯磷化底漆、醇酸底漆、环氧底漆、醇酸底漆配套使用，也可直接涂装。

产品配方（质量份）

醇酸树脂	22
颜料	10
丁醇	16
助剂	10
氨基树脂	16
溶剂	17
色浆	3.2
立德粉	16

生产工艺与流程

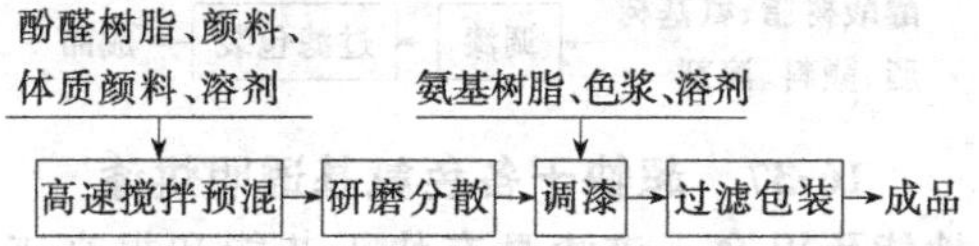

酚醛树脂、颜料、体质颜料、溶剂 → 高速搅拌预混 → 研磨分散 → 调漆（氨基树脂、色浆、溶剂）→ 过滤包装 → 成品

16-32　钢铁或铝合金制品无光烘干水溶性漆

性能及用途　该漆为水溶性喷用漆，以水为稀释剂，气味小、毒性低，施工无火灾的危险。经烘干后漆膜附着力好，耐腐蚀性强，漆膜坚硬并具有良好的柔韧性。可用于航空部件及一般能有条件烘烤的钢铁或铝合金制品，作为面漆和A1-90各色氨基烘干水溶性底漆配套使用。

涂装工艺参考　该品系用水作溶剂，施工时加水调整黏度至适于喷涂的黏度为止。采用喷涂施工。若原漆存放过长氨挥发影响水溶性，可在施工时加少量氨水调整水溶性。该漆于110℃，1h或120℃，0.5h烘干成膜。

产品配方（质量份）

醇酸树脂	18
立德粉	15
滑石粉	8
助剂	12
氨基树脂	18
溶剂	13
色浆	2.2
氧化锌	10

生产工艺与流程

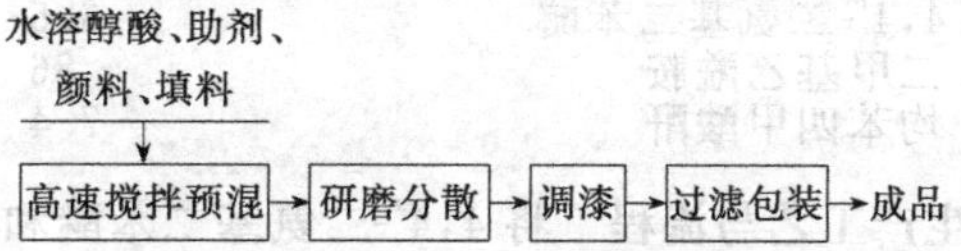

水溶醇酸、助剂、颜料、填料 → 高速搅拌预混 → 研磨分散 → 调漆 → 过滤包装 → 成品

16-33　变压器电器烘干绝缘漆

性能及用途　涂膜具有较好的厚层干透性、耐油性、耐热性、抗潮性、耐电弧性、抗化学气体的腐蚀及附着力。属于B级绝缘材料。适用于浸渍电机、电讯器材、变压器、电器绕组、抗潮绝缘之用。

涂装工艺参考　该漆施工方法以浸涂为主，也可采用喷涂。浸涂方法可分热浸、真空浸、压力浸。各种线圈或嵌好线的定子、转子，必须先清除绕组各部位的灰尘杂质及油污，并进行烘烤除去水分，然后再浸涂。一般可采用X-4氨基漆稀释剂或二甲苯调整施工黏度。该漆有效储存期为1年，过期可按产品标准检验，如果符合质量要求仍可使用。

产品配方（质量份）

醇酸树脂	16
钛白粉	26
丁醇	16
助剂	13
氨基树脂	22
溶剂	17
色浆	1.2
一元羧酸	5

生产工艺与流程

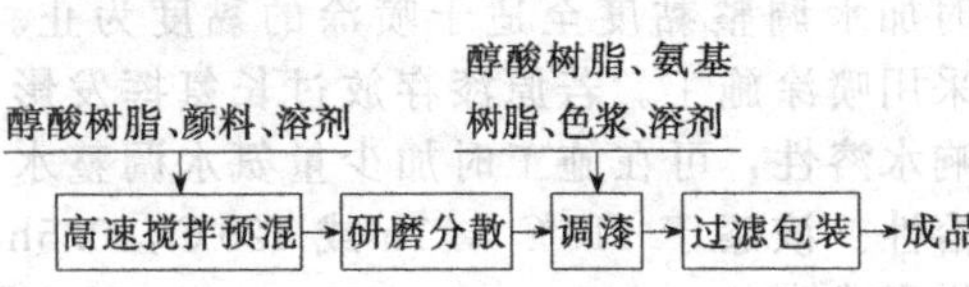

16-34 电机电器绝缘烘漆

性能及用途 用于浸渍电机、电器、电讯元件及玻璃丝布等作高温绝缘涂层，可在200～230℃高温下长期使用。

涂装工艺参考 以浸涂法施工为主，使用前需将产品搅拌均匀，按用途而定，用二甲苯稀释至适合要求，烘干温度以（150±2)℃、时间为2h左右为宜。

产品配方（质量分数）

4,4′-二氨基二苯醚	6.6
二甲基乙酰胺	86
均苯四甲酸酐	7.4

生产工艺与流程 将4,4′-二氨基二苯醚和总量3/4的二甲基乙酰胺投入反应釜内混合，加热，加入均苯四甲酸酐，升温至140℃，进行缩聚，然后加入其余的二甲基乙酰胺，再保温进行第二次缩聚，缩聚至黏度合格，冷却至100℃以下过滤包装（用于漆包线的绝缘烘漆）。如果用于玻璃漆布或浸渍漆，则应外加总漆量60%～100%的二甲苯稀释，充分调匀，过滤包装。

16-35 电机电器烘干绝缘漆

性能及用途 漆膜具有良好的干透性、耐油性、耐热性、附着力和电阻性能。属于B级绝缘材料。适用于各种电机、电器绕组的浸渍。

涂装工艺参考 该漆使用前应搅拌均匀，如有粗粒机械杂质应经过滤后使用。在使用时如发现黏度大，可在不影响固体分的情况下，适量加入X-4氨基漆稀释剂稀释。该漆有效储存期为1年，过期可按产品标准检验，如果符合质量要求仍可使用。

产品配方（质量份）

醇酸树脂	26
立德粉	12
一元羧酸	8
助剂	12
氨基树脂	16
溶剂	10
色浆	2.3
体质颜料	14

生产工艺与流程

醇酸树脂、颜料、溶剂 → 高速搅拌预混 → 研磨分散 → 调漆（醇酸树脂、氨基树脂、色浆、溶剂）→ 过滤包装 → 成品

16-36 表面装饰罩光烘干清漆

性能及用途 漆膜坚硬耐磨、光亮、附着力强，原漆具有一定导电性。适用于缝纫机、自行车、保温瓶及其他金属制品的表面装饰罩光用。

涂装工艺参考 该漆采用高压静电喷涂施工，也可手工喷涂。可用X-19氨基静电漆稀释剂稀释。该漆有效储存期为1年。过期可按产品标准检验，如果符合质量要求仍可使用。

产品配方（质量份）

醇酸树脂	25
钛白粉	12
滑石粉	15
氨基树脂	16
溶剂	19
助剂	17
色浆	2.8
丁醇	10

生产工艺与流程

醇酸树脂、氨基树脂、颜料、溶剂 → 调漆 → 过滤包装 → 成品

16-37 超快干各色氨基透明烘漆

性能及用途 该漆具有快干节能和提高工效的特点，一般节能在30%以上，具有良好的经济效益。漆膜色泽鲜艳，具有好的透明度、光泽、机械强度。适用于热水瓶、自行车等金属表面涂装。

涂装工艺参考 该漆以手工喷涂为主，也可静电喷涂施工。一般用X-4氨基漆稀释剂或二甲苯与丁醇（4∶1）的混合溶剂稀释。烘烤温度为（120±2)℃，3～5min。该漆有效储存期为1年，过期可按产品标

准检验，如果符合质量要求仍可使用。

产品配方（质量份）

原料	质量份
醇酸树脂	20.8
颜料	6.5
溶剂	8
助剂	6
氨基树脂	16
苯酐	16
色浆	3.8
钛白粉	12.0

生产工艺与流程

16-38　轻工及家用电器烘干磁漆

性能及用途　该漆色泽浅、漆膜坚硬、光亮、丰满，耐热、耐油、耐水，保色、保光性能好。主要适用于汽车、自行车、轻工产品及家用电器等金属表面作装饰保护。

涂装工艺参考　该漆采用喷涂施工。用二甲苯、丁醇、乙酸丁酯混合溶剂稀释，喷涂黏度（涂-4 黏度计 25℃）一般为（25±5）s 为宜。喷涂气压为 196～294kPa，被涂底材必须经过除油、锈。一般用喷砂或氧化工艺进行处理，或用溶剂清洗。该漆用于钢铁表面与环氧铁红底漆、锶钙环氧底漆配套使用为佳。该漆有效储存期为 1 年。过期可按产品标准检验，如果符合质量要求仍可使用。

产品配方（质量份）

原料	质量份
醇酸树脂	20
溶剂	13
苯酐	15
助剂	8
颜料	10
氨基树脂	20
色浆	3.2
钛白粉	18

生产工艺与流程

丙烯酸树脂、颜料、溶剂 → 高速搅拌预混 → 研磨分散 → 调漆（色浆、溶剂）→ 过滤包装 → 成品

第十七章　沥青和过氯乙烯树脂漆

第一节　沥青漆

沥青漆是以天然沥青或石油沥青（即人造沥青）为主要成膜物质。

沥青资源丰富，并有耐水、耐酸碱、耐化学腐蚀等性能，故在建材中被广泛使用，常用的品种有天然沥青、石油沥青、煤焦油沥青。

天然沥青其软化点高，质地纯，涂层光亮而硬；石油沥青其软化点低，含有蜡质及其他不熔杂质，油溶性差；煤焦油沥青其软化点低，多用作船舶涂料。

沥青漆加入干性植物油或合成树脂经熬炼后溶于有机溶剂，再加其他辅助材料，如催干剂、颜料、填料等配制而成。

干性植物油有：桐油、亚麻油等，能改进沥青漆的柔韧性、耐溶剂性、耐油性及机械强度、光泽、硬度等，对漆膜的耐候性亦有所提高。

常用的树脂有：天然树脂、松香树脂、纯酚醛树脂、醇酸树脂、三聚氰胺甲醛树脂、环氧树脂等，能改善涂层光泽、硬度、附着力等物理性能，同时能提高其防腐蚀性。

溶剂：一般采用油漆溶剂油、重质苯、二甲苯、丁醇、松节油等。

颜料：由于沥青是黑色物质，不需要彩色颜料，一般常用的颜料和本质颜料有铁红、铝粉、滑石粉、重晶石粉、石棉粉、石墨粉等。

催干剂：一般用萘酸钴、松香酸锰。铅、萘酸铁溶液可使烘干型漆不起皱。使用氧化铅时应在熬炼时加。

沥青漆漆膜光亮平滑、丰满度好；有独特的防水性，对酸、碱、盐、化学药品等具有优良的稳定性；具有一定的装饰性和绝缘性；价格低廉，施工方便。由于沥青的原因制出的产品只能是黑色的，不能制浅色漆。此类漆的耐热性能差。

由于沥青漆具备了以下许多优良性能因此获得广泛的应用。

（1）沥青溶于有机溶剂制得的沥青漆用于一般防腐蚀涂装。

（2）沥青与干性植物油炼制后溶于有机溶剂制得的漆可作绝缘漆。

（3）与各种合成树脂制得的沥青漆，可配制多种类型沥青船舶漆，如沥青船底漆、沥青防污漆等。具有很好的防腐蚀性和耐水性。

（4）与干性植物油和合成树脂炼制沥青烘漆，用于涂装自行车、小五金、电器仪表和一般金属表面。由此可见，沥青漆在涂料工业中仍占有重要地位。

包装、标志、储存和运输：①产品应储存于清洁、干燥、密封的容器中，容器附有标签，注明产品型号、名称、批号、重量、生产厂名和生产日期；②产品在存放时，应保持通风、干燥，防止日光直接照射，并应隔绝火源、远离热源，夏季温度高时应设法降温；③产品在运输时，应防止雨淋、日光暴晒，并应符合运输部门有关的规定。

17-1　快干沥青船底漆

性能与用途　干燥快、附着力强，耐水性、防腐性能良好，在船舶有通电保护的条件下，漆膜性能稳定。适用于船舶的水下部位打底，也可用作铝粉沥青船底漆和沥青防污漆之间的隔离层。

涂装工艺参考　该漆以刷涂为主。施工时应将漆充分搅拌均匀，若漆太稠，可用重质苯或重质苯与二甲苯的混合溶剂稀释。该漆与 L44-83 铝粉沥青船底漆和 71-33 沥青防污漆配套使用。有效储存期为 1 年，过期可按质量标准进行检验，如符合要求仍可使用。

产品配方（质量份）

原料	质量份
煤焦沥青	4.9
松香	17.7
氧化亚铜	30
氧化汞	5
DDT	3
铁红	5.4
氧化锌	18
200# 煤焦溶剂	15

工艺流程与流程

煤焦沥青、颜料、溶剂　溶剂

球磨分散 → 调漆 → 过滤包装 → 成品

17-2　船底部位沥青防锈漆

性能与用途　该漆具有防锈性能。适用于船底部位防锈。

涂装工艺参考　该漆组分甲与组分乙分装，现用现配，一般不外加溶剂调整（能导致双组分的比例变动），特殊情况下，为保证固体含量不变，必须同时按比例换算的数量对甲乙二组分同时进行增减溶剂。

产品配方（质量份）

原料	质量份
石油沥青	100
聚合亚麻籽油	10
汽油和二甲苯混合	97.5
溶剂	1∶1

生产工艺与流程　将石油沥青聚合亚麻籽油加热熔化后，在 280℃下吹空气 7～8h，冷却加溶剂。适合车轮、设备防锈用。

生产工艺与流程

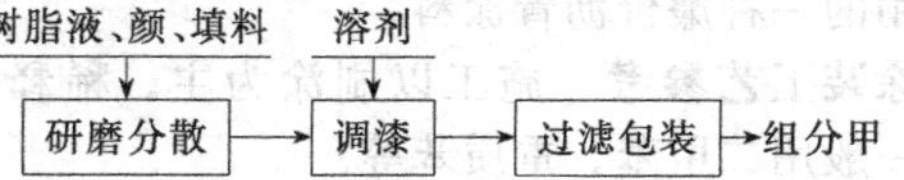

煤焦沥青液、聚酰胺树脂、溶剂 → 调漆 → 过滤包装 → 组分乙

17-3　超快干铝粉沥青船底漆

性能与用途　漆膜干燥快、附着力强、漆膜坚韧，有优良的抗水性和水底防锈能力。适用于钢铁和铝质船底的打底防锈，亦可用于水槽内部、冷凝管道、码头浮筒待物的浸水部位作防锈漆。

涂装工艺参考　该漆刷漆、滚涂或高压无空气喷涂均可。施工时可用重质苯或重质苯与二甲苯的混合溶剂调整黏度。与 L44-82 沥青船底漆和 L40-5 沥青防污漆配套使用。该漆有效储存期 1 年。超期可按质量标准检验，如果符合要求仍可使用。

产品配方/(kg/t)

沥青液	240
颜、填料、铝粉浆	760
溶剂	100

生产工艺与流程

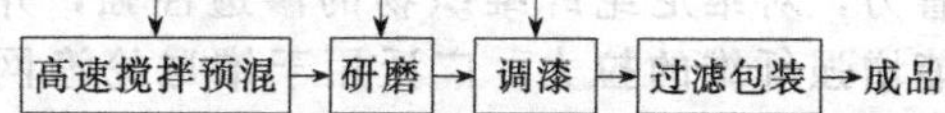

17-4　新型耐潮耐水防腐蚀沥青清漆

性能与用途　有良好的耐潮、耐水、防腐蚀性，对黑色金属有良好的附着力，但力学性能较差，不能涂于阳光直接照射的物体表面。适用于黑色金属机械表面的防潮以及地下水管道的防腐蚀作用。

涂装工艺参考　刷涂、喷涂均可。常温干燥较快。施工时黏度太稠，可用二甲苯或 200# 油漆溶剂油调稀。储存期为 1 年。

产品配方（质量份）

原料	质量份
天然沥青(或石油沥青)	30
亚桐聚合油	5.5
二甲苯	33
200# 溶剂汽油	30
烷酸钴(2%)	0.2
环烷酸锰(2%)	0.3
烷酸铅(10%)	1

原料	质量份
天然沥青	4.5
石油沥青	26
石灰松香	15
二甲苯	42

生产工艺与流程 将天然沥青、石油沥青和石灰松香混合加热，熔化后升温至270℃熬炼，直至黏度合格，然后降温至160℃加入二甲苯调匀，过滤后即为成品。

其用于电路漏印和涂刷，以及一般不受阳光直射的金属和木材表面涂饰。

产品配方（质量份）

天然沥青	35.2
蜂蜡	2.2
润滑油	6.6
二甲苯	50.6

生产工艺与流程 将沥青和聚合油投入热炼锅中，加热并搅拌至沥青全部熔化，升温至260℃，立即离火降温，泵入冷却兑稀罐中，冷却至160℃时，加入200#溶剂汽油，然后加二甲苯和催干剂，充分搅匀，过滤包装。热炼和冷却兑稀时应注意加强搅拌，以防止沥青在容器壁面结块黏附。

17-5 维尼纶渔网的涂染沥青清漆

性能与用途 该漆具有良好的耐水性和附着力，对维尼纶纤维织物的渗透性强，并能增强纤维的拉力。广泛用于维尼纶渔网的涂染。

涂装工艺参考 该漆以浸涂为主。施工时如黏度过大时，可用纯苯稀释至符合施工要求。

产品配方（质量份）

天然沥青	32
亚桐聚合油	3.5
二甲苯	32
加溶剂油	31
2%环烷酸钴	0.2
2%环烷酸锰	0.3
10%环烷酸铅	1

生产工艺与流程 将沥青和聚合油投入热炼锅中，加热搅拌至沥青全部熔化，然后升温至260℃，立即离火降温，并泵入冷却兑稀罐中，冷却至160℃，加入200#溶剂油、二甲苯和催干剂，充分调匀，过滤后即可。其适用于各种容器与机械内表面的涂覆，作防潮、耐水、防腐之用。

17-6 金属钢铁及木材表面涂刷沥青清漆

性能与用途 该漆干燥快、光泽好，具有防潮湿性，有较好的防水、防腐、耐化学品的性能。适用于不受阳光直接照射的一般金属、钢铁及木材表面涂刷。

涂装工艺参考 该漆施工可采取刷涂、浸涂。如漆太稠，可适当加些甲苯或二甲苯与200#油漆溶剂油混合溶剂稀释。在一般金属表面应预先涂有底漆后才涂此漆。有效存放期为1年。过期按质量标准检验，如符合要求仍可使用。本产品为自然干燥。

产品配方（质量份）

天然沥青	15
石油沥青	11
松香改性酚醛树脂	10
桐油	10
醋酸铅	2
二甲苯	19
环烷酸钴(2%)	1
环烷酸锰(2%)	2
200#溶剂油	30

生产工艺与流程 将沥青、树脂、桐油混合，加热熔化，升温至260℃，保温至黏度合格，冷却，降温至160℃，加入溶剂汽油，然后加二甲苯和催干剂，充分调匀，过滤包装。

焦炭沥青 溶剂 煤焦油

热熔 → 兑稀 → 调漆 → 过滤包装 → 成品

17-7 新型快干耐水性防腐沥青清漆

性能与用途 该漆干性快、耐水性强，具有防腐蚀性能。用于涂刷一般不受阳光直接照射的金属、木质物体表面。具有良好的防水、防潮、耐腐蚀性能，但力学性能较差，耐候性不好，不宜于用在阳光直射的物体表面。可用于不受阳光直射的金属、木材表面做防潮、耐水、防腐的保护层。

本品的特点是溶剂含量较大，有一定的覆盖能力，浸润能力较强，是建筑上常用的一种廉价沥青涂料。

涂装工艺参考 施工以刷涂为主。稀释剂一般用二甲苯、重质苯等。

产品配方（质量份）

地沥青	33
石油沥青	67
200$^{\#}$溶剂油	30
二甲苯	115

生产工艺与流程　将沥青加热熔化脱水，90℃时加入溶剂油和二甲苯，充分搅拌混合均匀，即为制品，本品干燥快，耐酸，耐水，具有一定柔韧性，可作为金属制品的防锈、防腐。

产品配方（质量份）

10$^{\#}$石油沥青(软化点110～120℃)	40
苯	47
松香水	13

生产工艺与流程

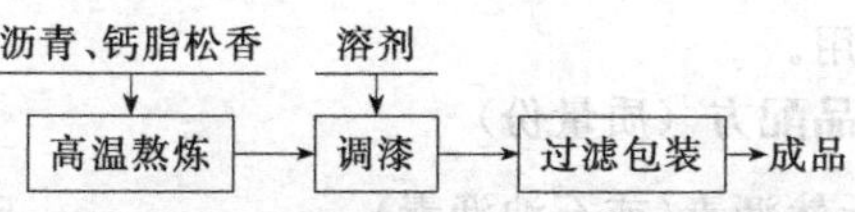

17-8　新型容器与机械沥青清漆

性能与用途　该漆具有良好的耐水性、防潮、防腐蚀性能。但力学性能差，耐候性不好，不能涂于太阳直接照射的物体表面。用于各种容器与机械等内表面的涂覆，作防潮、耐水防腐之用。

涂装工艺参考　该漆喷涂、浸涂均可。施工时如黏度过大可用纯苯稀释至符合施工要求。有效储存期为1年，过期可按质量标准检验，如果符合要求仍可使用。

产品配方（质量份）

天然沥青	15
石油沥青	11
松香改性酚醛树脂	10
桐油	10
乙酸铅	2
200$^{\#}$溶剂油	27
二甲苯	22
2%环烷酸钴	1
2%环烷酸锰	2

生产工艺与流程　将沥青、桐油和树脂混合，加热熔化，然后升温至260℃并保温至黏度合格，然后冷却至160℃，加入溶剂油、二甲苯和催干剂，充分调匀，过滤后即可。其适用于不受阳光直接照射的金属及木材表面的涂饰。

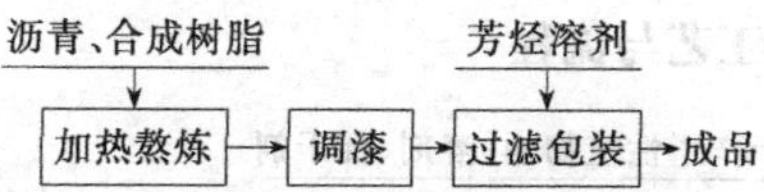

17-9　石油、煤焦油沥青清漆

性能与用途　本品干燥快，耐盐酸，耐水并具有一定柔韧性。可用于一般金属制品的防锈、防腐。

涂装工艺参考　该漆喷涂、浸涂均可。施工时必须先将漆搅拌均匀，并可用200$^{\#}$油漆溶剂油或二甲苯将黏度稀释至符合施工要求。涂后最好在室温放置15～20min，待漆膜流平后入炉（入炉温度80～120℃），在190～200℃烘干。配套底漆为沥青烘干底漆。有效储存期为1年，过期的可按质量标准检验，如符合要求仍可使用。

产品配方

（1）石油沥青清漆配方（质量份）

1$^{\#}$石油沥青	33
2$^{\#}$石油沥青	67
200$^{\#}$溶剂油	30
苯(通常用二甲苯)	115

生产工艺与流程　将沥青加入锅内，升温到220℃左右间断搅拌，沥青全部溶化时开动搅拌，并升温到260℃维持5～10min出锅，降温到180℃时，在搅拌下兑入200$^{\#}$溶剂油，降温到80℃以下时加入苯，搅拌均匀后静置澄清48h后用压滤机过滤。此漆可采用冷制法工艺。应注意：苯的闪点在－11℃，极易着火，生产中应严格注意安全管理。

（2）煤焦油沥青清漆配方（质量份）

煤焦油沥青	68
重质苯	32

生产工艺与流程　将沥青加入锅中，点火升温到180℃左右，保持到沥青熔化出锅，在搅拌下加入其余组分。稀释（150℃左右），静置后用超速离心机净化，包装。本品干燥快、耐潮、耐水、耐稀酸、稀碱。可用于锚链、管道、内河用船底等。

（3）煤焦沥青清漆配方（质量份）

煤焦油沥青	52
煤焦油	13
重质苯	10
二甲苯	25

生产工艺与流程

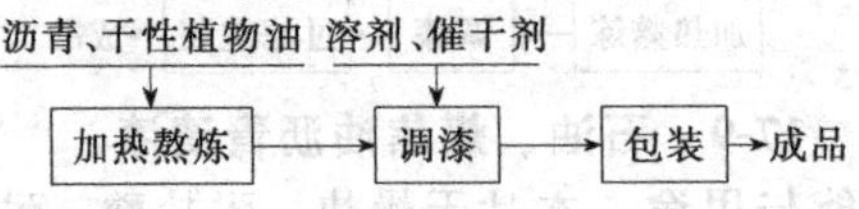

17-10 新型自行车、缝纫机沥青清烘漆

性能与用途 该漆漆膜坚硬、光亮，耐磨性、耐候性、附着力及保光性能好。适用于涂有沥青底漆的金属表面，如自行车、缝纫机、电器仪表、一般金属、文具用品及五金零件的表面涂装。

涂装工艺参考 该漆采用浇涂、浸涂和喷涂施工工艺。使用时如漆黏度太稠，可用重质苯、二甲苯稀释调整施工黏度。一般涂装于有沥青烘干底漆或酚醛底漆物面上，在涂漆前应将底漆打磨光滑，干燥后进行涂装。涂完该漆，应静置20～30min，使漆膜流平移进烘房，再使烘房温度逐渐缓慢上升，不宜过快。有效储存期为1年。过期可按质量标准检验，如符合要求仍可使用。

(1) 产品配方

天然沥青	19
松香改性酚醛树脂	9
亚麻聚合油	27
环烷酸铁	2
环烷酸锌	2
白油	3
煤油	18
重质苯	20

生产工艺与流程 此漆为烘干成膜、漆膜硬、光亮、耐油、附着力强。在大气中具有一定的稳定性。作自行车、小五金等表面涂饰。

(2) 产品配方

天然沥青	8.62
松香改性酚醛树脂	11.85
亚麻聚合油	6.46
桐油	25.95
环烷酸铅	0.05
200# 溶剂油	20.17
二甲苯	19

生产工艺与流程 烘干成膜、漆膜较黑、光亮坚硬，具有良好耐水、耐润滑油和一定的耐汽油性能。用于汽车发动机的部分金属零件表面的涂饰。

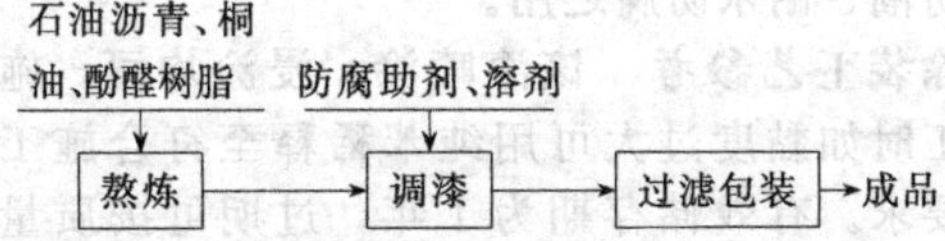

17-11 抽油杆专用沥青防腐漆

性能与用途 该漆具有耐水、耐酸、耐碱性，漆膜有一定的弹性和抗光性，尤其耐H_2S的腐蚀性特性。此种漆是油田抽油杆专用沥青防腐漆。

涂装工艺参考 施工以刷涂、浸涂均可。如漆质黏度过大时，可用X-8沥青漆专用稀释剂稀释调整。有效储存期为1年，过期可按质量标准检验，如符合要求仍可使用。

产品配方（质量份）

天然沥青(或石油沥青)	50
二甲苯	16
萘酸铅锰	0.3
亚桐聚合油	40
汽油	50

生产工艺与流程

石油沥青、桐油、酚醛树脂 → 熬炼；防腐助剂、溶剂 → 调漆 → 过滤包装 → 成品

17-12 新型木结构耐火乳化沥青

性能与用途 本品耐火性能良好，可用作木结构的涂层。

涂装工艺参考 该漆喷涂、刷涂、浸涂均可。

产品配方（质量份）

沥青	15～20
水	40～60
石棉纤维	13～20
牡蛎壳粉	8～15
碱金属氢氧化物	0.05～0.35
碱金属羧基烷基	0.25～1
纤维素	
磷酸盐(磷酸二氢铵和磷酸氢二铵)	0.3

生产工艺与流程 本品是在普通乳化沥青中添加具有防水特性的耐火剂（磷酸盐）而成。

17-13　汽车、自行车沥青烘干清漆

性能与用途　该漆漆膜坚硬、黑亮，具有良好的耐水性、耐润滑油、耐汽油性能。主要用于涂覆汽车、自行车等部分金属零件。

涂装工艺参考　该漆喷涂、浸涂均可。施工时必须先将漆搅拌均匀，并可用200#油漆溶剂油或二甲苯将黏度稀释至符合施工要求。涂后最好在室温放置15～20min，待漆膜流平后入炉（入炉温度80～120℃），在190～200℃烘干。配套底漆为沥青烘干底漆。有效储存期为1年，过期的可按质量标准检验，如符合要求仍可使用。

产品配方（质量份）

10#石油沥青(软化点125～140℃)	34.49
熟桐油	4.23
200#溶剂油	34.28
二甲苯	35
环烷酸锰	3
环烷酸钴	10

生产工艺与流程 将石油沥青加热脱水，除去杂质，然后加入熟桐油和催干剂，再加入二甲苯，最后加入溶剂油调整黏度。本品对金属和非金属有良好的附着力，并具有耐硫酸腐蚀的性能。在常温下，对氯气、氯化氢、二氧化硫、氨、氧化氮等气体，低浓度无机酸溶液，苛性碱等腐蚀性介质均具有一定的防腐能力，但不耐石油溶剂、丙酮、氧化剂等，在室外阳光的长期照射下会逐渐老化。适用于室内工程，可用来保护钢铁、混凝土及木质构件。

17-14　自行车管件沥青烘干清漆

性能与用途　漆膜具有良好的光泽和硬度。用于涂装自行车管件和能高温烘烤的铁制金属件。

涂装工艺参考　该漆可用浸涂、喷涂等方法施工。使用时必须搅拌均匀，如黏度过大可用X-8沥青漆稀释剂稀释至施工黏度。涂漆后，待其自然流平后进入烘房，逐步上升到规定的温度。底漆可用沥青烘干底漆、环氧底漆、氨基底漆、电泳漆。需要罩光时可用氨基清洪漆、丙烯酸清烘漆。有效储存期为1年。过期可按质量标准检验，如果符合要求仍可使用。

产品配方（质量份）

（1）沥青清漆（快干沥青漆）配方（质量份）

松香改性酚醛树脂	6.6
甘油松香	6.6
1#石油沥青	37.3
双戊烯(或溶剂油)	24
二甲苯	25.5

生产工艺与流程　将沥青和树脂加入锅中，在260℃下热炼，维持到全溶，出锅，降温到180℃加入溶剂油，降温到130℃加入二甲苯，静置过滤，包装。本品干燥快，漆膜光亮，作一般金属制品表面涂刷。

（2）产品配方（质量份）

甲组分:环氧树脂E-20	31.3
煤焦油沥青	35.8
混合溶剂	32.9
乙组分:聚酰胺树脂	7.5

生产工艺与流程　混合溶剂配比为：甲苯：二甲苯：环已酮：丁醇＝40：30：20：10，环氧沥青清漆两种组分分装，在使用前按甲组分：乙组分＝100：7.5比例混合。

将环氧树脂、煤焦油沥青装入锅中升温到150℃左右，维持至树脂与沥青全熔，出锅，降温到120℃左右加入混合溶剂，充分搅拌均匀后静置，然后用超速离心机过滤，装入桶中。本品加入固化剂成膜固化，具有良好的耐化学药品性能，适用于地下管道、水闸、水坝的金属和混凝土表面。

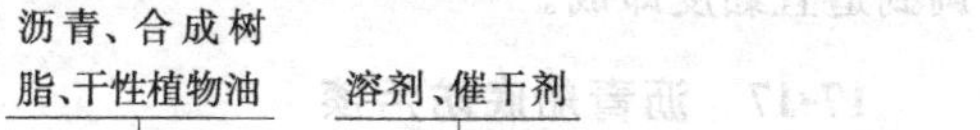

沥青、合成树脂、干性植物油 → 加热熬炼 → 调漆（← 溶剂、催干剂）→ 过滤包装 → 成品

17-15　新型金属零件表面沥青磁漆

性能与用途　该漆漆膜黑亮平滑，耐水性较好。用于涂覆汽车底盘、水箱及其他金属零件表面。

涂装工艺参考　该漆喷涂、刷涂、浸涂均可。使用时必须将漆搅拌均匀，并可用200#油漆溶剂油、二甲苯、松节油稀释至施工黏度。有效储存期为1年。过期的可按质量标准检验，如果符合要求仍可使用。

产品配方（质量份）

炭黑	2.5
铁	0.5
沥青漆料	87
200#溶剂汽油	3
二甲苯	2
环烷酸钴(2%)	1
环烷酸锰(2%)	1.5
环烷酸铅(10%)	2.5

生产工艺与流程 将颜料和一部分沥青漆料混合，搅拌均匀，经磨漆机研磨至细度合格，加入其余的沥青漆料、溶剂汽油、二甲苯和催干剂，充分调匀，过滤包装。

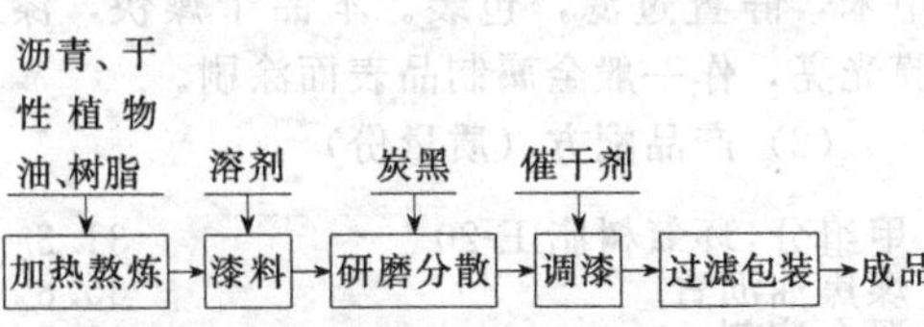

17-16 多功能防锈沥青涂料

性能与用途 本品主要用于埋入地下的金属管道的防护层或锅炉保护涂料。技术指标：黏度（涂-4）40～80s；固含量≥45%。

产品配方（质量份）

10#石油沥青	50
200#溶剂油	26
二甲苯	26～32

生产工艺与流程 将石油沥青加热熔化脱水，并除去杂质，然后升温至180℃，保温30min，冷却至（130±5）℃时，在不断搅拌下，徐徐加入溶剂油，随即加入二甲苯，调到适宜黏度即成。

17-17 沥青船底防污漆

性能与用途 386沥青防污漆中不含汞毒料，消除了汞害。漆膜中的毒料能缓慢而适量地向船底周围的海水渗出，从而达到防止海洋附着生物在船底的附着，保持船底清洁。防污期可达一年左右。主要用于涂在L44-82船底防锈漆打底的钢质铅底上作防污。

涂装工艺参考 该漆可采用刷涂、滚涂、无空气高压喷涂（喷嘴40号、压力150kg/cm²）施工。施工时可用煤焦溶剂调整黏度。配套涂料：先涂L44-81铝粉沥青船底漆二道，后涂L44-82沥青船底漆1～2道，最后涂836沥青船底防污漆2～3道。涂装间隔时间：10～20℃，24h；20～30℃，24～16h；30℃以上，16～28h。

产品配方（质量份）

氧化铁红	35
氧化锌	6
滑石粉	3
沉淀硫酸钡	3
70%煤焦沥青油	46
重质苯	7

生产工艺与流程 将全部原料混合，调入球磨机中，研磨至合格细度，调整黏度，过滤后即为成品。其主要用于钢铁或木质船底的防腐涂层。

生产工艺与流程

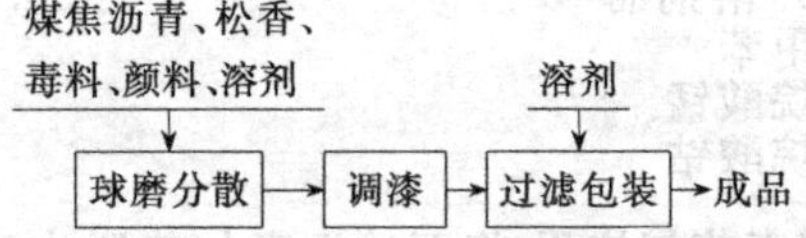

17-18 多功能沥青聚酰胺防腐涂料

性能与用途 主要用于涂装汽车零件的部位。也可用于金属底材、汽车车身底座、车身内部作防腐剂。

产品配方（质量份）

液态沥青	63
松香油	12
聚酰胺树脂	12
石油磺酸钙钠	127.9
金属皂	36
200#溶剂油	59.1

生产工艺与流程 将液态沥青投入具有蒸汽加热夹套的反应釜中，加热到55～60℃时，加入金属皂，混合后继续加热，混合均匀后加入聚酰胺树脂和松香油，搅拌10min后加入石油磺酸盐，再搅拌加热到75℃，保温1.5h，最后加入汽油，充分调和，冷却后即为成品。

17-19 超快干沥青锅炉漆

性能与用途 漆膜干燥快，能防止水中沉淀物质黏附于锅炉的金属表面从而引起的生锈及腐蚀等，可延长锅炉使用寿命。主要用于蒸汽锅炉内部涂装。

涂装工艺参考　该漆施工以刷涂为主，也可采取喷涂方法。施工时用 X-26 油漆稀释剂或松节油调整施工黏度，使用前将原漆搅拌均匀，并以 60 目筛网过滤后，方可使用。涂装前先将锅炉内部涂装物面的铁锈、水汽除净，如有油泥应用松节油洗净干燥再进行涂装。涂装新锅炉的内壁应涂二道。有效储存期为 1 年，过期可按质量标准检验，如符合要求可使用。

(1) 产品配方（质量份）

炭黑	1
石墨粉	29
沥青锅炉漆料	58
200# 溶剂油	10.5
2%环烷酸钴	0.5
10%环烷酸铅	1

生产工艺与流程　将炭黑、石墨粉和一部分沥青锅炉漆料混合搅拌均匀后，研磨至合格细度，然后加入其余漆料、溶剂油和催干剂，充分调匀，过滤后即为成品。其主要用于锅炉内壁，防止水垢直接黏附于内表面。

(2) 产品配方

石墨粉	40
锅炉漆料	51
200# 溶剂油	9
锅炉漆料配方：	
天然沥青	38
松香改性酚醛树脂	5.5
甘油松香酯	5.5
200# 溶剂油	37
二甲苯	6
环烷酸锌	8

生产工艺与流程　用于锅炉内壁防止水垢直接贴在金属表面，便于清洗，也用于烟囱表面涂刷。本品具有较好的耐热性能。

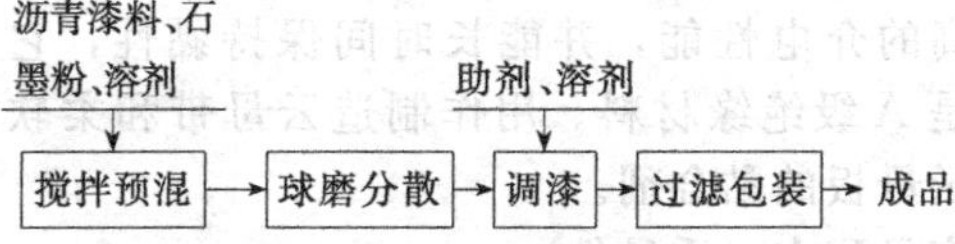

17-20　煤气柜防腐蚀沥青涂料

性能与用途　本品为煤气柜专用沥青涂料，可保护煤气柜不受水及酸性气体的腐蚀和生锈，亦称防腐蚀沥青涂料。

产品配方（质量份）

10# 石油沥青	90
熟桐油	30
亚麻仁油	50
汽油	90
萘酸铅	2
轻油	20.0

生产工艺与流程　将沥青打成小块加热熔化脱水，控制在 160～180℃，水分全部蒸发后降温至 70～80℃，将汽油倒入沥青中混匀充分搅拌，然后将其余组分缓慢倒入沥青溶液中，调和均匀即可使用。

17-21　多功能沥青烘干绝缘漆

性能与用途　该漆为 A 级绝缘材料，耐潮性和耐温变性能较好。其中 L30-19 具有良好的厚层干透性。主要用于浸渍电机绕组及不要求耐油的电器零部件的涂覆。

涂装工艺参考　L30-20 沥青烘干绝缘漆用来浸渍以油性清漆制成的电磁线绕组时，用 200# 油漆溶剂油稀释。L30-19 沥青烘干绝缘漆的稀释剂为二甲苯与 200# 油漆溶剂油，配比为 4∶6 的混合溶剂，如溶解不好时，可加入少量 X-4 氨基漆稀释剂。施工时应注意所用漆包线的种类，以免咬起。本产品有效储存期为 1 年，超期可按质量标准检验，如符合要求仍可使用。

产品配方

(1) 烘干绝缘漆配方（质量份）

天然沥青	25
松香改性酚醛树脂	5.5
亚桐聚合油	15.5
三聚氰胺甲醛树脂	7
200# 溶剂油	5
二甲苯	40
2%环烷酸锰	1.5
10%环烷酸铅	0.5

生产工艺与流程　先将溶剂油和甲苯投入反应釜中，通蒸汽加热至 90℃，在搅拌下加入沥青和酚醛树脂，并在 100℃保温熔化后加入聚合油和催干剂，而后降温至 70℃，加入三聚氰胺甲醛树脂，充分调匀，过滤后即为成品。其用于浸渍电机绕组及不要求耐油的电器零部件的涂覆。

（2）沥青绝缘漆配方（质量份）

天然沥青	13
石油沥青	17
桐油	14
亚桐聚合油	10
200#溶剂油	23.5
二甲苯	20
2%环烷酸钴	0.5
2%环烷酸锰	0.5
10%环烷酸铅	1.5

生产工艺与流程 将沥青、桐油和一半聚合油混合加热，升温至270℃，保温熬炼至黏度合格，加入其余聚合油，然后降温冷却至160℃，加入溶剂油、二甲苯和催干剂，充分调匀，过滤后即 为成品。该漆系A级绝缘材料，用于要求常温干燥的电机、电器绕组的涂覆。

（3）沥青烘干绝缘漆配方（质量份）

天然沥青	21
石油沥青	11
石灰松香	5
亚桐聚合油	3
桐油	1
200#溶剂油	58
2%环烷酸锰	0.5
2%环烷酸铅	0.5

生产工艺与流程 将沥青、石灰松香、聚合油和桐油混合加热，升温至270℃，并保温至黏度合格，而后降温至160℃，加入溶剂油和催干剂，充分调匀，过滤后即可。该漆系A级绝缘材料，用作制造云母带和柔软云母板的黏合剂。

沥青、干性油、树脂 → 加热熬炼 → 漆料（溶剂）→ 研磨（颜料）→ 调漆（溶剂）→ 过滤包装 → 成品

17-22 防震/隔声/隔热沥青石棉膏

性能与用途 主要用于涂装汽车零件的防震、隔声和隔热的部位。也可用于火车车厢夹壁铁壳。

涂装工艺参考 采用刷涂、喷涂法施工均可，用二甲苯或200#溶剂汽油作稀释剂调整施工黏度。

产品配方（质量份）

天然沥青	20
石油沥青	5
石棉粉	23
云母粉	12
亚桐聚合油	5.5
200#溶剂汽油	12
二甲苯	12
中油度亚麻油醇酸树脂	10.5

生产工艺与流程 将沥青混合加热熔化升温至260℃，加入亚桐聚合油，冷至180℃加醇酸树脂，搅拌均匀，降温至160℃，加溶剂汽油和二甲苯稀释，充分调匀，加入石棉粉和云母粉，搅拌均匀，经三辊磨漆机研磨两遍至均匀一致，包装。

17-23 多功能木器表面涂装清漆

性能与用途 该漆膜干燥较快，打磨性好，光泽较高，丰满度较好。适用于木器表面涂装，也可作过氯乙烯磁漆罩光用。

涂装工艺参考 以喷涂为主，也可刷涂。用X-3过氯乙烯漆稀释剂调整黏度，可与过氯乙烯底漆腻子及面漆配套使用。增强附着力和提高其他各项性能。湿度大时可加适量F-2过氯乙烯漆防潮剂以防漆膜发白。严禁与其他漆类混合使用，以免发生胶化。

产品配方（质量份）

过氧乙烯树脂	180
醇酸树脂	130
溶剂	780
助剂	30

生产工艺与流程

过氯乙烯树脂、增韧剂、醇酸树脂溶剂 → 调漆 → 过滤包装 → 成品

17-24 新型沥青烘干绝缘漆

性能与用途 漆膜具有较好的柔韧性和较高的介电性能，并能长时间保持黏性，它是A级绝缘材料。用作制造云母带和柔软云母板的黏合剂。

产品配方（质量份）

天然沥青	21
石油沥青	11
石灰松香	5
亚桐聚合油	3

桐油	1
200#溶剂汽油	58
环烷酸锰(2%)	0.5
环烷酸铅(2%)	0.5

生产工艺与流程 将沥青、石灰松香、聚合油和桐油混合加热，升温至270℃，保温至黏度合格，降温至160℃，加溶剂汽油和催干剂，充分调匀，过滤包装。

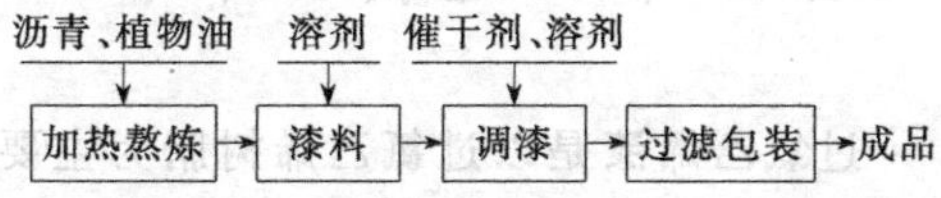

17-25　高级沥青防潮油(薄/厚质)涂料

性能与用途　该漆具有防潮、防锈性能。适用于船底部位防锈。

产品配方

（1）沥青防潮油（薄质）涂料配方（质量份）

10#茂名石油沥青	100
重柴油	12.5
石棉绒	12
桐油	15

生产工艺与流程　将石油沥青熔化脱水，控制温度190～210℃，除去杂质，降温至130～140℃，再加入重柴油、桐油。搅拌均匀后，再加入石棉绒，边加边搅拌，然后升温至190～210℃，熬炼30min即可使用。薄质沥青防潮涂料可用于屋面板的防水。

（2）沥青防潮油（薄质）涂料配方（质量份）

10#兰州石油沥青	100
重柴油	8
石棉绒	6

生产工艺与流程　将石油沥青熔化脱水，控制温度190～210℃，除去杂质，降温至130～140℃，再加入重柴油、桐油。搅拌均匀后，再加入石棉绒，边加边搅拌，然后升温至190～210℃，熬炼30min即可使用。薄质沥青防潮涂料可用于屋面板的防水。

（3）沥青防潮油（厚质）涂料配方（质量份）

10#茂名石油沥青	100
重柴油	8
石棉绒	9

生产工艺与流程　将石油沥青熔化脱水，控制温度190～210℃，除去杂质，降温至130～140℃，再加入重柴油、桐油。搅拌均匀后，再加入石棉绒，边加边搅拌，然后升温至190～210℃，熬炼30min即可使用。本品可用于灌缝材料，如板面灌缝。

17-26　新型煤气设备/管道防腐涂料

性能与用途　该漆具有耐碱、耐酸、耐水性，漆膜有一定的弹性和抗光性，尤其耐H_2S的腐蚀性特性。此种漆是煤气设备/管道专用沥青防腐漆。

涂装工艺参考　该漆喷涂、浸涂均可。施工时必须先将漆搅拌均匀，并可用200#油漆溶剂油或二甲苯将黏度稀释至符合施工要求。涂后最好在室温放置15～20min，待漆膜流平后入炉（入炉温度80～120℃），在190～200℃烘干。配套底漆为沥青烘干底漆。有效储存期为1年，过期的可按质量标准检验，如符合要求仍可使用。

产品配方

（1）煤气设备防腐涂料配方（质量份）

5#石油沥青	100
桐油	30
亚麻仁油	50
汽油	100
萘酸铅锰	0.6

生产工艺与流程　将沥青加热至160～180℃脱水，待降温至70～80℃时加入汽油，然后搅拌使之成胶液。再加入桐油、亚麻仁油和催干剂搅拌均匀备用。在室温下固化24h。

（2）煤气管道防腐涂料配方（质量份）

煤焦油沥青	68
轻油	22.7
石灰	6.8
炭黑	0.7
羊毛脂	1.4
松香	0.4

生产工艺与流程　先将沥青加热沸腾脱水(200℃以下)，降温至80～90℃时加轻油，

当黏度适宜时，即可进行热涂施工，施工前先用防锈漆打底两遍，然后再涂刷本品。

(3) 煤气设备防腐涂料配方（质量份）

煤焦油沥青	58
汽油	28.0
石灰粉	8.2
松香油	2.0
炭黑	0.8
羊毛脂	1.2

生产工艺与流程 将沥青加热沸腾脱水(200℃以下)，降温至180℃加羊毛脂与炭黑，搅拌10～15min后加石灰粉。

搅拌并降温至80～90℃、时加轻油，当黏度适宜时，可热涂施工。施工前应用防锈漆两遍打底，再涂刷本漆。适合煤气设备防腐。

17-27 新型沥青半导体漆

性能与用途 L38-31沥青半导体漆是低电阻半导体，L38-32沥青半导体漆是高电阻半导体漆，均能自干。它们是A级绝缘材料，用于高压或低压电机线圈表面，构成黑色均匀的半导体覆盖层，以防止和减少线圈电晕。

涂装工艺参考 可用200#溶剂油、甲苯或二甲苯等作稀释溶剂。

(1) 产品配方（质量份）

石油沥青	50
地沥青	50
生亚麻油	120
聚合亚麻籽油	120
汽油、松节油	195

生产工艺与流程 将前3种成分共热到280～290℃，再冷却到170℃下加聚合亚麻籽油和溶剂，离心澄清即成。本品绝缘性好。

(2) 产品配方（质量份）

炭黑	3.5
沥青半导体漆料	86.5
二甲苯	4
环烷酸钴(2%)	2
环烷酸锰(2%)	2
环烷酸铅(10%)	2

生产工艺与流程 将炭黑和一部分沥青半导体漆料混合，搅拌均匀，经磨漆机研磨至细度合格，加入其余的沥青半导体漆料、二甲苯和催干剂，充分调匀，过滤包装。

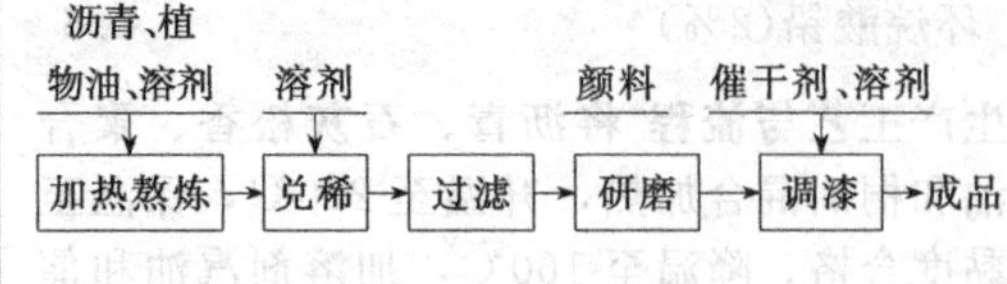

第二节 过氯乙烯漆

过氯乙烯漆是以过氯乙烯树脂为主要成膜物质的一种挥发性涂料。因此以过氯乙烯树脂为主要成膜物质的涂料叫过氯乙烯树脂漆。目前广泛应用于防化学腐蚀涂料、混凝土建筑涂料。这类涂料由过氯乙烯树脂、合成树脂、颜料、助剂、增塑剂、有机溶剂调制而成。

该漆漆膜干燥快，平整光亮，并可打蜡抛光，增强其外观装饰性能。它具有较好的耐候性、耐化学腐蚀性及防霉性、防燃烧性、耐寒性、耐潮性等优良性能。其力学性能也比硝基漆优越。

过氯乙烯漆对木材、纸张、水泥等亦有良好的附着力，施工周期短，易于修补保养，所以已广泛用于各种车辆、机床、电工器材、医疗器械、化工机械、管道、设备、建筑物的装饰性和防腐性涂装。但过氯乙烯树脂的耐热差、附着力差，故只能在70℃以下使用，使它的应用受到一定限制。

氯乙烯漆的品种包括面漆、清漆、底漆、二道底漆、腻子等配套产品。既自身可配套使用，亦可和底漆、锌黄环氧酯底漆配套。大批量生产的典型产品有各色过氯乙烯磁漆、过氯乙烯防腐漆。过氯乙烯树脂溶于挥发性溶剂中，加入增塑剂、填料等附加成分而起着特殊功能。过氯乙烯树脂：主要是使漆膜具有良好的耐化学性、耐水性和耐候性。过氯乙烯漆中其他树脂：主要作用是克服附着力差、光泽小、耐候性差等缺点。增韧剂：加入增韧剂是为了增加过氯乙烯漆的漆膜柔软等。

该产品应储存于清洁、干燥、密封的

容器中，容器附有标签，注明产品型号、名称、批号、重量、生产厂名及生产日期。产品存放时应保持通风、干燥、防止日光直接照射，并应隔绝火源、远离热源，夏季温度过高时应设法降温。产品在运输时，应防止雨淋、日光暴晒，并应符合交通部门的有关规定。

过氯乙烯漆所使用的原料大部分是易燃易爆物品，所以要求从事过氯乙烯漆生产人员，必须自觉地执行安全操作规程，确保安全生产。

生产过氯乙烯漆时，须注意下列安全注意事项：

(1) 轧片辊温要低些。轧黄片成片后不再往辊上添加铬黄颜料，以减少局部摩擦，避免产生火花，引起色片着火。绿片不能使用铬绿作原料，否则很易引起燃烧。

(2) 过氯乙烯树脂投料溶解过程及色片切粒时易产生静电着火，所以溶解设备应有良好的接地装置，设备管道必须有良好的导电装置，避免由静电引起燃烧。

(3) 长期接触溶剂对人体有害，故尽量避免。溶剂溢出，开启通风设备，降低有毒气体的浓度。

乙烯树脂类配方

乙烯树脂广义上应包括所有含有乙烯基的单体聚合而成的树脂，但习惯上主要是指以氯乙烯、乙烯、丙烯等为单体的树脂。乙烯树脂防腐涂层中，过氯乙烯已获得大量应用，氯醋共聚树脂、氯乙烯与偏氯乙烯共聚树脂、二乙烯基乙炔涂料也有应用。

产品配方（质量份）

原料	质量份
氯醋共聚树脂的部分水解产物	15.0
磷酸三甲酚酯	3.0
红丹	22.0
甲乙酮	30.0
甲苯	30.0

生产工艺与流程　将红丹在树脂溶剂中研磨分散均匀后成为成品。

用法：刷涂或喷涂到车架防腐层被损害的部分，可以多次涂覆，以达到要求的厚度。

作用：红色良好的防锈防腐涂层。

17-28　纸质、木质物件、棉制品防潮清漆

性能与用途　漆膜具有良好的柔韧性和防潮性能。在湿度大时施工也不发白。供特殊用途的纸质、木质物件和棉制品的防潮涂料。

涂装工艺参考　一般采用喷涂法施工，亦可刷涂和浸涂。被涂物表面要求除油、除锈、清洁、干燥。用 X-3 过氯乙烯漆稀释剂调整黏度，忌用硝基漆稀释剂稀释。若在相对湿度大于 70％的场合下施工，则需加适量 F-2 过氯乙烯漆防潮剂，以防漆膜发白。有效储存期为 1 年，过期可按产品标准检验，如符合质量要求仍可使用。

产品配方（质量份）

原料	质量份
过氯乙烯树脂	16
环氧氯丙烷	0.5
醋酸丁酯	16
丙酮	17
甲苯	50.5

生产工艺与流程　将过氯乙烯树脂溶解于醋酸丁酯、丙酮和甲苯的混合溶液中，然后加入环氧氯丙烷，充分搅拌，混合均匀，过滤包装。

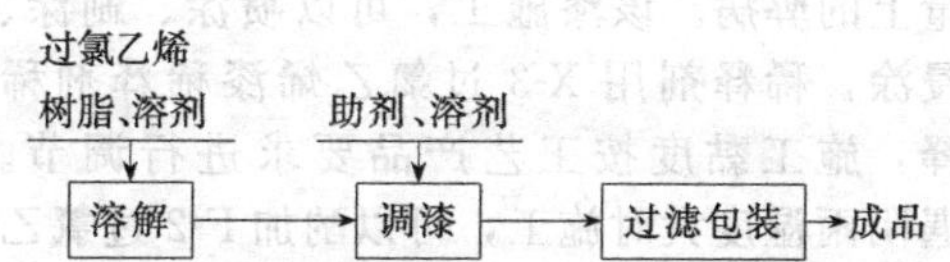

17-29　超快干耐化学防腐装饰过氯乙烯清漆

性能与用途　漆膜干燥较快，具有一定的耐化学腐蚀性。可调入金粉或银粉，用于耐化学腐蚀的物件上作防腐装饰涂料。

涂装工艺参考　使用前必须将漆兜底调匀，如有粗粒和机械杂质，必须进行过滤。被涂物面事先要进行表面处理。要做到清洁干燥、平整光滑、无油腻、锈斑、氧化皮及灰尘，以增加涂膜附着力和耐久性。该漆不能与不同品种的涂料和稀释剂拼和混合使用，以免造成产品质量上的弊病。该漆施工可以喷涂、刷涂、浸涂，稀释剂用

X-3过氯乙烯漆稀释剂，施工黏度按工艺产品要求进行调节。遇阴雨湿度大时施工，可以酌加F-2过氯乙烯漆防潮剂20%～30%，能防止漆膜发白。本漆过期可按质量标准检验，如符合要求仍可使用。

产品配方（质量份）

过氯乙烯树脂	160
50%醇酸树脂	650
溶剂	300

生产工艺与流程

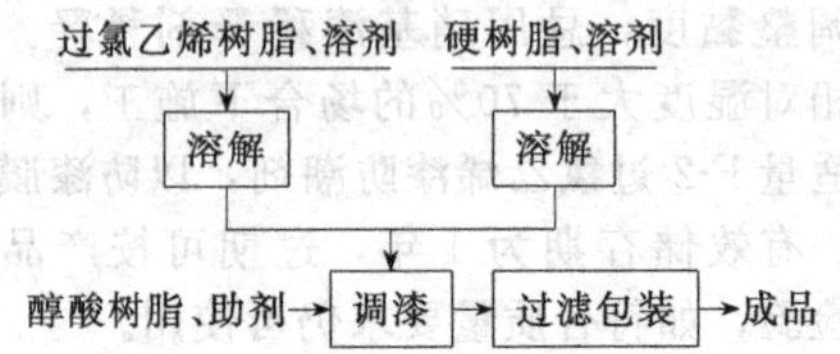

17-30 高固体纱管表面作打底清漆

性能与用途 漆膜干燥快，固体含量较高。主要用于低质纱管表面作打底涂料。

涂装工艺参考 使用前必须将漆兜底调匀，如有粗粒和机械杂质，必须进行过滤。被涂物面事先要进行表面处理，做到清洁干燥、平整光滑、无油腻，以增加涂膜附着力和耐久性。该漆不能与不同品种的涂料和稀释剂拼和混合使用，以免造成产品质量上的弊病。该漆施工，可以喷涂、刷涂、浸涂，稀释剂用X-3过氯乙烯漆稀释剂稀释，施工黏度按工艺产品要求进行调节。遇阴雨湿度大时施工，可以酌加F-2过氯乙烯漆防潮剂20%～30%，能防止漆膜发白。本漆过期可按质量标准检验，如符合要求仍可使用。可与G86-31各色过氯乙烯标志漆配套。

产品配方（质量份）

过氯乙烯树脂	70
50%醇酸树脂	620
溶剂	380

生产工艺与流程

过氯乙烯树脂、增韧剂、醇酸树脂溶剂 → 调漆 → 过滤包装 → 成品

17-31 超强度/防腐过氯乙烯清漆

性能与用途 漆膜具有机械强度和优良的防腐性能。若与G52-37绿色过氯乙烯防腐磁漆配套，能耐98%硝酸气体。与各色过氯乙烯防腐磁漆配套，可组成耐化学复合涂层。具有较高的光泽。用于外用过氯乙烯磁漆的罩光。

涂装工艺参考 使用前，必须将漆兜底调匀，如有粗粒和机械杂质，必须进行过滤。被涂物面事先要进行表面处理，要做到清洁干燥、平整光滑，无油腻、锈斑、氧化皮及灰尘，以增加涂膜附着力和耐久性。该漆不能与不同品种的涂料和稀释剂拼和混合使用，以致造成产品质量上的弊病。该漆可涂在已喷好干燥的过氯乙烯磁漆上。遇阴雨湿度大时施工，可以酌加F-2过氯乙烯漆防潮剂20%～30%，能防止漆膜发白。本漆有效储存期为1年，过期可按质量标准检验，如符合要求仍使用。

产品配方（质量份）

过氯乙烯树脂	12
五氯联苯	3
磷酸三甲酚酯	2.0
醋酸丁酯	15
丙酮	14
甲苯	54

生产工艺与流程 先将过氯乙烯树脂溶解于醋酸丁酯、丙酮和甲苯中，然后加入五氯联苯、磷酸三甲酚酯，充分调匀，过滤包装。

过氯乙烯树脂、增韧剂、醇酸树脂溶剂 → 调漆 → 过滤包装 → 产品

17-32 新型饮料容器的内壁涂层清漆

性能与用途 漆膜平整光亮，干燥快，并具有良好的耐酒精性和抗水性能。常与G04-14过氯乙烯酒槽磁漆、G06-7铁红过氯乙烯酒槽底漆配套使用，作为酒槽或饮料容器的内壁涂层。

涂装工艺参考 使用前，必须将漆兜底调匀，如有粗料和机械杂质，必须进行过滤。被涂物面必须要清洁干燥、平整光滑，无油污、锈斑、氧化皮、灰尘。对黑色金属宜先进行喷砂，再化学处理和磷化处理，铝合金材料需进行阳极化处理，以增加涂膜附着力和耐久性。处理好的金属物件可

喷涂铁红过氯乙烯酒槽底漆，以免产生新的锈斑。对水泥施工，必须干燥、无水分，表面清洁无垢，若有旧漆和其他垢物，应予除去。表面处理干净后，可涂刮过氯乙烯腻子或涂刷 G06-7 铁红过氯乙烯酒槽底漆，以免重新受垢和受潮。该漆是底、面、清三种涂料配套的品种，不能与其他品种的涂料和稀释剂拼和混合使用，以致造成产品质量上的弊病。该漆施工以喷涂为主，稀释剂用过氯乙烯酒槽漆稀释剂稀释，施工黏度［涂-4 黏度计，(25±1)℃］，清漆为 12～15s；面漆为 13～16s；底漆为 14～16s。每喷涂一次，需间隔时间 0.5 天。漆膜总厚度一般为 (90±10)μm［底漆 (30±51)μm，面漆 (30±5)μm，清漆 (25±5)μm］，若涂层未达到规定厚度，应以清漆补到此厚度。施工完毕后，待自干 10 天后，方可进行使用或测试。遇阴雨湿度大时施工，可以酌加 F-2 过氯乙烯漆防潮剂 20%～30%，能防止漆膜发白。本漆在超过储存期，可按本标准的项目进行检验，如结果符合要求，仍可使用。该漆与 G07-3 过氯乙烯腻子、G07-5 过氯乙烯腻子、G06-7 铁红过氯乙烯酒槽底漆、G04-14 白色过氯乙烯酒槽磁漆配套使用。

产品配方（质量份）

过氯乙烯树脂	130
溶剂	900

生产工艺与流程

过氯乙烯树脂、增韧剂、醇酸树脂溶剂 → 调漆 → 过滤包装 → 产品

17-33　新型聚氯乙烯薄膜印花清漆

性能与用途　漆膜具有快干、柔韧，与塑料薄膜结合力好等性能。适用于聚氯乙烯薄膜上印花和印字。

涂装工艺参考　使用前必须将漆兜底调匀，如有粗粒和机械杂质，必须进行过滤。被涂物面事先要进行表面处理。要做到清洁干燥、平整光滑、无油腻，以增加涂膜附着力和耐久性。该漆不能与不同品种的涂料和稀释剂拼和混合使用，以免造成产品质量上的弊病。该漆施工，可以喷涂、刷涂、辊涂，稀释剂用 X-3 过氯乙烯漆稀释剂稀释，施工黏度按工艺产品要求进行调节。遇阴雨湿度大时施工，可以酌加 F-2 过氯乙烯漆防潮剂 20%～30%，能防止漆膜发白，过期可按质量标准检验，如符合要求仍可使用。

产品配方（质量份）

过氯乙烯树脂	110
溶剂	1000

生产工艺与流程

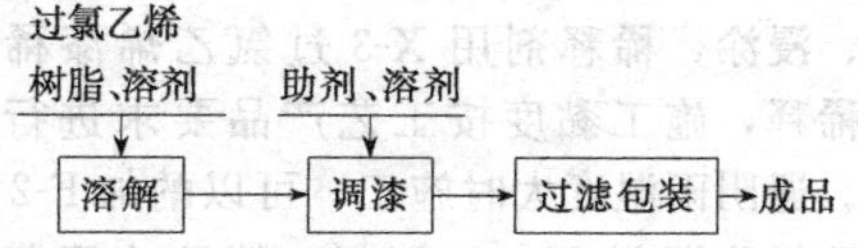

17-34　机械和各种配件的表面磁漆

性能与用途　该漆膜干燥较快，漆膜平整，能打磨，有较好的耐候性和耐化学腐蚀性，若漆膜在 60℃烘烤 1～3h，可增强漆膜的附着力。适用于各种车辆、机床、电工器材、医疗器械、农业机械和各种配件的表面作保护装饰之用。

涂装工艺参考　该漆适用于喷涂，用 X-3 过氯乙烯漆稀释调整，若在相对湿度大于 70%的场合下施工，则需加适量 F-2 过氯乙烯漆防潮剂，以防漆膜发白。可与 G06-4 铁红过氯乙烯底漆、C06-1 铁红醇酸底漆、过氯乙烯腻子或酯胶腻子等配套使用。有效储存期为 1 年，过期可按产品标准检验，如符合要求则仍可使用。

产品配方（质量份）

原料名称	红	黄	蓝	白	黑	绿
过氯乙烯树脂	110	105	100	105	105	100
50%醇酸树脂	265	195	220	195	220	220
颜料	35	105	44	105	20	45
溶剂	610	615	656	615	675	655

生产工艺与流程

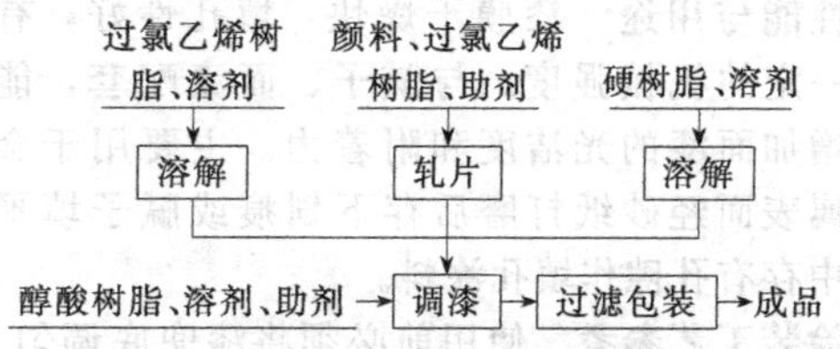

17-35　金属织物和木材作表面装饰磁漆

性能与用途　漆膜干燥较快、光亮、色泽

鲜艳，能打磨，有良好的耐候性。适用于经特殊处理的金属、织物和木材作表面保护装饰。

涂装工艺参考 使用前必须将漆兜底调匀，如有粗粒和机械杂质，必须进行过滤。被涂物面事先要进行表面处理。要做到清洁干燥、平整光滑、无油腻，以增加涂膜附着力和耐久性。该漆不能与不同品种的涂料和稀释剂拼和混合使用，以致造成产品质量上的弊病。该漆施工，可以喷涂、刷涂、浸涂，稀释剂用 X-3 过氯乙烯漆稀释剂稀释，施工黏度按工艺产品要求进行调节。遇阴雨湿度大时施工，可以酌加 F-2 过氯乙烯防潮剂 20%～30%，能防止漆膜发白。本漆过期的可按质量标准检验，如符合要求仍可使用。

产品配方（质量份）

	白	黑	红
16%过氯乙烯树脂液	25	30	25
顺酐改性蓖麻油醇酸树脂	3	3	3
邻苯二甲酸二丁酯	2	2	2
醋酸丁酯	12	10	11
丙酮	9.5	8	8
甲苯	15.5	13	14
过氯乙烯色片液	33	32	37

生产工艺与流程 首先按要求制好过氯乙烯树脂液、醇酸树脂、过氯乙烯色片和色片液等半成品，然后按配方将全部原料和半成品混合，充分调匀，过滤包装。

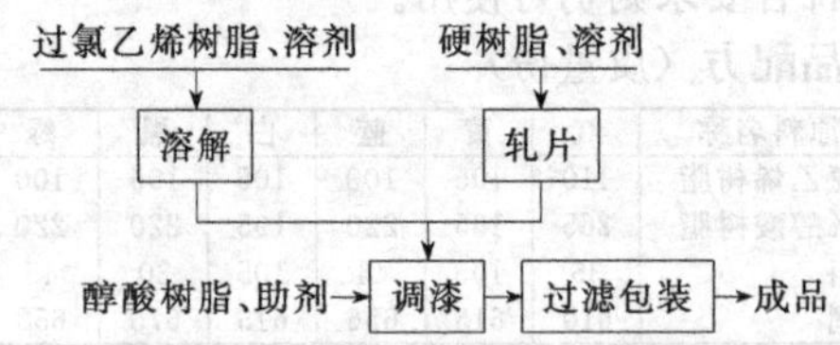

17-36 新型过氯乙烯二道底漆

性能与用途 漆膜干燥快，填孔性好，有一定的机械强度。与腻子、面漆配套，能增加面漆的光洁度和附着力。主要用于金属表面经砂纸打磨后存下划痕或腻子填平中存有孔隙作填孔涂料。

涂装工艺参考 使用前必须将漆兜底调匀，如有粗粒和机械杂质，必须进行过滤。被涂物面，事先要进行表面处理，要做到清洁干燥、平整光滑、无油污，以增加涂膜附着力和耐久性。该漆不能与不同品种的涂料和稀释剂拼和混合使用，以致造成产品质量上的弊病。该漆施工可以喷涂、刷涂。稀释剂用 X-3 过氯乙烯漆稀释剂稀释，施工黏度按工艺产品要求进行调节。遇阴雨湿度大时施工，可以酌加 F-2 过氯乙烯漆防潮 20%～30%，能防止漆膜发白。过期时可按质量标准检验，如符合要求仍可使用。与 G07-5 过氯乙烯腻子、G04-9 各色过氯乙烯外用磁漆、G04-乙烯半光磁漆配套使用。

产品配方（质量份）

过氯乙烯树脂	115
颜料	260
溶剂	490
50%醇酸树脂	115

生产工艺与流程

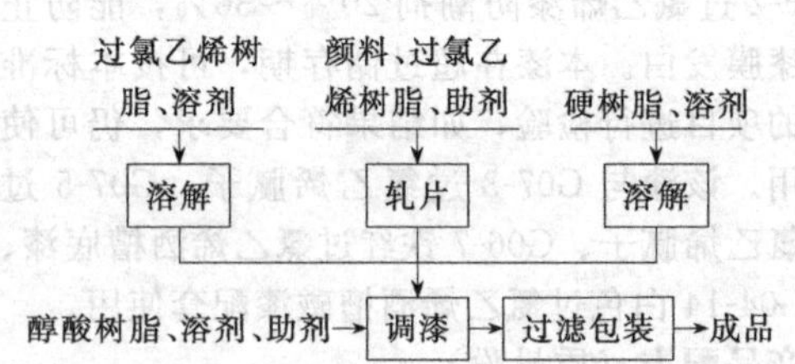

17-37 多功能机床医疗设备内腔磁漆

性能与用途 具有良好的光泽，遮盖力强、干燥快。可涂刷、喷涂，适用于各种机床、医疗设备等内腔表面的涂装。

涂装工艺参考 可采用涂刷、喷涂法施工。施工时，可用 X-3 过氯乙烯漆稀释剂稀释调整黏度，如果天气湿度较大时，可加适量 F-2 过氯乙烯漆防潮剂，以防漆膜发白。与 G06-4 铁红过氯乙烯底漆配套使用。

产品配方（质量份）

过氯乙烯树脂	380.0
溶剂	3800.0
颜料	315.0

生产工艺与流程

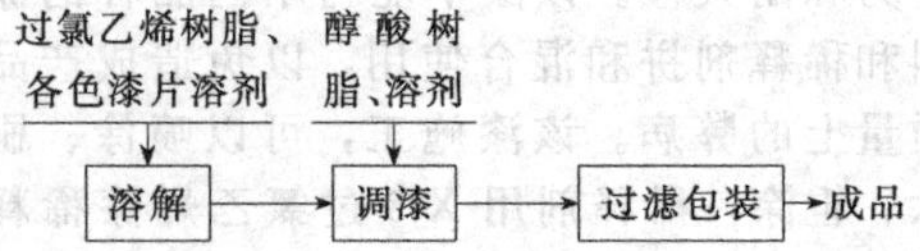

17-38 新型铁红过氯乙烯酒槽底漆

性能与用途 附着力好，干燥快。与G01-8过氯乙烯酒槽清漆、G04-14过氯乙烯酒槽磁漆配套使用，适于酒槽及饮料容器内壁涂层。

涂装工艺参考 使用前，必须将漆兜底调匀，如有粗粒和机械杂质，必须进行过滤。被涂物面必须要清洁干燥，平整光滑，无油污、锈斑、氧化皮、灰尘。对黑色金属宜事先进行喷砂，再化学处理和磷化处理。铝合金材料需进行阳极化处理，以增加涂膜附着力和耐久性。处理好的金属物件可喷涂铁红过氯乙烯酒槽底漆，以免产生新的锈斑。对水泥施工，必须干燥、无水分，表面清洁无垢，若有旧漆和其他垢物，应予除去。表面处理干净后，可涂刮过氯乙烯腻子或涂刷G06-7铁红过氯乙烯酒槽底漆，以免重新结垢和受潮。该漆是底、面、清三种涂料配套的品种，不能与其他品种的涂料和稀释剂拼和混合使用，以致造成产品质量上的弊病。该漆施工以喷涂为主，稀释剂用过氯乙烯酒槽漆稀释剂稀释，施工黏度[涂-4黏度计，(25±1)℃]，清漆为12～15s；面漆为13～16s；底漆为14～16s。每喷涂一次，需间隔时间为0.5天。漆膜总厚度一般为(90±10)μm[底漆(30±5)μm，面漆(30±5)μm，清漆(25±5)μm]，若涂层未达到规定厚度，应以清漆补到此厚度。施工完毕后，待自干10天后，方可进行使用或测试。遇阴雨湿度大时施工，可以酌加F-2过氯乙烯漆防潮漆剂20%～30%，能防止漆膜发白。本漆在超过储存期，可按标准的项目进行检验，如结果符合要求，仍可使用。与G07-3过氯乙烯腻子、G07-5过氯乙烯腻子、G01-8过氯乙烯酒槽清漆、G04-14白色过氯乙烯酒槽磁漆配套使用。

产品配方（质量份）

原料	质量份
过氯乙烯树脂	102
溶剂	475
颜料	290
50%醇酸树脂	155

生产工艺与流程

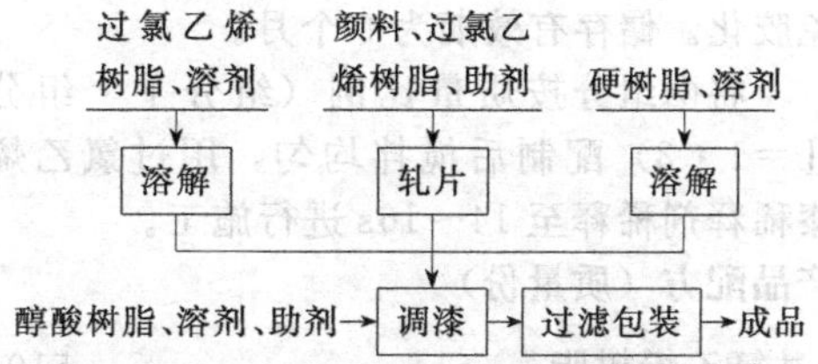

17-39 各色过氯乙烯锤纹漆

性能与用途 用于仪器、仪表、机床、医疗器械等物件的表面装饰、保护涂装。

涂装工艺参考 施工以手工喷涂方式进行，使用前必须将漆搅拌均匀，如有杂质和粗粒须进行过滤。被涂物品事先要经过表面处理，要做到清洁干燥，平整光滑，无油污锈斑。该漆不能与不同品种涂料和稀释剂拼合混合使用，锤纹喷涂层数为2次；施工黏度，第二次比第一次要稠些，喷枪嘴内径不小于2.5mm，气泵压力0.2～0.3MPa。锤纹需要大时，喷枪与物面之间距离近一些（约20～30cm），喷枪移动速度可慢一些；当第一道漆表面干后，即可喷第二道，漆膜干后，锤纹就能显示。遇阴雨湿度大时施工，可酌加F-2过氯乙烯防潮剂，能防止漆膜发白。有效储存期为1年。

产品配方（质量份）

原料	质量份
过氯乙烯树脂液(20%)	31
松香改性酚醛树脂液(50%)	36
过氯乙烯稀料	1
中油度亚麻油醇酸树脂	29
非浮型铝粉浆	3

生产工艺与流程 将全部原料投入熔料锅混合，充分搅拌均匀，过滤包装。

17-40 各色改性过氯乙烯磁漆

性能与用途 漆膜具有比一般过氯乙烯漆坚硬，光泽丰满和附着力好的特点。可用于质量要求较高的机械、精密仪器等表面保护涂层。

涂装工艺参考 两组分必须按严格比例配制使用，配制后16h内用完，用多少配多少，防止胶化。施工时所用的工具和被涂物件必须保持干燥清洁。配漆及涂漆施工过程中，禁忌与水、酸、碱、醇等类接触。组分Ⅰ使用有剩余时，必须严加保管，容器必须密闭、封严，防止渗水、漏气，避免胶化。储存有效期为6个月。

将两组分按质量比例（组分Ⅰ：组分Ⅱ＝1：3）配制后搅拌均匀，用过氯乙烯漆稀释剂稀释至14～16s进行施工。

产品配方（质量份）

过氯乙烯树脂	510
溶剂	532
颜料	250

生产工艺与流程

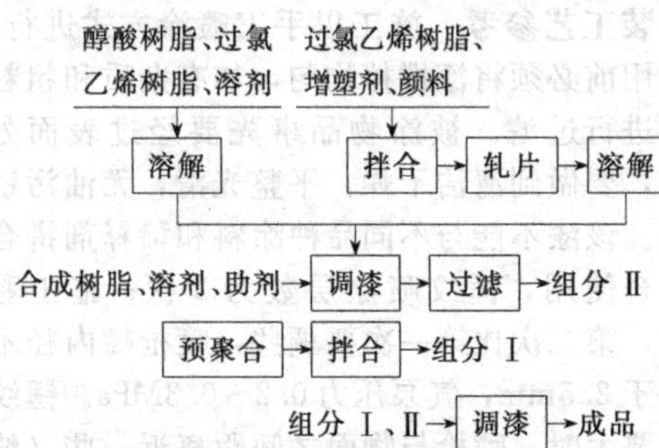

17-41 新型机械设备管道防腐漆

性能与用途 与各色过氯乙烯防腐漆配套使用，涂于化工机械、设备、管道、建筑物等处，以防酸、碱、盐、煤油等腐蚀性物质的侵蚀。

涂装工艺参考 采用喷涂法施工，使用前须将漆搅拌均匀，用X-3过氯乙烯漆稀释剂调整施工黏度，若在湿度较大的场合下施工，可适量加入F-2过氯乙烯防潮剂，以防漆膜发白。可与各色过氯乙烯防腐漆配套使用。有效储存期1年。

产品配方（质量份）

过氯乙烯树脂	12
磷酸三甲酚酯	1
五氯联苯	1.25
环氧氯丙烷	0.4
邻苯二甲酸二丁酯	1.25
过氯乙烯稀料	84.1

生产工艺与流程 首先将过氯乙烯树脂溶解于过氯乙烯稀料中，然后加入其余原料，充分搅拌均匀，过滤包装。

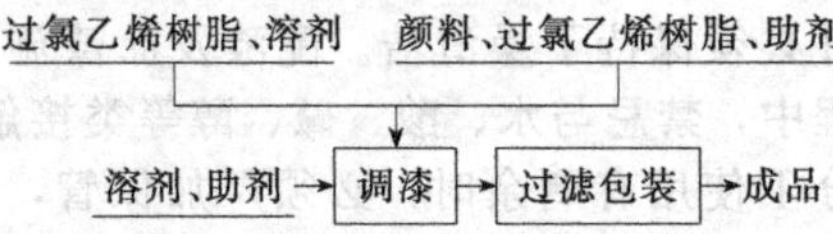

17-42 各色过氯乙烯磁漆

性能与用途 漆膜在湿热带地区具有良好的耐候性、耐化学品性和三防性能。适用于湿热带地区物体作涂装保护。

涂装工艺参考 使用前，必须将漆兜底调匀，如有粗粒和机械杂质，必须进行过滤。被涂物面事先要进行表面处理，要做到清洁干燥、平整光滑、无油腻、锈斑、氧化皮及灰尘，以增加涂膜附着力和耐久性。该漆不能与不同品种的涂料和稀释剂拼和混合使用，以致造成产品质量上的弊病。施工时，可以喷涂、刷涂、浸涂，稀释剂用X-3过氯乙烯漆稀释剂稀释，施工黏度按工艺产品要求进行调节。遇阴雨湿度大时施工，可以酌加F-2过氯乙烯漆防潮剂20%～30%，能防止漆膜发白。本漆过期时可按质量标准检验，如符合要求仍可使用。

产品配方（质量份）

过氯乙烯树脂	510
溶剂	532
颜料	250

生产工艺与流程

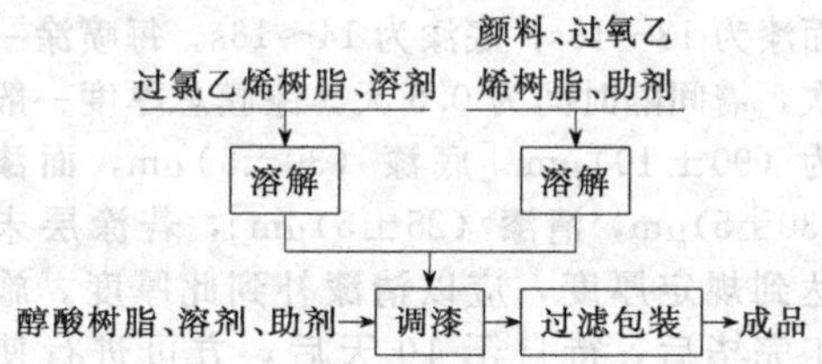

17-43 化工设备和室内外墙面过氯乙烯防腐磁漆

性能与用途 漆膜干燥快，具有良好的防腐蚀性能。适用于化工设备和室内外墙面作防化学介质腐蚀用。

涂装工艺参考 使用前，必须将漆兜底调匀，如有粗粒和机械杂质，必须进行过滤。被涂物面事先要进行表面处理，要做到清洁干燥、平整光滑，无油腻、锈斑、氧化皮及灰尘，以增加涂膜附着力和耐久性。该漆不能与不同品种的涂料和稀释剂拼和混合使用，以致造成产品质量上的弊病。该漆施工可以喷涂、刷涂、浸涂，稀释剂用X-3过氯乙烯漆稀释剂稀释，施工黏度按工艺产品要求进行调节。遇阴雨湿度大时施工，可以酌加 F-2 过氯乙烯漆防潮剂 20%～30%，能防止漆膜发白。过期的可按质量标准检验，如符合要求仍可使用。

产品配方

① 军色/(kg/t)

过氯乙烯树脂	138
助剂	32
溶剂	85

② 灰色/(kg/t)

过氯乙烯树脂	110
助剂	32
溶剂	85

生产工艺与流程

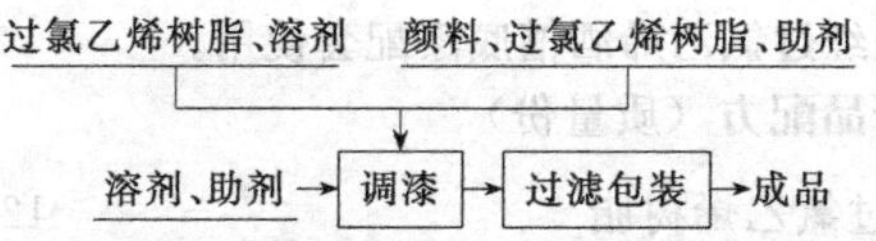

17-44　金属制品、木制品表面过氯乙烯可剥漆

性能与用途　该漆易剥落，溶于溶剂中仍可重复使用。主要用于局部电镀的保护层金属制品、木制品表面涂装。

涂装工艺参考　施工时黏度过大可用过氯乙烯稀释剂稀释。

配方（质量份）

过氯乙烯树脂	20.0
醋酸丁酯	15.0
丙酮	33.0
蓖麻油	13.0
甲苯	19.0
稳定剂	0.9

生产工艺与流程　将全部原料投入溶料锅中，在不断地搅拌下，让其完全溶解，过滤后，即为成品。

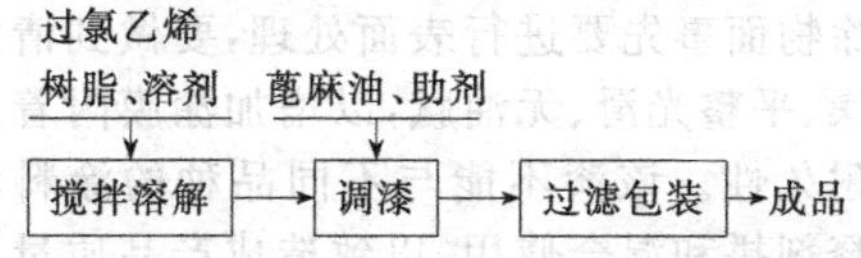

17-45　新型钢铝合金过氯乙烯底漆

性能与用途　该漆对钢、铝合金、镁合金有较好的附着力，若与 G04-8 各色过氯乙烯磁漆配套具有良好的耐盐水、耐盐雾、耐湿热等性能。适用于在湿热及海洋气候条件下使用，可作为金属产品三防涂料之打底漆。

涂装工艺参考　使用前，必须将漆兜底调匀，如有粗粒和机械杂质，必须进行过滤。被涂物面事先要进行表面处理，要做到清洁干燥、平整光滑，无油腻、灰尘，以增加涂膜附着力和耐久性。该漆不能与不同品种的涂料和稀释剂拼和混合使用，以致造成产品质量上的弊病。可以喷涂、刷涂、浸涂施工。稀释剂用 X-3 过氯乙烯漆稀释剂稀释，施工黏度按工艺产品要求进行调节。遇阴雨湿度大时施工，可以酌加 F-2 过氯乙烯漆防潮剂 20%～30%，能防止漆膜发白。过期的可按质量标准检验，如符合要求仍可使用。可与 G04-8 各色过氯乙烯磁漆配套使用。

产品配方（质量份）

过氯乙烯树脂	138
溶剂	164
颜料	148
50%醇酸树脂	550

生产工艺与流程　首先按要求分别制备好各种半成品，然后将过氯乙烯底漆色片溶解于醋酸丁酯、丙酮和甲苯中，再加入其他原料和半成品，充分调匀，过滤包装。

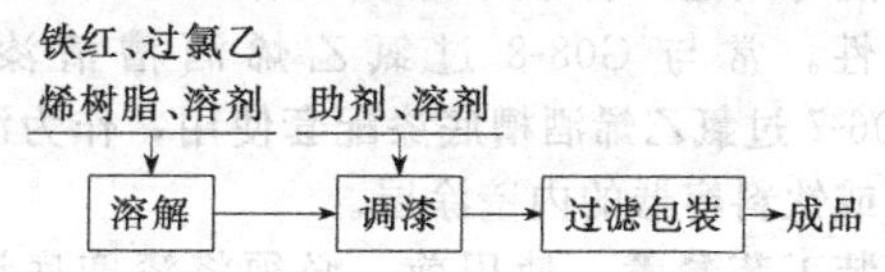

17-46　建筑物板壁木质结构防火漆

性能与用途　本漆具有阻止火焰蔓延的作用。适用于露天或室内建筑物板壁、木质结构部分的涂装，作防火配套用漆。

涂装工艺参考　采用刷涂、喷涂施工均可，用 X-3 过氯乙烯漆稀释剂调整施工黏度。不能与不同品种的涂料和稀释剂拼和混合使用。如遇施工场所湿度较高时，可适量加入 F-2 过氯乙烯防潮剂，以防漆膜发白。有效储存期为 1 年。

产品配方（质量份）

过氯乙烯树脂液(20%)	15.0
松香改性酚醛树脂(50%)	2.5
白过氯乙烯防火色片	46
磷酸三甲酚酯	3.5
过氯乙烯稀料	38.5

生产工艺与流程 首先按要求分别制备好半成品，然后加入其余的原料和半成品，搅拌，充分混合均匀，过滤包装。

17-47 露天建筑过氯乙烯缓燃漆

性能与用途 该漆具有防延烧性，并可使木材在火源短时间作用下，不易燃烧。适用于一般露天建筑用漆。

涂装工艺参考 可采用刷涂、喷涂法施工。施工时可用 X-3 过氯乙烯稀释剂稀释调整黏度，如果天气湿度较大发现漆膜发白现象，可用 F-2 过氯乙烯防潮剂调整。

产品配方（质量份）

过氯乙烯树脂	55
颜料	618
溶剂	370.0

生产工艺与流程

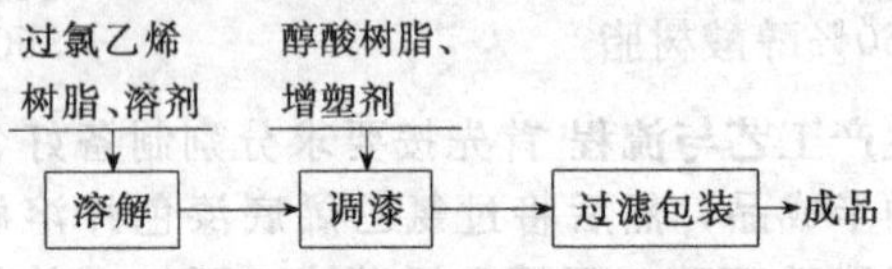

17-48 快干型过氯乙烯酒槽磁漆

性能与用途 漆膜干燥快，有良好的耐酒精性。常与 G08-8 过氯乙烯酒槽清漆、G06-7 过氯乙烯酒槽底漆配套使用，作为酒槽或饮料容器的内壁涂层。

涂装工艺参考 使用前，必须将漆兜底调匀，如有粗粒和机械杂质，必须进行过滤。被涂物面必须要清洁干燥、平整光滑，无油污、锈斑、氧化皮、灰尘。对黑色金属宜先喷砂，再磷化处理。铝合金需阳极化处理，增加涂膜附着力和耐久性。然后可喷涂铁红过氯乙烯酒槽底漆。对水泥施工，必须干燥、无水分，表面清洁无垢，若有旧漆和其他垢物，应予除去。表面处理干净后，可涂刮过氯乙烯腻子或涂刷 G06-7 铁红过氯乙烯酒槽底漆。该漆是底、面、清三种涂料配套的品种，不能与其他品种的涂料和稀释剂拼和混合使用。该漆施工以喷涂为主，稀释剂用过氯乙烯酒槽漆稀释剂稀释，施工黏度［涂-4 黏度计，(25±5)℃］，清漆为 12～15s；面漆为 13～16s；底漆为 14～16s。每喷涂一次，需间隔时间为 0.5 天。漆膜总厚度一般为 (90±10)μm［底漆 (30±5)μm，面漆 (30±5)μm，清漆 (25±5)μm］，若涂层未达到规定厚度，应以清漆补到此厚度。施工完毕后，待自干 10 天后，方可进行使用或测试。遇阴雨湿度大时施工，可以酌加 F-2 过氯乙烯漆防潮剂 20%～30%，能防止漆膜发白。过期的可按质量标准检验，如符合要求仍可使用。可与 G07-3 过氯乙烯腻子、G07-5 过氯乙烯腻子、G08-8 过氯乙烯酒槽清漆、G06-7 铁红过氯乙烯酒槽底漆配套使用。

产品配方（质量份）

过氯乙烯树脂	126
合成树脂	160
溶剂	680
颜料	110

生产工艺与流程

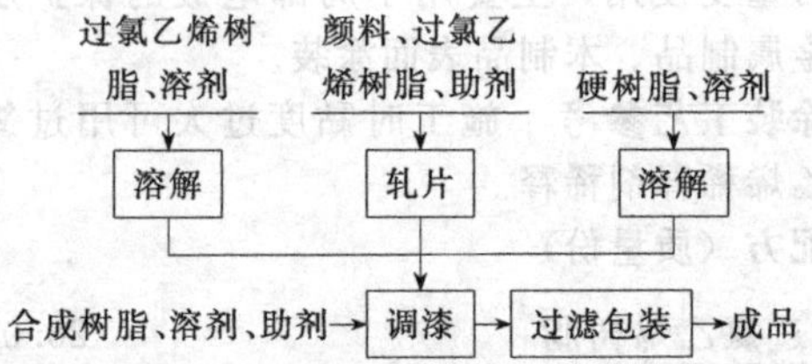

17-49 高固体木质材料封闭性标志漆

性能与用途 漆膜干燥快，机械强度好，由于颜料分多，固体分高，对木质材料具有较好的封闭性。适用于与 G01-3 过氯乙烯清漆配套，在砂管上作标志涂料。

涂装工艺参考 使用前，必须将漆兜底调匀，如有粗粒和机械杂质，必须进行过滤。被涂物面事先要进行表面处理，要做到清洁干燥、平整光滑、无油腻，以增加涂膜附着力和耐久性。该漆不能与不同品种的涂料和稀释剂拼和混合使用，以致造成产品质量上的弊病。该漆施工可以喷涂、刷涂、浸涂，稀释剂用 X-3 过氯乙烯漆稀释剂稀释，施工黏度按工艺产品要求进行调节。遇阴雨湿度大时施工，可以酌加F-2过氯乙烯漆防潮剂20%～30%，能防止漆膜发白。过期的可按质量标准检验，如符合要求仍可使用。

产品配方(质量份)

原料名称	红	黄	蓝	白	黑	绿
过氯乙烯树脂	140	145	95	145	110	110
50%醇酸树脂	165	235	170	235	185	235
颜料	50	215	60	215	25	145
溶剂	665	425	695	425	700	530

生产工艺与流程

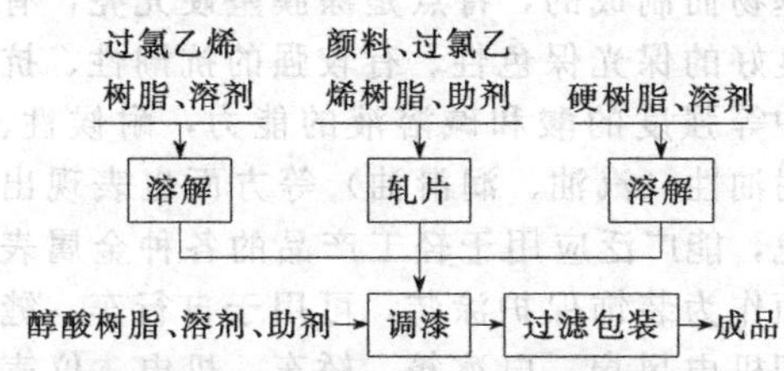

17-50 新型织物木材金属胶液涂料

性能与用途 胶膜干燥得快、黏结力强。适用于织物对木材或金属材料的黏合。

产品配方/%

过氯乙烯树脂	16
中油度亚麻油醇酸树脂	5
顺丁烯二酸酐树脂液(50%)	12
环氧氯丙烷	1
邻苯二甲酸二丁酯	5
醋酸丁酯	10
丙酮	13
甲苯	28
二甲苯	10

涂装工艺参考 施工时可用X-3过氯乙烯漆稀释剂调整黏度。场地相对湿度不应大于70%，否则会出现发白现象，降低黏结力。涂刷过氯乙烯胶液时，布料或木材的含水率不应超过7%，而金属材料表面的锈迹和污垢也需清除干净。有效储存期为1年，过期可按产品标准检验，如符合质量要求仍可使用。

生产工艺与流程 首先将过氯乙烯树脂溶解于醋酸丁酯，丙酮、甲苯和二甲苯中，然后将其余原料加入，充分调匀，过滤包装。

17-51 新型过氯乙烯胶液涂料

性能与用途 黏结力强，并有一定的防潮作用。适用于聚氯乙烯薄膜与纸张的黏合。

涂装工艺参考 施工时如发现有机械杂质，必须进行过滤。施工时若黏度大，可用X-3过氯乙烯漆稀释剂调稀。施工方法喷涂、刷涂、辊涂均可。

产品配方 (质量份)

过氯乙烯树脂	230
助剂	58
溶剂	868

生产工艺与流程

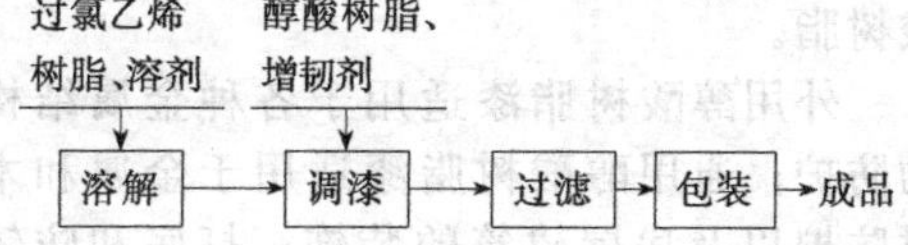

第十八章　醇酸和硝基树脂漆

第一节　醇酸树脂漆

醇酸树脂漆是以醇酸树脂为主要成膜物质的涂料。主要包括清漆、磁漆、半光磁漆、无光磁漆、底漆、腻子等。具有多种优异性能，可以制成多种用途的不同产品，如绝缘漆、电阻漆、抗弧漆、防锈漆、耐热漆、导电漆、画线漆、皱纹漆、锤纹漆、船用漆、耐酸漆、标志漆、车用漆等等。

醇酸树脂涂料主要分成三种类型：甘油醇酸树脂漆、季戊四醇醇酸树脂漆、改性醇酸树脂漆。通常使用的多数是油改性醇酸树脂漆，它又分成短、中、长三种油度。根据用途不同，可制备不同品种的醇酸树脂。

外用醇酸树脂漆适用于各种金属结构的防护；通用醇酸树脂漆适用于金属和木材防护以及房屋建筑的装饰；打底和防锈漆适用于金属材料打底防腐，作底漆用。

此外，还有醇酸绝缘漆、醇酸皱纹漆、水溶性醇酸树脂漆等。可常温干燥，也可在60～80℃烘干，喷涂色漆可在100℃烘干，一般刷喷2道为宜。

醇酸树脂按油的品种可分为干性油改性醇酸树脂和不干性醇酸树脂。按油含量又可分为长、中、短油度型。短油度醇酸树脂制成的漆干燥快、漆膜硬而光泽好，附着力也强，可溶解于二甲苯、松节油。因此，醇酸树脂漆是由多元醇和二元羧酸和植物油或其脂肪酸炼制的聚酯化合物为基物而制成的，特点是涂膜坚硬光亮，有良好的保光保色性、有较强的抗潮性、抗中等强度的酸和碱溶液的能力，耐候性、耐油性（汽油、润滑油）等方面也表现出色，能广泛应用于轻工产品的各种金属表面作为装饰保护涂装，可用于自行车、缝纫机电风扇、电冰箱、轿车、机电、仪表等方面，也可用于砂纸等方面作黏合剂用。

该类漆是国内广泛应用的大宗产品，被轻工、木器、车辆、船舶、桥梁、建筑普遍采用。该类产品漆膜丰满光亮，机械强度好，耐候保光性好，附着力强，能耐热、耐磨，干燥快，经久耐用。另外，该类漆施工方便，刷涂、喷涂均可，可自干也可低温烘干，施工性能好。如用该树脂配制自干型水性醇酸树脂漆已达到或超过同类溶剂型涂料的性能指标。

醇酸树脂漆生产工艺与产品配方实例见18-1～18-27。

18-1　金属及木器表面涂装用醇酸清漆

性能及用途　该清漆是抗氧化干性液态涂料。具有良好的柔韧性、耐水性、耐油性。适用于金属及木器表面涂装。

涂装工艺参考　该漆用刷涂法或喷涂法施工。用专用醇酸漆稀释剂或松节油与二甲苯混合液调整黏度。漆膜可自然干燥，也可在60～70℃烘干。

产品配方（质量份）

亚麻油改性醇酸树脂	300
油溶性树脂	50
桐油	50
聚戊二烯	76

萘酸铅	1.6
萘酸钴	0.5

生产工艺与流程

醇酸树脂、催干剂、溶剂→调漆→过滤包装→成品

18-2 木材表面涂层的罩光用醇酸清漆

性能与用途 用于木材表面涂层的罩光和室内外金属表面涂层。

涂装工艺参考 可采用刷涂法或喷涂法施工，用200#溶剂与二甲苯混合溶剂调整施工黏度。施工后也可在60～70℃，2h内烘干。

产品配方（质量分数）

亚麻油	25.17
甘油	6.56
黄丹	0.01
苯二甲酸酐	15.96
200 #溶剂汽油	26.8
二甲苯	20
环烷酸钴(2%)	0.5
环烷酸锰(2%)	0.5
环烷酸铅(10%)	2
环烷酸锌(4%)	0.5
环烷酸钙(2%)	2

生产工艺与流程 将亚麻油和甘油在反应釜内混合，加热至160℃，加黄丹，升温至240℃，保温1h左右至醇解完全，降温至180℃，加苯酐和回流二甲苯（5%），继续升温酯化，回流脱水，酯化温度最高不超过230℃，至酸价和黏度合格时，降温至160℃，加溶剂汽油和二甲苯稀释，然后加催干剂，充分调匀，过滤包装。

18-3 新型多功能醇酸树脂磁漆

性能与用途 该类漆被轻工、木器、车辆、船舶、桥梁、建筑普遍采用，产品漆膜丰满光亮，机械强度好，耐候保光性好，附着力强，能耐热、耐磨，干燥快，经久耐用。

涂装工艺参考 施工方法可采用浸涂、喷涂、刷涂。施工时可用二甲苯、松节油或二甲苯与200#油漆溶剂油混合溶剂调整黏度。该漆使用前需充分搅拌均匀，可用醇酸类腻子或底漆打底后，再覆涂本漆。有效储存期1年。

产品配方

（1）黑醇酸树脂磁漆配方/kg

50%醇酸树脂	88.3
炭黑(硬质)	2
黄丹	0.08
12%环烷酸铅	1.2
3%环烷酸钴	1.2
3%环烷酸锰	0.6
2%环烷酸锌	0.78
1%环烷酸钙	0.85
双戊烯	2.4
二甲苯	2.59

（2）绿醇酸树脂磁漆配方/kg

50%醇酸树脂	72.3
柠檬黄	11.4
铁蓝	2.4
中铬黄	1.9
黄丹	0.07
12%环烷酸铅	1.4
3%环烷酸钴	0.4
3%环烷酸锰	0.4
2%环烷酸锌	1.1
1%环烷酸钙	0.82
1%硅油	0.4
双戊烯	2.7
二甲苯	4.73

（3）红醇酸树脂磁漆配方/kg

50%醇酸树脂	79.8
大红粉	8
黄丹	0.1
12%环烷酸铅	1.5
3%环烷酸钴	0.3
3%环烷酸锰	0.4
2%环烷酸锌	0.8
1%环烷酸钙	0.9
双戊烯	2.4
二甲苯	5.6

（4）灰醇酸树脂磁漆配方/kg

50%醇酸树脂	70
金红石型钛白粉	19.2
柠檬黄	0.39
铁蓝	0.2
炭黑(通用)	0.25
黄丹	0.07
12%环烷酸铅	2
3%环烷酸钴	0.2
3%环烷酸锰	0.8
2%环烷酸锌	0.94
1%环烷酸钙	1.24
1%硅油	0.4
双戊烯	2.4
二甲苯	1.91

生产工艺与流程

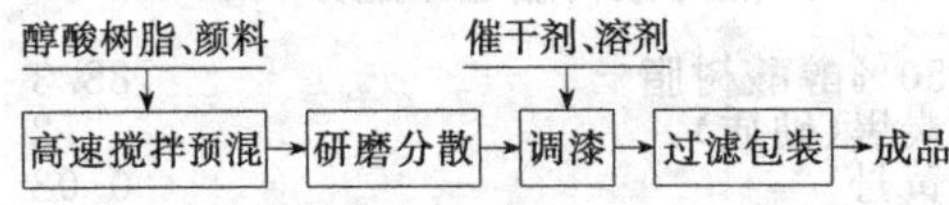

18-4　新型无光醇酸磁漆

性能及用途　该磁漆具有满意地刷涂、喷涂、再涂性和稀释稳定性。漆膜具有良好附着力、柔韧性、耐水性、耐液烃性、耐抛光性、耐候性能。主要用于涂有底漆的军用装备和其他设备金属表面作伪装面漆。

涂装工艺参考　该涂料喷涂、刷涂均可。因该磁漆喷涂的干粉尘极易燃，应尽可能采用水喷淋式喷漆室，可以显著减少这种危险。同时应每天清除喷漆室等场地上的喷漆粉尘。

产品配方（质量份）

原料	质量份
中铬黄	1
柠檬黄	1.5
铁蓝	3
滑石粉	14
沉淀硫酸钡	15
中油度亚麻油醇酸树脂	39
200[#]溶剂油	4.2
二甲苯	4
2%环烷酸钴	0.3
2%环烷酸锰	0.5
10%环烷酸铅	2
4%环烷酸锌	1
2%环烷酸钙	1

生产工艺与流程

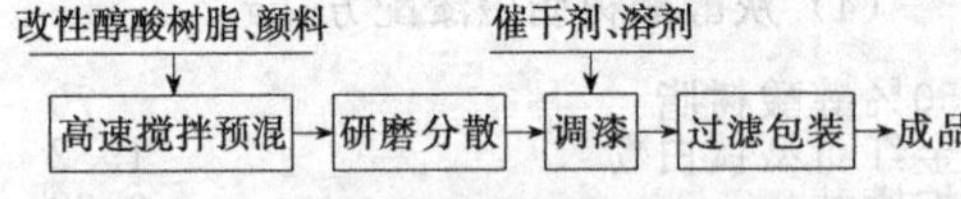

18-5　金属玩具、文教用品醇酸烘干清漆

性能与用途　该漆色泽浅，漆膜不易泛黄，柔韧性好，能耐高冲击。用于金属玩具、文教用品、印铁听罐等金属物面的罩光。

涂装工艺参考　可以采用喷涂和滚涂法施工，以滚涂为宜。施工时可用二甲苯作稀释剂。有效储存期1年。

产品配方（质量份）

原料	质量份
亚麻油	26.4
桐油	2.94
季戊四醇	3.11
甘油	5.41
2%环烷酸钴	0.5
2%环烷酸锰	0.5
10%环烷酸铅	2
黄丹	0.01
苯酐	12.7
二甲苯	20
200[#]溶剂油	23.93
4%环烷酸锌	0.5
2%环烷酸钙	2

生产工艺与流程　将亚麻油、桐油和甘油混合后投入反应釜中，加热至160℃加入黄丹，继续升温至240℃加入季戊四醇，并在240℃下保温至醇解完全，然后降温至180℃加入苯酐和回流二甲苯（5%），逐步升温酯化，回流脱水，酯化温度不得超过240℃，至酸价和黏度合格时，降温至160℃，加入溶剂油、二甲苯和催干剂，充分调匀，过滤后即为成品。

其适用于各种涂有底漆、磁漆的金属材料及铝合金表面罩光涂层，也可作为户外木器上的罩光涂层。

生产工艺流程

醇酸树脂、氨基树脂、催干剂、溶剂 → 调漆 → 过滤包装 → 成品

18-6　新型黑醇酸导电磁漆

性能与用途　该漆专用于涂饰需要电焊的金属焊接边缘，防止其遭受腐蚀。

涂装工艺参考　该漆可以喷涂或刷涂。喷涂前用二甲苯或200[#]油漆溶剂油稀释，用余的磁漆最好放在密闭的桶罐中储存，防止成胶。施工时，不使用底漆，直接涂在需要焊接的金属板上。有效储存期1年。

产品配方/(kg/t)

醇酸树脂	400
颜料	300
助剂	15
有机溶剂	315

生产工艺与流程

醇酸树脂、颜料、溶剂 → 调漆 → 过滤包装 → 成品

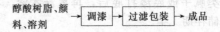

18-7　各色醇酸烘干磁漆

性能与用途　该漆具有良好的附着力、耐候性、防潮性和耐水性。适用于伞骨及各种五金零件的表面涂饰。

涂装工艺参考　该漆可用X-6醇酸漆稀释剂调整施工黏度。有效储存期为1年。

产品配方/(kg/t)

醇酸树脂	743	948
颜料	205	25
催干剂	19	27
溶剂	61	28

生产工艺与流程

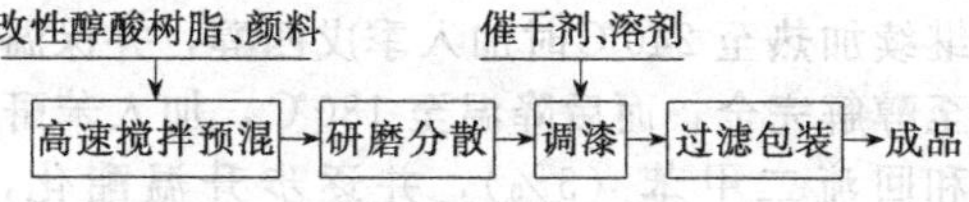

18-8　金属表面装饰的静电磁漆

性能与用途　该漆漆膜具有较好的光泽和机械强度，耐候性较好，能自然干燥，也可低温烘干。主要用于金属表面的装饰保护。

涂装工艺参考　该漆用醇酸静电漆专用稀释剂稀释。在涂有底漆的金属表面，静电喷涂厚度约为15～20μm为宜，干后再涂第二道。配套底漆为C06-1铁红醇酸底漆、H06-2铁红、锌黄环氧底漆、F06-1铁红酚醛底漆等。有效储存期1年。

产品配方

醇酸树脂	661.44
颜料	197.16
催干剂	49.52
溶剂	140.98
硅油酸	10.60

生产工艺与流程

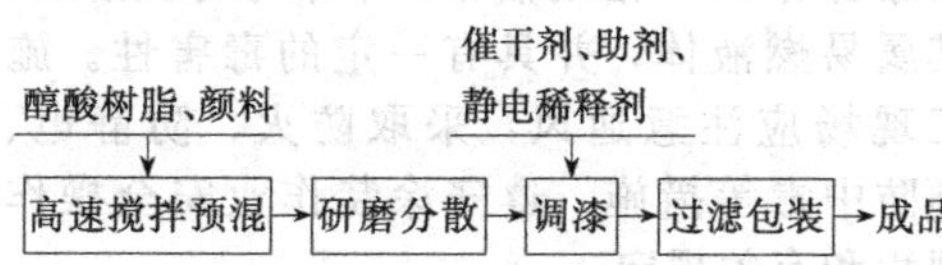

18-9　半光醇酸磁漆

性能及用途　该涂料具有满意的刷涂性(仅对A类)、喷涂性、再涂性、储存稳定性、稀释稳定性。漆膜具有良好的附着力、耐水性、耐液烃性、耐候性。主要用于涂有底漆的军事装备、其他特殊装备的木质及金属表面，也可直接涂于裸露的金属表面。专用型适用于防大气污染的地区。

涂装工艺参考　该磁漆自干类的施工时刷涂、喷涂均可；而烘干类仅适用于喷涂。对于专用型应采用规定的溶剂稀释。

产品配方（质量份）

钛白粉	20
群青	0.1
沉淀硫酸钡	14
中油度亚麻油醇酸树脂	39
200#溶剂油	4.1
二甲苯	4
2%环烷酸钴	0.3
2%环烷酸锰	0.5
10%环烷酸铅	2
4%环烷酸锌	1
2%环烷酸钙	1
滑石粉	14

生产工艺与流程

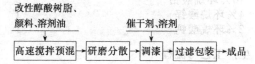

改性醇酸树脂、颜料、溶剂油 → 高速搅拌预混 → 研磨分散 → 调漆（加催干剂、溶剂）→ 过滤包装 → 成品

18-10　无线电元件打印标志/胶印机复印醇酸标志漆

性能与用途　具有良好的复印性能，印迹烘干后，耐水、耐油，对磁漆、金属表面有良好的附着力，但对陶瓷表面附着力较差。专用于无线电元件打印标志或胶印机复印以及其他的用途。

涂装工艺参考　以X-6醇酸稀释剂调整黏度。用胶印机复印施工或其他方法涂印，施工前必须将原漆液表面结皮清除干净。有效储存期1年。

产品配方（质量份）

长油度亚麻油醇酸漆料	117
锌黄	100
氧化锌	32
滑石粉	60
钛白粉	24
萘酸钴	0.5

生产工艺与流程

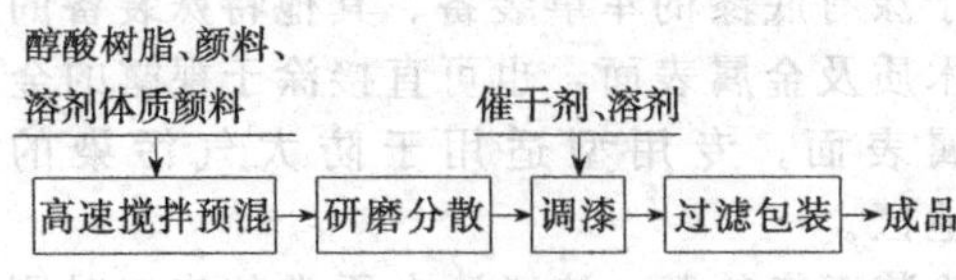

18-11 快干无光醇酸磁漆

性能及用途 本涂料具有满意地储存稳定性、稀释稳定性、刷涂性、浸涂性及喷涂性。漆膜具有良好的附着力、耐水性、耐液烃性、耐喷漆性和耐候性能。用作设备上快干面漆。

涂装工艺参考 本磁漆刷涂、浸涂、喷涂均可。

产品配方（质量份）

原料	质量份
大红粉	7.5
200# 溶剂油	2
中油度亚麻仁油醇酸树脂	83.5
二甲苯	2
2%环烷酸钴	0.5
2%环烷酸锰	0.5
10%环烷酸铅	2
4%环烷酸锌	1
2%环烷酸钙	1

生产工艺与流程

醇酸树脂、颜料、体质颜料 → 配料预搅拌 → 研磨分散 → 调漆找色（催干剂、溶剂、助剂）→ 过滤包装 → 成品

18-12 醇酸水砂纸烘干清漆

性能与用途 该漆为透明液体，成膜后柔韧性良好，具有一定的耐水性和黏结性。专供水砂纸黏结砂粒之用。

涂装工艺参考 该漆可采用滚涂法施工，施工时可用少量 200# 油漆溶剂油及二甲苯调整黏度，砂纸在未黏砂前，用滚涂法涂漆二道，使漆透入纸的内部，施工黏度 50s 左右（涂-4 黏度计），待底层涂漆干燥后，再在它的表面上涂一道该漆，在清漆未干燥前，用工具将砂粒筛在涂清漆的纸面上，然后放入炉中烘烤，在 80～100℃保持 1～2h，使漆膜完全干燥。使用量约为 150～200g/m^2。该漆储存期为 1 年。

产品配方（质量份）

原料	质量份
亚麻油	30.8
豆油	3.5
季戊四醇	8.7
黄丹	0.01
苯酐	15.8
二甲苯	12
200# 溶剂油	23.69
2%环烷酸钴	0.5
2%环烷酸锰	0.5
10%环烷酸钴	2
4%环烷酸锌	9.5
2%环烷酸钙	2

生产工艺与流程 将亚麻油、豆油混合后投入反应釜中，加热至 160℃时加入黄丹，继续加热至 240℃时加入季戊四醇，并保温至醇解完全，而后降温至 180℃，加入苯酐和回流二甲苯（5%），并逐步升温酯化，回流脱水，酯化温度不得超过 230℃，至酸价和黏度合格时，降温至 160℃，加入溶剂油、二甲苯和催干剂，充分调匀，过滤后即可。其用于水砂纸的砂粒黏结剂。

生产工艺与流程

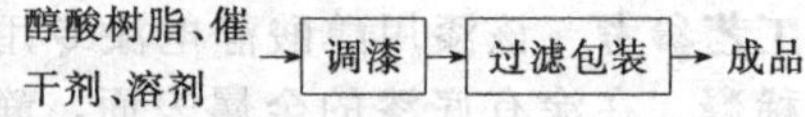

18-13 铁红醇酸底漆

性能与用途 漆膜具有良好的附着力和一定的防锈性能，与硝基醇酸等面漆结合力好。在一般气候条件下耐久性好，但在湿热条件下耐久性差。用于黑色金属表面打底防锈用。

涂装工艺参考 喷涂、刷涂均可。用 X-6 醇酸漆稀释剂调整施工黏度。涂覆后，如在（105±2)℃下烘干，可使漆膜性能更好。配套面漆为醇酸磁漆、氨基烘漆、沥青漆、过氯乙烯漆等。有效储存期 1 年。该漆含有 200# 溶剂油和二甲苯等有机溶剂，其属易燃液体，并具有一定的毒害性。施工现场应注意通风，采取防火、防静电、预防中毒等措施，遵守涂装作业安全操作规程和有关规定。

产品配方（质量份）

原料	质量份
氧化铁红	21
氧化铁黄	6
滑石粉	11

中油度亚桐油醇酸树脂	44.2
中铬黄	4
200#溶剂油	5
二甲苯	4
2%环烷酸钴	0.3
2%环烷酸锰	0.5
10%环烷酸铅	2
4%环烷酸锌	1
2%环烷酸钙	1

生产工艺与流程　将颜料、填料和一部分醇酸树脂混合并搅拌均匀，研磨至合格细度，再加入其余的醇酸树脂、溶剂和催干剂，充分调匀，过滤后即为成品。其主要用于黑色金属表面打底漆。

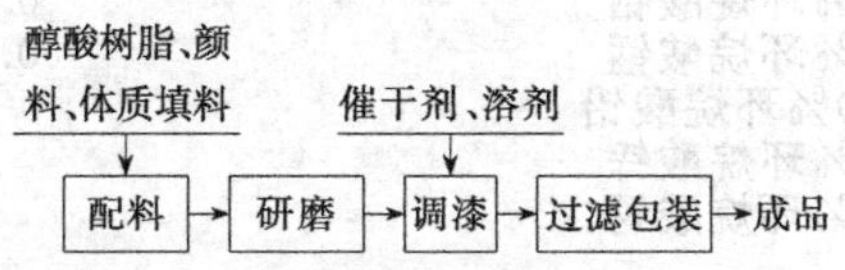

18-14　锌黄醇酸烘干底漆

性能与用途　该漆适用于铝合金等轻金属表面打底漆。

涂装工艺参考　该漆施工方法刷涂、喷涂均可。使用前必须将漆搅拌均匀，如有粗粒、机械杂质，必须进行过滤后方可使用。可用200#溶剂油与二甲苯的混合溶剂作稀释剂调整施工黏度。有效储存期1年。

产品配方（质量份）

锌铬黄	20
中铬黄	10
沉淀硫酸钡	5
中油度亚麻油醇酸树脂	45
200#溶剂油	10
二甲苯	7
2%环烷酸钴	0.5
2%环烷酸锰	0.5
10%环烷酸铅	2

生产工艺与流程 将颜料、填料和一部分醇酸树脂混合并搅拌均匀后，研磨至合格细度，然后加入其余的醇酸树脂、溶剂和催干剂，充分调匀，过滤后即为成品。

18-15　醇酸二道底漆

性能与用途　该漆适用于烘干，也可常温干燥，容易打磨，与腻子层及面漆结合力好。涂在已打磨的腻子层，以填平腻子层的砂孔、纹道。

涂装工艺参考　该漆喷涂、刷涂均可，涂刷前必须将漆充分搅拌均匀。刷涂时用松节油作稀释剂，喷涂时用二甲苯作稀释剂。涂覆后可常温干燥，但烘干漆膜性能较好。配套面漆为醇酸磁漆、氨基烘漆、硝基烘漆、沥青漆、过氯乙烯漆等。有效储存期1年。

产品配方（质量份）

氧化铁红	20
立德粉	8
滑石粉	11
中油度亚桐油醇酸树脂	44.2
中铬黄	2.5
二甲苯	6
200#溶剂油	4
2%环烷酸钴	0.5
2%环烷酸锰	0.5
10%环烷酸铅	1.5
4%环烷酸锌	1
2%环烷酸钙	1

生产工艺与流程

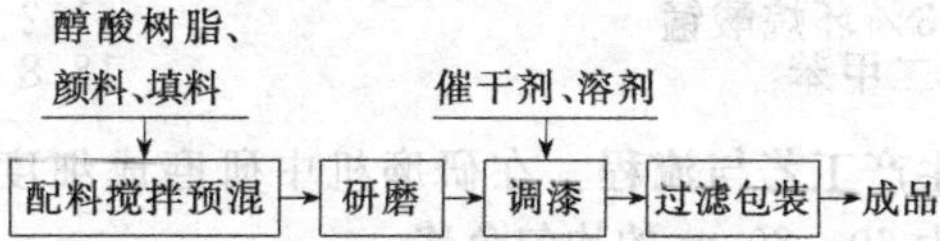

18-16　黑色金属物表面打底烘干漆

性能与用途　其适用于黑色金属物表面打底漆。

涂装工艺参考　该漆施工方法刷涂、喷涂均可。使用前必须将漆搅拌均匀，如有粗粒、机械杂质，必须进行过滤后方可使用。可用200#溶剂油与二甲苯的混合溶剂作稀释剂调整施工黏度。有效储存期1年。

产品配方（质量份）

氧化铁黑	18
炭黑	1.5
沉淀硫酸钡	19
中油度亚麻油醇酸树脂	45
200#溶剂油	8
二甲苯	5.5
2%环烷酸钴	0.5
2%环烷酸锰	0.5
10%环烷酸铅	2

生产工艺与流程　将颜料、填料和一部分醇酸树脂混合并搅拌均匀后，研磨至合格细度，然后加入其余的醇酸树脂、溶剂和

催干剂，充分调匀，过滤后即为成品。

18-17 中油度、长油度红色醇酸树脂底漆

性能与用途 其用于铝或其他轻金属表面作防锈打底涂层。

涂装工艺参考 该漆施工方法刷涂、喷涂均可。使用前必须将漆搅拌均匀，如有粗粒、机械杂质，必须进行过滤后方可使用。可用200#溶剂油与二甲苯的混合溶剂作稀释剂调整施工黏度。有效储存期1年。

产品配方

（1）中油度红色醇酸树脂底漆配方/kg

桐亚醇酸树脂	33
铁红	26.3
锌黄	6.7
沉淀硫酸钡	13.2
黄丹	1.1
50%三聚氰胺甲醛树脂	0.5
12%环烷酸铅	1.3
3%环烷酸钴	1
3%环烷酸锰	1.2
二甲苯	18.8

生产工艺与流程 在研磨机中研磨成细度为60～80μm的均匀色浆。

（2）长油度红色醇酸树脂底漆配方/kg

亚麻厚油醇酸树脂	33.23
铁红	26.73
滑石粉	11.68
浅铬黄	11.63
12%环烷酸铅	1
3%环烷酸钴	0.02
3%环烷酸锰	0.17
3%环烷酸锌	0.17
2%环烷酸钙	0.53
二甲苯	14.71

生产工艺与流程 研磨成细度为70μm左右的均匀色浆。

18-18 军绿色反射太阳热无光醇酸磁漆

性能及用途 漆膜具有良好的柔韧性、耐水性、耐烃性、耐抛光性、耐候性、热反射性能及附着力。用于导弹、火箭、其他武器系统部件和材料作低能见度太阳热反射装饰涂层，使陆军武器系统部件和其他装备内部蓄积的热量减小到最低限度。

涂装工艺参考 刷涂、喷涂均可。该磁漆只能使用十分干净的搅拌器、容器和稀释设备、施工设备。因极少量的黑色或其他颜料混入磁漆都将使该漆的热反射性很快降低。

产品配方（质量份）

中铬黄	1
柠檬黄	1.2
铁蓝	3
滑石粉	16
沉淀硫酸钡	13
中油度亚麻油醇酸树脂	40
200#溶剂油	4.0
二甲苯	4
2%环烷酸钴	0.3
2%环烷酸锰	0.5
10%环烷酸铅	2
4%环烷酸锌	1
2%环烷酸钙	1

生产工艺与流程

邻苯二甲酸醇酸树脂、颜料、体质颜料→预混→研磨分散→调漆、找色（助剂、溶剂）→过滤包装→成品

18-19 各色醇酸抗弧磁漆

性能与用途 该漆漆膜坚硬、平滑有光，能常温干燥，耐矿物油和耐电弧。属于B级绝缘材料。用于电机和电器绕组及各种绝缘零件表面的涂覆。

涂装工艺参考 用浸涂法或喷涂法施工均可。使用时用二甲苯稀释，也可加入少量200#油漆溶剂油或松节油稀释。施工时注意厚度，一次涂覆太厚易起皱，如需涂覆二道时，至少应在第一道涂覆后15min左右方可涂覆，或待第一道漆彻底干燥后，再涂覆第二道。否则会使第一道漆咬起。有效储存期1年。

产品配方（质量份）

钛白粉	8.2
立德粉	16
二氧化锰	0.5
氧化铁黑	0.8
中油度豆油醇酸树脂	65
三聚氰胺甲醛树脂	9
二甲苯	0.5

生产工艺与流程　将颜料和一部分醇酸树脂混合并搅拌均匀后，研磨至合格细度，然后加入其余醇酸树脂、三聚氰胺甲醛树脂和二甲苯，充分调匀，过滤后即为成品。该漆用于电机和电器绕组的涂覆。

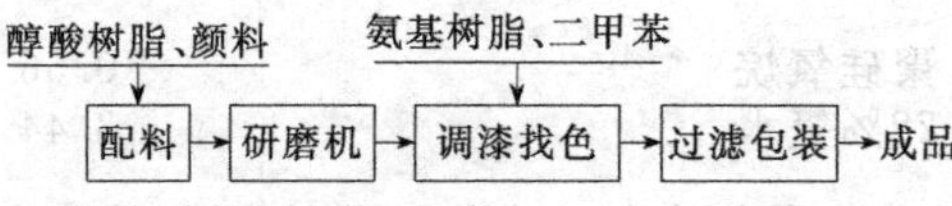

18-20　浸渍电机绕组烘干绝缘漆

性能与用途　该漆抗电弧性能及绝缘性能较好，主要用于浸渍电机绕组。

涂装工艺参考　该漆使用时，先充分搅拌均匀，且过滤除去机械杂质。施工前，被涂物要经过各种方法处理干净。施工时加入适量的醇酸稀释剂，黏度调至 18s 以下。有效储存期一年。

产品配方（质量份）

桐油	2
亚麻油	18
甘油	10.38
氢氧化锂	0.02
苯酐	17
200# 溶剂油	20
二甲苯	32

生产工艺与流程　将桐油、亚麻油和甘油投入反应釜中混合均匀，加热至 160℃，加入氢氧化锂，升温至 240℃，并保温至醇解完全，然后降温至 180℃，加入苯酐和回流二甲苯（5%），升温酯化，回流脱水，酯化温度不得超过 200℃，至酸价和黏度合格时，降温至 160℃，加入溶剂油和二甲苯兑稀，充分调匀，过滤后即为成品。其适用作云母带和柔软云母板的黏合剂。

醇酸树脂、催干剂、溶剂 → 调漆 → 过滤包装 → 成品

18-21　铁红醇酸底漆（拖拉机专用）

性能与用途　该漆具有良好的附着力和防锈能力。主要用于拖拉机打底，也可用于各种车辆机器、仪器及一切黑色金属表面作打底用。

涂装工艺参考　该漆喷涂、刷涂均可。施工时可用 X-6 醇酸漆稀释剂调整施工黏度，施工前，应将物件打磨干净，无油污、无锈斑。配套面漆可用醇酸磁漆、氨基烘漆、沥青漆、过氯乙烯漆等。有效储存期 1 年。

产品配方（质量份）

氧化铁红	11
氧化锌	3.5
锌铬黄	11
铬酸钡	2
磷酸锌	5.5
铝粉浆	2
亚硝酸钠	0.5
中油度亚麻油醇酸树脂	37
200# 溶剂油	14.5
二甲苯	10
2%环烷酸钴	0.5
2%环烷酸锰	0.5
10%环烷酸锌	2

生产工艺与流程　将颜料、辅料和一部分醇酸树脂混合并搅拌均匀后，研磨至合格细度，然后加入其余的树脂、溶剂和催干剂，充分调匀，过滤后即为成品。其适用于涂在有较均匀锈层的钢铁表面。

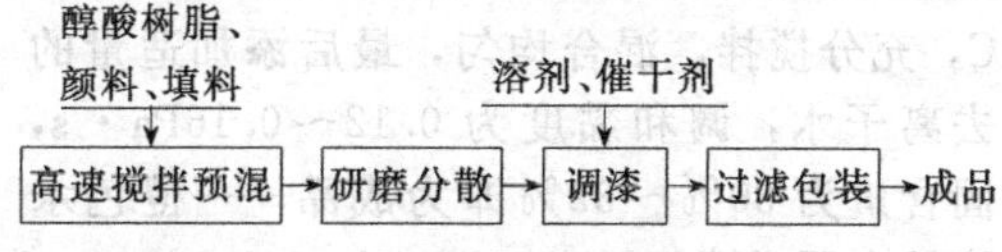

18-22　水溶性醇酸树脂漆

性能与用途　其用于金属和非金属的保护和表面装饰，具有良好的耐盐雾性、抗湿能力。

涂装工艺参考　该漆施工方法刷涂、喷涂均可。使用前必须将漆搅拌均匀，如有粗粒、机械杂质，必须进行过滤后方可使用。可用 200# 溶剂油与二甲苯的混合溶剂作稀释剂调整施工黏度。有效储存期 1 年。

（1）水溶醇酸漆-1 配方（质量份）

水溶性醇酸树脂	18.32
聚硅氧烷	0.112
钛白粉	15.3
乙二醇单丁醚	1.69
28%氨水	0.96
去离子水	39.8
1,10-二氮杂菲	0.08
6%环烷酸钴	0.232
6%环烷酸锆	0.288

生产工艺与流程　先将醇酸树脂、聚硅氧烷、钛白粉、乙二醇单丁醚、氨水和水混合后，用球磨机研磨至合格细度，然后加

入其余的醇酸树脂、1,10-二氮杂菲和剩余的乙二醇单丁醚所组成的混合物，最后加入其余的氨水和去离子水，充分调匀后即为成品——白色水溶性自干磁漆。

(2) 水溶醇酸漆-2配方（质量份）

	A	B	C
水溶性醇酸树脂	0.98	9.7	—
聚硅氧烷	0.192	—	—
三乙胺	0.152	—	—
28%氨水	0.49	0.384	—
钼橙	6.17	—	—
单甘酸	0.384	—	—
乙二醇单丁醚	—	—	1
1,10-二氮杂菲	—	—	0.08
4%环烷酸钙	—	—	0.256
6%环烷酸钴	—	—	0.232
去离子水	18.13	14.54	—

生产工艺与流程 先将A组中所有物料混合，研磨至细度到6.25μm以下，然后加入组分B的混合物混匀，再加入已混匀的组分C，充分搅拌，混合均匀，最后添加适量的去离子水，调和黏度为0.12～0.16Pa·s，固含量为30%～32%即为成品——橙色水溶性自干磁漆。

本品具有良好的成膜性、抗腐蚀性和保光性，主要用于金属制品表面的装饰与保护。

(3) 水溶醇酸漆-3配方（质量份）

组分A：

水溶性醇酸树脂	121
聚硅氧烷	0.8
28%氨水	4.96
钛白粉	26.7
酞菁蓝	17.84

组分B：

水溶性醇酸树脂	72.2
丙氧基丙醇	10
28%氨水	1.84

组分C：

丙氧基丙醇	10
6%环烷酸钴	2.16
6%环烷酸锆	2.8
1,10-氮杂菲	0.8
去离子水	163.3

组分D：

聚硅氧烷	0.48
丙烯酸树脂	81.4
去离子水	28

组分E：

聚硅氧烷	0.56
28%氨水	3.44

生产工艺与流程 先将组分A混匀并研磨至细度为6.25μm以下。然后在搅拌下依次加入组分B、C、D，再在搅拌下缓慢加入E，直至黏度为0.12～0.16Pa·s，因含量为29%～32%后即为成品——蓝色水溶性自干磁漆。

该漆成膜速度快，遇热不发黏，主要用于金属和非金属和保护与涂饰。

(4) 水溶醇酸漆-4配方（质量份）

	A	B	C
水溶性醇酸树脂	72.2	142.8	—
聚硅氧烷	0.72	—	—
异丁醇	10.24	34.4	—
2,4,7,9-四甲基-5-癸炔-4,7-二醇	1.04	—	—
丙氧基丙醇	10.24	—	—
28%氨水	5.04	7.6	—
镉黄	4	—	—
中铬黄	49.2	—	—
牡白粉	2.24	—	—
胶态二氧化硅	2	—	—
乙二醇单丁醚	—	9.12	
1,10-二氮杂菲	—	—	0.56
6%环烷酸钴	—	—	3.12
6%环烷酸锆	—	—	3.12
去离子水	80.5	272.6	—

生产工艺与流程 先将组分A混匀并研磨至细度为6.25μm以下，然后加入组分B，混匀后，在搅拌下加入预先混匀的组分C，调配黏度为0.16～0.2Pa·s，固含量为30%～33%后即为成品——绿色水溶性自干磁漆。

该漆具有优良的光泽性，室外耐久性和耐水性，主要用于户外金属和非金属物件的保护和装饰。

(5) 水溶醇酸漆-5配方（质量份）

	A	B	C
水溶性醇酸树脂	64.7	192.32	—
聚硅氧烷	2.24	—	—
胶态二氧化硅	3.68	—	—
28%氨水	4.4	11.12	—
异丁醇	11.12	—	—
2,4,7,9-四甲基-5-癸炔-4,7-二醇	14.4	—	—
炭黑	11.12	—	—
4%环烷酸钙	—	—	1.44
6%环烷酸钴	—	—	1.84
6%环烷酸锆	—	—	2.56
1,10-氮杂菲	—	—	1.44
异丁醇	—	—	11.12
去离子水	74	—	—

生产工艺与流程 先将A组分混匀并研磨至细度为6.0μm以下，加入组分A混匀，再加入已混匀的组分C，最后在快速分散下加入适量的去离子水，调配漆料黏度为0.12～0.16Pa·s后即为成品——黑色水溶性醇酸磁漆。

该漆漆膜的光洁度好，保光性和遮盖力强，耐冲击性和抗腐蚀能力强，主要用于金属和非金属的涂饰和保护。

(6) 水溶醇酸漆配方/kg

季戊四醇	9.82
蓖麻油	40.75
甘油	5.89
氧化铅	0.012
邻苯二甲酸酐	28.45
二甲苯	5.7
丁醇	12.2
异丙醇	12.2
一乙醇胺	7.95

生产工艺与流程 将蓖麻油、季戊四醇、甘油投入反应釜内，通入二氧化碳气体，搅拌并升温至120℃，加入氧化铅，继续升温至230℃，保温3h，醇解完成后，降温至180℃，停止搅拌。加入邻苯二甲酸酐和二甲苯，回流冷凝器通入冷却水，升温至180℃、回流保温酯化。每隔30min取样测酸值1次，直到酸值达到80左右，停止加热，然后降温抽真空脱除溶剂。当温度降至120℃时加入丁醇和异丙醇，降温至50～60℃时加入一乙醇胺中和，即得制品。

18-23 银色脱水蓖麻油醇酸磁漆

性能与用途 该漆适用于一般金属表面和建筑物表面的涂装。

涂装工艺参考 该漆施工方法刷涂、喷涂均可。使用前必须将漆搅拌均匀，如有粗粒、机械杂质，必须进行过滤后方可使用。可用200#溶剂油与二甲苯的混合溶剂作稀释剂调整施工黏度。有效储存期1年。

产品配方（质量份）

中油度脱水蓖麻油醇酸树脂	62
松节油	10
二甲苯	6
铝粉浆	20
2%环烷酸钴	0.7
2%环烷酸锰	1.3

生产工艺与流程 先将除铝粉浆外的所有物料混合，搅拌均匀，过滤后包装。铝粉浆分开包装，使用时混匀即可。

18-24 钢铁金属表面的醇酸烘干电泳漆

性能与用途 该漆漆膜平整、光亮，并有良好的附着力和耐磨性。适用于钢铁金属表面的电泳涂装。

涂装工艺参考 使用前将漆充分搅匀，加入乙醇胺调节pH在7.5～8.0之间，然后加入3～4倍蒸馏水稀释，经120目筛网过滤后置电泳漆槽待用。若向电泳漆槽内补充漆时，可用槽内漆液代蒸馏水并调节好pH值。电泳槽内有良好的搅拌设备，以防漆液中颜料沉底。被涂金属工件须经表面处理：除油→酸洗→中和→磷化→水洗→烘干→上电泳漆。漆槽温度25℃以下为宜，电压视工件而定，一般为50～150V。正常工作的电泳槽内，应每天补足新漆，并经常测定漆液的固体分、pH值和颜基比。严格防止机油、苯类、醇类溶剂混入。有效储存期1年。

产品配方/kg

树脂	222
颜料	442
助剂	120
溶剂	718
色浆	22

生产工艺与流程

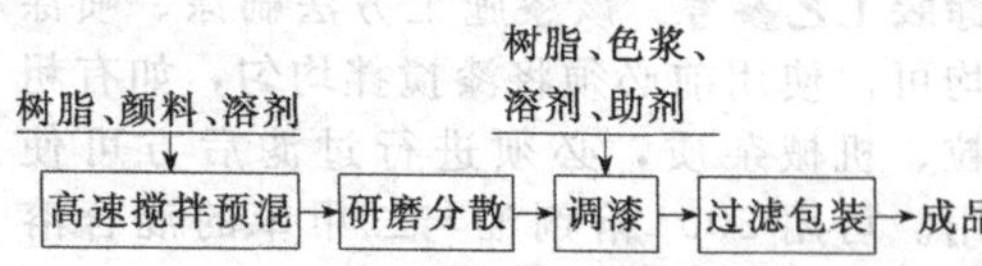

18-25 多功能防锈醇酸磁漆

性能与用途 该漆具有良好的防锈性能。适用于一般金属表面涂装。

涂装工艺参考 该漆施工方法刷涂、喷涂均可。使用前必须将漆搅拌均匀，如有粗粒、机械杂质，必须进行过滤后方可使用。可用200#溶剂油与二甲苯的混合溶剂作稀释剂调整施工黏度。有效储存期1年。

产品配方/kg

50%960醇酸树脂漆	48
30%氯化橡胶液	30
美术绿	16
二甲苯	6

生产工艺与流程 按配比将全部物料研磨混合均匀。

18-26 外壳装饰与保护用醇酸低温烘漆

性能与用途 光泽好，耐水性也较好。适用于酚醛纸壳保温瓶外壳装饰保护。

涂装工艺参考 该漆施工刷涂、喷涂均可，但以喷涂为主。可用二甲苯或X-6醇酸漆稀释剂调整施工黏度。有效储存期1年。

产品配方/kg

酚醛改性醇酸漆料	29.5
锌黄	100
铁土黄	9
滑石粉	45
钛白粉	26
萘	0.5
二甲苯	6

生产工艺与流程 耐海水性好，在铝板上也适用。

醇酸树脂、颜料 → 高速搅拌预混 → 研磨分散 → 调漆（加入助剂、溶剂）→ 过滤包装 → 成品

18-27 新型糠油酸醇酸树脂防腐漆

性能与用途 本品可作防腐涂料。

产品配方/g

季戊四醇	307.5
糠油酸	2055
苯酐	1757.5
二甲苯(回流用)	500
异丙醇	1220
甲苯(稀释用)	3744
丁醇(稀释用)	416

生产工艺与流程 将前4种组分投入反应锅内，升温。稠化后开始搅拌，继续升温至回流，温度控制在170～190℃。当黏度和酸值合格时，将温度降至180℃以下，转入稀释锅，加入其余组分，搅拌均匀，降至70℃时过滤装桶，所得树脂黏度（涂-4杯，25℃）为25～60s，酸值为10以下，细度为10μm以下，因含量为50%±2%。

第二节 硝基漆

硝基漆是以硝化棉，即硝酸纤维素为基本成膜物质，与树脂、增韧剂研磨混合后溶于有机混合溶剂调制而成。硝基漆俗称“喷漆”。

树脂：有天然树脂、松香树脂、醇酸树脂、三聚氰胺甲醛树脂、丙烯酸树脂等。

增韧剂：（1）油脂型 如蓖麻油、氧化蓖麻油等；（2）低分子化合物型 如苯二甲酸酯、磷酸酯、己二酸酯、癸二酸酯等；（3）高分子树脂型 各种缩合或聚合的软性树脂、改性树脂、聚丙烯酸酯树脂等。

溶剂：（1）属溶剂型，有酯类，如醋酸丁酯、醋酸仲戊酯等；（2）属助溶剂，有醇类，如乙醇、丁醇等。稀释剂有苯类，如纯苯、甲苯、二甲苯等。若是色漆还有各种颜料，包括有机颜料和无机颜料等多种彩色颜料经研磨分散后调配即成。

硝基漆的漆膜干燥快，施工后10min即可干燥；漆膜坚硬耐磨。干后有足够的机械强度和耐久性，可以打蜡上光，便于修整；漆膜光泽好。

但此类漆固体含量低，干燥后漆膜薄，需要多道施工，一般需3～5道，高档要求

更多道数；施工时有大量溶剂挥发，对环境污染严重；漆膜易发白。在潮湿条件下施工尤其明显。

硝基漆由于它具有干燥快、能缩短施工工时、漆膜坚硬耐磨等特点，因此广泛用于交通车辆、航空飞机、机械制造、轻工产品、电器仪表、皮革制品、木器家具等涂装。是涂料产品中比较重要的一类品种。

硝基树脂漆生产工艺与产品配方实例　见 18-28～18-49。

18-28　皮革、纺织品硝基软性清漆

性能与用途　该漆具有干燥快、柔韧性好、不易断裂的特点。主要用于皮革、纺织品等软物体表面罩光装饰保护涂料，也可将其漆膜雕成花纹，黏在绢丝上，作油墨、油漆印制底板用。

涂装工艺参考　使用前将漆充分调匀，如有粗粒和机械杂质，必须进行过滤。该漆不能与不同品种的涂料和稀释剂拼和混合使用。施工采用喷涂、淋涂、滚涂等方法。稀释剂可用 X-1 硝基漆稀释剂稀释。喷涂的施工黏度［涂-4 黏度计（25±1)℃］一般以 15～23s 为宜。在潮湿的气候下施工可适当加入 F-1 硝基漆防潮剂，能防止漆膜发白。该漆有效储存期为 1 年，过期可按质量标准检验，如符合要求仍可使用。

产品配方/(kg/t)

硝化棉	150
溶剂	720
醇酸树脂	140
增韧剂	10

生产工艺与流程

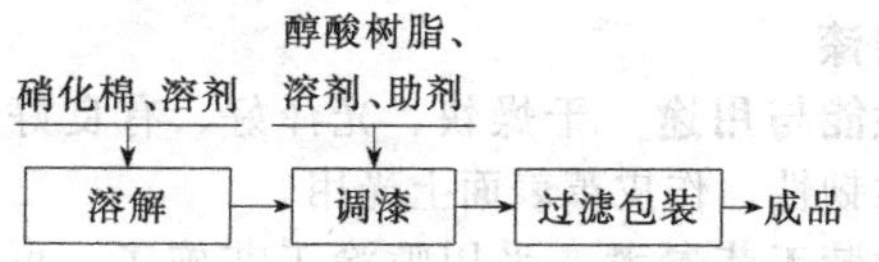

18-29　木质器件、金属表面涂饰用的硝基罩光清漆

性能与用途　用于木质器件和金属表面的涂饰，也可做硝基磁漆罩光。

涂装工艺参考　施工以喷涂为主，使用时如发现有机械杂质，必须进行过滤。喷涂时如黏度过大，可用 X-1 硝基漆稀释剂调整黏度，如在潮湿的气候条件下施工，漆膜会出现发白，可适量加入 F-1 硝基漆防潮剂调整。使用该漆罩光或喷涂木器时，务必事先将被涂物面或漆膜用细砂纸轻轻打磨，然后除去灰尘杂质，再进行罩光。有效储存期为 1 年。

产品配方/%

硝化棉(70%)	23
三聚氰胺甲醛树脂	2
短油度蓖麻油醇酸树脂	20
苯二甲酸二丁酯	3.5
醋酸丁酯	13
醋酸乙酯	8
丁醇	2
丙酮	3
乙醇	3
甲苯	22.5

生产工艺与流程　先将乙醇和甲苯加入硝化棉中湿润，然后加入醋酸丁酯、醋酸乙酯、丁醇和丙酮，将硝化棉在搅拌下溶解，最后加入三聚氰胺甲醛树脂、醇酸树脂和二丁酯，充分调匀，过滤包装。

18-30　多功能硝基展色涂料

性能与用途　该漆具有色泽浅、酸性小、干燥快、对金属粉末润湿性好的特点。若与金粉、银粉配套使用，漆膜能显示出金属感。主要用于金粉、银粉浆作展色涂料。

涂装工艺参考　使用前必须将漆充分调匀，如有粗粒和机械杂质，要进行过滤。被涂物面事先要进行处理，以增加涂膜附着力和耐久性。该漆不能与不同品种的涂料和稀释剂拼和混合使用，以致造成产品质量上的弊病。该漆施工以喷涂为主。稀释剂可用 X-1 硝基漆稀释剂稀释至施工黏度，一般为 15～25s。在使用前，将金属粉末按需要（即：用多少配多少，不宜过夜，以免胶凝变发黑。）边加边搅拌。遇阴雨湿度过大时施工，可以酌加 F-1 硝基漆防潮剂，能防止漆膜发白。本漆有效储存期为 1 年。过期可按质量标准检验，如符合要求仍可使用。

产品配方/(kg/t)

硝化棉	176
溶剂	778
金属粉末	34
助剂	12

生产工艺与流程

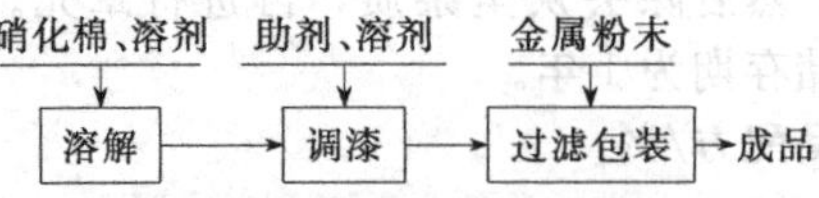

18-31 新型丝漆印硝基清漆

性能与用途 该漆系专用产品，可供制造丝漆印的版子。

涂装工艺参考 以喷涂为主。用X-1硝基漆稀释剂稀释。如果天气湿度大时施工，发现漆膜发白现象，可用F-1硝基漆防潮剂调整。本漆有效储存期为1年。过期可按质量标准检验，如符合质量要求仍可使用。

产品配方/(kg/t)

硝化棉	102
合成树脂	561
溶剂	357

生产工艺与流程

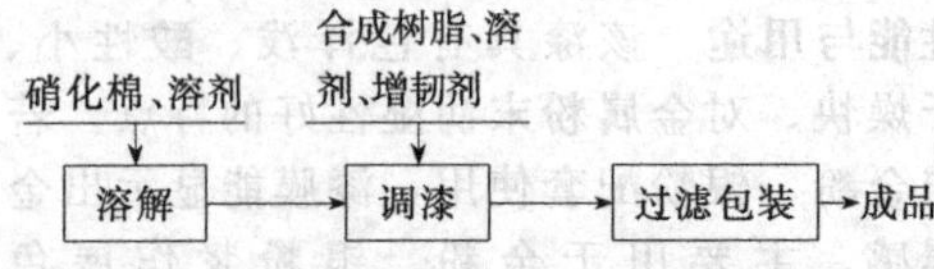

18-32 多功能硝基电缆清漆

性能与用途 Q01-11硝基电缆清漆用于涂覆防霉低压电缆线；Q01-12硝基电缆清漆用于涂覆低压电缆线；Q01-13硝基电缆清漆用于涂覆高压电缆线；Q01-14硝基电缆清漆用于涂覆防霉高压电缆线。

涂装工艺参考 涂覆硝基电缆清漆时，每层漆膜都应用足够的时间干燥，否则当漆膜涂覆很厚时，溶剂没有挥发完，就要影响漆膜耐燃性，并且电缆线卷在一起，漆膜与漆膜容易黏在一起。本品有效储存期为1年。过期可按质量标准检验，如符合质量要求仍可使用。

产品配方/(kg/t)

Q01-11和Q01-12

硝化棉	190
醇酸树脂	203
溶剂	622

Q01-13和Q01-14

硝化棉	160
溶剂	450
醇酸树脂	405
助剂	16

生产工艺与流程

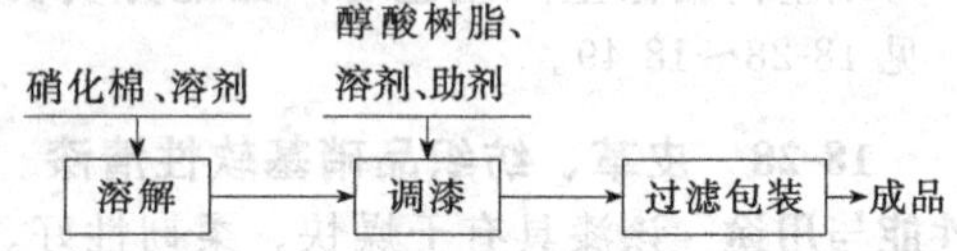

18-33 新型硝基快干刀片清漆

性能与用途 该漆经高温烘烤，短时间即干。漆膜坚硬、耐水性好。专供刀片涂用。

涂装工艺参考 使用时如发现机械杂质，必须进行过滤。施工时黏度高可用X-1硝基漆稀释剂调整。在潮湿的气候下施工可适当加入F-1硝基漆防潮剂。该漆有效储存期为1年。过期可按质量标准检验，如果符合要求仍可使用。

产品配方/(kg/t)

硝化棉	200
溶剂	220
合成树脂	350
增塑剂	30

生产工艺与流程

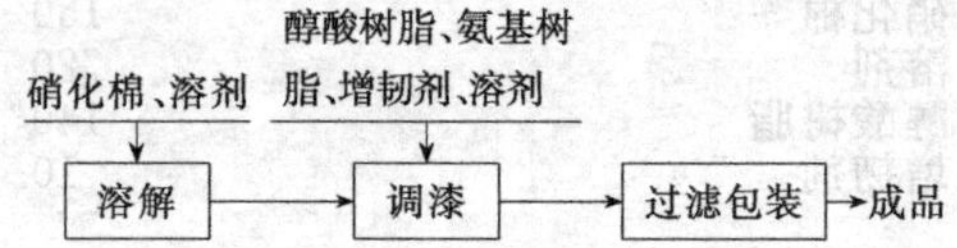

18-34 超快干硝基皮革表面上光用清漆

性能与用途 干燥快、光泽好、有良好的柔韧性。作皮革表面上光用。

涂装工艺参考 采用喷涂工艺施工。可用X-1硝基漆稀释剂，稀释至适合施工的黏度。涂在已涂过皮革磁漆的皮革上作为罩光用。遇阴雨湿度大时施工，可酌加F-1硝基漆防潮剂，能防止漆膜发白。本品有效储存期为1年。过期可按质量标准检验，如符合质量要求可使用。

产品配方/(kg/t)

硝化棉	140
溶剂	800
醇酸树脂	150
助剂	50

生产工艺与流程

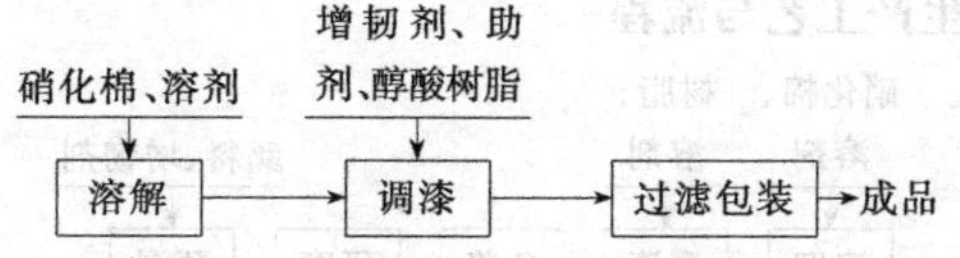

18-35 高温合金钢表面冲压硝基清漆

性能与用途 该漆漆膜平滑、耐冲压、耐磨。作高温合金钢表面冲压前之保护涂层。

涂装工艺参考 该漆以喷涂为主。用X-5丙烯酸稀释剂调整施工黏度，有效储存期为1年。过期可按质量标准检验，如符合要求仍可使用。

产品配方/(kg/t)

50%丙烯酸树脂	53
溶剂	900
硝化棉	82.2
增塑剂	4.8

生产工艺与流程

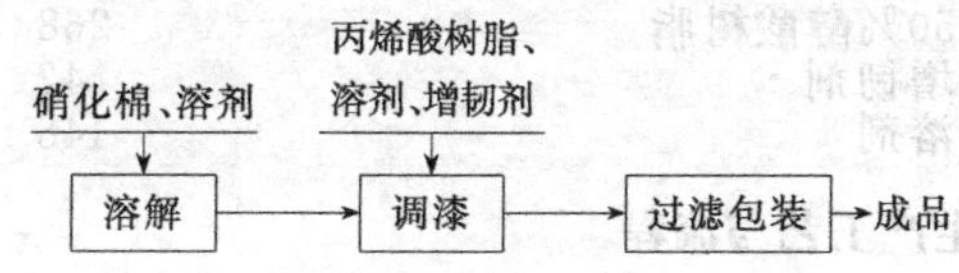

18-36 新型耐水硝基烘干清漆

性能与用途 本品光泽好、硬度高，耐水性较Q01-1好，可打磨抛光，但柔韧性稍差。供各色能烘烤的物面罩光。

产品配方/(kg/t)

硝化棉	210
溶剂	410
合成树脂	221
醇酸树脂	78
助剂	105

涂装工艺参考 该漆适于喷涂施工，可用X-1硝基漆稀释剂调节施工黏度，并可在低温烘干。该漆储存期为1年。过期可按质量标准检验，如符合要求仍可使用。

生产工艺与流程

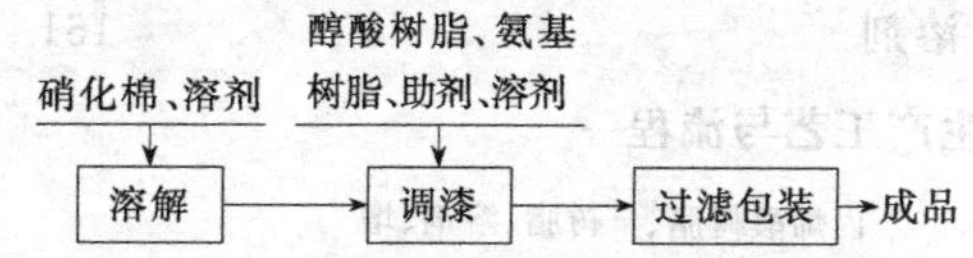

18-37 硝基烘干静电磁漆

性能与用途 漆膜丰满光亮、机械强度优越，施工可以静电喷涂。适用于铁制用品、玩具等金属表面作装饰保护涂料。

涂装工艺参考 使用前必须将漆充分调匀，如有粗粒和机械杂质，必须进行过滤。被涂物面事先要进行表面处理，以增加涂膜附着力和耐久性。该漆不能与不同品种的涂料和稀释剂拼和混合使用，以致造成产品质量上的弊病。该漆施工采用静电喷涂方法。稀释剂可用X-20硝基漆稀释剂稀释，但需调节好稀释剂的电阻，施工黏度可照工艺产品要求进行调节。过期可按质量标准检验，如符合要求仍可使用。

产品配方/(kg/t)

配 方	一	二	三	四	五	六
硝化棉	100	45	90	45	65	85
50%醇酸树脂	435	580	452	580	560	410
60%氨基树脂	100	110	100	110	110	90
颜料	32	135	48	135	20	120
溶剂	353	150	330	150	265	315

生产工艺与流程

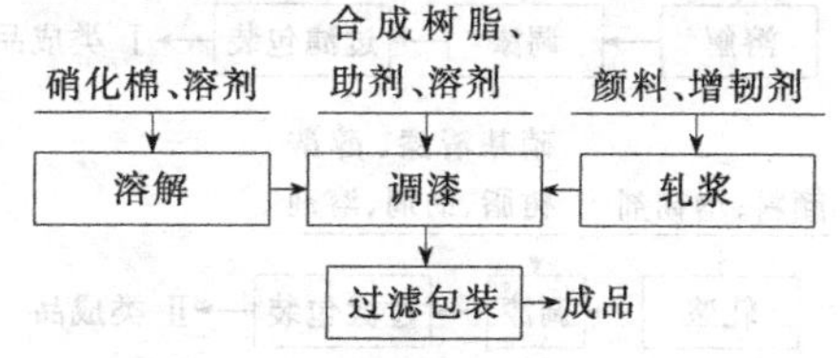

18-38 各色汽车专用快干磁漆

性能与用途 该漆漆膜坚硬、干燥快。适用于各种汽车的表面涂装。

涂装工艺参考 该漆宜喷涂。施工时可用X-1稀释剂稀释，配套漆有9018水溶性丙烯酸漆和C06-1铁红醇酸底漆、Q06-4各色硝基底漆。该漆有效储存期为1年。

产品配方/(kg/t)

20%硝基基料	655
50%丙烯酸树脂	230
颜料	150
溶剂	161

生产工艺与流程

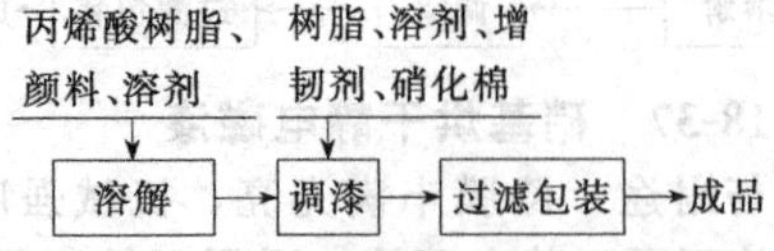

18-39 木材表面透明涂装硝基漆

性能及用途 该漆为自干性液态涂料。主要用于木材表面透明涂装及涂过硝基磁漆后表面涂装。也适用于金属及木材表面透明或不透明涂装。

涂装工艺参考 该漆主要用于喷涂。用专用硝基漆稀释剂和硝基漆腻子配套使用。

产品配方（质量份）

硝化棉(70%)	24
三聚氰胺甲醛树脂	2
短油度蓖麻油醇酸树脂	19.5
苯二甲酸二丁酯	3.5
醋酸丁酯	13
醋酸乙酯	7.5
丁醇	2
丙酮	2.5
乙醇	3.5
甲苯	22.6

生产工艺与流程

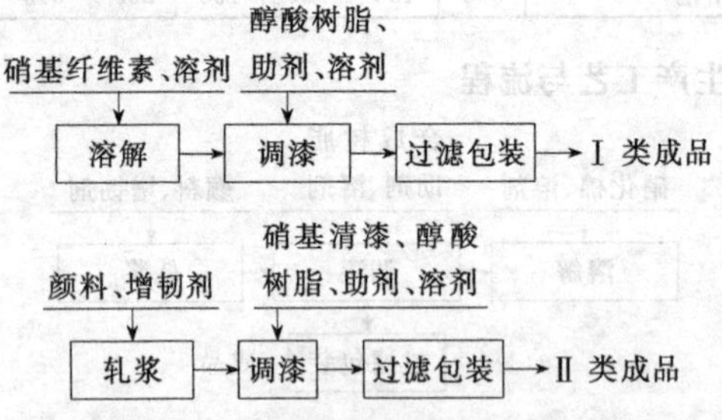

18-40 ABS塑料制品的表面装饰蓝色硝基半光磁漆

性能与用途 该漆对ABS塑料附着力极好，物理机械性能良好。用于ABS塑料制品的表面装饰。

涂装工艺参考 该漆采用喷涂为主，可用ABS塑料漆稀释进行稀释调整黏度。本漆有效储存期为1年，超期可按质量标准检验，符合要求仍可使用。

产品配方/(kg/t)

70%硝化棉	124.2
硝基树脂	153.2
增韧剂	12
颜料	580.2
溶剂	110

生产工艺与流程

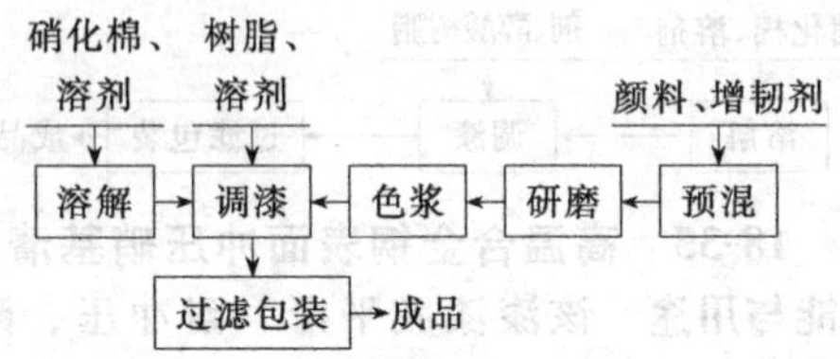

18-41 焰火引线清漆

性能与用途 该漆干燥快，具有良好的光泽和耐久性，并有一定的助燃性。主要用于焰火引线等产品中作保护罩光涂层。

涂装工艺参考 该漆采用勒涂法施工，施工时，可用X-1硝基漆稀释剂调节施工黏度。如遇阴雨湿度大的天气施工，可适量加入F-1硝基漆防潮剂调整，防止漆膜发白。该漆有效储存期为1年，过期可按产品标准检验，如符合标准仍可使用。

产品配方/(kg/t)

硝化棉	257
50%醇酸树脂	268
增韧剂	42
溶剂	448

生产工艺与流程

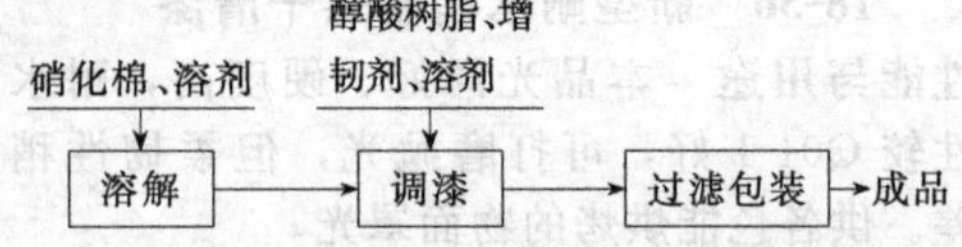

18-42 胶合、产品组合件硝基绝缘漆

性能与用途 该漆具有良好的耐油性与耐温变性。适用于产品的胶合及产品组合件的密封，也可用于电绝缘涂层。

涂装工艺参考 该漆以喷、浸法施工，或按各工厂之特定工艺进行。稀释剂用X-3硝基漆稀释剂。本漆可自干，须在24h后应用，或在55～60℃烘干3h。有效储存期为1年。

产品配方/(kg/t)

硝化棉	260
醇酸树脂	124.8
增韧剂	52
溶剂	603.2

生产工艺与流程

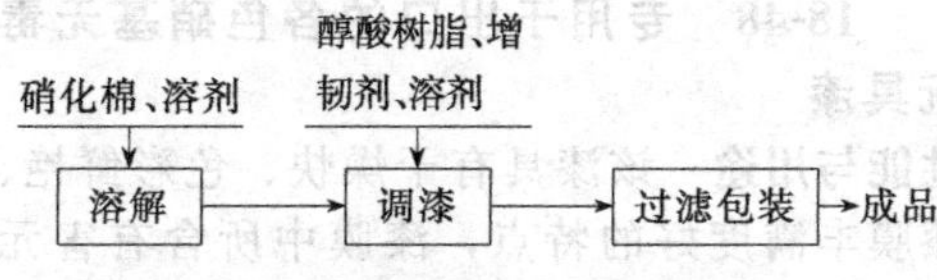

18-43　硝基台板木器清漆

性能与用途　该漆固体分高、黏度较低，漆膜丰满光亮、易抛光。主要用于木质缝纫机台板表面装饰用。

涂装工艺参考　使用时必须将漆调匀，如有粗粒和机械杂质，应进行过滤。该漆施工以喷涂为主，稀释剂可用 X-1 硝基漆稀释剂稀释，调节施工黏度。遇湿度大时施工，可以酌加 F-1 硝基漆防潮剂，能防止漆膜发白。本漆储存期为 1 年，过期可按质量标准检验，如符合要求仍可使用。

产品配方/(kg/t)

硝化棉	220
醇酸树脂	120
助剂	320
溶剂	360

生产工艺与流程

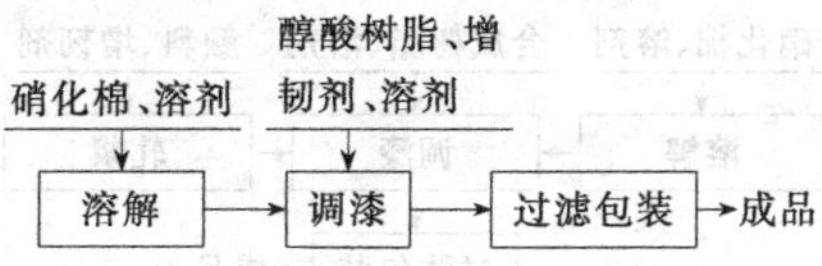

18-44　各色高级家具手扫漆

性能与用途　该漆干燥快、硬度高、光泽好，具有良好的附着力和流平性，漆膜颜色鲜艳、坚固耐用，装饰性和保护性均好。适用于各种木器家具、玩具、美术工艺装饰品以及室内装修和装饰。

涂装工艺参考　以手工刷涂为主，喷涂亦可。施工前先用腻子将凹处填平，待腻子干后，用砂布打磨平整，用手扫底漆刷至2～3道，每道间隔 1～1.5h，也可用乳胶漆打底，然后在乳胶漆上覆盖 2 道手扫底漆，待最后一道底漆干透后，用砂纸打磨平整，然后均匀涂上 2～3 道手扫漆，每道待前一道干透后，再涂后一道，一般间隔 1.5h。稀释剂为手扫漆稀释剂，漆刷为软羊毛刷或排笔。若用喷涂法施工，可将漆稀释至黏度更低些，喷涂压力为 0.25～4MPa。潮湿天气施工如产生发白现象，可适量加入 F-16 硝基漆防潮剂，则可消除。稀释剂为 X-1 硝基漆稀释剂。该漆储存期为 1 年。超期经检验符合标准仍可使用。

产品配方/(kg/t)

原料名称	粉红	浅蓝	奶黄	白色	天蓝
硝基漆片	210	210	210	210	210
硝化棉	100	100	100	100	100
醇酸树脂	220	220	220	220	220
氨基树脂	100	100	100	100	100
助剂	20	20	20	20	20
溶剂	450	450	450	450	450

生产工艺与流程

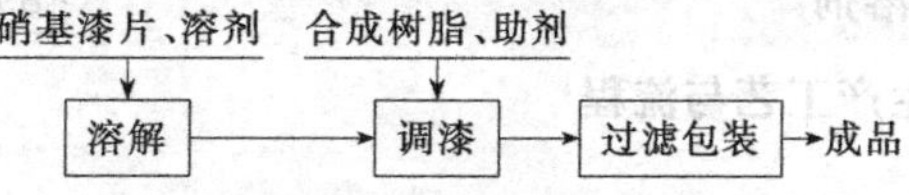

18-45　硝基出口家具漆

性能与用途　该漆漆膜具有外观平整、光泽柔和、手感细腻滑润及耐寒性好等优点。特别是漆膜的耐寒性在－25℃三个周期不龟裂，解决了出口家具在冬季运输中的问题。该漆广泛应用于出口家具及民用高档家具、乐器的表面装饰。对家具、乐器表面有很好的装饰与保护作用。

涂装工艺参考　该漆可采用刷涂、喷涂、擦涂法施工。使用前必须充分搅拌均匀，黏度大时可用 X-1 稀释剂调整。施工时必须在干燥的空气中进行，施工前底材要进行严格的表面处理，凡表面不光滑、有水、有油垢，应仔细清除。该漆储存期 1 年，过期可按产品标准进行检验，如符合质量要求仍可使用。

产品配方/(kg/t)

成膜物	294
助剂	52.5
溶剂	703.5

生产工艺与流程

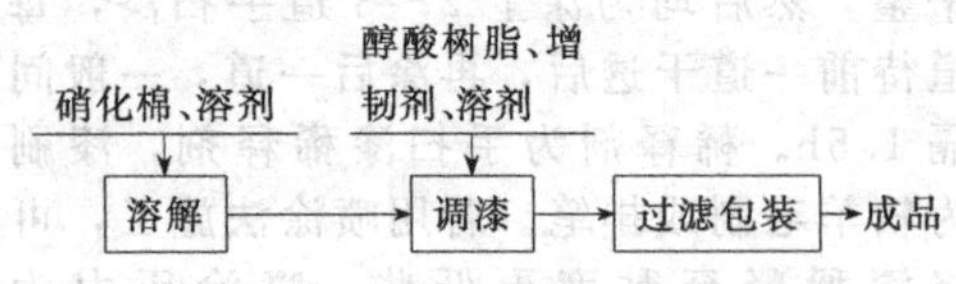

18-46 灰硝基机床漆

性能与用途 该漆干燥快、附着力强。主要用于机床表面涂装。

涂装工艺参考 使用前先将漆充分调匀，以保证施工效果。被涂物面事先进行表面处理，以增加涂膜附着力。该漆施工以喷涂为主。用硝基漆稀释剂 X-1 调节施工黏度。遇湿度大时施工，可酌加 F-1 硝基漆防潮剂，以防止漆膜发白。本漆储存期为 1 年，过期可按质量标准检验，如符合要求仍可使用。

产品配方/(kg/t)

基料	323
颜料	256
溶剂	489

生产工艺与流程

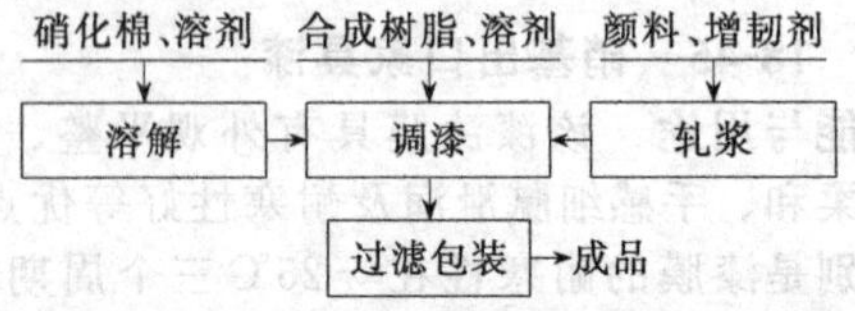

18-47 木制玩具罩面装饰用的硝基玩具漆

性能与用途 该漆漆膜颜色鲜艳、无毒害。专用于木制玩具罩面装饰。

涂装工艺参考 该漆施工采用喷涂、刷涂均可。稀释剂可用 X-1 硝基漆稀释调节黏度。有效储存期为 1 年，过期可按产品标准检验，如符合质量要求仍可使用。

产品配方/(kg/t)

原料名称	红	黄	蓝	白	黑	绿
硝化棉	120	110	120	110	140	20
树脂	310	315	350	280	350	310
颜料	40	120	40	90	15	75
溶剂	450	370	410	430	410	410
助剂	100	105	100	110	105	105

生产工艺与流程

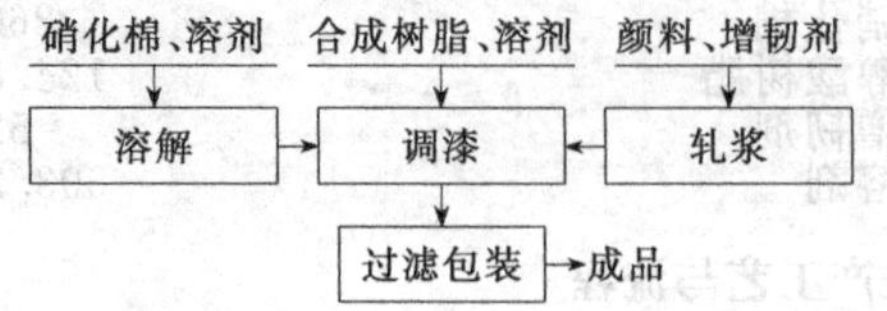

18-48 专用于出口的各色硝基无毒玩具漆

性能与用途 该漆具有干燥快、色彩鲜艳、漆膜丰满度好的特点，漆膜中所含有害元素（铅、铬、砷、钡等）符合国际标准。该漆专用于出口或国内用玩具上作保护装饰用涂料。

涂装工艺参考 施工前应将涂料充分调匀，以保证施工效果。被涂物面事先进行表面处理，以增加涂膜附着力。施工以喷涂为主。用硝基稀释剂稀释，施工黏度可按工艺要求进行调节。遇阴天湿度大时施工，可以酌加 F-1 硝基防潮剂 20%～30%，以防止漆膜发白。本涂料过期可按质量标准进行检验，如符合要求仍可使用。

产品配方/(kg/t)

原料名称	大红	黄	蓝	白	黑	绿
硝化棉	120	110	120	110	140	120
醇酸树脂	310	315	350	280	350	310
颜料	40	120	40	90	15	75
溶剂	550	475	510	540	515	515

生产工艺与流程

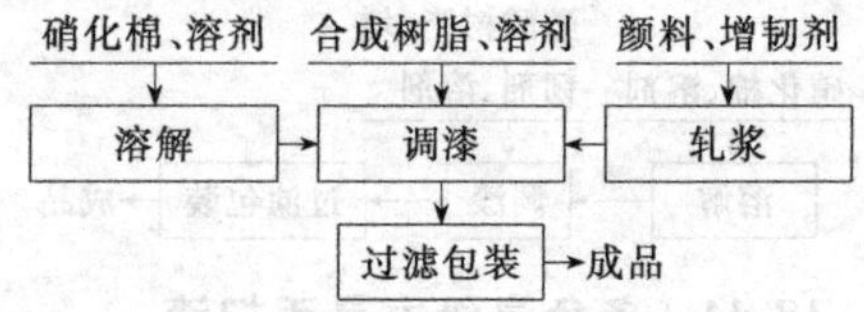

18-49 ABS 塑料用硝基金属闪光漆

性能与用途 该漆对 ABS 塑料附着力极好，物理机械性能良好，涂在 ABS 塑料表面上具有优良的金属质感和装饰性。适用于 ABS 塑料制成的录音机、电视机、钟表壳体的装饰涂料。

涂装工艺参考 施工前要清洗塑料制品表面的油污及灰尘。使用前要把涂料充分搅匀，采用喷涂工艺。用该涂料专用稀释剂稀释至适宜喷涂黏度，一般调到 14～18s

(涂-4 黏度计，25℃测试)。施工时，用小口径喷枪为宜，喷涂时距工件距离为 30～40cm，喷涂压力控制在 4～5.5kg/cm²，漆膜厚度控制在 10～20μm 为宜。金属感闪光漆分两罐装，使用时按 98∶2（清漆与闪光铝粉之比）比例，调和后再调稀使用。施工时若黏度太稠，可用 ABS 塑料漆稀释剂进行调节。本漆有效储存期为 1 年，若过期可按质量标准进行检验，符合要求仍可使用。

产品配方/(kg/t)

原料名称	红色	绿色
70%硝化棉液	204	204
50%热塑性树脂	336.6	336.6
溶剂	428.4	438.6
颜料	51.0	40.8

生产工艺与流程

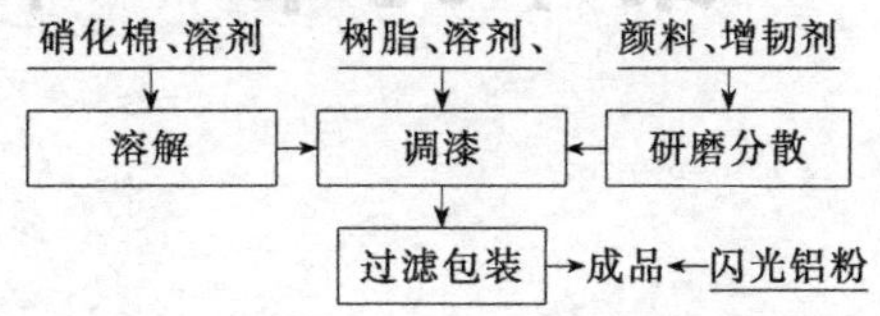

第十九章　环氧和丙烯酸树脂漆

第一节　环氧树脂漆

环氧树脂漆是以环氧树脂为成膜物的涂料。分为未酯化环氧树脂漆、酯化环氧树脂漆、水溶性环氧电泳漆、环氧线型涂料、环氧粉末涂料及脂环族环氧树脂涂料六类。

环氧树脂漆突出的性能是附着力强，特别是对金属表面的附着力更强，耐化学腐蚀性好。具有较好的漆膜保色性、热稳定性和电绝缘性。但户外耐候性差，漆膜易粉化、失光，漆膜丰满度不好，不宜作为高质量的户外用漆和高装饰性用漆。

环氧树脂漆是一种良好的防腐蚀涂料，广泛用于化学工业、造船工业或其他工业部门，供机械设备、容器和管道等涂装。同时该漆也是一种较好的金属底漆，广泛用于汽车工业或其他工业产品生产中。近年开发的水性、无溶剂、粉末型环氧树脂涂料，进一步扩大了它的应用领域。

产品应储存于清洁、干燥密封的容器中，存放时应保持通风、干燥，防止日光直接照射，并应隔绝火源、远离热源，夏季温度过高时应设法降温。其中水性涂料应严防温度过低，储存时应有相应的防冻措施。产品在运输时应防止雨淋、日光暴晒，并应符合运输部门有关的规定。

环氧树脂漆生产工艺与产品配方实例：环氧树脂系列涂料具有很高的附着力和防腐性能，由于为数较多的芳香族环氧树脂耐光性较差，更适于作为底漆或防腐涂层使用。

低分子量环氧树脂黏度较小，可配制成无溶剂或高固体分的涂料。低分子量环氧树脂和脂肪胺加成物等配制而成的涂料可以在室温下固化，固化后的涂层对油质污染、酸、碱和盐雾有优良的抗蚀性能。多道涂覆可以满足车架的重防腐要求。特别适于不能烘烤的情况。

聚酰胺固化的环氧树脂涂层富有弹性，还能在清洁不是很彻底的表面上直接施工而不影响效果，性能表现基本与上述相同，只是耐化学品的能力较上述有所减低。喷涂于车架易于硬性接触的部位可以很好地缓冲可能的冲击。

生产工艺与产品配方实例　见 19-1～19-29。

19-1　新型环氧沥清漆

性能及用途　该漆附着力强，具有良好的抗水、防锈、密封等性能。主要用于木材防腐，水泥、钢铁制品防锈抗水保养之用。

涂装工艺参考　刷涂、滚涂、无空气高压喷涂施工。两组分配比按各厂规定比例调配（上海涂料公司组分一：组分二＝6 ：4；石家庄油漆厂组分一：组分二＝100 ：14，按质量计），调匀后需熟化 0.5h 再用。适用期是在 25℃时，12h 内用完。前道配套涂料 H06-4 环氧富锌底漆，也可直接在除锈达到瑞典除锈标准为 Sa2.5 级的钢板上。建议涂装四道，涂装间隔时间为 10℃以上 24h。施工时可用二甲苯和丁醇混合溶剂调整黏度。

产品配方/(kg/t)

环氧树脂	300
煤焦沥青	300
颜料	200
溶剂	250

生产工艺与流程

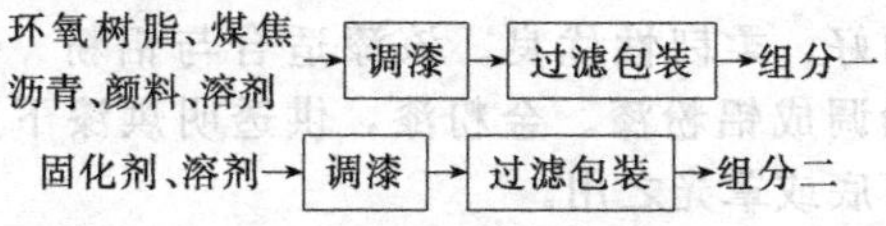

19-2　耐碱、耐油环氧磁漆

性能及用途　主要用于化工设备、储槽、管道等内外壁的耐碱、耐油、抗潮涂层，也可用于混凝土表面。

涂装工艺参考　使用时，将甲、乙组分按比例混合，甲组分 100 份，乙组分白漆 5 份，绿漆 4.5 份，铝色漆 5.5 份（均以质量计），充分调匀。采用刷涂施工，也可用喷涂，用环氧漆稀释剂调整施工黏度。使用前须将金属表面处理干净，在混凝土上施工必须表面干燥后方可涂刷。该漆与固化剂要求现配，一般应在 2h 内用完，以免固化造成浪费。有效储存期为 1 年。

产品配方/%

甲组分：

	白	绿	铝色
钛白粉	20	—	—
氧化铬绿	—	19	—
滑石粉	—	7	—
铝粉浆	—	—	15
601 环氧树脂液(50%)	73	67	78
三聚氰胺甲醛树脂	2	2	2
二甲苯	4	4	4
丁醇	1	1	1

乙组分：

己二胺	50
95%乙醇	50

生产工艺与流程

甲组分：将颜料、填料和一部分环氧树脂液混合，搅拌均匀，经磨漆机研磨至细度合格，再加入其余的环氧树脂液、三聚氰胺甲醛树脂和适量的稀释剂，充分调匀，过滤包装。

乙组分：将己二胺和酒精投入溶料锅，搅拌至完全溶解，过滤包装。

19-3　新型耐水、耐油环氧酯防腐清烘漆

性能及用途　漆膜坚硬、附着力强，具有优良的耐水、耐油、防腐性能。用于涂覆各种防潮仪器和机械零件。

涂装工艺参考　可用二甲苯或甲苯稀释至施工黏度后以喷涂或浸涂法施工。有效储存期为 1 年。

产品配方/(kg/t)

环氧树脂	844
氨基树脂	185

生产工艺与流程

脂肪酸、环氧树脂 → 酯化 → 调漆（氨基树脂、有机溶剂）→ 过滤包装 → 成品

19-4　新型耐水、抗潮环氧清漆

性能及用途　该漆具有良好的附着力，对金属的腐蚀性小，还具有较好的耐水、抗潮性能，常温干燥。用于铝镁等金属打底。

涂装工艺参考　使用时将两罐按清漆：环氧漆固化剂＝100：6 的比例混合调匀，或按各厂规定的比例调配后，即可使用。施工时按甲组分 100 份与乙组分 5.4 份（均按质量计）混合，充分调匀。采用喷涂或刷涂施工，可用 X-7 环氧漆稀释调整施工黏度。调好的清漆应在 6h 内用完，以免固化造成浪费。

产品配方/%

甲组分：

601 环氧树脂	42
丁醇	14
醋酸乙酯	10
甲苯	34

乙组分：

己二胺	50
95%酒精	50

生产工艺与流程

甲组分：将 601 环氧树脂加热熔化，升温至 150℃，加入醋酸乙酯、丁醇和甲苯

等有机溶剂，在搅拌下使完全溶解，过滤包装。

乙组分：将已二胺溶解于95％酒精中，充分调匀，过滤包装。

601环氧树脂、增塑剂、溶剂→调漆→过滤包装→清漆

19-5 耐磨、耐水环氧沥青清漆

性能及用途 该漆漆膜坚韧、耐磨，具有优良的力学性能和很好的耐化学药品性、耐水性，对金属、水泥制品表面有优良的附着力。用于高压水管内壁、化工设备防腐、水下建筑物、海水输送、地下输水、输气管线、钢板桩、闸门等内外壁保护涂层。

涂装工艺参考 使用时按甲组分100份与乙组分3.5份（均以质量计）混合，充分调匀。该漆施工以刷涂为主，喷涂亦可。调整黏度可用二甲苯与环已酮的混合溶剂。涂装金属表面时，需将金属表面处理清洁，方可刷涂，以三道涂刷为宜（涂层间干燥24h）。该漆与固化剂分听包装，是随调随用的涂料，清漆与固化剂的比例为10∶5，使用时在4h内用完。在室温较高时，反应快，因此得少配，避免反应而胶化，若要延长工作时间可加入1％～2％环已酮。调整施工黏度可用环氧树脂漆稀释剂。

产品配方/％

甲组分：

601环氧树脂	26
煤焦沥青	24
二甲苯	46
丁醇	4

乙组分：

已二胺	50
95％酒精	50

生产工艺与流程

甲组分：先将601环氧树脂加热熔化并加入丁醇和一部分二甲苯，充分搅拌，使树脂溶解成溶液，另将煤焦沥青加热熔化并加二甲苯溶解成溶液，然后将二溶液混合，充分调匀，过滤包装。

乙组分：将已二胺溶解于95％酒精中制成溶液，充分调匀，过滤包装。

环氧树脂、煤焦沥青、有机溶剂→调漆→组分一

固化剂、溶剂→调漆

19-6 新型环氧透明烘干罩光清漆

性能及用途 该产品适宜烘干，漆膜附着力好，柔韧性优良。该漆适合与铝粉、铜粉调成铝粉漆、金粉漆，供透明烘漆下层打底或罩光之用。

涂装工艺参考 该漆手工喷涂、静电喷涂均可，可用X-4氨基漆稀释剂或配套稀释剂。配套面漆可用氨基透明烘漆或各色丙烯酸透明烘漆。

产品配方/(kg/t)

漆料	680
溶剂	670

生产工艺与流程

环氧树脂、醇酸树脂、氨基树脂、溶剂→调漆→过滤包装→成品

19-7 电机、电器绕组表面环氧酯绝缘漆

性能及用途 本漆属B级绝缘材料。用于电机、电器绕组表面的涂覆。

涂装工艺参考 可采用刷涂、喷涂和浸涂法施工，其施工简单易行，只需在施工前将被涂物的表面处理干净，便可进行涂装，可以自干，亦可低温烘干。用二甲苯与丁醇混合溶剂进行稀释，如有粗粒和机械杂质必须过滤清除，以免影响绝缘性能。

产品配方（质量份）

钛白粉	12.5
炭黑	0.2
二甲苯	17.5
丁醇	4
环烷酸铅(10％)	1
604环氧树脂脱水	64
蓖麻油酸、桐油	9
环烷酸钴(2％)	0.8

生产工艺与流程 将颜料、一部分环氧酯漆料和适量二甲苯混合，搅拌均匀，经磨漆机研磨至细度合格，加入其余的环氧酯漆料、溶剂和催干剂，充分调匀，过滤包装。

19-8 水果、蔬菜罐头内壁环氧酯烘漆

性能及用途 用于涂装含酸的水果、蔬菜罐头内壁。

涂装工艺参考 采用滚涂法施工为主，施工前将该漆加入适量的 X-7 环氧漆稀释剂稀释后，即可在专用滚涂机上滚涂第一道，送入烘房在 170～180℃下烘 30min，冷却后用同样方法进行第二道施工。

产品配方（质量份）

604 环氧树脂	32
豆油酸	18
回流二甲苯	3
丁醇	8
醋酸丁醇	8
二甲苯	8

生产工艺与流程 将 604 环氧树脂和豆油酸投入反应锅内混合，加热熔化，开搅拌机，加入回流二甲苯，升温至 210～220℃进行酯化反应，至黏度合格降温至 140℃，加入二甲苯，醋酸丁酯和丁醇稀释，充分调匀，过滤包装。

19-9 防腐、抗潮、绝缘环氧酯烘干漆

性能及用途 用于浸渍湿热带及化工防腐电机、电器绕组和电讯器材。也适用于涂覆金属、层压制品表面作防腐蚀、抗潮、绝缘之用。

涂装工艺参考 采用浸渍法施工，以真空加压浸渍法效果最佳。用二甲苯与丁醇的混合溶剂调整黏度，但不宜过量稀释，要保持漆中一定的固体含量。施工前必须清除电枢端部及铁芯表面的灰尘、油污，电枢或金属铸件须经热处理后方可浸渍，浸渍后要在无尘通风室内滴漆 0.5h 左右，方可进入烘房。

产品配方/%

604 环氧树脂	23.0
亚油酸	22.8
二甲苯	40.3
环烷酸钴(2%)	0.1
丁醇	5
三聚氰胺甲醛树脂	8.8

生产工艺与流程 首先将 604 环氧树脂和亚油酸投入反应锅，加热熔化，加入部分二甲苯，升温至 210～220℃进行回流酯化反应，酯化完全后，降温至 140℃，加入其余的二甲苯稀释，降温至 80℃以下，加入环烷酸钴、丁醇和三聚氰胺甲醛树脂，充分调匀，过滤包装。

19-10 新型环氧酯底漆

性能及用途 漆膜坚韧耐久，附着力好，若与磷化底漆配套使用，可提高耐潮、耐盐雾和防锈性能。铁红、铁黑环氧酯底漆适用于涂覆黑色金属表面，锌黄环氧酯底漆适用于涂覆轻金属表面。适用于沿海地区及湿热带气候的金属材料的表面打底。

涂装工艺参考 环氧酯底漆有铁红、铁黑、锌黄等。铁红、铁黑环氧酯底漆用于黑色金属表面打底，锌黄环氧酯底漆用于有色金属表面打底。涂漆前，除去金属表面的锈迹、油污，再涂一层磷化底漆。施工前必须将该漆搅拌均匀，用二甲苯和丁醇混合溶剂稀释，喷涂和刷涂均可施工，漆膜干燥后用水砂纸打磨，干后再涂刮腻子或涂面漆。

产品配方/(kg/t)

树脂	473
颜料	464
溶剂	47

生产工艺路线与流程

环氧漆料，颜、填料，溶剂 → 高速搅拌预混 → 研磨分散 → 调漆 → 过滤包装 → 成品

（调漆工序加入：催干剂、助剂、溶剂）

19-11 金属表面环氧防锈底漆

性能及用途 该漆具有优良的耐盐雾、耐湿热性及良好的机械物理性能，对金属表面有较好的附着力，可作优良的防锈底漆。

涂装工艺参考 使用前按漆料：固化剂＝100∶2.2 比例调配，配好后在 4h 内用完，若要延长工作时间可加入 1%～2%的环已酮。被涂物必须洁净，涂漆三道，每道间隔 24h。施工时用二甲苯与丁醇的混合液(1∶1) 稀释。该漆有效储存期为 1 年。

产品配方/(kg/t)

55%醇酸树脂	1050
助剂	145

生产工艺与流程

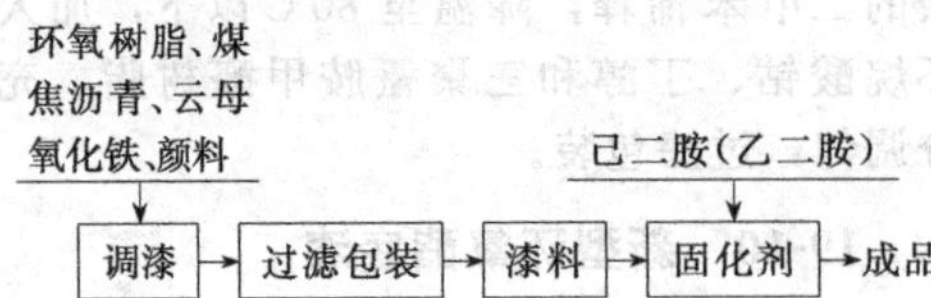

19-12 金属表面环氧酯烘干底漆

性能及用途 漆膜坚韧耐久，附着力好，具有良好的耐化学药品性及耐水性，适用于黑色金属或有色金属表面打底。

涂装工艺参考 该漆施工方式以喷涂为主，使用前将漆充分搅拌均匀，可用二甲苯(或二甲苯和丁醇混合溶剂) 调整施工黏度。

产品配方/(kg/t)

50%环氧树脂	520
50%氨基树脂	65
颜、填料	400
催干剂	16
溶剂	140

生产工艺与流程

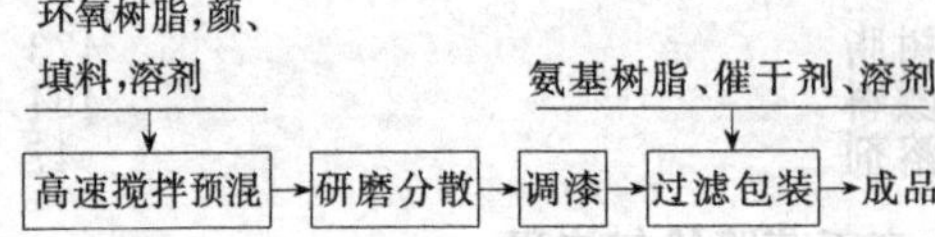

19-13 钢铁、铝合金的表面烘干电泳漆

性能及用途 该漆无毒不燃、安全方便。用电泳施工，有利于施工机械化，漆膜均匀，附着力优良。一般用在各色环氧酯烘干电泳漆的电泳槽里作添加补充，维持电泳槽内漆液的固体含量，亦可直接电泳涂装在钢铁、铝合金的表面。

涂装工艺参考 将漆用蒸馏水或软化水稀释成8%～14%固体含量即可电泳，加水应缓慢加入，并用120目筛网过滤，严禁苯类溶剂及机油混入。电泳槽应附有搅拌装置、阴极板、阴极罩等装置，以保持电泳漆颜料分均匀，涂膜完整。正常使用时，每天应补足耗用量的新漆，以保持槽内漆液的固体量、pH值、颜基比的稳定。施工工艺是：金属表面除油→酸洗除锈→中和→水洗→磷化→水洗→烘干→电泳→水洗→烘干。有效储存期为1年。

产品配方/(kg/t)

树脂	560
溶剂	712

生产工艺与流程

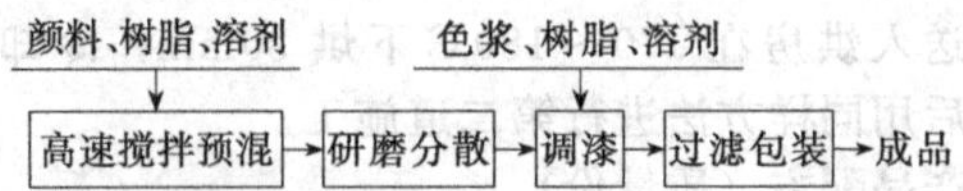

19-14 钢铁、金属表面烘干电泳底漆

性能及用途 适用于涂覆表面经过处理过的钢铁等金属表面。

涂装工艺参考 本漆采用电泳涂装法施工，用去离子水或蒸馏水调整施工黏度，施工后涂膜于150℃烘干，工件最好先进行磷化处理，再进行电泳施工。原漆冲稀时应将水在不断搅拌下倒入漆中，不能倒加，漆液施工浓度为10%～15%。在施工过程中应注意经常补加新漆，以保持漆液的各项技术参数稳定。

产品配方/%

氧化铁红	10
沉淀硫酸钡	10
水溶性601环氧酯	42
蒸馏水(或去离子水)	33
滑石粉	5

生产工艺与流程 将颜料、填料、一部分水溶性601环氧酯和适量的水混合，搅拌均匀，经磨漆机研磨至细度合格，再加入其余的水溶性601环氧酯和水，充分调匀，过滤包装。

19-15 环氧酯耐油烘干绝缘漆

性能及用途 该漆具有厚层干燥迅速，附着力优良，耐油性好，并耐化学气体腐蚀，抗潮、绝缘等优良性能。上海涂料公司的产品属于E级绝缘材料，宁波造漆厂的产品属于A级绝缘材料。主要用于浸渍电机、电器、线圈绕组，并可作外层覆盖，密封、抗潮、绝缘用。

涂装工艺参考 各种线圈、定子、转子必须进行预烘，除去水分，预烘温度在80～100℃范围。待冷却至60℃左右，浸入漆中，至气泡停止为止，取出置于干燥洁净处滴干。该漆亦可采用真空浸漆、压力浸漆法施工。烘干有普通烘房、真空烘房、红外线等干燥法。施工时可用二甲苯、丁醇调整黏度。

产品配方/(kg/t)

50%环氧树脂	554.2
氨基树脂	247.42
醇酸树脂	232.78
溶剂	51.54

生产工艺与流程

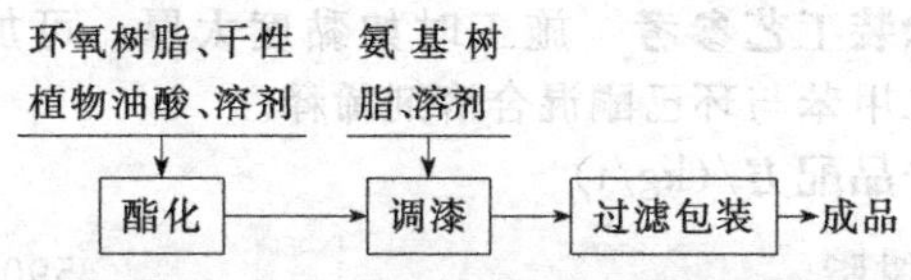

19-16　环氧醇酸烘干绝缘漆

性能及用途　具有优良的附着力和耐热性，抗潮、绝缘等优良性能，属B级绝缘材料。适用于浸渍湿热带电机、电器的绕组作抗潮、绝缘用。

涂装工艺参考　以浸渍为主。施工时可用二甲苯、环己酮混合溶剂调整黏度，但用量不能超过20%，涂层在4～7层为宜，每次喷涂约15～20min左右为宜，第二道涂毕静止30min后在160℃烘40min，第二、三层中间同样在160℃烘40min，而最后一道则在180℃烘60min。该漆有效储存期为1年。

产品配方/(kg/t)

环氧树脂	468
醇酸树脂	489
溶剂	289

生产工艺与流程

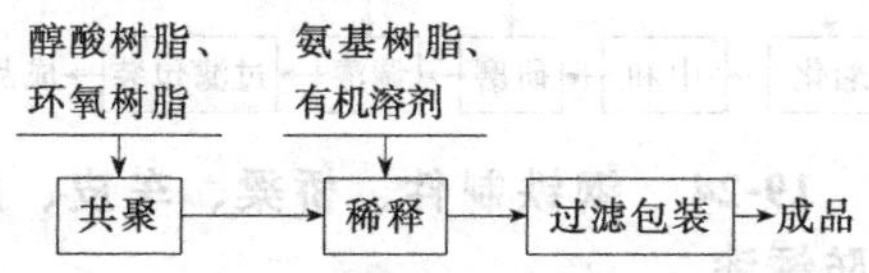

19-17　环氧浸渍型无溶剂烘干绝缘漆

性能及用途　该漆为浸渍型绝缘漆，三防性能好，固化快，硬度高，收缩率小，固化后不易开裂。黏结牢，吸水性小。适用于浇注湿热带的电机线圈。

涂装工艺参考　此胶由酸酐油和环氧树脂（环氧酯）双组分组成，使用时按1∶1配比混合，待稍静止气泡消除即可使用。混合后的胶，使用寿命不超过8h，应当日配料当日用完，否则固化浪费。此胶属于滴型胶，应按该滴胶工艺进行，用户可根据自己的不同涂料工艺及质量要求，该胶也可加进溶剂（酒精∶苯＝1∶1或二甲苯）变为浸型胶使用。

产品配方/(kg/t)

树脂	990
溶剂	36

生产工艺与流程

顺酐桐油 → 配料 → 加热 → 过滤包装 → 酸酐油

19-18　机械零件防腐烘干漆

性能及用途　该漆具有优良的防腐性、耐水性、耐油性及附着力。适用于浸、喷各种防潮仪器和机械零件。

涂装工艺参考　被涂物面必须清洁无锈，如经钝化、酸洗、碱蚀等必须用温水冲净。使用时可用二甲苯∶丁醇＝1∶1混合溶剂稀释。该漆适用于喷、浸、刷涂施工，如遇有棱角的产品最好将棱倒钝，进行浸漆，然后再按要求刷涂棱角。

产品配方/(kg/t)

成膜物	418
溶剂	636

生产工艺与流程

环氧树脂、纯酚醛树脂、氨基树脂、醇酸树脂、溶剂 → 调漆 → 过滤包装 → 成品

19-19　浸渍型微电机线圈绝缘漆

性能及用途　该漆为浸渍型绝缘漆，黏度小，弹性好。适用于微电机线圈。

涂装工艺参考　使用时，两组分等量配合，充分搅匀后，静置约0.5h消除气泡即可使用。可采用滴注施工，或加入溶剂（乙醇∶苯＝1∶1或二甲苯）变为浸型胶使用。混合后的漆液使用时间不超过8h。

产品配方/(kg/t)

顺酐	125
胡麻油	82
桐油	175
溶剂	118

生产工艺与流程

顺酐、桐油、胡麻油、溶剂 → 配料 → 加热 → 过滤包装 → 酸酐油

19-20　电机、电器绕组表面烘干绝缘漆

性能及用途　该漆漆膜具有抗潮、耐热、耐化学腐蚀，为B级绝缘材料。主要用于湿热带、电机、电器绕组表面防潮、绝缘覆盖之用。

涂装工艺参考　该漆刷涂、喷涂均可施工。施工时可用二甲苯或二甲苯与丁醇混合溶剂稀释。

产品配方/(kg/t)

环氧酯漆料	960
酚醛树脂	45.2
颜料	430
溶剂	30

生产工艺与流程

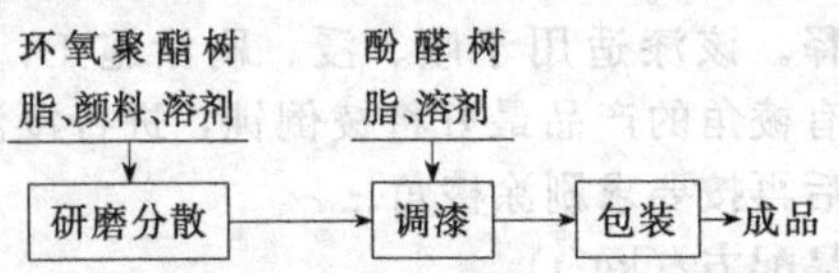

19-21　电机、电器、变压器线圈线组烘干绝缘漆

性能及用途　该漆漆膜具有优良的厚层干燥迅速、耐热、抗潮、绝缘等性能。主要用于电机、电器、变压器线圈线组作抗潮绝缘之用。为B级绝缘材料。

涂装工艺参考　先将物件采用吹风或其他方法清除各种机械杂质和可能导电颗粒。浸漆也可加压浸渍，待滴干30min左右后进入烘箱烘干。将线圈、浸漆物进烘箱预烘，除去水分，冷却备用。施工时可用苯乙烯调整黏度。

产品配方/(kg/t)

环氧树脂	31.5
聚酯树脂	31.5
酸酐	560
活性稀释剂	435

生产工艺与流程

19-22　电机硅钢片烘干清漆

性能及用途　具有良好的电性能、耐热性和附着力，其耐油性也较好，并可耐一定的化学品腐蚀等特点。专供大中型电机硅钢片涂漆用。

涂装工艺参考　施工时如黏度太厚，可加二甲苯与环己酮混合溶剂稀释。

产品配方/(kg/t)

树脂	590
溶剂	568

生产工艺与流程

树脂、溶剂、助剂 → 调漆 → 过滤包装 → 成品

19-23　黑色金属制品无光电泳漆

性能及用途　该漆以水为溶剂，具有不燃性、无毒、操作方便等特点。以电泳施工成膜，具有良好的附着力、耐水性和防锈性，用于各种金属制品，如汽车、自行车、仪器、仪表等轻工产品的涂装。

涂装工艺参考　有效储存期为1年。

产品配方/(kg/t)

成膜物	460
颜填料	135
蒸馏水	471

生产工艺与流程

油酸、顺酐、环氧树脂、纯酚醛树脂 → 酯化 → 中和（胺）→ 研磨 → 调漆（蒸馏水、颜料）→ 过滤包装 → 成品

19-24　钢铁制件、桥梁、车皮、船舶防锈漆

性能及用途　用于钢铁制件、桥梁、车皮、船舶等的打底防锈涂层。

涂装工艺参考　采用刷涂、喷涂法施工均可，一般以刷涂为主。使用前将漆搅拌均匀，用环氧漆稀释剂调整施工黏度，被涂

物面必须将油污、铁锈、灰尘等处理干净，涂刷两遍为宜。待第二道干透后再涂面漆，可与酚醛磁漆、醇酸磁漆、环氧磁漆等面漆配套使用，有效储存期为1年。

产品配方/%

红丹	58
沉淀硫酸钡	4
滑石粉	5
604环氧树脂干性植物油酸酯漆料	13
中油度干性油改性醇酸树脂	14
环氧漆稀释剂	4
环烷酸钴(2%)	0.4
防沉剂	0.5
环烷酸铅(10%)	0.5
环烷酸锰(2%)	0.6

生产工艺与流程　将颜料、填料、一部分环氧酯漆料和醇酸树脂、环氧漆稀释剂混合，搅拌均匀，经磨漆机研磨至细度合格，再加入其余的漆料、树脂和催干剂，充分调匀，过滤包装。

19-25　新型车辆环氧二道底漆

性能及用途　该漆漆膜有良好的力学性能及附着力，漆膜平整，易打磨，耐水性好，与底漆和面漆均有良好的结合力，可增加面漆的光泽与丰满度。该漆适用于各种车辆及室内外金属制品配套用漆中间涂层，可供缝纫机机头作封闭腻子层用。

涂装工艺参考　施工可采用喷涂，配套底漆为环氧烘干底漆，配套面漆为高固体丙烯酸烘干汽车面漆，与环氧底漆可采用湿碰湿喷涂，即喷两次烘一次，打磨后再喷面漆。

产品配方/(kg/t)

55%醇酸树脂	460
50%氨基树脂	240
50%环氧树脂液	85
颜、填料	280
助剂	5
溶剂	60

生产工艺与流程

环氧树脂,颜、填料,助剂 → 高速搅拌预混 → 研磨分散 → 调漆（加入环氧树脂、氨基树脂、助剂、溶剂）→ 过滤包装 → 成品

19-26　轻工业、机械/仪器装饰酚醛电泳漆

性能及用途　该漆以水为溶剂，具有不燃性、无毒、操作方便等优点，以电泳施工成膜后具有良好的附着力、耐水性及防锈能力等。用于轻工、农业机械、仪器仪表作装饰、保护用。

涂装工艺参考　有效储存期为1年。

产品配方/(kg/t)

成膜物	462
颜填料	134
蒸馏水	470

生产工艺与流程

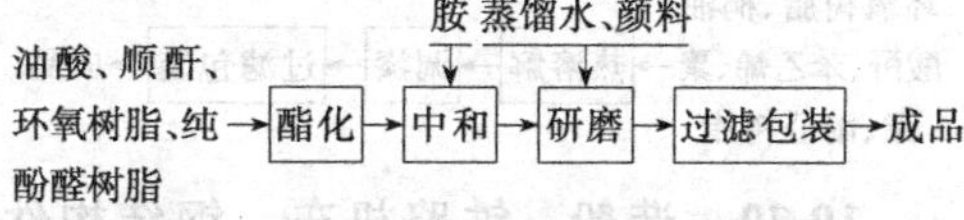

19-27　船舶、集装箱、桥梁机电厚浆底漆

性能及用途　漆膜具有良好的附着力、耐水、防锈等性能，既可作中间涂层，又可作底漆，广泛应用于船舶、集装箱、港口码头、海上平台、桥梁机电产品、石油和化学工业等金属防护涂料。

涂装工艺参考　将漆浆（组分一）：固化剂（组分二）＝100：(12～15)，配合后25℃下适用期8h。

产品配方/(kg/t)

环氧树脂	230
聚酰胺树脂	95
云母氧化铁	300
锌黄	95
助剂	45

生产工艺与流程

环氧树脂液、云母氧化铁、颜料、助剂 → 混合 → 研磨分散 → 调漆（加入溶剂）→ 过滤包装 → 组分一

聚酰胺树脂、溶剂、促进剂 → 热溶解 → 调漆 → 过滤包装 → 组分二

19-28　环氧无溶剂绝缘烘漆

性能及用途　具有较好的防潮性和耐热性

能，黏度低、固化快速、焙烘周期短、耐受潮、电阻高，可减少浸渍次数之优点，为B级绝缘材料。主要用于电机、电器绕组浸渍用。

涂装工艺参考 对物件表面进行净化，可采用吹风法清除各种机械杂质。浸过漆的线圈滴干30min左右，进入烘箱烘干。对线圈进行预烘，除去水分，以苯乙烯为活性溶剂。

产品配方/(kg/t)

环氧树脂	27.36
聚酯树脂	27.4
酸酐	913.84
活性稀释剂	353
酚醛树脂	33.4

生产工艺与流程

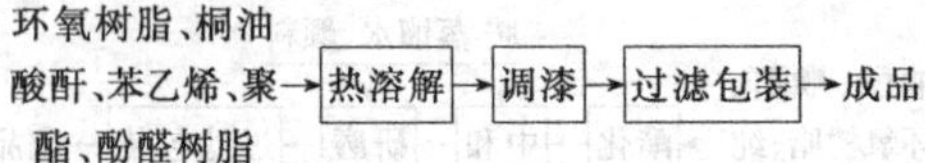

19-29 造船、铁路机车、钢结构件磁铁环氧预涂底漆

性能及用途 该漆主要用于造船工业、铁路机车工业及钢结构件抛丸自动除锈喷涂底漆流水作业线。

涂装工艺参考 采用自动喷涂流水线，喷涂、滚涂、无空气高压喷涂。施工前应将产品允许搅拌均匀后，按各施工单位所要求的黏度用配套稀释剂进行调整，方可使用。配套底漆为醇酸底漆、环氧底漆、硝基底漆及氯化氯丁胶底漆。该底漆为不含锌粉底漆，要求涂膜厚度一次达20～25μm，在储存期内允许黏度增大，用10%以下配套稀释剂稀释至标准规定的黏度后，再检验其他项目，均应符合质量标准规定指标。

产品配方/(kg/t)

树脂	415
颜料	486
助剂	16.1
溶剂	111

生产工艺与流程

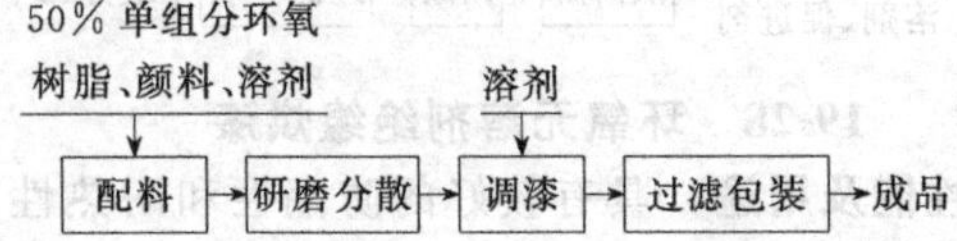

第二节 丙烯酸漆

以丙烯酸树脂为主要成膜物的涂料称为丙烯酸树脂涂料。通过单体选择及其配比调整、聚合方法的改变，制得各具特色的多种丙烯酸树脂。同时又能和多种合成树脂拼用，配制出多品种、多性能、多用途的系列化丙烯酸树脂涂料。

丙烯酸树脂涂料具有色浅、透明度高、保色、保光、光亮丰满、耐候、耐热、耐腐蚀、三防性能好，附着力强、坚硬、柔韧等特点。其高光泽、耐候、保光、保色等特点，在汽车工业上的应用与日俱增，热塑性品种广泛地应用在织物、木器以及金属表面作为保护或装饰涂层，加入荧光颜料可以制成发光液。此外在航空工业以及某些要求耐大气的建筑工程上都有应用。热固性品种，在要求高装饰性能、不泛黄以及耐沾污、耐腐蚀等轻工业产品，如缝纫机、洗衣机、电冰箱、仪表标牌及外壳等的涂装上均表现出极优良的效果。在抛光的铜、铝、银等金属表面，使用丙烯酸酯漆能得到保光、保色、防潮、防腐、防沾污等方面的极好性能。用热固性丙烯酸酯涂饰马口铁表面，漆膜光亮美观，并有很好的耐水、耐热、耐油脂性能，适宜用于罐头外壁或内壁上作为耐高温、高压蒸煮消毒的保护装饰涂层或耐腐蚀涂层。

丙烯酸树脂涂料的种类很多，可按不同的方法对其进行分类。以丙烯酸树脂涂料的形态，并结合其他特点，可分为（1）溶剂型，包括普通溶剂型丙烯酸树脂涂料、高固体分涂料、非水分散体涂料（NAD）；（2）水性丙烯酸树脂涂料，包括水溶性涂料、水溶胶型涂料、水乳胶型涂料、水厚浆涂料；（3）无溶剂型，包括辐射固化型涂料、粉末涂料。丙烯酸树脂虽有多方面的优点，但也存在缺点需要改进，如热塑性树脂的遇热软化以及低分子量产品的物理性能欠佳等。热固性树脂由于能够进一步交联反应而增大其分子量，所以物理性能很好，但其热固化温度一般要求较高，否则交联不好。

产品应储存于清洁、干燥、密封的容器中，容器附有标签，注明产品型号、名称、批号、重量、生产厂名及生产日期。产品在存放时，应保持通风、干燥，防止日光直接照射。溶剂性涂料应隔绝火源、远离热源，夏季温度过高时应设法降温。水溶性涂料储存温度过低会结冰而影响水溶性能，故水溶性涂料储存温度不能低于5℃。产品在运输时，应防止雨淋、日光暴晒，水溶性涂料系非危险品，溶剂性涂料系危险品，应符合运输部门有关的规定。

由于涂料工业生产中的原料和产品绝大部分都易燃、易爆和有毒，作为涂料生产工人要熟练掌握生产中的各项化工单元操作和工艺流程，熟悉所用化工原料和涂料产品性能，并掌握生产中的安全防护技术。生产色漆时，拌和后的颜料浆（主要是铁蓝浆、铬绿浆）要及时研磨，以防止自燃。研磨机在研磨漆液时，温度不能过高。漆料过滤温度不宜超过80℃，密闭式过滤机不宜超过90℃。生产中擦漆用的棉纱、抹布等，用后集中到指定地点统一处理。严禁在生产岗位吸烟。生产车间（所用电气设备一律使用防爆型的，接地要良好）环境要求排风良好，应保持一定的相对湿度。在皮带轮转动装置上，禁止用松香擦皮带。油脂、树脂液、溶剂或电器着火时，严禁用水直接扑救，应采用二氧化碳灭火器、干粉灭火器或泡沫灭火器扑救。

丙烯酸树脂漆生产工艺与产品配方实例 见19-30～19-47。

19-30 铝合金表面涂覆的丙烯酸清漆

性能及用途 适用于经阳极化处理的铝合金表面的涂覆。

涂装工艺参考 可采用喷涂法施工，若黏度过高，喷涂时会造成“拉丝”现象，可加入X-5丙烯酸漆稀释剂调整施工黏度，施工时若温度过高，漆中溶剂挥发过快，则影响流平性。有效储存期为1年，过期可按产品标准进行检验，如符合质量要求仍可使用。

产品配方/%

热塑性丙烯酸树脂(固体)	8
磷酸三甲酚酯	0.2
苯二甲酸二丁酯	0.2
醋酸丁酯	28.1
丙酮	9
甲苯	50
丁醇	4.5

生产工艺与流程 将丙烯酸树脂、磷酸三甲酚酯、二丁酯溶解于有机溶剂中，充分混合调匀，过滤包装。

19-31 铝合金及塑料表面涂层的丙烯酸清漆

性能及用途 主要用于阳极化处理的铝合金及塑料表面涂装。

涂装工艺参考 可采用喷涂法施工，可加入丁酯稀释剂调整施工黏度，施工时若温度过高，漆中溶剂挥发过快，则影响流平性。有效储存期为1年，漆超过储存期可按质量标准进行检验，如符合质量要求仍可使用。

产品配方/(kg/t)

丙烯酸珠状树脂	81.6
醇酸丁酯	938.4

生产工艺与流程

丙烯酸树脂、溶剂→ 配漆 → 过滤包装 →成品

19-32 透明性丙烯酸清漆

性能及用途 该漆具有良好的耐候性，较好的附着力。透明性极佳，可充分显现底层材质的花纹和光泽。适用于经阳极化处理的铝合金或其他金属表面的装饰与保护。

涂装工艺参考 施工前，金属表面必须先经处理，在GB/T 9278的条件下干燥2h，或在40℃下烘烤1.5h即可。若原漆黏度过高，喷涂时会造成“拉丝”现象，使用前可用X-5丙烯酸漆稀释剂调整到施工黏度。

施工黏度以15～25s为宜。施工温度不宜过高，否则溶剂挥发快，影响漆膜流平性。Ⅰ型清漆如果需要和铝粉配合使用，可按清漆∶铝粉＝99.5∶4.5调配即可。本产品有效储存期为1年。过期可按产品标准要求进行检验，如符合质量条件仍可使用。

产品配方/(kg/t)

丙烯酸树脂	85
助剂	2
溶剂	933

生产工艺与流程

19-33 热塑性丙烯酸清漆

性能及用途 该漆为热塑性涂料，色浅，漆膜光亮，对热压塑料有良好的黏结力。主要用于聚氯乙烯薄膜作热压粘贴剂。

涂装工艺参考 使用前必须将漆兜底调匀，如有粗粒和机械杂质，必须进行过滤。被涂物面事先要进行表面处理，以增加涂膜附着力和耐久性。该漆不能与不同品种的涂料和稀释剂拼和混合使用，以致造成产品质量上的弊病。该漆施工以辊涂为主，稀释剂可用X-5丙烯酸漆稀释剂稀释。施工黏度可按工艺产品要求进行调节。本漆超过储存期可按质量标准检验，如符合要求仍可使用。

产品配方/(kg/t)

丙烯酸树脂	155
助剂	865
溶剂	2

生产工艺与流程

19-34 金属和各种表面的罩光清漆

性能及用途 该漆色泽浅，漆膜坚硬、光亮，具有良好的附着力和优良的耐候性。用于金属和各种表面的罩光。

涂装工艺参考 本产品应现用现配，用多少配多少，配好的漆应在规定的适用期内用完，以免造成浪费。成分二易与潮气反应，故成分二的包装桶要保持严密，以免吸潮变质。使用时用X-10或13-4稀释剂及无水二甲苯兑稀均可，工作黏度（涂-4黏度计，25℃）15～20s。干燥温度不应低于22℃，有条件的用户可低温烘烤。如不具备上述条件配漆熟化时间可延长1～2h后施工。使用过程中严禁混入水、醇等物。配漆比例为成分一∶成分二＝100∶24。

产品配方/(kg/t)

成分一:专用树脂液	856
成分二:加成物	184

生产工艺与流程

树脂、溶剂→混合配漆→过滤包装→成品

19-35 金属表面涂覆的耐候性丙烯酸清漆

性能及用途 该漆能常温干燥，有良好的耐候性和较好的附着力，耐汽油性比B01-3丙烯酸清漆好，但耐热性较差。使用温度不应大于150℃。适用于经阳极化处理的铝合金或其他金属表面的涂覆。

涂装工艺参考 金属表面应先经处理，然后喷涂清漆两层，要在常温干燥3.5h或在40～50℃干燥1.5h。施工时，可用X-5丙烯酸漆稀释剂调稀至黏度12～15s（涂-4黏度计），黏度过高，喷涂时会造成“拉丝”现象，若施工时温度过高，溶剂挥发过快，影响流平性。

产品配方/(kg/t)

丙烯酸树脂	80
溶剂	920
硝化棉	20

生产工艺与流程

19-36 铝合金表面涂覆的耐热性丙烯酸清漆

性能及用途 具有良好的耐候性、耐热性，硬度高，对轻金属有较好的附着力。适用于阳极化处理的铝合金和其他轻金属表面的涂覆。

涂装工艺参考 使用以X-5丙烯酸稀释剂

调稀。施工时，黏度以 11～15s（涂-4 黏度计）为宜，黏度过高，易产生“拉丝”现象。施工温度不宜过高，否则溶剂挥发快，影响漆膜流平性。

产品配方/(kg/t)

树脂	290
溶剂	885
增塑剂	5

生产工艺与流程

19-37 金属表面罩光的丙烯酸烘干清漆

性能及用途 该漆色泽浅，漆膜坚硬、光亮，具有良好的附着力和优良的耐候性。用于金属和各种烘漆表面的罩光。

涂装工艺参考 该漆施工以喷涂为主，用丙烯酸烘漆稀释剂或二甲苯和丁醇（7∶3，质量计）混合溶剂稀释。物件喷涂后，应在常温、无尘的环境中放置 10～15min，然后进入装有鼓风装置的烘箱，逐步升温至干燥温度。该漆有效储存期为 1 年。与 B04-53 丙烯酸烘干磁漆配套使用。

产品配方/(kg/t)

1152 丙烯酸树脂	750
氨基树脂	180
助剂	40
溶剂	70

生产工艺与流程

19-38 各色丙烯酸塑料用磁漆

性能及用途 该涂料具有优良的保光、保色、抗潮、耐磨等性能，漆膜细腻光亮、色泽鲜艳、附着力强、储藏稳定、不易沉淀、施工方便等特点。该涂料专用于喷涂 ABS、SA、PS 等塑料的表面。

涂装工艺参考 使用前必须将漆兜底调匀，如有粗粒和机械杂质，必须进行过滤。被涂物面事先要进行表面处理，以增加漆膜附着力，施工时按修整→清污→吹尘→涂漆→干燥→抛光的顺序进行。配套要求：涂于 ABS 工件，用塑料用稀释剂稀释。涂于 HIPS、AS、PS 工件，用塑料用隔离涂料作底层，且用塑料用稀释剂进行稀释。产品过储存期可按质量标准检验，如符合要求仍可使用。

产品配方/(kg/t)

树脂液	800
溶剂	200

生产工艺路线与流程

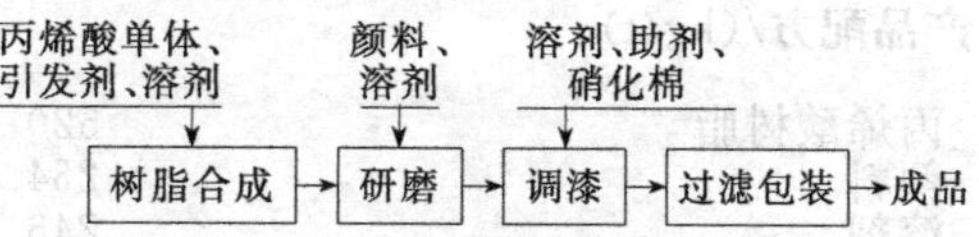

19-39 镉红丙烯酸磁漆

性能及用途 漆膜光亮，干燥较快，颜色鲜艳，并且有良好的耐候性和保光保色性。适用于对户外耐大气要求的消防车，国徽、标语牌等物件作装饰保护涂料。

涂装工艺参考 使用前必须将漆兜底调匀，如有粗粒和机械杂质，必须进行过滤。被涂物面事先要进行表面处理，以增加漆膜附着力和耐久性。该漆不能与不同品种的涂料和稀释剂拼和混合使用，以致造成产品质量上的弊病。该漆施工以喷涂为主，稀释剂可用 X-5 丙烯酸漆稀释剂稀释，施工黏度［涂-4 黏度计，(25±1℃)］一般以 14～20s 为宜。与 H06-2 铁红环氧酯底漆、G06-4 过氯乙烯铁红底漆配套使用。过期可按质量标准检验，如符合要求仍可使用。

产品配方/(kg/t)

丙烯酸树脂	460
醋丁纤维素	30
颜料	130
溶剂	410

生产工艺与流程

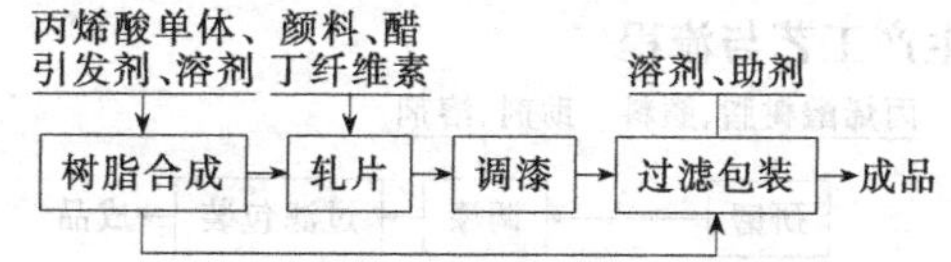

19-40 电影银幕涂装的丙烯酸磁漆

性能及用途 该漆可室温干燥，漆膜不易泛黄。主要用于电影银幕涂装。

涂装工艺参考 使用前，必须将漆兜底调匀，如有粗粒和机械杂质，必须进行过滤。被涂物面事先要进行表面处理，以增加涂膜附着力和耐久性。该漆不能与不同品种的涂料和稀释剂拼和混合使用，以致造成产品质量上的弊病。该漆施工以喷涂为主，稀释剂可用 X-5 丙烯酸漆稀释剂稀释，施工黏度［涂-4 黏度计（25±1)℃］一般以 14～20s 为宜。过期可按质量标准检验，如符合要求仍可使用。

产品配方/(kg/t)

丙烯酸树脂	520
颜料	264
溶剂	246

生产工艺与流程

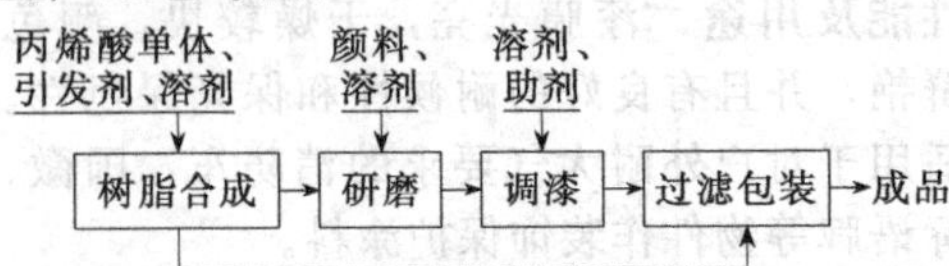

19-41 各色丙烯酸聚氨酯磁漆

性能及用途 主要用于交通车辆、组合冷库和家电。

涂装工艺参考 采用喷涂法施工，施工时可用丙烯酸聚氨酯漆稀释剂稀释：组分一与组分二配比为 10：100。产品适用时间为 8h。产品不能混入水、酸、碱、醇类。

产品配方/(kg/t)

组分一：

原料名称	红	白	黑	黄	蓝	绿
苯丙树脂液	770	619	820	666	724	571
颜料	60	200	15	103	66	132

组分二：

原料名称	红	白	黑	黄	蓝	绿
溶剂	170	133	165	169	150	142
助剂	120	67	120	83	80	142

生产工艺与流程

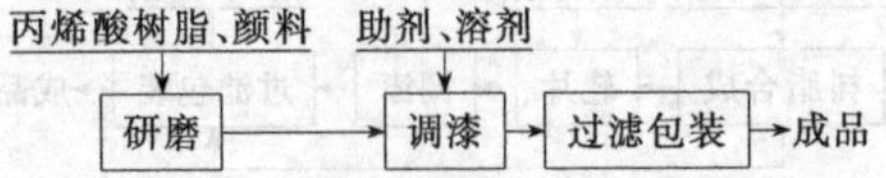

19-42 硬铝表面涂覆的丙烯酸磁漆

性能及用途 能室温干燥。漆膜不泛黄，对湿热带气候具有良好的稳定性。用于涂覆各种金属表面及经阳极化处理后涂有底漆的硬铝表面。

产品配方/(kg/t)

树脂	295
钛白粉	140
溶剂	635
增塑剂	40

涂装工艺参考 使用时用 X-5 丙烯酸稀释剂稀释至黏度 13～18s。

生产工艺与流程

丙烯酸树脂、氨基树脂、助剂、溶剂 → 调漆 → 过滤包装 → 成品

19-43 丙烯酸快干清烘漆

性能及用途 漆膜坚韧耐磨，光亮度好，色泽浅，不易泛黄变色，有良好的物理性能，并具有烘烤温度低（100℃），时间短（15min）的节能特点。主要用于轻工、仪表、机电等各种金属物件上作罩光保护涂料。

涂装工艺参考 使用前必须将漆调匀，如有粗粒、机械杂质，必须进行过滤。被涂物面事先要进行表面处理。施工以喷涂为主，稀释剂可用丙烯酸烘漆稀释剂或二甲苯和丁醇（7：3）混合溶剂稀释，施工黏度（涂-4 黏度计，25℃）一般以 16～20s 为宜。物件被喷涂后应在室温静置 5～10min，然后再进入装有鼓风装置的烘箱里，温度应以逐步升温为宜。丙烯酸快干清漆不能与不同品种的涂料和稀释剂拼和混合使用，以致造成产品质量上的弊病。可以用静电喷涂，但需调节好稀释剂的电阻。

产品配方/(kg/t)

醇酸树脂	745
氨基树脂	160
溶剂	120

生产工艺与流程

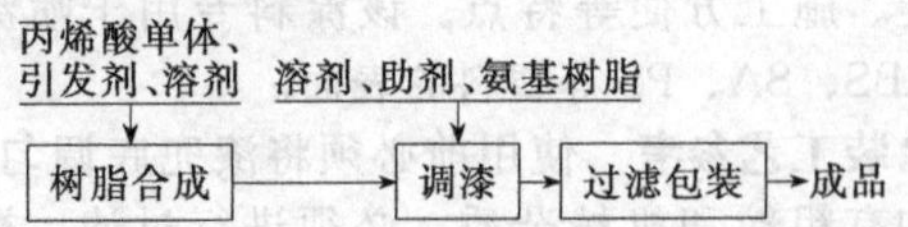

19-44 铝金属表面罩光的高光丙烯酸清漆

性能及用途 漆膜坚硬、光亮、耐久性好。

适用于各种涂有底漆、磁漆的金属表面罩光或铝金属表面罩光。

涂装工艺参考　该漆宜喷涂。用二甲苯调节黏度。与各色丙烯酸底漆、各色氨基底漆、各色丙烯酸面漆、各色氨基面漆配套使用。该漆有效储存期为1年，过可按产品标准检验，如符合质量要求仍可使用。

产品配方/(kg/t)

55%丙醇树脂	972
助剂	214

生产工艺与流程

19-45　透明丙烯酸烘干清漆

性能及用途　该漆流平性、透明度好，经120℃/20min烘烤后，漆膜附着力强、光滑平整、坚韧耐磨、抗冲击、硬度高、耐潮湿性好，并具有良好的耐磨蚀性。施工时有少量香味。适用于金属、铝合金、锌合金、镀锌膜、电镀膜、铜皮等表面装饰保护。该漆有效期为1年，过期可按产品标准检验，如符合质量要求仍可使用。

涂装工艺参考　该漆施工以喷涂为主。常用稀释剂为X-4氨基稀释剂或二甲苯，喷涂后工件应在室温静置5～10min，然后再行烘烤。温度应以逐步升温为宜。烘烤条件为120～125℃烘30min。

产品配方/(kg/t)

45%丙烯酸酯环氧树脂	800
60%氨基树脂	280.7
溶剂	40

生产工艺与流程

丙烯酸酯环氧树脂、溶剂、氨基树脂→搅拌预混→过滤包装→成品

19-46　机床、仪器、仪表、电器、车辆用的丙烯酸聚氨酯橘纹漆

性能及用途　该漆干燥迅速，可常温干燥，也可低温烘干。漆膜表面形成清晰的橘皮纹型图案。光泽柔和、附着力强、硬度高、三防性能优异，并且有良好的耐化学品性及耐候性。该漆适用于机床、仪器、仪表、电器、车辆内壁、铸造件、塑料件及各种机械表面上涂装。使用时按成分一：成分二＝80：20（质量比）配漆，现配现用，当日用完。使用时用专用稀释剂调黏度，用大口径喷枪喷涂。

产品配方/(kg/t)

丙烯酸树脂	412
环氧树脂	200
颜料	40
溶剂	192
氨基树脂	255

生产工艺与流程

丙烯酸、环氧树脂、颜料、溶剂→高速搅拌预混→研磨分散→调漆（氨基树脂、助剂、溶剂）→过滤包装→成品

19-47　水性丙烯酸漆

性能及用途　其有机溶剂大部分由水代替，且具有溶剂型丙烯酸烘漆的优点。有良好的附着力、耐湿热、耐盐雾、防霉的三防性能。并耐过热烘烤。漆膜硬度高。作为家用电器及仪器仪表等工业产品配套涂料。

涂装工艺参考　施工前将漆调匀，并适当静置，待气泡消除后方可施工。施工方法为喷涂、淋涂、浸涂、滚涂。被涂物面须清洁、干燥、平整、无油污、灰尘。施工黏度30～35s（涂-4黏度计）为宜，因本产品黏度下降较快，稀释时不断搅拌，一次加水量不宜太大。喷涂压力$4\times10^5\sim6\times10^5$Pa，喷枪与被涂物面相距20～30cm。烘烤温度W-1喷涂后室温放置5～10min，进入60～80℃烘烤10min，继续升温至(200±5)℃烘烤30min。冷至室温，再喷W-3水性磁漆，在室温下放置5～10min后，进入60～80℃烘烤10min，继续升温到(200±5)℃烘烤30min。W-4喷涂后室温放置5～10min，进入60～80℃烘烤10min，继续升温(115±5)℃烘烤30min。水性漆不能和溶剂型漆相混合，也不能加有机溶剂。喷具使用前应用丁醇或乙醇清洗后再用水清洗才能使用。施工后及时用水清洗干净。

产品配方（质量份）

原料名称	W-1 灰色	W-3 各色	W-4 各色
70%丙烯酸树脂	350	325	395
氨基树脂	—	45	70
颜料	60	195	100
水	620	465	465

生产工艺路线与流程

丙烯酸单体、引发剂、溶剂 → 树脂合成 → 研磨（颜料）→ 调漆（氨基树脂、助剂、水）→ 过滤包装 → 成品

第二十章 聚氨酯和聚酯树脂漆

第一节 聚氨酯漆

一、聚氨酯涂料的定义及分类

聚氨酯漆是以聚氨酯树脂为主要成膜物的涂料。聚氨酯树脂是由异氰酸酯和含活性氢的化合物反应而制得的在分子结构中含有大量氨基甲酸酯链节的高分子化合物。聚氨酯涂料对各种施工环境和对象的适应性较强，可以在低温固化，可以在潮湿环境和潮湿的底材上施工，并且耐石油的性能突出。聚氨酯涂料的主要缺点是有较大的刺激性和毒性。

聚氨酯涂料的类型和品种很多，按其组成和成膜机理可分为四类。

(1) 羟基固化型双组分聚氨酯涂料 是以含异氰酸酯基的加成物或预聚物等为A组分，含羟基的聚酯、聚醚、丙烯酸树脂或环氧树脂等为B组分，使用时按比例混合而成。涂膜性能随A、B组分的类型及其配比而异。聚酯型和羟基丙烯酸树脂的耐候性好，聚醚型的耐候性差，但耐水、耐碱较聚氨酯型的好；环氧型的耐腐蚀好，耐候差。通过A、B组分的选择及搭配，可获得各种性能的一系列涂料。适用于金属、木材、水泥、塑料、橡胶、皮革、织物、纸张等多种材料的涂装；用于机床、木器家具、飞机、轿车、铁道车辆、家用电器、轻工产品涂装和石油化工设备管道、建筑、海上采油装置及海洋结构等的防腐蚀涂装。此类型涂料在聚氨酯漆类中产量最大，应用最广。

(2) 催化固化型双组分聚氨酯涂料 以异氰酸酯预聚物为A组分，催化剂为B组分，用时按比例配制而成。其固化机理与湿固化聚氨酯相同。涂膜附着力强，耐磨、耐水、光泽好。常用于木材、混凝土等的涂装，也用于石油化工防腐蚀涂装。

(3) 封闭型聚氨酯单组分涂料 是用苯酚封闭异氰酸酯加成物或预聚物，再和聚酯等羟基组分配制而成的单组分涂料。受热（130～170℃）时封闭异氰酸酯组分解封，释放出苯酚，剩下的加成物或预聚物和羟基组分反应而固化成膜。这类涂料稳定性好，毒性小，但需耐烘烤成膜，释放的苯酚污染空气。涂膜绝缘性极好，专作漆包线电绝缘涂料。

(4) 湿固化聚氨酯涂料 以甲苯二异氰酸酯和含羟基化合物的预聚物为漆基制成的，靠其分子中含有的活性异氰酸基和空气中的潮气作用而固化成膜。涂膜交联密度大，耐磨、耐化学腐蚀、抗污染，能在潮湿环境下施工。用于潮湿地区的建筑物、地下设施、水泥、金属、砖石等物面的涂装，也可作防核辐射涂层。

由于聚氨酯涂料具有多种优异性能，不仅涂膜坚硬、柔韧、耐磨、光亮丰满、附着力强、耐油、耐酸、耐溶剂、耐化学腐蚀、电绝缘性能好，可低温或室温固化，而且能和多种树脂混溶，可在广泛范围内调整配方，用以制备多品种、多性能、多用途的涂料产品。近年，聚氨酯涂料发展很快，广泛应用于国民经济各个领域。

二、聚氨酯树脂漆生产工艺与产品配方实例

聚氨酯是指分子结构中含有氨基甲酸酯键的高聚物。甲酸酯键是由异氰酸基和羟基反应生成：

—NCO ＋ —OH ⟶ —NHCOO—

因此，聚氨酯树脂的单体是多异氰酸酯和羟基化合物。多异氰酸酯有芳香族和脂肪族两类，芳香族类在常温下反应活性较高，尽管其成本较低，但在防腐涂料中较少应用。

为改善储存、施工和涂料性能，多异氰酸酯单体制成含游离异氰酸基的预聚体或加成物。

除了可用多羟基化合物固化多异氰酸酯外，其他含活性氢的化合物均能与之反应，其中以水和胺类最为重要，由于能在常温甚至在低温下发生固化反应，成为防腐涂料首先选用的原因。但此时反应形成的是取代脲键。

聚氨酯防腐涂料的优点是适应性强和综合性能好。与其他树脂相比较更容易通过分子结构设计获得广范围的物理机械性能，且能同时耐化学品，其附着力、耐磨损与抗渗透、硬度与弹性等互相存在一定矛盾性能的平衡，从而适应复杂多变的工作环境条件。

生产工艺与产品配方实例见 20-1～20-30。

20-1 新型聚氨酯木器保护漆

性能及用途 一般该漆具有优良的附着力、硬度、光泽等。主要用于木器装饰、金属保护及木船外壳保护等。

涂装工艺参考 该漆为单组分，施工方便，刺激性小。可采用刷涂、喷涂等施工方法。用聚氨酯漆稀释剂调节施工黏度。有效储存期为1年。

产品配方（质量份）

异氰酸酯	836
溶剂	164

生产工艺与流程

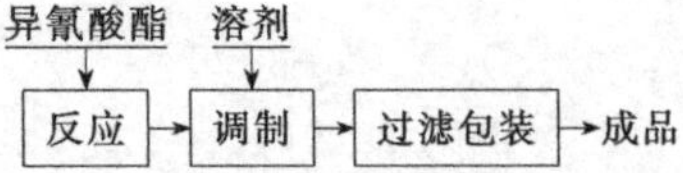

20-2 新型建筑用聚氨酯树脂漆

性能及用途 一般该漆具有良好的防酸、碱腐蚀性及长期耐候性。适用于建筑物及混凝土、水泥砂浆、屏蔽墙部件、石棉板等建材的装饰性表面涂装。

涂装工艺参考 该漆主要用于喷涂，亦可用刷涂法施工。被涂覆表面应先用腻子刮平，并打磨光滑。主剂应充分搅拌均匀，必要时（如有搅不开的软块、硬块）应进行过滤。施工前，将两组分（主剂漆料和固化剂）充分混匀，在活化期内（5h）将混合好的漆液涂施完。

产品配方（质量份）

聚异氰酸酯树脂	38
溶剂	20
颜料	16.3
助剂	20
多元醇树脂	14
固化剂	2.5

生产工艺与流程

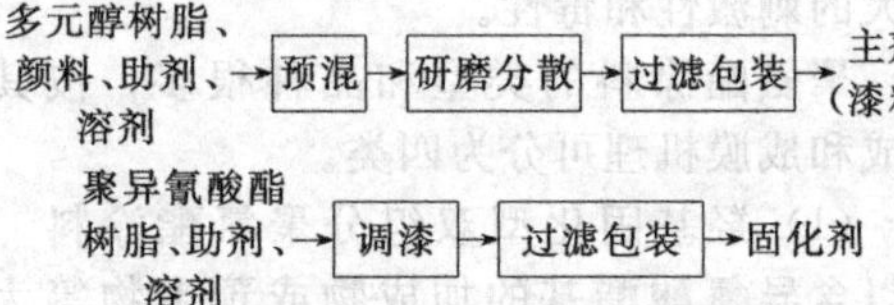

20-3 新型钢结构物用聚氨酯树脂漆

性能及用途 一般该漆具有良好的防腐蚀性及耐候性。适用于桥梁、油罐、机械设备及其他钢结构物装饰性表面涂装。该漆分为中间涂层及表面涂层用两类，涂装时配套使用可提高附着性。

涂装工艺参考 该漆主要用于喷涂、刷涂。使用时将主剂与固化剂混合，于室温下固化干燥。两类漆可配套使用。

产品配方（质量份）

聚氨酯漆料	670
颜料	26
溶剂	530
助剂	36

生产工艺与流程

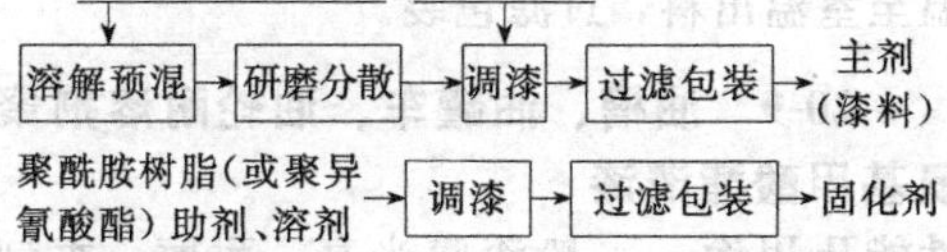

20-4　木器、家具、金属制品装饰用的聚氨酯清漆

性能及用途　一般该漆具有良好的耐水、耐磨、耐腐蚀等特性。适用于木器、家具和金属制品装饰用。

涂装工艺参考　使用时两组分按生产厂的包装说明书上规定的比例配合使用，用多少配多少，并在8h内用完。配漆与涂漆过程中严禁与水、酸、碱、醇等接触，稀释剂可用X-10聚氨酯漆稀释剂或无水环己酮与无水二甲苯（1∶1）配合使用。切勿用醇类溶剂作稀释剂，施工采用刷涂、喷涂、浸涂均可。被涂物表面及施工工具要保持干燥、清洁，该漆组分一必须妥善保管，防止渗水、漏气造成胶化。该漆在湿热带气候下施工，以户内条件使用为宜。有效储存期为1年，过期的产品可按质量标准检验，如符合要求仍可使用。

产品配方/(kg/t)

100%聚氨酯漆料	760
溶剂	640

生产工艺与流程

蓖麻油脂、化工原料 → 聚合 → 兑稀（溶剂）→ 过滤包装 → 成品

20-5　交通车辆、ABS塑料表面作罩光丙烯酸聚氨酯清漆

性能及用途　一般漆膜丰满光亮，硬度高，保光性好，具有较好的附着力和一定的耐油性。主要适用于交通车辆及ABS塑料表面作罩光保护涂料，也可用于仪器、仪表、风扇等。

涂装工艺参考　该漆施工可以喷涂、刷涂或浸涂，使用时按规定的比例调混均匀，调节黏度可用聚氨酯稀释剂，严禁含有醇类、胺类及水分的溶剂混入。配好的漆一般在8h内用完，以免结胶。有效储存期为1年，过期的产品可按质量标准检验，如符合要求仍可使用。

产品配方/(kg/t)

55%丙烯酸树脂	850
溶剂	180

生产工艺与流程

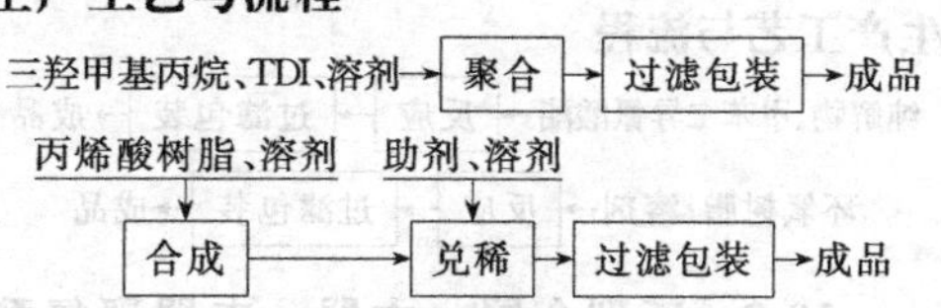

20-6　新型木器聚氨酯亚光漆

性能及用途　一般该漆是一种新型木器涂料，固化后可呈现出光泽柔和稳定、漆膜饱满、木纹清晰，富有立体感。

涂装工艺参考　使用前应将甲组分充分搅拌，将沉淀的消光剂搅起并和漆液搅匀，甲乙组分按比例调配均匀，且在4h内用完，本漆以喷涂为主。有效储存期为1年，过期产品可按质量标准检验，如符合要求仍可使用。

产品配方/(kg/t)

羟基树脂	360
助剂	70
溶剂	480
异氰酸酯	200

生产工艺与流程

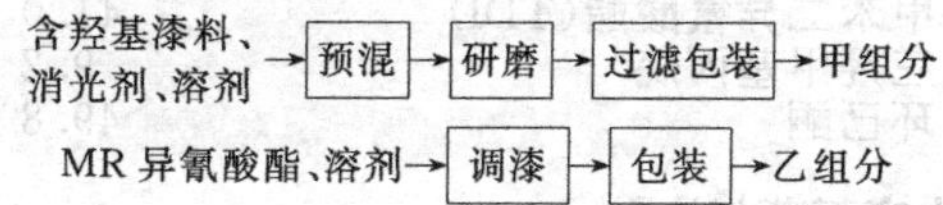

20-7　混凝土、金属材料、防腐蚀涂层的聚氨酯清漆

性能及用途　一般该漆膜具有良好的化学腐蚀性及物理机械性能，适用作混凝土、金属材料上的防腐蚀涂层，也可用于尿素造粒塔内壁保护涂层。

涂装工艺参考　施工采用喷涂、刷涂均可，三组分按要求比例调配均匀后使用，调节黏度可用X-10聚氨酯稀释剂，严禁与水、酸、碱等物接触。可与S04-4灰聚氨酯磁漆、S06-2棕黄、铁红聚氨酯底漆、S07-1

聚氨酯腻子配套使用。有效储存期为半年，过期的产品可按质量标准检验，如符合要求仍可使用。

产品配方/(kg/t)

蓖麻油预聚物	9355
环氧树脂	46.4
溶剂	46.4
助剂	14.4

生产工艺与流程

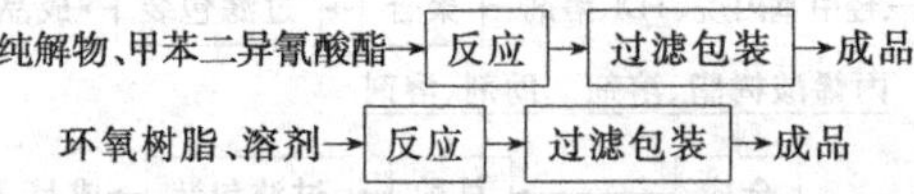

20-8 新型金属、木器、电器聚氨酯清漆

性能及用途 一般用作金属、木器及电器绝缘制品的防潮涂层。

涂装工艺参考 施工时，按甲组分：乙组分=1.5：1混合调匀，用聚氨酯漆稀释剂或无水二甲苯调稀，喷涂最佳黏度为18～24s（涂-4杯），刷涂最佳黏度为20～30s（涂-4杯）。

产品配方（质量份）

甲组分：

苯酐	16.0
甘油	8.5
蓖麻油	27.0
二甲苯	48.5

乙组分：

甲苯二异氰酸酯(TDI)	41.0
三羟甲基丙烷	9.2
环己酮	49.8

生产工艺与流程

甲组分：将苯酐、甘油、蓖麻油投入反应锅混合，搅拌，加入5%二甲苯，加热，升温至200～210℃进行反应，保持2～2.5h，至酸值达10以下，降温至150℃，加入其余二甲苯，充分调匀，过滤包装。

乙组分：首先将三羟甲基丙烷和环己酮混合，投入蒸馏锅，加热脱水。然后再将TDI投入反应锅中，慢慢加入三羟甲基丙烷脱水液，加热至40℃保持1h，用0.5～1h升温至（60±2）℃，保温2h，再用0.5h升温至（80±2）℃，保温2h，再用15min升至90～95℃，保持4～5h，测异氰基（—NCO）含量至8.5%～9.2%为终点，降温至室温出料，过滤包装。

20-9 油槽、油罐车、油轮耐溶剂聚氨基甲酸酯清漆

性能及用途 一般漆膜光亮、耐磨、柔韧性好、抗化学腐蚀性强。主要用于油槽、油罐车、油轮及湿热带机床、电机仪表等表面作装饰保护材料。

涂装工艺参考 施工以喷、刷涂为主。调节黏度用聚氨酯稀释剂，使用时按规定的比例调配均匀，一般在8h内用完。严禁酸、碱、水、醇类等物混入。有效储存期为1年，过期的产品可按质量标准检验。如符合要求仍可使用。

产品配方/(kg/t)

TDI，三羟甲基加成物	625
聚酯	418
溶剂	535

生产工艺与流程

三羟甲基丙烷、TDI、溶剂→合成→过滤包装→甲组分

聚酯漆料→调漆→过滤包装→乙组分

20-10 耐油、耐酸、耐碱聚氨酯清漆

性能及用途 一般适用于要求耐油、耐酸、耐碱等防化学腐蚀涂层的表面罩光。主要用于氨储罐的衬里、流态沙模型表面涂层及皮革表面的上光之用。

涂装工艺参考 使用时按甲组分9份和乙组分1份混合，充分调匀，用刷涂或喷涂方法施工均可。调节黏度可用聚氨酯专用稀释剂，严禁醇类、酸类、胺类、水分等物混入漆内。

产品配方（质量份）

甲组分：

甲苯二异氰酸酯	29.5
二甲苯(回流用)	2
蓖麻油醇解物	57.8
二甲苯(稀释用)	10.7

乙组分：

601环氧树脂	70
二甲苯	30

生产工艺与流程

甲组分：将甲苯二异氰酸酯和回流二甲苯投入反应锅混合加热，升温至40℃，慢慢加入蓖麻油醇解物，升温不超过80℃，加完后在（80±5）℃保温3h，加二甲苯稀释，充分调匀，过滤包装。

乙组分：将601环氧树脂加热熔化，升温至120℃，加入二甲苯溶解，充分调匀，过滤包装。

生产工艺流程相似，甲、乙两组分均可使用同样的设备。

20-11　家具、仪表、木器表面罩光用聚氨酯清漆

性能及用途　一般漆膜光亮、丰满、耐水性好，耐磨性好。适用于家具、仪表、木制品表面罩光之用。

涂装工艺参考　施工采用喷涂、刷涂均可。按规定的比例调配均匀，调节黏度用X-10聚氨酯稀释剂，调好的漆要在8h内用完。严禁与醇、胺、酸、碱、水分等物混合。有效储存期为1年，过期的产品可按质量标准检验，如符合要求仍可使用。

产品配方/(kg/t)

聚氨酯漆料	590
溶剂	800

生产工艺与流程

20-12　化工设备、桥梁建筑用聚氨酯磁漆

性能及用途　一般主要用于化工设备以及桥梁建筑等。也可用于木器家具、收音机外壳，和聚氨酯底漆或其他底漆配套使用。

涂装工艺参考　使用时将甲组分和乙组分按7∶3的比例混合，充分调匀。可用喷涂或刷涂法施工。调节黏度用X-10聚氨酯漆稀释剂，配好的漆应尽快用完，以免胶结。严禁与酸、碱、水等物质混合。被涂物表面须处理平整，以免影响美观。

产品配方（质量份）

甲组分：	红	黑	绿	灰
大红粉	7	—	—	—
炭黑	—	4	—	1.5
钛白粉	—	—	—	27
氧化铬绿	—	—	25	—
沉淀硫酸钡	14	18	—	—
滑石粉	10	10	7	3.5
中油度蓖麻油醇酸树脂	64	63	63	63
二甲苯	5	5	5	5

乙组分：

甲苯二异氰酸酯	39.8
无水环已酮	50
三羟甲基丙烷	10.2

生产工艺与流程

甲组分：将颜料、填料和一部分醇酸树脂、二甲苯混合，搅拌均匀，经磨漆机研磨至细度合格，再加其余原料，充分调匀，过滤包装。

乙组分：将甲苯二异氰酸酯投入反应锅，取部分环已酮溶解三羟甲基丙烷，在温度不超过40℃时，在搅拌下慢慢加入反应锅内，然后将剩余的环已酮洗净容器加入反应料中，在40℃保持1h，升温至60℃保持2～3h，升温至85～90℃保持5h，测定异氰酸基达到11.3%～13%时，降温冷却，过滤包装。

20-13　油罐、油槽设备用聚氨酯耐油底漆

性能及用途　一般该漆膜具有优良的耐油性和物理机械性能，适用于油罐、油槽等设备上打底之用。

涂装工艺参考　该漆用喷涂、刷涂、浸涂均可，可用7001聚氨酯漆稀释剂调节黏度。严禁与醇类、胺类、水等溶剂接触，使用时须将漆兜底调匀，以免颜料沉淀，影响遮盖力与配比。被涂物件表面必须处理干净，该漆适宜底、面、清漆配套，并在常温下固化一星期后才能使用。有效储存期为1年，过期产品可按质量标准检验，如符合要求仍可使用。

产品配方/(kg/t)

50%聚酯树脂	280
环氧树脂	70
TDI	180
颜料	330
溶剂	220

生产工艺与流程

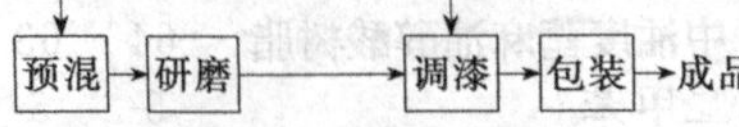

20-14 机械设备的聚氨酯面漆

性能及用途 一般主要用作机械设备的面漆。

涂装工艺参考 使用时按甲组分2份和乙组分1份混合，充分调匀。可用喷涂或刷涂法施工。调节黏度用X-5聚氨酯漆稀释剂。配好的漆液应在6h内用完，严禁与酸、碱、水分等物质混合。

产品配方（质量份）

甲组分：

环氧醇酸树脂	50
钛白粉	11.4
立德粉	0.7
中铬黄	0.5
铁蓝	0.1
醋酸丁酯	17
炭黑	0.2
硅油(1%)	0.3
甲苯	19.8

乙组分：

甲苯二异氰酸酯	44.8
三羟甲基丙烷	3.8
聚醚	30
无水环己酮	23.4

生产工艺与流程 甲组分和乙组分的生产工艺和生产工艺流程图均与聚氨酯磁漆的方法相同。

20-15 耐腐蚀性聚氨酯清漆

性能及用途 一般该漆漆膜坚硬而光亮，耐水、耐酸、碱及化学药品腐蚀。主要用于氨储罐的衬里、流态沙模型表面涂层及皮革表面的上光之用。

涂装工艺参考 喷涂或刷涂施工均可。使用时按规定的比例调配均匀，配好的漆需在8h内用完，调节黏度可用聚氨酯专用稀释剂，严禁醇类、酸类、胺类、水分等物混入漆内，有效储存期为半年，过期的产品可按质量标准检验，如符合要求仍可使用。

产品配方/(kg/t)

多元醇	150
多元酸	85
甲苯二异氰酸酯	220
溶剂	440
环氧树脂	180

生产工艺与流程

```
异氰酸酯、
多元醇、溶剂          溶剂、助剂
    ↓                    ↓
  聚合 ──────────→ 兑稀 ──→ 过滤包装 ──→ 甲组分

二元酸多元醇、
环氧树脂、溶剂         溶剂
    ↓                    ↓
  聚合 ──────────→ 兑稀 ──→ 过滤包装 ──→ 乙组分
```

20-16 家具、收音机外壳用聚氨酯底漆

性能及用途 主要用于木器家具、收音机外壳、化工设备以及桥梁建筑等的表面打底，一般与S04-1各色聚氨酯磁漆配套使用。

涂装工艺参考 使用时按甲组分3份和乙组分1份混合，充分调匀。可用喷涂或刷涂法施工。调节黏度用X-10聚氨酯漆稀释剂；配好的漆应尽快用完。严禁漆中混入水分、酸碱等杂质。被涂物表面需处理干净和平整。

产品配方（质量份）

甲组分：

中油度蓖麻油醇酸树脂(50%)	30
锌铬黄	22
水环己酮	21
无水二甲苯	22
滑石粉	5

乙组分：

甲苯二异氰酸酯	40.0
三羟甲基丙烷	10.0
无水环己酮	50

生产工艺与流程 甲组分和乙组分的生产工艺和生产工艺流程图均与聚氨酯磁漆相同。

20-17 各色聚氨酯防腐漆

性能及用途 漆膜光亮、耐磨、附着力强，耐腐蚀性突出。适用于各种耐腐蚀要求高的器材上，如与S01-11聚氨酯清漆配套使用其漆膜的耐化学腐蚀性更佳。

涂装工艺参考 刷涂、喷涂均可。使用时按比例调配均匀，调节黏度可用聚氨酯稀释剂，配好的漆一般8h内用完。严禁与水、醇、酸、碱等物接触。配套漆为S01-4聚氨酯清漆。有效储存期为1年，过期的产品可按质量标准检验，如符合要求仍可使用。

产品配方/(kg/t)

原料名称	白	浅灰蓝
颜料	187.6	171.5
聚氨酯树脂	437.6	453.7
加成物	416.8	416.8

生产工艺与流程

聚氨酯漆料、颜料、溶剂 → 预混 → 研磨 → 调漆（溶剂、助剂）→ 过滤包装 → 乙组分

三羟甲基丙烷、TDI、溶剂 → 合成 → 过滤包装 → 甲组分

20-18 尿素塔金属表面聚氨酯底漆

性能及用途 该漆干燥迅速，附着力强，力学性能好，具有优良的耐化学腐蚀性，铁红底漆用于尿素造粒塔混凝土基体表面。棕黄底漆用于尿素塔金属表面。

涂装工艺参考 施工可采用刷涂、喷涂均可。施工前按规定比例混合调匀，配好的漆应在4h内用完，以免固化。调节黏度可用X-10聚氨酯稀释剂，施工过程中严禁水、酸、碱、醇类混入。可与S04-4灰聚氨酯磁漆、S07-1聚氨酯腻子、S01-2聚氨酯清漆配套使用。有效储存期为半年，过期可按质量标准检验，如符合要求仍可使用。

产品配方（质量份）

甲组分：

50%601环氧树脂环己酮液	25
云母粉	7.0
滑石粉	8.5
高岭土	8.5
氧化铁	13
重晶石粉	17.0
无水环己酮	9
无水二甲苯	10

乙组分：

蓖麻油	53.5
甘油	2.7
2%环烷酸钙	0.1
甲苯二异氰酸酯	28.0
无水二甲苯	15.7

丙组分：

二甲基乙醇胺	5
无水二甲	95

生产工艺与流程

蓖麻油醇解物、甲苯二异氰酸酯 → 反应 → 过滤包装 → 成品

环氧树脂、填颜料、溶剂 → 分散 → 过滤包装 → 成品

20-19 厚浆型双组分聚氨酯涂料

性能及用途 该涂料主要用于直升机旋翼毂星形件的表面涂装，为厚浆型双组分，它适用法国进口的高压喷枪的涂装工艺。涂膜外观为凸凹不平的“鲨鱼皮状”。

产品配方/(kg/t)

HDI缩二脲	200～400
多元醇	300～500
多元酸	200～400

生产工艺与流程

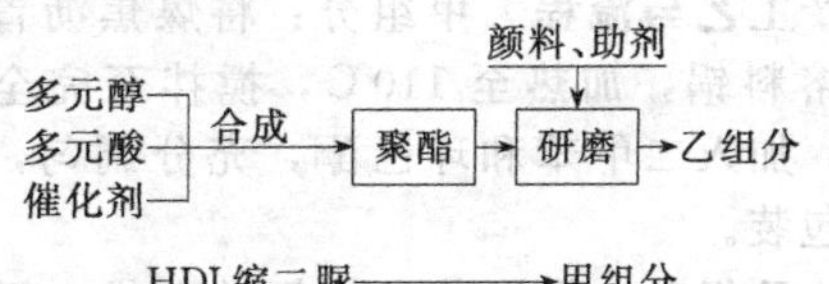

20-20 新型防潮的电绝缘涂层聚氨酯漆

性能及用途 该产品具有优良的电绝缘和柔韧性。可作为防潮的电绝缘涂层。

涂装工艺参考 施工前两组分充分混合，用多少配多少，在8h内用完。可用无水环己酮进行稀释。切勿用醇类溶剂。有效储存期为1年，过期的产品可按质量标准检验，如符合要求仍可使用。

产品配方/(kg/t)

聚氨酯漆料	550
溶剂	510

生产工艺与流程

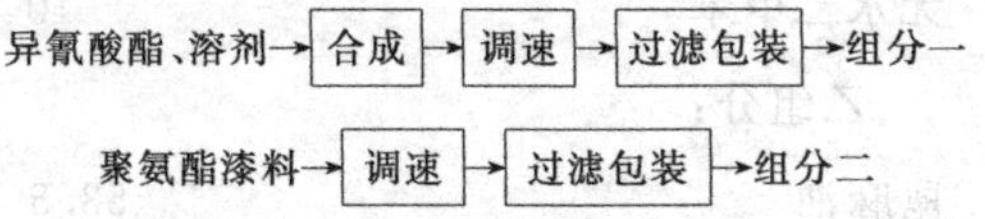

异氰酸酯、溶剂→合成→调速→过滤包装→组分一

聚氨酯漆料→调速→过滤包装→组分二

20-21 铝粉聚氨酯沥青磁漆

性能及用途 主要用作水闸闸门的防护面漆。

涂装工艺参考 使用时将甲、乙、丙三组分按 100∶100∶30 的比例混合，充分调匀，以刷涂施工为主。可与聚氨酯底漆或其他底漆配套。调整黏度用聚氨酯漆稀释剂。严禁漆液中混入水分、酸、碱等杂质。调配好的漆应尽快用完，以免胶结。

产品配方（质量份）

甲组分：

煤焦沥青	50
无水环己酮	25
无水二甲苯	25

乙组分：

蓖麻油	18.7
甲苯二异氰酸酯	31.8
无水环己酮	49.5

丙组分：

浮型铝银浆	100

生产工艺与流程 甲组分：将煤焦沥青投入熔料锅，加热至 110℃，搅拌至完全熔化，加入二甲苯和环己酮，充分调匀，过滤包装。

乙组分：将甲苯二异氰酸酯投入反应锅，升温至 60℃，加入蓖麻油，再升温至 90～95℃，保温 2h，加环己酮，充分调匀，过滤包装。

丙组分：浮型铝银浆系市售品，不需加工，只需按甲、乙组分的配套分量进行分装。

20-22 高级装饰性聚酯氨基烘干清漆

性能及用途 该漆漆膜坚韧光亮，色浅不易泛黄，并有良好的附着力和丰满度，耐湿热、耐盐雾性能也较好。主要用于装饰性要求高的轿车、自行车、缝纫机、电扇、仪器仪表、玩具等表面作罩光用。也可用作其他氨基或环氧烘漆的表面罩光。

涂装工艺参考 用二丙酮醇与二甲苯（1∶1）混合溶剂稀释，使用前必须过滤除去杂质，喷涂后应在室温下静止 10min，流干后再送入有鼓风装置的烘箱，烘房内切忌一氧化碳存在。配套漆为各色聚酯氨基烘漆和其他类型的氨基烘漆或环氧烘漆。

产品配方/(kg/t)

树脂	640
溶剂	744

生产工艺与流程

树脂、助剂、溶剂→调漆→过滤包装→成品

20-23 油罐、油槽设备涂装用亚聚氨酯耐油清漆

性能及用途 该漆是利用吸收空气中潮气而固化成膜。漆膜具有优良的耐油性和良好的物理机械性能。适用于油罐、油槽等设备上涂装。

涂装工艺参考 施工可以采用喷涂、刷涂或浸涂。可用 7001 聚氨酯漆稀释剂调节黏度，严禁与醇、水、胺类等物接触。被涂物表面要处理干净。该漆适宜底、面、清配套，并在常温固化一星期后才能使用。有效储存期为 1 年，过期的产品可按质量标准检验，如符合要求仍可使用。

产品配方/(kg/t)

聚酯树脂	400
环氧树脂	100
TDI	250
溶剂	330

生产工艺与流程

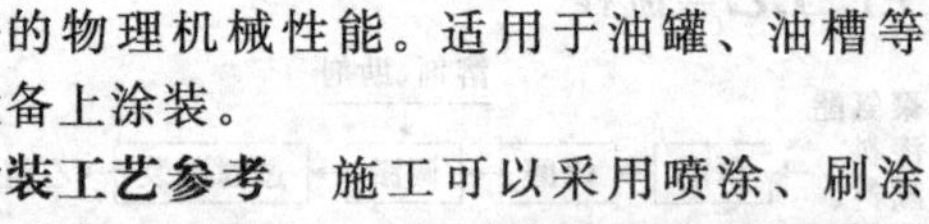

聚酯树脂、TDI、环氧树脂→合成→兑稀（溶剂、助剂）→过滤包装→成品

20-24 高档木器家具、地板聚氨酯亚光清漆

性能及用途 常温固化双组分反应性涂料，漆膜坚硬、平整、亚光光泽可根据用户要求调整、耐热、耐磨、附着力好、耐油、耐水，广泛用于中高档木器家具、地板及装饰涂装。

涂装工艺参考 按比例要求把甲、乙二组分混合搅匀，略加静置以消除搅拌气泡，用刷涂、喷涂均可，料液混合后应在10h内用完（23℃），严禁与醇类、胺、水分等物接触，参考涂布量10m²/kg。

产品配方/(kg/t)

树脂	250
溶剂	650
助剂	100

20-25　聚氨酯耐油磁漆

性能及用途　该漆膜具有良好的耐油性和物理性能。适用于油罐、油槽等设备上涂装。

涂装工艺参考　采用喷涂、刷涂、浸涂均可，可用7001聚氨酯漆稀释剂调整黏度。使用前必须将漆兜底调匀，以免颜料沉淀，影响配比与遮盖力。严禁与醇类、胺类及含有水分的溶剂接触。对被涂物表面要处理干净，该漆适宜底、面、清配套，并在常温下固化一星期后才能使用。有效储存期为1年，过期产品可按质量标准检验，如符合要求仍可使用。

产品配方/(kg/t)

50%聚酯树脂	340
环氧树脂	80
TDI	200
颜料	200
溶剂	260

生产工艺与流程

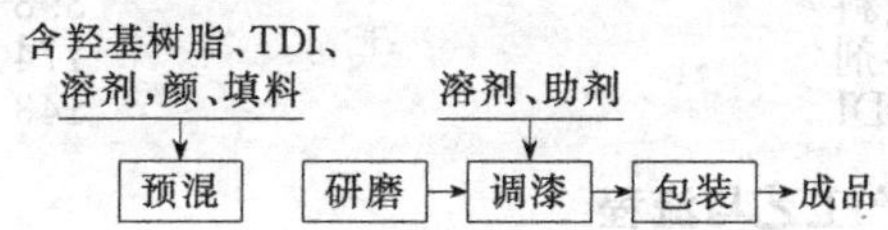

20-26　各色丙烯酸聚氨酯磁漆

性能及用途　本品漆膜色彩鲜艳，光亮丰满，坚韧耐磨、耐热、耐水，具有良好的“三防”性能和一定的耐候性。半光漆色调柔和、细腻和顺。主要用于各种车辆、电梯和高级出口的工业品的外涂饰。

涂装工艺参考　施工以喷涂为主，亦可刷涂。两组分按比例调配均匀，稀释剂为环己酮、醋酸丁酯、甲苯的混合溶剂，配好的漆应在8h内用完。本品严禁与水、醇、胺、酸类接触。配套底漆为SHZ06-1铁红聚氨酯底漆或H06-2环氧酯底漆。有效储存期为1年，过期产品可按质量标准检验，如符合要求仍可使用。

产品配方/(kg/t)

原料名称	白	橘红	灰	白半光	橘红半光	灰半光
丙烯酸酯树脂	545	545	545	448	448	448
HDI	133	133	133	116	116	116
颜料	240	250	239	307	334	264
溶剂	82	72	83	139	102	172

生产工艺与流程

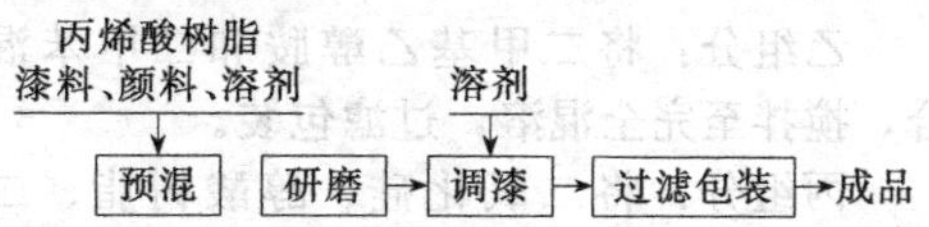

20-27　聚氨酯金属清漆

性能及用途　漆膜坚硬、光亮、耐水、耐油、耐碱、耐磨性良好。主要用于运动场地板、缝纫机台板、防酸碱木器表面涂饰，也可以用于金属及皮革制品的涂饰。

涂装工艺参考　施工采用喷、刷涂均可，常温干燥，使用时按比例将甲组分100份、乙组分2.6份和丙组分28～30份混合调配均匀，用于木器、金属、皮革涂饰时，可不加丙组分防滑剂。一般在8h内用完，调节黏度可用无水二甲苯，严禁醇类、酸类、胺类、水分等混入。有效储存期为1年，过期的产品可按质量标准检验，符合要求仍可使用。

产品配方（质量份）

甲组分（预聚物）：

蓖麻油	27
甲苯二异氰酸酯(TDI)	21.1
甘油	1.9
4%环烷酸钙	0.03
二甲苯	49.97

乙组分（固化剂）：

二甲基乙醇胺	5
二甲苯	95

丙组分（防滑剂）：

超细二氧化硅	33.3
二甲苯	33.4
中油度亚麻油醇酸树脂	33.3

生产工艺与流程

甲组分：首先将蓖麻油、甘油和环烷酸钙投入反应锅混合加热至240℃，反应1.5～2h，冷却至150℃加入总投料量5%的二甲苯进行回流脱水，然后冷至40℃，滴加甲苯二异氰酸酯，保持温度在40～45℃，加完后0.5h升温至80℃，保温3h，再升温至100℃保持至测黏度达格氏管2～3s(25℃)，胺值达270以下，加入其余的二甲苯，充分搅拌均匀，降温至40℃出料，过滤包装。

乙组分：将二甲基乙醇胺和二甲苯混合，搅拌至完全混溶，过滤包装。

丙组分：将二氧化硅、醇酸树脂、二甲苯混合，搅拌均匀，经磨漆机研磨至细度达30μm以下，过滤包装。

聚氨酯漆料、溶剂→调制→过滤包装→成品

20-28 木质底材封闭用聚氨酯漆

性能及用途 该漆具有较好的附着力，封闭棕眼的效果好，干燥快，打磨性好。主要用于对木质底材起封闭作用。

涂装工艺参考 该漆采用喷涂、刷涂均可。调整黏度采用聚氨酯稀释剂。该漆可与光固化漆、S01-3聚氨酯清漆、丙烯酸木器漆、硝基木器漆等多种中高档面漆配套使用。按规定比例混合均匀，严禁与醇、酸，水等接触。有效储存期为1年，过期可按质量标准检验，如符合要求仍可使用。

产品配方/(kg/t)

聚氨酯树脂	800
改性树脂	100
溶剂	100
助剂	30

生产工艺与流程

聚氨酯漆料、颜填料、改性树脂→配料→研磨→调漆（助剂、溶剂）→过滤包装→成品

20-29 三防聚氨酯底漆

性能及用途 具有较好的"三防"性能。主要用于各种交通车辆、家用电器和仪表等工业品上作装饰保护之用。

涂装工艺参考 以喷涂为主，亦可刷涂。使用时按比例调配均匀，稀释剂为环己酮与醋酸丁酯的混合溶剂，调好的漆要在8h内用完。被涂刷物表面一定要处理干净。配套漆为聚氨酯和氨基面漆。有效储存期为1年，过期产品可按质量标准检验，如符合要求仍可使用。

产品配方/(kg/t)

环氧漆料	312
颜料	493
溶剂	400

生产工艺与流程

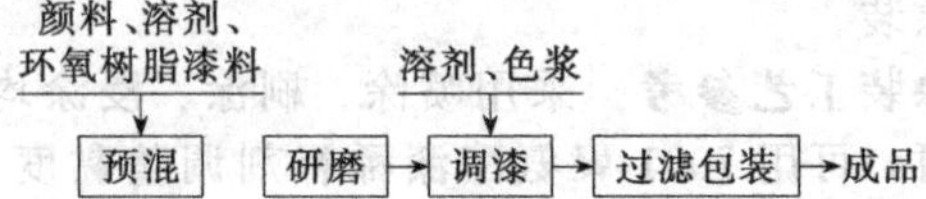

20-30 电机/潜水泵表面防腐底漆

性能及用途 具有漆膜坚硬和优异的耐盐水、耐酸碱等化学介质的特性。与封闭型聚氨酯环氧烘干清漆配套，作为潜水电机、潜水泵表面防腐，防锈底漆和其他允许高温烘烤设备的防腐保护涂层。

涂装工艺参考 该漆以浸涂、喷涂施工为主。以专用溶剂稀释剂调整黏度，被涂物表面需处理干净，一般涂二道漆。烘烤时间规定为1h，延长烘烤时间至3h则性能更佳。

产品配方/(kg/t)

环氧、聚氨酯	265
颜料	398
溶剂	174
HDI	143

生产工艺与流程

颜料、溶剂、环氧树脂漆料→预混→研磨→调漆（溶剂、色浆）→过滤包装→成品

第二节 聚酯漆

聚酯漆是以聚酯树脂为主要成膜物的涂料。聚酯树脂是由多元酸与多元醇缩聚而成。根据所用多元醇和多元酸是否含不饱和双键，常分为饱和聚酯和不饱和聚

酯。采用两种不同的聚酯树脂分别制得了相应的两类涂料，饱和聚酯树脂涂料的涂膜坚韧、耐磨、耐热，宜作漆包线漆。不饱和聚酯树脂涂料具有色泽好、漆膜硬度高，耐磨、保光、保色性好，有一定的耐热性、耐寒性、耐温变以及耐弱酸、弱碱、溶剂等性能，既可热固化，也可常温固化，无溶剂挥发、涂膜厚等特点，但漆膜对金属的附着力较差，涂膜较脆，漆的储存稳定性也不好，因此应用受到一定的限制，使用最多的是清漆，主要用于高级木器、金属、砖石、水泥电气绝缘的涂料。

一般不饱和聚酯漆是由不饱和聚酯树脂的苯乙烯溶液、有机过氧化物如过氧化环己酮等引发剂（也称交联催化剂）、环烷酸钴等促进剂、石蜡的苯乙烯溶液四组分分装组成，使用时按一定比例混合。

产品应储存于清洁、干燥密封的容器中，存放时应保持通风、干燥，防止日光直接照射，并应隔绝火源、远离热源。夏季温度过高时应设法降温。

产品在运输时应防止雨淋、日光暴晒，并应符合运输部门有关的规定。

聚酯漆生产工艺与产品配方实例见20-31～20-49。

20-31　高级家具、居室聚酯木器漆

性能及用途　漆膜丰满光亮，坚韧平滑，耐磨、耐热。适用于高级家具、居室木器装修、美术工艺及五金制品表面涂饰。

涂装工艺参考　组分一与组分二的使用配比是浅色漆为 3∶1，黑（深）色漆为1∶1。

产品配方/(kg/t)

原料名称	白色（组分一）	黑色（组分二）	原料名称	白色（组分一）	黑色（组分二）
聚酯树脂	538	682	助剂	57	130
颜料	400	52	溶剂	105	236

生产工艺与流程

聚酯树脂、颜料、助剂 → 高速搅拌预混 → 研磨分散 → 调漆（溶剂）→ 过滤包装 → 组分一

20-32　新型聚酯木器、仪表、缝纫机台板漆

性能及用途　该漆属无溶剂型，漆膜丰满光亮，硬度高，具有耐热、耐寒、耐磨和耐溶剂性能。主要用于钢琴、木器家具、仪表木壳、缝纫机台板等木器作装饰保护涂料，也可与玻璃纤维配合制成瓦楞板、浴盆等玻璃钢制品。

涂装工艺参考　该漆为 4 罐分装。使用配比为：聚酯漆 100g，过氧化环己酮 4～6g，环烷酸钴液 2～3g，蜡液 1～2g，需经充分搅匀后，方可施工。可喷涂、辊涂、淋涂，涂膜干燥需在隔绝空气条件下固化。如不用蜡液，可用涤纶薄膜覆盖或玻璃覆盖，待完全固化后，揭去薄膜或玻璃，即得平整光亮的涂膜。施工温度需控制在 10～25℃左右，低于 10℃以下，固化时间显得较长。使用时应现配现用，用多少配多少，以免固化，造成浪费。若制作彩色涂层或构件，可在上述混合组分中调入彩色色浆（一般为 2%～8%），即可施工。过期如未凝结仍可使用。

产品配方/(kg/t)

不饱和聚酯清漆	984.9
助剂	12
溶剂	7.6

生产工艺与流程

不饱和聚酯树脂和活性稀释剂 → 溶化 → 过滤包装 → 组分一

20-33　多功能超快干聚酯清漆

性能及用途　该产品是一种新型快干高级聚酯清漆。该漆干燥快，漆膜丰满光亮，硬度高，耐热、耐候性优于 TDI-三羟甲基丙烷加成物组成的漆膜。该漆广泛用于高级木器、竹器、运动器材、地板、机床、仪表及各类金属、水泥等制品的涂装。

使用时按成分一∶成分二＝1∶1 配漆。现用现配。使用专用稀释剂调整黏度进行刷涂或喷涂。

禁止醇、汽油、水、碱类等均混入漆中。

涂装工艺参考　使用时将甲组分和乙组分按规定配比进行混合（深色漆甲乙比为1∶

1；浅色漆为1.5∶1)，充分调匀。以喷涂法施工为主，也可刷涂。应现配现用，以免胶结，造成浪费。可用硝基漆稀释剂调整施工黏度。

产品配方/(kg/t)

颜料	635
树脂	260
溶剂	450

生产工艺与流程

颜料、助剂、水 → 高速搅拌混合 → 研磨分散 → 调漆（色浆、树脂、助剂）→ 过滤包装 → 成品

20-34　高级聚酯木器涂饰和罩光用清漆

性能及用途　漆膜丰满、坚韧光亮、耐热、耐磨。为高级木器家具涂饰和罩光用。

涂装工艺参考　使用配比为组分一∶组分二＝2∶1(质量比)。

产品配方/(kg/t)

聚酯树脂	850
助剂	98
溶剂	112

生产工艺与流程

饱和聚酯树脂、助剂、溶剂 → 溶化 → 过滤包装 → 成品

20-35　各色聚酯木器漆

性能及用途　适用于高级家具、居室木器装修、美术工艺及五金制品表面涂饰。

涂装工艺参考　使用时将甲组分和乙组分按规定配比进行混合(深色漆甲乙比为1∶1；浅色漆为1.5∶1)，充分调匀。以喷涂法施工为主，也可刷涂。

应现配现用，以免胶结，造成浪费。可用硝基漆稀释剂调整施工黏度。

产品配方(质量份)

甲组分：	白	黑	粉红
70％饱和聚酯树脂	28	39	29
60％羟基丙烯酸树脂	28	39	29
钛白粉	25	—	22
炭黑	—	3	—
耐晒红	—	—	1
醋酸丁酯	7	7	7
二甲苯	7	7	7
流平剂	3	3	3
分散剂	2	2	2

乙组分：

50％耐泛黄二异氰酸酯固化剂	100

生产工艺与流程

甲组分：将颜料和一部分树脂投入搅拌机，混合均匀，经磨漆机研磨至细度合格，将色浆转入调漆锅，加入其余原料，充分调匀，调整黏度，过滤包装。

乙组分：固化剂一般为市售品，只需进行分装。包装的分量必须与甲组分配套，一般是深色漆的甲乙比为1∶1，浅色漆的甲乙比为1.5∶1。

20-36　仪器仪表、外壳涂装用聚酯橘形烘干漆

性能及用途　主要用于仪器仪表、外壳涂装。

涂装工艺参考　除锈及油污，嵌填腻子。可用苯、甲苯、X-1硝基漆稀释剂作溶剂，若要求漆膜花纹平整，可酌加醚类溶剂。漆液黏度，第一道25～30s，第二道40～45s。第一道喷毕在60℃下烘30min，冷却到室温后喷涂第二道，在120℃下烘1h，喷枪与工件间距30～40cm，其夹角为35°～40°。可与X06-1磷化底漆，H06-2环氧酯底漆配套使用。

产品配方/(kg/t)

聚酯树脂	667
颜料	257
溶剂	103

生产工艺与流程

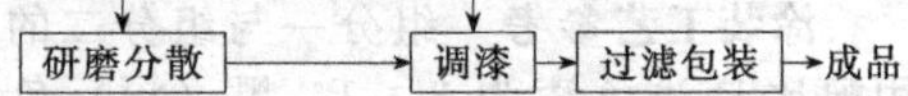

20-37　新型聚酯木器底漆

性能及用途　漆膜坚实，易打磨平滑。作Z22-30聚酯木器漆的配套漆使用。

涂装工艺参考　以喷涂为宜。干燥4h后可打磨。使用配比是组分一∶组分二＝2∶1(按质量计)。

产品配方/(kg/t)

原料	组分一	组分二
聚酯树脂	350	345
颜料	550	440
助剂	50	150
溶剂	75	240

生产工艺与流程

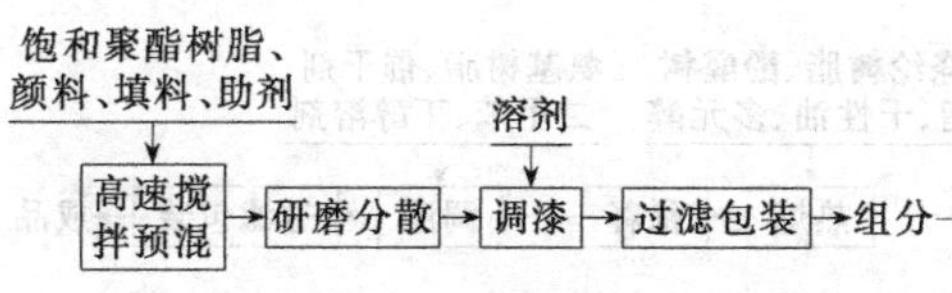

20-38 快干型改性聚酯底漆

性能及用途 常温干燥迅速，对底材封闭性能好，易打磨，有良好的柔韧性、冲击强度和附着力。主要用于各种家具表面作装饰保护涂料。

涂装工艺参考 该漆为双组分涂料，适用于喷涂施工。常温干燥，该漆应与Z262各色快干型改性聚酯漆、X-263快干型改性聚酯漆稀释剂配套使用。不得与其他漆类混用。配漆比例组分一：组分二：稀释剂＝7：3：3。配好后搅匀放置20min再施工，配好漆使用时间为6h。本漆在施工和储存时，应避免与水、醇、酸类物质接触，施工物面应干燥。该漆组分一有效储存期为1年，组分二有效储存期为半年。过期按产品标准检验。若符合质量标准仍可使用。

产品配方/(kg/t)

55%改性聚酯树脂	495
颜料	487
助剂	10
溶剂	38

生产工艺与流程

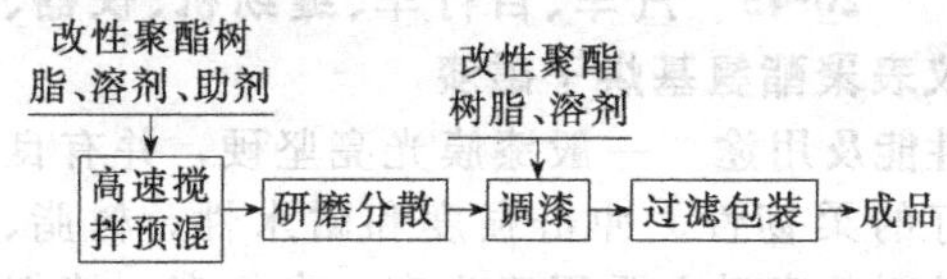

20-39 高硬度聚酯环氧烘干清漆

性能及用途 该漆具有硬度高、耐深冲、柔韧性佳等特点。适用于印铁、卷尺、玩具等金属涂层的罩光。

涂装工艺参考 用喷涂、滚涂或刮涂。不可单用二甲苯稀释，应用聚酯稀释剂，或香蕉水或二丙酮醇与二甲苯（1：1）混合溶剂，必要时可酌加醚类溶剂，注意不得与一般氨基烘漆拼用。

产品配方/(kg/t)

树脂	641
溶剂	743

生产工艺与流程

树脂、助剂、溶剂→调漆→过滤包装→成品

20-40 聚酯醇酸烘干绝缘漆

性能及用途 一般该漆有较好耐热性、黏结力强、防潮、绝缘性优良、电阻稳定等性能。适用于浸渍F级电机、电器、变压器线圈绕组，并可作黏合磁极线圈之用。为F级绝缘材料。

涂装工艺参考 浸涂法施工。浸第一道漆滴干约0.5h后，浸第二道漆，待滴干0.5h后，方可置入烘房。用二甲苯与丁醇的混合溶剂稀释。

产品配方/(kg/t)

单甘油酯	689.2
多元醇	4.8
二甲酯	121
溶剂	265

生产工艺与流程

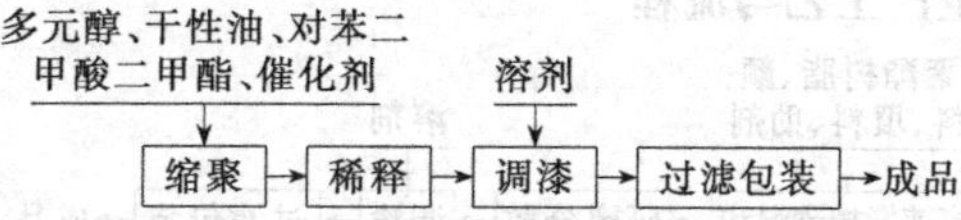

20-41 多功能超快干型改性聚酯面漆

性能及用途 一般常温干燥迅速、漆膜丰满，有较高的光泽、耐热性、耐磨性和抗沾污性，用于涂装木器、金属、藤器高级家具及家用电器。

涂装工艺参考 该漆为双组分涂料，适用于喷涂。配漆比例组分一：组分二：稀释剂＝2：1：2。配好后搅匀放置20min再施工。配好的漆使用时间为6h。本漆应与Z261快干型改性聚酯底漆、X-263快干型改性聚酯漆稀释剂配套使用，不得与其他漆类混用。在施工和储存时，应避免和水、醇、酸类物质接触，施工物面应干燥。该漆的有效储存期组分一为1年，组分二为半年。过期按产品标准检验，若符合质量标准仍可使用。

产品配方/(kg/t)

原料名称	白	黑
55%改性聚酯树脂	696	900
颜料	253	62
助剂	14	14
溶剂	56	45

生产工艺与流程

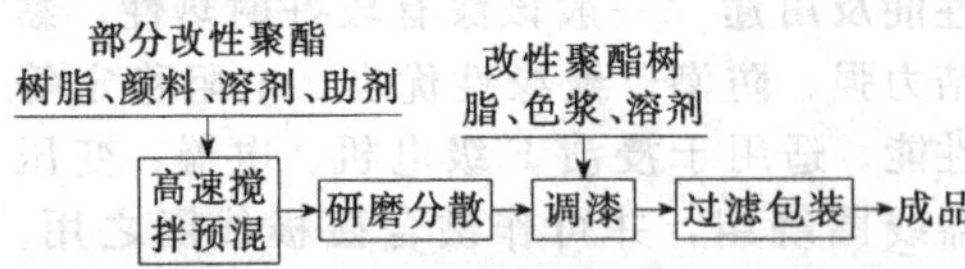

20-42 聚酯烘干橘纹漆

性能及用途 一般漆膜附着力强，光泽色调柔和，漆膜坚韧、耐磨，能形成均匀凸纹（橘皮状），具有美术感以及较好的装饰性。用于仪器、仪表及需要装饰成橘纹状的金属表面。

产品配方/(kg/t)

原料名称	白	黑
聚酯树脂	670	725
颜、填料	380	330
助剂	20	20
溶剂	30	25

生产工艺与流程

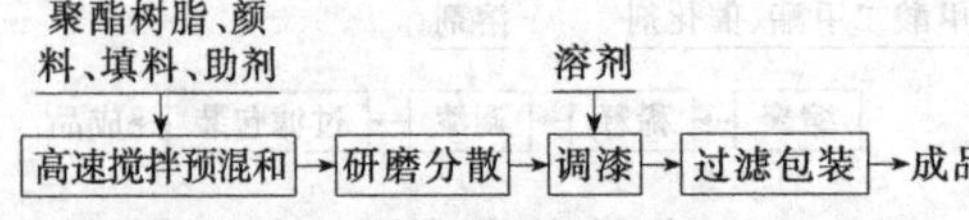

20-43 多功能聚酯绝缘漆

性能及用途 一般该漆具有良好的绝缘性，较高的耐热性和热感电阻，耐苯、抗潮、快干，是良好快干的绝缘漆，高温、低温皆可适用。

涂装工艺参考 将各种线圈、定子、转子先进行预烘，温度在80～100℃左右。冷却至60℃备用。浸漆分热浸漆、真空浸漆、压力浸漆等方法。浸漆后的烘干方法可采用普通烘房、真空烘房及红外线烘干，宜逐步升温。用二甲苯与丁醇混合溶剂稀释。

产品配方/(kg/t)

聚酯漆料	600
氨基树脂	25
催干剂	1
溶剂	456

生产工艺与流程

涤纶树脂、酚醛树脂、干性油、多元醇 → 热炼 → 稀释 → 调漆（加入氨基树脂、催干剂、二甲苯、丁醇溶剂）→ 过滤包装 → 成品

20-44 各色聚酯氨基烘干磁漆

性能及用途 一般该漆漆膜坚韧、光亮丰满，保光保色性佳，不易泛黄，热稳定性、耐候性、耐湿热、耐盐雾性也较突出。适用于装饰保护要求很高的轿车、自行车、缝纫机、电扇、仪器仪表和玩具等产品以及铝质金属表面装饰涂装。

涂装工艺参考 用二丙酮醇：二甲苯＝1∶1混合溶剂稀释。使用前必须将漆搅匀，如有粗粒杂质宜用绢丝或丝棉过滤。喷涂后应在室温下静置10min，流平后再送入有鼓风装置的烘房，烘房内切忌一氧化碳存在。配套漆用H06-2铁红环氧酯底漆、聚酯氨基清烘漆。

产品配方/(kg/t)

树脂	635
颜料	260
溶剂	420

生产工艺与流程

颜料、树脂、溶剂 → 高速搅拌预混 → 研磨分散 → 调漆（加入色浆、树脂、助剂）→ 过滤包装 → 成品

20-45 汽车、自行车、缝纫机、仪器、仪表聚酯氨基烘干磁漆

性能及用途 一般漆膜光亮坚硬，并有良好的柔韧性、冲击强度和耐水性。树脂、助剂、溶剂主要用于汽车、自行车、缝纫机、仪器、仪表及轻工产品等金属表面装饰。

涂装工艺参考 用漆前必须搅拌均匀，如有粗粒机械杂质，事先用丝绢或丝棉过滤。施工以静电喷涂为主，也可用手工喷涂，用X-9氨基漆静电稀释剂调整施工黏度，可酌加二丙酮醇或乳酸丁酯，其用量不超过5%，喷涂后在室温下放置15min左右再进入烘房。

产品配方/(kg/t)

50%聚酯液	562
50%374树脂液	120
颜料	28
溶剂	22
60%氨基树脂	278

生产工艺与流程

氨基树脂、聚酯颜料、炭黑 → 高速搅拌 → 研磨分散 → 调漆（氨基树脂、助剂、溶剂）→ 过滤包装 → 成品

20-46 多功能聚酯环氧烘干磁漆

性能及用途 一般该漆具有硬度高、附着力好、耐深冲、耐水性好、柔韧性佳等特点。适用不同要求涂装，该漆设计了三类：(1) H型 硬度特高，耐磨性、附着力佳，供食品包装印铁用；(2) M型 中硬度，耐磨性、柔韧性好，供卷尺用；(3) S型 低硬度，耐深冲，柔韧性特好，供玩具印刷用。

涂装工艺参考 金属表面处理与一般涂料要求类同，除锈，除油污，表面清洁干燥。底漆可用醇酸型或环氧型烘干底漆。可采用喷涂、刮涂和滚涂，并调节到适当黏度再施工。稀释应用聚酯稀释剂，或香蕉水，或二丙酮醇与二甲苯（1∶1）混合溶剂，不可单用二甲苯，必要时可酌加醚类溶剂。注意不得与一般氨基烘漆拼用。该漆烘烤温度若稍低于标准指标，则时间相应延长。该漆可以不必打底，直接涂装也可通过各项技术指标。

产品配方/(kg/t)

颜料	630
树脂	265
溶剂	450

生产工艺与流程

颜料、助剂、水 → 高速搅拌混合 → 研磨分散 → 调漆（色浆、树脂、助剂）→ 过滤包装 → 成品

20-47 钢琴、木器家具、仪表木壳、缝纫机台板无溶剂型聚酯漆

性能及用途 一般本漆属无溶剂型涂料，漆膜丰满光亮，硬度高，具有耐热、耐寒、耐磨和耐溶剂性能。主要用于钢琴、木器家具、仪表木壳、缝纫机台板等木器作装饰保护涂料，也可与玻璃纤维配合制成瓦楞板、浴盆等玻璃钢制品。

涂装工艺参考 本漆为4罐分装。使用时，按以下的质量配比混合：聚酯漆100份，过氧化环己酮液4～6份，环烷酸钴液2～3份，石蜡液1～2份，需经充分搅匀后，方可施工。可喷涂、辊涂、淋涂，涂膜干燥需在隔绝空气条件下固化。如不用石蜡液，可用涤纶薄膜覆盖或玻璃覆盖，待完全固化后，揭去薄膜或玻璃，即得平整光亮的涂膜。施工温度需控制在10～25℃左右，如低于10℃，固化时间较长。使用时应现配现用，用多少配多少，以免固化，造成浪费。若制作彩色涂层或构件，可在上述混合组分中调入彩色色浆（一般为2%～8%），即可施工。过期如未凝结，仍可使用。

产品配方（质量份）

甲组分：

顺丁烯二酸酐	15.75
邻苯二甲酸	20.44
癸二酸	4.55
1,2-丙二醇	29.24
对苯二酚	0.02
苯乙烯	30

乙组分：

50%过氧化环己酮液	100

丙组分；

环烷酸钴(含8%Co)	75
苯乙烯	25

丁组分；

固体石蜡	70
苯乙烯	30

生产工艺与流程

甲组分：将顺酐、苯酐、癸二酸、丙二醇投入反应锅，慢慢升温并搅拌，至全部原料溶混成液体，温度达100℃时，加入二甲苯（按树脂质量的5%加入二甲苯量），继续升温至160℃进行回流反应，同时进行脱水，并取样检验酸价达到50左右为止，

最终反应温度210℃左右。然后将树脂液转入兑稀罐，并同时通冷水搅拌冷却，降温至90℃时加入对苯二酚，然后加入苯乙烯，充分搅拌均匀，过滤包装。

乙组分：50%过氧化环己酮系市售品，包装的分量应与甲组分配套（甲组分100份，乙组分为4～6份）。

丙组分：将环烷酸钴与苯乙烯投入溶料锅进行混合，充分搅匀，过滤包装。包装分量应与甲组分配套（甲组分100份，丙组分为2～3份）。

丁组分：将石蜡和苯乙烯投入熔料锅混合，慢慢加热，同时搅拌，至石蜡完全熔混为止，过滤包装。包装分量应与甲组分配套（甲组分100份，丁组分为1～2份）。

22-48 气干型不饱和聚酯涂料

性能及用途 用于家具的涂装。

涂装工艺参考 采用喷涂、刷涂施工均可。有效存放期为1年。过期按质量标准检验，如符合要求仍可使用。本产品为自然干燥。

产品配方

（1）配方（质量份）

甲基四氢苯酐	0.4	—	0.4	0.4	0.2	0.2
顺丁烯二酸酐	0.6	0.6	0.6	0.6	0.6	0.6
邻苯二甲酸酐	0.4	—	—	—	0.2	0.3
丙二醇	0.8	0.8	0.8	0.8	0.8	0.8
0201醇	0.2	0.1	0.1	—	0.1	0.1
3011醇	0.07	0.07	0.07	0.14	0.07	0.07
3M烷	—	0.1	0.1	0.15	0.1	0.1

（2）不饱和聚酯树脂的合成 在装有搅拌器、温度计、回流分水器的反应釜中，按比例加入原料，在200℃以下反应；用甲苯作带水剂，分离生成的水，控制生成水的出口温度不超过105℃，当出水量达到理论量的95%，测定物料的酸值，使其物料酸值小于50mgKOH/g。黏度在1～3min之间时，停止反应，温度降到80～120℃加入苯乙烯，过滤，则得不饱和聚酯树脂。

（3）涂料配制 用上述合成的不饱和聚酯树脂配以适当的颜料、填料、助剂砂磨合格细度，即得不饱和聚酯树脂涂料，取100份涂料，1份6%异辛酸钴醋酸丁酯，1份55%过氧化甲乙酮-邻苯二甲酸二丁酯溶液，加入15%～25%的天那水，搅拌均匀，静置气泡消失。

生产工艺与流程 把以上组分加入研磨机中进行研磨。

20-49 新型浸渍电机线圈用聚酯绝缘漆

性能及用途 为一般无溶剂漆，B级绝缘材料，用于浸渍电机线圈的聚酯绝缘漆，具有浸渍性高、干燥快、漆膜浸水或受潮后绝缘电阻变化小等特性。

涂装工艺参考 使用时按产品说明书规定的配比制成清漆，取部分不饱和丙烯酸酯与磨细的过氧化苯甲酰混合均匀，同时将催干剂和蓖麻油改性聚酯混合均匀，待分别溶解完毕后，再把涂料全部搅匀，即可使用，最好现配现用，已经配为成品的漆在通风避光、温度不超过25℃的条件下，可保持较长的时间（如有条件放在冰箱中保存最好）。

产品配方/(kg/t)

成膜物	582
溶剂	547.2
辅料	23

生产工艺与流程

不饱和丙烯酸聚酯、引发剂 → 溶解 → 混合（← 蓖麻油改性聚酯、催干剂）→ 过滤包装 → 成品

第二十一章 聚苯硫醚和氟碳漆

第一节 聚苯硫醚涂料

聚苯硫醚（PPS）除具有优异的耐蚀性能和耐热性能外，对钢、铝、银、铬等金属具有较好的亲和力，可作为黏结剂使用，用PPS制备涂料可以获得较高结合强度的涂层。

聚苯硫醚涂料组成：PPS涂料是PPS树脂的一种应用形式，它是以PPS树脂为主要成膜物质，添加具有特殊性能的填料而形成的一大类涂料，通过涂覆和烧结、流平、固化，在不同基体表面上形成不同用途的功能性涂层。

聚苯硫醚树脂：PPS树脂是主要成膜物质，其性能和含量决定了PPS涂料及涂层的基本性能。

聚苯硫醚涂料生产工艺与产品配方实例见21-1～21-28。

21-1 废硬质泡沫塑料回收聚醚

性能及用途 回收制聚醚。

涂装工艺参考 本产品使用方便，施工时先将被涂装制品清洗干净，便可喷涂(须确保制品每个部位都能喷到)，本漆适用材质为聚丙烯及其共聚物或共混物的制品，适用的面漆为聚氨酯、丙烯酸酯、环氧树脂等。

产品配方/g

甘油-氧化丙烯醚多元醇	350(1mol)
KOH	11.2(0.2mol)
聚醚醇钾	400
二胺	100
硬质聚氨酯泡沫塑料	500
KOH	236
氧化丙烯单体	230

生产工艺与流程 在装有搅拌器、温度计和回流冷凝器的反应釜中，加入上述原料聚醚醇钾和二胺加热至140℃，开始添加硬质泡沫塑料和KOH，5h共溶解硬质泡沫塑料500g，KOH 236g待溶解完后，在100℃下析出无机碳酸盐，经过滤以后，取700g滤液放入高压釜内，100～120℃导入230g氧化丙烯单体聚合，生成粗醚中残存钾离子，用磷酸中和，活性白土过滤即得精制聚醚。

21-2 聚氟乙烯涂料

性能及用途 聚氟乙烯具有一般氟树脂的特性，并具有独特的耐候性。由其组成的涂料除了具有耐候性外，还具有良好的黏结性。其涂层硬度高、韧性好、耐磨、耐冲击、耐化学品腐蚀、无毒、美观，具有三防性能（防湿热、防盐雾、防霉菌），是一种性能全面的、理想的护面材料。聚氟乙烯涂料广泛应用于电子、仪表、化工、石油、轻工、建材、海洋渔业、农机等许多部门。如出口散装食品、蜂蜜、香料油、松节油、酒精等的包装桶，农用喷雾器的内壁涂料。尤其对在露天、隧道、地下室、海洋、湿热带、油气田、化工车间等环境下使用更具优越性。

涂装工艺参考 刷、喷涂均可。每层在250℃烘1h，最后在300℃烘1h。一般需涂三道。

生产工艺与流程 将聚氟乙烯树脂、潜溶剂和助剂经混合、研磨、过滤制得。

21-3 废硬质泡沫塑料回收聚醚

性能及用途 回收聚醚，再生产聚氨酯泡沫塑料。

涂装工艺参考 本产品使用方便，施工时先将被涂装制品清洗干净，便可喷涂（须确保制品每个部位都能喷到），本漆适用材质为聚丙烯及其共聚物或共混物的制品，适用的面漆为聚氨酯、丙烯酸酯、环氧树脂等。

产品配方

（1）醇胺法配方/g

一缩乙二醇	450
乙醇胺	25
废旧聚氨酯泡沫塑料	500

生产工艺与流程 将一缩乙二醇、乙醇胺混合加热至195℃，然后逐步添加废聚氨酯泡沫塑料碎末，待加完溶解后，于195℃混合30min，然后冷却得到聚醚。

（2）再生聚醚与普通聚醚混合可以生产聚氨酯泡沫塑料配方/kg

再生聚醚醇	40
三亚乙基二胺(33%)	0.1
聚硅氧烷	1
粗二苯基甲烷二异氰酸酯	136
蔗糖聚醚醇	60
二甲基乙醇胺	2
三氯一氟甲烷	35

生产工艺与流程 把以上组分进行研磨到一定细度。

21-4 废硬质聚氨酯泡沫塑料回收聚醚

性能及用途 回收聚醚，还可制备软质泡沫塑料。

涂装工艺参考 本产品使用方便，施工时先将被涂装制品清洗干净，便可喷涂（须确保制品每个部位都能喷到），本漆适用材质为聚丙烯及其共聚物或共混物的制品，适用的面漆为聚氨酯、丙烯酸酯、环氧树脂等。

产品配方

（1）配方1/g

聚丙二醇	500
三(氯丙基)磷酸酯	100

（2）配方2/kg

回收的聚醚醇	40
80/20甲苯二异氰酸酯	141.6
甘油-氧化丙烯醚	60
硅酮稳定剂	1.5
二丁基锡月桂酸酯	0.2
三氯一氟甲烷	7.0
三亚乙基二胺	0.15
水	4.0

生产工艺与流程 在装有搅拌器、反应釜中加入500g相对分子质量为400聚丙二醇、100g三（氯丙基）磷酸酯，升温至195℃，然后将软质泡沫塑料碎片加入共500g，加料速度为5g/min，待加料完毕和溶解完全后，于195℃保温40min，制得的混合物在室温中上层为赤褐色，下层黑色固体。

21-5 聚苯硫醚涂料

（1）分散液涂料的制备

PPS＋填料＋溶剂＋助剂等 → 球磨混合 → 过筛 → PPS分散液涂料

用于制备分散液的PPS粉末颗粒粒度应控制在120～200目。将涂料的各组分按一定比例与溶剂混合，放入球磨罐中研磨16～48h制成分散液涂料，研磨过程中应不断补充分散介质。球磨结束后如果有颗粒物，可以用40～80目不锈钢筛子过筛以除去粗颗粒。

当用悬浮液喷涂时，分散介质与表面活性剂虽然不参加成膜，但是能够明显影响悬浮液涂料的稳定性和分散性，从而影响涂层的性能。工业上配制悬浮液涂料时，常采用工业酒精作分散介质，但是球磨过程中，酒精易挥发，成本高，在涂装过程中酒精挥发快，容易使涂料剥落，涂层不均匀，易形成针孔。用去离子水代替工业酒精，可以减少针孔和降低成本，但是涂料的稳定性差，涂层干燥过程中金属基体易生锈，降低涂层的结合强度，需加入缓蚀剂。采用工业酒精与去离子水的混合物作溶剂比较理想，加入少量正丁醇可以进一步提高悬浮液涂料的稳定性。综合考虑，分散介质为去离子水∶酒精∶正丁醇（体积比）＝4∶4∶1时最实用。用纯水或含水较多的分散介质效果不理想。悬浮液涂料配制时，还要添加一些表面活性剂，目的是增加涂层的润湿性以及涂料中各组分的相容性，从而提高分散液涂料的稳定性。

另外，在其中加入表面活性剂可以降低悬浮液涂料的表面张力，使涂料能均匀覆盖到底层上，从而增加涂层表面的平滑感。试验结果显示，采用十二烷基苯磺酸钠作为悬浮液的表面活性剂，效果良好。加入十二烷基苯磺酸钠表面活性剂，可以提高分散液的稳定性，但是加入量过多，形成的泡沫会影响球磨和涂层的性能。一般加入量控制在0.1%左右即可，最好在球磨的后期加入。

(2) 粉末涂料的制备　粉末涂料的制备方法如下。

①熔融共混法。

PPS＋填料＋溶剂＋助剂 → 高速混合 → 挤出造粒 → 粉碎 → PPS分散液涂料

该方法制备的涂料性能优异，粒度均匀可控，特别适合于静电喷涂和制备薄涂层，缺点是制备工艺流程复杂，生产成本高。

②物理共混法。

PPS＋填料＋溶剂＋助剂 → 球磨 → 过筛 → PPS分散液涂料

该方法的特点是工艺简单，涂料成本低，缺点是涂料的均匀性较差，适合于制备比较厚的涂层。

③溶剂分散法。

PPS＋填料＋溶剂＋助剂＋分散介质 → 球磨混合 → 沉降、分离、抽滤 → 干燥、过滤 → PPS分散液涂料

该方法制备的涂料性能比方法②有所改进，但是仍然存在不均匀的缺点。

(3) 聚苯硫醚涂料改性　虽然PPS树脂具有优异的防腐和耐热性能，但是PPS涂层存在高温氧化、凹凸不平、流坠、龟裂、脱落、起泡等缺点，致使PPS涂层的使用性能远不如PPS树脂。为了提高PPS涂层的使用性能，必须对通用涂料配方进行改进。

(4) 聚苯硫醚涂料配方　通用PPS分散液涂料配方如下。

在PPS涂料中加入石墨，可以明显改善涂层的导热性能、润滑性能和柔韧性能，同时添加石墨和二氧化钛效果更好。石墨加入量过大时，不仅影响涂层的结合强度，而且硬度有所降低，影响涂层的使用性能。当石墨添加量为5%左右时，涂层的综合性能比较理想，一般控制PPS：石墨：二氧化钛＝100：5：10（质量分数）即可。

对于导热性能要求特别高的PPS涂层，可以适当提高石墨含量，但是一般也不宜超过20%。导热性涂层用PPS分散涂料配方见表21-1。

表21-1　导热性涂层用PPS分散涂料配方

项目		指标		
	配方编号	1	2	3
涂料组成/g	PPS	100	100	100
	二氧化钛	5～10	—	—
	三氧化二铬	—	5～10	—
	三氧化二钴	—	—	5～10
	乙醇	200～400	200～400	200～400
	正丁醇	0～200	0～200	0～200
涂料性能	黏度/Pa·s	0.15～0.17	0.15～0.17	0.15～0.17
	粉末粒度/目	＞120	＞120	＞120

(5) 国外PPS分散液涂料配方　对于不同厚度的PPS涂层，可以采用不同的配方，从底层到面层，PPS的含量逐渐增加，表面层中可以采用纯PPS树脂，这样可以提高涂层的应用性能。天津合成材料研究所通过大量实验和应用研究，开发了底层和三种面层用PPS分散液涂料得到了典型耐高温PPS粉末涂料配方，见表21-2。为了改善和提高底层涂料与金属基体的结合性能，管丛胜认为可以在底层配方中加入3%～5%聚金属硅烷偶联剂。

表21-2　耐高温PPS粉末涂料配方

项目		指标
底层涂料组成/g	PPS	100
	三氧化二铬	5～7
	二氧化钛	5～7
	Al粉	10～15
	OP-10乳化剂	1～2
	六偏磷酸钠	0.5～1.5
	消泡剂	少量
	聚乙二醇	4～5

续表

项目	指标	
底层涂料组成/g	乙醇	200～400
	正丁醇	0～200
底层涂料性能	黏度/Pa·s	0.15～0.17
	粉末粒度/目	＞120
面层涂料组成/g	PPS	100
	三氧化二铬	5～7
	二氧化钛	5～7
	石墨粉	10～20
	OP-10 乳化剂	1～2
	分散剂	0.5～1.5
	消泡剂	少量
	聚乙二醇	4～5
	乙醇	200～400
	正丁醇	0～200
面层涂料性能	黏度/Pa·s	0.15～0.17
	粉末粒度/目	＞120

21-6 聚苯硫醚分散液涂料

性能及用途 PPS 树脂作为涂料，主要采用悬浮液（分散液）喷涂。由于涂层烧结温度为 320～380℃，所以将 PPS 树脂在 260℃温度下加热去除低分子化合物，以防止在涂层固化过程中分解产生气体，形成针孔和起泡，影响涂层性能。

悬浮液喷涂时，控制分散液的固含量为 15%～25%。空气压缩机压力为 0.3～0.4MPa，喷嘴与基体材料的距离为 200～300mm，每次厚度应控制在 30～60μm，一次喷涂太厚，涂层容易开裂和不均匀，相反则喷涂效率太低。

分散液一次喷涂厚度只有 30～60μm，还增加工件冷却和干燥两道工序，使得涂层加工存在工艺繁琐、工作效率低、产品质量较差和涂料稳定性低等缺点。

涂装工艺参考

（1）基体表面处理 基体的表面性能（状态）对涂层的附着力有很大影响，基体表面预处理达到无锈、无油、干燥和有合适的粗糙度，有助于提高涂层的附着力。经过化学粗化处理后，表面积增大，容易产生锚固效应，可使涂层牢牢地镶嵌在基体表面的微孔中。因此，经过化学预处理，涂层的结合强度和抗冲击性能比机械抛光好。

（2）涂层热处理 涂料经过热处理可以达到熔融、流平（塑化、固化）和形成涂层的目的。由于 PPS 树脂为热塑性高聚物，只要加热至 PPS 的熔点以上就可以熔融、流动并与基体形成牢固地黏附。

对于 PPS 涂料，由于在配方中加入了大量添加剂，致使涂料的熔融流动性（黏度大，熔点高）明显低于 PPS 树脂，为了提高流动性，必须提高固化（塑化、流平）温度，温度过高又会导致涂层中 PPS 树脂氧化加剧。由此可见，PPS 涂层的热处理温度和时间对涂层性能的影响很大。通常 PPS 涂层采用底层-中间过渡层-面层结构，对于底层涂料，最好采用较低温度进行固化，这样既可以避免或减少 PPS 的氧化，又能避免或减少金属基体的氧化，为了保证底层与基体的结合性能，最好在加热前预先喷涂一薄层底层涂料。

产品配方 采用氟树脂与 PPS 通过共混改性，将 PPS 树脂的高黏结性能和氟树脂的防腐性、塑性有机地结合为一体，可以获得性能优异的复合 PPS 涂料和涂层。

用酚酞侧基聚醚酮（PEK-C）与 PPS 熔融共混，将 PEK-C 的高耐热性和热塑性、PPS 的高结合强度结合为一体，使 PPS 涂层的拉伸强度和抗冲击强度明显提高。分散液涂料产品配方见表 21-3。

表 21-3 分散液涂料产品配方

项目		配方 1	配方 2	配方 3	配方 4
涂料配方/份	PPS	100	—	—	—
	RYTON V-1	—	100	100	100
	TiO_2	33	33	16	—
	PTFE	—	20	—	—
	丙二醇	—	100	100	20
	有机颜料	—	—	16	—
	润湿剂	3	4	2.5	2.5
	水	300	185	185	130
涂料球磨时间/h		＞24	24	16	12
涂层特点		通用涂层	工业用脱模涂层	颜色涂层	无颜色涂层

改性 PPS 分散液涂料配方见表 21-4。

表 21-4　改性 PPS 分散液涂料配方

项目		指标			
涂料体系		底漆	面漆		
			配方 1	配方 2	配方 3
涂料组成/g	PPS	100	100	100	100
	TiO_2	5	10～30	—	5～10
	金属氧化物	5	5～10	5～10	—
	石墨	—	—	5～10	—
	95%乙醇	400～500	—	500～700	500～700
	水(1%表面活性剂)	—	500～700	—	—
	有机胺		5～15	15～30	20～50
涂料性质	黏度/Pa·s	0.15～0.17	0.15～0.17	0.15～0.17	0.15～0.17
	熔点/℃	278	278	278	278

生产工艺与流程　用分散液涂料制备 PPS 涂层工艺流程如下：

工件→预处理→喷涂底层→干燥→固化→冷却→喷涂中间层→干燥→固化→冷却→喷涂面层→干燥→固化→冷却→淬水→质检(性能测试)→修补→产品

(1) 预处理　预处理工序包括除油、烘烤、除锈、粗化（如喷砂）等，目的是获得无油、无锈和一定粗糙度的基体表面。具体方法和工艺参数根据涂层厚度、基体材料性质和工件结构而定。

(2) 干燥　干燥目的是使涂料中的溶剂挥发，干燥温度根据所用溶剂的性质而定，一般控制为 80～100℃即可。温度过高，溶剂挥发过快，可能会导致涂料脱落。

(3) 固化　固化（塑化）的目的是通过热熔交联（流平）使涂料成为薄涂层（成膜），在涂料配方一定的条件下，涂料的流平效果取决于固化温度和时间。底层、中间过渡层和面层的固化温度分别为 320～340℃、340～360℃和 360～380℃。固化时间的确定还应考虑涂层的厚度因素。

(4) 冷却　冷却可以采用自然冷却方式，冷却温度应低于溶剂的沸点。

(5) 喷涂次数　下标 m、n、p 为重复喷涂次数，重复喷涂次数取决于涂层厚度和涂料的固含量。增加重复喷涂次数，涂层厚度增加，但是涂层的附着力有所降低。

(6) 淬水　淬水（淬火）的目的是降低涂层的结晶度、增加涂层的光泽和提高涂层的抗冲击性能等。

21-7　聚苯硫醚粉末涂料

性能及用途　粉末涂料的粒度过大，涂料的流平性差，涂层不均匀，易形成针孔，但对涂装厚涂层有利；粉末涂料的粒度过小，涂装厚涂层时容易出现流淌现象。试验中，粉末涂料的粒径控制在 01～0.3μm 之间，颗粒均匀和圆滑。

粉末涂料的涂覆方法有静电喷涂、火焰喷涂（热喷涂）、流化床浸涂和压缩空气喷涂等。不同喷涂方法有不同的特点，如静电喷涂适合于制备厚度小于 50μm 的涂层，流化床浸涂和热喷涂可以制备厚度大于 200μm 的涂层。有时为了提高涂层的性能而将不同喷涂方法有机地结合为一体。

涂装工艺参考　PPS 粉末火焰喷涂的 3 个工艺参数是各气体的压力和流量、零件的预热温度和喷涂距离。

(1) 各气体的压力和流量　根据火焰喷涂机使用说明书的技术要求调整压力和流量，以保证喷涂枪火焰稳定，送粉均匀，涂层性能优良。

(2) 工件预热温度　在塑料粉末火焰喷涂过程中，零件表面预热温度是一个很重要的工艺参数。实践证明，零件的预热温度过低，会直接影响涂层与基体间的结合强度；预热温度过高，也会降低结合强度，还会使塑料喷涂层烧焦甚至燃烧。待喷涂表面的预热温度一般为 300～350℃。

(3) 喷涂距离　PPS 粉末火焰喷涂时，喷涂距离的合理调整对于保证涂层质量也十分重要。一般来说，聚苯硫醚粉末火焰喷涂时，喷嘴端面距零件表面间的距离以 150～200μm 为宜。喷涂距离过近，不易控制涂层温度，容易发生烧焦和燃烧现象；喷涂距离过大，易降低喷涂效率。在实际操作中，应根据火焰温度情况随时调节喷涂距离。当开启送粉阀时，可以明显地看到火焰颜色变红，火焰的长度也变长。根据经验，零件的喷涂表面置于红色火焰的末端最为合适，同时还应连续观察涂层外观质量。

(4) 火焰喷涂设备　PPS 粉末火焰喷涂专用设备包括：ZK6018 型塑料粉末火焰喷涂机、预热枪（用氧气、乙炔）、电脑测温仪。

喷涂用配套设备：空压机、油水分离器、喷砂机、干燥箱、涂层针孔检测仪、涂层测厚仪、乙炔气、氧气等。

典型耐高温 PPS 粉末涂料产品配方见表 21-5。

表 21-5　典型耐高温 PPS 粉末涂料产品配方

涂层	涂料成分	含量/%	涂层	涂料成分	含量/%
底层	PPS	100	中间层	Cr_2O_3	5
	TiO_2	20～30			
	助剂	少量		助剂	少量
中间层	PPS	100	面层	PPS	100
	TiO_2	10		TiO_2	0～5

注：天津合成材料研究所研究开发了底层和三种面层用 PPS 分散液涂料。

生产工艺与流程

(1) 静电喷涂　静电喷涂工艺流程为：静电喷涂用涂料的粒度为 80～120 目，涂层厚度 30～60μm，基体粗糙度为 5～10μm。

工件→预处理(除油、除锈、粗化等)→静电喷涂→固化(320～340℃)→淬水→质检或性能测试→修补→产品

(2) 流化床浸涂　流化床浸涂工艺流程为；流化床浸涂用涂料粒度为 40～80 目，涂层厚度 500～800μm，基体粗糙度为 50～100μm。中间固化时间一般控制在 10～15min 即可。为了基体材料在预热过程中的氧化，提高和改善涂层的结合强度，可以采用静电喷涂 30～50μm 的底层涂料。

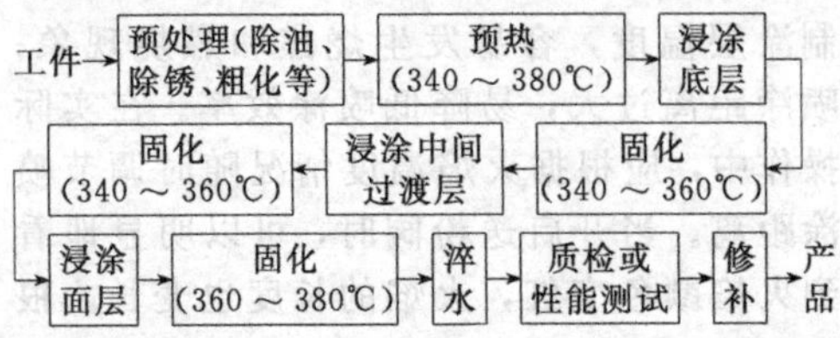

流化床浸涂用涂料粒度为 40～80 目，涂层厚度 500～800μm，基体粗糙度为 50～100μm。中间固化时间一般控制在 10～15min 即可。为了基体材料在预热过程中的氧化，提高和改善涂层的结合强度，可以采用静电喷涂 30～50μm 的底层涂料。

(3) 火焰喷涂　聚苯硫醚粉末火焰喷涂工艺流程为：火焰喷涂用涂料粒度为 60～80 目，涂层厚度 500～800μm，基体粗糙度为 50～100μm。钢铁基体预热后，表面产生一层氧化铁，这样容易影响 PPS 涂层与钢铁之间的结合力。为了提高 PPS 涂层与钢铁之间的结合力，可以在基体上预喷涂一层过渡金属层，如锌或铝（厚度为 50～80μm）。

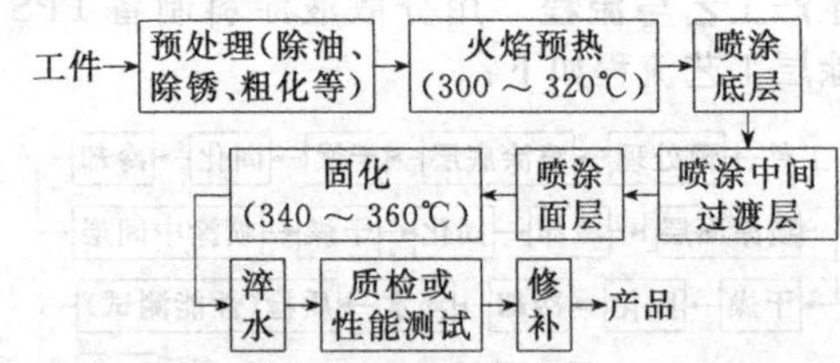

PPS 粉末火焰喷涂特别适合于修复化工搪瓷涂层，具体修补工艺流程为：

待喷表面→除油和清洗→喷砂或打毛粗化→喷涂 PPS 涂层→冷却处理→质量检测

21-8　PPS-10 聚苯硫醚复合涂料

性能及用途　PPS-10 聚苯硫醚复合涂料是以 PPS 为基础原料，辅以特殊的填料及有机溶剂配制而成。产品经过高温加热交联之后，具有极高的热稳定性和优良的黏结性。同时具有防腐、耐溶剂、抗磨耗、耐酸碱等特性及优异的介电性能。用于化工防腐、航空航天工业的耐高温涂料、电子工业的保护涂料，以及橡胶、金属模具、食品工业、各种空调器具的防黏涂层。

涂装工艺参考　刷、喷涂均可。每层在 250℃烘 1h，最后在 300℃烘 1h。一般需涂三道。

生产工艺路线　将 PPS 树脂研磨，使树脂粒度达到技术要求，然后加入辅助填料及有机溶剂配制成 PPS-10 聚苯硫醚复合涂料。

第二节 氟碳涂料

一般有机氟涂料是以有机氟聚合物或有机氟改性聚合物为主要成膜物质的涂料，具有优异的耐候性、耐久性、耐化学品性和防腐蚀、耐磨性、绝缘性、耐沾污性及耐污染性等性能，广泛应用于建筑、航空、电子、电气、机械及家庭日用品、木器家具等领域，是一种集高、新、特于一身的性能优异的涂料。

有机氟涂料的成膜物质主要是有机氟树脂和有机氟改性树脂（或改性有机氟树脂）。

涂料用常规的有机氟树脂一般是用含氟烯烃如四氟乙烯（TFE）、氟乙烯（VF）、偏二氟乙烯（VDF）等单体为原料进行均聚或共聚制得的，其性能优异，应用广泛。聚四氟乙烯（PTFE）涂料是氟树脂涂料中不黏性、非润湿性、低摩擦性和耐热性最优秀的涂料，主要应用于家庭制品、食品、橡胶塑料、汽车、精密机械等工业领域，作为重要的防黏涂料、耐热涂料、绝缘涂料和耐磨涂料。聚偏二氟乙烯（PVDF）涂料通常由乳液聚合而得，具有极佳的耐化学品性、优良的热稳定性和极好的耐候性、耐久性、耐磨性，广泛应用于建筑铝材及金属卷材方面，可作为装饰性和保护性的罩面漆。

氟碳油漆、氟碳涂料、氟树脂涂料：在各种涂料之中，氟树脂涂料由于引入的氟元素电负性大，碳氟键能强，具有特别优越的各项性能：耐候性、耐热性、耐低温性、耐化学药品性，而且具有独特的不黏性和低摩擦性，氟涂料在建筑、化学工业、电器电子工业、机械工业、航空航天产业、家庭用品的各个领域得到广泛应用，成为继丙烯酸涂料、聚氨酯涂料、有机硅涂料等高性能涂料之后，综合性能最高的涂料品牌。

一、含氟丙烯酸酯涂料

含氟丙烯酸酯涂料既保留丙烯酸酯涂料良好的耐碱性、保色保光性、涂膜丰满等特点，又具有有机氟树脂耐候、耐沾污、耐腐蚀及自洁性能，是一种综合性能优良的涂料。

通过引入含氟基团来改变丙烯酸酯聚合物的结构，从而大大改善丙烯酸树脂的性能，使其具有更广泛的应用前景。引入含氟基团主要有2种方法：一是使用氟化丙烯酸酯单体与丙烯酸酯共聚；二是在聚合时加入含氟添加剂，如全氟辛酸、氟碳表面活性剂等。前一种方法既可以改变聚合物侧链的结构，有效改变共聚物的表面性能，也不会大幅度提高成本，具有现实意义，所用氟化丙烯酸酯单体的合成主要有氟化醇与（甲基）丙烯酸酯化；采用全氟碘烷与（甲基）丙烯酸盐反应两种制备方法。3M、Du Pont、旭硝子公司和大阪有机化学公司均有生产。含氟丙烯酸酯的共聚可以用γ射线、过氧化物或偶氮二异丁腈引发，可以是本体聚合、溶液聚合或乳液聚合，这种含氟侧链在成膜后，可集中在涂膜表面，最大限度地发挥氟原子的作用，具有优异的耐水性和耐污染性。目前在国外，含氟丙烯酸酯已经成功地应用于光纤涂料、汽车涂料、建筑涂料和织物处理剂等方面。

FEVE氟碳树脂与氟碳涂料的开发，从倪玉德在天津灯塔涂料股份有限公司承接国家重点科研项目开始，十多年以来有了较大的发展，清华大学唐黎明等以聚偏氟乙烯和聚丙烯酸酯为原料，通过乳液聚合方法合成了性能优异的聚丙烯酸酯改性乳液。该乳液与基材的附着力好且成膜后涂膜的表面性能好，可以在要求耐污染、耐热、耐药品和不黏性等领域用于基材的表面改性，如用于纺织、皮革制品的耐水、耐油剂等领域。

二、含氟聚氨酯涂料

含氟聚氨酯涂料具有优异的耐候性、保色性及耐热性、耐腐蚀性、耐化学品性，可室温固化，具有其他涂料无法比拟的综合性能，广泛应用于航天航空、桥梁、车辆、船舶防腐和建筑等领域，是铝材、钢材、水泥、塑料、木材表面的防护和装饰涂料。

含氟聚氨酯涂料采用羟基固化双组分聚氨酯涂料的原理，将含羟基的氟树脂，与作为固化剂组分的多异氰酸酯配成含氟聚氨酯涂料，可常温交联。作为功能基团的含氟共聚物，通过与多异氰酸酯常温交联固化，不仅具有氟树脂优异的化学性能，而且具有通用涂料的性能而被广泛应用。

RobertF. Brady 报道了美国海军研制的含氟聚氨酯涂料，配方中含有聚四氟乙烯 38%（体积分数），采用六亚甲基二异氰酸酯作为固化剂，二丁基二月桂酸锡作催干剂。该涂料具有极好的外观、耐候性、耐热性及耐腐蚀性，可作为飞机外用涂料、燃料储罐涂料、船舶防污涂料、汽车涂料等。

张永明等合成了含羟基的氟硅树脂，并以此树脂 60 份为原料，甲基异丁基酮/二甲苯（2∶1）30 份，助剂 10 份，HDI 25 份（作为固化剂）制成清漆。该清漆不仅具有良好的附着力和机械强度，还具有高耐热、耐候性，良好的憎水性和耐沾污性，在防腐蚀涂料及防污涂料中有极大的潜在应用价值。

三、含氟环氧树脂涂料

含氟环氧树脂既可以改善环氧树脂的溶解性，又可以提高环氧树脂的耐热性、耐磨性、耐腐蚀性能。武汉工业大学单松高等采用 2,2-二（4-羟基苯）-1,1,1,3,3,3-六氟代丙烷与环氧氯丙烷进行缩合聚合，氟原子的引入，不仅使环氧树脂的溶解性上升，而且耐热性提高。

武汉高校新技术研究所施铭德等采用环氧树脂改性偏二氟乙烯-四氟乙烯-六氟丙烯共聚物，制得环氧改性有机氟涂料，兼有环氧树脂和有机氟树脂的优点，既具有很好的附着力，又具有良好的力学性能和耐有机溶剂性能，应用前景广阔。

四、含氟有机硅涂料

含氟有机硅涂料可常温固化成膜，具有优良的耐腐蚀性、耐冲击性、附着性和耐候性，使用寿命可达 20 年以上。上海汇馥有机硅科技有限公司开发出的 WB99 型含氟有机硅涂料已成功地应用于涂装防护南浦大桥拉索聚乙烯套管。Mera 等研制出的含氟有机硅防污涂料，适用于海下储罐、船舶、渔网、码头等的防护。

五、含氟聚苯硫醚涂料

聚苯硫醚涂料具有优良的热稳定性、阻燃性、耐化学品性、耐候性和耐辐射性，涂层薄且无针孔。但其主要缺点是脆性大易开裂，采用有机氟对其进行改性，可将氟树脂的高耐蚀性、耐热性及高韧性和聚苯硫醚的高附着性、热稳定性、无针孔及防腐性能融于一体，获得高性能的防腐蚀涂层。山东大学叶鹏等以聚氟乙丙烯为面涂层，以聚苯硫醚为底涂层，利用梯度功能材料的原理，加入中间过渡层，分层过渡，提高涂层的结合强度，研制出一种性能优良的防腐涂料。

随着表面活化交联技术、超临界流体、纳米技术等先进技术和材料的发展与应用，以及人们环保健康意识的增强，经济、高效、环保、功能化的新型氟涂料快速发展起来，并成为含氟涂料的主要发展方向。

1. 水性氟涂料

水性含氟涂料既具有含氟材料优良的耐候、耐污、耐腐蚀等性能，又具有水性涂料环保、安全等性能，因而正日益引起世界各国的极大关注，是今后涂料工业发展的一个重要方向。美国 Dow 化学公司 Schmidt 首先报道利用反应性氟聚合物制成不黏性涂料。国外开发的水性氟聚合物涂料有水溶性、水分散和乳液性等多种形态。但目前的水性氟聚合物涂料大多数仍为水分散性的。典型的水性氟涂料有由氟烯烃、乙烯基醚、含羧基化合物和水溶性氨基树脂共聚而制成的阴极电泳涂料。日本在这方面的研究十分活跃，日本大油墨公司的 Kawamura S 和 Hi-BiT 用 fluonate 乳液、环氧基硅烷做交联剂，获得了耐久性和不黏性良好的水性氟涂料，成膜温度为30～45℃。国内开发的水性氟聚合物涂料中，南昌航空工业学院饶厚曾等研制出NH-R水性氟涂料很有特色，它以自身不能固化成膜的含氟乳液与一定比例的添加剂配制而成。该涂料具有较强的附着力、耐老化性、耐腐蚀性和化学稳定性，并且施工方便，广泛适用于航空、海洋开发、能源、电子和化工等领域。

2. 高固体分和粉末氟涂料

同水性氟涂料一样，高固体分氟涂料和氟树脂粉末涂料也具有环保性。热塑性PVDF树脂制备的氟树脂粉末涂料早已上市，但由于其分散性差，加上要高温烘烤，所以用途较窄。近年采开发的以氟烯烃乙烯基醚为主链，在100℃熔融的带羟基等交联性反应基团的氟树脂可制得热固性氟树脂涂料。中科院上海有机研究所的章云祥等采用赛氟隆ETFE（乙烯、四氟乙烯共聚物）可制得各种性能均优良的粉末涂料。Stefano等用全氟醚聚氨酯和全氟醚聚酯制得一系列高固体分氟树脂涂料。

3. 超耐候氟涂料

有机氟树脂具有优异的耐候性，用氟改性的聚丙烯酸酯、聚氨酯、环氧树脂等涂料的耐候性也明显提高，可用于室外的长效、高装饰性保护涂料。含氟丙烯酸酯涂料具有优良的耐候性，良好的保光保色性能，不易粉化，光泽好。何晓路等研制出一种超耐候彩色丙烯酸酯含氟涂料，可适用于室外和多种塑料制品。含氟聚氨酯涂料具有很好的耐湿和耐紫外线性能，广泛用于飞机蒙皮、汽车涂料、大型储罐表面和石刻文物的保护。

4. 防火阻燃氟涂料

由于氟树脂和含氟树脂中氟原子占树脂的25％～50％，因此其本身具有阻燃和防火性能。如聚偏氟乙烯（PVDF）的限氧指数（LOI）为440，乙烯-四氟乙烯共聚物（ETFE）的限氧指数为30，都高于空气中的氧含量，故在空气中可以自熄，表现出较高的阻燃性能。与超微细层状硅酸盐、水合氧化铝、氧化镁等复合，可制成高效、低烟、低毒的涂料，目前超薄型钢结构防火氟涂料的市场日趋看好。

5. 防污自洁氟涂料

由于氟涂料致密的分子结构，使其表面摩擦系数低，漆膜表面的诱起电压高，表面能低，且不易引起静电，有防污物驻留性和极强的憎水性，使灰尘、水分很难附着在涂膜表面，利用纳米技术使之构成类荷叶结构表面，具有卓越的耐污和自洁性能。可制成环保型海洋防污涂料，也可制成汽车外壳保护涂层，自洁性的外墙涂料，飞机防冰雪涂料等。

6. 防黏耐磨氟涂料

由于氟聚合物的原子半径小，极化率小，表面张力小，故表现出抗黏性，且氟树脂具有较小的内聚能和低摩擦系数，作为耐磨润滑涂料的基料，配以润滑剂，其耐磨润滑性能则更为突出，所以广泛应用于模具、炊具、家电、机器设备等行业。罗国钦等研制了水性单层氟树脂防黏涂料，王文良等也研制出ZF-426水性抗黏易洁、一喷一烘型氟涂料。国外So-da、Yoshihiro等用四氟乙烯分散体聚醚Permarin VA200，制得了优良的不黏性耐磨涂料。

随着新材料的不断研究开发和改进，有机氟涂料的研究将越来越深入，性能亦将越来越优异，以满足不同行业或领域对涂料不同的要求需要。与此同时，随着人们环保意识的增强，有机氟涂料也将朝着无污染、环保型的方向发展。有机氟涂料作为性能最佳的涂料品种，必将越来越引起人们的重视，并在特定领域内得到广泛的、深层次的应用。

六、氟碳涂料生产工艺与产品配方实例

生产工艺与产品配方实例见21-9～21-24。

21-9 新型特氟龙氟碳涂料

性能及用途 对所有能耐180℃的基材都能良好地附着，特别是铁、铝、不锈钢、铜、玻璃等难附着的东西都可以正常地附着。

适合的产品有布、棉，鞋材，烤盘，微波炉，咖啡杯，烧烤架，电烫斗，各种模具脱模，各种滚筒，印刷滚筒，食品机械，汽车排气管耐高温，螺丝，弹簧，剪刀，蛋糕盘，机器零件，金属制品，发夹，管道等。

特氟龙具有优良的不黏性，防腐性，耐磨性，润滑性，绝缘性。

涂装工艺参考 刷、喷涂均可。每层在250℃烘1h，最后在300℃烘1h。一般需涂三道。

(1) 性能指标 本品以纳米无机化合物为主要成分，为水性双组分涂料。表面硬度很高（铅笔硬度达9H），耐摩擦，高透明，耐热性好（>400℃），疏水防潮，防污，耐大气老化，耐辐射。涂膜非常致密，可以防水防油渗透。不粘油。

(2) 产品特点 高温下不黄变。透明性无变化。可与食品接触无毒副作用；纳米材料可增加抗菌防污的作用。

产品为水性，环保无毒。加热无气体挥发。

产品还具有优异的电气绝缘性能，其高频电性能也很好；光泽丰满，装饰性特佳。双组分，喷涂、浸涂、刷涂均可，低温下烘烤成膜。

(3) 主要用途 推荐用于高温、明火等环境下金属基材的抗氧化、防腐、耐酸碱透明装饰保护；如燃气灶具（各种铜铝铁钢等材质的炉头、炉盖、灶面等）和锅炉管道等。

可用于各种石材、人造大理石等对硬度需要比较高的场合；特别是用于厨房台面、陶瓷或玻璃制品（如瓷砖、马赛克），漆膜耐温、耐磨、耐腐蚀、不粘油、抗菌、防水、防污、极易清洗，并可吸收大理石的辐射。

可用作各种树脂、塑料制品及镜片等透明材料的增硬涂层；可大量吸收紫外线，提高耐候性。

可用在木地板等木材，大大增强表面硬度和耐磨度，且防水、防腐、防变色，抗霉菌。用于其他涂料表面，可增加光亮度，改善表面效果（湿碰湿涂装，一次烘烤成膜）。

21-10 聚氟乙烯氟碳实色漆

性能及用途 白色氟碳实色漆与聚氟乙烯组成的涂料除了具有耐候性外，还具有良好的黏结性。其涂层硬度高、韧性好、耐磨、耐冲击、耐化学品腐蚀、无毒、美观。

涂装工艺参考 刷、喷涂均可。每层在250℃烘1h，最后在300℃烘1h。一般需涂三道。

产品配方（质量份）

(1) 漆浆制备

颜料分散（研磨漆浆制备）

ZEFELE GK-570	20.2
金红石型钛白粉	26.3
乙酸丁酯	16.6

(2) 颜料浆制备

研磨漆浆	63.1
ZEFELE GK-570	28.4
乙酸丁酯	8.5

(3) 固化剂

Desmdur N3300	6.4

生产工艺与流程 使用时将两者依上述比例混合、熟化，用稀释剂稀释到涂装时的适宜黏度，便可应用。

21-11 建筑用氟碳树脂涂料

性能及用途 该漆为耐候性装饰面漆。漆膜附着力强，遮盖力好，重涂性好。主要用于建筑物及混凝土、水泥砂浆、屏蔽墙构件、石棉瓦等表面涂装。

产品配方（质量份）

Lumiflon 树脂(LF100)	100
二甲苯	25
正丁醇	75
p-甲苯磺酸	0.1
颜填料(TiO_2)	21
氨基树脂	3

涂装工艺参考 该漆主要采用喷涂法施工，亦可采用刷涂法施工。涂装前，用腻子将表面刮平，待腻子干透后，用砂纸打磨平整再行涂装。第一道涂装不宜太厚。8h后

涂第二道。一般涂装 2～3 道。可用环氧或专用稀释剂调节施工黏度。两组分配合后，应在活化期内使用。

生产工艺与流程

氟树脂、颜料、助剂、溶剂→预混→研磨分散→调漆（助剂、溶剂）→过滤包装→主剂（漆料）

聚异氰酸酯、助剂、溶剂→配制→过滤包装→固化剂

21-12 新型白色氟碳面漆

涂装工艺参考 刷涂、喷涂均可。每层在 250℃烘 1h，最后在 300℃烘 1h。一般需涂三道。

产品配方/%

本品为双组分产品，使用时以甲组分：乙组分=100：10 的比例混合均匀并经熟化后涂装。

甲组分：颜料浆

原料名称	规格	数量/kg
Wanboflon 氟树脂	50%，WF-Q212	195.0
二氧化钛	R-902	227.5
二甲苯	工业	10.5

研磨至≤15μm，然后加入以下原料：

原料名称	规格	数量/kg
Wanboflon 氟树脂	50%，WF-Q212	530.0
DBTDL	1%的二甲苯溶液	13
EFKA-3777	50%的乙酸丁酯溶液	2.0
二甲苯	工业	22.0

乙组分：固化剂溶液

原料名称	规格	数量/kg
异氰酸酯固化剂	Bayer N-3390	66.0
乙酸丁酯	工业	34.0
合计		100.0

生产工艺与流程 将聚氟乙烯树脂、潜溶剂和助剂经混合、研磨、过滤制得。

21-13 新型聚氟乙烯高光/亚光氟碳漆

性能及用途 涂料除了具有耐候性外，还具有良好的黏结性。其涂层硬度高、韧性好、耐磨、耐冲击、耐化学品腐蚀、无毒、美观。

涂装工艺参考 刷、喷涂均可。每层在 250℃烘 1h，最后在 300℃烘 1h。一般需涂三道。

产品配方（质量份）

高光、亚光白色氟碳漆及氟碳清漆配方见表 21-6。

表 21-6 高光、亚光白色氟碳漆及氟碳清漆配方

配比(100kg) \ 配方编号		No. 1 白色高光氟碳漆	No. 2 白色亚光氟碳漆	No. 3 氟碳清漆
ZEBON 树脂(F-100)		68.9	67.0	98.0
溶剂：乙酸丁酯		3.5	4.5	—
颜料	ED-30	—	4.5	—
	903	—	0.3	—
	BYK-163	1.1	1.2	—
	BYK-306	0.5	0.5	0.5
	Ciba 5060	1.0	1.0	1.5
	金红石钛白	25.0	25.0	—
固化剂配比	异氰酸酯	10：1	12：1	8：1

生产工艺与流程 将聚氟乙烯树脂、潜溶剂和助剂经混合、研磨、过滤制得。

21-14 新型氟碳金属漆、珠光漆

性能及用途 氟碳金属漆、珠光漆除了具有耐候性外，还具有良好的黏结性。其涂层硬度高、韧性好、耐磨、耐冲击、耐化学品腐蚀、无毒、美观。

涂装工艺参考 刷、喷涂均可。每层在 250℃烘 1h，最后在 300℃烘 1h。一般需涂三道。

产品配方（质量份）

氟碳金属漆、珠光漆配方见表 21-7。

表 21-7 氟碳金属漆、珠光漆配方

名称	氟树脂	铝银浆	稀释剂	固化剂	备注
氟碳金属漆	100	6～8	20～30	10～12	适于喷涂
氟碳珠光漆	100	—	20～30	10～12	适于喷涂

生产工艺与流程 将聚氟乙烯树脂、潜溶剂和助剂经混合、研磨、过滤制得。

21-15 新型热固性氟碳涂料（交联剂-1）

（1）FEVE 氟碳树脂的结构 甲醚化的氨基树脂中的—CH_2OCH_3 以及混合醚化的氨基树脂中的—CH_2OCH_3 和—CH_2O—C_4H_9 都可以在一定温度下与含有—OH、—COOH 基的 FEVE 氟碳树脂反应而交联成膜。其反应过程可以示意如下：

$$-\overset{|}{N}-CH_2OR + \sim\sim OH \xrightarrow[\triangle]{H}$$

$$
\begin{array}{l}
-\overset{|}{N}-CH_2O\sim\sim + ROH \\
-\overset{|}{N}-CH_2OR + \sim\sim COOH \xrightarrow[\triangle]{H} \\
-\overset{|}{N}-CH_2O\sim\sim + ROH
\end{array}
$$

用于制备氨基树脂固化的FEVE氟碳树脂要求分子量分布范围要窄，羟基含量要较高。这是因为在FEVE氟碳树脂的侧链上作为主要交联官能基的羟基含量较低，在共聚树脂中往往又存在着部分低分子链，甚至是游离单体。它们可能是单官能团甚至是无官能团的。显然分子量相对较低的聚合物和分子量相对较高的聚合物相比，不带官能团的概率较大。不带羟基的分子在涂料成膜过程中或是挥发掉，或是作为增塑剂残留在涂膜中。带一个羟基的分子经交联后，其分子链很难进一步交联而生成三维网状结构，这些平均官能团小于2的低聚物的存在势必损害涂膜的综合性能，如附着力、耐溶剂擦拭性、抗冲击强度及耐温变性的下降比较明显。因此用于氨基树脂交联固化的FEVE氟碳树脂，在一定的羟基含量时，要求其分子量相对较大，分子量分布较窄是有利的。

(2) 氟碳涂料氨基树脂交联剂　在以氨基树脂作为交联剂的氟碳涂料中，使用羟基含量较高的FEVE氟碳树脂是必要的。因为这种情况下才可以增加涂膜的交联密度，而使其力学性能及物化性能得到提高，如使用三爱富中昊化工新材料公司的JF4氟碳树脂。目前，在国内也有些企业考虑到使用高羟基含量的FEVE氟碳树脂成本较高的原因，而采用在FEVE氟碳树脂中拼混可以和其互容的高羟值丙烯酸树脂的途径来实现，这时唯一应注意的是含羟基丙烯酸树脂的选用需恰当，其用量应合理。

(3) 氨基树脂的选择　FEVE氟碳树脂由于极性较大，通常和许多树脂的相容性不好。因此，选用与其相容性好的氨基树脂对提高涂料的储存稳定性和提高涂膜的性能是十分重要的。

实践证明，高醚化度的甲醚化氨基树脂(HMMM)和混合醚化的氨基树脂是适用的。前者(HMMM)如首诺公司的ResinmeneR747，氰特公司的CYMEL 303，斯洛文尼亚氨基公司的Komelol MM 90/GE和Komelol MM90/V；后者如首诺公司的ResinmeneR755、R757，斯洛文尼亚氨基公司的Komelol ME 633和氰特公司的CYMEL1133。

(4) 其他组分的选择　在上述基本成膜体系确定以后，除颜料选用外，其他如混合溶剂的组成、流平剂、烘烤促进剂及漆液稳定剂等也需逐一认真确定。

(5) 氟碳涂料交联剂生产工艺　如果在上述两方面条件不具备的情况下，单纯地靠提高烘烤温度的做法是不可取的。这是因为如果羟基含量偏低，反应官能团不够，交联反应无法进行。同时，含羟基的FEVE氟碳树脂和氨基树脂进行交联反应时，其中的—OH不可能百分之百地与氨基树脂中的$—NHCH_2OR$反应而生成三维网状结构，必定有部分羟基剩余下来未参加反应。这时继续提高温度，往往会促使氨基树脂自交联反应，而导致涂膜脆化。

21-16　新型白色氨基树脂固化的氟碳烘漆

性能及用途　白色氨基树脂固化的氟碳烘漆除了具有耐候性外，还具有良好的黏结性。其涂层硬度高、韧性好、耐磨、耐冲击、耐化学品腐蚀、无毒、美观。

涂装工艺参考　刷、喷涂均可。每层在250℃烘1h，最后在300℃烘1h。一般需涂三道。

产品配方

白色氨基树脂固化的氟碳烘漆配方见表21-8。

表21-8　白色氨基树脂固化的氟碳烘漆配方

原料名称	规格	质量分数/%	原料名称	规格	质量分数/%
氟碳树脂	Fluonate K-700	38.41	钛白粉	TiPAQUE CR-93	12.94
氨基树脂	Cymel 303	4.80	促进剂	NACURE 5225	0.48
混合溶剂		43.37	合计		100.00

注：颜料质量浓度(PWC)35%，质量固体分37%；固化条件140℃，20～30min。

生产工艺与流程　溶剂和助剂经混合、研磨、过滤制得。经检测，其涂膜性能完全可以达到美国 AAMA 2605—98 标准。其具体资料参考标准所示。

21-17 白色氨基树脂固化氟碳烘漆

性能及用途 用于高级金属保护涂料与金属面漆；其涂层硬度高、韧性好、耐磨、耐冲击、耐化学品腐蚀、无毒、美观。

涂装工艺参考 刷、喷涂均可。每层在250℃烘 1h，最后在 300℃烘 1h。一般需涂三道。

产品配方

白色氨基树脂固化氟碳烘漆配方见表 21-9。

表 21-9 白色氨基树脂固化氟碳烘漆配方

原料名称	组成/%	原料名称	组成/%
Lumiflon 树脂(LF100)	100	*p*-甲苯磺酸	0.1
		颜填料(TiO_2)	21
二甲苯	25	氨基树脂	3
正丁醇	75		

生产工艺与流程 将树脂、溶剂和助剂经混合、研磨、过滤制得。

21-18 单组分低温烘烤氟碳涂料

性能及用途 用于高级金属保护涂料与金属面漆；其涂层硬度高、韧性好、耐磨、耐冲击、耐化学品腐蚀、无毒、美观。

涂装工艺参考 刷、喷涂均可。每层在 250℃烘 1h，最后在 300℃烘 1h。一般需涂三道。

产品配方

单组分低温烘烤氟碳涂料配方见表 21-10。

表 21-10 单组分低温烘烤氟碳涂料配方

原料名称	规格	质量分数/%
氟树脂(青岛宏丰)	(50±2)%	30～56
丙烯酸树脂		12～15
三聚氰胺树脂	R-755	12～18
颜料		10～25
润湿分散剂	BYK-161 或 EFKA-4010	0.4～0.5
流平剂	BYK-310	0.2～0.4
CAB	380-0.1,551-0.2	0.1～0.5
消泡剂	BYK-141	0.3～0.4
稀释剂(静电)		15～20

注：样板的烘烤条件：基材温度 (140±2)℃，20min。

生产工艺与流程 以上配方所制得的氨基树脂交联固化的氟碳涂料，经检测，其涂膜性能完全可以达到美国 AAMA 2605—98 标准。其具体资料参考标准所示。

21-19 热固性氟碳涂料（交联剂-2）

性能及用途 封闭型聚氨酯为一种异氰酸酯的衍生物，与前述的缩二脲多异氰酸酯和 HDI 三聚体不同之处就在于，其多异氰酸酯已被含有活泼氢的化学物质封闭起来，在室温下不与含羟基的树脂组分起反应，当被加热到一定温度后，封闭剂解封，生成异氰酸酯，生成的异氰酸酯可以与含羟基的树脂组分（如 FEVE 氟碳树脂）反应，而交联成膜。因此，封闭型异氰酸酯交联固化的 FEVE 氟碳树脂皆为单包装的烘烤固化涂料。

封闭型异氰酸酯受热分解，生成异氰酸根，生成的异氰酸根进而和羟基反应的过程可以用以下方程式表示：

$$\mathrm{R{-}N(H){-}C({=}O){-}BH} \xrightarrow{\Delta t} \mathrm{R{-}N{=}C{=}O} + \mathrm{BH}$$

$$\mathrm{R{-}N{=}C{=}O} + \mathrm{R'OH} \longrightarrow \mathrm{R{-}N(H){-}C({=}O){-}OR'}$$

反应中脱出的封闭剂（BH），视其品种不同，或是作为挥发物挥发掉，或是作为惰性物质填充在涂膜中。

可以用作异氰酸酯封闭剂的化合物很多，芳香族异氰酸酯多采用苯酚或甲酚作为封闭剂，脂肪族异氰酸酯的封闭剂一般采用已内酰胺、甲乙酮肟（MEKO）或 3，5-二甲基吡唑（DMP）、1，2，4-三唑等。

催化剂及催化剂用量 封闭型异氰酸酯的封闭剂解封温度与所选用的封闭剂及是否采用催化剂及催化剂用量有关。例如，上述的 DMP 和脂肪族异氰酸酯生成的封闭型异氰酸酯在 115～120℃下解封，此解封温度比 MEKO 要低。封闭型异氰酸酯常用的解封催化剂是二月桂酸二丁基锡（DBTDL），俗称有机锡。有人选用商品名为 Vestanat B1358A 的封闭型异氰酸酯作交联剂，以含羟基的聚酯树脂和含羟基的丙烯酸树脂作为主体树脂，选用DBTDL为催化剂，分别测试在相同的烘烤温度和烘烤时间下，涂膜的干燥程度及采用相同数量的催化剂，在不同温度下，涂膜的干燥时间。催化剂用量对涂膜干燥程度的影响见表21-11。烘烤温度对涂膜干燥速度的影响见表21-12。

表 21-11　催化剂用量对涂膜干燥程度的影响

主体树脂	10%的 DBTDL				
	0.2%	0.4%	0.6%	0.8%	1.0%
Vestanat B1358A/聚酯 (2.5%～4%OH)	<HB	H	H	2H	3H
Vestanat B1358A/丙烯酸 (2.5%～4%OH)	<HB	H	H	2H	3H

表 21-12　烘烤温度对涂膜干燥速度的影响

主体树脂	10%的 DBTDL(用量为 0.3%)				
	130℃	140℃	150℃	160℃	180℃
Vestanat B1358A/聚酯 (2.5%～4%OH)	55	35	25	10	5
Vestanat B1358A/丙烯酸 (2.5%～4%OH)	25	15	10	8	4

封闭型异氰酸酯交联固化的FEVE氟碳涂料的产生，使我们获得最低中毒危害的异氰酸酯类型的氟碳涂料成为可能。涂料产品的单包装有利于涂装人员减少双组分涂料配漆的繁琐程度及由于配比误差带来的不良后果，减少了活化期内使用不完的涂料的浪费，并且减少了对环境的污染，因此是一种比较有前途的产品。

21-20　白色低温（140℃）烘烤固化的氟碳涂料

性能及用途　白色氨基树脂固化的氟碳烘漆除了具有耐候性外，还具有良好的黏结性。其涂层硬度高、韧性好、耐磨、耐冲击、耐化学品腐蚀、无毒、美观。

涂装工艺参考　刷、喷涂均可。每层在250℃烘1h，最后在300℃烘1h。一般需涂三道。

产品配方　白色低温（140℃）烘烤固化的氟碳涂料配方见表21-13。

表 21-13　白色低温（140℃）烘烤固化的氟碳涂料配方

组分	规格	质量分数/%	组分	规格	质量分数/%
氟树脂	2B-F-201	50～60	DBTDL		适量
二氧化钛	KRONS R2310	20～25	酯类溶剂	工业	适量
分散剂		适量	芳香烃溶剂	工业	适量
封闭型异氰酸酯	DMP	8～12	酮类溶剂	工业	适量

注：以封闭型异氰酸酯交联固化的FEVE氟碳树脂。

21-21　氟碳卷材涂料

性能及用途　白色氨基树脂固化的氟碳烘漆除了具有耐候性外，还具有良好的黏结性。其涂层硬度高、韧性好、耐磨、耐冲击、耐化学品腐蚀、无毒、美观。

涂装工艺参考　刷、喷涂均可。每层在250℃烘1h，最后在300℃烘1h。一般需涂三道。

产品配方　AUSIMONT（奥斯蒙）公司研制的多氟聚醚树脂，以Vestanatn1358A作交联剂，可制成性能优异的氟碳卷材涂料，所制得的卷材涂料在基材最高温度（PMT）为249℃时，烘烤时间为60s，所得涂膜性能数据（参考标准）。氟碳卷材涂料参考配方见表21-14。

表 21-14　氟碳卷材涂料参考配方

原料名称	质量分数/%
多氟聚醚树脂	37.2
二氧化钛(R960)	20.1
封闭型异氰酸酯(Vestanat B1358A)	35.8
DBTDL	适量
UV 吸收剂/位阻胺稳定剂 (1130∶292=1∶1)	4.8

21-22　白色封闭型多异氰酸酯固化氟碳烘漆

产品配方　白色封闭型多异氰酸酯固化氟碳烘漆配方见表21-15。

表 21-15　白色封闭型多异氰酸酯固化氟碳烘漆配方

原料名称	组成(质量分数)/%	原料名称	组成(质量分数)/%
Fluonate K-700	37.73	Tipaque CR-93	12.93
Burnock B-7887-80	8.59	DBTDL	0.05
Thinner	40.70	合计	100.00

注：PVC＝35%；固体分（质量）37%；固化条件 160℃，20～30min。

Thinner（混合溶剂）组成见表 21-16。

表 21-16　Thinner（混合溶剂）组成

原料名称	组成(质量分数)/%	原料名称	组成(质量分数)/%
Solvesso 100	40.0	Cellosolve Acette	10.0
Xylene	20.0	合计	100
Butyl Acette	30.0		

21-23　高光耐候面漆

性能及用途　白色封闭型多异氰酸酯固化氟碳烘漆除了具有耐候性外，还具有良好的黏结性。其涂层硬度高、韧性好、耐磨、耐冲击、耐化学品腐蚀、无毒、美观。

涂装工艺参考　刷、喷涂均可。每层在 250℃烘 1h，最后在 300℃烘 1h。一般需涂三道。

产品配方　高光耐候面漆配方见表 21-17。

表 21-17　高光耐候面漆配方

原料名称	用量(质量份)	说明
Lumiflon 552	78.10	40% 的 80/20 Solvesso-150/环己酮溶液
Desmodur BL 1375A	18.81	丁酮肟封闭 HDI 三聚体，75%Arometic S-100 溶液
DBE(混合二甲酯)溶剂	5.27	己二酸二甲酯 15%～21%、戊二酸二甲酯 50%～60%、丁二酸二甲酯 23%～29%。
BYK-321	0.2	
Cyanamid UV-1146L	1.25	2-[4,6-双(2,4 二甲苯基)-1,3,5 三嗪]-5-辛氧基酚，65%二甲苯溶液
Sanduvor 3058	0.4	*N*-(*N*-乙酰-2,2,6,6-四甲基哌啶)-4-十二烷-25-吡咯烷二酮
丁醇	2.98	

注：以上组分的涂料用 DBE 溶剂调节黏度到涂-4 杯 28～32s，涂在经钝化处理的铝板上，340℃烘烤 20s，PMT（工件表面温度）260℃，得到 10～15μm 的高光泽涂膜，60°光泽 80%，QUV 老化通过 2000h。

21-24　三元聚合纳米氟硅乳液和纳米亲水涂料

性能及用途　三元聚合纳米乳液具亲水性的三维多膜结构、互穿网络结构，由于功能高分子对亲水性、耐水性、稳定性、附着力、耐碱性的影响；采用胶联硅酸盐化合物为基础，对亲水性胶联剂进行研究，筛选最佳配方和工艺路线。

由三元聚合氟硅聚合物复配而成的具有独特的结构性能，使其很合适用作功能性涂料的成膜聚合物。它除了专用路桥装饰和保护功能之外，更具耐冻融性能、力学性能、耐老化性能和去除有害气体等功能。

采用同步互穿网络（LIPN）法制得的三元聚合纳米乳液和功能高分子纳米亲水涂料的技术成本低、达到高性能聚结又具有很高的附着力和耐腐蚀性能，并兼有溶剂型涂料良好的耐化学品性、附着性、机械物理性，低污染，施工简便。

价格昂贵，VOC 含量大，而且又是油溶性的，有毒气体释放量大等一系列问题。在性能方面具有干燥速度快，附着力强，韧性高，黏结力好，耐水性好，防腐蚀、酸、碱、盐，耐候性好等优点。

涂装工艺参考

(1) 快干，在 20℃，75%相对湿度下，一般 1～2h 就可以达到表面指触干；耐腐蚀性优异；以水作为稀释剂和清洗剂，不燃，安全。

(2) 溶剂挥发少，属环境友好型，最低固化温度 10℃。纳米亲水涂料的许多性能均可与溶剂型环氧涂料相比，并可获得广泛的应用。

(3) 价格相对便宜等。耐水性高质量的亲水性纳米涂料制备工艺与涂料技术的新工艺，为功能高分子纳米亲水涂料工业化生产提供上述的优质、低廉、工艺先进的产品。

工业化生产工艺条件　三元聚合纳米氟硅乳液与乙烯-醋酸乙烯酯配比为 2∶1、纳米超细粉体与乳液及水溶液的配比为 1∶2∶

3、分散剂、成膜助剂、增塑剂、消泡剂、纳米致密化抗振剂等配比均在0.5%～5%左右。

同步互穿网络法制备纳米亲水涂料是用化学方法将三种以上的聚合物互相贯穿成交织网络状的新型复相聚合物材料而制备的涂料，因而为三元聚合纳米氟硅乳液及纳米亲水涂料产品在涂料行业的应用和发展，促使涂料更新换代，为涂料成为真正的绿色环保产品开创了突破性的路子。

工业化生产配方设计 研究无机-有机复合亲水膜的ESCA从总谱图和FT-IR-ATR的红外光谱图入手，根据化学位移概念，推断出各元素基团的类别，使得涂膜在宏观上具有亲水功能并能耐水，可迅速加快研究进度。

将亲水膜表层富集亲水性基团，通过其表面张力的作用使水滴得以自行铺展，从而抑制水滴的产生，达到“防雾”的效果。另外亲水膜具有耐水性，涂膜内层网状交联结构相连可大幅度提高亲水膜的耐水性，满足亲水膜强度和抗擦伤性实际应用的需要。

同步互穿网络（IPN）法制得的膜其各项性能及亲水涂料的耐水性、耐碱性、持久亲水性效果及防腐蚀、酸、碱、盐，耐候性等都较好。

原材料及产品配方 三元聚合纳米氟硅乳液的主要原料及基本配方见表21-18。

表21-18 三元聚合纳米氟硅乳液的主要原料及基本配方

原料	规格	质量分数/%
含硅聚丙烯酸酯(Si/MPC)	工业级	10
甲基丙烯酸甲酯(MMS)	工业级	16
丙烯酸丁酯(BA)	工业级	18
过硫酸铵(APS)	工业级	0.5
APS-保护胶(PM)	工业级	1
聚乙二醇辛基苯醚(DP-10)	工业级	1.6
壬基酚聚氧乙烯醚(HV25)	工业级	1.8
十二烷基硫酸钠(SDS)	工业级	1.0
乳化剂保护液(CMC)	工业级	1
含氢聚硅氧烷乳液(PHMS)	工业级	9.5
纳米二氧化钛(TiO_2)	工业级	1.0
纳米二氧化硅(SiO_2)	工业级	1.5

续表

原料	规格	质量分数/%
调节剂	工业级	0.5
电解质	工业级	0.5
增塑剂(SiO_2)	工业级	1
去离子水或二次水(H_2O)		35

生产工艺与流程

(1) 制备三元聚合纳米氟硅乳液用原料 根据三元聚合纳米氟硅乳液的制备技术路线和思路，所用纳米孔材料（纳米TiO_2、纳米SiO_2、纳米ZnO）为种子乳液和含氟基团丙烯酸单体与含硅聚丙烯酸酯引入接枝粒径较小的单分散乙烯—醋酸乙烯种子乳液为原料，生成三元聚合纳米氟硅乳液，其中还包括少量催化剂等。

(2) 三元聚合纳米氟硅乳液制备方法 种子乳液聚合技术是制备功能性乳胶的主要方法，人们对极性相差较大的单体的种子乳液聚合及乳胶粒的结构形态进行了深入研究，发现当种子聚合物亲水性小于其他单体的聚合物时，易于形成种子聚合物在内、其他单体聚合物在外的核-壳结构乳胶粒，核-壳乳胶粒独特的结构形态可以显著地提高聚合物的耐水、耐磨性能以及黏结强度，改善其透明性。

(3) 三元聚合纳米氟硅乳液制备方法 包括以纳米TiO_2为第二种子的含氟基团的丙烯酸单体的制备、以纳米SiO_2为第三种子的含硅聚丙烯酸酯合成和纳米ZnO为第一种子的醋酸乙烯酯-乙烯聚合技术；采用三元种子法，制备出三元聚合纳米氟硅丙烯酸高弹性复合乳液。

采用含有共聚基团的有机硅氧烷在溶液中“原位包覆”纳米SiO_2，在纳米SiO_2粒子表面形成了“两亲”性表面结构，有效地控制纳米粒子的团聚，使其在溶液中稳定分散，然后再与丙烯酸酯进行乳液聚合。研制的乳液粒径小、粒度分布窄、稳定性好；为制备硅-丙梯度功能材料奠定了基础。

(4) 三元聚合纳米氟硅乳液工艺流程

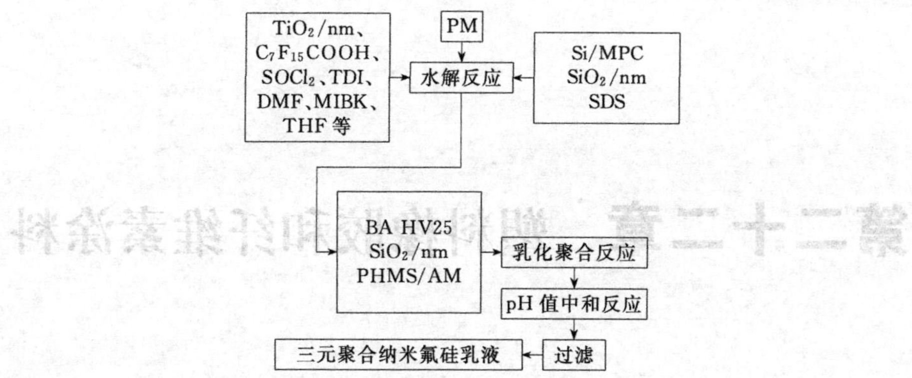
TiO2/nm、C7F15COOH、SOCl2、TDI、DMF、MIBK、THF等
PM
水解反应
Si/MPC SiO2/nm SDS
BA HV25 SiO2/nm PHMS/AM
乳化聚合反应
pH值中和反应
过滤
三元聚合纳米氟硅乳液

第二十二章　塑料橡胶和纤维素涂料

第一节　塑料橡胶涂料

塑料涂料是塑料表面涂装的涂料。不同的塑料应选用不同的漆料。按照涂膜干燥固化工艺不同，塑料涂料分为常温干燥、强制干燥和加热干燥等品种，有各种纤维素漆、乙烯漆、丙烯酸漆、醇酸漆、氨基漆、环氧漆等。

快干漆由合成树脂、颜料、助剂、有机溶剂调配而成，如 DD-9600 聚氨酯快干漆是针对摩托车涂装、汽车修补的特殊需要而开发的，具有热塑性丙烯酸喷漆的速干性、作业性的同时，可以享有与聚氨酯亮漆媲美的耐久性和完美的涂漆观感。本章特别介绍一种聚苯乙烯快干漆的制造方法。它是采用废旧聚苯乙烯泡沫以及松香、丙三醇、氧化锌、二甲苯为原料，在一定温度下，经混溶共聚得到聚苯乙烯改性树脂，然后以聚苯乙烯改性树脂为基料，加入颜料、填充料进行拌合，再经分散研磨制成各色聚苯乙烯快干漆。该漆制造工艺流程简单，是节能环保的一种新型塑料快干漆，所用设备少、成本低，它耐化学性好、电绝缘性优良、干燥迅速，性能稳定，在±45℃条件下，密封储存两年不变质。

快干色漆通常为塑料漆、高颜料分和含最少量漆基的快速干燥色漆。主要通过溶剂挥发达到不发黏状态。用作底漆或封闭涂层。

氯化橡胶漆是指防锈用厚膜氯化橡胶漆。通常氯化橡胶中都添加醇酸树脂，漆膜的干燥速度与氯化橡胶在成膜物质中的比例、醇酸树脂的油度、溶剂品种和用量等有关。添加中油度醇酸树脂比用长油度醇酸树脂有较快的干燥速度，选用短油度醇酸树脂时可使涂层干燥速度更快。但短油度的醇酸树脂与氯化橡胶的混溶性较差。

氯化橡胶醇酸树脂漆的生产，是将着色颜料、填料先以醇酸树脂为介质进行研磨分散。如果生产不添加其他诸如醇酸树脂的氯化橡胶涂料时，填料和着色原料以氯化石蜡作为介质进行研磨。然后加入氯化橡胶混合成成品。

作为防护用涂料，干漆膜越厚防护性能越好，根据实践经验，认为要使钢材能够受到较长期限的有效保护，要求厚度至少要达到 125μm。长效防护涂料膜层的厚度要达到 250～500μm。厚膜型漆每涂装一道，涂层的干膜厚度可达 55～100μm 以上，必须进行多道涂装。

设计厚膜型的配方时，颜料体积浓度控制在 30%～35%之间为宜。为了确保漆液中含有较高的固体含量分数和具备良好的施工性能、涂层流平性等，还应注意选用较低黏度的氯化橡胶，采用一定比例的较高沸点的溶剂。

设计氯化橡胶防腐补漆配方时，应选用 10～20mPa·s 氯化橡胶和不皂化的增塑剂（如氯化石蜡、氯化联苯、氧茚树脂等），及一些具有特殊性能的涂料用树脂组成成膜物质，再加入一定比例的防锈颜料，颜料体积浓度控制在 30%～40%以内。

塑料橡胶涂料生产工艺与产品配方实例见 22-1～22-47。

22-1 新型硅树脂透明涂料

性能及用途 一般具有良好的附着力和透明度。可直接涂于塑料板上。

涂装工艺参考 本产品使用方便，施工时先将被涂装制品清洗干净，便可喷涂（须确保制品每个部位都能喷到），本漆适用材质为聚丙烯及其共聚物或共混物的制品，适用的面漆为聚氨酯、丙烯酸酯、环氧树脂等。

产品配方/g

3%二氧化硅溶胶	165
异丁醇	40
聚醚-硅氧烷	0.9
醋酸	0.06
甲基三甲氧基硅烷	20.0

生产工艺与流程 在20～30℃温度，把30%二氧化硅溶胶、四甲基三甲氧基硅烷和醋酸等混合，搅拌16min后加入其他余料，混匀后在20℃下，让其熟化1周即为产品。

22-2 新型重晶钙塑料内外墙涂料

性能及用途 一般用作质量要求较高的建筑水性内外墙涂料。

涂装工艺参考 以刷涂和辊涂为主，也可喷涂。施工时应严格按施工说明操作，不宜掺水稀释。施工前要求对墙面清理整平。

产品配方（质量份）

	Ⅰ	Ⅱ
聚乙烯醇	10～14	10～13
磷酸	1.2	0.6～0.8
氢氧化钙	20～30	20～45
重晶石粉	15～20	15～25
玻璃粉	2～3	3
尿素	2	1.8
邻苯二甲酸二丁酯	适量	适量
乙二胺	8～13	0.5～0.8
水	40～45	45～50

生产工艺与流程 用水浴锅加热至60℃加入聚乙烯醇，一边搅拌，一边加热至90～95℃使聚乙烯醇全部溶解，降温至80℃，加入磷酸，不断混合均匀，保持恒温反应15～25min。再加入尿素，混合均匀，将上述混合物降温至30～40℃加入乙二胺搅拌混合均匀，加入氢氧化钙搅拌均匀，再加入玻璃粉、重晶石粉，在混合物中加入邻苯二甲酸二丁酯搅拌均匀，把混合物加入研磨机进行研磨。

22-3 多功能塑料/木材的面漆

性能及用途 一般用于各种塑料、木材的涂装。

涂装工艺参考 本产品使用方便，施工时先将被涂装制品清洗干净，便可喷涂（须确保制品每个部位都能喷到），本漆适用材质为聚丙烯及其共聚物或共混物的制品，适用的面漆为聚氨酯、丙烯酸酯、环氧树脂等。

产品配方（质量份）

A组分（基料）：

硝基纤维素	15.0
坚牢红	10.0
磷酸三苯酯	5.0
颜料红	4.4
丁醇	13.0
溶纤剂	6.6
丁二醇	9.0
醋酸丁酯	8.6
甲苯	9.0

B组分（溶剂）：

工业纯甲基化的乙醇	20.0

生产工艺与流程 将B组原料预先混合均匀，将A组原料依次加入B组原料中。

22-4 多功能塑光专用漆

性能及用途 一般用于塑光漆。

涂装工艺参考 本产品使用方便，施工时先将被涂装制品清洗干净，便可喷涂（须确保制品每个部位都能喷到），本漆适用材质为聚丙烯及其共聚物或共混物的制品，适用的面漆为聚氨酯、丙烯酸酯、环氧树脂等。

产品配方（质量份）

（1）高稠型配方

废泡沫塑料	25～35
稀释剂	75～62
消泡剂	2～3

（2）中稠型

废泡沫塑料	15～25
稀释剂	85～73
消泡剂	1～2

(3) 低稠型

废泡沫塑料	10～16
稀释剂	90～83
消泡剂	0～1

(4) 塑光清漆

塑光清漆基料	80～70	89～80	99～90
附着剂	18～27	10～18	1～9
流平剂	2～3	1～2	0～1

(5) 彩色透明塑光漆

塑光清漆	99.79～99.70	99.89～99.80	99.99～99.90
透明颜料	0.21～0.2	0.11～0.2	0.01～0.10

(6) 彩色不透明塑光漆

塑光清漆	78～67	89～78	95～89
颜料	20～30	10～2	4.99～10
颜料分散防沉剂	2～3	1～2	0.01～1

生产工艺与流程 由多种组分化学产品配制而成。

22-5 软质PVC塑料罩光涂料

性能及用途 一般该漆膜干燥快、柔韧性好，不易折裂。适用软质PVC塑料及软性物面上作罩光涂装之用，用来制作水管、输血输液器材、儿童玩具和日用品等。

涂装工艺参考 使用前，必须将漆兜底调匀，如有粗粒或机械杂质，必须先进行过滤。被涂物面事先需进行表面处理，使之清洁干燥、无油腻，以增加漆膜附着力及施工效果。该涂料不得与不同品种的涂料及稀释剂混合使用，以致造成本产品质量上的弊病。

产品配方

软质PVC塑料涂料的配制配方（质量分数）

(1) 混合溶剂

丙酮	35.0
环已酮	9
甲苯	28.0
醋酸丁酯	5

(2) 树脂部分

氯乙烯—醋酸乙烯酯共聚树脂（90∶10）	16
聚氨酯树脂	3.5
1/2硝酸纤维素	0.5
色料体质颜料	3

生产工艺与流程 把各组分混合均匀，进行砂磨到一定细度即成。

22-6 高级塑料涂装用漆

性能及用途 一般用于塑料的涂装。

涂装工艺参考 采用喷涂、刷涂施工均可。有效存放期为1年。过期按质量标准检验，如符合要求仍可使用。本产品为自然干燥。

产品配方

(1) 配方1/g

A:甲基丙烯酸甲酯	42
甲基丙烯酸-β-羟乙酯	18
甲基丙烯酸缩水甘油酯	15
过氧化氢异丙基苯	8
ABS树脂(苯乙烯含量25%)粉	58.7
B:甲基丙烯酸甲酯	52.2
甲基丙烯酸-β-羟乙酯	22.5
四甲基硫脲	6
ABS树脂	25

生产工艺与流程 将A成分在室温下混合20h，即得A液，然后，同样的方法将B成分混合制得B液，把A液与B液混合即成。

(2) 配方2/g

六甲氧基三聚氰胺	473
1,4-丁二醇	324
磷酸(85%)	0.18
乙基溶纤剂	108
丙烯酸-β-羟乙酯	186
甲基丙烯酸甲酯	40
乙基溶纤剂	45
过氧化苯甲酰	1.4
乙基溶纤剂	700
对甲苯磺酸	0.5
0.4mol/L氢氧化钠	适量
水	40

生产工艺与流程 首先将六甲氧基三聚氰胺、1,4-丁二醇、磷酸混合加热至150℃，使其反应直至馏出的甲醇量为78g，再把所得到的多元醇缩合的三聚氰胺溶于108g乙基溶纤剂中，即制得A液，然后将配方中其余成分混合，加热到130℃，反应6h，即得B液，取A液100g，B液200g溶

于700g乙基溶纤剂中，并加入对甲苯磺酸0.5g，即得涂料。

(3) 配方 3/g

碳酸二乙酯	345
1,6-己二醇	708
1,10-癸二酸	920
1,6-己二醇	236
异佛尔酮二胺	20
4,4,-二苯甲烷二异氰酸酯	160
1,6-己二醇	5
丁酮	2
甲苯	15.8
酞菁酮颜料	6
钛白粉	4
防氧化剂	0.1

(4) 配方 4/g

聚四氟乙烯粉末	7.5
双酚A环氧树脂	14.84
三聚氰胺树脂	7
柠檬酸	3
醋酸丁酯	33.79
乙二醇单乙醚的醋酸酯	12.68
丁醇	5.28
甲基异丁酮	3.58
颜料	14.69

生产工艺与流程 将以上成分混合均匀喷涂在聚酯树脂、聚砜或聚碳酸酯塑料上，在107℃烘烤20min，所得的涂层具有良好的柔韧性和耐磨性。

(5) 配方 5/g

原硅酸四乙酯	210
乙醇	90
0.02mol/L盐酸	100
10%醋酸水溶液	1mL
水	50
甲基三甲氧基硅烷	61
异丙醇	80

生产工艺与流程 将210g原硅酸四乙酯和90g乙醇混合，用100g 0.02mol/L的盐酸溶液水解，然后放置4h熟化，取此种溶液100g，加1mL10%的醋酸水溶液、50g水和61g甲基三甲氧基硅烷，开始反应，需在室温下反应搅拌5h，再向里面加入80g异丙醇和40g水，用0.4mol/L的氢氧化钠把pH值调节到6.81，将此涂料涂在聚酯膜上，并在700℃烘烤1h，所得涂层有较好的耐磨性。

22-7 钢琴、木器家具不饱和聚酯涂料

性能及用途 该漆属无溶剂型，光亮如镜，硬而不脆。具有耐热、耐寒、耐磨和耐溶剂性能。主要用于钢琴、木器家具、仪表木壳、缝纫机台板等木器作装饰保护涂料，也可与玻璃纤维配合制成瓦楞板、浴盆等玻璃钢制品。

产品配方

(1) 配方（质量份）

不饱和聚酯树脂	100
过氧化苯甲酰	4～6
2,4-二甲基苯胺	2～3

生产工艺与流程 把不饱和聚酯加入反应釜中，然后加入2，4-二甲基苯胺，充分搅拌，再加入过氧化苯甲酰，充分混合均匀，备用。将配好的漆迅速倒在被盖物体上，然后将薄膜覆盖在上面，再用橡皮辊子刮平，赶走气泡，厚度要均匀，脱模，约0.5h后，漆膜坚硬即可揭下膜，这时光亮照人。

(2) 蜡封

① 石蜡液：石蜡4份；苯乙烯96份

② 石蜡液：不饱和聚酯树脂为1：(40～80)，将石蜡和苯乙烯按比例配量，加入玻璃杯中，用水浴加热至50℃，不断搅拌，使石蜡全部溶解，形成均匀溶液，将石蜡液与树脂液按配方1：(40～80)比例混合，再加入引发剂与促进剂，搅拌均匀即可刷漆。漆在固化过程中放出热量使温度上升至50℃以上，石蜡液自然浮在表面上，隔绝空气，使漆层快速固化。

③ 抛光 漆膜干燥后，没有光泽，需进行抛光磨砂，抛光，除掉石蜡层，才能光亮如镜面。

22-8 新型橡胶用透明涂料

性能及用途 以防止轮胎表面沾污和磨损，为透明涂料。刷于未硫化的橡胶制品上。

涂装工艺参考 本产品使用方便，施工时先将被涂装制品清洗干净，便可喷涂（须确保制品每个部位都能喷到），本漆适用材质为聚丙烯及其共聚物或共混物的制品，适用的

面漆为聚氨酯、丙烯酸酯、环氧树脂等。

产品配方/kg

天然橡胶乳白	4.0
氟代铝酸钠	9.0
酪蛋白酸铵	0.5
油酸	0.3
苯乙烯丁基橡胶乳	1.5
十二烷基苯磺酸铵	0.2
多糖化物	0.3
二氧化硅分散体	1.2
浓氨水	0.1
水	58.0

生产工艺与流程 先将乳化剂十二基烷苯磺酸铵与水混合，再与橡胶乳及其他物料混合，制得橡胶用透明涂料。

22-9 ABS 塑料涂装的家用电器外壳漆

性能及用途 ABS 是丙烯腈、丁二烯和苯乙烯共聚物的简称，有较高的强度和良好的加工性能，故用途广。但 ABS 塑料制品的色彩不够鲜艳、硬度不足、耐候性不良，而家用电器的外壳装饰性要求较高，所以要进行涂装，本涂料适用于 ABS 塑料的涂装。

该漆膜干燥快、柔韧性好，不易折裂。适用软质 PVC 塑料及用于 ABS 塑料的涂饰。具有较高的机械强度和良好的加工性。

涂装工艺参考 使用前，必须将漆兜底调匀，如有粗粒或机械杂质，必须先进行过滤。被涂物面事先需进行表面处理，使之清洁干燥、无油腻，以增加漆膜附着力及施工效果。该涂料不得与不同品种的涂料及稀释剂混合使用，以致造成本产品质量上的弊病。

产品配方

(1) 配方（质量份）

5%硅油在二甲苯溶液	0.6
邻苯二甲酸二丁酯	2.4
钛白粉	17
含有羟基丙烯酸树脂	
50%二甲苯溶液	60
环己酮	10
醋酸丁酯	6
醋酸乙酯	5
固化剂部分	
甲苯二异氰酸酯预聚物	
50%溶液	11.5

生产工艺与流程 先将各组组分按配方比称量，组合每一单元即树脂溶液、混合溶剂、液态色浆和固化剂，将各单元充分搅拌和充分砂磨，然后将各单元合并成 ABS 涂料，再进行充分砂磨，使涂料各分子充分混合成一个整体。

(2) 塑料冰花漆

配方一（质量份）

二甲苯	47.5
甲苯	27.5
松香水	11.0
铝粉	14.0

配方二（质量份）

清漆	87.0
铝粉料	4.5
二甲苯	2.5
松节油	2.0
松香	4.0

生产工艺与流程 配方一的生产工艺是：将配方一中前三种组分混匀后，再加入铝粉搅匀，在水浴中煮沸 1L，冷却后倒出上层清液，再在沉底的铝粉中加入少量松香水，即为铝粉料。配方二的生产工艺是：将配方二中各组分混匀即得冰花漆。

冰花漆使用前过滤除杂，黏度调节到图案清晰、明亮为止。涂漆表面经处理后先刷两遍白色醇酸调和漆，充分干燥后按 $50g/m^2$ 的用量先平刷一遍冰花漆，刷子纵横各走一遍，当看到冰花漆中的铝粉沉底，表面平滑，有丝状、点状时，便形成了冰花漆。此时马上涂刷冰花图案，涂时把冰花漆再调稀些，用刷子蘸漆液在漆过的表面上进行无规则滴流，滴流的线条成网状，间隙不要过大，滴完后用鸡毛在稍稀的间隙拉出一些线条，约 20min 后即出现千姿百态的冰凌花纹。干后涂上罩面漆。

22-10 新型塑料电视机壳用涂料

性能及用途 用于塑料电视机壳用涂料。

涂装工艺参考 本产品使用方便，施工时先将被涂装制品清洗干净，便可喷涂（须确保制品每个部位都能喷到），本漆适用材质为聚丙烯及其共聚物或共混物的制品，适

用的面漆为聚氨酯、丙烯酸酯、环氧树脂等。

产品配方

（1）D-04树脂配方/g

甲基丙烯酸甲酯	19.1
丙烯酸丁酯	20.0
丙烯腈	5
过氧化苯甲酰	0.675
甲苯	27.6
醋酸丁酯	13.7
丁醇	13.7

生产工艺与流程　将甲苯、醋酸丁酯、丁醇加入反应釜中加热至90℃，按配方量将单体装入滴液漏斗中并加入1/2量引发剂混匀开始滴加，用1.5h滴加1/2量混合单体后补加1/4量引发剂，继续滴加，用45min滴加剩余量的1/2后补加1/8量引发剂，再用5min将单体滴加完毕，在90℃保温2h后在釜内补加1/8量引发剂再保温3h降温出料，过滤，装桶。

（2）制漆配方（质量份）

	中蓝	大红	半光黑	白漆	银黑
45%D-04丙烯酸树脂	60.99	64.98	57.98	45.88	42.97
硝化棉液	13	13.93	11.20	9.77	9.2
消光剂	—	—	8.25	—	6
钛白粉	5.87	—	—	14.35	—
铁蓝	5.28	—	—	—	—
中色素	—	—	1.27	—	1.83
铝粉浆	—	—	—	—	4.7
3132大红粉	—	6.09	—	—	—
6#稀料	14.86	15	21.30	30	36.3

生产工艺与流程　以上不同颜料涂料，丙烯酸树脂与硝化棉比例为7∶1，漆膜厚度15～20μm。

22-11　多功能高级钙塑涂料

性能及用途　寿命长、硬度高、耐擦洗、施工方便、色泽高。用于制钙塑涂料。

涂装工艺参考　本产品使用方便，施工时先将被涂装制品清洗干净，便可喷涂（须确保制品每个部位都能喷到），本漆适用材质为聚丙烯及其共聚物或共混物的制品，适用的面漆为聚氨酯、丙烯酸酯、环氧树脂等。

产品配方

（1）水解维尼纶胶制备配方（质量份）

聚乙烯醇(PVA)	5～8
废维尼纶纱	40～44
盐酸	4～5
调和助剂(氨水)	4～6
去离子水	180～220

生产工艺与流程　在反应釜中加入水和聚乙烯醇，开动搅拌，同时加热至85～95℃，待聚乙烯醇全部溶解后，停止加热，降温至60℃以下，加入浓盐酸，继续搅拌同时加热至沸，加入废维尼纶纱，在高温高压水解分散3h，然后缓慢降至常压，然后用氨水中和pH=7，搅拌10min，放胶水并过滤得水解维尼纶胶成品。

（2）钙塑涂料的制备配方（质量份）

水解维尼纶胶	43
消石灰粉	18
碳酸钙	34
重晶石粉	5

生产工艺与流程　将水解维尼纶胶水加入反应釜中，开动搅拌，加入消石灰粉，搅拌10min，再加入碳酸钙和重晶石粉，继续搅拌45min，即得白色的钙塑料涂料。

22-12　ABS塑制品表面涂饰的专用漆

性能及用途　该漆干燥迅速，漆膜硬度高、附着力好、耐酸碱及耐磨性好。主要用于ABS等塑料制品的表面涂饰，如电视机、收录机、塑料壳风扇等。

涂装工艺参考　该漆在使用时必须先搅拌，施工以喷涂为合适，可采用“湿碰湿”的方法进行施工。被涂物在施工前必须清理干净，可采用酒精或汽油擦干；也可以用3%的碱液洗，然后用水冲洗、晾干。该漆的稀释应采用该厂生产的配套X-34稀释剂。

产品配方（质量份）

合成树脂	30
颜料	16
溶剂	18
助剂	10

生产工艺与流程

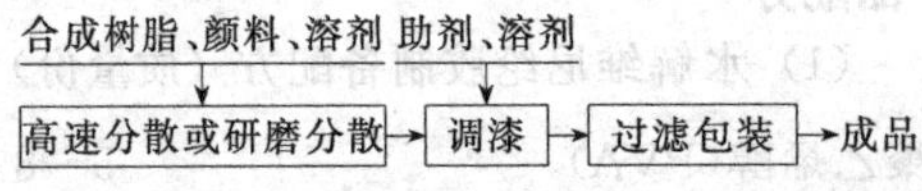

22-13 电视机、录像机塑料机壳用漆

性能及用途 AP-3涂料是以快干性丙烯酸酯树脂为主要成分的优质涂料，具有快干、硬度高、耐磨性好、涂覆适用性强、色彩多样、有很高的耐电击性能、储藏稳定性好、金属感效果好等优良性能。且易罐装，在涂装及干燥等工序上，可以适应现代喷涂流水线操作及自建喷涂线施工操作。用于彩色电视机、黑白电视机、收录机、微机、电子琴、录像机及其他仪器机器的塑料外壳需要装饰和保护ABS和HIPS塑料等上面。

涂装工艺参考 可用刷涂或喷涂法施工。调整黏度可使用苯类溶剂或苯类与醇类的混合溶剂。

产品配方（质量份）

丙烯酸酯	30
助剂	20
引发剂	2.2
苯乙烯	6
颜料	20
稀释剂	12

生产工艺与流程 将丙烯酸酯类、苯乙烯、引发剂在搪玻璃反应锅内进行蒸汽加热以共聚，再加入助剂、颜料和稀释剂进行混合，过滤并包装即成产品。

22-14 高级ABS塑料表面涂装磁漆

性能及用途 本产品具有快干、漆膜光亮丰满等特点。清漆色浅，色漆颜色鲜艳，附着力好，坚硬耐磨，装饰效果强，适用于ABS塑料表面涂装。

涂装工艺参考 此种漆施工以喷涂为主，调整稀释剂后亦可滚涂。稀释剂配套使用，也可用X-1稀释剂代用，而不能用其他溶剂。有效储存期为1年，逾期可按质量标准进行检验，如符合标准仍可继续使用。

产品配方（质量份）

颜料	26
增塑剂	1.6
硝化棉溶液	6.8
丙烯酸树脂	39
溶剂	16

生产工艺与流程

颜料、增塑剂 → 拌合 → 研磨 → 调漆（加入硝化棉溶液、丙烯酸树脂、溶剂）→ 过滤包装 → 成品

22-15 单组分聚氨酯塑料涂料

涂装工艺参考 本产品使用方便，施工时先将被涂装制品清洗干净，便可喷涂（须确保制品每个部位都能喷到），本漆适用材质为聚丙烯及其共聚物或共混物的制品，适用的面漆为聚氨酯、丙烯酸酯、环氧树脂等。

产品配方

（1）合成树脂/g

三羟甲基丙烷	210
亚油酸	266
苯酐	130
二甲苯	119

生产工艺与流程 将多元醇、多元酸、二甲苯等原料加入反应釜中，不断搅拌，逐渐升温至210～240℃，然后保温直至反应完全，通入少量的氮气保护，用二甲苯作脱水剂，最后得到含有羟基的聚酯。

（2）合成聚氨酯/g

聚酯	350
2,4-甲苯二异氰酸酯	51
二甲苯	400

生产工艺与流程 将聚酯、二甲苯加入反应釜中，逐渐升温到50℃，滴加2，4-甲苯二异氰酸酯0.5h，保温0.5h，然后再升温到90℃，保温3h，反应完毕，得到聚氨酯。

（3）涂料的配制/g

聚氨酯	20
蜜胺	4
丁醇	2
200# 汽油	30
120# 汽油	10

环烷酸钴	0.15
环烷酸锌	0.11
环烷酸钙	0.5

生产工艺与流程 将聚氨酯、稀释剂、催化剂混合溶液，即得到单组分聚氨酯塑料涂料。

22-16 新型耐磨、抗紫外线硅氧烷透明涂料

性能及用途 形成耐磨、抗紫外线涂层，其光透射率为91.5%。

涂装工艺参考 本产品使用方便，施工时先将被涂装制品清洗干净，便可喷涂（须确保制品每个部位都能喷到），本漆适用材质为聚丙烯及其共聚物或共混物的制品，适用的面漆为聚氨酯、丙烯酸酯、环氧树脂等。

产品配方/g

聚乙烯醇吡咯烷酮	6
二甲基二乙氧基硅烷	10.4
异丙醇	50
三水合醋酸钠	1.0
甲基三乙氧基硅烷	102
二氧化铈(20%水溶液)	16
二丙酮醇	24

生产工艺与流程 先将聚乙烯醇吡咯烷酮、甲基三乙氧基硅烷、二甲氧基二乙氧基硅烷和20%固体分的二氧化铈水溶液混合，搅拌2h，再加入其他余料，搅拌0.5h，过滤得透明涂料。

22-17 电视机、收录机塑料涂料

性能及用途 该产品对ABS塑料、聚酯薄膜、有机玻璃等塑料具有良好的附着力，漆膜坚韧、耐磨、干燥快，适于流水线施工，便于工件周转。该漆适用于电视机、收录机等ABS塑料机壳、立体电影用金属银幕及其他制品的表面装饰。

涂装工艺参考 该漆施工前，先将被涂塑料制品表面除去油污。金属感漆的施工：将清漆同铝粉以100∶(5～7)比例调匀(质量比)，再用细绢丝布过滤除去杂质，用TY-1塑料漆稀释剂调节到18～20s喷涂。塑料制品一般体积小，造型复杂，漆膜要求高，因此多使用小口径喷枪。漆膜厚度一般为15～20μm，为保证工件耐磨损，可在边棱角处重喷涂。有效储存期为1年，过期可按产品标准检验，如果符合质量要求仍可使用。

产品配方

过氯乙烯树脂液	26
醇酸树脂	13
颜料	7
失水苹果酸酐树脂液	17
溶剂	23
增塑剂	3.6

生产工艺与流程

过氯乙烯树脂液、失水苹果酸酐树脂液、醇酸树脂、溶剂 → 调漆 → 过滤包装 → 成品

22-18 聚丙烯塑料底漆

性能及用途 本产品为低黏度液体，溶剂为甲苯，易燃。聚丙烯塑料已广泛应用于汽车、家电等各个领域，以提高制品美观及耐用性。但由于聚丙烯是一种非极性、高结晶的高聚物，对一般极性涂料附着性极差，制品表面不经处理直接喷此类涂料是不行的。如果在制品表面先喷涂一层底漆，再喷涂面漆，此面漆便可牢固地附着在制品表面，达到保护和装饰作用。

涂装工艺参考 本产品使用方便，施工时先将被涂装制品清洗干净，便可喷涂本底漆（须确保制品每个部位都能喷到），待溶剂挥发后，再喷面漆。本底漆适用材质为聚丙烯及其共聚物或共混物的制品，适用的面漆为聚氨酯、丙烯酸酯、环氧树脂等。使用时无须加稀释料。

产品配方

甲基丙烯酸酯	56
苯乙烯	14～16
颜料	30～36
稀释剂	20～24
引发剂	3.5～5
有机溶剂	
助剂	40～45

生产工艺与流程 将甲基丙烯酸酯类、引发剂、苯乙烯在搪玻璃反应锅内进行蒸汽加热以共聚，再将有机溶剂和稀释剂、颜料与之混合，经过滤包装后即为产品。

22-19 金属表面作装饰水溶性丙烯酸漆

性能及用途 具有不燃、低毒、操作方便、清洗方便等优点，漆膜色泽鲜艳、光亮坚硬。适用于各种轻工产品金属表面作装饰保护作用。

涂装工艺参考 施工以浸涂为主。稀释剂为蒸馏水，切勿使用甲苯、200#汽油等有机溶剂。有效储存期为1年，过期产品可按产品标准检验，如符合质量要求仍可使用。

产品配方

水丙树脂	28
颜料	22
溶剂	18
助剂	14

生产工艺与流程

水丙树脂、颜料、溶剂 → 高速搅拌预混 → 研磨分散 → 调漆（水丙树脂、溶剂、助剂）→ 过滤包装 → 成品

22-20 建筑物表面装饰用石油树脂调和漆

性能及用途 该漆漆膜坚韧、平滑光亮、干燥迅速、耐水性很好。适用于室内、外金属及棒材、建筑物表面装饰。

涂装工艺参考 该漆刷涂施工。一般用200#溶剂汽油或松节油作稀释剂，以酯胶底漆、红丹防锈底漆、灰防锈和铁红防锈漆为配套底漆。该漆有效储存期为1年，过期可按产品标准检验，如符合质量要求仍可使用。

产品配方

颜料	25
溶剂	18
色浆	2.6
填料	21
催干剂	1.6
丙烯酸酯	30

生产工艺与流程

颜料、丙烯酸酯、溶剂 → 高速搅拌预混 → 研磨分散 → 调漆（催干剂、色浆、溶剂）→ 过滤包装 → 成品

22-21 新型超快干汽车氨基烘漆

性能及用途 用于汽车工业，玩具汽车。

涂装工艺参考 本产品使用方便，施工时先将被涂装制品清洗干净，便可喷涂（须确保制品每个部位都能喷到），本漆适用材质为聚丙烯及其共聚物或共混物的制品，适用的面漆为聚氨酯、丙烯酸酯、环氧树脂等。

产品配方

（1）配方（质量份）

豆油	18～20
甘油	13～16
苯酐	23～26
苯甲酸	1～3
催化剂	微量
稀释剂	25～34

生产工艺与流程 按配方量将豆油、甘油加入反应釜中，升温至160℃加入催化剂，继续升温至230～240℃保温醇解，1h取样测容忍度。降温至180℃加入苯酐、苯甲酸和回流溶剂，升温185℃保温1h，后测酸值、黏度。

（2）色漆

A921树脂	22
改性三聚氰胺树脂	11
助剂	40
颜料	5
调节剂	16
稀释剂	适量

生产工艺与流程 先加入配方量的1/4～1/2的A921树脂和各种颜料，搅拌后加入分散剂，高速分散后，在研磨机中进行研磨达到一定的细度为止。进入调漆罐，加入剩余的A921树脂、改性三聚氰胺树脂、性能调节剂、助剂、稀释剂，调色，调整黏度。

22-22 多功能新型丙烯酸铝粉涂料

性能及用途 漆膜坚硬、金属感强，干燥快，附着力好，具有良好的耐水性、装饰性、耐磨性。适用于ABS、改性聚苯乙烯、聚苯乙烯、高抗冲聚苯等多种塑料表面涂装，可喷涂电视机、收音机、录音机、仪器、仪表外壳等。

涂装工艺参考 以喷涂法施工为主。施工

前对被涂物面要处理，可用酒精或汽油擦洗晾干，也可放入2%～3%碱液浸泡洗刷(不低于30℃)，经流动水冲洗甩干后放入50℃烘箱内烘干，要求无油污、灰尘、脱膜剂。施工环境洁净、无灰尘并有排风及空气洗尘等设备，以保证施工质量。本漆为双组分，配制比例如下（质量计）。

丙烯酸铝粉漆(成分一)	95～100
铝粉浆(成分二)	6～7.5
稀释剂	6～7.5

首先将铝粉浆称好放入洁净的容器中，然后加入规定量的稀释剂充分搅拌，将铝粉浆调成糊状，然后加入成分一搅拌均匀。调制黏度为［涂-4黏度计，(25±1)℃］11～13s，过180目筛后备用，压力为0.2～0.3MPa，相对湿度不大于70%。施工道数为1～3道（采用湿碰湿施工法），每道厚度13～20μm。可自干，也可在喷涂后常温干30min后，在40～60℃烘室烘干。

生产工艺与流程

树脂、溶剂、银粉浆→配漆→过滤包装→成品

22-23 ABS塑料制品快干雾化喷漆

性能及用途 该漆附着力好、耐酸碱及耐磨性好、漆膜硬度高。主要用于ABS等塑料制品的快干喷雾。

涂装工艺参考 该漆必须搅拌使用，施工以喷涂较为合适，在使用时装入带喷嘴的密封罐中，漆的装入量为2/3，然后用注射器给密封罐注入丁烷气，先摇动密封罐，然后再喷涂。

产品配方（质量份）

硝化棉	2～3
醇酸树脂	4～5
颜料	3～4
丁醇	2～3
乙酯	3～4
甲苯	6～7
二甲苯	2～3
丙酮	6～7
无水乙醇	4～5
光亮剂	1～1.6
催干剂	1～1.4
桐油	2～3

生产工艺与流程 将丁酯、乙酯、甲苯、二甲苯、丙酮、无水乙醇、催干剂加入到反应釜中，进行搅拌混合均匀，再加入醇酸树脂、桐油，搅拌均匀，加入硝化棉充分搅拌，将研磨的体质颜料与光亮剂加入液浆里充分搅拌制成漆。

醇酸树脂、桐油、颜料、溶剂 → 高速分散或研磨分散 → 调漆（硝化棉、助剂、溶剂）→ 过滤包装 → 成品

22-24 高抗冲聚苯塑料表面涂覆的半光涂料

性能及用途 该漆黑度好，遮盖力强、坚硬，具有良好的耐水性、耐磨性，干燥快、附着力好。适用于ABS、聚苯乙烯、改性聚苯乙烯、高抗冲聚苯等多种塑料表面涂覆。

涂装工艺参考 以喷涂法为主。施工前对物面要进行处理，可采用酒精、汽油擦净，也可放入2%～3%的碱液中浸泡刷洗（不低于30℃)，经流动水冲洗甩干后放入50℃的烘箱内烘干，达到无油污、尘埃、脱膜剂等。施工环境要求洁净，并有排风及空气洗尘设备，以保证施工质量。使用前将漆搅拌均匀，用ABS或高抗冲聚苯稀释剂调整黏度［涂-4杯，(25±1)℃］11～13s，压力为0.2～0.3MPa，施工温度12～30℃，相对湿度不大于70%。施工道数为（采用湿碰湿施工法）1～3道，漆膜厚度为每道13～20μm为宜。本漆可自干或喷涂后常温下放置30min后，进入40～60℃烘干室烘干。

产品配方（质量份）

丙烯酸酯	45
溶剂	23
色浆	2.6
碳酸钙	9
颜料	20
催干剂	1.8
填料	25

生产工艺与流程

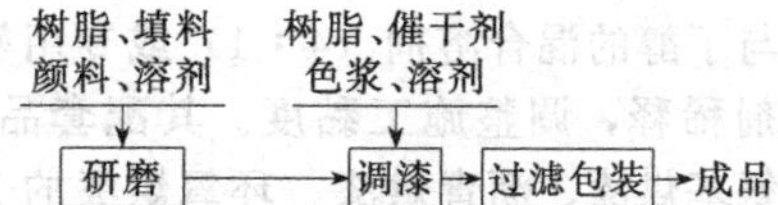

22-25 改良快干固化室外涂料

性能及用途 该漆可室温干燥，漆膜不易泛黄。用于快固化涂装。

涂装工艺参考 使用前，必须将漆兜底调匀，如有粗粒和机械杂质，必须进行过滤。被涂物面事先要进行表面处理，以增加涂膜附着力和耐久性。该漆不能与不同品种的涂料和稀释剂拼和混合使用，以致造成产品质量上的弊病。该漆施工以喷涂为主，施工黏度［涂-4 黏度计，(25±1)℃］一般以 30～80s 为宜。过期可按质量标准检验，如符合要求仍可使用。

产品配方

配方（质量份）

阴离子稳定的胶乳聚合物	330.7
氨水(28%)	5
聚甲基丙烯酸噁啉烷乙酯	2.4
碳酸钙	100
阴离子分散剂	2.5
三聚磷酸钠	1.5
乙二醇	2
2,2,4-三甲基-3-羟戊基醋酸酯	2
消泡剂	5
黏土填料	15
大理石粉	400
70 沙子	400

稀释用组分

水	20
羟乙基纤维素	0.3

生产工艺与流程 先把各组分进行研磨以制取涂料，然后添加其余组分再进行研磨成细度一定时为合格，即可包装。

22-26 新型超快干氨基烘漆

性能及用途 漆膜坚硬、丰满光亮，附着力好，可与醇溶性颜料配制成彩色透明漆，主要适用于证章和其他金属制品表面涂饰。用于快干氨基烘漆。

涂装工艺参考 该漆使用前必须搅拌均匀，经过滤除去机械杂质。施工采用喷涂及点涂均可，也可以采用静电喷涂方法。一般用二甲苯与丁醇的混合溶剂（4∶1）或专用氨基稀释剂稀释，调整施工黏度。其配套品种：可作氨基烘漆、沥青烘漆、环氧烘漆的表面罩光。有效储存期为 1 年，过期可按质量标准检验，如符合要求仍可使用。

产品配方

（1）制备醇酸树脂配方（质量份）

豆油	166.77
甘油	114.85
苯甲酸	19.52
苯酐	210.50
偏苯三甲酸单酐	10.24
黄丹	0.03

生产工艺与流程 将油及醇加入反应釜中，在搅拌下升温至 120℃，加入黄丹继续升温到 220℃。在 220℃保持醇解，醇解后加入酸。在 220℃酯化（树脂∶二甲苯＝1∶1）至格氏管测黏度为 3～3.5s 为其终点。

（2）配方（质量份）

醇酸树脂(50%)	60.44
氨基树脂(60%)	9.15
钛白粉	28.26
深铬黄	0.1104
硅油(1%)	0.1949
二甲苯调节黏度至 30～70s。	

生产工艺与流程

醇酸树脂、氨基树脂、增塑剂、溶剂 → 调漆 → 过滤包装 → 产品

22-27 黑丙烯酸塑料无光磁漆

性能及用途 该漆为塑料制品专用涂料。具有色泽纯正、附着力好、耐摩擦、低光泽等优点。对 ABS 塑料具有广泛的适应性，尤其适用于对光泽有特殊要求的塑料制品表面涂装。

涂装工艺参考 主要采用喷涂方法。施工前先将底材用酒精擦拭除污，也可用静电除尘，然后将该漆用配套的塑料漆稀释剂稀释至适合喷涂的黏度，喷枪压力为 0.4～0.6MPa，环境温度为 (25±5)℃，相对湿度不大于 80%。该漆有效储存期为 1 年，过期可按产品标准检验，如符合质量仍可使用。

产品配方

丙烯酸硝基树脂	28
溶剂	36
颜料	22
硝基纤维素	8

生产工艺与流程

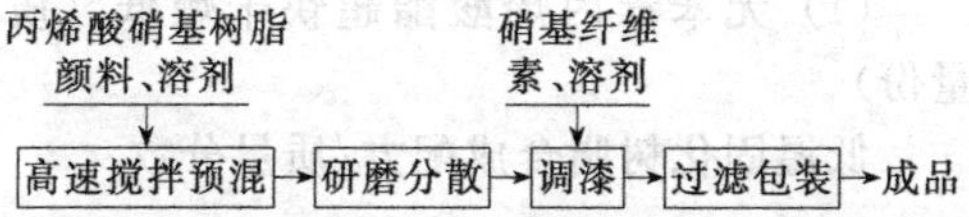

丙烯酸硝基树脂 颜料、溶剂 → 高速搅拌预混 → 研磨分散 → 调漆（← 硝基纤维素、溶剂）→ 过滤包装 → 成品

22-28 金属、汽车快干型醇酸漆

性能及用途 具有不燃、低毒、操作方便、清洗方便等优点，漆膜色泽鲜艳、光亮坚硬。用于金属、汽车等的涂装、表面作装饰保护作用。

涂装工艺参考 施工以浸涂为主。稀释剂为蒸馏水，切勿使用甲苯、200#汽油等有机溶剂。有效储存期为1年，过期产品可按产品标准检验，如符合质量要求仍可使用。

产品配方

（1）醇酸树脂的制备配方（质量份）

原料	质量份
植物油	55.0
苯酐	72.0
多元醇	63.3
一元酸	33.5
醇解催化剂	0.034
二甲苯	217.0

生产工艺与流程 将植物油、多元醇及醇解催化剂加入反应釜中，升温到240℃醇解至醇容忍度为8，加入苯酐，然后在200～220℃下酯化至酸值为14～17，降温至100℃以下，加入二甲苯稀释备用。

（2）涂料的配制 将醇酸树脂与氨基树脂按配方量为85：15（质量分数）比例加入反应釜中，搅拌均匀，即得棕红色透明浸渍液体。

醇酸树脂 颜料、溶剂 → 高速搅拌预混 → 研磨分散 → 调漆（← 氨基树脂 溶剂、助剂）→ 过滤包装 → 成品

22-29 电冰箱、电器、仪表烘干和自干漆

性能及用途 用于电冰箱、电器、仪表等的涂装。

涂装工艺参考 适用喷涂、刷涂、浸涂法施工，可用二甲苯与丁醇混合溶剂调整施工黏度。使用前被涂物面必须处理干净。

产品配方

（1）无苯丙烯酸酯树脂合成配方（质量份）

原料	质量份
甲基丙烯酸甲酯	10～32
丙烯酸丁酯	10～28
丙烯酸羟丙酯	5～8
丙烯酸	1～5
醋酸丁酯	20～30
丁醇	20～32
过氧化苯甲酰	0.3～1

生产工艺与流程 将醋酸丁酯、丁醇加入反应釜中，升温至115℃搅拌，将各组分单体和引发剂在常压下搅拌、溶解后加入高位槽，然后慢慢滴加反应釜中，在温度120℃保持回流2h，滴加时间为3h内，滴完混合单体后在120～125℃保持回流2h，继续加温搅拌保持回流2h，并补加6.5%引发剂（用丁醇溶解）最后冷却至70℃即成为固含量为50%的无苯丙烯酸酯树脂。

（2）调制无苯丙烯酸酯树脂配方（质量份）

原料	质量份
无苯丙烯酸酯树脂（50%）	40～58
金红石型钛白粉	10～26
低醚化度三聚氰胺树脂（60%）	8～22
醋酸溶纤剂	5～8
丁醇	5～7
环已酮	5～8
乙二醇丁醚	5～8

生产工艺与流程 把无苯丙烯酸树脂（50%）、钛白粉、醋酸溶纤剂、丁醇、环已酮、乙二醇丁醚加入高速砂磨机中研磨，并加入交联固化剂低醚化度三聚氰胺树脂和颜料，研磨后经过滤，包装，即成为无苯丙烯酸树脂漆。

22-30 新型气干型快干醇酸树脂涂料

性能及用途 用于快干醇酸清漆、快干型气干醇酸漆。

涂装工艺参考 采用喷涂、刷涂施工均可。有效存放期为1年。过期按质量标准检验，如符合要求仍可使用。本产品为自然干燥。

产品配方

（1）基础醇酸树脂配方/kg

豆油	30～52
桐油	5～8
季戊四醇	5～8
苯酐	12～22
醇解催化剂	30～42

生产工艺与流程 将豆油、桐油、季戊四醇和醇解催化剂按配方量加入反应釜中，通入惰性气体进行保护升温至240℃进行醇解，保温1h，测醇容忍度，合格后降温至180℃，加苯酐及回流二甲苯，然后升温至200～220℃酯化，保持酯化至酸价、黏度合格后降温，并加入兑稀二甲苯。

（2）基础醇酸树脂的苯乙烯化（质量份）

基础醇酸树脂	40～60
苯乙烯	15～20
引发剂	0.2～0.6
二甲苯	20～25
200#溶剂汽油	20～25

生产工艺与流程 将苯乙烯及配方量的80%引发剂预先混合于高位槽中，把醇酸树脂及部分溶剂加入反应釜中混合均匀，后升温至140～150℃，在该温度下以恒速滴加单体及引发剂的预混物，控制3～4h滴完，滴完后继续反应，并保温2h，后分次补加剩余的20%引发剂，保温时每隔1h测黏度与不挥发分后，快速降温，加入剩余的溶剂，调整黏度合格后过滤、包装。

22-31 家用电器的涂装与超快干低温固化烘漆

性能及用途 用于家用电器的涂装。

涂装工艺参考 采用喷涂施工。被涂覆面应经磷化处理，磷化膜厚度约8μm为宜。已磷化之表面在涂漆前，应保持清洁，严禁用手接触磷化膜。喷涂室温度为20～30℃为宜，以利漆膜流平。用配套的稀释剂调整施工黏度，以20～24s（涂-4黏度计）为宜。一般采用两喷两烘工艺，第二道喷涂雾化程度应高于第一道。一般烘烤温度为120～130℃，烘烤时间25～35min。流平段的排风压力和温度要以物件进入烘道之前漆膜略粘手为宜，否则表干太快，不利于漆膜流平。有效储存期为1年。

产品配方

（1）无苯毒丙烯酸酯超快干燥低（质量份）

低温固化树脂合成配方/质量分数

甲基丙烯酸甲酯	20～32
丙烯酸丁酯	20～32
丙烯酸羟丙酯	5～10
丙烯酸	1～5
异丁醇	30～38
醋酸异丁酯	23～33
过氧化苯甲酰	0.3～1
超快干催化剂	0.1～0.5

生产工艺与流程 将醋酸异丁酯、异丁醇加入反应釜中，升温至105℃搅拌，将各组分加入单体和引发剂，在常压下搅拌溶解后加入高位槽，然后升温至110℃开始搅拌均匀滴加反应釜，温度控制在110℃，保持回流慢慢滴加，时间在3h，滴完混合单体后在110～115℃保持回流2h，然后补加0.5%引发剂，保持回流2h，最后降温，冷却至70℃即成固含量为50%的无苯丙烯酸酯树脂。

（2）超快干低温固化烘漆配方（质量份）

无苯毒丙烯酸树脂(50%)	45～58
低醚化度三聚氰胺苯基三聚氰胺甲醛共聚树脂(60%)	20～26
金红石型钛粉	15～26
醋酸溶纤剂	5～8
异丁酯	8～10
环己酮	7～10
乙二醇丁醚	5～8
超快干催化剂	0.3～0.5

生产工艺与流程 把无苯毒丙烯酸酯树脂、钛白粉、醋酸溶纤剂、异丁醇、环己酮、乙二醇丁醚加入特制的罐中，然后用分散机低速分散10min，后再用高速分散30～40min，最后送入砂磨机中研磨，加入交联固化剂低醚化度三聚氰胺苯基三聚氰胺甲醛共聚树脂（60%）和颜料配色研磨至细度一定后，经过滤、包装。

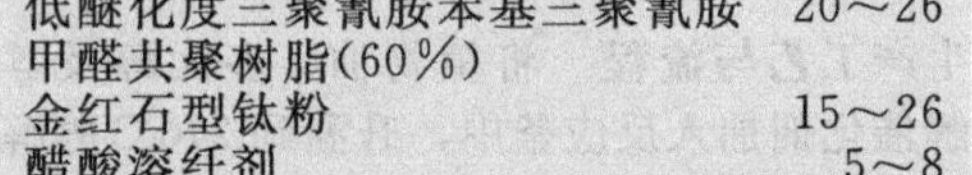

树脂、填料、溶剂 → 搅拌预混 → 研磨分散 → 调漆（← 树脂、色浆、溶剂）→ 过滤包装 → 成品

22-32 电机、电器、仪表、外壳固化漆

性能及用途 具有涂速度快，表面光泽好等特点。用于电机、电器、仪表等外壳的涂装。

涂装工艺参考 采用喷涂、刷涂施工均可，如黏度过大，可用环氧漆稀释剂调整。施工前，金属表面须清除锈迹、油污，然后用环氧酯底漆打底，再涂该漆在120℃左右烘干。有效储存期为1年，过期可按产品标准检验，如符合质量要求仍可使用。

产品配方/g

环氧树脂	100.0
二氧化钛	15.0
氧化锌	5.0
邻甲苯甲酰基缩二胍	3.5
2-巯基苯并噻唑	1.0
流动改性剂	1.0

生产工艺与流程 将环氧树脂、添加剂和填料混合后，经三辊机研磨过筛后得快速固化涂料。

22-33 低温快速固化氨基醇酸漆

性能及用途 用于低温固化和快速固化的氨基品种。

涂装工艺参考 采用喷涂施工。有效存放期为1年。过期按质量标准检验，如符合要求仍可使用。本产品为自然干燥。

产品配方

(1) 改性醇酸树脂配方/kg

豆油	26～36
复合多元醇	23～35
苯酐	34～40
改性剂	适量
催化剂	0.2～0.3
二甲苯	80～95

生产工艺与流程 将配方中豆油和复合多元醇加入反应釜中，搅拌升温至120℃，在惰性气体保护下加入催化剂，升温至240℃进行醇解，保温1h左右测醇容忍度合格，降温至190℃，加入改性剂、苯酐酯化，4h内匀速升温至220℃，保温酯化至酸值15，黏度为20～25s。

(2) 氨基醇酸漆配方（质量份）

原料	Ⅰ	Ⅱ
改性醇酸树脂	53	60
丁醇改性氨基树脂	17	20
钛白	23	14
酞菁蓝	3.0	
稀释剂	3.7	5.8
硅油(1%)	0.3	0.2

生产工艺与流程 把以上组分加入研磨机中进行研磨。

22-34 用环戊二烯和顺酐与半干性油合成气干性醇酸树脂漆

性能及用途 用于制造浅色及户外用磁漆。

涂装工艺参考 采用喷涂、刷涂施工均可。有效存放期为1年。过期按质量标准检验，如符合要求仍可使用。本产品为自然干燥。

产品配方（质量份）

EMTHPA：PA/mol	1：0	2：1	1：2	0：1
豆油	50	50	50	—
亚麻油	—	—	—	50
甘油	16.1	16.7	17.2	17.7
PA	—	12.5	24.8	36.8
双环戊二烯(DCPD)	15.3	10.1	5.0	—
顺丁烯二酸酐(MA)	22.7	15	7.4	—

生产工艺与流程 在反应釜中加入油和甘油，升温并开动搅拌，加热至150℃时加入催化剂氢氧化锂，升温到240℃保温至醇解终点，降温至190℃，降温加入顺丁烯二酸酐（MA），在180℃时滴加双环戊二烯，在180℃时滴完，然后逐渐升温220℃，保温酯化到酸值≤25，维持黏度达到要求，降温加入溶剂二甲苯和催化剂环烷酸钴，调配成含固含量为50%的醇酸清漆。

22-35 新型家具涂饰用常温亚光自干漆

性能及用途 适用于家具涂饰。

涂装工艺参考 该漆施工可采取刷涂。有效存放期为1年。过期按质量标准检验，如符合要求仍可使用。本产品为自然干燥。

产品配方/g

醇酸树脂漆	20
复合消光剂	1.4～1.6
催干剂	5
稀释剂	2～4

生产工艺与流程 将以上四种物质加入反应釜中，升温，在25～30℃温度下混合搅拌40min，搅拌速度由慢到快即得亚光涂料。

22-36 豆油改性甘油醇酸自干漆

性能及用途 用于设备的涂装。

涂装工艺参考 采用喷涂、刷涂施工均可。有效存放期为1年。过期按质量标准检验，如符合要求仍可使用。本产品为自然干燥。

产品配方（质量份）

豆油	96.3	29
甘油	67.5	6.6
氧化铅	—	0.02
苯酐	148	14.4
二甲苯	102.4	10
溶剂汽油	409.4	40

生产工艺与流程 把以上组分加入反应釜中，研磨至细度合格。

22-37 新型耐光/耐湿的自干漆

性能及用途 用于耐光、耐湿的部位。

涂装工艺参考 本产品使用方便，施工时先将被涂装制品清洗干净，便可喷涂（须确保制品每个部位都能喷到），本漆适用材质为聚丙烯及其共聚物或共混物的制品，适用的面漆为聚氨酯、丙烯酸酯、环氧树脂等。

产品配方/g

松香脂肪酸	30
苯酐	18
苯甲酸	5.6
新戊二醇	3.4
葵花子油脂酸	15
间苯二甲酸	9
季戊四醇	19
二甲苯	5
石油类溶剂	适量
2-苯乙基-4-苯基异丙基酯（Ⅰ）	0.2

生产工艺与流程 将前5种原料按配方量加入反应釜中，进行混合，在220℃下加热8h，得酸值为15mgKOH/g，流动黏度为80s（50%左右石油液）的醇酸树脂（1），然后用此树脂液加入2-苯乙基-4-苯基异丙基酯（Ⅰ），在150℃下混合，并继续加热到185℃，得酸值10mgKOH/g，流动黏度为200～250s的树脂（Ⅱ），以树脂为基料配成自干漆。

22-38 蓝色水溶性自干涂料

性能及用途 可喷涂或刷涂后，自然干燥。

涂装工艺参考 本产品使用方便，施工时先将被涂装制品清洗干净，便可喷涂（须确保制品每个部位都能喷到），本漆适用材质为聚丙烯及其共聚物或共混物的制品，适用的面漆为聚氨酯、丙烯酸酯、环氧树脂等。

产品配方/kg

组分	Ⅰ	Ⅱ	Ⅲ	Ⅳ	Ⅴ
水溶性醇酸树脂	121	72.2	—	—	—
聚硅氧烷	0.8	—	—	0.48	0.56
氨水(28%)	4.96	1.84	—	—	3.44
钛白粉	26.7	—	—	—	—
酞菁蓝	17.84	—	—	—	—
丙氧基丙醇	10	—	10	—	—
环烷酸钴(6%)	—	—	2.16	—	—
环烷酸锆(6%)	—	—	2.8	—	—
1,10-二氮杂菲	—	—	0.8	—	—
去离子水	—	—	163.3	—	28
丙烯酸树脂	—	—	—	—	81.4

生产工艺与流程 将组分Ⅰ混均匀后，经球磨机研磨至细度为6.25μm，再加入组分Ⅱ，分散均匀后加入预先混匀的组分Ⅲ，搅拌后加入组分Ⅳ，在不断搅拌下加入组分Ⅴ，调配均匀，得自干漆。

22-39 建筑物表面的涂饰用防火涂料

性能及用途 适用于化工生产车间建筑物表面的涂饰。

涂装工艺参考 可用刷涂或喷涂法施工。调整黏度可使用苯类溶剂或苯类与醇类的混合溶剂。

配方组成/kg

低黏度氯化橡胶	9.5
中油度亚麻油醇酸树脂	7.6
磷酸三甲酚酯	5.8
钛白粉	3.5
钛白粉	35.3
锑酸钙	12.9
重质苯	25.02
炭黑	0.28

生产工艺与流程 防火涂料，是可防止火灾发生，阻止火势蔓延传播，或隔离火源，延长基材着火时间，或增大绝热性能以推

迟结构破坏时间的一类涂料之总称。它属于特种功能涂料，是人们同火灾作斗争的过程中逐步发展起来的一类重要的消防安全材料。

22-40　飞机蒙布乙基涂布漆

性能及用途　漆膜具有优良的抗水性、耐寒性和弹性，涂在飞机蒙布上，能使布紧张，并可提高蒙布的拉伸强度。

涂装工艺参考　可用刷涂或喷涂法施工。调整黏度可使用苯类溶剂或苯类与醇类的混合溶剂。

产品配方/%

乙基纤维素	12
改性酒精	8
丁醇	4.5
甲苯	55.5
二甲苯	20

生产工艺与流程　将酒精、丁醇、甲苯和二甲苯投入溶料锅内混合，然后加入乙基纤维素，在搅拌下充分溶解，混合均匀，过滤包装。

22-41　新型飞机蒙布罩光清漆

性能及用途　用于飞机蒙布及涂有面漆的木材、铁质表面罩光。

涂装工艺参考　可采用喷涂、刷涂施工，用X-2硝基漆稀释剂调整施工黏度。使用前必须将漆搅拌均匀，如有粗粒和机械杂质必须过滤清除。该漆有效储存期为1年。

产品配方/%

醋丁纤维素	18
硝化棉(35″)	5
苯二甲酸二丁酯	3.5
丙酮	22
醋酸乙酯	11.5
醋酸丁酯	30
丁醇	7
醋酸乙基二醇	11
甲苯	19

生产工艺与流程　将全部原料投入溶料锅内，不断搅拌，使其完全溶化，经过滤后即可包装。

22-42　锂基膨润土基铸型快干涂料

性能及用途　用于家具的涂装。

涂装工艺参考　该漆施工可采取刷涂。有效存放期为1年。过期按质量标准检验，如符合要求仍可使用。本产品为自然干燥。

产品配方/g

Li-Bentonite	6
TC_1/TC_2	80/20
工业树脂	2.5
松香	1.50
助剂	0.5
乙醇	210

生产工艺与流程　把以上组分混合研磨到一定细度。

22-43　白色水溶性自干磁漆

性能及用途　漆膜的光泽和机械强度好，耐候性较好，具有耐盐雾性好，抗湿能力强的特点。用于自然干燥，也可低温烘干。可刷涂或喷涂，主要用于金属表面的装饰保护。

涂装工艺参考　该漆用醇酸静电漆专用稀释剂稀释。在涂有底漆的金属表面，静电喷涂厚度约为15～20μm为宜，干后再涂第二道。配套底漆为C06-1铁红醇酸底漆、H06-2铁红、锌黄环氧底漆、F06-1铁红酚醛底漆等。有效储存期1年

产品配方/kg

水溶性醇酸树脂	183.2
钛白粉	153
氨水(28%)	9.6
1,10-氮杂菲	0.8
去离子水	398L
聚硅氧烷	1.12
乙二醇单丁醚	16.9
环烷酸钴(6%)	2.32
环烷酸锆	2.88

生产工艺与流程　将127.5kg醇酸树脂、聚硅氧烷、钛白粉，7.7kg乙二醇单丁醚、5.4kg 28%氨水和76.5L水混合后，用球磨机研磨过滤，加入55.7kg醇酸树脂，混匀后加入由环烷酸钴、1，10-二氨氮杂菲和9.2kg乙二醇单丁醚组成的混合物，最后加入剩余的氨水和水，调匀。

22-44　氯化橡胶、醇酸树脂底漆

性能及用途　适用于化工生产车间建筑物表面的涂饰。

涂装工艺参考 可用刷涂或喷涂法施工。调整黏度可使用苯类溶剂或苯类与醇类的混合溶剂。

产品配方

(1) 配方1

氯化橡胶	16.2
铝粉(分散于烷烃石蜡油中，91%)	30.0
氢化蓖麻油	0.5
硅石墨	13.3
松香水	8.0
烷烃石蜡油	7.0
环氧豆油	1.0
芳烃溶液	24.0

将配方中原料混合，搅拌溶解，调和过滤。

(2) 配方2

甲组分：

磷酸锌	20.3
重晶石	4.0
二氧化钛	3.5
滑石粉	5.3
氯化橡胶	11.3
长油醇酸树脂(含固量65%)	9.1
烷烃石蜡油	2.8
芳烃溶剂	12.8

乙组分：

二甲苯	27.2
改性膨润土	2.3
异丙醇(99%)	0.6

丙组分：

环烷酸铅(24%)	0.2
环烷酸钴(6%)	0.1

生产工艺与流程 将甲组分原料混合均匀，在球磨机研磨至细度，将甲组分原料加入预先混匀溶解的乙组分原料中，混合均匀，加入丙组分原料进行混合均匀。

(3) 配方3

甲组分：

氧化铁红	290
锌铬黄	82
氧化锌	19
滑石粉	24
大白粉	19
乙烯基甲苯改性醇酸树脂溶液(含固量50%)	315

乙组分：

芳烃溶剂	166
二甲苯	85

生产工艺与流程 将甲组分原料混合均匀，在球磨机中研磨磨细，加入乙组分混合均匀。

22-45 橙色水溶性自干磁漆

性能及用途 具有良好的成膜性、保光性和抗腐蚀性。主要用于金属制品的表面涂饰。

涂装工艺参考 可用刷涂或喷涂法施工。调整黏度可使用苯类溶剂或苯类与醇类的混合溶剂。

产品配方/kg

A组分：

水溶性醇酸树脂	109.84
氨水(28%)	4.9
三乙胺	1.52
去离子水	181.3L
聚硅氧烷	1.92
单甘酸	3.84
钼橙	61.7

B组分：

水溶性醇酸树脂	97.0
去离子水	145.4L
氨水(28%)	3.84

C组分：

环烷酸钙(4%)	2.56
环烷酸钴	2.32
1,10-二氮菲	0.88
乙二醇单丁醚	14.2

生产工艺与流程 将A组分的水溶性醇酸树脂、聚硅氧烷，色填料与其他物料混合，经球磨机研磨至6.25μm以下，然后加入B组分的混合物，再加入C组分，混合均匀后，再添加适量的去离子水调整黏度。

22-46 橡胶接枝丙烯酸树脂路标漆

性能及用途 用于路标漆。

涂装工艺参考 可用刷涂或喷涂法施工。调整黏度可使用苯类溶剂或苯类与醇类的混合溶剂。

产品配方(质量分数)

丙烯酸树脂（50%）	40
钛白粉	12
填料	30
防沉剂	0.5
溶液剂	16
助剂	1.5

生产工艺与流程 把丙烯酸树脂加入分散机中，进行搅拌，再依次加入溶剂、防沉剂、助剂、颜填料，在分散机中进行分散至均匀无块状，然后再打入砂磨机中进行研磨至细度为≤60μm时，即可出料，制得路标漆。

22-47 新型氯化橡胶防腐涂料

性能及用途 适用于化工生产车间建筑物表面的涂饰，是良好的防锈防腐涂层。

涂装工艺参考 可用刷涂或喷涂法施工。调整黏度可使用苯类溶剂或苯类与醇类的混合溶剂。

产品配方1（质量份）

氯化橡胶（10～20mPa·s）	15
氯化石蜡70#	6
氯化石蜡42#	6
非浮性铝粉浆	16
沉淀硫酸钡	9
氧化锌	5
改性氢化蓖麻油	2
芳香烃溶剂	33
石油溶剂	8

生产工艺与流程 将铝粉、沉淀硫酸钡在氯化石蜡中研磨分散均匀后加入溶入溶剂的氯化橡胶，搅拌均匀成为成品。

用法：刷涂或喷涂到车架防腐层被损害的部分，可以多次涂覆，以达到要求的厚度。

产品配方2（质量份）

氯化橡胶（10～20mPa·s）	14
氯化石蜡70#	7
氯化石蜡42#	5
非浮性铝粉浆	2
灰云母氧化铁	35
氧化锌	1
改性氢化蓖麻油	1
芳香烃溶剂	35

生产工艺与流程 将铝粉、灰云母氧化铁、氧化锌在氯化石蜡中研磨分散均匀后加入溶入溶剂的氯化橡胶，搅拌均匀成为成品。

用法：刷涂或喷涂到车架防腐层被损害的部分，可以多次涂覆，以达到要求的厚度。

第二节 纤维素漆

纤维素漆指由天然纤维素经化学处理生成的纤维素酯、醚为主要成膜物质的涂料。其主要品种有硝酸纤维素涂料、醋丁纤维素涂料、乙基纤维素涂料和苄基纤维素涂料等。此类漆干燥快，漆膜硬度高，耐磨、耐候、耐久性好。广泛用于金属表面、汽车、飞机、皮革等的涂饰。由于该类漆的固体分低，从底漆、中涂层到面漆需涂装多次，费工费时，20世纪70年代后应用逐渐减少。

羟乙基纤维素（HEC）是仅次于羧甲基纤维素（CMC）和甲基纤维素（MC）的第三大纤维素醚。由于它突出的优良性能，如冷、热水皆能溶解，无热凝胶性、对盐和溶剂的优良配合性。最突出的是对电解质的溶盐性，能溶解于一价或多价离子的饱和盐水中而不丧失其黏度，因而得到了广泛应用和迅速发展。

HEC具有优良的增稠、乳化、分散、黏结、黏合、悬浮、成膜、抗微生物、保水、保护肢体、耐盐等性能，广泛应用于日用化工、建筑、涂料、塑料、油田开采、高分子合成、陶瓷、纺织工业等领域。

纤维素漆是由天然纤维素经过化学处理后生成的聚合物作主要成膜物质的涂料，属于挥发性型涂料。它主要是依靠溶剂的挥发而干燥成膜。干燥速度很快，漆膜的强度也很大。

纤维素漆，漆膜干结比较快，一般在10min内结膜不沾灰，1h后可以实际干燥。纤维素漆，硬度高且坚韧，耐磨，耐候性也不比其他合成树脂差，耐久性能好，可以打磨抛光。

纤维素漆属绿色环保节能涂料产品，应用市场潜力大，目前尚需进一步开发新产品。

纤维素是自然界中最丰富的可再生资源，是棉花、木材、亚麻、草类等高等植物细胞壁的主要成分。纤维素作为重要的工业原材料，主要用于纺织、造纸，但其潜力尚未充分发挥。通过化学反应，纤维素可进一步衍生出多种产品，生成各种具有特殊功能的纤维素材料。

理论上所指的纤维素是指常温下不溶于水、稀酸和稀碱的D-葡萄糖基的β-苷键连接起来的链状高分子化合物。工业上所指的纤维素是指经过特定的纤维化工程所得到的剩余物——纸浆，其中含有少量的半纤维素和木素。木材中的纤维素为白色，相对密度为1.55g/cm^3。纤维素的化学实验式为$(C_6H_{10}O_5)_n$，$C_6H_{10}O_5$是葡萄糖基，n为聚合物，根据纤维素的来源，制备方法和测定方法，n可以是几百至几千，甚至达1万以上。

纤维素大分子的基本结构单元是D-吡喃式葡萄糖基，每个基环上均是具有3个醇羟基，可以发生氧化、酯化、醚化、交联、接枝共聚等反应。在纤维素大分子的末端，其性质不同，可以发生还原反应。纤维素的衍生物主要是指通过酯化反应和醚化反应生成的各种聚合物，纤维素酯有无机酸酯和有机酸酯，纤维素醚有脂肪族醇醚和芳香族醇醚。

一、纤维素硝酸酯

纤维素硝酸酯俗称硝化纤维素或硝酸纤维素，是最早开始生产的纤维素无机酸酯，可用于塑料、喷漆、涂膜和火药等行业的生产。

(1) 生成原料　棉绒浆和木浆的要求。纤维素含量高（94%～96%），戊聚糖含量低（1.0%～1.5%），浆的黏度要高。硝化剂采用硝酸和硫酸。生产火药用硝化纤维素，硝化剂采用67%的硫酸、22%的硝酸、11%的水；生产胶片用硝化纤维素，硝化剂采用60%的硫酸，20%的硝酸，20%的水；生产喷漆用硝化纤维素，硝化剂采用62%的硫酸，20%的硝酸，18%的水。

(2) 生产原理　纤维素硝酸酯是纤维素在硝化剂（浓硝酸和浓硫酸）的作用下，经硝化生成的，其反应式为：Cell—OH＋HNO_3⟶Cell—ONO_2＋H_2O。

(3) 生产工艺　根据性能及用途用工业浓硫酸和浓硝酸配制一定的硝化剂，然后与棉绒浆或木浆混合进行硝化反应，硝化剂用量一般为被硝化纤维素的50倍，反应温度一般为25～30℃。硝化反应中用分水器控制水分，从而控制硝化程度，当硝化纤维的含量达到10.7%～13.5%时，分离混合酸，停止硝化反应，得到已硝化的纤维素，冷水清洗硝化纤维素后，用0.01%～0.03%的苏打液煮沸，中和残留的混酸，接着再用清水洗涤，得到硝化纤维素产品。

生产纤维素硝酸酯注意事项：浓硫酸、浓硝酸是强腐蚀型酸，使用过程中要戴上手套等劳保用具。刚完成硝化的纤维很不稳定，应及时清洗除去残留的酸、副反应生成的硫酸酯和其他杂质，以避免硝化纤维的自燃或爆炸。

二、纤维素醋酸酯

纤维素醋酸酯俗称醋酸纤维素或乙酰纤维素。不同酯化度的醋酸纤维素，其用途不同，当醋酸纤维素中的乙酰基含量为53.4%～54.8%时，产品溶于丙酮溶剂，主要用于生产喷漆、塑料、人造纤维。当乙酰基含量为56.1%～57.5%时，产品主要用于生产人造纤维和电绝缘材料。

(1) 生产原料　纤维素，醋酸酐，冰醋酸，硫酸或过氯酸。

(2) 生产原理　纤维素在由醋酸酐、冰醋酸和硫酸组成的醋酸化剂的作用下，发生酯化反应，生成醋酸纤维素。其反应式为：

$$\text{Cell—OH}+(CH_3CO)_2O \xrightarrow{H_2SO_4} \text{Cell—OCOCH}_3+CH_3COOH$$

(3) 生产工艺　以重量计，准备100份纤维素，250～300份醋酸酐，280～350

份醋酸，8～12 份 96%的硫酸或 0.5～1 份过氯酸，在 20～30℃下混合反应，当醋酸纤维素中的乙酰基含量为 53.4%～62.5%时，停止反应，进行安定处理，得醋酸纤维素产品。

纤维素醋酸化时注意事项：由于其润胀作用小，反应速度慢。在醋酸化反应中醋酸酐是醋酸化剂，冰醋酸是稀释剂，硫酸或氯酸是催化剂。稀释剂除采用冰醋酸外，还可以使用其他稀释剂，若采用三氯甲烷、三氯乙烷、二氯乙烷等，这时的醋酸化反应开始是多相反应，后期变为均相反应。如果稀释剂为苯、甲苯、乙酸乙酯、四氯化碳，则这时二醋酸化反应自始至终均为多相反应。

三、纤维素磺酸酯

纤维素磺酸酯是纤维素在碱性介质中与二硫化碳反应而制得的，反应式如下：

$$\text{Cell—OH} + CS_2 + \text{NaOH} \longrightarrow \text{Cell—C}(=\text{S})\text{—SNa} + H_2O$$

纤维素磺酸酯易溶于稀碱溶液，通过纺丝形成黏胶人造丝，如果喷成薄膜，则生成玻璃纸，纤维素磺酸酯遇强酸而水解，生成再生纤维素。

(1) 生成原料　纤维素，烧碱，二硫化碳。

(2) 生产工艺　常温下，将纤维素在 17.5%的烧碱溶液中浸渍 1～2h 后，将其压榨到约 3 倍纤维素重之后粉碎而进行老化，调整其聚合度。在减压下，加入相当于纤维素重量 30%～40%的二硫化碳，常温下反应 2～3h，当物料变为橙黄色时，反应达到终点，得纤维素磺酸酯或纤维素磺酸钠。

纤维素磺酸钠易吸收水分解，应在干燥无水的条件下保存。如果纤维素磺酸酯遇到某些盐类（如硫酸钠、硫酸铵等）、酒精和弱有机酸，则会凝固，不能得到再生纤维素，所以在保存时，应远离硫酸钠、硫酸铵等盐类，避免接触酒精和弱有机酸。

四、纤维素甲基醚

纤维素甲基醚又简称甲基纤维素，可由纤维素与甲基化试剂反应制得。制造甲基纤维素的甲基化试剂主要有硫酸二甲酯、一氯甲烷重氮甲烷等，工业上常用一氯甲烷与碱纤维素反应制取，反应式为：

$$\text{Cell—ONa} + CH_3Cl \longrightarrow \text{Cell—OCH}_3 + \text{NaCl}$$

甲基纤维素具有较好的表面活性和耐油性，可用于使水泥浆增黏、保水及黏结为目的的建材方面，如生产薄膜、浆料、浆增黏剂、保水剂等。

(1) 生产原料　精制棉或木浆，一氯甲烷，氢氧化钠，异丙醇。

(2) 生产工艺　在高压釜中投入粉碎的精制棉，用 N_2 置换出釜内的空气，并在真空下投液碱和异丙醇。随后在 25℃下反应 1h。反应结束后分段投入一氯甲烷进行醚化，温度 85℃，时间 5h。反应结束后进行冷却中和，固液分离。粗品用热水洗涤并进行干燥粉碎至成品。

五、羧甲基纤维素

羧甲基纤维素简称 CMC，是阴离子型的高分子电解质，用于医药、化妆品及食品的乳液稳定剂、纺织品的浆料、洗涤剂的助剂、涂料的增黏剂等。羧甲基纤维素常以钠盐形式存在，一般有高、中、低三种黏度，高黏度为 1000～2000mPa·s，中黏度为 500～100mPa·s，低黏度为 50～100mPa·s。

(1) 生产原料　棉浆或漂白木浆，氯乙酸。

(2) 生产原理　羧甲基纤维素由纤维素在碱性条件下，与一氯醋酸（氯乙酸）反应制得，反应式所下：

$$\text{Cell—OH} + \text{Cl—CH}_2\text{COOH} \xrightarrow{\text{NaOH}} \text{Cell—OCH}_2\text{COONa}$$

(3) 生产工艺　将棉浆浸渍于 NaOH 溶液中，经压榨制成碱性纤维素，再与氯乙酸进行醚化反应，并加入用量为氯乙酸的 50%乙醇，反应温度控制在 35℃左右，时间为 5h，然后以稀盐酸中和，以乙醇洗涤、干燥即得白色粉末状的羧甲基纤维素。

① 在纤维素醚化反应时，伴随有氯乙酸与氢氧化钠的分解反应，生成乙醇钠，所以反应温度不宜过高，氢氧化钠的加入量不能过剩。

② 改变温度、醚化剂用量和醚化时间，可以得到不同醚化程度的产品，醚化度越低，产品的黏度越高。1～2Pa·s为高黏度，0.5～1.0Pa·s为中黏度，0.05～0.1Pa·s为低黏度。

③ 醚化度不同，产品的溶解度亦不相同，当产品的醚化度γ为10～20时，产品可溶于3%～10%NaOH的稀碱溶液；当醚化度γ为30～60时，产品可溶于清水；当溶液pH值=3时，又能重新析出沉淀；当醚化度γ=70～120时，产品可溶于清水；当溶液的pH值=1～3时，又能重新析出沉淀。

(4) 生产厂家　江门量子高科生化工程有限公司，威怡化工（苏州）有限公司，泸州化工厂医药辅料分厂，武进市庙桥镇第二化工厂，北京市京西建筑装修材料厂，上海塑料工业有限公司，广东长城工业总厂，湖北金天贸工农（集团）股份有限公司，山东红日化工股份有限公司，济南成丰粮油食品总厂，西峡县化塑厂，湖南省怀化市生物化工总厂，山东省鱼台县化工制品有限责任公司等。

六、纤维素漆生产工艺与产品配方实例

生产工艺与产品配方实例见22-48～22-55。

22-48　热固性纤维素酯粉末涂料

性能及用途　一般热固性纤维素酯粉末涂料不结块，在室温下松散，可以自由流动，流平性好，有良好的外观，具有耐候性、耐热性、耐磨性、耐潮性、耐溶剂性、硬度、柔韧性和耐冲击性均优的特点。用作汽车、家电等高装饰性涂料。

涂装工艺参考　可采用喷涂或刷涂施工。

产品配方/质量份

醋丁纤维素	100
颜料	50
增塑剂(偏苯三酸三辛酯)	17.5
六甲氧甲基三聚氰胺(交联剂)	5
对甲基苯磺酸的正丁醇(1∶1)	1.0
稳定剂	0.5

生产工艺　在反应釜中加入醋丁纤维素、颜料、增塑剂、交联剂、催化剂和稳定剂后，然后在挤出机中，在115～130℃下混炼，冷却，低温粉碎，过150mg筛，其粒度不大于105μm，即得粉末涂料。

22-49　新型羟乙基纤维室内建筑物表面罩光漆

性能及用途　一般具有涂刷方便，干燥较快，无溶剂气味，能在略潮湿表面施工等优点。用于住宅、大厦、剧院、医院、校舍等室内建筑物表面，以及混凝土、灰泥及木质的建筑物表面，不宜直接涂于金属表面。在已涂饰面漆表面喷涂或刷涂。

产品配方/kg

A组分：

	Ⅰ	Ⅱ
硝酸纤维素	20	44
硬脂酸丁酯	6	12
邻苯二甲酸二丁酯	3	13
聚乙氧乙烯	3	3

B组分：

	Ⅰ	Ⅱ
乙酸乙酯	58	—
乙酸丁酯	17	—
甲乙酮	—	22
甲基异丁酮	—	25
正丁醇	—	3
异丙醇	7	—
二甲苯	8	—
溶纤剂	—	2

生产工艺与流程　将B组分溶剂混合后，依次加入异丙醇润湿的硝酸纤维素、硬脂酸丁酯、邻苯二甲酸二丁酯和聚乙氧乙烯，溶解并分散均匀后，过滤即得罩光漆。

22-50　纤维素热处理保护漆

性能及用途　一般具有耐高温、抗氧化、防脱碳性能。在冷却时，涂层具有自行脱落的特点。并且可常温固化，施工方便。适用于结构钢及低合金钢部件热处理时的防氧化、防脱碳保护。

涂装工艺参考　可采用喷涂或刷涂施工。常温固化。施工3～4道。涂层总厚约

100～130μm。

22-51　新型羟乙基纤维建筑物的涂装涂料

性能及用途　一般用于建筑物的涂装。

涂装工艺参考　用墙面敷涂器敷涂或用彩砂涂料喷涂机喷涂施工。

产品配方

(1) 配方 1/kg

羟乙基纤维素	12～20
水	320～380
磷酸三钠	4～6
烷基酚聚乙二醇醚	2～4
防腐剂	3～4
消泡剂	1.5～2.0
氨水	1～1.2

生产工艺与流程　先将羟乙基纤维素、水、磷酸三钠、烷基酚聚乙二醇醚及防腐剂、消泡剂迅速搅拌再加入氨水，使溶液呈碱性、pH 值最好在 8～10 之间，搅拌至发结现象稳定为止，由此得到的浓度为 3%的羟乙基纤维素涂料，烷基酚聚乙二醇醚在此起分散剂的作用。

(2) 配方 2/kg

羟乙基纤维素	160
消泡剂	32
成膜剂丁氧基乙醇	10
防腐剂	1.5
水	55
填充剂轻质碳酸钙	75
氨水	0.5

生产工艺与流程　取上述方法得到的羟乙基纤维素加入消泡剂、成膜剂丁氧基乙醇、防腐剂、水及填充剂轻质碳酸钙充分混合并以 600～800r/min 搅拌分散 10min 后，再加入 60%的乙酸乙烯/丙烯酸共聚物乳液，搅拌 10min 并加入氨水使溶液呈碱性，pH 值保持在 8～10 之间。

取天然大理石、云石或麻石等打碎，研磨至于 20～100mg，按照乳胶浆液与石粉比例为 1∶(1.5～2.2)(均为质量比) 的原则，把石粉加入乳胶乳液中，以 600～800r/min的速度搅拌，分散，约 30～45min。

22-52　新型建筑物内壁平光乳胶涂料

性能及用途　一般用作一般建筑物的内墙涂料。

涂装工艺参考　可用刷涂或辊涂法施工。

产品配方/kg

	配方一	配方二	配方三	配方四
聚醋酸乙烯乳液(50%)	42	36	30	26
钛白粉	26	10	7.5	20
锌钡白	—	18	7.5	—
碳酸钙	—	—	—	10
硫酸钡	—	—	15	—
滑石粉	8	8	5	—
瓷土粉	—	—	—	9
乙二醇	—	—	3	—
磷酸三丁酯	—	—	0.4	—
一缩二乙二醇丁醚醋酸酯	—	—	—	2
CMS	0.1	0.1	0.17	—
羟乙基纤维素	—	—	—	0.3
聚甲基丙烯酸钠	0.08	0.08	—	—
六偏磷酸钠	0.15	0.15	0.2	0.1
五氯酚钠	—	0.1	0.2	0.3
苯甲酸钠	—	—	0.17	—
亚硝酸钠	0.3	0.3	0.02	—
醋酸苯汞	0.1	—	—	—
水	23.37	27.27	30.84	32.3
颜料与基料比	1.62	2	2.33	3

生产工艺与流程　配方一中钛白粉用量多，颜基比较小，故涂膜的遮盖力强，耐洗刷性好；配方二用锌钡白代替部分钛白粉，是稍微经济一些的内平光涂料；配方三使用了较多量的体质颜料，乳液用量也少，遮盖力和耐洗刷性都差些，但价格较便宜；配方四颜料比例大，主要用于室内白度遮盖力较好而对耐洗刷性要求不高的场所。从以上配方中可见，乳胶涂料的配方调节的范围较大，可以根据不同的要求和经济因素等综合考虑。

室内墙壁用阻燃耐水漆

醇酸树脂(50%)	80 份
淀粉	366 份
氨基醋酸	43.3 份
有机硅树脂(60%)	5～8 份
钛白粉	100 份
磷酸铵	233 份
氯化橡胶	83.3 份
萘溶剂	200 份

22-53 多功能羟乙基纤维素漆

性能及用途 一般该漆具有透气性好、美观豪华、色彩丰富、可以擦洗、使用期限长等特点。用作较高档建筑的内墙涂料。

涂装工艺参考 用多彩涂料喷涂机喷涂施工。注意使用时不能往涂料中兑水或有机溶剂。

产品配方

原料	配方一	配方二	配方三	配方四
聚醋酸乙烯乳液(50%)	43	38	32	27
金红石型钛白粉(颜料)	26	9	7.5	20
滑石粉(体质颜料)	8	7	5	—
硫酸钡	—	—	14	—
碳酸钙	—	—	—	10
瓷土	—	—	—	9.2
乙二醇	—	—	3.4	—
磷酸三丁酯(消泡剂)	—	—	—	0.4
CMS(增稠剂)	0.2	0.1	0.17	0.3
立德粉(增稠剂)	—	18	6.5	—
聚甲基丙烯酸钠(增稠剂)	0.08	0.08	—	—
六偏磷酸钠(分散剂)	0.16	0.15	0.2	0.1
亚硝酸钠(防锈剂)	0.3	0.3	0.02	—
五氯酚钠(防霉剂)	—	0.1	—	—
醋酸苯汞(防霉剂)	0.1	—	—	—
苯甲酸钠(防霉剂)	—	—	0.17	—
水	22.16	27.27	30.80	29.4

生产工艺与流程 先将配方中的分散剂、增稠剂的一部分，与全部防锈剂、消泡剂、防霉剂等溶解成水溶液，再和颜料、体质颜料一起加入球磨机（或快速平磨机、高速分散机研磨)，当颜料分散到一定程度后，加入聚醋酸乙烯乳液，边加边搅拌。搅匀后加防冻剂、成膜剂和余下的增稠剂，最后加氨水、氢氧化钠或氢氧化钾调 pH 至 8～9。若配色漆，可加入预先研磨分散好的颜料浆。色浆的配方：耐晒黄 G35%，湿润剂 OP-10 14%，水 51%，配得黄色浆；酞菁蓝 38%，OP-10 11.4%，水 50.6%，配得蓝色浆；酞青绿 37.5%，OP-10 15%，水 47.5%，配得绿色浆。其制法是：OP-10 先溶于水，加入颜料，经砂磨机研磨分散即成。加部分乙二醇，可使研磨时泡沫易消失，且色浆不易干燥和冰冻。

22-54 流水花纹纤维质涂料

性能及用途 一般用于多彩流水花纹、一般建筑物的内墙涂料。

涂装工艺参考 可用刷涂或辊涂法施工。

产品配方

(1) 配方（质量份）

原料	质量份
绵粉(30mg 以下)	590
碱溶性粒状着色剂(20～60mg)	20
黄色粒	10
蓝色粒	10
乙烯-醋酸乙烯共聚物	40
羧甲基纤维素钠	50

生产工艺与流程 把以上组分进行混合成为固体状涂料。取固体状涂料 7 份、加入丙烯酸乳液 15 份、水 500 份混合 3min，涂在石膏板上被涂面，即用手动式喷雾器具喷 1%氢氧化钠水溶液，涂浮现出蓝黄色多彩流水花纹。

(2) 配方（质量份）

原料	质量份
绵丝(白)	290
绵丝(蓝)	290
碱溶性粒状着色剂(红黄)	20
乙烯-醋酸乙烯酯共聚物	40
羧甲基纤维素钠	60

生产工艺与流程 把以上组分混合成固体涂料，取涂料 70 份、乙烯-醋酸乙烯酯共聚物乳液 10 份、水 600 份混合约 3min，涂装水泥砂浆被涂面，即用 1% NaOH 水溶液均一喷雾在被涂面上，在蓝色底面浮现出红黄多彩流水花纹。

22-55 新型含纤维的装饰涂料

性能及用途 一般用作较高档建筑的内墙涂料，具有透气性好、美观豪华、色彩丰

富、可以擦洗、使用期限长等特点。

涂装工艺参考　用涂料喷涂机喷涂施工。注意使用时不能往涂料中兑水或有机溶剂。

产品配方

（1）配方（质量分数）

纤维	70～80
膨胀胶	5～10
闪光粉	2～4
天然石光片	6～8
助剂	3～8

生产工艺与流程　把静电植绒纤维、颜料以及金银线、天然石光片或云母片加入反应釜中制成。

（2）膨胀胶配方

刨花碱	30～50
107胶	10～30
漆片	余量

生产工艺与流程　把以上三者加入混合罐中搅拌均匀即成。

（3）涂料配方

膨胀胶	100
天然石光片	6～8

生产工艺与流程　把反应原料，分别加入膨胀胶和天然石光片，然后将原料依次加入混合罐中，在 90～120r/min，搅拌，混合均匀，约 30～60min 后即得产品。

第二十三章 国外最新涂料和纳米复合涂料

第一节 国外最新涂料

国外最新涂料配方与产品，是按该公司生产的涂料产品自行配套，包括腻子、底漆、面漆、罩光漆及稀释剂供用户选用；或是按用户的要求生产专用的涂料品种，包括军用和特殊民用产品。故本章的编排不含有分类的目的。

本章主要收集国外最新涂料配方与产品（23-1～23-27）。

技术要求中指标所采用的分析方法，大都列有简单的说明供参考。这些方法和中国现行涂料产品的分析方法有差异，故在使用中，尤其是在进行指标"对比"时应注意。

23-1 车辆、机床、矿山用的丙烯酸磁漆

性能及用途 该漆常温干燥且迅速，颜色鲜艳，保光保色性好，光泽、附着力、耐机油性好。可与过氯乙烯底漆或铁红醇酸底漆配套使用。适用于各种车辆、机床、矿山、采掘、农业等机械的保护与装饰，也适用于仪表、仪器以及金属制品表面涂装保护之用。

涂装工艺参考 施工以喷涂为主，也可用淋涂、浸涂、刷涂、静电喷涂。使用前漆液充分搅匀，并且不允许与其他不同性质、不同品种漆混合使用，在喷涂前采用X-3过氯乙烯稀释剂稀释，调整施工黏度为18～22s（涂-4黏度计）为宜。亦不能用汽油、松节油、醇类单一溶剂作稀释剂稀释，否则影响施工质量，甚至造成报废，该漆膜耐温在80℃以下。本产品有效储存期为1年，过期可按产品标准检验，如符合质量要求仍可使用。

产品配方 单位：kg/t

原料名称	红	黄	蓝	白	黑	绿
过氯乙烯树脂	79	92	79	91	79	81
丙烯酸树脂	320	300	320	300	320	320
颜料	45	118	45	120	45	44
溶剂	555	490	555	491	555	552
增韧剂	22	19	22	18	22	22

生产工艺与流程

丙烯酸树脂、过氧乙烯树脂、增塑剂、颜料、溶剂 → 搅拌预混 → 研磨分散 → 调漆 → 过滤包装 → 成品

23-2 高光丙烯酸醇酸磁漆

性能及用途 漆膜光泽较高，保光、保色性好，经久耐用。适用于各种车辆、纺织机械、农业机械、建筑等方面的涂饰。

涂装工艺参考 施工喷涂或刷涂均可，稀释剂用二甲苯或二甲苯与200#汽油混合溶剂（1∶1）。与环氧底漆、醇酸底漆配套使用，也可直接使用于被涂物表面。该漆有效储存期为1年，过期可按产品标准检验，如符合质量要求仍可使用。

产品配方/(kg/t)

丙烯酸树脂	204
颜料	244
溶剂	148

生产工艺与流程

23-3　新型合成树脂有光乳胶涂料

性能及用途　该乳胶漆具有不用溶剂、干燥快、耐水等特点，适用于建筑物、结构物内外部混凝土、水泥砂浆等表面涂装。

涂装工艺参考　该乳胶漆主要用于刷涂。

产品配方（质量份）

原料	质量份
钛白粉	230
苯丙乳液	560
湿润剂	5
水	120
消泡剂	10
丙二醇	60
防霉剂	2
成膜助剂	10
氨水	3

生产工艺与流程

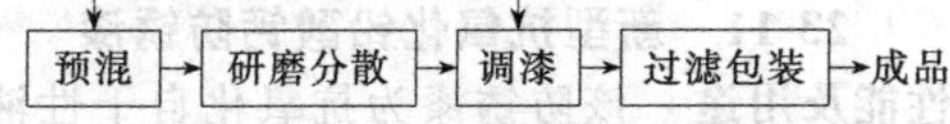

23-4　高端工业产品表面的罩光清漆

性能及用途　该漆是低温烘干型清漆，漆膜具有固化快、光亮度大、硬度高、色浅、在高温烘烤仍不泛黄，长期使用不失光、不变色等特点。该漆适合于对光泽、硬度和保光性要求较高的工业产品表面的罩光。特别是对电镀及镀锌产品表面的罩光。使用前将被涂物表面处理干净。采用专用稀释剂进行稀释。可采用喷涂或浸涂。物件在喷涂或浸涂后在常温中放置20～30min再进入烘室。

产品配方/(kg/t)

丙烯酸树脂	456
环氧树脂	180
颜料	42
溶剂	198
氨基树脂	235

生产工艺与流程

丙烯酸、环氧树脂、颜料、溶剂 → 高速搅拌预混 → 研磨分散 → 调漆（氨基树脂、助剂、溶剂）→ 过滤包装 → 成品

23-5　合成树脂乳胶斑纹漆

性能及用途　该漆为液态涂料。具有良好的耐水性、耐碱性、耐洗刷性及耐候性。分为三类，主要适于建筑物内外装饰性表面涂装。

涂装工艺参考　该漆适用于喷涂、辊涂、点涂等。

产品配方（质量份）

原料	质量份
钛白粉	180
丙二醇	75
苯丙乳液	480
防霉剂	2
湿润剂	4
氨水	2.5
消泡剂	8
成膜助剂	10
水	100

生产工艺与流程

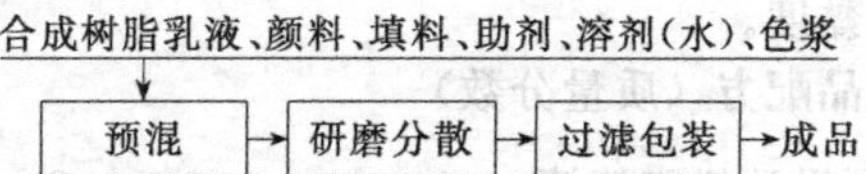

23-6　户内外混凝土、灰泥、木质表面涂覆乳胶漆

性能及用途　该乳胶漆具有不用溶剂、干燥快、良好的耐水性及耐候性。适于户内外混凝土、灰泥、木质表面涂覆。

涂装工艺参考　该乳胶漆适于刷涂。

产品配方（质量份）

原料	质量份
钛白粉	237
苯丙乳液	577
添加剂	93
水	124

生产工艺与流程

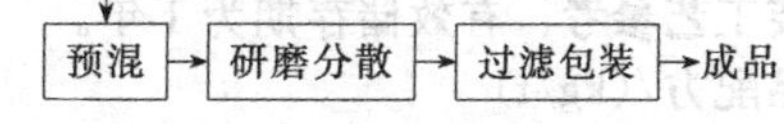

23-7　抗氧化与消油性底漆

性能及用途　该底漆是不透明、抗氧化干性液态或糊状涂料。分为四类，适于修补及涂覆金属底表面或作为中间涂层用漆。

涂装工艺参考　该底漆适于喷涂及刮涂。用油漆溶剂油或松节油调整施工黏度。

产品配方（质量份）

丙烯酸乙酯/甲基丙烯酰氧丙基三甲氧基硅烷/乙酸乙烯共聚物(50%)	80
2-(2-羟基-5-叔丁基)苯并三唑	18
乙基溶纤剂	698
双丙酮醇	50
交联剂(20%)	100

生产工艺与流程

23-8 腰果油树脂底漆

性能及用途 该底漆是不透明、抗氧化干性液态或糊状涂料。分为三类，适于金属及木材底表面或木材中间涂层使用。

涂装工艺参考 该底漆主要用于刮涂、刷涂或喷涂。用油漆溶剂油或松节油调整施工黏度。

产品配方（质量分数）

腰果油树脂清漆	80.4
钛白粉	5.4
氧化铁红	5
锶黄	1.8
滑石粉	2.4
稀释剂	5

生产工艺与流程

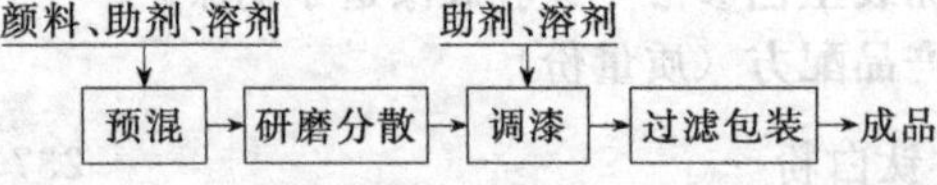

23-9 可燃性基材保护和装饰的防火涂料

性能及用途 适用于建筑物构件内部可燃性基材的保护和装饰，可以防止初期火灾和减缓火灾蔓延。

涂装工艺参考 有效储存期为1年。

产品配方/(kg/t)

原料名称	白	奶黄	原料名称	白	奶黄
颜料	81	83	助剂	74	74
丙烯酸乳液	100	100	自来水	309	307
阻燃剂	496	496			

生产工艺与流程

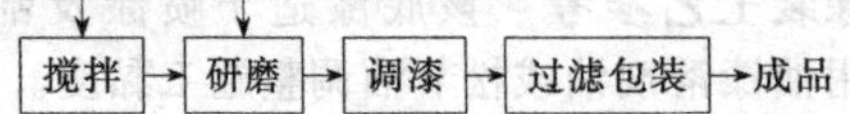

23-10 腰果油树脂漆

性能及用途 该漆分为清漆和磁漆，呈透明或不透明抗氧化干性液态涂料。适用于户内木材和金属制品等表面涂装。

涂装工艺参考 该漆主要用于喷涂。用油漆溶剂油或松节油调整施工黏度。

产品配方（质量份）

腰果壳液/腰果油树脂清漆	180/120
苯酚/色浆	60/150
醛类/助剂	28/82
助剂	32/58
溶剂	240/68

生产工艺与流程

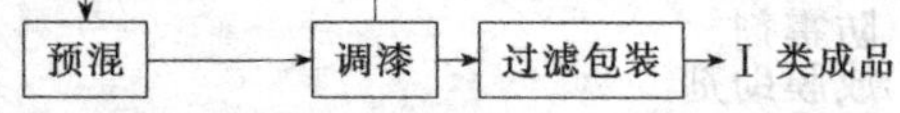

23-11 新型抗氧化铅酸钙防锈漆

性能及用途 该防锈漆为抗氧化自干性液体涂料。具有良好的耐海水性及耐候性。主要用于钢制品打底。

涂装工艺参考 该防锈漆适用于刷涂和喷涂。

产品配方/(kg/t)

防锈颜料	280.2
清漆	440.6
铅酸钙/助剂	65.3
溶剂	224.7

生产工艺与流程

清漆、铅酸钙、防锈颜料、助剂、溶剂 → 预混 → 研磨分散 → 调漆（清漆、溶剂）→ 过滤包装 → 成品

23-12 钢铁制品及钢铁构造物防锈漆

性能及用途 该防锈漆是自干性、抗氧化液态涂料，主要用于钢铁制品及钢铁构造物底表面涂覆。

涂装工艺参考 该漆主要用于刷涂或喷涂。

产品配方/(kg/t)

清漆	357
颜、填料	842

溶剂	85
助剂	112
催干剂	24

生产工艺与流程

23-13　新型环氧富锌底漆

性能及用途　该漆防腐性能优异，附着力强，常温快干，漆膜中锌粉含量较高，具有阴极保护作用，耐水防锈性优异。漆膜厚度 20μm 左右不影响焊接和切割性能；主要应用于造船、桥梁、集装箱等钢铁构件、海上石油钻井平台、港湾设施及化工设备等。

涂装工艺参考　底材钢铁表面需用喷砂或喷丸除锈处理，达到 Sa2.5 级，可以喷涂、刷涂及辊涂，以喷涂为好，刷涂及辊涂时不兑稀，喷涂时可加入漆重的 5%～20% X-7 溶剂，其施工黏度由施工单位掌握，作为车间预涂底漆使用。干膜厚度控制在 15～25μm，如与氯化橡胶、环氧漆配套最好涂两道，每道在 20～30μm。配比可按各厂规定比例调配（大连油漆厂组分一：组分二＝64：36；石家庄油漆厂为 100：8；天津油漆厂为 92：8）。为避免锌粉沉淀，在施工过程中应不断搅动。施工温度低于 15℃以下，干燥时间要适当延长，10℃以下不能施工。

产品配方/(kg/t)

环氧树脂	150
锌粉	800
助剂	适量
溶剂	100

生产工艺与流程

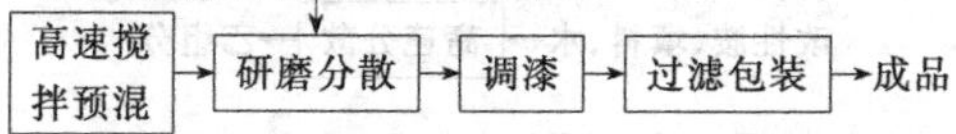

23-14　新型建筑物金属或木质部件油性调和漆

性能及用途　该漆为自干性液体涂料。适用于建筑物金属或木质部件及钢铁结构物等涂装。

涂装工艺参考　该漆主要用于刷涂，用油漆溶剂油调节施工黏度。

产品配方/(kg/t)

厚油	528
颜、填料	296
助剂	56
溶剂	142

生产工艺与流程

清油、颜料、填料、溶剂、助剂 → 预混 → 研磨分散 → 调漆（清油、催干剂、助剂） → 过滤包装 → 成品

23-15　各色硝基半光磁漆

性能与用途　漆膜反光性不大，在阳光下对人眼睛刺激较小。用于仪表设备和要求半光的金属表面作装饰保护作用。

涂装工艺参考　该漆涂覆在喷过底漆的表面上，与底漆结合力较好。宜选用与硝基漆配套的底漆。该漆使用前搅拌均匀，如有粗粒或机械杂质，必须进行过滤。施工以喷涂为主。稀释剂用 X-1 硝基漆稀释剂，在湿度很高的地方施工，如发现漆膜发白，可适当加入 F-1 硝基漆防潮剂或用乙酸丁酯与丁醇（1：1）的混合溶剂调整。该漆含有大量的体质颜料，故漆膜易粉化，耐久性较差。施工时，两次喷涂间隔以 10min 左右为宜。有效储存期为 1 年，过期可按质量标准检验。如符合技术要求仍可使用。

产品配方/(kg/t)

70%硝化棉	122.4
50%热塑性树脂	193.8
颜料	601.8
溶剂	102

23-16　新型抗氧化干性铝粉漆

性能及用途　该漆是一种抗氧化干性涂料，具有良好的防红外线反射、防透水性及耐候性等。主要适用于户外银色涂装。

涂装工艺参考　该漆主要用于刷涂，该漆中两组分在使用前混配。

产品配方（质量份）

清漆	26.0
铝粉浆	8.7

助剂	2.8
溶剂	66.0

生产工艺与流程

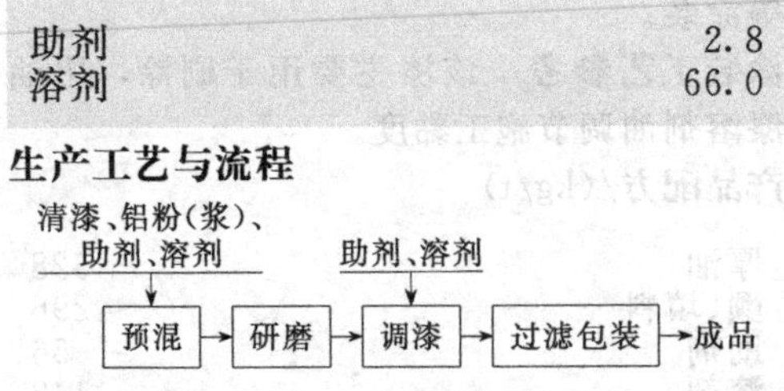

23-17 环氧无溶剂浸渍漆

性能及用途 具有良好的耐油水性能，并具有良好的电气防霉性能。适用于特殊环境下工作的充油式电机、电器的线圈绕组浸渍之用。

涂装工艺参考 先将需浸涂的物件、电器、变压器、电机等线圈绕组进行预烘去水，浸涂后的线圈、物件需常温下滴干约30min，方可进入烘房，可以苯乙烯为活性溶剂。

产品配方/(kg/t)

环氧树脂	54
酸酐	789
丙烯酸树脂	12
酚醛树脂	12
活性稀释剂	190

生产工艺与流程

23-18 大型机械的彩色涂装用醇酸磁漆

性能及用途 该漆是彩色不透明抗氧化干性液态涂料。具有良好的耐水性、耐酸性、耐候性。适用于户内外普通及大型机械的彩色涂装。

涂装工艺参考 该漆主要用于刷涂和喷涂。每层厚度以15～20μm为宜。用醇酸漆稀释剂及腻子配套。配套底漆除醇酸底漆外，还可用环氧酯底漆、酚醛底漆等。可室温干燥亦可在60～70℃烘干。

产品配方（质量份）

50%醇酸树脂	88.2
炭黑(硬质)	2
黄丹	0.1
12%环烷酸铅	1.2
3%环烷酸钴	1.2
3%环烷酸锰	0.6
2%环烷酸锌	0.8
1%环烷酸钙	0.85
双戊烯	2.4
二甲苯	2.6

生产工艺与流程

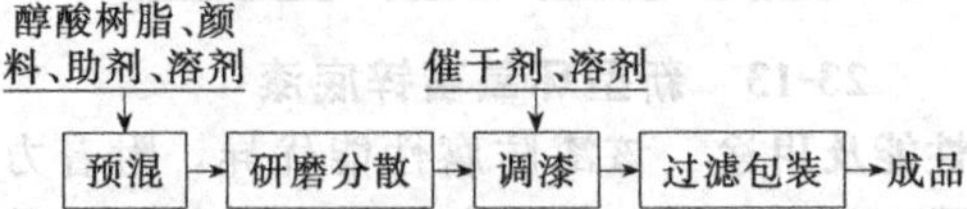

23-19 水性环氧工业地坪涂料

性能及用途 该涂料以水为稀释剂，不含有机溶剂，气味小，施工安全；它保持环氧树脂的优良性能，对混凝土、金属等底材具有优良的附着力，涂膜坚硬，耐磨，耐油，耐一般酸、碱、盐等。

涂装工艺参考 该涂料可采用刮涂或刷涂方法施工，使用时甲、乙组分按1：2的比例（质量比）混合均匀；根据施工需要可以加入适量水（不超过10%）稀释。

产品配方/(kg/t)

甲组分：环氧树脂	500	乙组分：改性胺	500
助剂	120	填料	400
颜料	260	水	100
水	120		

可广泛用于工厂车间地坪，停车场、船舶甲板、旅馆、医院、厨房等地坪，起到耐磨、耐油、防水、防尘、防滑等作用。

生产工艺与流程 先将颜料与助剂一起在三辊机上轧成色浆，再与环氧树脂和水在高速分散机中分散均匀，即为甲组分；将改性胺、填料和水一起在高速分散机中分散均匀即为乙组分。

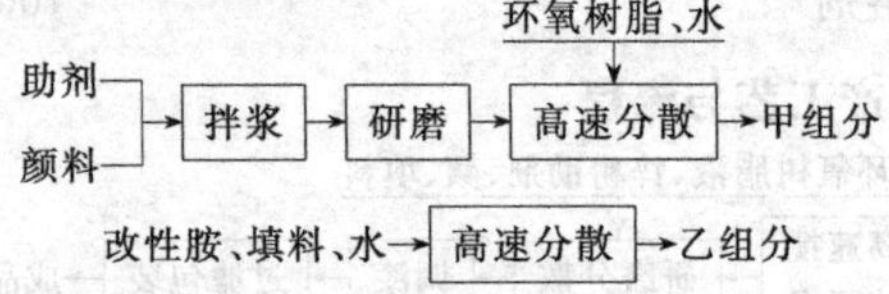

23-20 合成树脂调和漆

性能及用途 该调和漆为自干性液态涂料。具有优良的耐候性。主要用于建筑物（铁、木部件）及钢铁结构物的中间涂层及表面涂装。

涂装工艺参考　该漆主要用于刷涂或喷涂。施工前应将漆液充分搅匀。可用醇酸漆稀释剂或松节油与二甲苯混合液调整黏度。

产品配方/kg

季戊四醇	6
桐油	18.6
低碳酸	9.6
松香	5.6
苯二甲酸酐	10
三羟甲基丙烷	3.0
二甲苯	15
200#溶剂油	36

生产工艺与流程

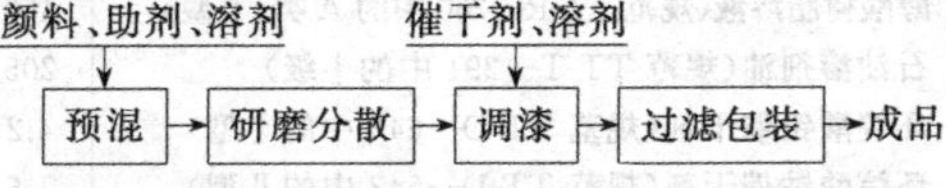

23-21　电机和电器绕组的涂覆抗弧磁漆

性能与用途　该漆漆膜坚硬，干滑有光，能耐矿物油和耐电弧。属于B级绝缘材料。用于电机和电器绕组的涂覆。

涂装工艺参考　用浸涂法或喷涂法施工。使用时，用二甲苯稀释，也可加入少量200#油漆溶剂油或松节油。有效储存期1年。

产品配方（质量分数）

钛白粉	14
炭黑	0.2
黄丹	0.1
中油度亚麻油醇酸树脂	75
三聚氰胺甲醛树脂	5
200#溶剂油	0.4
二甲苯	0.3
2%环烷酸钴	0.5
2%环烷酸锰	0.5
10%环烷酸铅	2
4%环烷酸锌	1
2%环烷酸铅	1

生产工艺与流程

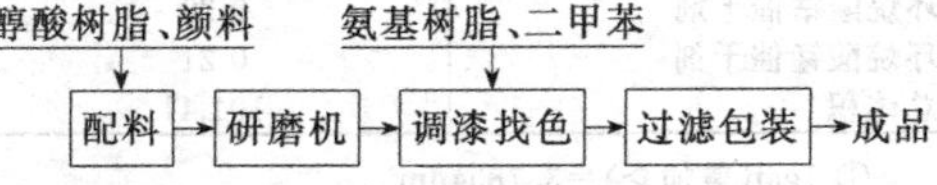

23-22　白聚氨酯耐油漆

性能及用途　该漆可室内固化，漆膜丰满，附着力强，并具有较好的耐油性、三防性和耐化学性。适用于油槽、油轮、油罐车以及湿热带机床、电机仪表等作保护材料。

涂装工艺参考　该漆喷、刷涂均可，使用时按比例调配均匀，用聚氨酯稀释剂调节黏度，配好的漆一般8h内用完。严禁水、酸、碱、醇类等物混入。有效储存期为1年，过期产品可按质量标准检验，如符合要求仍可使用。

产品配方/(kg/t)

聚酯树脂	390
颜料	310
溶剂	380

生产工艺与流程

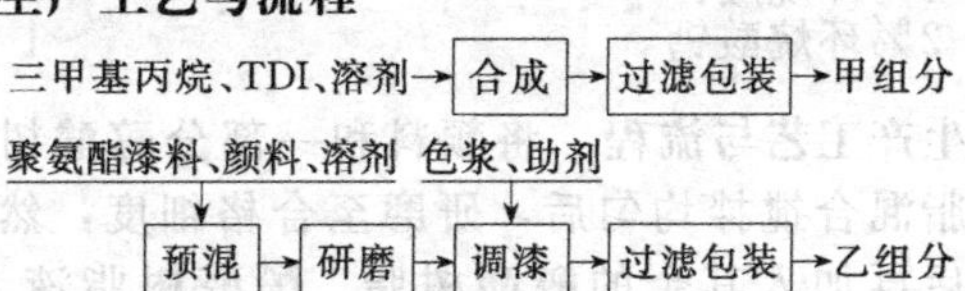

23-23　各色醇酸船壳漆

性能与用途　该漆漆膜光亮，耐候性、附着力较好，并有一定耐水性，较好的流平性。适用于涂装水线以上的船壳部分，亦可用于船舱、房间、走道、桅杆等部位的涂装。

涂装工艺参考　该漆施工可采用刷涂或喷涂。调整黏度，可用X-6醇酸漆稀释剂或用20#油漆溶剂油或松节油与二甲苯的混合溶剂。配套底漆为F53-31红丹酚醛防锈漆，C53-31红丹醇酸防锈漆。有效储存期1年。

产品配方

（1）蓝灰醇酸船壳漆配方（质量分数）

钛白粉	17
酞菁蓝	0.5
炭黑	0.5
长油度亚麻油季戊四醇醇酸树脂	65
50%酚醛树脂溶液	6.5
200#溶剂油	2
二甲苯	3.5
2%环烷酸钴	0.5
2%环烷酸锰	0.5
10%环烷酸铅	2
4%环烷酸锌	1
2%环烷酸钙	1

生产工艺与流程　将颜料和一部分醇酸树脂混合并搅拌均匀后，研磨至合格细度，然后再加入其余的醇酸树脂、酚醛树脂液、溶剂和催干剂，充分调匀，过滤后即为成

品。其用于涂刷船舶桅杆、船楼、船壳等部位，作装饰保护用。

(2) 黑色醇酸船壳漆配方（质量分数）

炭黑	3.2
长油度亚麻油季戊四醇醇酸树脂	70
50%酚醛树脂溶液	7
200[#]溶剂油	4
二甲苯	10
2%环烷酸钴	0.8
2%环烷酸锰	0.5
10%环烷酸铅	2.5
4%环烷酸锌	1
2%环烷酸钙	1

生产工艺与流程　将颜料和一部分醇酸树脂混合搅拌均匀后，研磨至合格细度，然后再加入其余的醇酸树脂、酚醛树脂液、溶剂和催干剂，充分调匀，过滤后即为成品。其用于涂刷船舶桅杆、船楼、船壳等部位，作装饰保护用。

(3) 白色醇酸船壳漆配方（质量分数）

钛白粉	25
群青	0.2
长油度亚麻油季戊四醇醇酸树脂	60
50%酚醛树脂溶液	7
200[#]溶剂油	1
二甲苯	1.8
2%环烷酸钴	0.5
2%环烷酸锰	0.5
10%环烷酸铅	2
4%环烷酸锌	1
2%环烷酸钙	1

生产工艺与流程

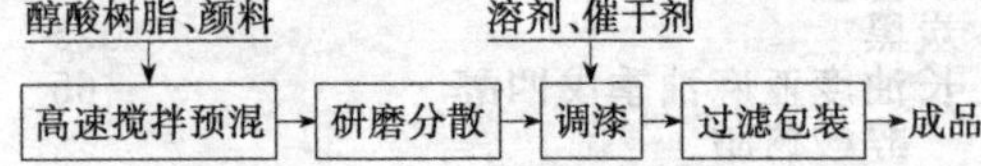

23-24　伪装用闪干醇酸磁漆

性能及用途　该磁漆具有满意地刷涂和喷涂性能。漆膜具有良好的附着力、柔韧性、再涂适应性、耐水性、耐液烃性、耐酸性、耐抛光性、耐候性。它是一种快干伪装用醇酸磁漆，用于新的或以前涂过漆的军用设备表面上。

涂装工艺参考　应按 MIL-T—704 的规定对裸金属进行处理和涂漆。本磁漆是一种无光磁漆，可用作以 TT-E—485 为底漆的面涂层及以 MIL-P—23377 为底漆的面涂层。它可代替 TT-E—522 作伪装漆。为改善刷涂性，可用10%～15%醋酸溶纤剂或丁醇进行稀释。为满足伪装性能的要求，必须将本磁漆涂至干膜厚度为 0.0018～0.0022in (1in=0.0254m)。

产品配方　　单位：kg/t

原料名称	指标 lb①
二氧化钛(规范 TT-T—425 中的Ⅱ型)	40
氧化锌(规范 MIL-Z—15486)	180
灯黑(规范 TT-L—70)	9.5
硅酸镁(规范 MIL-M—15173 中的 B 型)	145
醇酸树脂溶液(规范 TT-R—266 中的 A 类，Ⅰ型)	460
石油溶剂油(规范 TT-T—291 中的Ⅰ级)	205
环烷酸铅催干剂(规范 TT-D—643 中的Ⅰ型)	4.2
环烷酸钴催干剂(规范 TT-D—643 中的Ⅱ型)	1.6
环烷酸锰催干剂(规范 TT-D—643 中的Ⅲ型)	1.6

① 考虑到正常的生产损耗，所列的配方量应略多于100lb。注：1lb=0.4536kg。

生产工艺与流程

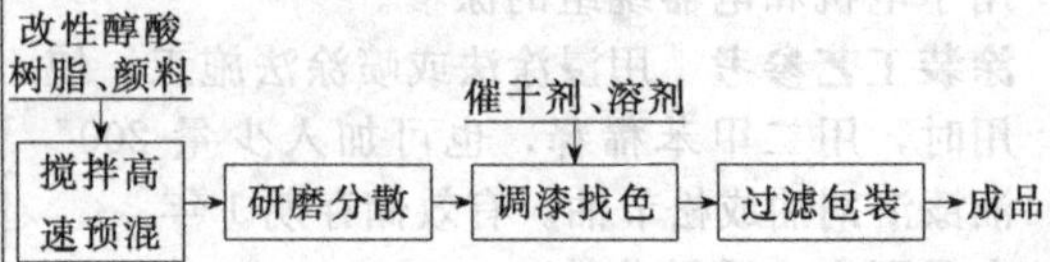

23-25　灰色外用醇酸漆

性能及用途　该漆具有良好的附着力及柔韧性和耐水性。可用于船舶的外表面，及用于实施空气污染规则的地区。

产品配方　　单位：kg/t

原料名称	指标(gal)①
二氧化钛	1.47
氧化锌	4.07
灯黑	0.46
硅酸镁	6.02
醇酸树脂溶液	57.50(36.59)②
油漆稀释剂	31.06
环烷酸铅催干剂	0.42
环烷酸钴催干剂	0.20
环烷酸锰催干剂	0.21
总体积	101.41

① 1gal(美加仑)=3.7854dm³。

② 括号内的数值表示固体树脂（不挥发分）的体积。

生产工艺与流程

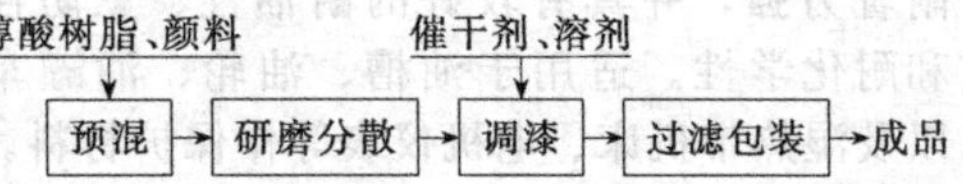

23-26　海军灰色舰船外用醇酸磁漆

性能及用途　该漆具有良好的耐水性和柔韧性。可用于舰船外表面的涂覆。

产品配方（质量分数）

甲组分：

中油度豆油季戊四醇醇酸树脂	86
200#溶剂汽油	7
二甲苯	2
环烷酸钴(2%)	0.5
环烷酸锰(2%)	0.5
环烷酸铅(10%)	2
环烷酸锌(4%)	1
环烷酸钙(2%)	1

乙组分：

金属铝锌浆	100

生产工艺与流程

醇酸树脂、颜料 → 搅拌高速预混 → 研磨分散 → 调漆（催干剂、溶剂）→ 过滤包装 → 成品

23-27　氯乙烯树脂磁漆

性能及用途　该漆是彩色不透明干性液态涂料。分为两类，具有良好的耐水性、耐碱性、耐油性、耐候性、柔韧性，干燥快。主要适用于户内外水泥、砂浆、石棉板、木材、金属等表面涂装。

涂装工艺参考　该漆采用喷涂法施工。亦可刷涂。涂装前用腻子将表面刮平，待腻子干透后，用砂纸打磨平整再行涂装。一般涂2～3道。第一次涂漆不宜过厚，2h后再涂第二道漆。用氯乙烯稀释剂调节施工黏度。

产品配方（质量份）

16%过氯乙烯树脂液	22
顺酐改性蓖麻油醇酸树脂	3
邻苯二甲酸二丁酯	2
醋酸丁酯	10
丙酮	8
甲苯	15
过氯乙烯色片液	40

生产工艺与流程

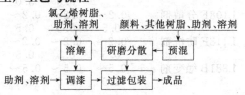

氯乙烯树脂、助剂、溶剂 → 溶解 → 调漆

颜料、其他树脂、助剂、溶剂 → 预混 → 研磨分散 → 调漆

助剂、溶剂 → 调漆 → 过滤包装 → 成品

第二节　纳米复合涂料

根据涂料行业把纳米涂料细分为纳米改性涂料和纳米结构涂料，广义上讲，纳米粒子用于涂料中所得到的一类具有抗辐射、耐老化和剥离强度高或具有某些特殊功能的涂料称之为纳米功能涂料。利用纳米粒子抗紫外线等性能对现有涂料进行改性，提高涂料的某些性能，这种涂料应称之为纳米改性功能涂料。而使用某些特殊工艺制备的涂料，其细度在纳米量级，这种涂料应称之为纳米结构功能涂料；在建筑材料领域内主要使用的是具有耐老化和抗辐射等要求的涂料。

纳米涂料技术从原材料，经过生产加工到最后施工成膜和其后的保养维护，涉及聚合物化学、有机化学、无机化学、分析化学、电化学、表面和胶体化学、化学工程、色彩物理学、材料科学、微生物学、流变学、腐蚀、黏结、光化学和物理学等多门学科。

纳米涂料生产工艺与产品配方实例见23-28～23-56。

23-28　纳米 $BaTiO_3$ 导电涂料

技术特征　铜质系列（PLS-100、PLS-200）为了使涂膜对3GHz以内的电磁波具有长期稳定的屏蔽效果，波鲁斯以铜填料为中心进行了合理的技术设计。在医疗用电子设备、通信设备、办公自动化设备等电子设备的塑料箱体的内侧上涂膜后，可以阻止不需要的电磁波的泄漏和侵入，也能在厂房和大楼中使用，以防止电磁波干扰。膜厚只有30μm，却具有良好的导电性。其特殊结构的高性能聚合物充分解决了铜填料的氧化问题，并保证屏蔽性能长达10年以上。根据我们国内权威部门的检测结果显示，该系列的屏蔽效能高达53～77dB。

性能及用途

(1) PLS-100是以近场电磁波的屏蔽为目的的涂料。主要用途：电子设备及辅助

设备。

PLS-200 是以远场平面波的屏蔽为目的的涂料。主要用途：高频带的屏蔽和干扰防止。

(2) Oslash；磁质系列（PLS-A20、PLS-A50）把石墨和锰锌系的软磁铁氧体有机结合，进行严密的技术设计，对磁场波和高频电磁波进行屏蔽和吸收。不仅能吸收从 50Hz 到 500kHz 左右的低频电磁波，更能吸收从 2GHz 到 40GHz 以上的高频电磁波。

当电子设备的工作频率在高频范围内时，对兆赫兹高频电磁波的反射进行屏蔽后，常常带来二次干扰的问题。因此，吸收型的屏蔽材料是不可或缺的。目前，波鲁斯吸波涂料已通过国内检测，吸收性能超过 15dB。

(3) PLS-A20、PLS-A50 防止电磁波反射，是以防止电视机、雷达、显示器的重像为目的的涂料。

PLS-A50 含有导电性纤维，能起到偶极子天线的作用。

涂装工艺参考 以刷涂和辊涂为主，也可喷涂。施工时应严格按施工说明操作，不宜掺水稀释。施工前要求对墙面进行清理整平。

产品配方（质量份）

醇酸树脂	41.6
丙烯酸树脂	10.4
石墨（300～360N）	47.4
硅酸乙酯	0.6
溶剂	适量

生产工艺与流程 纳米 $BaTiO_3$ 具有良好的介电性，是电子陶瓷领域应用最广的材料之一。传统的 $BaTiO_3$ 制备方法是固相合成，这种方法生成的粉末颗粒粗硬，不能满足高科技的要求。纳米材料由于颗粒尺寸减小引起材料物理性能的变化主要表现在：熔点降低，烧结温度降低、荧光谱峰向低波移动、铁电和铁磁性能消失、电导增强等。采用氢氧化钡、钛酸丁酯、乙二醇甲醚、冰醋酸、乙醇为原料，在水溶液添加剂（乙二醇甲醚、分散剂）等存在下，通过醇盐的水解和缩聚反应，由均相溶液转变为溶胶，常温加热反应沉淀、脱水、使用微波干燥减少团聚，高温煅烧制得具有高纯、超细、粒径分布窄特性的 20～40nm 钛酸钡粒子制备技术新工艺。

23-29 油气田管道纳米瓷膜漆

性能及用途 该漆膜具有良好的防腐蚀性及耐候性。用于油气田管道、海上钻井平台，油罐，建筑业的钢结构屋顶和玻璃幕墙等。

涂装工艺参考 高压无气喷涂：多道涂装 2～3 道，采用“湿碰湿”原厂漆黏度（涂-4 杯，80～100s）喷涂，涂装间隔 10～15min，25～30℃环境下闪干，湿膜厚度不小于 200～250μm，一次烘干成膜，干膜可达到 150～200μm。本法适合于隧道梯式温度烘房流水线作业。

吊挂浸涂法：暂无流水生产线的企业可采用浸漆槽吊挂式浸涂和“面包炉”（间歇式烤漆房）方法施工。浸涂施工黏度可控制在 60～80s，一道湿膜厚度可达 200μm 以上，常温闪干 30min 后，即可入炉烘干。浸涂的优点是一次性作业，内外一起涂装，省时省力，缺点是对稀释剂有严格要求，调整不好，烘干过程容易起泡，出现针孔等漆病。

产品配方（质量份）

原料名称	底漆	面漆	底面合一
P460K 基树脂	20.0～30.0	—	—
P460F 基树脂	—	30.0～45.0	30.0～35.0
J983 功能树脂	10.0～15.0	10.0～15.0	—
A325 交联树脂	3.0～6.0	7.0～10.0	2.0～4.0
A303 交联树脂	2.0～4.0	3.0～5.0	4.0～6.0
Y980 防锈颜料	40.0～50.0	—	40.0～45.0
F993N 素炭黑	—	3.0～5.0	2.0～3.0
L108F 分散剂	0.2～0.5	0.2～0.5	0.2～0.5
L118F 防沉剂	0.2～0.5	0.2～0.5	0.2～0.5
L881B 触变剂	0.5～1.0	0.5～1.0	0.5～1.0

原料名称	底漆	面漆	底面合一
F405U 平滑剂	0.5～1.0	0.5～1.0	0.5～1.0
SF401 偶联剂	0.5～1.0	0.5～1.0	0.5～1.0
J128X 消泡剂	0.2～0.5	0.2～0.5	0.2～0.5
J138L 流平剂	0.2～0.5	0.2～0.5	0.2～0.5
X-100 混溶剂	10.0～15.0	15.0～20.0	10.0～15.0

注：底面合一型涂料，干燥条件 250℃，15～30min，适于流水线涂装。

生产工艺与流程　与通常的涂料生产工艺无异，先称取配方量的 2/3 的溶剂，然后加入配方量的半数树脂，投入分散剂、防沉剂等各组分助剂，混合均匀后，如数投入颜填料，上分散机高速分散 20～30min，移至三辊机或砂磨机研磨至要求细度，用配方中剩余树脂和溶剂调整至要求黏度，待试验检测用。

23-30　太阳能反射隔热纳米涂料

性能及用途　薄层隔热反射纳米涂料产品，用于海上钻井平台，油罐，石油管道，建筑业的钢结构屋顶和玻璃幕墙等，降低暴露在太阳热辐射下装备的表面温度和内部温度，改善工作环境，提高安全性等。

产品配方/%

弹性丙烯酸乳液(50%)	25～30
Texanol	1.5～2
自来水	15～20
Q-CEL	25～35
钛白粉	10～15
颜填料	5～10
增稠剂	0.5～1
其他助剂	1.0～1.6

23-31　纳米 SiO_2 耐磨涂料

性能及用途　二氧化硅粉体具有优越的稳定性、补强性、增稠性、耐磨性等特性。成为橡胶、塑料、涂料等制品的重要填充材料，在塑料中添加使用，可导致产品机械强度、钢性、抗冲击性大大提高，同时使制品的可加工性明显改善，分散性、加工流动性等指数提高。还可用于电子工业提取可控硅、工业硅、结晶硅等产品的基本原材料，还可用于环境保护、农业、饲料等行业。

涂装工艺参考　以刷涂和辊涂为主，也可喷涂。施工时应严格按施工说明，不宜掺水稀释。施工前要求对墙面进行清理整平。涂装前进行搅拌，在施工过程中可在涂料中加入少量水溶性硅油及增加纳米助剂溶剂量，可克服涂膜缩边，水花点等。

纳米 SiO_2 技术特征

(1) 纳米 SiO_2 耐磨复合涂料的性能

① 提高强度和延伸率。环氧树脂是基本的树脂材料，把纳米二氧化硅添加到环氧树脂中，在结构上完全不同于粗晶二氧化硅（白炭黑等）添加的环氧树脂基复合材料，粗晶 SiO_2 一般作为补强剂加入，它主要分布在高分子材料的链间中，而纳米二氧化硅由于表面严重的配位不足、庞大的比表面积以及表面欠氧等特点，使它表现出极强的活性，很容易和环氧环状分子的氧起键合作用，提高了分子间的键力，同时尚有一部分纳米二氧化硅颗粒仍然分布在高分子链的空隙中，与粗晶 SiO_2 颗粒相比较，表现很高的流连性，从而使纳米二氧化硅添加的环氧树脂材料强度、韧性、延展性均大幅度提高。

② 提高耐磨性和改善材料表面的光洁度。纳米二氧化硅颗粒比 SiO_2 要小 100～1000 倍，将其添加到环氧树脂中，有利于拉成丝。由于纳米二氧化硅的高流动性和小尺寸效应，使材料表面更加致密细洁，摩擦系数变小，加之纳米颗粒的高强度，使材料的耐磨性大大增强。

③ 抗老化性能。环氧树脂基复合材料使用过程中一个致命的弱点是抗老化性能差，其原因主要是太阳辐射的 280～400nm 波段的紫外线中、长波作用，它对树脂基复合材料的破坏作用是十分严重的，高分子链的降解致使树脂基复合材料迅速老化。而纳米二氧化硅可以强烈地反射紫外线，加入到环氧树脂中可大大减少紫外线对环氧树脂的降解作用，从而达到延缓材料老化的目的。

(2) 纳米 SiO_2 耐磨粉体用于涂料材料等的制备技术　纳米二氧化硅为具有颗粒尺寸小、微孔多、比表面积大、表面羟基含量高，紫外线、可见光及红外线反射能力强等特点。特别是随着产品表面处理工艺的完善，纳米颗粒的软团聚程度明显降低，与有机高分子材料的相容性好，极大地拓宽了产品的应用领域。

涂料在水性乳胶漆原配方的基础上，添加总量的0.3%～1%的纳米氧化硅（需充分分散）后，其悬浮稳定性、触变性、涂层与基体之间的结合强度、光洁度等性能均获得显著提高，干燥时间缩短，人工加速紫外老化试验时间成倍增加，耐洗刷性由几千次提高到上万次，同时涂层的抗污性也明显改善。

(3) 液体纳米 SiO_2 在乳液、涂料等的应用技术　液体纳米二氧化硅及其系列产品具有使用方便、纯度高、颗粒尺寸为20～50nm、分子状态呈三维网状结构、表面羟基含量高、具有很高的反应活性，对紫外线、可见光及红外线反射能力强等特点。该产品呈透明液体状，与有机高分子材料的相容性好，在使用过程中纳米颗粒的软团聚程度明显降低，极大地拓宽了产品的应用领域。

乳液及涂料：在制备乳液或水性乳胶漆原配方的基础上，添加总量的0.2%～1%的纳米二氧化硅溶胶后，其涂层的强度、韧性、光洁度等性能均获得显著提高，干燥时间缩短，人工加速紫外老化试验时间成倍增加，耐洗刷性成倍提高，同时涂层的抗污染性也明显改善。

(4) 纳米二氧化硅原位制备聚酯并在耐磨复合涂料中应用　一种利用纳米二氧化硅原位制备快速结晶型聚酯的方法，用于复合材料领域。方法如下：采用纳米二氧化硅为结晶成核剂，首先对其进行有机包覆表面改性，使其能均匀分散在聚酯聚合的单体之一乙二醇中，将配好的纳米二氧化硅/乙二醇浆料再经过高温预处理，保证纳米二氧化硅的平均粒径小于100nm，最后在酯化过程中加入反应釜内，与聚酯其他单体进行聚合或者共聚，在聚合过程中原位得到纳米二氧化硅/聚酯复合材料。由含有1%（质量分数）纳米二氧化硅的复合材料非等温结晶熔融峰温度提高到213.4℃，185～200℃等温结晶速度提高了4～8倍。该复合材料可在特种耐磨复合涂料中使用，在工程塑料领域，具有优良的加工性能和力学性能。

23-32　纳米稀土发光涂料

发光涂料性能　发光涂料是用发光材料制成的具有发光功能的涂料。发光涂料的发光性能主要取决于发光材料的性质。纳米稀土的化合物表现出许多优异的光、电、磁功能，凡是含有稀土元素的发光涂料均称为稀土发光涂料。稀土发光涂料一般在涂料中以荧光涂料与夜光涂料为主；荧光涂料使用的荧光物是称为日光荧光涂料颜料的有机物。夜光涂料是一种蓄光材料，目前的夜光涂料有两类；一类是蓄光涂料；另一类是自发光涂料。

发光涂料用途　发光涂料广泛应用荧光灯、电视机、雷达显示屏、示波器等各种显示屏幕和显示器件，武器的瞄准具，飞机及各种车辆的控制和指示仪表的表盘，交通标牌和交通标志线，广告，标志牌，影剧院和地下商场等建筑物的应急弱照明，以及玩具和家庭用品的美化装饰等领域。

纳米稀土涂料技术特征　纳米稀土发光涂料技术先进性主要表现在照明、显示和检测三大领域，目前已形成了很大的工业生产和消费市场规模，并正在新兴技术领域拓展。纳米稀土发光涂料的光、电、磁三大最突出的功能是研究的一个主攻方向。

开发长余辉、高亮度的纳米蓄光发光涂料是磷光涂料的发展方向之一。目前见于报道的实用性磷光涂料，余辉时间可达8～12h，并且长期使用后发光亮度仍不降低。此外，用水溶性树脂（聚乙烯醇等）制备日光蓄光涂料正受到重视。发光颜料的制备上，开发切实可行的发光纳米颜料包膜技术已成为重要的研究课题。

(1) 纳米荧光涂料的特性　以无机荧光涂料为例，其特性在于涂料需要配制成相当高的黏度以防止密度大、颗粒粗的颜料的沉降。例如，纳米50～100nm基料及无机丙烯酸荧光涂料的黏度为100～

115kU；无机聚氨酯荧光涂料的黏度为70～85kU。因而，纳米涂料在施工时需要使用稀释剂（溶剂型涂料）或水（水性涂料）稀释后才能施工。

（2）纳米夜光涂料的特性　蓄光涂料是将荧光物与载体相配合，在使用时再混合。无机蓄光物中残光长的具有磷光体效果的有硫化锌/铜荧光物，硫化钙/铋荧光物等。无机荧光物是晶体发光，加压使晶体破碎会使发光亮度降低，所以加工中不能滚磨。成膜载体可以是醇酸树脂、石油树脂等溶剂型涂料树脂或以聚烯烃为载体制成的粉末发光涂料。

涂装工艺参考　无机荧光涂料涂装时基层的处理和底涂料的涂装和普通涂料基本相同。无机荧光涂料的涂装相当于普通色漆的涂装。但是，由于其颜料粒径较粗大，而且密度也大，因而涂料容易沉淀，在涂装使用前最好进行再分散，而且以机械搅拌为宜。涂料用后应盖紧密封。无机荧光涂料的涂膜是无光涂膜，必须使用清漆进行罩面处理。

产品配方/%

（1）发光涂料配方　水性内墙发光涂料的配方见表23-1。

表23-1　水柱内墙发光涂料的配方

组成	质量分数/%	组成	质量分数/%
内墙涂料	80	防虫剂（灭蚊胺）	1
发光颜料（大连产）	10	5%聚乙烯醇水溶液	余量
香味剂（丁香、肉蔻提取液）	5		

（2）以无机硅溶胶为黏结剂的蓄光涂料：这是一种适合制备荧光灯管，省略高温烤管，除去有机黏结剂的短余辉蓄光涂料。其特点是节约能源，能提高灯管的光效率。该涂料黏结剂采用高黏度硅胶（又称纳米胶，以普通硅胶为原料加入适量Na^+或K^+，调整至所需黏度）。

黏结剂蓄光涂料的配方见表23-2。

表23-2　黏结剂蓄光涂料的配方

组成	质量分数/%	组成	质量分数/%
纳米胶	66	加固剂（磷酸三乙酯或焦硼酸磷酸钙）	1
荧光粉	30	总计	100
去离子水（或蒸馏水）	3		

生产工艺与流程　蓄光发光涂料在现代生活和生产活动中有着广泛的应用，例如应用于夜晚停电的应急照明、特殊场合（例如电厂、煤矿、车船、易燃易爆场所等）的应急照明以及涂装于墙壁、地板、楼梯扶手上，也可以用于轻工、军事、船舶、道路交通、机械标牌等领域，在夜间作业中起到应急指标作用。

（1）多功能蓄光涂料：多功能蓄光涂料在发光的同时具有散发香味和防虫防霉效果，广泛用于民用产品。如用于宾馆和住宅楼梯扶手、楼牌层号、各种公共厕所应急通道及室内墙面、工艺品、壁画的装饰等，黑暗中可持续发光12h以上。基料包括水溶性涂料，如仿瓷钢化涂料、多彩涂料、普通内墙涂料；溶剂型磁漆、烤漆等。溶剂包括水、聚乙烯醇溶液、有机溶剂、油漆稀料等。

（2）长余辉荧光涂料：

① 制备铝酸锶铕荧光粉：采用$SrCO_3$、Eu_2O_3·Al（OH）$_3$等原料，加入少量添加剂，以一定配比粉磨后，经高温煅烧，粉磨后在还原气氛中还原、粉磨制得成品。

② 涂料配制：分别以过氯乙烯、丙烯酸树脂为基料配制长余辉荧光涂料。配方与配制工艺如下：

a. 过氯乙烯（10%）加二甲苯（70%），溶解过滤，再加入荧光粉（20%），用高速搅拌机搅拌均匀。

b. 丙烯酸树脂（50%）加二甲苯（30%）、加荧光粉（20%）、再加少量消泡剂，充分搅拌即可使用。

③ 涂刷工艺：

a. 过氯乙烯涂料采用刷涂、滚涂、喷

涂均可。因其固体含量较低，需多涂几次，至少涂刷三道，并进行抛光。

b. 丙烯酸树脂涂料采用刷涂、滚涂、喷涂均可，两道为宜，不必抛光。

④ 发光性能：日光下或阴天照射1天后，黑暗中可持续8h，发出肉眼可见的亮光，这类涂料的余辉时间可达10h以上。

23-33 纳米环保耐高温防火涂料

性能及用途 纳米环保耐高温防火涂料（国家专利号：01136262.6）广泛应用化工、建材、通信、汽配、电子、军工、国防等高科技领域，产品的技术性较强，价格昂贵，发达国家一直垄断了世界市场。本产品是无机纳米复合高分子材料，是一种多相复合体系，由纳米碳化硅、纳米硅酸盐黏土等以及磷酸盐、氧化物及纳米硅酸铝的纳米粒子中添加纳米的有机高分子材料，它由不同质的组成，不同相的结构，不同含量的及不同方式和插层复合法制备，抗高温防火涂料有着极大的应用前景，高于1600℃以上，特别大于800℃的耐高温防火涂料；目前已在建材、冶金、石油、电力、化工、交通、航空等领域作为一种高科技产品得到应用。该涂料容量小、导热系数低，抗静电性能好，黏结性好、可塑性强，使用时可冷热加工绝缘结构，整体好抗腐性，耐老化，不污染环境。

涂装工艺参考

（1）基材表面要求与处理

基材表面不允许有松动、浮层及粉层等，如果有，应用铲刀铲除，并用自来水冲洗干净。基材表面不允许有油污、铁锈，如果有，就用洗涤剂将油污洗涤干净，用钢丝刷、砂纸将铁锈清除干净。施工时，基材表面要呈干燥状态。

（2）施工要点 先涂刷第一道，待其干燥后一般间隔2～3h，再涂刷第二道，第三道，直至干膜厚度>1mm。

对于大面积部分可采用辊涂；对于阴阳角、管道根部、排水口等部位可采用刷涂，应事先将其重点涂刷一道，然后再同其他部位一道整体涂刷。

在涂层施工完毕，尚未完全实干前，不允许在上面踩踏。

当气温低于0℃不宜施工，在雨雪天禁止施工。

其他施工要求及规范参见GB 502207—94《屋面工程技术规范》。

23-34 水性隔热保温纳米涂料

性能及用途 对阳光的反射率、优良的抗紫外线性能、超常的抗污染性，良好的附着力，耐洗刷性、耐酸碱腐蚀性和防霉变等性能。

本产品适用于各类钢质、钢筋混凝土质的罐体、管线以及机械、设备的防腐隔热（保温）处理；主要用于油田储油罐、输油管道以及其他石油化工企业需要进行防腐隔热（保温）处理的机械、设备、管线等领域；同时也适用于各类建筑内外墙的防腐隔热（保温）处理。

涂装工艺参考

（1）产品组成 本产品由底漆（水性环氧树脂防腐纳米底漆）、中涂（真空陶粒水性隔热纳米涂料）、纳米面漆（水性高装饰性面漆）三部分组成（图23-1）。

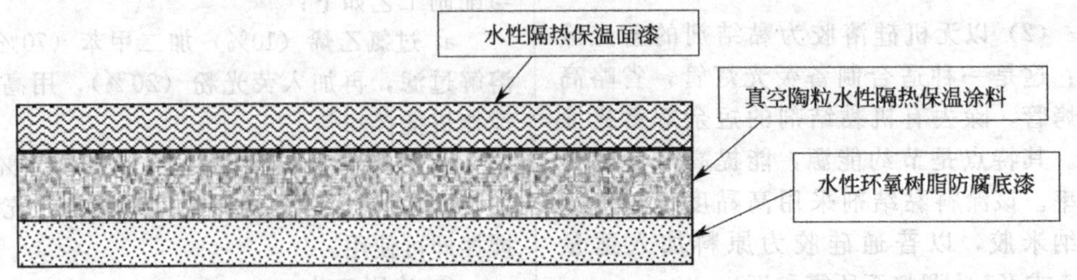

图23-1 真空陶粒水性隔热保温纳米涂料产品施工技术图

(2) 基材处理　涂装前，对钢质基材要通过喷砂、打磨等手段，彻底清除其表面的锈蚀、污渍，确保基材表面平整、干净、光亮、干燥；对水泥、墙砖、沙石基材要通过打磨、找平等办法，清除凹凸、污渍和粉尘，确保基材表面平整、干净、干燥。

(3) 涂布方式　建议采用高压无空气专用喷枪进行喷涂，辊涂、刷涂也可以进行涂布。其中，以喷涂的质量和效果为最佳。

(4) 涂布施工技术规范　涂布时应按照底涂、中涂、面漆的顺序进行涂布，层间间隔为4～6h。一般情况下底涂2遍；中涂2～5遍；面漆1～2遍即可。底涂一遍为30μm左右，防腐需要厚度达到60μm以上；中涂和面漆一道约为100μm。

(5) 施工事项　涂布施工应选择在环境温度－5～45℃范围内的非雨雪、沙尘天气进行。

纳米隔热保温涂料产品技术特征　真空陶粒水性隔热（保温）纳米涂料与常规隔热材料相比较，具有以下明显优势。

(1) 良好的环境友好性能：本产品不含大量的VOC等挥发性致癌物质以及其他有害化合物，不会对环境造成污染，不会对施工人员的健康造成危害，为绿色环保产品。

(2) 隔热（保温）功能卓越：本产品阻隔太阳辐射热或抑制红外辐射热的性能优异，其隔热（保温）性能在相同厚度的情况下大大优于其他材料。

(3) 防腐蚀性能优良：本产品所用原材料多数为惰性化学物质，本身不具有腐蚀性；它的涂层直接附着在被隔热体的表面，中间不含空气，可有效阻隔水汽冷凝和侵入，能有效保护被隔物体的表面不被氧化，进而达到防腐蚀目的。

(4) 应用厚度薄：可应用于体积和质量上受到限制的特殊场所。0.33mm厚的真空陶粒水性防腐隔热（保温）涂层能反射约90%～95%的热量，相当于101.6mm厚的R值为20的聚苯乙烯泡沫塑料的功能，但厚度仅为聚苯乙烯泡沫塑料的1/360。

(5) 黏结力强且耐高低温：本产品只要按照施工规范要求涂布，涂膜黏结力强，不会出现涂层松动、脱落等现象。成膜后的产品耐高、低温，可在－40～120℃的范围内正常使用。

(6) 经济耐用：本产品有效使用寿命可达10年，其综合成本低于常规防腐隔热材料，性能价格比高，经济实用。

生产工艺与流程　真空陶粒水性隔热保温纳米涂料工艺流程见图23-2。

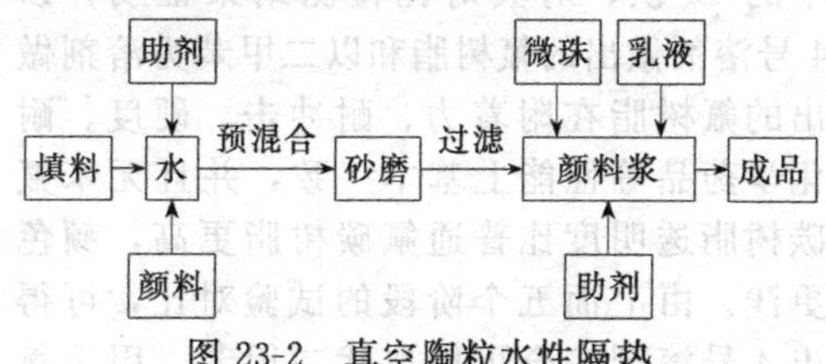

图23-2　真空陶粒水性隔热保温纳米涂料工艺流程

需要主要设备：砂磨、无级变速分散机、配漆罐等，视年生产量而确定主要设备选型。

中间控制主要分析检测设备：烘箱、对比率仪、旋转黏度计、比重杯、耐擦洗仪、多功能分散机、分析天平、抗污染仪、色差仪、磁性测厚仪、附着力测定仪、光泽仪、老化装置、测温仪、冰箱等。

23-35　环保（无苯）氟碳纳米涂料

性能及用途　由于氟树脂具有抗紫外线的性能，难以引起涂膜表面树脂层的劣化，经老化试验机加速进行老化试验3000h，试验后的保光率仍达到80%以上，显示其超耐候性，而且经实际应用后，证实涂膜性能降低很少。

由于氟树脂其独特的结构，以及C—F的键长短、键能大，因此其漆膜具有较低的表面能。众所周知，氟是电负性最强的元素，故在F—C键中电子被紧紧地束缚在原子核周围，而在H—C键中电子的分布使含H—C键的物质能与污染性物质发生相斥作用。这正是说明利用氟化物形成低表面能的不黏性涂层的理论根据，证明完全可以取代二甲苯，用于氟树脂的聚合生产。

涂装工艺参考 以刷涂和辊涂为主，也可喷涂。施工时应严格按施工说明操作，不宜掺水稀释。施工前要求对墙面进行清理整平。

生产工艺与流程 将混合溶剂、单体以及引发剂加入高压釜中，抽真空（−0.1MPa），充氮气，再次抽真空后，将储罐中的 CTFE 依靠自压力加到高压釜。反应温度控制在71℃±1℃。按照上面的配料和工艺选取其中的 10 次，对其对比检测结果证明，以 4 号溶剂做出的氟树脂和以二甲苯为溶剂做出的氟树脂在附着力、耐冲击、硬度、耐化学药品等性能上基本一致，并且无苯氟碳树脂透明度比普通氟碳树脂更高，颜色更浅。由上面五个阶段的试验对比，可得出 4 号溶剂完全可以取代二甲苯，用于氟树脂的聚合生产。

23-36 纳米抗菌功能涂料

性能及用途 广泛应用建筑卫生陶瓷、家用电器、纤维、涂料等方面。

涂装工艺参考 以刷涂和辊涂为主，也可喷涂。施工时应严格按施工说明操作，不宜掺水稀释。施工前要求对墙面进行清理整平。涂装前进行搅拌，在施工过程中可在涂料中加入少量水溶性硅油及增加纳米助剂溶剂量，可克服涂膜缩边、水花点等。

纳米抗菌材料技术特征

（1）本身是有抗菌活性的金属纳米氧化物，以 TiO_2、ZnO 为代表，它们在紫外线照射下，在水和空气中产生活性氧，具有很强的化学活性，能与多种有机物发生反应，从而把大多数病菌和病毒杀死。因而可将它们应用于制作抗菌纤维、抗菌玻璃、抗菌陶瓷、抗菌建筑材料等。

（2）以银锌的复合为主抗菌体，以超细 TiO_2 和 SiO_2 等为载体，由于超细纳米级粉体的颗粒特殊效应，大大提高了整体的抗菌效果，使耐温性、粉体细度、分散性和功能效应都得到了充分发挥。

如舟山明日纳米材料有限公司开发的纳米复合银系抗菌粉 MFS350 以纳米 SiO_2 为主要原料，其平均粒径小于 90nm，具有高效快速、持久、抗菌谱广等特点，可广泛用于化纤、塑料用品、涂料、水处理、化妆品等各领域。

浙江丽水金地亚纳米材料有限公司开发的 MOD 高性能纳米抗菌材料，是结合了光催化抗菌技术、金属离子抗菌技术和纳米制备技术而开发出的一种新型纳米抗菌材料，MOD 纳米抗菌材料由于具有杀死和阻止细菌发育，防止各种微生物生长的功能，更兼抗菌作用的持久性和安全性。

生产工艺与流程 纳米抗菌功能涂料的配置过程包括原料预混合、研磨、分散、混合、产品包装等步骤。先将纳米锐钛型钛白粉、纳米沸石粉及稀土、水、湿润剂和一部分三元纳米乳液、消泡剂、丙二醇混合，搅拌均匀，经砂磨机研磨至细度合格，再加入其余的乳液、纳米添加剂和杀菌防霉剂、纳米助剂，充分调匀，过滤包装。

主要检测纳米材料的结构及乳胶涂料的黏度、耐水性、耐碱性、耐刷洗、细度和遮盖力。使用的仪器主要如下：X 射线衍射仪（RigakuD/max-ⅢB 型）、高速分散机（GFJ-0.4 型）、刮板细度仪（QXD-25～150 型）、BROOKFIELD-H 流变仪，耐刷洗测试仪，遮盖力测试板、高精度天平等。

23-37 纳米抗菌水性木器漆

性能及用途 传统的油性装修漆是以苯、甲苯、二甲苯及卤代烃等有机溶剂为稀释剂。在这些有机溶剂里，含有大量的有毒、有害物质，化学溶剂，会对家庭和环境造成污染。纳米抗菌水性木器漆是通过对涂料配方以及相关工艺的优化，开发一种含纳米抗菌剂和天然生物胶的纳米抗菌水性木器漆。其主要特点是：在涂料中使用天然生物胶和生物表面活性剂，并以纳米无机抗菌剂作为抗菌防腐剂替代有机防腐剂；在达到水性木器漆绿色环保功效的同时，实现产品的强效、持久、广谱抗菌防霉功能。水性木器漆是近年来新兴的一种家装用漆。

涂装工艺参考 以刷涂和辊涂为主，也可喷涂。施工时应严格按施工说明操作，不

宜掺水稀释。施工前要求对墙面进行清理整平。涂装前进行搅拌，在施工过程中可在涂料中加入少量水溶性硅油及增加纳米助剂溶剂量，可克服涂膜缩边、水花点等。

纳米水性木器漆技术特征 现代建筑使用的建筑装饰材料中大量使用了多种化学品，都不同程度地含挥发性有机污染物（简称VOC)。室内环境污染严重地威胁和危害人体健康，室内环境专家提醒人们，在经历了工业革命带来的“煤烟型污染”和“光化学烟雾型污染”后，现代人正进入以“室内环境污染”为标志的第三个污染时期。

水性木器漆通常包括水性腻子、底漆和面漆。水性腻子的作用是对木材等基材表面不十分规整平滑处及微小的弊病，如细孔、微细裂纹、凹坑、接缝和瑕疵进行填充找补，降低表面粗糙度，增加平整性。对水性腻子的要求是附着力和填充性要好、易打磨、透明度好、不影响上层漆的涂装。水性腻子多为单组分的。底漆对要求不高的场合，底漆也可用做面漆，即所谓底面合一型水性木器漆。面漆对已有足够厚度的漆膜表面作最后罩光，进一步提高丰满度，改善手感，增加憎水性和耐水性，赋予高光或亚光效果。面漆可加颜料制成各种颜色的实色漆。

生产工艺与流程 先将颜料、填料加入球磨机中，然后，将助剂加入部分溶剂混合后加入球磨机中，球磨30min，待粉料研磨润湿后，再投入树脂溶液数量的1/2，继续球磨4～5h，最后，将余下的树脂溶液全部投入球磨机中继续球磨30min。

水性木器漆施工流程经过丙烯酸或聚氨酯改性。因其相对分子质量较小，水性醇酸树脂具有良好的渗透性、流动性和丰满度，多用于生产色漆，特别是装饰性漆。

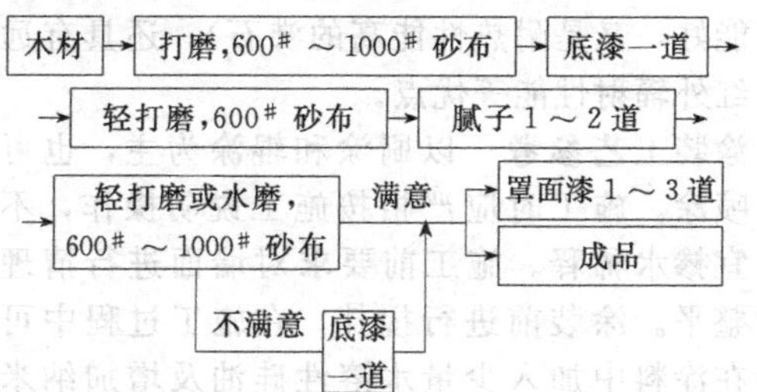

纳米抗菌水性木器漆。通过添加不同纳米材料提高涂料性能，进行功能化拓展，使产品具有更高的科技含量以提高其附加值。

在纳米抗菌水性木器漆中使用天然生物胶作为增稠保湿剂，其在水中可形成氢键或氢桥并持续一定时间，能显现出一定的黏度或稠度。在水性涂料中应用时，它具有以下特点：与其他组分尤其对着色剂有高度兼容性、不受多价离子影响；易分散并溶于冷水或热水，中性时溶解缓慢，加入碱后能迅速溶解；高度增稠能力、助悬浮、水分保持、宽 pH 值范围高度稳定；高度耐水性、易与极性溶剂混合；在冷水或热水中，溶液可以清澈无色。

23-38 纳米 Al_2O_3 陶瓷涂料

性能及用途 漆膜的附着力、致密度、强度等性能优良；用于地上、地下热力输送管网；石油、天然气输送管道；石油、化工、制药等的储罐、物料罐、液化气罐、罐车、柴油罐、煤油罐、反应器，其他需要防腐、防火、防水和耐热、保温的环境。

涂装工艺参考 以刷涂和辊涂为主，也可喷涂。施工时应严格按施工说明操作，不宜掺水稀释。施工前要求对墙面进行清理整平。涂装前进行搅拌，在施工过程中可在涂料中加入少量水溶性硅油及增加纳米助剂溶剂量，可克服涂膜缩边、水花点等。

纳米 Al_2O_3 技术特征

(1) 纳米 Al_2O_3 使涂膜的耐磨性提高

纳米 Al_2O_3 使涂膜的耐磨性得到了很大提高，分析其原因主要有以下几个方面：一是纳米粒子的尺寸小，均匀分散在树脂中，使得涂膜表面较为光滑，在涂膜的摩擦过程中，纳米 Al_2O_3 在涂膜表面产生富集，充当了自润滑剂的作用，因而降低了涂膜的摩擦系数；二是涂膜表面的树脂被磨损后，在表面富集的 Al_2O_3 颗粒足以形成完整的润滑膜，使树脂被直接磨损的概率减少，从而提高了涂膜的耐磨性；三是纳米粉体在树脂中分散后，填料粒子表面可吸附分子链。

一个粒子的表面有几条大分子链通过，形成物理交联点。吸附大分子链的粒子能起均匀分布载荷的作用。当其中一条大分子链受到应力时，可通过交联粒子将应力传递到其他分子链上，使应力分散。纳米粒子能提供很大的表面积，从而吸附很多的分子链，使应力分布大大均匀化，减小了局部区域所受到的摩擦应力，有效地减轻磨损。表面能很高的纳米 Al_2O_3均匀嵌在树脂固化后形成的三维网状结构中，有效增强了树脂内部的结合力，因而能够承受更大的应力而不致被破坏。

(2) Al_2O_3陶瓷作为载体的催化剂效率极高　大气污染一直是各国政府需要解决的难题。空气中超标的二氧化硫（SO_2）、一氧化碳（CO）和氮氧化物（NOC）是影响人类健康的有害气体，纳米材料和纳米技术的应用能够最终解决产生这些气体的污染源问题。工业生产中使用的汽油、柴油以及作为汽车燃料的汽油、柴油等，由于含有硫的化合物在燃烧时会产生 SO_2气体，这是 SO_2的最大污染源。所以石油提炼工业中有一道脱硫工艺以降低其硫的含量。纳米钛酸钴（$CoTiO_3$）是一种非常好的石油脱硫催化剂。以55～70nm 的钛酸钴半径作为催化活体多孔硅胶或 Al_2O_3陶瓷作为载体的催化剂，其催化效率极高。经它催化的石油中硫的含量小于0.01%，达到国际标准。工业生产中使用的煤燃烧也会产生 SO_2气体，如果在燃烧的同时加入一种纳米级助烧催化剂不仅可以使煤充分燃烧，不产生一氧化硫气体，提高能源利用率，而且会使硫转化成固体的硫化物，而不产生二氧化硫气体，从而杜绝有害气体的产生。最新研究成果表明，复合稀土化物的纳米级粉体有极强的氧化还原性能，这是其他任何汽车尾气净化催化剂所不能比拟的。它的应用可以彻底解决汽车尾气中一氧化碳（CO）和氮氧化物（NO_x）的污染问题。以活性炭作为载体和纳米 Zr 与 Ce 粉体为催化活性体的汽车尾气净化催化剂，由于其表面存在 Zr^{4+}/Zr^{3+} 及 Ce^{4+}/Cr^{3+}，电子可以在其三价和四价离子之间传递，因此具有极强的电子得失能力和氧化还原性，再加上纳米材料比表面大、空间悬键多、吸附能力强，因此它在氧化一氧化碳的同时还原氮氧化物，使它们转化为对人体和环境无害的气体——二氧化碳和氮气。而更新一代的纳米催化剂，将在汽车发动机汽缸里发挥催化作用，使汽油在燃烧时就不产生 CO 和 NO_x，无需进行尾气净化处理。

(3) 主要特点　目前已基本实现在一定温度条件下激活后，制成具有一定空气净化和去除表面污垢功能的涂层。耐高温（$T<400℃$）、强隔热、防腐蚀、不燃烧、耐酸碱、耐盐雾、防水。NC10 可以单独使用，但更多的是与 NC10-1 配合使用，实现防腐保温双重功效。

生产工艺与流程　将水和混合乳液、助剂、分散剂、填料加入反应釜中高速搅拌 2h，使用时混合均匀，然后用胶体磨研磨两遍，调色即成为成品。

23-39　纳米斜发沸石涂料

沸石涂料性能　天然纳米孔材料是指在天然状态下产出的、具有纳米尺度的结构性孔隙和孔道，并由此呈现良好的离子交换性和对气体分子的选择性吸附功能的矿物或矿物质材料。沸石类矿物即为其中重要的组成部分。

沸石涂料用途　超微沸石作为高附加值产品（纳米抗菌剂、生态环保产品、生态建材产品），在工业生产中沸石常被作为催化剂载体得到利用，即将具有催化性能的某种金属元素，如稀土元素、铋、锑、银、铜、钼、铂、钯等，通过特殊的技术使金属元素进入沸石晶体内部，制成相应的各类催化剂。依托与中科院合作项目（超微沸石在环保中的应用），经课题研究最后选择采用了海林斜发沸石资源（既是耐酸性能好，又是耐热性能高的沸石）；还具有远红外辐射性能等优点。

涂装工艺参考　以刷涂和辊涂为主，也可喷涂。施工时应严格按施工说明操作，不宜掺水稀释。施工前要求对墙面进行清理整平。涂装前进行搅拌，在施工过程中可在涂料中加入少量水溶性硅油及增加纳米助剂溶剂量，可克服涂膜缩边、水花点等。

纳米斜发沸石涂料技术特征　如将斜发沸石改型为八面沸石，则可广泛应用于化工、炼油等领域，大大提高这种丰富而廉价矿物的使用价值。

将斜发沸石改型为八面沸石，其矿物结构发生变化，由单斜晶系变为立方晶系，晶格参数及硅铝比均有大的变化，这一改型过程的机理实际是沸石再结晶过程，即是硅酸盐阳离子骨架再形成的过程。斜发沸石在 NaOH 和 NaCl 的水溶液中，固相晶态的斜发沸石软化，受到介质中 OH^- 的催化而发生解聚，生成沸石结构单元，晶核进一步有序化，生成八面沸石晶体。反应机理如下：

$$Na_6 \cdot Al_6 \cdot Si_{30}O_{72} \cdot 24H_2O \xrightarrow{NaOH+NaCl}$$

$$3[Na_2O \cdot Al_2O_3 \cdot 4SiO_2 \cdot 6H_2O] + 18SiO_2 + 6H_2O$$

制备八面沸石的工艺流程见图 23-3。改型的条件比较严格，当反应中碱液浓度低时（<2mol/L)，易生成 P 型沸石（钙十字沸石型）；当反应中碱液浓度过高时（>4mol/L)，则生成羟基方钠石。因此，反应的碱液浓度、助剂和水的用量均需严格控制。最佳条件为（每克矿样）：NaOH 0.55g，NaCl 0.60g，水 3.00g，反应时间 4h。

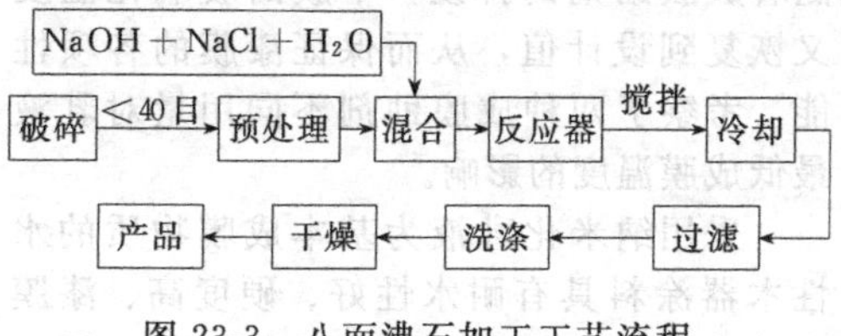

图 23-3　八面沸石加工工艺流程

八面沸石类抗菌材料是一种无机多功能材料，具有耐酸、耐碱、过滤除污、吸附除臭以及长效广泛的杀菌和抑菌效果。该高附加值产品约占抗菌市场份额 50%。

生产工艺与流程　将水和混合乳液、助剂、分散剂、八面沸石类抗菌材料、填料加入反应釜中高速搅拌 2h，使用时混合均匀，然后用胶体磨研磨两遍，调色即成为成品。

23-40　聚丙烯酸水性木器纳米漆

性能及用途　水性木器涂料与传统的溶剂型涂料相比，水性木器涂料性能仍有一定的缺点与不足：如表面丰满度差、抗回黏性和耐洗刷性差、机械强度不理想等问题。常规的乳液聚合的基础上，通过合成工艺的改变和乳胶粒子微观结构的设计，合成了具有核壳结构的纳米化聚丙烯酸系乳液。以此乳液为基本成膜物质的水性木器涂料成功地实现了室温自交联，并具有耐水性好、漆膜丰满度高、硬度高、耐擦洗等优良性能。

涂装工艺参考　以刷涂和辊涂为主，也可喷涂。施工时应严格按施工说明操作，不宜掺水稀释。施工前要求对墙面进行清理整平。

产品配方　纳米胶体硅分散体用于水性木器漆中可改善水性漆的涂层性质。当聚合乳胶用于油漆中时，加入纳米胶体硅后，能增加膜层结合力、抗碎裂性和膜层硬度。在不丧失光泽的情况下，能增加用于运动场地的地板漆的防滑性能。此外，使用纳米胶体硅还能提高漆的导电性从而提高抗静电性。由于与基体结合力增加，就有可能获得与溶剂型油漆相同性能的表面。胶体硅分散剂是功能性添加剂，可以与其他添加剂（如消泡剂、流平剂、润湿剂、增稠剂）混合使用，在某些场合下也可以单独使用。当然纳米胶体硅也能直接添加到聚合乳胶漆当中，而不需要预先稀释。

纳米胶体硅必须单独加到聚合乳胶中，不能事先与其他添加剂混合。搅拌作用下可使体系得到充分的混合。对于特定的配方而言，添加量是基于干性聚合物基体上含 30%～60% 固体成分。纳米胶体硅的最终用量取决于聚合物类别的参数：聚合物的玻璃化温度值（是介于氢脆温度和塑料变软的温度之间的过渡值)，成膜添加剂等等。与值高的黏结剂产品相比，值低的有机黏结剂的硅用量通常比较高。硅用量过高会导致涂层的化学防护性降低，抗碎裂性降低。此外，纳米胶体硅还可以作为聚合乳胶的唯一一种添加剂，就能增加涂层硬度。

原料	质量份
乳胶漆结合剂(TS:40%)	700
胶体硅产品	200～300
消光剂(如 Aerosil TS-100)	0～30
增塑剂(如丁二甘醇，Texanol 或 Dowanol)	10～50
润湿剂(如 BYKChemie 的产品)	1～5
流平剂	1～5
蜡(如 Aquacer 的产品)	10～50
增厚剂(如 PUR 型)*	10～20
消泡剂	1～5

注：可以先用水稀释。

最好选择 40%等有较高固含量的纳米胶体硅，含量低会对强度和硬度有较大影响。

纳米胶体硅作为主要成膜物，以合成树脂乳液（例如苯丙乳液、醋酸乙烯树脂乳液）为辅助成膜物，外加颜料、填料、添加剂等可配制成复合涂料，具有耐水、耐火、耐酸碱、耐洗刷、耐污染等性能。此外，在如水性光油、水性油墨、水性地板漆、水性装修漆、水性皮革涂饰剂、内外墙涂料等领域中，在涂膜表面易形成一层无机的二氧化硅薄膜，其耐热性（抗粘连性能）、耐磨性、硬度、抗擦拭性等得到大幅度提升。纳米胶体硅作为一种基于水性体系的环保型涂料的功能添加剂必将会有很大的发展前景。

生产工艺与流程

(1) 水性木器涂料的配制工艺

① 在乳液体系中依次加入 AMP95、Tween80 水溶液和 1,3-丙二醇，控制搅拌时间分别在 10min 左右。

② 将消泡剂溶于成膜助剂，缓慢加入到乳液中，搅拌时间不少于 50min。

③ 加入流平助剂，搅拌时间控制在 30min 左右。

④ 120 目滤网过滤出料。

(2) 生产工艺中性能测试

① 乳液微观形态的表征：采用透射电镜的方法（日立公司 H-800）观察粒子的形态和结构。

② 涂膜主要性能（硬度、柔韧性、附着力、耐水性等）由国家化学建筑材料测试中心按照相应国家标准测定。

制备聚丙烯酸酯核壳乳液 除了得到性能优良的水性木器涂料外，设计合理的配方很重要，如何得到大小合适的乳胶粒子、在同样单体配比的情况下，乳胶粒子的直径越小，体系的黏度越大，乳液成膜时候的毛细压力和粒子的总表面积越大，有利于粒子表面层的链段和链末端的相互渗透缠结，有利于粒子间相互融合成膜（表 23-3）。

表 23-3 ACIC-2602 乳液的基本性能

项目	指标
固含量/%	42±1
pH 值	6.0±0.5
黏度/mPa·s	105±10
粒径/nm	小于 100
最低成膜温度(MFT)/℃	40～42
机械稳定性(2000rpm,1h)	优良
离子类型	阴离子型

ACIC-2602 是北京化工大学研制，武汉安泰化学工业公司生产的纯丙烯酸系乳液。是以丙烯酸酯软-硬单体为主要单体，配以多种功能单体，通过多步种子乳液聚合的方法合成出的具有多层核/壳结构、粒径纳米化的聚丙烯酸系共聚物乳液。

室温交联水性木器涂料 成膜助剂对体系最低成膜温度（MFT）的影响：成膜助剂的作用就是使乳胶粒子溶胀变软，降低其玻璃化温度，促使其在低温下成膜。随着成膜助剂的挥发，干膜的玻璃化温度又恢复到设计值，从而保证漆膜的各项性能。考察了两种成膜助剂不同用量对乳液最低成膜温度的影响。

采用纳米化乳液为基本成膜物质的水性木器涂料具有耐水性好、硬度高、漆膜丰满度好、耐候性好等优良的性能。既降低或避免了家装过程中木器涂料中的有机挥发物，又能在性能上满足人们日常使用要求。

23-41 纳米双超罩面涂料

性能及用途 普通涂层表面抗沾污性很弱，容易被灰尘、油迹等各种污染物污染。自然界的荷叶表面具有很好的憎水性，且出污泥而不染，采用疏水及耐沾污机理，采用特殊方法对纳米材料表面进行疏水改性，同时改变涂膜表面微观粗糙度，制备具有超级疏水和超级耐沾污功能的纳米双超罩面涂料。

涂装工艺参考 以刷涂和辊涂为主，也可喷涂。施工时应严格按施工说明操作，不宜掺水稀释。施工前要求对墙面进行清理整平。

罩面荷叶效果机理技术特征 德国玻恩大学植物学教授研究了荷花叶子的结构和荷叶效应机理。经研究发现，荷花叶子之所以具有以上性能，是因为叶子表面既憎水，又有一个显微结构；在荷叶粗糙的表面上，水珠只是与荷叶表面乳瘤的部分蜡质晶体毛茸相接触，明显地减少了水珠与固体表面接触面积，扩大了水珠与空气的界面，水通过扩大其表面积获得了一定的能量，在这种情况下，液滴不会自动扩展，而保持球体状。在植物表皮上存在的微尘废屑，其尺寸一般比表皮的蜡晶体微结构大，所以只落在表面乳瘤的顶部，接触面积很小，由于大多数微尘废屑比表皮蜡晶体更易湿润，当水滴在其表面滚动时，它们就黏在了水珠的表面。微尘废屑和水珠的黏合力比它们与荷叶表面的黏合力大，所以它们被水珠卷走。对于非常光滑的表面，液滴的接触角比较小，液滴滚动比较难，而且微尘废屑与表面的接触面积大，黏合牢固，水滴经过后，只是从水滴的前端移动到了水滴的后部，但仍然黏在固体的表面上，疏水颗粒更易黏在这样的表面上。

生产工艺与流程 把配方组分加入反应釜中，进行搅拌混合均匀即可。在施工过程中可在涂料中加入少量水溶性硅油及增加助溶剂量，可克服涂膜缩边、水花点等。

23-42 汽车用水性纳米电泳涂料

性能及用途 石油化工企业油罐的内、外腐蚀通常会影响到其正常运行，特别是内壁防腐，一般情况下未作内壁防腐的油罐，因其底部含水会加速油罐的腐蚀，三、四个月内就可能出现穿孔，因此对罐的防腐处理是必须的。但是，一般防腐涂料因其涂膜属于绝缘层，这样就会阻断油品储运中产生静电泄漏通道，而且涂层表面和油流的作用也会产生静电，静电聚集到一定程度就会发生爆炸事故，因此油罐内防腐应采用导静电类防腐纳米涂料，根据相关规定，其涂膜表面电阻率应在 $10^5 \sim 10^8 \Omega$ 之间，以防止静电积集，保证油品安全。

涂装工艺参考 以刷涂和辊涂为主，也可喷涂。施工时应严格按施工说明操作，不宜掺水稀释。施工前要求对墙面进行清理整平。涂装前进行搅拌，在施工过程中可在涂料中加入少量水溶性硅油及增加纳米助剂溶剂量，可克服涂膜缩边、水花点等。

水性环氧导静电纳米涂料技术特征

(1) WT-2 水性环氧导静电涂料与传统溶剂型环氧导静电涂料在防腐蚀、防水、耐油、耐酸、耐碱、导静电性能基本相同。

(2) WT-2 水性环氧导静电纳米涂料用水作溶剂，取代苯、酮类溶剂对人类的毒害及环境的污染，是一种环境友好型涂料。

(3) WT-2 水性固化剂的特性。WT-2 水性固化剂属大分子量改性聚胺系水性固化剂，与传统水性固化剂相比，实现高分子量低黏度化，用水稀释不会出现“水峰”现象，同时具有用水稀释高度稳定性，能乳化、固化液态环氧树脂，由于其不含苯甲醇，极低的游离胺，接近零 VOC 排放，是一种标准环保型水性固化剂。

产品配方

甲组分：将水性固化剂和少量去离子水高速搅拌分散均匀，然后依次加入各种助剂，搅拌 15min 后将各种粉料依次加入，高速搅拌 30min 后进砂磨研磨至细度 50μm，然后调整黏度、过滤、包装，在加工过程中要注意温度不能高于 60℃，以免过量挥发。

乙组分：将环氧树脂用醇醚类溶剂稀释至 95％（固含量）然后包装即可。

生产工艺与流程 水性环氧导静电纳米涂料与传统溶剂型环氧导静电涂料相

比，因选用小分子量环氧树脂，成膜后力学性能有所下降，但相应的小分子量环氧树脂环氧值高，膜的交联密度相应会增加，对防腐大有益处。同时，涂膜的导静电系数也满足要求。所以总的来说，水性环氧导静电涂料是满足油罐内壁防腐要求的。

23-43 新型抗菌保健纳米生态涂料

性能及用途 新型抗菌保健纳米生态涂料，主要是在基料中加入复合型的金属氧化物银、锌、铜纳米粒子抗菌剂；在填料中加入具有远红外辐射特性的氧化铝、氧化钙、氧化锌纳米粒子；在固化剂中创造性地加入富有光催化作用的二氧化钛及稀土激活物氧化锌。从而使涂料本身具有低成本高性能的涂装特性，同时具有持久的抗菌、杀菌功能，在6h内杀菌率达到100%，以及空气净化功能，消除有害气体VOC、甲醛等，且长效地产生负氧离子促进人体健康功能等特性。

涂装工艺参考 以刷涂和辊涂为主，也可喷涂。施工时应严格按施工说明操作，不宜掺水稀释。施工前要求对墙面进行清理整平。

该产品是使居室生态住宅具有良好的室内外空气质量和较强的生物气候调节功能，满足了人们生活所需的舒适环境，使人、建筑、生态环境之间形成一个良性循环的生态系统。

该涂料应用稀土激活纳米组装复合空气净化材料，可有效净化甲醛、氮氧化物、二氧化硫等有害气体，并且具有抗菌、分解有机物及臭味、清新空气等功能。应用此产品可有效解决目前建筑装修带来的有害气体不能尽快排出等室内环境污染问题，常规性能符合国标GB/T 9756—2001中优等品指标要求；绿色指标符合国标GB/T 18582—2001中有害物质限量指标要求。

功能持久：采用特殊原材料加工而成，使各项功能有良好的持久性。

耐擦洗：经实验耐擦洗次数达20000次以上。

遮盖力强：有超强的附着力和优异的高弹性漆膜，能有效地弥盖细微裂纹，遮盖率0.97。

保色持久：采用进口色浆和重复性保护措施，色调纯真、持久、亮丽。

气味清新：本产品采用纳米复合材料，具有抗菌、分解有机物及臭味，使室内空气清新宜人。

净化空气：该产品采用稀土激活纳米复合净化材料，可长期有效净化甲醛、氮氧化物、二氧化硫等有害气体，24h净化率达90%以上。

抗菌防霉：由于复合材料的特殊功效，本产品具有长期抵御霉菌的滋生，避免产生霉斑。

涂刷面积：理论上涂布量为6～8m²/L（涂刷两遍），实际涂刷面积会因施工方法及表面粗糙程度不同而异。

空气净化功能涂料的净化机理 中国建筑材料科学研究院与北京旭利特涂料有限责任公司连手研制的旭利特空气净化功能涂料，从净化机理上远远优于其他产品。经中国预防医学院环境卫生检测所检测24h净化氮氧化物达76%，1h净化二氧化硫达90%以上，24h净化甲醛90%以上。目前市场上常用的净化材料主要是活性炭、沸石等多孔材料的吸附，TiO_2光催化材料催化分解，但活性炭、沸石等多孔材料很难加到涂料中，且单纯的吸附是不能根本解决净化问题，环境温度升高就存在解吸问题，纯TiO_2光催化材料虽然有净化效果，但存在直接加入涂料光催化后影响涂料性能，光催化效率低以及只有在紫外线条件下起光催化作用等问题。而建科院与旭利特公司研发的“空气净化功能涂料”是综合了化学吸附、物理吸附、光催化等多元催化技术。由HCHO等有害气体极性分子通过竞争吸附在极性矿物材料表面，稀土激活TiO_2光催化产生的羟基自由基与吸附的有害气体分子进行作用，反应生成无害物质，达到净化目的且不破坏涂料的成膜性能。

生产工艺与流程

（1）纳米 TiO_2 粉体的制备　将2.0g实验室自制水合二氧化钛粉末（粒径为10～20nm）放入瓷舟，推入高温管式炉（上海实验电炉厂）内，两端密封但留有进、出气口。从进气口通入氮气与氩气混合气或氨气与氩气混合气，控制气体流速，尾气用稀酸吸收。气体流速稳定后开始加热至设定温度，反应数小时后，停止加热，继续通入氮气至室温。

（2）净化空气功能性内墙涂料的制备　先将分散剂、润湿剂、纤维素加入一定量的水中，预分散1min然后将纳米 TiO_2 催化粉慢慢加入，在1000r/s转速下分散15min依次将其他颜填料加入，转速提高到2000r/s分散3min后测细度45μm。

制备纳米级锐钛型 TiO_2 粉体最佳的反应温度为450℃，反应时间为3h。采用紫外-可见分光光度法（UV-Vis）、XRD和TEM等手段表征了样品形态结构和光吸收特性。样品为锐钛型结构，粒径约为20nm，光吸收阈值从387nm红移至520nm左右。

对纳米 TiO_2 含量为0.1%、2%、3%的涂料的光催化分解甲醛的测试比较，发现加入纳米粉体后的涂料对甲醛有很明显的分解作用。纳米 TiO_2 含量为3%时甲醛分解率达到92.3%。甲醛的光催化分解反应动力学研究表明数据符合一级反应，纳米 TiO_2 含量为1%、2%、3%（质量分数）的涂料分解甲醛的反应速率常数分别为0.34532m^2、0.39074m^2和0.54894m^2。

23-44　纳米 $CaCO_3$ 增韧涂料

性能及用途　纳米 $CaCO_3$ 是一种性能优良的矿产资源，在涂料工业是最重要的应用领域之一，采用纳米 $CaCO_3$ 作体质颜料，有助于满足对涂料的日益严格的性能要求。如其具有的空间位阻效应，在制水性乳胶漆中，能使配方中密度较大的立德粉和钛白粉悬浮，起到防沉降的作用。涂膜白度增加、光泽度增加、透明、稳定、快干等，而遮盖力不降低，尤其是立方形状、流变性、稳定性方面可显著地增加乳胶涂料的遮盖力。

纳米 $CaCO_3$ 技术特征　纳米 $CaCO_3$ 的技术先进性主要表现在以下3个方面：①粒径极其微细（30～50nm），一般的加工方法难以达到；②不同的使用领域要求不同的晶体形状，在整个生产过程中必须具备严格的工程控制机理；③与不同的物质混合，需要不同的表面活性处理，使之能够充分溶解与扩散。与普通的碳酸钙相比，由于它彻底改善了物理性能，使之在涂料中起到增强增韧功能，改变了涂料产品的使用性和外观性。

纳米 $CaCO_3$ 粒径分类　碳酸钙产品是一种粉体，根据碳酸钙粉体平均粒径（d）的大小，可以将碳酸钙分为微粒碳酸钙 $d>5\mu m$、微粉碳酸钙 $1\mu m<d\leqslant5\mu m$、微细碳酸钙 $0.1\mu m<d\leqslant1\mu m$、超细碳酸钙 $0.02\mu m<d\leqslant0.1\mu m$ 和超微细碳酸钙 $d\leqslant0.02\mu m$。

涂装工艺参考　以刷涂和辊涂为主，也可喷涂。施工时应严格按施工说明操作，不宜掺水稀释。施工前要求对墙面进行清理整平。涂装前进行搅拌，在施工过程中可在涂料中加入少量水溶性硅油及增加纳米助剂溶剂量，可克服涂膜缩边、水花点等。

产品配方

原料	规格	质量分数/%
三元纳米聚合乳液	固体量55%，工业品	25.0～30.00
成膜助剂	工业品	0.5～2.5
钛白粉	金红石型	12.0～18.00
纳米碳酸钙	10～30nm	10.0～200
高岭土	1250目	1.0～15.00
丙二醇(增塑剂)	工业品	1.0～3.0
分散剂	ND426	0.3～1.0
羟基纤维素(增稠剂)	工业品	0.1～0.2
消泡剂	工业品	0.1～0.3
防腐剂	工业品	0.1～0.2
水	软水	10～30.00
流变调节剂	自制	0.1～1.0

生产工艺与流程　乳胶涂料的配置过程包括原料预混合、研磨、分散、混合、产品包装等步骤。

生产工艺与流程

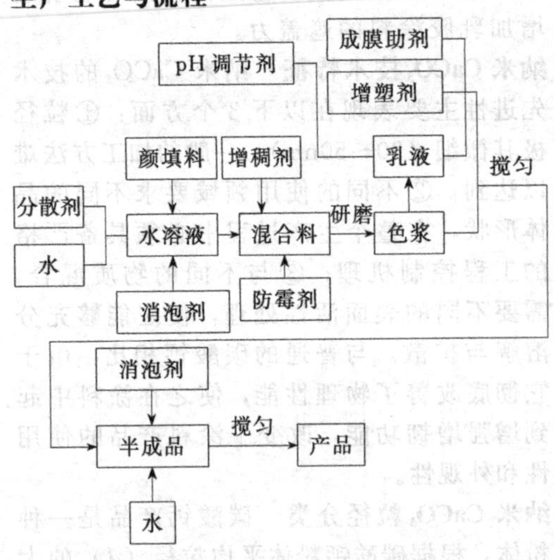

23-45 纳米负离子内墙涂料

性能及用途 室内空气污染对人体健康危害极大，甲醛、苯和氨等有害化学污染物不仅直接作用于人体形成危害，而且还往往通过带电方式形成正离子，由于正离子摄入体内会大大削弱细胞活性，并导致各种疾病，这使得化学污染物的危害作用被进一步加强。传统的降低室内空气污染的方法常用的主要有紫外灭菌、空气清洁剂净化和有机类抗菌剂灭菌等，使用无机抗菌剂及制品也取得了良好的效果。但无机抗菌剂及制品一般只具有抗菌功能，而没有或仅有微弱的吸收去除有害气体的作用，而且不能做到对各类气体都有效，尤其不能自主产生改善空气质量的负离子，所以其效果和应用手段受到限制。

负离子发生材料将自然界中具有永久带电特性和永久微电场的矿物材料，通过分割至纳米尺度使放电特性加以强化，再通过与其他材料复配使电场去向一致的原理制备而成。该材料形成的永久电场通过其电极对空气和水中的水分子产生微弱电解作用而产生羟基负离子($H_3O_2^-$或$H_2O \cdot OH^-$)。

化学反应式为：$H_2O \longrightarrow H^+ + OH^-$，$OH^- + H_2O \longrightarrow H_3O_2^-$，$H^+ + H^+ \longrightarrow H_2\uparrow$

负离子发生型健康内墙涂料系复合了负离子发生材料，并经与涂料体系的相容性处理而制成。由于负离子的强氧化还原作用，这种涂料具有分解甲醛等有害气体，并具有抗菌抑菌、抗霉防霉、除臭去味等功能。同时通过在空气中累加负离子和发射有益于人体健康的远红外线，而产生环保净化和保健功效。

研究表明，在有害化学污染物原始浓度超出《民用建筑工程室内环境污染控制规范》(GB 50325—2001) 要求的标准值10倍以上的房间内涂刷负离子型健康内墙涂料，密闭条件下120h对氨气、甲醛和苯的去除率均达到90%以上；并达到标准(GB 50325—2001) 要求：即$NH_3 < 0.2mg/m^3$，甲醛$< 0.08mg/m^3$，苯$< 0.09mg/m^3$；而涂刷普通涂料的房间上述气体的去除率仅10%～20%，属自然散发。研究还显示，负离子发生材料的负离子瞬时浓度达到3410个/cm^3。

负离子发生材料和负离子型健康内墙涂料不同于有源空气负离子发生器，后者作用间断，效果差，还同时产生氮氧化物和臭氧等有害物质，而前者作用明显，永久发射并且不产生有害物质。将负离子型健康内墙涂料用于医院的医疗室等建筑室内，其净化室内空气、消除污染、保证人体健康的作用与功效最为直接。对治理医院感染和净化医疗区空气质量会起到积极的作用。

负离子粉：型号FP-A1。

用途：当温度和压力有微小变化时，由于其自身具有热电性和压电性，即可产生极高的静电压促使用围空气发生电离，形成负离子。

成分：超细电气石，外观：浅灰色粉体，粒度：$D_{50} < 400nm$，含水量$< 0.5\%$，负离子浓度> 700个/秒·cm^2，添加量2%～3%（质量分数）。

涂装工艺参考 以刷涂和辊涂为主，也可喷涂。施工时应严格按施工说明操作，不宜掺水稀释。施工前要求对墙面进行清理整平。涂装前进行搅拌，在施工过程中可在涂料中加入少量水溶性硅油及增加纳米助剂溶剂量，可克服涂膜缩边、水花点等。

产品配方（质量分数）

纳米钛白浆	20
纳米瓷土浆	16
纳米轻质碳酸钙浆	20
纳米苯丙乳液	16
丙二醇	2
成膜助剂	0.5
润湿剂	0.2
分散剂	0.2
消泡剂	0.3
增稠剂	0.4
防霉剂	0.1
纳米助剂	0.1
水	24.2

生产工艺与流程

合成树脂乳液、颜料、助剂、水 → 氧化 → 分水 → 过滤包装 → 成品

23-46 水性环保纳米乳胶漆

性能及用途 2001年颁布了强制性国家标准GB 18582—2001《室内装饰装修材料内墙涂料中有害物质限量》，对内墙涂料中有害物质限量进行强制性标准的实施。许多发达国家对室内空气中的挥发性有机溶剂的总量限制也很严格。国家环保总局颁布了水性涂料新的绿色标准，首先是VOC（挥发性有机化合物）指标。2002年的环境标志标准规定内墙涂料≤100g/L，限值与美国标准相同。苯、甲苯、二甲苯、卤代烃、甲醛及甲醛聚合物以及重金属铅、镉、铬、汞等，这些都是不允许添加的化学物质。

涂装工艺参考 以刷涂和辊涂为主，也可喷涂。施工时应严格按施工说明操作，不宜掺水稀释。施工前要求对墙面进行清理整平。涂装前进行搅拌，在施工过程中可在涂料中加入少量水溶性硅油及增加纳米助剂溶剂量，可克服涂膜缩边、水花点等。

涂装前测试仪器 用日本理学D/max-2500型X射线衍射仪进行分析，扫描电镜SEM：型号为JEOL6700F。比表面积测定(BET方法)：型号为Micromeritics ASAP2020。投射电镜TEM：型号为JEM-2010FEF。用NXS-11A型旋转黏度计测量试样的黏度。QFS型耐洗刷测定仪，测定涂膜的耐水性。

水性环保纳米乳胶漆技术特征 本水性环保纳米乳胶漆根据国家标准GB 18582—2001《室内装饰装修材料内墙涂料中有害物质限量》，对内墙涂料中有害物质限量进行强制性标准实施的要求进行。

本产品特征以水为分散介质，其原料无毒、无味、耐酸碱、耐高温、涂膜不产生静电、不吸附灰尘、耐污染好、具有独特表面微观结构，耐沾污、耐擦洗，耐老化、保光保色，防紫外防老化性能优异，采用纳米有机颜料色浆，颜色鲜艳、耐酸碱，耐擦洗和墙体黏结力等优于传统高分子外用乳胶漆。

纳米乳胶漆由四种以上纳米材料组成，采用三次以上复合工艺，具有纳米光催化剂与纳米无机抗菌剂的双重杀菌作用。本乳胶漆既有有机的柔性；又有无机的坚韧，无毒、无味、无“三废”排放，对人体无副作用，是新一代环保产品。

分散剂选择聚丙烯酸钠5040、羟乙基纤维素250HBR等，消泡剂选用矿物油改性硅酮BYK-003等，成膜物质采用核壳结构的纯丙聚合物。

产品配方（质量分数）

去离子水	29.0
分散剂	0.5
消泡剂	0.5
丙二醇	2.0
多功能助剂(胶体)	14.0
二氧化钛121(A)	10.0
煅烧高岭土	5.0
总量	100%
超细滑石粉	10.0
重质碳酸钙	11.0
改性纳米香精	5.0
苯丙乳液	13.0
水性色浆	少许

23-47 透明水性木器漆乳液

性能及用途 以丙烯酸酯乳液为主要成分的水性木器漆，由于其附着力好，具有较高的防污性、耐候性、保光保色性，成本较低等优点，因而在目前国内水性木器漆市场中占有重要地位，但其耐磨及抗化学性较差，因此主要是作为水性木器漆中的低档产品进行推广应用的。因此，使低价位的丙烯酸酯高功能化，从而用于高档木

器市场刻不容缓。目前市场上的丙烯酸酯类乳液粒径大、光泽低、热黏冷脆不能满足高档木器漆要求，需对乳液进行改性以提高其性能。

兴于20世纪80年代初的微乳液聚合是一种直接制备10～100nm聚合物粒子简单易行的方法。聚合物微乳液应用于涂料中具有以下特点：①渗透性、润湿性好，对底材的附着力强；②粒径小，可形成致密性涂膜，形成的涂膜光泽高；③由于粒径小，可与常规乳液实现性能互补，提高涂膜的平滑性和光泽性；④微乳液聚合物的分子链具有较高的构象能，涂膜抗冲击、柔韧性、硬度、耐磨性好。

热塑性的乳液聚合物，其抗粘连性、耐沾污性、耐溶剂性、耐热性等都存在一定问题。而在乳液聚合时，引入可实现交联的官能团，使其在成膜时，产生交联，形成三维网状结构，克服以上不足之处，更好地满足使用要求，也是目前研究的热点之一。利用酮羰基的聚合物与酰肼基团在酸催化条件下发生脱水反应，可实现涂料的室温交联固化。

反应型乳化剂和常规乳化剂进行复配，并引入了含有酮羰基的功能性单体进行改性，制备出高固含量的、可实现室温交联的丙烯酸酯微乳液。并讨论了乳化剂用量、功能性单体用量、引发剂体系等。

涂装工艺参考 以刷涂和辊涂为主，也可喷涂。施工时应严格按施工说明操作，不宜掺水稀释。施工前要求对墙面进行清理整平。涂装前进行搅拌，在施工过程中可在涂料中加入少量水溶性硅油及增加纳米助剂溶剂量，可克服涂膜缩边、水花点等。

透明水性木器漆乳液技术特征

(1) 采用了反应型乳化剂DNS86和阴非离子型乳化剂DNS1035进行复配，通过预乳化工艺，半连续种子乳液聚合法制得了纳米级高固含量的丙烯酸酯微乳液，在复合乳化剂用量为2.8%时，乳液固含量可达到46.8%，平均粒径65nm。

(2) 通过引入含有酮羰基的功能性单体DAAM后，合成的纳米级丙烯酸酯微乳液可实现室温交联，DAAM用量在占单体总量的5%时，体系凝胶量少，且涂膜具有较好的耐水性。

(3) 以KPS热引发剂和t-TBHP/雕白粉氧化还原引发剂作为复合引发剂。研究表明，采用复合引发剂后，单体转化率高于99%，工业生产的实用性好。

(4) 对乳液进行了TEM、粒径分布、相对分子质量分布的表征，结果表明，合成的纳米级微乳液粒径小，具有核壳结构，相对分子质量大且分布窄。

合成了纳米级水性聚氨酯-TiO_2复合乳液，水解缩合时间控制在1.5～2h，可以得到稳定的乳液；纳米TiO_2质量分数对乳液电解质稳定性的影响：质量分数小于5%时，纳米复合乳液的平均有效粒径可达到100nm，$m_{(EA)}:m_{(TET)}$为5∶1时，可以得到稳定的乳液；FT-IR分析表明，TiO_2的吸收峰出现蓝移现象；纳米TiO_2可以显著提高乳液黏度；当TET质量分数小于7%时，纳米复合乳液为牛顿流体，当TET质量分数≥7%时，乳液表现出假塑性流体特征；EA对纳米复合乳液的流变性能影响很大，EA用量过多或过少均改变乳液的牛顿流体特征；一定量的纳米TiO_2可以提高复合乳液的电解质稳定性。

生产工艺与流程

(1) 透明水性木器漆微乳液的合成 采用核壳乳液聚合法，先用种子乳液聚合法制备种核，然后将已预先乳化好的壳单体缓慢滴加到种核中，反应后即可得到具有核壳结构的丙烯酸酯微乳液。

(2) 壳单体的预乳化 将适量的去离子水加入带有搅拌装置的三口烧瓶中，加入一定量的乳化剂，搅拌均匀，然后在搅拌的情况下，将混合壳单体（MMA、BA、St、DAAM、EHA）逐渐加入到三口烧瓶中，加完后，在600～800r/min的转速下分散15min，即可得到壳预乳化液，备用。

(3) 种子乳液的制备 将装有搅拌器、温度计、回流冷凝管和恒压滴液漏斗的四口烧瓶置于带有控温装置的水浴中，加入计量的去离子水、大部分乳化剂、全部碳酸氢钠，在 200r/min 的转速下搅拌升温，使其充分溶解。升温到 80℃，加入部分引发剂过硫酸钾溶液，待烧瓶内温度稳定后，开始滴加混合核单体（MMA、BA、St），片刻后乳液开始呈现蓝相，单体加完后，保温 20min，即得种子核乳液。

(4) 壳聚合　将壳单体的预乳化液和引发剂过硫酸钾溶液在 3～4h 内均匀滴加到上述种子核乳液中，反应温度保持恒定，体系保持蓝相，加料完后，保温 30min 降温至 65℃，分别加入叔丁基过氧化氢和雕白粉，再反应 60min，降温，用氨水中和至 pH＝7～8 后过滤出料。

(5) 制备方法　高分子成膜物质、颜填料和助剂等要先进行分析筛选，选取游离甲醛含量在 0.0016～0.0073g/kg 范围的苯丙乳液；颜填料二氧化钛、煅烧高岭土、滑石粉、超细滑石粉、重质碳酸钙等要严格控制重金属的含量；选取一种锐钛矿型纳米二氧化钛改性食品级杂多糖、多糖的羟乙基衍生物，作为增稠、流平、乳化、润湿多功能助剂；抗菌抑霉剂是由锐钛矿型纳米二氧化钛经掺银、锌制备成的一种胶体；选取一种纳米材料改性的天然香精，设计制备了一种绿色环保功能性内墙乳胶漆。

23-48　纳米防水涂料

性能及用途　PMC 复合防水纳米涂料（又称弹性水泥）是以丙烯酸酯合成高分子纳米乳液为基料，加入特种水泥、无机固化剂和多种纳米助剂配制而成的双组分防水涂膜材料，它具有良好的成膜性、抗渗性、黏结性（与混凝土、砖、石材、瓷砖、PVC 塑料、钢材、木材、玻璃等都有很强的黏结性）、耐水性和耐候性，特别是能够在潮湿基层上施工固化成膜。

PMC 复合防水纳米涂料分为 PMC-Ⅰ和 PMC-Ⅱ两种型号，其中 PMC-Ⅰ主要用于有较大变形的建筑部位，如屋面、墙面等部位；PMC-Ⅱ主要用于长期浸水环境下的建筑防水工程，如地下室、厕浴间、游泳池、蓄水池、地铁、隧道等工程防水。

涂装工艺参考

(1) 基层处理：

① 基层要求平整，无尖锐棱角或蜂窝麻面。

② 基层表面浮灰必须清除干净。

③ 清扫基层表面积水。

④ 地下工程或水工构筑物有渗漏现象的，应先用 FLSA 快速堵漏剂封堵。

(2) PMC 复合防水纳米涂料材料配制

① 配合比：PMC 复合防水纳米涂料为双组分涂料，使用时应按型号液料：粉料＝5：4 准确计量。

② 搅拌要求：搅拌时把粉料慢慢倒入液料中，充分搅拌不少于 10min，无粉料结团为止。用料量较少时可手工搅拌，用料量较大时建议使用带有搅拌叶片（可借用）的手电钻搅拌。

搅拌时不得加水或混入上次搅拌的残液及其他杂质，配好的涂料 1h 内必须用完。每次配料完毕，及时用清水清洗配料桶及搅拌叶片等器具和设备。

(3) PMC 复合防水纳米涂料涂膜施工

① 采用长板刷或滚筒刷涂刷。涂刷要横、竖交叉进行，达到平整均匀、厚度一致。

② 第一层涂层表干后（即不黏手，常温约 2～4h），可进行第二层涂刷，以此类推，涂刷 3～5 遍，厚度可达到 1.0～2.0mm，每平方米用料约为 1.5～3.0kg。如有特殊要求的结构，可以根据用户要求增加厚度。

一般情况下，墙面或地下防水可不加无纺布附加层。对于结构变形大的建筑，平、立面交接处容易受温差、变形影响的节点处，应加无纺布（规格：45～60g/m^2）附加层以提高抗拉性能，无纺布搭接要 100mm 以上，涂刷第三遍的同时铺无纺布。

③ PMC 复合防水纳米涂料施工温度为 5～30℃，使用温度为－20～150℃。

(4) PMC 复合防水涂料适用范围　PMC-Ⅰ主要用于有较大变形的建筑部位防水，如屋面、墙面等部位；PMC-Ⅱ主要用于长期浸水环境下的建筑防水工程，如地下室、厕浴间、游泳池、蓄水池、地铁、隧道等工程。

PMC复合防水纳米涂料技术特征

① 在非常潮湿的环境下也可施工，固化成膜；

② 成膜后具有透气不透水的分子筛结构特性；

③ 在施工后的防水涂膜表面直接做水泥砂浆保护层或瓷砖装饰层，界面黏结牢固不离鼓。

23-49 纳米功能防腐涂料

性能及用途 主要用于沿海跨江大型桥梁、海上采油平台、输油管道等严酷腐蚀环境。

金属材料在人类生活中占有重要地位，而无时无刻不在进行的金属腐蚀也给人类社会造成了巨大损失。因此研究金属的腐蚀防护方法以控制金属的腐蚀，从而减少腐蚀造成的损失，对国民经济发展具有重要意义。

各种防腐技术中，涂料的防腐技术应用最广泛。它主要用于沿海跨江大型桥梁、海上采油平台、输油管道等严酷腐蚀环境中。环氧树脂是重防腐涂料中最主要的一类。由于环氧树脂易于加工成型、固化物性能优异等特点被广泛应用于防腐涂料。环氧树脂涂料有优良的物理机械性能，最突出的是对金属的附着力强、固化收缩率低；但是环氧树脂固化物脆性大，抗冲击性和耐酸性差。

为了更好地扩大环氧树脂涂料的用途，本文通过在环氧树脂中加入新型有机土，能够使环氧树脂涂层获得纳米材料的性质，从而使环氧树脂防腐涂料的抗冲击性、柔韧性、耐酸性、耐碱性得到很大的提高。

产品配方（质量份）

空白样（未加有机土）的涂料配方：

E-51	2g
正丁醇	0.30mL
丙酮	0.15mL
邻苯二甲酸二丁酯	0.15mL
乙二胺	0.195mL

加 Ep-Clay 的环氧树脂涂料的配方举例（加 3%有机土）：

E-51	2g
正丁醇	0.30mL
丙酮	0.15mL
邻苯二甲酸二丁酯	0.15mL
乙二胺	0.195mL
改性的 Ep-有机土	0.15g

注：E-51——添加的有机土与环氧树脂的比例（质量比）。

生产工艺与流程 首先制备新型有机土，然后再把它加入环氧树脂防腐涂料中，再根据 GB 1720—79，GB 1731—79，GB 1732—79，GB 1763—79 对添加不同量有机土的环氧树脂防腐涂料的进行测试，分析添加有机土对环氧树脂防腐涂料黏附力、柔韧性、抗冲击性、耐酸碱性能的影响。

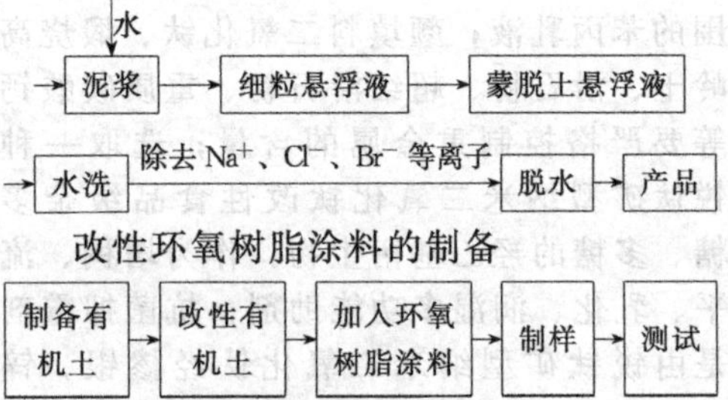

改性环氧树脂涂料的制备

23-50 外墙隔热防渗涂料

性能及用途 隔热防渗兼优，在紫外线、热、光、氧作用下性能稳定，使用寿命长；涂膜超硬坚韧、耐水冲刷、防释碱、防渗水、防霉变、防脱落、防浮色；高耐候性、高保色性；无毒无味，绿色环保。广泛用于建筑物外墙作隔热、防渗、装饰用。

涂装工艺参考 一般保温层与防护层根据外墙保温需要增添，内外墙粉末涂料按施工规范刮平作抗碱找平层（此道工序根据墙面平整度的需要而取舍）；找平层干燥后（约 24h），打磨平整，并彻底清除浮尘，将外墙强力抗碱底漆开桶搅拌均匀（约搅拌 5min），在找平层上涂刷一遍作为抗碱防水封闭底层；封闭底干透后（约 24h），将外墙隔热防渗涂料开桶搅拌均匀（约搅拌 5min），在封闭底层上涂刷两遍（涂层表干后方可重涂）；最后待涂层表干后涂刷一硅离子罩光防污涂料；墙体必须平整坚实，洁净、干燥，含水率10%以下；底、面涂装过程可根据需要适量加水，但不能超过涂料总重量的10%；施工环境气温5℃以上、雨天或湿度>85%不宜施工；为避免涂层脱水过快而导致涂层龟裂，在强烈阳光和4级以上大风天气不宜施工。

(1) 黏结层：一般由黏结胶浆构成，视需要可附加锚钉。如基面不符合粘贴要求时，需采用机械法固定。

(2) 保温层：一般是阻燃型聚苯乙烯泡沫板（EPS），也可以是挤塑板（XPS）等，厚度按各地节能要求选择。

(3) 防护层：由抹面胶浆和玻璃纤维网格布组成。

(4) 饰面层：可选用防开裂性、拒水性、透气性和耐候性等较好的外墙纳米涂料等。

外保温体系常见的问题是表面的开裂、空鼓和渗水。开裂和渗水的外墙外保温比不做外墙外保温影响还坏。防护层是决定整个外保温体系性能的关键。防护层做好了，外墙外保温的抗裂性就有了基本保证。经验表明，防护层没做好，饰面涂层很难担当抗裂作用。如弹性涂料饰面的外墙外保温照样开裂和渗水就是例证。

同时，各种材料和组分之间的匹配性和整个体系的完整性也是十分重要的。

该具有特殊功效的外墙隔热防渗涂料，其配方与工艺独特，不仅封闭底层与面层用料同源，而且底、面颜色同出一辙，大大加强了涂料的保色性能；该产品目前已通过了国家建筑材料测试中心的检测，经大面积使用，已验证了其质量和使用效果超群。

23-51 纳米DHCP自洁涂料

性能及用途 我国建筑外墙的沾污问题是目前困扰涂料产业界和技术界的一大难题，奥运工程规划中特别重视这个问题，从设计上就开始注意选用耐沾污的材料和配合。目前国内以北京为代表的很多单位正在研究具有自洁净功能的涂料，其中采用双疏结构和双亲结构以及复合光催化技术思路的占大多数。目前已经较好地实现了用超亲水性表面结构和纳米光催化原理在玻璃、陶瓷等表面达到自清洁的效果。

涂装工艺参考 以刷涂和辊涂为主，也可喷涂。施工时应严格按施工说明操作，不宜掺水稀释。施工前要求对墙面进行清理整平。

纳米DHCP自洁涂料技术特征 路桥纳米DHCP自洁涂料是国家专利技术（专利号：200310100084.4），该技术以三元聚合纳米乳液为基料，与颜料、体质颜料、填料、添加剂、助剂复合配制而成，在路桥施涂后表面能形成平整高光的薄膜，涂层后具有高耐候防腐自洁效果；同时对路桥建筑物和钢结构等外表有防护和装饰作用。该产品由于纳米技术的引入，使涂层更有低温柔性好、遮盖率高，耐擦洗性、防老化性及疏水性强，涂膜耐水、耐碱、防霉防藻、安全、无毒，施工简便。采用优质纳米材料、特殊工艺，有机硅单体对丙烯酸与聚丙烯酸酯进行改性复合而成，涂料不仅具有良好的触变性、干膜能呈现较好的自洁效果。利用纳米粒子对紫外线具有散射和吸收的作用，可以屏蔽紫外线，增强涂料的耐老化性能。纳米粒子粒径小、比表面积大的特性，可使涂料中的聚合物大分子链与纳米粒子有机结合，从而提高涂膜的韧性、强度和附着力，大大增强涂层的耐洗刷性能。利用纳米粒子的双疏原理，使得涂层的耐污染性非常突出，灰尘、脏物不易黏附，轻轻擦洗能除去各种污渍，使路桥基面保持光亮如新。利用某些纳米材料的高活性、光催化特性，使纳米涂层具有吸收、分解有毒有害气体，防腐、杀菌的功能，是安全、无污染的新一代环保型路桥装饰涂料。

23-52 有机硅/聚酯纳米涂料

性能及用途 有机硅改性聚酯树脂涂料于20世纪50年代，在有机硅树脂涂料和聚酯树脂涂料实际应用的基础上，结合各自的特点，将含Si—O键或Si—C键的有机硅化合物嵌段或接枝到聚酯树脂分子链上，使有机硅树脂的优异的耐热性、耐寒性、耐冷热交变性、电气绝缘性、耐候性等嫁接到聚酯分子中，从而产生了一种新型的既具有机硅树脂涂料主要特性又保留了聚酯树脂涂料主要特性的有机硅聚酯树脂涂料。有机硅改性聚酯树脂是由含羟基（或烷氧基）的低聚聚酯进一步缩聚而制得。有机硅改性聚酯树脂可与多异氰酸酯预聚物配制低温或常温固化型涂料。也可与环氧树脂、氨基树脂等配制成高温烘烤型涂料。有机硅改性聚酯树脂涂料具有优异的耐热性、耐寒性、耐候性、电气绝缘性和力学性能，广泛地用于铝材、钢铁材等金属卷材的装饰保护、电器设备元器件的绝缘装饰保护、户外大型建筑物的耐候装饰保护等。

涂装工艺参考 以刷涂和辊涂为主，也可喷涂。施工时应严格按施工说明操作，不宜掺水稀释。施工前要求对墙面进行清理整平。

产品配方（质量份）

原料	质量份
一甲基三氯硅烷($MeSiCl_3$)	12
二甲基二氯硅烷(Me_2SiCl_2)	10
一苯基三氯硅烷($PhSiCl_3$)	6
二苯基二氯硅烷(Ph_2SiCl_2)	4
环己酮	10
二甲苯	12
醋酸丁酯	15
水	22
三羟甲基丙烷	6
季戊四醇	2
一缩乙二醇	2
对苯二甲酸二甲酯	3
间苯二甲酸	2

生产工艺与流程

(1) 硅醇（含羟基聚硅氧烷）制备 采用R/Si比（烷基/硅原子比）=1.1～1.5，Ph/Me=4～0.5的混合硅单体与硅单体总量0.5倍的醋酸丁酯混合，置于高位滴加槽内；将硅单体总量2.5倍的水和1倍的醋酸丁酯混合，置于反应釜内，在反应釜夹套内通冷水降低反应釜内料温至20～25℃，搅拌，保温滴加硅单体醋酸丁酯溶液，2～2.5h内滴完，保温反应0.5h，静置，分层，放酸水，水洗上层硅醇醋酸丁酯液至pH=7，水洗4～5次，每次用水量为单体总量的量即可。

(2) 聚酯合成 将4.2mol三羟基丙烷加到反应釜中，加热至熔融，再加入3.0mol对苯二甲酸二甲酯，总量0.05%的辛酸锌，加热熔融，搅拌，分别在160℃、180℃、200℃、240℃反应2～3h，收集甲醇达理论值，降温，加环己酮稀释至50%固体含量。

(3) 有机硅聚酯树脂合成 将等固体含量的硅醇和聚酯低聚物入釜，搅拌，升温至150～160℃，反应至出水量达理论值时，测胶化点达1～2min/250℃，降温，加环己酮二甲苯混合溶剂(7：3)兑稀。

(4) 配漆与性能 将有机硅改性聚酯树脂与HDI缩二脲（Desmoder N75）按100/30（质量比），有机硅改性聚酯树脂与HDI三聚体（DesmoderN3390）按100/25（质量比），有机硅改性聚酯树脂与582氨基树脂按100/30（质量比）配漆。

将有机硅化合物引入到聚酯树脂分子链上，所制得的有机硅改性聚酯树脂在耐水、耐湿热、耐热、耐老化性诸方面都有较大提高。这种新型树脂涂料生产工艺与流程简便，工艺稳定。试验找出了一些规律性东西，为以后制备有机硅-聚酯复合树脂提供了一些有益的参考。

23-53 防污损纳微涂料

性能及用途 高性能建筑涂料的开发应用是建筑涂料技术进步的重要标志，高性能、新品种涂料的开发应用最主要的还是体现在外墙涂料上，我国的高性能外墙涂料主要是指高耐候性、高耐沾污性、优异的耐水性、高保色性和高耐化学性能。例如，具有超耐久性的氟树脂建筑涂料、高性能的有机硅丙烯酸酯外墙涂料等。

由于有机硅材料具有优异的耐候性、耐水性、耐沾污性和保色性等特性，有机硅改性丙烯酸树脂涂料正逐渐作为高档建筑涂料得到广泛应用。为此，国内外同行已对硅丙乳液进行了大量的研究和应用工作，尽管如此，多年以来，建筑涂料用硅丙乳液在应用性能上仍不能满足高档外墙涂料应用需要，特别是在耐沾污性、耐水性和成膜性能方面不能满足应用需求。本文通过对不同合成工艺及配方研究，发现在不同合成工艺和配方条件下，硅丙乳液性能显著不同，并得到耐水性、耐沾污性能优异的硅丙乳液。

涂装工艺参考　以刷涂和辊涂为主，也可喷涂。施工时应严格按施工说明操作，不宜掺水稀释。施工前要求对墙面进行清理整平。

产品配方

原料	规格	质量分数/%
甲基丙烯酸甲酯	工业级	20～25
丙烯酸丁酯	工业级	20～26
甲基丙烯酸	工业级	1～5
D_4	工业级	3～6
硅烷偶联剂	工业级	0～2
催化剂	工业级	0～0.1
乳化剂	工业级	1～4
去离子水	工业级	50～60

建筑用的防污损涂料基本是含硅、氟的涂料，利用了有机硅、氟树脂耐沾污的特性，含硅、含氟防水涂料，实际亦有防污损性。若采用含硅纳米材料配制建筑涂料，可大幅度提高涂料抗沾污、抗老化、黏结强度等性能。

防污损涂料没有防水涂料用量大，重点是建材表面要求耐污损。

(1) 水性耐污损硅酸烷基酯涂料　题述组合物适用于旧涂层修饰，其配制方法可为：①乳化剂＋硅酸烷基酯，②乳化剂＋硅酸烷基酯＋醇，③乳化剂＋硅酸烷基酯＋醇＋水性基料＋其他助剂。例如，将5份HLB13的聚氧化乙烯壬基苯基醚与3份HLB17的聚氧化乙烯壬基苯基醚、80份硅酸乙酯部分缩聚物和1份原甲酸甲酯水分清除剂混合，取该混合物100份用800份水稀释，刷涂到一个涂漆的表面上，室温下固化2h后形成耐污损涂膜。

(2) 含氟装饰板材用耐污损涂料　题述装饰板材包括将印刷好的装饰片粘贴于木板表面，在其表面上形成涂层。该耐污损涂料含有可以与NCO反应的含氟共聚物和NCO型固化剂，在50～800℃下固化0.5～20h（最好含有反应型聚硅氧烷）。由此制成的板材具有憎油性，其表面上的装饰图案难以用胶带脱除。例如，将装饰片——层压板用含100份100：20：100三氟氯乙烯-羟乙基乙烯基醚-乙基乙烯基醚共聚物和6.3份TDI的涂料涂饰，80℃固化15h，制成产品。

(3) 耐污亲水涂料　该涂料由含①100份各种树脂，②2～70份烷氧基，芳氧基或芳烷氧基硅烷交联剂或它们的水解缩合物，③0.01～20份有机氮化合物固化改进剂的组合物制得。其中①可以是丙烯酸树脂或/和含氟聚合物，含氨基甲酸酯基的或可交联的丙烯酸树脂、三聚氰胺树脂或/和可交联的环氧树脂。例如，一种涂料由①100份共聚物［由苯乙烯120份、甲基丙烯酸甲酯70份、甲基丙烯酸丁酯30份、甲基丙烯酸异丁酯380份和γ-(甲基丙烯酰氧）丙基三甲氧基硅烷400份制得］，②15份硅酸四甲酯的部分水解缩合物，③1份双(1,2,2,6,6-五甲基-4-哌啶基)癸二酸酯催化剂、2份酸式磷酸辛酯和其他助剂制得。

(4) 耐污损和防黏的预涂钢板　所用面漆含0.2%～1.0%（按涂料固体分计）的氨改性有机硅油、聚酯和过量的三聚氰胺树脂，其表面自由能为$(25\sim38)\times10^{-3}$ N/m。例如，将镀锌钢板用铬酸盐处理，用聚酯底涂，用含聚酯、0.2%氨改性有机硅油和0.5%丁醇醚化三聚氰胺树脂的组合物面涂，然后进行烘烤固化。

(5) 防污损涂料　该发明提供了一种用于防污损涂料的树脂状组合物，它包含二氧化硅的有机硅低聚物溶液、丙烯酸树脂、直链聚硅氧烷二醇、含硅烷醇的聚有机硅氧烷和固化催化剂，以及用所述树脂状组合物涂布过的物件。

(6) 用于建筑物外部的耐污涂料　该涂料包括成膜树脂、可水解的四官能度硅烷或它们的聚合物，以及硅烷偶联剂。例如，将60%三氟氯乙烯-环己基乙烯基醚-乙酸乙烯基酯-羟丁基乙烯基醚共聚物的二甲苯溶液167份与TiO_2 80份，乙酸丁酯85份、$(MeO)_4Si$聚合物（51%SiO_2）20份，二（乙酰乙酸酯）单乙酰丙酮铝0.5份，Coronate HX（多异氰酸酯）18.5份和KBP43（15%氨基硅烷低聚物）10份混合。

生产工艺与流程 采用将反应单体预乳化，再滴加到反应釜进行乳液聚合的聚合反应工艺。在操作上先将预乳化混合单体部分加入反应釜中进行种子聚合，然后再滴加剩余单体进行聚合反应，聚合反应后，将体系调整pH到7～8，所得乳液固含量为40%～50%，固含物中有机硅含量为8%～12%。

分析测试：①将有机硅丙烯酸乳液涂覆在玻璃板上，60～70℃烘干8h，供涂膜的耐水性和耐沾污性等性能测试用；②应用扫描电镜对涂膜进行X射线能谱研究；③利用透射电镜对乳液粒子结构进行分析。

23-54 纳米隔热功能涂料

性能及用途 为解决现有的涂料因含有大量有机溶剂会造成环境污染，并且热反射和隔热性能差的技术问题，研制出水性热反射隔热涂料。

涂装工艺参考 可以喷涂、辊（滚）涂、刷涂，使用量0.4kg/m²，复涂间隔2h，涂施温度5℃以上。底材温度高于露点以上3℃。

水性热反射隔热涂料技术特征

(1) 热反射和隔热性能优异。由于水性热反射隔热涂料中含有红外线反射剂和空心微珠，前者可以反射光线中的红外线，后者的表面可以反射光线，中间的空心可以隔热，使水性热反射隔热涂料可以反射50%～80%的太阳热能，显著降低容器内或室内温度。

(2) 使用安全方便，不燃、不爆、无公害。丙烯酸纳米微乳液和水性热反射隔热涂料以水为分散介质，不含有机溶剂和助溶剂，不会造成环境污染，对人体无毒害，改善了施工环境，避免了火灾隐患。

(3) 装饰性好。水性热反射隔热涂料的基料为常规丙烯酸乳液和丙烯酸纳米微乳液，后者乳胶粒径小，可以填充前者的乳胶粒间隙，得到均匀细腻、高装饰性的涂层材料。

(4) 漆膜综合性能好。由于在水性热反射隔热涂料中，常规丙烯酸乳液和丙烯酸纳米微乳液合理搭配，成膜致密，漆膜附着力、力学性能、耐水性、耐碱性、耐候性皆佳。具有优良的耐冻融稳定性。

产品配方（质量份）

原料	质量份
丙烯酸纳米微乳液	15～25
常规丙烯酸乳液	15～25
红外线反射剂	1～10
pH调节剂	0.1～0.5
软化水	20～40
颜料	1～20
填料	5～20
助剂	0.5～2.5
增稠剂	0.2～1.5

生产工艺与流程 水性热反射隔热涂层材料的原料和制备工艺。

空心微珠：包括空心陶瓷微珠、空心玻璃微珠和电厂漂珠。电厂漂珠是发电厂的煤渣副产品。空心玻璃微珠是以水解度低的硼玻璃为原料制得的。

颜料：包括氧化铁黑、氧化铁红、氧化铁黄、钛白粉、酞青红、酞青蓝和耐晒黄。要求所选颜料对红外线吸收率低或红外反射率高。

填料：包括轻质碳酸钙、沉淀硫酸钡、滑石粉和云母粉。

红外线反射剂：是纳米二氧化钛微粉和/或贵金属钌、铑、铱的纳米级氧化物微粉。

增稠剂：是聚醚类和/或碱溶性丙烯酸乳液类缔合型增稠剂。

助剂：包括分散剂、润湿剂、流平剂、消泡剂、防霉剂、防腐剂。其中分散剂的选用因颜料性质而定，对于钛白粉、氧化铁红等无机颜料，可以采用烯基单体与不饱和羧酸及其酯类共聚物的钠、铵、胺盐。

纳米隔热功能涂料实例

序号	涂料名称	基本结构	原理	用途	生产厂家
1	纳米透明隔热涂料	氧化铟锡(ITO)类半导体纳米材料+树脂	纳米半导体材料的光学效应	透镜玻璃	美国 Nanophase Technologies Co
2	透明隔热涂料	ZnO/AIF复合纳米粒子+树脂	纳米半导体材料光学效应	PE树脂膜玻璃	日本、专利 JP11—292621

23-55 环氧/聚酯粉末纳米涂料

环氧/聚酯粉末纳米涂料性能 环氧/聚酯粉末纳米涂料的成膜树脂为双酚A环氧树脂和羧端基聚酯的混合物，是一种混合型粉末纳米涂料，显示出环氧组分和聚酯组分的综合性能。粉末涂料的平均粒度在10～15μm，是包括颜料、助剂等组分的平均粒度。环氧树脂起到了降低配方成本，赋予漆膜耐腐蚀性、耐水等作用，而聚酯树脂则可改善漆膜的耐候性和柔韧性等。这种混合树脂还有容易加工粉碎，固化反应中不产生副产物的优点，是目前粉末纳米涂料中应用最广的一类。

涂装工艺参考 以刷涂和辊涂为主，也可喷涂。施工时应严格按施工说明操作，不宜掺水稀释。施工前要求对墙面进行清理整平。

纳米涂料技术特征 聚酯的羧基和环氧树脂的环氧基在固化温度下发生反应（一般要加催化剂），导致形成交联的固化漆膜。聚酯树脂的组成、分子量、平均官能度数对粉末涂料的性质影响很大。粉末涂料用聚酯平均官能基团应有2～3个，大于3个可提高硬度和化学稳定性，但树脂难以制备，而且熔融黏度高，流动性降低，流平性变差。聚酯的玻璃化温度以50～80℃之间为宜，低于50℃储存时会结块，高于80℃熔融黏度太高使颜料、助剂等组分不能与其很好混合，控制聚酯的玻璃化温度和熔融黏度除了选择的组成外，分子量调节非常重要。

环氧树脂的选用要依据聚酯的羧基量（用酸值表示）和分子量决定，高酸值低分子量的聚酯要用更多的双酚A环氧树脂。

产品配方（质量份）

（1）环氧/聚酯粉末纳米涂料配方：

端羧基聚酯制备配方

乙二醇	124
新戊二醇	1872
1,4-环己烷-二甲醇	272
三羟基甲基丙烷	3320
己二酸	292
对苯二甲酸	3320
锡盐(FASCAT)	6.63
乙酸锂	18
偏苯三酸酐	615
2-甲基咪唑(催化剂)	6

生产工艺与流程 聚合方法是二步法，先制成端羟基聚酯，再加过量多元酸，最后得端羧基聚酯，其性能如下：

酸值	80
羟值	3
软化点	110℃

（2）粉末纳米涂料的配方

羧端基聚酯树脂	50
环氧树脂(环氧当量 810)	50
流平剂(modflow)	0.36
钛白	66.66

在粉末涂料的配方中还往往要加防针孔剂安息香，反应催进剂铵盐等等。

参 考 文 献

[1] 刘国杰．现代涂料工艺新技术．北京：中国轻工业出版社，2000.

[2] 沈春林．防水材料手册．北京：中国建材工业出版社，1998.

[3] 欧玉春，童忠良．汽车涂料涂装技术．北京：化学工业出版社，2009.

[4] 童忠良．化工产品手册（树脂与塑料分册）．第5版．北京：化学工业出版社，2008.

[5] 虞兆年．涂料工艺（修订本），（第二分册）．北京化学工业出版社，1996.

[6] 刘国杰．特种功能性涂料．北京：化学工业出版社，2002.

[7] 崔英德．实用化工工艺．北京：化学工业出版社，2002.

[8] 詹益兴．现代化工小商品制法大全．长沙：湖南大学出版社，1999.

[9] 徐峰．实用建筑涂料．北京：化学工业出版社，2003.

[10] 王锡春，姜英涛．涂装技术·第一册．北京：化学工业出版社，1986.

[11] 王泳厚．涂料配方原理及应用．成都：四川科学技术出版社，1987.

[12] 石玉梅，徐峰，张保利．建筑涂料与涂装技术400问．第2版．北京：化学工业出版社，2002.

[13] 石玉梅等．建筑工业行业标准《建筑外墙用腻子（送审稿）编制说明涂料涂装与电镀》，2003.

[14] 林益宣．憎水保洁的微结构外墙乳胶漆：仿生学在建筑涂料中的应用．新型建筑材料，2000，(5)：7-9.

[15] 童忠良．化工产品手册（涂料分册）．第5版．北京：化学工业出版社，2008.

[16] 战凤昌，李悦良．专用涂料．北京：化学工业出版社，1988.

[17] 魏邦柱．胶乳．乳液应用技术．北京：化学工业出版社，2003.

[18] 童忠良．无机纳米复合高分子材料的制备．杭州化工，2002，(1)：5-6.

[19] 孙酣经，黄澄华．化工新材料产品及应用手册．北京：中国石化出版社，2002.

[20] 丁浩，童忠良．纳米抗菌技术．北京：化学工业出版社，2007.

[21] 咸才军．纳米建材．北京：化学工业出版社，2002.

[22] 丁浩，童忠良．新型功能复合涂料与应用．北京：国防工业出版社，2007.

[23] 童忠良．功能涂料及其应用．北京：纺织工业出版社，2007.

[24] 吴绍林．底面合一阴极电泳涂料．涂料工业，2007，6.

[25] 陈士杰．涂料工艺（第一分册）．第2版．北京：化学工业出版社，1994.

[26] 吴兴敏．汽车涂装技术．高等教育出版社，2003.

[27] 彭义军，赵社．汽车涂装技术．电子工业出版社，2004.

[28] 吴始栋．舰船防污和环境保护．船舶，2002 (2)，56.

[29] 董忠良．第二届全国超（细）粉体工程与精细化学品论文集．2002，1-9.

[30] 黄元森．涂料品种的开发配方与工艺手册．北京：化学工业出版社，2003.

[31] 童忠良．50t/a路桥纳米致密化抗共振弹性防腐涂料工业化生产的研究．涂层新材料，2003，9.

[32] 马士德等．舰船的生物附着与腐蚀调查．海洋学报，1996，1：80.

[33] 潘长华．实用小化工生产大全（第2卷）．北京：化学工业出版社，1998.

[34] 孙祖信．聚苯胺及其防污材料．舰船科学技术，1997，3：63.

[35] 王华进，王贤明，管朝祥，刘登良．海洋防污涂料的发展．涂料工业，2000，3：35.

[36] 童忠良．纳米稀土功能发光涂料的开发与研究．涂层新材料，2004，(10)：123-129.

[37] 姜德孚．化工产品手册．涂料．北京：化学工业出版社，1994.

[38] 颜东洲，贾成功．防污涂料的应用和技术进展．化工科技市场，2002，12：21.

[39] 胡维玲，吴玲玲，周静，李竟新，罗瑾，林仲华．利用导电涂膜直接电解海水法防护生物腐蚀．模拟和测量技术，1999，5 (3)：299.

[40] 石森森．耐磨耐蚀涂膜材料与技术．北京：化学工业出版社，2003.

[41] 周绍绳．化工小商品生产法（第八集）．湖南科学技术出版社，1994.

[42] 化工部涂料工业情报中心站、化工部涂料工业研究所．涂料工业产品基础资料，1980.

[43] 冯才旺，王开毅等．新编实用化工小商品配方与生产．长沙：中南工业大学出版社，1994.

[44] 王光彬，郝明，李应伦等．涂料与涂装技术．北京：国防工业出版社，1994.

[45] 张学敏．涂装工艺学．北京：化学工业出版社，2002.

[46] 沈春林．涂料配方手册．北京：中国石化出版社，2001.

[47] 黄元森．涂料品种的开发配方与工艺手册．北京：化学工业出版社，2003.
[48] 沈春林．建筑防水材料．北京：化学工业出版社，2000.
[49] 张兴华，水基涂料．北京：化学工业出版社，2002.
[50]《中华人民共和国清洁生产促进法》(2003 年 1 月 1 日实施)．
[51] 夏正斌，涂伟萍等．建筑隔热涂料的研究进展．精细化工，2001，18 (10)：599-602.
[52] 卞明哲．纳米材料再建筑涂料中的应用．江苏建材，2001，(4)：11-12.
[53] 杨天佑，谭幽燕．简明装饰施工与质量验评手册．北京：中国建筑工业出版社，1999.
[54] 沈春林，褚建军．无溶剂环保型聚氨酯防水涂料的研制．中国建材，2001，(11)：61-62.
[55] 祝汝强．新型建筑涂料选用与施工．北京：中国建材工业出版社，2001.
[56] 陈铤，施雪珍等．双组分水性环氧树脂涂料．高分子通报，2002，6：63-70.
[57] 张黎，舒武炳．水性环氧树脂体系的研究进展．涂料工业，2002，32 (8)：28-30.
[58] 周天寿，沈志明等．水性环氧及其在建筑中的应用．新型建筑材料，2001，(5)：16-18.
[59] 建筑用铝型材、铝板氟碳涂层 (JG/T133—2000)．北京：中国标准出版社，2000.
[60] 金属与石材幕墙工程技术规范 (JG/J133—2001)．北京：中国建筑工业出版社，2001.
[61] 建筑用铝型材、铝板氟碳涂层 (JG/T133—2000)．北京：中国标准出版社，2000.
[62] NittoChemicalIndustryCo. WorldSurfaceCoatingAbstract. 1999.
[63] T. S. N. Sankara Narayanan and M，Subbaiyan. Role of special additive in phosphating. Product Finishing，1992，45 (5)：9-11.
[64] Ollis DF. photocatalytic purification and treatment of water and air. New york：Elsevier，1993.
[65] Rosensweig R E. Advences in Electrons and Electron physics. Vol 48 (New York Academic，1979)，3.
[66] George Górecki and John Affinito. Improved Corrosion Ressistance using Chromium-Free Final Rinses. Metal Finishing. 1994，92 (7)：42-45.
[67] Biminger R. Mater Sei Eng，1989，A117：33.
[68] Dingqang Chen，Fengmei Li&Ajayk Ray. Effect of Mass Trnsfer and Catalyst Layer Thickness On photocataystic Reactor. AIChE. Journal，2000，46 (5)：1034-1045.
[69] Seiichi Deguchi. Hitoki Matsuda and Musanobu Hasatani Drving Technology，1994，12 (3)：577-591.
[70] H. I. Shii，O. Furuyama and S. Tanaka. Phosphating Treatment for Car Bodies with Aluminum-Alloy Part. Metal Finishing. 1993，91 (4)：7-10.
[71] Amy Linsebingler，Lu Guanquan，et al. Photocatalysis on TiO_2 sur-faces：principles，mechanisms and selected results. Chem rev，1995，95：735-738.
[72] Li Qiading et al. Mat，kes. Ball，1998，33 (5)：564-568.
[73] NittoChemicalIndustryCo. WorldSurfaceCoatingAbstract. 1999.
[74] HYLAR 5000 PVDF KYNAR500 PVDF 产品手册．
[75] Kojima S，Watanabe Y. Development of High Performance，Waterborne Coatings. Part I：Emulsification of Epoxy Resin. J Polym Eng Sci，1993，33 (5)：253-259.
[76] H. Ki～el，Lehrbuch der Lacke und BeschichtungenVol，1，part 1，W. A. COlomb，Berlin—Oberschwandorf，1974.
[77] iOldringandH. C. Hayward，ResinsforSurfaceCoatingsV * 1. 3SITA Technology，London，1987.
[78] Wegmann A. Novel Waterborne Epoxy Resin Emulsion. J Coating Technol，1993，65 (827)：27-34.
[79] Stephcen F. Kistier. Liqaid film coating. London：CHAP. MAN，1998.